生态文明时代的主流文化——中国生态文化体系研究

Mainstream Culture of Ecological Civilization Era

the Study of Chinese Eco-Culture System

中国草原生态文化

Ecological Culture of Chinese Grassland

【上卷】

江泽慧◎主编

人民出版社

主　编　江泽慧

撰稿人

前　　言　江泽慧

绪　　论　汪　绚

第 一 章　敖　东　董世魁　郝　真　于　钊　黄文广
　　　　　刘建泉　汪　玺　王　堃　阚耀平　安沙舟
　　　　　李　娜　刘　刚　辛　茜

第 二 章　卢欣石　敖　东

第 三 章　邢　莉

第 四 章　刘仲龄　林　岩　孙学力　敖　东　周路明
　　　　　田　霞　王艳军

第 五 章　汪　玺　刘　刚　魏小星　多吉顿珠　孙飞达
　　　　　辛　茜　罗让尼玛

第 六 章　安沙舟　阚耀平　李　娜　蔡立新　邢廷江　张　娟

第 七 章　董世魁　郝　真

第 八 章　王　堃

第 九 章　刘仲龄　陈　东　安沙舟　李　娜　蔡立新
　　　　　邢廷江　张　娟

第 十 章　唐芳林　刘　刚　刘加文　泽　柏　王卓然　韩丰泽

第十一章　卢欣石　包晓影　郭　旭　赵金龙

草原生态文化纪实篇

宁夏草原篇

宁夏草原生态文化寻踪　　　汪　绚　李　楠

贺兰山岩画　　　张建国

附　录

审稿专家　王松霈　尹伟伦　邬书林　陈俊宏　周明伟　李春杰　韩国栋　特木尔巴根

统 稿 组　汪　绚　尹刚强　李智勇　李　楠　冯艳萍　陈　雷

统筹协调　高锡林　刘　红　李晓华　颜国强　孙　雯　付佳琳

前　言

博大精深的生态文化，是中华民族世代传承的生态智慧和文化瑰宝，是国家发展、民族振兴、文明进步的重要支撑。2015年4月25日，《中共中央、国务院关于加快推进生态文明建设的意见》首次提出“坚持把培育生态文化作为重要支撑”。2018年5月18日，习近平总书记在全国生态环境保护大会上发表重要讲话指出，要加快建立健全以生态价值观念为准则的生态文化体系。生态文明时代的开启，生态文化的崛起，象征着我国生态文明意识的觉醒、生产生活方式和经济发展方式的历史性转型。生态文化以人与自然相生互融、和谐共生的生态价值观，尊重自然、顺应自然、物我为一的生态伦理和生态道德观，和而不同、和而共生、和谐共荣的生态哲学审美观，铸就了生态文明建设的核心价值取向和社会适应。

《中国草原生态文化》（以下简称“本书”），是中国生态文化协会自2010年开始，组织专家团队开展中国生态文化体系研究，陆续完成的第五部专著。

关于草原，我在全国政协人资环委工作期间，曾先后到内蒙古的锡林郭勒草原、呼伦贝尔草原、科尔沁草原、多伦草原和赤峰乌兰布统草原实地调研。在那里，我这个从事木材科学研究的人，开始对草原和草原民族文化有了最初的印象。2018年3月，根据国务院机构改革方案，组建国家林业和草原局，对森林生态系统和草原生态系统实施统筹管理，为草原生态系统的保护发展、草原畜牧业的繁荣发展、草原生态文化的创新发展，带来了新的契机和活力，也使我对草原有了更加深入的了解。

草原是一个由土壤、植物、动物、微生物和人类构成的复合生态系统。中国是世界上草原资源最丰富的国家之一，草地总面积26453.01万公顷（396795.21万亩），其中，天然牧草地21317.21万公顷（319758.21万亩），占80.59%。据不完全统计，草原上生长着9500余种植物，生活着2000多种野生动物和200多种家畜或驯养动物，是维护生物多样性的重要基因库。草原是我国少数民族聚居地。在数千年的文明演进中，草原民族的先祖很早就学会了与草原和谐共生，利用草原游牧饲养牲畜，获取食物、皮毛等生活资料，在干旱半干旱的广袤草原上繁衍生息。他们遵循自然法则，创造了亲和草原的生产生活方式；在敬畏和崇拜自然的同时，信奉着“万物有灵、众生平等”的道德伦理，孕育了丰富淳厚的草原生态文化，舒缓了人与自然的关系。这样的文化支撑了草原民族顽强的生命力、纯净的情感世界和宽广的胸怀，成为中华优秀传统文化的重要组成部分和传承至今的珍贵文化遗产，为我国生态文明进步贡献了特有的文化内涵。

一、本书框架结构

本书是我国第一部以生态文化的视角反映草原民族与草原生态系统的关系，追溯草原民族与草原共生演进历史，探索草原生态文化发生发展脉络，揭示草原生态文化的思想精髓、本质特征、文化形态、表现形式和时代价值，具有历史纵深感和空间跨越度的著作。

本书由中国生态文化协会组织内蒙古、青海、甘肃、宁夏、四川、河北、新疆等省区林草主管部门、省级生态文化协会和内蒙古大学、北京林业大学、中央民族大学、中国农业大学、甘肃农业大学、四川农业大学、新疆农业大学、南通大学、内蒙古社会科学院、四川草原科学研究院、四川省民族研究所、宁夏草原监理中心等团队，开展项目研究和文稿撰写，历时6年，最终完成。特别是，国家林业和草原局草原管理司也参加了“当代草原治理体系构建和治理方略”的撰写。

全书由绪论和四编组成，分上、下两卷，总计11章50节。上卷包括“绪论　草原生态文化——中华文明的璀璨星河”“第一编　中国草原和草原生态文化”“第二编　中国草原生态文化区域分布及其特征”，下卷包括“第三编　当代中国草原生态文化创新发展与草原治理”“第四编　草原生态文化纪实”。其中，第一编包括草原资源分布与民族状况、草原生态文化的历史演进与内涵特征、草原生态文化的哲学观与审美观等3章；第二编包括蒙甘宁草原生态文化、青藏高原草原生态文化、新疆草原生态文化、东北草原生态文化、北方农牧交错带草原生态文化，以及草原生态文化与丝绸之路等6章；第三编包括草原生态文化与草原治理体系建设、草原生态文化时代价值与创新发展等2章。第四编由项目研究团队深入草原实地调研撰写的21篇纪实文章组成。国外草原生态环境与草原文化部分作为本书的附录。

二、本书主要内容与思想精髓

本书重点阐述了中国草原生态系统蒙甘宁草原区、青藏高原草原区、新疆草原区、东北草原区、北方农牧交错带草原区等五大草原区的资源地理分布、生态环境、民族状况和文化分区；草原民族与草原共生所孕育的草原生态文化及其鲜明的地域特色和民族特色、民风习俗、文学艺术经典等；从物质、精神，哲学、美学和制度层面，深刻诠释了草原生态文化崇尚自然、敬畏自然、恪守禁律、众生平等、物我为一的文化特质和思想精髓、表现形式和意识形态；从游牧—轮牧—畜牧的历史演进及其与农耕文化的关系等，勾勒出草原生态文化的发展脉络与价值取向。

蒙甘宁草原区包括内蒙古、甘肃两省区的大部和宁夏的全部以及冀北、晋北和陕北草原地区，面积约占全国草原总面积的 30%。其中，内蒙古草原是欧亚大陆草原的重要组成部分，拥有天然草原 13.2 亿亩，占全国草原面积的 22%。历史上，蒙古高原是古代游牧民族的活动区域和游牧文化的重要发祥地。匈奴、突厥、鲜卑、契丹、女真、蒙古族等游牧民族创造了与蒙古高原自然环境相适应的游牧文化，并最终形成了以蒙古族文化为典型代表、独具生态保护意识的草原生态文化。蒙古族在牧业生产中始终遵循逐水草而居，一年中多次迁徙、两次搬迁；严格禁止滥牧和在一片牧场上过度放牧，禁止侵占他人牧场。千百年来，这种轮牧制的生产模式，被赋予道德内涵，甚至以法律的形式固定下来，成为蒙古族牧民虔诚遵循的道德准则和生态智慧。

青藏高原草原区，由东南向西北依次为高寒草甸—高寒草甸草原—高寒荒漠草原—高寒荒漠更替分布。这里早在几万年前就有人类活动，是我国古老的游牧民族藏族的发祥地和永久生活地。本书从游移性、适应性、实用性、简约性和高风险性五个方面，概述了青藏高原草原生态文化的基本特征和青藏高原草原生态文化分区的自然地理特征、资源概况、经济社会文化历史，及其对生态环境保护的贡献与价值；分析了卫藏、康藏和安多三个草原生态文化亚区的特点；从藏族传统生态观，高原游牧生产、生活、民俗、法规、禁忌等方面入手，全面呈现并深度阐释了青藏高原草原生态文化的内容与内涵。

新疆草原区横跨天山南北，北延至阿尔泰山脉和帕米尔高原。我们在草原生态文化探源中发现，新疆草原游牧民族发展史可以称作一部多民族文化融合史。这里曾先后出现过几十个游牧民族，如今仍然活跃在草原上的有哈萨克族、蒙古族、柯尔克孜族和塔吉克族等，这些民族多是历史上游牧民族大融合的结果。其周边是以畜牧业为主的国家和地区，西部有哈萨克大草原、东部有蒙古草原、北部是西伯利亚，其自然环境适宜放牧和畜牧业发展。独特的地理位置使得这里的草原民族文化能不断吸收别的游牧民族的文化，具有多民族文化融合性、游牧民族特性、文化遗存的多样性等特点，并葆有旺盛的生命力，对新疆的社会经济生活产生重要影响。

东北草原区可以分为三大部分，即东部的大兴安岭区域、中部的阴山、西部的阿拉善区域。东北草原民族生态文化属于大兴安岭文化圈。辽阔的东北西部草原和寒冷的东北大地，铸就了世代生活在这里的草原民族坚韧顽强、开拓进取的精神和宽宏包容的性格；特定的自然环境和历史进程孕育出东北草原民族生态文化，及其与自然生态环境相适应的一系列特定的生产、生活方式与技能。东北草原生态文化是游牧文化与其他文化有机融合的文化：如以满族饮食为主体的饮食文化，以蒙古族、锡伯族、满族服饰为主体的服饰文化，以渔猎为主的渔猎文化；与采集、狩猎、游牧、农耕、商业等多种文化形态相伴而存；融合哲学观念、文学艺术、宗教信仰、伦理道德等方面，在民族文化的各个领域体现出生态文化的多元特征。

中国北方农牧交错带草原区是国际四大农牧交错带之一，面积位居世界第二，因涉及地域范围广阔、阵线长、地貌类型复杂、居住民族多，而被称为世界上最重要的农牧交错带，被划分为内蒙古东部及辽西、内蒙古中部、甘青地区三部分。本书运用人文地理学研究方法，通过溯源区域内原始农业，探讨北方农牧交错带的成因及其文化类型，阐释农耕文化和草原游牧文化碰撞、交融发展所形成的农牧交错带草原生态文化的特点。

草原民族在中国历史上有着非常重要的地位，草原生态文化是草原部落、民族等长期以来在草原生态系统中所创造并传承的崇尚自然与保护草原生态的生产生活方式、思想理念、道德伦理、制度规范、民风习俗、宗教信仰、文学艺术等融会贯通的总和。

本书以生态伦理为切入点，从地域、民族、精神和物质层面，分析草原生态文化的典型特点；围绕草原牧区生产生活方式、野生动植物保护与相关禁忌，草原民族衣食住行、伦理规范、宗教信仰、婚丧嫁娶和民族风俗等，对草原民族崇尚自然、敬畏自然、万物有灵、众生平等、恪守禁律等草原生态文化的思想精髓和表现形式进行了生动阐释。

以生态文化的美学视角透析人与自然和谐的理性与感性的审美统一。赏析古代草原民族文物精品蕴含的生态文化，解析草原诗歌、史诗等民间优秀文学艺术作品，感悟草原生态文化的审美境界和哲学思考，领悟源于人类对草原生灵的审美意象和物我共生的创作真谛。中国生态文化协会项目组曾走近草原先民的岩画遗迹，透视千年草原游牧民族的生活情境及其表达：岩画生动刻画出宁夏、内蒙古、新疆和青藏高原草原游牧畜牧业的先祖狩猎、驯化动物的历程及其原始游牧方式；图解草原民族由原始自然崇拜到生殖崇拜，由认为自然界的山川、动植物都有生命和神性的自然崇拜，到自觉尊重自然并形成民风习俗和行为规范的朴素生态文化。

生态文化包含着人对人与自然关系的哲学思考：人与自然是一个生命共同体。古代草原民族从狩猎到野兽驯化畜养再到草原游牧轮牧的转化，是顺应生态环境变化而转变生产生活方式的互动适应过程，是一种人与自然关系逐步调整达致和谐的共同体意识的体现。将以人为中心的视阈过渡到关注生态、保护生态的现代生态的整体观；从把自然单纯视为可利用的资源和劳动对象的意识，转变到把人类视为地球生物圈中的一员、保护自然生态就是保护人类可持续发展的世界观，都意味着人类哲学观的改变。本书在草原民族发展与草原生态资源演变的历史与现实的纵横坐标系中，审视草原与人类可持续发展的关系，提出了将生态文化融入当代草原保护治理工程的建议。

本书还将视野拓展到全球主要草原分布区，介绍了欧亚大草原、北美大草原、南美大草原、澳洲草原、非洲草原等不同地域的生态环境及其草原文化，阐述了世界草原传统文化和可持续发展草原新文化，从更广的空间和更长的时间来研究草原及其蕴含的文化；从经济、社会、环境多个方面来观察世界其他地域的国家处理人与草原关系的做法及其草原文化的特征和表现形式，以期比较思考和借鉴启示。

三、本书研究的时代价值

本书以习近平生态文明思想为指导，以草原生态文化为主线，将草原生态文化的历史积淀与草原民族生存繁衍、草原生态保护利用和草原畜牧业可持续发展的需求相结合，深入全面地阐明了中国草原生态文化的思想精髓和物质成果，对弘扬社会主义生态文明、促进草原生态建设、振兴草原相关产业具有重要意义。本书以新时代草原生态文化的创新发展，解析了“生命共同体”“两山论”与“生态产业化、产业生态化”、生态补偿政策机制等辩证哲理与生态文化的关系，并对新时代草原生态文化创新发展与草原生态文明建设，提出了方向性和实践性的政策思路。

一是按照尊重自然、保护自然的生态观念，认真实践新时代生态保护建设工程。二是用多功能草地的时代观点认识草原、利用草原、管理草原。在当今生态文明建设中，以多元、包容的生态文化理念，构建人类生命共同体。三是政府扶智、扶业，精准实施牧区民生产业和人才激励政策。四是创新现代草原畜牧业生产生活方式，建设具有草原特色的生态畜牧业关键技术集成与示范区。五是保护传承活态的草原生态文化，构建草原生态文化繁荣发展的乡村振兴机制。

2019 年 7 月 15 日至 16 日，习近平总书记到内蒙古考察并指导开展“不忘初心、牢记使命”主题教育，在内蒙古赤峰博物馆与非物质文化遗产传承人交谈时说：“要重视少数民族文化保护和传承，支持和扶持《格萨（斯）尔》等非物质文化遗产，培养好传承人，一代一代接下来、传下去。”[①] 在内蒙古大学察看蒙古语言文学历史成果图书展示时说：“要加强对蒙古文古籍的搜集、整理、保护，挖掘弘扬蕴含其中的民族团结进步思想内涵，激励各族人民共同团结奋斗、共同繁荣发展。”[②] 习近平总书记的重要讲话语重心长，是对凝聚着草原民族精神的优秀传统草原生态文化的充分肯定。

草原生态文化蕴含生态意识和文明思想即人与自然和谐共生的基础关系，同时坚持人与社会之间的和平共享以及人与自我之间的向善向上。这是草原文明发展数千年的文化结晶，凝聚了草原人民的聪明智慧和科学思维；契合当今时代精神，具备建设生态文明的基本素质和构建命运共同体的基本品格，必然能够转化为团结奋斗、开拓进取、创新发展的时代力量。正如 2022 年 5 月 27 日，习近平总书记在主持中共十九届中央政治局第三十九次集体学习时强调的：“中华优秀传统文化是中华文明的智慧结晶和精华所在，是中华民族的根和魂，是我们在世界文化激荡中站稳脚跟的根基……尊重不同国家人民对自身发展道路的探索，以文明交流超越文明隔阂，以文明互鉴超越文明冲突，以文明共存超越文明优越，弘扬中华文明蕴含的全人类共同

① 《习近平在内蒙古考察并指导开展“不忘初心、牢记使命”主题教育时强调　牢记初心使命贯彻以人民为中心发展思想　把祖国北部边疆风景线打造得更加亮丽》，《人民日报》2019 年 7 月 17 日。

② 《习近平在内蒙古考察并指导开展“不忘初心、牢记使命”主题教育时强调　牢记初心使命贯彻以人民为中心发展思想　把祖国北部边疆风景线打造得更加亮丽》，《人民日报》2019 年 7 月 17 日。

价值，推动构建人类命运共同体。”①

人们常说森林是地球的肺、湿地是地球的肾，那么我们认为草原就是地球的皮肤。只有了解草原，才会更深刻地了解中国大地的幅员辽阔；只有了解草原民族，才会了解中华民族多元一体文化的璀璨色彩；只有了解草原生态文化，才会了解中华文明博大精深的民族特质。草原民族是中华民族躯体中不可分割的充满生命活力的血脉，草原生态文化是中华文化的重要组成部分和生态文明建设的基础支撑，草原文明在推进中华文明发展历史进程中发挥着不可替代的重要作用，具有无可估量的时代价值。

中国共产党第二十次全国代表大会即将召开，谨以此书作为献礼！

江泽慧

2022年8月

① 《习近平在中共中央政治局第三十九次集体学习时强调 把中国文明历史研究引向深入 推动增强历史自觉坚定文化自信》，《人民日报》2022年5月29日。

目 录

绪论
草原生态文化——中华文明的璀璨星河

人类与大地山脉江河湖海湿地、森林草原荒漠、自然万物生灵，结成了地球生态系统中生命及其环境互相关联的命运共同体。而草原是地球生态系统的重要组成部分和分布最广的植被类型，如同地球的皮肤，是构成人类生存环境和生态文化起源的自然地理形态之一。

草原是在半干旱、半湿润，及干旱气候条件下，以多年生植被占优势、旱生草本植物为主体的植物群落类型的地带性植被，分为温性草原、高寒草原和热性草原。欧亚大陆草原（Steppe），即蒙古高原草原和欧洲中部温带草原，主要分布在欧亚大陆温带，自多瑙河下游起，向东经罗马尼亚、俄罗斯和蒙古国，直达我国东北和内蒙古等地，东西绵延近110个经度，构成了世界上最宽广的草原带；南美草原（Pampas），南美亚热带湿润气候下的高草草原，分布在拉普拉塔平原的南部，包括乌拉圭、阿根廷东部、巴西南部等地区；北美草原（Prairie），从北面的南萨斯喀彻河开始，沿着纬度方向，一直到达得克萨斯，形成南北走向的草原带；稀树草原（Savanna），大致分布在南北纬10°至南北回归线之间，以非洲中部、南美巴西大部、澳大利亚大陆北部和东部为典型；非洲草原（Veld），世界上最大的热带稀树草原分布区，其面积约占非洲总面积的40%。

我国《草原法》规定："所称草原，是指天然草原和人工草地。""天然草原包括草地、草山和草坡，人工草地包括改良草地和退耕还草地，不包括城镇草地。"即天然草原是指一种土地类型，它是草本和木本饲用植物与其所着生的土地构成的具有多种功能的自然综合体。人工草地则是指选择适宜的草种，通过人工措施而建植或改良的草地。

第一节 中国是一个草原资源大国

草原是我国面积最大的陆地生态系统，是干旱半干旱和高寒高海拔地区的主要植被。草原承担着防风固沙、保持水土、涵养水源、调节气候、维护生物多样性等重要生态功能，与森林生态系统共同构成了我国生态安全屏障；承载着边疆和民族地区经济社会发展功能，是发展草原牧业，供应牛羊等肉类、乳制品、毛、皮张等特色畜牧产业的重要生产基地。

一、一条线划分两个迥然不同的自然人文地域

1935 年中国总人口约 4.75 亿，地理学家胡焕庸以 1 点表示 2 万人，根据实际情况将 2 万多个点落实到地图上，再以等值线画出人口密度，编制了中国第一张等值线人口密度图：以黑龙江瑷珲（今黑河市）—云南腾冲，约倾斜 45 度基本直线，将全国划分为东南和西北两半壁——两个迥然不同的自然和人文地域，即"胡焕庸线"。

胡焕庸线与我国的 400 毫米等降水量线基本重合。400 毫米等降水量线大致经过大兴安岭—张家口—兰州—拉萨—喜马拉雅山脉东部，沿大兴安岭—阴山山脉—贺兰山—巴颜喀拉山—冈底斯山脉一线，是我国半湿润区和半干旱区、森林植被与草原植被、农耕文明和游牧文明的地理分界线，揭示出地理气候与人口密度、经济社会状况的高度相关性。

以胡焕庸线为界，往东南则是以平原、水网、丘陵、喀斯特和丹霞地貌为主要地理结构，自古以农耕经济为主，以家畜饲养业为辅，山川田园、男耕女织、精耕细作、自给自足；而西北方是草原、沙漠和雪域高原的世界，发育着江河源头，自古聚落着游牧民族，驰骋着粗犷、豪迈、辽远的草原风情；其逐水草而居，以畜牧业为主，以渔猎采集和种植业为补充。

根据 2000 年第五次全国人口普查资料，利用 ArcGIS 进行的精确计算表明，按胡焕庸线计算而得的东南半壁占全国国土面积的 43.8%、总人口的 94.1%。中国科学院国情小组根据 2000 年资料统计分析，胡焕庸线东南侧以占全国 43.18% 的国土面积，集聚了全国 93.77% 的人口和 95.70% 的国内生产总值，压倒性地显示出高密度的经济、社会功能；胡焕庸线西北侧地广人稀，受生态胁迫，其发展经济、集聚人口的功能较弱，总体以生态恢复和保护为主体功能。

二、中国草原资源及其分布

据《第三次全国国土调查主要数据公报》：我国有草地26453.01万公顷（396795.21万亩）。其中，天然牧草地21317.21万公顷（319758.21万亩），占80.59%；人工牧草地58.06万公顷（870.97万亩），占0.22%；其他草地5077.74万公顷（76166.03万亩），占19.19%。草地主要分布在西藏、内蒙古、新疆、青海、甘肃、四川等6省区，占全国草地的94%。①

我国草原大致分布于400毫米等降水量线的西北区域。东起大兴安岭西部，西至青藏高原，绵延4500公里。② 一般划分为东北草原区、蒙甘宁草原区、新疆草原区、青藏草原区、南方草山草坡区五大区域。依据水热大气候带特征、植被特征和经济利用特性，我国天然草原划分为18个类型。其中，高寒草甸类6372万公顷，面积最大，占我国草原面积的17.3%，主要分布在青藏高原地区及新疆；温性荒漠类4506万公顷，高寒草原类4162万公顷，温性草原类4110万公顷，这三类草原各占全国草原面积的10%左右，分别居第二、三、四位，主要分布在我国北部和西部地区；高寒草甸草原类、高寒荒漠类、暖性草丛类、干热稀树灌草丛类和沼泽类草原，面积均不超过全国草原面积的2%。③

草原与山脉、高原、丘陵、平原、荒漠、森林、河流、湖泊相依相连，是陆地生态系统维护生物多样性的重要的动植物基因库和资源库。据全国草地资源调查资料统计，我国共有草原饲用植物6704种（包括亚种、变种和变型），分属5个植物门、246个科、1545个属，其中属于中国草原特有的饲用植物有490多种；在草原上生存的野生动物包括兽类、鸟类、爬行类和两栖类，它们与植物、微生物一起参与草原生态系统的物质循环和能量转化。野生动物达2000多种，其中国家一级保护动物14种，国家二级保护动物30多种；有国家级草原自然保护区2个、省级草原自然保护区7个，涉及草原面积23.95万公顷，占全国自然保护区面积的0.16%，占全国草原面积的0.06%。据不完全统计，我国北方草原有放牧家畜品种（含地方品种、培育品种和引入品种）

---

① 国务院第三次全国国土调查领导小组办公室、自然资源部、国家统计局：《第三次全国国土调查主要数据公报》，《中国农业综合开发》2021年第9期。

② 刘江主编：《21世纪初中国农业发展战略》，中国农业出版社2000年版，第650页。

③ 农业部畜牧业司：《2014年全国草原监测报告》，2015年4月14日，http://www.moa.gov.cn/gk/jcyj/zh/201504/t20150414_4526567.htm。

253个，其中很多品种如辽宁绒山羊、小尾寒羊、滩羊、九龙牦牛、天祝白牦牛、蒙古牛、蒙古马、阿拉善双峰驼等，是中国特有的家畜品种资源，被列为重点保护对象。①

我国草原占国土面积的2/5，碳汇功能很强。相关研究结果显示，在全世界陆地生态系统有机碳储量分布中，森林占39%—40%，草地占33%—34%，农田占20%—22%，其他占4%—7%。我国草原总碳储量为300亿到400亿吨，每年固碳量约6亿吨。从地区看，85%以上的有机碳分布于高寒和温带地区，其中，高寒草原95%的碳储存在于土壤中，约占全国土壤碳储量的55.6%；从草原类型看，草甸草原和典型草原累积了全国草原2/3的有机碳；我国草地总碳储量约占全球草地碳储量的8%。②

三、草原民族生态文化资源富集地

中国草原大多分布在边疆地区和少数民族地区，其主要牧区分布在东北平原西部、内蒙古高原、黄土高原北部、青藏高原、祁连山以西、黄河以北广大地区。在全国12个草原重点分布省区内，共有牧业县（旗）119个、半农半牧县（旗）147个；草原牧区面积360万平方公里，约占全国土地总面积的37%，其中草原总面积2.8亿公顷，占牧区总面积的77%。内蒙古、西藏、青海和新疆4省区的牧区面积分别占本省区土地总面积的66%、81%、96%和50%；四川、甘肃两省的牧区面积均占本省区土地总面积的30%以上③。

草原是中国少数民族赖以生存发展的家园。在全国1.2亿少数民族人口中，有70%以上生活在草原地区；在少数民族聚居的659个县中，有597个在草原地区；全国2.2万公里边境线，有1.4万公里在草原地区；全国55个少数民族在草原地区都有分布。④

草原牧区是多元民族文化资源富集地，充满自然气息和生命活力。草原生态文化是草原民族与草原共生互动的结果。蒙古高原呼伦贝尔、锡林郭勒、科尔沁、乌兰察布、巴彦淖尔、阿拉善和鄂尔多斯的辽阔草原，有着游牧生活

---

① 中华人民共和国农业部编：《绿色华章——辉煌的草原保护建设工程》，中国农业出版社2010年版，第11页。

② 刘加文：《重视和发挥草原的碳汇功能》，《中国绿色时报》2018年12月6日。

③ 刘江：《21世纪初中国农业发展战略》，中国农业出版社2000年版，第668页。

④ 中华人民共和国农业部编：《绿色华章——辉煌的草原保护建设工程》，中国农业出版社2010年版，第13页。

传统的蒙古族牧民，以祭敖包表达对高山的崇拜、对生灵的祈祷；以游牧轮牧、毡包奶茶、骏马奔驰、长调呼麦……交融展现蒙古族崇尚自然的图腾境界和彪悍骁勇、自由坦荡的精神风貌；连亘喜马拉雅山、昆仑山、祁连山、横断山的青藏高原，雪山冰川、三江源流、神山圣湖，独特的生态系统和生物区系，孕育出奇异地域的高寒草原和藏、羌、门巴、珞巴等民族，神秘的藏传佛教、经幡、白塔、寺庙和精美的酥油花，雕刻着经文的玛尼石堆，唐卡中的草原故事，呼应着神山圣水、万物有灵、众生平等的生态理念和虔诚信仰；草原上伴着牧人和畜群的是淌着经文的河流、秦关汉道古长城、高亢委婉的花儿、长袖翻飞的卓舞等五彩缤纷的草原民族文化艺术；茶马古道延展着世界四大文化体系交汇的草原丝绸之路；而大自然赋予这块土地最热、最冷、最干、最玄、最酷的神奇魅力，渗透在草原人口口相传的《江格尔》《格萨尔》《玛纳斯》"三大英雄史诗"之中……草原牧区，蕴藏着天地间草原民族与大自然共生共创的、多元的、活态的生态文化瑰宝，如同星光璀璨，其价值无可替代、无可估量。

第二节　中国草原民族游牧轮牧畜牧历史悠久

中国近现代史学家、国学大师钱穆先生在《国史大纲》中明示："文化是全部历史之整体，我们须在历史之整全体内来寻求历史之大进程，这才是文化的真正意义。"而奔流不息的历史长河，便是文化跳动的脉搏。

距今6000年左右，我国已经出现了若干文明因素，如聚落城池（江苏省连云港藤花落古城）、文字符号和陶器（河南省三门峡市渑池县仰韶村仰韶文化遗址）等；大约不晚于距今4500年，先民开始告别原始社会过渡到初级文明社会。经过夏商周三代和春秋战国时期，到了秦汉时代，我国已经形成了统一的多民族中央集权国家。2000多年来，虽然也出现过地区分裂割据的局面，发生过民族间的对立和冲突，但国家的统一和各民族友好相处、互相依存乃至逐渐融合，共同推动祖国繁荣发展，始终是我国历史的主流，这在世界历史上也是绝无仅有的。清代前期，我国最终奠定了近代疆域的版图。①

① 全国干部培训教材编审指导委员会编：《从文明起源到现代化——中国历史25讲》，人民出版社2002年版，前言第5—6页。

我国草原民族依存于草原畜牧业的历史悠久。在数千年朝代演替、社会变革、族群部落发育成长的进程中，游牧部族的足迹遍布东北、西北和西南一带草原，逐步形成了民族多元、内容丰富、气息浓郁、色彩醇厚、风格独特的草原生态文化；伴随着不同时期的游牧迁徙、战争驱动、互市贸易，草原生态文化和草原文明与中原农耕文化和农业文明发生着不同程度的碰撞、影响与互动交汇，寻踪我国古代典籍史书，会发现草原民族在不同历史阶段留下的史料记载、文化经典和发展印迹……

一、原始草原畜牧业的印迹

草原是北方民族孕育草原生态文化的母体。由游牧畜牧说起：黄河流域以北曾是古代北方多个少数民族驻牧之地，这一带遗存有大量岩画，均与草原游牧民族有关。北方民族大学岩画专家李祥石曾说："大麦地早期岩画有许多象形与抽象符号，在大致同时期的陶文符号和后来的甲骨文中可以找到相近的形象。"

我们曾在宁夏中卫市沙坡头区大麦地见到一幅岩画，在银川市贺兰口岩画博物馆见到一幅岩画图片，二者图形类似，都与之后的，距今已有 3500 多年历史的甲骨文"畜"字有着明显的渊源。

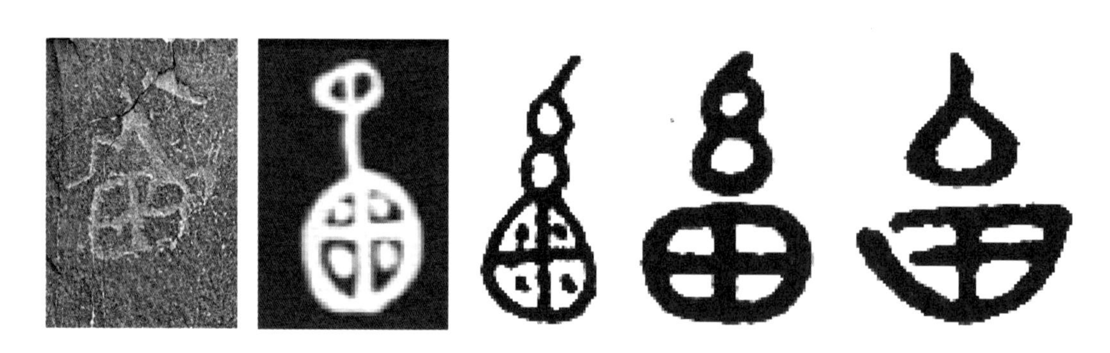

大麦地岩画　贺兰口岩画图片　摄影 / 汪绚　甲骨文的"畜"字

甲骨文"畜"字为会意字，是"蓄"的本字。《说文解字》："田，畜也。"《淮南子》："玄田为畜。"① 其字形：下面一方田，上面一束丝，本义是储存、积蓄。作名词解：下面的四个孔代表出气的牛鼻子，上面交织线代表绳子，用绳子系住牛鼻子，表明它是已经被古人驯服的家畜；作为动词解，意为养禽兽：畜产、

① （汉）许慎：《说文解字》卷 13《田部》，中华书局 1963 年影印本。

畜牧、畜养、家畜。[①]《淮南子·本经训》曰:“拘兽以为畜”,意为驯兽必先经过拘系圈禁阶段。《左传·昭公二十三年》曰:“家养谓之畜,野生谓之兽”;郭沫若释义:“乃从幺从囿,明是养畜义,盖谓系牛马于囿也。字变为畜。”《说文解字》囿,“苑有垣也。一曰禽兽曰囿。”[②]本义为:古代帝王养禽兽的园林。

甲骨文的“牧”字,像人手持荆条鞭赶着牛羊。

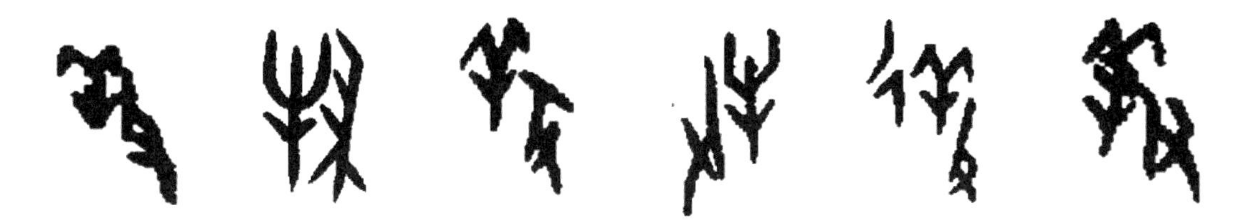

造字本义为放养牛群。金文基本承续甲骨文字形,调整了结构顺序;篆文承续金文字形

《说文解字》牧:“养牛人也。从攴(pū)从牛。《诗》曰:‘牧人乃梦。’”段玉裁《说文解字注》牧:“引伸为牧民之牧。”《周易·谦》:“谦谦君子,卑以自牧也。”引申为自我修养。《礼记·曲礼下》:“九州之长,入天子之国曰牧。”此处“牧”引申为统治、掌管。

畜字和牧字经过了甲骨文—金文—篆文—隶书—楷书的字形演变,不仅留下了原始象形会意文字的痕迹,也让我们从中看到了草原民族的生存环境和生产生活方式,由森林采集狩猎向“拘兽以为畜”的草原畜牧转变的历史。

古代掌管牧畜的官称为牧师。《周礼·夏官·牧师》:“牧师,下士四人,胥四人,徒四十人。”孙诒让《周礼正义》:“牧师者,此官为牧马官之长,故称师也。”《周礼·地官·牧人》:“掌牧六畜而阜蕃其物”,即掌管牧畜的官。郭沫若《中国史稿》:“文丁封季历为商朝的‘牧师’,即一种职司畜牧的官。”[③]

牧师掌管“牧地”始于商周时期。继夏朝之后的商朝(约前1600年—约前1046年),是中国历史上首个有同时期文字记载的王朝。商朝设“牧师”为掌管牧畜的官;周朝设“牧师”为掌管牧地的官。牧地,即牧放牲畜的地方。《周礼·夏官·牧师》记载“牧师,掌牧地,皆有厉禁而颁之。”西汉《毛诗故训传》有“就马于牧地”之说;南北朝《魏书·食货志》有“河西水草善,乃以为牧地”

① (汉)许慎原著,吴苏仪编著:《图解〈说文解字〉画说汉字·1000个汉字的故事》,陕西师范大学出版社2010年版,第404页。

② (汉)许慎:《说文解字》卷6《囗部》,中华书局1963年影印本。

③ 郭沫若:《中国史稿》第二册,人民出版社1979年版,第172—190页。

的描述；清·魏源《圣武记》卷三："康熙中，蒙古诸部献其牧地，规为围场。"

西汉司马迁《史记·匈奴列传》开篇记述了先秦时期北方游牧部族存在的历史及其生活方式、民族风俗和经济社会形态："匈奴，其先祖夏后氏之苗裔也，曰淳维。唐虞以上有山戎、猃狁、荤粥，居于北蛮，随畜牧而转移。其畜之所多则马、牛、羊，其奇畜则橐駞、驴、骡、駃騠、騊駼、驒騱。逐水草迁徙，毋城郭常处耕田之业，然亦各有分地。毋文书，以言语为约束。[①]"即：匈奴的祖先是夏后氏的后代，叫淳维。在唐尧虞舜之前，就有山戎、猃狁、荤粥等游牧部落，生活在北方荒蛮之地。他们的牲畜较多是马、牛、羊，还有奇特的骆驼、驴、骡、駃騠、騊駼、驒騱。他们逐水草迁徙，随畜牧而转移，没有城郭和长期固定的居所，没有农耕生产，但各自有分配的领地；没有文字和书籍，靠言语来约束族人的行为。

自然生态环境决定生存者的生产生活方式，马、牛、羊、骆驼等草食性动物的驯化成功，奠定了畜牧业发展的基础，丰富了草原民族生态文化，成为其性格塑造的重要基因。

二、古代草原游牧部族迁徙流动的区域

据《中国古代文化史》：秦汉至南北朝时期，在我国北方相继出现和存在着匈奴、丁零、敕勒、高车、柔然；东北方相继出现和存在着东胡、乌桓、鲜卑、夫余、高丽、挹娄、勿吉；西域出现和存在着36国，以后又发展为50余国，其中较大和重要的有居于天山北路的乌孙和居于天山南路的鄯善、车师、焉耆、龟兹、疏勒、于阗、且末等；西方存在着支系众多的氐羌民族集团。[②]

（一）北方草原民族多是从森林走向草原的，逐步由采集狩猎转向游牧部族。汉唐时期，东北边疆地区生活着东胡、秽、貊、乌桓、鲜卑、夫余、高句丽、沃沮、室韦、勿吉、靺鞨等十几个民族。

大兴安岭南段以东、西拉沐沦河以北，在上、中古时期存在着自然景观多样、面积广阔的"辽泽"，乌桓人像后世的契丹一样，依托"辽泽"游牧，又借助大兴安岭南段东麓的水土资源、森林资源、野生动物资源、矿产资源等，丰富自身的社会生产生活。

① 《史记》卷110《匈奴列传》，中华书局1959年版，第2879页。

② 阴法鲁、许树安主编：《中国古代文化史（一）》，北京大学出版社1989年版，第42—43页。

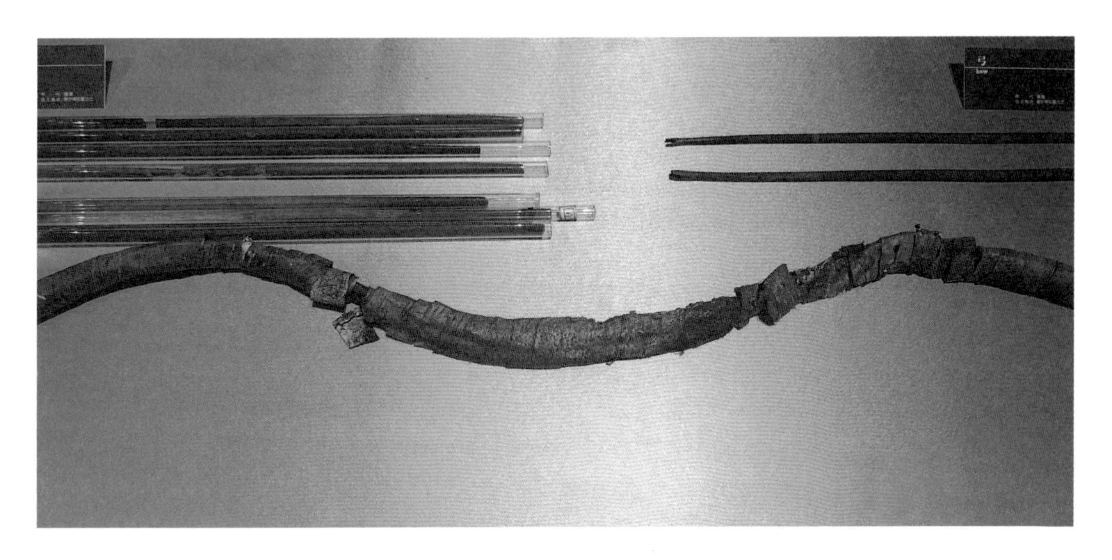

距今 3000 多年的桦树皮制作的弓箭　摄影 / 敖东

东胡原来是匈奴以东，肃慎和扶余以西一个部落联盟的称号；该联盟被匈奴击破以后，东胡就成为人种、语言、习俗稍同或相近的诸部族的总称；东胡系诸部族先后包括东胡、乌桓、鲜卑、库莫奚、契丹、室韦、乌洛侯等部族；其中，鲜卑后来又分为慕容、吐谷浑、段氏、宇文、拓跋、柔然等部。① 在东汉末期之后的 200 多年中，北迁的匈奴、鲜卑、羌、羯等少数民族陆续迁入宁夏，至大夏国建立后，畜牧业趋于稳定发展。

契丹是东胡游牧民族之一，原居于东北辽河上游潢水（西拉木伦河）流域，在公元六七世纪崛起于东北，其领地北接室韦，东临高丽，西界奚族，南至营州（今辽宁锦州市西）地方 2000 余里，居无定处，逐猎往。契丹共分八部，部族联盟是契丹早期的社会组织，凡有重大事件，"八部聚议"。② "大漠之间，多寒多风，畜牧畋渔以食，皮毛以衣，转徙随时，车马为家。" ③

公元五六世纪，位于内蒙古自治区东北部，大兴安岭以西的呼伦贝尔草原向东延伸到嫩江，南抵洮儿河，北迄额尔古纳河下游，已经居住着语言上与东胡有渊源关系的室韦部落，当时被称为达怛（鞑靼），室韦—达怛人是蒙古族的祖先。额尔古纳河两岸是大兴安岭莽莽森林，蒙古族的祖先最早是林中的狩猎部落，进入七八世纪逐渐发展起来。④ 他们以狩猎为辅、游牧为主，日

① 郑德英：《东胡系诸部族与蒙古族族源》，中国蒙古史学会编：《中国蒙古史学会论文选集》，内蒙古人民出版社 1980 年版。

② 吴枫、陈伯岩编著：《隋唐五代史》，辽宁人民出版社 1984 年版，第 135—136 页。

③ 《辽史》卷 32《营卫志中・行营》，中华书局 1974 年版，第 373 页。

④ 夏于全主编：《史记上下五千年》第二卷，北方妇女儿童出版社 2003 年版，第 86 页。

常居于毡帐中，食以肉乳，行以马匹，身着皮裘。呼伦贝尔草原得名于呼伦湖和贝尔湖，总面积约 10 万平方公里，天然草场面积占 80%；这里 3000 多条河流纵横交错，500 多个湖泊星罗棋布。呼伦贝尔的森林和草原，是蒙古族发祥、发展之地；额尔古纳河流域和大兴安岭是蒙古族繁衍的圣地和摇篮。

（二）魏晋南北朝基本是农牧相衡的经济结构。游牧民族牧主式生产关系占主导地位。朝廷重视畜牧生产，划定区域作牧场，对游牧部落实行“离散诸部，分土定居”的政策，使广大游牧民族固定在牧场上。[①]《魏书·食货志》载：“以河西水草善，乃以为牧地。畜产滋息，马至二百余万匹，橐驼将半之，牛羊则无数”。据《隋书》，隋朝大力发展畜牧业，在陇右各地设置国家军马场24处，设置总监、太都监、尉，以主管其事。

（三）从远古到公元 7 世纪初，青藏高原的对外交流主要是青藏高原东部的游牧部落群向东、向北、向东南的迁徙和发展，在这个过程中与黄河流域的农耕文化、北方草原的游牧文化、四川盆地的巴蜀文化、云贵高原的滇黔文化发生密切的联系。这种长达几千年的交流，是以部落或部落联盟为单位，以物质交换为主要形式分散进行的，与古代部落的迁徙、分化、碰撞、融合交织在一起，这些地区民族的古老宗教崇拜中许多相似之处来自这种文化的交流。

青藏高原分为羌塘高原、藏南谷地、柴达木盆地、祁连山地、青海高原和川藏高山峡谷区，是我国天然高寒草原草甸分布区。川西高原是青藏高原东南方的延伸区域，与青海、西藏交界，总面积 23.6 万平方公里，其中多半是高山草地。川西草原是青藏高寒草原的组成部分，分布于四川甘孜、阿坝、凉山三州区域，海拔 3800—4500 米，金沙江、雅砻江、大渡河等河流纵穿而过。长江江源水系汇成通天河后，到青海玉树县境进入横断山区，开始称为金沙江——藏语“卓曲”，意为“牦牛河”，这一带是青藏高原上最好的牧场，物种丰富，盛产牦牛，体形大、产奶多。雅砻江古称若水，其上游的扎曲河和澜沧江上游的扎曲河，藏语都称作“牦牛江”，说明在今青海省的玉树藏族自治州和海南藏族自治州也有牦牛部落生活过。[②] 牦牛，原为古代莋都地区的一个聚邑，在此置县。[③] 段玉裁《说文解字注》：“今四川雅安州府清溪县大相岭之外，有地名牦牛，产牦牛。而清溪县南抵宁远府，西抵打箭炉。”[④] 宁远府为今

① 陈育宁、景永时：《魏晋南北朝时期的河套民族关系》，《宁夏师范学院学报》1989 年第 2 期。

② 参见龚伟：《试论战国秦汉时期西南筰人迁徙》，《成都大学学报（社会科学版）》2014 年第 6 期。

③ 《后汉书》卷 86《西南夷传》，中华书局 1965 年版，第 51—52 页。

④ （清）段玉裁：《说文解字注》，上海古籍出版社 1988 年版，第 53 页。

凉山彝族自治州，打箭炉即今康定。今雅安、康定至汉源之间的雅砻江以东、大渡河以西地带都是牦牛县辖地。两汉时期牦牛县的居民主体为羌人。

据《史记·西南夷列传》[①]：秦汉时期我国西南地区，有夜郎、滇、邛都、巂、昆明、徙、筰、冉駹、白马等多个少数民族古国，他们的习俗和生产方式，呈现草原游牧部族的特征。即：夜郎、滇、邛都等部族的夷人，头梳椎髻，耕种田地，聚居村镇；自同师（云南保山市）以东向北到楪榆（云南大理市北），称为巂（四川凉山州北部越西县）和昆明。部族的夷人都把头发编成辫子，以游牧为生，随牲畜迁徙，无长期固定的居所，活动范围有数千里；自巂以东北，徙国和筰都势力很大；筰都东北方与冉駹相接，冉駹国的夷人，有的是当地的少数民族，有的是迁徙此地的移民；冉駹东北方的白马国，都是氐系同族。

《后汉书·西南夷传》承袭《史记·西南夷列传》，更详细地记述了这一时期西南少数民族部族的地理位置、风俗习性和与汉王朝的关系。其中记述：对于冉駹部族，汉武帝元鼎六年（前111）设立了汶山郡。到地节三年（前67），夷人觉得该郡租税太重，于是宣帝将汶山郡与蜀郡合并为北部都尉，直到东汉灵帝时，又恢复汶山郡治。那里“六夷、七羌、九氐”各自有族群部落。他们为母系氏族，尊崇妇女；王侯懂得不少文字，法禁严峻，人死后就将尸体烧掉。高原地带气候大都寒冷，即使盛夏雪山冰川仍然不融化。他们依山而居，用石头垒砌房屋，高的达十多丈，称之为“邛笼”。由于土地坚硬含盐，不生谷、粟、麻、豆类，他们耕种麦田，放牧牲畜。那里有一种旄牛硕大，即便是一头没长角的童牛，体重也达千斤，牛毛可以做成毡子和饰物。高原上出产名马。有羚羊，可疗毒。有一种食药鹿，母鹿腹中所怀鹿胎肠中的粪便亦可疗毒疾。还有五角羊、麝香、毛羽很轻的毡鶵、牲牲等物种。那里的人能够制作旄氈（毡）、班罽（一种有彩色花纹的毛毯）、青顿、毞毲（古代少数民族所织的一种兽毛布）、羊羧之类的毛织品。那里有种类繁多的药材，有煮后可以制盐的咸土，马鹿、羊、牛、马都长得很肥壮[②]。

《太平寰宇记》载，“冉駹本羌国，蚕丛（古代神话传说中的蚕神）后裔，秦时冉駹分布于岷上，领十县”。《四川古史》载，“氐羌系秦、汉由甘、青、河湟迁居汶山之表”。有学者论证《史记》和《后汉书》所谓冉駹夷，在汉代西迁后

① 《史记》卷116《西南夷列传》，中华书局1959年版，第2991页。

② 参见《后汉书》卷86《西南夷传》，中华书局1965年版，第13页。

阿坝桃坪羌寨遗存的土司府四角雕楼　摄影/李智勇

发展为隋唐的嘉良夷，进而成为今天嘉绒藏族的主体。[①] 有学者从考古学的视角指出：昆明夷源于西北甘青高原的氐羌系民族，从新石器时代不断南迁，到达怒江和澜沧江流域并居于其地；后又不断东迁，与滇国发生了极为密切之关系。[②]

语言学家孙宏开先生考察后认为，“邛笼”系古羌语，是古羌人对“碉”的称呼。[③]《后汉书・西南夷传》记述冉駹夷人建造居住的“邛笼”，正是至今青藏高原的川西一带历史遗存的，形态和用途独特的“碉楼”最早的称呼。而我们在川西阿坝桃坪羌寨和马尔康松岗镇，就亲眼见到了羌族和嘉绒藏族不同建筑风格的古“碉楼”。

据范文澜《中国通史简编》，羌族是中国最古老的民族之一，中国西部广大疆土得到开发，主要是羌族的功绩。羌族居住地以青海为中心，向四方发

① 李青：《试论嘉绒、嘉良夷、冉駹与戈人的关系——兼论嘉绒藏族的族源》，《四川民族学院学报》2010 年第 4 期。

② 刘金双、段丽波：《昆明与滇国关系考——从考古学的视角》，《云南社会科学》2013 年第 14 期。

③ 石硕：《“邛笼”解读——关于青藏高原碉楼早期历史面貌的考察》，《中国藏学》2011 年第 1 期。

展。十六国时期，羌族烧当部曾在关中建立姚姓的后秦国。向西北的一路进入西域鄯善、且末一带。向南的一路散居在蜀边境内外。向西的一路成就最大，建立了以逻娑为中心的苏毗国和以山南琼巴为中心的吐蕃国。苏毗奉女王为首领，吐蕃奉赞普为君长，在社会发展程度上，吐蕃比苏毗进步些。①

（四）西夏党项羌族起源于青藏高原地区的青海、甘肃一带，公元6世纪末期，逐步向内地迁徙。古代羌族是一个大系，党项羌人是其中一个分支。汉朝时，羌族大量内迁至河陇及关中一带，过着原始游牧部落生活。《隋书》和《旧唐书》对党项羌人早期历史活动的记载大体相同。

《隋书·党项传》："党项羌者，三苗之后也。其种有宕昌、白狼，皆自称猕猴种。东接临洮（今甘肃省临潭县）、西平（今青海省西宁市），西拒叶护（案指西突厥领地，即今新疆维吾尔自治区，法人沙畹谓叶护为西突厥之别称），南北数千里，处山谷间。每姓别为部落，大者五千余骑，小者千余骑。织牦牛（野牛）尾及羖攊（羊类）以为屋，服裘褐，披毡以为上饰。俗尚武力，无法令，各为生业，有战阵则相屯聚。无徭赋，不相往来。牧养牦牛、羊、猪以供食，不知稼穑。……无文字，但候草木以记岁时，三年一聚会，杀牛羊以祭天。"②之后，逐渐形成了以姓氏为部落名称的党项八部，其中拓跋氏最为强盛，南北朝末期开始活动于今青海省东南部黄河上游和四川松潘以西山谷地带。唐朝初年，进入西藏的羌族人建立了强大的吐蕃王朝。吐蕃人经常骚扰唐朝边民、抄掠已归附唐朝的党项人，党项族请求唐朝后，逐渐迁徙到今甘肃东部和陕西北部定居。

公元1038年至1227年，西夏党项羌王朝依托河西走廊，在银川平原建都称帝；带着青藏高原游牧部落文化的鲜明特征，接纳中原文化。西夏本名大夏，宋人称西夏。其东据黄河，西至玉门，南临萧关（今宁夏同心县南），北抵大漠（蒙古瀚海），地方二万余里。③在西夏领域中的河西陇右地区，从来就是有名的牧区，盛产良马；同时依赖于河套地区汉族人先进的生产技术，也有相当发达的农业，对西夏社会经济发展起到了重大作用。西夏王朝借助"自汉、唐以水利积谷食边兵"的条件，疏浚古渠、开凿新渠，确立了封建土地所有制；学习中原技术，陶瓷、纺织、铸造、酿酒、制盐等手工业和商贸有了长足进步；与西域诸国互通往来、商贸繁盛，融汇吐蕃、回鹘、契丹、鲜卑等民族

① 范文澜：《中国通史简编》（修订本），人民出版社1965年版，第489—490页。

② 吴天墀：《西夏史稿》（修订本），四川人民出版社1982年版，第1页。

③ 吴天墀：《西夏史稿》（修订本），四川人民出版社1982年版，第33页。

的文化元素，创造西夏文字，推崇儒学、佛教，形成了别具特色的西夏文化。草原文化与农耕文化融合的西夏文明延续了 189 年，最终在蒙古军战争和天灾疫病的困境中灭亡。

（五）剖析古代草原民族和草原牧业，在草原区域内游牧、轮牧的流动迁徙之外，涉及国家南北人口迁徙、农牧业区域调整和经济社会结构变化、文化碰撞与交融的历史，基本发生在朝代更替初建时统治者的政令之下。黄河河套地区包括河套平原与鄂尔多斯高原两大板块。自秦汉以来，中原王朝在这里移民屯垦。范文澜在《中国通史简编》“黄河流域各族大融化”一节中写道：黄河流域或者说黄河南北两岸的中原，是汉族生息的中心地区，由于大战乱的推动，一方面，汉族从中心地区出发，向边远落后地区流亡，在那里扩展了汉文化的面积，也给那里的民族以汉文化的影响；另一方面，这些民族得到汉文化的帮助，凭借武力，向中心地区迁移，接受更多的汉文化影响；到后来，陆续融化在汉族里。隋唐时期居住在黄河流域的汉族，实际是十六国以来北方和西北方多个少数民族与汉族融化而成的汉族。元胡三省有亡国之痛，注《资治通鉴》寄感慷慨说：“呜呼！自隋以后，名称扬尽时者，代北之子孙十居六七矣，氏族之辨，果何益哉！”从姓氏来源看，隋唐时重要的政治人物，固然很多是鲜卑人，从文化水准看，他们却已经是卓越的汉族士人了，事实上再没有任何意义要辨别他们的氏族。汉族人大量流亡，少数民族大量内迁，是西晋末年正式开始的，到隋文帝灭周后才告结束。这中间相隔将近 300 年，形式上是接连不断的战乱，实质上是文化程度不同的许多民族在中心地区进行融化运动。这种融化运动必然要经历一个痛苦的过程，十六国和北朝正是这样的一个过程。①

西汉时期，各族统治阶级发动过频繁的战争，但各族人民之间政治、经济、文化上的联系日益密切，成为民族关系的主流。据《史记・匈奴列传》，借助楚汉争霸，强盛起来的北方匈奴，东灭东胡（今辽西北部），西攻大月氏（今甘肃河西走廊），北方征服鬲昆、丁零各部（西伯利亚），南方征服楼烦、白羊（今河套地区），重新进入河南地（今内蒙古河套一带），直到燕、代（今河北山西北部），控制了北部、东北和西北广大地区。匈奴经常进犯汉地，掳掠人畜，成为汉北方的强大敌人。汉武帝反击匈奴战争，制止了匈奴贵族的残暴掠夺。公元前 121 年，西方浑邪王率 4 万人马降汉，汉与其置地陇西、北地、上郡、

① 范文澜：《中国通史简编》（修订本），人民出版社 1965 年版，第 525—526 页。

朔方、云中5郡的塞外，称“五属国”；汉之后又在那里设立了武威、酒泉、张掖、敦煌四郡；公元前119年，一次性移民70余万口定居屯田，牛耕垦殖，使西北地区得到进一步开发。[①]公元前一世纪中叶，匈奴人在汉武帝的强大压力下南北分裂后被称为南匈奴的，后来并没有跟北匈奴远走中亚，而留原地，即今内蒙古境内，并逐渐进入关内，和汉人杂居混合。[②]

西夏（1038—1227）与辽、金先后成为与宋代鼎峙的政权，其间前后327年。辽（907—1125），契丹族统治者一方面从南面把俘掠的汉人迁入东蒙古地区，另一方面又把征服的渤海人从东面迁入东蒙古地区。汉族和渤海族的经济、文化水平较高，从而推动了东蒙古地区社会经济、文化的发展。金（1115—1234），女真族统治者曾多次大规模地把东北地区的女真族、契丹族、奚族等南迁到中原各地，与此同时把从中原地区征服、掳掠的汉人迁往东北各地，从而使东北地区的人口比辽时增加了一倍。元朝（1271—1368），据《元史·地理志》，元初战乱频繁，使辽金时建立的许多州县“徒存其名而无城邑”。因此，元统治者把东蒙古地区作为弘吉剌部和亦乞烈思部的封地，让这些蒙古族部众来到东蒙古地区游牧、生息。如此，元朝式的改耕地为牧场，以及之后清朝式的跑马圈地相继成为一定时期的历史境况。前往西北的中原人不善畜牧业，于是在气候水土条件尚好之地，开垦草原发展农作物种植业，带去了先进的农耕文化；而北方游牧民族迁徙中原，促进了中原地区畜牧物种的增加和畜牧业的发展，但由于地域条件的限制，多数放弃了畜牧业而从事农耕。在劳动者与劳动对象的大转换中，草原游牧业与中原农业都受到了不同程度的破坏和影响；但客观上，也产生了草原文化与农耕文化、草原文明与农耕文明的碰撞摩擦、交往互动与逐步融合。

三、马的驯养利用为草原民族开辟新天地

马是人类最早驯养的家畜之一，古代中国对于马的驯养历史已有五六千年。蒙古马是中国乃至全世界较为古老的马种之一，是典型的草原马种；蒙古野马是家马的祖先之一，也是当今地球上仅存的野生马种。奔驰在锡林郭勒草原上的乌珠穆沁白马、阿巴嘎黑马、多伦诺尔御马，是当今举世闻名的蒙

① 高尚志、冯君实编著：《秦汉魏晋南北朝史》，辽宁人民出版社1984年版，第63—67页。

② 费孝通：《文化与文化自觉》，群言出版社2010年版，第61页。

古马。

锡林郭勒阿巴嘎旗草原是黑色骏马的中心产区。据相关文字记载，公元13世纪前，这里是蒙古民族世居之地，为元太宗成吉思汗同父异母的兄弟别力古台的辖域。别力古台曾跟随太祖“平诸部落，掌从马”（《元史》，1369年），驻守阿巴嘎部落，其中一职就是管理蒙古汗国所有战马。别力古台非常喜爱这里的阿巴嘎黑马，在长期的自然选择和人工选育的影响下，阿巴嘎黑马毛色乌黑发亮，体形清秀匀称，骨骼坚实、肌肉发达，宽额大眼、耳小直立，奔跑速度快、耐力强，逐步成为享誉草原的良种马。

在当地还有一处“响泉”，相传是成吉思汗的宝马用蹄刨出来的神圣泉水。公元1211年，蒙古大军南下攻金，途经浑善达克沙地北缘安营扎寨，因为人马饮了不净的河水而患上疾病。这时草原深处一黄马驹发出光环，仰天长啸，顿时天空出现了一道彩虹。众将士蜂拥而至，马驹和彩虹消失不见，却发现喷涌的甘泉。众将士高呼“成吉思汗”，泉水喷射更加高涨，将士们痛饮甘泉，疾病不治而愈，成吉思汗遂命名此泉为“达古图宝拉格”（蒙古语：响泉），命名黄色神驹为浑善达克，响泉和浑善达克从此得名。[①]

“驳马”，即古代文献中的汗血宝马、天马、骢马；突厥、蒙古人称为“阿鲁骨”。畜养驳马的游牧人被称为贺兰部、延陀部，汉译则为“驳马部”。古时贺兰山名字的由来有多种说法，但都与北方草原游牧民族和驳马分不开。其中，据唐代杜佑《通典》突厥条载“突厥谓驳马为曷拉”“曷拉即贺兰”；据唐代李吉甫《元和郡县图志》卷四《关内道四・灵州》保静县条言：“贺兰山，在县西九十三里。山有树木青白，望如驳马，北人呼驳为贺兰。”

传说周穆王有八骏，第七匹宝马能腾云驾雾。《拾遗记》：“七名腾雾，乘云而奔。”周穆王西游，西王母接周穆王上天，周穆王骑腾雾，一路腾云驾雾上了天宫。

据晋崔豹《古今注・鸟兽》记载，秦始皇有七骏马：一曰追风，二曰白兔，三曰蹑景，四曰追电，五曰飞翮，六曰铜爵，七曰晨凫。

《旧唐书》记载：“骨利干遣使献良马十匹，唐太宗李世民为之制名，号为十骥……十曰奔虹赤。”号称第十匹马奔跑速度之快，能够追上彩虹。

西汉时期，汉武帝多方施策扶持军队和民间养马。下令在河套草原地区设立“亭障”使民得畜，官府还把母马贷给牧民繁殖，令其三年后归还，河套

① 江泽慧主编：《华夏古村镇生态文化纪实》上卷，人民出版社2018年版，第258页。

及其周围地区“人民炽盛，牛马布野”“故募人田畜以广用，长城以南，滨塞之郡，马牛放纵，蓄积布野。”① 西北地区饲养马达到 30 万匹。为了得到良马，有和亲亦有战争。

伊犁河流域是乌孙国的游牧地。据《史记 · 大宛列传》记载：“乌孙多马，其富人至有四五千匹马。”公元前 119 年，张骞第二次出使西域后返回长安，乌孙王猎骄靡派使者护送张骞，并携良马数十匹献给汉朝。元鼎二年（前 115），“乌孙以千匹马聘汉女，汉遣宗室女江都翁主往妻乌孙，乌孙王昆莫以为右夫人”。即：乌孙王派使者以千匹良马为聘礼向汉朝求婚，汉武帝接受了其请求，将汉室宗亲江都王刘建的女儿细君公主远嫁乌孙，乌孙王昆莫封其为右夫人。

大宛，古代中亚国名，位于帕米尔西麓，费尔干纳盆地。据《汉书音义》：“大宛国有高山，其上有马，不可得，因取五色母马置其下，与交，生驹汗血，因号曰天马子。”

据《史记 · 大宛列传》，汉武帝为了得到大宛的“汗血马”，曾“使壮士车令等持千金及金马以请宛王贰师城善马”。大宛王与臣商议认为，贰师城善马为宝马，汉与宛相距万里，不能奈我何。“遂不肯予汉使。汉使怒，妄言，椎（砸碎）金马而去。宛贵人怒曰：‘汉使至轻我！’遣汉使去，令其东边郁成王遮攻，杀汉使，取其财物。”汉武帝大怒，自太初元年开始，两次组织兵马出征万里讨伐大宛并打击西域一带的匈奴。战事历经三四载，最终汉军包围大宛城，攻打 40 多天。大宛重臣谋议：“汉所为攻宛，以王毋寡匿善马而杀汉使。今杀王毋寡而出善马，汉兵宜解；即不解，乃力战而死，未晚也。”宛贵人皆以为然，共杀其王毋寡，持其头遣贵人使贰师，约曰：“汉毋攻我，我尽出善马，恣所取，而给汉军食。即不听，我尽杀善马，而康居之救且至。”讲和。汉军选取了大宛几十匹良马，以及中等以下的公马与母马三千多匹，又立了大宛贵人中从前对待汉使很好的名叫昧蔡的人为大宛王，与他们订立了盟约。汉军始终未进入大宛城内，就撤军回到汉朝。汉武帝得到西域大宛的“汗血马”，定其名为“天马”，将“乌孙马”改称为“西极马”。汉武帝曾写下二首诗歌咏“天马”：

《西极天马歌》：“天马来兮从西极，经万里兮归有德。承灵威兮降外国，涉流沙兮四夷服。”

① （汉）桓宽：《盐铁论》卷 8《西域》，上海人民出版社 1974 年版，第 96 页。

《太一之歌》:“太一贡兮天马下,沾赤汗兮沫流赭。骋容与兮跇万里,今安匹兮龙为友。”

而“天马”“西极马”都是今伊犁马的前身。后世,为了得到西域良马,中原地区与西域一直进行着绢马贸易和茶马贸易。[①]北朝时期,契丹曾以“名马”和“文皮”作为朝觐北魏帝国的贡物。

吐谷浑“多善马”“出良马”,其中最著名的“善马”产自青海湖一带,被当时人称为“龙种”和“青海骢”。《北史·吐谷浑传》记载,“青海骢”是吐谷浑人把当地的优良种马与波斯(古代伊朗)母马进行杂交后所生,据说这种马可日行千里。而“龙种”的产生则带有神话色彩:每到冬季,青海湖结冰之后,吐谷浑人就把良种母马送到海心山上,到来年春天,马有孕,所产的马驹即为“龙种”[②]。《魏书·吐谷浑传》载:“其(指吐谷浑)刑罚:杀人及盗马者死……”将盗马与杀人同等定罪予以处死,如此严苛的刑律,可见吐谷浑对马匹的重视。

唐朝设东南西北监牧司掌管牧马业,以养马业为中心的畜牧业得到大发展。朝廷将归顺来的突厥、党项、吐谷浑等少数民族部落安置在原州(今宁夏固原)、灵州(今宁夏灵武)境内,不改其俗,尊重他们的生活习惯,形成了以原州为中心涉及甘宁青的养马基地;到高宗麟德年间又在陇右四郡增设“牧监48所,置八使掌管其事”“宁夏境内有16监,牧马数由贞观年间的3000匹增加到70.6万匹”[③]。“安史之乱”后半个世纪,战乱使盛唐时期建立起来的农牧结合的经济结构受到严重伤害。

古代中国马之神圣,享誉“天行健”。战国时期哲学经典《子夏易传·象传》诠释《易经》曰:“乾为天,为圜,为君,为父,为玉,为金,为寒,为冰,为大赤,为良马,为老马,为瘠马,为驳马,为木果。”其中将“天”喻为“马”。《周易正义》曰:“乾,健也。”“为良马,取其行健之善也;为老马,取其行健之久也;为瘠马,取其行健之甚,瘠马骨多也;为驳马,言此马有牙如锯,能食虎豹。”《周易尚氏学》:“乾健,故为马。凡物皆有初壮究,故由良马而老而瘠而驳。”此四种马为典型的强健者,均合“健”义。

综上,草原民族创造的游牧文明,如同牧人驾驭骏马在草原上驰骋,绵延

---

① 中国农业百科全书总编辑委员会畜牧业卷编辑委员会:《中国农业百科全书·畜牧业卷下》,农业出版社1996年版,第722页。

② 许新国等:《三江源古文明之草原王国:吐谷浑》,《文明》2006年第11期。

③ 钟侃:《宁夏古代历史纪年》,宁夏人民出版社1988年版,第75—76页。

几千年，在中国古代文明史上占据着重要地位；其与农耕文明的碰撞、互动、共生、融合，构成了中国古代史不可磨灭的篇章。

第三节　人类与草原和谐共生的草原生态文化

人与自然的关系是地球生态系统的核心关系。地球是人类与自然万物生存发展的空间和具有普遍联系的复合型生态系统。恩格斯明确指出："我们连同我们的肉、血和头脑都是属于自然界和存在于自然之中的。"[①] 地球上的生命有机体相互影响、相互作用、相互制约又相互依存，结成地球生物圈命运共同体的无数条环环维系的生物链。其生命基因或生生不息繁衍发展，或变异进化、优胜劣汰、适者生存，或出现断裂物种灭绝，都有其客观必然性。

一、从人与自然的关系探索草原生态文化的本质

马克思在《资本论》中揭示：人类依赖自然界，是不以一切社会形式为转移的人类生存条件，即人类生活得以实现的永恒的自然必然性。"劳动首先是人和自然之间的过程，是人以自身的活动来中介、调整和控制人和自然之间的物质变换的过程。"[②]

人与自然的关系，基于人类对于自然生态系统的依赖和对自然资源的利用；而人与人的关系，又基于人类占有、利用自然资源创造并扩张财富的权益关系；人与自然的关系，制约着人与人、人与社会的关系，人类对自然生态系统及其资源利用的"进退取舍"，都基于其价值取向。

在我国古籍中与草原相关的内容，多是草原族群部落之间或是其与中原、塞外战争的史记，或是天灾、战祸导致的草原部族的迁徙、演变等描述。从商代甲骨文中的羌、鬼方，到周代的戎、狄，到秦汉的匈奴、丁零、铁勒，到南北朝的鲜卑、柔然，到唐代的突厥、回鹘，到宋代的契丹、党项，到金代的女真，到元代的蒙古，到明代的鞑靼，再到清代的满族，历代史家学者多着力于对草

① 《马克思恩格斯选集》第3卷，人民出版社1995年版，第384页。

② 《资本论》第1卷，人民出版社2018年版，第207—208页。

原民族与战争的追溯，而相对忽略了北方草原文明与华夏农耕文明相伴而行、共同书写了中华文明的历史；忽略了挖掘源自草原民族与草原依存共生的关系，这一人与自然的本质关系及其对文明演进的影响。

《周易·贲卦·彖传》以其哲学视野，传导宇宙天地和人类社会变化之道："刚柔交错，天文也；文明以止，人文也。观乎天文，以察时变；观乎人文，以化成天下。"本书则是循着草原民族与草原共生的历史脉络，探索草原生态文化的本质特征、思想精髓、文化形态和表现形式；回溯草原文化与农耕文化，互为摩擦、互为影响、互为交融的文化演进，所促进的人与自然和谐基础上的民族与民族、民族与社会、民族与国家、国家与国家间的多元互动融合。如《中国通史》所述，"女真族与汉族通过共同的经济生活和文化交融，促进着民族间的融合"。[①] 揭示：社会文明进步在于为生态人文精神的遍润、陶养、完善、转化与提升，生态文化在于人与自然关系中"天地一体，万物同源，道法自然，天人合一""和实生物、和而不同、求同存异、和而共生、和谐共荣"的核心价值观，促进了人的全面发展和社会的文明进步。

二、草原生态文化是草原文化的灵魂和主体

人与自然和谐共生是生态文化的核心价值观，草原文化的本质是草原民族与草原相互依存、相生共荣的生态关系，因此，草原文化的灵魂和主体内容是草原生态文化。

马克思早在《1844年经济学哲学手稿》中阐释了其生态价值观："自然界，就它自身不是人的身体而言，是人的无机的身体。人靠自然界生活。这就是说，自然界是人为了不致死亡而必须与之处于持续不断的交互作用过程的、人的身体。所谓人的肉体生活和精神生活同自然界相联系，不外是说自然界同自身相联系，因为人是自然界的一部分。"[②]

草原自然生态环境、牧民部族、牲畜种群，形成三足鼎立支撑的复合型草原生态系统，继而复合型草原生态系统本身具有自然、社会、经济、文化四重属性。复合型草原生态系统是草原民族生产生活方式和民风习俗的决定因素；而人是自然与社会本质属性的综合体，其生产生活方式和经济发展模式，又

① 范文澜、蔡美彪等：《中国通史》第四册，人民出版社2008年版，第87—89页。

② 《马克思恩格斯选集》第1卷，人民出版社2012年版，第55—56页。

作用于草原生态系统，形成草原牧民与草原生态关系的本质特征，体现在其生产生活方式和性格习惯的养成之中。

（一）草原文化是以草原为载体的生态型文化

草原民族是多个民族的集合体，草原文化是草原地域文化与民族文化的统一体。草原文化是以草原地域为载体的，生活在草原上、与草原相互依存的多个民族族群，与草原共生、共创的文化。即从古至今孕育成长于不同区域草原地理生态环境和人文经济社会生态环境的文化形态和文化现象；既别具不同自然地理环境和不同民族文化特征，又具以草原为基础的基本生产生活方式所产生的内在联系的统一性和草原文化内涵的普遍意义，并伴随着不同历史时期自然生态环境变化和经济社会形态变化而演进。

2005年内蒙古社会科学院设立的“草原文化研究工程”，成为国家社科基金重大委托项目；在2006年8月中国·内蒙古第三届草原文化研讨会上，专家们一致认为：草原文化是世代生息在草原地区的先民、部落、民族共同创造的一种从生产方式到生活方式，以及风俗习惯、社会制度、思想观念、宗教信仰、文学艺术等，从观念领域到实践过程，都同草原生态环境相适应的一种文化形态，在文化类型上可以说是一种生态型文化。这也是草原文化区别于伦理类型的中原文化的主要标志之一。草原文化从属于区域文化类型，我国北方草原文化与古埃及文化、黄河文化等其他古老地域文化一样悠久；旧石器晚期至新石器早期阶段，这里相继出现以兴隆洼文化、赵宝沟文化、红山文化为代表的早期草原文化繁荣景象，被确认为中华文明发祥地之一。①

（二）游牧文化是草原生态文化理念生发的基础

游牧文化的历史经纬参与了草原文化的编织，但其色彩的原生性、单纯性和自然性却独树一帜。古代游牧民族与自然的关系可谓顺势而为，即顺从自然变化，调整自身的生产生活方式。随着季节和气候的变化，借助牛马驼的运力，载着毡帐和日常生活用具、赶着畜群，选择水草丰茂、适于放牧的地方迁徙，赋予机动性、流动性和生态依附性。草原生态资源给予草原牧民生存发展的资本，在漫长的历史进程中，他们逐步由不自觉到自觉——因循自

① 金海：《深化草原文化研究，推进文化大区建设——中国·内蒙古第三届草原文化研讨会综述》，《草原文化研究》2006年第10期。

然规律，节制有度地利用草原，与草原生态环境形成了和谐互动关系和延续千年的游牧生产生活方式。但是，随着社会体制变革和经济体制转型，牧区所有制形式、生产组织形式和经营方式的变化，传统的逐水草而迁徙的游牧生产生活方式逐步向半定居、定居过渡，传统的典型游牧文化形态也随之开始渐渐淡出当代草原的视野。

（三）草原生态文化契合了生态文明的时代追求

综上，游牧文化历史记载始于先秦商周时代，是草原文化的初级形态；然而，在草原文化成长发展的历史进程中，游牧文化虽与草原文化有交织，却是自成体系相对独立。

草原民族历史悠久，草原文化与农耕文化、海洋文化一样，是推进中华民族大家庭文明发展的不可或缺的历史力量。草原文化是生态型的，带有不同草原区域草原民族烙印的地域文化的总合。

草原生态文化理念既有游牧文化的基础，又有草原文化的地域特征和草原民族文化的多元类型，汲取了游牧文化和草原文化之中的优秀思想传承；草原生态文化能够在新时代崛起的最突出的特点是其与草原的共生性、与传统的传承性、与发展的创新性、与草原多民族的亲和性；草原民族与自然的关系是草原生态文化的核心关系；草原民族与草原生态系统和谐共生可持续发展，是草原生态文化的核心价值观；草原生态文化凝聚了草原文化的生态思想精髓，发展、创新和升华了游牧文化对自然本质的认知，贯穿中华文化历史，在传承中得到创造性转化、创新性发展，契合了生态文明的时代追求。

（四）草原民族图腾崇拜来源于自然崇拜

草原族群的图腾来源于自然物，图腾崇拜来源于自然崇拜，带有浓厚的生态文化印记。图腾崇拜是原始信仰的一种形式。原始社会时期，草原族群认为其部落、氏族可能与某种动物、植物或其他比较亲近的自然物存在某种特殊的血缘关系，于是他们便把这种与自己部落及氏族有密切关系的动物或植物尊崇为图腾，作为保护神，奉为本氏族的标志，为全氏族或部落成员崇拜。

如古代匈奴、突厥、回纥等草原民族，都有敬日拜月的习俗。为避免或减少恶劣气候对畜群的伤害，或对军事行动造成被动，便以观天象决定其行动，将气象常识运用于生活和军事领域。《史记・匈奴列传》记载：“岁月正，诸长小会单于庭，祠。五月，大会茏城，祭其先、天地、鬼神。秋，马肥，大会蹛林，课校人畜计……单于朝出营则拜日始生，夕拜月……举事而侯星月，月盛壮则攻战，月亏则退兵。”《索隐》引《后汉书》云：“匈奴俗，岁有三龙祠，祭天神。”① 由此可见，古代北方草原民族对自然宇宙的感知和崇拜，源于其特定的生态环境及其维系族群生存的生态关系，其中包含着历史经验的积累，并具有一定的现实意义。

如《蒙古秘史》记载：“成吉思合罕的祖先是承受天命而生的孛儿帖赤那（苍色的狼）和妻子豁埃马兰勒（白色的鹿）一同过腾汲思海来至斡难河源头的不儿罕山前住下，生子名巴塔赤罕。”反映了唐代末期，两个以狼鹿为图腾的蒙古部落姻族从额尔古纳河西迁的重要史实。《国语・周语》记载：“穆天子西狩犬戎，获其五王，得四白狼四白鹿以归。”史学家翦伯赞考证：“白狼白鹿是当时的氏族。”《蒙古源流》记载，成吉思汗在围猎中特降旨对“郭斡玛喇勒”（草黄母鹿）和“布尔特克沁绰诺”（苍色狼）这两种野兽放生。② 而蒙古草原流传着的苍狼与白鹿缔婚哺育后代的故事，象征着蒙古族是具有苍狼白鹿血统和野性凶猛又高洁温良双重品格的强悍民族，透视出其图腾崇拜中深刻的生态文化内涵。

牦牛是青藏高寒草原特殊生态环境下的优势种群，几千年来与人类依存共生。牦牛文化与生活在青藏高原地域的藏、羌、和等草原民族的生态环境、生活习俗、历史文化、宗教信仰息息相关，是青藏高寒草原生态文化的重要内容。如藏族以牦牛为图腾崇拜物并将其升华为自然界至高崇拜。藏族创世纪神话《万物起源》中说“牛的头、眼、肠、毛、蹄、心脏等均变成了日月、星辰、江河、湖泊、森林和山川等”；安多藏区藏族神话《斯巴宰牛歌》中讲：“斯巴宰小牛时，砍下牛头扔地上，便有了高高的山峰；割下牛尾扔道旁，便有了弯曲的大路；剥下牛皮铺地上，便有了平坦的原野……”而“斯巴”含义是“宇宙”“世界”。③ 迄今为止，遍及整个藏区的牦牛图腾崇拜传统习俗，依然根深蒂固地留存在藏族文化生活中。

羊群是草原民族畜牧主体。据专家考证，山羊和绵羊起源于一万多年前，人类的农业文明开始从西南亚兴起时，当地的野山羊和野绵羊分别被驯化，然后随着人类的迁徙被传播到了世界各地。④

① 《史记》卷110《匈奴列传》，中华书局1959年版，第2892页。

② 萨囊彻辰：《蒙古源流》，内蒙古人民出版社1980年版，第221—223页。

③ 伊尔、赵荣璋：《牦牛青铜器与牦牛文化》，《中国藏学》2009年第4期。

④ 姜雨、王文：《羊的驯化之路》，《科学世界》2015年第3期。

贺兰口岩画 / 构成类人面像的羊图腾神像　摄影 / 尹刚强

进入青铜时代后，从新疆到中原遗址中羊的数量明显增多。在齐家文化和殷墟遗址中均有完整的羊骨骼出土。羊在青铜时代人们经济生活和精神生活中的地位明显增高。至商代，在西北羌人已以养羊为业，并以此著称；至周代，中原养羊亦已蔚然成风。[①]

羊在北方游牧民族，尤其是羌族心目中，被看作“引领人的灵魂升天的使者”。文献中记载“羌人视人为羊，视羊为人”。西夏党项族是古代北方少数民族之一，属西羌族的一支，故称“党项羌”。宁夏贺兰口北侧山壁上，刻有一幅类人面像的羊图腾神像并配有西夏文字，专家推测其面部五官就是羊形符号。

（五）恪守禁律是牧民与草原和谐关系的生态法则

草场、水源等自然资源是草原牧民生产生活的基本依托，因此，草原禁律出于保护和可持续利用草原的目的，并世代传承；继而，恪守禁律成为草原人行为规范的习惯法则和造就牧民与草原和谐关系的生态文化法制形式。其中蒙古族最为突出。

自公元 8 世纪末至 12 世纪，400 多年间，蒙古族民间传承着关于保护草原牧场、水源和野生动植物，禁止砍伐树木和开垦草原等习惯法的禁忌规则，成为人们日常草原生态保护的行为规范。如蒙古族“约孙”制度中规定了严禁破坏草场、挖掘草根；要爱惜马匹和崇敬草原。[②] 习惯法规定：禁止徒手汲水，盛水必用器皿；禁止在河里洗澡、洗衣服；禁止在河水中便溺、投掷脏物，不得污染水源和井水[③]。

13 世纪成吉思汗时期，《大札撒》成为蒙古族首部法律，其中对野生动

① 焦虎三：《甲骨文中的“羊”与“羌”》，《阿坝师范高等专科学校学报》2011 年第 1 期。
② 康民德：《从“约孙”到〈大札撒〉》，《人民法院报》2016 年 8 月 19 日。
③ 刘钟龄、额尔敦布和：《游牧文明与生态文明》，内蒙古大学出版社 2001 年版。

物保护、草原保护、水源保护、马匹保护等都作了具体规定。如狩猎法条：从每年冬季初雪开始到来年春季草绿，是蒙古人的围猎季节。狩猎结束后，要对伤残的、幼小的和雌性的猎物进行放生。禁止在每年3月至10月行猎，使每种猎物能够在春、夏、秋季最大限度地繁殖起来。蒙古族的狩猎习惯忌讳“断群”，忌讳捕杀怀胎、带仔母兽及幼兽。保护草原法条：草绿后挖坑致使草原被损坏的，失火致使草原被烧的，对全家处死刑；保护水源法条：不得在河流中洗手，不得溺于水中；保护马匹法条：春天的时候，战争一停止就将战马放到好的草场上，不得骑乘、不得使马乱跑，打马的头和眼部的，处死刑。①

1640年于塔尔巴哈台会盟时产生的《蒙古卫拉特法典》是继成吉思汗《大扎撒》之后产生的一部重要的蒙古法典。其中包括多条对草原、牲畜、森林、水源、野生动物等进行保护的禁忌或律令。如《法典》第95条即规定了王公禁猎区；第25条规定：“在王公禁猎区灭绝野山羊者处以驼1只的财产刑。”②

千百年来，草原民族的命运与草原的兴衰休戚与共；草原民族生产生活方式与其所处地理环境的可依存性、草原生态资源的可持续性息息相关。在原始人力、物力和科技生产力低下的北方草原，他们选择游牧、轮牧方式顺应自然，对破坏草原资源的人实施最严厉的法律处罚，以最大力度地保护草原生态资源；而草原民族恪守禁律的行为规范，也源自其崇尚和敬畏自然，万物有灵、众生平等的宗教信仰，其中蕴涵珍爱草原和自然生灵的生态理念，成为草原生态文化发展的积淀。

三、草原生态文化的哲学智慧与美学境界

在生态文化哲学中，人与自然是相生共融（荣）的生命共同体。在地球生态系统中，人类与自然界的山水林田湖草沙等及其承载的别类物种相对独立，但是没有绝对地独立；所谓主体客体亦是相对的，人类只是自然万物万象中的一类，在尊重自然、顺应自然规律的前提下，人类可以通过保护利用、修复治理改善自然环境，但是不可能成为自然的主宰。

① 赖秀兰：《成吉思汗〈大札撒〉中生态法探析》，《安徽农业科学》2008年第28期；内蒙古典章法学与社会学研究所：《〈成吉思汗法典〉及原论》，商务印书馆2007年版，第15页。

② 张黎、张茂林：《阿拉善蒙古族传统生态文化与近年草原政策比较》，《草业科学》2010年第3期。

（一）生态美学基于生态哲学价值观的审美境界，超越了单纯的自然美和人文美

人与自然和谐共生，涉及人与自然、人与人、人与社会、人与自身四层关系，而其中处于主导地位的是人与自然的关系。生态美学以人类与自然生命共同体和谐统一、可持续发展为价值取向和审美标尺，其审美境界从人文关怀，延伸到自然关怀，进而提升为对人类与自然生命共同体的生命关系、生命历程、生命价值的审美关怀。正如唐代大诗人李白《日出入行》诗曰："……草不谢荣于春风，木不怨落于秋天。谁挥鞭策驱四运？万物兴歇皆自然……吾将囊括大块，浩然与溟涬同科。"草木不会由于春天的兴盛或秋天的凋零，感谢或抱怨季节的变换；因为四季更替、万物兴衰皆为自然规律，谁也不能逆转乾坤；而我将顺应自然，与天地融为一体。诗中哲理发人深省：无论自然美、艺术美、科技美、德行美……只有合乎自然规律，发乎命运共情，和而不同、和谐共生，才具有生态美学价值和意义。

甲骨文的"羊"字

甲骨文的"羌"字

（二）"羊"字蕴涵"羊品"的生态美学境界

甲骨文"羊"字象形为两角向下弯曲的羊头，下方箭头代表羊的嘴巴。

甲骨文中的"羌"字，如同人的头顶上装饰着羊角，象征着牧羊的人。古代羌族是一个以游牧为主的民族，因羊在其畜群中所占比重较大，被称作"牧羊人"。《说文・羊部》释义："羌，西戎牧羊人也。从人，从羊，羊亦声。"《周礼・夏官》中夏官司马，羊人专职掌管羊牲；"以羊象征太阳神，源出自于羌戎族。羌族羊祭，图腾以羊名，因以'日'名'太阳'即'大羊（祥）'。在商周青铜器上，亦以羊为吉祥物。"以四羊方尊为著名。

1976年，甘肃省文物考古队在玉门火烧沟文化遗址中心发掘出土了四羊头铜权杖柄、羊头柄彩陶方杯。1988年和1989年，甘肃陇南宕昌故城出土两方铜印，一方铭文为"汉率善羌君"，羌君是宕昌羌部落的最高首领；一方铭文为"魏率善羌佰长"，是魏曹政权授予宕昌羌小部落首领的印鉴，铜印上部雕刻的吉祥兽为羊，都体现“以羊为尊、为祥”的典型特点。

甘肃省史志学者陈启生《宕昌历史研究》说：“秦汉时期的羌道治所是今宕昌旧城，在晋代后羌道建制废除不存在，此城则为宕昌国的都城。秦汉羌道境内的参狼羌，就是宕昌国时期的宕昌羌，宕昌很可能为参狼羌的音转或异译。”

在古代汉字中，羊、祥通用，善、美、义皆从羊，人们借羊表达善良、美好、诚信、忠义的品德。《说文》曰：“羊，祥也。象四足角尾之形。孔子曰：牛羊之字以形举也。”① “美，甘也。从羊从大。”徐铉注释：“羊大则美。”《考工记》注曰：“羊、善也。”義羑美字皆从羊。甲骨文中“羊人为羌”“羊大为美”。《三字经》开篇“人之初，性本善”，而“善”字从羊；谯周《法训》曰：“羊有跪乳之礼，鸡有识时之候，雁有庠序之仪，人取法焉。”《春秋繁露》曰：“凡贽，卿用羔。羔有角而不同，如好仁者。执之不鸣，杀之不谤，类死义者。羔饮其母，必跪，类知礼者。故羊之为言犹祥，故以为贽。”即：羊温厚、忍耐、至死不争的性情，颇有义礼的风范；羊羔是世上唯一跪着吸吮母乳的动物，人们赋予羊感恩、孝敬、温顺等伦理情操，以其习性引申为一种美德，而效法之。因羊带有多种美好的寓意，古代祭祀和行礼将羊作为奉献祖先和神灵的祭品。先秦时期《礼记·王制》记载，“诸侯无故不杀牛，大夫无故不杀羊”。哈萨克、蒙古、塔吉克等民族节庆流行马上“叼羊”；锡伯族民间有“抢羊骨头”的婚俗，象征双方家庭和睦兴旺；新疆哈萨克族流行“羊头敬客”等，草原民族以羊为吉祥物的传统习俗传承至今。

北魏“魏率善羌佰长”铜印（宁夏固原博物馆藏）　摄影／汪绚

① 《渊鉴类涵》卷436《兽部八·羊一》。

（三）“人马为一”关系的生态文化品质

对于游牧民族的发展，马的意义及其与部落族群的关系，就像牧民依存于草原一样，是根基性的。马是草原游牧的象征，马的驯化、种群壮大与地域传播，是欧亚草原游牧兴起、草原民族逐步强盛的关键因素之一。驾驭马使牧人能够更加便捷、省力地控制畜群，同时扩大了族群内外交通、交往互动的时空和眼界；马上骑射技艺，推进了北方民族从森林狩猎走向草原游牧，支持了其军事征战和疆域拓展、族群迁徙和互市贸易。此外，蒙古族的先祖们对马的崇拜和保护，与其所信仰的萨满教“万物有灵论”有关。他们将蒙古马视为来自苍天的使者，认为马是能够使灵魂通向“长生天”的媒介。蒙古族将保护马匹的法令写入约孙和法典，在他们心中，马是具有崇高地位的精神图腾。

北方游牧民族自古有春祭马祖，夏祭先牧，秋祭马社，冬祭马步的风俗。蒙古族牧民在每年夏季开始挤马奶和中秋停止挤马奶时，都要举行马奶节，高声朗诵马奶萨察礼赞词，用套马杆抬起装满马奶的木桶，用木勺把马奶抛向空中，祭祀天地神灵，祈福在外的亲人平安；给种公马和头驹系哈达，聚会畅饮马奶酒，庆贺马奶节，祝福风调雨顺、水草肥美、五畜兴旺、奶食丰收。哈萨克族最具代表性的古老民间舞蹈“黑走马”，舞者与马合为一体，人在舞，马亦在舞；“叼羊”“姑娘追”“追姑娘”不仅是牧民的马上游戏，更是马术和骑术的竞技、力量和勇气的较量。川西草原甘孜理塘是著名的“马术之乡”，这里每年举办的赛马节，是由民间的六月转山会演变而来的，已有400多年历史；赛马节还是牧民和商贩交易的市场，兽皮、药材、奶渣、酥油等牧区土产，与外来的布匹、茶叶、日用品、珠宝等，以传统“袖中议价”方式在此交易。

在草原民族眼中，从未把马单纯地看作财产和使用工具，而是当作自己生命的一部分。“马背上的民族”以善骑著称，蒙古族传颂着“牧人和马头琴”的故事，那或悠长委婉或奔腾激越的马头琴声，诉说着人类与自然生灵交融的情感，牵人心魄；而在反映草原民族社会历史、游牧生活的艺术形象中，无论是牧民、英雄还是神佛，多为“人马一体”的形象；“三大英雄史诗”中的英雄，无一不骑着彪悍的烈马。“清・蒙古战神”唐卡，绘制的九位战神皆骑白马，背景是绿色的草原；青海安多唐卡绘制的格赛（萨）尔王，骑在雄健的枣红马上腾云驰骋，长风鼓起的披风与马同色……

内蒙古唯一的蒙古唐卡传承人布仁扎特尔，描述蒙古唐卡的特点：“蒙古族唐卡大抵以蓝色、青色为主体，佛祖的坐骑大多是马……”柯尔克孜族的古老谚语称“马是英雄的翅膀”。唐代诗人杜甫《房兵曹胡马》诗曰：“胡马大宛名，锋棱瘦骨成。竹批双耳峻，风入四蹄轻。所向无空阔，真堪托死生。骁腾有如此，万里可横行。”杜诗从外形到品质，盛赞西域“汗血宝马”的气韵风骨，可谓淋漓尽致。

在疆场上立功，曾以血汗和生命守卫疆土的战马会被蒙古族人放生，并封其为“神马”，它披挂彩带在草原上漫游，没有人敢捕捉它、骑乘它，因为它已被人奉为神物。成吉思汗陵八百室中就有一室专门祭祀“温都根查干”，这匹马是苍天赐予的神马，成吉思汗生前也多次对其进行祭奠。蒙古族地区广为流传的叙事诗《成吉思汗的两匹骏马》生动地描述了成吉思汗与骏马相互依存的关系①。

习近平总书记曾用蒙古马的形象比喻勉励内蒙古各族干部群众：蒙古马虽然没有国外名马那样的高大个头，但生命力强、耐力强、体魄健壮。我们干事创业就要像蒙古马那样，有一种吃苦耐劳、一往无前的精神。②

对于草原民族，人马关系早已超越了物种差异，而是双方从外在到内心互相认同、互相友爱、相互支撑，“人马为一”平等与信任的亲和关系；马的精

草原初生的月亮　摄影/陈建伟

① 赖秀兰：《成吉思汗〈大札撒〉中生态法探析》，《安徽农业科学》2008年第28期。

② 肖睿：《英雄库布齐》，《人民文学》2020年第11期。

神和品质：傲骨中尽显忠诚、顽强中奉献牺牲、平凡中负重坚忍、依存中物我共生；坐骑与英雄一体所向披靡，野性与人性相通堪托生死；融入草原人的血脉，成为游牧迁徙、开疆拓土、成就大业的生命柱石；而马文化成为草原生态文化的重要内容，深入马背民族日常生活习惯、风俗礼仪、文学艺术和图腾信仰之中，得以世代传承。

四、朴拙中蕴涵大智慧的草原生态文化

世代生活在草原的牧民，自觉不自觉地感知人类生存与自然界万物的生存发生着密切的关系。我们曾亲眼所见玉树隆宝自然保护区的草甸上，黑颈鹤与牛羊安然相处；仁青岭寺的藏族僧侣自费自建保护区，保护着七八百头马鹿和珍稀野生动物；川西若尔盖高原湿地草原，斑头雁、白骨顶鸡带着幼崽三五成群地觅食；听到当地人讲述着藏鸳鸯丧偶后不独活，而人工孵化小鸳鸯唤起其母性生存的意念；牧民救助的受伤的黑颈鹤，来年春天随鹤群离去时，在牧民家上空盘旋鸣叫，依依惜别；无论是内蒙古草原上的蒙古包，还是青藏草原上的黑牦牛帐篷，牧民迁徙后没有任何污染伤害；甚至他们生命的离去，都不会占有草原空间，而是回馈自然……草原牧民的生态观，以其单纯的理念、直观的视角、平凡的行为和执着的坚持，诠释出看似朴拙，但却最贴近自然规律、最亲和草原生态的审美境界。

信奉“万物有灵”将自然人化，倡导“众生平等”将人自然化；面对自然界的深邃与不可全然认知，怀着崇拜和敬畏，传承祖辈的经验，顺应自然游牧轮牧；恪守禁律，珍爱草原、水源和生灵；将人与自然融为一体，置于“和实生物、和而不同、求同存异、和而共生、和谐共融（荣）”的复合型生态系统之中的大智慧，“各美其美，美人之美，美美与共，天下大同[①]”的“大生态”观，以实现人类自身生命内在的文明性与自然性、理性与感性的美学统一，进而结成人类与自然生命共同体——地球生态系统内在肌理与外在行为的协调统一。

草原生态文化是草原民族在与草原依存共生中，逐步发育形成并传承发展的文化形态、文化现象、文化性格和生态哲学智慧；伴随着奔流不息的历史长河，已融入草原民族的生态理念、价值取向、宗教信仰、审美意识、文学艺术等精神世界，游牧轮牧、居住、饮食、服饰、风俗礼仪等生产生活方式，道德

① 费孝通：《人的研究在中国——个人的经历》，《读书》1990 年第 10 期。

准则、行为规范、习惯法和法典等制度规范之中，成为流淌在草原民族血液中的独具生命色彩和生态文化魅力的本质属性。

第四节　多元文化交汇的草原丝绸之路

草原丝绸之路是草原民族使然，在游牧迁徙、商贾交通或是开疆征战的路径上应运而生，逐步成为古代中国沟通亚欧大陆的主要商贸动脉和中西方文化交流、多民族文化交汇的文化源流之一，成为丝绸之路的组成部分，具有重要的世界自然和文化遗产价值。

一、草原丝绸之路形成的必然性

人类社会分工，促进了生产力、劳动技能和思维判断能力的大幅度提高；农、牧业和制造业社会分工和生存需求的互补，带动了商贸流通互市，而商贸通道又促进了经济发展和农耕文化与草原文化的交流。

自青铜时代至汉唐以来，伴随草原部族的发育成长，年复一年的游牧、轮牧在草原上踏出的迁徙路径，逐渐形成了相对固定的道路；加之经济社会发展、人口和需求扩张以及拓疆征战，北方草原部族的铁骑和驼马队打开了封闭的草原，闯向外面的世界……“茶马互市”“茶马古道”创造了商品交换流通和文化交汇传播的奇迹，互通有无、互相交易的活动，使不同地域、不同从业者获得了拥有他人物品的机遇。中国历史上草原牧区以牲畜、皮毛、乳制品和珍贵药材、土特产等与中原地区交换茶叶、丝绸布匹、铜铁制品等的民间贸易基本没有间断过。

《史记 · 货殖列传》可谓司马迁的阐述市场流通的“富民论”。文曰：“夫山西饶材、竹、谷、纑、旄、玉石；山东多鱼、盐、漆、丝、声色；江南出楠、梓、姜、桂、金、锡、连、丹沙、犀、玳瑁、珠玑、齿革；龙门、碣石北多马、牛、羊、旃裘、筋角；铜、铁则千里往往山出棋置：此其大较也。皆中国人民所喜好，谣俗被服饮食奉生送死之具也。故待农而食之，虞而出之，工而成之，商而通之。”①

唐宋时期，“茶马互市”逐步发展为内地与边疆地区贸易往来的主要形

① 《史记》卷 129《货殖列传》，中华书局 1982 年版，第 3254 页。

式。随着草原民族繁衍壮大，北方草原苦寒、经济相对落后，中原和江南富庶、经济相对发达的反差逐步引起统治阶层的关注。吐蕃王朝时期，青藏高原和中原地区的贸易就有了“互市”和“贡赐”的形式，牧区渴望好的地域环境、粮食、果蔬、茶叶、盐巴、桑麻织物等农业资源，需求传统农耕文明的先进技术；农区则需要牧区的畜产品和戍边的马匹，为了拓展和改善生存境遇、拥有更多的自然资源和社会资源，北方草原部族铁骑和驼队踏向中原，以马匹、牛羊肉、奶、乳制品、皮毛和土特产等与中原地区交换茶叶、丝绸、盐巴、铁制品。在草原丝绸之路发展历史上，除了茶马互市商品交换贸易以外，还出现了民族间的战争、和亲、朝贡等复杂的文化现象。吐蕃王朝统一青藏高原以后，以其全力与唐朝争夺河西走廊和安西四镇，就是为了控制丝绸之路的经济贸易利益。从宋代开始，“茶马贸易”成为青藏高原和中原地区经济交往的集中表现。这种由中央王朝设置专门机构管理的茶马贸易一直延续到清朝。

二、草原丝绸之路的主要路线

据范文澜著《中国通史简编》记载，自西汉以来，东西方交流主要是陆海两条路。一条是海路，南海连接东南亚诸国，以至天竺，东海可通日本与新罗。南海路以广州为出入的要冲，广州北与洛阳、长安相连，交通稳便。另一条是通西域的陆路。隋时西域诸国在张掖互市。出玉门关有三条大道：北道自伊吾（哈密）经突厥汗庭远达拂菻（东罗马帝国）；中道起自高昌（吐鲁番）、龟兹（库车）、疏勒、葱岭（帕米尔高原古称葱岭，是古代中国和地中海各国的陆上通道丝绸之路之必经之地），经康、曹、安等昭武九姓国（隋唐时期地处中亚古丝绸之路上的九个沙漠绿洲国家，包括康、史、安、曹、石、米、何、火寻和戊地的“昭武九姓”国），至波斯（即古代伊朗。崛起于公元前6世纪中叶的波斯帝国横跨亚欧非，为三大洲道路连接提供了条件）；南道起自鄯善（若羌）、于阗（和田），经吐火罗（吐火罗国领域：东起帕米尔，西接波斯，北据铁门——今乌兹别克南部布兹嘎拉山口），南至大雪山（阿富汗斯坦兴都库什山），南北千余里，东西三千余里，相当于今阿富汗北部地区，在历史上一直是中国西域与波斯、印度等地交通往来的必经之处，至北天竺（古印度“五天竺”区域之一，约为今之旁遮普、克什米尔、西北境州等地）；三道入玉门关，经兰州，归于长安。所以，柳宗元说，“凡万国之会，四夷之来，天下之道途，毕出于邦甸之内。”①

草原丝绸之路是陆路丝绸之路的重要组成部分。“草原丝绸之路”北向蒙古高原，再西行经天山北麓进入中亚；北方草原还有一条通向蒙古高原和西伯利亚腹地的“茶叶之路”；一条至今无人提及的青藏高原丝绸之路。

一是草原丝绸之路由中原地区向北越过古阴山（今大青山）、燕山一带的长城沿线，西北穿越蒙古高原、南俄草原、中西亚北部，直达地中海北陆的欧洲地区。草原丝绸之路沿线经过的主要古代城市有辽上京（今巴林左旗辽上京遗址）、元上都（今正蓝旗元上都遗址）、集宁路（今集宁路古城遗址）、天德军（今丰州古城遗址）、德宁路（今敖伦苏木古城遗址）、哈喇浩特（今额济纳旗黑城遗址）、哈拉和林（今蒙古国前杭爱省哈拉和林遗址）、讹答剌（今哈萨克斯坦奇姆肯特市）、托克马克（今吉尔吉斯斯坦托克马克市）等地。②

二是以川藏茶马古道、滇藏茶马古道、青藏“唐蕃古道”和拉萨通向尼泊尔的“蕃尼古道”四条大道为主线，辅以众多支线、附线构成的庞大的交通网络，地跨陕、甘、宁、川、滇、青、藏，向外延伸至东南亚、南亚、中亚、西亚，远达欧洲。其中，以川藏道开通最早、运输量最大，称“丝绸南路”。茶马古道源于古代西南边疆的茶马互市，起于秦汉，兴于唐宋，盛于明清，是以马帮为主要交通工具的民间国际商贸通道和西南民族经济文化交流的走廊，连接川滇藏，延伸入不丹、尼泊尔、印度境内，直到抵达西亚、东非红海海岸。其中，秦朝曾在巴蜀即今宜宾至昭通一带开“五尺道”，并设置官吏。西汉初年，西南各族与巴蜀联系更加密切。汉商人从“西南夷”运出筰马、髦牛，有的还掠卖僰僮（奴隶），巴蜀的铁器和其他商品也运入其地；汉武帝派唐蒙到夜郎，厚送礼物，夜郎和邻近邑落归附汉朝，在那里设置犍为郡（今四川宜宾），并发卒修筑自僰道（今四川宜宾）通向牂牁江的山路；不久又派遣司马相如到邛、筰、冉駹，设都尉，不久罢省。③ 川西高寒草原上的茶马古道，包括雅安及西边的甘孜藏族自治州，是一条自古以来民族迁徙的走廊和汉藏彝等民族交流通商的要道：成都→临邛（今邛崃）→雅安→严道（今荥经）→翻过大相岭至旄牛县（今汉源县），渡过大渡河到达磨西和木雅草原（今塔公、新都桥一带），然后从川藏南路或北路去到西藏、青海或者尼泊尔，成为古代中国西南民族地区的商贸通道。

① 范文澜：《中国通史简编》（修订本），人民出版社 1965 年版，第 763 页。

② 禾泽：《草原丝绸之路：游牧文化交流的动脉》，《中国文化报》2014 年 9 月 4 日。

③ 高尚志、冯君实编著：《秦汉魏晋南北朝史》，辽宁人民出版社 1984 年版，第 74 页。

竹工艺大型屏风画芯《悠悠南丝路》 创作/杨剑涛团队

2018年，四川省宜宾市美术与艺术设计学院杨剑涛院长带领5名学生，创作了一幅竹工艺大型屏风画芯《悠悠南丝路》，自下而上，将南丝路所经今川南—贵州—云南的13个重要城镇关隘标明：南广、凌云关、横江、高桥、石门关、毕节、会泽、昆明、大理、楚雄、腾冲、勐海、瑞丽，一路山峰耸立、白云缭绕，峡谷急流，更有高原人家别样风景……山水壮观画风粗犷，足见蜀道难之险峻；而观之山水其间的马帮、车队、背帮、市井、人物和停泊口岸的货船等的刻画，又极为细腻生动，再现了古丝绸之路上的盛景。

三是草原丝绸之路上还有一条吐谷浑道。西晋末年，发源于内蒙古西拉木伦河（今内蒙古赤峰市）的游牧民族内蒙古鲜卑慕容部的一支（1700户），在其首领吐谷浑率领下西迁陇上（河西），在祁连山脉和青海的黄河上游谷地及武威（凉州）一带，建立了吐谷浑王国（南朝称之河南国）——西晋至唐朝时期，在青藏高原上立国达350年（313—663）的一个草原民族王国。魏晋南北朝时期，丝绸之路东段主道河西段时通时阻。吐谷浑国利用青海境内有多条通道连接中原与西域的优势，中介通译、引导护送西域商使往来，使当时的吐谷浑道（亦称青海道）兴盛起来。吐谷浑道，向东可达北朝的北魏以及后来的北周；向南沿黄河南岸到达洮河上游地区，并经由此地到达建康（今南京）；向西可达西域；向北可以穿过河西走廊，到达柔然、东魏和北齐。吐谷浑人在这条路上首先充当了外国使节和商人的翻译和向导。中亚和西亚一些国家的使臣来南朝时，都是由吐谷浑人带领，经过吐谷浑道到达中国的。除去穿梭来往的使节，在这条路上络绎不绝的还有东西方各国的商人，以及去西天取经的和尚和东来传法的印度僧侣。东西南北各色人等的往来交通，使自汉代以来的中西文化交流得以延续，同时也对吐谷浑自身产生了很大的影响。①

四是宁夏固原古丝绸之路东段的交通要道。据固原博物馆资料：丝路东段走向分为南、中、北三道，其走向：一是从长安（今西安

① 许新国等：《三江源上古古文明之草原王国吐谷浑》，《文明》2006年第11期。

市）经咸阳县驿出发西北行，经醴泉、奉天（今乾县东），到邠州治所新平县（今彬县）；二是沿泾水河谷北进，过长武、泾川、平凉，入固原南境弹筝峡（三关口）；三是过瓦亭关，北上原州（固原），再沿清水河谷，向北经石门关（须弥山沟谷）折向西北经海原县，抵黄河东岸的靖远，渡黄河即乌兰关（景泰县东），由景泰直抵河西武威（凉州）。

又据有关文献：丝绸之路东段翻越六盘山（古称陇山）有南中北三道，在固原境内主要有北道和中道两条线。北道为主线：由长安西行陇州后，沿六盘山东麓过甘肃华亭县，至宁夏固原市泾源县，穿越六盘山秦汉时称鸡头道，向西北行；也可沿祖厉河而下，在甘肃靖远北石门川黄河东岸或鹯阴口渡河，进入河西走廊武威；或是由咸阳至今甘肃宁县，再沿战国秦长城内侧进入固原。中道由泾源附近的六盘山可抵陇西郡，途经固原的古丝绸之路中、北两条线，渡过黄河后，都在河西重镇武威收拢，再沿河西走廊进入敦煌。[①] 而西夏领域中的，以河西走廊著称的包括今敦煌、酒泉、张掖、武威等地在内的河西陇右地区，就处于"丝绸之路"交通干线上。

五是连通中国、波斯和希腊三个文化圈的"欧亚草原丝绸之路"。自汉代开始，中国同西方国家的陆路交通要道，还有一条"欧亚草原丝绸之路"。我们在新疆阿克塞博物馆看到有关历史记载：库木塔格沙漠（维吾尔语：沙子山）南缘就是唐代连通沙州（敦煌）和西州（吐鲁番）的古丝绸之路的另一通道"大海道"。据唐代西州志书《西州图经》记载："大海道（古代敦煌与吐鲁番之间最近的一条道路，开通使用始于汉代），右边出柳中县（今新疆鄯善县鲁克沁镇）界，东南向沙洲（今甘肃敦煌）1360 里。常流沙，人行迷误，有泉井咸苦，无草。行旅负水担粮，履践沙石，往来困弊。"又据《元和郡县志》记载：西州（今吐鲁番）高昌城"东南至沙州 1400 百里"，可谓丝绸古道中最为艰苦、险远的"大患鬼魅碛"神秘之路。

在"草原丝路"全线贯通的几个世纪中，东起西伯利亚、蒙古高原，经中亚北部、咸海和里海之北、高加索，直至欧洲黑海北岸和喀尔巴阡山麓的"游牧世界"，曾经对丝绸之路产生过较大影响的一批游牧民族，正是由于他们的存在和中介作用，才使东西方文明得以沟通。哈萨克人的先祖——作为游牧民族主体的塞人，无疑是架设东西方交往、沟通游牧世界与农耕世界联系的桥梁开拓者之一。他们以独特的游牧方式和经济贸易的交往手段，将中国、

① 郭勤华：《六盘山与丝绸之路文化》，《陇山文化发展论集》，武汉大学出版社 2015 年版。

波斯和希腊三个文化圈联结起来。在此后的相当一段时间里，草原丝绸之路一直是中西交往最便捷、最重要的一条通道。

三、草原丝绸之路与张骞通往西域之路交织交汇

张骞通往西域之路大多在草原地区，与草原丝绸之路在途经和抵达之地有多处重叠。公元前139年，张骞首次出使西域，起始长安，出陇西，经武威、酒泉，过玉门关，经达楼兰，再往西经达龟兹、大宛（今乌兹别克斯坦费尔干纳盆地）、康居（今哈萨克斯坦东南），终抵达大月氏；公元前119年，张骞第二次出使西域时官至中郎将，率领副使及将士300余人，每人备两匹马，带牛羊万头，金帛货物价值"数千巨万"，从长安出发，经敦煌、楼兰，向北到达吐鲁番盆地，再沿天山北麓西行，经伊犁河谷、昭苏草原，最后抵达乌孙王都赤谷城（吉尔吉斯斯坦伊塞克湖东南）；之后，张骞暂留劝说结盟，派副使去了大宛、康居、大月氏、大夏等国（大宛相当于费尔干纳，康居相当于撒马尔罕，大月氏也在中亚地区，大夏位于阿富汗和巴基斯坦一带）；公元前115年，乌孙国派使者几十人随同张骞一起到了长安。

可见，张骞出使西域之路与蒙古草原地带沟通欧亚大陆的商贸大通道，在中西亚北部和地中海北陆的欧洲地区：在中国甘肃敦煌，新疆吐鲁番、鄯善，哈萨克斯坦、吉尔吉斯斯坦等地有重叠；又如：帕米尔高原古称葱岭，是古代中国和地中海各国的陆上通道丝绸之路之必经之地，中亚古丝绸路上的九个沙漠绿洲国家，至波斯有重叠；又如：川滇藏草原丝绸之路贯穿延伸，入不丹、尼泊尔、印度境内，直到抵达西亚、东非红海海岸，与汉朝开拓的西域丝绸之路抵达地点有重叠。

四、草原丝绸之路的历史地位和重要作用

研究史书古籍和考古论证，我们会发现草原丝绸之路在陆路丝绸之路开发和推进中发挥了重大作用，占有重要的历史地位。

一是草原丝绸之路是沟通欧亚大陆的商贸大通道，作为当时游牧文化交流的动脉，是陆路丝绸之路的重要组成部分。蒙古草原地带从18世纪中叶到20世纪初，以呼和浩特为起点，途经乌兰巴托、恰克图等地，终点为俄罗斯贝加尔湖一带，横跨亚、欧大陆，绵延万里，交通工具是骆驼，历

经300多年，创造了辉煌的商品流通和文化传播的奇迹。而源于西南边疆的茶马古道是草原丝绸之路的组成部分。以川藏茶马古道、滇藏茶马古道、青藏“唐蕃古道”和拉萨通向尼泊尔的“蕃尼古道”四条大道为主线，基本在青藏高寒草原区，即川西草原和西藏草原，属于草原丝绸之路的扩展和延伸。

二是草原丝绸之路和陆路丝绸之路，是不同朝代、不同地域、不同民族、不同国度的人们，共同开拓和不断完善的结果。汉代以来形成的丝绸之路，是联系东西方政治、经济、文化交流的重要大通道。据《汉书·张骞传》和《后汉书·西域传》记载：“武帝时，西域内属，有三十六国。汉为置使者、校尉领护之。”张骞两次出使西域开拓“丝绸之路”的初衷是西汉王朝欲联合大月氏共同抗击匈奴；而草原丝绸之路，基本是草原民族和中原民族以商贸互市、互通有无为目的，由民间开拓的通道，其间也夹杂着领土和资源的冲突、摩擦，以及朝廷的管控。

汉朝自张骞出使西域后，从汉武帝起，开始经营西域，在河西走廊设置河西四郡，巴尔喀什湖（古称夷播海，1864年之前属于我国管辖，西汉时期在此建立县级行政区，今哈萨克斯坦内陆湖）以东、以南的广大地区为西汉王朝的疆域，也是西北民族活动的地方。

在草原丝绸之路开发史上不乏民间商贸交易搭建桥梁之人。乌氏倮是秦朝乌氏族人。据《史记·货殖列传》记载：“乌氏倮畜牧，及众，斥卖，求奇缯物，间献遗戎王。戎王什倍其偿，与之畜，畜至用谷量马牛。秦始皇帝令倮比封君，以时与列臣朝请。”乌氏倮以内地的丝织品与西域戎王贸易，戎王以十倍的价格赏赐其马牛，结果他的牲畜多到以山谷计量。秦始皇西巡北地郡时，亲见乌氏倮经营商业、畜牧业的成就，给予他“比封君”，视同王侯。乌氏倮是历史上第一个被写入正史的固原人，他在中原与边地之间所做的绢马丝绸贸易，在丝绸之路开发史上作出了杰出贡献。

在草原古丝绸之路的历史中，善于经商的中亚粟特人闻名于世。其中康、米、何、史、曹、石、安、穆、漕等九国九姓，在史籍中被称为“昭武九姓”，享有“丝路使者”之誉。他们来往于东亚、地中海沿岸、印度次大陆与中国之间漫长的丝绸之路，把西方的金银、香料、首饰等运到中国，又把中国的丝绸、瓷器、茶叶等运往西方，唐朝时期进入中原进行商贸活动，成为丝绸之路上成功的国际贸易族群，对中西文化的沟通、交流起到了至关重要的作用。

唐朝统一漠北草原，推进了草原丝绸之路的发展。唐朝与汉朝并称为中国历史上两大强盛王朝。其国威强盛、经济发达、文化繁荣，在中国历史乃至世界历史中都占有十分重要的地位。特别是从贞观之治（627—649）到开元盛世（713—741），唐朝逐步进入巅峰时期，减轻赋税发展农耕、改革政体，改善民族关系，增强了国运的稳定性，成为当时世界上最强大、最先进的国家。

元朝驿站制使草原丝绸之路的发展与繁荣达到顶峰。《元史・地理一》记载："北方立站帖里干、木怜、纳怜等一百一十九处"，即元朝以上都、大都两都城为中心，设置了帖里干、木怜、纳怜三条主要驿路，沿途设立驿站 119 个，构成了元代草原丝绸之路最为重要的组成部分，连通了漠北至西伯利亚、西经中亚达欧洲、东抵东北、南通中原的道路。

明朝时期北方草原地区战争迭起，草原丝绸之路曾一度阻断，明王朝被迫关闭边境，加固长城。洪武五年（1372）始建嘉峪关，靠近河西走廊西端，南倚祁连山、北靠马鬃山，城墙横穿沙漠戈壁，北连黑山悬壁长城，南接天下第一墩，是历代封建王朝戍边设防、国际交往的重地，也是明代万里长城的西端起点、河西走廊的门户、古丝绸之路的交通要冲、东西方文化交流的通道和各民族往来的枢纽。以郑和七下西洋为标志的海上丝绸之路往来的鼎盛，弥补了陆路丝绸之路发展受到的阻滞。

三是丝绸之路开通了古代中国的国际交往，带来了中心城市经济文化的繁荣和社会的安定。司马迁称张骞出使西域为前无古人的"凿空"之举，开辟和连接了当时亚洲最重要的文化区域中的波斯、印度和中国，疏通了中国与中亚、西亚的经济、文化联系，促进了统一多民族国家的发展。

据甘肃阿克塞博物馆资料，早在公元前 5 世纪，当地居民——现在哈萨克人的祖先就开创了独特的文明。哈萨克斯坦南部的一些古老城市沿着丝绸之路呈链状分布，它们在中亚的经济和文化发展中表现卓越；在这些城市中，图尔克斯坦城在 16 世纪前名为亚瑟城，作为"第二麦加"闻名于世。亚瑟城地处丝绸之路咽喉，连接德什特和克普沙克大草原与中亚农贸绿洲，包括了中亚的撒马尔罕、塔什干和布哈拉，东来西往的贸易都途经此地，使其商业繁荣经久不衰。

据《明仁宗实录》，西域诸地的使者、商队，"往来道路，贡无虚月"，其载货车"多者至百余辆"，茶叶、丝绸、瓷器、铁器、金银器皿、中草药、香料、宝石、美玉、琉璃、貂皮以及各种生活必需品，源源不断地进出嘉峪关；穿着不同服饰的西域人及意大利、西班牙、波斯、土耳其、印度等国的使者、商人和驼队，穿越大漠戈壁，往返于嘉峪关内外。嘉峪关除军事功能外，还延续了汉唐以来形成的西域与中原王朝政治、经济上的相互依存关系，发挥了外交和商业功能，为弘扬中华文明、促进民族融合发挥了积极的作用。

丝绸之路横贯甘肃和新疆，这是中国境内最长的一段丝路，留下了印证这条文明通道曾经繁盛的历史文物。甘肃是“一带一路”的黄金段，新疆是“一带一路”的桥头堡。在丝路沿线考古发现的纺织品中，除古代新疆生产的毛、棉、丝织物和部分中亚、西亚的纺织品外，大量为汉唐所遗的丝织物，包括锦、绢、绫、罗、纱、缂丝等，品种繁多、图案纹样丰富多彩，对研究古代西域和中原的文化交流以及商贸史，都具有重要价值。

古代丝绸之路，是将草原游牧部族及其地理区域，与一个相互制约又相互关联的世界联系在一起的历史通道。记载着物质贸易和文化交流的需求与征战拓疆的较量，烙印着华夏民族与草原民族突破禁锢，合力打开横跨大陆的“丝绸之路”，走向世界经贸的足迹。费孝通在《文化与文化自觉》中写道：中原北方两大区域并峙，实际上并非对立。游牧民族所需的粮食、纺织品、金属工具和茶及酒等饮料，主要取于农区。一个渠道是中原政府馈赠与互市，另一个渠道是民间贸易。贸易是双方面的互通有无。“马绢互市”和“茶马贸易”。在北方牧区的战国后期及汉代墓葬中，发现很多来自中原地区的产品，甚至钱币。

丝绸之路也是一条将中国智慧传向世界的技术通道。古代中国是世界上最早养蚕纺丝织绸和最早发明瓷器的国家。早在公元前 3 世纪，我国就以盛产丝织品而闻名于世界，被称为“丝国”。《尚书·禹贡》称兖州“厥贡漆丝”；先秦时期，内宰下属有专门负责管理丝物的“典丝”；《周礼·考工记》载：国有六职，其一即为“治丝麻以成之”。《诗经·豳风·七月》“女执懿筐，遵彼微行，爰求柔桑……玄载黄，我朱孔阳，为公子裳”之句，描写农家女春日修枝采桑，八月织染蚕丝为贵族做衣裳；《诗经·卫风·氓》以桑树起兴，有“氓之蚩蚩，抱布贸丝”之句；《诗经·周颂·丝衣》有“丝衣其紑”之句。我国瓷器出现于公元前 16 世纪的商代中期，至宋代，汝窑、官窑、哥窑、钧窑、定窑五大名窑已遍布半个中国，瓷器畅销世界，故又被称为“瓷之国”。

汉代中国发明的造纸术大约从公元 4 世纪起传入朝鲜和日本，公元 8 世纪传入中亚、北非和欧洲；唐代发明雕版印刷术，公元 868 年印制的《金刚

新疆若羌县鄯善国遗址出土的东汉汉字纹饰织锦护肩“五星出东方利中国”（甘肃阿克塞博物馆藏） 摄影 / 冯艳萍

经》，是世界上现存的已知最早的、标有确切日期的雕版印刷品；唐朝天文历法世界领先，高僧一行编写《大衍历》指导农业生产；并于公元724年，在世界上首次实测了子午线的长度，首位发现子午线和恒星运动；中国是茶饮、茶道和茶文化起源的国家，唐代陆羽所著《茶经》是中国乃至世界现存最早全面介绍茶的第一部专著，丝绸之路的茶马古道，茶是重要的交易商品之一；唐朝拥有世界上第一所全日制大学，专业包括文法、哲学、数学、天文学、音乐等，医科大学设有医科、针科、按摩科和咒禁科，外科手术已经达到了相当高的水平；唐诗创造了中国古典诗歌的高峰和世界诗歌的经典。亚洲各国乃至欧洲、非洲国家争相与中国交往，通过丝绸之路，中国文化包括技术知识远播东西各国，外域文化也流入中国，盛唐都城长安成为当时世界上最大的城市和东西方文化交流的中心。

草原民族以独特的游牧方式，用经济贸易的交往手段，将中国、波斯和希腊三个文化圈联结起来。在相当长的历史时期内，草原丝绸之路一直是中西交往最便捷、最重要的一条通道。随着海上丝绸之路的启航，“一带一路”南北两条国际交通干线，由中亚伸向欧洲，甚至远达埃及的亚历山大城。古代中国的桑蚕技术、丝织品、铁器、漆器等西传，诸多发明传至阿拉伯国家—欧洲—世界各地；西方的良马、香料、葡萄、胡瓜等也传入中国，大秦（罗马帝国）生产的玻璃器物开始大量传入中土，西方吹制玻璃的技术也随之传入。横贯欧亚大陆数千公里的“丝绸之路”，联结中国与西方，让世界认识了中国，促进了中西方文化、经贸的交流。如今的丝绸之路不仅是涉及国际经贸交流的通道，更是一条贯穿水系流域、跨越众多城镇、地理类型多样、异域民风独特、文化流光溢彩的，承载着千年自然与经济社会变革、人类活动变迁的历史长廊；是最具历史学、地理学、社会学、人类学等考古价值和时代价值的世界自然和文化遗产带。

第五节 草原民族艺术中的生态文化审美

在生态文化审美中，草原民族艺术汲取自然美融入人文美，将自然中现实的真实的景物之象、象中之境，与创作者想象中的世界象外之象、景外之景，进行比较、交融，绽放出最为浑厚、最为丰富、最为璀璨的色彩。古代草原民族的文物精品，散发着浓郁的草原气息，浸透着敬畏自然"物我为一"的创作思维，由象形、白描、会意，走向驰骋想象、放飞心愿，"朴拙蕴巧""简约潜智"；流传至今的草原诗歌，以其鲜明的民族特色和真挚的情感表达，敞开内心世界，跨越时代、种族和疆域，牵动读者的心灵，意境深远；而历经万千年光阴浸染，风化剥蚀、雨雪冲刷，仍固守在高原崖壁、大漠荒野的草原岩画遗迹，其生命脉动的张力和原始草原生态文化对今人审美境界和创造力的考问与冲击，令人扼腕震撼！

一、草原民族文物精品的生态文化意象

内蒙古赤峰市敖汉旗兴隆洼遗址，被中国考古界誉为"草原第一村落"。河南博物院于2001年1月16日至5月16日举办的《草原瑰宝——内蒙古文物精品展》，以220多件内蒙古考古的精品文物，展示公元前6000年的赤峰兴隆洼文化、红山文化以及东胡、匈奴、鲜卑、契丹、蒙古等草原民族文明的发展。

1989年内蒙古赤峰市林西县白音长汗遗址，出土了一尊新石器时代约公元前6000年的石雕人像：长16厘米，宽11.5厘米，高35.5厘米；为黑灰色硬质基岩制成，采用了凿、琢、磨制等加工技术；颅顶尖削，前额突出，双眼深陷，鼻翼较宽，颧骨丰隆，吻部略突，双臂下垂，作躬身蹲踞状；微微隆起的腹部具备孕妇特征，表现了原始社会先民对生殖繁衍的崇拜。

红山文化最早发现于内蒙古赤峰红山后遗址，地处西辽河流域，是与中原仰韶文化和北方草原文化相交汇产生的文化。考古发现，红山文化时期彩陶工艺纹样在体现独立创造性的同时，吸收了仰韶文化的传统艺术；红山文化晚期玉器也受到了东北其他地区文化的影响[①]。

① 刘国祥：《红山文化与西辽流域文明起源的模式与特征》，《内蒙古文物考古》2010年第1期。

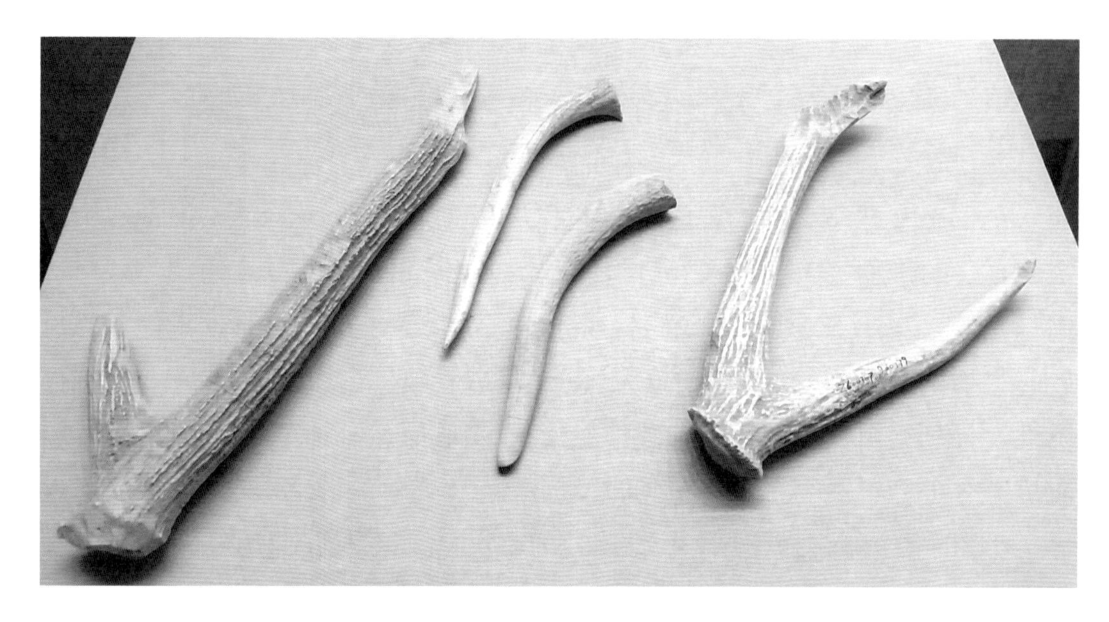

鹿角器，新石器时代（约 5000 年前），1986 年在宁夏隆德县沙塘乡页河子遗址出土。该藏品由鹿角制作而成，骨质坚硬，磨制光滑。（宁夏固原博物馆收藏） 摄影 / 汪绚

新石器时代红山文化（前 4000 年）玉猪龙，长 16.8 厘米、宽 11.5 厘米、厚 2.8 厘米，1974 年在巴林右旗羊场乡额尔根勿苏村征集，采用墨绿色玉琢磨而成。整体呈卷曲状，首尾相接。猪首，额头隆起，两个圆弧形耳直竖，耳下雕出圆眼，下颌部前伸，磨刻阴线勾出双唇、鼻子。颈部有一穿孔。[①]

20 世纪 70 年代以来，宁夏固原六盘山周边地区发掘出大量戎人墓葬，出土的青铜器既有中原文化因素，又具有鲜明的草原游牧文化特征，与欧亚游牧民族青铜器有一定联系，说明在张骞出使西域之前，西戎是中西交往的中介者，为丝绸之路的贯通奠定了基础。

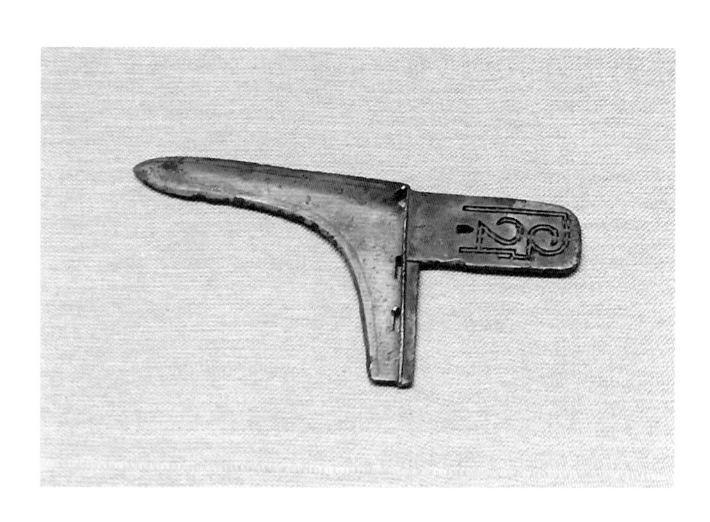

春秋战国青铜铭文戈，1983 年彭阳县红河乡野王村窨子沟出土（宁夏固原博物馆收藏） 摄影 / 汪绚

宁夏固原博物馆展示的隆德县沙塘乡页河子遗址出土的，公元前 3600—前 3000 年人类使用的骨叉。骨叉反扣，左侧的叉指尖被磨损得短了一点，由此联想当时

① 河南博物院：《草原瑰宝——内蒙古文物考古精品展》，2012 年 1 月 13 日，http://www.chnmus.net/sitesources/hnsbwy/page_pc/clzl/wzjl/articlecbcb8cec71e640f786e5439a3479169d.html。

的使用者习惯左手用叉；而且骨叉形状除了手工略显粗糙之外，与当代人使用的餐具叉一样。由此看来，原以为用刀叉进餐是欧美人的发明，值得商榷。

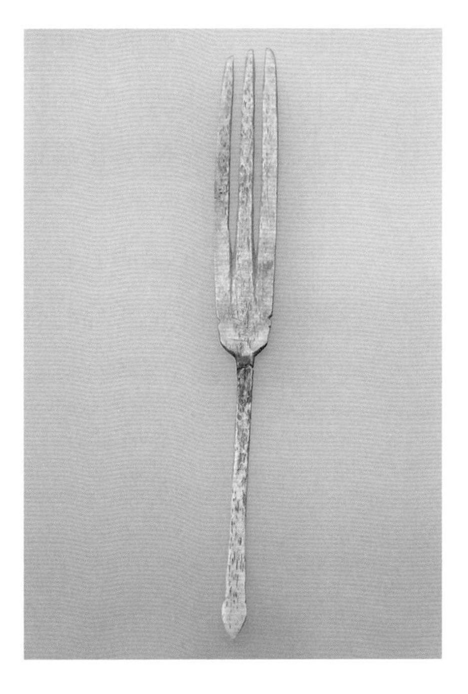

骨叉，仰韶文化晚期（前3600—前3000），1986年隆德县沙塘乡页河子遗址出土（宁夏固原博物馆藏） 摄影/汪绚

宁夏固原博物馆展示的齐家文化遗存公元前2200—前1600年的尖底陶器造型独特，想必是为了便于携带，且使用时能够提高柴火烧煮时效，也可将其插入荒漠沙土中保持稳定。

有学者认为，齐家文化先民是自东向西迁移至西北的，其直接源头是陕西一带的仰韶文化和龙山文化。在仰韶文化遗址中，典型陶器有尖底瓶、葫芦瓶、细颈瓶、大口尖底罐和锥刺纹罐等，但其中最具仰韶文化特色的则是尖底瓶，唯一贯穿于仰韶文化的全过程，历时长达2000余年。[①] 关于尖底瓶的用途，目前有汲水器、酒器、魂瓶、葬具诸种说法。而据内蒙古鄂尔多斯市准格尔旗考古发现，当地出土的陶器鬲，是由鼎与尖底瓶两种不同文化交融而形成的具有地方特色的新石器时代末期的陶器。[②]1974年内蒙古赤峰市敖汉旗大甸子墓地出土了夏代纪年的嵌贝彩绘陶鬲，为泥制褐陶，口沿上镶嵌4个贝壳，贝壳间还粘贴有4个圆形蚌泡，器壁用红白两色绘制成沟云形图案。[③] 嵌贝彩绘陶鬲与宁夏固原博物馆收藏的尖底陶器大致处在一个时期。

尖底陶器，齐家文化（前2200—前1600）（宁夏固原博物馆藏） 摄影/汪绚

齐家文化遗存主要分布于甘肃东部向西至张掖、青海湖一带东西近千公里范围内，地跨甘肃、宁夏、青海、内蒙古4省区，地处黄河上游的西北一

① 李宝宗：《浅说仰韶文化尖底瓶形制、用途及其他》，中国考古网，http://www.kaogu.cn/cn/kaoguyuandi/kaogusuibi/2013/1025/35184.html。

② 包红梅：《草原玉石之路河套道考察报告》，《百色学院学报》2015年第4期。

③ 河南博物院：《草原瑰宝——内蒙古文物考古精品展》，2012年1月13日，http://www.chnmus.net/sitesources/hnsbwy/page_pc/clzl/wzjl/articlecbcb8cec71e640f786e5439a3479169d.html。

隅——黄河农业文化与西北草原文化的接合部；同时，齐家文化带也是黄河中游与中亚、西亚文化交流连接的重要中间地带；齐家文化与夏代纪年相当，是游牧与农耕文化碰撞与融合时期，其文化多元性特色，是东西民族与文化交流的结果。

1989年固原县杨郎乡马庄村出土的青铜鹿和青铜羊，具有浓郁的草原游牧民族生活气息；固原西部出土匈奴遗物，青铜镐、各种马具、银器、铜锛、铁剑等，反映了游牧民族的经济特点和生活习俗；而其中的青铜镐、铁剑与中原地区同时代文物一致，可见文化的融合。

草原人非常喜爱大雁和鹰隼类的雕饰，有其文化情节：一是题材来源于对自然界鸟类生活习性的审美观察并与之共情，二是蕴涵着草原人对雁阵目标一致、团结互助，忠诚守信品质的效仿；崇尚鹰隼自由翱翔、气势威猛、洞悉万物的精神激励。

牦牛青铜器：唐代（吐蕃时期）铸造，是中国目前出土的第一件牦牛造型的古代青铜器。1973年出土于甘肃省天祝藏族自治县哈溪镇　供图/天祝藏族自治县旅游局

甘肃天祝白牦牛　供图/天祝藏族自治县旅游局

内蒙古自治区赤峰学院红山文化国际研究中心通过多年来的考古研究发现，猫头鹰是红山文化的主要图腾崇拜物。因为红山文化时期，人们恐惧黑暗，希望在黑暗中得到光明或者看清一切；人们经常遭到其他野兽的攻击，希望能够像鸟儿一样飞起来，以避免受到伤害；人们过着农牧渔猎生活，又希望像雄鹰一样敏捷地捕捉到猎物。而猫头鹰是辽西地区普遍存在的猛禽，黑夜活动可以飞向高空，给人以通达天地阴阳的神秘感。所以，先民们崇拜猫头鹰，寄托得到与自然界抗争的神奇力量。

1973年在甘肃省天祝藏族自

治县哈溪镇出土了一件牦牛青铜器。据考证，这是中国目前出土的第一件以牦牛为造型的青铜器，高0.7米，腹径0.3米，背高0.5米，角长0.4米，体重80公斤。经文物部门鉴定，该牦牛青铜器为唐代所铸造，即藏族的吐蕃时期。藏族史料记载，藏族的一部分族源来自"古牦牛羌族"。

赏析古代草原民族的文物精品，其创作源于人类对草原自然万物的审美灵感和物我共生、互为依存的领悟。他们信奉自然宇宙的力量，模仿草原生灵形象，赋予拟人化的寄托，制作成日常生活用具、生产工具、刀枪剑戟或装饰品，体现草原地域特色、民族习惯和实用性。当文明打开历史千年的尘封时，弥足珍贵的文物穿越时空展示在眼前，先人们对自然的崇敬、对生存的渴望、对繁盛的追求，尽在看似粗陋朴拙，但却巧思深邃的审美创意和表现意象之中。

二、历代诗歌中草原"意象合一"的审美表达

诗歌是情感的艺术。草原诗歌是文字的绘画、歌唱的语言、想象的梦境。"诗言志，歌永言，声依永，律和声"，在诗之语境与歌之音律的完美融合中，托物寓意，借景抒情；突破樊笼，放飞思想；取向草原自然美与人物感知美的统一，实现物境与心境、写实与想象的"意象合一"。

（一）《诗经》中的草原生态意象

《诗经·小雅·无羊》创作于先秦奴隶社会时期，是《诗经》中唯一以草原放牧为整体内容的诗。其以幽默浪漫的笔调描绘了一幅草原游牧图。

谁谓尔无羊？三百维群。
谁谓尔无牛？九十其犉。

尔羊来思，其角濈濈。
尔牛来思，其耳湿湿。
或降于阿，或饮于池，或寝或讹
尔牧来思，何蓑何笠，或负其糇。
三十维物，尔牲则具。
尔羊来思，矜矜兢兢，不骞不崩。
麾之以肱，毕来既升。

牧人乃梦，众维鱼矣，旐维旟矣，大人占之；

众维鱼矣，实维丰年；

旐维旟矣，室家溱溱。

诗的开端自问自答地调侃诙谐。

诗的中段描写了牧场上牛羊的动静之态和牧人放牧时的状态：牧场上三五成群的牛羊，羊角聚集、牛耳摆动；有的奔跑，有的饮水，有的卧于草中似睡非睡，动静之态惟妙惟肖，活灵活现；牧人披着蓑衣、戴着斗笠、背着干粮，边放牧、边砍柴、边狩猎飞禽，牛羊毛色丰富，足以作为牺牲供奉神灵；畜群跟随着牧人，只要他手臂一挥，牛羊便漫山撒欢。

诗的结尾写了牧人的梦境：牧人梦见蝗虫变成鱼，龟蛇旗变成鸟旗。占卜说，预示着粮食丰收、添丁进口，释放出牧人内心对美好生活的祈盼，余韵未了，耐人寻味……

诗词鼎盛的唐宋时期，描写牧人的诗词也有数十首，即便是较有意境的，如唐代吕岩的《牧童》："草铺横野六七里，笛弄晚风三四声。归来饱饭黄昏后，不脱蓑衣卧月明。"宋代张玉孃的《牧童群》："朝驱牛，出竹扉，平野春深草正肥。暮驱牛，下短陂，谷口斜山雨微。饱采黄精致不饭，倒骑黄犊笛横吹。"关于牧童的诗词，语言简约、画面生动，但作者置身事外的描绘与抒发，缺少真正草原生活的实感，且写到牧童便有牧笛的雷同，远不及《无羊》的独到、饱满和灵性。而唐代杜牧脍炙人口的四句七言诗《清明》，笔下并非写草原牧人的生活。

《诗经·小雅·无羊》以写实与幻象相结合的笔触，由牧人问答—草原放牧—牧人梦境，层层递进地描绘了先秦时期奴隶为贵族放牧牛羊时的景象和意境，所见、所为、所思，生动细微，景象动人，蕴情真切，思想丰富；在牧人梦境中，几种生物具象的变幻，诠释出牧人祈愿内心世界的自然崇拜，折射出其单纯朴素的审美境界，具有深沉的历史感。

（二）塞北民谣和诗歌中草原民族的生态物象

东晋后的南北朝时期，中国内部政权形成了分裂战乱的局面。北朝民歌出现了不少反映北方民族的尚武精神与放牧生活的作品。

如北朝民歌代表作《木兰辞》产生在北魏时期，在鲜卑与柔然战争背景下，歌咏了鲜卑族姑娘木兰女扮男装代父从军的故事。诗的开端"唧唧复唧唧，木兰当户织。不闻机杼声，惟闻女叹息"，从侧面反映了来自蒙古草原的

天边的羊群　摄影 / 陈建伟

北魏鲜卑入主黄河河套地区后，拓跋珪“劝课农桑”，鲜卑民族开始从狩猎游牧向农耕文明迈进，逐步融入汉文化的现象。中段，“旦辞黄河去，暮至黑山头，不闻爷娘唤女声，但闻燕山胡骑鸣啾啾。万里赴戎机，关山度若飞。朔气传金柝，寒光照铁衣。将军百战死，壮士十年归。”描述了木兰随军黎明从黄河出发，傍晚来至黑山，身处异乡不禁思亲之情；万里奔赴战场，飞越关口、跨越高山，朔北冰冷的月光映照着将士的铠甲；将士们身经百战出生入死，十年征战活着的胜利归来。诗句高度凝练地浓缩了地域和时间跨度，高度概括了十年征战的历程；字里行间，边塞的冷峻、战争的严酷和铁骑的威猛，互为渲染的画面相互烘托。

如北朝敕勒族民歌《敕勒歌》，一首没有染指征战硝烟、至纯的北方游牧民族草原生活的赞美诗。

敕勒川，阴山下。

天似穹庐，笼盖四野。

天苍苍，野茫茫；风吹草低见牛羊。

寥寥数语，北方草原壮阔、辽远的自然景观与草原游牧的人文情怀和画面尽显其中。宇宙天体似巨大无比的毡包穹顶，笼盖苍茫草原；风吹草浪起伏，闪现出牛羊的身影。语言通俗简约但却不失隽永、豪气和壮美；形象的比喻，浪漫与写实结合，鲜明地展示出草原生态文化的特色。蒙古草原上的穹庐式的“蒙古包”和青藏高寒草原上藏族的“黑牛毛帐篷”都是蕴含着草原生态文化建筑智慧的结晶，更是草原人与自然和谐的真实写照，成为草原牧区的地理标识和形象代言，唱出了草原人民的心声。

“《通鉴》胡注说：‘斛律金出敕勒’，也许是斛律金把鲜卑语的《敕勒歌》翻译成汉语的。”[①] 民族文化的融合将草原的美好展示在世人面前，使其跨越了民族和地域的界限，穿越了朝代的阻隔，传颂至今。

西夏文百科全书《圣力义海·山之名义》记载：“贺兰山尊，冬夏降雪，有种种林丛，树果、芜荑及药草。”[②] 南宋诗人严羽的《塞下曲·渺渺云沙散橐驼》描绘了西夏黄河河套农牧交错地区秋天的景物，羌族牧人融入其中，悠然祥和。

渺渺云沙散橐驼，

风吹黄叶渡黄河。

羌人半醉蒲萄熟，

塞雁初肥苜蓿多。

诗中，云海般渺茫的荒漠草场散见三五骆驼，秋风中落叶顺着黄河漂流。游牧的羌人半醉半醒，葡萄熟了，塞北鸿雁初肥，以待南飞。令人由此联想到，建安十三年（208），曹操败于赤壁之战后所作《却东西门行》。

鸿雁出塞北，乃在无人乡。

举翅万余里，行止自成行。

冬节食南稻，春日复北翔……

诗中同有塞北鸿雁，但曹操诗句更为饱满，且建安诗歌慷慨略带悲凉，使两诗大相径庭。

元代至顺四年（1333）六月初八日，元顺帝在上都举行即位庆典。诗人萨都剌写下组诗《上京即事五首》。上京即元上都（夏都），是中国历史上版图最大的元朝的都城，也是一座中原农耕文化与草原游牧文化结合的都城，位于内蒙古中部多伦草原一带，是锡林郭勒大草原的一部分。

① 包头师范专科学校、包头教师函授站：《中国古代文学作品选》上册，内蒙古包头师范学校函授总站 1978 年版，第 420 页。

② 杜建录：《论西夏对河套地区农业的开发》，《中国历史上的西部开发：2005 年国际学术研讨会论文集》，商务印书馆 2007 年版。

库姆塔格沙漠上奔跑的野骆驼　摄影 / 马强

《上京即事五首》分别描述了：屹立在多伦草原沙漠中雄伟的上京都城、元代皇家祭天仪式、草原暮色和牧人的生活、秋季王孙狩猎情形，以及塞外清晨上京都城的人和景。其中，最为鲜活地呈现蒙古族草原情怀的为中间三首：

祭天马酒洒平野，沙际风来草亦香。
白马如云向西北，紫驼银瓮赐诸王。
牛羊散漫落日下，野草生香乳酪甜。
卷地朔风沙似雪，家家行帐下毡帘。
紫塞风高弓力强，王孙走马猎沙场。
呼鹰腰箭归来晚，马上倒悬双白狼。①

诗中的画面：祭天的马奶子酒洒在原野上，风从草原边际的沙漠吹来，草波荡漾着酒香。赛马场上，成群的白马如流云飞渡西北，黄沙、青草、白马、蓝天、紫驼、银瓮，多彩多姿，渲染得草原生机勃勃；暮色中，漫散草原的牛羊伴着落日余晖牧归；人们嗅着原野散发的草香，更觉奶酪甜美；夜晚，凛冽的北风卷起沙尘，茫茫如漫天飞雪，家家帐篷都放下了厚实的毡帘；白日狩猎骑

① 龙德寿译注：《萨都剌诗词选译修订版》，凤凰出版社2011年版，第323—326页。

射高超、勇猛彪悍的王孙，呼鹰腰箭满载猎物夜归，气势逼人。诗句以一日生活写照，多视角地展示了多伦草原皇家祭天、狩猎、扎营夜宿等画面，浓郁的草原气息，情景交融、神韵独具、风采卓然。

（三）边塞诗天文与人文生态审美意象的绽放

边塞诗是古代诗歌中，以描绘西北塞外风光和戍边将士生活为主的，与西北高寒荒漠草原和草原民族产生关系的重要题材。先秦时期，《诗经》中《小雅·采薇》《小雅·渐渐之石》《小雅·六月》《大雅·公刘》等诗歌，从将士受王命出征、征人归乡、豳人南迁岐下周原等不同视角，反映了周朝与周边戎狄、猃狁的冲突、战事和黎民境况。但是并不属于典型的边塞诗，更未形成自觉的边塞诗流派。

边塞诗初步发展于汉魏六朝时代，隋代开始兴盛，至唐代进入创作巅峰时期。据统计，唐朝以前的边塞诗现存不到 200 首；据逯钦立《先秦汉魏晋南北朝诗》统计，汉代边塞诗作有 20 余首。而《全唐诗》中所收的边塞诗就达 2000 余首，并形成了主要以岑参、高适、王昌龄、李颀、王维等为代表的边塞诗派。特别是具有边塞军旅生涯的诗人投身创作，诗中的西域奇景、异族风情，大多夹杂在征战的烽火、报国的慷慨、生命的伤痛、思乡的离情之中。

1. 从军生涯成就的边塞诗人岑参（715—770）。岑参曾于唐天宝年间，公元 749 年和 754 年两次从军边塞，先后任安西四镇节度使幕府掌书记，安西北庭节度使都护府判官，往来于北庭轮台之间，到过北庭（今新疆吉木萨尔县）、轮台（今新疆乌鲁木齐市）、交河（今新疆吐鲁番市）、于祝（今新疆乌什县）等地。戍边 6 年的军旅生涯，致使岑参对边塞生活及塞外风光有深刻的观察与体会，所创作的边塞诗感知亲身经历，言之所见所闻，发自真情实感，渲染浪漫色彩，卓然出众。岑参现存边塞诗 70 多首，代表作《白雪歌送武判官归京》（简称《白雪歌》）、《走马川行奉送出师西征》（简称《走马川行》）两首，作于他二次从军时期。其中塞外酷寒壮阔的生态环境和征战将士艰苦卓绝的生活描写，异曲同工。

《白雪歌》开篇：“北风卷地白草折，胡天八月即飞雪。”“白草”即芨芨草，生长在西北草原，牛羊喜爱，干枯时成白色，故而得名。诗中描写西域八月飞雪，北风卷起漫天沙砾折断白草；由此令人联想到岑参在《胡笳歌送颜真卿使赴河陇》中“凉秋八月萧关道，北风吹断天山草”的诗句，因为岑参是在送颜

祁连山冬景 摄影/官群

真卿走后不久从军的，恐他当时描写塞外的诗句是出于所闻，而在《白雪歌》中的描写可谓其所见。岑参《走马川行》开篇："君不见走马川行雪海边，平沙莽莽黄入天。轮台九月风夜吼，一川碎石大如斗，随风满地石乱走。"九月轮台夜风呼啸，斗大碎石在荒漠滚动；《白雪歌》第二句："忽如一夜春风来，千树万树梨花开"，笔锋回转，树树雪花冰凌银装素裹，犹如一夜春风吹开万树梨花之奇景幻化呈现，跨越时空的想象，赋予北国风雪以满目春花之意境。惊人之句，令人豁然开朗。

《白雪歌》中段："将军角弓不得控，都护铁衣冷难着。瀚海阑干百丈冰，愁云惨淡万里凝。"和《走马川行》中段："将军金甲夜不脱，半夜军行戈相拨，风头如刀面如割。马毛带雪汗气蒸，五花连钱旋作冰，幕中草檄砚水凝"，同是描写西域荒漠寒风凛冽、冰雪纵横，人畜气息凝霜、滴水成冰，西征戍边将士经历风刀雪雨，坚忍困苦、战事险恶。瀚海，东起兴安岭西麓，西至天山东麓大漠，绵延 2000 多公里。作者以素描写实的笔触，描绘了被冰雪包裹、周天寒彻的西域生境；被铁衣盔甲包裹、置身塞北的将士，戍边征战的严酷。在此，并未直抒战场厮杀，也不见哀怨，但却给人以悲壮的画面感。

《白雪歌》《走马川行》两诗情境交融、笔力雄浑，审美视角别开生面。诗歌情怀豁达、气势磅礴，富有浓烈、驰骋的浪漫主义色彩，看似夸张奇想却意在情理之中，在一定程度上反衬了战争的残酷色彩，同时张扬了西北荒漠草原严酷的生态环境。

2. 杜甫边塞诗力作《兵车行》。杜甫的《兵车行》则不写边塞奇景、将士威武，然其哀怨民生、痛恨战争、祈愿和平的炽烈情感却力透纸背，令读者产生强烈的共鸣。“车辚辚，马萧萧，行人弓箭各在腰。爷娘妻子走相送，尘埃不见咸阳桥。牵衣顿足拦道哭，哭声直上干云霄。”《兵车行》以新乐府叙事诗和写实主义笔触，采用直陈、对话和白描等手法，将士兵出征边塞，亲人们拦路送行的凄惨场景展示得淋漓尽致；折射出天宝年间朝廷连年征战，“边庭流血成海水，武皇开边意未已”“君不见青海头，古来白骨无人收”的惨烈现实和民不聊生的战争苦难；揭示出晚唐走向衰败的冰山一角。

《兵车行》成为杜甫诗歌创作代表作中，现实主义境界和艺术感染力最强的一首。其突破了边塞诗之常态，与汉乐府民歌《十五从军行》异曲同工：“十五从军征，八十始得归。道逢乡里人：‘家中有阿谁？遥看是君家，松柏冢累累。’……”悲剧色彩深处，具象战争国殇的社会生态大观，其审美价值的民生取向，非同凡响。

（四）近现代草原民歌中的生态文化哲学境界

当我忘记了故乡的时候，
故乡的语言我不会忘；
当我忘记了故乡语言的时候，
故乡的民歌我不会忘。

流传在祁连山草原一带的肃南裕固族民歌，是在草原游牧生活中逐渐形成发展起来的，带有鲜明的游牧文化特征，牧民可以自由诵唱，抒发情感、表达赞美和祝福之意。如反映裕固族游牧劳动生活的歌：《垛草歌》《擀毡歌》《捻线歌》《奶牛歌》《奶羊歌》等；反映裕固族习俗礼仪的歌：《送亲歌》《戴头面歌》《银鬃马》等；反映裕固族游牧部落社会关系和牧民精神世界，传唱度最高的《西至哈至》《裕固族姑娘就是我》《黄黛琛》《莎娜玛珂》等，是以民歌形式再现裕固族民间文学叙事诗宝库代表作的简约版，具有重要的历史和文化研究价值。

传说历史上裕固族部落生活在被称作“西至哈至”的地方，由于战争和灾害，东迁来到祁连山草原。裕固族民间文学《尧熬尔来自西至哈至》是民歌《西至哈至》的背景，讲述了东迁前遇到强敌攻击，面临生死存亡之际，可汗命令杀死全部老人以轻装迁移。只有一位名叫安江的小伙子偷偷将老人装进牛皮袋内上路。当部落转移到茫茫沙漠时，全体人马因缺水将要渴死，老人告诉安江，将种公牛放开，任其所行，见其刨地之处便会有水。果然，拯救了整个部落。

《西至哈至》唱道：

祈祷拜佛的经堂被黄沙埋了，
我们无奈才从西至哈至走来。
老祖父指路没有迷失动迁的方向，
老铯牛找水才没有渴死。
老人说了：
看不见往高处上，
不知道的事问长辈，
群体迁移，互相有个照应，
单独行走，会失去照应；
有寺院的地方要祈祷，
邻近的民族要攀亲结缘，
可汗的恩德要纳税，
兄弟之间要以礼相待；
到了农区不会饿死，
有红柳的地方就要驻扎下来；
游牧生活不能放弃，
要爱护所有的生灵。[①]

《西至哈至》叙述性的语言直白简约、谆谆嘱咐直抒胸臆，展现当时裕固族游牧部落艰难的生存环境和生产生活出路的单一；折射出其依附信仰祈福的内心世界，以及民族间、兄弟间、所有生灵“和而共生”的生态价值观。

肃南裕固族民歌保持了古代丁零、突厥、回鹘、蒙古族民歌的诸多特

① 王秀云主编：《肃南裕固族自治县非物质文化遗产保护名录图典》，甘肃民族出版社2016年版，第7页。

点，而且从古代回鹘、蒙古的历史上溯，发现裕固族民歌与现代匈牙利民歌之间近似的旋律和共同的特征，是研究古代北方游牧民族文化历史的重要依据。[①]2006年裕固族民歌被列入第一批国家级非物质文化遗产保护名录。

四川红原县文氏普查和抢救工作组，收集编辑了一批流传在川西若尔盖草原的民歌。歌词的比兴来源于人们对天地崇敬，来源于牧人对草原生灵的情感，所有比喻来源于生活，其纯善至美的意境，令人心向往之。如：

太阳是天上的上师，不用邀请自生成；
月亮是天上的长明灯，不用灯芯自明亮；
星星是天上的牲畜群，不用人力自繁衍。
似蓝天的藏服，似星星的图案；
似小路蜿蜒的腰带，似野草丛生的毛皮。

青稞穗头小小鸟，小孩莫打听我说，
不过绕着青稞转，该走与否心中明。
红岩石上小狐狸，羊倌莫惊听我说，
不就瞅瞅小羊羔，该走与否心中明。[②]

走进草原民歌世界，“金子般的日月，丝绸般的苍天，酥油般的山神”，画面是彩色的，如自然和情感交织的彩虹；“没草的地方生长绿草，没水的地方生出泉水，热的时候出现荫凉，冷的时候出现温暖”，祈愿是透明的，如雪山下清纯的川流；“创造世间大地，在苍穹的四角立起四根擎天柱”，想象是自由的，如草原上驰骋的骏马；“请珍爱三畜，珍爱宝石般的生命，珍惜富足的生活”，心境是善良的，如阿妈熬煮的奶茶……

走进草原游牧世界，有无疆的美，更有无尽的难。牧人与畜群为伴、以牧歌慰藉；逐水草游牧、依季节迁徙；白日游牧于草场，夜晚群居于围栏、毡帐；无论风暴雨雪还是艳阳暖照，在草原天地间，人们对自然敬畏、对草原依赖，对马牛羊驼等牲畜甚至野生动物亲近，珍爱生命、珍惜友情、互助集体，享受草原、甘苦达观，豪爽笃信、骁勇坚忍，独树一帜的草原游牧生活，成为草原

---

① 王秀云主编：《肃南裕固族自治县非物质文化遗产保护名录图典》，甘肃民族出版社2016年版，第2页。

② 红原县文氏普查和抢救工作组编：《红原县文史丛书·民歌》，西藏藏文古籍出版社2017年版，第74页。

生态文化成长升华的文化基因和历史积淀。

三、草原民间说唱文学经典“三大英雄史诗”

草原民族“三大英雄史诗”，来源于民间广泛流传的说唱文学，发育在草原民族生存的“一方水土”，充满了强烈的英雄主义色彩，深刻地反映了草原人民的生活理想和美学追求。2006年5月20日，国务院批准文化部确定并公布第一批国家级非物质文化遗产名录，藏族民间说唱体史诗《格萨（斯）尔》、蒙古族长篇史诗《江格尔》、柯尔克孜族传记性史诗《玛纳斯》“三大英雄史诗”位列其中。

（一）《格萨（斯）尔》——世界上最长的藏族英雄史诗

《格萨（斯）尔》被誉为“东方的荷马史诗”，然而却远比其更加浩瀚。藏族生存的自然环境是史诗发育的土壤，浩如烟海的民间传说、神话、故事、诗歌、谚语和格言等，是史诗取之不尽的源泉。这部民间口头文学，自11世纪以来，在人们的传诵中不断丰满，长达100多万行、2000多万字。

史诗塑造了格萨尔王：神、龙、念（藏族原始宗教里的一种厉神）三者合一的半人半神的英雄形象，赋予他特殊的品格和非凡的才能，讲述了以格萨尔王为首的英雄群体降妖伏魔、抑强扶弱、造福百姓的故事，主要分为三部分。

第一部分：降生，讲述天神之子在奇异的境界里诞生的经过；第二部分：征战，史诗的中心部分，讲述雄狮国王格萨尔率领军队南征北战，降妖伏魔，为民除害；第三部分：返回天界，讲述格萨尔功德圆满，传位后，与母亲和王妃等重返天国。

史诗情节起伏跌宕，语言生动质朴，善于用警喻和谚语，具有浓厚的民族色彩；以口耳相传的方式，主要流传于我国青藏高原（西藏、青海、四川、甘肃、云南等省区）的藏族、蒙古族、土族、裕固族、撒拉族、纳西族、普米族等民族中；19世纪以来，在世界上流传日趋广泛，先后出现了俄语、法语、德语、英语等译本。

（二）《江格尔》——跨越国界的蒙古族英雄史诗

《江格尔》大约在13世纪创作于我国蒙古族卫拉特部，流传于各地的蒙古族中；17 世纪后，随着卫拉特蒙古族各部迁徙，从阿勒泰草原前往伏尔加河下游定居的卫拉特部土尔扈特人，也将这部史诗带到了遥远异乡，流传于俄国、蒙古国的蒙古族中。

《江格尔》开篇序诗，讲述江格尔的身世和幼年时期的业绩，讴歌像天堂一样的幸福家乡宝木巴，赞扬江格尔的妻子和勇士们；主干讲述了以蒙古族英雄江格尔为中心，围绕着抢婚、夺财、强占牧地等展开的一系列惊心动魄的战争场面；以江格尔为首的勇士们征战四方、降妖伏魔、痛歼掠夺者，保卫家乡宝木巴，建立一个没有战争、疾病、饥饿，草原常青、牛羊遍野的理想家园的故事。

《江格尔》是蒙古族百部英雄史诗中最优秀的一部，也是整个蒙古族民间诗歌艺术中最具代表性的作品，被专家学者誉为东方的《伊里亚特》，对于研究蒙古族远古时期的哲学思想、宗教信仰、风俗习惯等具有重要价值。

（三）《玛纳斯》——进入多国学术研究的柯尔克孜族史诗

《玛纳斯》产生于公元 9 至 10 世纪，是新疆柯尔克孜族民间文学的重要代表作。分为《玛纳斯》《赛麦台依》《赛依台克》《凯耐尼木》《赛依特》《阿勒斯巴恰 · 别克巴恰》《索木碧莱克》《奇格台依》等 8 部，23 万余行。主要通过玛纳斯家族数代人的活动和业绩，叙述古代柯尔克孜族人民团结一致，铲除妖魔以及抵抗侵略的斗争历史。

《玛纳斯》在柯尔克孜族聚居区，由专门演唱《玛纳斯》的民间歌手“玛纳斯奇”口口相传了一千多年，并在流传中不断丰富再创作；直至 19 世纪后半期，才开始出现书面形式的手抄本，到 20 世纪初才有了真正的印刷本，逐步走向书面定型。

在萨满教盛兴的古代，柯尔克孜族民间把各种宇宙天文现象和自然地理物象：如光芒四射的太阳，宛如银盘的明月，湛蓝无边的大海，碧波荡漾的湖泊，凶猛奔泻的洪水，开阔深奥的苍天，坎坷不平的大地，喷发不息的温泉，以及青鬃狼、古树、驼尾草等等，认为都是具有超人神力的事物，其中更有作为图腾崇拜者。《玛纳斯》汉文版史诗中的重要片段，被译成英、法、德、日等多种文字。19 世纪后半叶以来，《玛纳斯》已成为一门国际性研究学科，除了我国以及苏联各加盟共和国之外，英国、德国、土耳其、日本、美国、法国等国家都有研究；在学术界，国内外学者分别从语言学、军事学、哲学、历史学、文学等不同学科角度，对《玛纳斯》进行研究。

“三大英雄史诗”歌唱本民族的英雄、讲述本民族的故事，带有本民族的色彩；千百年来，在一代代民间艺人的传唱中不断充实完善，镌刻着草原民族风土人情和文化信仰的烙印，凝结着草原生态文化历史演进所积淀的生态哲学和集体智慧，其世代传承对英雄的颂扬，培育和激励着草原人民的民族精神。

2019 年 7 月 15 日，习近平总书记来到内蒙古赤峰博物馆，了解红山文化等史前文化发掘保护情况和契丹辽文化、蒙元文化等历史沿革，观看了古典民族史诗《格萨（斯）尔》说唱展示，并同《格萨（斯）尔》非物质文化遗产传承人亲切交谈。习近平总书记指出，我国是统一的多民族国家，中华民族是多民族不断交流交往交融而形成的。中华文明植根于和而不同的多民族文化沃土，历史悠久，是世界上唯一没有中断、发展至今的文明。要重视少数民族文化保护和传承，支持和扶持《格萨（斯）尔》等非物质文化遗产，培养好传承人，一代一代接下来、传下去。①

四、北方草原岩画带文化现象与美学境界

岩画是一种具有世界性的文化现象。在五大洲 150 多个国家和地区都发现了数量惊人的岩画。

（一）北方草原岩画带分布和岩画主体内容

在我国的内蒙古阴山地区、甘肃黑山、宁夏贺兰山和卫宁北山，新疆阿尔泰山、天山和昆仑山系，西藏地区，已发现一条隐现在北方草原区域，壮观而神秘的岩画带。大量具有考古价值的岩画遗迹，是反映早期草原民族生产生活、社会形态、宗教信仰、审美境界和思想表达的真实记录，岩画的可视性和客观性，成为后世探索草原生态文化起源的历史见证。

我们曾经在草原文化调研中，考察过贺兰山和卫宁北山大麦地的岩画。20 世纪 80 年代，在宁夏贺兰山东麓，北起石嘴山大武口的森林口，南至中卫县苦井沟的十多个沟内发现了岩画。在贺兰口 12 平方公里的岩画保护区内，分布有 2319 组，5679 幅岩画。大致包括动物图像、人面像、人体像、生活图像、

① 《习近平在内蒙古考察并指导开展“不忘初心、牢记使命”主题教育时强调　牢记初心使命贯彻以人民为中心发展思想　把祖国北部边疆风景线打造得更加亮丽》，《人民日报》2019 年 7 月 17 日。

内蒙古阿拉善右旗曼德拉山岩画：赶骆驼。岩画中牧人骑在骆驼背上走在驼队最后，领头的骆驼脖上系着驼铃，旁边似乎是一个人拽着缰绳牵一匹马　摄影/彭涛

符号和几何图案等五大类，其内容基本涵盖了世界岩画中的所有内容。宁夏中卫市沙坡头区北部卫宁北山岩画区，近30平方公里的山梁沟壑之上，发现岩画6000多幅，个体图案20000多个，分为大麦地、石房圈、新井沟、大通沟、黄石坡、枣刺沟等多个主要岩画区。其中，大麦地共有岩画3172组、个体图形8453个；岩画内容有日月星辰、天地神灵、狩猎、放牧、舞蹈、祭祀等活动场面。①

内蒙古阴山山脉狼山地区和其北乌兰察布草原上，发现了数以万计的岩画。集中分布在乌拉特中旗、乌拉特后旗、磴口县等境内，题材涉及动物、人物、神灵、器物、天体等，其中动物岩画占全部岩画的90%以上。据著名岩画专家盖山林判断：在距今4000年至3000年的内蒙古岩画中，有不少猎人或牧人亲昵动物、与其嬉戏的画面，反映了人兽关系开始由强行"拘系圈禁"征服动物向"软化"动物转变，由"畜"的阶段进入"牧"的阶段——草原原始畜牧业形态"野放"产生。②

在新疆40多个县市中，发现岩画150多处。主要分布在阿尔泰山系、天

① 《"岩画文字"是汉字之源吗》，《辽宁日报》2008年7月17日。

② 盖山林、盖志毅：《从内蒙古动物岩画探索草原原始畜牧业的起源》，《内蒙古农牧学院学报》1989年第1期。

山山系及昆仑山系的山间、山前牧场，或在水草丰茂的古道及古牧道两边的石岩或砾石上，绝大多数是以古西域游牧为主的各部族、民族的遗存。康家石门子岩画淋漓尽致地表达了先民对繁殖人口以壮大氏族部落的心理追求，被称作："雕刻在天山岩壁上原始社会后期的一页思想文化史"。[①]阿勒泰地区哈巴河县城以北的"多尕特岩画"，据推测产生在8000年至10000年以上。画面多为狩猎、放牧、日月星辰、舞蹈竞技场景，还有骆驼、马、狼、虎和鹿等题材。岩画传达给今人，当时人们已经饲养了马、牛、羊等家畜，还驯化了狼；骑马放牧，并学会了制造投掷类武器和防御用的盾；人们在与自然的抗争中仍然处于劣势，他们与野兽拼命作战，对自然威力充满了敬畏；他们把自己的

新疆喀纳斯岩画　摄影 / 向京

① 《探秘新疆岩画之谜》，中国新疆网，2014年9月15日，http://www.chinaxinjiang.cn/ziliao/lszl/5/3/201409/t20140915_443740.htm。

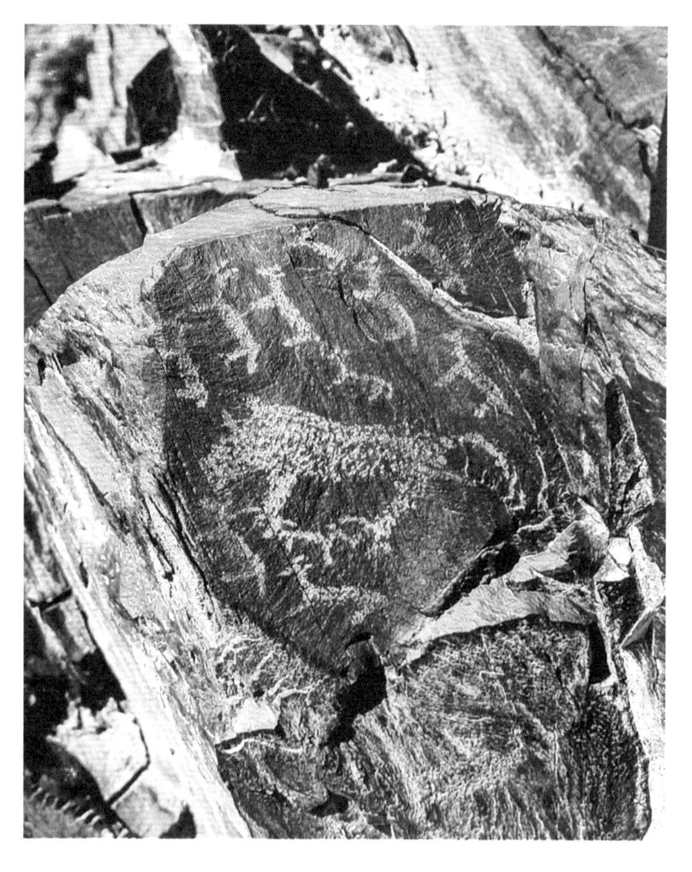
黑山岩画：猛虎捕食　供图 / 中国生态文化协会

手印画在岩石上。[①] 伊犁河谷温润的山地草原，有一条绵延近百公里的游牧部落岩画走廊，展示着伊犁草原生灵旺盛的生命力、草原先民狩猎游牧生活的场景，及其宗教观念和美好向往，而毡房是古老的草原游牧文化典型标志。

在甘肃嘉峪关市西北约 20 公里处的黑山峡崖壁上，共发现有新石器时代晚期至后期、战国至明代时期的黑山岩画 6 处 200 余幅。画境古朴、形象生动、粗犷有力。凿刻了多种动物，描绘了虎逐牛羊、野牛相抵，以及人类围着牧群舞蹈、狩猎、骑马、骑骆驼、列队练武射箭等场面，对研究河西走廊古代羌族的社会生活与历史文化有重要价值；还有的反映隋唐时期游牧民族生活，以及佛塔、经幡、转经等画面，是吐蕃在这里生活过的痕迹。而且，黑山南侧的石关峡，曾经是古代东西方来往及丝绸之路的交通要道；黑山岩画位于河西走廊岩画廊带的中间位置，具有东西方岩画互相交流、影响、传承的重要作用。[②]

西藏岩画分布在 14 个县境内，岩画点 60 余处，计 5000 余幅画面；大多集中在西藏西部、北部和雅鲁藏布江中上游的高原地区，即北部“羌塘”，藏语意为北方草原。这个巨大的高原长 2400 余公里，宽 700 余公里，平均海拔在 4500 米以上，以西部阿里和北部那曲这两大块地区的岩画点最为集中、最有特色。目前羌塘草原大部分为无人区，人类只能在其边缘地带进行短暂的季节性活动，然而从岩画所反映的情形看，这里早期应该是早期文明兴盛的一方水土。[③]

① 中国新闻网：《探访神奇的新疆哈巴河县“多尕特岩画”》，2013 年 11 月 3 日，https://www.chinanews.com.cn/cul/2013/10-29/5437667.shtml。

② 张晓东：《嘉峪关黑山岩画解读》，《嘉峪关日报》2015 年 12 月 15 日。

③ 《西藏岩画艺术剖析》，中国西藏新闻网，2014 年 1 月 23 日，http://www.xzxw.com/lyrw/xzys/mr/201501/t20150130_288069.html。

（二）岩画的图腾象征和意念表达

跨越时代，出现在我国几大草原牧区的岩画奇观，带着自然与人文结合的深邃神秘和智慧灵感，透视出古代草原游牧民族的生活情境，表达着自然崇拜、“物我为一”万物繁衍、和谐共生的生态文化诉求。例如：

1. 太阳神图腾崇拜

据考古勘察，在贺兰口山体岩画中，人面像（类人面像）岩画有708幅。最著名的是“太阳神”人面图腾。“太阳神”高居于贺兰口北侧山体朝南的岩壁之上，头部放射性线条看似太阳光芒四射，面部饱满，重环双眼圆睁、炯炯有神，凸起的鼻子和嘴巴像是山水符号构成的，憨态可掬。

贺兰口岩画：太阳神图腾 摄影 / 尹刚强

据研究人员观察并结合后世人类对天文地理的认知推测：“太阳神”头部第一圈放射线共24条，代表二十四节气或昼夜24小时；第二圈放射线共12条，代表一年12个月；第三圈放射线在眼睫毛和眼角处分4组，每组3条，共12条，象征着一年四季，每季3个月。太阳神人面像是人类先祖心中威仪天下、恩泽四方，亲和大度、庄严神圣的图腾象征。传说我国上古东夷民族部落首领太昊和少昊就是太阳神的化身，匈奴、鲜卑、突厥、蒙古族等北方游牧民族以太阳神的子孙自居，每逢重要活动都要“东向拜日”，祈求得到太阳神的庇佑。贺兰口太阳神蕴涵和彰显了上古草原先民对自然天地的感应、对宇宙规律的认知，对太阳赋予万物生命的感恩和神化的自然崇拜。

内蒙古阿拉善右旗阿拉腾敖包镇内岩画 摄影 / 包明

内蒙古磴口县默勒赫图沟一处密集的阴山岩画，岩石下方凿刻的类人面像，眼睛和头部右侧的光芒，类似贺兰口岩画太阳神，只是凿刻图案更加简约，应该也是“太阳神”图腾崇拜的表达，比较来看，创作年代更加久远。

内蒙古阿拉善右旗阿拉腾敖包镇境内的一块粗砂岩上有两幅凿刻清晰的类人面像。

其与贺兰口“太阳神”相比，都有一双圆睁的重环眼睛，只是多了“点睛之笔”；不同的是脸呈长方形，双眼下方各有两条竖线直通整个面颊，其中一幅面部中间刻画了一个“十”字图案，竖线上下贯通，横线贯穿双眼下方的4条竖线，或是象征光芒之意；另一幅在鼻子和嘴的部位刻画了一个“日”形图案，并在其两口中各磨刻了一个圆点，让人联想到甲骨文的“⊖”字，推想或也是“太阳神”图腾崇拜的表达，比较来看，构图更为抽象。

2. 类人面像对繁衍生息的奇特表达

图腾崇拜类人面像，对天地阴阳、人类男女、动植物雌雄的图解非常奇特，出现了远古与现代科学认知的沟通。

我们在贺兰口发现一处类人面像岩画，从额头到嘴巴一通到底，嘴巴画成口朝下的半圆，类似一个身长腿短的人形，将面部一分为二；上半部左右各有四条弧形的对称相通的肋骨状图案；下半部分有两个符号：左侧为

贺兰口岩画：带有“X”“Y”符号的类人面像　供图／银川市贺兰山岩画管理处

“X”，右侧为“Y”；类人面像的整体图案如同一个人类无结点的肢体骨骼支撑在椭圆形人面轮廓之中，而“X”“Y”恰巧与现代科学认知的决定人类男女性别的染色体符号一致，可以联想是先民寄托生殖繁衍的图腾崇拜，令人惊愕！

3. 岩画揭示游牧社会关系的文化现象

贺兰口有一幅特别的岩画“手印·人面像”，专家认为这是一份远古时期以岩画形式为证的契约。整幅岩画分为两部分，岩画中高高在上的“桃形”人面像的位置和典型的重环双眼，说明他是主宰一切的神灵；画中一左一右、一小一大两只手印，代表了立约的双方。大手印的上方刻着一个手舞足蹈的人与一幅“核状”人面像连接在一起，以示神灵向族人传达旨意并赐予法力的场景。大手印和小手印，无论是手指还是手腕都表现得纤细灵巧，可以断定是女性之手。大手印下方有一头健硕的牛被拴在一根木桩上，显示其经济实力雄厚；小手印下方也有一头牛，但身体瘦弱，后腿蹬直、前腿跪倒，头朝向大手一方，以示小手部落向大手部落的臣服；小手印的小拇指处出现向左的箭头，表明其部落即将迁往他处。解图释义：契约立于原始母系氏族社会时期，大手部落征服了小手部落；小手部落根据协议不得不迁离此地，其所属的土地和牲畜财产都归大手部落所有。契约被凿磨在石壁上，有神灵作证，任何

宁夏银川贺兰口岩画 / 手印 · 人面像　供图 / 银川市贺兰山岩画管理处

人都不得违背。这种表现母系社会女性的手印岩画，在世界各地岩画中并不多见。

2015 年 6 月 12 日、13 日，新疆古代岩画测年国际合作考察组，在对哈巴河县玉什阿夏村多尕特洞穴彩绘岩画群考察时，发现形似飞机的岩画，并确认洞穴中最早的岩画大约在 1 万年以前。经初步分析，专家们认为形似飞机、火箭的岩画，虽不能排除是飞机和火箭的可能性，但更大的可能是其他物体。①

然而，这两幅岩画在形似飞机、火箭的图案旁，都画有一双手印。猜想，可否是作画之人为证实自己的创作成果，或是证实自己的重大发现，所留下的印记呢……但联想到贺兰口岩画“手印”和后世人类延续至今的，在契约、协议、公证材料上按手印的习惯规矩，可以说，手印不会是随便画上去的，应该有一定的主权象征意义。

下面这幅磨刻的阴山岩画，中间是三四头体态壮硕、类似老虎的巨兽，其中有的无头；周边是众多体型修长、各具姿态的人。

画面中领头的巨兽体形硕大、肌肉浑圆，粗壮的后腿蹬地前冲；巨兽头部和身前的人体分外渺小，像在围猎更像是抗争，但如同螳臂；而画面外围的人们个体却明显高大，或竖着或横着，或站立或游走，手上没有器械，好像与围猎无关；特别是兽群上方有 3 个人与野兽相背，双膝略弯、双臂前伸，排成一排，动作一致，像是祈祷或是跳舞蹈。灰褐色的岩石如同一块巨大的画布，古人以凿磨法刻录下草原部落远古社会生活场景的一隅，带给今人“天马行空”的遐想……

“双羊出圈”是贺兰口唯一表现人工畜养建筑的岩画。画面左上方是一座方形的羊圈，内分隔断；圈内无羊，圈外有两只大角公山羊，形象逼真、体魄健壮、蹬地有力、野性十足，山羊身后是一条与羊圈连通的笔直小路。据贺兰山野生动物资料，大角山羊消失的年代在距今 3000 年左右。岩画“双羊出圈”印证了，三四千年前，贺兰山一带已经出现了圈养形式；北方草原民族的生产方式，由猎牧逐步进入游牧畜牧的初始变革期。

4. 北方草原带岩画的审美境界

延绵北方草原带数千公里的岩画，如同来自远古，由草原游牧民族所创造的露天岩画艺术博物馆，珍藏着从新石器时期至近代，草原部落与草原共生，狩猎、游牧、畜牧社会生活的历史写照。其中，有形态各异的多种动物形

① 《新疆发现万年前洞穴岩画　图案似飞机》，《大连晚报》2015 年 6 月 21 日。

象；有猎牧人骑马拉弓狩猎和牧羊场景；有巫师祭祀神灵的场面和手牵手连成一排跳舞蹈的人们；有类人面像图腾、神魔、生殖崇拜等多种表征象形会意符号……

2005年，北方民族大学成立图画文字研究小组，对大麦地岩画中带有词语性质的图符，以及似文似图的符号进行比较研究发现，岩画的象形性与汉字中的象形字体相似，并由此推测它们是原始文字。[①] 有些岩画与甲骨文象形字对比，如出一辙（见下同）；而且在北方（西北）草原带的不同地域，均有同类岩画出现。

岩画也是一种石刻文化，其地域性、民族性、时代性，具有一定的辨识度和差异性；但更为突显的是相似性，甚至出现惊人的雷同。如各地岩画中的多种动物形象、狩猎图中猎人拉弓射箭的形象、类人面像太阳神的双环眼和光芒、巫师作法的形象、代表神灵的桃形人面像，以及传达人类生殖崇拜和繁衍欲望的表征符号，等等，都惊人地相似。其中原因，必然与草原部族游牧迁徙、战争人口挪移，以及朝代更替重新规划等所导致的人口流动、文化交汇等影响，有着千丝万缕的关系；但是，草原游牧畜牧生产生活经历和草原生态环境，带给岩画作者的审美体验与理性追求的文化感受的相通性，应是主要原因。

蒙古国科学院历史与考古研究所策·图尔巴特《早期青铜时代克尔木齐（切木尔切克）文化岩画艺术》介绍了中国新疆地区和蒙古国及俄罗斯等国的岩画艺术，主要有长角公牛、带披风的人物形象、头部有放射状图案的人物形象，以及身上刻画“X”形图案的人物形象等。将敦德布拉克岩画中的人脸及公牛形象与石人的脸部及身上刻画的公牛图案做了对比分析，认为应属于克尔木齐文化，岩画中人物脸上的三角形、圆形纹饰、眼睛、嘴到额头部分都与克尔木齐文化相类似。此外，还指出图瓦、贝加尔地区也有克尔木齐文化因素

人射鹿（左：甲骨文　右：岩画）

① 《“岩画文字”是汉字之源吗》，《辽宁日报》2008年7月17日。

美国亚利桑那州岩画《动物与符号》（贺兰山世界岩画博物馆藏） 摄影 / 李楠

存在，如头部呈放射状的图案即是较为典型的代表因素。乌兹别克斯坦境内早期青铜文化的岩画与克尔木齐文化也相似，而且印度北部的拉达克岩画中也有披风形象。① 研究欧亚草原岩画的国外学者们也发现，藏西日土岩画与早年弗兰克在拉达克等地发现的岩画风格更为接近，而这种岩画的风格，可能是在公元前1000年间，流行于欧亚大草原的游牧部族的重要风格。于是，北方欧亚草原岩画的风格又因为西藏西部岩画的发现而向东南延续了一段距离；学者们认为找到了欧亚北方草原岩画青藏高原大陆架上的一个重要的缺环，有了这个点的存在，整个中亚及东北亚岩画的统一风格便得以建立了。②

岩画凿刻粗犷朴拙、构图简约，采用研磨法、敲凿法、凿磨法、线刻法、点刻法等，各种形态简而象形、拙中见巧、乱中达意，源于自然又写意夸张，透露出作者内在精神实质的端倪，构图奇思任性却有规律可循。以形体动态、肢体动作和面部表情与审视者沟通，象形、会意、活态地表达了远古先民的社会经济状况、生产生活方式，及其植根于草原生态的审美视野；生动刻画出古代草原民族，由狩猎业—野兽驯化畜养—草原游牧轮牧的转化；透视出其由原始自然崇拜到生殖崇拜，感知“万物有灵”敬畏生命与神力的宗教信仰和精神世界；表达了朴素的原始的生态文化自觉——游牧畜牧长期并存，是顺应草原自然生态坏境的人类生产生活方式的互动适应，及其与自然关系逐步调整和谐的生态文化哲学境界。

古往今来沧海桑田，社会变革、朝代更替，历史走过万年，不知能有多少

① 包桂红、程鹏飞：《“草原游牧民族与丝绸之路暨中蒙联合考古十周年国际学术研讨会”纪要》，《草原文物》2015年第2期。

② 张亚莎：《西藏岩画——开启古象雄王国的钥匙》，《中国社会科学报》2010年6月22日。

人膜拜过草原带的岩画？考古科研或是巧遇偶得，或是旅游慕名而至，对于近在咫尺却又远隔千年的岩画遗迹，不同经历阅历的每个人都会有自己的解读，而岩画穿越时代和人类代际，将草原猎牧先祖们与自然生态、与部落族群、与经济社会生境交融的珍贵稀有信息留给了后世，延续着草原生态文化的根脉……

第六节　以生态文化引领当代草原保护修复治理

生态文化是生态文明建设的坚强支撑。生态文化体系包括人与自然和谐发展，共存共荣的生态意识、价值取向和社会适应。以生态文化理念，在草原民族发展与草原生态资源演变的历史与现实的纵横坐标系中，审视草原生态与草原民族经济社会协调发展的核心关系，即草原自然生态系统与人类可持续发展的关系，草原生态文化与草原民族文明进程的关系，草原生态文明与中华生态文明体系建设的关系。无论古今，除去自然地理环境和自然灾害不可抗拒的因素之外，人类行为方式和政策导向是影响人与自然生态关系的重要因素；而立足草原生态自然规律和草原人民的生态福祉，从人与自然和谐共生的高度来谋划草原保护修复与科学治理，尊重自然、顺应自然，坚持节约优先、保护优先，以自然恢复为主、自然修复与人工修复相结合，加快治理修复退化草原；着重草原生态文化制度建设，促进草原生态环境持续改善，是草原生态文明建设和牧区可持续发展的重要支撑。

一、当代草原灾害损失及其草原生态政策性因素

我国草原东起大兴安岭西部，西至青藏高原，绵延4500公里，是最大的绿色生态屏障，作为资源，与耕地、森林和海洋具有同等重要的战略地位。草地生态质量的高低，不仅关系到当地畜牧业发展的快慢，而且还关系到长江、黄河源头的水土保持，甚至关系到中东部广大人口密集、经济发达地区的基本生存环境的优劣。解析20世纪中期至21世纪初期以来，草原农垦、超载过牧、滥采乱挖、违法征占用等因素影响，草原植被退化，沙化、盐碱化、石漠化面积不断扩大等生态状况统计数据，审视草原与人类可持续发展的生态文化关系，启示深刻。

自然灾害频繁。据不完全统计，截至1998年，内蒙古、新疆、青海等省（区）的牧区，共发生重大雪灾面积约500万公顷以上；因灾死亡牲畜2亿（头）只以上，直接经济损失高达200亿—300亿元。20世纪90年代后期，草地沙尘暴频繁发生，西沙东进，北沙南侵；草地鼠害每年危害面积达2000万公顷。①

草地资源退化严重。草地退化、沙化、盐碱化、生产力低“三化一低”现象严重，受直接影响的草场达1亿公顷，占可利用草场的30%；鄂尔多斯草原20世纪50年代沙化133万公顷，80年代达400万公顷，同时已有267万公顷出现严重水土流失。草原面积逐年缩小，植被盖度降低，涵养水源、保护水土的能力减弱；黄土高原的华北地区部分草地因水土流失而成为裸地。②

20世纪80年代中国草地产草量普遍较50年代低30%—50%。1993年、1994年和1998年北方地区多次发生特大沙尘暴；北方草地退化、沙化和碱化以每年200万公顷的速度发展。③

截至2004年，全国荒漠化土地总面积为263.62万平方公里，占国土总面积的27.46%。其中新疆、内蒙古、西藏、甘肃、青海、陕西、宁夏、河北等8省（区）荒漠化面积之和占全国荒漠化总面积的98.45%；全国沙化土地面积为173.97万平方公里，占国土总面积的18.12%，其中新疆、内蒙古、青海、甘肃、河北等8省（区）沙化面积之和占全国沙化土地面积的96.28%；全国具有明显沙化趋势的土地面积为31.86万平方公里，占国土总面积的3.32%，主要分布在内蒙古、新疆、青海、甘肃4省（区），其面积占全国具有明显沙化趋势的土地面积的93.13%。从具有明显沙化趋势的土地利用类型看，主要以草地为主，占68%。到2007年，据不完全统计，中国盐碱化面积已近1000万公顷，大面积发生于东北地区西部松嫩草原、内蒙古西部、新疆、甘肃、青海干旱荒漠区绿洲边缘草原及干旱区大水漫灌的改良草原。④截至2010年，全国90%的可利用天然草原都有不同程度的退化，其中12%严重退化，31%中度退化，57%轻度退化，中度以上退化草原面积已近半数。⑤草地植物物种发生结构性变化，可饲用草比例下降。2009年草原毒害草危害面积为3919.22万公顷，占全国草

① 刘江主编：《21世纪初中国农业发展战略》，中国农业出版社2000年版，第654页。

② 刘江主编：《21世纪初中国农业发展战略》，中国农业出版社2000年版，第484页。

③ 刘江主编：《21世纪初中国农业发展战略》，中国农业出版社2000年版，第784页。

④ 中华人民共和国农业部编：《绿色华章——辉煌的草原保护建设工程》，中国农业出版社2010年版，第18页。

⑤ 中华人民共和国农业部编：《绿色华章——辉煌的草原保护建设工程》，中国农业出版社2010年版，第16页。

原面积的10%。西藏、四川、青海、新疆、内蒙古等5省(区)草原毒害草面积占全国草原毒害草面积的80.8%。危害严重的主要是棘豆、狼毒、黄芪、紫茎泽兰和橐吾,危害面积达2072.5万公顷,占全国危害面积的53.2%。[①]特别是牧区长期以来大面积毒杀鼠类,使鼠类的天敌——狼、沙狐、黄鼠狼、鹰隼等食肉动物因误食被毒杀的鼠尸而大量死亡,导致生物链断裂。

草地开垦、乱挖滥采人为破坏严重。据不完全统计,自20世纪50年代至90年代中期,全国有近2000万公顷的优质草原被开垦为耕地;20世纪70年代中期,全国草原退化比例达到15%;到20世纪90年代,北方12省(区)草原退化比例已达50%;进入21世纪后,北方和青藏高原草原退化比例已达90%。[②]加之,由于从事采沙金、搂发菜、挖药材、搂柴草等活动,很多地方的枯草层全部被搂走;加上滥采矿、超载放牧过度等,对草地、沙地资源掠夺性开发利用,导致草原资源破坏、生态环境持续恶化、生态系统十分脆弱,严重影响了畜牧业发展、农牧民增收和国家的生态安全,加强草原保护修复建设,已经刻不容缓!

草原治理方式有悖自然规律。内蒙古师范大学地理科学院教授海山,多年潜心研究内蒙古温带干旱草原特定的地理生态环境,并在多次调研中与牧民深入探讨,在其所著《内蒙古地区人地关系演变及调控问题研究》一书中针对草原治理提出:一是枯草层是草原生态系统生产力的保护层,保护好枯草层,可以维持“土壤生命水分”和温度,确保春季牧草如期发芽生长。二是微量元素缺失对牲畜发育影响很大,而草原被围栏分割,游牧完全停止,加之食草野生动物绝迹,草原生态系统区域间微量元素平衡机制完全消失,制约了牧草生长;放牧牲畜,轻度损伤牧草高度的1/4,可以提高其产量4—6倍,即牲畜与牧草存在共生共存的关系。承包草场导致牲畜在同一片草场采食踩踏的频率成倍提高,从而造成牧民称之为“蹄灾”的过度放牧机制。三是游牧生产方式是干旱草原生态系统的内在要求,是一种生产“资源”和改善生态环境的生产方式。四是自清末至今,一个多世纪的大规模地开垦草原发展农业是破坏蒙古草原的直接原因。

牧区贫困问题突出。1997年,在全国没有解决温饱的5000万贫困人口

---

① 中华人民共和国农业部编:《绿色华章——辉煌的草原保护建设工程》,中国农业出版社2010年版,第22页。

② 中华人民共和国农业部编:《绿色华章——辉煌的草原保护建设工程》,中国农业出版社2010年版,第14页。

中，有2000万人生活在五个民族自治区和云南、贵州、青海等少数民族人口比例较大的省，占总数的40%。少数民族地区不仅贫困发生率高，而且贫困程度深。根据宁夏回族自治区扶贫办的统计，1997年宁夏贫困人口年人均纯收入低于300元的占36.7%，301—400元的占34.5%，合计低于400元的贫困人口占总数的71.2%。以内蒙古为例，农牧民人均纯收入的增长速度在"六五"期间和全国相比差距不大，为15.7%：15.8%；到了"七五"期间为10.1%：11.5%；"八五"期间更扩大为15.1%：18.5%，中西部地区少数民族的生活水平与东部地区的差距在逐渐扩大。主要表现在三个方面：一是贫困牧民大部分生活在高寒地区，他们每天需要的最低热量标准是11704千焦，生活和饮食习惯和农区有很大差别，冬季取暖和保温费用远远高于其他地区；二是解决人的温饱问题，首先要解决牲畜的温饱问题，因为牲畜是牧民的主要财产和主要生产工具，失去牲畜的牧民会立刻陷入贫困；三是牧业初期投入标准高，生产周期长，风险更大，需要的技术支持更多。因为畜牧业不仅受自然灾害影响严重，而且经常遇到疫病的袭击，缺少必要的技术支撑，将会造成无可挽回的损失。①

草原保护建设资金投入匮乏。据不完全统计，改革开放以来，1978—2009年国家累计投入284亿元用于草原保护建设②，而其中前20年的累计投入资金仅达42亿元，平均每年约2亿元，年平均每公顷0.5元（0.033元/亩），难以抑制草原急速退化的趋势③。

二、进入21世纪，国家强化政策支持和工程措施

研究表明，当降雨量为346毫米时，每公顷裸地水土流失量为6.75吨，耕地为3.57吨，林地为0.6吨，而草地只有0.09吨，裸地、耕地和林地的水土流失量分别是草地的75倍、40倍和7倍④。可见，加强草地生态保护修复治理至关大局。随着全社会对草原资源环境重要性和草原战略地位的认识不断提高，草原保护建设力度明显加大。2000—2009年，国家投入增加了近7倍。

① 刘江主编：《21世纪初中国农业发展战略》，中国农业出版社2000年版，第630页。

② 中华人民共和国农业部编：《绿色华章——辉煌的草原保护建设工程》，中国农业出版社2010年版，第41页。

③ 刘江主编：《21世纪初中国农业发展战略》，中国农业出版社2000年版，第654页。

④ 袁俊芳《搞好草地建设防治沙尘暴危害——关于加快内蒙古及西部天然草地生态建设的研究》，《内蒙古财会》2002年第2期。

2002 年 9 月 16 日，国务院印发了《关于加强草原保护与建设的若干意见》，明确提出了充分认识加强草原保护与建设的重要性和紧迫性，建立和完善草原保护制度，稳定和提高草原生产能力，实施已垦草原退耕还草，转变草原监督和监测预警工作，加强对草原保护与建设工作的领导等九项战略措施，为草原保护与建设工作奠定了重要的政策基础。

2007 年 3 月，国务院批准了《全国草原保护建设利用总体规划》。提出我国草原保护建设要按照统筹规划、分类指导、突出重点、分步实施的原则，重点实施退牧还草、沙化草原治理、西南岩溶地区草地治理、草业良种、草原防灾减灾、草原自然保护区建设、游牧民人草畜三配套、草地开发利用和牧区水利工程等九大工程，共涉及全国 1100 多个县，覆盖了全国 81%的天然草原面积。

在重大生态工程的带动下，各地加大草原保护建设力度，截至 2009 年，退牧还草工程围栏封育草原 4500 万公顷，工程区产草量比非工程区提高 75.1%；京津风沙源工程，严重沙化草原面积缩减 20%以上，岩溶地区石漠化治理工程围栏封育种草 10.7 万公顷，岩石裸露率降低 7 个百分点。从草原生态治理和草场恢复程度看，天然草原面积大省区自西向东逐步向好；从主要草原牧区的生态治理效果看，全国草原生态环境加速恶化势头得到有效遏制，局部地区生态环境明显改善。①

至“十二五”期末，在草原生态保护补助奖励等政策的推动下，草原承包、基本草原保护、草畜平衡、禁牧休牧等各项制度落实步伐明显加快。全国累计承包草原 43.7 亿亩，占全国草原面积的 72.8%，较 2010 年增加 8.5 亿亩；累计落实禁牧休牧轮牧面积 24 亿亩，较 2010 年增加 7.7 亿亩；落实草畜平衡面积 25.6 亿亩，划定基本草原 35.4 亿亩。2015 年，全国重点天然草原牲畜超载率为 13.5%，较 2010 年下降了 16.5 个百分点。全国草原综合植被盖度为 54%，连续 5 年保持在 50%以上。全国天然草原鲜草总产量 10.28 亿吨，连续 5 年超过 10 亿吨；奶牛存栏 100 头以上、肉牛出栏 50 头以上、肉羊出栏 100 只以上的规模养殖比重分别达 42.8%、30.6%、43.0%，分别比 2010 年提高 18.7 个百分点、5.1 个百分点和 14.8 个百分点。牛肉、羊肉、奶类和羊毛羊绒产量分别达 407 万吨、303 万吨、2694 万吨和 44.4 万吨，分别比 2010 年增

① 中华人民共和国农业部编：《绿色华章——辉煌的草原保护建设工程》，中国农业出版社 2010 年版，第 41 页。

加 7.6%、10.6%、2.3% 和 10.2% ；牧区半牧区县农牧民人均纯收入 8078 元，较 2010 年增长 79.7%。其中，牧业收入从 2010 年的人均 2120.7 元增加到 2015 年的 3685.5 元；优质苜蓿种植面积达 300 万亩，草产品加工企业达 532 家，秸秆饲用量达到 2 亿吨；以草原畜牧业为主营业务的农业产业化国家重点龙头企业 64 家，占畜牧业龙头企业总数的 11%。① 草原生态加快恢复，生物多样性不断丰富，固碳储氮、涵养水源能力明显增强；13 个草原牧区省份按照“以草定畜、增草增畜，舍饲圈养、依靠科技，加快出栏、保障供给”的思路，大力发展现代草原畜牧草原，牧民收入稳定增长，防灾减灾能力明显提升。2016 年 12 月，农业部印发《全国草原保护建设利用“十三五”规划》，部署了加强草原保护建设利用、推进生态文明建设、实现绿色发展、保障国家生态安全的重要任务；提出了精准扶贫、改善草原牧区民生和建设美丽中国的重要举措，确保了加快草原生态改善，推进草牧业发展。

“十三五”时期，国家草原保护修复重大工程项目深入实施，人工种草生态修复试点正式启动，落实草原禁牧 12 亿亩、草畜平衡 26 亿亩。据国家林业和草原局统计：至 2020 年，全国鲜草产量达到历史高位，突破 11 亿吨大关；全国重点天然草原平均牲畜超载率下降到 10.1%，比 2011 年下降 17.9 个百分点；全国草原综合植被盖度达到 56.1%，比 2011 年提高了 5.1 个百分点。“十二五”以来，我国草原生态建设工程项目中央投资累计超过 400 亿元。自 2011 年以来，我国在内蒙古、西藏、新疆等 13 个主要草原牧区省份，实施草原生态保护补助奖励政策：对牧民禁牧草原每年补助 7.5 元 / 亩、草畜平衡草原每年补助 2.5 元 / 亩；至 2019 年，国家累计投入草原生态补奖资金 1326 多亿元。草原生态奖补政策的实施，调动了广大草原地区农牧民保护草原、维护草原生态安全的积极性，实现了减畜不减收目标。

三、以生态文化理念引领草原治理和牧区乡村振兴

草原的问题并非过度放牧一个原因所致，而是一个与自然规律、文化意识、政策导向等密切关联的复合型问题。需要以生态文化理念引领多方政策统筹协调：制定并实施符合草原自然生态系统规律、符合草原畜牧业生产经

① 《农业部关于印发〈全国草原保护建设利用“十三五”规划〉的通知》，《中华人民共和国农业部公报》2017 年第 1 期。

营规律、符合草原民族文化心理、能够调动和引导草原牧区农牧民积极响应并发挥主观能动性的政策措施，开展综合治理。

2019年3月5日，习近平总书记在参加十三届全国人大二次会议内蒙古代表团的审议时指出："内蒙古有森林、草原、湿地、河流、湖泊、沙漠等多种自然形态，是一个长期形成的综合性生态系统，生态保护和修复必须进行综合治理。保护草原、森林是内蒙古生态系统保护的首要任务。必须遵循生态系统内在的机理和规律，坚持自然恢复为主的方针，因地制宜、分类施策，增强针对性、系统性、长效性。"①2021年6月7日，习近平总书记再次来到青海考察调研，强调要加强雪山冰川、江源流域、湖泊湿地、草原草甸、沙地荒漠等生态治理修复，全力推动青藏高原生物多样性保护。

2021年3月12日，国务院办公厅印发《关于加强草原保护修复的若干意见》明确提出：到2025年，草原保护修复制度体系基本建立，草畜矛盾明显缓解，草原退化趋势得到根本遏制，草原综合植被盖度稳定在57%左右，草原生态状况持续改善。到2035年，草原保护修复制度体系更加完善，基本实现草畜平衡，退化草原得到有效治理和修复，草原综合植被盖度稳定在60%左右，草原生态功能和生产功能显著提升。到本世纪中叶，退化草原得到全面治理和修复，草原生态系统实现良性循环，形成人与自然和谐共生的新格局。

2021年8月，国家林业和草原局、国家发展和改革委员会联合印发《"十四五"林业草原保护发展规划纲要》，明确了"十四五"期间我国林业草原保护发展的总体思路、目标要求和重点任务。构建以国家公园为主体的自然保护地体系，健全保护体制，创新管理机制；加强草原保护修复，增强草原生态系统稳定性和服务功能；强化湿地保护修复，增强湿地生态功能，保护湿地物种资源；加强野生动植物保护，维护生物多样性和生物安全；科学推进防沙治沙，加强荒漠生态保护；做优做强林草产业，推动乡村振兴；加强林草资源监督管理，全面推行林长制，实施综合监测，开展成效评估。如此，将草原生态文化理念融入当代草原保护修复治理工程，将草原牧区生态文明建设作为乡村振兴战略的重要内容，统筹山水林田湖草沙系统治理，正当进行中。为此建议：

一是坚持生态优先和绿色发展的总体要求，建立草地资源连续清查制度，

① 《习近平在参加内蒙古代表团审议时强调　保持加强生态文明建设的战略定力　守护好祖国北疆这道亮丽风景线》，《人民日报》2019年3月6日。

科学评估我国草原牧区的生态平衡阈值。草原与山脉、高原、丘陵、平原、荒漠、森林、河流、湖泊相依相连，是陆地生态系统维护生物多样性的重要的动植物基因库和资源库。在国土资源调查的基础上，开展省地县三级全国草原资源清查，按照自然地理生态系统“山水林田湖草沙”生命共同体相互依存、和谐共生的生态文化理念，统筹草原保护修复治理。科学评估草原牧区的生态平衡阈值，分区规划、分类施策、科学治理、合理利用，适度放牧、轮牧、休牧，避免“一刀切”和长期脱离草原畜牧的全年舍饲喂养。对于生态条件好的草原实施轮牧，适度保留牲畜种群，发展原生态有机畜牧业；牧民享受生态效益补偿政策，并承担牧区森林、草原和文化古迹的保护巡视责任；封禁治理沙化草原，采取精准技术措施并科学预判其治理修复期；天然荒漠稀疏草原作为一种自然地理型态，以自然修复为主，构建以草原、牧民、畜群为主体，“山水林田湖草沙冰”互为依存的健康稳定、可持续发展的复合型草原生态系统，促进草原生态修复治理与生态有机畜牧业发展双赢。

二是逐步建立森林文化和草原文化资源调查监测体系，将森林文化和草原文化资源区域分布纳入国家构建的“一张底图”之上。深化森林文化和草原文化探源系统工程，融合区域自然地理、人文历史和资源调查规划等多种技术手段，在第三次全国国土调查集成现有的森林资源清查、湿地资源调查、水资源调查、草原资源清查等数据成果，形成的自然资源调查监测“一张底图”之上，标明全国森林文化和草原文化资源分布：包括区域、范围，主要民族和文化类型等。构建自然资源调查监测体系与森林文化和草原文化资源调查监测体系合体“一张底图”，具象揭示我国自然资源和生态文化资源保护传承、创新发展成果，及其依存关系和时代价值。

三是创新现代化草原畜牧业生产生活方式，建设草原特色的生态畜牧业关键技术集成与示范区。打造结构完整、市场配套的草原牧区马牛羊驼等原生态有机奶和乳制品、肉类、毛皮、中草药、民族工艺等加工制造、收购仓储、营销网络的产业链、供应链和物流链。科研单位和大专院校要加大深入实地调查研究的力度，发挥智库作用，研究形成草地快速精准监测及靶向恢复技术，主推羊草等优质乡土草种＋成熟技术的修复模式；注重生态功能完整的轻、中、重度退化亚高山坡地草甸，构建“灌—药—草”高寒退化草地治理生态经济新模式，实施“草原社区特色生态畜牧业关键技术集成与示范”；扶持以牧民为主体的草原畜牧业合作经济组织，发展原生态草原绿色有机畜牧业，满足牲畜肉制品、乳制品和毛皮制品等原生态畜牧产品自然生长、有机生产过程；多途径搭建生态畜牧业产业化、市场化平台，培育具有资源优势、市场潜力和可持续发展活力的草原生态产业经济和品牌质量效益；链接互联网电商平台拓展远程市场，以多种模式、多条途径实现牧区生态保护与产业发展协同双赢，逐步走出一条草原牧区以有限稀缺生态有机产品对接高端市场、参与国内国际市场定向营销的发展之路。

四是把草原生态文化作为中华文明探源工程的重要内容，深入挖掘、归类梳理草原生态文化遗产宝藏，研究阐释中国道路深厚的草原生态文化底蕴。采取自然科学与人文科学相结合的方法，组织专业队伍深入实地，系统研究探源带有草原基因的各类古老而美好的传统草原生态文化瑰宝，抓住其文脉的精髓，形成活态文化的保护传承机制。在草原生态文化富集地，依托自然资源和人文积淀，探索带有时代印迹、地域特色和民族风格的草原生态文化生长本源。梳理蕴藏在典籍史志、聚落历史、民族风俗、传统技艺和民族建筑风格艺术中的自然文化遗产，保护传承草原生态文化基因：如千百年来，草原民族游牧轮牧畜牧生产生活方式的生态规律、恪守禁律的生态法则；如牧民与马、羊、牦牛、狼、鹿、大雁、鹰隼等结成的文化意象；如从《诗经》开启的历代草原诗歌；如草原上延绵千里的岩画长廊；等等，同时强化研究成果的宣传、推广和转化工作。

五是保护传承活态的草原生态文化，构建草原生态文化繁荣发展、创新发展机制，发挥草原生态文化的服务功能效益，培育乡村振兴战略中新的经济增长点。据国家统计局公报，至2020年末，我国常住人口城镇化率超过60%[①]，美丽乡村和辽阔草原将日益成为人们留恋和向往的地方。在草原生态文化富集地，依托自然资源和人文积淀，探索带有时代印迹、地域特色和民族风格的草原生态文化生长本源，梳理蕴藏在典籍史志、聚落历史、民族风俗、传统技艺和民族建筑风格艺术中的自然文化遗产，保护传承草原生态文化基因；建设不同类型的活态的草原民族生态文化博物馆，进行整体性、系统性研究策划，从文物收集选取到展示规模、文化历史图表、影像到文字阐述等方面，采取多种形式提取文化元素，并进行具象文化形态语义表征，充分体现草原生态文化的历史悠久度、级别珍贵度、影响广泛度、文化富集度和贡献度；挖掘开拓草原生态文化的功能和服务形式，将草原生态文化内涵注入草原旅游业和休闲康养业发展之中，串联充满草原地域和民族特色的旅游景区、度假

① 《中华人民共和国2020年国民经济和社会发展统计公报》，《中国统计》2021年第3期。

地和精品线路，并延展到民宿、餐饮和民族工艺等相关服务业。挖掘若尔盖、红原等红军草原，金银滩原子城草原等革命历史文化遗产，打造一批国家级红色草原教育基地，培育壮大草原振兴、牧民致富的文化经济增长点。

六是政府部门和科研教育机构要以高度的历史自觉和文化自信，将草原生态文化元素融入青少年学业教育和科普教育之中。特别重视传承人的培养和新生代的普及，使草原生态文化在新时代焕发生命的辉煌；践行社会主义核心价值观，将传统文化创新发展与现代文化传播表现形式有机结合，强化宣传，提升和扩大草原生态文化的知名度和社会受众群体；多方面、多元素、多形式拓展草原生态文化服务功能效益和价值实现形式。

七是将草原生态文化理念纳入草原法制建设。加快推进《草原法》修订，积极推进《基本草原保护条例》、部门规章和地方性法规的修订，加大草原执法监管力度。研究归纳、提炼千百年来留存于草原民族的草原保护"习惯法"，取其精华，创新发展。传承符合上位法和草原畜牧业发展规律，通俗易懂、便于执行的乡规民约，协力提高草原法律法规的执行力。

八是建立健全草原生态产品价值实现机制，积极推进林草碳排放权交易立法进程。把碳达峰、碳中和纳入社会经济发展和生态文明建设整体布局中，提升草原生态系统碳汇增量；建立健全草原绿色有机生态产品，包括清洁能源的价值实现机制；在《碳排放权交易管理暂行条例》修订制定中，明确森林、草原、湿地等碳汇交易管理细则，加快推动林草碳汇交易工作法治化进程。

结　语

物竞天择，适者生存，自然的本质规律不会消亡，只是在不同地理生态区位，接纳着人类不同历史发展阶段"赞天地之化育，与天地参"的行为，以不同的形式和形态存在着、运动着、支撑着、把握着、演进着……

人类与自然万物结成地球生态系统的命运共同体。天地万物以其不同种类、不同形态、不同习性、不同运势，构建起自然界千姿百态、千变万化的生态体系大观；地球生态系统，以万物共生而和，以物种多样而异；"和实生物，和而不同，求同存异，和而共生，和谐共荣"。回顾中华民族"百万年的人类史、一万年的文化史、五千多年的文明史"所造就的中国特色的生态文化和民族精神，其中积淀着中华文化源头最本真的初心——生存与发展；阐释着生态智

青藏高原草原上的藏羚羊　供图/国家林业和草原局国家公园办公室

慧涅槃于天灾人祸，战争疮痍，饥荒疫病的磨难历程；凝聚着中华民族最深层的文化追求——人类与自然和谐共生共荣，共同构建地球生命共同体，共同推动生态文明时代进程。然而经天纬地的是，生态文化世代传承、守正创新，为社会主义现代化和中华民族伟大复兴奠定文化基石的时代价值——中华民族“各美其美，美人之美，美美与共，天下大同”，始终保持多民族统一的中华文明从未间断！

草原生态文化是草原民族的灵魂。生命的延续源于基因传承与创新发展，草原生态文化基因千百年来已经成为塑造其民族精神、道德修养、价值取向、行为准则和民俗习惯的文化本源；草原民族生态文化与其生产生活方式融为一体，造就了草原生态文化物质成果与精神品质的审美境界。

草原民族对草原的热爱，源自对家园的依赖；对草原的保护，源自对自然的崇敬和对生存的依附；如同草原上延绵千里的岩画长廊，是古代游牧先民凿刻在崖壁岩石上的生命图腾，表达着自然崇拜的境界，生命繁衍的祈愿，众生平等的胸怀，执着信仰的风骨……朴素单纯的生态理念引领下的生产生活方式，支撑着草原民族的成长与发展。在当代草原牧区生产生活方式转变和体制机制转型建设中，我们必须从生态文化自觉到生态系统关怀，树立起科学理性的精神，深耕政策、因地制宜、付诸实践，在保护中延续“草原·家园·生命源”——这数千年牧歌式的草原生态文化根脉；在创新中发展“草原·畜群·牧民”——这方水土这方人的和谐可持续的幸福生活。

草原，铺展在中国大地上，柔美而苍茫、纯净而梦幻、平坦而波澜；阻隔着西北荒漠的侵蚀，减缓着青藏高原的严寒。伫立草原望向远方：或皑皑雪山，

父亲的草原母亲的河　供图 / 中国生态文化协会

或莽莽森林，或蜿蜒河流，或荒漠戈壁；在四季轮回中，尽显世人罕见的大美奇观……

草原生态文化——草原民族与草原共生、共筑、共荣（融）的历史，承载着这方天地间生生不息的生命历程，如同中华文明浩瀚苍穹中的璀璨星河，汇入中华民族绵延不绝的文化江海……

第一编

中国草原和草原生态文化

第一章　草原资源分布与民族状况

从欧亚大陆的地图上我们可以看到，在北纬 38°—55° 之间，是东起大兴安岭，西至多瑙河的草原地带，地球上最早的、横贯欧亚大陆的、由无数条游牧小道组成的草原交通之路，就通行在这片广袤厚实的北方草原上。

世居于此的游牧民族对于草原这片独领殊荣的大地充满无限的情感。一个又一个部族像群星般璀璨，他们自由地在这片大地上驰骋，他们的马蹄

巴音布鲁克草原牧羊人　摄影 / 陈建伟

东北草原　供图 / 董世魁

从这片大地奔向中原，震荡着世界，推动着人类历史的巨轮一次次向前，再向前……

第一节　草原自然资源分布和文化分区

根据自然地理及行政区划，我国草原一般可以划为：东北草原区、蒙甘宁草原区、新疆草原区、青藏草原区、南方草山草坡区等五个大区。当大自然精心造化了江南的妩媚秀丽，海洋的辽阔湛蓝，西域高原的高远空灵之后，又竭尽全部的才情和智慧，在草原留下了最能体现大自然淋漓个性和多民族生息繁衍的华彩乐章。

草原的演进有跌宕起伏的故事，也有酣畅淋漓的诉说，那些永远存在的不确定性是推动历史前进的号角，它用神秘凝固成的画面，铸就了历史中不可或缺的一块奇异拼图。

一、东北草原资源分布和文化分区

东北草原区属于北方温带草原，主要分布在大兴安岭东西两侧的呼伦贝尔市、兴安盟、通辽市、赤峰市北部和松嫩平原西部，包括黑龙江、吉林、辽宁三省的西部和内蒙古的东北部，面积约占全国草原总面积的2%。东北地区草原面积4115.8万公顷，其中可利用面积3497.2万公顷，占该区土地面积的21.3%，是该区的主要生态屏障，具有重要的生态、经济、社会功能。①

（一）东北草原资源分布

东北草原覆盖在东北平原的中、北部及其周围的丘陵，以及大兴安岭、小兴安岭和长白山脉的山前台地上，三面环山，南面临海，呈"马蹄形"，海拔为130—1000米。东北草原区地处大陆性气候与海洋季风的交错地带，受东亚季风影响，属于半干旱半湿润地区，冬长而干旱，夏短而湿润。雨量充沛，且多集中在夏季，年降水量东部为750毫米，中部为600毫米，西部大兴安岭东麓为400毫米。热量与降水平行增长，与植物生长季节相同。土壤为黑土、栗钙土等，这里土地肥沃，地势平坦，景观开阔。

东北草原区是我国发展畜牧业的重要基地，有丰富的牧草资源。野生牧草达400余种，优良牧草近百种，主要有羊草、无芒雀麦、披碱草、鹅观草、冰草、草木樨、花苜蓿、山野豌豆、五脉山黧豆、胡枝子等，亩产鲜草300—400公斤，是中国最好的草原之一。所产东北马、三河牛驰名全国，绵羊多分布在平原地区草原。

其中，位于东北平原中部的松嫩草原区，从整体上看以禾本科、菊科、豆科植物为主，其中禾本科牧草约97种；位于东北平原西北部的呼伦贝尔草原区中约有76种禾本科牧草。② 在我国北方草原地区，人工放牧驯养与管理的家畜有253个品种（包括地方品种、培育品种和引入品种），主要的食草动物有黄牛、牦牛、绵羊、山羊、马、骆驼、梅花鹿、马鹿和家兔等。③

（二）东北草原文化分区

东北草原文化，主要是指历史上活跃在东北的东胡族系和肃慎族系所创造的草原文化。东胡族系是以戎族为主体发展起来的，多是"马背上的民族"，一般包括：山戎、东胡、鲜卑、乌桓、库莫奚、乌洛侯、室韦、契丹等民族。商周时期为广泛分布于中国北方的一些民族部落的统称，后经过几个世纪的蛰伏之后，终于在唐后期脱颖而出，建立了能与中原王朝抗衡的我国北方民族政

① 李显堂：《东北地区草原现状、存在问题及对策建议》，《吉林畜牧兽医》2017年第5期。.

② 殷立娟、祝玲：《东北草原区的C_3、C_4牧草及其生态分布的初步研究》，《应用生态学报》1990年第3期。.

③ 陈佐忠、吴玉忠、马俊华：《动物，让草原灵动》，《森林与人类》2020年第Z1期。

风从草原走过　摄影/敖东

权——辽国。逐步形成现在我们熟知的蒙古族,蒙古族生活方式以游牧为主。

肃慎族,中国古代东北地区最早见于记载的民族,早在4000多年前,就已出现在辽河以东,北至黑龙江中游,南至松花江上游,东抵海滨的广大地区,新石器时代就生活在我国东北的白山黑水之间,是我国东北地区最早的土著居民。其分布在南至今吉长地区、北达黑龙江入海处、东邻日本海、西至嫩江以东的辽阔地区,习称白山黑水之间。随着历史进程的推移,肃慎人的称谓也在不断变化:先秦称肃慎,汉魏称挹娄,南北朝称勿吉,隋唐称靺鞨,宋辽金元明称女真,明末至清代称满洲,简称满族。满族生活方式以农耕、渔猎为主。

肃慎族系有过辉煌的历史,靺鞨族中的粟末靺鞨在唐朝曾建立过渤海国,把东北的古代文明推向了一个新高度。宋代女真人建立了大金,统治过中国的北半部,显示了东北民族的伟大创造力。明末满族人入主中原,把中国封建社会推向了光辉的顶点。[①]

① 潘照东、刘俊宝:《草原文化的区域分布及其特点》,《前沿》2005年第9期。

二、蒙甘宁草原区自然资源分布和文化分区

这是一片位于中国西部，苍凉雄浑、悲怆壮美的草原，是一片存有童话的草原……

蒙甘宁草原区包括内蒙古、甘肃两省区的大部和宁夏的全部以及冀北、晋北和陕北草原地区，面积约占全国草原总面积的30%。高原是构成这一草原区的主要地貌特征，还有部分山地、低山丘陵、平原和沙地等。本区山地多为中、低山，主要有大兴安岭和阴山山地，高度一般不超过2000米。由于两条山脉纵横叠置，阻碍着东来的湿润气流向西侵入。而本区东部受湿润气流的滋润，牧草茂密，加上河湖较多，成为水草丰美的草原；西部则干燥，蒸发强烈，只具有耐盐、耐旱的半灌木、灌木的生长条件。本区是典型的季风气候，年降水量由东部的300毫米降至西部的100毫米左右，内陆中心甚至在50毫米以下，而年蒸发量则高达1500—3000毫米，为降水量的数倍至数十倍。土壤为栗钙土、棕钙土、灰棕荒漠土等。牧草种类丰富，饲用植物达900多种，其中有青嫩多汁，营养丰富的优良牧草200多种，各种牲畜都爱吃。本区的牲畜主要有牛、马、绵羊、山羊和骆驼等。地方优良品种以滩羊、中卫山羊最多，阿拉善的骆驼为全国之首。

（一）内蒙古草原自然资源分布和文化分区

这是一片写满史诗和流淌真情的浪漫草原。

内蒙古是蓝天白云的故乡，是万马奔腾的边疆，是民族团结的家园，是吉祥开放的祖国正北方，绿色生态屏障是一道亮丽的风景线。在幅员辽阔、状如奔马的内蒙古自治区版图上，以资源优势、人文底蕴和综合实力为底色，浓墨重彩地书写着政通人和、繁荣进步的瑰丽画卷。

内蒙古草原是欧亚大陆草原的重要组成部分，位于祖国北部边疆，横跨三北，是内蒙古最大的陆地生态系统，也是草原畜牧业发展的重要物质基础和少数民族文化传承的载体。

我们以生态环境、族群、民族、部落聚居区、行政区域等为依据，把内蒙古草原文化划分为呼伦贝尔草原文化区、科尔沁草原文化区、锡林郭勒草原文化区、鄂尔多斯草原文化区、阿拉善草原文化区等五个区域。

1. 呼伦贝尔草原文化区

呼伦贝尔草原文化区在内蒙古呼伦贝尔市境内，拥有8万平方公里天然

草原晨曲　摄影 / 敖东

草场，它绿到天边，绿成了蓝。它拥有 12 万平方公里的森林，3000 多条河流。鄂伦春、鄂温克、达斡尔、巴尔虎、布里亚特等不同的部族，千百年来共同守护着这份天然禀赋，这片绿色。

在这片草原，天鹅见到骑马的牧人不惊慌，也不躲避，儿童从不伤害野花，老人每天向天空祭洒乳汁，蒙古包搬迁后，大地不留一丝痕迹，这里的每个人都对大自然怀有深深的敬意。

呼伦贝尔市位于内蒙古自治区的东北部，介于嫩江和额尔古纳河之间，大兴安岭横贯全市中部，故分为岭东、岭西两部分。呼伦贝尔天然草场总面积 1.49 亿亩，占内蒙古自治区草原总面积的 11.4%。大兴安岭以西的新右旗、新左旗、陈旗、鄂温克旗、海拉尔区、满洲里市、扎赉诺尔区及额尔古纳市南部、牙克石市西部的草原相对集中连片，面积为 1.21 亿亩，是呼伦贝尔天然草原的主体，占呼伦贝尔市天然草原总面积的 81.3%。草原类型由东向西呈规律性分布，地跨森林草原、草甸草原和典型草原三个地带。呼伦贝尔大草原拥有野生植物 1600 多种，碱草、针茅、苜蓿、冰草等 120 多种优良牧草在草裙中占到 60%以上。

呼伦贝尔草原是北方游牧民族生息之地，是蒙古族发祥地之一，草原广阔、平坦、景色秀美，具有草原文化的发祥地、马背文化摇篮的美誉和历史地位。历史学家翦伯赞曾这样称誉呼伦贝尔草原:“呼伦贝尔不仅现在是内蒙的一个最好的牧场,自古以来就是最好的草原。这个草原一直是游牧民族的历史摇篮。出现在中国历史上的大多数民族:鲜卑人、契丹人、女真人、蒙古人都是在这个摇篮里长大的,又都在这里度过了他们历史上的青春时代。”在两万年前,古人类——扎赉诺尔人就在呼伦湖一带繁衍生息,创造了呼伦贝尔的原始文化。自公元前200年左右(西汉时期)至清朝的2000多年的时间里,呼伦贝尔草原孕育了中国北方诸多的游牧民族,被誉为“中国北方游牧民族成长的历史摇篮”。假如整个内蒙古是游牧民族的历史舞台,那么这个呼伦贝尔的草原就是这个历史舞台的后台。东胡、匈奴、鲜卑、室韦、契丹、女真、蒙古、达斡尔、鄂温克、鄂伦春等诸多民族共同创造了呼伦贝尔草原文化。

2.科尔沁草原文化区

科尔沁草原地处内蒙古东部,大兴安岭南坡,松辽平原西端,北与呼伦贝尔为邻,西与锡林郭勒盟和蒙古国接壤,南靠辽宁、河北,是著名的蒙古族科尔沁文化的发祥地。

科尔沁草原是一个深埋着厚重的历史文脉,人杰地灵、英雄辈出的地方,是陈国公主墓、吐尔基山宝地,孝庄文皇后、抗英将领僧格林沁、著名民族英雄嘎达梅林的故乡。一条玉龙,牵出多少往事;一座红山,深藏着多少神往。科尔沁大地上产生的红山文化、夏家店文化,契丹辽文化闻名遐迩。科尔沁草原、贡格尔草原、阿斯哈图石林、达里淖尔、大青沟、童话世界阿尔山的自然风光摄人魂魄。在科左中旗舍伯吐镇的科尔沁史前文化博物馆里,哈民遗址隐藏着科尔沁大草原史前人类的故事。遗址规模之大、出土遗物之丰富,在整个东北亚地区的史前考古中都极其罕见,被中国社会科学院评为2011年“中国考古六大新发现”。

科尔沁草原之称是由蒙古族部落衍生的。历史上科尔沁草原是成吉思汗之弟哈布图哈萨尔的领地。明洪熙(1425)时,成吉思汗的弟弟哈布图哈萨尔的十四世孙奎蒙克塔斯哈剌,率科尔沁部东走嫩江,以嫩江流域为其游牧地,形成了嫩科尔沁部。蒙古语中,科尔沁的意思是“造弓箭者”,科尔沁部落作为成吉思汗时代的“大后方”和“兵工厂”,被认为是天神养育射手的圣地,为蒙古骑兵争雄欧亚立下了卓越的功勋。

科尔沁草原地理位置得天独厚。北依大兴安岭,东近黑水白山,享松辽两大水系之利,握松辽两大平原之优,间含山地、丘陵、坨沼、平原,河流纵横、湖泊棋布、雨量充沛、气候适宜,共分为温性草甸草原、温性典型草原、低地草甸、山地草甸和沼泽等五个草地类型。

科尔沁地区是以蒙古族为主体的多民族聚居地，也是全国蒙古族最集中的地区，蒙古族是有着悠久历史、丰富民族文化和以歌舞相伴为生的马背民族。科尔沁草原文化是由蒙古族的科尔沁部、喀喇沁部、土默特部、巴林部等部落的传统文化构成的，是具有复合型、多元性、开放性特点的地域文化。

科尔沁草原是乌力格尔艺术的摇篮。草原上几乎每家每户的墙壁上都挂着四胡或马头琴。常年身背四胡或潮尔的艺人们，自编、自拉、自唱，诉说着历史和身边发生的故事。这里为后人留下了《嘎达梅林》《达那巴拉》《涛克陶呼》《僧格林沁》等诸多内容丰富、题材广泛、语言艺术精巧，富有浓厚草原文化气息的经典作品。只有民族的才是世界的，人们是把乌力格尔当作“真正的断代史”来倾听的。蒙古族赋予了乌力格尔数不尽的表现形式，一把四胡形象地用音乐语言叙述出英雄豪杰、神话传奇、家长里短、历史宗教等故事，能够惟妙惟肖地描述人物的表情、心理活动，能把战争或历史事件以亲临现场般的扣人心弦的方式描述出来，使乌力格尔以独特的科尔沁文化符号受到人们的喜爱。科尔沁草原还是安代舞的发源地，激情的安代，伴着科尔沁人从今天跳到明天，从远古跳向未来。

3. 锡林郭勒草原文化区

以幽静广袤、美丽富饶、历史悠久而闻名的锡林郭勒草原是我国主要的天然草场，凭借其秀丽的草原风光、浓郁的民俗风情、灿烂的民族文化，被联合国教科文组织接纳为“国际生物圈保护区”网络成员。草原上如果三个人在一起走，那其中一个是搏克健将，一个是歌者，还有一个肯定是优秀的驯马手。锡林郭勒草原至今还完整地保留着这种传统和文化。

锡林郭勒草原位于内蒙古自治区中部偏东，阴山山地以北，大兴安岭山地以西。东与内蒙古自治区的兴安盟、通辽市和赤峰市相接，西与乌兰察布市毗连，南邻河北省，北与蒙古国接壤，中蒙边界线长约 1100 公里。

锡林郭勒草原以高地平原为主体，兼有多种地貌单元组成的草地区，是我国北方重要的生态屏障。按土壤植被可分为三个草原区：东部草甸草原区，处于草原向森林过渡的地段。气候湿润，河流纵横，牧草繁茂，天然植被保存完整，以草甸草原为主体。分布在东乌珠穆沁旗、西乌珠穆沁旗、锡林浩特市、正蓝旗和多伦县五地的东部。这里是闻名遐迩的乌珠穆沁牛、乌珠穆沁马、乌珠穆沁羊的发源地。中部典型草原区是锡林郭勒草原的主体，分布在东、西乌珠穆沁旗，锡林浩特市，正蓝旗及多伦县五地西部，苏尼特左、右旗东部，阿巴嘎旗，镶黄旗，正镶白旗，太仆寺旗。西部半荒漠草原区，分布在苏尼特左旗及苏尼特右旗西半部、二连浩特市。浑善达克沙区分布于多伦县、正蓝旗、正镶白旗北部，锡林浩特市、阿巴嘎旗、苏尼特左旗南部，苏尼特右旗中、东部。

锡林郭勒自古就是各民族生息繁衍的热土。在漫漫的历史长河中，锡林郭勒大草原曾是东胡、突厥、鲜卑、高车、契丹等民族狩猎、游牧的地方。战国后期，这里是匈奴部落联盟的属地。秦朝时期，南部属上谷郡北境，西南一带归渔阳郡。西汉时，由匈奴单于庭直辖，东部地区为乌桓族辖地，南部隶属幽州。到东汉，这里又并入鲜卑部落。直到忽必烈继承汗位，在正蓝旗境内修建了上都城，这片草原才随同元朝帝国的兴盛而名扬四海。明朝初年，在今锡林郭勒盟的南部设开平卫。这里的牧人立足草原，面向世界，他们的视野是开阔的。

锡林郭勒草原不仅是世界四大草原之一，更是蒙古族察哈尔、乌珠穆沁、苏尼特、阿巴嘎、阿巴嘎纳尔蒙古族部落独具特色的草原生态文化源地。锡林郭勒草原有世界闻名的乌珠穆沁白马、阿巴嘎黑马、多伦诺尔御马，是中国的马都、世界的马都，因蒙古马而名扬四海！这里有远近闻名的察哈尔奶食品、苏尼特羊、阿巴嘎纳尔马奶、乌珠穆沁黑头羊、草原黄牛和草原红驼；这里有悠扬的长调民歌和蒙古族古老的音乐曲艺；这里有各部落五彩缤纷的服饰文化，这里有雄鹰般的江嘎图搏克；这里是蒙古族博克、赛马、射箭等竞技传承的地区；是以蒙古族为主体的汉、回、满、达翰尔、鄂伦春、鄂温克等众多民族的聚居区；蒙古族的饮食、服饰、礼仪文化以及那达慕、祭敖包等大型节庆和祭祀活动极具文化内涵和民族特色；蒙古长调、呼麦、潮尔道、马头琴等优秀民族文化得到了完整的传承；坐落在金连川的元上都遗址被确定为世界文化遗产，草原文化、蒙元文化、游牧文化，为国家哺育三千孤儿的草原母亲凝聚着人间的大爱……辽阔的锡林郭勒草原，至今还保存着原生态的游牧部落景观。

4.鄂尔多斯草原文化区

鄂尔多斯草原文化区包括鄂尔多斯草原、河套土默特平原、阴山山地草原、乌兰察布草原、巴彦淖尔草原。行政区划包括鄂尔多斯市、呼和浩特市、包头市、乌海市、巴彦淖尔市和乌兰察布市部分旗县。

800多年前，一代天骄成吉思汗给蒙古高原上留下了一段神秘的传说。八百年后，鄂尔多斯以其惊人的速度谱写了跨黄河、越高原的凯歌。当苏鲁锭和套马杆旗帜一样招展时，一曲《鸿雁》唱醉了富饶的草原，巴彦淖尔把走西口的小伙留下，吼出一代代河套人治理黄河的千古绝唱，感地动天。

鄂尔多斯草原是中原文化同北方少数民族文化的结合部，也是我国西北方少数民族同华夏部族密切联系并进行生产活动的舞台。鄂尔多斯一词是由蒙古语翰尔朵（官帐的意思）演变而来的，15世纪中叶以后，蒙古鄂尔多斯部入居于此，始称"鄂尔多斯"。在此地区曾建立过"云中""盛乐""丰州"等城。元朝时，鄂尔多斯境内的察汗脑儿成为皇室封地，元王朝先后在此设宣尉司与行枢密院。15世纪中叶，蒙古诸部先后入居河套。随后，守护成吉思汗陵寝的鄂尔多斯部，也由蒙古高原进驻河套地区。明朝天顺年间，祭祀成吉思汗的"八白室"随鄂尔多斯部迁入河套，供奉在伊金霍洛。鄂尔多斯草原是成吉思汗祭奠，鄂尔多斯婚礼等民俗传承的地区。

鄂尔多斯高原是地球上最原始的古陆之一，被科学家称作"鄂尔多斯古陆"，是人类文明发源地之一。1万年前，形成了海拔1400—1700米的"鄂尔多斯台地"，又曰"鄂尔多斯高原"。

鄂尔多斯高原三面濒临黄河，南与晋陕黄土高原相接，介于阴山、贺兰山与长城之间。其内部差异较小，从南、北缓缓向中部隆起，在北纬40多度附近形成"脊梁"，并向东微微倾斜，即东部为黄土丘陵区，东南部为黄河支流谷地，北部为黄河冲积平原，西部桌子山一带地势较高峻，海拔高度一般在1450—1550米。桌子山的主峰高达2149米，为鄂尔多斯的最高点。本区大致以东经110度的达拉特旗—东胜—阿腾席连镇一线为界，分为东西两部。西部属于内陆河流域，干燥剥蚀作用占优势，风沙地貌比较典型，沙丘广泛分布；东部为外流区，流水的侵蚀作用占优势，加之疏松的地层结构，促使着现代侵蚀作用强烈，过境黄河流域长度760公里，流域面积达6万平方公里，年平均过境水量315亿立方米。

鄂尔多斯地区在历史上有过许多名称，诸如"河南地""新秦中"等，较典型的称谓是"河套"。早在旧石器时代就有人类活动，在萨拉乌苏河（今乌审旗境内无定河）地区繁衍生息，被考古学家命名为"河套人"，乌审旗的"河套（鄂尔多斯）文化"，就是发源于旧石器时代的遗迹。在呼和浩特市东郊30公里处的山区发现和发掘的旧石器时代的"大窑文化"遗址证明，早在距今50万至40万年前，人类祖先就已经生活在这一带。历史上的鄂尔多斯，其地理位置范围大于新中国成立初期的伊克昭盟（今鄂尔多斯），汉、匈奴、鲜卑、敕勒、突厥、党项、蒙古等民族均先后在此地生存繁衍。魏政权的"敕勒族"被安置在大漠南阴山下的平原上驻牧，便有了“敕勒川”之称。

北朝民歌“敕勒川，阴山下，天似穹庐，笼盖四野。天苍苍，野茫茫，风吹草低见牛羊”，描绘的就是当时该地美丽动人的草原风光。

纯净的蓝天下涌动着祥云，甘德尔山上的圣灵俯瞰着沙海上蔓延的绿色，圣祖慈祥的目光抚慰着深情的黄河。千古岩画、高原草场、草原粮仓、塞上水乡，乌拉特唱着远古走来的牧歌，阿尔巴斯山珍藏着阿尔寨石窟，潮涌般奔腾的马群，健硕勇敢的蒙古族牧人，举止美丽端庄沉稳、眉目间透着质朴和安详的妇女，共同造就了黄河明珠、沙地绿洲、赏石之城、水上新城、葡萄之乡、书法之城；这里是乌金的海，这里的草原以她博大的胸怀与担当挺起共和国的脊梁，结束了草原手无寸铁的历史。如今在牧草的王国，野鹿奔跑的地方，崛起了钢铁之都、中国草原避暑之都、稀土之都、文明之都、草原皮都、马铃薯之都，国家和自治区向北开放的前沿，八方口岸，刚柔相济，逐梦苍穹。

巴彦淖尔富饶的湖泊、鄂尔多斯高原的柔情、草原钢都骄傲的脊梁、中国乳都青城的豪爽、乌兰察布万里驼道的驿站……古长城与黄河在这里牵手，农耕与畜牧业在这里共荣，挽起大漠拥抱蓝天，情到深处酒香醉千年。“云中的城水中的仙，胡服骑射敕勒川，一湾秀水灌良田，社火舞来丰收年”。大窑文化历史回声，昭君出塞胡汉和亲，赵武灵王胡服骑射，草原丝绸之路雄风千古相传。

16 世纪初，蒙古族首领达延汗统一漠南。达延汗之孙阿拉坦汗于明嘉靖年间率土默特迁徙“丰州滩”驻牧，并于公元 1566 年（嘉靖四十五年）兴建“板升”（蒙古语意为房舍）。公元 1572 年（明隆庆六年）阿拉坦汗动土建城，起名为呼和浩特。

河套—土默特平原介于阴山山地与鄂尔多斯高原之间，是一个东西走向的沉降盆地构造，后由黄河及其支流沉积物充填而成为冲积平原。习惯上把西山咀以西，巴彦高勒镇以东称为河套平原，海拔 1100 米左右，东西长 170 公里，南北宽 40 公里，由西南向东北微微倾斜，至乌梁素海为最低。

土默特平原又称前套平原，即西山咀以东，大青山与蛮汉山之间，西窄东宽呈三角状。海拔 900—1000 米，地势东北高西南低，地下水位埋深 1—3 米。

一条古道通欧亚，风送驼铃声；一曲牧歌三省听，邻居是北京；一层绿色染大地，一片风车亮天空；红色的乌兰察布金色的梦，神舟飞船翔落在这片草原中。

乌兰察布草地位于内蒙古高原的中西部，处于草原向荒漠过渡的地带，介于阴山山地北麓的丘陵和中蒙边境的剥蚀残丘之间。地势南高北低，海拔高度由1500米降至900米左右。东邻锡林郭勒草原，西连阿拉善荒漠，北靠蒙古国，南接阴山东段的大青山和西段的狼山、色尔腾山，并隔山与河套平原相连，察哈尔部蒙古族游牧于此。

大青山坐落于半干旱向干旱过渡的典型草原带；阴山西段的狼山、色尔腾山是处于荒漠草原带内的两条孤立山地，其中狼山西部已接近草原化荒漠带。

巴彦淖尔高原，地势向北倾斜，狼山的隆起更促进倾斜面的形成。南部海拔1300米，北部降至900米，至边境又有升高，形成倾斜的高平原。西南部雅玛利克沙漠、乌兰布和沙漠及狼山前沙丘相连，荒漠景观更趋明显。

鄂尔多斯草原文化区是以游牧为生的蒙古族人活动的地区。除了沿长城有“垦耕牧养”外，其余多为草原游牧区。在此地区形成了农牧交界处的河套农牧文化区。在这个特殊的地理过渡地带，汇集了秦、赵、汉、北魏、金五个时期的长城遗迹、史前文化遗迹、阴山岩画遗产、蒙元文化遗产、宗教与祭祀场所，表现了深厚的历史和多元文化的景观。

鄂尔多斯草原文化区是被称为“金三角（呼和浩特、包头、鄂尔多斯）”的经济核心区、政治文化中心区域，是体现蒙古族鄂尔多斯、土默特、乌拉特、察哈尔等部落传统文化特色的地区。以蒙古族文化为主体，多元交融，多样统一。它饱蘸黄河之水，以煤研墨，用历史与现代结合的狂草温暖着世界！

5. 阿拉善草原文化区

阿拉善是一片令文人墨客断魂的大地。站在巍峨的贺兰之巅，向西极目远眺，目力所及之处，直到天地相交的那一线，都是阿拉善的草原。阿拉善，其实是蒙古语或匈奴语中“阿拉格夏”的汉语读音。“阿拉格”是色彩斑斓之意；“夏”是个缀音，有众多、复数之意。连在一起，“阿拉格夏”便是多彩之地的意思。太阳不知疲倦地从东升起，向西急驰，每日丈量着青色的蒙古高原，把最后四分之一的脚印留给了阿拉善。

阿拉善地区自春秋时代起，狄、匈奴、鲜卑、柔然、党项、回纥、突厥、蒙古等少数民族曾先后在这里繁衍生息。清初，蒙古和硕特部首领和罗理率其家族及部众数千户从新疆东移，经康熙皇帝特准，迁徙到阿拉善草原。1686年，清廷划贺兰山以西地区为和硕特牧地。1697年又按蒙古49旗之例，将和硕特部编为阿拉善和硕特旗。阿拉善草原文化区具有蒙古族和硕特部、土尔扈特部落传统的文化，如蒙古长调、饮食文化等，地域特色明显。

阿拉善草原地处内蒙古草原西部，位于阿拉善台地中央，东南部与宁夏回族自治区、甘肃相毗连，东北部与巴彦淖尔市的乌拉特后旗、磴口县相邻，东部与鄂尔多斯市、乌海市接壤，北部与蒙古国交界；东起贺兰山，西至马鬃山，宽约 831 公里，北起成顺淖尔，南至腾格里沙漠，南缘长约 598 公里，总土地面积 269885 平方公里。阿拉善草原地形总趋势是南高北低，东、南、西有贺兰山、合黎山、龙首山、马鬃山连绵环绕，北部被内蒙古高原隔阻，形成了封闭的阿拉善高原内陆区，区内有狼山余脉和雅布赖山自东北向西南插入耸峙，大体将阿拉善盟平分两大块，海拔高度一般为 1000—1500 米，最低处居延海，湖底为 740 米；最高处贺兰山峰 3556 米，雅布赖山峰 2000 米，东、中、东南部有著名的乌兰布和、巴丹吉林和腾格里三大沙漠。金色的沙漠一派辉煌，砂粒筑就的山峰层层叠叠，一座接一座，坦坦荡荡，高耸巍峨；只要踏入这片金色，人的胸襟马上就会变得宽广雄阔。

阿拉善草原属荒漠草原带，主要植被类型是荒漠草场。除荒漠外，还有一定面积的山地草甸、山地干草原、低湿地草甸等分布。山地草甸主要分布于贺兰山顶部海拔 3000 米以上的平缓坡地上；山地草原草场在阿拉善盟只分布于贺兰山、桃花山、龙首山的低山顶部以及缓坡地带；山地荒漠草原主要分布于低部山地；山地草原化荒漠类草场分布于贺兰山中部和北部，桃花山的东侧和北侧，龙首山、马鬃山等山地；低湿地草甸草场多分布于河滩地和淖尔的周围，绝大部分集中分布于额济纳河两岸；丘陵荒漠类草场分布范围广泛，几乎全盟的丘陵草场均为此类；高平原荒漠草场是全盟面积最大、分布最广的一个大类，也是全盟天然草场的主体。

1958 年，年轻的共和国刚刚 9 岁，为了和平，为了尊严，需要在这里铸剑，需要在这里试验洲际导弹，发射人造卫星，让神舟飞船飞向蓝天。大局面前，阿拉善人选择了奉献：向北迁移 140 公里，让出 8 万平方公里最肥美的草场，他们赶着畜群，走向荒漠。于是，就在这片英雄的土地上，屹立起中华人民共和国的航天城，聚焦了全世界的目光和尊敬。①

（二）宁夏干旱草原自然资源分布和文化分区

宁夏早期为游牧部落居住地区，春秋时期为羌戎居地。秦汉时代，曾是“大山乔木，连跨数郡，万里鳞集，茂林荫翳”的壮观气象，距今五百年以前的

① 克明：《神圣阿拉善》，《传承》，内蒙古草原文化保护发展基金会 2011 年 4 月。

明朝仍是一派“重重赭林迷樵径”的秀丽景色。唐代以前的六盘山（关山）及其周围地区也还是“水甘草丰”的游牧区。直至明成化四年（1468）开始有安明垦地的记载，清雍正四年（1726）“更为西陲牧地，听民开垦”。

宁夏草原区的自然特点是：热量充足，地势平坦，土壤中砂质养分未被淋洗，这些对农牧业生产来说，是比较适宜的因素。黄河由青藏高原带来大量清水，流经宁夏平原，为灌溉农业提供很优越的条件。但另外，气候干旱、土壤机械组成较粗，盐渍化现象比较突出。宁夏草地类型多样，温性荒漠草原类占主体，分布具有明显的规律性。草地类型在水平和垂直梯度范围内过渡具有一定的规律性：水平方向上自南向北形成了草甸草原→典型草原→荒漠草原等草地类型。山地自上而下，形成了高山（亚高山）草甸→山地森林→草甸草原→典型草原等类型。

宁夏草原共分6个大类。其中：温性草甸草原2.79万公顷，占草原总面积的1.31%；温性草原45.63万公顷，占21.46%；温性荒漠草原133.47万公顷，占62.77%；温性草原化荒漠21.69万公顷，占10.20%；温性荒漠3.1万公顷，占1.46%；山地草甸5.96万公顷，占2.80%。

温性草甸草原类生长在半湿润生境，由多年生中旱生或旱中生植物为建群种所组成，有时候建群种可以为一定程度能耐旱的广中生植物。草群中常混生一定数量的广旱生植物及中生植物，分布于宁夏六盘山及其支脉、小黄峁山、瓦亭梁山、月亮山、南华山等山地，出现在海拔1800—1900米以上为阴坡、半阴坡、半阳坡。另外，也分布在黄土丘陵南部的森林草原带。出现在丘陵阴坡，在这里与阳坡的干草呈复区存在。主要由铁杆蒿、牛尾蒿、异穗苔、甘草针茅等作为建群种。一般草群生长茂密，草层高35厘米，覆盖度67%，草群包含的植物较多，1平方米有植物35种。

温性草原类（干草原类）是由真旱生多年生草本植物或有时为旱生蒿类半灌木、小半灌木为建群种组成的草原类型，常常有丛生禾草在群落中占据优势，分布于宁夏南部广大的黄土丘陵地区。其北界为东自盐池县青山乡营盘台沟，向西经大水坑、青龙山东南，沿大罗山南麓，经窑山李旺以南，至海原庙山以北。甘盐池北山三个井一线，以此线与北部的荒漠草原为界，在干草原的分布区内年降水量为300毫米，土壤主要为黑垆土类，包括普通黑垆土、浅黑垆土或侵蚀黑垆土类等。在分布区内，自固原冯庄至王德—河川—固原—西吉大坪、田坪一线以北，温性草原草场分布于黄土丘陵阴阳坡。此线以南，则主要分布于阳坡、半阳坡与阴坡的草甸草原呈复区存在。以长芒草为建群种的低丛生禾草组是分布最广的地带性草场类型，旱生蒿类半灌木组成的茭蒿和铁杆蒿干草原，是南部森林草原带的重要草场类型。温性草原草场平均覆盖度 40%，1 平方米有植物 15 种，草层高度因组而异。

温性荒漠草原类是以强旱生多年草本植物与强旱生小半灌木、小灌木为优势种的草原类型。在草群中，多年生强旱生草本植物在数量上一般超过小灌木、小半灌木。同时，一年生的荒漠性草本植物在群落中常会起到明显的作用。本类是宁夏中北部占优势的地带性草场，分布于宁夏中北部地区，包括海原县北部，同心、盐池县中北部，以及引黄灌区各县的大部分地区。就地貌而言，占据了鄂尔多斯地台边缘部分，同心山间盆地和包括中卫香山在内的各个剥蚀中低山地，黄河冲积平原阶地，以及贺兰山南北两端的浅山及大部分洪积扇山前倾斜平原，西北以贺兰山为界，向北直达石嘴山市落石滩。温性荒漠草原分布地区属半干旱气候，比干草原的分布区干燥，年降水量 200—300 毫米，土壤以灰钙土、淡灰钙土为主，在南部与干草原交接处有少量的浅黑垆土。以低丛生禾草短花针茅为建群种的荒漠草原为最主要的类型，与本区干草原带的长芒草干草原草场呈南北对峙，共同构成了宁夏南北部天然草场的主体。本区的荒漠草原类草场平均覆盖度 20%—50%，草群高度 4—25 厘米，平均一平方米有植物 12—24 种。

温性草原化荒漠类是以强旱生、超旱生的小灌木、小半灌木或灌木为优势种，并混生相当数量的强旱生多年生草本植物和多量一年生草本植物的草场类型，是半干旱至干旱地带的过渡性的草场类型，出现在生境最严酷的北部地区，如中卫市北部、中宁县北部、青铜峡市西部，也局部地分散于自永宁县至石嘴山市西部的贺兰山东麓洪积扇地区以及河东的吴忠、灵武、平罗县陶乐镇局部地区，在这些过渡地带里，往往与荒漠草原类草场镶嵌地存在，分布在干燥的丘陵、山地阳坡强砾石质、沙质或盐渍化的生境。以盐柴类小半灌木组面积最大，分布在石嘴山、陶乐的北部，灵武、吴忠南部，青铜峡西部，中宁南部，中卫北部及香山南部等地，其次为强旱生杂类草组（分布在中卫市北部，青铜峡西南部）和沙生灌木组（分布在石嘴山、平罗、陶乐等县黄河阶地与沙区）。温性草原化荒漠类草场被稀疏，草群不能郁闭，时常有大面积的裸地，平均覆盖度 10%—30%，一平方米有植物 7—16 种。

温性荒漠类是在极端严酷的生境条件下形成的典型荒漠草场。以超旱生的灌木、半灌木、小灌木、小半灌木、小乔木或适应雨季生长发育的短营养期一年生植物为主要建群种。植被稀疏，区系简单，覆盖度低，草层不能郁闭，常有大量裸露的地面。主要是发育在过分盐渍化的盐土或轻度碱化的（半白僵土）土壤上，干旱区的沙地或洪积区新积土上的一些草场。分布在宁夏中、北部干旱地区，如银北灌区及贺兰山洪积扇、盐池惠安堡、青铜峡西部，灵武东部、南部，中卫沙坡头区，平罗县陶乐镇的沙区等地，以局部生境的严峻化为依附呈隐域性出现。一般覆盖度为15%—30%，草层高度各组不同，为10—40厘米，一平方米有植物2—17种。

山地草甸类是在地势低平的中生生境下发育的，主要以中生植物组成的草场类型。往往地下水位较高，或者经常有周围地表径流补给。土壤为草甸土，根据水分的多少或有无盐渍化现象，而具有沼化或盐化的变体。本区的山地草甸，主要分布在黄河、清水河冲积平原及其低阶地。以银川以北，尤其是平罗为最多。有时也少量地见于盐池、固原等县的丘陵间低洼地形、湖滨或冲沟底部泉露头的附近。以大型禾草组面积最大，分布在平罗、陶乐、贺兰金山、石嘴山等县市的黄河河漫滩及阶地上。山地草甸类草场一般覆盖度为

宁夏北长滩黄河对岸、明代长城脚下的草原　摄影 / 石宇清

25%—90%，平均1平方米有植物7种。

通过对新石器中晚期宁夏地区的经济形态的分析，我们了解了这一时段银南、宁夏中部地区形成了以牧业为主的细石器文化，宁夏南部地区则表现以马家窑、齐家文化为代表的农主牧副、兼营蓄养和狩猎的定居农耕业文化。

1. 宁夏中部黄河卫积平原鄂尔多斯台地草原文化区

宁夏中部包括现吴忠市利通区、红寺堡区、青铜峡市、同心县、盐池县及中卫市、中宁县、沙坡头区，银川市灵武市，即银南地区（1972年国务院批准设立，1998年撤销）。该区域地处黄河上游，银川平原青铜峡水利枢纽河东、河西灌区各大干渠之首。屏山（贺兰山），枕河（黄河），地近大漠（腾格里沙漠和毛乌素沙地），自古以来就是胡汉两大民族和中原农耕文化与北方草原文化相互碰撞、交流、融合的区域，因而创造了悠久的历史和具有鲜明地方特色的塞上文化，被誉为“塞上江南”。

早在三万年前的旧石器时代，此区域就有人类在此繁衍生息；羌、戎和匈奴等古代游牧民族曾在这里逐水草、牧牛羊。“细石器文化”是在我国华北地区旧石器时代晚期文化基础上发展起来的一种新石器时代人类文化遗存，它广泛分布于我国东北、内蒙古、宁夏、新疆等地，在亚洲东北部和美洲西北部的一些地区也存在此类文化。产生此类文化的自然地理环境是，这些纬度较高的地区气候干燥寒冷，多草原和沙漠，自然条件不宜于发展原始农业，因而史前人类主要从事游猎和畜牧业。“细石器文化”遗存在宁夏被发现的地点散布于沿黄河两岸的地带内，例如中卫、中宁、青铜峡、贺兰、陶乐等地。这种文化最富有特色的标志是，各种制作精致、器形不同的细小石器，这些细小石器显然是人们从事狩猎活动时所用的好武器。另外也出土了一些石磨盘、磨棒和石斧等工具，表明采集活动在当时人们的经济生活中占有重要地位。在中卫市发现的十多处细石器文化遗址内均有大量彩陶出现，其制造陶器的方法很接近农业居民的方式，反映出畜牧居民和农业居民之间的技术交流是很广泛的。

秦始皇统一六国后命蒙恬北逐匈奴，秦始皇三十三年（前214年），沿河筑三十四县，其中有富平县，是宁夏平原最古老的城市。富平县是今宁夏北部黄灌区的第一县，宁夏北部由牧业经济转变为农业经济，并进行大规模农业开发，是由富平县的设立为标志而起步的。西汉王朝建立以后，尤其是汉匈战争以后，今宁夏地区进入农业大开发、大发展的快车道，农业开发由河东扩展到河西。

银南地区天然草原面积为2026万亩，占全区草原面积的63.53%，是全区天然草原最为集中而且面积最大的地区，以盐池县、沙坡头、同心县、灵武市、青铜峡市草原为多，分别占全区草场面积的17.87%、15.13%、8.37%、8.56%、4.15%。银南地区天然草场类型以温性荒漠草原、温性草原和温性草原化荒漠为主体，分别占全地区草场总面积的74%、13%和11%，是宁夏滩羊的集中产区，其他草场类型有温性荒漠类、温性草甸草原类、山地草甸类，草场植被特征是植物种类较少，毒草不甚严重，群落结构简单，大多数牧草具有较高的抗旱性，草场低产优质，并且具有滩羊和中卫山羊最适应的生态环境条件，一般覆盖度平均为25%。

温性荒漠草原，分布于全地区，包括盐池中北部，同心北部，中卫、中宁、灵武大部地区，总面积为1500万亩，由于受西北蒙古高原高压冷气流影响，自然气候的大陆度较强，呈现植被稀疏，植物种类较少，以强旱生的小灌木、小半灌木为主，一般覆盖度25%，亩产鲜草179.6斤，正常年份19.5亩可养一只绵羊单位，属二、三、四等7、8级草场。

温性草原主要分布在盐池红井子、后洼、萌城、麻黄山、同心县田老庄、新庄集、窑山、王团一线以南地区，面积为265万亩，覆盖度30%，亩产鲜草218.54斤，以多年生草本植物，小灌木、小半灌木占优势，正常年份12.5亩草场可养一只绵羊单位。

温性草原化荒漠主要分布在中卫的三眼井、黄河以南，以及干塘、照壁山一带，中宁县黄河以北部分地区及卫宁北山，灵武县横城，吴忠牛首山东部，本类草场面积为224.7万亩，植被低矮，群落结构简单，以盐柴类、强旱生半灌木，小半灌木、刺灌木为主，覆盖度15%，亩产鲜草44斤，19亩草场可养一只绵羊单位。

中卫、灵武、吴忠、青铜峡引黄灌区，有夹于农田之间的小片盐碱荒地、人工林内的草地，以及位于“村、田、房、林、路、沟、渠、圈、湖、库”，近旁的“路边地”，即附带利用草地。

多年来由于银南甸山种地，打沙蒿、挖甘草，过度放牧等人为的活动，草原沙化、退化严重，草原沙化严重的为盐池县、灵武市，其次为同心县下马关、韦州地区。毒害草以老瓜头为多，危害不大，这种植物夏季牲畜不食，霜杀少食，它们大量存在，影响草场质量，反映了草场的日益沙化和退化，不过该草也是一种很好的蜜源植物，为每年蜂群的放养提供了主要蜜源。盐灵一带，不同程度沙化的荒漠草原，是重要的中药材甘草的集中分布区，而且受到中外药商和收购部门的重视。

银南地区的草原以大面积的连片为特征，并有较大面积的能引黄灌溉的地区，例如：中宁县城以南，同心新新灌区，中宁南山台子，盐池马儿庄、同心韦州、下马关、灵武的石沟驿等，为今后建设大型牧场和草籽生产基地提供了优越条件。

2. 宁夏南部黄土高原草原文化区

宁夏南部固原市，位于中国黄土高原的西北边缘，西安、兰州、银川三省会城市所构成的三角地带中心，处在中原农耕文化和北方游牧文化的交汇处，是丝绸之路东段北道必经之地，也是历史上西北地区的经济重地、交通枢纽和军事重镇，辖原州、西吉、隆德、彭阳、泾源1区4县，总面积10500平方公里，常住人口为114万人。

早在距今约5000年的新石器时期，固原地区已经有新石器时代的“仰韶文化”和“马家窑文化”的“石岭下类型”“马家窑类型”“半山类型”“马厂类型”“店河—菜园类型”，以及齐家文化等远古文明。六盘山草丰林密，植被丰厚，雨量充沛，自然资源条件很好，从春秋战国时起，大漠之北的戎族率先来到六盘山区、清水河畔，特别是义渠戎族创建义渠国。秦汉时期，“逐水草而迁徙”的匈奴族屡屡进犯中原，而位居丝绸之路的固原首当其冲。隋唐时期，突厥、吐蕃文化在这里得以广泛传播。宋朝、西夏的党项族文化也冲击这里。还有魏晋南北朝时期的鲜卑文化、金代的女真族文化、蒙元时期的蒙古族文化，都在这里留下了根基。历史上众多少数民族在这里纵横驰骋，迁徙融合，建立和产生了各种政权组织、经济类型、生产方式、文化艺术、民族风俗、宗教信仰。

固原地区的草原主要分布在原州、彭阳、西吉等地，面积245.07万亩。按全国气候区划，本地区属暖温带，半湿润向半干旱、干旱过渡地带，气候具半湿润至半干旱的各种类型，以及六盘山的隆起，使水热指标与大的气候带发生差异，从而形成了草场类型的多样性，包括山地草甸、温性草甸草原、温性草原类，并以温性草原、山地草甸类面积最大，分别占全地区草场面积的60.5%和24.8%，其次为温性草甸草原类，占14.7%。

温性草原面积为148.3万亩，广泛分布于原州区北部，西吉大平、田坪一线以南，隆德观庄、大庄一线东部，大部分温性草原草群低矮，牧草干物质多，适合放牧羊只。山地草甸面积60.88万亩，分布于六盘山、南华山、中低山带，植物种类丰富，中生杂类草较多，覆盖度85%。温性草甸草原面积35.89万亩，分布于六盘山、月亮山、南华山及其支脉，原州区冯庄河川、西吉县大坪、田坪以东以及隆德县部分地区，草群平均覆盖度75%。

固原地区有毒草场面积较大，是宁夏草场毒草危害最严重的地区，主要毒草有狼毒、黄花棘豆（马绊肠）、醉马草、伏毛铁棒锤（草牙子）、乏羊草以及蕨（蕨毛），多分布于阴湿、半阴湿区，以南华山、月亮山、云雾山、六盘山山地草甸和草甸草原区最多，同时，乏羊草、狼毒耐旱毒草在过度放牧下，也大量出现在黄土丘陵干草原，在许多地方，加重了草场退化，成为草场利用的严重问题。

（三）甘肃草原自然资源分布及文化分区

1. 自然资源分布

甘肃地处欧亚大陆中心，青藏、蒙新、黄土高原的交会地带，位于东经32°31′—42°57′，北纬92°13′—108°46′，面积45.4万平方米，发育有冰川、高山、丘陵、沙漠等地貌；长江、黄河横贯东、中部地区，西部发育有石羊河、黑河、疏勒河三大内陆河，地形破碎；有亚热带、温带、高寒带3个气候带8个气候区，相应地形成森林、草原、荒漠等地带性植被和沼泽、水生等非地带性植被；水热组合极为丰富，孕育了丰富的生物物种资源，分布有野生脊椎动物923种（含亚种），野生维管束植物4000余种，在生物多样性保护和西部生态环境建设方面有重要的战略地位。

甘肃境内共有野生兽类动物175种（含亚种），有国家重点保护野生动物48种，隶属4目13科，占野生动物种数的26.86%；属古北界的有29种，东洋界的11种，两界共有种8种；分布有西南区代表种小熊猫、川金丝猴等和南北过渡的一些种，如岩羊、猕猴等，蒙新区代表种野骆驼、野马、蒙古野驴、黄羊等，青藏区代表种野牦牛、藏原羚、西藏野驴等。

甘肃境内国家重点保护野生动物主要分布于祁连山地动物省、陇南山地动物省和河西走廊动物省，分别占保护野生动物的52.5%、50.0%和47.5%，陇东高原省仅占15.0%。在陇南山地省中，东洋界成分10种，占该动物地理省中动物数的50.0%；古北界7种，占35.0%；广布种3种，占15.0%。祁连山地省中无东洋界成分，古北界成分20种，广布种1种，分别占0、95.2%、4.8%；河西走廊省中尤东洋界种，古北界18种，广布种1种，分别占0、94.7%、5.3%（见表1）。因此，祁连山地省、陇南山地省是甘肃境内国家重点保护野生动物的集中分布区；陇南山地省是古北、东洋两界过渡的动物地理省，区系成分以东洋界为主，向北至陇东高原省、向西至河西走廊省东洋界成分逐渐减少直至消失，古北界成分显著增加并成为单一的地理成分；广布种

甘肃盐池湾草原　供图 / 盐池湾自然保护区

也由陇南山地省向这两个动物地理省逐渐减少。

表 1　主要保护野生动物种类的地域分布

动物地理省	保护兽类 / 种	比例 /%	东洋界	古北界	广布种
陇东高原省	6	15.0	3	2	1
陇中黄土高原省	15	37.5	4	9	2
河西走廊省	19	47.5	0	18	1
祁连山地省	21	52.5	0	20	1
甘南高原省	18	45.0	4	13	1
陇南山地省	20	50.0	10	7	3

甘肃境内分布的 48 种国家重点保护野生动物在各个气候带中的分布较为均匀，占总种数的 35.4%—54.2%，但种的分布密度差异较大，河西西部南温带干旱区的密度高达 62.50 种 / 万平方千米，其次为陇南南部北亚热带湿润

区 21.11 种 / 万平方千米，河西走廊冷温带干旱区、祁连山高寒半干旱区仅为 1.57 种 / 万平方千米和 1.71 种 / 万平方千米（见表 2）。因此，陇南南部北亚热带湿润区和河西走廊西部南温带干旱区是甘肃省国家重点保护野生动物的集中分布区，分别分布着以森林（灌丛）动物群和荒漠动物群为主的野生动物。

表 2　主要保护野生动物种类在不同气候带的分布

气候带	种数 / 种	比例 /%	面积 / 万平方千米	密度 / 种 / 万平方千米
陇南南部北亚热带湿润区	19	39.6	0.90	21.11
陇南北部暖温带湿润区	20	41.7	2.12	9.43
陇中南部冷温带半湿润区	24	50.0	5.31	4.52
陇中北部冷温带半干旱区	23	47.9	5.00	4.60
河西走廊冷温带干旱区	22	45.8	14.00	1.57
河西西部南温带干旱区	20	41.7	0.32	62.50
祁连山高寒半干旱区	20	41.7	11.70	1.71
甘南高寒湿润区	23	47.9	3.10	7.42

野生动物的分布在不同植被带中明显不同。在灌丛和灌草丛植被带野生动物分布的种类最多，占甘肃境内国家重点保护野生动物的 58.33%，其次为针阔叶混交林和草原带，分别占 50.00% 和 47.92%；高山稀疏植被带和高寒荒漠带较少，仅占 14.58% 和 16.67%。生境多选择灌丛、林缘、草坡等，分别占 66.67%、52.08%、52.08%；河谷、裸岩等生境野生动物仅占 18.75% 和 25.00%（见表 3）。所以，甘肃境内国家重点保护野生动物多栖息于灌丛和灌草丛、针阔叶混交林和草原植被带的灌丛、林缘、草坡等生境，这类生境的隐蔽、食物等条件适合野生动物的生存和繁衍，能够逃避人类活动和天敌的干扰。

表 3　主要植被带野生动物种类

条件		种数 / 种	比例 /%
植被带	针叶林	21	43.75
	阔叶林	21	43.75
	针阔叶混交林	24	50.00
	灌丛和灌草丛	28	58.33
	草原	23	47.92
	荒漠	18	37.50
	高寒荒漠	8	16.67

续表

条件		种数 / 种	比例 /%
植被带	高山稀疏植被	7	14.58
	草甸	14	29.17
生境	林内	21	43.75
	林缘	25	52.08
	灌丛	32	66.67
	草坡	25	52.08
	山坡	18	37.50
	河谷	9	18.75
	裸岩	12	25.00

甘肃境内国家重点保护野生动物的地理成分以古北界为主，动物群以森林灌丛、高山裸岩和荒漠动物主要栖息于陇南南部北亚热带湿润区和河西走廊西部南温带干旱区的灌丛和灌草丛、针阔叶混交林和草原植被带的灌丛、林缘、草坡等生境。陇南山地地形地貌、植被复杂，气候温暖湿润，动物种类丰富，以森林灌丛动物群为主，古北界和东洋界动物种类的比例差异不大，地理具有明显的过渡性质。祁连山地地形地貌复杂，植被地带性变化明显，气候半干旱寒冷，野生动物以古北界成分、森林灌丛动物为主。河西走廊地形地貌、植被较单一，气候较温暖干旱，野生动物以古北界成分、荒漠动物群为主。这三个区域是该省国家重点保护野生动物的集中分布区和重点保护区。

2. 文化分区

甘肃文化又可分为陇东高原文化，陇中高原、盆地文化，以兰州为中心的黄河河谷文化，陇南山地文化，甘南草原文化及河西走廊文化六大板块。[①] 甘肃的肃北县靠近内蒙古，属于内蒙古草原文化，河西地区属于荒漠—绿洲文化，天祝县和甘南州属于青藏高原文化。

河西走廊位于甘肃省西北部祁连山和北山之间，又叫甘肃走廊。因在黄河以西，故称“河西走廊”。历代均为中国东部通往西域的咽喉要道，是丝绸之路非常重要的一段。这里有举世闻名的敦煌莫高窟，更是明代万里长城西端起点，居住着汉、蒙古、藏族、裕固、哈萨克、回、满等民族，而裕固族则是甘肃特有的民族。其中以汉族为代表，主要在绿洲从事农业；藏族、哈萨克族、

① 万红:《论甘肃河西走廊文化资源的研究》,《剑南文学(经典阅读)》2012年第4期。

裕固族、蒙古族等，则从事牧业。[1]

甘肃北部地区与新疆、内蒙古、宁夏和陕西北部等地区接壤，沿着这一地区自西向东前进，历来是沟通中原与北方民族的文化传播通道。自殷商以来，中亚草原地区游牧部落文化就与远在安阳的商王朝发生了大量的文化交流，西周晚期以后，北方地区游牧部落的大举南进，也涉及甘肃东部和中西部地区。因此自西周晚期至春秋战国时期的甘肃东北部，民族杂居，文化复杂多样，尤其是物质文化呈现多样繁杂的显著特征。20多年来，在甘肃的许多地区发现了带有北方游牧民族文化特征的青铜牌饰、车马器、兵器、金饰片等遗物，与周边的北方系青铜文化有许多相似之处，又独具特色。文化艺术历来与人们的政治、经济生活、巫术信仰、图腾崇拜息息相关，这种区别明显地反映在墓葬结构、埋葬习俗及随葬品方面。特别是在平凉、庆阳、天水一带除发现大量周文化系统的遗存外，还有大量的带有北方系青铜器特征的遗物出现。这说明，由于甘肃地区在整个欧亚大陆草原地带处于一个与外贝加尔、鄂尔多斯（亚洲中部地带）和黄河流域农业文明相邻的地区，形成了发达的青铜时代和早期铁器时代，在发展过程中不仅受周文化的影响，而且与北方草原和西伯利亚青铜文化有相互接触的痕迹，呈现独特的文化面貌。因此，甘肃地区在中国北方草原文化以及欧亚大陆草原早期游牧人文化艺术的形成过程中曾起过重要的作用。游牧和半游牧民族通过迁徙、征战、贸易交换、友好往来，形成文化上的彼此渗透和相互影响，正是欧亚大陆草原地带以动物纹为题材的装饰艺术风格相近的主要原因。在甘肃北部地区，夏商周时期的肃慎、狄、山戎等族，曾经活动在今东北、内蒙古、河北、山西、陕西的一部分地区。分布在这一地区的夏家店文化、西团山文化、朱开沟文化也属于这一时期。在商周时期居住在今甘肃、青海等地的少数民族主要为羌族。这里有寺洼、辛店、卡约等青铜文化。此时的西戎以畜牧为生，故缺乏长期定居的遗址。居民多以骑马为生，陶器不发达。[2]

（四）北方农牧交错带自然资源分布及文化分区

北方农牧交错带在气候上处于东部湿润区与西北干旱区之间的过渡地带，对旱农作物具有决定意义的降水主要来自东亚与南亚夏季风。亚洲季风

① 万红：《论甘肃河西走廊文化资源的研究》，《剑南文学（经典阅读）》2012年第4期。

② 李晓青：《先秦时期甘肃地区与北方草原地带的文化关系》，《丝绸之路》2004年第A2期。

在我国大陆进退的迟早、停留时间长短、影响范围大小和强度等在各地和各年之间波动性很大。而本区基本上已处于亚洲季风的尾闾部位，由此决定了农牧交错带降水量的年内和年际变化就更大。目前农牧交错带大体介于年降水量400毫米和200毫米等值线之间，这也仅仅是代表多年平均降水量的空间分布位置，实际上随着亚洲季风的波动，年降水量等值线几乎每年都有不同程度的摆动变化，使得农牧交错带的空间范围也在发生变化。在亚洲季风来得早、停留时间长、强度大、影响范围大的年份（即多雨年），400毫米和200毫米等雨量线就向西、向北移动，本区许多地方年降水量在300毫米和400毫米以上，适宜旱作农作物的生长（因300毫米等雨量线是旱作农业的西限和北限），于是吸引人们在此开垦种植，并确实也获得了好的收成甚至大丰收。这既增强了当地农民继续开垦种植的信心，也吸引了更多外地人前来从事农垦种植，结果导致旱农耕地向西、向北扩展。但在亚洲季风来得迟、停留时间短、强度小、影响范围小的年份（即干旱年），400毫米和200毫米等雨量线就向南、向东移动。另外企求接踵而来的多雨年份，能以大面积的丰收来弥补干旱年份所造成的生活短缺。有意思的是，这种谋生策略也居然使多数人渡过一个又一个生活难关，得以生存下来。因此，人们确信除了不断扩大旱作耕地之外，别无他途选择。正是这种降水波动变化以及由此人们萌发的谋生需求和侥幸心理的交互作用，使得本区旱作农业，不仅在干旱年份而且特别是在多雨年份，旱地垦殖面积越来越大，并向西、向北愈扩愈远。这就是本区农耕种植业面积不断扩大、草地畜牧业不断萎缩，农区挤占牧区，现代农牧交错带形成的自然原因，也是农牧交错带大体与季风气候区向干旱气候区过渡带位置一致的缘由所在。

农耕区与畜牧区是依据人类经济生活方式划分的基本区域，介于两者之间的则为农牧交错地带或半农半牧地区。中国北方农牧交错地带的范围很广，大致走向从大兴安岭东麓经辽河中、上游，循阴山山脉、鄂尔多斯高原东缘至祁连山，直抵青藏高原东缘，延绵于辽宁、内蒙古、河北、山西、陕西、宁夏、甘肃数省区，东西长达数千公里。这一地带在历史上虽然也一度出现过以农业或畜牧业为主要生产方式的时期，但农、牧业混杂应是最具代表性的地域特征，因此一般称其为农牧交错带。

北方农牧交错带不仅仅是农、牧两种生产方式的交错分布地带，在自然地带上也是半湿润与半干旱、暖温带与温带的邻界带，在地理学中这一环境地带属于生态敏感带。中国北方农牧交错带之所以在环境上具有敏感特征，与这里自然地带的过渡性直接相关。每当全球或一定地区出现环境波动时，气温、降水等要素的改变首先发生在自然带的边缘，这些要素又会引起植被、土壤等发生相应变化，进而推动整个地区从一种自然带属性向另一种自然带属性转变。

有关中国北方农牧交错带分布格局的形成，学术界一直存在着争议，有学者认为，史前时期这里曾是发达的原始农业区，后经原始农业文化衰落、牧业文化兴起，特别是全新世暖期（约前4300—3500年）结束前后的气候变化事件，是导致我国原始文化衰落、土地利用方式发生转变、农牧交错带形成的原因，而非历史时期中原农业文化向北扩张到北方游牧文化地区的结果。也有学者持另外一种观点，认为在北方农牧交错带地区，人们从事家畜放牧已有3000多年的历史，农耕也至少有1500年的历史，随着各民族势力的消长，农耕文化圈不断向北向西扩大，畜牧文化圈不断退缩，是两大文化圈在空间上发生推移和交融的结果。实际上，这两种截然相反的观点，都各有其依据和道理，它们应该是不同学者从各自视角对社会历史各阶段农牧业发展的认知，但是不可否认的是气候波动变化和人类活动干扰是北方农牧交错带产生的根本原因。但要真正弄清这一问题，必须在回溯和透视整个中华民族农业发展历史的基础上，抽丝剥茧，逐步厘清脉络，才能给出一个较为贴切和被认可的基本科学判断。

农牧交错带是在原始农业基础上，因气候变化而形成于畜牧区与农耕区之间的经济文化类型过渡带。因此，探讨农牧交错带的形成，必须首先明确在畜牧业从原始农业中分离出来之前原始农业的分布状况及其文化类型。中国北方农牧交错带绵延数千公里，依其文化区域和地理方位，大体可分为三部分，即内蒙古东部及辽西地区、内蒙古中部地区和甘青地区。

1. 内蒙古东部及辽西地区文化分区

内蒙古东部及辽西地区自公元6000年前后已出现了原始农业，先后形成兴隆洼文化、赵宝沟文化、富河文化、红山文化、小河沿文化等新石器时代文化，以及青铜时代的夏家店下层文化。红山文化时期，原始农业又有了长足的发展，不但遗址中发现大量大型石相、穿孔石刀，而且出现坛、庙、冢等建筑，反映了高度发达的原始农业进程。夏家店下层文化是这一地区发达原始农业的又一个代表，不但遗址中出土的石斧、铲、刀等农业生产工具显示出与黄河流域相近的技术特征，而且石城聚落所表现出的建筑风格和空间布局特征，也反映了原始农业社会的基本风貌。红山文化所代表的发达的原始农业文化遗存分布范围很广，在西拉木伦河南北都有这一文化的遗址发现。“红山诸文化”与夏家店下层文化的分布范围显示，从公元前6000年到公元前2000—1500年期间，内蒙古东部及辽西地区，北起乌尔吉木伦河流域，南到大、小凌河流域，都存在发达的原始农业。依托原始农业的发展，人们不但营建了石城等聚落建筑群，而且已经形成严密的社会组织和血缘氏族集团，并在此基础上萌生了原始宗教，从而将原始农业推向新的发展高度。

2. 内蒙古中部文化分区

这一区域包括东自张家口、锡林郭勒，西至包头、东胜，北迄阴山，南达晋陕的空间范围，公元前这里属于在仰韶文化影响下的原始农业区。考古研究表明，这一地区大概经历了三个文化融合阶段。公元前5000—4300年溯黄河北上的仰韶文化半坡类型与自东部而来的后岗一期文化首先在内蒙古中部地区相遇，形成红台坡下类型；公元前4000年左右，属于仰韶文化的庙底沟类型沿汾河北上，在内蒙古中部形成王墓山类型；到公元前2000年，红山文化居民的后裔再次与先于此时进入内蒙古中部地区的仰韶文化人群相会，形成了老虎山文化。

上述文化类型所包含的文化成分的地域来源虽然不同，但在遗物种类上却显示出共同的农业文明特征。这些出现在内蒙古中部地区的文化类型虽然内涵不同，但所包含的农业文明的信息却是相近的，不但石斧、刀等生产工具反映了原始农业的基本状况，而且各类遗址中房址、石城等的变化也显示了与农业相伴的定居生活发展进程。在公元前2000年左右出现的老虎山文化中，已经发展出规模可观的原始农业。

如：河北坝上草原是我国典型的农牧交错区域，草原民族和汉族在这里杂居，形成了草地—农田犬牙交错、农林牧渔共存的生态景观。因此，也就构成了闻名世界的农牧交错带景观。河北，燕赵之地、华北粮仓、万里长城、红色太行、环渤海等地理风貌和人文历史在这里汇聚，汉民族农耕文明和北方游牧民族草原文明在这里融合，形成了独特的文化交互形态，既体现了草原民族的粗犷和彪悍，也蕴含着中原民族的细腻和智慧。

河北坝上的张北、沽源、康保和尚义四县，属于内蒙古高原的一部分。坝上草原是离北京最近的天然草原，又名“京北第一草原”。东西走向的燕山山脉横亘北京北部，在华北平原和内蒙古高原南缘交接的地方陡然升高，呈阶梯状，俗称“坝上”，包括河北省的张家口市的张北县、康保县、尚义县、沽源县、察北管理区、塞北管理区及承德市的围场满族蒙古族自治县、丰宁满族自治县，以及内蒙古克什克腾旗和多伦县，总面积20多万平方公里。

坝上地形为丘陵、平原，东南高、西北低；河网密布，水淖丰富。平均海拔1486米，夏季气候凉爽，境内生态系统完善的中都草原是锡林郭勒大草原的组成部分。

这里是农耕文化和畜牧文化的融汇地，坝上草地为高原草场，平均海拔1486米，是滦河、潮河的发源地。沿坝有许多关口和山峰，最高在海拔2500米以上。寒冷、多风、干旱是坝上最明显的特征。坝上年均气温1—2摄氏度，无霜期90—120天，年降水量400毫米左右。这里水草丰茂、富饶美丽、冬夏分明、晨夕各异。

坝上草原天高气爽，坝缘山峰如簇，接坝区域森林茂密，山珍遍野，野味无穷；置身于草青云淡、树木森然、繁花遍野的茫茫碧野中，似有"天穹压落、云欲擦肩"之感，是天然的避暑胜地和旅游观光的好去处，也是历来旅游爱好者的天堂。

历史上的坝上草原，是游牧民族活动的"T型台"。这里秦代属上谷郡，西汉属上谷北境，东汉、魏晋时是鲜卑人之地，北魏时是御夷重镇，也是辽、金、元、清历代帝王的避暑胜地。历尽千年沧桑，辽代萧太后梳妆楼，至今仍屹立在闪电河畔燕子城中的"清凉殿"专供皇室游猎使用；金代景明宫，元代察汗淖儿行宫，清代胭脂马场、狩猎场、张库古商道，明代长城和古烽火台及元代宏城遗址、九连城遗址等一大批源远流长的历史文化古迹，至今尚存。

在历史上，几千年来共有两次堪称"出线"，一是中都建制，二是清中期经济高潮。先者因为政治因素，坝上草原成为全国瞩目的旅游地，后者因为张库大道的开通，中原与外蒙古贸易，坝上开始"开化富裕"。清王朝时期是坝上草原的辉煌鼎盛时期，自公元1681年到公元1863年，康熙、乾隆、嘉庆三位皇帝在围场举行"木兰秋狝"的次数就达到了105次之多。"木兰秋狝"发挥了"肄武绥藩"、巩固边防的作用，木兰围场也以其独特的地位而载入史册。

坝上历史悠久，草原文化深厚，700年前成吉思汗在这里指挥了金元大战。大德十一年（1307），元武宗建行宫于旺兀察都（白城子）之地，立宫阙为中都，都城与宫阙仿大都（北京）而建，与大都、上都、和林并称为元代四大都城，成为皇族避暑、狩猎、接见外域使臣的地方。元代中都遗址曾被列入全国十大考古新发现。由于坝上地处要塞，夏季水草丰美，自古就是名人驻足的地方。早在辽代时，辽圣宗、兴宗、道宗皇帝十几次到坝上的鸳鸯泊一带游猎避暑。这里环境独特、气候温凉，是华北著名的避暑胜地，境内中都草原是锡林郭勒大草原的组成部分和精华，生态系统完整，有“沙平草远望不尽，日暮惟有牛羊声”“风吹白草天无际”“深草卧羊马”之咏。

3. 甘青地区文化分区

目前在甘青地区先后发现了马家窑文化以及秦安大地湾遗址等代表新石器时代西部农业文明的重要文化遗存，这些考古发现显示了这一时期甘、青地区原始农业占主导地位的经济文化特征。从历史上三次农业大开发明显地看出来，据有关文献，历史上最早记载农牧交错带的是司马迁的“农牧地区分界线”。尽管该区农垦历史较早，但直到战国时代，天然草场植被并无太大变化，本区仍然是林草茂盛的牧区，狄戎等少数民族在此游牧。秦和西汉为本区历史上第一次农业大规模开发时期，该区域特别是陕北无定河流域、内蒙古皇甫川流域以及鄂尔多斯高原等广大地区，农耕种植业得到迅速发展，农牧界线向西北方向大大推进。到两汉时期，随着人口的增加，为缓解人口压力，继续推行移民富边政策，农垦达到高潮。

到清乾隆以后我国人口已超过 4 亿人，迫于人口压力，实施了蒙旗放垦制度，农田又发展到阴山以北，特别是到了清光绪年间，长城内外所留草地仅十分之二三，境内草原被开垦殆尽，使得农牧交错带的北界向北推移。民国时期，乱垦滥伐之势有增无减，草场面积急剧缩小，但这一时期开垦的多为荒坡地，使生态环境进一步恶化，导致农牧业生产力水平低下，农牧交错带的基本格局也大体处于现今的位置，即长城以北基本固定为以发展畜牧业为主的牧区，而长城以南则成为从事农耕为主的农业区。为此，长城也就成为历史上一条重要的农区与牧区的分界线，它的修筑除了当时军事、政治、社会原因外，也反映了当时农业文化区与牧业文化区的分异。

总之，自然因素尤其是气候干冷、暖湿波动对中国北方现代农牧交错带的形成和空间摆动有着深刻的影响。由于该带地处亚洲季风尾闾部位，近 3000 年来的气温经历了多次冷暖变化，温度的变化必然导致降水的变化，进而导致土地利用方式的转变，促使农牧界限多次进退、农牧交替更迭。例如，农牧交错带向北向西推进幅度较大的秦汉时期、隋唐时期，正对应于气候相对暖湿的时期；而农牧交错带向东向南扩展的东汉时期、北宋时期，正好对应于气候相对寒冷干旱的时期。可见，人为因素特别是农垦活动仅在自然因素基础上起着加速农牧交错带分布格局的形成和促使农耕范围扩大、牧区范围缩小，农牧界线频繁摆动的作用。

三、新疆草原区自然资源分布及文化分区

新疆自古以来就是一个多民族聚居的地区，现有 55 个民族，其中世居民族有维吾尔族、汉族、哈萨克族、回族、柯尔克孜族、蒙古族、塔吉克族、锡伯族、满族、乌孜别克族、俄罗斯族、达斡尔族、塔塔尔族等 13 个。在中国统一的多民族国家的长期历史演进中，新疆各族人民同全国各族人民一道共同开拓了中国的辽阔疆土，共同缔造了多元一体的中华民族大家庭。

（一）新疆草原区自然资源分布

新疆的地貌可以概括为“三山夹两盆”：北面是阿尔泰山，南面是昆仑山，天山横贯中部，把新疆分为南北两部分，习惯上称天山以南为南疆，天山以北为北疆。“三山夹两盆”的地形地貌，决定了新疆生态环境的多样性和复杂性，从平原到高山发育了包括荒漠、草原、草甸、沼泽在内的丰富多彩的草地类型。新疆土地资源丰富，全区农林牧业可直接利用土地面积 10 亿亩。现有耕地 7824.7 万亩；天然草原面积 8.63 亿亩，可利用草原面积 7.2 亿亩，是全国五大牧区之一。

据 20 世纪 80 年代全国第一次草地资源调查成果显示，全区天然草原面积 5725.88 万公顷，可利用面积 4800.68 万公顷，居全国第三位，约占全国草地总面积的六分之一，占新疆总面积的 34.4%。在全国 18 个草地大类中，新疆有 11 个，涵盖了温带地区的全部草地类型：既有水平地带的平原荒漠草地、隐域性低地草甸草地；又有垂直地带的各种山地草地类型。从草地类型的丰富性、分布的特异地带性组合、利用条件和生产力综合评价看，新疆草原堪称全国之冠。同时，新疆是生物多样性最集中地区，全区草原有草地植物 2930 种，占全区高等植物种类的 89.6%，而数量较多、价值较高的有 382 种，有些植物还是新疆的特有种，被誉为生物自然种质资源库。新疆天然草原面积大、类型多，广泛分布于高寒、高海拔、干旱、荒漠化等生态恶劣区域的荒漠草地植被以其特有的耐旱、耐寒、耐盐碱、耐土地瘠薄等特性，承载着防风固沙、保持水土、涵养水源、调节气候、固氮储碳、抵御土壤风蚀等重要生态功能，发挥着陆地“皮肤”的作用。丰富多彩的山地草地生态环境与草地资源类型造就了新疆草地资源乃至全国草地资源中的精华，构建了伊犁河、额尔齐斯河、塔里木河等几大水系发源地或水源补给地的主要植物群落，在维系水源补给、维护山区生态系统平衡中具

赛里木湖牧场 供图 / 中国生态文化协会

有关键性的作用。①

新疆草原被天山（东西长达 1500 公里，海拔 3000—5000 米）分为南北两部。北部准噶尔盆地，海拔 500 米以上；南部塔里木盆地，海拔 1000 米左右。两个盆地均被大山包围，南疆更为闭塞，气候干燥，年降水量在 100 毫米以下，多属于干旱荒漠草地。天山南麓及昆仑山北麓的环形地带，如焉耆和阿克苏等地有草地分布，牧草稀疏，品质中等。北疆因受北冰洋湿气流的影响，比南疆略湿润，年降水量也仅 100—200 毫米。天山及阿尔泰山的山间盆地及河谷地带，年降水量高达 500 毫米；在干旱草原地带内也出现了湿润草原，玛纳斯河以西还有大片下湿地，水丰草茂，为优质的天然放牧场。

新疆天然草地可以分为：山地草地、平原草地和沙漠草地。其中，山地草地为 3324.69 万公顷，占 58%；平原草地为 1944.52 万公顷，占 34%；沙漠

① 国家林业和草原局官网：《新疆维吾尔自治区林业基本情况》，http://www.forestry.gov.cn/ghzj/5344/20191016/170957723606057.html。

草地为456.67万公顷，占8%。新疆的一、二等的优良草地占全疆草地总面积的36%，三等的中等草地占30%，四、五等的低劣草地占34%。亩产鲜草600千克以上的一、二级草地仅占2.7%，而亩产鲜草不足50千克的八级草地占1/3左右。新疆草地优良牧草种类丰富。根据调查，全区可作为家畜饲用的高等植物3270种以上，其中在草地中分布数量大、饲用价值高的常见牧草达382种；世界公认的优良栽培牧草，如羊茅、猫尾草、无芒雀麦、鸭茅、草地早熟禾、鹅观草、黄花苜蓿、红三叶草等，在新疆几乎都有野生种，而且分布面积广；草原主要牲畜有新疆细毛羊、中国美利奴（新疆型）、阿勒泰大尾羊、巴什拜羊、新疆绒山羊、巴音布鲁克羊、和田半粗毛羊、伊犁马、新疆褐牛、新疆牦牛、新疆双峰驼等。

（二）新疆草原文化分区

新疆草原文化是西域文化的一部分，是古代西域地区游牧民族创造的一种游牧文化。现代新疆辖区内的西域草原，特别是天山山脉及其以北的地区，称为新疆草原文化区。这里的古代游牧民族在漫长的历史岁月中从事的生产活动及本身的生活习惯等互相交织，形成了光辉灿烂的草原游牧文化。

1. 新疆草原文化的民族文化序列

从目前所知的历史资料和考古资料中得知，古代新疆草原文化区内，先后有大小几十个游牧民族，如塞种、大月氏、乌孙、呼揭、姑师、匈奴、高车、丁零、鲜卑、柔然、突厥、西辽、铁勒、回鹘、吐蕃、蒙古、哈萨克等民族活动于此。塞种、乌孙、匈奴、突厥、蒙古及哈萨克等游牧民族与草原相互依存的生产生活，创造了丰富的草原生态文化，构成了新疆草原文化的主体；另一些民族由于部落相对较小，活动范围狭窄，时间较短等诸因素，形成次一级的草原文化民族因子，如姑师、高车、丁零等民族；再一类的游牧民族恰似匆匆过客，在草原文化区仅留下短暂的一撇，就似流星般消失，如迁徙中的大月氏族和唐代侵入北庭都护府的吐蕃族。从西汉拓展西域以来，汉族及汉文化始终对新疆草原文化的形成和发展产生了深远的影响。

(1) 原始文化

在距今3000年以上的当地民族，无史料记载，通过考古发掘得知，这一时期的民族已进入青铜器时代，居住在天山南北的低山丘陵地带、山间盆地、河谷两岸和罗布淖尔地区。当时人们的生产方式以采集和狩猎为主。

从出土的铜镜、耳环、扣、珠、环等青铜器装饰物看，人们已具有原始的审美观念。

（2）塞种文化

塞种，波斯文献中称“萨迦”，主要生活在公元前1000年至战国时期。塞种的生活范围应该是以天山西部的伊犁河流域为核心，东延至乌鲁木齐一带，南至帕米尔高原，北达阿尔泰山脉之广阔的范围之内。[①] 从阿拉沟墓葬出土的文物看，出土大量的金、银、铜、铁、陶、木、牛骨、羊骨等文物，说明墓主十分富有，而金、银、铜器皿均有不同动物的造型图案以及大量的羊、牛陪葬，从一个侧面反映出塞种的经济生活方式是以畜牧业为主。这与《汉书》记载的塞种“因畜随水草”的游牧经济生活相同。且塞种人已会制作和使用游牧所需的毡房。[②]

（3）乌孙文化

公元前160年，乌孙从河西走廊迁往伊犁河流域。不久，成为西域诸国中最大的一个邦国，也是当时活动于北疆草原上的主体民族，乌孙文化深受汉文化的影响，与汉朝庭保持着密切的联系。《汉书·西域传》记载，“不田作种树，随畜逐水草”。汉细君公主远嫁给乌孙王为妻，她在《黄鹄歌》中描写乌孙的日常生活为“穹庐为室兮旃为墙，以肉为食兮酪为浆”，以上资料说明乌孙的社会经济活动是以游牧的畜牧业为主。同时，乌孙还出现了金属冶炼、陶器制造、毛纺织、骨角物加工等种类的手工业生产。

（4）匈奴文化

匈奴是汉代活跃于北方漠北草原上的游牧民族，骁勇善战，常举兵南下，掳掠中原农耕民众。同时，匈奴右部活动于西域，西域诸国皆俯首称臣。其生产方式以畜牧业为主，《盐铁论》中描绘匈奴游牧生活的特点：“因水草为仓廪”“随美草甘水而驱牧”。《汉书·匈奴传》言：“其俗，宽则随畜田猎禽兽为生业，急则人习攻战以侵伐，其本性也。”公元前71年，乌孙与汉配合，一举攻破匈奴，俘获匈奴马、牛、羊、骆驼、驴等70余万头。这从一个侧面说明匈奴在西域畜牧业的旺盛。

（5）突厥文化

突厥族主要活动在天山以北的地区，虽活动时间短，但对新疆草原文化

① ［苏］鲁金科·G.N.著，潘孟陶译：《论中国与阿尔泰部落的古代关系》，《考古学报》1957年第2期。

② ［苏］麦高文·W.M.著，章巽译：《中亚古国史》，中华书局1958年版。

的内涵产生了深远的影响。首先，突厥语成为后来许多游牧民族语言的源泉。11 世纪成书的《突厥语大词典》和《福乐智慧》两书，反映了其语言特点。现在全世界属于突厥语系的国家和民族有土耳其、哈萨克斯坦、吉尔吉斯斯坦、乌兹别克斯坦、土库曼斯坦、阿塞拜疆、伊朗、阿富汗的一部分和我国的维吾尔、哈萨克、柯尔克孜、乌孜别克、塔塔尔、裕固等民族。[①] 其次，突厥人的墓葬形式——石堆墓是草原游牧民族具有代表性的墓葬之一，成为后来游牧民族流行的墓葬形式之一。

（6）蒙古文化

13 世纪初到 18 世纪，蒙古族一直是新疆草原文化区中占主导地位的民族。由于他们统治的时间长、范围广，对新疆草原文化的形成和发展，都起到了重要的作用。而且，蒙古族如今仍是草原文化区域内活跃的民族，如博尔塔拉、巴音郭楞、和布克赛尔等地均为蒙古族的聚集区。蒙古族在政治、经济、文化、宗教、军事等各方面对其他游牧民族都有影响，是新疆草原文化区影响最大的游牧民族。

（7）哈萨克文化

哈萨克族是如今新疆草原上仍然广泛分布的草原民族，占有新疆山区 90%左右的牧场。中国境内以伊犁哈萨克自治州分布最多，国外主要分布在哈萨克斯坦共和国境内。哈萨克族的社会经济活动主要是畜牧业，它是现在新疆草原上占主体的游牧民族之一。经过漫长的历史发展过程，它在语言、住房、饮食、服饰、节庆与礼俗、文娱体育活动、家庭、丧葬、草原文学艺术等方面均具特色，形成了一整套完整的草原民族文化。

新疆草原游牧民族的发展史是一部多民族文化的融合史，今天的哈萨克族、蒙古族、柯尔克孜族和塔吉克族等游牧民族，多是历史上几个甚至十几个游牧民族融合的结果；而与我国新疆草原周边相邻的，西部的哈萨克大草原、东部的蒙古草原、北部的西伯利亚，都是以畜牧业为主的国家和地区，这里的民族也是以游牧为主的民族。新疆草原生态文化在新疆天山山脉、阿尔泰山脉和帕米尔高原一带形成和发展中不断吸收别的游牧民族的文化，丰富和完善着自己的草原民族文化。它具有多民族文化融合性、游牧民族特性、文化遗存的多样性等特点，生命力旺盛，至今仍然对新疆的社会经济生活发挥着重要的作用。

① 新疆维吾尔自治区民族事务委员会：《新疆民族辞典》，新疆人民出版社 1995 年版。

四、青藏高原草原区自然资源分布及文化分区

青藏高原被称为“世界屋脊”或“地球的第三极”。地势高亢、幅员广袤、气候寒冷、山峦重叠、巍峨雄伟，平均海拔4500米，最高处达8848米，堪称地球上最高的高原，地貌多为高山环绕、峡谷深切、纵横延展的巨大山系，构成了高原地貌的骨架。由于青藏高原是上新世末，急剧隆起而成，地质历史自然较短，因而土地形成时间也较短，特别是受近代干旱气候影响，土地呈明显贫瘠特征，87%的土地在海拔3000米以上的高原干寒地带，多为丘陵、山地、沙漠、戈壁、冰川、裸岩与盐碱地，根本不能生长植物。

青藏高原西起帕米尔高原和喀喇昆仑山脉，与克什米尔地区、阿富汗和独联体的中亚诸国接壤；东及东北部与秦岭山脉西段和黄土高原相接；北缘通过昆仑山、阿尔金山和祁连山以4000—5000米的高差与亚洲干旱荒漠区的塔里木及河西走廊相连；南端以喜马拉雅山脉为界毗邻印度及喜马拉雅山地国家尼泊尔和不丹。

青藏高原的绝大部分位于我国境内，东西长约2700千米，南北宽达1400千米，面积约250万平方千米，占我国陆地面积的1/4，行政区域包括青海、西藏两省区的全部、甘肃的西南部、四川的西北部和云南的西北部等。

（一）青藏高原草原区的自然资源分布

青藏高原高寒草地区，草地连片，约占全国草地总面积的38%。地带性草地为各类高寒草地，由东南向西北依次为高寒草甸—高寒草甸草原—高寒荒漠草原—高寒荒漠更替分布。东部、东南部是以几种小型嵩草、紫羊茅、藏北嵩草高寒草甸为主形成的阿坝草地、甘孜草地、甘南草地和环青海湖草地四片牧区草地；中部是以紫花针茅为主的高寒草原；西北部逐渐过渡为高寒荒漠。该地区草地水热条件差，生产力低，还有12%的草地目前难以利用。[①]

高寒草甸、草原与荒漠土地构成了青藏高原三大生态系统，拥有草地面积约18亿亩，约占本地区土地面积的64.4%，占高原土地面积的54%，约占全国草原总面积的32%以上。草原畜牧业是青藏高原面积最大、分布最广和历史最悠久的生产方式，可利用面积为15.9亿亩，主要的草地类型有高寒草

① 摘编自《中国草地资源及其分布》，《中国资源科学百科全书》，中国科学院地球科学与资源研究所，http://www.igsnrr.ac.cn/kxcb/dlyzykpyd/zybk/cyzy/200709/t20070911_2155573.html。

青藏高原草原牧场　摄影/张杨

甸、高寒草原、高寒荒漠、高寒灌丛等。在各类草地类型中，以高寒草甸和高寒草原草地面积为最大。这两者占青藏高原草地面积的82%，是高原草地的主体。“长冬无夏，春秋相连”是这一地区的气候特征，古有“五月解冻，八月草黄”之说。由于地势高、日照长、太阳辐射强，牧草生长良好，草质佳、适口性好、营养价值高，且耐牧，是宜于各类牲畜发展的天然牧场。

高寒草甸草地类型多样，由耐旱、耐寒的多年生中生地面芽和地下芽草本植物为优势所形成的植物群落。草群结构简单，层次不分明，牧草低矮，一般高度18—20厘米。呈丛生、莲状或垫状，植株小，具有叶形窄、生长期短的特性。6月底开始萌生，7月初至8月底生长非常迅速，一片浅绿色，7月份各类草长齐，8月下旬百花败谢，9月中旬杂草枯黄，秋风刮过，风力达7—8级，但蒿草由于叶粗根深，仍紧紧扎根于草地而不裸露表土层。

高寒草原草地多分布于海拔4000米以上地区，土壤为高山草原土，土层较薄而疏松，富含石砾砂壤，含水量很少，地表草皮层贫瘠。高寒草原是长期受干旱、寒冷气候影响而发育成的草地类型。它以耐寒的多年生旱生密丛禾草、根茎苔草及小半灌木垫状植物为建群层片，具有牧草低矮、层次结构简单、牧草生长期短、生物量低的特点。

高寒荒漠草地是由耐寒的超旱生、叶退化的小乔木、灌木和半灌木构成的稀疏植被草地类型。它广泛分布于西藏阿里北部、西北部的羌塘高原、青海柴达木盆地等地。植被稀疏，覆盖度低，生物量小，生态系统简单、脆弱。荒漠植被维持着荒漠区营养物质循环和能量流通的全部过程，又是防止风蚀和流沙的重要因素。

高寒灌丛草地是由耐寒的中生或旱生灌木为建群层片所形成的植物群落，广泛分布于高寒各地及森林限以上的高山带。

青藏高原草原区主要包括：青海草原、西藏草原、祁连山草原、川西草原。

1. 青海草原

青海草原位于青藏高原的东北部，境内地势高峻，山脉绵亘，4/5 以上的地区为高原所盘踞。除黄河及湟水谷地海拔约 2000 米，是该省最低的农业区外，其余则为海拔 3000 米以上广阔无垠的大草原。青海草原植物种类丰富，总数约达 969 种，分属于 76 科，372 属。莎草科和禾本科在各类草原中均占优势，伴生有蓼科、豆科牧草 50 余种。牲畜主要有羊、牦牛、黄牛、马、驴和骆驼等，其中分布最广、数量最多的是藏羊和牦牛。

青海草原按草地类型划分，可分为 9 个草地类 7 个草地亚类，由于受青藏高原强烈隆升的影响，在水平分布规律的格局中，东西经向性分布规律在青海省北半部表现较为明显，南半部则呈现东南向西北方向的变化。青海省北半部，东起湟水流域，经青海湖盆地，西至柴达木盆地，东西约跨 12 个经度。天然草原植被是由温性草原向温性荒漠过渡的。其草地类型分布序列为山地干草原类→山地荒漠类型→平原荒漠类。此外由于地形和土壤基质条件的不同，在盆地四周山地及盆地内盐湖周围，还有高寒草甸和平原草甸分布。青海南部的青南草原，平均海拔在 4000—4500 米，这里草地植被水平分布是在广阔的高原面上展开的，它具有垂直—水平分布的叠加性。据此，青南草原是从东南向西北，随着海拔不断升高，温度逐渐下降，降雨量逐渐递减而变化的。因而草地类型大体上出现疏林草甸亚类→灌丛草甸亚类→高山草甸亚类→高寒干草原类。

2. 西藏草原

西藏草原是青藏草原区的主体，约占全国草原面积的 1/6，也是中国重要的牧业区之一。本区的地势特别高，除若干盆地较低，海拔在 3000 米左右以外，其余均在 4500 米以上。气候寒冷干燥，年降水量一般在 200 毫米以下。从纬度上看属于亚热带和暖温带地区，但由于它是一个巨大的隆起高原，四周群山耸立，为一系列高大山系所环绕，高原面上又由南向北横亘着喜马拉雅山、冈底斯山、念青唐古拉山和昆仑山等，因而印度洋的暖湿气流被层层阻截，只能从高原的东南部逆雅鲁藏布江而上，到达冈底斯山和念青唐古拉山的南坡。从而形成了东南部湿润并向西北逐渐干旱的规律性变化，各地草原牧草的生长也依此变化而有所不同。藏北羌塘草原由于气候干旱，降水量少，所以牧草低矮稀疏。主要牧草有紫花针茅、异针茅和沙生针茅等。由羌塘草原向南是冈底斯山地区。这里的草原别具一格，主要牧草为莎草科的矮嵩草或小嵩草，以及垫状点地梅、苔状蚤缀、矮头绒草、羊茅、龙胆和萎陵菜等。每当盛夏，绿草如茵，富有弹性，人们把这类草地称为高山草甸。藏南山地海拔多在3511—4800米之间，印度河上游及雅鲁藏布江上游一带，空气比较湿润，迎风山坡降水量相当丰富，牧草十分繁茂。昌都地区位于西藏东南部，为怒江、澜沧江、金沙江三江流域的高山峡谷区，谷地气候温暖，雨量充沛，天然草原主要分布在海拔400米以上的疏林灌丛地带。中部峡谷地带干热，多为有刺灌丛，天然草原分布在高山和亚高山上。南部河谷地带，气候温和，水源充足，大面积的天然草原主要分布在羊卓雍湖以东，朗县、三安曲林、加玉一线以西海拔4000—4800米之间的高原上。山谷中发育着喜温性的优良牧草白草和固沙草等，从内地引进的紫苜蓿，在雅鲁藏布江沿岸也已安全越冬。高山和亚高山干旱草原上生长有长芒针茅、紫花针茅、三刺草、固沙草和藏西蒿等。

3. 祁连山草原

祁连山草原是我国六大最美草原之一，因其海拔高，被称为“天上草原”。位于青藏高原东北部边缘的祁连山脉俊朗壮美，由一系列平行排列的山岭和谷地组成，西北向东南，参差错落、平行排列的群山组成；东西长1000千米，南北宽300千米；西北与昆仑山、阿尔金山牵手，东接黄土高原过渡地带，形成了中国一、二级地理阶梯的分界线。其山系之间夹杂着大面积的宽谷盆地、丘陵草原、冰川融水所流经的浅山区和沟谷地带，是我国西部天然生态屏障、黄河流域重要水源产流地和生物多样性保护优先区域。祁连山海拔4000米以上的山峰终年积雪，最高峰团结峰海拔达5808米，阳光透过高天流云映照在皑皑冰雪上，熠熠生辉；海拔4500—5000米的高山区发育了3066条冰川，总面积2062平方公里，这个巨大的固体水库，储水量约1320亿立方米，约是三峡大坝蓄水总库容（393亿立方米）的3.36倍。

这一带地处东部季风区、西北干旱区、青藏高寒区的包围之中，祁连山脉拦截了来自大西洋西风气流和北冰洋的水汽，留住了夏季来自东南季风的湿润气流，是孕育青海湖盆地、河西走廊和额济纳绿洲最重要的水源地；发源于

祁连山脉八一冰川　摄影 / 傅筱林

祁连山区的石羊河、黑河、疏勒河三大内陆河，在山谷旷野荒漠之间发育了众多绿洲，环绕绿洲的人类定居点逐渐发展起来。河流灌溉着河西走廊 70 多万公顷良田，养育着河西地区及内蒙古额济纳旗 400 多万人；东段山区还哺育了黄河的一级支流庄浪河、二级支流大通河。

祁连山草原是我国生物多样性保护的重要区域，对维护生态平衡具有重要的价值。祁连山系褶皱迭起、逶迤连绵，山地垂直分布有高寒流石坡植被、高寒荒漠植被、高寒高原植被、高寒灌丛、寒温性针叶林、温性草原、荒漠植被等多种植被类型，岭谷其间是大面积丘陵草原、浅山区和沟谷地带荒漠草原，几乎包括了除海洋之外的雪山、冰川、宽谷、盆地、河流、湖泊、森林、草原、荒漠、湿地等多种类型的生态系统，契合了野生动植物物种多样性、珍稀性的培植和繁育，使这里成为白唇鹿、雪豹、野牦牛、棕熊、西藏野驴、盘羊、马鹿、藏原羚等珍稀野生动物出没之地。丰富的生物多样性、独特而典型的自然生态系统和生物区系，使之成为我国生物多样性保护的优先区域，也是西北地区重要的生物种质资源库和野生动物迁徙的重要廊道。这里有脊椎动物140多种，其中35种被列入《国际濒危物种贸易公约》；共有维管植物46科、183属421种，其中，中国特有种109种；裸果木、羽叶点地梅和掌裂兰被列入国家保护名录。

4. 川西草原

川西草原属青藏高原向东的延伸部分，主要分布在四川西北部的甘孜、阿坝藏族自治州的松潘、黑水、金川及大雪山以西，木里以北，乡城、义敦及雀儿山以东的地区。东部的红原、若尔盖一带，海拔3400—3500米，多为矮生嵩草沼泽草甸，面积辽阔，牧草丰茂。其中红原、若尔盖和阿坝三县可利用的草原面积有2700万亩，占三县土地总面积的70%，宜于发展绵羊、牦牛和马。西部的石渠、色达县一带，海拔3800—4200米，草地多在宽谷底部、山前洪积扇以及阶地的低洼处，尤以沼泽的外缘较多，地面平坦，草丘发达，过多的水分常在草间积聚，形成星罗棋布的小水坑。草甸植被发育，常以羊茅、早熟禾、野青茅、披碱草、鹅观草、野古草、须芒草及剪股颖等属为优势种，组成各种禾草草甸。

（二）青藏高原草原区文化分区

我国藏族的主体生活在青藏高原。从青藏高原出土的大量的文物来看，早在几万年前就有人类活动。近几千年是我国古老的游牧民族藏族的发祥地和永久生活地。公元7世纪赞普松赞干布建立吐蕃王朝。唐宋称其为“吐蕃”，元明称“西蕃”。元朝在西藏地区设置由中央管理的三个新宣慰使司、都元帅府，管理包括西藏在内的全部藏族地区。明代称西藏为乌斯藏，清代称西藏。

中华人民共和国成立70多年来，尤其是1959年废除了农奴制的60多年来，藏区社会经济发展取得了空前巨大的进步，同时也很好地保持了藏族传统文化与生活方式，这表明物质文明的进步与传统生态文化是可以和谐并存的。因此，研究藏族的游牧文化在我国未来发展中，对弘扬优秀传统文化、促进经济社会发展、保护好高原自然环境，实现环境、社会、经济与文化的和谐发展具有不可估量的重大意义。

在青藏高原草原文化历史发展中，由于地理隔离和政治军事势力变化，逐步形成了卫藏、康、安多三大传统分区。这里既有地理概念，也有文化上的区分。这三大传统分区的主体民族是藏族，草原文化以藏族游牧文化为主流，宗教信仰以藏传佛教黄教为主。衣、食、住、行大体相似。语言虽为藏语，但分为卫藏语系、康巴语系和安多三大语系。

1. 卫藏文化区

“卫藏”是藏语的音译，“卫”意为“中心”，指以拉萨为中心位置的地域，也是政治文化中心。包括拉萨地区（称前藏）、日喀则地区（称后藏），还包括阿里地区和昌都市。卫藏地区藏族自称“博巴”。最早起源于雅鲁藏布江流域河谷地带的农耕人和生活在高原地带以放牧为主的古羌人等。公元 7 世纪赞普松赞干布统一了各部落，建立吐蕃王朝，从此结束了原始社会而进入奴隶制社会。

公元 7 世纪，赞普松赞干布派子弟到印度学习印度佛教，同时参考佛教梵文创造了藏文。从此藏族有文字，并创作大量的藏文文学、艺术、医学、天文文献留传后世，这是珍贵的青藏高原藏族草原文化遗产。

象雄文化被称为西藏的根基文化，是佛教传入西藏以前的先期文明。中象雄为藏族原始宗教——雍宗苯教的发祥地，并早于吐蕃与唐朝建立关系。据史料记载，早在公元二三世纪时，今阿里地区札达县、普兰县即为象雄国中心辖区。象雄人的宗教、文字等深刻影响了吐蕃以及后来西藏社会的各个方面。苯教对后来藏族人宗教生活有明显影响。

藏区先民原信仰“苯教”。阿里地区是“苯教”的发源地。苯教信仰可以追溯到迄今 1 万年前的新石器时代。苯教中无论是自然神还是英雄神，最初都试图与自然沟通、协商、控制，但是越到后来，崇拜顺从的宗教因素越占上风。最初的苯教有许多仪式是为了控制自然。后来随着高原的隆起、自然环境的退化，无论是苯教还是佛教，都主张顺从自然规律，更多地协调人与自然的关系。

印度佛教传入西藏，吸收了苯教的某些仪式和内容，形成了具有藏族色彩的藏传佛教。藏传佛教俗称喇嘛教，是中国佛教三大系统（南传佛教、汉传佛教、藏传佛教）之一。藏传佛教有两层含义：一是指在藏族地区形成和经藏族地区传播并影响其他地区（如蒙古国、不丹等地）的佛教；二是指用藏文、藏语传播的佛教，如蒙古、纳西、裕固、门巴、珞巴、傣族民族即使有自己的语言或文字，但讲授、辩理、念诵和写作仍用藏语和藏文。藏传佛教在发展的过程中形成各具特色的教派，如宁玛派（红教）、萨迦派（花教）、噶举派（白教）、格鲁派（黄教）等。现在以格鲁派（黄教）为主。著名的寺庙有布达拉宫、甘丹寺、哲蚌寺、色拉寺、扎什伦布寺等。

2. 康藏文化区

康藏文化区是青藏高原东南缘和横断山脉的一部分，分为川西北高原和川西山地两部分。包括四川省甘孜藏族自治州、云南省的迪庆藏族自治州、西藏自治区昌都市一部分。地面海拔4000—4500米。川藏茶马古道和滇藏茶马古道交会于此，形成青藏高原丝绸古道，即我国南方丝绸之路主要通道。

《新唐书·吐蕃传》详细地记录了关于吐蕃的祖先来源的传说，远溯春秋时代，“散处河、湟、江、岷间”的古代西羌部落大约有150种，其中最为僻远的“发羌”“唐牦”被认为是最早出现在西藏的部落。大量资料表明，古羌人从1万年前就将当时的野牦牛驯化，直到4500年前才将野牦牛驯化成家牦牛。从中可明显地看出，饲牧牦牛是古羌人的特征。

《后汉书·西羌传》记载：羌人“畏秦之威，将其种人附落而南，出赐支河曲西数千里，与众羌绝远，不复交通。其后子孙分别各自为种，任随所之，或为氂牛种，越嶲羌是也”。其“附落而南”的一支古羌人，进入四川省甘孜藏族自治州首府康定以南一带，自称为“木雅”，即牦牛国，其牦牛饲牧业甚为发达。牦牛国本部在今四川甘孜州雅江县木拉，其所辖范围正是我国著名的地方良种——“九龙牦牛”的主产区和分布区，包括现今四川甘孜州的康定、九龙、道孚、理塘，凉山彝族自治州的木里藏族自治县，和云南省迪庆藏族自治州的香格里拉市等。说明古羌人也是以游牧为生的藏族的先民之一。

康藏高原独特的地理位置和气候条件形成了世所罕见的自然风光和人文景观，造就了它得天独厚、独具特色的藏族游牧文化，因而旅游资源丰富。

3. 安多区文化区

安多区原指青海省巴颜喀拉山的安顼旺嘉山峰和祁连山多拉山峰之间的整个地域，包括青海省除玉树外的其他地区，如海南藏族自治州、黄南藏族自治州、海北藏族自治州、果洛藏族自治州、海西蒙古族藏族哈萨克族自治州以及甘肃省甘南藏族自治州，天祝藏族自治县至肃南裕固族自治县祁连山区和四川省川西北阿坝州全部地域。

甘青一带的藏族，有许多就是在吐蕃对其邻部进行军事活动时留下的后裔。《安多政教史》载，在吐蕃突厥交界、吐蕃汉地交界的地方，吐蕃就安置了许多军事人员，这些人员被称作“没有赞普命不得返回的信守命令的人”，简称“嘎玛洛”部。如甘肃省甘南藏族自治州舟曲县、迭部县、卓尼县的藏族部落，他们自称是卫藏人，是松赞干布迎娶唐朝文成公主的仪仗队和军队，其语言保存了许多吐蕃古词。吐蕃在向西北扩张的过程中也与回纥融合。汉族中也有许多士兵、工匠融合在藏族中。总之，藏族民间传说和藏汉文献都有力地证明：藏族先民自古以来就活动于青藏高原之上，长期与祖国西部各族部交流融合，发展形成了分布在今西藏和甘、青、川、滇等省境内的藏族。

在安多地区还居住着汉、蒙古、裕固、回、土、撒拉、保安、羌、东乡等民族。

塔尔寺是藏传佛教宗喀巴大师的诞生地，安多区青海塔尔寺是藏传佛教格鲁派（黄教）的创始人宗哈巴的原寺院。甘肃夏河拉木寺规模大，学科齐全，在藏传佛教界影响较大、学术地位高。天祝天堂寺在天文历法研究方面曾取得辉煌成就。

1244 年，西藏萨迦派第四代座主萨班・贡噶坚赞接受阔端邀请，于 1246 年到达凉州，于 1247 年和阔端在今甘肃省武威武南白塔寺举行了蒙藏文化交流会谈，后萨班发出了《致蕃人书》，号召吐蕃各部审时度势，顺应潮流，归顺蒙古。这是西藏归入元朝版图过程中的重要事件。1251 年，萨班在凉州去世，其继位者八思巴即依附于忽必烈，后于 1260 年被尊为帝师。忽必烈授命八思巴以帝师身份兼管总制院，掌管全国佛教事务和藏区事务。在此期间，八思巴奉忽必烈之命创造了蒙古文字，史称八思巴文。西藏归入元朝以后，藏传佛教文化彻底改变了蒙古人的信仰，改变了蒙古人的价值观、人生观。藏传佛教文化是蒙藏文化交流的媒介。

五、南方草山草坡区自然资源分布

南方草山草坡区泛指长江流域以南的广大地区，包括四川（西部阿坝、甘孜和小凉山部分地区除外）、云南（迪庆地区除外）、贵州、湖南、湖北、皖南、苏南、浙江、福建、台湾、广东、海南、广西等省区各种类型的山丘草场。本区多数地区为海拔 1000 米以下的丘陵山区。低地、河谷和山间平原地带，多属农业用地，低、中山顶部多有森林分布。在坡度较大、土层较薄的地段，森林破坏以后，多沦为次生草地。由于草山、森林和农田之间多处于插花状态，所以草山资源具有很大的分散性。南方草山区根据气候的不同，可分为热带草山和亚热带草山两大类。

热带草山分布于广东、海南、广西和云南。广东主要分布在阳江以西的大陆沿海丘陵地区、雷州半岛的沿海周围，海南分布于北部和西部广大丘陵台地上。主要牧草有蜈蚣草、华三芒、白茅、青香茅、桃金娘、鸭嘴草、班茅、芒草等。广西主要分布在左江及其支流明江和右江谷地。这里比较干热，所以牧草多以耐旱、叶小根深、丛生的禾本科为主，如须芒草、菅草、扭黄茅和龙须草等，间有灌丛和稀树生长。在靖西南部、德保北缘、百色南部、田阳北部、田东南端和北部、马山西北部、都安北部、武鸣西部的半土半石山中也有分布，主要牧草有石珍芒、小吊丝草和菅草群丛等。云南主要分布在怒江、澜沧江和元江等河谷西侧。这里的气候高温多雨，长夏无冬，草本植物主要有狗尾草、石珍芒、刺芒野古草和香茅等高大的禾本科牧草，草坡多分布在地形较陡、地理土层较薄的地段上。牲畜多以善攀爬的黄牛和山羊为主。

亚热带草山在云南、贵州、广西、广东、湖南、湖北、江西、江苏、福建和台湾等省区都有广泛的分布。这些省区气候温和，雨量充沛，无霜期长，大部分地区四季常青，水丰草茂。主要牧草有孟加拉野古草、丈野古草、龚氏金茅、白茅等，以高大的禾本科草为主，豆科草种类较多，但所占比重较小，毒害草种类亦多。这些地区为菜牛的生产基地之一。

其他一些省的草山草坡面积也比较宽广，江西达 5000 多万亩，占全省土地总面积的 20%以上；福建亦有 3000 多万亩，占全省土地总面积的 15%以上。这两个省草山草坡上的植被多以禾本科的芒草类为主，也有少量豆科、菊科和杂类草。江西鄱阳湖滨草洲面积有 300 万亩，是以湿生植物的芦苇、莎草科为主的泛滥草地，草层高、密度大、产量高，历来就是牛、猪和水禽的天然牧场，而且也是很好的割草场。福建沿海还分布有小片的海滨盐生草场，都可以用来发展畜牧业。

第二节　草原民族与经济社会状况

任何一种文化都是在一定经济基础上形成的。有什么样的经济基础，就会产生与之相适应的文化形态。因此，阐明一个民族的文化形成、演变和发展的内在规律，必须从该民族的生产及生活方式着手进行探讨，才会理解其深刻内涵。

一、生产方式与草原生态文化

游牧生产方式是牧民在长期发展中总结出来的一种适应自然条件的适应性生产方式。

在中国，因不同地区自然气候与地形条件不同，游牧带有各自的特征。如新疆阿勒泰山南坡和天山北坡的哈萨克民族的畜牧业是高山和草原之间的固定牧场、固定时间的周而复始的游牧模式。又如内蒙古是水平移动的游牧方式，而新疆的地形特点是山盆相间结构，因此其游牧以垂直移动方式进行，如在天山山脉、阿尔泰山脉及昆仑山脉都有垂直移动的游牧形式。在北疆天山北坡、阿勒泰南坡从高山到平原及沙漠距离很长，但游牧民仍然按季节四季游动，适合于长期游动的牲畜以绵羊为主；在高原地区则以牦牛为主，如帕米尔高原的高寒草地上游牧民的牲畜以牦牛为主（这种牲畜最大的特征是完全靠天养畜，冷季不需要补饲也能安全过冬），是低成本的畜牧生产方式。在游牧生产中，牲畜和人必须全年多次移动，而且牧民的生产资料、生活资料大多都取之于牲畜，因此人依赖牲畜，牲畜依赖季节草场，所以这种游牧生产是人和畜协调共存、适应自然条件的放牧形式。

从生态的角度分析，游牧生产是一种非常有效的利用草原的方式。游牧生产在地球上占据着干旱、半干旱、寒冷高原基地等环境的独特生态位置，例如中亚地区和我国北疆等。有学者认为“游牧民千百年来通过自己的实践，对于他们赖以生存和生产的草原生态系统有着深刻的了解，掌握了许多复杂的生态学知识。在由于寒冷和干旱的气候条件而单位面积牧草产量很低且变率较大的草原上，只有通过穿越时空限制的家畜迁移（游牧）才能更好地利用草

新疆蒙古族图瓦人牧民的生活　摄影／马新元、欧阳宏生

地资源。牧民们依据自己对当地气候环境和草地状况的认识，通过牧场轮换而不断调整放牧压力和草原资料的时空分配，避免了对局部草地的破坏，使大范围的草地利用趋于合理，保证了畜牧业生产的可持续性”。“游牧生产是在人力不能改变自然环境（如建立人工草地等）的条件下，适应当地牧场的自然地理环境，利用牧草的自然再生力，谋求生存的方式。游牧可以较好地利用有利的地形地势，避免恶劣气候，使牲畜得到必要的饲草，它是顺应自然、趋利避害的生产形式”。

游牧是一种原始的生产、生活方式。游牧民族在非常恶劣的环境条件下，依靠游动的牲畜来维持生活，游牧民族的生活资料几乎都是从牲畜取来的，很少一部分是通过交换而来的。例如：用皮毛做衣服、住房和其他生活用品，食用奶、肉，用牲畜当作交通运输工具（牦牛、骆驼、马），用它们的粪便当作燃料，以及用牲畜当作财富。

在新疆，游牧生产是非常普遍的一种畜牧生产形式，从事游牧的民族有哈萨克族、蒙古族、柯尔克孜族、塔吉克族等少数民族。历史上，柯尔克孜人是以畜牧业为主的游牧民族，逐水草而靠天养畜。居住在叶尼塞河流域的柯尔克孜人的畜牧业系草原畜牧业，西迁至天山山区和帕米尔高原后为高山畜牧业。因草原畜牧业和高山畜牧业的生产经营方式不同，柯尔克孜牧民的经济生活也随之发生了明显变化。在历史的长河中，柯尔克孜牧民一直从事草原畜牧业，游牧经营以垂直移动式为主，主要山地有帕米尔高原、南天山和昆仑山等山地。在这些山地发育有优良的季节牧场。生活在这里的柯尔克孜牧民选择了适合当地自然条件的游牧生产方式，并通过游牧生产得到生存所需的物资，而且这种生产方式和生活方式一直普遍存在到21世纪初。

二、辽宁西部与内蒙古南部氏族部落的经济

新石器时代的大江南北，尤其是黄河流域的今甘肃、陕西、河南、山西、河北、山东及苏北、皖北地区，传说有盘古氏、华胥氏、柏皇氏、有蟜、有熊氏、伏羲氏、女娲氏、神农氏、共工氏、大岳、黄帝、颛顼、祝融、帝喾、唐尧、虞舜、少昊、蚩尤、皋陶、伯益、契、弃、鲧、禹等氏族部落首领或部落联盟军事首长，其中最著名的就是人们通常说的“三皇”“五帝”。这些人物代表的都是以农耕为主的母系氏族与父系氏族，即农业氏族部落集团，约至尧舜时代，又称为华夏族集团。而黄河下游山区、海隅或偏远地方，以及东北地区的氏族或部落，

则泛称为东夷族集团（有农耕部族，又有游牧部族）。原始社会时期，尤其是新石器时代晚期，与草原氏族部落发生关系和文化交往的就是这两个氏族集团。有的学者认为："华夏族是居于我国中原地区黄河中下游的居民。这些居民，最初自然不一定是一个民族，很可能是一个较大的民族集团，经过长期的发展融合过程，便成为一个民族，即华夏族了。东夷、南蛮、北狄、西戎的东西南北表示以华夏为中心的四个方面，而夷蛮狄戎则是不同于华夏族的这四个方面存在的民族。"①

亚欧大陆的北冰洋以南，俄罗斯贝加尔湖以西、伏尔加河以东，中国西藏喜马拉雅山以北的广阔地区，被称为中北亚草原游牧民族区。我国草原和荒漠地带，大体是东北达黑龙江、吉林、辽宁，南达冀、晋、秦北境，西达新疆，西南达西藏南境，主要包括东北三省、内蒙古、陕北、宁夏、甘肃、青海、新疆及西藏。原始社会时期，沙漠很少，草原与耕地面积较广，森林、山川、河流分布其中。考古学家苏秉琦说："历史上生活在960万平方公里中华大地上的56个民族的先人们，他们活动地域的自然条件不同，获取生活资料的方法不同，他们的生活方式也各有特色。当时，人们以血缘为纽带，强固地维系在氏族、部落之中。这样，不同的人们共同体所遗留的物质文化遗存有独特的特征也是必然的。"② 为此，他将中国新石器时代文化划分为六个区，以反映古代先民的不同地区之不同特征。在划分时，苏秉琦将"以燕山南北长城地带为重心的北方"置于"六个"重心区的首位，包括广义的北方（西北、北方及东北）区域，基本上与当时中国的草原地带相当。他认为：燕山南北长城地带是"连结中国中原与欧亚大陆北部广大草原地区的中间环节"，"在中国古文明缔造史上"具有"特殊地位和作用"。中国历史呈现"多元一体"的发展趋势。草原地区的旧石器时代文化与华北属于一个体系，新石器时代文化亦是如此。在"广义北方"（亦即草原地区）区域内，存在着一种用玛瑙、石英、燧石等为原料制造的，形体细小精致的石器，称为细石器文化。它广泛地分布在黑龙江、吉林、辽宁、河北、山西、宁夏、内蒙古、新疆、西藏等地，文化面貌因地区不同而有差异。黑龙江齐齐哈尔昂昂溪遗址，属于新石器时代前期，出土石器以琢磨为主，磨制次之。石核刀、石核钻、雕刻器具、细锥尖器、箭头、削刮器和凹利器等，多系绿燧石经过打制和琢制两道手续制成的，小而精，刃部相当锐

① 池万兴：《司马迁民族思想阐释》，陕西人民教育出版社1995年版，第5页。

② 苏秉琦：《中国文明起源新探》，生活·读书·新知三联书店1999年版，第34页。

利。磨制石器只有石锛。骨器有枪头和鱼镖等。陶器和陶片遗物很少，制法原始，形状简单。内蒙古、宁夏、新疆的细石器有尖状器、刮削器、箭头等，西藏地区的细石器与此大同小异，只是原料增加，是用碧玉、玛瑙、水晶、玉髓、火石等制成的，处在新石器时代早期。翁独健说："我国内蒙古、黑龙江、宁夏的呼伦贝尔草原、松嫩平原、浑善达克沙漠、巴丹吉林沙漠、河套地区，以及新疆、西藏部分地区，还存在着以细石器为主的新石器时代的文化。这种文化是与狩猎、畜牧经济相适应的，是我国北方以畜牧业、狩猎为主的游牧民族的文化，也就是后称的北狄民族集团的文化。""马家窑文化主要分布在甘肃东部及其毗邻的青海、宁夏地区，南达川北，西及玉门。这一文化又分为相继发展的石岭下类型、马家窑类型、半山类型、马厂类型。它存在的时间，从距今五千八百多年的石岭下类型到四千多年的马厂类型，共经历了一千八百多年，马家窑文化的人们以农业生产为主，过着定居的生活。他们与仰韶文化的人们有密切的关系，但从民族来讲，他们属于我国后称的西戎民族集团。"① 据专家们研究，细石器文化起源于中原，却发展于东北、北方和西北，就透露出原始农耕氏族先民向这些地区的迁徙，生产技术的传播，以及他们和当地土著氏族或部落的融合。论者的"后称"二字十分重要，因为我国所说的古代北狄、西戎游牧民族集团，也和世界上的畜牧业民族一样，多是在原始农业出现、发展后，随着家畜驯养业的发展才形成的。"根据已发现的考古资料看，北方地区的远古文化有两个显著特点。第一是它的地域特点，一些原始文化的内涵不同于中原地区，具有鲜明的自身特点。第二是同一性，一些原始文化又显示出与中原地区，或相邻地区原始文化的一致性，表明地区之间，特别是中原与北方之间的交流和往来由来已久。"② 这就使我们必须进一步研究草原地区的农耕氏族以及他们与中原氏族的关系。

（一）游牧民族部落形成的时间

从世界的原始社会史看，是先有原始农业，还是先有畜牧业？说法和认识不一：在一些畜牧民族中，最早的农业是为了提供牧畜饲料而产生的，如住在亚洲的古代畜牧民，闪米特人和雅利安人，为了使牧畜在漫长的寒冬中有足够的饲料，必须种植牧草，栽培谷物，因而发明了农业。另外一种情况是，许多

① 翁独健主编：《中国民族关系史纲要》，中国社会科学出版社 2005 年版，第 30、27 页。

② 《中国北方民族关系史》，中国社会科学出版社 1987 年版，第 12 页。

民族继承祖先的采集、狩猎生活，由采集经济过渡到园艺农耕。就是说，由于地区、条件的不同，有的民族先发明农业，有的民族先发明畜牧业。不过从较多的史实看，“总的说来，原始农业的出现先于畜牧，而畜牧业的发展又促进农业的进步，特别是犁耕农业，需要牧畜作为牵引力，这只有在畜牧业发展的基础上才有可能。”尽管公元前 8000 年英国的克郡斯塔卡尔遗址已发现了养狗骨骼，土耳其南部萨约遗址发现了公元前 6000 多年的家养狗骨和猪骨，伊朗阿里柯什发现了公元前 7000 年至前 6000 年的家养羊骨，土耳其还发现公元前 7000 多年的家养牛骨，但真正形成畜牧业却比较晚。“到了公元前 2000 年，亚、非、欧三洲的干燥地区和沙漠地带，饲养牛、羊和马成了主要的经济方式，并开始采取放牧的方式，后来发展为游牧。公元前 2000 多年，亚洲已经把鸡驯养为家畜，后来驯养鸽、鹅及鸭等。”

从目前的考古发现看，我国农业的起源可以提前到 1 万年前。1993 年至 1995 年，湖南省考古研究所在对道县寿雁镇玉蟾岩（俗称蛤蟆洞）遗址的“两次发掘中，都发现了稻谷遗存。经鉴定，1993 年出土的一枚为普通野生稻，但具有人类初期干预的痕迹；1995 年出土的一枚为栽培稻，但兼具野生稻、籼稻及粳稻的综合特征。这一发现将人类栽培稻的历史提前了一万年”。至湖南澧县彭头山（距今 9000 年）遗址、浙江萧山跨湖桥遗址（距今 8000 年）时，人工栽培稻技术又有所提高。而家养猪骨在跨湖桥遗址的发现，则比栽培稻晚 2000 年。黄河流域在距今 8100 年的甘肃秦安大地湾遗址（1 期）中已发现粟种籽。河北武安县“磁山遗址的窖穴里发现有成堆的腐朽粮食，可能属于粟类作物。在西安半坡和其他仰韶文化遗址的窖穴、房屋和墓葬中，经常发现有粟或粟的皮壳。作为裴李岗文化和磁山文化典型器物的石磨盘和磨棒，就是用以碾去粟的皮壳作为粮食加工的工具。粟在七八千年前就成为我国北方的主要粮食”。这就说明我国的原始农业比家畜驯养业要早，而真正出现畜牧业的时代，则是在父系氏族社会至夏初，甚至还要晚一些。

（二）华胥氏族部落与先红山文化

中国现代考古学家苏秉琦说：“辽宁朝阳、内蒙古昭乌达盟（今赤峰市）、京津和河北张家口地区”，构成了古文化的辽西区。“它的范围北起西拉木伦河，南至海河，东部边缘不及辽河，西部在张家口地区的桑干河上游。”“这一地区自古以来就是宜农宜牧地区，既是农牧分界区，又是农牧交错地带。这里文化发展的规律性突出表现在：同一时代有不同文化群体在这里交错。”① “辽西古文化区”说的就是北方草原东部的今内蒙古赤峰市、通辽市，以及辽宁省的西部地区，这里自古就是沟通松辽平原和华北平原的枢纽地区。

距今七八千年前黄河下游相传有华胥氏，《拾遗记》说她是“九河神女”。“九河”的地望在今山东省西北部，是华胥氏族部落的中心地区，燧人氏的后裔氏族部落与其相邻。华胥部落中的氏族较多，迁徙地域辽阔，均以“华胥”为号。其中的一支向北发展，成为“辽西文化”的创造者。一支向西发展，创造了今河南、河北南部、甘肃东部的“前仰韶”文化，从而形成它与“先红山文化”有相同因素的情况。辽宁阜新蒙古族自治县查海遗址（距今 8000 年）、内蒙古赤峰市敖汉旗宝国图乡兴隆洼村遗址（简称为敖汉兴隆洼遗址，距今 8000 年），分别发现房屋基址 50 余座、80 余座，均为半地穴式，排列密集有序，分大、中、小三种。查海遗址的房址内侧有两圈柱洞，灶址居中。房内出土了大批石器、陶器和玉器。早期以红褐陶、素面斜腹为主，中期以红褐陶、规划纹为主，晚期则以灰褐陶、规矩之字纹为特征。1994 年在中心大房址附近发现的小型墓地及长 197 米的龙形堆石尤为重要。在一件筒形罐腹壁上有贴塑的蟾蜍、蛇衔蛙图案（这种图案在青铜时代常见），还发现有龙纹陶片。玉块、玉匕、玉凿等均为透闪石、阳起石一类软玉，这是世界上最早的真玉器。敖汉旗兴隆洼村遗址内最大的房址面积为 140 平方米，陶器以大型夹砂直筒罐为主，饰压“之”字纹、篦点纹和交叉划线纹等。石器以锄形为主，骨器也很发达，还出土有石雕人头像等石刻。在遗址中首次发现玉块，经科学测定年代，距今 8000 年左右，是内蒙古及东北各省中时代最早的新石器时代文化。紧接续的是以敖汉旗赵宝沟聚落遗址为代表的赵宝沟文化。这种比较进步的文化面貌，与传说时代的华胥时代社会状况基本相符合。赤峰市林西县音厂汗村发现兴隆洼文化的另一类文化，当与燧人氏族部落的文化有关。

（三）太昊伏羲氏及女娲氏部落与红山文化

华胥氏族部落衰败后，代之兴起的是其后裔太昊伏羲氏、女娲氏两个胞族部落。《通志》卷一《三皇纪》引《春秋世谱》云：“华胥生男子为伏羲，女子为女娲。”《帝王世纪》云：“太昊帝疱牺氏，风姓也。燧人之世，有巨人迹出于雷泽，华胥以足履之，有娠，生伏羲于成纪，蛇身人首，有圣德。”《淮南子・地

① 苏秉琦：《中国文明起源新探》，生活・读书・新知三联书店 1999 年版，第 35、41 页。

形训》云:“雷泽有神,龙身人头,鼓其腹而熙。”《太平御览·王部三》引《诗纬含神雾》云:“大迹出雷泽,华胥履之生宓牺。”这都说明伏羲、女娲是华胥与燧人通婚后派生出的两个胞族,风姓,以龙为图腾。他们延续千余年,在向四方迁徙中,伏羲的裔支族有一支迁入今内蒙古赤峰市,女娲的裔支族有一支则迁入今辽宁建平与凌源交界地区。

辽宁建平、凌源交界的牛河梁顶南麓平坦岗地上的红山遗址,被考古界命名为红山文化。其同类遗址在内蒙古赤峰市翁牛特旗三星他拉乡也有发现,出土了红山文化之稀世珍宝“碧玉龙”,被学术界称为“中华第一龙”。其时代为距今5000年的红山文化时期。玉龙为墨绿色,高26厘米,猪首蛇身,蜷曲若钩,长吻休目,长鬃高扬,显得极有生气,令人感到神秘和敬畏。“玉龙”正是太昊伏羲氏后裔部落的图腾,可资证翁牛特旗文化为伏羲氏族部落文化。辽宁牛河梁红山文化遗址中的六座积石冢和祭坛震动了学术界,冢的共同特点是以石垒墙,以石筑墓,以石封顶,每个石冢内都有中心大墓,墓南侧则埋葬一批石棺墓。葬式多为单人仰身直肢,多数墓只葬玉器,出现“唯玉为葬”的特点。牛河梁红山文化的圆形祭坛、积石冢,加上1980年代发现的女神庙,均反映了女娲后裔部落迁居于此的史实,“女神庙”则是他们纪念老祖母女娲的建筑物。

红山文化分布在内蒙古西拉木伦河、老哈河(含流经辽宁西北部)以南与辽宁大、小凌河流域,细石器很少,最具有鲜明特点的是用于农业生产的大型磨制石磨盘、石磨棒。这是当时人们进行生产活动的主要工具,标志着红山文化的农业经济已相当发达。而细石器数量的减少,则显示着畜牧业在红山文化的经济生活中居于次要地位。这里透露出红山文化时期,居民中已有后世称谓的“北狄”氏族,畜牧业的从事者也是他们。红山文化的分布区域毗邻华北平原,彼此间文化影响明显,文化面貌除地域特点外,还具有浓厚的仰韶文化因素。“红山文化的彩陶,无论在陶质上、制法上、器形上以及彩绘图案的风格和布局上,无疑都与仰韶文化的彩陶有密切的关系。其中的泥质红顶碗、钵,与西安半坡所出毫无二致。敖汉旗四棱山遗址出土的圆底罐,器身附有一圈二十九个凸状饰,与半坡遗址所出的大口尖底器的凸状饰相同。红山文化器底有编制物印痕,也与半坡的编制法及特点大体一致。夹砂陶器上饰‘之’字形纹,在河南新郑裴李岗、河北武安磁山等新石器时代早期遗址中就已经出现。可见文化之间的影响源远流长。”华胥氏与中原的有熊、有娇氏关系密切,文化相似,他们的后裔族文化亦是如此。先红山、红山文化出现与裴李岗、磁山、仰韶文化的相同因素，正是因于此。红山文化的农业、制陶业等，也恰与太昊伏羲、女娲后裔部落为农耕族相吻合。正如有的专家所说："红山文化是在自然条件良好、土地肥美，有利于农业生产的老哈河、西拉木伦河流域发展起来的一种具有地域特点的文化，其间也吸收了不少中原文化元素。从红山文化的整个文化内涵来看，它与仰韶文化的关系密切。这是以农业为主的北方彩陶文化系统的一个类型。"① 同时，红山文化区内的"山戎"又称荤粥、薰育等，受到了伏羲文化的影响。西拉木伦河以北的山戎富河文化亦是如此。

（四）辽河下游及辽东半岛

这个地区重要遗址有沈阳北部新乐、新民县高台山等，命名为"新乐文化"。村落多在近河旁的土岗上，房屋多为圆角长方半地穴式，室内地面中央有灶坑，西南角有烧土，西北角有窖穴，房基周围有柱洞。打制与细石器各半，磨制石器有生产工具（斧、凿等）、粮食加工用具，陶器以夹砂红陶为主、火候较低，时代为距今7000年左右，与中原的河南新郑裴李岗、河北武安磁山文化晚期的年代相当。以旅大长海县广鹿岛中部吴家村小珠山遗址命名的文化，下层主要分布在辽东半岛南端的一些小岛上，稍晚于新乐文化，距今约6000年。中层距今6000年至5000年，石器、陶器增加，有了彩陶。上层较晚。这些文化遗存的主人与辽西古文化区一样，经济形态以农业生产为主，兼有渔猎。

（五）吉林地区的早期文化

吉林西南接辽宁，西北临内蒙古，新石器时代的土著氏族（后称东北夷，属东夷系统）分散、弱小，文化略差于辽宁地区：陶器形制单一，以饰刻划纹、压印纹、附加堆纹等组成的富于变化的、各种纹饰或几何图案纹的筒形罐为代表，广泛使用精美的细石器，打制石器与磨制石器共存，地区差异较大，年代距今7000年至4500年。西北与西部为草原地区，湖泊河流较多，广泛分布着以细石器为主要特征的新石器时代文化，伴存打制石器、手制陶器，浅地穴式带柱洞的房基址，表明先民有了季节性的定居生活，以渔猎为生。中部、南部的新石器时代文化也大体如此。

---

① 《中国北方民族关系史》，中国社会科学出版社1987年版，第14页。

（六）松花江与嫩江流域

两江流域包括了吉林和黑龙江两省的大部分，新石器时代文化有代表性的主要是“昂昂溪”（以齐齐哈尔昂昂溪遗址命名）与“新开流”（以黑龙江密山市新开流遗址命名）文化，昂昂溪文化类型遗址的分布范围，主要是以黑龙江齐齐哈尔为中心的嫩江流域，包括吉林省西北部和松花江流域的一部分。从细石器工具、生活用陶器及墓葬等史实看，反映出这一地区的土著氏族或部落在距今7000年至6000年前还是以采集、渔猎为生。新开流文化的年代距今6000年至5000多年前，出土有大量渔猎工具和鱼骨，以及动物骨骼，有不少打制、磨制石器，反映出先民以渔猎经济为主的生活。宁安市莺歌岭文化的年代则稍晚。

（七）东夷部落等与小河沿文化

太昊伏羲氏、女娲氏衰败后，兴起的是少昊金天氏、蚩尤部落。少昊，嬴姓，居于今山东中西部地区，与黄帝及炎帝后裔部落结合成了华夏部落联盟。蚩尤部落在涿鹿（今属河北）被黄帝打败后，余民有的北逃入红山文化区，有的南徙江淮，因而原红山文化区迁入的少昊人较少，相应的则是山戎与东夷族人口有所增加。小河沿文化以发现于内蒙古赤峰市敖汉旗小河沿乡的南台遗址而得名，是从红山文化发展而来的一种文化，分布区也相同，发掘的同类遗址有翁牛特旗的石棚山，敖汉旗的石羊石虎山，年代属于新石器时代晚期。小河沿文化与红山文化有相当多的共同点，但地方色彩比较浓厚，受中原与东部沿海地区诸文化影响较多。这正与该地区氏族成分的变化有关。如：“石棚山墓地出土的高足杯、镂孔豆、把壶等器物，与山东大汶口出土的彩万陶盆、缸式盘豆、镂孔豆等很相似。南台地遗址出土的八角星彩绘图案，和大汶口、江苏邳县（今邳州市）大墩子墓葬出土的彩陶盆上的八角星图案几乎没有什么区别。石棚山墓地出土的带孔石铲、单刃石锛、石环等与大汶口墓地出土的同类器物的形制相同。两种文化都有男女合葬墓，也都在陶器上刻有原始的图案符号”，“说明从遥远的古代，居住在我国北方地区的氏族部落和东部沿海的氏族部落就有频繁的接触。”“和红山文化一样，小河沿文化的古代居民过着长期的定居生活，从事稳定的农业生产，并且兼营畜牧和狩猎。”① 小河沿文化的族民，后来融合到了华夏族，故到了距今5000年前的中原文化龙山

① 《中国北方民族关系史》，中国社会科学出版社1987年版，第15页。

文化阶段时，已归入河北龙山文化范畴。即使是西拉木伦河以北戎族（距今5000年前）的富河文化，也显示出受到了农耕族文化的影响，在与中原“五帝”时代相当的时期内，仍从事农耕，并兼有畜牧和狩猎。

三、内蒙古与宁夏南部氏族部落的经济

中国现代考古学家苏秉琦说：“与辽西古文化区相邻的内蒙古中南部作为又一段农牧交错地带”，“这里西部的河套和东部的河曲，包括岱海地区，在距今六千年前后都分布有仰韶文化庙底沟类型的北支，说明它们有着共同渊源”。[①] 这个古文化区位于内蒙古高原西部阴山山脉的南部，由黄河及其支流冲积而成，称为河套平原。仰韶文化主要分布在鄂尔多斯高原的腹地，总体上说是在内蒙古的中南部。

（一）炎帝神农氏与河套仰韶文化

距今七八千年前，在河南洛阳至陕西华阴市之间，相传为有娇氏族部落的活动地，后来，有一支迁居今陕西宝鸡地区。这支有娇氏族与有熊（又称少典）氏族部落通婚，派生出炎帝神农氏族，在渭水流域发展为部落，向四方迁徙，其中的一支北徙入内蒙古中南部。以“乌兰察布盟凉城县王墓山下遗址为代表的文化，称为王墓山下类型，其年代距今6000年左右。”[②] 此年代与炎帝神农氏的时代相吻合。稍晚接续的是乌兰察布盟（今乌兰察布市）清水县西北的白泥窑子文化遗址。以包头市东南“托克托县海生不浪遗址为代表的海生不浪文化，其年代距今约5000年。”[③] 这也与炎帝神农氏八代延续的时代相当。安金槐说：黄河河套地区的新石器时代文化，“主要包括包头市、呼和浩特市、达拉特旗、托克托旗、清水河县、准格尔旗和伊金霍洛旗等地。遗址有早晚之分。早的如清水河县自泥窑子遗址和海生不浪遗址，其内涵似和邻近的中原和仰韶文化之间有些交流和影响”。[④] 无论是从出土的农业生产工具石斧、石刀、石铲、陶刀及粮食加工的工具石磨盘、石磨棒、石臼看，还是从陶器的质地、色彩、器形、纹饰和制作方法看，“都和陕西、河南等地的仰韶文

① 苏秉琦：《中国文明起源新探》，生活·读书·新知三联书店1999年版，第39页。

② 《新中国考古五十年》，文物出版社1997年版，第84页。

③ 《新中国考古五十年》，文物出版社1999年版，第27页。

④ 安全槐主编：《中国考古》，上海古籍出版社1999年版，第174—175页。

化相同。它们的经济发展水平大体一致。由此看来，仰韶文化最北已达阴山一带，这说明早在五千年前，仰韶文化的先民们已达这一地区。"[①] 炎帝神农氏后裔氏族部落的文化遗址，还有包头市区内的转龙藏、准格尔旗马棚乡大口（即元峁圪旦）遗址上层等，相当于仰韶文化的河南陕县庙底沟类型。这些情况都反映出在仰韶文化时期内蒙古的氏族，还是以农业经济为主。

（二）黄帝氏族部落与大口遗址下层文化

炎帝氏族部落经历千年后衰败，代之而兴起的是与其母、父族相同的黄帝部落。《国语·晋语四》载："昔少典娶于有蟜氏，生黄帝、炎帝。黄帝以姬水成，炎帝以姜水成。成而异德，故黄帝为姬，炎帝为姜。二帝用师以相济也，异德之故也。"这里的炎帝指榆罔（炎帝神农氏之八代孙，与黄帝同代），姬水指今陕西彬县的古漆水（在渭河北），姜水指今陕西宝鸡市南的清姜河（古称姜水，在渭河南），即炎帝神农氏和黄帝轩辕氏都兴起和发展于陕西关中西部。"据古籍记载，古代黄河流域分布着许多部落。在陕西一带有姬姓黄帝部落和姜姓炎帝部落，他们之间世代通婚。"[②] 有的学者又认为："黄帝两个氏族部落发祥于我国西北黄土高原地区。"[③] 黄帝部落后由陕西关中西部北迁于黄陵县，有一氏族则又迁入今内蒙古河套地区。考古界称："在发掘了乌兰察布盟察右旗庙子沟和大坝沟两处遗址后，进而发现了环岱海、环黄旗海周围山地都分布有同期文化遗存，学术界称之为'庙子沟文化'。在凉城县老虎山遗址，还发现与包头市郊区阿善遗址相同的聚落遗址和围墙，命名为'老虎山文化'。"[④] 这类遗址在内蒙古黄河流域及其支流的台地上分布广泛，"文化遗存的农业生产工具更多了，磨制石器占绝大多数，往往还有细石器伴出。其陶器的形制、纹饰及白灰面居住遗迹、灰坑等，也都与陕西、河南的龙山文化一致。它们的经济发展水平大体处于相同的阶段。"[⑤] 准格尔旗"大山遗址下层"的石制工具及出土的陶鬲、罐、带耳罐等，与陕西客省庄二期龙山文化的同类器相似。总之，"内蒙古中南部的这类遗址应当是龙山文化系统的富有地方色彩的类型"。这些都充分证明黄帝支族迁此后，继承和发展了炎帝后裔族的农耕文化，并有较大发展，

① 《中国北方民族关系史》，中国社会科学出版社 1987 年版，第 17 页。
② 加润国：《中国儒教史话》，河北大学出版社 1999 年版，第 4 页。
③ 张岂之主编：《中国历史·先秦卷》，高等教育出版社 2001 年版，第 25 页。
④ 《新中国考古五十年》，文物出版社 1999 年版，第 85 页。
⑤ 《中国北方民族关系史》，中国社会科学出版社 1987 年版，第 18 页。

且吸收了土著氏族的地方文化。考古资料证明，在以燕山南北长城地带为重心的北部（含东北）草原地区，居住着华夏、东夷的祖先及其本族团之人，以及土著氏族，从距今8000年至4000年前，基本上是原始农业经济、渔猎与畜牧用以辅助和补充生活资源的不足。辽宁北部更远（含吉林、黑龙江）的土著氏族（可泛称为东夷或东北夷），还处在采集、渔猎的经济阶段，部分地区有不发达的原始农业，游牧业还未出现。就典型的内蒙古草原地区说，几千年来，总认为是荒凉的游牧之地，而实际上，内蒙古地区从距今8000年的兴隆洼文化，到距今4000余年的老虎山文化，曾经有过发达的原始农业文化，当时的气候湿润温暖，植被繁茂，雨量充沛，适于农业生产。因而，原始先民们制造石锄以开垦土地，种植粟米以供生计，烧制陶器以供炊煮，建造房屋，挖掘窑洞以供居住，还开挖围墙、垒砌石城以供防卫。在数千年的历史中，创造了灿烂的原始农业文明。[①] 这就是说，至夏朝初期，东北、北方（中原迁入的先民，人数少，被土著族所融合）还未出现游牧氏族或部落的畜牧业。"后来，由于内蒙古地区古代气候逐渐由温暖变为干冷，原始农业才逐渐南移，农牧业交错、因地制宜的经济形态逐渐形成主导经济。"[②] 游牧氏族或部落究竟何时出现，怕也是有先有后，最早不会超出夏代中期。以往，我们许多人一说"五大民族集团"中的北狄，就说是游牧族团，看来是过于简单化、笼统化了。

综上所述，原始社会时期，我国北方、西北、西方、西南及东北"草原"地区的土著氏族部落，与黄河流域比较进步之农耕氏族部落有着较为密切的关系，考古文化与文献资料也都充分证明，我国的母系氏族、父系氏族社会，氏族部落先民和文化的发展是"多元一体"的，而耕牧交错地带在游牧民族的形成中则起了重要而特殊的作用。

---

① 《中国北方民族关系史》，中国社会科学出版社1987年版，第85页。

② 《新中国考古五十年》，文物出版社1999年版，第85页。

第二章
草原生态文化的历史演进与内涵特征

草原生态文化是人与自然和谐共生的文化。它是草原民族在与自然长期和谐相处过程中，共同创造的与草原自然资源环境相适应的生活方式、生产方式、宗教信仰、文学艺术、民风习俗、伦理道德等文化要素总和，并由此构成具有民族地域特色的草原生态文化体系。草原生态文化既是草原民族敬畏自然、师法自然、真爱自然、维护自然的文化自信与自觉，又是对自然资源进行合理

多彩的草原　摄影/陈建伟

摄取、利用和保护的认知与经验积累。它以“逐水草而居、应四时而动、牧牛羊而食、敬天地而歌”为主要特征，世代传承、生生不息。

第一节 草原传统经济活动与生态文化意识

马克思和恩格斯在讨论“经济基础与上层建筑”的辩证关系时指出，一定社会的基础是该社会的经济关系的体系，即生产关系的总和，主要包括生产资料所有制、生产过程中人与人之间的关系和分配关系等三个方面，其中生产资料所有制是首要的、决定的部分。而一定社会的上层建筑是复杂庞大的体系，由该社会的观念上层建筑和政治上层建筑两个部分组成。观念上层建筑包括政治法律思想、道德、宗教、文学艺术、哲学等意识形态。

草原是人类最早从事狩猎业的场所，是先祖的生产资料和生活资料重要来源。草原的山山水水、花花草草和百灵万物就是先祖创业繁衍的自然资源，先民在草原上的劳作就是最古老的经济基础，由此产生的对外部世界的认识、观念、思想和道德就是远古先民创造的文化。按照草原的进化史看，人类是从草原狩猎开始的，经历了一个漫长悠远的历史演进，蕴含了丰富深刻的生态文化内涵。

一、草原狩猎时代草原生态文化的演进历程与特征

草业的萌芽是从草原狩猎业开始的，形成于距今 6 万年前的旧石器时代，延续到秦代之前，当时生产方式以草原狩猎为主，兼操采集业和渔猎业，生产工具主要有石器、木棒、弓箭等。人类先祖生活在草原上，高大的牧草成为袭猎的掩体，体积庞大而行动迟缓的食草动物变成了狩猎的首先对象。先祖们从草食动物身上直接获取生活资料，在漫长的狩猎岁月中，开始了依赖草原的生活。随着狩猎工具与技术的进步、人类智力和体力的发展，狩猎所得的猎物越来越多，人类先祖开始将一些捕捉到而又不急于吃掉的幼兽拘禁起来，通过饲养使其逐渐驯服，然后再进行牧养。随后将驯化后的家畜放养在野外，使其自由觅食、活动，没有专人进行放牧。这一过程为原始草原游牧业奠定了基础。

（一）草原狩猎时代的基本特点

当人类先祖走出森林，走向草原，随水而迁，逐草而居，猎兽而生，取物而存时，草原便成为人类赖以生存、进化和发展的重要场所。人类先祖开始将狩猎获取的野生猎物驯养放牧在草原上，并由使其自由觅食活动逐步发展到有专人看管，开始向原始游牧业过渡。原始草原狩猎业是当时草原地区的主导产业，在草原先民的生活中占据重要地位。采集和狩猎作为草原区重要的经济活动，具有一定的转移性、冒险性和偶然性。基于草原上的丰富的植物资源、动物资源和地形地貌，草、畜、人形成和谐共存的生态系统，也是蕴含着巨大的生命潜力的草业的最初形态。到新石器时代的后期，由于工具的进步，劳动效率提高，开始出现最原始的农耕和畜牧养殖业，这对于草原狩猎业向游牧畜牧业的转化具有重要的意义。草原先民的经济生活在旧石器时代是以采集、狩猎为基础的攫取性经济，到了新石器时代的后期，原始农耕和动物驯化养殖的出现，为草原先民从食物的采集者转变为食物的生产者奠定了重要基础。这一获得食物方式的转变，改变了人与自然的关系，标志着人类对自然界认识的一个飞跃，这个时期也是原始社会的繁荣时期，并向开始阶级社会过渡。

（二）草原狩猎时代的文化特征

原始草原狩猎业和石器时代紧密相连，从旧石器时代开始到新石器时代，延续了 7 万年，其间经历的石器文化遗址遍布西亚、中亚和中国。文化遗址表明，中国石器时代的文化，从一开始就呈现出地域上的多样性和不平衡性。黄河流域和北方沙漠草地区是石器文化的重要分布区。其间展现的重要文化特征主要有三个方面，一是石器工具的制作与使用；二是火的发现与使用；三是原始艺术的产生。

石器工具的发明和使用，是区分人类与动物的主要证明，而人类的历史与文化也是从这第一个工具开始产生的。石器的创造活动让人类在与草原环境的斗争中摆脱了被动和无能，在与自然界对抗中不断取得了改造自然的主动。同时工具的制造与使用，也使得草原先民的脑容量明显增大，聪明才智得到充分发挥，劳动效率大大提高，劳动产品开始有所剩余，从而促进了农业和畜牧业的起源和发展。

火的应用是石器时代的第二个文化特征，是人类文明进步的一个里程碑。是人类第一次尝试能源的开发和利用，使人类第一次具有了支配自然的能力，随着火的广泛利用，人类在工具的制造、陶器的冶炼、铜器的铸造等方面进入了一个崭新的创新时代，大大推进了历史的进步和文化的创造。

这个时期的第三个文化特征就是原始艺术的产生，尤其是岩画、石刻和雕刻品，记录了新石器时代的生活、生产轨迹，反映了草原先民的远古生活，记录了草原先民的生产生活方式、原始宗教信仰、种族繁衍生息等丰富的社会活动和生活场景，为我们传递了万年之前的经济文化和思想意识的宝贵信息。原始先民艰难地在悬崖石壁上创造出这种高度的空间艺术，为我们留下了远古的脚印，体现了人类的创造性，它以自己主观的想法去表达真实的世界，诠释大自然，这些创造是对人类的重大贡献。

（三）草原狩猎时代的生态意识

草原原始狩猎阶段，人类已经能够作为具有自觉能动性的主体去和大自然进行合作交流，但是在自然面前，由于缺乏强大的物质手段，劳动能力很低，劳动工具很落后，对自然的开发和支配能力极其有限。他们不得不依赖采摘、捕鱼等手段获取自然界直接提供的食物和其他简单的生活资料，或者是通过主动围猎与合作，获取较大的猎物。他们无法抵御各种自然灾害和事故的肆虐，经常忍受饥饿、疾病、寒冷和酷热的折磨，受到野兽的侵扰和危害。在如此社会形态下，逐步形成采集猎狩时代的生态意识，其主要表现在敬畏意识、合作意识、共享意识和英雄崇拜意识。

敬畏自然意识。草原先民的敬畏意识主要是对自然的敬畏，即对自然及其规律产生的一种混杂着敬重、仰慕、恐惧、怵惕、讶异等多种心理成分的、形上的终极体验。表现在行为上，就是对上天和大自然的无限崇拜。在原始人看来，身边的自然事物都是神圣的、泛灵的，冒犯它们会招致神灵的惩罚。他们尊崇、害怕、畏惧所有这些事物。这种对大自然的敬畏，就是把自然视为威力无穷的主宰，视为某种神秘的超自然力量的化身。他们匍匐在自然之神的脚下，通过各种原始宗教仪式对其表示顺从、敬畏，祈求他们的恩赐和庇佑。关于敬畏意识导致的泛灵论，马克思在谈到古代人类和自然界的关系时指出："自然界起初是作为一种完全异己的、有无限威力的和不可制服的力量与人们对立的，人们同它的关系完全像动物同它的关系一样，人们就像牲畜一样服从它的权力，因而，这是对自然界的一种纯粹动物式的意识（自然宗教）。"①

① 《马克思恩格斯选集》第1卷，人民出版社1995年版，第81—82页。

原始人认为动物、植物、山水石以及雷雨电等自然现象也和自己一样，是有意志、有灵魂的，在这个基础上，原始人逐渐形成了相应的禁忌和伦理制度，于是就产生了“万物有灵”观念。这是人类最早的宗教观念，也是人类最朴素的生态思想在没有科学理论的指导下向宗教转化的过程。

合作共享意识。草原先民的合作意识来自原始狩猎经济的需求。在原始社会中，主要的物质生产活动是采集和狩猎，这两种活动都是直接利用自然物作为人的生活资料。采集是向自然索取现成的植物性食物，主要运用自身的四肢和感官，狩猎则是向自然索取现成的动物性食物。由于草原比森林更加平坦广阔、植被低矮，猎人直立，难以隐身，猎物食草，易于趴窝，这种狩猎活动比采集更为困难复杂，具有很强的随机性、脆弱性和游动性，单靠人体自身的器官难以胜任，必须采用围猎的方式，更多地依靠体外工具以及族群的配合。此外，人们通过血缘关系维持族系内部的关系，一个家族就是一个社会集团和生产单位，内部有分工，女性进行采集和抚育小孩，男性狩猎；男性狩猎过程中简单分工，集体行动，有敲击响物者，把猎物向内圈驱赶，有狩猎者，带小批精锐捕杀猎物，通过合作，增强猎狩效率，并且互相保护，警惕野兽的侵袭。这种合作意识培养了狩猎族群的大公无私、无畏无惧和无怨无悔，顺应大自然的变化，接受大自然的惩罚；并进一步培育了对大自然的顺从、敬畏和尊重。共享意识是原始狩猎经济条件下尊重自然、尊重命运、维护族群进化的思想基础，它源于社会的合作意识，完于社会的分配制度。共享意识产生于劳动的结合方式。在原始狩猎阶段，氏族是社会的基本经济单位，使用石器工具是社会生产力的主要标志，简单协作是社会劳动的主要结合方式，自然分工是社会遵循的基本规则。这是由于极其低下的生产力制约了狩猎经济的发展。单个人身无力同自然界进行斗争，为谋取生活资源必须共同劳动，形成“原始公社”，从而决定了自然资源全民所有，生产资料共同占有，劳动成果共同分享，同时，人们在劳动中只能是平等的互助合作关系，人们之间按性别、年龄实行分工，产品归社会全体成员，实行平均分配。在母系原始阶段，妇女是氏族的主体，氏族成员的世系按母系计算，财产由母系血缘亲属继承，归集体公有，有威望的年长妇女担任首领，氏族的最高权力机关是氏族议事会，参加者是全体的成年男女，享有平等的表决权。随着社会生产力的提高和农业、畜牧业的出现，男性逐渐取代了女性的社会主导地位，父系氏族公社逐渐形成，这也意味着共享制度开始分化和解体，社会进入以青铜器为代表的封建专制时期，原始的草原狩猎经济逐步进入草原游牧时代。

英雄崇拜意识。英雄崇拜意识是在草原迁徙采猎的生产方式基础上，面对大自然而孕育的一种民族性格。大漠荒原、狂风暴雪、居无定所、追击游猎，部族争战是当时人类在草原上生存的基本状态。由于人类在大自然面前很渺小，他们就把具有智慧和力量的人视为英雄，为他们阻挡自然灾害和猛兽侵袭，当他们把英雄理想化后，就把高山峻岭、太阳明星捧为英雄，在藏族、哈萨克族、蒙古族等的古老创世神话和传说中，歌颂的都是这样的英雄。在草原民族的传说中，英雄都是高大无比、具有超人力量的化身，像雪山一样高大、威武、勇猛，像太阳一样光芒四射，“怒发重箭，隔山穿透数十人，……满弓而射，至的九百丈”（《蒙古秘史》）；他们认为英雄是勇气的化身，十分向往战斗，“什么时候遇到较量的对手？什么时候遇到猎捕的野羊？”；他们认为英雄是智慧的化身，“有勇健能力决斗讼者，推为大人”（《后汉记》）。是战胜敌人、战胜环境的人格理想、道德理想和文化价值，在严酷的自然环境和社会环境中，只有英雄才能立于不败之地，只有人人都成为英雄才能保证个人乃至群体的生存和发展。

二、草原游牧时代草原生态文化的演进历程与特征

传统草原游牧时代开始于秦代之后的铁器时代，生产方式以游牧为主，没有定居，基本生产工具是铁、木制品。以游牧为主的生产方式起源于狩猎时代的后期，由于生产工具的进化，狩猎效率的提高，拘禁驯养和繁殖的畜群越来越大，家畜形成，草原已经不能固定饲养成群的家畜，游牧业便替代狩猎业成为草原新的生产方式，猎民变成了牧民，大量的野生动物消失，成群的家畜遍布草原。

（一）草原游牧时代的基本特点

在我国广袤的草原上已形成以“逐水草而行”为特点的草原游牧业，这是我国古代传统草业的开始。所以这种传统的生产方式在草原区日趋成熟，并且一直延续下来，稳固地发展到今天。新中国成立后，随着草原所有制的改变，这种游牧制度才逐渐解体，开始被草原的定居生活和现代草原畜牧业所逐渐取代。

草原游牧业的基本特征：一是拥有大面积草场资源是游牧业的基础。二是以牛羊为代表的放牧家畜是游牧业的中心。三是“逐水草而行”的游牧业

形态。游牧经济是依靠家畜提供畜产品，牲畜只有通过采食牧草才能存活、成长、发育、繁育，生生不息，由此造就了游牧业生产“逐水草而行”的主要特定形式。

（二）草原游牧时代的文化特征

在当时落后原始的社会背景下，草原游牧方式提高了生产力，增强了人类对草原的影响力。在人烟稀少、草场辽阔的情况下，游牧业表现出巨大的优越性，它以极少的投入换取了人们所需的各种畜产品，而且保证了草原的天然更新与持续利用。因此，这种原始的草业生产制度延续了数千年。其重要特点：一是游牧制度的成熟与加强，促进了草原的法制保护。自秦始皇统一六国，形成中央集权之后，对草原和畜牧业的控制力度日益加大，政府主持建设官有制牧场，颁布了一些关于保护草原、发展畜牧业的法律法规。这是我国封建时代草业发展走上有法可依、有章可循的道路的重要一步，游牧制度逐渐巩固。二是拉开了人工栽培牧草、建设草场的历史序幕，成为草原游牧业的重要补充。在这个时期从中亚引进优良牧草紫花苜蓿和其他优良牧草，在皇宫附近种植推广，这是草原文化和农耕文化碰撞、交流、汇合、吸收的开始。三是草原和畜牧业成为中央集权封建王朝巩固边疆、发展生产的重要组成部分。从秦代开始，开垦草原、屯田戍边成为各个朝代稳定边疆、解决粮食问题的一项重要国策。开垦草原、屯田戍边的政策虽然对草原造成了破坏，但在当时确实有效地解决了粮食、边防等诸多问题，对发展当地生产也起到了积极作用。这也就为草原和畜牧业经济发展提出了一个新的问题——如何正确处理好发展经济、发展生产与保护草原的关系。四是开始出现近代科学思想萌芽，企图摆脱长期依赖传统游牧方式的产业理念，开启科学办学，提高科学意识，发挥技术的作用，推进粗放低效的草原游牧业的转化，对当今现代草业思想的发展具有启蒙作用。由于世界工业革命的兴起，交通运输、市场贸易、信息交流和科学理念带来的社会发展日益冲击已经落后的原始游牧业；茶马市场和商品的需求，促使优良家畜品种培育利用和以生皮、羊毛等为主的畜产品国内外贸易的蓬勃兴起，20 世纪 30 年代的延安边区政府创建的陕甘宁边区农业学校和一批有志之士发挥了重要作用。

（三）草原游牧时代的生态意识

我国北方草原民族在华夏封建王朝时代之后，利用草原迅速统一了中华民族，强化了中原农耕文化和北方草原文化的融合交流，同时创造了与草原生态系统相适应的游牧生产方式和游牧文化，他们在长期游牧实践中逐步形成了朴素的生态意识和自然观。最有代表意义的生态意识包括“天人合一”思想意识、家园保护意识和制度管理意识。

“天人合一”意识。“天人合一”意识是游牧时代古人在与大自然的共生和相处中，既敬畏自然，又尊重人类本身的一种哲学意识。在古代科技不发达、生产力低下的前提下，面对大自然，认为最有力量的是上天和大地，《老子·第二十五章》说：“有物混成，先天地生。寂兮寥兮！独立而不改，周行而不殆，可以为天地母”。面对自然、面对苍天大地，人很渺小，人就是自然的一部分。宇宙自然是大天地，人则是一个小天地。人和自然在本质上是相通的，故一切人事均应顺乎自然规律，达到人与自然和谐。用今天科技发达的思想理解，“天人合一”的意识深刻反映了人类善待自然、善待自身、力求人类融入大自然的良好心愿。用今天的生态理论诠释“天人合一”的意识，就是要求对自然资源的开发利用必须与自然资源的承载能力平衡，这样才能使草原生产经济适度发展又不损害自然生态规律，尤其是当经济利益和人类欲望超出自然禀赋时，人们必须遵照“天人合一”的哲学思想，以科学的态度对自身和自然资源做“固本培元”的工作，改革自己的生产行为和生产模式，提高自然资源、自然生态的质量，使二者的力量对比在新的基础上取得新的平衡。

家园保护意识。家园保护意识源于游牧时代的畜牧业经济活动。游牧是一种简单粗放的生产形式，尤其是早期的游牧，生产工具粗糙、效率低下，其所采取的生产方式是整年携带家眷老少，随畜群移动，《黑鞑事略》记载游牧“在草地，见其头目民户，车载辎重及老小畜产尽室而行，数日不绝，亦多有十三四岁者，问之，则云鞑人调往回回国，三年在道，今之年十三四岁者，到彼则十七八岁，皆以称胜兵”。可见牧人在草原上迁徙游走，是拖家带口，一家老小，与大自然为伴，充满了艰难险阻，每当找到一块水草丰满的草场时，他们就安营扎寨，居为家园，形成“牧场谁先来谁先用，后来者另觅草场”的自然规矩和习俗。在游牧过程中，联系族群的血脉关系是形成部落、族群的重要因素，所以，在大草原上，如果范围有限，可能是以家庭为单元，占据一块草场经营放牧，随着家庭旁系的扩展，形成更大范围内的部落、族群，占据更大范围的草场。以血缘关系为纽带的族群和以家畜、草场为基盘的营地形成了牧人心目中的家园，他们依靠这个家园繁衍生息，血脉不断，当遇到风雪灾年时，得迁移营盘，寻找新的基地，新的家园，甚至为了营盘，发生族群之间的争斗。这种严重依赖环境生存的生活方式，形成了牧人强烈的家园意识、领地意识。并且，他们深知自己赖以生存的草场必须水草丰满，为了保护草场，他们创造了丰富多样的牧场保护方式，如季节性轮牧、控制家畜数量、存储饲草、持野生动物和家畜共生并存、对大自然的禁忌和遵从等等。所以在家园营造过程中，注重营地的选择，遵从对环境的适应性、依赖性、协调性，这是草原近代发展起来的定居意识的启蒙阶段，在保护意识形成的过程中，草原人民敬畏自然，遵从规律，将保护的重点集中到三个方面，即保护草场、保护野生动物、保护水源。这种家园保护意识的草原生态文化理念，为新时代草原制度改革和生活方式改变，以及启动草原生态建设工程的国家行为，奠定了思想意识基础。

制度管理意识。制度管理意识的诞生是基于草原私有化的背景。在原始氏族社会，草原的利用是以狩猎采集为准，草原没有所属权，为草原先民共同所有。随着草原进入游牧时代，草原成为牛羊放牧的主要生产资料，草原上的血亲集团具有了势力范围和占有意识，尤其是秦始皇统一中国之后形成了中央集权，对草原的控制力度日益加大，无论是中央集团、血亲联盟还是家族部落，都开始意识到对草原的利用需要一定的约束，草原的管理权逐渐为部落或家族集团所有，并且，部族势力越强大，占有的草原面积就越大。随着占有草原面积的扩大，草场的管理就成为草原部族和当权者的重要任务。

古代的法律制度最早源于习惯，习惯是人类在长期社会生活中处理人际关系、部族之间的关系，甚至集团之间的关系都要遵循人类群体普遍认可的行为规范，尽管这种习惯还有很大的盲目性、神秘性和被动性，但是通过草原管理者的吸收采纳，形成了一定的制度和法律条文。此外在草原社会活动中，自然崇拜、神话传说、宗教信仰、生死习俗、乡规民约、禁忌习惯等等，也形成了人们对破坏草场、破坏生存环境、破坏生活方式的行为约束，成为制度法律的形成基础。例如，“约孙”就是蒙古族对道理、规矩、缘故进行规范约束的习惯法，不准在草原上乱挖、乱掘、搬迁不留火种等，否则要受到部落惩罚。这类习惯法自古以来世代相传、人人自觉遵守、具有强烈的稳定性。在中国各朝代设立官有牧场之后，政府管理的草原规章制度就日渐完善，如辽、金、元期的群牧制，明代《俺答汗法典》的草原保护条款，清政府的禁垦轻徭薄赋政策和禁止越界游牧政策。政府主持建设官有制牧场，颁布了一些关于保护草原、发展畜牧业的法律法规。这是我国古代从习惯法的意识启蒙，到封建时代草原利用走上有法可依、有章可循的重要一步，有利于畜牧业的规模化发展，也有利于合理统筹和利用草场资源，为新中国实行草原制度管理和法规管理提供了一个重要基础。

第二节　草原生态文化的内涵

草原生态文化是人与自然和谐共生的文化，是草原民族共同创造的多重性复合型文化，是草原民族为适应自然而选择的独特的生存和生产生活方式，蕴含着丰富的草原生态意蕴，主要表现在草原民族的精神和意识形态、生态伦理观、宗教信仰、行为规范和民族风俗，以及物质层面，具有浓郁的地域性、民族性、传承性和凝聚性。其中最具代表性和深厚文化底蕴的是欧亚大草原产生的草原生态文化，特点是相对集中、分布范围广，民族特色和民族文化集中，生存规则和草原保护规律独具特色。草原民族意识形态文化元素，主要包括草原生态文化的核心理念（崇尚自然、践行开放、恪守信义）及其表现，具象为草原民族的自然观、人生观、价值观、道德观、审美观，还有草原民族的宗教信仰、思维方式和行为方式等。

一、大自然是草原生态文化的生发源

草原生态文化就是崇尚自然的文化，就是人与自然和谐统一，人与其他生物及人与人共存共荣，生态文明与其他文明相得益彰，草原生态、经济、社会协调发展的文化。对草原生态文化的研究主要从其内涵、结构和功能入手，了解其内在思想，把握其结构框架，突出其价值功能。从生态文化概念延伸到草原生态文化的概念、特征，挖掘生产方式中的生态文化思想，包括草牧场保护与利用中的生态文化思想。

崇尚自然是草原生态文化的生态魂，是草原生态文化的基本特质和重要内容，也是草原民族的行为规范与处事准则。崇尚自然的生态理念主要包括对大自然敬畏崇尚，尊重生命的生态意识；与大自然友好相处，和谐共生的亲情意识；对大自然知恩图报，适度索取的节制意识；对大自然爱护有加，担当责任的自律意识等，以及由此衍生的人与人、人与自然、人与社会关系的和谐意识。

在草原上形成的以游牧业为基础的草原生态文化，具有强烈的天然依附

虔诚祈福的老额吉　摄影 / 敖东

性，是崇尚自然、敬畏自然、恪守禁律，并充分体现其民族特征和游牧特征，巧用天时地利、人与自然和谐一致的文化。

草原先民从采猎时代到游牧时代经历了数万年，从游牧时代到新时代，又经历了数千年，草原先民在草原上经历了从直立行走到发明工具，从发明简单工具到发明机器，最后走向今天的生态文明时代。人类在创建生态文明的过程中，孕育和凝结了诸多富有生命力的生态意识。例如在数万年的采集狩猎活动中，草原先民与大自然和谐共处，他们的一切来源和大自然禁牧相连。例如他们居住在山洞和草棚里，是大自然造就了天穹似顶的山洞、是大自然提供了构架的树木和铺盖草屋的草芥禾秆，他们动手制作的石器是大自然提供的砾石块岩，他们围杀的猎物、采集的果蔬是大自然提供的野生动植物，他们的生死命运更依赖于大自然。在游牧时代他们与牛羊为伴，逐水草而行，披星戴月、游弋草场，他们与营地、帐房、潺潺泉水、茵茵草地结下了良缘，在与大自然的相处中更加了解了大自然，用科学的态度初步认识大自然、利用大自然，由先辈的敬畏自然、崇拜自然进步到尊重自然、崇尚自然。这种对大自然的认识和与大自然的关系是草原生态文化的核心内涵，由此生发出各种靠拢生态文明的文化观念和生态意识。

二、生态意识是草原生态文化的核心内涵

生态意识是反映人与自然环境和谐发展的价值观念。草原先民在草原生活、生产过程中所形成的人与自然的建制观念，从朴素的敬畏崇尚自然到热爱自然、保护生态、爱护环境、珍惜资源、尊重生命等，生态意识在不断地升华和提高。尽管我国草原先民来自不同民族、不同地区，具有不同的文化背景和民间习俗及特殊的价值观和思想体系，但是，他们对于大自然的认识和理解却会有彼此相通的文化思维和生态意识，体现共同性。在这些不同地区、不同民族的文明和文化中，往往具有体现全人类普世价值的内容，既具有显著的草原生态禀赋，又蕴含着草原人民的生态智慧。草原原始采猎时代和传统游牧时代在时代交替和文化传承中，牢固地传递了如下生态意识：第一，在原始采猎时代，面对大自然，他们孕育了朴素的“敬畏自然”的生态意识；面对艰苦环境的生产生活方式，“通力合作”的生态意识；面对有限劳动果实的分配，“公平分享”的生态意识。第二，在传统游牧时代，草原先民对草原的自然环境、草原资源、草原利用管理等问题的理解更加深入，面对为游牧生产提供主要生产资料的大自然，他们开始认识人和自然关系的整体性和综合性，在不违背自然规律的前提下，去管理自然和利用自然。他们认为大自然和人的关系是天人一体，产生了“天人合一”的意识；认为自然界的每一块土地都是自己的家园，培养了“家园保护”意识；他们对草原的利用管理更加理性、更加规范，从而诞生了“制度管理”意识。这些生态意识构成了我国新中国之前的草原生态文化的核心内涵，是草原先民物质文化和精神文化的主要内容，为新中国成立之后的草原体制变化以及新时期草原生态文明建设提供了重要的文化财富。

（一）崇尚自然

“崇尚自然”的草原生态文化，体现了人与自然的合理关系——人类来源于自然，是大自然精华凝结的骄子。人类依存于自然，靠自然生态环境提供的物质和能量生存发展。人类融合于自然，是自然生态系统的一个具有一定能动创造力的组成要素，食物网络上重要的连缀环节。人作为生态系统的组成部分、结构层次，应与系统中其他生命之间相互适应、相互协调、和谐统一，并保持一定的对应关系和比例关系，从而维持生态稳定、实现生态系统进展演替。

我国草原民族世世代代繁衍生息在北方广袤的大草原上，是草原生态文化的主要传承者和载体。他们很早就形成了保护自然的优良传统和生态意识，形成了天地崇拜、山水崇拜、动物崇拜、草木崇拜等多种崇拜。这种自然崇拜实质是与游牧业相适应的大生态观，包含着把自然生态环境当作自己生存本源的合理内核，反映了游牧民族珍爱自然、保护环境的价值取向。这种人与自然和谐统一的价值观念，体现在草原民族的全部生产生活之中。

长期以来，我国北方草原民族，崇尚自然，珍视草原、爱护草原，使得美丽的大草原生生不息、演替至今。草原游牧业生产方式，开创了人类可持续发展的先河，在特定的自然生态和社会经济条件下形成了人、草原、牲畜之间的和谐共生，实现了草原生态系统的良性循环、演替与平衡。游牧业生产经营与发展的过程，就是草原资源的永续利用、有效保护的过程，也就是草原生态经济社会文化协调持续发展的过程。草原游牧民族从生产方式、生活习俗到思维定式、思想感情，都以一种敬畏和爱慕的心情崇尚自然，将人与自然和谐相处当作重要的行为标准和价值尺度，融入自己的全部生活中。

如：在漫长的历史发展过程中，内蒙古高原的游牧民族逐渐形成和发展了自己的宗教信仰——萨满教。萨满教是一种原始宗教，“万物有灵”“崇拜自然”是萨满教的基本思想，认为草原上的一草一木、飞禽走兽、河流湖泊都有灵性和神性，不能轻易扰动、射杀和破坏，否则将受到神灵的惩罚。世上万物都是“天父地母”所生，作为“天父地母”之子的人类，应像孝敬自己的父母那样崇拜天宇、爱护大地、善待自然。萨满教“万物有灵”的思想要求人类的道德关怀不能只局限于人类社会，而必须包含人与自然关系，从而使人与自然关系成为一种道德关系。因此，人与自然的关系在游牧社会实践上就是“万物必须得到尊重”“万物必须和谐相处”。佛教传入内蒙古高原以后，佛教的因果法则、慈悲为怀等思想的介入又强化了萨满教的“万物有灵”思想和人与自然之间的道德关系；蒙古族对待野生动物的态度也发生了一些变化，体现在历代朝廷颁布的保护野生动物法律。另外，流传至今的蒙古族牧民祭祀敖包的宗教活动，起源于萨满教的祭拜“长生天”。随着佛教与萨满教的融合，牧民祭祀敖包活动必须有藏传佛教的“喇嘛”到场诵经，作为祭祀敖包活动开始的标志。与此同时，从四面八方远道而至的牧民，把各自煮熟的整羊肉、奶食品、马奶酒等贡品敬献给敖包。然后，围绕敖包顺时针转三圈，不停地往敖包顶上添加从山下拾来的小石块或奶食品并且嘴里不断地大声诵经，作为祭祀敖包活动的开始，以表达感恩并祈求“长生天”

保佑草原雨水丰沛，牧草茂盛，五畜肥壮，人民幸福的心情。活动结束时，祭祀活动主持把这些贡品公平地分发给参加祭祀活动的每一个人。这些人会把所得到的贡品，当作“长生天”的恩惠，小心翼翼地带回家，让全家人分享。游牧民族通过一年一度祭祀自己族群敖包的宗教活动，开展社会化的环境道德教育，强化民众的环境道德理念。

（二）敬畏自然

草原文化是以游牧生产方式为基础的文化形态，而游牧生产是最具生态特征的生产方式。以这种生产方式为生计的人们，不仅将人当作自然的一部分，而且将自然当作敬奉的对象，以一种敬畏和爱慕的心情崇尚自然、护卫自然。

天人合一是草原生态文化的文化根基。草原民族认为万物都不能逃脱“天”的控制。因此过度损害动植物的生命，民族的未来也就不复存在。人类应当尊重自然，心怀敬意，善待自然界的一草一木。“自然界首先是人的无机的身体”，人与自然是一种内在统一的关系，人类需要依赖自然才能生存，这是游牧民族的天然本性，人类彰显自然的价值。草原民族对自然的评价与自然的内在价值相吻合。忽必烈提出“应天至诚”，提倡顺应“天意”，尊重自然客观规律。在合理的范围内将人力作用于草原，草原会表现不同的形态。

草原文化将人与自然和谐相处当作一种重要行为准则和价值尺度，一以贯之，使之能够在知、行统一上得到升华，成为草原民族最宝贵的文化结晶。这一点，在草原民族的哲学思想、宗教信仰、社会习俗、法律制度中都有广泛的体现。甚至在民间口口相传的儿歌中也有大量保护生态的内容。

（三）恪守禁律

禁忌是草原民族在长期的生产、生活实践中，积累起来的对草原的认识和对人与草原关系的理解，逐渐形成的思想意识和行为规范，上升为传统习俗、民间禁忌和传统法规，具体表现在草原保护、动植物保护、污染防治、资源节约等多个方面，是一种草原生态文化的制度形态。

其内在制度是指文化、习俗、道德禁律等软约束（游牧人根据经验观察逐渐认识到轮换使用草牧场能实现草牧场可持续利用，久而久之成为多数人自愿遵守的规则系统）；外在制度是指产权、法律规定等硬约束（习惯法中规定的禁止破坏放牧场等律令）。游牧内在制度的长期稳定运行，需要外在制度的保障。外在制度设计遵循内在制度或核心价值——生态文明观的相互协调，才使游牧人能够在保持草地生态平衡的基础上，长期有效地可持续利用草原生态资源。如成吉思汗《大札撒》明确规定"禁草生而镬地"，这就是说，从初春开始到秋末牧草泛青时禁止挖掘草场，若谁违反了该法条，就要受到严厉的惩罚。成吉思汗的继承人窝阔台汗在颁布的法令中说"百姓行分与它地方做营盘住，其分派之人可从各千户内选人教做"，说明分散游牧、避免过度集中放牧造成破坏草原植被，是保护草原生态环境的积极有效措施，也是积极主动地防止破坏草场的法律条文。①

第三节　草原生态文化的特征

草原区域的多样性、草原生物的多样性、草原生态经济类型的多样性等，使得草原生态文化意蕴丰厚、多姿多彩、别具一格、特征突出。

一、草原生态文化的地域性

草原生态文化是地域文化与民族文化的统一。作为地域文化，草原生态文化是指形成在我国草原这一特定历史地理范围内的生态文化。从古至今，不同民族不同时期所形成的生态文化虽然不尽相同，但都是以草原这一地理环境为共同的载体，并以此为基础建立起内在的联系与统一性，形成统一的草原生态文化。

我国的草原从东向西呈现草甸草原、典型草原、荒漠草原、高寒草原的类型特征。不同的生态系统，草群结构和草种组成不同。草原一般分布于温带的干旱、半干旱地域，自然灾害严重，特别是干旱、风暴、白灾、黑灾等灾害，往往给草原牧区特别是草原畜牧业带来毁灭性的损失。人们为了应对这种严酷性，草原生态文化中就出现了诸多的避灾、防灾、减灾的内容，逐水草而放牧的草原畜牧业生产方式中就有避灾、防灾的生态科学文化理念；为了适应草原的地域差异性，实现经济活动的高效率，形成了与不同的草原生态类型

① 石永亮：《蒙古国草原畜牧业放牧制度研究——与中国内蒙古草原牧区放牧模式案例比较分析》，博士学位论文，内蒙古大学，2009年。

相对应的不同的草原畜牧业经济类型。而不同的草原生态经济类型也形成了有一定地域差异性的草原生态文化。

二、草原生态文化的民族性

作为民族文化，草原生态文化是生活在这一地区的部落联盟、民族族群共同创造的。他们在不同历史时期创造了不同的民族文化形态，诸如匈奴文化形态、鲜卑文化形态、契丹文化形态等。但由于这些民族相互间具有很深的历史渊源和族际承继关系，草原生态文化从本质上讲是一脉相承的，是同质文化在不同历史时期的演变和发展。

三、游牧生产生活方式的生态文化特征

有关历史时期草原地区游牧民族逐水草而迁徙的史实，在《史记》《汉书·匈奴传》《后汉书·匈奴传》《乌桓传》《魏书·序纪一》《吐谷浑传》《北史·突厥传》《旧唐书·回纥传》等各类历史文献中都有记载。

（一）游牧生活的移动性——逐水草而居

畜牧业产生就与移动性相伴而行。“逐水草迁徙”的生产生活方式，是长期以来游牧者在草原特定的自然生态环境下，生存最可行的手段。牧民们需要畜养一定数量的牲畜以满足维持日常生活所需，而畜养动物的过程中首先要满足动物对饲草和饮水的需求。没有任何一个牧场经得起长期放牧，若要满足草原上牧放的牲畜对牧草的需求，必须适时转移放牧地。

另外是对水源的追寻。因为，草的生长几乎是无处不有的，差别仅是草场的质量，而水源却并不是到处都有的。人的用水需求毕竟有限，即使距离水源较远，也可以通过背、挑以及利用畜力驮运来满足；可是，面对一大群牲畜的用水需求，仅靠人力是难以解决的，必须让畜群靠近水源。

草原地区的自然生态条件决定草场载畜量的有限性，若要满足一定规模的畜群对草、对水的需求，就需要较大的空间范围，根据水草的分布状况适时转移放牧地，追寻水草丰美的牧场放牧，保证其他牧场能够及时恢复。

“移动是最重要的现象，人必须跟着移动的牲畜走。”历代文献资料中所记载的游牧民族“居无恒所”，主要强调的是游牧民族的游牧生活中不同于农

业地区的生存生活方式，强调人与畜群的共同迁徙，强调社会的移动性，这也是游牧社会的游牧业区别于农区、半农半牧区的家畜饲养业的最显著的特征。

《礼记·王制》中讲："中国夷狄，五方之民，皆有性也，不可推移"，就反映了不同环境中生息的民族，各有其文化的特点，不是轻易可以改变的。古代北方游牧民族"各有分地，逐水草迁徙""居于北蛮，随畜牧而转移"的目的就是为了尽可能合理地利用草场，既满足牲畜的觅食需要，又尽可能地不损害草场；牧民们通过有规律的转场迁徙，达到以较大的活动空间来换取植被系统自我修复所需的时间，保证草原上的牲畜能够繁衍，不断持续地发展下去。

游牧民族，迁徙是为了生存，为了发展；迁徙既是生产，也是生活。迁徙活动既包含了在不同环境特征下对各类草场的利用，也包含了依据不同的地形、气候、水源等状况对草场的选择利用，所以"逐水草而居"的游牧迁徙既有因时而动的季节性牧场的变更，又有在同一季节内对水草营地的选择，也包含了在不同的草场放牧不同的牲畜。这是游牧民族先民们几千年来积累起来的生产经验，是在蒙古高原这一特殊的自然环境中从事畜牧业生产的一种最好的手段。

（二）游牧活动的地域性——各有分地

逐水草而居是草原民族的基本游牧方式，但这并不意味着游牧社会的生活是随意的、无序的，没有地域限制。所谓的"居无定所"指的是他们不同于定居农业的一种生产生活方式，其居住形式不像农业社会中的农民那样固着于一地的定居形式，而是人的居住地随着畜群的移动而迁徙移动的。

事实上，在草原地区或游牧社会中存在着不同层次等级的社会群体，每一个部落、部族乃至家族都有一个相对固定的游牧范围，无论家庭还是部族都"各有分地"。每一个游牧人群的随水草而迁并不是空间上的无序行为，其游牧活动都是在他们长期的游牧生活中已经通过习惯与利益的认同形成的固定的牧场分割。这一点在各类历史文献中留下了清楚的记载。

《史记·匈奴列传》载：匈奴"逐水草迁徙，毋城郭常处耕田之业，然亦各有分地"。《明史纪事本末》载：卫拉特蒙古"虽逐水草，迁徙不定，然营地皆有分地，不相乱"。草原民族的每一个部落都有一片相对固定的草场，牧民逐水草的游牧生活基本均在这片划定的草场范围之内，成为固定的部族或部落放牧场所。实行"各有分地"，分区放牧是草原上通行的做法，游牧民族传统的空间利用形式，是草原社会得以维持稳定、维持正常的生产生活秩序的前提。

在中国历史上清以前的历代王朝中，草原民族实行各有分地的范围界线多带有习惯性，部落间的“分地”虽也以山地、河流、沼泽等作为界线区分彼此，但各区域之间的界线始终不是绝对的严格界线，越界放牧的情况经常发生。进入清朝，为了限制蒙古部落的发展，清政府将部分蒙古人依满洲八旗之制编成蒙古各旗，划定了严格的旗界，确定了各旗的放牧范围，各旗、各苏木牧场间有明确的界线性标志，而且严禁越界游牧。

草原上各部族或部落以一个大致固定的区域为其基本游牧空间，在正常情况下他们的主要活动都是在其“分地”范围内进行。但在遇到旱灾、雪灾、火灾等自然灾害时，逐水草到其他部落分地内借地放牧的情况也经常发生。另外就是战争打乱了原来的秩序，一些部族长途迁徙以寻求自己的立足之地。

（三）游牧活动的季节性或周期性——顺寒暑以时迁徙

游牧民族的游牧方式，因地形、植被、水源、气候、畜产构成以及其他因素的不同，有着不同的移动模式。王明珂在《游牧者的抉择》一书中提出：“最基本的移牧方式分为两种：夏天往北而冬季往南的水平移动，以及夏季往高山而冬季向低谷的垂直移牧。”谢维扬·魏因施泰因在《南西伯利亚的游牧人群：图瓦人的牧业经济》一书中，将欧亚草原的游牧模式分为以下几种：冬季在平原，夏季在山区放牧；冬季在山区，夏季在平原河流湖泊边的水草丰美之处放牧；冬季、夏季在山区，春季、秋季在山脚放牧；全年皆在山区，春夏在山脊，秋冬在山谷放牧。

影响游牧迁移的因素很多，但游牧路线或游牧区域不同的变化，其实质是顺应植物的季节性生长特征，通过季节性变换牧场来合理利用游牧区域内的植物资源。

草原游牧民族的季节性移动，首先体现在各个部族或牧户在其游牧区域内对牧场的季节划分上。其依据的是各地的自然地形、气候条件、水源情况、牧草生长状况等条件，根据各地的不同的季节适应性特征，来安排一年内各个时间段的游牧活动。其中首先考虑的因素是水源和牧草生长状况是否可以满足畜群的季节性需求，即“逐水草畜牧”。其中饮水条件对于草原上的游牧生活起着非常重要的作用，特别是在春夏秋的频繁移动中（冬季有积雪可解决牲畜饮水），早期草原上一般没有水井，其饮水地点主要包括河流、湖泊以及下雨积水形成的水泡等，在草原上的许多地名中，都是和水有关的，如郭勒（河·高勒）、木伦（江·牧仁）、淖尔（湖泊·脑儿）等。

一般来说，根据牧场自然环境不同，可以分为四季、三季以及两季牧场。四季牧场一般随季节更替，顺序轮换放牧。春季牧场往往选择在向阳开阔、植物萌发早，且有当日或隔日饮水条件的地方；夏季牧场多选在地势高爽、通风防蚊、水草丰美之处；秋季营地往往选在开阔的川地或滩地，牧草种类有利于抓膘的草场；冬季牧场利用时间较长，一般选在向阳背风，牧草保存良好的草场。

春夏秋冬四季牧场的划分，一般来说相对稳定，每年只要不发生特殊事件，就按照一定的顺序，在不同的时间利用不同的牧场移动放牧，年复一年循环放牧。

基于自然条件，我国北方草原地区的牧场划分大都是冬春牧场与夏秋牧场。冬春牧场利用时间较长，这时正值牲畜体弱且接春羔时期，多选择草高、避风、牧草保存良好的草场；而夏秋牧场则选在丘陵开阔平原，一般移动比较频繁。在牧民的游牧生活中，季节牧场的划分仅是其中的一个方面，事实上在每一季节牧场驻牧期间，牧人也要根据草场与牲畜状况，适时地移动其驻

民国时期的牧场迁徙　供图 / 邢莉

牧地，还要在附近作短距离的小范围移动，进行多次迁移。

游牧生活中的迁移频率，与草场的再生能力、牧放的牲畜种类以及牲畜数量有关。在水草资源匮乏的地区，为了保证牧草的恢复，牧民一年当中要频繁迁移。水草丰美的地方，牧民可以通过轮牧而减少迁移次数。畜种不同，每日的行走能力与对草场的需求范围不同，放牧半径也不一样，迁移频率也不同。畜群数量小，不足以造成营地周围牧草短缺，则不需要频繁迁徙。

在一定地域范围内的季节性的游动放牧，是一种技术手段，游牧民族通过人与畜群的迁徙移动的方式有效地保持了自然资源的可持续利用，这种与生态环境相协调的生产生活方式，对环境的高度适应与合理利用，维持了畜牧生产的持续发展。

这种生产生活方式也形成了游牧社会的一些独特的社会特征。如游牧经济的特点决定了牧户的分散性，为了保持驻牧地周围的牧草不被吃光，一般牧民都是各户独居，每家相距数十里。若聚居一处，牲口数量过多，附近草料几日即可吃光，势必增加整个部落迁移的次数。所以在牧区很少有像农区那样的村落，具有明显的分散性。

但牧民在冬季定居时亦有可能按照各种宗族或社会组织形成某种社区，甚至会出现一些聚落，游牧民族聚落的一种形式是由移动式的蒙古包组成的牧民聚落。由于需要顺应环境变化，其部落组织时大时小，聚散无常。

在历史上不同时期居住于草原的民族各不相同，语言、文化、风俗也有差别，但由于自然环境的制约，其经济生活方式却大体相同。这种在一定的地域范围内季节性地逐水草而居的游牧生活方式，是历史上各个时期的草原人彻底地适应生态环境，争取生存发展而创造的生存技能和行之有效的文化适应方式。当然，生存于各区域的各民族、各群体在具体的畜种构成、畜群规模、游牧范围、迁徙距离、迁徙频次等方面都存在着明显的地区差异。

四、游牧生活多样性的生态文化特征

草原地带的地形地貌、自然生态条件也存在着众多的差异。

我国北方草原地带既有高山、台地、平原，也有湖泊、河流等，并不完全是一望无际的大草原；既包括森林草原，也包括荒漠草原甚至戈壁荒原，在一些局部的小环境中，也有适合农业发展的区域。在这些不同的资源环境中，不同时期、不同区域、不同民族文化的牧民们各自发展出一套适应当地特定环境的游牧生活方式，具体体现在其经济生活、放牧的畜种组合、游牧的季节安排、游牧迁移的距离等方面的不同，其游牧生活也是多样的。

（一）游牧民族经济生活的多样性

游牧文明的产生及其特点的形成，在于游牧经济在文明的发展中占据了主导地位。在每一个社会群体中，都是多种经济成分共存的。不论是我们所称的农业社会还是游牧社会，都是以其社会经济生活中占据主体地位的经济方式命名的。农业社会的主要生活资料来源于农业，畜牧以及其他经济成分作为辅助生计，其家畜饲养并不占用农田，只是利用无法耕种的土地、荒坡、草地，扩展了对自然资源的利用。牧业是利用了农业种植无法利用的区域来提供人类所需求的肉食，另外也为人类提供了畜力来源。草原地区，游牧是最主要的生产活动，牧民们的主要生活资料或经济来源仰赖于畜牧业，但也同时存在着采集、狩猎等活动来补充生活资料。

游牧民族的经济生活以畜牧业为主，游牧民的饮食、衣着以及其他许多日用品多依赖于牲畜。如《史记》记载匈奴“自君王以下，咸食畜肉，衣其皮革，被旃裘”。正如我国古代文献中所强调的游牧人群“食肉饮酪，不事种植”一样，游牧民的主要食物是肉和乳制品。肉类食品以羊肉为主，其次是牛肉以及射猎所获的各种野生动物的肉，在游牧民族中，一般情况下很少将马肉作为肉食对象。

牧民的肉食最充裕的时期是秋冬季节。在入冬时节宰杀一定数量的牲畜，主要有几方面的原因：一是考虑到冬季牧场的承载能力，将那些无法生育的母畜、多余的公畜或那些无法挨过寒冬的羸弱牲畜等宰杀（只保留一定数量强壮的母畜以及种畜，以便再生产），一方面提供了肉食，另一方面也减轻了冬季牧场的压力；二是牲畜经过夏秋的放牧，此时最是膘肥体壮之时；三是此时动物的皮毛质量最好；四是北方草原地区的冬季的严寒天气是“天然冰箱”，能够冷冻保存。

在牧区，春夏之交是牧民们生活最艰苦的时期，冬天储存的肉已经基本消耗殆尽，而牛羊等牲畜经过整个冬季的掉膘损耗出肉率很低，再加上春季动物开始换毛，皮毛质量也很差，更重要的一点是熬过寒冬保留下来的牲畜是再生产的资本，所以在春夏之交的时期牧民是不轻易宰杀牲畜的，牧民主要依靠乳制品和一些风干肉以及一些其他食物来维持生计。

乳类食品主要是利用牛奶和羊奶来制作奶制品，包括鲜奶和干酪。牧民们在长期的生产生活实践中，除了直接食用鲜奶或熬制奶茶外，将鲜奶发酵后制作的奶食品如黄油（奶油）、嚼口（酸奶油）、奶皮子、奶豆腐（干酪）、酸疙瘩（干酪）等，另外也发酵加工酸马奶和奶子酒。《史记·匈奴列传》《汉书·匈奴传》都曾记载匈奴食用乳浆和干酪。

乳制品的利用对游牧民的生活有着非常重要的意义，因为牧民的牲畜既是生活资料又是生产资料，若要既保持充足的肉食，又维持一定的再生产的规模，则必须饲养大量的牲畜来维持人们一年所需的肉食，而大量的牲畜需要更广阔的牧场来提供饲草，需要更频繁的迁徙移动来放牧。草原空间领域是有限的，草场资源的承载力是有限的，牲畜养殖的规模也一定是有限度的。而乳制品的利用，可以降低对肉食的需求，控制牲畜养殖的规模，缓解草场的压力。

王明柯在《游牧者的抉择》中将乳制品的利用称为"吃利息"，认为只有学会如何"吃利息"（乳），并尽量避免"吃本金"（肉），游牧经济才得以成立。游牧民族通过发酵加工将不便保存的鲜奶制作成可以储存的干酪，有效地调节了食物充裕时期与食物匮乏时期的饮食生活，对于维持游牧生计的正常运转有着重要的意义。

牧民的一些生活器具在用途、质料和造型上往往反映出游牧生活的特点。游牧民利用动物毛、皮、骨、角等制作衣物以及生活器具，如皮革制作的革带、皮囊、绳索、鞋靴、鞍鞯等，史料中记载匈奴人用皮革制造铠甲（革笥）和船（马革舷），毛织品亦有绳索、编织的口袋、毛毯、擀制的毛毡以及用毛毡制作的鞋、袜、帽等物品。牧民们将动物资源尽力利用，就连牛粪也是他们日常生活中的燃料，动物养殖为游牧民提供了基本的生活必需品。

游牧经济的日常生产活动包括放牧牲畜、打马鬃、剪马尾、打印记、接羔、去势、剪毛、擀毡、制毯、挤奶、制作奶制品等。其中，放牧牲畜和挤奶制作奶制品是最主要的生产活动项目，其中涉及许多技术性的工作。

狩猎在游牧社会的日常生活中占有非常重要的地位。它一方面作为辅助，为日常生活提供肉食资源和皮毛用品；另一方面也是游牧社会中军事技能的训练手段，历代北方游牧民族都把骑射围猎作为其军事训练的主要方式。骑马、射箭成为草原男儿的必备技艺，在蒙古族那达慕大会中，传统的三项竞技项目就是骑马、射箭、摔跤。

在文献资料中，有不少关于匈奴人的农业方面的记载。许多学者认为蒙古草原的绝大部分地区的自然环境都不适于发展农业，农业在匈奴经济生活中所占比重是相当低的。但这些资料也显示，草原上的牧民们也采集周围环境中可食的野生植物，如沙葱、蕨菜、发菜、野韭菜等野菜，也在雨后采集可食的蘑菇。

（二）游牧生产中牲畜种类及构成的多样性

游牧生活中的主要畜种是草食性动物，包括羊、牛、马、骆驼等（在一些特定的环境中有一些地区性的品种如牦牛、驯鹿等）。在广阔的草原地区，各个地区的游牧人群以及不同历史时期的游牧人群，其所养殖的畜产品种和数量有很大的差异。各种家养动物有不同的生活习性，适宜不同的生态环境，而且在人们的生活中有着不同的用途。在游牧生活中，牧民的畜种构成，涉及不同畜种的生长期的长短、繁育率的高低、对特定的草场环境的适宜性，不同的畜种构成满足人们生活中的不同需求以及社会文化价值观念。

首先，不同的牲畜有着不同的经济价值或利用价值，满足人们不同的需求。羊和牛的肉、乳可供食用，皮毛可制作生活用品，粪便可做燃料。牛也可用作畜力，在牧民的游牧迁移生活中拉车、驮运物品。马和骆驼主要用于骑乘，同时也是狩猎、战争和劫掠的工具。骆驼主要用于长途运输，亦可用于拉车驮运。牧民们在其日常生活中，对不同畜种的养殖数量的多少，取决于其满足生活需要的程度。解决生活必需品的羊和牛的数量最多，是主要的肉食来源，这是因为它们有迅速再繁殖的能力和较强的适应能力。

其次，不同的牲畜对环境的适宜程度各不相同。在欧亚草原游牧生活中，牛、马、羊有密切的生态关系。羊和骆驼在潮湿的牧场上长不好，石灰质的土壤对马有利，而含盐的土地适合骆驼。马在冬季能踢破冰雪层以啃食到牧草，而山羊和绵羊吃草时比其他牲畜咬得深，更接近草根，能啃食冰雪层下马吃过的草。因此它们可以在牛马吃过的地方放牧，但是羊刚吃过的地方牛马却不能再吃，羊更能适应贫瘠的牧场，但同时长期和过深的啃食也会破坏草场。马的移动性较强，可以在远一点的牧场放牧，无需与牛、羊争食。牛能在很短的时间内获得所需草食，不需太多照料。因此在许多游牧民族中，牛都是由留在营地的女人照料，而马由男人驱赶到较远的地区放牧。

不同地区的自然环境差异极大，自然地理、气候环境的差异，造成了可利用的资源较大的差异，牧草资源的品种、产量的差异相当大，不同的地域能够适宜牧养的牲畜品种不同，畜种成分的组成比例也有区别。环境差异所造成的畜种组成变化的最鲜明的例证就是青藏高原严寒环境中的牦牛和沙漠地区的骆驼。

在牧民的畜产构成中，种类的选择有着不同的组合，每一种类数量的多少，都是根据牧民们对骑乘、挽重、驮运、畜力、肉乳、皮毛等的需要以及自然生态环境的条件的变化而变化的。畜群的规模大小，种类构成的差别，也影响到所需的草场资源的空间范围，影响到其移动范围、移动距离、移动频次。

蒙古草原生活的技术永远依赖马、牛、骆驼的综合运输功能，依赖作为基本财富准则的羊群。即使是拥有最好的马场的部落的军事优势，如果不是为了保护羊群和牧羊地，也没有持久性的价值。

使用骆驼的蒙古人的那种在戈壁最贫苦地区戍边的本领，也没有发展到完全不要羊的骆驼经济，尽管戈壁西部骑骆驼的蒙古人以猎取黄羊和野驴来减少其对羊群的依赖。使用骆驼的技术可以自由地在最贫瘠的草原上往来，也可以利用它到达距离较远，水草较好的地点。牛和牦牛生长在草地和高原上，比其他牲畜的乳及肉的产量多。喂养得好的牛，在拖挽原始粗重的车辆的力量上，比马及骆驼要强。

（三）游牧生产活动的多样性

北方游牧民族的游牧方式是随畜群在相对固定的范围内逐水草迁移，由于各区域的游牧人群所处的自然地理环境的不同，及各个游牧人群的畜产构成、人力资源和社会组织结构的差异，具体的游牧活动形式是多种多样的。草原地区的游牧活动可以根据具体情况，灵活采用“终年游牧”“季节轮牧”“定居游牧”和“定居放牧”等牧业经营方式，其中以“季节轮牧”最具普遍性。

有的学者将我国古代游牧文化分为蒙古高原型游牧文化、青藏高原型游牧文化、古代黄土高原—黄河上游型游牧文化、西域山地河谷型游牧文化、西域绿洲半农半牧型文化等几种类型。事实上也是强调了游牧活动的多样性。

草原游牧生活一代代积淀强化着草原民族的性格，培养出了蒙古、藏、哈萨克、鄂温克、柯尔克孜、塔吉克等众多品质优秀、风格别具的草原民族。草原民族与草原共生，创造了源远流长的草原生态文化，滋养和培育了草原民族的性格，而民族性格又决定民族命运。这种顽强进取的民族性格正是创造和支撑中华民族的支柱。当然，民族历史文化的精髓和民族精神、民族性格的灵魂不是体现在某个人、某个族群、某个景观或某处具体的地理形态上，它指的应该是在民族的血统、气质、品格、个性等方面体现的一种文化风范、骨气、节操和信仰的群体特色。这一切唯有在世代生活在辽阔广袤的草原和恶劣的气候中的人群里才能找到。大自然使他们受益最深，受害也最直接。他们是迄今为止世界上与大自然关系最密切的一批人。因此，草原人民那诚实的胸襟、对故土对草原的深情，那淡薄金钱的品质，那在严酷恶劣的环境中生成的强悍的生命力和不屈不挠的奋斗、进击的精神，正是我们民族传统中弥足珍贵的资源。这也正是对我们民族，乃至整个人类都有着永恒价值的东西。而被根深蒂固的以游牧文化为根基的草原生态文化哺育起来的草原人民，担负着保护和捍卫我们祖国边疆安全、草原生态安全，以及草原生态文化保护传承与创新发展的义务。

第三章
草原生态文化的哲学观与审美观

在进入现代化时期，学术界反思传统哲学和传统美学的缺憾，而用现代生态学的观念研究悠久的草原文化产生的哲学和美学。生态哲学和生态美学的阐释具有划时代的意义，其标志着以人为中心的视阈过渡到关注生态、保护生态的现代生态的整体观，从把自然视为工具理性世界观过渡到保护自然生态的世界观，将人视为地球生物圈中的一员而非唯我独尊。现代生态哲学和美学的研究注重于在不同的地域环境中产生的哲学和美学的不同表述特征，草原牧人在草原生活的生态环境中产生的生态哲学和生态美学是人类重要的宝贵财富，其不仅伴随着草原人悠久的历史，而且在倡导人与自然和

父亲的草原母亲的河　供图／邢莉

谐关系与保护人类可持续生存环境方面，具有耳提面命的意义和不可替代的价值。

第一节　人与自然和谐的哲学观

追溯人类哲学发展历史，人与环境关系的问题意识早已植根于中外哲学的理论传统。概括而言，在人类哲学发展的历史上，关于人与环境关系问题的探讨存在着两种必须予以纠正的理论偏颇：一是仅仅着重于人与自然环境的相互作用，而忽略了社会环境对于人的发展所具有的影响，最为典型的即孟德斯鸠“地理环境决定论”所表现的机械唯物论倾向；二是以近代以来的人类中心主义为代表，片面强调了“人定胜天”的价值取向，表现为人与环境关系问题上的唯心主义立场。在此我们反思草原传统文化的哲学观，草原牧人在长期的生活实践中建构了与现代生态思维接轨的哲学观、实践观和道德观。

一、“万物有灵”时期敬畏自然的生态思维

人类经历了漫长的农耕社会和牧业社会，进入现代化社会之后，环境危机成为全球共识，面对人类目前发展的阻遏，气候变暖和异常、水与土地的污染、资源的无尽损耗、自然灾害频发及多种疾病的困扰，智慧的人类从各个学科反思自身，反思人与自然之间的关系，现代生态学界提出人类应该树立什么样的价值观，在人类的价值观中，自然占有何种地位？这是人类步入现代化阶段之后，持续生存和发展必然回答的问题。在此我们重新评估草原民族早期的文化与原始宗教信仰具有的价值和意义。

目前全球性的生态危机要求人类在自己的发展情境中构建生态文明，是按照生态哲学的世界观与科学的方法论，在生物圈共同进化的基础上去求得人类的发展。从现代生态哲学上反思，不能再把自然当作可供人类奴役与宰割的客体，“自然界，就它自身不是人的身体而言，是人的无机的身体。人靠自然界生活。”[①] 因为人与自然之间是一种对象性关系，在这个意义上，我们才可以真正理解马克思把自然界看成“人的无机身体”的真正意蕴。

① 《马克思恩格斯文集》第1卷，人民出版社2009年版，第6页。

哲学基本问题就是在探求世界的本源，这里要涉及物质世界，也要涉及人的意识世界。在地球生物圈中，人类从自己诞生的时候起，就是高于其他生物的智慧生命，就开始观察世界万物，思索世界万物的起源、人类的起源以及人类与世界万物之间的关系的问题。草原民族的哲学认为，世界是由物质组成的，“万物之源（自然，笔者注）……水、尘土（或山）等，这些都可谓构成万物的原始物质……世界形成之前曾存在气（云雾）、水（脂膏）和土（物团）三种物质，它是创世的基本始料。”[①] 几乎所有的蒙古族史诗都以这样的一个固定的格式思索：“当蔚兰色的遨尔其朗（宇宙）初次闪现曙光的时候 / 当辽阔的大地还只有土丘般大的时候 / 当天空的星辰，还只是寥寥数颗的时候 / 当耸高的山，还只有土坡一般大的时候 / 当宽阔的海洋，还处在沼泽般小的时候……”研究者认为这是蒙古族哲学的关于宇宙形成的哲学思考。藏族先民们在古老的问答歌《斯巴形成歌》（斯巴是宇宙之意）中，通过问答形式探问宇宙的形成，“最初斯巴形成时，天地混合在一起。请问谁把天地分？摄初斯巴形成时，阴阳混合在一起，请问谁把阴阳分……答兼问：最初斯巴形成时，天地混合在一起，分开天地是大鹏。大鹏头上有什么？虽初天地形成时，阴阳混合在一起，分开阴阳的是太阳。太阳顶上有什么……”[②] 无论是蒙古族遥远的史诗还是藏族古老的《斯巴形成歌》，都是在探索何为宇宙。如《蒙古秘史》中写道：“星天旋回焉，列国相攻焉，不入寝处而相劫焉，大地翻转焉，普国相攻焉……”[③] 人类在宇宙中的位置即人与世界的关系，虽然在当时科学不发达的时代难得有答案，但是草原民族在人之初时就在关注世界，考虑人与世界万物的关系。

石器的运用和原始的宗教信仰标志着人类的进化，在人类进化的过程中，原始宗教的出现与石器的发明一样足以使石破天惊。蒙古族、哈萨克族、柯尔克族经过了信仰萨满教，而藏族经历了信仰苯教的漫长的历史。萨满教和苯教都持有万物有灵观。其中包括：自然界的各种神灵，各种动物神与植物神；萨满教还崇拜无生命体的神，而后发展为崇拜社会神和祖先神。

蒙古族信仰的腾格里即天神。腾格里的分工精细，其保护对象纷繁复杂。除自然保护神，如风神、雷神、火神、雨神、狩猎神、牲畜神、农业丰收神、鼠疫神等外，还有司社会职能的神，如敌神、英雄神、权力神、福神、诉讼神、新

① 苏和、陶克套：《蒙古族哲学思想史》，辽宁民族出版社 2002 年版，第 25—26 页。

② 佟锦华：《藏族民间文学》，西藏人民出版社 1991 年版，第 51 页。

③ 道润梯步：《新译校注蒙古秘史》，内蒙古人民出版社 1978 年版，第 305 页。

年神、财神、爱神等等。甚至还有使自己长得美丽的“Anrba”腾格里，避免事故和传染病侵害的自音察干腾格里，以及使自己免患脓肿、疥癣寄生虫病的“KRLin”腾格里（丑鬼神）。现代科学可能视其为迷信，实际上漫长的万物有灵时代是人类智慧的创造。在蒙古族原始先民的信仰里，吉雅其是牲畜的保护神，也是福神。敬奉吉雅其可以使得“乳牛喷奶泉/母马多雄健/骏马长鬃扬”。据说供奉了吉雅其神，牲畜就不受瘟疫及灾害的袭击。①

在古老的阴山岩画上有一批日月星云等天体物象的岩画。其中对太阳月亮和星星及云朵等都做了极为细致的刻画。在乌拉特后旗大坝沟的一幅岩画上众多的人面像或者人像非常抽象化，而周围星罗棋布地布满小的圈圈点点。显然它显示的空间不是人间，而是天上，这居于苍穹的神灵，自然是天神。②其中有一幅有别于人像的天神形象，其间以曲线相连。岩画将天神置于苍茫的星际或与日月同住，说明天神居住在天上，主管大地的沧桑。对于游牧的蒙古民族来说，天神信仰是一种神圣的精神力量，它并不是超越时空追求来世的信仰，而是现世的永恒力量的源泉。天神信仰对于游牧的草原蒙古牧人的日常生活产生了深远的影响。作者在看到牧民遭遇灾害的时候，常常不由自主地呼喊“腾格里”，这是牧人与苍天的对话，这是其民间信仰集体意识在现代的遗存。“从一开始起，宗教就必须履行理论功能同时又履行实践功能，它包含一个宇宙学和一个人类学，它回答世界的起源问题和人类的起源问题。而且从这种起源中引申出了人的责任和义务。”③蒙古族的长生天信仰不仅折射出人与自然关系的生态观念和伦理观念，而且成为历代从事游牧生产的牧人的精神支柱。

草原民族在原始社会产生的萨满教和苯教，在认知人类自己是谁的时候，勾勒出一幅世界图景，在这个对象化的世界图景中他们在认知世界，同时也在认知自己在世界中的位置。原始宗教哲学认为：

其一，世界是由万物构成的、是多元的，自然界及万千种动物、植物都存在神灵，人是有生命、有意识的社会存在，自然界的万物也是有生命、有意识的存在。由于当时人类认知世界的局限性，他们只能凭借自己的生存经验去想象和猜测因果关系，这种想象和猜测并非现代科学那样的实证，但是不能贬之为无知，而是他们用自己有限的知识在关注世界和解释世界。

① 参见邢莉：《游牧文化》，燕山出版社1995年版，第479页。

② 盖山林：《阴山岩画》，文物出版社1986年版，第77页。

③ [德]恩斯特·卡西尔：《人论》，甘阳译，上海译文出版社1985年版，第120页。

其二，原始宗教的世界图景可以说丰富、多元，也可以说是庞杂的神灵世界图景。藏族的苯教把世界分为三个部分，即天、地、地下。天上的神名字叫作“赞”，地上的神称为“年”，地下的神称为“龙”。在苯教的宇宙观中，把整个宇宙结构分为神界、年界、龙界三层。神界又可分为十三层，每一层都居住着不同种类和层次的神灵，它们靠天梯（木神之绳）下凡和升天，七赤天王正是从天界下凡来救度人类的。[①] 无处不有、无处不在的神灵世界图景既充满想象，但又是人对世界的直接观照，这些神处于相对平等的地位，其属于神灵世界的整体，又是神灵世界中的一员。这是人对自然万物的认知。

其三，草原民族的原始宗教从自然、宇宙、人的视角看待世界，萨满教的“万物有灵论”认为“天、地、生、人”是共生共存的，无生物、植物、动物、人类在宇宙巨流中息息相关乃至相互交融。初步建构了浑然一体的生命观。《蒙古族祭火词》中有“上有腾格里之熳火，下有额托格地母之热力，以精铁为父，以榆林草木为母”的说法。因“天、地、精铁、榆林草木”各生命体之间是“共生”的，所以彼此可以关联类比。

其四，草原民族的原始宗教哲学对于自然的尊重，完全出于对于自然的敬畏。他们不能解释自然界的伟大力量的来源，他们为自然界的伟力所折服。他们在艰难的生存中切身感受到自然界的伟力与威力的深不可测，而人类的生存与自然界的万物的生存发生着密切的关系，所以产生了种种禁忌。藏族人认为年神（即山神）比任何一种神更容易触怒，凡是经高山雪岭、悬崖绝壁、原始森林之类的地方，都必须处处小心，最好不要高声喧哗、大吵大闹；否则触怒了年神，立刻就会招来狂风怒卷、雷电交加、大雨倾盆、泛滥成灾，若是冬天，就会风雪弥漫，铺天盖地。因此，年神被人们称为最灵验的神。[②] 这种畏惧具有的功利性是因为自然界会给人类带来福祉也会有灾难的袭击，对于自然给牧人带来的福祉，人们祭祀、感恩；对于灾难，牧人束手无策产生了畏惧，所以尊敬与畏惧是原始宗教产生的原因。为祈求自然的福祉、避免自然的灾难，人们建构了神灵观念。

当前我们为生态危机而焦虑时，草原民族的原始宗教哲学给了我们启发，人类不是自在自为的人类，而是处于自然生态环境中的人类，也就是说，自然可以不依赖人类而自在自为，而人类不可以不依赖自然而存活和发展，没有

① 冯学红、东·华尔丹：《藏族苯教文化中的冈底斯神山解读》，《中国边疆史地研究》2008 年第 4 期。
② 参见冯学红、东·华尔丹：《藏族苯教文化中的冈底斯神山解读》，《中国边疆史地研究》2008 年第 4 期。

生态环境，就没有人类。地球环境的进化不仅产生了人类，而且养活了人类。用现代的生态思维反思草原游牧民族的原始宗教哲学，不是包含其合理的内核吗？

二、天神观念的建构是天人关系的生态基因

在内蒙古阴山岩画上多有人与动物的形象，但是与人与动物有别的是天神的形象。抽象化的人面天神周围的圈圈点点，显示的是浩渺的苍穹。在万物有灵的基础上，蒙古族产生了长生天的信仰。蒙古族的长生天信仰不仅折射出生态观念和伦理观念，而且成为其从事游牧生产和度过游牧生活的精神支柱。

源于萨满教的蒙古族的长生天信仰最初具有自然神的性质。在大自然中，悠悠苍天最使人感到神秘莫测，日月星辰出没于天；雨雪雷电起始于天。苍天使人们崇拜，也感到畏惧，苍天崇拜由此而生，开始先有具体的太阳神、月亮神、风雨雷电等神的形象。在人类与自然的共同进化的过程中，蒙古族创造了综合的包容万象的天神形象。其营造的巨大的天神体系不仅包括各种自然的神灵，而且包括各种社会神，例如权力神、战神、胜利之神、命运之神等及各种保护神——狩猎神、牧业神、财神等。马文化是草原民族最为重要的文化符号，蒙古族认为马的降生与天界存在着某种神秘的关系。马具有超自然的神性，神马还受到天神的护佑。从天而降而受天神护佑的，马当然高于其他动物，马具备其他动物不具备的神性灵性。在原始萨满教的信仰中，天神是神圣的崇高的，马也是神圣的崇高的，天神是人生命和幸福的源泉，马也同样赐予人幸福，这是一种对天神的崇拜与马的崇拜统一叠合的关系。

蒙古族有以七星天为中心的九十九尊天神之说。其中有骑马持矛的战神腾格里和腾格里苏鲁德的形象。蒙古族认为：如埃利贝斯腾格里为“培增之天神”，卓勒内梅鲁厅腾格里是“使运气倍增之天神”，“作为创业神和财神，它们并不仅限于一般性的保护和增加牲畜，而且各尊神都会分别对某些牲畜种类和蒙古牧业中的特殊部门施加有利的影响。”[①] 蒙古族把天神称为“呼和·腾格尔”，把天神视为最大的神和所有神的核心。可望而不可即的天神还与人类的繁衍即人的“种”的存在发生密切的关系。关于长生天与人类的

① ［意］图齐、［德］海西希：《西藏与蒙古的宗教》，耿昇译，天津古籍出版社 1986 年版，第 501、424 页。

关系，我们可以找出诸多的证据。如《蒙古秘史》一开始就说："成吉思汗的根源。奉天命而生的孛儿帖・赤那……" 黄金家族诞生了成吉思汗，成吉思汗是感天光而生的。天神关乎人类的生育和繁衍，这里有两层意思：其一，天神不仅给人以生命，而且还给人以灵魂。自然具有化生万物的本源性。其二，《庄子・山水》"有人，天也；有天，亦天也。" 人本于天，人生于自然、活于自然、归于自然，人类的生命进程应是一个合乎自然的进程。人与自然没有主体和客体之分，而是与自然融为一体。

生物圈是一个整体系统的存在，互相影响、互生共存，所以草原民族有地母的观念，同样他们认为土地是赋予万物生命的。俄国学者道尔吉・班札罗夫指出："在萨满教里，地神是一位女神。这女神爱土艮的特点是掌握万物生长的力量，这种力量是在天神的影响下出现在这个女神身上的。"① 蒙古族有

内蒙古草原上的迎春花　摄影 / 敖东

① ［俄］道尔吉・班札罗夫：《黑教或称蒙古人的萨满教》，内部铅印资料。

“上有九十九尊腾格里天神，下有七十七阶地母”之说。[①] “他们还声称，太阳是太阴的生母，因为后者是从前者那里获得光芒的。”[②] 在这里，对于地母的认知与农耕民族对于土地庙的认知不同，牧民所说的地母就是草原。蒙古族直接称呼草原为“额吉”即母亲。内蒙古草原的草科植物达 2400 种之多，其中供给牲畜的草达 800 多种，这是多么博大的地母的胸怀。他们对于草原有天然的亲近感，有无限的感恩之情。蒙古草原民族称呼“天”为“慈悲仁爱的父亲”，称呼地为“乐善好施的母亲”。在当代仍旧传承的蒙古族歌曲里，常常歌颂给予人类乳汁的母亲就是特指的草原。

世上万物都以天地为根，天神是具有巨大神力的万能之神。草原民族认为天神不仅是一切幸福的赐予者，也是灾难的降临者。生活在原始宗教中的原始先民一方面依赖原始宗教的信仰给予他们生活中的勇气和信心，另一方面也产生了恐惧和禁忌。蒙古族认为天神是洞悉一切、明察一切的。他们常说“天识着”“上天判断”。如果某个人、某种现象违背了天意，天就会用自然可怕的现象表示震怒。卫拉特蒙古有这样一个神话：人类世界要遭受天火和天水两次大灾难。他们认为，饥馑、旱魃、彗星、洪水及种种灾难都是天神的盛怒所致。蒙古族的天神观念描述的建构是观察自然界的结果，是人类在承认自然的自身价值。自然界的自身价值是确定的、不以人的意志为转移的，自然界自身是生命的存在，天神观念的建立就是说明人类在感知自然的存在，生物圈存在的错综复杂的关系不仅是当时人的探索，就是目前掌握了现代科学的人也正在探索之中。

草原民族把自己的生存置于自然界的内在运行的规律之中，自然界的灾难启迪了他们的思维。自然界不仅是人的世界的价值源泉和最高价值尺度，还是整个人类安身立命的终极归宿。地球的生命在维系系统中运转，生生不息、阴阳有序、有机统一。人们的生态存在决定人们的生态意识。生活于自然界的草原民族在尊敬、崇拜、畏惧和感恩的错综复杂的心态中，建构了天神的理念。这样的理念除了文献笔记有大量记载之外，还在阴山岩画的一首蒙古族民歌里表达出来。在《布塔朗山》唱道：“我的布塔朗山，天神会聚的地方，虔诚地向您祷告，保佑苦难的人们。齐天般的高山，大海一样的泉，天神居住的地方，我们向您呼唤，积雪的高山，有燧石白岩；传说的神树，我们信仰的

① [俄] 道尔吉・班札罗夫：《黑教或称蒙古人的萨满教》，内部铅印资料。

② 《柏朗嘉宾蒙古行纪 鲁布鲁克东行纪》，耿昇、何高济译，中华书局 1985 年版，第 201 页。

神衹。上天有了征兆，六位祖师下了命令，我们向您祈求，消除隐患灾难。天神指出道路，祖师会有向导，虔诚向您祷告，降恩保佑吧。”[①] 他们尊重自然不是为了占有自然、征服自然，而是初步意识到自然能够限制人类的存在，人类的生存权利存在于地球的生存权利之中。

草原民族的天神观念至今还遗留在被评为国家级非物质文化遗产的文化记忆中。蒙古族的敖包祭祀的形成是自然界的结构观念留在草原民族精神观念的深刻印记。敖包是游牧的蒙古族营造的一个神圣空间，是蒙古族的神圣祭坛。在传统的民间社会中，民间的规范和约束，更多地来源于宗教信仰和伦理道德而代代相传。“宗教通过把社会制度置于一个神圣而又和谐的参照系内，把制度秩序视为直接反映或表现了宇宙的神圣结构，通过参与制度秩序，人实际上参与了神圣的宇宙。”[②]

敖包祭祀从古至今依旧传承。敖包祭祀的传承说明，其一，在人类整体的生活世界中，人并非一种超自然的生物或者高居于自然中的人，而是在特定生态环境中生活的人，草原牧人生活在草原生态区域自然资源的数量和质量环境之中；其二，在人类生活中，自然、环境并非一种“异己”的存在，一种与人相对立的或者隔离的“他者”，而是人类生活的直接现实，是人类生活整体的一部分，所以人们创造了敖包神（包括天神、地神、水神等）；其三，既然人是自然中的人，自然是人在生活中的直接现实，那么人与自然环境就要建立一种互相沟通、互相尊重、和谐共处的关系。

三、“天人合一”是草原生态哲学的根基

现代生态学持有的生态存在论是一种“内在关系存在论”，即人与自然一体共在、构成内在统一的关系，这与以主客体二分为基础的“外在关系存在论”区别开来。“生态存在论”的基本命题是：“人以自然而存在，自然以人而存在”。[③] 自然是自在的和自为的世界，自然的价值绝不是仅供给人类实用的价值，自然界有其内在运行的规律、内在存在的价值、内在的尊严和权利。无论是万物有灵论观念的产生，还是而后产生的统一的综合的天神观念，都是在求知自然自组织的内在存在和内在权利。在中国的文化传统中，自然之天

① 荣・苏赫：《蒙古族民歌渊源初探》，《内蒙古社会科学》1988 年第 6 期。

② 麻国庆：《走进他者的世界 文化人类学》，学苑出版社 2001 年版，第 229 页。

③ 参见马桂英：《蒙古族草原文化生态哲学论》，《理论研究》2007 年第 4 期。

内嵌了三重意涵：一是自然本体，二是自然运转的规律，三是自然内在的意志。因而，“天人合一”是人与自然之天在三重意境上的“合一”，是人类本体与自然本体共生、人事规则与自然规律协调、人为品行与自然意志契合的三位一体，三者层层递进，缺一不可。[①]

无论草原民族在萨满教原始氏族社会产生的万物有灵观念，还是在此基础上产生的统一的天神体系的思维，草原民族在观察宇宙的时候，往往不把宇宙看成一个单纯的客体，而是时时在考虑人类生存与宇宙的联系。蒙古族住的是蒙古包，圆形的蒙古包和圆形的天窗搭盖在苍穹之下。千古草原流传着这样一首民歌：

因为仿照蓝天的样子，才是圆圆的包顶；
因为仿照白云的颜色，才用羊毛毡制成。
这就是穹庐——我们蒙古人的家庭。
因为模仿苍天的形体，天窗才是太阳的象征；
因为模拟天体的星座，吊灯才是月亮的圆形。
这就是穹庐——我们蒙古人的家庭。[②]

苍茫的穹庐天空，深渺莫测，牧人把对于苍茫天空的观察折射在圆形的蒙古包上，小小的蒙古包就是无垠的穹庐的缩影，伟大的穹庐的象征。正如恩格斯对古希腊自然哲学的评价所说：“而自然哲学只能这样来描绘：用观念的、幻想的联系来代替尚未知道的现实的联系，用想象来补充缺少的事实，用纯粹的臆想来填补现实的空白。它在这样做的时候提出了一些天才的思想，预测到一些后来的发现，但是也发表了十分荒唐的见解，这在当时是不可能不这样的。”[③] 草原文化的生态思维是天似穹庐、穹庐似天，两相对应，在人们的思维中，两者之间具有同存同构的关系。蒙古族提出了“遨格套日贵”这一宇宙无限的概念。蒙古族学者仁钦戈瓦·乔吉认为“遨格套日贵”这一概念意为“没有被阻挡的世界，或不能阻挡的世界”，这也是宇宙无限发展的思想。蒙古族学者嘎拉桑所著的《蒙文注释》中解释为：天者，原无头无尾，故谓之“遨格套日贵”。这一观点更明确了宇宙无限的思想。后来佚名《蒙文天文学》对宇宙的无限性作了具体生动的描述。“天度自广，地度自窄。”“天重重，有

① 参见胡象明、陈一帆：《“天人合一”的生态政策哲学观及其现代价值》，《北京航空航天大学学报》2020年第3期。

② 邢莉：《游牧文化》，北京燕山出版社1995年版，第111页。

③ 《马克思恩格斯选集》第4卷，人民出版社2012年版，第252页。

凸有凹，实而轻，明而无光，层层贯通。”“其明如镜，日月五星都在运转。”① 从这些叙述可以看出，草原民族对于浩渺变化莫测天体宇宙的探索，其一，天无比辽阔；其二，从空间分置看，天有数重；其三，天在运行。

在不断地持续地探索宇宙进程中，草原民族始终关注自然界的变化，内蒙古阴山岩画有多处天神形象。内蒙古乌拉特后旗、托林沟、阿贵沟、格尔敖包沟等处的岩画上有多处太阳的形象。② 这不仅表现牧人对自然的关注，而且在其行事法则中与自然规律协调。宋人《黑鞑事略》载：“其择日行事则视月盈亏以为进止，月出之前，下弦之后，皆其所忌，见新月必拜。”在打仗时，视月盈月亏决定进退。进与退、开与闭、伸与缩、张与合是节奏，万物的生命过程都存在节奏，人的生活节奏是与天地日月和谐的，所以满月则进，否则则退。《黑鞑事略》亦说：“其常谈，必曰托着长生天底气力，皇帝底福荫。彼所欲为之事，则曰天教恁地；人所已为之事，则曰天识著；无一事不归之天，自鞑主至其民，无不然。”凡事大小，无论国家之大事还是民众生活中的决策之事，都向长生天请示，向长生天请示成为人们的口头禅，敬天顺天，与天协商、按天意行事，成为人们的行为准则。因为人类的利益是天神赐予的，自然界也是一种生命存在，要同时尊重人的生命与天的生命的共处共存。这是一层意思，还有另外一层意思，即“必曰托着长生天底气力”，“长生天”指的是整个自然界，自然界是生生不息的源泉。《蒙古秘史》说：“星天旋转，大地在翻旋。”③ 自然界在不停地运转，运转是力量的表现，天的力量是自然界演化的动力，万物包括人类都是天的价值创造中的一个环节，人的生存是自然界的给力，而人不破坏生态规律的创造会给地球生物圈带来生机，草原的游牧的生活方式就是如此。

草原民族有敬天拜天的礼仪。这隆重虔诚的祭天礼仪自遥远的时代一直延续至今，其中包括官方祭祀与民间祭祀，古代祭祀与现代祭祀。元代有祭天的习俗“元兴朔漠，代有拜天之礼，……报本反始，出于自然，而非强为也”④，在民间“其俗最敬天地。每事必称天”⑤，在他们的日常生活中时刻不忘拜天，“当他们（蒙古人）聚会畅饮的时候，……（向）东方（撒酒），那是祭

① 乌兰察夫：《蒙古族历史上宇宙观的形成与发展》，《内蒙古社会科学》1987年第5期。

② 盖山林：《阴山岩画》，内蒙古人民出版社1995年版，第179页。

③ 新译校注《蒙古秘史》，内蒙古人民出版社1983年版，第305页。

④ 《元史》卷72《祭祀》，中华书局1976年版，第1781页。

⑤ （宋）赵珙：《蒙鞑备录》，王国维笺证，内蒙古地方志编纂委员会总编印室1985年，第16页。

天"[①]。至于现代，除了上述敖包祭祀至今传承之外，在过年时也保留祭天祭火的习俗。而在平日喜宴时，牧人用右手拇指和中指上弹撒洒祭天、祭地、祭祀祖先。历久弥新的习俗克服了人与自然界分离的模式，说明草原文化中存在人与生态环境和谐的传统基因，离开了生动的自然的生命，也就没有人的生命。"这种主客体的关系不仅表现在生物学和生态学的层次上，而且也反映在人的精神活动和审美活动中。人的心态与生态是直接关联的，没有心态的平衡也就没有人的生命过程的平衡。"[②]

蒙古族的萨满教由多神论向一神论发展，蒙古族把天神称为"呼和·腾格尔"，把天神视为最大的神和所有神的核心，这是萨满信仰的高潮期，最后达到"天赋汗权"的地步。正如13世纪的《蒙古秘史》所记载的那样，豁儿赤是以"天地相商"论为根据，建议铁木真称可汗的。这时的长生天崇拜与萨满教初期有很大的不同，其不同表现在长生天被赋予了鲜明的社会色彩和人间权利的色彩。

一是表现在统治者的权力是长生天赋予的。1260年忽必烈在登基诏书中说："国家之大业不可以旷，神人之重寄不可暂虚，求之今日太祖嫡孙之中，先皇母弟之烈。以贤以长，止予一人，虽在征服之间，每存仁爱之念，博施济众，实可以为天下之主，天道助顺，人没与能……"[③]

二是掌握汗权的人也不是欲所欲为的，而是要不断修行自己，以德配天，以德报天。如成吉思汗对速别台讲"我们如果忠诚，上天会倍加佑护的。"[④]在成吉思汗箴言中，忠诚被放到重要地位。成吉思汗对众人讲："汝在背处也，仍如在俺眼，汝去远处也，仍如在俺近边，如此思之，则汝将获上天佑乎。"[⑤]这里所说的忠诚，除了敬天之外，还包括对天的爱护，用当代生态思维理解，就是不破坏生态环境，这是最起码的忠诚。因为人的生存与天有密切的关系，所以忽必烈提出的治国方略是"应天者惟以至诚，拯民者莫如实惠"，作为地上生存的人，要以自己的至诚来与天沟通，否则就不能得到长生天的护佑。在原始氏族社会，草原民族在游牧生活中建构的天神的观念是尊重自然和畏惧自然的同一，没有提高也不可能提到道德宗教的高度；而到了汗权时代，蒙

① 《柏朗嘉宾蒙古行纪·鲁布鲁克东行纪》，耿昇、何高济译，中华书局2002年版，第211页。

② 徐恒醇：《生态美学》，陕西人民教育出版社2000年版，第146页。

③ 《元史》卷72《祭祀》，中华书局1976年版，第1923—1926页。

④ 额尔登泰：《蒙古秘史》还原注释，内蒙古教育出版社1986年版，第634页。

⑤ 额尔登泰：《蒙古秘史》还原注释，内蒙古教育出版社1986年版，第634页。

古族提出了要以人的道德标准去回应天的赐予，这就发生了两个变化：其一是天神已经超越了在原始宗教观念里与众神平等的想象，而后成为统管一切的大神；其二是在汗权时期，长生天被赋予了道德的意义。一方面，长生天是有道德的，其恩施于人类；另一方面，人类要以德报天。对道德境界的崇拜成为长生天崇拜的精神追求，天人关系构成了一个互相体认、互相证明的关系，这个关系的桥梁是道德，这就是草原民族天人合一的哲学观。“从正面讲是天德与人德之间统一自然恒常化生万物，所以‘生生’是自然的德性，天人相通是天地万物的善性与人的善性合一同流，所谓‘仁者以天地万物为一体者’，整个自然界是一个统一的生命系统，人在其间承担着爱护各种动植物的道德使命”[①]。

我国“天人合一”的哲学理念构建了人与自然生命共同体的联系，形成了我国传统文化的特色。我国农耕文化具有丰富的天人合一的论述和实践，草原文化的天人合一观念具有草原生态文化的特色，其汇入中华文化基因的宝库，成为当今保护地球生物圈的宝贵资源。

第二节　草原民族顺应自然的生态实践观与道德观

马克思主义哲学在解决哲学基本问题时谈及了实践，通过主体对象化的过程实现了主客体的统一。根据马克思的思想，就是自由劳动者的价值理想与自己所创造的对象化了的“自然”的合一。也就是说，哲学基本问题不仅仅是一个理论问题，更是一个实践问题，通过对象化的实践，解决人与自然的关系及人与人之间的关系的问题。马克思将其理论诉求的实践旨归定位于“人和自然界之间、人和人之间的矛盾的真正解决”[②]。

一、草原民族生态文化的实践观

长期以来，人类的发展以人类为中心，其核心的世界观、文化观、价值观、实践观、伦理观都建立在以人类为中心的基础上，以人为尺度来衡量万能的

① 参见胡象明、陈一帆：《“天人合一”的生态政策哲学观及其现代价值》，《北京航空航天大学学报》2020年第3期。

② 《马克思恩格斯文集》第1卷，人民出版社2009年版，第285页。

自然界，陶醉于自然的人化之中，把“自在”的世界化为“为人”的世界，使自然人化，并认为人化的自然是人的本质力量的体现，把自然界当成可以随意开发的物质工具，只注意到其物质运动的因果规律，忽略了自然本身深层的生态有机规律；只看到人对自然界的独立性，忽略了自然本身的自为存在。现代生态学认为，确认人类是生物圈中的一员具有意义，要打破人类中心主义，放弃把人类当作至高无上的生命形式，依赖把自然视为工具，为所欲为地索取自然、改造自然来实现自己的生存和发展观，让传统的以人为中心的实践价值观终结，这也是马克思主义哲学超越传统本体论的原因所在。人类要从人与自然内在的统一和谐的观念对象化自己，既是自然之子，又是自然之友，要站在生物圈的整体高度上，考虑生物圈的生存利益，而把人的利益置于生物圈之中，首先要保护生物圈的运行，因为人类与生物圈命运与共。因此我们反思传统的草原文化的生态实践观具有重要的意义。

在相当长的历史时间内，生存在我国内蒙古高原、青藏高原和帕米尔高原东部的草原民族选择了游牧业，这是由于其占据着干旱、半干旱草原的生态位决定的。迁徙是接受了脆弱的草原的挑战：“当干旱过程达到一定程度，当草原不再为游牧民族所饲养的畜群提供足够牧场饲料的时候，他们为了不改变生活方式，就要改变生活地点，必须不停地移动和迁徙，这样就造成了游牧民族。”[①] 草原人的劳动成果是五畜，五畜是他们的衣食之源。游牧是由草原的生态环境、家畜和人三要素组成的一种生活方式。大多数草原植被和由草和灌木组成的干旱草原以及苔原等，是草原母亲供给人类的生存资源，牧人驯养的家畜在草原上广泛采食，牲畜产的奶、血和肉，供养牧人的生活。“在生态系统的生物链中绿色植物是第一营养级，食草动物是第二营养级，食肉动物是第三营养级。”[②] 按照牧人的解释，草养羊，羊吃草，我吃羊。游牧的生活是草原养活了家畜，家畜维系了人的生存之需，所以草原是人的生存之依，生存之源。正是从生计方式和保护草原的立体思维出发，牧人选择了迁徙的生活方式。迁徙的放牧制度具有与草原生态环境相适应的合理性。

传统的放牧制度的核心是游牧—轮牧制度。“游牧—轮牧制度的显著优势特征首先是最有效地可持续地利用非平衡草原生态系统（降水量在时空分布上极不均衡）的牧草资源；其次是几千年来维持草原生态平衡的制度保

① 敖其仁主编：《制度变迁与游牧文明》，内蒙古人民出版社2004年版，第337页。

② 张秉铎：《畜牧业经济辞典》，内蒙古人民出版社1986年版，第25页。

障。传统放牧的民间制度，包括文化习俗、道德教育、民俗信仰等利于游牧制度的运行，协同了人互动协同演化、变迁，有利于草原生态、经济、文化协调可持续发展。”[①] 由于史书记载的缺乏和人们对于乡土知识层面的无知，常常把游牧生活归于蓝天白云的想象，甚至把“游牧”这种与农耕民族不同的生活方式看成漫无目的，随意的，没有技术含量的“游乐”。我们要站在生态思维的角度理解草原，理解草原牧人的生活方式，只有这样我们才能掌握游牧文化存在的真谛，以及其真正的历史价值和文化价值。草原牧人说：不是我们的祖先喜欢迁徙，而是我们要养活牲畜就必须迁徙。我们这一走，就是几千年啊。游牧——迁徙是在草原生态环境下人们生存需要的必然选择。迁徙是保护草原的一种生活方式。牧人的生活方式保护了草原，

青藏高原川西草原牧场　摄影 / 张永清

① 敖仁其主编：《制度变迁与游牧文明》，内蒙古人民出版社 2004 年版，第 7 页。

使得草原没有沙化，紧紧依偎在地球怀抱的顽强的小草起到防沙固沙的巨大作用，才使得沙漠没有南移；牧人以草原为家，背负着艰苦的生活，世世代代保护着美丽而脆弱的草原。“生态实践观认为，人类应按照适应生态规律的长远生存目标需要，从事优化自然生态系统和社会生态系统的活动，而不是为满足短期生存需要改造和破坏生态系统。这样，人的实践必须建立在对生态系统物质因果规律和生态有机规律的双重认识和遵循的基础上。”①

很长时间以来，人们错误地认为这种顺应自然的生活方式技术含量和知识含量较小，用现代生态学的观点观察，迁徙是人类顺应草原自然环境的一种选择，是具有技术含量与掌握草原文化知识体系的一种生活方式，牧人的迁徙是在草原的生态环境中，集体创造的世代累积的适合草原生态环境的智慧实践。

在顺应而不是改变草原生态环境的生活中，草原牧人具有观察天象和天文历法的知识。草场和气候是构成游牧生活方式的生态环境，所以需要关于天文历法的知识累积和观察天象的丰富经验。浩茫的天宇，日月的运行，风霜雨雪、雷鸣闪电的降临，都与草原的牧业生活存在密切的关系。他们探索日月之间的关联性，在观察天象的同时还观察物候的变化，他们的家不仅是其搭盖的毡房，他们的家更是整个无尽的草原。他们积累了关于草类的各种知识，根据草类的变化决定牧业的周期和生活时间。“离离原上草，一岁一枯荣”，他们建立的“年”的概念是以草木的荣枯标志着牧业生产的一个周期，因此，此“草”具有了“年”的意义。古代蒙古人均以草青一次为一年。季节概念的产生也是根据自然界的变化，日月的运行，草木的枯荣。古代蒙古的月份分为：分享月（正月）、水草月（二月）、乳牛月（三月）、青翠月（四月）、打猎月（五月）、日光月（六月）、红色月（七月）、完全月（八月）、今羊月（九月）、杀牲月（十月）、吃食月（十一月）、蔚蓝月（十二月）。② 对于月份的命名，一是按照草生长的规律，一是根据牲畜的成长规律，他们的历法体现了草原民族生态文化的特征。

自然的节奏决定人生活的节奏。历法是人观察天时和物候的结果。牧人生活方式的律动是遵守天时和物候的规律。月份的划分在后，季节的划分在

① 马桂英：《试析蒙古草原文化中的生态哲学思想》，《科学技术与辩证法》2007 年第 4 期。

② 哈勘楚伦：《至元译语 · 时令门考译》。

前。草原民族传统的迁徙生活是轮牧制度。三季牧场或者四季牧场的划分是在长期生产实践中形成的。根据草木的生长，他们确立了三季牧场或者四季牧场的观念，并且具有选择营盘的经验，维系顺应天时追逐水草的生活节律。传统草原生态文化中的马文化、车文化、蒙古包文化组成的物质系统，维系了游牧民族的迁徙生活。据地方志记载，蒙古包搭建的地点是天时地利的选择，在青藏高原，“夏日于大山之阴，以背日光，其左、右、前三面则平旷开朗，水道便利，择树木阴密之处而居焉；冬日居于大山之阳，以迎日光，山不宜高，高则积雪，亦不宜低，低不障风，左右宜有两峡道，迂回而入，则深邃而温暖，水道不必巨川，巨川则易冰，沟水不常冰也”①。蒙古包解决了游牧人在频繁的迁徙中的居住，马与车解决了牧人的“行”即迁徙和流动，满足了游牧生活规律的运行。牧人自己是生物界的一员，把自己的生存置于生态环境之中。牧人的生存面临着处理人与草场的关系，人与牲畜的关系，在这样的关系中进行畜牧业的生产。“生态能量学的基本问题是，生物如何以各种形式交换能量，任何生物的能量交换过程或机制都是相同的，并且遵循着自然规律。”② 车、马、帐构成的整体文化深嵌在其社会结构之中，通过三者组合的秩序，反映出生态秩序、社会秩序、生活秩序，所以是社会文化的集中展演。学术界认为“游牧文化作为特定历史地理时期的一种文化，当然不是完全适应于当下社经济增长方式，然而，作为一种能与生态环境相辅相成的经济增长方式，游牧文化的先进意义却是不能忽略的”③。

牧人生产和生活的过程是个体和群体生命延续的过程，建构了牧草分类的知识体系。他们不仅以草的兴枯为年建立时间观念，而且形成了与草原牧场的“时空组合”，根据草势安排牧业生活。建构了牧草分类的知识体系。通过长时期的观察，他们摸索出各种牲畜需要不同牧草的规律。《清稗类钞·阿里克牧务》说：“草贵有碱性，而牛马所饮之水不宜碱，碱水唯驼为宜。”《清稗类钞·阿里克牧务》还谈到在牧畜时注意草场的恢复。“羊得秋气，足以杀物，牛得春气，足以生物。羊食之地，次年春草必疏，牛食之地，次年春草必密。草经羊食者，下次根必短一节。经牛食者，下次根长一节，群相间而牧，翌年食草始匀。”④ 不同的牲畜爱吃的草类也不尽相同，羊喜欢吃白蒿子，牛喜欢吃

---

① 《中国地方志民俗资料汇编·西北卷》，书目文献出版社 1989 年版，第 289 页。

② [美]唐纳德·哈迪斯蒂：《生态人类学》，郭凡、邹和译，文物出版社 2002 年版，第 41 页。

③ 包庆德等：《生态哲学之维：蒙古族游牧文化的生态智慧》，《内蒙古大学学报》2014 年第 6 期。

④ 徐珂编：《清稗类钞·阿里克牧务》，中华书局 1984 年版。

尖草，马喜欢吃尖草和哈拉禾奈（一种草的名字），骆驼喜欢吃榆树叶子。草原的生态系统既是整体的，又是分层次的，各类草原存在着明显的差异。不同的草原类型适合所牧养的品种不同，典型草原适合养牛和细毛羊；荒漠草原适合养粗毛羊、绒毛山羊和骆驼。不同类型的草场，载畜量也不同。牧人在不同时期不同地点针对不同牲畜的习性和种类进行放牧。各种牲畜都有自己的春夏秋冬营地。例如羊的冬营地，要选择在地势较高、挡风朝阳的地方，这样可以保暖保膘。羊的夏营地，也选择在地势较高的地方，这时羊吃在石缝里长的具有酸性和辣性的草，有利于杀菌，羊群不燥，可以增强体质，等等。在放牧的实践中，牧人掌握了五畜——马、牛、羊、山羊、骆驼平衡的牧养技术。由于草场的质量不同，所驯养的牲畜品种的比例也不同。"半世纪的50年间内蒙古的马、牛、骆驼三项合计为21%，牛羊的比例为1∶5.2。"[①] 这样的比例适合蒙古草原的生态环境。

适应自然草场的草原游牧文化不需要种草，也不需要人为地除掉某种草，生态实践价值观认为，任何生态系统的自然物，都具有三种价值：自然物内在固有的自为价值；自然物之间相互关系具有的工具价值；自然物在生态系统生态位中占据的生态系统价值。如"每一植物体的一套遗传物质都是一套规范，使得植物生命在'是'之外还有某种'应该'，从而使植物能够生长、能够进行自我修复，能够繁殖，还能够保护自己的同类……这些事物足有价值，不管是否有人来衡量其价值。它们能照顾自己，能自为地进行它们的生命活动。"[②] 在认知草原存在价值的时候，我们不能只看到天然草场供给人类生存的价值，这是很大的偏见，应该关注草与草之间存在的关联性价值，原生物圈自有其整体性，有其自然运转的规律，否则就破坏了草原的整体性与和谐性。

以往的偏见往往认为畜牧业是没有技术含量的，其实是由于对于游牧生活方式缺乏研究和科学的探讨。汤因比说："农业和畜牧业为后来的所有技术进步包括工业革命奠定了基础，也为迄今为止曾经发生和消亡了的一切文明的生活方式奠定了基础。"[③] 草原民族积累了丰富的牧业经验和牧业技术体系，其中包括把野马、野牦牛驯化为牧养的技能、管理畜群的技能、优良品种的培育和繁殖的技能、给牲畜治病防病的技能等等。

① 朋·乌恩：《蒙古族文化研究》，内蒙古教育出版社2007年版，第92页。

② [美]霍尔姆斯·罗尔斯顿：《哲学走向荒野》，刘耳、叶平译，吉林人民出版社2000年版，第189—190页。

③ 转引自余正荣：《生态智慧论》，中国社会科学出版社1996年版，第67页。

游牧民族创造了一个与草原生态环境相适应的生存技能和知识体系。“它是被传统文化所包裹的民众的‘知识’，是被看不见的文化（invisible culture）所包裹的民众的‘知识’，所谓人们常说的‘行动有文化压力’，以及上述两者之间的关系。”① 这种过去不被人们认同的没有写入历史典籍中的知识支撑着牧人的生存，同时也保护着千古草原的生态环境。草原人的生态思维有相当的合理性和实践性，是与现代的生态思维接轨的。这不仅构成人类遗产的重要组成部分，而且在当前工业化带来的生态危机的情境下启迪我们：“人存在于自然界之中，生活在生物圈内。尽管人类有意识和自我意识，具有改造自然的巨大能力……但是人类对自然的改造和利用也不能违反生态规律，脱离对生命网络的普遍联系，协同一体的依赖。”②

从各个民族的牧人保护亘古草原的实践看，他们的实践的特征是：其一，依赖自然。地球给他们的生存环境是天然草原，天然草原的气候寒冷、土壤贫瘠、水资源少，不适合农耕文化，而大面积的天然草原适合放牧牛羊，他们依赖自然而养活人类而又不破坏草原。其二，归顺自然。草原不是无人问津的荒漠，在草原母亲的怀抱里，他们智慧地选择了轮牧的生活方式。其三，适度师法自然。牧人以自然为友，其创造的草原的舞蹈、音乐、绘画，例如赛马的舞蹈、草原长调都是师法自然的结果。依赖自然、归顺自然、适度师法自然就是草原生态文化的实践观。马克思认为人类“全部社会生活在本质上是实践的”，所以“人与自然都是人类实践活动的直接的感性现实，都是具体直观的历史性‘实在’……在彼此之间不存在主客的差异和对立，而是非主非客，亦主亦客，主客未分，主客本一的”。③

二、草原民族生态文化的道德观

草原民族的实践观与以“人类为中心主义”的实践观有本质的区别，他们从人与自然有机统一的角度把握人的实践的限度，尊重自然，爱护自然。为了适应脆弱的而又养活人类的草原，他们探索草原自身的规律，协调草原与人及牲畜的关系，形成了尊重草原、适应草原、合理利用草原的生态实践。在自然界实践的本身不仅练就了他们强大的身体素质和心理素质，也形成了与

① Lauri Honko, ed., *Tradition and Culture Identity*, Turku: Nordic Institute of Folklore, 1988.

② 余正荣：《生态智慧论》，中国社会科学出版社 1996 年版，第 280 页。

③ 转引自仪平策：《从现代人类学范式看生态美学》，《新华文摘》2003 年第 6 期。

草原的生态环境共处的独特本领，累积了丰富的生存经验，这是人类历史进程中的一笔珍贵遗产。

在此我们提出生态人文主义，总结和探讨草原民族的生态伦理。属于哲学范畴的伦理学探讨的是在人类社会中人与人之间的关系、人与社会的关系，而生态人文主义提出的生态伦理是把人类置于地球的生物圈内，考虑到人和整个自然生态系统的内在的、有机的、统一的、亲密的联系，这就是当代的生态哲学和生态伦理学。生态人文主义的提出，是基于保护整个生态系统的需要。在作为生物世界的地球生物圈内"没有任何一个物种能够单独生存和发展，它们只能在大的合作背景下相互竞争和相互利用，在共同维护生命维持系统存在，促进生物圈稳定的前提下实现自己的生存和进化。"①

在人与自然的关系上，一方面，人类生活在自然系统之中，自然生态系统对人类具有重要的甚至决定性作用；另一方面，人类在生态系统中是独特的调节者、维护者，这就决定了人的伦理道德不仅仅局限于社会领域的人与人之间，而应扩展到人和自然生态系统的内在有机的关系。当前在人类面临生态危机的时候，更要认识到人必须承担保护自然的道德义务与道德责任。

在地球的生物圈内，人类只是在密集的生物链上的一个物种，但人类又是一个极为特殊的高于其他物种的存在。一方面，人类与生物圈的其他物种处于平等的和谐的互相关照之中；另一方面，人类是生物圈最智慧的生命，从人类诞生至今，一直处于宇宙从何处来，到何处去？人从哪里来，到哪里去的永无休止的探索之中，在不倦的探索中，他完成了从自然的人到文化的人、社会的人的进程。而从人被称为"人"的时候起，在探索未知的自然和未知的自己的漫长过程中，最智慧的生命——人类，在原始宗教信仰就产生了自我约束的行为与自律的禁忌行为。草原民族尚处于"万物有灵"阶段的时候，就充满了对于自然万物的畏惧之情和感激之情。他们婉转地称呼熊为"腿弯的棕色动物""棕色的主人""森林主人""祖父"等；他们不直接称呼高山的名字，而称呼高山为"圣人""女圣人"。把动物和自然界万物以"人"称呼，甚至以祖父称呼，以高于平常人的"圣人"称呼，他们通过语言表述的认亲行为，表现在不能解读自然的情境中，对大自然的尊重与感恩之情。

在日常生活中，他们意识到人与自然的密切关系，由于自然灾害给生活和畜牧业带来的损失，他们认为与自己的不良行为有关。藏族和蒙古族都禁

① 余正荣：《生态智慧论》，中国社会科学出版社 1996 年版，第 279—280 页。

忌砍伐树木及打鱼，他们认为如果这样做，会遭到天神的惩罚。藏族禁忌在泉水旁边洗衣服，认为会使得泉水枯竭；而蒙古族则认为会招来雷电，雷电就是天神的震怒。用现代生态学的观点审视，禁忌的产生是服从自然规律。这里包括有两方面的含义：一是人类作为其生态系统中的一个重要组成部分，必须有意识地约束自身，增强环境保护意识，维持生态的平衡。二是不仅仅要保护自然环境，还必须注意协调整个文化生态系统中各部分（自然环境、社会环境与精神环境）的关系，他们认为善待自然，就是善待自己。

在生态伦理上，草原民族有其衡量的价值水准和价值判断。他们的道德观是扬善惩恶。这种扬善惩恶的道德观不仅体现在人与人之间的关系上，而且面对整个自然界。如前所说，蒙古族信仰的天神观念体现在石头与树枝组成的敖包祭祀上。祭祀敖包具有神圣性、隆重性、虔诚性、质朴性的特征。其祭祀仪式包括：(1) 吹白色海螺及喇嘛念经。(2) 煨桑。(3) 聆听敖包祭词。(4) 献祭。龙达、奶制品、酒和砖茶。(5) 抛洒龙达。[①] (6) 转敖包。围绕敖包顺时针转三圈，祈求敖包给他们带来好运。(7) 叩拜敖包。(8) 分食羊背子。

在蒙古族先民的生态思维中，敖包是一片圣土。以神圣的天神信仰建构的神圣领域存在着一系列禁忌。敖包地点及其周围形成了一个神圣的区域，在这个特殊的与世俗隔离的神圣领域，存在着一系列禁忌：严禁在敖包附近挖坑取土，更不能开荒种地；不能在敖包附近打柴、捕鱼、伐木、乱扔杂物，更不能便溺；敖包附近的河、湖边禁止游泳、洗澡、洗衣服、钓鱼；在敖包禁地内不能砍伐树木和防风植物。不能随便攀登敖包，拆散敖包上的石与木，触动敖包的石与木要受到处罚；登敖包高地时要选择好方向，经过敖包时要下马而行，向敖包叩首膜拜；祭祀敖包的物品一定要洁净，不洁净的物品不能献祭，等等。在人类生活中，自然环境并不是一种“异己”的存在，一种与人相对立的或者隔离的“他者”，而是人类生活的直接现实，是人类生活整体的一部分，所以人们创造了敖包神，包括天神、地神、水神等。人是自然中的人，自然是人在生活中的直接现实，那么人与自然环境就要建立一种互相沟通、互相尊重、和谐共处的关系。敖包祭祀就是氏族社会游牧人与自然沟通的方式，这种优良的习俗一直传承至今，敖包祭祀已经成为国家非物质文化遗产。

① 龙达，蒙古族称作“禄马风旗”，是6厘米的长方形薄纸，上印图案和经文，中间是一匹驮摩尼宝珠的骏马，上方印日月，四角印龙、鹏、虎、狮，经文印“六字真言”。在敖包祭祀时抛洒龙达是藏传佛教密宗化的习俗，是原始苯教祭祀各种神灵的重要形式。

藏族祭祀鄂博也具有同样的意义和价值。

在经历了漫长的万物有灵的原始宗教信仰的历程之后，13世纪后藏传佛教渐渐传入草原地域，藏族和蒙古族都信仰藏传佛教。其以“缘起性空”“一切众生皆有佛性”为教义，宗旨仍是劝善惩恶，利用因果轮回方式，将人与自然划在同一个轮回之中，在六道轮回的意识里，不仅人与非人类并同，并且具有亲密的关联。在佛教体系以“缘起性空”为教义，宗旨乃是劝善惩恶，利用因果轮回方式，警诫人们的日常行为。于是人与人、人与自然之间的和谐也就成为社会普遍伦理共识。[①] 在民间人们相信善恶有报。六道轮回之说把现世人们的善恶行为与来世的苦乐命运用因果关系连接起来，起到劝善惩恶的作用。佛经净土宗经典《维摩诘所说经》云：“心净则国土净；佛说心乃万法之根，善心有善行，不善则有恶行。”佛经心法旨在把凡夫的世俗心调柔而成为菩提心。天父地母、生命同根、万物一体、法界通融。菩提心有两个层次，其一自度成佛，其二修成利益一切众生的大乘菩提心。修菩提心的意义在于行菩萨行。藏传佛教有普度众生的美德伦理：“普度众生。”其中包括

蒙古族祭祀敖包　供图 / 邢莉

① 参见包庆德等：《生态哲学之维：蒙古族游牧文化的生态智慧》，《内蒙古大学学报》2014年第6期。

佛祖释迦牟尼舍身饲虎的教化，它是一种最高的、义不容辞的道德责任感和道德精神，也就具有最高的道德价值，体现了大爱的胸怀。

藏传佛教戒杀生，由于生活在高寒地域，他们虽然吃牛羊肉，但是绝不亲自杀生。他们对于所有的野生动物及鸟类绝不伤害，就是咬人的小虫子也不弄死。作者与九寨沟的藏民在一起，看见下雨时，一个藏族老奶奶把爬出的蚯蚓一个一个地埋进了土里。草原民族在爱自己的同时，也兼爱他人和自然万物，自然万物不是异类，而就是我的朋友、我的伙伴，他们把人的道德伦理扩大到自然界，表明和周围的生命休戚与共的理念和崇高的道德，这才是真正意义上的人。藏族有天葬的习俗，他们的肉体给了秃鹫，他们认为秃鹫就是神鸟，人的肉体消失了，但是灵魂与天地与万物同在。蒙古族的丧葬习俗也是为了保护草原，“蒙古族的野葬，即死者不入棺、不掩埋，直接放在指定的草地上，任鸟兽吃掉或风化”。[①]“其墓无冢，以马践蹂，使如平地。”[②]真是“大地与我同生，而万物与我为一”。朴素的丧葬习俗显扬了人的道德观遍及所

马蹄寺，位于甘肃肃南裕固族自治县马蹄藏族乡境内。这里有距今千年的北凉时期凿刻的多个石窟佛像，还有高层的石窟寺院建筑；既有汉传佛教寺院，也有藏传佛教殿宇　供图／肃南县政府办

① 邢莉、易华：《草原文化》，辽宁教育出版社1998年版，第102页。

② 《黑鞑事略笺证》，《王国维遗书》第13册，上海古籍书店1983年版，第29页。

有的动物、植物与自然界，他们不留姓名，不建墓碑，人类最后的躯体完全归于自然的生态环境中。他们朴素的理念是人与自然同在。

无论是在草原民族信仰原始宗教时期，还是信仰藏传佛教时期，其宗教观念都克服了传统的伦理观念的不完整。草原民族的伦理观念是博大的、包容的、利他的，这里的利他，不仅包容整个人类，还容纳、拥抱了整个自然界。当你认为人的生命是神圣的、珍贵的、有尊严的、不可亵渎的同时，也认为所有的生命，甚至包括无生物都是神圣的、珍贵的、有尊严的、不可亵渎的时候，你的境界就达到了生态伦理的范畴，也就是具有伦理美。伦理美与善的观念相联系，所谓善不只是善待人类，还要善待维系人类的生态环境。庄子在《知北游》中说："天地有大美而不言，四时有明法而不议，万物有成理而不说。圣人者，原天地之美而达万物之理。是故圣人无为，大圣不作，观乎天地之谓也。"人是否能够达到圣人的标准，要看其能否顺应自然的规律。以现代生态伦理的观念看，草原民族遗存的禁忌习俗和宗教理念不是包含合理性吗？

随着社会的演进，草原民族以理智和睿智建立了保护草原的法律。"草绿后挖坑致使草原被损坏的，失火致使草原被烧的，对全家处死刑。"[①] 清代《喀尔喀六旗法典》第58条规定："失放草原荒火者，罚一五。发现者，吃一五。荒火致死人命，以人命案惩处。"[②]《阿拉坦汗法典》规定："失火致人死亡者，罚牲畜三九，并以一人或一驼顶替，烧伤他人手足者，罚牲畜二九。烧伤眼睛，罚牲畜一九。烧伤面容，杖一，罚五畜。"[③]1251年，蒙哥汗在登基时曾昭告天下："不要让各种各样的生灵和非生灵遭受苦难……要让有羽毛的或四条腿的、水里游的或草原上（生活）的（各种）禽兽免受猎人的箭和套索的威胁，自由地飞翔或遨游，让大地不为桩子和马蹄的敲打所骚扰，流水不为肮脏不洁之物所玷污。"[④] 法律把必须遵循的戒律用法的形式规定下来，实行严格的惩罚制度。草原民族还恪守着保护草原的种种禁忌，禁止除草开荒，禁止草原荒火，禁止灰烬上溺尿，禁止过牧，保护敖包等，这些民间法还起着保护草原的重要作用。草原民族已经跨越了宗教禁忌时期，而实施了保护草原的严格法律。从道德层面对草原的保护到法律层面保护的提升，宣告了人与自然的息息相关，表明民间制度与上层制度的高度统一。这是人本身的善行与理性

① 内蒙古典章法学与社会学研究所：《〈成吉思汗法典〉及原论》，商务印书馆2007年版，第9页。

② 内蒙古典章法学与社会学研究所：《〈成吉思汗法典〉及原论》，商务印书馆2007年版，第128页。

③ 奇格：《古代蒙古法制史》，辽宁民族出版社1999年版。

④ [波斯] 拉施特：《史集》第2卷，余大均、周建奇译，商务印书馆1983年版，第243页。

的统一，是自然的意志与人的意志的统一。

人类的生存资源来源于自然，节约生活资源和简朴的生活方式是草原人道德观的体现。草原的住房是移动的毡房，制作简单，拆卸方便，当迁移到另外一个地点的时候，原来搭盖蒙古包的地方会长出青草。他们的饮食并不是以肉为主，而是以奶和奶制品为主。虽然过去谷物很少，但不轻易宰杀牲畜，晾晒的肉干只是饮食的很少一部分，奶制品和奶茶可以满足他们的生活所需。吃肉时，“在他们来不及细啃骨头时，就把骨头存放在开普塔尔格克（方形的袋子）里面，他们好在以后吃它，免得浪费食物”①。他们严禁浪费任何食物，如果“把马奶或饮料倒在地上，都被视为是罪恶，故意者处死，如非故意，就是举行涤罪仪式”②。13世纪外国传教士记载：如不是故意浪费食物，就通过做仪式的方式认识错误。做仪式实际上是告诫、警示的例证。他们充分利用了牛羊的供给，除了用奶与肉肠等之外，把牛粪作为生火做饭的燃料，用皮为衣，用毛为毡，用骨为乐器、为娱乐的工具，用牛角为器皿，牛筋为弓箭等。节俭的习俗固然起源于其适应自然的结果，祖祖辈辈生活的实践也铸练了他们的美德。他们崇尚节俭，否定贪婪，他们从来不伤害草原，而是节约草原供给的生活资源。

天父地母、生命同根、万物一体、法界通融。费孝通先生说“我们一向反对天人对立，反对无止境地利用功利主义的态度片面地改造自然来适应人的需要，而主张人尽可能地适应自然。”③应当说，“天人合一”是整个中华民族的思想结晶，是中华民族“最完美的生态智慧”。草原游牧生态文化的“天人合一”观念，成为中华优秀传统文化的重要组成部分和宝贵财富。面对今天全球的生态危机，人类的贪婪和欲望还在蔓延，而草原民族认为贪恋是应该唾弃的人之恶俗，因为无止境的占有会挤压甚至剥夺自然的生命。传统草原生态文化的道德观念具有重要的现实意义。

第三节　草原民族与自然和谐的生态审美观

在我国悠长的历史上，不论是已经消失的匈奴、鲜卑、契丹等民族，还是

① 《柏朗嘉宾蒙古行纪·鲁布鲁克东行》，耿昇、何高济译，中华书局2002年版，第213页。

② ［英］道森：《出使蒙古记》，吕浦译，中国社会科学出版社1983年版，第12页。

③ 费孝通：《文化论中人与自然关系的再认识》，《新华文摘》2003年第1期。

现在生活在草原上的蒙古、藏、哈萨克、柯尔克等民族，他们都在长期的游牧生活中建构了独具特色的草原生态文化审美观。

一、与草原生态环境和谐的意象美

美的创造常常被当成艺术家的事业封闭在雅文化领域，似乎美与人的直接生存毫不相干。但是当清澈的江河被污染、绿色的草原大面积沙化、浑浊的空气遮蔽着天空的时候，历代草原的各个民族的游牧文化是一个体现了生态美的整体系统，在此我们反思草原生态文化的生态美。

在绵延千里古老的阴山岩画上，我们看到各种各样动物形象栩栩如生，马的健美，虎的生气，羊的活脱；在蒙古、藏、哈萨克、柯尔克等民族的传统服饰上，我们看到不同款式、不同图案，这些款式和图案不仅是识别其不同出生地域的重要标示，而且昭示着其深厚的审美传统，也显示出民间审美意识和审美观念的脉搏。这些图案来自草原多彩多姿的民俗象征物，其中包括蓝天、白云、五畜、骏马等。在蒙古族传统的养马工具——刮马汗板上，也有五畜的图案和各种各样的吉祥图案。民间的审美制度和习俗于此形成两个互相指涉、同构的概念，只有当这两种力量形成对流时，审美制度的进入才会是和谐的。美丽多姿的草原在一年四季中呈现不同的色彩，草原上的植物、动物、蓝天、白云不仅仅是蒙古牧人的审美对象和审美客体，而且成为富有灵性的与牧人感应交流的对象，草原人热爱自然，感应自然，而且把自然万物与自己的生命联系在一起，体现了与自然和谐的审美意象。

草原生态文化的审美意象与农耕文化不同，其审美意象一是来自草原的生态环境，二是来源于其畜牧业牧养的牛羊。草原民族的审美符号是以美丽的草原和活泼的牲畜为本源的。在草原生态环境中生存的牧人在劳作中创造了丰富多彩的审美符号，这些审美符号累积成生态美的美好图景，它体现在历久弥新的阴山岩画和藏族岩画上，体现在草原民族的青铜牌上，更体现在草原民族创作的各种民间工艺：骨质工艺、毛织工艺、马具制作工艺及琳琅满目的各类服饰的设计和图案上，体现在毡房的制作和丰富多彩的民间的礼仪之中和传承的民间节日之中。

由狩猎人转化而成的游牧人与动物结成了不解之缘。在游牧民族的历史上经过了漫长的动物崇拜的时代，虽然建立了牧业文明的已经与其相揖别，但是牧人的审美观照是从动物之中产生的，在牧业生活中，动物又与人建立

青藏高原祁连山下的华热藏族头饰、服饰　供图 / 门源县文化馆

了亲昵密切的关系。他们把这些动物图案装饰在自己的服饰上。飞腾的骏马、威武的雄狮、敏捷的山鹰、灵巧的山羊等图案都生动逼真、活脱可爱。五彩缤纷的花卉图案也常常被草原牧人所采纳。古老优美的几何图案为牧人所喜闻乐见。例如云头纹、卷草纹、犄纹、盘肠纹、棱形纹等字样，此外还有耸立的群山，澄碧的流水，白色的云朵，跳荡的火焰等古朴典雅的图案。美丽草原的山光水色经过纯净的牧人心底的润饰和陶冶，化为了美丽的图案。这些图案是牧人在草原生态环境中产生的审美意象。辽阔的草原生长的植物，为牧人服饰上的刺绣提供了丰富的题材。传统服饰上的花卉图案既是多彩多姿的草原的写照，也是牧人美好心灵的投影。牧人服饰上的图案和喜闻乐见的色彩，都具有鲜明的大漠地域的特色。草原民族的文化符号显示出生态的本体特征。在草原民族的审美文化中，"美"的规定性与"生态"的关系是一种更为本质的关系。其文化根性依然是生态性。这些琳琅满目的审美意象是草原牧人的

心底观照，其根脉深植于草原民族原初纯朴的生态意识和观念中，隐含着与草原的生态环境本真的和谐的状态，具有原生态的特质。原生态民俗（Original Ecological Folk Custom）属于民众的生活世界（Life World），表示一种历史上与现实中生活本身的真实、质朴、诚信和善良。

美丽的草原是我的家，草原民族的家不只是一个蒙古包，而是整个辽阔的草原。他们骑马在草原，野牧在草原，帐房也搭建在草原。地球母亲给予草原民族生存的自然环境和生物的多样性。在地球表面，草原是连绵不绝的草禾覆盖植物组成了一个植被密集的区域，这类植物比其他任何一种植被的分布都要广泛。草原不利于高大植物的生长，但为禾草植被的发育、为牧业发展提供了很好的环境。内蒙古草原就有 2400 余种草，而可以供给五种牲畜的草达 800 余种。在生态系统的生物链中绿色植物是第一营养级，食草动物是第二营养级，食肉动物是第三营养级。按照牧人的解释，草养羊，羊吃草，我吃羊。游牧的生活是草原养活了家畜，家畜维系了人的生存之需。对于草原民族来说，草原和牲畜是审美的载体，失去了草原和牲畜，就失去了审美载体。所以草原牧人的审美观，深深地扎根于草原生活中。无论是放牧生活，还是草原上的赛马节的节日生活，都是民间的审美力量。

草原生态文化的审美意象属于草原的生活，美的存在与生活密切相关，美是支持生命的重要前提。"审美制度进入民间的领域，进入日常生活的经验领域，并且内化为一种主体性的力量，直接参与到日常生活中，直接与日常生活相关联。只有当我们在意识与现实之间感受不到任何对立时，即，在一种意识形态成功地决定我们在日常生活中以何种方式体验现实时，这种意识形态才会真正地'掌握我们'。"[①] 民间审美依靠的恰恰是与其同根相生的约定俗成的习俗（惯例）的力量。也就是说，在牧业生活中，丰富多彩的民俗象征物构成了审美对象，并且内化为一种主体性的力量，这是民间审美的源泉。

草原民族的审美观是草原牧人世世代代累积起来的集体意识的结晶。牧人具有把广阔的博大的草原视为家的胸怀，牧人骑马可以驰骋几千年的草原时空，牧人的敖包祭祀与节庆等民风习俗可以世代传承，这一切都是草原民族集体审美观念的折射。千百年来集体观念凝聚成的审美意识超过了感官生活，具有了固定性、稳定性的特征，而且为牧人的审美观投射了价值。

① ［斯洛文尼亚］斯拉沃热·齐泽克：《意识形态的崇高客体》，季广茂译，中央编译出版社 2002 年版，第 69 页。

集体的审美意识是牧人个体的普遍认同与集体心智的合一。在这看似无形的时间的延续性和空间的广阔性中，构成了一个审美的精神网络。草原民族所折射出来的生态美的审美观建立在一个生态文化群体所创造的全部传统之上，与那里的民众有着深深的情感纽结，具有游牧文化的内涵，并且凝铸着游牧民族人与自然和谐的精神世界，可以说，游牧的审美观是现代生态美学的先声。

二、人与自然共生的生命美

人的生命与自然环境中的各种生命共同存在于生物圈内，生物与生物之间最本质的特征就是关联性。广袤的草原养育了牲畜，人类掌握了牧养牲畜的技能，牲畜维持了人类的生存。草原民族的生活方式和生命与草原相连、与牲畜相连，在这里生命与生命之间通过食物链建构成一个整体。

人的生命与整个生物圈的生命是相互关联的。人类只有在与自然的共生中才可生存发展。草原上生长的不是野草，草原是维系游牧文化的屏障；草原不是无用的荒漠，草原是牧养牲畜的粮仓。基于此，草原牧人把草原视为

牧人挤奶　供图／邢莉

母亲，用自己的智慧和文化把荒漠草原变为了承载游牧业的草原、文化的草原。雪白的羊羔、金色的马驹、黄褐色的牛犊、棕色的驼羔，像五彩斑斓的珍珠撒满了草原。那是生命的涌动，生命的欢腾、生命的繁衍。羊羔、马驹、牛犊、驼羔出生的时刻，是牧人最幸福的时刻。牧人们把奶油、奶子、酸马奶涂抹在牲畜的头上，祝颂仔畜快快长大。祝赞词说："缰绳上拴着的，枣骝黄膘与日俱增；笼头上拴着的，海骝花马与月俱增。愿没奶的牲畜有了奶，愿空怀的牲畜怀了胎……"这些生命与牧人共同生存在地球的生物链上，维护地球生物圈的运转和平衡，构成了生命之美。我们在研究审美的时候，往往拘囿于审美领域中，拘囿于艺术家的思维模式中，实际上无论是审美判断的出现，或是审美理想的抒发，都离不开生命——人的生命、动物的生命、草原的生命。生态景观的多样性使得人与草原的生态环境、与草原上的生物有更大的亲和性。我们把生态美视为生命物种在共同生存的环境中协同进化、互生共存的关系。

从根本上说，美就是生命，生命就是审美的源泉。牧人的美学就是处处显示"生生之象"的美学。因为审美需要源于人在创造性劳动中所体验的生命活动的快感。正如马克思所说："人不仅通过思维，而且以全部感觉在对象世界中肯定自己。""只是由于人的本质客观地展开的丰富性，主体的、人的感性的丰富性，如有音乐感的耳朵、能感受形式美的眼睛，总之，那些能成为人的享受的感觉，即确证自己是人的本质力量的感觉，才一部分发展起来，一部分产生出来。"①

草原牧人的生活图景是绵羊在欢跳、牧草在摇曳、骏马在奔驰、牧人在扬鞭。骑马的牧人徜徉在草原上，就是躺卧在草原母亲的怀抱里。牧人的审美意识，是人对象性世界的自我观照，是生命美与生活美的合一，是自然美、牲畜美与人美的合一，彰显出自然与人类合一的大格局、大智慧。

我们看到生态美是生命与生命的交流，生命与生命的对话，生命与生命的美美与共。当母羊没有给小羊喂奶的时候，牧人会对着母羊唱起哄歌，直到母羊的眼里滚出泪珠。当暴风雪来临的时候，牧人会把小羊羔搂在自己的袍中，宛如抱着一个新生的婴儿。当母骆驼产子后不喂奶时，牧人会拉起马头琴，这时母骆驼也会接受自己的孩子。英雄需快马，快马需健儿，草原民族把参加传统的赛马比赛视为荣耀。骑手们要着意打扮自己，他们的衣服的颜色鲜艳，而且在衣襟上、袖口上、裤角上都绣有精美别致的装饰图案。他们更

① 《马克思恩格斯文集》第1卷，人民出版社2009年版，第191页。

以爱心装饰自己的马，有的给马带上铜铃，有的给马系上彩绸项圈，使马精神抖擞、焕然一新。这就是草原生态美的真实图景。草原、牲畜、牧人，每一生命都包含着其他的生命，草原包含着牲畜和人类的生命，人类的生命包含着牲畜和草原的生命。没有谁能够单独生存，生命之间的关系，生命与环境之间的关系，与生命存在同样真实，这就是生态学的场本体论。①

生态美不等于自然美，自然美是自然本身的美，生态美是人与自然共生命，自然作为人的生态过程的参与者所表现的审美价值。蒙古袍的颜色多有白色和蓝色，他们摈弃黑色灰色崇尚白色、天蓝色，这种审美意向来源于多彩变幻的草原。从草原服饰的款式看，褒衣博带，可塑性强，既能体现人体的曲线美，又能体现牧人宽厚大度，粗犷坦荡的性格。牧人认为白色、天蓝色是吉祥的颜色，白色是乳汁的颜色，美好、圣洁、吉祥与和平；天蓝色在蒙古族心目中意味着永恒与忠诚。永恒是对生命的希冀和渴望，忠诚意味着生命个体对于生命群体以及整个自然界所承担的责任，这是蒙古族世世代代生命的准则，同时也显扬了人与自然共生的生命美。蒙古族的服饰在整体上被评为国家级非物质文化遗产。

藏族、哈萨克族、柯尔克孜族的服饰上都会出现卷曲拉伸的卷草纹或者变异的卷草纹，其装饰于袍边、裤上、靴鞠，甚至装饰在毡房上，这是草原上特有的生命的歌颂。广阔的草场是牧人生活的全部希望和爱恋，而服饰上卷草纹与绿色的草原共同构成了一个生机勃勃的天人合一的世界。植物纹饰和动物纹饰来源于自然，但是已经超脱了自然，化成了作为体验者我的一部分："我与生物圈的整个生命相连，我与所有的生命浩然同流，我沉浸于自然之中并充实着振奋的生命力，欣然享受生命创造之美的无穷喜乐。"② 有了草原的生命才有了牧人的生命，牧人的生命留存于草原之中，所以蒙古族曾经实行野葬，没有坟墓，没有墓碑，埋没于荒草丛中，长眠于母亲的怀抱里，守护着依然的白云和蓝天。这就是他们所恪守的生命准则，正是这些生命准则维系了千年草原，这就是草原牧人参与了实践了的草原的生态美。

认知与情感诉诸生活中的艺术表达，天人和谐之美在生活中呈现。草原民族的摔跤手讲究服饰。摔跤服要穿坎肩，坎肩多用香牛皮、鹿皮、驼皮制作。摔跤服的上衣和外加的皮坎肩上、摔跤裤上绣有精美的图案。一类图案为植

① 余世荣：《生态智慧论》，中国社会科学出版社 1996 年版，第 65—266 页。

② 余正荣：《生态智慧论》，中国社会科学出版社 1996 年版，第 266 页。

物图案，多为草形、花蔓形；另一类是动物图案，呈龙形、孔雀羽形、火形、吉祥图形、凤形等。他们足蹬蒙古靴，腰缠宽皮带或绸腰带，充满力量。这样图案不仅在于实现人的草原的生存方式和生活风格的审美的获得感，而且他们服饰上的精美的花草文饰、动物文饰达到人与自然、人与人、人与社会融合的诗意的境界。草原上存在着丰富的生态链，这些不同种类的生物存在着互相依存的关系，构成生命的网络。草原游牧文化的生态美就是把人类的生命融入到生态链之中，在保护草原生态的同时激活自己的生命和审美。

在工业化时代，把人置于自然之上，把人视为自然的主人，自然必须臣服于人，人与自然的关系成为主与仆的关系，成为二元对立的关系，这就是我们现在所要反思的人类中心主义的弊端。而草原牧人将人视为在生态环境中的人，与自然共处共生的人。自然从人的生命行为中维系生态圈的稳定和进化。在生命与环境之间相互支持、彼此依赖、共同进化的基础上，每一个生命都包含着其他生命，生命之间相互包含，生命本身也包含着环境，没有谁能单独生存。生命之间的关系，生命与环境的关系，与生命的存在同样真实。因此生态美正是在这生命之网的普遍联系中展开的，建立在各种生命之间，生命与生态环境之间的相互依存、共同进化的基础上的。由此使人感到这种生命的和谐共生的必然性并唤起自然的生命之间的支持、理解和共鸣。

人与自然共生的生命美是人类与自然建立和谐统一的关系。它是以生命过程的维持来显示的。这是一个持续的过程，一个生生不息的过程。没有各种生命过程的持续，就没有生态美的存在。当人们在自然的草原上放牧，把自然的草原变成生态文化的草原的时候，千种百种绿草构成了生态美。绿色的草原受到太阳的光合作用，在自己的生命中维系牲畜的生命，人在牧养牲畜的同时，用牲畜来维持"穹庐为室兮毡为墙，以肉为食兮酪为浆"的保护生态的生活方式。日月星斗不停地运转，绿草一岁一枯荣，牧养的牲畜在绿草的转换中休养生息，牧人的个体的生命有诞生，有死亡，但是因为人创造了草原生态文化，草原生态文化又保护了草原，人类整体的生命却在天地之中，在草原之上而不断繁衍，生生不息。"生态美是活性物质的韵律。科学研究者把重量、化学成分、能量、空间特征表示的有机体的总和称为活物质，活物质将死亡变为生命的转换站，这一过程充满着新陈代谢的生命承续之美。"[①] 这是人的文化创造力，而只有人的文化能够传承，才能使得人类生生不息。

① 参见余世荣：《生态智慧论》，中国社会科学出版社1996年版，第259页。

青海祁连县藏族女子服饰色彩丰富　摄影 / 顾海峰

三、尊重草原生态环境的人类的心性美

草原生态文化的生态美显示出永恒的生命力和创造力。美是一种价值的存在。人是活跳的生命，生态环境中的各种生物也是活跳的生命。在生命与生命的长期持久的互动过程中呈现的和谐美、生命美一方面与生态环境相和谐，另一方面表现人的心性美。人类寻求的应该是人与自然共生存的共同感，从自然的生命中感受自己的生命，促进自己的生命，这就是心性美。

草原民族创造的艺术是我们重要的审美对象。从漫长的历史至今，蒙古、藏、哈萨克、柯尔克等草原民族，都集体创造了美不胜收的音乐与舞蹈，哈萨克族冬布拉艺术，柯尔克孜族库姆孜艺术，蒙古族绰尔音乐，马头琴的艺术；在帕米尔高原从事牧业的柯尔克族的《挤奶舞》《纺线舞》《擀毡舞》《缝花毡舞》《剑器舞》《接鞭舞》等，还有《草原的婚礼》《帕米尔的春天》《草原上的两朵玫瑰花》等；藏族的歌曲旋律优美辽阔、婉转动听，民间舞蹈种类繁多、刚柔相济，颇具特色的男子《踢踏舞》、独具表演性的各种《鼓舞》和集体自娱性的《弦子》《锅庄》等；哈萨克族的《走马舞》，这是根据名曲《黑走马》改编的。从“敕勒川，阴山下。天似穹庐，笼罩四野”这首游牧人的世代绝唱，到现在流传世界的草原长调的千古音响；从数不胜数的蒙古族的赞歌、婚礼歌，到仪式歌、赛马歌等，都炫耀着草原上独有的审美判断与审美价值。

我们探讨草原生态文化的审美观不仅是停留在草原的自然美、生命与生命之间的和谐美的根基上，而且建立在各种生命之间，生命与生态环境之间的相互依存、共同进化的基础上。在生物圈中，进化过程中的人类是最伟大的生命，是生态美建构发展过程中的重要角色。我们不可忽视的是草原民族创造的生态美是作为人生的一种伟大的创造力和一种人生的心性美的涌动。

被评为世界非物质文化遗产的蒙古族草原长调是生活中的艺术，艺术中的生活。它的旋律特征除了旋律本身所具有的华彩装饰如前依音、后依音、滑音、回音等外，还有一种特殊的发音技巧形成的旋律装饰，蒙古语称为“诺古拉”，可译为“波折音”，即发声时，配合口与咽腔的复杂动作，发出类似颤音的抖动效果，是牧人发出的最接近自然的声音。在蒙古长调里，一般抖动两三次，诺古拉对形成蒙古长调的独特风格具有重要作用。人们用这样的曲调和旋律来描述牧人的生活，歌颂伟大的草原，高昂的理想。在旋律的抑扬顿挫的跌宕中，感受到的不只是雄浑和辽阔，不只是草原晨曦的朝霞，血色的夕阳，长调显示的是草原民族阅历沧桑的历史，是经历了自然灾害之后的领悟，是对重启的天堂草原的无限眷恋与痴情。草原长调的唱法有很大的随意性、自由性、抒情性和浪漫性，因歌而异、因人而异、因时空不同而异；长

属于辽阔草原的长调　摄影 / 周加

调是自由之声，每个人可以根据自己的性情而变化长短，长调是无伴奏的天籁之音，每个人展示的都是自己的心声。

牧人演唱的长调跟随自己的心性和经验。草原人的长调不是产生于高雅华丽的舞台上，不是产生于精英文人的臆想中，而是来源于草原人与蓝天白云的对话，是一个自在自为的时间性行为过程。长调古老的宴歌《六十个美》，仅在一首单乐段淳朴的歌曲中就唱出六十个美的事物。歌中列举了宽广的草原、生命的青春、牛羊与骏马、鸿雁归来、阳光云霭、明月繁星、山的景色，还包括父母的恩情、弟兄的情义、祖先的遗训等。牧人牧业的生活经验和野牧生活的经历在歌唱中展开，化成了审美经验，其为感性的抒发，也有理智的总括。这是对草原活态的各种生命的呼唤，也是人的生命对于自然的回归。这里不只是自然的复制和人生的表述，而是人生的一种境界的提升。正如梅洛庞蒂（Maurice Merleau-Ponty）所强调的，在实际的环境感知中，主体身体的所有感官都在联合工作，因为我们并非通过相互分离并且彼此不同的感觉系统进行感知，而是统觉，调动了所有的感官系统。[①] 这是审美主体与审美客体相互作用的结果。

草原民族的心性美有两个关键词，一是善良，二是包容。善良，指在草原民族的生活和其创造的多彩的艺术中都折射出其本于心的善良。从信仰原始宗教萨满教或者苯教的万物有灵及平等的观念，他们对自然界就有一种体悟，草原生态环境给予了人类也限制了人类，因此草原人养成了顺天顺地的生活方式和生活习俗；生存资源的宝贵使得他们不像大工业时代的人们那样产生无穷的开发欲望，而是善待每一种生灵、每一种草。他们依据草原的生态环境确立了生活理想和价值目标。自遥远的时代至今，他们都称草原为母亲，这是本于心的善良所致。天地对应的是良心，良心要对得起天地。在这里心有了文化哲学意义——它使人充满了人性的情趣和意味，使现实充满生命的华彩和价值。它高扬的不仅是人的价值，还有自然万物的价值。草原人心性美建立在善的基础上，没有善，就没有美。

包容，指原生态环境和谐的意象美并不只是草原生态本身，而是牧民在生活中创造性地实现了某种意义或观念的方式，自然的万千种活态的生命是生态美的万千载体，草原民族在草原社会中感知生物圈中的审美对象，在对审美形象的无数次感知中，他们获得了无数次的审美体验。在蒙古族图

① 曾繁仁：《生态美学导论》，商务印书馆 2010 年版，第 338 页。

案中我们看到多有圆形，圆形图案往往置于图案的中心位置，圆形的四周再用卷草纹、犄纹、盘肠纹等装饰，装饰的文饰显然是草原在人们心灵中的折射。关键是始终居于中间位置的圆形的解释。古老的民歌说：天似穹庐，苍天是圆形的，这种认识，一直到后来18世纪的佚名的《蒙古天文学》一文才明显地表述出来。这部著作第一节"天论"谈道："到天体圆而包地状，犹壳裹黄周旋无端，其形浑，故谓浑天。悬于空间成为海船。"① 太阳为圆，月亮为圆，星辰为圆，天为圆，蒙古包也为圆，圆给人一种宇宙的秩序感、稳定感，圆形已经不是一种几何形态，在草原民族的心里，已经上升到精神的表述、情感的凝聚、人生的启迪，以至内在生命的一种力量。圆形给人一种生命的体验和无限的想象力。那就是日月的旋转，生命的不息，天、地、人一体的包容，这就是草原民族文化精神的脉动。游牧人以自己创造的物质财富和精神财富来适应草原的自然生态，而其创造的文化所折射和宣泄出来的生态美张扬着民族文化精神。这里所焕发出来的生态美"都是人的意识的一部分，是人的精神的无机界，是人必须事先进行加工以便享用和消化的精神食粮"②

这种集体的审美观念是牧人生活美和心灵美的折射，也是善良心灵的又一层表述。"善就是道德，美是一种情感的判断。真与善需要通过美作为中介将之联系。"③ 草原人善良和包容的心性美是为了求得生活的美满和吉祥。他们以善良和包容的心态应对脆弱的草原上的各种灾害，以开放的心态趋利避害，求得生活的圆满和吉祥。心灵的慈善和包容是大美的基础，没有心灵的善良和包容就没有美。

这种审美境界是人的心性美的表述，最宽阔的是海洋，最美的是牧人的心性。他们在美丽和脆弱的草原上维持民族的生存，他们回报草原的是赤子般的热恋、行为的保护，诚信和善良、真情和拥抱。这就是牧人的心性美的内涵。蒙古族长调是牧人心性的表述，也是牧人心智的创造，"因为自然的丰富有一部分就体现为其作为人类生命之支撑的潜能。我们对人类的创造性、发展性、开放性和生机是加以肯定的"④。草原生态文化产生的牧人

① 蒙文《天文学》，李迪、王庆译，1979年汉译油印本，转引自乌兰察夫《蒙古族历史上宇宙观的形成与发展》，《内蒙古社会科学》1987年第5期。

② 《马克思恩格斯选集》第1卷，人民出版社2012年版，第55页。

③ 曾繁仁：《关于"生生美学"的几个问题》，《济南大学学报》2019年第6期。

④ ［美］罗尔斯顿：《环境伦理学》，杨通进译，中国社会科学出版社2000年版，第48页。

的心性美是草原生态环境给予的，没有特定的草原的时空环境，草原长调的心性美就失去了语境。从空间关系看，草原磅礴大气、温暖强劲的生态环境作为审美对象，可以给人一种空间的秩序感和安全感，这样才产生人与天谐的意境和一片生机盎然的氛围，也产生了牧人的心性美。人与生态环境相互渗透、联通一体，审美经验融合在社会生活经验当中，理解长调音乐的审美观照必须要从流动的生活开始，以整体感知的统觉把握。在这里，不能把审美客体与审美主体皆然分离开来，而是审美境界的主客同一和物我交融，“天地与我同生，而万物与我同一”。

作为当代美学分支学科之一的生态美学，提出自己的生态美学主张是当然的社会职责。在生态美学看来，若要构建以和谐为美的草原生态文明，首先应顺从自然规律，尊崇自然法则，建立人与自然和谐融洽的平等关系，才能使人类在不违逆自然规律的情况下，保持自然生态的完整性与统一性，也才能使人类持久生存，可持续发展。正如汤因比所认为的地球是人类的母亲，草原民族认为草原是慈祥的母亲。草原生态文明的建设重在改变人与自然的敌对关系，重塑自然的尊严和人类审美文化的精神内核正是它的生态特性，这是它不同于西方美学传统，也与汉族传统的审美经验和特性有所不同的地方，这是草原生态文化的美学为美学领域和哲学领域提供的新视阈。

第四节　草原生态文化的崇高美

在我们进入审美境界的时候，涉猎的是人的行为方式与生态环境的关系。草原文化的生态文化把人与自然的关系界定为“人以自然而存在，而自然以人而存在”。[①] 草原的生态环境赋予人生命和审美灵感，而人类以适应草原生态环境的创造美化了草原，草原生态文化的审美维度强调了人的内在自然与外在自然的和谐统一关系。其生态美的审美维度不仅局限于草原生态环境的自然美，而是包括人类创造的崇高美。在四级结构的生态系统中，人类的产生是有意识的生命的产生，也是生态美发展过程的重要进程；草原之所以不是荒漠，是因为人类创造的生态文化的滋润；那里不仅有无垠的牧草，更有

① 陈寿朋：《草原文化的生态魂》，人民出版社 2007 年版，第 55 页。

马牛羊生命的欢跳；那里不仅有绵绵的山峦，更有牧人毡帐炊烟的生生不息。草原牧人的贡献是在保持千年草原生态环境壮美的情境下，智慧地利用草原养活了人类自身，这是草原生态文化的伟大创举。

一、草原马文化的崇高美

在谈到草原生态文化崇高美的时候，我们认为马文化的产生和传承是草原生态文化的重要标志。草原上的民族以“马背上的民族”著称于世。宋人《蒙鞑备录》记载：“鞑人生长鞍马间，人自习战，自春徂冬，旦旦逐猎，乃其生涯。”在牧业生活中，牧人生产以马、乘骑以马、战时以马、娱乐以马。有规律的游牧生活必然要骑马，游牧民族往往以马代步。牧人骑马去寻找牧地，又骑着马从一个牧场转移到另一个牧场，牧人骑马管理着畜群；人骑马迎接马背上的新娘。在牧业社会里，骏马又是游牧民的忠实的助手。牧人有这样的谚语：

祁连山下草原牧马　摄影 / 傅筱林

“没有马，就像牧人没有手脚，没有马没有鞍韂的人不是人。”

我国草原总面积将近4亿公顷，占全国土地总面积的40%，为现有耕地面积的3倍。草原是我国面积最大的陆地生态系统，在广大的草原上，马有最快的移动速度，以维系游牧生活。马是优化的动物，具备其他动物不具备的优点。马勇猛矫健，它能跑几十里、上百里，速度较快。马的嗅觉、视觉、听觉都格外灵敏，与野兽同能。马机警而识途，能在茫茫的草原上识别方向；马能忍劳耐苦，在严寒中，可以为你遮挡风雪，在酷热时能够寻找到甘甜的水源；马驯服而倔强，绝对忠实于自己的主人而不让生人接近；马可以把受难的主人驮至安全的地点。正因为马具备其他牲畜没有的优点，牧人把马视为义畜。

马文化是草原生态审美文化的重要符号。在草原的生活中，牧人创造了与马相伴的生活；在牧民的生活中，马成为不可或缺的审美对象。他们创造了马的图案、马的绘画、马的音乐、马的舞蹈。在草原民族的毡房里，马的绘画迎面而来；在绿色的草原上，响起了悠扬的马头琴声；在节庆婚礼时候，有各种各样的马的舞蹈。《走马舞》《跑马舞》《赛马舞》，每一个哈萨克人都是很好的骑手，所以他们的舞蹈以骑马为题材的较多。如马在奔跑起来时，周身紧致流畅的肌肉，马鬃和马尾飘逸的线条，形成有节奏的韵律，可以说是力与美、速度与激情的完美结合。《走马舞》，就是根据名曲《黑走马》创作，表现骏马在草原上奔驰的各种矫健姿态的舞蹈。伴随着赛马的欢快，牧人会唱出酣畅淋漓的赞马词，《云青马》这样夸耀骏马：“我可爱的云青马哟/是腾云驾雾的火龙驹/……我可爱的云青马哟/是个追风驰雾的宝龙驹……”

草原上的马头琴是在乐器上装饰着马头而命名的。琴首刻有马头。马头形象不一，有的与马相似，有的则具有鲜明的夸张的色彩。无论是来自民间还是来自艺术家的雕刻，马的眼睛都炯炯有神，耳朵精神抖擞，它的鬃毛飘飘欲舞，使人感到神气活现。马头琴的音响能弹奏出马嘶、马鸣、马哀、马叹、马奔，在悲念中含有深沉，在悠扬中充满希冀，它伴随着草原牧人，经过世世代代，成为草原的珍宝、牧人的伴侣、吉祥的福音、镇邪的象征、草原牧人的心声。关于马头琴的起源，《清史稿》有载。有元一代为马头琴的兴盛时期，《元史・誓浑河功臣传》记载成吉思汗的功臣名将时，就有召烈台氏的抄兀儿的名字，抄兀儿即马头琴之意，这位名将是以马头琴命名的，可见马头琴的使用已较为普遍。随着成吉思汗及其家族的金戈铁马，马头琴不仅在东亚、中亚流传，而且越过乌拉尔山脉和伏尔加河到了欧洲，为世界各民族人民所钟爱。

在游牧社会，马是牧人的伴侣，是财富的积累，是货币的象征，是与农耕世界沟通的桥梁。

在草原民族的历史上，马给牧人以纵横捭阖的气势，给游牧民带来了无比的荣耀与骄傲。长期从事牧业的草原民族蒙古族、藏族、哈萨克族、柯尔克孜族都有关于马的节日、马的娱乐、马的祭祀与仪式。马是草原民族重要的审美对象。在蒙古族史诗《江格尔》里用最美好的词汇赞美骏马："阿兰扎尔的脖颈八广长，天鹅的脖颈一样秀丽。阿兰扎尔的鬃毛，湖中的睡莲一样柔媚。阿兰扎尔的两条前腿，山上的红松一样峭拔。阿兰扎尔的双耳，精雕的石瓶一样名贵。阿兰扎尔的牙齿，纯钢的钏刀一样锋利。阿兰扎尔的双唇，比鹰隼的双唇还艳丽。阿兰扎尔的四蹄，如钢似铁。阿兰扎尔的眼睛，比苍鹰的眼睛还要敏锐、广阔。"草原民族的审美观念和审美意向把马视为自己的朋友和伴侣。他们之间超越了驾驭和被驾驭的关系，而是平等互助的关系，互相依赖的关系。英雄与骏马是草原民族崇拜的并列主体，在史诗《江格尔》里，人和马是同位的：

什么样的母亲，养育了这样英俊的男儿？

什么样的骒马，生下了这样美丽的神驹？[1]

没有骏马，何以有英雄；没有英雄，骏马何能展示卓越的本领？马与人已经结合成一个完美的整体纵横捭阖的时候，人才能够获得一种欢愉，产生一种崇高的自由感。草原民族的马文化具有高大上的崇高美。

牧人的马文化其不仅表现在物质层面和非物质层面，还包括马种的选择和培育的知识以及技能；关于相马识马的知识和技能；关于驯马、放套马、牧马的知识和技能；赛马的训导和赛马的技能技巧；马具的制作和使用及利用马具驾驭马的技能技巧等。这系列的知识和技巧构成了牧人创造的马文化的深厚底蕴，也是牧人与马建立情感的根基。生态景观的多样性使得人与草原的生态环境及草原上的生物有更大的亲和性。我们把草原生态美中显示的崇高美视为草原生态文化的重要特征。正如 18 世纪美国生态学家布拉德利所言，所有的生命都在某种程度上互相依赖而且……每一个个别自然造物都有其特殊的功用，进而如果缺少任何一种生命形式，所有其他生命形式会因此而秩序混乱。[2]

---

① 色道尔吉译：《江格尔》，人民文学出版社 1983 年版，第 158 页。

② Robert P. McIntosh, *The Background of Ecology*, London: Cambridge University Press, 1985, p.78.

在牧人与马长期生活的深厚根基和累积的情感中，草原民族创造了丰富多彩的马的艺术。这些高超的甚至神奇的马的艺术是创造、是想象，更是审美。在美学领域，体现的是崇高美。崇高美的核心词是“强劲和腾飞”。与草原的牛羊和骆驼相比，马善跑，家马是速度很快的动物。据 1957 年测算，蒙古马短跑 1000 米，用时 1 分 21 秒。哈萨克马身躯较为高大，公马的体高在 140 厘米左右。据测试，在短跑时，哈萨克马跑 1000 米用时 1 分 17 秒，比蒙古马略快。在广袤的草原上，牧人与马发生了亲密的关系。中国牧人积累了养马、驯马、放马、套马的丰富经验。并且培育了种类繁多的可与世界良马相比美的三花马、汗血马、蒙古马等名贵的马种。古代的蒙古人及其祖先称马为龙种。在古代吐谷浑人中流传着一个传说：“青海湖周围千余里，海内有小山。每冬冰合后，以良牝马置此山，至来春收之，马皆有孕，所生得驹，号为龙种，必多骏异。”龙有什么特征呢？《周易·乾卦》云：“初九，潜龙勿用。初二，见龙在田。九四，或跃在渊。九五，飞龙在天。”龙是能够行于陆、潜于水、腾于天的动物。显然，游牧民族所喜爱的马是不具备这种功能的。但是飞马的神速使牧马人产生了想象：他们给马安上了双翅。内蒙古鄂尔多斯出土的匈奴古墓的饰牌上：“一幅马纹青铜饰牌中，马的两侧竟然是迎风振动的翅膀……马尾飘起，呈飞奔状。”① 游牧民族把马比拟为龙，希冀马能像龙一样飞跃在天空。舞蹈中的套马、拴马、骑马、飞驰等动作不仅是现实生活中的模拟，更充分体现了草原蒙古民众粗犷英武、激昂向上、飞奔奋勇的民族气质与民族精神。虽然人类生存所处的生态环境不同，但是支撑人类在特定的生态环境中奋力前行的应是人的精神。创造马文化的草原民族的知识、力量、毅力、审美是在传承马文化中得到的。这不仅是草原生活的现实，更是创造意义想象，在草原民族的史诗中，骏马总是陪伴着英雄，英雄驾驭骏马而腾飞。这是马文化的登峰造极，更是英雄内在气质的抒发。马文化所呈现的崇高美是强劲的力量和奔腾不泄地勇往直前。这种审美的崇高追求的是“人的内在自然与外在自然，人的感性生活和理性生活的和谐统一。所以审美使人的心灵在形式中感受、意义领悟和价值体验中趋向于一种和谐状态”②。马文化建构了牧人整体生活秩序，促进了牧人精神世界的律动。

西方美学家认为，崇高的对象“把心灵的力量提高到超出其日常的中庸，

① 参见《鄂尔多斯式青铜器》，中华书局 1983 年版，第 73 页。

② 徐恒醇：《生态美学》，中国社会科学出版社 1996 年版，第 140 页。

并让我们心中一种完全不同性质的抵抗能力显露出来。它使我们有勇气能与自然界的这种表面的万能相较量”，崇高“是通过对生命力的瞬间阻碍，及紧跟而来的生命力的更为强烈的涌流”[①]。这样的结论不无道理，但是从我国草原游牧民族的马文化中，我们看到的是豪放、劲健、奋发而产生的崇高的审美体验。

草原马文化的崇高美产生于草原的生态环境，也产生于草原的人文环境，草原生态环境和人文环境形成了人的创造力与草原与马和谐的文化，这样的和谐可以说是天衣无缝的。英国作家詹姆斯·奥尔德里奇的《奇异的蒙古马》一书中写道：“英国人为了搞科研，从蒙古戈壁带走了一匹蒙古马，但这匹蒙古马不管怎么照料也在英国待不下去，不知跑了多少个日日夜夜，经过了多少山山水水，终于回到了自己的草原。”[②] 辽阔富饶的草原是产生草原马文化崇高美的土壤。

二、草原英雄史诗呈现的崇高美

草原文化的生态美显示出崇高的特质，在草原民族创造的史诗中也充分显示出来。世界产生史诗的国度屈指可数，我国草原民族创造的英雄史诗——蒙古族的《江格尔》、藏族的《格萨尔王传》、柯尔克孜族的《玛纳斯》，三部宏伟的史诗是中华民族骄傲于世界民族之林的文化瑰宝，是宝贵的不可再生的为人类共享的非物质文化遗产。这三部史诗都具有宏大的篇幅和深邃的历史感，它们仿佛将历史与宇宙和盘托出，不假人力、不假技巧而有具备万物、横绝太空的恢宏气象。这三部史诗都展现了草原英雄江格尔、格萨尔、玛纳斯带领的英雄群体与恶魔的势不两立的二元对立，最后经过长期前赴后继的鏖战，征服了恶魔。史诗不是历史，它与历史拉开了非常大的距离，但是又不是一般的文学。史诗具有历史的纵深感和历史的哲学感，显示了草原民族文化生态的崇高美特质。

草原文化生态的崇高美是与草原文化所显扬的英雄崇拜传统联系在一起的。在历史的长河中，草原民族的英雄崇拜经久不衰。在古老的萨满教里，苏勒德腾格里岱青腾格里都是以英雄形象出现的保护神。萨满教的英雄保护

① [德] 康德：《判断力批判》，邓晓芒译，人民出版社 2002 年版，第 83 页。
② 杨海鹏：《〈江格尔〉中的马及其马之精神》，《前沿》2019 年第 6 期。

神是人们创造出来的，这些英雄化的神能够从精神上给人以勇气和力量。人们在创造英雄之神的同时也在塑造自己，并进而塑造着一个崇拜英雄的社会。在蒙古族、藏族、哈萨克族、柯尔克孜族的英雄史诗里，草原民族的英雄崇拜得到完美的体现。

应该提出的是，在沧桑历史的流变中，蒙古族把英雄史诗中的英雄崇拜升华到13世纪出现的叱咤风云的英雄成吉思汗身上，国内外的历史学家一致认为，他的出现是中国史和世界史的震撼，也是说，他改写了中国史和世界史。英雄崇拜与祖先崇拜是蒙古族的传统，成吉思汗出现后，草原的人们把英雄崇拜与祖先崇拜集于一身，他的身上集中了勇敢、智慧、公正、谦虚、仁义等一切美德。草原的历史造就了英雄的成吉思汗，而在广阔的草原，滚动着神话的成吉思汗的故事和传说，其不仅表现在至今传承的对成吉思汗的隆重祭祀仪式上，也与民众的日常生活时时发生密切的联系。"蒙古传统上的以年为周期的各种有意义的经济活动以及蒙古人的结婚风俗的一些起源，都被归结到这个神妙的成吉思汗上。"[①] 在累积的成吉思汗的英雄事迹和牧人将其神化的过程中，同样显示了草原生态文化的崇高美。

创造史诗的草原民族是建构和向往崇高美的民族。草原民族崇高美的审美观是在草原的生态环境中产生的。1953年，J.伯赛尔发表了一篇论土著澳大利亚年平均降水量与人口数量之间关系的研究文章，具有划时代的意义。他不是根据"肥力"或者"生态丰富度"来界定环境，而是选择了单一的变量——年平均降雨量决定植物的生长，而植物的生长既直接通过植物性食物又间接通过动物性食物限制人类食物的利用。[②] 游牧业存在于年降水量400毫米以下的区域，在干旱和半干旱的荒漠草原，年降水量有的达不到200毫米，甚至100毫米，而草原依赖水而生存，人与牲畜也依赖水而生存。干旱的袭击与暴风雪的袭击同样给游牧业以致命的打击。春天温度上升，积雪融化，雨量甚少，热量和水分的不相配合，形成普遍的春旱现象："据今500年的资料分析，平均3年两旱，7年一大旱，62年左右一个特大旱。"[③] 在这样的环境中生存的草原民族要具有强劲的体魄、高超的牧业技能与智慧，坚韧不拔的意志、顽强的吃苦耐劳的精神。创造和传承史诗的草原民族显扬的英雄气质和英雄精神是崇高美的内涵。

① 乌云巴图等：《蒙古传统文化论》，远方出版社2001年版，第129页。

② 参见[美]唐纳德·L.哈迪斯蒂：《生态人类学》，郭凡、邹和译，文物出版社2002年版，第11页。

③ 宋迺工主编：《中国人口·内蒙古分册》，中国财政经济出版社1987年版，第11页。

在相对恶劣的生态环境中生活的草原人为了民族的生存同时为了保护美好脆弱的草原，从孩童起就培养其英雄的气质。蒙古族的男子有很多人起名“巴特尔”（英雄），他们三岁时就被扶上马鞍。“把英雄作为偶像，作为教育之重，指点英雄，什么人怎样成了英雄……”[①] 较为艰苦的牧业环境培育了草原民族的英雄主义和崇高的精神美。

草原史诗《江格尔》中的江格尔、《格萨尔王传》中的格萨尔王、《玛纳斯》中的玛纳斯都是草原文化塑造的草原英雄崇高美的体现。英雄史诗《格萨尔王传》通过对主人公格萨尔一生不畏强暴，不怕艰险，以惊人的毅力和神奇的力量征战四方、降伏妖魔、造福人民英雄业绩的描绘，热情讴歌了正义战胜邪恶，光明战胜黑暗的辩证思维和美学思维。在《江格尔》里多头的蟒古斯这个极为特殊的象征符号具有多重意义。它是各种自然的灾害、社会的邪恶等一切惊扰和平安定的恶势力的象征，而英雄江格尔是光明、幸福、英雄、铲除各种灾难和邪恶势力的正义象征。

在草原民族的英雄史诗中，英雄的事迹与骏马联系。赞美英雄的词汇与赞美马的词汇几乎是一致的。史诗中的马具有神力。史诗中常常出现骏马跨海的描绘：“洪古尔跨上了肥壮的铁青马，横渡波涛汹涌的岗嘎海（地名）。只用了七天，渡过了茫茫万顷的银海。”[②] 马可以劈波斩浪，游过大海。史诗中这样描绘江格尔大将的铁青马：“它力大无比能驮载山岳，它飞快神速能遨游宇宙。”[③] 力量何等神奇。马的神力不仅表现在其在自然环境中的无惧无畏，而且表现在其救助主人时的所向披靡。当英雄萨纳拉与芒古里搏斗，腰椎被打断，肋骨也被砍伤的时候，“红沙马放开四蹄向荒野狂奔，神速的红沙马拯救了勇士的生命”[④]。史诗中常用“雄鹰”“鹞鹰”“狮子”赞美骏马，也同时用这样的词汇来赞英雄。

面对自然的与社会的灾难，英雄浴血奋战、出生入死、义无反顾。这组二元对立的集体表象是蒙古族民众集体表象的沉淀，它凝聚着大游牧时代民众的审美观、价值观、道德观、哲学观。它将个体力量提升到集体力量之中，把集体的开拓精神和英雄主义升华到无以复加的地步：“爆发力是人类维持生存的一种重要的力的形式，爆发力就是对外部刺激的反馈力，生命意志越旺盛，

① 罗布桑却丹：《蒙古风俗》（蒙文版），内蒙古人民出版社 1981 年版，第 10 页。

② 色道尔吉译：《江格尔》，人民文学出版社 1983 年版，第 138 页。

③ 色道尔吉译：《江格尔》，人民文学出版社 1983 年版，第 61 页。

④ 色道尔吉译：《江格尔》，人民文学出版社 1983 年版，第 173 页。

反馈力就越强。”[1] 苦难渗透到历史的深层，造就了一个民族的忧患意识，写下了一部最悲壮的心灵史，铸造了一个最朴拙、最深沉、最坚毅、最坦荡的民族魂，当民族的心灵通过史诗表现出来的时候，苦难化作了豪迈，忧患化作了壮美，理想之花化作了瑰丽，因此，《江格尔》《格萨尔王传》《玛纳斯》成为草原英雄的绝唱，成为草原民族精神之魂。

在这里我们必须强调，草原生态文化显示的崇高美是人的主体性的伟力，人的意志和创造力是对于草原生态美的充实，但绝不是以人的自我膨胀为中心的为所欲为，更不会导致草原生态环境恶化和自然生态美的破坏，草原人的创造力和意志力全部建立在与生态和谐的基础上，而草原上的史诗中的英雄与恶魔的殊死搏斗也是由于恶魔烧毁森林、破坏草场而引发的。自然生态链中最基础的一环是绿色的森林和草原，是诸多物种生存的先决条件，自然生态链中最基础的森林遭到破坏，食物链底层的其他物种必将走向毁灭，也必将危及人类的生存。史诗中的英雄舍身赴死的动力源是保护广袤的草原。

草原人的崇高美是在草原特有的生态环境中的一种审美体验，由此进入审美境界。“在心灵与对象的融合中，取得对于对象世界更深远、更广泛的感悟，以便为人的发展开拓新天地。”[2] 草原文化生态的崇高美洋溢着的生生不息的生命意识，这就是其内涵的全部语义。而在其生命的显扬和歌颂中，还混合有一种深沉的对于生命哲学的思考，对于生命的忧患意识和深深的情感的扭结。所以，在审美过程中，崇高美是快乐与痛苦的混合。18 世纪的德国哲学家席勒认为，崇高感是痛苦与快活混合而成的，代表我们自身和同一对象的两种不同的关系，对应到我们自身的两种迥异的天性，人一方面对自然感受到难堪的局限，但另一方面对本身却显现另一伟大的存在。人在意志必然的手中，而人的意志却在人的手中。[3] 草原生态文化显示出的审美的崇高感是痛苦与快活的和鸣，是对生命的珍惜和对于理想的向往，其核心价值理念是追求和谐的、幸福的审美理想。在史诗《江格尔》里描述的宝木巴就是草原人理想的折射。“没有衰败，没有死亡。没有孤寡，人丁兴旺，儿孙满堂。没有贫穷，粮食堆满田野，牛羊布满山岗。没有酷暑，没有严寒，夏天像秋天

① 孟驰北：《草原文化与人类历史》，国际文化出版公司 1999 年版，第 78 页。
② 徐恒醇：《生态美学》，陕西人民教育出版社 2000 年版，第 142 页。
③ ［德］席勒：《审美教育书简（附论崇高）》，冯至、范大灿译，上海人民出版社 2003 年版。

一样清爽，冬天像春天一样温暖，风习习，雨纷纷，百花烂漫，白草芬芳。”[①] 这是这千百年来积淀起来的对民族、对家乡历久不衰的深沉情感。崇高的理想和对幸福生活的追求是一泓永远不会干涸的潜流，它灌注于英雄的行为中，构筑了英雄行为的底蕴和源源不断的动力。

三、草原节日那达慕的崇高美

草原上传统的节日是草原民族深刻的文化记忆，是草原生态文化累积的明珠，是草原生态文化崇高美的主要标识。蒙古族的重大节日那达慕就是草原节日的典型。草原那达慕的时间选择在夏末秋初，节日的人文时间坐标与草原的生态环境相和谐，此时是牛羊肥壮、牧业丰收的时间。当秋草未黄，葱绿的草原把一年之中最美的天生丽质呈现给牧人的时候，身着节日盛装的牧人骑马投入草原的怀抱。草原那达慕岁时节日文化时间，是根据生态时间选择的，这就是天与人谐、天人合一。

那达慕是娱乐之意，在原始的萨满教中，首先要取悦于天神，然后才是人的娱乐。如此，那达慕大会要祭祀草原的敖包。建筑敖包的石堆为山形，上面插上树枝。至今还传承在内蒙古地域的敖包信仰是蒙古族敬仰天神的标识。一是他们认为天神是兴风布雨之神，风雨雷电都是天神兴起的，当他们眺望和编制虚无缥缈的天神时，看到的是险峻的高山，所以他们创造的天神与山神紧密相连。二是他们认为神秘的高山是天神所居住的地方，或者高耸入云的山是攀天的天梯。祭敖包就是和长生天腾格里沟通，希望腾格里保佑牧民风调雨顺、五畜兴旺、无灾无病、大吉大利。然后开始进行赛马、摔跤等游艺活动。

敖包祭祀的存在说明：其一，在人类整体的生活世界中，人并非一种超自然的生物或者高居于自然中的人，而是在特定生态环境中生活的人；草原牧人生活在草原生态区域自然资源环境之中。其二，在人类生活中，自然、环境并非一种“异己”的存在，一种与人相对立的或者隔离的“他者”，而是人类生活的直接现实，是人类生活整体的一部分，所以人们创造了敖包神（包括天神、地神、水神等）。其三，既然人是自然中的人，自然是人在生活中的直接现实，那么人与自然环境就要建立一种互相沟通、互相尊重、和谐共处的关系。

① 色道尔吉译：《江格尔》，人民文学出版社 1983 年版，第 308—309 页。

敖包祭祀显示了信仰的崇高，它是草原生态文化崇高美的有机组成部分。

传承至今的蒙古族那达慕的节庆符号是著名的“男儿三技”，即骑马、摔跤、射箭三项具有草原文化特色的娱乐。包括“射箭、抛石、跳跃、掷骰子、下棋、测算、赛跑、游泳、抛套索”等九项内容被藏族称为“男儿九技”，“能具备九种技艺的男子被视为玛桑神的化身”。

与骑马、射箭相比美的技艺是摔跤，在绿色草原上的摔跤是人体的力量美的角逐和展示。草原民族的摔跤有几种方式：中国式摔跤、套麻袋摔跤、马上摔跤等。柯尔克孜族至今还有马上摔跤。天设地造的草原为游牧民族提供了练习摔跤的广阔场地，草原民族从小就抱着小牛犊或小羊羔进行力气的训练。摔跤手剽悍威武的身影、敏捷超群的动作，显示了草原民族的胆量、勇气和必胜的信念，这是力的张扬、力的旋律、力的盛典，通过在蓝天下力的角逐，把人的主体精神发展到淋漓尽致的高峰。最能彻底地表达人的主体性精神的美学范畴就是崇高。朗吉努斯说，崇高是“一颗伟大心灵的回声”，崇高把人性“提到近乎神的伟大心灵的境界”①。

射箭是节日那达慕中的另一项北方游牧民族传统的娱乐活动之一。蒙古族的古代战士视箭筒为生命。《蒙古秘史》第190节说：“还活着的时候，就让人家把自己的箭筒夺去，活着还有什么用？生为男子，死也要和自己的箭筒、弓和骨头躺在一起。”草原民族的传统习俗，弓箭成为男子必带之物，也是珍贵的馈赠物。游牧民族不仅男子个个能骑善射，女子也擅长骑射，不分男女老幼都可以参加射箭比赛，弓箭的样式、弓的拉力以及箭的长度和重量及射程因民族、区域而定。射箭比赛可分为立射、骑射、远射。骑射即跑马射箭。《黑鞑事略》记载：“凡其奔骤也，直立而不坐，故力在跗者八九，而在髀者一二，疾如飙至，劲如山压，左旋右射如飞翼，故能左顾而右射”，游牧民族多直乘鞍上，无拱背坐马之势，在疾驰如飞时，左顾右射。马在飞驰，人在立射，势如压山。射箭是又一次力的讴歌。波斯史学家《世界征服史》以诗的语言对此发出了由衷的赞叹：“他们都是神射手，发矢能击中太空之鹰，黑夜抛矛能抛出海底之鱼，他们视战斗之日为新婚之夜，把枪尖看成美女的亲吻。”② 游牧民族崇拜英雄，崇拜勇悍，射箭这种活动恰恰符合他们的这种审美心理。据说六世达赖仓央嘉措是一位优秀的射箭手。据《元史・木华黎传》载，成吉思

① 转引自朱立元主编：《西方美学范畴史》，山西教育出版社2006年版，第9页。

② ［伊朗］志费尼：《世界征服者史》，何高济译，内蒙古人民出版社1981年版。

汗的大将木华黎“猿臂善射，挽弓二石强”，这是对于力量的颂歌。

草原上的马文化体现在牧人的日常生活中，体现在英雄史诗里，更也体现在那达慕的赛马比赛的闪亮中。草原那达慕大会上举行赛马、快马赛、走马赛和越障碍赛。快马赛主要比马的速度，赛奔马是比马的速度和耐力，以先到达终点为胜。走马赛与快马赛不同，跑马是狂奔，马的前后蹄同时前进；走马是走，马的前后蹄交错前进。赛走马比的是马的速度、耐力、稳健、美观，切忌马奔跑，讲究压走马。其步履极快而优美，绝不癫狂。越障碍赛马的赛场要选择在山岭坡地、崎岖的山路等，赛程一般在500米以上，这项比赛多在藏族地区。在马背上，草原人的主体性和丰富性得到充分的体现。在新疆的畜牧业民族中，在喜庆节日和牧民集会时，哈萨克族流行一种男骑手在前面跑，女骑手在后面追的草原特有的娱乐“姑娘追”，哈萨克语为“克孜库瓦尔”。而柯尔克孜族叫“追姑娘”。两者不同，一是姑娘在前小伙追，一是小伙在前姑娘追。在牧人的眼中，“马从生产对象、从畜群的一员变成了人本身的一部分，使人完成着人已经不敢想象的事业。骏马的形象使牧人的自尊心得到满足，夏季里骑着一匹漂亮的骏马的牧人觉得自己的身心都在升华……骏马集中了一切生物（他们觉得：包括人在内）的优点，牧人们觉得有朝一日骑

哈萨克族节日的歌舞　供图 / 邢莉

上一匹神奇的马的愿望是那么珍贵。这样的心理积蓄和沉淀了多个世纪，也就在这样一个历史中，骏马的形象和对骏马的憧憬，构成了游牧民族的特殊的审美意识，剽悍飞驰的骏马成了牧人心中的美神。”① 草原上的马文化是骏马与人的完美的结合体，它不仅成为草原民族生命与活力的表征，而且张扬了人具有主体精神的崇高美，显示了牧人自我超越后的崇高的精神力量和道德力量。

草原牧人的审美意识是在奔放而激荡的赛马中获得的，是在刚健强悍的射箭运动中获得的，是在激烈豪壮的摔跤运动中获得的。这里没有和缓停息，有的是洪涛般的奔腾汹涌；这里没有孱弱退却，有的是电闪雷鸣般的急驰和抗争；这里是力的欢跳、力的律动、力的强悍，以及由此而升腾出来的昂扬、奋发、雄健、潇洒，跻身于世界之林的中国游牧民族在追求一种壮美，一种阳刚之气，一种生命的博大和永恒。在草原生态文化的审美意识中，力量处于至高无上的地位，拥有力量就是崇高美的显示，其不仅表现在健壮的体魄，还

青藏高原传统文化技艺　摄影 / 刘刚

① 张承志:《读〈元朝秘史〉随想》,《读书》1985 年第 9 期。

表现在智慧的头脑，高超的牧业技艺，这样的人才拥有社会的殊荣，这种审美标准在草原节日中得到了充分的体现。

人的活动是一种自然的生命活动，其生命活动和生活需要的全部物质都依赖于自然界。人类的生存与地球生物圈有着亲属般的血肉相关的联系，也不可能不服从自然法则，这种自然法则是不可抗拒的。因此构成了草原节日的主旋律为力的崇拜和力的崇高。这一方面与草原民族在脆弱的生态环境中生存有关，游牧生活较为艰苦，高寒的气候、雪域的环境、缺雨的困境，更需要强健的体魄和应对的智慧；另一方面与游牧民族的历史有关，历史上的游牧民族在建立政权的过程中，大都经过艰苦卓绝的战争。蒙古族的骑射谱写了不可一世的辉煌篇章，从成吉思汗统一蒙古诸部到忽必烈建立元朝，以至于蒙古人的武力震惊了半个世界，其胜利的主要因素之一是他们擅长骑射。《元史・兵三》云："元起朔方，俗善骑射，因以弓马之利取天下。"草原的节日不仅显示出特定族群的凝聚力和创造力，而且现代那达慕呈现在世界全球化的语境之中，呈现在我国步入现代化的语境中。国家和民族的发展都需要凝聚力。那达慕节日是草原民族奋发图强精神的显扬。

各个族群的节日文化又通过不同的文化表述自己的人文精神，并将其融入中华民族的民族精神之中。中华民族文化在差异中显示一体，在一体中看到差异，但是在文化内核——民族精神的体现上，却是美美与共、自强不息的崇高美。"天行健，君子以自强不息"。历史证明，支撑一个国家与民族长久、持续发展的精神动力，并不只是靠精英集团的超前意识，而是要靠大众普遍敬守的精神信仰，"如果没有这样一种能够推动大众精神的文化力量，仅仅靠单纯的物质驱动力，很难把一个国家的历史推向前进"。[①]

① 贾磊磊:《聚合无形文化的隐性力量》,《文化研究》2008 年第 3 期。

第二编

中国草原生态文化区域分布及其特征

第四章　蒙甘宁草原生态文化

蒙古高原，是古代游牧民族的活动区域和游牧文化的重要发祥地。在历史上，匈奴、突厥、鲜卑、契丹、女真、蒙古等民族都在这里建立过自己的政权，各游牧民族创造了与蒙古高原草原自然环境相适应的游牧文化，并最终“集成于如匈奴、鲜卑、突厥、回鹘、契丹、女真等强势民族的文化传统与文化创新中，并最终在元、清两代得到了最充分的体现”，形成了以蒙古族文化为典

羊马成群伴河曲　摄影 / 陈建伟

型代表、独具生态意蕴的草原生态文化。

蒙古族自古以来生活在亚洲北部的蒙古高原上，在严酷而封闭的内陆草原环境中长期从事畜牧业和狩猎业，从而创造了独具特色的游牧文化，世称草原文化或“马背上的文化”，而草原生态伦理观便是这种游牧文化的核心内容。

第一节　蒙古高原生态文化区及其特色

蒙古族传统文化中蕴藏着丰富的伦理道德思想，内容主要是调整人与人、人与社会之间关系的人际伦理观以及协调、平衡人与自然关系的生态伦理观。其特点：一是人际伦理观和生态伦理观融为一体，相互交错、交相呼应，构成具有浓郁草原气息的生态保护意识，成为游牧文化的独特风韵。二是人的自由和生态自由相结合，在广袤的草原上纵横驰骋，形成了游动的生存地域，从而拓宽了视野，积累了经验，形成并提高了蒙古族人的生存智慧和哲学的新颖思路。三是游牧社会中由于历史的诸种原因，宗教信仰、风俗习惯、伦理道德以及法律往往结合在一起，熔为一炉。四是生态伦理道德的内容充分反映了人与自然的关系、游牧狩猎经济的特点和发展规律，在稳定社会、发展民族经济、保持生态平衡方面起到了积极作用。

一、人际伦理与生态文化伦理

蒙古族传统伦理思想，指的是蒙古族历史上传承下来并对古今蒙古族社会产生重要影响的各种伦理道德观点、理论和学说的总称。蒙古族从9世纪前后走上蒙古高原的历史舞台，13世纪初期开始崛起，创制了通用文字，继承并发扬了蒙古高原连续几千年的游牧文明。蒙古族的历史活动，从一开始就与祖国内地的历史进程紧密地联系在一起。蒙古族成为一个民族共同体，已有可靠文字记载的文明史就达千年之久。蒙古民间有《圣主成吉思汗》歌曲，元代有《圣武亲征录》一书。成吉思汗作为世界史上杰出的政治家、军事家，已经成为蒙古族民族英雄和民族传统精神文化的符号。在漫长的历史发展进程中，在调节和规范族群内的各种利益关系及邻近族群（包括临近各民族和国家）的利益关系的过程中，蒙古族人民创造了灿烂而独具特色的伦理道德与思想文化。

蒙古族传统伦理道德文化是整个蒙古族精神文化中的精华和核心部分，它在自身发展的历史过程中曾受到了其他各民族及其他国家和民族伦理道德及思想文化的影响，并且在相互的文化交流过程中，对其他民族和地区的伦理道德文化产生了一定的影响。

（一）蒙古族家庭道德伦理

尊重长者、关怀晚辈，勤劳勇敢、勤俭节约是蒙古族家庭道德的主要内容。在古代蒙古社会，家长们不仅十分注意向孩子们灌输尊老爱幼的传统，还运用法律进行监督，以使之变成习惯的文明行为。成吉思汗所颁布的札撒（法典）中说："凡子不尊敬父教，弟不聆听兄言，夫不信妻贞，妻不顺夫意，公公不赞许儿媳，儿媳不尊敬公公，长者不保护幼者，幼者不接受长者的教训，富有者不救济国内人民，轻视习惯和法令，不通情达理，以致成为国家之敌。"

古代蒙古族通过格言、谚语教育人们勤劳节俭、勇敢无畏。成吉思汗说："教戒子弟，毋使忘本。不可使其但知鲜衣美食，乘骏马，拥娇姬，则将忘我等开创之劳。"在古代蒙古族谚语和格言中提倡勤劳、鼓励节俭的内容不胜枚举，如"不是去寻找幸福，而是要创造幸福""拼命奋斗，是换来幸福的象征；勤俭节约，是变成富足的开始""节约有如燕衔泥，浪费有如河决堤"等。牧人自孩子懂事起便灌输这些思想，并通过祖辈、父辈的言传身教深深植根于心灵深处，使之成为全民族普遍认同和自觉遵守的道德与行为规范。

（二）蒙古族忠顺其主的社会伦理

1. 蒙古族人历来"不能容忍对正当的君主下毒手的人"

这种人不能做任何人的朋友。"对正当的君主下毒手的人及其子孙都要斩罚。"蒙古族人强调个人修养，认为"治身必先治心，责人必先责己"。要求人们善于自制，做事有度，慎于言行。

《蒙古秘史》书中记载：成吉思汗在攻打克烈亦惕部时陷于重围，其部将合答黑勇士力战，使王汗父子突围逃脱，而合答黑勇士则被俘请死，表现了忠贞不二的气节和品德。

蒙古族所提倡的忠顺其主的思想，逐步成为维系人伦关系的道德标准。蒙古族普遍认为，忠诚是人所具有的美德，凡是为人忠诚者，人们都愿与之交往。相反，为人不忠诚者，人们则视其为小人，不仅不愿意和他交往，还会从道德舆论上给予谴责。

这种忠顺其主的社会伦理还体现在为家园而勇敢尚武等方面。蒙古族逐水草而居，骑马、射箭、摔跤乃是游牧民族最基本的技能。加之征战一直伴随着蒙古社会的发展，勇敢尚武自然成了他们所崇尚的美德。

2. 土尔扈特蒙古部落回归是文化的回归

土尔扈特是我国蒙古族卫拉特四部之一，从 17 世纪 30 年代开始就游牧于伏尔加河流域，经历了七世八代的汗王统治。18 世纪中叶，随着战争不断扩大，沙俄帝国征用土尔扈特的青壮年浴血出征，战争持续了 21 年。此刻的土尔扈特人才意识到，战争、奴役和死亡随时伴随着他们，如果再这么打下去的话，土尔扈特人就将消失了。1770 年秋天，渥巴锡从战场回来后，在伏尔加河东岸的白桦林里，举行事关土尔扈特部前途命运的秘密会议，确定了行动的具体时间，决定了土尔扈特人从此踏上充满艰险苦难的东归之路。同年十一月，渥巴锡集结军队，完成了武装起义之前的最后准备。1771 年 1 月，在渥巴锡汗的领导下，土尔扈特人破釜沉舟、义无反顾地向着太阳升起的地方前行，拉开了人类历史上最后一次民族大迁徙的帷幕，演绎了蒙古土尔扈特部从伏尔加河流域回归祖国的史诗般壮举。

到东方去、到太阳升起的地方去，回到祖先的家园。渥巴锡带头点燃了自己的木制宫殿。这破釜沉舟的悲壮之举，表现了土尔扈特人同沙俄彻底决裂的决心。

东方的家园和牧场是土尔扈特人心中的祈盼和回归的信念。

冰雪还没有融化，渥巴锡正式发动武装起义。土尔扈特人像起飞的雁阵，朝着太阳升起的方向，分三路浩浩荡荡踏上了归国的征途。

寒风凛冽，冰雪仍然覆盖着草原，伏尔加河右岸的土尔扈特人，很快穿过了伏尔加河和乌拉尔河之间的草原。得知土尔扈特东归的消息，沙皇派出大批骑兵追赶。由于土尔扈特人是赶着牲畜扶老携幼举族迁徙的，来不及把散布在广阔原野上的队伍集中起来抵抗追兵，9000 名战士和乡亲惨遭杀戮。由于战斗伤亡、疾病困扰、饥饿袭击，饮用了有毒的泉水等因素，迁徙途中的土尔扈特人口大量减少。土尔扈特人战胜了敌人军队不断的围追堵截，战胜了许多难以想象的艰难困苦，承受了极大的民族牺牲。1771 年 7 月，渥巴锡汗所率领的土尔扈特部在经历了千辛万苦的八个多月的长途跋涉之后，终于回到祖国家园。这次史诗般的民族大东归，可以说是血泪历程、悲壮之极！为了回归祖国，出发时的土尔扈特17万人到最后仅剩下不足7万人。

渥巴锡率土尔扈特部回归祖国的壮举，以其雄伟悲壮震惊世界，永垂青史。时间过去了240多年，人们没有忘记东归的英雄，他们的事迹成为许多专家经久不衰的学术研究课题。中外很多学者，都赞颂土尔扈特人民，重返祖国的英雄壮举。东归英雄的史诗将永远被人们传唱下去。

3. 土尔扈特的东归，真实的意义是文化的回归

文明和文化是两个概念。发源于东方的两河农业文明和发源于西方的近代工业文明其实并没有那样强的地域性。文明是属于全人类的财富，它只对应于发展的阶段，而不管你是东方人还是西方人。而文化则不同，不同地域产生的文化有着强烈的差别。

土尔扈特蒙古部落东归前，正好处在带有斯拉夫风格的俄式文化圈与以中国为中心的东亚文化圈之间。俄式文化圈有一些思维方式是很难为中华文化圈所接受的，包括对异民族和异教徒强烈的排斥和偏见，强烈的优越感和对生命的轻视。当这些出自东亚文化圈的东方人最终无法忍受另一个文化圈的氛围，选择重归故土的时候，便是他们选择回到自己原来的文化圈中，他们认为这才是能够习惯和愿意生活的环境。这就是土尔扈特的东归。东归后的土尔扈特人回归了故土，以他们习惯的生活方式继续生活下来。

（三）蒙古族重义守信的社会伦理

蒙古族在牧业生产过程中，一直遵循逐水草而居。一年中多次迁徙、两次搬迁，均有固定的时间、路线和目的地。严格禁止滥牧和在一片牧场上过度放牧，规范草场使用秩序，禁止侵占他人牧场。这种轮牧制的生产模式，不仅反映出蒙古族生产活动中的价值取向，而且被赋予道德和法律的精神内涵固定下来。

1. 物质生产中的诚信伦理观

千百年来，蒙古族牧民虔诚地遵循着物质生产中的诚信伦理原则，很少有人破坏它。即便是没有法律的规定，他们仍然自觉地遵守，并成为约定俗成的道德准则。

偷盗是最大的耻辱。在蒙古草原上，凡是犯有偷盗行为的人，除了要受到严厉的处罚以外，以后也很难在草原上生活下去。不仅如此，凡是贪占他人财物的，也被视为一种罪恶。因此，在草原上"如果牲畜丢了，看到的人或者不去惊扰它们，或者把它们带到指定看管丢失牲畜的人那里。牲畜的失主

没有任何困难就可以把它们领去”[1]。蒙古族的这种诚实守信的性格特征和不贪恋他人财物的优秀品质，在古代生产力极其低下和财物极度匮乏的条件下，是难能可贵的，表现相当高的自律性。作为民族英雄的成吉思汗就是非常诚实守信的人，他坦诚宽厚的性格、独特的人格魅力和诚信至上的处世原则，对蒙古族诚信伦理观念的形成产生了重要影响。

2. 生活习俗中的诚信伦理意识

古代蒙古族具有良好的人际关系，朋友之间、邻里之间以诚相待，“他们很少相互争吵，或者从来不争吵，并且从来不动手打架。在他们中间，殴打、口角、伤人、杀人这类事情从来没有遇到过。在那里，也没有发现过从事大规模偷盗的盗贼。因此，他们的账目和收藏珍贵物品的车子，不用栅门加以保护……他们之间表现相当的尊敬、十分友好地相处，他们可以相互共享他们的食物……他们不爱好奢侈；他们不相互嫉妒；在他们之间实际上没有诉讼。没有人轻视别人，而是帮助别人，并在环境所许可的范围内促进别人的利益”[2]，今天的蒙古族依然承传了这些优秀的民族文化传统。

在草原上，遇到婚丧嫁娶等大事，人们会在很短的时间内，通知他们所能通知到的人，而接到消息的人也会在最快时间内前来帮忙。遇到雪灾、水灾等自然灾害，他们可以共享食物、燃料，牲畜也可以共享储存的饲草料。蒙古族牧民外出或游牧，有时十几天，甚至更长的时间，一些贵重财物仍旧放在蒙古包内，但却很少出现财物丢失的现象。蒙古族牧民以诚为本、信誉至上，不但相信自己，而且充分相信别人，这也体现了蒙古族坦诚、宽厚、充分相信他人的诚信伦理的价值取向。

3. 政治文化中的诚信原则

蒙古族信守诺言、讲信用，把言而无信、背信弃义视作一种罪恶，把诚信看作一种美德。成吉思汗把诚信当作用人标准之一，许多史料中都有类似的记载，如少年时代的成吉思汗，家中仅有的八匹马被盗，在追赶盗马贼的途中，遇到一位名叫孛斡儿出的青年，当听到成吉思汗的遭遇后，毅然决然地帮助成吉思汗追回了被盗的八匹马。成吉思汗非常感动，决定将八匹马中的四匹分给孛斡儿出，但是孛斡儿出当即拒绝了，并且说：“好朋友，我是见你很辛苦，才自愿做你朋友的。并没想分到什么！”[3]

---

① 包·满都拉：《浅谈蒙古族古代社会的教育》，《内蒙古师范大学学报（教育科学版）》2003年第6期。

② 道森编：《出使蒙古记》，吕浦译，中国社会科学出版社1983年版，第16页。

③ 《蒙古秘史》卷2，新华出版社2007年版，第36页。

后来，孛斡儿出成为成吉思汗的三个万户长之一，他们二人终生为友，不弃不离，直至生命终结。

再如成吉思汗的虎将哲别，原是扎木合手下的一员战将，在激战中，将成吉思汗的战马射伤。被俘后，勇敢地承认是自己射伤了成吉思汗的战马。成吉思汗听后大喜，并且说："凡是战败而降者，无不隐其行而讳其言。莫不隐其所敌而讳其所杀。今此子也竟直告其所为，不隐其所敌，不讳其所杀，有大丈夫之气概焉，此可与为友之人也。"成吉思汗不仅没有杀他，反而加以重用，使其成为麾下的著名战将。①

反之，成吉思汗对那些背信弃义、言而无信之人，却格杀勿论。如扎木合被成吉思汗打败之后，率领几名亲信仓皇逃走，后来。扎木合被几名亲信捆绑起来送到成吉思汗处邀功，成吉思汗却说："此等卖主求荣之辈，能得到谁的信任。这等小人，应连同其子孙以及子孙之子孙统统杀掉。"② 于是，当着扎木合的面将这几个人斩首示众。可见，在蒙古草原上，一个没有信义的人是没有好下场的。这些都反映了古代蒙古族诚信至上的伦理观念。

二、蒙古高原生态文化的典型特点

勤劳智慧的蒙古民族，在辽阔的蒙古高原上世世代代繁衍生息，在长期的游牧生产中，游牧蒙古人领悟到大自然是包括人类在内的万物赖以生存的摇篮。人与自然水乳交融、密不可分的生态智慧，贯穿、凝练于蒙古族生产方式、生活方式、风俗习惯、宗教信仰、文化艺术、伦理道德、美学与哲学、法规与律令等诸多方面。蒙古族游牧文化始终执着地表达着一个古老而新鲜的主题——人与自然的和谐。

（一）蒙古高原草原生态文化的民族性

草原生态文化是地域文化与民族文化的统一。幅员辽阔的蒙古高原草原中有很多的蒙古族聚居的区域，每个聚居区域又会依据自然和社会的环境的不同，选择不同的生产和生活的方式。因此，在不同的区域内会产生相应的针对自己生活方式的行为规范。这种"地方性的知识"，形成了特定的"一方

① [法] 勒内・格鲁塞:《马上皇帝》，谭发瑜译，河北人民出版社 1987 年版，第 130 页。

② 罗旺扎布等:《古代蒙古族战争史》，民族出版社 1992 年版，第 61 页。

水土、一方风情”。草原地带地处内陆，干冷少雨，原野、戈壁、草场面积大。这种特定的自然地理环境深刻影响着人类的居住生活习惯、生产条件和心理状况，孕育了崇尚自然、依赖自然而生存的草原民族和打着生态烙印的草原文化。

作为民族文化，草原生态文化是生活在这一地区的部落联盟、民族族群共同创造的。他们在不同历史时期创造了不同的民族文化形态，诸如匈奴文化形态、鲜卑文化形态、契丹文化形态等。但由于这些民族相互间具有很深的历史渊源和族际承继关系，草原生态文化从本质上讲是一脉相承的，是同质文化在不同历史时期的演变和发展。

蒙古族习惯法深深根植于蒙古民族的精神观念和社会生活中，是根据自己民族的习惯、传统所制定和创立的。它通过一代又一代的传承、相沿成习，已经模式化地带有一种遗传性，经过长时间积累、净化，凝聚着人们的心理、智力与情感，被本民族所接纳和认可，因此在自己的乡土中拥有着广泛的约束性和权威性。它对其他民族并不具有约束力，是蒙古族农牧民长期生产和生活的产物，反映着本民族的特色。

（二）蒙古族意识形态中的草原生态文化

蒙古族传统精神文化的形成深受游牧生产方式的影响。这种长久的历史实践创造出与之相应的、尊崇大自然的精神文化尤其是蒙古族的传统宗教信仰与传统文学艺术，所包含的生态文化内涵极为深刻。

蒙古族在长期的历史发展进程中，逐步形成了独具特色的思维方式和哲学理念。古代蒙古民族从“天圆地方”的形而上学宇宙观逐渐转向以“流动”范畴为核心的辩证法认识，进而以“运动、变化、无常”来概括大千世界。成吉思汗的军事辩证思想、忽必烈的“祖述变通”思想、萨岗彻辰的“变化无常”思想，以及尹湛纳希的启蒙思想、贡藏诺尔布的改良思想、罗布藏却丹的进化论思想，都与这传统的辩证法有某种渊源关系。

研究表明，蒙古族历史上引进和吸纳外来思想文化的高潮曾经先后出现四次，通过引进和文化整合，欧亚大陆不同地区、不同时代的文明成果逐渐转化为蒙古族文化的有机组成部分，空前丰富了蒙古族文化，使之成为博大精深、富有生命力和感召力的文化形态。

最具启迪意义的是，蒙古族绝少门户之见，不把自己的文化模式、价值观念强加给别人。他们践行草原文化的开放理念，以博大的胸怀和宽容的态度对待异质文化，吸纳和借鉴异质文化的一切有益成分，用以丰富和发展自己。蒙古族草原生态文化的一个显著特征，就是崇尚自然，与自然相互依存、和谐共处。

游牧时期的蒙古人在调节人与自然的关系方面，形成了诸多卓越的伦理思想。虽然受时代的局限和经验思维所限，游牧民族的生态伦理思想没有能够上升到科学理论的层面，但其潜在的科学道理和远远超前的生态意识，却是同一时代很多民族所无法比拟的，在历史上产生过非常积极的效应，对于今天的人类应对全球性的环境危机仍不失深入研究、挖掘、借鉴的现实价值。

历代蒙古人不仅在哲学、社会思想方面有诸多创新与拓展，在人文社会科学的其他学科领域也都有着重要建树。近年来出版的《蒙古史学史》《蒙古族宗教史》《蒙古文论史》《蒙古族美学史》《蒙古族经济发展史》等学术著作，已经展示了上述学科体系的大致风貌，且令人叹服。

社会整体的前进，需要不断地革故鼎新。远古时期的蒙古人曾用“马蹄所到处”“走向最后的海洋”“日出至日落”等语句表达辽阔、遥远的意思。如果说这是一种“平面思维”的话，后来则发展成为“长的稍头、深的尽底”的“立体思维”。被誉为人类历史上最久远的游牧主义运动的那段波澜壮阔的历史，正是有赖于“立体思维”才得以发生的。而自从形成统一的蒙古民族，并步入文明社会以来，他们开拓新疆域、制定新秩序、提出新思想、适应新环境的许许多多创新之举，就不是“平面思维”或“立体思维”这些词语所能够解释清楚的了。因为，步入文明社会的蒙古人所面对的已经不再是远古时期摆在他们面前的较为简单的既有命题了。

蒙古族文化的历史就是一部不断革新、创造、超越的历史，草原文化在蒙古族文化这种历史发展过程中获得新的拓展与创新。所以，研究草原生态文化的价值体系、历史传承应该注重对其内在精神和核心理念的深入探寻与挖掘。

蒙古族草原生态文化精神是那种独一无二的生态氛围和生命形态，是那种在严酷恶劣的生存环境中形成的坚忍不拔、豪壮朴实、率直刚健、剽悍顽强、粗犷淳厚的民族性格和心理素质，是那种粗放的水土和强悍的民族血统所养育的豁达乐观、自由博大、雄浑广阔、深沉古朴、深邃久远的生存意志和生命活力，是那种近自然、重感情、尚人伦、讲义气、明大理，热爱土地，热爱草原，热爱自由，漠视一切苦难的最可宝贵的文化品格和精神气质。所以，我们应向那些在恶劣的环境中生存下来，并生活得蓬勃旺盛的牧人表示由衷的钦佩和赞美。

如何把历史感和时代感统一起来，从而可以使我们从人的生存看到整个民族的生存，使我们把历史的岁月和民族走向未来的趋势，作为一个连续发展的过程来思考，这要求我们必须学会用一种扬弃的态度去观照审视民族文化传统和民族性格、民族心灵的演化。

（三）蒙古族草原生态文化的物质层面

按照当今生态畜牧业的观点，草畜平衡是必须遵守的第一大生态规律，这里面实际上包含草场养护、牲畜管理及二者之间如何协调的问题，即如何既保护草场又繁殖牲畜，同时又使得牲畜在一个适当的数值之内（草畜平衡），不至于对整个草原生态系统产生较大的影响。目前由于这一问题人们并没有解决好，超载过牧现象非常严重，致使草原沙化退化，甚至不能再继续使用，这一问题现已成为恢复草原生态环境保持畜牧业可持续发展必须解决的问题。

当我们回溯历史时发现，北方游牧民族生存繁衍了上千年，其游牧经济的发展并未使草原生态系统遭到破坏，他们解决这一问题的方法就是游牧。游牧人将人、畜、草这三个草原生态系统中的基本要素极科学地协调起来，并对此有着并不亚于当今生态学理论的认识：一定面积的草场能养活多少头（只）牲畜、多少头（只）牲畜能养活一个人；一年中不同的季节牲畜在什么样的草场采食最好、草场之间多长时期轮牧一次最佳、什么情况下需要实行定期轮牧、什么情况下需要走敖特尔；什么样的草场适合一种牲畜（大畜或小畜）采食、什么样的草场适合牲畜混合起来采食；一群牲畜的规模应当控制在多少头（只）以内才能适应草场的承受力；等等。这一系列当今人们需要用科学计算及规划才能弄清甚至解决的问题，其实早已被包括蒙古人在内的诸游牧民族当作一种生产方式不折不扣地实践着。

在游牧与草原生态系统的相互关系中，平衡从未被打破，这其中包括草畜平衡。即使有较大的自然灾害发生，整个生态系统自身也能恢复过来。这样，游牧经济以自身的规律生存发展着，而草原生态系统也以一种正常的状态维持着，草畜平衡自然也就不成问题了。

从热力学定律的角度来看，蒙古族传统游牧经济是如何体现其生态特征的。例如，牧人用牛粪作为燃料，根据热力学第一定律，牛粪这种物质经过利用后变成了灰烬，这种对草木生长极为有利的肥料再返回草场后，作为一种新的能量又参与到下一轮的能量循环，这中间既没有污染也没有浪费，这是能量守恒定律在包括游牧人在内的草原生态系统中较典型的体现。

传统的经济学理论及当时的经济发展忽视了热力学第二定律，致使能源趋于枯竭的现象开始发生。而在蒙古人传统的游牧经济中，这一问题是通过一种极简单有效的方式解决的：在草原生态系统内，草木通过光合作用将能量转化储存起来，而牲畜又通过采食草木将部分能量储存到自身体内，人又通过牲畜这一环节摄取到自身所需的能量。在这一能量传递过程中，关键性的环节是处于两端的草和人，草把太阳的热能转化为一种可供其他物种消耗的生物能，而人的作用则是通过牲畜这个"中介"尽最大可能地使草场保持一种最佳的能量摄取转化状态，从而保证食物链中能量传递的正常进行暨整个生态系统能量的正常循环。能量这一被认为是要不断趋于无效化的物质属性，在草原生态系统内部被以一种极简单的方式最大限度地节约下来，同时游牧经济的效益也在这一过程中体现了出来。生态经济学中有关经济效益与生态效益相平衡的问题，就这样得到了较令人满意的解决。

第二节　蒙古高原牧业生产中的生态文化

草原生态文化表现游牧劳动的特殊性，游牧人的生存空间多在北方寒冷贫瘠之地，草原连绵，流沙千里，气候异常，自然灾害频发，山崩、泥石流、雪崩和暴风雪时有发生。恶劣的自然条件、艰苦的生活环境锤炼了游牧人顽强的性格。

游牧人的生产以畜牧为主，畜群的众多是其财富的标志。游牧人且牧且猎，狩猎是其副业；亦有手工业，但工匠艺人多从外地掠夺而来，技艺陈旧，工艺不精；经营商路辽远，中介贸易强，经营品种单纯，亦不长久。

游牧人常迁徙，依据气候的变化、水草的盈枯，定居或迁徙，常常跋涉千里。他们驰骋草原，不畏艰险，闯劲十足，开拓性强，具有开放性。史上欧亚大陆政治、经济、文化的大沟通、大交融，实有赖于游牧人这一特性。

游牧生产，集中放牧，分散经营。游牧人以牛羊马驼、奶酪皮毛为主要产品，家庭副业贫乏且单一。游牧人以部落为基本单位，以氏族、家庭为纽带，迁徙游牧。游牧人服饰简单便捷，居穹庐帐车、以马代步，食肉酪，婚嫁聘礼简易。游牧人丧仪简单，无冢无碑。游牧民族在一年四季里追逐水草而移动，经常处于运动状态中，这种生活方式不利于大量积累固定资产。

游牧文化中的资产具备综合特征。游牧民族以自己简约性的物质文化创造，不仅为自己谋得了生存发展的机遇和空间，同时有效地保持了自然资源的可持续利用。草原生态文化归纳、总结了游牧劳动的特殊性，认为游牧对草原的人、草、畜的广泛适应性和优越性，只要在科学指导下不断完善，就会仍将以旺盛的生命力存续和发展。

放牧劳动是草原畜牧业区别于其他产业的显著特性之一。牲畜群体生命的连续性，决定了牧业生产时保证畜群生命延续的劳动不可间断。同时，放牧劳动的强度基本是均匀而稳定的，只是在抗灾保畜、接羔保育、驱虫剪毛、去鬃打印、打草贮草时会有所增大。这与农作物生长、农民有忙有闲的农业劳动以及林业劳动、渔业劳动、工副业劳动等是显著不同的。

一、蒙古高原草原生态文化形成的背景

我国古代北方，阴山以北，大兴安岭以西（俗称漠北），多戈壁、大山，冬季长，常有大风雪；夏季短，昼夜温差大；春秋干旱少雨。每年有一半以上时间因大陆高气压笼罩，为世界上最强大的蒙古高气压中心，是亚洲季风区冬季寒潮的源地之一，无霜期短，降水量少。地表为粗砂、砾石，只有稀疏杂草生长。阴山以南，燕山、祁连山以北地区（俗称漠南），地表植被比漠北略好，但受蒙古气压影响，气候寒冷，不宜农作物的生长。以上地区的人们受自然地理环境的制约，围绕畜牧业而创造了物质文化和精神文明，也就形成了草原文化。草原文化的地域性、民族性决定了在其形成、发展的漫长历史过程中，显示出它独有的特质和丰富的内涵。

自古以来，阴山南北的草原地区是我国北方游牧民族的文化摇篮之一。目前发现的分布密集的阴山岩画、贺兰山岩画，向我们展现了人类童年时期游牧民族的生产生活、风俗习惯、艺术审美及原始信仰，是形象而真实地反映古代北方游牧民族草原文化的艺术长廊。

贺兰山岩画分布在绵延 250 公里的贺兰山东麓诸山口的山壁和山前的岩石上，整个刻凿过程和时间跨度长达数千年，大体起始于旧石器时代晚期，终止于西夏时期。贺兰山岩画真实生动地描绘了人类早期大量的射猎、放牧、战争、舞蹈、劳动、交媾等场面，再现了远古时期贺兰山地区游牧民族的生存经历和人类早期生产生活、原始信仰、风俗习惯、艺术审美观念以及那个时代

的自然景观。

贺兰山岩画的内容十分丰富，以动物为内容的图像占大多数，其次有人物、人面像、车辆、工具、武器、建筑物、植物、天体、手印和脚印、动物蹄印、文字题刻和一些抽象的符号图像。经过对贺兰山 15 个沟的岩画进行统计，其中出现的家畜有羊、马、犬（狗）、牛、驴、骆驼 6 种。其中，羊出现 12 次，马和犬各出现 8 次，驴和牛各 5 次，骆驼出现 2 次，次序排列符合原始的畜牧业生产方式，并且与现在这一地区饲养的家畜种类基本一致，体现了畜牧业生产方式的延续性。

野生动物有鹿、狼、鸟、豹、虎、野猪共 6 种，其中鹿出现 9 次，狼 5 次，其他动物依次为鸟 3 次，豹 2 次，虎、野猪各 1 次。上述动物除鸟外，其余哺乳动物，至今在贺兰山内仅存有鹿，豹和虎在明代的文献中已找不到记载，狼和野猪大致灭绝于 20 世纪 60 年代中后期，豹和野猪现仅在南部的六盘山有。目前在贺兰山最多的野生哺乳动物是岩羊（又名青羊），这与岩画中反映的事实完全吻合，说明从古到今，羊是贺兰山中的优势动物种群和主要捕猎对象。

人物图像是贺兰山岩画中常见的一种表现形式。单独出现人物图像较少，多数人物图像与群体动物同出现在一个画面上，一般表现的是猎人、牧人的形象，体现了动物与人之间的关系。大多数图像通凿或勾画出人体轮廓，没有进行细部加工，多无五官，人物的头饰和装束也不明显，人物形象也以男性为主，个别为女性，体现了原始农业社会以男性为主的牧猎文化内容。

另外，贺兰山岩画中还出现了一些综合类岩画，如人畜关系画，比较多的是有关射猎（出现 7 次）、放牧（出现 4 次）、狩猎活动的图，其次为人《骑马图》《骑马出牧图》《赶驼图》《归牧图》《牧牛图》等。动物及动物之间关系画，有《狼图》《五犬图》《狼虎逐鹿图》《虎袭马群图》等。这些岩画的内容，反映出原始游牧社会生活的基本内容。

贺兰山岩画的发现，为我们认识古代北方游牧民族所创造的草原文化提供了极其珍贵的原始资料。贺兰山岩画所在的贺兰山地区，位于我国温带和暖温带草原与荒漠的过渡带，贺兰山树木葱茏，水草丰茂，植物分布广泛，尤其是有广袤的森林和辽阔的草原，动植物资源极为丰富，历史上曾有猃狁、羌戎、匈奴、马桓、鲜卑、柔然、突厥、回鹘、吐蕃、党项、蒙古等民族在这里狩猎放牧，生息繁衍。这些岩画富有浓郁的草原游牧生活气息，既展示了游牧民族借以生存的水草丰美、树木茂盛、百兽出没的自然环境，也表现他们以畜牧和狩猎为主的生产方式，由此而产生的文化形态，以其独有的价值揭示了游牧社会从野蛮到文明、从氏族部落到阶级社会演化的历史轨迹。在河套鄂尔多斯地区发现的匈奴墓葬中，有大批以各种动物图案和饰纹装饰的青铜饰品及精美的金银饰品，反映了游牧民族对草原生活的赞美和热爱。这些遗存，是我们了解原始草原文化的生动资料。

蕴含丰富思想内容的史诗《江格尔》产生于蒙古社会还不发达的氏族社会末期至奴隶社会初期阶段。这部史诗最初产生在中国新疆的阿尔泰山一带蒙古族聚居区，在苏联的布里亚特自治共和国、图瓦自治共和国、阿尔泰地区，以及蒙古国境内都有一定的影响，也曾在苏联的卡尔梅克人中流传。现今的卡尔梅克人，是17世纪初从中国新疆游牧到伏尔加河下游定居的蒙古族卫拉特部的后裔。随着卫拉特牧人的迁徙，《江格尔》便传播到伏尔加河下游。《江格尔》至今仍在各地的蒙古族人民中间广为流传。

史诗围绕着结义故事、婚姻故事和征战故事，展开了一幅幅惊心动魄的战争场面，描绘的是以江格尔为首的英雄们降妖伏魔，痛歼掠夺者，保卫家乡宝木巴的辉煌业绩。从中我们可了解远古蒙古社会的经济文化、生活习俗、政治制度等诸多方面。《江格尔》这部蜚声中外的著名史诗，卷帙浩繁，规模宏大，广泛地反映了它从最初产生到定型之前各个历史时代的社会生活和人民群众的思想愿望。这部具有强烈爱国主义、英雄主义精神的大型史诗，揭示了一个伟大的真理：出类拔萃的英雄人物和全体人民群众同心协力，紧密团结，进行艰苦卓绝的斗争，就能克敌制胜，保卫家乡，创建和平幸福美好的生活。

（一）生存模式：群牧经济形态的确立

草原生态文化产生于草原氏族、部落特有的群牧经济形态之上，这是草原文化有别于“大河文化”孕育的农业文明和渔猎文明的文化基础，也是它所形成的文明特质。

草原生态文化作为人类社会文明形态的重要载体之一，它产生和存在的经济基础主要是“牧业文明”，特别是以群牧形态为主的生存方式。这种群牧形态，最早与草原民族的氏族部落同步协调发展，有着不同于中原农耕文化以及其他文化的鲜明特点。

一是群体性。在全天然的生态环境中，无论是狩猎还是放牧，要战胜各种天灾以获得更大利益，必须依靠群体的力量，采取群牧的自然方式，以实现畜群的繁衍和生产方式的持续。而中原文化的一家一户、自给自足经济的农耕生存方式则很难形成实质性的群体性。

二是流动性。群牧生存方式不仅缘于逐水草而居的游牧生产方式，还由于征战的需要。

三是尚武精神。猎牧的生存方式塑造了草原人独特的品格，艰苦的草原生活境况铸造了他们强韧的体魄和尚武的精神。据《世界征服者史》记载，对于草原人来说，行猎“不但是为了猎取野兽，也是为了习惯于狩猎锻炼，熟悉马刀和吃苦耐劳”。

草原生态文化的“牧业”，是依托自然的以游牧为主的群牧形式。这种群牧意识的产生，是狩猎文明的进步，它不仅大大提高了生产的能力，也为草原人从狩猎文明到畜牧文明提供了智慧与经验。从狩猎发展到游牧，体现了生产方式的进步，也体现了人的生存能力的不断强化，显现出草原文化的确立与进展。

（二）生产方式：细石器文化的产生

从考古学角度看，草原文化形成的最重要的标志，是北方草原的“细石器文化”。它作为草原文化的标志性文化载体，早在 20 世纪 30 年代就已经被学者提出，并首先在呼伦贝尔草原得名。

草原细石器文化伴从旧石器时代晚期一直延续到早期铁器时代以前。著名考古学家和人类学家裴文中先生早在 20 世纪 40 年代发表的《中国细石器文化略说》中对草原细石器文化就有过明确论述：细石器文化是草原文化中最原生的早期文化。这种以压制、剥制、琢制和磨制相结合制作的细石器，反映了北方草原地区的生产发展水平，具有草原民族生产方式的典型特征。

细石器文化和其他新石器文化共存的因素还有两种，即“复合式工具”，主要是用石片、骨角器和木质工具等非单一材料，组合或配套制作的，包括复合式刮削器、镶嵌石片和骨片、骨角、蚌器相结合的工具等。这种工具首先发现于新石器时代早期的呼伦贝尔草原的“昂昂溪文化”，近年在同一区域发现的“哈克文化”中最为突出。

继复合式工具发展而来的是复合式武器，产生于新石器时代中前期的弓箭。弓箭是草原民族对人类文明的重大贡献，它的出现不亚于金属工具的发明。考古发现，与草原细石器共存的遗址往往有用兽骨与兽牙以及鱼骨、蚌类和兽角制作的工具和大量装饰品。这标志着草原原始人类开始告别野蛮走向文明，也标志着草原文化开始形成。

（三）观念形态：以自然为本的草原生态文化

草原文明形成的另一个标志，是在观念形态上具有以“自然为本”的人文精神，这是由其生存模式和生产方式所决定的。历史上任何一种文化必须依托自然资源，而草原生态文化在这方面更有其独特性、原生性和协调性。

所谓独特性，是指草原民族和草原生态文化较农业文化、渔猎文化更依托于自然资源，并直接将群牧形式的草场、水源和牲畜转化为人类赖以生存的社会物质形态——肉、乳及皮革制品，其生产过程更具有依托自然的直接性。

所谓原生性，是指草原生态文化的载体——自然草场、水、空气和阳光，这些基本生存条件与农业文明甚至渔猎文明相比，更少因人工改造和加工造成变异而具有原生性，是原生的生态经济。越是久远的草原文化，这种原生性越是突出。

所谓协调性，是指草原生态文化注重人与自然的协调发展。这是草原文化的传统优势，对现代社会仍有着重要的借鉴作用。从人类生活的衣、食、住、行来看，草原民族的“衣”以皮革、兽毛编织品为主，从遥远的古代至现代，皮革制品和毛制品一直是草原民族与肉乳并存的重要的副产品；众所周知，草原民族的“食”，以肉、乳或兽产品互易的农产品为主，具有原始生态的意义；草原民族的“住”，是逐水草而居，“穹庐为室毡为墙”，是草原文化的建筑特色，这种草原式的居住方式具有建筑耗材少、无污染、节省能源的特征；草原民族的“行”，以牛、马、驼为主，连依附它的车仗都具有原生性，在现代工业文明出现以前，勒勒车是草原人便捷的交通工具。

群牧经济形态的确立、细石器文化的产生和以自然为本的人文精神的形成，不但是草原文化形成的主要标志，也是草原文化有别于其他文化类型的重要特征。

二、人与自然关系的生态伦理

人与自然之间的关系之所以有伦理道德内涵，在于二者之间具有的利害关系。人的生存和发展离不开自然界，如果人要遵循自然规律，合理利用，就会得到丰富的财富；若违背自然规律，进行掠夺性的索取，破坏生态平衡，不但得不到利益，反而会遭到自然界的报复和惩罚。以和谐的生态伦理观作指导，通过调整人的行为，调节人与自然的关系，达到生态平衡和演替，强化和完善人类生存与发展的良好环境。

蒙古族就其所处的地理环境，在当时的历史条件下，只能从事或依赖于畜牧业和狩猎业。这就使其生态伦理观具有了鲜明的民族特色和地域特点。畜牧生产是在双重生产资料的基础上进行的。英国著名历史学家汤因比把这个特点概括为："他设法依靠他自己不能食用的粗草来维持生活，把粗草变成他所驯化了的动物的乳品和肉类。"畜牧生产是在一定的地理环境的条件下，以牧草为第一生产资料，以牲畜为第二生产资料的能量转化过程。这个过程只有在土地、牧草、牲畜和劳动者之间，特别是在牧草和牲畜之间形成平衡关系，较好地驯化"更难控制的对象"即牲畜，才能顺利地完成。这是"人类技能的一种胜利"，是"人类的智慧和意志力"的胜利。而草原生态伦理观正是这种"人类技能""智慧和意志力"的结晶。

植物和动物是畜牧经济链条中的重要环节。植物和动物是生物，从事畜牧业的劳动者是人，都是有生命的。由此可以说，畜牧业是生命的产业，失去了生命便失去了畜牧业。而生物不仅与其生活的环境相互作用，更重要的是与人的生产、生活和行为产生联系。在这种联系中，生命成为中心环节，因此蒙古族从事的畜牧和狩猎业中充满着生命的和谐与竞争，渗透着生与死的辩证法，形成了草原生态文化中的生命哲学与伦理。

蒙古族认为生命现象无时不在，无所不在。自然界、人类社会都是生生不息的过程，而生命在一定的地理环境条件下，自强不息地生存和发展着。游牧文化贯穿着崇拜生命、尊重生命、保护生命、延续生命的精神和伦理道德观。因而草原生态伦理观的基本内容：一是要求确立自然的价值和权利，以完善、保护和延续生命系统为标准，最终实现人与自然的和谐发展；二是对待生态系统的行为是在维护基本生态过程和不断满足生产生活需要的同时，使自然界也得到尊重和满足、得到道德的关怀，而这种行为得以实现就是人类生态文明的集中表现。

（一）顺应自然的生态实践观

游牧民族的生存环境是严酷的，因此游牧的生产生活方式是游牧民为了适应春旱、夏少雨、秋早霜、冬寒多风的气候，高亢的地势、山地丘陵地形等自然条件而作出的理性选择。脆弱的自然条件、多变的气候特点，使植物的生长、水源、光照等物质与能量的分布具有季节和地域的不平衡性。即使同一块草地上物质与能量的供给在不同季节也有严重的不平衡。游牧民为了适应这种自然条件，也为了使牲畜在一年四季都能获得较好的饲养供应和草原的永续利用，在无垠的草原上"逐水草而迁移"。在长久的游牧实践过程中，游牧民积累了许多与草原生态环境相适应的、既保护草原生态平衡又发展畜牧业的丰富经验和技术。这些经验与生产技术世代传承、经久不衰，游牧的生产技术虽然没有明确的体制制约，但仍具有其内在的规律和规范标准。

通常，蒙古族牧民根据草场的情况，一年游牧 2 次到 20 多次不等，具体分为多次迁移、二次迁移和走"敖特尔"三种。如罗布桑却丹的《蒙古风俗鉴》中详细记载了游牧民对不同季节、不同草场进行不同选择的多次迁移的情况："春三月，要找背风的地方放牧。夏季的三个月，找高地放牧。夏天蚊蝇和牛虻较多，洼地无风，蚊蝇和小咬多，畜群待不了；高地有风，蚊蝇小咬不易存留。因此，夏季畜群要放牧于高地。秋季的三个月，要在河边放牧。这个季节牲畜吃草籽，爱喝水，加上秋季的水清而温度适宜，对牲畜的发育有利。对牲畜来说，秋季的水就像用药一样。牧业经营者特别注重用秋水饮畜，因而秋季放牧要在沿河的草地。如果无秋水放牧，畜群就要生病闹灾，牧民非常注重这一点。冬季三个月，要在向阳之地——草多的山地或灌木丛中放牧，也要注意就近有水。"事实证明，这种轮换使用草场的方式，是游牧业生存之根，更是草原得以永续发展下去的关键。

二次迁移是指一年中搬迁两次，前往冬营地和夏营地。冬营地一般选择平原地区，而夏营地通常是靠近山、河的高地。据《马可・波罗游记》记载："鞑靼人永远不固定地住在一个地方。每当冬天来临的时候，他们就迁到一个比较温暖的平原上，以便为他们的牲畜找一个水草充分的牧场。一到夏天他们又回到山中凉爽的地方，那里此时水足草丰，同时牲畜又可避免马蝇和其他吸血害虫的侵扰。"

走"敖特尔"，是指当草场遭灾或一片草场无力满足牲畜的饲草需求时，暂时迁走那些体格较好、适于长途行走的牲畜，到别的地方就食，而那些母幼畜留在原来的营地。

游牧民族就是通过这种游牧、倒场的方式选择草场的，并通过这种选择对草场资源进行合理的利用和保护。除此以外，游牧民族在生产实践中，对牲畜的管理也间接体现了游牧民族对草原自然环境的适应和对草场资源的珍重。在不同的季节里，牲畜对牧草、地形、水源、气候的要求也不同："冬不吃夏草，夏不吃冬草"；"夏天到山坡、冬天到暖坡"。冬季要求背风、草高、雪软，最好是山地和沙带；夏季要求凉爽、有风、蚊虫少，最好是近水源的高地；秋季要求草好；春季选择有风向阳、地形多样的草地。这样一来保证了牲畜的均衡采食，满足了牲畜对多种物质与能量的需求，有益于增强牲畜的抗灾能力；二来促进了牧草的再生与繁殖，增强了草地生态系统的自我恢复能力。

草原上的山羊、绵羊、马、牛、骆驼称为“五畜”。游牧民根据多年的经验，总结出根据不同的牲畜，使用不同的放牧的方法。大畜种如牛、马、驼的公畜要跟群牧放，因为，公畜能对所在的畜群起到带头和保护作用。尤其是公马，几乎可以完全控制畜群，在此情况下根本不用人来看管畜群，这样节省了人力同时又解决了古代草原地广人稀、缺少劳动力的问题。在西部荒漠草原上，骆驼或马一般都是 30 头至 50 头（匹）为一群，配一头（匹）公畜；牛稍多一些，一群为 60 头左右。这里值得一提的是，羊的放牧就更讲究一些特殊技巧，所谓“花群”就是把山羊和绵羊混在一起放牧。因为山羊敏捷，而且相对勇敢一些，在群里可以起带头羊的作用，引导羊群按时返回营地；更重要的则是由于山羊与绵羊所采食的牧草不尽相同，将其混在一起放牧对草场也能起到一定的保护作用。

狩猎在游牧民族生产生活中具有很重要的地位。蒙古族经历过一个很长的狩猎经济时期，因为在当时畜牧业经济还很不发达，生活中的许多不足部分以狩猎来补充。随着历史的推进，蒙古各部先后转向畜牧业，但狩猎活动并没有从蒙古族生活中消失，它作为一种副业一直延续到现代。

古代蒙古族虽然以狩猎为生，但他们十分清楚地意识到对猎物的猎杀，应有极严格的限制，十分注意防止和禁绝导致物种灭绝的狩猎行为。集体围猎活动一般在秋冬两季进行。个体狩猎，在夏末则以求获得肉食为主要目的，猎杀的对象主要是黄羊、兔、雉等；秋冬两季则主要以求获得交换价值较高的皮张及动物药材为主要目的，猎杀的对象主要是狐、狼、鹿、熊、虎等。围猎在冬季则以求获得动物皮肉为主要目的，在春季，则主要组织打狼活动。无论是个体狩猎还是在集体围猎中，都不准猎杀或杀害怀胎母兽、哺乳母兽和母兽幼仔。这已成为古代蒙古族狩猎生活中的一种习俗。

蒙古族人民在长期的狩猎生活中早已注意到保护生态的平衡，他们的生态意识早在远古时期就得以形成。对猎物的爱惜充分表现了求得适应和利用大自然的生态环境，协调与大自然关系的愿望和伦理道德。这是用伦理道德手段来保护野兽的，这个思想既能保证生活的经济利益，又能符合生态系统的良性循环规律。

（二）万物有灵的自然生态价值观

草原游牧民族崇尚腾格里（天）神，即长生天。因为他们认为，世上一切可感知的存在物都由天神所创造，把世间的一切吉凶祸福、喜怒哀乐、富贵贫贱都归于天神的安排。自然界的万事万物都在天神的推动力下演化发展，万事万物都是天的价值创造中的一个环节，即“世上万物以天地为根，天赋予生命，地赋予形体”，因此，万物具有由天所赋予的神灵，即“万物有灵”。

草原游牧民族认为，河流、山川、树木等自然物是天神派到人间监督人的行为的，它们与天最接近，河流蜿蜒曲折流向远方，与状似穹庐的天汇合；高山耸入云端，是天的支撑；树木傲然屹立于草原，伟岸无比，可接近天，天一弯腰就可与树对话。这样，人就可以通过祭拜这些自然物来间接地与天沟通，把自己的愿望传达给天。而那些被认为与天沟通的自然物就是神圣不可侵犯的。

对于自然的崇拜是藏于内心的情感，而把这种情感外化的形式就是祭祀。草原游牧民族通过祭祀把内心的情感传达给崇拜物，以此祈求自然给予更多的关照。这种祭祀体现在游牧民生产生活中的很多地方。其中，以盛行于内

新疆喀纳斯蒙古族敖包节　摄影 / 刘新海

蒙古地区的“敖包”祭祀最具代表性。

敖包是用石块垒堆成的似圆锥形的塔状“建筑物”。建造敖包的位置选择在地势广阔、风景优美的高山或丘陵上，因为在他们看来，这些地方居住着众多神，如天神、土地神、风神、雨神、羊神、牛神、马神等。敖包是天地诸多神的降栖之所，所以它周围的土地也是神圣不可侵犯的。而在这周围土地上的一草一木、鸟禽、昆虫都不能随意地去惊动它们，更不能挖掘，树木不能折断，至于在周围便溺、扔废弃物等都在严禁之列。游牧民以这样的敖包祭祀来祈求长生天能保佑风调雨顺、草畜繁旺、国泰民安。

古代游牧民认为，有很多野生动物是有灵性的，如鹿、狐狸、沙狐、刺猬等。在他们的观念中，如果遇到背上带马鞍痕迹的野鹿，不得捕杀，因为这种野鹿是天神的坐骑。在蒙古族民间，认为狐狸是最有灵性的动物，活的时间越长，神力就越厉害。民间有千年狐狸自然而然地变成黑色或白色的说法。如果遇到这种狐狸，必须谨慎对待，决不能随意捕杀，否则将会遭到不堪设想的祸害。猎人们打猎时如果遇到狼，就会认为这是吉祥的预兆，而如果遇到狐狸的话，则预示着凶多吉少。给动物赋予神性的观念，对保护草原上的野生动物起到了无法估量的作用。

人与自然万物同为天父地母之子，因此人与自然万物有着亲兄弟姐妹一样平等的地位。人是自然生态系统中最活跃的因素，具有调节者和维护者的地位，而不是统治者、征服者、宰驭者。

草原游牧民从来不片面强调人的主体性，即使在需要利用自然的时候，草原游牧民族往往会采取对皆有灵性的自然万物进行祭祀、祈拜、协商的方式来与它们进行对话，从而获得自然众神的允许。游牧民族从来不把自己独立摆在自然之外或凌驾于自然之上，而是把自己当成自然中的普通一员，把人与自然万物看成互相包含、渗透、交融的有机整体，这样一来就淡化了人与自然间的隔膜。而这种永远关注人与自然交互性对话的理念，无疑是对当前单纯强调人的价值和自然的工具价值的“人类中心论”和“自我中心论”的观念进行纠正。实际上，人本身就是自然的创造物，离开自然万物就没有人的独特价值。

（三）敬畏自然的生态伦理观

在草原游牧文化中，人与自然是一种内在统一的生态存在关系。由于当时的生产力发展水平低，人们对自然现象不能作出科学的理解和解释，在长期的游牧生产中，他们直觉地认为，天与地乃世上万物之父与母，天赋予人以生命，地赋予人以形体，因此把苍天称作“慈悲仁爱的父亲”，把大地称为“乐善好施的母亲”。认为世界万物都是平等的兄弟姐妹，而人类也应该像尊敬自己的父母那样爱护自然，要爱护养育自己的生态环境。

内蒙古社会科学院的乌恩先生认为：盛行于北方草原民族的“天父地母”说，主要是从自然层面理解“天”和“地”的。脆弱的自然环境，使草原民族选择了以游牧经济为主的生产方式。较之农业，畜牧业对自然的依赖性显然更强。生存的压力，使人们对自然环境的价值认识和理解更为深刻，形成了生态意义上的“天人合一”思想，他们认为，自然是一种完美和谐的秩序，人与自然是共生共存而不是势不两立的。万物和谐共存就是“天道”，尊重自然就是对“天道”的尊重。

在长期对生态平衡的认识和实践中，草原游牧民族形成了独具特色的草原生态伦理观。在日常生活中人们善待自然界及其万物，自觉遵循着自然规律，最大限度地保护、节约自然资源，并努力地在人与自然之间寻求平衡。而游牧民族这种敬畏生命的生态伦理观，是通过他们日常生活中的风俗习惯、规矩、礼法、禁忌等规范来体现的。

草与水在游牧民族的整个生产生活中是重中之重。一场大火，可以顷刻间使牧场化为乌有，因此，游牧民平常对草场防范有加。清代的《喀尔喀六旗法典》《喀尔喀三旗法典》等法律严禁在草原上放火。在草原游牧民族的内心深处，水与草是紧密连接在一起的。水是游牧民族生产生活的命脉，哪里有水哪里就会绽放生命的活力。水作为草原生态系统的一部分，不仅维系着人类的生命，也同样滋养着牲畜的成长。因此，游牧民族视水为生命之源和生活之源。牧人的许多行为从表面看是对水的自然崇拜，但从深层次上看却是防止水源污染，保护水资源的清洁，珍惜自然、避免浪费的生态伦理观使然。

据《马可·波罗行纪》记载，大汗忽必烈下令，每年三月到十月禁止捕猎野生动物。这是因为野生动物都有自己的繁衍生长规律，掌握这些规律是古代蒙古族始终坚持的一项基本原则。《史集》载：“不许用骑行、重荷、绊脚绳和打猎使它们疲惫不堪，不要使那些按照公正的法典可以用作食物的（牲畜）流血，要让有羽毛的或四条腿的、水里游的或草原上（生活）的（各种）禽兽免受猎人的箭和套索的威胁，自由自在地飞翔和遨游；让大地不为桩子和马蹄的敲打所骚扰，流水不为肮脏不洁之物所玷污。”

草原游牧民族日常生活中的诸多习俗，也向人们传递了游牧民族对生命和自然的敬畏。蒙古族禁忌中强调：忌讳撒倒食物，其罪为暴殄天物；忌讳玩弄食物；禁止虐待牲畜；忌讳从已卧好的羊群中穿过去；忌讳惊动吃草的羊群；忌讳在畜群后扬沙子；忌讳让马驮物的同时吃草；忌讳惊动饮水的马群；忌讳让牲畜饮脏水；忌讳用拨火棍牧放畜群；忌讳把出汗的牧畜拴在树荫下；忌讳骑乘孕驼和带羔母驼；忌讳随便剪马鬃；宰羊时忌讳牵拉羊角；忌讳让被宰杀的牲口感到痛苦；忌讳在棚圈里宰杀牲口；忌讳用刀或枪杀马；忌讳数羊时用单指点数；忌讳窥看别人的棚圈；忌讳用树梢、树根作圈栅；忌讳用马缰捆物；忌讳猎取正在交配的野兽；忌讳虐待猎取之兽……

《蒙古源流》就记载了不许伤害苍狼、白鹿的故事，实际上这些禁忌和图腾崇拜都源于生存的需要，包含着蒙古民族朴素的生态自然观和生态道德观。这种对自然的敬畏、崇拜反映出人在面对自然关系时的伦理选择并以禁忌、崇拜的形式表现了出来。

这些禁忌背后都蕴藏着丰富的草原生态文化内容。蒙古民族生态伦理思想通过对人际行为的协调和规范，号召人们各安本分、各尽其责，强调人对社会的责任；要求人积极投入社会生活，为自己也为别人造福；倡导人们从宿命论和超自然力量中去寻找善良的根源，用自己的善恶观、道德观和戒律来约束自己的行为，有效地减少了部族间的摩擦；这些禁忌要求每一个成员都要做部族认为正确的事，他就会赢得一切神灵和部族成员的赞赏，反之，就会受到神灵的报应、惩罚和部族成员的谴责。他们认为污染大自然是极大的罪孽，会给自己和部族带来灾祸。这种规范将宗教和道德融为一体、集精神和文化于一身，具体的禁忌行为标准在很大程度上约束了部族成员的日常行为，使人们自觉地将自己置于某种超自然力量的控制和保护下，只有克制、知足、行善、奉献才能获得幸福报偿。在人与人的相互交往中，促进了人与人关系的和谐发展。强调个人的道德责任和奉献精神，设计出符合部族文化利益的行为标准和价值体系，逐渐成为民族生态文化传统的部分。

“敬畏天物”、注重与自然环境的融合，在客观上减少了对自然的破坏，保持了生态资源的多样性。承认自然的完美性，希望人与自然融为一体，只有人与自然相互依存，形成一个统一的整体，世界才能井然有序，整个大自然才能气象万千、和谐美好，这在主、客观上都起到了保护自然的积极作用。

蒙古民族生态伦理思想中强调大自然的内在价值，要求平等地看待自然界的一切事物，对大自然表现应有的谦卑和敬畏，其自然生态观渗透到他们赖以生存的生产活动中，渗透到传统习俗和道德风尚中，形成了自觉的生态保护意识。蒙古族生态伦理思想中的“敬畏自然、尊重生命、与自然和谐相处”，包含着合理利用自然资源，最大限度地保护自然资源，与自然、社会和谐共处的理念，它通过各种信仰、禁忌中关于保护水源、草场，爱护森林、动植物等行之有效的生态保护方式，形成了在特定生存环境下的生产方式、生活方式及其维护自己生存方式的价值观念、理论。对于强调自然环境、社会经济与民族文化的整体和谐发展，把人类的权利观、道德观、价值观、伦理观推广到自然界中去，有着重要的理论价值和实践意义。

三、放牧制度及相关习俗

当今世界正处于经济一体化进程中，人类开始以全新的视野重新检视人类的生产生活方式对自然的影响，并希冀从中探索保护自然而又不影响自身和后代生存的可持续发展方式。人们惊异地发现，在游牧文明所承载的传统生产生活方式中，有可供当今人类经济社会可持续发展借鉴的内容。

生态伦理观念是蒙古族自然观的重要组成部分。他们世世代代十分重视生态伦理的教育和传承。蒙古族游牧文化中的生态伦理观念内容非常丰富，包括尊重自然、敬畏生命；以环境为根、以生命为本；等等。

对大自然的观感以及合理的思考，也多以此为基础。放牧与狩猎在当时均需以集体协作方式进行，这对蒙古民族的集体观念和互相协作精神的形成有决定性的影响。

蒙古族牧民所处的环境使他们同大自然融为一体。然而，当时生产力水平的低下，再加上“过于宽大的大自然，使人类依赖于自然，像儿童依赖引绳一样”[①]，从而使他们形成顺服自然的价值观。

（一）牧业生产中的行为规范及其制度规则

可持续生存观和管理模式是草原生态文化的重要构成。古代草原人民总结出了一套整合人类利益与草原利益的规则，并不断演化成为多数人自觉遵守的社会习俗和行为规范。

古代蒙古族约定了保护草原生态的习惯法。蒙古汗国以后的成文习惯法，元代以后形成的所有成文法几乎都涉及生态问题。这些管理条例和法律规则

① 贺杨灵：《察绥蒙民经济的解剖》，商务印书馆1935年版，第251页。

引导人们在合理的规则体系内行使权利，限制破坏草原公共利益的行为。

一是草畜平衡观。草原地区生态脆弱，自然灾害频繁，牧民要有原则地对游牧与轮牧地点进行选择。四季营地是内蒙古草原地带牧业生产方式的典型代表。这一方式是根据当地气候的变换，选择更换不同的牲畜放牧营地。即在四季自然条件差异较大的地方，畜群转场从三四月份的春季开始，一年进行四次，被称作四季营盘。其中，从春季开始，分 qaburjiya（春营地）、jusalang（夏营地）、namurjiya（秋营地）、eböljiye（冬营地），展示了采用四季划分草场的方式来经营畜牧业，在四季营盘中 6 月中下旬开始的夏季牧地和 11 月中上旬开始的冬牧地是使用较多的主营盘。牧人还发明了草库伦，用栏杆将草场围起来进行封闭式的培育，防止牲畜随意践踏，同时栏杆内的草场得以休养。此种方式有效避免了“最大人数共享的事务却得到最少的照顾”的“公地的悲剧”。

二是节制的财富观、节俭的消费观与自律意识。草原民族的经济生活方式是直接取之自然又还之自然的，可以更高效、更合理地进行资源配置，是最小限度的人工和最大限度的节约相结合的产物。同时游牧经济具有流动性，草原民族没有汉族式的守土顾家意识和财产继承意识，因此对草地、水源等资源没有强烈的占有意识，也就没有不动产的排他性，可以增大公共资源的利用范围和价值。这种适度共享的价值取向，逐渐衍生出一种绿色消费的伦理价值倾向，有利于现代消费向着更加理性和环保的方向发展。

制度作为一种行为规则，能够协调个人目标与集体目标间的关系。民间制度是相对于各类正式组织制定的制度而言的，是民间社会某一群体内部约定俗成、被群体成员一致认可并共同遵守的行为模式。每个民族都有自己的一套民间制度，如民族传统法规、民族禁忌、生活习俗等，这是各民族在长期的生产、生活实践中逐渐积累起来的。

蒙古族传统制度文化始终尊崇人与自然的和谐发展，以维持草原生态平衡为基本价值观，适应草原独特的生态环境，为迁徙游牧提供了充足的时空区域，形成了保护生态环境的行为规则。在古代蒙古社会，这些行为准则对于草原生态环境的保护起到了至关重要的作用，其中有成文的法律法规和不成文的习惯法，还有以游牧为主要形态的非正式规则，包括传统习俗规范。

1. 社会制度

制度文化是草原生态文化的重要组成部分，历代蒙古统治者都十分重视制度建设。其中，组建灵活简便的军政合一组织、重视成文法和习惯法的规范功能，是他们保障游牧世界的凝聚和稳定并使之得以不断扩张的重要法宝。因此，虽然草原游牧民族的政权更替频繁，但草原地区基本的社会制度和所有制形式得以长期保持，且始终较为稳定，其原因就在于他们有一个较为完备的、符合草原游牧民族社会特点的制度文化。如匈奴时期的“十进制”、契丹时期的“南北两院制”、大蒙古帝国时期的“千户制”、元代的“行省制”、北元时期的“鄂托克制”和“政教并行制”、清朝时期的“盟旗制”等，都是这一制度文化演进和完善的结果。不论是召之即来、来之能战的战斗力，还是其战略依托、战术配合，乃至快速简便的信息驿站、畅通无阻的洲际通道，以及游牧生活机动灵活的管理模式等，都与蒙古社会拥有一种在当时确属先进的制度文化分不开。

千户制在匈奴时代就早已有之，而13世纪离匈奴时代已经相当遥远，要把匈奴人的千户制继承下来，使之适应13世纪的特点，则需对当时的社会结构有一个正确的认识和把握，并对千户制本身进行合理的改造。蒙古第一部成文法《大扎撒》规定：“人们只能在指定的百户、千户之内，不得转移到另一单位，违反此令，要当着军士处死，收容者也要受严惩。”如此严厉的千户制显然已远非匈奴人的千户制度可比。蒙古人之所以在民族统一战争，以及后来的对外扩张中，能够迅速动员全社会，以迅雷不及掩耳之势开展军事攻势，显然与其完备的社会管理制度有关。当然，蒙古人的制度文化不能用单一的、严酷的法律扎撒来概括的。用习惯法和“必力克”（箴言）教诲的形式，巩固政治制度，有效规约人们的行为，是蒙古族制度文明的又一个重要特征。比如，在第一部成文法诞生之时，第一部“必力克”也问世了，它作为调解人际关系的规范，迅速深入人心，并传播到社会各个角落，成为与扎撒并行不悖，虽没有法律的强制性，却有强大的道德约束力量的另一种社会控制系统，成为蒙古社会沿袭数百年的社会规范体系，至今仍有着不可低估的影响力。

从14世纪开始，北方游牧民族的经济生活中出现了新的联合体，蒙古语叫作“鄂托克”。它代替了过去的经济形式，进而成为新的社会经济单位。每个社会成员都要依附于某一个鄂托克，通过鄂托克组织获得其相应的社会地位和经济利益。鄂托克制与千户制不同，它主要以地域单位为基础，从而克服了一些弊端。

鄂托克作为新的经济组织，其性质还是分封制并强化了封建领地制度，以制度的形式和法律的名义进一步明确了额真（主人）与阿拉巴图（属民）之间的从属关系。这又是一项有助于进一步稳定和强化封建社会结构的重要制度。

随着蒙古帝国的巩固和社会生产力的发展，各社会阶层的构成出现了一些新的变化。不但在阿拉巴图阶层中出现了上等、中等、仆役之分，社会各阶层的势力、结构也发生了重要变化，分为三个利益集团。一是善人集团，他们拥有大量的牲畜和财产。这些人主要出身于官僚家族、各级官吏、赛特家庭。其中多数人已经取得"答尔罕"身份，即免于纳贡赋役的人。二是平民（哈喇楚）阶层，他们拥有一定的财产，战时可以用其良好的装备为主人服务。三是哈喇库蒙（黑头人），他们主要是一些奴隶和家仆等。善人的出现，使封建社会的人身依附关系受到了极大冲击。因为，他们不再受额真（主人）的任意处置，且获得了一定的经济权利和地位，也拥有免于纳贡赋役的自由。其中，还包括在长期战乱中破产后加入的小领主，从而使善人集团的社会力量逐渐增强。

善人从诺颜（官吏）阶层中分离出来之后，既不属于官吏阶层，更不属于哈喇楚阶层，而逐渐成为社会上一股新的中间力量。因此，善人不仅要极力解除和诺颜的人身依附关系，以便进一步保证自由人的政治地位，更要千方百计地改变自己以往的哈喇楚社会地位。因为如果哈喇楚和诺颜的人身依附关系得不到解除，善人就很难得到必要的劳动力，其经济势力将得不到进一步发展。对这一复杂的社会关系，一些国外学者感到无法理解：为什么自由自在的游牧蒙古人，能长期生活在毫无限制的王权统治之下呢？其实，答案就在于蒙古的社会制度在当时的历史条件下是高度适应的，是极其有效的。这也是蒙古社会体制长期处于超稳定状态的原因。

以先进的社会主义制度取代封建的、半封建半殖民地社会制度，这是包括蒙古族在内的草原各民族实现社会现代化、文化现代化的必由之路。早在20世纪初，蒙古族的一些进步人士便已开始探索民族解放及民族现代化的道路。草原各民族在中国共产党的领导下，经过长期艰苦卓绝的革命斗争，终于获得了民族解放、人民解放的胜利。1947年内蒙古自治政府成立，蒙古民族及其他少数民族实现了梦寐以求的民族自治权利，现代化便成为草原各族人民共同的追求目标。

内蒙古自治区自1947年成立以来，社会主义道路使草原游牧社会发生了翻天覆地变化，也为草原民族文化发展开辟了广阔新天地，使草原文化汇入时代主流当中。

2. 轮牧制度

草地是自然生态系统中一种重要的可更新资源，并随着自然气候的变化以及人类活动的参与而不断发展。然而，近年来由于人们活动范围增大和过度追逐经济利益，导致乱开乱垦、过牧超载、经营方式单一等滥用草地资源的现象，加速了草地的退化。放牧影响第一性生产力、植物种类组成、土壤养分的循环以及植物地上和地下生物量的分配。适当地放牧可以增加群落资源丰富度和复杂程度，能够维持草地的植物群落结构稳定，提高群落生产力。过度放牧导致草地生境恶化，群落种类成分发生变化，多样性降低，生产力下降。草地放牧制度主要分为自由放牧和划区轮牧两大类。1798 年欧洲学者 Currie 首次提出划区轮牧的概念，即按照一定的放牧方案，在放牧地内严格控制家畜的采食时间和采食范围而进行草地利用的一种牧区管理方式。南非从 1887 年也开始倡导划区轮牧，美国在 19 世纪后期也对其进行了广泛研究。在研究初期很多研究者只是把轮牧和自由放牧对家畜生产力的影响进行了比较，直到近 20 年才开始展开关于轮牧系统的研究，尤其是植物—土壤—家畜之间相互作用关系的研究。目前，世界范围内相关学者关于轮牧的问题仍处于争论状态，一些认为轮牧能够增加牧草产量并同时提高家畜生产性能，而另一些研究者却认为此两者不可兼得，因为轮牧只有在高载畜量或者是草原产草量不足的情况下才具有优势。到目前为止，只是在欧洲、新西兰、美国的湿润地区和非洲的部分地区实行划区轮牧，在澳大利亚和美国的干旱地区却被拒绝。这些观点的分歧主要是由于研究对象（草基况）的差异性、管理方式的不同等因素造成的。Chillo 等对划区轮牧进行了更为精准的定义，即通过充分利用饲草生长旺季的高营养特性，进行季节性、区块性的集约式放牧，以此来满足牲畜生长以及繁殖需要的一种系统性、高效性的放牧管理系统。

换场轮牧是蒙古族先民通过长期观察，逐渐积累经验所掌握的一门循环利用资源的生态技术。它的运用和传承必须在“集体”组织中才能得以实现，以共用草场作为基础和前提，具有游动性和分散性两大特征。所谓游动性是指“随水草而移居”，由于草原降水量少、干旱缺水，草场植被的恢复能力十分低下，只有频繁游动才能使草场得以休养生息。首先，根据季节特点、畜群特征、地势条件、牧草状况等划分四季草场，沿着冬营地—春营地—夏营地—秋营地—冬营地的路线，进行换场轮牧。其次，在同一季节的草场上，为避免畜群的过度踩踏和采食引起草场退化，一般三四天挪一次羊圈，七八天挪一次蒙古包，即根据草场的大小和质量把草场分成若干段逐一进行放牧。再次，草原上自然灾害频繁且来势凶猛，冬天常发生“白灾”“黑灾”，夏天则常发生旱灾、虫灾、水灾等，对于早期抗灾能力低下的畜牧业具有极大危害。遇灾时牧民将不再墨守成规，进行及时、灵活的走场避灾。一般冬季草场和备用的避灾草场会得到特殊保护，以满足应急之需，蒙古帝国时期，成吉思汗会对破坏冬季草场的人给予严厉的惩罚。最后，无论何时何地，倒场搬离前牧民会将灰烬掩埋，保持草原环境清洁。换场轮牧的分散性特征是指，依据牧草种类、不同牲畜对牧草的不同需求、牲畜在不同季节对牧草的不同需求进行分类放牧。牲畜的采食可以有效刺激牧草生长，加上每种牲畜偏好采食的牧草种类不尽相同，五畜结合起来能够充分利用草场多样性的同时，能使同一片草场上的不同牧草间相互促进生长，维持草场上牧草结构平衡。换场轮牧的以上两大特征，很大程度上是适应自然的过程，而不是改造自然、征服自然，可有效保护自然系统进行自我调节的能力，使草原上牧草生生不息、水源永不枯竭。

3. 四季草地的利用标准

各个季节的气候和牲畜的膘情不同，选择春、夏、秋、冬营地的条件也各不相同。春季对牲畜是最为严酷的季节，经过了寒冷、枯草、多雪的冬季，牲畜膘情急剧下降，抵抗能力减弱。因此，春营地要选择可以避免风雪灾害的草地，以利达到保膘保畜的目的。夏天为了增加牲畜的肉膘，要选择山阴、山丘、山间平川的细嫩草地，同时要注意有山顶、山丘可乘凉。秋季是为了增加牲畜的油膘，要选择草质好、凉爽的草地，以增强牲畜的耐寒能力。冬营地主要是为了保护牲畜安全度过严寒而漫长的冬季，要选择山阳地带，要特别注意牲畜的卧地。俗话说“三分饮食，七分卧地”，说明冬天保膘的重要环节是卧地。

在四季游牧的过程中，选择草地要根据牲畜的不同特性，一般是绵羊、山羊、马群选择长有菅草、苇子、山荒草、蒿草等的草地。牛和骆驼要选择茂盛的带刺的高草。根据游牧区地形地貌的特征、植被分布规律及气候特征的差异性，按照春旱、多风；夏短、少炎热；秋凉、气爽；冬季严寒漫长、积雪厚等特点，把草地以平均气温为标准具体划分为四季牧场。平均气温稳定在0℃—20℃划分为春季牧场。是因为这一区域的海拔比较低、低山丘陵地带，避风遮寒，气候相对暖和，比较适宜羊群保存体力和接羔育幼。植被主要以禾本科牧草为主，还杂有豆科牧草。≥20℃划分为夏季牧场。是因为这一区域海拔较高，亚高山、高山草原占据优势，气候相对凉爽，牧草丰富，比较适宜各类牲畜抓膘。植被以禾本科牧草为主。20℃—0℃划分为秋季牧场。是因为这一区域是以低山丘陵为主的荒漠较湿润草原，海拔较低，气候相对凉爽，牧草以豆科、半灌木、蒿属类为主，这些牧草营养丰富，有利于牲畜固膘，为安全越冬打基础。≤0℃划分为冬季牧场。是因为这一区域是以低山丘陵为主的荒漠边缘草地，主要利用雪水，虽然气候寒冷，但避风性很好，牧草主要以半灌木、灌木为主的山地荒漠草地，其牧草的特点是冬季下大雪不被埋压，对各类牲畜取食有利，便于牲畜安全越冬。蒙古族游牧民族对四季草地的划分具有很强的科学性和可操作性。

4. 畜群结构的控制

随着历史的变迁，蒙古族牧民们经过长期的摸索和经验积累，逐渐确立了对四季牧场的区分和利用，形成了在一定的草原范围之内，按照季节搬迁流动放牧的习俗。为了充分利用有限的草地资源，严格控制畜群结构，逐渐减少大牲畜的结构比例，应优先发展小牲畜。小牲畜具有利用率高、繁殖能力强、经济效益显著、周转快等特点，适合畜牧业发展的需求；另外，还有损失小、管理方便、适合各类草地放牧等优点。因此，游牧民族应严格控制大、小牲畜间的结构比例来发展畜牧业。把大牲畜、绵羊、山羊、其他畜种年末存栏比例严格控制在12.8∶63.9∶18.3∶5，从这一结构比分析，大牲畜的比例远远小于小牲畜的比例，那么这个畜群结构符合减轻对天然草地的践踏压力和提高载畜能力的理论水平。

（二）草原产权制度

蒙古游牧民族以畜牧业为经济基础，为使牲畜不断繁衍生息，必须保证草场生产力永续旺盛，通过不断迁徙游牧使草场得以休养生息。在古代蒙古族氏族制社会中，每个氏族依人口规模不同，形成一个或几个古列延，汉译为“圈子”或“营”，即圆形的意思。古列延的半径从几公里到几十公里不等，氏族成员通过古列延实现集体搬迁游牧。随着社会生产力的发展和牲畜头数不断增多，古列延的管辖能力日渐减弱，阿寅勒便应运而生。与古列延比较而言其规模较小便于管理，是一个或几个家庭共同进行游牧的游牧组织形式。成吉思汗建立大蒙古帝国后，建立封建领主分封制，指任千户长、百户长、十户长，实行层层管辖。每个千户下辖若干阿寅勒游牧集团，改变了“夏漠北，冬漠南”的水平钟摆式的游牧，转变为领地范围内循环式的四季轮牧。明朝时期，蒙古地区出现了鄂托克游牧组织，它由若干个阿寅勒组成，但此时的阿寅勒不像历史上自由游牧的阿寅勒，而是在固定疆域内进行游牧。清朝建立以后，对蒙古地区实行盟旗制度，蒙古设旗近二百个，牧民百姓可以在自己所在旗范围内进行游牧，规定不得越旗驻牧，除非经过两旗双方协商。

目前，对于蒙古族古代草原产权制度的详细情况，学术界尚未做出确切定论。大体上有公有说、私有说、公私兼有说三种说法。

公有说：一些学者认为在13世纪之前蒙古草牧场归氏族公社共有，即氏族成员集体所有。还有学者认为，各个氏族分别继承其祖传的牧场，氏族各成员对氏族的土地持有使用权，但并无所有权。而牲畜、蒙古包和各种生产工具都归牧民私有。

私有说：有学者认为在大蒙古帝国成立之前，蒙古族草原产权制度中已形成土地私有制，成吉思汗统一蒙古草原后，建立领主分封制，土地彻底归成吉思汗一人所有。一些王公贵族、皇亲国戚会被成吉思汗指任为领长，配有相应的领地，并对领地持有占有、使用、受益权。牧民百姓在自己所归属的领地范围内，对草场有集体使用权。

公私兼有说：这种说法主要针对清朝时期蒙古地区的草场产权制度。有学者认为，此时的草场所有权归清朝皇帝所有，各个旗的札萨克那颜即现在的旗长，对其管辖范围内的土地具有占有权，是土地的全权领主，他们会把最好的草场据为己有，剩下的草场留给百姓放牧，每个百姓占有和使用的草场面积与其拥有的畜群规模成正比。

也有部分学者认为，清朝时期牧地公有、耕地私有，公有的游牧草场一旦被开垦种田就变为私有地。

在古代蒙古社会，百姓通过“古列延”“阿寅勒”“鄂托克”等游牧组织形式进行游牧，充分证明蒙古族古代草原产权制度为迁徙游牧提供了必要条件，使草场能够及时休养生息，遵循了自然规律和经济规律的统一性，从而有效避免了草原生态环境的恶化。

（三）草原法律制度

就蒙古族传统法律制度与其他民族的法律比较而言，既有许多共同点，也有自己的特殊性。这种特殊性由蒙古族的生存环境、文化习俗、宗教信仰等多种因素共同促成。

蒙古族传统法律是人类文明的重要组成部分，具体由不成文的习惯法和成文的法律法规两部分组成。成文的法律法规是由蒙古族古代统治阶层制定，由社会全体成员遵守的法律。典型的成文法主要有：成吉思汗成立蒙古汗国后颁布的《大扎撒》、土默特部落首领俺答汗于万历六年至九年主持制定的

《俺答汗法典》、漠北蒙古封建主制定的《喀儿喀七旗法典》以及喀尔喀部、卫拉特部以及部分土尔扈特部落封建主于1640年在塔尔巴哈台制定的《卫拉特法典》等。这些法律法规从根本上维护统治阶级的利益，但某种程度上对维护社会秩序发挥了重要作用。

人与自然和谐统一是古代蒙古族立法的哲学基础，历代蒙古法典都设有生态保护法，这些法律法规相对习惯法更具权威性和强制性。在历史上，对草原生态环境起到了有力的保护作用：(1) 在保护草场方面。《大扎撒》中规定："禁草生而镬地。禁遗火而燎荒。禁于水中和灰烬上溺尿"。又如，《卫拉特法典》中第60条规定："如有人灭掉已经迁出的鄂托克之火，(向遗火人) 要一只绵羊。从草原荒火中救出几群牲畜，群数多要二群，群数少要一群，要根据不同季节决定而分取。"第61条规定："以报复心理放草原荒火，以大法处理。"再如：《喀尔喀法典》中第184条规定："谁如失放草原荒火，有几人罚几匹马。烧了什么东西赔什么东西。同时，罚五畜。放火之人如果自己灭了火，罚一头牛。谁人证明，给证人吃一头牛。并从罚畜中吃一只。其余四只给灭火之人分予。"这些规定有效防止了草原荒火的发生，从而在历史上有效保护了草原生态环境。(2) 保护野生动物方面。《大扎撒》中规定："从冬初头场大雪始，至来春牧草泛青时，是为蒙古人的围猎季节。"又如《阿拉坦汗法典》中规定："只准许捕杀小或中等的鱼、鸢、乌鸦、喜鹊等，不准偷猎野驴、野马、黄羊、狍子、雄鹿、野猪、岩羊、獾、狎貉、旱獭等动物"。再如《卫拉特法典》中第101条规定："谁如果破坏打猎，并行站立，并行骑走，罚马五匹。三次错跑路线，罚其乘马，二次错跑，罚绵羊一只，一次错跑，罚五支箭。"第103条规定："杀死已被驯化的猎鹰，罚一匹马。"在《喀尔喀法典》中第134条规定："在二库伦执法范围外，临近的北面色楞格到北陶勒必、纳木答巴、纳仁、鄂尔浑、昌答哈台的吉热、吉巴古台的吉热、仓金答巴、朝勒忽拉这些地方以内的野生动物不许捕杀。如捕杀，以旧法惩处。"第136条规定："不许杀无病之马，鸿雁、蛇、青蛙、黄鸭、黄羊羔、麻雀、狗。谁看见捕杀者，要其马。"这些法令对狩猎的时间、地点和对象等进行了明确的规范，从而对野生动物的保护产生了积极影响。(3) 保护水资源方面。《大扎撒》中规定："禁民人徒手汲水，汲水时必须用某种器具。禁洗濯、洗破穿着的衣服"。又如，《喀尔喀法典》中第181条规定："如果抢别人新挖修理的水井，罚四岁马一匹。饮完牲畜后不给别人用饮，同样的罚四岁马一匹。如不给带嚼马饮水，罚两岁羊一只。谎称是自己的骑乘而骗饮，同样罚两岁绵羊一只。知道是在骗饮马匹而开玩笑把水弄脏，罚四岁马、牛两头，给看见的证人一头牛。”水是人、畜赖以生存的重要资源，这些法令对草原水资源的保护发挥了至关重要的作用，从而保障了草原游牧民族的繁衍生息。蒙古族古代法律中的生态保护条款，能够充分证明古代蒙古族对自然环境的爱护与珍惜。在古代蒙古社会，法律法规的客观制约与人们自觉的环保意识共同作用，形成约定俗成的知识体系和价值取向，并以正规法律文献的形式绵绵传承，不仅曾造福于古代蒙古社会，后代人也将从中受益。

四、草原游牧经济

游牧经济是畜牧业经济发展到一定程度的一种类型，具体是指游牧劳动者依据自然环境和季节变化，为合理利用草场而有序进行“游牧”，即以四季轮牧为手段的经济形态。目的是在保护自然环境多样性的前提下，保证畜群的繁殖和增加社会财富。

辽阔的草原、茂盛的水草适合马、牛、骆驼、绵羊、山羊的繁殖，为发展畜牧业创造了最为有利的条件。北方草原民族的游牧业的形成，除了自然环境的影响外，又与狩猎有着密不可分的关系。远古时期的北方草原民族在以狩猎满足自身日常生活需求的过程当中，除了必要的生活需求之外，有时还会出现获取猎物剩余的情况。于是人们就把剩余的猎物暂时养起来，以备需要时宰杀食用。随着狩猎范围的扩大和剩余猎物的增多，草原猎民将剩余猎物驯化饲养，使它们逐渐成为家畜。这样家畜化了的一部分动物会在食物少的时候，被宰杀食用，另一部分被继续饲养，有剩余猎物时还会补充进来，这样就逐渐奠定了畜牧业的原始基础。驯化野生动物开始时，只有数量较少的单一品种，随着捕猎业的扩大和发展，被驯化的动物品种、头数也逐渐增多了，马、牛、骆驼、绵羊、山羊等家畜先后出现。根据牲畜的生长特性，逐水草进行季节性迁移放牧，为保护膘情走场等许多与畜牧业生产有关的特征和习俗也随之产生。这些在畜牧业生产实践中的经验积累，是游牧经济文化内涵的精髓。它通过变化、发展、继承，最终以稳定的游牧业生产的基本形式被传承了下来。

（一）游牧经济的主要方式

牧业经济是草原民族最基本的生产方式，在饲养家畜的劳动过程中，草原民族积累了丰富的经验。在逐水草而居的生产、生活实践中，根据家畜的不同特性和季节的变化，形成了独特的放牧方式，即四季游牧和走“敖特尔”。

季节性游牧根据牲畜的特性、膘情和草场以及水草情况，注重畜群和牧场相适应。一般情况下将牧场分为春营盘、夏营盘、秋营盘和冬营盘，按季节轮换牧场。四季营盘是综合地理环境、牧草生长状况、水源供应、气候变化等因素来选择的。遵循畜牧业经济的规律，实施春、夏、秋、冬游牧，很早就成为草原民族独具特点的牧业生产经营方式。春、夏、秋季游牧能使牲畜膘肥体壮，冬季游牧则是为了继续保护牲畜的膘情，保持良好的生存状况。

春季在春营地游牧。冬去春来，万物复苏。经过一冬冰雪严寒的瘦弱畜群需尽快恢复体力，以利于繁殖。在春季游牧中，要让牲畜更多地吃到青青的草尖，在土质柔软、芳香四溢的草场上觅食营养丰富的小白蒿、苔藓、嫩草根等植物，一天必须饮水一次。这个季节，尽量让畜群吃饱青草，以尽快恢复因严冬而消耗的体力和膘情。

夏季在夏营地游牧。夏季游牧以畜群抓膘为主旨，尽量选择小白蒿、隐子草、碱草等植物生长的山阴、台地、平川一带的草场，一天饮水一到两次，做到早出牧，晚归圈。午热时，让畜群在山顶或高坡地带躲避酷热高温。从仲夏季节开始，小畜（绵羊和山羊）群要等到青草下露水之后才出牧，并躲开苍耳、杏树等带刺草木，以免畜群伤蹄或羊毛的损失。

秋季在秋营地游牧。秋季游牧因直接关系畜群抓膘，所以，要特别注意选择好草牧场。秋季畜群须在富有养分植物的凉爽草场放牧，一方面使畜群膘肥体壮，另一方面逐渐培养其耐寒能力。在秋季放牧中，尽可能避免远程放牧，否则牲畜不仅要掉膘，而且势必影响牲畜膘情的稳定。

冬季在冬营地游牧。草原牧民特别重视冬季游牧的营地选择，因为它涉及畜群吃饱御寒、保膘过冬的大事。冬季游牧一定要利用良好的草场，须在温暖避风的山阳地段放牧。晴天在下风头的草地放牧，风雪天在上风头的平川放牧，隆冬季节最好有温暖的棚圈。

在一般情况下，牧业生产依据四季游牧的形式在相对固定的时间内迁移。但在遇到各种自然灾害的情况下，则宜采取临时走场，即走“敖特尔”。走“敖特尔”是在遇到自然灾害，如春季干旱无雨、夏季酷旱或冬季发生大雪时，为御灾而采取的特殊方法。“敖特尔”分为近距离和远距离两种。近距离走“敖特尔”是在自己所属的地域内选择较好的草场，远距离走“敖特尔”是到较远的地方借用他乡的草场。走“敖特尔”时间的长短根据自然灾害的轻重、牲畜的膘情而定。

四季游牧和走“敖特尔”，除了抓膘、保护膘情、在自然灾害情况下保护畜群之外，另一个目的就是进行轮牧，保护牧草的生长，减轻草场载畜过多的压力，保护生态环境。草原民族四季游牧和走“敖特尔”的生产形式是人与自然和谐相处的一个典范，是草原文化中游牧民族生态观的一个具体体现。

（二）游牧与野生动植物保护

草原是由土壤、水资源、植物、动物构成的复杂的生态系统，“草原绿色植物是第一性生产者，它吸收并固定太阳能，创造了植物产品；草食动物是靠采食植物产品而生存的，是消费者，也是第二性生产者，它转化了太阳能，造成了动物产品。畜牧业生产就是在植物生产的基础上所经营的草食动物生产。因此，两者的规模必须相适应，没有植物生产的扩大，就不可能有动物生产的增长”。[①] 游牧民族对此有个朴素的认识，蒙古族游牧经济就是依靠并融入草原生态系统得以产生、发展的。

1. 蒙古族游牧经济与野生动植物的关系

生态系统中维持生命活动的全部能量来自太阳能。在草原生态系统内，草木通过光合作用将太阳能转化为化学潜能储存起来，而牲畜又通过采食草木将部分能量储存到自身体内，人又通过牲畜及猎物这一环节摄取到自身所需的能量。由此，产生了蒙古族游牧经济与草原动植物之间的特殊的相互依存关系。游牧民首先必须拥有一定量的草场，它是游牧经济的基本生产资料，其次要有一定规模、结构适当的牲畜，它既是游牧经济的生产资料，也是生活资料。从能量传递过程看，人通过调节牲畜这个环节尽最大可能地使草场保持一种最佳的能量摄取转化状态，从而保证食物链中能量传递的正常进行和整个生态系统能量循环的正常进行。而从物质过程看，牧民靠牲畜生存发展，牲畜靠草场生存繁衍，草场靠牧民的维护。当然野生动物虽然与家畜不同，在生产生活中的位置也不尽相同，但在人—畜—草这个复合生态系统中，野生动物仍然是不可或缺的一环，它对于保护草原环境、保持草原生态平衡发挥着不可代替的作用。在这个生态系统的食物链中，人虽处于顶端，并且有强大的力量来影响整个食物链，但是如果没有包括野生动物在内的动物们的支撑，这个系统也不会存在下去。这些野生动物不仅给人们提供了衣食之需，

① 中国科学院内蒙古宁夏综合考察队：《内蒙古植被》，科学出版社 1985 年版。

有时甚至能帮助人们渡过难关；而人对野生动物的适当保护和利用，则又能使整个生态系统内野生动物与家畜之间保持一个相对合理的比例。蒙古族那些打猎的规矩，例如选择打猎日期与保护猎物幼仔，目的都是一样的，即在不影响狩猎的情况下充分保护猎物资源；相关的法律规定和禁忌，更是明确而有效地保证了野生动物资源的合理利用，正是人与动物的有效配合，才造就了草原生态系统独特的性质，保证了生态系统内各成分构成相互依存的生命支持系统。另外，草原生态系统中森林在降雨蓄水、保证水源、调节气候方面起着重要作用，是生物多样性的载体，也是植物、动物、微生物和其他生物物种多样性的家园。

2. 蒙古族游牧经济对野生动植物的保护和利用

蒙古族游牧民在保护物种的多样性，保护野生动植物，维持生态平衡方面积累了诸多的经验，并使之与游牧生活生产有机地结合起来，形成了独特的习惯、习俗、禁忌。保护树木资源方面：《喀尔喀法典》中第133条规定："库伦辖地外一箭之地内，无论是枯树还是活树都不得砍伐。如果谁砍伐就没收其工具及随身携带的全部财产，没收物品归看见人所有。看见之人如果不到扎尔呼之处而是自己没收，视为无功，没收的财产归问接证人所有，如不给，将强行收取。从外地来客人时要将这些条款全部说明。活树枝以活树枝惩罚，枯树枝以枯树枝惩罚。"这一法令虽然具有浓厚的宗教色彩，但在客观上曾对保护草原上稀缺的树木资源起到积极作用。

蒙古族游牧经济在很长的历史时期内以狩猎作为重要的补充。然而，对野生动物的捕猎和保护方面有很多禁忌和共同遵守的不成文的行为规范。在狩猎时间上，3月至10月间不许大型围猎。因为这时动物绒毛尚未长全且瘦弱，打猎实属一种动物资源的浪费，所以，等到入秋后动物体壮膘肥、绒毛丰满时在规定的时间、地点和范围内有计划、有组织地集中围猎。作为经济补充手段的狩猎，不仅本身具有合理利用自然资源的意义，而且也有捕杀那些与牲畜争抢草地资源、袭击畜群的野生动物，保护草场和牲畜的作用。另外打猎时不猎捕怀胎母畜和仔畜，以保证它们繁衍，为来年提供更多的猎物。对一些珍贵动物、稀少动物以及新来落户栖息动物更加保护。"蒙古人打猎，也捕大鸨、野鸡、沙半鸡等。但从不伤害天鹅、鸿雁、黄鸭、鹤。"《元典章》等法规中也明文规定需要保护的野兽，母畜、仔畜、野猪、鹿、獐、天鹅、秃鹫、鹰、鹤等均被列入禁猎范围之内。直到20世纪70年代，牧民打猎时也只打公狼和空胎母狼，禁止捕猎怀胎母狼和狼仔，有意保留部分狼的生存和繁衍。因为狼一方面是家畜的天敌，另一方面本身也是草原的守护者，是黄羊、黄鼠、旱獭等有害于草原生态的动物的天敌。游牧民族历来重视保护森林资源。蒙古《喀尔喀法典》规定：“从库仑边界到能分辨牲畜毛色的两倍之地内的活树不能砍伐，如砍伐没收其全部财产。”“库仑辖地外一箭之地内的活树不能砍伐。谁砍伐没收其工具及随身带的全部财产。”类似诸法律的制定和实施，保护了森林资源，也建立了当时行之有效的天然林保护区。

蒙古族信仰的萨满教崇尚自然万物有灵论，即是有生命和灵魂，应受到保护与尊重。认为人类的祖先和动物曾经有过密不可分的渊源关系，保护动物就是保护自身，常常把自然事物本身同神灵等同看待，是自然而然的生态保护论者。

与信仰相辅相成的便是禁忌习俗，禁忌是信仰习俗中消极防范性的制裁手段或观念，大部分是原始信仰的遗存，也有成文法、习惯法、宗教法或戒律等在发展过程中演变的，包括行为禁忌、语言禁忌等。如蒙古族中禁止伤害虫鸟蛇等动物，忌卖忌杀放生牲畜，忌用泉水涤秽，采集叶茎药材时，禁止连根拔起，草原出苗或出芽时不准动土等。这些禁忌虽然带有原始宗教信仰遗留的色彩，客观上却起着规范协调人类行为的作用，告诫与教育人们要善待自然界及其万物，要与各种生灵和睦相处、共同生存。

蒙古游牧民在循环利用草原过程中，他们认识和懂得了各种植物的种类和作用，在保护和利用植物方面积累了丰富经验。识别和利用植物，是游牧民族利用植物资源的智慧结晶。在那里，野生植物分为饲用植物、食用植物、药用植物等，而且各种植物的利用程度，相当发达。

（三）蒙古族游牧经济对野生动物保护的禁忌和法规

除风俗和禁忌外，游牧民族还曾以法规形式对野生动物进行保护。

辽朝历代皇帝中有很多人宣布过禁猎的法令。辽道宗于清宁五年（1059）十一月，宣布禁猎、清宁七年（1061）四月则严禁吏民畜养用于行猎的海东青鹘。在元朝，世祖忽必烈、成宗铁木耳、武宗海山、仁宗爱育黎拔力八达、英宗硕德八剌、泰定帝也孙铁木耳都曾下达过禁捕诏令，禁捕对象有天鹅、仙鹤、鹰、鹞、鸭、雁等飞禽。其所保护的动物甚至包括了蛇、青蛙和麻雀。此外，在古代蒙古族法律中还包括了对救助野生动物者给予奖励的条款。《阿勒坦汗法典》中就明确规定：“救出马、黄羊者，每一匹赏绵羊一只。”信仰萨满教的蒙古人还有禁止捕杀本部族汪浑（神兽）动物的习俗。“他们有一种习俗，凡是做了某部落的汪浑，他们就不侵犯它，不抗拒它，也不吃它的肉，因为他们占有它是为了吉兆。直到现今，这种意义还有效地保留着，那些部落每一个都知道自己的汪浑。”

古代蒙古族懂得季节性围猎与保护野生动物之间密不可分的辩证关系，野生动物多了可以进行围猎，并且是有季节性的；但野生动物稀少了要保护，禁止对某些野生动物的捕杀。这一点古代蒙古族掌握得十分清楚、十分合理，清楚地懂得野生动物在生态环境当中的平衡作用。

1. 冬季围猎的相关规定

古代蒙古族因野生动物多而每年的冬季进行围猎，如《大扎撒》规定：从冬初头一场大雪始，到来年春牧草泛青时，是为蒙古人的围猎季节。他们围住猎物后，按大汗、那颜、将官和士兵的顺序先后进入围圈内猎杀，等猎杀到一定程度时，“老头和白髯翁卑恭地走近汗，为他的幸福祈祷，替余下的野兽乞命，请求让它们到有水草的地方去”。在狩猎方面规定：“在王公禁猎区灭绝野生山羊者，罚一九（牲畜）及驼一峰。”王公破坏围猎（规定）的，或围猎时同别人并立或并进者都罚五匹马，“坏围藏匿非箭伤之野兽者，没收其马”。说明，古代蒙古人把围猎季节选在冬季，规定其他时间不得围猎，尤其春夏季节更不能围猎。同时，还放生部分围圈内的野生动物，使其继续繁殖发展，保持一定的数量。到了蒙哥汗统治时期曾下旨：“明正月至六月禁怀羔野物勿杀，……今后鹰房人，春月飞禽勿杀，违者治罪”。他们极力主张放生受孕的母兽和幼崽，使其不受到任何伤害，并以法律形式规定严禁猎杀受孕的母兽和幼崽。到了元朝，不仅继续执行严禁猎杀受孕的母兽和幼崽的法律规定，而且为了进一步发展游牧业，明确规定保护母畜，禁杀母羊。元世祖忽必烈至元二十八年（1291）规定：“诸每岁，自十二月至来岁正月，杀母羊者，禁之。”大德元年（1297）二月二十八日，元成宗铁穆耳也下旨制定了许多保护野生动物的规定。说明，到了元朝蒙古族统治阶级重视野生动物的保护，制定了禁止捕杀的法律，有效地遏止了乱杀乱宰，促进了野生动物的繁殖发展，起到了生态平衡发展的积极作用。

到了清朝，蒙古地方法规也有较为详细的规定。《喀尔喀吉鲁姆》规定：“从库伦所在地起，北边依次从色楞格河远及阿鲁托勒比、纳木达巴、纳林鄂尔浑及青达噶塔因达巴、实巴噶塔因奇喇、桑衰达巴、楚勒和尔诸墓以上各地附近之兽不得捕杀。捕杀者按旧法典处置。每月之初八、十五、十八、二十五、三十概不得宰杀牲畜。若有违犯宰杀者，见者即可夺取其宰杀之畜收归己有，并至法庭作证；不得杀死健康（无病、未残废、无残疾）之马、埃及鹅、蛇、蛙、海番鸭（婆罗门鸭）、野山羊羔、百灵鸟及狗。若有杀死者，见者可夺取其一马。”《喀尔喀吉鲁姆》1746年条约在保护野生动物的同时，为了使自然界野生动物平衡发展，后来还特别规定了打狼、消除狼害的条文。条文规定：“我旗众民得应尽力打狼，消除狼害，以利全旗平安放牧，繁殖牲畜，维持生计。今后，凡我旗良好炮手及用铁子打狼的僧侣人等，将春夏秋冬四季及春季掏狼窝所获之狼皮，交予和硕厢以后，大狼皮一张赏银三两，狼仔皮赏银一两，以资鼓励。又对一贯努力打狼之众多者，有顶戴的升顶戴，无顶戴的赏顶戴。以上规定，严饬全旗，永为定例遵行。”又有打狼的规定：“又为严饬遵行消灭狼害之定例由。豺狼危害地方各种牲畜及野生动物，乃系难以忍受之大害。为保护我境内牲畜及野兽生命，前已指令打狼在案。查自道光二年至九年旗民打狼所交狼皮计大皮二百四十二张，仔皮四百零五张，总计六百四十七张，已由和硕厢按大皮每张三两、小皮每张一两银分发奖励。现已明显看出，对我旗四种牲畜之繁殖利益甚大，今后我旗民众应循前例，加紧用枪或铁子等各种能以打狼之工具除害。凡打狼人，将整狼皮上交以后，每张皮仍按前例发赏，永为定例。再者，各边官吏等在所属区域内严行查看，如有狼窝，在春季以前严堵洞口、摸泥。如发现在某地生狼仔，即去将大狼及狼仔一律杀死上报。如不堵洞口，致使狼生仔出洞者，必以违法论处，重加惩办。为此一并示知，并为永例。”关于消除草原狼害的规定，看起来似乎与保护野生动物的规定有冲突，其实不然。蒙古人最懂得保护野生动物，也懂得怎样才能平衡发展的问题。当草原上的狼多了时便是祸害，草原生态则不平衡，不仅危害地方牧民的家畜，而且对野生动物也有侵害。因此，清朝蒙古地方法规明文规定，适度打狼，消除草原狼害，使草原生态平衡。

2. 禁止猎杀品种，保护稀少动物

禁止猎杀受孕母兽和幼崽，是蒙古人自古以来遵循的法则。自元朝开始有关保护野生动物的法律法规更加完善，不仅禁止猎杀受孕母兽和幼崽，而且禁止猎杀的范围不断扩大，许多野生动物不能猎杀，甚至规定除了狼害以外都不能猎杀。据《元史・刑罚志》规定：“诸每月朔望二弦，凡有生之物，杀者禁之。诸郡县岁正月五月，各禁宰杀十日，其饥馑去处，自朔日为始，禁杀三日。”自元世祖开始，元朝诸皇帝都下达过保护野生动物的诸多敕令，规定了禁猎区和时间。据《元典章・打捕》统计，保护野生动物的品种有：禁止打猎野猪、鹿、樟、兔等动物；同时保护天鹅、鹘、鹧鸪、鹌鹑、鹰、秃鹫等飞禽鸟类；

禁杀时间为每年正月、五月，每月的初一日、初八日、十五日、二十三日为禁杀、禁卖肉；等等。到了北元时期，《阿勒坦汗法典》规定："诸人要修十善之福，应守初八、十五日、三十日之斋戒。""每月持斋三日，禁止杀生、打猎"。在此规定下，法律还规定了保护野生动物的条文：只准许捕杀小和中等的鱼、莺、乌鸦、喜鹊等，不准偷猎野驴、野马、黄羊、狍子、雄鹿、野猪、岩羊、狎貉、獾、旱獭等动物。上述法条明确规定了禁止杀生、打猎的斋戒日，同时禁止猎杀的范围越来越大。《喀尔喀律令》规定："在两库伦执法范围外，临近的北色楞格到北陶勒必、纳木塔巴、纳仁、鄂尔浑、敞哈台的吉热、吉巴古台的吉热、仓金答巴、朝勒忽拉等地方以内的野生动物不许捕杀。如捕杀，以旧法惩处。"又规定："平时，在每月的初八、十三、十五、二十五、三十等日子不要杀生。如果违反而杀生，看见之人到札儿忽处证明，被杀之物归看见之人。又不许杀无病之马、鸿雁、蛇、青蛙、黄鸭、黄羊羔、麻雀、狗等。谁看见捕杀者，要其马。"这里明确制定了禁杀范围和日期，扩大了禁杀野生动物的品种，甚至扩大到青蛙和麻雀。说明，古代蒙古人通过保护野生动物来保护生态平衡的法律意识很强，不仅规定了保护野生动物的法律法规，而且在实践当中充分贯彻落实。

3. 巡视保护、植树造林

蒙古族是最早形成自然保护法律意识和具体法律条文的民族之一。正是依法保护自然的优良传统，保证了蒙古族具有深厚基础的自然保护习俗得以传承至今。蒙古族自古以来就有许多世代相传的习惯法，蒙语称为"约孙"，其义为道理、规矩、缘故。一般来说，作为"不成文法"的一种，习惯法是指国家认可并赋予法律效力的习惯，人们都自觉遵守，具有较强的稳定性。

元代以后，成文法逐渐在蒙古社会占据主导地位。无论是习惯法还是成文法，其中都有关于环境保护的规定，涉及保护草原、河流、野生动物、树木等，可以看出，蒙古族对生存环境的尊重和悠久的生态意识。

在处罚砍伐树木者的基础上，采取保护树木的积极有效的措施，派巡视人员"得格"看管森林，发现砍伐者立即抓捕，没收砍伐工具，并送到有关管理衙门。据《喀尔喀律令》第 133 条规定："从三位得格中派一使者巡视，遇见外地来的诺颜的客人时，三位得格中巡视的使者要告诉他们（这些规定），不许从砍伐的树木中寻求好处，如果寻求好处，只能收取与刀子等价的财物。但不许求取，如果求取则不给。砍伐枯树者折断活树（以假）弄真者，依法没收其斧头，即使者从砍伐树木者的财物中没收斧头。如果三位得格的使者，同样没收其一柄斧头。”这里明文规定“从三位得格中派一使者巡视”，巡视的人不仅有护林的职责，还有宣传保护森林法律的责任。法条里所提到的“得格”一词，应该是专门负责管理禁区内森林的职官。据学者解释：得格为蒙语音译，直译汉语的意思是“钩子手”，实际为巡视人之代名词。从法条里出现的得格职官的职能来看，它是一名看护森林的“使者”，是代表官方履行森林保护的职员，监视那些违法砍伐树木的犯罪者。从这一点上来看，蒙古统治者不仅法律规定禁止砍伐树木，而且在实践当中也派看护森林的人去管理、守护着森林。

五、畜牧业生产中的草原生态文化

以游牧业为其经济基础的草原生态文化，是由草原地区的自然地理环境形成的。草原先民认识和适应草原环境经历了长期过程，他们的经济活动方式由采集、渔猎、牧业逐渐向游牧业过渡，始于青铜器时代，直到公元1000年，才完成过渡到游牧经济文化类型，一直稳固地保持到今天。游牧业是草原生态文化的根基，是草原民族在与草原共生的实践历程中形成的认识自然、适应自然的生态文化智慧结晶。因此，草原生态文化是草原文化的根基。草原民族为适应自然生态规律选择了游牧，也产生了与之相适应的社会制度。蒙古高原自然环境恶劣，猛兽成群，且常有部落和氏族间的血腥冲突，放牧牲畜及相关劳动以个体为单位很难完成。在这种自然和社会条件下，一家一户根本无法生存，必须联合。个人依附家庭，家庭依托部落，诸多家庭结圈而居，组成古列延；以户营为主体则称阿寅勒，其次便是游牧社会的政权组织，逐渐形成一个严密而有凝聚力的社会组织。

匈奴建立了蒙古高原第一个统一的游牧政权，为了便于管理，将全国分为左、中、右三翼。分设行政和军事单位，有统一的司法、户籍和经济管理，采取兵民合一、军政一体的方式。军民间无严格界限，平日为民生产，战时当兵出征。匈奴所创立的政权模式的基本构架几乎被以后所有北方游牧王朝沿用。

草原生态文化同草原游牧民族的生产、生活方式一同成长起来，成为一种影响游牧民族精神世界的力量。草原生态文化教导游牧民族尊重自然、崇拜自然，教给牧民高超的生态智慧。草原文化的一些外部特征，诸如饮食、服饰、居室、车辆、婚俗等，也都有着深厚的生态意蕴。游牧民族是最早的生态保护者，在行动上保护自然，与自然和谐相处，给我们展现了一种崇高的精神境界。

草原的孩子爬上马背就是英雄。草原生态环境告诉游牧民族，想在恶劣的草原自然和社会环境中站住脚，必须成为英雄，要相互协作。要保护自己的牛羊和部落在分散游牧的环境中生存下去，在经常性的战争中获胜，就必须诚信，以诚配天，以信取天下；要想使游牧业这一脆弱的经济形式存在下去，就必须向外界开放，积极开展商贸活动，互通有无。正是这种生态环境文化，铸就了游牧民族的英雄主义精神、集体主义精神、诚信、开放精神和商贸精神。这些精神在草原生态文化的集大成者——蒙古民族那里得到了系统的继承和发扬。

按照人类从自然界中获取能量的方式，人类文明可以划分为六种生产方式，即原始狩猎生产方式、原始采集生产方式、牧业生产方式、农业生产方式、商业生产方式和工业生产方式。狩猎和采集是人类在大自然的食物链中所具备的本能与自然的生产方式。地理生态环境是孕育文化的自然本源，其中首要的是人类生产、生活方式对地理环境的依存。游牧生产是人类顺应自然的选择，同时又是古朴的可持续发展思想的具体实践。

蒙古民族从事畜牧业生产是由他们赖以生存的自然生态环境决定的，显著特点是逐水草而居。这种游牧方式是在人群、牲畜、草原和游动共同推动下形成的，体现了人与自然和谐相处、紧密相连。

人首先需要获取大量的猎物来满足自身生理的需要，随着人口的不断增加，单纯地捕杀原生动物已经无法满足群体的需要，驯养便出现了。他们把一些幼兽和温顺的动物饲养起来，需要时再宰杀食用。马、牛、绵羊、山羊和骆驼五种牲畜是蒙古人生活的主要来源。为了确保这些以青草苔藓为主食的牲畜的需要，寻找水草肥沃的地方则成了蒙古牧人主要的任务。草是马背民族生长的养料，水是马背民族游牧的命脉。保护牧场和河流，就是保护马背民族跃动奔涌的生命之源。

随着四季的变化，牧民实行四季游牧生产管理模式，按季节将草地分成春、夏、秋、冬四类牧场，不同的季节在不同牧场上放牧。“逐水草而居”不仅仅是为了牲畜的饲料，而是为了保护牲畜生存的永久性。清人叶大匡在《杜尔伯特旗调查报告》中说：“无论青草如何繁茂，经牧十日遂即一片，必需移牧他处。不特冀留草根，以待滋蔓，即牧畜无食，亦必逃亡。蒙古人逐水草而居，正以养牧之故，亦突出于不得已也。”

蒙古族游牧的生产方式更多体现的是人、动物和生态环境和谐相依的关系。这既是马背民族的独特文化，也是草原文化的生态魂。

在草原地理环境和气候条件下，草原牧民创造了适应草原自然环境条件的独具草原特色的原生态生产生活方式、社会制度、风俗习惯以及宗教信仰，形成了传统草原文化，其“天地人”一体的哲学观，充满对自然的崇拜和敬畏，构成了草原生态文化的核心理念。

第三节　牧民生活中的生态文化

蒙古族游牧文化中的生态文化内容非常丰富，蒙古族牧民在生产中有四季草地的利用标准，有转场中的环保习俗，有畜群结构和家畜数量的控制。生活中有对水体保护、树木资源保护和野生动物保护的习俗。狩猎活动中有狩猎目的、狩猎时间、狩猎对象和狩猎活动的管理的习俗和禁忌。蒙古族丧葬习俗表现为对草地资源的保护。这一切可概括为蒙古族牧民尊重自然、敬畏生命、以环境为根、以生命为本、人与自然和谐共存的生态理念。

一、蒙古族社会交往中的伦理规范

蒙古族的游牧性质决定了其文化的开放性和多样性，在对外交往中形成了热情好客、讲究礼仪的社会伦理。牧人很讲礼节，无论婚、诞、庆贺或者节日，都要互送哈达。平日会面、访问也彬彬有礼。见面时互递鼻烟壶，递鼻烟壶时，双手高举鞠躬相接，对方也鞠躬相接，嗅过后送还原主。路上相见，彼此都得下马，交换嗅用鼻烟，然后乘马上路。晚辈接鼻烟时，跪一足鞠躬相接；长辈对于晚辈，身子只稍弯回，用右手去接。做客时，到了毡房里，互用鼻烟以后，就要问主人好，家属好，要问牛、马、羊等牲畜肥壮否。

性情豪放直爽、热情好客，是蒙古族人民长期形成的民族特点。按照习惯，有客必待，不分远亲近邻，不管常客还是陌生人，都是满腔热情，诚恳款待。客人来时，主人要出去迎接，并为客人接缰下马，请客人进毡房，男人从右边走到佛像右侧下面落座，妇女从左边走到佛像左侧下面落座。招待物一般以奶制品和手抓羊肉见常。客人来了现杀羊，杀之前把羊牵到客人面前，请客人看过，客人点头允许后再去宰杀，这叫“问客杀羊”，表示对客人尊重。

吃羊肉时，先割下羊头、羊尾肉供佛，然后敬客。吃饭时，一家人围在客人四周共同进餐，视客人如家人。每年夏秋季节，牲畜膘肥奶足，牧民就将鲜奶制成奶豆腐、奶皮子、奶油、奶酪、干酪等各种乳制品。奶茶是牧民必备的饮料，按习惯，客人登门，首先供上奶茶，佐以乳制品和干粮等。他们还将黄油、牛奶、大米和面粉调制成食品，用来招待客人。

氏族外婚和姑娘远嫁是蒙古族传统的婚姻习俗。在《蒙古风俗鉴》一书中记载：蒙古族婚姻制度不准同一个部落间联姻。林幹著《匈奴史》也曾论及蒙古高原游牧民族的外婚制。蔡志纯编著《蒙古族文化》一书中写道："蒙古族的婚姻，经历了由原始群婚到族外婚的发展阶段。"氏族外婚制有助于人类的进化和繁衍，它在蒙古族婚姻史上逐渐成为民俗法规和禁忌惯例而流传下来。因此《蒙古风俗鉴》一书中说："挖井近些好，结亲远些好。"古代蒙古族一直奉行"同姓不婚"的氏族外婚制习俗，禁止氏族内通婚，主观上认为同姓即同一家族，这种婚配是不道德的行为，会引起关系的混乱；客观上有利于维护血统的纯正，保持优秀的血统质量，繁衍优秀的后代。因此，这一原则始终被人们所恪守，谁也不会违背。

蒙古族远嫁习俗早在氏族社会时期，由于严格的族外婚姻制，即男女婚姻只能在不同的两个或多个（以固定的两个为主）氏族间进行，加之游牧生活的特定条件，部落与部落间相距遥远，因此，姑娘远嫁也就天经地义了。

游牧民对所有生命的关爱与保护，显示了他们多元化、多层次的伦理视野，显示了他们的淳朴与本色、宽厚与善良，应该说，这是构成草原生态文化伦理最本质的因素。把生物放在与人同等的地位去尊重它，追求人与自然的和谐发展。

二、衣食住行中的草原生态文化

草原游牧民的生活方式中蕴含着很多朴素的生态消费观，他们对自然最低限度地索取，最有效地利用，对物资的利用和加工可谓达到了极限，体现在衣、食、住、行、丧等方面。

蒙古高原干燥寒凉，自古以来生存环境就比较恶劣，物质资料有限，但蒙古民族在这种环境中繁衍了一代又一代子孙，因为他们深知人类无法摆脱自然环境独立生存，人们的衣、食、住、行都来源于自然，也会对自然环境产生重要影响，甚至破坏，只有积极能动地利用自然资源，与自然和谐相处，才是维持民族长久的生存之道。在《多桑蒙古史》第一章提道："其家畜且供给其一切需要。衣此种家畜皮革，用其毛尾制毡与绳，用其筋作线与弓弦，用其骨作箭镞，其干粪则为沙漠地方所用之燃料，以牛马之革制囊，以一种曰之羊角作盛饮料之器。"以畜牧业经济为基础的草原民族，人与植物通过牲畜建立起一种特殊的关系，牲畜既是衣食住行的来源，也是重要的物质生产资料，而衣食住行又积极巧妙地反过来服务于生产，为了适应乘骑，他们腰系带、足登靴，为了适应游牧经济游动的生活，他们以轻便易搬迁的穹庐为居室，因此在衣食住行方面形成了蒙古族独特的审美风格和生态智慧，是草原生态文化的重要内容。

（一）服饰

民族服装服饰是一种穿在身上的信仰。一件普通的衣裳，涵盖了千年的历史、礼仪、文化和风骨，更承载着一个民族的信念、理想、审美和归宿。

服饰是没有文字的历史文献，是了解和认识一个民族的途径，也是解读民族文化的重要手段。草原民族的服饰是在一定的历史条件下和一定的自然环境中形成的。蒙古高原地处亚洲腹地，属于大陆性气候。这里海拔高，地形复杂，气候变化多端，寒暑温差较大。自古以来，草原民族之所以能够驰骋在这块古老的土地上，逐水草而居，其服饰起到了重要的作用。草原游牧民族的服饰与其所处的草原生态环境就存在着对应关系，是游牧民族适应生存环境的一种文化创造。

服饰是民族文化的外在表现形式，草原民族传统服饰受特定生存环境及游牧生产方式影响，从材质到造型设计都与其自身生存的自然环境极其谐调，渗透着对生命的感受和对世界的认知，是对高原生态环境和游牧生活的顺应，体现着人与自然和谐共存的设计理念，散发着浓烈的民族特色和深厚的艺术造诣。

服饰发展的历史，也是人类文化的发展史。每一个民族都有自己所特有的服饰文化，这是研究民族文化不可缺少的分支。服饰文化和其他文化形态一样，是草原生态文化的重要组成部分。

1. 蒙古袍

内蒙古自治区各蒙古族部落由于所处地域差异，因为气候及生产需要的自西向东形成了各自不同的服饰特色，但蒙古族传统服饰主要造型都包括蒙古袍、腰带、坎肩、靴子、帽冠和头饰以及配饰。蒙古袍是蒙古服饰最鲜明的标志，通常为长袍、高立领、马蹄袖、右衽、下摆呈扇形不开衩，在领口、衣襟、袖口和衣摆等位置有镶边装饰，并配有扣袢儿起固定和装饰作用；蒙古袍的实用性强，袍身宽大、严实，平时可防蚊虫叮咬、划伤，骑马时可保护膝盖免受风寒，夜里休息可当被子使用，依据季节不同也有皮制或棉制长袍、单袍、夹袍的区别。腰带：与蒙古袍材质相同，长三四米、配镶边装饰，蒙古族女子所用腰带多为前部呈三角状的短腰带，以显示其纤细的腰肢，腰带具有审美与实用的双重功能，作为马背上的民族，层层围在腰间的腰带，既能在冬天防寒保暖，还能稳固地保护内脏免受骑马颠簸带来的伤害。恰如蒙古族的《袍子赞》所咏："袖子是枕头，里襟是褥子，前襟是簸箕，后襟是斗篷，怀里是口袋，马蹄袖是手套"，集实用性与艺术性为一体，不事奢侈、不事浪费，一物多用、物尽其用。春秋身着布袍，脚穿皮靴。夏季头戴呢子角帽，称为尤登；身着布夹袍，外披宽大的厚呢子做成的"朝布"（雨衣），用来防雨或防寒；冬季男子身穿大羊皮长袍，大襟扣子在右侧，镶有彩边。扣子成双或三个并排（银扣或自编），彩绸腰带扎得较低，腹部凸起，右前侧挂刀链，然后将小刀深掖在后腰带上（野外放牧生活的需要）。寒冬出远门或在野外放牧时，外套"达哈"，一种用山羊皮或狼皮做成的宽大衣，以抵御严寒。呼伦贝尔的布里亚特女子同男子戴着和穿着同样的帽子和靴子。帽边以下戴一串珍珠、形"稿"（原为佛像盒）。女式袍有未婚和已婚妇女之别，都不系腰带。未婚姑娘穿"巴斯根德格勒"，是一种柳肩式的姑娘袍，姑娘的袍边除用红、黑两种条布装饰以外，还用丝缎把条布镶一道边。上身和袖子贴身，腰部有大褶，下摆肥大，同上身相接处有褶皱，并用彩带盖上；姑娘不穿坎肩，袍子也没有马蹄袖。布里亚特姑娘结婚后都改穿妇人袍，叫"哈莫根德格勒"，袍子外面加套坎肩，肩部高耸，纳有许多衣褶，衣褶下面的臂部和胸部都围饰着绣有金线的宽衣边，衣边图案美观，颇有民族风格。袖分两段，袖口部与姑娘袍相似，而与上身相接部肥大，用褶皱相接。在肩上凸起1厘米高的褶，袖子两段衔接处同袖口部大小相同，并用彩带遮住相接处的针码。据说这种袍子一般是由裁剪好的七块布缝制而成。

2. 坎肩

蒙古族通常喜欢在蒙古袍外穿坎肩。坎肩有长有短，没有领子和袖子，有斜襟和对襟之分，均有镶边装饰。在不同部落，有不同的制作工艺。坎肩的穿着也具有不同的意义，有些部落可以以此判断妇女已婚或未婚，有些部落则将坎肩作为礼仪服饰，在重大场合必须穿着。

3. 帽冠

帽冠和头饰是蒙古族传统服饰文化中最具特色的部分。蒙古族男女都有戴帽或佩戴头饰的习惯，内蒙古无论是哪个地区的蒙古族，在重要场合必须要戴帽或头饰。帽冠造型多样，冬天有风雪帽、皮帽、圆帽、羊绒帽等，夏天有尖顶圆帽、毡帽等，还有妇女特有的耳朵帽、凉圆帽等，夏天会用一条丝布包头充当帽子的作用。

由于地处高原，又长年在野外放牧，风雪严寒，烈日炎炎，因此牧民一年四季都戴帽子。布里亚特蒙古族男子，冬季头戴红缨角帽，额部较高，脖后较长，帽边和帽耳里是羊羔或水獭等贵重皮毛。13 世纪时的布里亚特蒙古族隶属于贝加尔湖周围的 11 个部落联盟。为了不忘自己的历史，有“以帽子的顶珠象征太阳，红穗代表阳光，帽身上缝制 1—14 条横向网纹标志部族的组成”等说法。帽子不仅记录了历史传统，还象征着部族和个体的兴旺，所以在制作帽顶装饰时必须特别细心和严肃。

4. 头饰

女子头饰则因地区的不同而呈现不同的造型款式，但基本样式分为两种，一种是分梳两股辫子后脑盘团戴发簪、额箍、垂饰等，另一种是两辫垂于胸前头顶佩戴头饰，头饰多镶嵌珠宝，尽显华贵之气。蒙古各部落服饰中区别最大的是妇女头饰。如巴尔虎部落蒙古族妇女头饰为盘羊角式，科尔沁部落蒙古族妇女头饰为簪钗组合式，和硕特部落蒙古族妇女头饰为简单朴素的双珠发套式，鄂尔多斯蒙古部落妇女头饰最突出的特点是两侧的大发棒和穿有玛瑙、翡翠等粒宝石珠的链坠。

5. 佩挂首饰、戴帽是蒙古族的习惯

各地区的帽子也有地方特色。内蒙古及青海等地的蒙古族的帽子顶高边平，里子用白毡制成，外边饰皮子或将毡子染成紫绿色作装饰，冬厚夏薄。帽顶缀缨子，帽带为丝质，男女都可以戴。呼伦贝尔的巴尔虎、布里亚特蒙古，男子戴披肩帽，女子则戴翻檐尖顶帽。用玛瑙、翡翠、珊瑚、珍珠、白银等珍贵原料使蒙古族的首饰富丽华贵。

6. 配饰

蒙古族配饰的种类十分丰富，有女子配饰和男子配饰之分，女子配饰主要是耳坠和头饰，各部落妇女的头饰虽有不同，但所用材质均为金银制品、松石、珊瑚、珍珠、布艺等，形制多样，精美绝伦；男子配饰主要包括蒙古刀、火镰、鼻烟壶等，其中蒙古刀具有吃肉、宰杀牛羊及防身等多种功能，火镰是过去蒙古族取火用的工具，交换鼻烟是草原上男人们见面时的一种见面礼。

7.靴子

蒙古族靴子据季节的变化有皮靴、布靴、毡靴几种，做工精细，靴帮等处都有精美的图案。皮靴多用牛皮、马皮、羊皮制作，结实耐用，防水抗寒性能好，其式样有靴尖上卷、半卷、平底不卷、尖头、圆头几种。布靴多以布帛、大绒、平绒布面料和毡子（羊毛轧）制作，中勒和矮勒居多，靴帮绣以图案，轻便柔软，舒适美观。毡靴多以羊毛、驼毛擀制而成，保暖耐磨损，一般多在隆冬时节穿用。蒙古靴类型又根据靴勒的高矮，分高勒、中勒、矮勒几种。皮靴一般采用特殊工艺把所需图案，如二龙戏珠、珠宝连城、蝙蝠、云纹、回纹、草纹、万字、蝴蝶、花卉等轧、贴在靴勒或靴帮上。布靴的靴帮、靴勒大多刺绣或贴绣精美的花纹图案。目前流行在民间的蒙古靴式样有多种，主要有军样靴（大板尖）、抓地虎、皂样靴（鸡蛋头）、武步员（朝靴）、大仙靴、三抱靴（小板尖）、八宝靴（童靴）、皮马靴（高勒、半勒）、布绣花靴（半勒）。在当今草原的一些纯粹牧区，很多牧民依然喜欢穿靴子。自制的厚毡底高腰蒙古靴，穿着便捷，走路舒适。冬天保暖小腿和踝骨，夏天防止蚊虫叮咬，在草丛中步行时还能避免蛇咬伤，其作用是多重的。

8.服饰图案

由于蒙古族人对大自然的顺从和热爱，服饰装饰常常采用汲取于大自然的各种类型的图案，表达对自然的热爱、对美好生活的向往，常用图案有杏花、海棠、牡丹、梅、山丹花等植物图案，马、牛、羊、鹿、老虎、骆驼、蝴蝶、鸟、鱼等动物图案，山、水、火、云等自然风景图案，还有一些较为抽象的图案，如云纹、盘肠纹、卷草纹、水纹、火纹等，突显了蒙古民族天生与自然和谐共处的美好愿望。2009 年 4 月，内蒙古自治区开展蒙古族服饰的抢救保护工程。调查工作遍布内蒙古地区的 50 多个旗县，600 余名乡土专家和牧民群众接受采访。经过 4 年多时间的调查，最终确定了蒙古族 28 个部落的传统服饰的基本样式，共抢救性制作了内蒙古现存 28 个蒙古族部落的 108 套服饰和 34 组头饰，并已全部移交内蒙古博物院作为永久性藏品，供展示研究之用。这 28 个蒙古族部落为：巴尔虎、布里亚特、额鲁特、扎赉特、科尔沁、扎鲁特、奈曼、阿鲁科尔沁、敖汉、巴林、翁牛特、喀喇沁、克什克腾、乌珠穆沁、浩齐特、阿巴嘎、察哈尔、苏尼特、四子、土默特、达尔罕、茂明安、鄂尔多斯、乌拉特、和硕特、阿拉善伊斯兰蒙古族、喀尔喀、土尔扈特蒙古族部落。[1]

（二）饮食

内蒙古由于地理位置、自然条件、生产发展状况的差异，在饮食习惯上也不尽相同。在牧区，蒙古族以牛羊肉、乳食为主食，史书以“游牧民族四季出行，惟逐水草，所食惟肉酪”来形容游牧生活形成的饮食习惯。烤肉、烧肉、肉干、手把肉均为蒙古族家常食品，其中手把肉最有名，四季都可以食用。“以乳肉为主”就形成了独特的内蒙古草原的饮食习俗，出现了一些特殊的食品，如“蒙古八珍”和“成吉思汗火锅”。

呼伦贝尔大兴安岭林区是野生动物的天然宝库。除有独具特色的牧业外，狩猎业也很发达。是《蒙古秘史》中被称为“林中百姓”所居住的地方。今天居于这里的鄂伦春、鄂温克族猎民多是以猎获的兽肉为主食，过去熊肉、野猪肉、狍子肉经常可以吃到。他们的饮料是驯鹿的奶。鄂伦春人喜欢肉食，食肉方法也很多，但最有特点的是烤肉。通常是将木棍削尖，把肉插上，烤到焦黄散发出肉香时即可食用。夏季，猎获物食用不完时，便把肉晒成肉干。晒肉的办法是把肉条晒到半干，切成小块；或先把肉切成小块，煮熟晒干，再用木头作架子，用蒿秆做帘子，将肉干放上，底下烧木柴，用烟熏肉。这样加工后，肉不腐烂。做法吃法原生态而具有特殊风味。“篝火宴”“飞龙宴”，都是猎区招待客人的特殊食法。

内蒙古东部地区的科尔沁草原（东北松辽平原的一部分），自清朝中叶以后，随着“移民实边”政策的实施，种植业逐渐发展起来。农区的蒙古族主食以玉米面、小米为主，杂以大米、白面、黄米、小米、高粱米。此外农区或半农半牧区既吸收了其他农区的饮食风俗，又保留了塞北牧区的饮食习惯：油炸糕、武川莜面、呼市焙子、赤峰对夹等食品特色，都是舌尖上的内蒙古味道。

在菜肴烹制上，农区以炖、炒为主，也加以烧烤，吃些牧区食品如手抓肉、奶制品等。蒙古族农民多保留了牧区的好客习俗，来了客人要先敬茶，无茶或不沏新茶皆为不恭，而且以“满杯酒、满杯茶”为敬。西部地区的土默川、河套地区的农业则更为发达。嫩江流域的达斡尔族人喜欢野山菜柳蒿芽（昆必乐）。妇女们在山坡草地采集柳蒿芽、野韭菜、野葱、黄花做菜或晒干贮存。

---

[1] 2014年11月，“蒙古族服饰”经国务院批准列入第四批国家级非物质文化遗产代表性项目名录。

野外采集后用水焯一下，去掉苦味即可炒食、蘸酱或做馅、做汤。柳蒿芽除了炖鱼之外，还可配上肥肉炖土豆或芸豆，味道苦香清爽，是具有清热解毒作用的药膳菜肴。达斡尔族把带有狍子肉或牛奶的燕麦粥叫“花林坡巴达”。

蒙古族主要从事畜牧业生产，饮食中肉类和乳类占主要部分。史书记载，北方游牧民族“四季出行，惟逐水草，所食惟肉酪”。13 世纪成吉思汗西征时，行军也不带粮食，以乳肉充饥。牧区主要饲养马、牛、羊、驼。草原牧区的饮食特点为：以乳、肉为主。适于游牧生活，即使是游牧远行，遇到暴风雪不能用火时，也有炒米和肉干、奶干可食。这些饮食经过长期演化，形成了一套独特的蒙餐饮食文化，就是当代社会高规格的盛大庆宴上，这些饮食也不失为美味佳肴。

蒙古族将肉食称“乌兰伊德”，意为“红食”。蒙古族以畜牧为主业，主食牛、绵羊肉，其次为山羊肉、骆驼肉，在狩猎季节也捕猎黄羊肉。其中由于羊肉鲜嫩味美，营养丰富，是主要的肉食来源，牛肉次之，驼肉主要是阿拉善地区的蒙古族食用，马肉则更少食用。蒙古族人常见的烹调方法有炖、蒸、焖、涮。菜点崇尚丰满实在，注重原料的本味。

内蒙古著名的菜点有：诈马宴、烤全羊、烤羊被子、烤羊排、烤羊腿、全羊席、手抓羊肉、荞麦面、莜麦面、肉干、哈达饼、蒙古馅饼、蒙古包子、烧麦、莜面等。

奶食在蒙语中发音“查干伊德”，是纯洁吉祥的意思。奶食品主要有奶油、奶粉、奶茶、黄油、白油、酸奶、酸马奶、奶皮子、奶酪、酸奶酒、马奶酒、奶豆腐、奶果子等。可以在正餐上食用，也是老幼皆宜的零食。奶制品一向被视为上乘珍品，如有来客，首先要献上，若是小孩来，还要将奶皮子或奶油涂抹其脑门，以示美好的祝福。

蒙古族人每天离不开茶，除饮红茶外，几乎都有饮奶茶的习惯。蒙古族的奶茶有时还要加黄油、奶皮子、炒米等，其味芳香、咸爽可口，是补充多种营养成分的滋补饮料。蒙古族还喜欢将很多野生植物的果实、叶子、花朵用于煮奶茶，煮好的奶茶风味各异，有的还能防病治病。

布里亚特包子的外形与其他民族的包子并无多大差别，其最大特点在于包子馅的制作，主要用碎羊肉、羊下水、牛肉或驼肉切丁做馅，再放些大葱、洋葱或草原上生长的野韭菜，烫面做皮，蒸成羊肉包子、山羊包子、骆驼包子和碗包子。

呼伦贝尔还有一种羊包子，即用温和勒其格（羊的心外膜）做皮，用羊腰

晾晒蒙古族美食奶豆腐　摄影 / 敖东

附近的两条细长肉、高列米和肉做馅烹饪的包子。一只羊只能做一个羊包子，只有最尊贵的客人才能吃到如此珍贵的包子。

碗包子，即杀羊后将羊的脑浆放入碗里，再放入一些调料蒸熟。此包子常常给家里的老人和孩子吃。此外，还有骆驼肉做馅的蒙古包子。蒙古包子的特点是：馅大、皮薄、味道鲜香。

蒙古馅饼，多以羊肉、牛肉、驼肉为主，以面稀、皮薄、馅细为特点，烙制后形如铜锣，外焦里嫩，饼面上油珠闪亮，透过饼皮可见里面肉似玛瑙，菜如翡翠，红绿相间。用筷子破开饼皮，热气升腾，香味扑鼻，引发人们强烈的食欲。蒙古族馅饼是上等地方美食，是蒙古族人家招待贵客的主要食品之一。

蒙古族的饮食礼节也非常讲究，别具特色，不管是喝茶还是吃肉，宴席还是小招待都有成套的习惯和礼俗，最主要的几种礼俗有萨察礼、德吉礼、迷拉礼、敬茶礼、敬酒礼、祝福礼，体现着蒙古族民特有的宗教观、伦理观、价值观。

“萨察礼”是进食前或进行祭祀仪式时，向天地诸神祭洒饮食，感谢神的赐予，并祈求神赐予其幸福安康；“德吉礼”，是确定进献饮食品次序的礼俗，把饮食的最初部分称为“德吉”，在喝茶或进餐时把饮食的“德吉”献给长者或贵客，以此表达自己的恭敬之意；“迷拉礼”是蒙古族通过饮食品表达自己对新生事物美好祝愿的礼节，德高望重的长者将饮食品涂抹在一些需要祝福的新生事物上，以此祝愿吉祥如意；“敬茶礼”是在给客人倒茶时必须要倒满，双手献给客人，表示对客人的敬重；“敬酒礼”是在喝酒时，晚辈为长辈敬酒时要轻轻地磕一下头，以示对长辈的尊重，接酒者接酒时用无名指蘸一下酒向天、地、火炉方向各点一下，接下酒说几句吉祥话，一饮而尽，不会喝或者不能饮酒者则以沾唇示意，表示接受了主人的情意，将酒杯双手奉还；“祝福礼”是在食用饮食过程中赞美食品的同时祝福主人，以此表达自己感谢之情的礼俗，有饮茶祝词、饮酒祝词、喝汤祝词、全羊席祝词等诸多内容。

在就餐时，同样要注意规矩与礼节，以羊背子为例，肉刚出锅时，在大木盘中以羊的卧姿形状，先摆四肢，后摆羊背颈胛，再把羊头放到羊背上。摆好后上席，羊头朝向客人，是对客人的尊重，随后请客人用蒙古刀在羊背上划一个“十”字形，如同“剪彩”。接着主人用刀从肥厚的羊尾上，划下一条 10 厘米左右的肥油，放到客人的右手掌上，请客人将此油直接吸入腹中，不咀嚼，并饮酒润喉。等敬客之礼结束后，大家可尽情取食。无论哪种礼俗，都展现着蒙古民族崇尚礼俗的思想意识形态和热情好客的民族性格。

（三）居住

蒙古包及其营造技艺是蒙古民族游牧文化的重要组成部分。蒙古包独特的制作技艺体现了蒙古族的审美观、高超的技能和创作才能。它在长期的生产斗争、生活实践中积累形成，与自然环境相适应，具有独特的地域文化风格和不可替代的观赏价值。2008 年，蒙古包营造技艺被纳入第二批国家级非物质文化遗产名录。

蒙古包结构简单，拆卸容易，重量较轻，搭建方便且非常牢固，相比土木建筑更具有抗风与抗震的功能。它可分为几个部分，运载十分省力，充分体现了游牧民族传统建筑工艺。千百年来，蒙古包是蒙古民族传统生态生活方式的象征，其作为人类建筑史上的一种独特形式，以其不可替代的观赏性、实用性得以延续和保留。

蒙古族居住蒙古包的历史悠久，最早在阴山岩画中就有所表现，史称“穹庐”“毡帐”等，蒙古语为“格尔”，满语称“蒙古包”或“蒙古博”。游牧的生活方式造就了蒙古包外部形态、内部结构和构筑材料不同于其他民族的建筑，与北方草原的自然环境和生活方式完全适应，体现了蒙古民族的生态观和空间文化内涵。蒙古包搬迁方便，适应游牧生活。蒙古包的各个部件都是单独的，搭盖时二人足矣，两三个小时就能搭盖起来；拆卸容易，两个人拆卸只需十几分钟，围绳、带子都是活扣，解开带子的活扣，毛毡就自动落下，露出哈那，再将哈那、陶脑、乌尼等折回，很快就可以拆卸开并折叠起来；装载搬迁轻便，一个女人就可以举起来放到车上，一顶蒙古包两峰骆驼或一辆勒勒车就可以运走，非常适合游牧迁徙搬营盘使用和居住。

蒙古包呈圆形，有大有小，但其基本构造都是一样的，由网状编壁“哈那”、条木椤子“乌尼”、圆形天窗“陶脑”和门等构成，外面蒙上毡子，再用鬃毛绳子勒紧即可。蒙古包规格的大小，是由每顶包所用编壁（一般高1.5米多，长2米多）的数量来决定的，如4扇、6扇、8扇、10扇、12扇、18扇、24扇“哈那”等，普通牧民一般多住6扇至8扇编壁的。蒙古包的架设很简单，先选好地形，铺好地盘，然后竖立包门、支架编壁、系内围带、支撑木圆顶、安插椽子、铺盖内层毡、围编壁毡、包顶衬毡、覆盖包顶套毡、系外围腰带、挂天窗帘、围编壁底部围毡，最后用毛绳勒紧系牢即可。蒙古包的门一般朝向东南方向。包内中央为炊饮和取暖用的炉灶，烟筒从天窗伸出，炉灶的周围铺牛皮、毛毡或地毯。正面和西侧为长辈的起居处，东面为晚辈的起居处，周围摆设的家具主要有木质的碗柜、板柜、板箱、方桌等，其特点是小、低，占地少，搬挪方便，不易损坏。蒙古包看起来外形很小，但包内使用面积却很大。而且室内空气流通（除天窗外，编壁墙底部还有一层围毡，夏天可掀开通风，冬天放下保暖），采光条件好，冬暖夏凉，不怕风吹雨打。在蒙古包周围，堆积的牛、羊粪如小山，以供燃料。

据《蒙古秘史》记载，蒙古包已有1000多年的历史，至今仍有牧民喜欢住在蒙古包里，是蒙古族生活智慧、生态观和民族文化的集中体现。一是搭建蒙古包的材料就地取材、因地制宜，蒙古包的原料主要是木材和毛毡，木材取材方便，且运输时质量轻，外盖的毛毡是用牧民所养的牲畜身上的毛擀制而成，围绳和带子是牧民剪下马鬃、羊毛或驼鬃拧结而成的鬃毛绳搓成的。二是适应自然环境，给人们提供冬暖夏凉的舒适环境。蒙古包通体为圆形，没有棱角，且不高大，主体近似圆柱形，包尖为圆锥形，这样能够承受较强的外力，不仅抗风，还不积雨雪。另外，在下雨落雪时，把蒙古包的顶毡盖上，多围两层围毡，寒气不易侵入，有效抵抗了蒙古高原恶劣的气候环境。在炎热的季节，掀开蒙古包毡壁的底部，凉风便可进入包内。

草原上的牧民尽管住进了砖瓦房屋，开始定居生活，但院落中仍然有 1 顶或 2 顶搭建好的蒙古包，有的牧民依然在蒙古包里居住。在内蒙古的许多城市建筑中，也都融进了蒙古包的建筑元素或造型，例如，呼和浩特、通辽、赤峰、海拉尔、锡林浩特、巴彦浩特、呼伦贝尔等城市中不少标志性建筑都承袭了蒙古包造型。在各地一年一度的那达慕盛会上，往往分布有几十顶乃至几百顶蒙古包，用来居住、物资交流、民族工艺品展示、宣传科技文化和政策以及作为饭店茶馆等使用，形成一个象征性的部落，再现着成吉思汗时代"古列延"(圈子或营寨)，表达着牧民对蒙古包的留恋之情。

（四）交通工具

在一望无际的草原上，蒙古族反复游牧迁徙的生活方式以及饥食其肉、渴饮其酪、寒衣其皮、驰驱其用的生活习俗决定了蒙古族的交通工具不仅要适于生产的需要，也要满足于生活的需要，马、牛、骆驼、车等就成了蒙古族最传统的交通工具。这些传统交通工具在蒙古族历史上发挥了重要作用，是蒙古族游牧文明的重要组成部分，与蒙古族一起创造了游牧文明。

蒙古马。蒙古族牧人从小就在马背上长大，正如蒙古族谚语所说的那样：歌是翅膀，马是伴当，无论外出放牧、搬迁转场，还是传递信息、探亲访友，甚至婚嫁等，都要骑马去完成。马在蒙古族的生产和生活中占有着极为重要的地位，游牧、狩猎、战争、娱乐都离不开马，马不仅是代步工具，也是驮运、挽车的主要畜力。蒙古族也十分重视马匹的繁殖、饲养，在长年的生产实践中，通过不断地培育和精心饲养驯化，培养出适应蒙古高原特殊地理环境的优良马种——蒙古马。蒙古马体形较中等，但身体健壮，适应性极强、速度快、耐力久，也曾带着成吉思汗横跨欧亚大陆。《黑鞑事略》中也有记载："因其马养之得法，骑数百里，自然无汗，故可以耐远而出战，平时正行路时，并不许其吃水草，盖辛苦中吃水草，不成膘而生病"，"战时参战后，就放回牧场，叫它饱食青草，再战时才把马赶回，拴在马桩子上"。蒙古马在蒙古高原的不同地区也有着不同的优良品种。例如，在内蒙古锡林郭勒草原上有著名的乌珠穆沁马、阿巴嘎马、皇家马的后代上都河马，赤峰市克什克滕旗有白岔铁蹄马，在鄂尔多斯高原有善走沙漠的乌审走马，呼伦贝尔有体型高大、速度极快的三河马。即使在现代交通运输发达的今天，马仍然是内蒙古许多草原的主要交通工具和骑乘，被牧民视为家庭中的重要成员。此外，马对于保护天然草地原始植物群落也有着十分重要的作用，马的肠胃系统有助于消化粗饲料，在草原上取食牛羊不食的粗饲草，特别喜食多种针茅，对于减少针茅植物群落扩大、减少针茅对牛羊带来危害等方面的草原生态环境保护意义重大。

蒙古马是以主要原产地命名的世界古老马种之一。特殊的物种基因、严酷的生存环境和长期的遗传变异，造就了蒙古马耐寒、耐旱、耐力强的特殊属性。蒙古马体形矮小，其貌不扬，然而，在风霜雪雨的大草原上，其却能不畏艰辛、纵横驰骋、屡建奇功，铸就了蒙古马独特的品格和精神。

习近平总书记在考察内蒙古时指出，干事创业就要像蒙古马那样，有一种吃苦耐劳、一往无前的精神。[①] 蒙古马与其他品种的马最大的不同就在于其具有超强的耐力，擅长在艰苦的自然环境中，不畏寒暑、不惧艰险，以坚韧不拔的毅力，穿沙漠过雪原，驰骋在广袤的蒙古高原上，创造一个又一个传奇。

马作为有灵性的动物，在蒙古民族的生活中历来有忠于主人、忠于职守的美誉，被称为“义畜”。从古至今，蒙古马虽然生性刚烈剽悍，但对主人和故乡却充满着无限的忠诚和眷恋，甚至不惜以自我的牺牲来挽救主人的生命。在蒙古族著名史诗《江格尔》中，英雄洪古尔的坐骑用马尾击翻有毒的酒杯，挽救了英雄的生命。草原上普遍传唱的《蒙古马之歌》生动地讴歌了战马对主人的深情：“护着负伤的主人，绝不让敌人靠近；望着牺牲的主人，两眼泪雨倾盆。”据文献记述，蒙古族著名作家尹湛纳希在返乡途中不幸落马，在昏厥之际，其坐骑与扑过来的两只狼展开了殊死搏斗，最终挡住狼的进攻，成功保护了主人，可见蒙古马的赤胆忠心。

在中国革命史上，内蒙古骑兵师曾以蒙古马为依托，在解放战争中浴血奋战，为新中国的诞生立下了汗马功劳。蒙古马精神蕴含着崇尚自然、敬畏生命的理念。“吃苦耐劳、一往无前，不达目的绝不罢休”的蒙古马精神诠释了人与自然和谐共生的真谛，深刻领会、践行蒙古马精神，大力弘扬蒙古马精神具有重要意义。

草原运输的主要交通工具——牛，易驯服、耐力好，是挽车的好畜力。在古代内蒙古秋季，多半是做长程贸易和运输的季节，在水草较好的地方多用牛车。蒙古族用牛车的做法是一牛一车，并把许多牛车前后排成一个纵列。行动时，许多人家合在一起，组成一队，被称为“草原列车”，每车再系一铃，

---

① 《美好梦想，奔驰在辽阔草原（守望相助七十载　壮美亮丽内蒙古）——以习近平同志为核心的党中央关心内蒙古发展纪实》，《人民日报》2017 年 8 月 7 日。

牛车行动时，铃声沉重，打破草原的寂静，在草原上形成一幅富有诗意的美景。

骆驼是牧民不可缺少的交通运输工具，蒙古语称它为“特莫”。骆驼既可产乳、肉、绒毛，又耐饥渴、耐寒暑、善跋涉、能负重，被誉为“沙漠之舟”，是沙漠地区的货运主力。今天，虽然有了飞机、火车、汽车等现代化交通运输工具，但骆驼仍不失它的特殊使命，在内蒙古西部的库布其、毛乌素等沙漠地带，一队队骆驼常常在这些沙漠里负重远行，阵阵驼铃不时从沙漠中传出，勘探队考查沙漠，治沙队绿化沙漠，旅游队遨游沙漠，只有那傲视沙漠的骆驼才是他们忠贞不渝的伙伴。

勒勒车古称哈尔沁车、大辘轳车、罗罗车、牛牛车等，是北方游牧民族生产生活中普遍使用的交通工具，在蒙古语中被称为“抗盖特日格”。因为此车常以牛马驼等大型牲畜拉动，牧民在赶车的时候常用“嘞嘞”的声音来驱使牲口，故得名勒勒车。在平时生产生活中，勒勒车主要用于拉水、运送燃料，倒场迁居时，装载蒙古包和其他生活用具和用品。

从秦汉时期到20世纪七八十年代的两千多年中，勒勒车一直是草原牧人最重要的交通运输工具，有“草原之舟”之称，在蒙古族的生产生活中发挥着巨大的作用。

勒勒车在蒙古族生活的草原地区随处可见，由十几辆甚至几十辆勒勒车组成的庞大的车队游动在碧草蓝天之间，显示了蒙古族人民特有的民俗风情。勒勒车“体大轻盈”，车轮直径通常都在1.5米，几乎和拉车的牛、马一般高，所以勒勒车又被称为“大轱辘车”。巨大的车轱辘，使其具备超强的适应地形的能力，无论蒙古族牧民是短途运输还是长途迁徙，不管是茂密的草场、积雪的田野、泥洼的湿地还是崎岖的坡路，勒勒车都能顺畅行驶，所以也有了“草上飞”的美誉。勒勒车“简易实用”，操控简单容易，不论牛、马、骆驼都可以拉载，即便是身体纤瘦的妇女也可以轻易地驾驭一连串几辆甚至十几辆勒勒车同时行驶。勒勒车的制作也简易方便，制作材料就地取材，整辆车的构件均是由草原上常见的桦木、松木、榆木等木料制成。车子的构造也非常简单，分为下脚和上脚两部分，上脚由两根车辕、8—10条车撑、车槽组成，下脚由车轮、车辐、车轴等构件组成。车轮是由弧形的木辋连接而成，用36根辐条支撑，车辕一般长5米左右，中间用8条到10条车撑来固定支撑，顶端缠上坚韧的绳索，以此来套拉牲畜。勒勒车“种类繁多”。2006年5月20日，蒙古族勒勒车制作技艺经国务院批准列入第一批国家级非物质文化遗产名录。

勒勒车在实际使用中可分为很多类。用于载人的勒勒车通称为蒙古轿车，在车棚周边围上毛毡，能抵御风寒，多用于达官贵人、妇女儿童乘坐；载物勒勒车的载重能力很突出，大车按构造大小而分为头大车、二大车两种，有的货车载物可以多达千斤。此外，还有一些特殊用途的改装车，如加装储藏室食物木柜的货车，或加装大桶用来盛水的水车等。当然，使用畜力的不同，勒勒车的使用范围也不尽相同。在过去，蒙古族各部族逐水草迁徙，辎重帐舆全靠勒勒车运载，辗转千里，铃声悠扬，长长的车队构成了草原特有的风光。

三、蒙古族文学艺术中的生态伦理观

由于社会发展水平及人类思想的限制，当时的人们不可能产生复杂的、极具个性化的文学表达方式，主要是通过民间传说、神话故事、英雄史诗，将人们对生命与自然的认识与情感生动地表达出来。

蒙古族传统生态文化衍生的文学艺术传承尊重自然、善待自然、保护自然，人与自然的和谐相处是游牧文化的核心和灵魂，游牧文化实质上就是生态文化。草原生态文化包含了朴素而又深刻的哲理，包含着尚未能破解的生态伦理和深奥哲学，有挖掘不尽的文化财富。

（一）民间故事中的生态伦理观

在蒙古族民间故事中，有相当一部分反映的是当时的人们对蒙古高原自然环境严酷性一面的认识。如《云杉树的传说》《毛乌素沙漠传奇》《沙丘国》这三则民间故事中讲的是原先天堂般的地方，由于莽古斯作祟及人的贪婪而变得黄沙漫野寸草不生，人们苦不堪言，这时就有英雄挺身而出与魔怪搏斗，拯救了草原，拯救了人民。反映了当时的人们对蒙古高原自然环境严酷性一面的认识。

蒙古族民间故事是民族文化的重要组成部分，它在积极参与民族文化传统建构的同时又以审美的形式体现着民族文化的独特形态和精神风貌。草原文学艺术在内容、形式和社会功能等层面都具有明显的草原文化的生态特性。

蒙古族民间故事内涵丰富多彩，反映狩猎生活、游牧生活、农耕生活的作品相映成趣。从内容上看，多数作品具有应用性与娱乐性相结合、审美性与启蒙性相统一的品格。它们不仅带给历代草原人民以美的享受、心灵的陶冶，同时也担负了传授知识、启蒙思想的使命。它是草原社会生活的画卷，是我们了解草原传统文化和草原人心路历程的最好窗口。蒙古族民间故事的内在精神和审美特征，在更深的层面上表现了草原文化的基本精神和价值取向。

（二）神话故事中的生态伦理观

在蒙古族神话中也包括人对生命的认识、对人与自然关系的认识等。分为关于祖先的神话和解释自然的神话。

关于祖先的神话。蒙古族在远古有苍狼、白鹿、熊、犴牛、天鹅、海青（鹰）以及树木等的自然现象的崇拜，在民间流传着祖先来源于动物、树木的神话故事。将人的起源与动植物联系起来的一个最基本的意识就是生命与自然有着千丝万缕的联系，人与自然界不可分离。

广袤的大地是动植物繁衍生息的根基。因而，蒙古族非常敬畏和爱戴土地之神，一切玷污和破坏土地的行为都要受到谴责和惩罚，其原因就是怕惹怒神秘力量，导致灾难降临。这对草原生态系统的维护和修复起着至关重要的作用。蒙古族敬畏自然、敬重生命的生态意识，在他们关于天地、神山、圣水等的神话中也有集中体现。

解释自然的神话。比较典型的有《额日黑莫尔根》和《征服残暴的黑龙王》。这两则故事说的是不同形式的生命之间是可以流动、互换的，在一个完整的生态系统内各生态因子之间相互关系的一种状况。从这些神话故事中我们看到了不同生命形式之间相生相克的关系，频繁发生的各种各样的自然灾害，以及整个自然状况的最终恢复及保持下去，都使得当时的人们对这些可以直接观察到的自然界的运行规律有了一个形象的把握和认识。在蒙古族先民的思维里，高山丘陵等突兀之处都充满了神秘感，它们是神灵居住的地方，是部落的保护神，也是通向天堂的幸福之路。

草原民族的“开辟神话”（《麦德尔娘娘开天辟地》等）、天神神话（《冰天大战》等）、征服自然神话（《额日黑莫日根》《征服残暴的黑龙王》等）以及“天似穹庐，笼盖四野”的《敕勒歌》，无不充满着阳刚之气和磅礴之势。由远古神话所开创的北方草原文学的这种文化精神和美学品格，到英雄时代更是得到淋漓尽致的发挥。即使后来的《蒙古秘史》《青史演义》以及现当代的文学作品中，仍然一脉相承地充满着那种朴野的、粗犷的、壮美的英雄精神和阳刚之美。

（三）英雄史诗中的生态伦理观

英雄史诗是蒙古族民间文学的重要组成部分，通过歌颂英雄本人及其伟大业绩，表达了人们的认识、情感与理想，更表达了早期蒙古族对理想的生存形式的向往以及内在精神和审美取向。

宝木巴是《江格尔》中英雄们为了家园浴血奋战的地方、卫拉特蒙古的发源地。它的令人向往之处在于它的宁静、和谐、适宜生存，史诗《江格尔》对理想国有这样的描述："成群的野兽到处出没；肥壮的牛羊到处游动。……那里没有干旱的春天，只有丰硕的秋天；那里没有风沙的灾害，有的是肥壮的畜群；那里没有严寒的冬天，只有温暖的夏天；那里没有贫苦的百姓，家家户户丰衣足食；那里没有可怜的孤儿，户户家家人丁兴旺；那里没有战乱的骚扰，代代过着安宁的生活。"对这一理想之地的着力刻画，表明了人们对大自然美好一面的憧憬与向往。

严酷的自然环境、动荡不安的社会历史背景以及居无定所的游牧生活方式，使历代北方草原民族形成了粗犷、豪爽、坦诚、勇毅的民族性格和英雄、乐观、豁达的文化精神。

这种民族性格和文化精神反映到史诗中，就形成了天高地阔"金戈铁马"的气势、"骏马秋风塞北"的阳刚之美和朴野明快的审美情趣以及苍劲刚健的风格。

在草原民族文化精神的深刻影响下，草原英雄史诗多以赞颂反抗邪恶的社会力量、征服险峻自然的顽强斗争为其首选题材，以崇拜力量和勇敢作为传统主题和价值取向，以英雄主义、乐观主义、理想主义为主旋律。草原英雄史诗、民间故事等叙事文学作品，往往都以"大团圆"的理想化模式结尾，说明他们的心态是积极向上的，他们不希望博得眼泪，只希望博得赞美和敬佩。

（四）蒙古族军事活动中的生态伦理观

在蒙古早期战争中，部队行进路线中的所有区域内要进行休牧、休猎，以备军队经过时马匹、牛羊的牧放和军人后勤供给缺乏时的及时补充。1217年，成吉思汗派遣速不台追击篾儿乞残部时，下达军令说："行军途中野兽必多，勿使士兵追逐野兽，不为无节制的围猎，应虑及行程遥远。为补充军粮，只可适度围猎。"这说明，成吉思汗时期就有了通过打猎来补充军需的做法。蒙哥汗继位后，派其弟旭烈兀去征服波斯地区。在战争准备阶段，蒙哥汗"派出急使走在前面，让他们在预定的从哈剌和林开始直到质浑河滨的旭烈兀汗军队行军途中，宣布所有的草地和牧场为禁猎区，并在深流巨川上搭起牢固的桥梁。"蒙古战争不需要特殊的后勤补给，家畜及所产奶酪另加少量捕杀野生动物就能满足他们的全部生活所需。南宋人赵珙可能是第一个比较准确地道出这种现实的人，他在《蒙鞑备录》一文中说："鞑人地饶水草，宜羊马。其为生涯，只是饮马乳以塞饥渴。凡一牝马之乳，可饱三人。出入只饮马乳或宰羊为粮，故彼国中有一马者必有六七羊，谓如有百马者，必有六七百羊群也。如出征于中国，食羊尽则射兔鹿野豕为食，故屯数十万之师不举烟火。"从此看来，是否进行野生动物保护，不仅与蒙古族的生存、发展有直接的联系，也在较大程度上影响着战争的胜败。

军队出征时，每名战士至少配备战马三四匹。"骑过一日的战马在三四天以内是不许重新再骑的，"因为他们"拥有数量充足的马匹轮换"。如果疾驰，"每天要换五匹或七匹精神抖擞的马匹"，可以使马的体力得到恢复。

作战时，大都选择在秋冬之季。因为春天是牲畜最瘦的季节，夏天是牲畜抓膘、繁殖的季节，这两个季节不适合进行大规模的长途作战；而秋天是马匹膘肥体壮的季节，适合远征。《黑鞑事略》中有关于蒙古族秋天马肥的记载："尝考鞑人养马之法，自春初罢兵后，凡出战好马，并恣其水草，不令骑动，直至西风将至则取而控之，絷于帐房左右，啖以些少水草，经月后膘落而实……"成吉思汗准备征讨太阳汗时于鼠年春，在帖蔑格（原野）秃勒古勒主惕（地方）举行了忽里勒台，异密们同声说道："我们的马瘦，让我们喂肥了马，秋天出兵吧！"由此可见，这是一种与游牧经济、与草原自然环境融为一体的机动灵活的军事组织制度，其生态特征是显而易见的。

四、草原生态文化艺术的原生态表现形式

草原文化艺术领域的原汁原味的草原生态文化，具有天然美、自然美、原始美的特征，是没有被特殊雕琢、存在于民间的原始，散发着乡土气息的表演形式，它的根基在民间。它包括原生态唱法、原生态传统乐器、原生态舞蹈、大写意山水、城堡、牧人传统生活中原汁原味的加工制作技艺等。

草原原生态文化的民族性、地域性和综合性，使非物质文化遗产伴随着其族人的生息繁衍，长盛不衰。它因其地域性与民族性流传至今，是在历史长河中产生、发展并延续至今的草原生态文化传统。草原上浩如烟海的非物质文化遗产因生活而创造，也因生活而传承，融化在民族的血液中。"只有民族的才是世界的"，古老的草原生态文化也穿透了历史，贯通了古今。蒙古族的文学艺术、歌舞曲艺是牧人生活的一部分，牧人的孩子会走路就会跳舞，不

会说话就会唱歌。曾有个视频广为流传：一个蒙古族不到两岁的婴儿，依偎在蒙古包门框旁，望着远方咿咿呀呀地唱着长调，那奶声奶气稚嫩悠长颤抖的拖腔，让人感动得想哭。"百姓日用而不知"才是非物质文化遗产的原生态保护的最高境界。

（一）蒙古族长调民歌

蒙古族长调民歌是一种具有鲜明游牧文化和地域文化特征的原生态演唱形式，它以草原人特有的语言及独特的演唱形式述说着蒙古民族对历史文化、人文习俗、道德、哲学和艺术的感悟。据考证，在蒙古族形成时期长调民歌就已存在，距今已有千年的历史。

一千多年前，蒙古族的祖先走出额尔古纳河两岸山林地带向蒙古高原迁徙，生产方式也随之从狩猎业转变为畜牧业，长调这一新的民歌形式便产生、发展了起来。在相当长的历史时期内，它逐渐取代结构方整的狩猎歌曲，占据了蒙古民歌的主导地位，最终形成了蒙古族音乐的典型风格，并对蒙古族音乐的其他形式均产生了深刻的影响。在蒙古族形成时期，长调民歌就已存在。蒙古族长调民歌与草原、与蒙古民族游牧生活方式息息相关，承载着蒙古民族的历史，是蒙古民族生产生活和精神性格的标志性展示。蒙古族长调民歌也是一种跨境分布的文化。中国的内蒙古自治区和蒙古国是蒙古族长调民歌最主要的文化分布区。2005 年，中国、蒙古国联合申报的"蒙古族长调民歌"，获联合国教科文组织第三批"人类口头和非物质文化遗产代表作"通过的项目。2006 年，蒙古族长调入选首批国家级非物质文化遗产名录。歌手在演唱长调民歌时，如同在和苍天交谈，和先祖对话，和大自然交流，具有一种神圣的灵感和豪情。这就是民歌的高度。蒙古族长调歌王拉苏荣说，作为草原上的民歌，蒙古族长调是一种历史遗存下来的口传文化，堪称蒙古族音乐的"活化石"。

1. 阿拉善长调民歌

阿拉善长调民歌中涉及自然、生态题材的歌曲，首先是表现了生态的现实，然后才是生态的理想。阿拉善长调民歌中有许多自然情景、故乡风光、山水美景的描写，通过"咏物抒情"，表达歌者对家乡的热爱、对故土和亲人的思念，包含着一种"天时、地利、人和"的朴素人文哲学。这种观念首先是通过歌词来表达，然后运用优美的旋律和丰富的情感把它传达给听众。民歌诗词是民间口传文学的一种，阿拉善长调民歌的歌词是经过千百年的历史沧桑和风雨岁月流传至今的蒙古民族口传文学精华。长调民歌的词律很讲究上下押韵、首尾呼应，具有严密的诗词格式。在修辞方面，常用的手法有比喻、重复和排比句式[①]。

阿拉善民歌的歌词包含了朴素而又深刻的哲理，包含着我们尚未能破解的深奥乐理和哲学，有挖掘不尽的草原生态文化财富。阿拉善长调民歌中有许多以“山”字为题，如《金色的圣山》《罕乌拉山岭》等，一来和蒙古民族信仰山水的图腾崇拜有关，二来人们通过它表现对故土的依恋和思乡之情。过去我们只从主题思想的范畴泛泛地去研究民歌，忽略了歌中所包含的生态文化命题和人与自然、天地和谐共处的生态人文理念。还有一些宗教歌曲，如《恩德三圣》《江山社稷》等，表现了一种佛教崇拜理念，并通过“八瓣莲花”“天上仙境”“苦海彼岸”等理想的描述表达了一种宗教的生态理念，如“借花献佛”“菩提甘露”“心皈净土”等等，揭示出阿拉善当地百姓心中的信仰和美好的意境。

游牧文化是草原文化的主体，而传统的生态文化是游牧文化的主要组成部分。游牧文化的特性在阿拉善民歌中得到充分的体现和张扬。阿拉善民歌的地域性、演唱风格、歌词所表达的内容都是很好的例证。“游牧文明的‘开放性’和‘迁徙性’影响并决定了游牧民族的文化心理和生存智慧。崇山峻岭、戈壁流沙培养了游牧民族的坚韧意志与不断开拓的力量；多变的气候和山崩雪灾教会了他们认识和把握自然的生存经验。他们之所以常常载歌载舞，以豪迈纵情的歌唱来赞美栖居之地，这不只是西部自身有着怡人景观，更重要的是这片土地的自然特性与游牧文化的‘开放性’和‘迁徙性’一道催生了西部游牧民族独有的礼俗、婚姻形式、宗教信仰、民族心理结构，以及与农耕文化的那种土地意识及守成眼光全然迥异的生存观与价值观。这就是内蒙古西部这一独特文明形态的主要内涵。”[②]

蒙古族传统生态文化提倡尊重自然、善待自然、保护自然，人与自然的和谐相处是游牧文化的核心和灵魂：游牧文化实质上就是生态文化。所以在这一点上，阿拉善长调民歌又上升到了一个人文的高度。

游牧生产生活方式，使阿拉善人不仅将人作为自然的一部分，而且将自然本身当作敬奉的对象，从内心深处敬尊、崇尚和呵护自然。视自然宗教、万

① 马英：《阿拉善长调民歌的生态理想》，《北方新报》2011 年 10 月 26 日。

② 马英：《阿拉善长调民歌的生态理想》，《北方新报》2011 年 10 月 26 日。

物生灵、一草一木均为神灵的化身，不容亵渎和作害。民歌中关于苍天大地、日月星辰、佛祖神灵、山水林木、骏马山鹿、四季轮回、童年故乡等意象和景观，无不寄托着人们对大自然的崇拜。阿拉善民歌怀抱对万物生灵的关爱和对美好家园的思念与热爱，在描写生态现实的同时，象征了天地人和、安居乐业、鸟语花香、吉祥如意的生态理想。阿拉善长调民歌是古老而且具有顽强生命力的非物质文化遗产，它是在这一片富饶辽阔的大地上代代传承下来的民族文化瑰宝，它穿过茫茫的历史风尘和岁月烟雨，和我们孤独的心灵长相守望。《富饶辽阔的阿拉善》是阿拉善长调民歌的代表曲目，位居阿拉善著名的八大长调民歌之首。蒙古族人对家园的认识是非常庄重的。多年的游牧经历使得他们懂得选择家园的重要性。蒙古族人的风水论中讲究，选择家园，以在太阳早升早落之地为上，择巍峨的大山作依靠，以林木葱茏、水草丰美之地为佳。当时的阿拉善之地正是这样的绝佳之处。有林木茂盛的贺兰山为依靠，有涓涓流淌的乌力吉木仁（如今的三道河），由于人烟稀少生态植被完好，没有丝毫的破坏，而且地域广阔、宁静致远，正乃一处人间圣地。这样，阿拉善这片土地就成为和硕特蒙古人世代安居乐业的美丽家园。人们对家园的这种神圣崇拜意识在平时的宗教活动和祈愿活动中都能体现出来，如在祭敖包神灵或煨桑祈福时诵念的祝颂词中就有浓浓的家园崇拜意识。《富饶辽阔的阿拉善》这首歌正是在这个时期产生的。

2007 年 10 月 24 日，我国的首颗绕月卫星“嫦娥一号”搭载了 30 余首歌曲奔赴太空，其中一首就是蒙古族长调民歌《富饶辽阔的阿拉善》。①

2. 巴尔虎长调民歌

巴尔虎蒙古长调为众多的蒙古长调中的一种，主要流传于呼伦贝尔草原新巴尔虎左旗、新巴尔虎右旗、陈巴尔虎旗等广大巴尔虎蒙古族牧民之间。巴尔虎蒙古长调用蒙古语演唱，语词较少，字少腔长，但音调曲折而悠长，音域宽广，高亢深远，节奏舒缓自由。歌词内容较丰富，既有怀念故乡、赞美家乡等内容，也有纯真爱情、抒发感情等内容，更有歌颂党、歌颂祖国、歌颂党的好政策、颂扬英雄人物等内容。

巴尔虎长调民歌曲调无论高亢嘹亮还是低吟回荡，充分反映出巴尔虎蒙古人宽广的胸怀、质朴爽朗而热情豪放的性格和草原辽阔无垠的气势。广大巴尔虎蒙古族牧民十分喜爱蒙古族长调演唱艺术，无论男女老少，在挤奶、放

① 马英：《阿拉善长调民歌的生态理想》，《北方新报》2011 年 10 月 26 日。

牧、打草、运输等劳动中都喜欢即兴演唱蒙古长调，节假日或闲暇时，引吭高歌，自娱自乐。古老的传统民歌《辽阔的草原》《四岁的海骝马》《佳呼哎》《长颈枣红马》《褐色的雄鹰》《乌和尔图灰腾》《富饶的巴尔虎》《宝格达山森特尔》《兴安河麻雀》等久唱不衰，代代相传。2014 年 11 月，内蒙古自治区新巴尔虎左旗申报的“巴尔虎长调”，经国务院批准列入第四批国家级非物质文化遗产代表性项目名录。①

巴尔虎蒙古民族从远古时代起，在长期游牧生活中，造就了蒙古族小伙子淳朴、豪爽、豁达的阳刚之美；也造就了蒙古族姑娘的热情、善良、勤劳的贤惠性格。应运而生的蒙古族长调民歌，伴随着他们的出生和成长，唱响在他们生命中的朝朝暮暮。蒙古民族虽然经历了多次的部落变迁，但是他们的长调民歌却依然口口相传、经久不息地传承至今。而在这些唯真唯美的蒙古族长调民歌中，巴尔虎长调民歌有其独具特色的风格。呼伦贝尔草原是巴尔虎蒙古人的故乡，也是巴尔虎长调民歌的故乡。

1955 年，新巴尔虎左旗的著名蒙古族长调民歌的一代宗师、歌唱家宝音德力格尔，在华沙世界青年联欢节上倾情演唱的《辽阔的草原》，第一次让全世界品味了长调民歌的高亢悠扬，震撼了国际音乐界，并一举获得了联欢节金奖。她演唱的巴尔虎民间长调歌曲《褐色的雄鹰》《驯服的褐色马》《修长的海骝马》《遥望额尔敦敖拉山》等，已成为草原上的经典曲目。②

3. 布里亚特蒙古族民歌

呼伦贝尔草原上的布里亚特蒙古族长调，具有鲜明的山林狩猎生活的音乐风格，古朴、苍劲，属于早期长调的音乐特点。短调也是布里亚特蒙古族民歌的主要体裁，其特点是音域狭窄、结构短小、音调精炼，节奏欢快、跳跃，舞蹈性很强，旋律音阶充满部落特色并带有一些异域音乐风格，主要在农业区和半农业区流行。呼伦贝尔地区是我国布里亚特蒙古族最大的聚居地，民歌是该民族音乐文化最好的代表与写照，是布里亚特人生活、放牧、劳作的形象反映。

从布里亚特长调、短调的音乐特点来看，短调短小的音乐特点鲜明，更能够代表其部族的音乐风格，无论在节日、婚宴或是盛大聚会时，短调始终占有重要的地位，而且在民间的传唱度也很高，颇受人们欢迎。布里亚特长调在

① 《国务院关于公布第四批国家级非物质文化遗产代表性项目名录的通知》，《中华人民共和国国务院公报》2014 年第 35 期。

② 《高亢悠长的蒙古族巴尔虎蒙古长调》，《呼伦贝尔日报》2016 年 5 月 12 日。

长调领域里有着非常重要的研究价值，布里亚特长调具有结构短小、两句式典型的结构特点，能够体现早期蒙古族长调音乐结构的两句式、一句式的特征，这类民歌在蒙古族长调民歌中非常少见。布里亚特的传统民歌主要以口传心授的方式传承，民间艺人对民歌的传承起着十分重要的作用。

目前布里亚特蒙古族民间音乐文化的传承主要在呼伦贝尔市鄂温克族自治旗境内的锡尼河两岸，鄂温克自治旗锡尼河镇已申请成为非物质文化遗产保护基地。

4.鄂尔多斯古如歌

“古如歌”源于蒙古宫廷音乐，后流传于民间，成为一种古老的民间音乐体裁，至今已有800余年的历史。“古如歌”是以祝福、赞美、说教为主的无伴奏歌曲，歌词内容主要歌颂朝政、先祖、父母、草原及美好事物。“古如歌”演唱的场合要求十分严格，一般在隆重而盛大的庆典仪式上演唱，不能随便吟唱或随意哼唱；演唱时，众歌者着盛装，或站立或端坐，由首席老者或长辈先唱，之后大家合唱“三首正歌”，每首歌的演唱都不能戛然而止，必须一气呵成。旋律优美独特、节奏舒缓自由、演唱方法独特、风格高贵典雅是鄂尔多斯古如歌最显著的特征。不同于蒙古族长调和短调的是，“古如歌”由多人原生态演唱，音乐中更加充满了苍凉之美、空灵之美和悲壮之美，每一个音符都仿佛让人置身于历史长河之中，是蒙元以来蒙古宫廷礼仪音乐风格的集中体现，同时也是蒙古族古典音乐中的艺术精品。①

“古如歌”属于长调体裁，是游牧民族生产生活过程中创造的草原标志性音乐文化，表现了蒙古族人民在漫长的生产生活过程中对人生的感悟和祈求。“古如歌”的博大肃穆由它的演唱形式决定，在特定的场合内，众人同时以单旋律齐唱，声音粗犷苍劲、浑厚悠扬，听者无不为其恢弘博大的气势而震撼叹服。“古如歌”的结构形式非常严谨，仪式演唱中一般由优美华丽的羽调式图日勒格（引子）开场，唱腔由四句式曲调构成，字少腔多、音调高亢、音域宽广、曲调悠长。虽然没有固定的节拍，但唱词固定，不能有任何修饰及更改。图日勒格之后便是三首正歌，正歌一般以四行歌词的民间诗歌组成，旋律缓而不拖、慢而不沓，节奏若隐若现、若即若离，旋法跌宕起伏，并带有自然和声。正歌结束之后再次回到刚健、明亮的图日勒格，至此演唱结束。

作为宫廷歌曲，“古如歌”流传百年，如今依然保留着它原来的模样。《圣

① 孙鹤：《蒙古族古典音乐的活化石》，《鄂尔多斯晚报》2019年1月14日。

洁的宫殿》《天马驹》《高高的吉米梁》《班禅庙》……一首首歌颂国家和英雄、赞美家乡和山河的悠长曲调，从古代唱到今天，那种崇高和庄严从未变过。

“古如歌”有个神奇之处，就是必须言传身教，不会唱但识谱的人，即使严格按着谱子来唱也唱不出“古如歌”的味道。“古如歌”演唱的细节也无法用琴键来表现，弹奏出来便韵味全无。因此，“古如歌”的传承难度很大，会唱的人少之又少。

杭锦旗是“古如歌”的主要传承地，鄂尔多斯古如歌的原生态演唱流传于杭锦旗独贵塔拉镇、吉日嘎朗图镇以及梁外原白音格苏木靠近沿河的小部分地区。2008 年，鄂尔多斯古如歌被列入第二批国家级非物质文化遗产名录；2013 年底，杭锦旗被中国民间文艺家协会授予“中国古如歌之乡”称号。2018 年，古日巴斯尔入选第五批国家级非物质文化遗产代表性项目——鄂尔多斯古如歌代表性传承人名单。

5. 科尔沁叙事民歌

产自马背上的科尔沁长调尽管都源自广袤草原，却有着自己的特色。科尔沁叙事民歌有长调、短调之分，基本都是叙事民歌。一首歌一个故事，都是根据真人真事编出来的故事情节的歌曲，讲究的是情。还有柔拉、衬词多，灰（音）衬词上有区别。科尔沁叙事民歌都是口传心授，感叹自然，赞美生命，诉说爱情，发自心声，悠长而自由。科尔沁叙事民歌简称科尔沁民歌，主要流布于内蒙古大草原东部的科尔沁草原。蒙古叙事民歌始见于元代，其中最著名的有《阿莱钦布歌》《鹿羔之歌》等作品。直至清末民初，这一风格瑰奇的民族艺术样式才在科尔沁草原得到空前发展，其数量之大、内容之丰富在中国民歌发展史上是极为罕见的。

科尔沁叙事民歌节奏明快，内容贴近生活，通常以短小精致的音乐段落反复咏唱长篇歌词，而以四胡、三弦、扬琴、马头琴、潮尔等乐器伴奏。其曲调特色鲜明，往往运用丰富的变化音、离调、转调、调式交替等技法，使旋律与其他民族和地区的民歌风格产生明显区别。科尔沁叙事民歌基本都有相对完整的故事情节，歌词篇幅一般比其他地区的民歌长很多，有十几首民歌演唱时间在两小时以上，《张王之歌》甚至达到 24 小时以上。科尔沁叙事民歌的代表曲目有《嘎达梅林》《达那巴拉》《韩秀英》《陶格套呼》《扎那巴拉吉尼玛》等。科尔沁叙事民歌是草原游牧文化和农业文化融合的产物，它印证了科尔沁草原人民从游牧文明向农业文明过渡的历史进程，显现出鲜明的民族和地域特色，具有历史学、民族学、民俗学、文学艺术等多方面的研究价值。

6. 察哈尔民歌

察哈尔民歌是蒙古族音乐史上的瑰宝，代表着察哈尔地区独有的民风民俗，对于研究民族文学、歌曲、语言、宗教历史等具有深刻意义。《察哈尔八旗》《朝尔》《小花马》《宝力根陶海》《济州城》《辽阔的草原》等经典民歌在正蓝旗广为传唱。正蓝旗察哈尔民歌于 2009 年 4 月被列入自治区级非物质文化遗产名录，目前，有自治区级察哈尔民歌非物质文化遗产传承人 2 人、盟级察哈尔民歌非物质文化遗产传承人 2 人。

察哈尔民歌是蒙古族民歌的表现形式之一，题材集中表现在思乡、思亲以及赞马和酒歌等方面，包括草原牧歌、赞歌、思乡曲、婚礼歌、情歌等不同歌种。察哈尔民歌的特点是字少腔长，高亢悠远，舒缓自由，宜于叙事，又长于抒情。歌词一般为上、下各两句，内容绝大多数是描写草原、骏马、骆驼、牛羊、蓝天、白云、江河湖泊等。以鲜明的游牧文化特征和独特的演唱形式，讲述着察哈尔部落的历史，所以被称为草原音乐活化石。察哈尔民歌源远流长，历经千百年，在察哈尔地区家喻户晓、人人喜爱，他们把演唱民歌作为生活中最大的乐趣。

察哈尔民歌的基本特征是“古、多、广、慢”，歌曲古老，源远流长。察哈尔民歌承载着蒙古民族的历史，是蒙古民族生产生活和精神的标志性展示。察哈尔民歌（包括长调民歌、短调民歌）多达 200 多首，随着察哈尔部落作为宫廷护卫的优势，辗转欧亚大陆，歌声传遍世界。察哈尔民歌以草原生态文化为基础，与蒙古族的民族史、文化史息息相关。它是用独特形式反映人民生活习俗和精神风貌的“百科全书”，也反映出该民族的文化传统和深厚内涵，具有历史价值。①

7. 乌珠穆沁长调

有人说，长调是蓝天上一只翱翔的雄鹰，是马背上的一段颠簸的传奇，是毡包里的一碗醇香的美酒，是草原上的一阵飘溢的乳香，是姑娘脸上的那一朵羞涩的红霞，是牧人心中的那一片缠绵的回忆，是尘嚣中来自天籁、来自远古的那一曲空灵的绝响。一位长调歌迷说：你可以不懂蒙古语，却无法不为蒙古族长调所动容，因为那是一种心灵对心灵的倾诉。锡林郭勒籍歌唱家达瓦桑布在学术论文《长调的演唱法》中说：”锡林郭勒长调民歌可称为是包括所有蒙古

① 翟耀：《察哈尔民歌》，察哈尔右翼后旗人民政府，2014 年 10 月 15 日，http://www.cyhq.gov.cn/information/cyhq11650/msg1794558252464.html。

族长调艺术特色的，具有代表性的音乐作品。”而研究者普遍认为，乌珠穆沁长调是锡林郭勒长调的典型代表。正因如此，2007年8月10日，自治区民间文艺家协会正式将东乌珠穆沁旗命名为内蒙古自治区蒙古族长调民歌之乡。

乌珠穆沁部落曾经居于阿尔泰杭盖乌珠穆山，沿着历史的足迹，一路唱着《神山宝力根杭盖》来到了如今的锡林郭勒草原。乌珠穆沁人崇尚歌舞，历经长期积累提炼，渐渐形成了乌珠穆沁长调节奏舒缓、旋律优美、行腔自由、音域宽长、高亢辽远的特点。乌珠穆沁长调多用马头琴伴奏，歌词明晰简朴，多为颂歌、情歌、宴歌和思乡歌。乌珠穆沁长调是草原天籁与牧人心籁的完美统一，通常是一人引唱众人齐和，歌声富有草原韵味、艺术感染力和生命穿透力。

乌珠穆沁长调，以柴如拉呼（高音）和舒日古拉呼（泛音）等唱法的结合而产生独特的韵味风格，区别于苏尼特、阿巴嘎等地。乌珠穆沁长调是蒙古族民歌的精髓，是蒙古族长调的典型代表，在牧区有着深厚的群众基础。

乌珠穆沁长调是乌珠穆沁牧人生活的重要组成部分，上至古稀老人，下至幼小孩童，无人不会吟唱长调，他们中很多都是歌手世家。长调都会伴随人们度过难忘的时光，就连母畜遗弃幼仔时，那低回深情的长调都能唤起它的母爱！

乌珠穆沁长调民歌深深植根于锡林郭勒盟广大地区的人民生活土壤中。东乌珠穆沁旗、西乌珠穆沁旗被自治区文化厅命名为“长调民歌之乡”，被中国民间文艺家协会命名为“中国蒙古族乌尔汀哆（长调）之乡”和“长调研究基地”。2009年，苏尼特长调、乌珠穆沁长调均被列入第一批自治区级非物质文化遗产名录。

8. 乌拉特民歌

乌拉特蒙古族民歌是国家级非物质文化遗产保护项目，主要流行在四个地区：乌拉特前、中、后旗牧区及包头西部蒙古族居住区，这四个地区的民歌风格各不相同。新中国成立后，近邻鄂尔多斯民众大量涌入乌拉特中、后旗，民歌内容和唱腔、旋律等演唱风格随之有所改变，而乌拉特前旗牧区，还完整地保留着古老乌拉特原生态民歌独特的风韵。

乌拉特民歌有长、短调之分，长调民歌（诗歌）在酒席场合很受尊重，如婚礼、祝寿、过节等酒席上什么时候唱什么歌都有很严格的规定，开头歌曲《三福》长调，五组轮回，一组三首，每首歌曲后面加唱“衬歌”，延续整体歌曲的完整性，结尾歌曲《阿拉腾杭盖》诗歌，也是原汁原味的乌拉特民歌最具代表性的特征。

1648年，乌拉特蒙古部落从呼伦贝尔草原迁徙到现今的乌拉特地区镇守疆域，乌拉特民歌大部分从东北带传过来，并与隔河相居的鄂尔多斯民歌文化长期交流相融出现了很多相似而相近的民歌。此后直到18世纪上旬开始，乌拉特民歌以它起源、内容、唱腔、影响力等四种特殊风格与其他蒙古族部落民歌形成不同性质而流传至今。

9. 爬山调

爬山调是河套人民在劳动生活中集体创作的口头文学，是民歌的一种，俗称爬山歌、山曲儿，是流行于内蒙古中西部农业区和半农半牧区的一种传统短调民歌，有后山调、前山调、河套调、土默川调、大青山调、伊盟调之分。后山调流行于阴山北麓，旋律高亢悠长，音程跳动大；河套调流行于巴彦淖尔市河套地区，旋律优美，感情细腻；前山调则主要流行于土默特平原，其特点是兼有后山调与河套调之长。爬山调的结构与信天游、山曲相近，多为两个乐句的单乐段，曲调则有汉族与蒙古族交融的因素。

从明、清放垦以来，大批移民从山西、河北、山东、陕西等地区迁来草原，也带来了故土的文化艺术，在融合河北民歌、山西大秧歌、山东快板书、陕北信天游语汇和形式的基础上，吸取了蒙古族长调的某些元素，从而产生了具有当地艺术风格的爬山调。流行于武川县境内的爬山调其特点是旋律高亢悠长，音程跳动大，而演唱方式又分室内室外。2008年6月7日，爬山调经国务院批准被列入第二批国家级非物质文化遗产名录。

（二）蒙古族乐器和宫廷音乐

1. 马头琴

马头琴是蒙古民族的代表性乐器，在中国和世界乐器家族中占有一席之地。马头琴因琴头雕饰马头而得名。此早在《元史》卷七十一《礼乐志》有载："礼胡琴制如火不思，卷颈，龙首二弦用弓捩之，弓之弦为马尾。"据岩画和有些历史资料中显示古代蒙古人开始把酸奶勺子加工之后蒙上牛皮，拉上两根马尾弦，当乐器演奏，称之为"勺形胡琴"。于19世纪末到20世纪初，琴首是由龙头或玛特尔头改为马头的。

元朝时期随着宫廷生活的逐渐富裕，宫廷内有专门的演奏、唱歌、跳舞的人员，马头琴也就慢慢地成为宫廷音乐的主要内容之一了。

由于流传地区的不同，它的名称、造型、音色和演奏方法也各不相同。在内蒙古西部地区称作“莫林胡兀尔”，而在内蒙古东部的呼伦贝尔市、通辽市、昭乌达盟则叫作“潮尔”，还有“胡兀尔”“胡琴”“马尾胡琴”“弓弦胡琴”等叫法。除内蒙古外，辽宁、吉林、黑龙江、甘肃、新疆等地的蒙古族也有流行。

马头琴的历史悠久，从唐宋时期拉弦乐器奚琴发展演变而来。成吉思汗时（1155—1227）已流传民间。据《马可波罗游记》载，12世纪鞑靼人（蒙古族前身）中流行一种二弦琴，可能是其前身。明清时期马头琴用于宫廷乐队。马头琴所演奏的乐曲具有深沉粗犷、激昂的特点，体现了蒙古民族的生产、生活和草原风格，成为蒙古民族最具草原特色的民间乐器。

马头琴是适合演奏蒙古古代长调的最好的乐器，它能够准确地表达出蒙古人的生活，如：辽阔的草原、呼啸的狂风、悲伤的心情、奔腾的马蹄声、欢乐的牧歌等。2006年5月20日，蒙古族马头琴音乐经国务院批准被列入第一批国家级非物质文化遗产名录。

2. 胡琴

蒙古族弓拉弦鸣乐器，古称胡尔。蒙古族俗称西纳干胡尔，意为勺子琴，简称西胡。元代文献称其为胡琴。汉语直译为勺形胡琴，也称马尾胡琴。历史悠久，形制独特，音色柔和浑厚，富有草原风味。可用于独奏、合奏或伴奏。流行于内蒙古自治区各地，尤以东部科尔沁、昭乌达盟一带最为盛行。

3. 四胡

拉弦乐器，又名四股子、四弦或提琴。蒙古族称之为呼兀尔，源于古代奚琴。宋代陈旸《乐书》：“奚琴四胡本胡乐也。”清代用于宫廷乐队，称提琴。清代《律吕正义后编》：“提琴，四弦，与阮咸相似，其实亦奚琴之类也。”是北方民族共同使用的一种古老的弓弦乐器。

4. 胡毕斯

有四根弦，初为丝弦，现用成套的中阮弦代替。从里向外分别为缠弦、三弦、二弦、子弦。按音以品为准，有一个山口，二十四个或二十五个品位，适于演奏多声部，因而在乐队中常作中声部乐器。由青格勒研制的胡毕斯现已普遍被沿用。

5. 雅托克

即蒙古筝，蒙古筝与中原流传的古筝在构造和技法上基本相同，只是流行于内蒙古的古筝所奏的乐曲均为蒙古族民歌和器乐曲。雅托克分有十二根弦和十根弦两种。主要在锡林郭勒盟和鄂尔多斯市一带流传，因其年代久远，所以在当地牧民中影响很大。一般十二根弦筝用于宫廷或庙堂，十根弦筝流传在民间，多半用来为民歌和牧歌伴奏。

6. 太平鼓

蒙古族和满族打击乐器。其鼓框为铁制，圆形，一面蒙以牛、马、羊皮，鼓面上画有民族图案。柄上有三只到八只小铜镲或铁环。以藤条击鼓，技巧有敲、打、摇、抖、颤等。无一定音高。鼓键与鼓柄上均缚有装饰用的红樱穗。常作为一种舞具使用，如双人舞、集体舞等。

7. 火不思

这是一种古老的民族乐器，相传是王昭君带来的，她的琵琶坏了，只好令人改小，于是就成了“火不思”。火不思似琵琶而略狭小，颈细，四弦，柄下腹背如芦苇节。通体用桐木制作。音色浑厚，近似蒙古角。

8. 蒙古角

这是清代蒙古喇嘛诵经时用的号角，相传元代时为蒙古军队征战时使用的古乐器之一。据《清稗类钞》载：“蒙古角，亦名蒙古号，木质空心，上下二节，末加镀金铜口雄雌各一。雄者内径微大而声浊，雌者内径微小而声清，其长短皆相等。”清代这种乐器曾在巴尔虎蒙古人中流传。

9. 胡笳

蒙古族边棱气鸣乐器，民间又称潮尔、冒顿潮尔。该乐器流行于内蒙古自治区、新疆维吾尔自治区伊犁哈萨克自治州阿勒泰地区。胡笳可用于独奏、器乐合奏或乐队伴奏，是富有浓郁民族色彩的吹奏乐器。木制三孔胡笳，流传于蒙古族民间，深受普通牧民的喜爱。演奏时，管身竖置，双手持管，两手食指、中指分别按放三个音孔。上端管口贴近下唇，吹气发音。可发出十二度的五声音阶。多运用喉音吹奏，常用喉音与管音结合同时发出声音，或用喉音引出管音。发音柔和、浑厚，音色圆润、深沉。演奏技巧独特，擅长吹奏蒙古族长调乐曲。可用于独奏、器乐合奏或乐队伴奏，是富有浓郁民族色彩的吹奏乐器。“胡笳十八拍”说的就是这种乐器。

10. 阿斯如温得尔·阿斯尔

阿斯尔是蒙语“阿斯如温得尔”的口语简称，其译意是极高的意思。阿斯尔是元代盛行的蒙古族宫廷音乐的一种，其中“阿都庆阿斯尔”排在察哈尔八首阿斯尔之首，具有传承历史长、传播范围广、保留完整等特点，广泛流传于原察哈尔蒙古地区。“阿斯尔”音乐同时吸收了汉、满等民族音乐元素，有着广泛的兼容性和独特的民族性，具有重要的艺术价值和研究价值。

阿斯尔作为宴乐形式，既受到民间音乐的影响，也得到王府乐班乐师，以至文人雅士音乐家的青睐。他们在演奏阿斯尔的实践中，也参与了加工和丰富阿斯尔的创作活动，使其在长期的传播与传承过程中，具有了王府音乐与民间音乐的双重特征。元代流传下来的曲目有《忽必烈宫廷宴歌》《牧马歌》等。2014 年 12 月 3 日，内蒙古自治区镶黄旗申报的阿斯尔经国务院批准列入第四批国家级非物质文化遗产名录。

第四节　草原风俗中的生态文化

一、自然宗教文化中的生态平衡观

宗教是民族文化的核心要素之一。古代蒙古族草原文化中的宗教要素包括萨满教和藏传佛教两部分内容。萨满教是草原游牧文明衍生出的特有宗教，是适应游牧生产和游牧生活的一种自然宗教。在成吉思汗统一蒙古各部落之前，萨满教已经成为一种成熟宗教，草原传统文化的伦理观念和生态特征，正是在这些观念和实践的结合点上产生和日趋完善的。13 世纪后期，藏传佛教虽逐渐传入蒙古族，成为该地区占主导地位的宗教，但萨满教仍在民间流传。在蒙古草原的藏传佛教体系中，所呈现的因缘法则、慈悲心怀事实上孕育了“天人”关系中的生态哲学，此种宗教观又在一定程度上维持了自然的平衡。

古代游牧民族极为低下的生产力和科技使人们的认识水平还处于较为原始的阶段，对自然界万事万物以及种种现象不能做出科学的解释，从而产生了对自然界的敬畏心理。这种敬畏心理在古代游牧蒙古族的萨满教中获得了充分的发展和展示。作为一种自然宗教，萨满教有着悠久的生态保护传统。在萨满教的观念中，宇宙万物、人世祸福等都是由鬼神来主宰的，所以，在萨满教的自然神系统中，天地神系统占有重要地位。

对天的崇拜与祭祀。在这里本是自然现象的天变成了万能的天神，并把人格化的天划分成形形色色的天神，认为西方有 55 个善天神，他们为人间除灾降魔、带来吉祥富贵；东方有 44 个恶天神，他们专管天灾疫病；99 个天神上边还有最高的天神——霍尔穆斯塔天神，他是主宰世间万物的最后的权威天神，至此天就变成了创造万物、主宰万物的天父。

对土地的崇拜与祭祀。蒙古族也崇拜地神额图根。在萨满教看来，离开天所有物体就不能产生，离开地所有物体也不能存在、生存和繁衍。所以天与地是一种矛盾统一关系，有天无地或有地无天都不是真正的宇宙或不能够形成宇宙，更不会有世间的万事万物。大地是哺育万物、滋润无机界和生灵世界的慈母，尤其对人类和所有生命体来说它是无私奉献者。正由于这样，早期蒙古族想象出对地神进行膜拜。马可·波罗在其游记中说：“他们还崇拜一个叫纳蒂盖（Natigay）的神。他的塑像被毡子或其他布匹盖着，供奉在每个家庭中。鞑靼人还替此神塑了一个妻子和几个子女，妻子摆在他的左边，子女则摆在他的前面。他们认为这个神主管地面上的一切事务，保佑他们的孩子，照顾他们的家畜和谷类。”可以说，蒙古萨满教的创世说是从天地两者的相互呼应、相互制约的角度去探讨的。不遵从天地意志、违背天地启示，轻者受到道德舆论的谴责，重者受到法律的处罚。

除崇拜天地以外，蒙古先民们也崇拜大山巨川、水、火、树木、飞禽走兽等自然界的所有现象，认为它们均由各自的神灵掌管。萨满教的这种万物有灵论，对待自然往往爱护有加，是自然而然的生态保护论者。

（一）对大山、丘陵、敖包等的崇拜与祭祀

蒙古萨满教认为，任何山岳、丘陵都有其神灵，并把它们称为山神。自古，蒙古族崇拜高山、大川，被认为有某种神圣力量的高山、大川尤其得到尊崇。蒙古族把这种高山称作宝格德·阿古拉，把这种大川称作阿尔山·乌素。

据《蒙古秘史》载：年轻时期的铁木真曾经遭受过篾儿乞惕人的攻击，只是因家奴豁阿黑臣老母叫醒了睡梦中的铁木真一家人，他们才躲过这次劫难。当时铁木真等人躲进了不儿罕·合勒敦山，故没被篾儿乞惕人发现。于是，不儿罕·合勒敦山就成了成吉思汗及其子孙世世代代祝祷的圣山。

随着岁月的流逝，除安放皇帝、贵人的山岳外，蒙古地区还出现了被命名为博格达·阿古拉、罕·阿古拉、达尔罕·阿古拉（被封为神圣的山）的诸多山脉。就内蒙古地区来说，有呼伦贝尔市新巴尔虎左右旗交界处的博格达罕阿古拉、兴安盟扎赉特旗的博格达阿古拉、赤峰市克什克腾旗巴彦珠日和罕阿古拉、巴林右旗罕阿古拉等。当地人都认为，这类山是神圣的，是人畜兴旺与否的左右者，“在这种山里任何人都不能狩猎，反而，在祭山期间，路过这里的人们必须自觉地给山里的动物散发食物。祭祀罕山的草木，甚至干枯的枝叶、谢落的果子等也有不得采集的严格禁令。路人遇到寒冷或干渴饥饿极点时，向山神磕上三个响头，禀报自己当时的处境后，才可以取一些干柴取暖、采一些果子充饥。因此，祭祀圣山又称禁山、

禁令的山。对损害禁令山的树木、动物者曾经是采取没收其马匹、下跪磕山祈求宽恕等的惩罚。”①

在羌族的祭神的意识中，以天神和山神最为隆重，党项羌也不例外。祭山神在每年的旧历八月初一至初三，是祈祷丰收的活动，也有的地方到十月份还有一次“还愿”神的祭祀活动。祭祀由端公（即巫师）主持，除妇女以外的全寨成员参加，祭祀点燃柏枝，还须宰牛宰羊，举行隆重的宗教仪式。在祭祀期间，不许人们上山和砍伐，如遇到天旱，则约集一部分人进山大呼祈雨，但这种祈雨仅限于女性，男性不许参加。关于巫师的造神及其他活动，在贺兰山岩画中得到了充分的体现和验证。例如，贺兰山既有巫师岩画，又有众多的不同时代不同氏族部落、民族刻制的人面像。其中部分人面像岩画与巫师岩画属于同一时代。巫师制作的人面像是各种神灵的综合体。

敖包，是蒙古语系民族的专有名词，是指堆积起来的石头、石堆的意思。也被译作鄂博。据班扎洛夫等人研究，建造敖包的位置要选择在明快、雄伟而且水草丰美的高山丘陵，其中心放有神像，被认为是多种神灵居住的地方，牧民祭“敖包”的神有天神、土地神、河神、雨神、羊神、牛神、马神等，每年按季节定期供祭，由萨满司祭，游牧民视“敖包”为草原保护神，祈求神灵保佑牲畜兴旺、生产丰收、人们生活安定。因此，蒙古族极为重视敖包，把敖包附近的非生命物和一草一木等所有生命物都看作神圣不可侵犯的。

（二）对水的崇拜与祭祀

水是生命之源，由于早期蒙古族很难从自然科学的角度对水的变化形态、对人类生活的利弊进行正确说明，所以他们只能用某种神秘的力量来解释水，从而产生了水有水神的观点。萨满教中关于水的神灵有河神、湖神、雨神、泉神等。

由于对水或水神的崇拜，早期蒙古族当中形成了一种习惯，即“春天和夏天，任何人都不在光天化日之下坐于水中，不在河中洗手，不用金银器汲水，也不把湿衣服铺在草原上，因为按他们的见解，这样会引来雷电大劈，而他们（对此）非常害怕，会害怕得落荒而逃。”早期萨满教的这种观念、习惯很多，其中有些甚至延续到现在。如在有些偏僻的农村、牧区，每当遇到少雨干旱时，也会对山、水神祇进行祭祀，以祈求降雨救灾。

① 宝·胡格吉勒图编著:《蒙元文化》，远方出版社 2003 年版，第 159 页。

（三）对火的崇拜与祭祀

游牧人四季放牧于辽阔的草原，古代蒙古族用火镰打出来火，把火种带在身边，走到哪里，火种就跟到哪里，永不熄灭。自古以来，蒙古族就是一个非常崇拜火的民族，火不仅能给人们带来光明和温暖、煮熟和烤炙食物，而且还能驱赶野兽、驱邪避恶。在生活实践的演变中，火又具有了传宗接代和繁荣兴旺的象征意义。

在蒙古婚礼中，有拜火仪式，当新郎把新娘从娘家接来后，首先要举行拜火仪式，新郎新娘向燃烧的一堆篝火双双叩拜，只有拜了火才算夫妻，这叫"繁衍之火"，象征着火神赐福于你养儿育女；在蒙古人的产俗中，也有燃火仪式，产妇分娩，婴儿落地之时，门外立刻要燃起一堆篝火，这叫"生命之火"，象征着一个人的生命要像火一样兴旺。

蒙古族还认为，火最纯洁，它具有使一切东西纯洁的能力，也具有把自己的纯洁传导给别的东西的能力。所以，火成为蒙古族的保护者，盛火的火炉就变成了神圣的地方，这个家只要点燃了火，就神圣化了，这个家如果没有了火，那就失去了居住和存在的价值，正因为如此，蒙古地区火净仪式非常盛行。

蒙古汗国时期，外国使臣以及赠送朝廷的贡品都需经过火净仪式，才能觐见皇帝。在牧区，如果夜间家来客人，或者家人外出夜归，都需经过火净仪式才能进蒙古包；如果家中有病人时也是如此，凡是来家之人必须经火净仪式。

蒙古族的祭火仪式可简单分为家祭、野祭和公祭。家祭指的是祭灶仪式，蒙古族人民认为火有火神，灶炉之火是火神的象征，而灶火是火神居住的地方，因此要对其举行隆重的祈祷和祭祀，每年的腊月二十三（个别部落在腊月二十四）举行祭灶仪式，以期达到他们招财纳福、祈求子女、避祸除灾、净化环境之目的。祭火仪式非常隆重，往往在祭火日前一两天就开始打扫环境、准备祭品。

祭祀开始，女主人把炉灶燃着，熊熊烈火升起，门口铺上白毡，主祭人站在门前，面朝日出方向，手托着大木盘装的祭品，从左向右转动，行招福仪式，口中呼喊"呼来！呼来！呼来！"三声，然后转过身来，面朝后，再作一次同样的动作，然后把盘中的祭品投入火中，以示祭祀火神。伴随着招福仪式，主人要致祭火辞。祭火辞多种多样，主要内容是颂扬火。

公祭，在新中国成立前是王公贵族等官吏举行的官方祭灶形式；在当代社会，城市生活的蒙古族人民由于居住环境、炉灶结构发生了变化，有些地方政府会组织在每年腊月二十三于寺庙举行公祭，也有的蒙古族移民会在自己居住的小区制造巨型图拉嘎，建祭火台，创造性地采用公祭，将原有的崇火生态文化延续并传承。

（四）对树神的崇拜与祭祀

在古时，选择大汗的库里勒台大会、结为安达的结拜兄弟仪式、结为义父子仪式和萨满传达上天旨意等的地点都会选择在具有象征意义的一根大树或一片森林底下。据《蒙古秘史》第 57 节记载，“蒙古族的庆典，为舞蹈、宴请以志欢庆。拥立了忽图剌为合汗之后，在豁儿豁纳黑草原上，(蒙古族尽情) 舞蹈，在繁茂的大树周围践踏出能盖没肋骨的深沟和盖没膝部的尘土。”第 116 节记载：铁木真与扎木合第二次结为安答（义兄弟）的仪式也是在这里举行的。据《出使蒙古记》记载：“现今皇帝的父亲窝阔台遗留下一片小树林，让它生长，为他的灵魂祝福，他命令说，任何人不得在那里砍伐树木。我们亲眼看到，任何人，只要在那里砍下一根小树枝，就被鞭打，剥光衣服和受虐待。”树神崇拜习俗，在中北亚的北方古代先民中普遍存在。而在蒙古族各部落之中，蒙古绰罗斯部和布里亚特部的树神崇拜情结相对明显，这可能与其古代先人的栖居地与森林或树木有关。分析蒙古族树神崇拜的原因，可能与图腾崇拜、族源传说、天神崇拜及生命力崇拜等因素有关。而在近现代，从蒙古国，到内蒙古的东、中、西部，蒙古族民间都存在着祭祀神树之俗。就树神崇拜的本质而言，其包含有自然生态保护、人与自然和谐相处的理念。

（五）对飞禽走兽的崇拜与祭祀

有关古代蒙古族的图腾崇拜问题，在《蒙古秘史》开篇就有关于苍狼、白鹿的描述。如《蒙古秘史》一开始就记载成吉思汗远祖的事迹，说：“成吉思汗的根源。奉天命而生的孛儿帖·赤那，和他的妻子豁埃·马阑勒，渡过大湖而来，来到斡难河源头的不儿罕·合勒敦山扎营住下。”这里就把成吉思汗的远祖孛儿帖·赤那说成是“奉天命而生的”。孛儿帖·赤那和豁埃·马阑勒的称呼《蒙古秘史》的旁译按原语意译作“苍色狼”“惨白色鹿”，余大钧在其《蒙古秘史》的注释中认为：《秘史》开卷以苍狼、白鹿为成吉思汗的始祖的这段故事，反映了成吉思汗远祖，对过去森林狩猎时代鹿祖图腾观念的承袭，以及后来进入草原游牧时代对狼祖图腾观念的承袭。鹿祖传说为鲜卑、室韦森林狩猎部落鹿图腾观念的反映。而狼祖传说在许多北方游牧部落中都有，如《史记·大宛传》载有乌孙王昆莫由狼乳养育长大的故事，《北史·高车传》载有高车始祖父狼的故事，《周书·突厥传》载有突厥始祖母为狼的传说。成吉思汗远祖原为山林狩猎人，后来走出山林西迁到草原上转变为草原游牧人，因此既继承了狩猎人祖先母系氏族时代的鹿图腾观念鹿祖母传说，后又继承了草原游牧民的狼图腾观念狼祖传说，这样就形成了《秘史》开卷所载的成吉思汗祖先为苍狼、白鹿的传说。

无论是自然宗教还是社会宗教，都是一种维护社会的统一、协调、系统化、整体化的文化工具。在宗教对自然和生命的神秘解释中，蕴含着丰富的哲理，包含着深刻的生态伦理思想。宗教中的生态观念潜移默化地影响着蒙古族超自然神灵的威慑、宗教信条的规范，久而久之便自然内化为少数民族根深蒂固的环境保护意识和生态道德。

（六）马崇拜及其祭祀习俗

作为“马背民族”的蒙古族，自古以来，马就与蒙古族的游牧生活方式息息相关，在牧民的生产、生活中扮演着重要角色。关于马的来源，过去在鄂尔多斯草原流传着一个美丽的传说：从前草原水草肥美，牛羊成群，但没有马。天上的仙女将宝钗摘下来，宝钗落到半空，天空被炸开一道缝隙，眨眼间成群成群神奇俊俏的动物降到草滩上，神蹄落地即形成草原上前所未有的一股巨大的狂飙。它们奔跑如云，体态高大，人们称这种神奇的动物为马。于是，美丽的草原就出现了“追风马”“千里马”“流云马”等各种各样的马，马被视为天神赐予人间的礼物，是人与天界交流、与天神沟通的中介。因此，蒙古牧人常常赋予马以神性，把马视为神灵和保护神。长期的生活经验、历史实践和马对蒙古民族的功绩，造就了蒙古族尊马、崇马的思想观念，对马的崇拜表现在生活中的方方面面，并在马崇拜基础上形成了独特的祭祀文化，丰富了蒙古族的民俗文化。

马与蒙古族的生产、生活密切相关，马作为草原上重要的交通工具，征战、外出放牧、狩猎、探亲访友都离不开它；马奶及酸马奶是在茶叶未进入蒙古族生活前牧民的主要饮料，用马奶酒祭祀是蒙古族祭祀中最高的礼节；马也是草原人民财富和繁荣的象征，因此，牧民对马寄有深厚的感情，把马当作最诚挚的朋友，并在语言、音乐、舞蹈等民间艺术中，产生了大量以崇马为主题的艺术表现形式。

由于长期接触马，蒙古牧民熟知马的形体特征、生活习性，在他们日常生活语汇中，习惯把“暴性子人”叫作“生格子马”，把温顺听话的人称为“马尾巴”，把狂妄不听劝告的人比作“野马”或“烈马”等。能歌善舞的蒙古族的许多民歌借马作为自己抒发感情的象征物；乐器中，有“马头琴”作为蒙古族音乐的象征；舞蹈中，许多动作来源于马或与马有关，像“跟马步”“摇篮步”“钟摆步”“软骑”“硬骑”“踩掌马步”等马步步法，流传甚广的有“牧马舞”“祭马舞”，舞者模仿马的动作常见有扬鞭、提缰、套马、勒马、牵马、左右翻腾跳、勒马仰身翻等。由于爱马，草原上还形成了一些关于马的节日，如马奶节、打马鬃节等。

马崇拜是草原民族传统文化的一个组成部分，并在此基础上形成了独特的祭祀习俗。马崇拜的祭祀习俗主要表现有选神马、供奉溜圆白骏、祭祀禄马风旗等等。选神马是蒙古族崇马的一种重要表现形式，在草原牧区，每一个苏鲁克（群）都要选一匹神马来主宰这群马。选神马时要举行隆重的仪式，这种仪式过去由萨满主持。进行仪式的时候，萨满穿戴神服，手持神鼓口颂赞马祝词，佛教传入后，改为喇嘛诵经，由主人致祝赞词。选神马时，要把马拢在一起，在马群中央放一张小桌，摆上供品，焚香，洒祭奶酒。所选的神马不能有一点残缺，必须是全鬃全尾，毛色整齐，没有杂毛，没有任何伤痕，并且是没有使役和乘骑过的骏马。选好后，要在神马的鬃尾上系上五彩布条，向马头泼洒奶酒，全身上下过香火，以示圣洁。从此，神马不准乘骑、不准使役、不准套训、不准挽车、不准咒骂、不准鞭策和驱赶、不准转送或买卖，直到老死再选新神马为止。供奉溜圆白骏是蒙古族崇马的另一种表现形式。溜圆白骏，就是一匹白色健壮的骏马，是成吉思汗曾祭奠过的苍天赐予的神马。神马按照祖制，在鄂尔多斯草原上代代转生，延续不断。其选择标准是从当年成吉思汗时代的蒙古马种中选择二岁小马，选择标准相当严格，溜圆白骏必须是“眼睛乌黑，蹄子漆黑，全身毛色纯白，多少带一点粉白而闪光，不能有一缕杂毛”；作为神马，溜圆白骏要放牧在鄂尔多斯最好的草原，即准噶尔旗布尔陶亥草原上，不容许任何人骑，不准任何畜群干扰，完全是自由自在的。到它衰老时，由官方下达公文，从相貌特征相类似的二岁白马中推选，让其顶替。每年农历三月二十一春祭大奠，即查干苏鲁克大祭（成吉思汗祭奠中最隆重的一次），出游八白宫时，把溜圆白骏也牵来系在金马桩子（蒙语为“阿勒坦嘎迭斯”）上，大家要向它叩拜；距离鄂尔多斯草原较远的部落，不能到现场祭祀白骏时，在自己所在草原或蒙古包里，写一个神牌进行祭奠；至今巴尔虎蒙古族仍建有马神庙，每逢祭日聚会进行祭祀。

祭祀禄马风旗也是蒙古族的古老习俗，蒙古语叫“黑毛力”，一般译为“运气之马”，也称“天马图”。其原形态的画面是，在蔚蓝的天空中，飞驰着一匹骏马，骏马的右上方镶嵌着一轮红日，左上方吊挂着一轮明月，左前蹄踏着一只猛虎，右前蹄踩着一只雄狮，左后蹄蹬着一尾蛟龙，右后蹄践着一只彩凤。把这幅画镶上狼牙边，在门前筑一个祭台，祭台中央竖一根旗杆，把《天马图》悬挂在旗杆顶上，随风飘荡；有的地区竖两根旗杆，杆与杆之间以绳连接，把《天马图》拴在绳上，两侧配以蓝、白、黄、绿色彩旗，每月初一，要在祭台上烧柏叶香，以示祭祀。蒙古牧民虔诚的祭祀供奉着禄马，祈求神马在草原给予自己好运。

在一般情况下，蒙古族没有杀马食肉的习惯，《绥远通志稿·民族》篇载：“其俗最忌食马肉，盖早年人皆隶军籍，汗马立功，用其力不思食其肉也。”虽不食马，蒙古族却有把马作为祭品和随葬品的习俗。在古代人的意识中，把自己最喜欢的东西作为祭品方能体现心里的诚意，尤其把自己所崇拜的东西充当祭品，才能使上苍或神灵愉悦，到了近现代，这个习俗已经消失了，但牧民平时路过敖包前会下马剪下一绺马鬃或马尾，将其拴在敖包杆、绳索上以示祭祀，最后再跪拜祈求富贵、平安。

（七）成吉思汗崇拜及其祭祀

成吉思汗统一了蒙古草原，建立了蒙古帝国。其征服的地域横跨欧亚，缔造了一个英雄民族，世人奉他为“一代天骄”。草原人民敬仰他、祭祀他，并成为一种重要的民俗习惯一直在传承和发展，蒙古民族也在这样的活动中寻找着自己的文化。

祭祀成吉思汗的形式多种多样，在每个牧民家中挂着的成吉思汗画像，就是草原各地最普遍的一种祭祀形式。但是，成吉思汗大祭这样的活动却不是一户或几户牧民能承担的，在古代大型的祭祀活动一般是由政府机构或大家族主持，现在依然如此。

成吉思汗祭奠，大体可分为三类：平日的祭奠、每月固定的月祭和季祭，由达尔扈特人（汉语意为“担负神圣使命者”，是成吉思汗守陵的部落）主持祭祀。平日祭祀是祭祀者选择吉日良辰，或是司祭的祭祀人员（蒙语为“牙门图德”）根据祭祀者的要求选择认为可行的日子进行的一种祭奠；月祭从正月开始到十二月，每月都在固定的日期进行祭奠；季祭包括春季的查干苏鲁克大祭（马奶祭，农历三月二十一日）、夏季的淖尔大祭（农历五月十五日）、秋季的需日格大祭（禁奶祭，农历八月二十日）和冬季的达斯门大祭（皮条祭，农历十月初三日）。其中每年农历三月二十一的查干苏鲁克大祭，是成吉思汗祭奠中内容最全、规模最大的祭祀活动，来自全国各地的祭拜者届时会带着酥油、砖茶、羊肉等祭品赶往成吉思汗陵进行祭拜活动。

查干苏鲁克蒙语意为“洁白的畜群”，一种传说是：成吉思汗刚到五十大寿之时，忽然染恙，两月后方愈，遂为了结八十一天的凶兆，便在三月二十一这天，拉起万群牲畜的练绳，用九十九匹白母马之乳，向天祭洒，并将“溜圆白骏”涂抹成圣马，谓之玉皇大帝的神马；另一种传说是：成吉思汗五十岁那年春天，碰上罕见的荒年旱月，成吉思汗认为春三月主凶，是个凶月，必须使之逢凶化吉，于是就用九十九匹白母马之乳，向苍天祭，将一匹白马用白缎披挂，使之成圣，作为“洁白的畜群”的象征加以供奉，以后每年举行这一仪式，便称之为“查干苏鲁克”祭典，意在祈求苍天保佑人畜兴旺，大地平安。查干苏鲁克大祭从古到今没有多少变化，在传承了700多年后，依然盛行在当今的鄂尔多斯草原上。

（八）羊崇拜及其祭祀习俗

在中华文明的进程中，羊所起的作用甚至超过了龙。据民俗学者介绍，从三皇五帝开始，“羊基因”就深深扎根于中国传统文化中了。许多的中国人称自己为炎黄子孙和龙的后代，但其实在龙的传说之前，羊是许多部落的图腾。民俗学者指出，可以说，中国人民的祖先是羊的“血脉”——三个皇帝中的两个，首先将羊作为部落的图腾的是伏羲和神农氏。

贺兰山岩画中最典型、最常见、最充多的岩画是羊图腾岩画。所有形状都很神奇。羊是最早的狩猎对象之一，也是最早的家养动物之一，是人类食物和服装的主要来源，在原始的经济生活中占有非常重要的地位。在我国许多地区的岩画以动物为主题，羊占动物岩画的数量较多。此外，人们还用绵羊皮、羊毛来装饰房屋，以求图腾的庇护。人们认为羊皮是用来避邪的，所以它经常被挂在房子上，而羊的头则被挂在门上以防失窃。人们有时也会用羊角作为药物来阻止休克。羊图腾的崇拜是原始民族，原始部落的信仰，他们内心寻求图腾的庇护。

我国有许多与羊有关的神话、传说和故事。这些神话、传说和故事是羊图腾概念的真实反映。比如宁夏地区就有羊引人的灵魂“升天”的理念，至今这个理念还保存在宁夏南部山区的葬俗里。葬礼仪式结束后，参加葬礼的人，被带到羊那里参加仪式。让冷水喷洒在羊头上，羊很快摆头表明死者很满意自己的生活。羊不摆头的，再换几只，如果依然不摆头，葬礼主持人就会让死者儿女亲戚检讨自己的不是。

二、人际交往习俗中的生态理念

人际交往习俗形成于人们的日常生活习惯，是一个民族文化理念的体现和缩影。

蒙古族人民在人际交往中不仅表达着关心、尊重、友好的情感，也传达着人与自然和谐相处的理念。人与人、人与自然的和谐关系在蒙古族问候、接待习俗中得到了微妙的体现。问候的话语习俗因四季而异，具有游牧的生活特点，如专程去探望某人，问候对方身体状况之后会问候生产、自然状况，生

蒙古族过节习俗　摄影 / 赵剑

产问候主要是问候畜牧的生产情况，比如在春天接羔时问对方家牛犊可好、能否吃饱、是否茁壮，秋天时问畜牧上膘情况如何、打草是否忙，冬天时问准备的草是否够牲畜吃等；自然状况问候是指对于对方居住的自然环境和气候天气情况的问候，比如草场如何、自然灾害情况等，回答者一般都要说“好”，这些简短问答从表面看是对牲畜、自然状况、季节的关心，但实际上表达了对风调雨顺、畜牧肥壮的意愿。

蒙古族的接待习俗主要体现在饮食习俗方面。如待客席间，主人要向客人连敬酒三杯以示欢迎，三杯酒也各有说法，分别是：感谢上苍恩赐我们光明，感谢大地赋予福禄和祝福人间吉祥，客人用双手（或右手）接过酒杯后，不能马上一饮而尽，要用右手无名指蘸酒向上“三弹”即“愿蓝天太平，愿大地太平，愿人间太平”，表达了对自然的尊敬，寄托了与自然和谐相处的愿望。

献哈达是坝上草原蒙古族用于敬佛或相互交往中表示敬意的一种礼节。哈达按质料来分可分为普通品、中级品和高级品。普通品为棉纱织品，称为“素希”；中级品为丝织品，称为“阿希”；高级品为高级丝织品，称为“浪翠”。哈达的长短也不一致，长的一二丈，短的三五尺。颜色有白色、淡黄、蓝色等几种。献哈达多行于庆宴集会、迎客送宾、会见友人、晋谒尊长、拜佛祈祷等场合。其方法是：献者双手手心向上，将哈达搭在食指与拇指之间，使两端下垂。献给尊长或贵宾，献者必须躬腰低首将哈达举过头顶送至双方座前请其收纳；献给平辈或下属，则将哈达搭在对方的颈脖上即可。敬献哈达时，双方都需互致问候和祝福。

宁夏地区回族在日常生活中非常讲究礼节。不论是男女老少、亲戚朋友，人们见面总是要道声“色俩目”，即回族之间的问候词，相当于汉语的“你好”。另外道“色俩目”要讲究长幼有序，一般是少尊长，客尊主，男尊女，妇尊夫等。当然这仅限于其本民族之间，对汉族等其他民族，还是用汉族等的礼节问候，不道“色俩目”。在待人接物上，亦礼貌周全。凡来客，不管是进门还是出门，上车还是下车，总是让客人先行，主人绝不先行一步。给客人倒茶后，哪怕客人只是喝上一口，就会马上给续上，绝不让茶缸空着，除非你表示喝够了。这种讲究礼节的风气无论你走到哪儿都能感受得到。

敬鼻烟壶是河北坝上草原的蒙古族牧民的相见礼俗。客人至家中，主人将一装有烟粉或药粉的小壶献于客人面前，让其嗅一嗅。客人嗅后以礼相答。按古老习俗，若是同辈，须用右手互相交换，待双方都将对方的烟壶吸一下，再互相换回来。若是长辈，则要待其坐定，自己站着交换，待长辈吸过，微微向上举一下，而后双手捧给长辈，将自己的烟壶换回。妇女在举壶时还须轻轻碰一下自己的前额，并慢慢躬身，然后双手递给长辈。

酥油抹额，是河北坝上草原蒙古族的待客礼俗。贵客至或遇重大节日举宴，主人送上一瓶酒而先不上酒杯。瓶口上抹有酥油，先由上座客人或长者用右手指蘸少许酥油自抹其额，再依长幼之序递抹，事毕主人才拿来杯子斟酒敬客。

三、婚嫁习俗中的生态文化特色

婚姻在社会学上被定义为一种社会赞许的配偶约定[①]。从文化功能论的视角看，婚姻是人类社会得以繁衍生息的主要方式和构成家庭的基础，没有婚姻也就没有家庭及其延续。因此，任何一种文化都很重视婚姻的缔结，并且在围绕确立婚姻关系而发生的一系列仪式、程序之中，自然而然地渗透和表现着一个民族或社会的人生观、道德观、审美观和独特的价值取向。

蒙古族婚礼中蕴含了丰厚的民族文化和民族特色，是蒙古族传统文化的直接表现，同时也是对蒙古族传统文化的继承和发扬，体现了蒙古民族独特的民族审美观和价值观。在广阔无际的内蒙古大草原上，受地理环境、民俗风情的影响，自西向东不同区域的蒙古族在婚嫁形式和内容上也不尽相同，呈现了丰富多彩、各具特色的婚礼习俗。传统的崇尚文化、祭祀文化、饮食文化、服饰文化、礼仪习俗以及民族歌舞在各地的蒙古族婚礼中都得以表现，并以吉祥、喜庆、热烈的情绪贯穿始终，展示着草原民族的魅力，传达出草原人民追求幸福生活的美好愿望。

1. 鄂尔多斯婚礼

鄂尔多斯婚礼是蒙古族婚礼中最具特色、最有吸引力、最隆重的婚礼形式，鄂尔多斯婚礼习俗形成于15世纪蒙元时期，以其特有的仪式程序一直流传在鄂尔多斯民间，至今已经发展演变为一种礼仪化、规范化、风俗化和歌舞化的民俗文化，浓缩了蒙古族娶亲过程中的精华内容，寓情于歌舞，场面热烈欢快、诙谐喜庆，内容健康，品格高雅，突出表现了蒙古族人民粗犷剽悍、豪爽热情、讲究礼仪的民族性格，鄂尔多斯婚礼在2006年5月20日，经国务院批准被列入第一批国家级非物质文化遗产名录，成为迄今保留最完整、内容

① ［美］戴维·波普诺：《社会学》，李强等译，中国人民大学出版社1999年版，第401页。

最丰富的一部蒙古民族风情画卷。

鄂尔多斯婚礼以男方娶亲为主线，包括哈达定亲、佩弓娶亲、拦门迎婿、献羊祝酒、求名问庚、卸羊脖子、分发出嫁、母亲祝福、抢帽子、圣火洗礼、跪拜公婆、掀开面纱、新娘敬茶、大小回门等一系列特定的仪式程序和活动内容。婚礼一般在食物齐全、牧人户外活动减少的冬日举行，婚礼这日下午，新郎家中摆下宴席迎接亲友，接受亲友的礼品馈赠，暮色将近，婚礼正式开始，娶亲队伍在领队者的指挥下，祝颂人、新郎、伴郎在暮色中跪到玛尼宏神台前，举行出发前的祭天、祭祖仪式，祝颂人一手持着盛满鲜奶的祭祖桶，一手用箭杆沾着鲜奶，敬天地神灵，抹画新郎和马匹、箭壶，高声吟诵《弓箭赞》《骏马赞》，赞颂完毕，娶亲队伍策马向新娘家驰去。夜半时分，娶亲人马来到了新娘家，祝颂人将手中的哈达献给嘎勒其（掌火者），女方的总管和祝颂人迎上来，举行一番迎接之礼，在神台前，双方祝颂人为新郎的骏马和弓箭分别进行赞颂，女方祝颂人把一支白箭插入新郎的箭壶里，新郎随即跳下马来，把弓箭挂在玛尼宏杆上，跟着一同走向家中。这时，其他人都进到了屋里，却在新郎和祝颂人面前飞来一条彩带，把他俩隔在了门外，四位大嫂拦在了门口，以各式各样的问题来难倒祝颂人和新郎，祝颂人即刻上阵迎"战"，不仅要随机应变，而且应答要幽默生动，经过一番舌枪唇战，如果男方取胜，女方则收下牛犊红筒，爽快放行，否则，不仅遭受奚落，还要被顶回。新郎进门后，开始求名问庚的仪式，鄂尔多斯少女，出嫁时都要另起一个名字，在婚宴上公开，男方祝颂人与手持银盅的新郎跪在地下，千方百计套出新娘的新名字，女方四位大嫂答非所问，有意刁难，直到最后，新郎把哈达举在手上，把求婚的礼品金银对环摆在哈达上，祝颂人再次求情，大嫂们才生恻隐之心，从怀里取出一条哈达，说出新娘名字，双方互换信物。男方祝颂人领着新郎来到新娘的房间，新娘的梳头额吉（母亲）向新郎要过特意准备的梳子，把新娘的头发从中分开，为新娘梳出象征人生转变的发型，然后戴上头饰。女方家人端来了一个煮熟的羊脖骨，请新郎按习俗用手掰开，为戏弄新郎，伴娘往往将一根筷子插进羊颈骨里，以考验新郎的智力和腕力。黎明时，新娘出嫁起行，陪亲的姑娘会围着新娘阻嫁，祝颂人领新郎"抢亲"，这时女方的尊长出面相劝，把新娘从陪亲姑娘们的围圈中拉出来，在经过一番送别礼后，新娘被簇着蒙上盖头上了马，新娘在马上绕着自家院落转一大圈，又撩起盖头深情地望一眼立于寒夜里为自己祝福的父母，便策马向新郎家驰去。离婆家不远时，男方派出的人已在野外迎候多时，就地摆开酒宴为送亲者接风洗尘，趁大家喝酒之际，新郎与祝颂人骑马赶快逃走，按照风俗，跑得慢了帽子就有被抢走的危险。到了新郎家，由新娘家陪送的嫁妆从两堆火中通过，而新娘也要由新郎牵着马从火中穿过，以避邪免灾。新娘步入正厅后，先向灶神三拜九叩，男方祝颂人同时为她吟诵《祭灶词》。然后，依次向婆家主婚人等叩头，并接受赠礼，跪拜完毕，揭去喜帕，新娘方可在众人面前亮相。喜宴摆开，新婚典礼就此开始，第一个招待贵宾的隆重礼仪是献羊背子，等《全羊赞》的吟诵声一落，宾客就可以尽情品尝，开怀畅饮了，同时，新娘开始接受各方亲戚的赠礼，而这些送礼的宾客也会得到一份新郎家的回礼。接下来，新娘与新郎的父母依次向宾客敬酒，在一片歌舞中，鄂尔多斯婚礼走向了高潮，也接近尾声。

位于内蒙古西部地区阿拉善的蒙古族婚礼第一幕是从女方家拉开的，男方组成迎亲队伍在婚日前一天的日落时分赶到女方家（阿拉善蒙古族称为“沙盖图”），在女方家祭拜了天神、佛神和灶神后，女方家婚宴、送亲、迎接新娘、新房礼、新房之茶、吃肉粥（阿拉善蒙古族称为“夏布尔布达”）、答谢宴各项婚礼流程依次进行。不同于其他地方的蒙古族婚礼，在阿拉善婚礼中，新娘到新郎家的第一个仪式是祭拜日月，由男方婚长在一块干净的蓝色绸缎上，用粮食摆出日月和万字图案，手持同一根羊胫骨的两位新人在祝颂人的引领下祭拜日月，祈求苍天和圣祖的保佑，在当地蒙古族看来，只有“拜了日月”才是正式结婚。位于内蒙古东部科尔沁草原上的婚礼也别具特色，从新郎披挂弓箭、骑乘骏马出发，到把花团锦簇的新娘接上迎亲的车，要逐一完成“新郎起程”“问撒带”“新郎拜岳父家火神”“女婿认亲”“连盅宴”“沙恩图宴”“给新郎更衣”“回报姑娘家的恩情”这几大仪式，在新郎启程前，男方要大摆筵席招待陪新郎迎亲的一行人，在酒席上，新郎的父母要向大家一一敬酒、盛饭，道一声辛苦。之后，还要向四面八方的各种神撒祭。新郎要给火神磕头，在娶亲路上，要向长生的天、永恒的地、路过的敖包山、河流湖泊、坟茔和一切岔路口以及路旁的村庄、寺庙撒奠，祈求保佑。

2. 呼伦贝尔巴尔虎婚礼

呼伦贝尔草原，是蒙古族发祥地。生活着蒙古族中历史最为悠久的部落——巴尔虎部落。巴尔虎蒙古人因信奉萨满教，为儿女成婚时尤其注意选定吉日，认为这是关系到儿女今后幸福、平安、顺利的大事。新婚的日子一定下来，喜讯马上在巴尔虎草原传开。新郎和新娘的家长，纷纷向自己的亲朋好友发出邀请。整个巴尔虎草原变得喜气洋洋。

按照巴尔虎人的习俗，新人的蒙古包要用新毡覆盖。在搭建新房的同时还要制作新的毛毡。擀毡子，是游牧民族传统技艺，是一项需要很多人参加的有趣的劳动。此刻，远在百里之外的新娘家中，心灵手巧的妇女们都聚在一起，缝制新娘和新郎的结婚礼服。在巴尔虎地区，姑娘出嫁要准备四季服装：单袍、棉袍、羊皮袄、马靴等。这些精美的服饰都是一针一线用手工缝制的。除此之外，巴尔虎人结婚还需要缝制一个特别的新婚枕头。由于草原地域辽阔，聚会的机会不多，所以草原上的人们参加婚礼都要穿上自己最美的服饰。婚礼也是大家展示自己风采的舞台。

巴尔虎人夏季身穿“特尔列克”，腰系色彩鲜艳的丝绒腰带，冬季以皮袍为主，有光面皮袍、吊面长毛皮袍、短毛皮袍，既保暖又轻便。经过十几天紧张的筹备，这天黄昏，迎亲马队终于准备出发了。祝颂人手沾奶食、敬天地神灵为迎亲队伍祝福。而穿戴一新的新郎如同背负弓箭出征的战士。在巴尔虎，婚礼往往选择在夜晚娶亲，新郎的武士装扮，也是成吉思汗时代抢婚遗风的保留。新郎家距新娘家约百里之遥，迎亲队伍要在夜间十一时赶到新娘家中。主婚人、媒人和新郎依次入室，向坐在正北面哈那的人开始依次敬烟问安。新娘和伴娘坐在老人身后，在巴尔虎婚礼中，主包的席位安排是有严格规定的。问安之后，男方将带来的礼物献给女方的家长，意思是两方的婚宴将合在一起举行。出发之前，新娘的长辈给新郎穿上新衣并为他围上五尺长的腰带，取长命百岁之意。除此之外，他们还要为新郎背上弓箭。按巴尔虎婚俗，天亮之后迎亲的队伍要先行返回，向家人传报喜讯，等待新娘的到来。随后，新娘的家人和亲朋好友喝过送亲酒后，准备好嫁妆，赶着陪嫁的牛羊，送新娘出嫁。母亲眼含热泪送别心爱的女儿，祭洒鲜奶为她祝福。按传统的巴尔虎人的婚礼来讲，过去基本上都是马队。马队的马一个个都是被选出来的，非常剽悍，毛色也是非常有特点各不相同的。那么跟这个马队相配套的，还有“浩道特”车。“浩道特”车指的就是四轱辘车，套两匹马的。一般都是这里年纪比较大的或者是比较有身份的人坐。跟它相配套的，还有一种“阿迈日坎”车，“阿迈日坎”车是套一匹马的两轱辘的小车，非常轻便。跟这个马车和马相配套的很多装饰品，涵盖着他们传统的文化以及他们的生活内容和宗教信仰。因为呼伦贝尔大草原非常辽阔，巴尔虎人居住得也非常分散，所以他们迎亲和接亲的队伍有时走一天，有时走好几天。在巴尔虎婚俗中，男方要派人在半路上迎接送亲的队伍，并向尊贵的客人敬烟敬酒。然后两支队伍合在一起，向新郎家策马狂奔。在新郎家中，人们早早站到蒙古包外，焦急地向远处张望。送亲马队到男方家后，绕蒙古包顺时针转三圈到拴马桩旁下马。新娘在家人的护佑下姗姗来迟。按巴尔虎婚俗，新娘下马后要等到大家把嫁妆放入新房后，才能走入新房。在婚礼中最有意思的要数打枕头的风俗了，人们抢着用木棍抽打新娘带来的新婚枕头，意思是为新人洗去一路风尘，让他们拥有纯洁的心灵，并彼此忠诚。一番热闹过去，男方家按辈分顺序把送亲的人们请入蒙古包中。典礼之后，新娘开始下厨熬奶茶。按照祖传的规矩，新娘要将出嫁后第一次煮的奶茶敬给大家品尝。这是新媳妇厨艺的展示，也标志着从今开始她就是这个家庭的主妇。喝过新娘煮的奶茶，送亲的队伍就要返回了。新娘的长辈叮嘱新婚夫妇要尊老爱幼，相亲相爱。男方家人向新娘家人敬酒送别。在送亲的队伍中，身手敏捷的小伙子抢过敬酒的银碗，策马扬鞭而去。男方事先准备好的骑手立即追上，抢夺银碗，这是双方技巧与力量的比试和较量。在一片祝福和道别声中，送亲的队伍踏上了归途。新郎家中从四面八方赶来祝福的人们，开始纵情歌舞。草原的篝火一直燃烧到天亮。

3. 阿拉善和硕特婚礼

阿拉善和硕特蒙古族婚礼，有着悠久的历史，程序复杂，场面隆重。和硕特蒙古族婚礼不同的表现形式成为传承民族文化重要的载体。

阿拉善婚礼通常持续三天三夜，其间穿插着婚礼颂词、婚礼宴歌、娱乐歌，热闹非凡，体现多彩独具魅力的阿拉善多元化的艺术魅力。

父亲为了儿子的婚事，请到草原上的媒人，携带礼品，到达女方家中，征求女方家长的意见。双方媒人见面问候并交换鼻烟壶。说明求亲的来意，礼仪周全，诚心可见。女方母亲端上刚煮好的奶茶，款待来客。男方择选吉日组成定亲团带着哈达与美酒，再次来到姑娘家中，彼此问候、品尝奶食、跪拜佛宗。女方主持将象征百年好合的照斯图哈达献于佛龛，祝愿万事顺心。按照习俗，两位新人不能出现在定亲仪式中，但他们的生命即将融合，共同接受苍天的祝福。

阿拉善人娶亲的日子，伴郎神采奕奕，率领娶亲团，跨上骆驼。骆驼驮着丰厚的礼品，向新娘家出发。

新娘出嫁前，头发梳成一股辫子垂于身后，出嫁当晚将一股辫子梳成六股或八股，未到婆家时还不能作阿拉善妇女的装扮。翌日，待嫁妆准备好后，新娘蒙上头纱，由婚嫂领着进入设宴房，新郎、新娘品尝羊背子。之后，新郎叩拜岳父岳母，女儿就要告别父母，迎亲嫂子替父母唱着《送亲歌》，歌声一落，随从们把新娘抬上骆驼背。

出嫁吉时渐渐临近，人们陷入离别的悲伤。父亲挥舞着“如意”，依依不舍女儿的别离。送亲的人们带着新娘的嫁妆及陪嫁牧畜，绕蒙古包一周，骆驼将载着新娘往远方走去，在阿拉善草原上，交织着分别的忧伤与得到的喜悦。

娶亲路途遥远，新郎一方会为派出的亲戚与随从在途中安排美酒与食物，来短暂缓解旅途的劳累，一杯杯美酒中，人们关切地问候着。再继续赶路。

在新婚蒙古包前的草场上，骑手需要凭借高超的技艺，将羊棒骨准确无误地掷于蒙古包内，这是阿拉善婚礼古老的习俗，也是一个吉祥的兆头。然后新郎新娘叩拜苍天与明月，祈求上苍的护佑，希望生活始终有好运的相伴。送亲的队伍到达后，男方主婚人故作拒娶的样子，将女方拒之门外。巧于辞令的女方主婚人即刻上阵迎“战”，口吐莲花，巧妙地回答对方狡黠的问题，口齿伶俐。这样，双方一问一答，妙趣横生。新娘初到新郎家中，还不能抛头露面，在新房中，由两名德高望重的长者为新人举行庄重的结发仪式。婚嫂将清澈的泉水与新鲜的羊奶洒在新人头发上，将他们的头发攥在一起梳理。新娘公公用长弓挑起彩幔，新娘出现在众人面前，获得与诸位长辈见面的资格。这也寓意着新娘是明媒正娶的儿媳妇。

次日清晨，嫂子请双方客人到新房喝茶，父母、亲朋均带礼物到新房，新郎新娘向来者一一问安敬酒，来者给两位新人送上精心准备的礼品并祝福新人生活美满、家庭幸福。此时婆婆将炉钩子交给新娘，以示她融入了一个新的家庭，崭新的生活即将开始。

此刻客人们带着礼物，来到新房用餐。这是阿拉善婚礼的最后一顿喜宴。新娘在婆婆的指点下，盛满粥，这象征着聚敛福禄、吉祥如意。新郎与新娘接受父母亲朋好友诚挚的祝福。整个婚礼过程亲友们在忙碌与欢悦中度过。吃过餐饭，诸亲友与主人告别，乘坐骆驼，踏上返程的路途。

4. 阿日奔苏木婚礼

阿日奔苏木婚礼，是内蒙古赤峰市阿鲁科尔沁旗阿日奔苏木地区的蒙古族传统婚俗。阿日奔苏木是清朝时代的行政区域名称，泛指现在阿鲁科尔沁旗北部的罕苏木苏木等三个苏木一带地区。历史上的阿鲁科尔沁部落，是成吉思汗的胞弟哈萨尔的一部分后裔。1546 年（明嘉靖二十五年），居住于现在呼伦贝尔市海拉尔河一带的阿鲁科尔沁部落，南下迁移到了现在的这个地方。清朝时设立阿鲁科尔沁旗，归昭乌达盟管辖。

阿日奔苏木婚礼这种婚俗形式，在阿鲁科尔沁旗一直流传到 20 世纪 70

年代。1985年为整理和挖掘民族文化遗产，阿鲁科尔沁旗文化馆将整理出的《阿日奔苏木婚礼》蒙文书稿译成了汉文，在巴彦温都尔苏木阿日呼布嘎查和玛尼图嘎查一对新人的婚礼上，进行了现场录像，制作出了《阿日奔苏木婚礼》的纪录片。该录像带的拷贝，现收藏于内蒙古博物馆。

阿日奔苏木婚礼，是在蒙古族游牧生产生活方式上形成的婚俗习惯，具有浓浓的草原民族风情，反映了蒙古族人民诚实豪放的性格和多彩多姿的生活场景。

阿鲁科尔沁部落，保留着蒙古族最原始的一些风俗习惯。后来，把邻近的扎鲁特旗、翁牛特旗、巴林左旗、巴林右旗、西乌珠穆沁旗和东乌珠穆沁旗的一些婚俗习惯接受过来，并受到满族的一些婚俗影响，但阿日奔苏木婚礼具有自己鲜明的地方特色。婚礼主持人在婚礼过程中基本都用诗词的语言。主持词包括，对蒙古族历史和宗教信仰的介绍，对大自然、畜牧业生产和美好生活的赞美等诗篇。这些都是蒙古族口头文学的精品。

阿日奔苏木婚礼展现着蒙古族人民诚实豪放的性格和多彩多姿的生活，带有鲜明的民族特色，以特殊的形式表现蒙古人粗犷、豪爽、勇敢、智慧、勤劳、善良的民族性格。传统婚礼在蒙古包内进行，在婚礼中，民族传统服饰可以得到最充分的展现，其中展示骑术是一大特色。婚礼中的蒙古包、乘马、勒勒车、蒙古族服装、蒙古族奶食品和肉食品等则是草原民族文化的具体表现形式。婚礼上唱一些蒙古族长调民歌，因此而传承下来，成为蒙古族乃至整个中华民族的宝贵财富。阿日奔苏木婚礼充分体现了蒙古族人民的世界观、人生观和价值观，具有民俗学、艺术学、历史学和社会学等方面的研究价值，被收入2008年（第二批）国家级非物质文化遗产代表性项目名录。

在内蒙古广袤的草原上，各个部族都有独具地域民族文化特色的婚俗，如土尔扈特婚礼、乌珠穆沁婚礼、察哈尔婚礼、鄂伦春族婚礼、鄂温克族婚礼、达斡尔族婚礼、布力亚尔族婚礼、俄罗斯族婚礼等，不同特色的蒙古族婚礼展示了不同地域风土人情及原生态文化。但各地的蒙古族婚礼从大体到细节，都在表现自然敬畏和知恩图报的精神内涵，是草原传统文化传承与延续的重要表现形式。婚礼中敬天、敬地、敬祖宗、敬火神等仪式，体现着草原人民对自然万物尊重、敬仰、感激的民族文化内涵。婚礼中茶、酒、奶制品、羊肉等食品，展示着草原独具特色的游牧饮食文明；宾朋拦门、抢婚、用插入木棍的羊脖骨等戏弄新人，以此测试男方的智慧和力气，这种仪式体现蒙古族人民风趣幽默的同时，也反映了蒙古族在草原与大漠艰苦环境中的生存之道和遵从物竞天择的客观规律。在一个完整的蒙古族传统婚礼中，蒙古祝赞词的吟诵，宣布着婚礼每个程序的开始和结束，婚礼过程中需要近百首民歌，婚礼中增加快乐气氛的必需内容，使人们互相沟通情感，愉悦了彼此的心情，烘托了婚礼的气氛，表达着牧民对草原的热爱和赞美。婚礼中娶亲与送亲双方交换哈达，互赠鼻烟壶，互敬茶酒，婚宴中的新娘新郎及家人向客人逐一敬献哈达、敬酒，表达着蒙古族人最高尚的待客礼节和文化习俗。

5. 宁夏回族婚礼

对回族群众来说，庄严的结婚仪式既是履行宗教上的结婚义务，也是进行世俗上的消费过程，具体包括提亲、订婚、定亲、完婚。(1) 提亲。也称“求婚”“说合”“聘媒”，相当于汉族婚姻六礼中的“纳采”。在当地农村，男女找对象绝大多数是通过传统的“媒人”介绍，撮合成功后，双方家庭再聚到一起商定结婚事宜。按伊斯兰教义来说，儿女成婚是父母的一项责任。因此，儿女到了结婚年龄，父母便托亲戚或熟人替儿女择偶。如果男方家看好某家女子，便会打发媒人上女方家提亲说媒，若男女双方家庭及婚姻男女表示同意，男方便从亲戚朋友中选一些人，再请上阿訇、媒人，带上礼品去女方家里提亲“要话”。(2) 订婚。当地也称“端开口茶”，就是借助向女方家送糖茶果品等方式促使女子开启玉口，正式答应这门婚事，“说色俩目”，相当于六礼中的“纳吉”。提亲之后，双方约定时间，由媒人带领男方及亲属拿上几身高档衣料，带上糖、茶、干果包（又称茶封子），羊肉或活羊、香油及现金若干到女方家商定子女婚姻大事（包括聘礼数量、质盘和样数的商议等）。如果双方家长协商同意，孩子也无意见，双方就当着众亲戚朋友的面互道“色俩目”，表示这门亲事敲定，一般不得更改。女方家送客时，还会给男方适当地回赠礼，表示意志坚定，绝不反悔。(3) 定亲。当地也称“插花”（喻意“名花有主”）、“纳聘礼”“道喜”等，相当于六礼中的“纳征”。订婚之后，男方要择日按照女方家的要求“纳聘礼”。这期间，双方还要商定结婚的日期（俗称“定日子”），以便双方有时间做好婚前准备。另外，从“定亲”到正式结婚的这段日子，女子的日常穿戴一般由男方家负责。纳聘金是伊斯兰教法规定的婚姻条件之一，《古兰经》指出：“你们应当把妇女的聘仪当作一份赠品，交给她们。”[①] 正是通过聘礼及呈送和接受聘礼的仪式所传达的象征意义，男女当事人的婚姻关系才算确定下来。(4) 完婚。当地也称“娶媳妇”。这是仪式的主体和高潮部分，也

① 马坚译：《古兰经》，中国社会科学出版社 2003 年版，第 55 页。

是回族婚俗文化中最具特色的部分，男女双方将在庄严的宗教仪式中最终完成婚姻大事。婚礼中最重要的部分是由阿訇主持完成的，包括念《古兰经》、讲解有关婚姻方面的规定，进而询问结婚当事人双方是否自愿，然后用阿拉伯语念“尼卡哈”，伊斯兰教义对穆斯林成婚时的证婚有很高要求。男女成婚的当天，阿訇要在婚礼上念“尼卡哈”，并且教导男女双方为人处世之道，指出丈夫与妻子的权利与义务，讲明教育孩子的方式、方法，等等，有的地区还要用阿拉伯文书写证婚书（依扎布）。证婚仪式结束后，男方家备宴招待来贺喜的宾客。婚礼之后，回族还有耍公婆的习俗，有的地方当日耍，有的地方次日耍，一般是给脸上抹黑，更有甚者，抓住公婆让倒骑驴。到了晚上，亲朋、邻居都来闹洞房，大家不分男女老少，欢乐一堂，夜深方散。次日清晨，新娘梳洗打扮，戴上圆白帽或黑盖头，名曰“上头”，标志着已经完婚。然后，新娘在姑子陪同下，向公婆、叔伯父母、兄嫂和邻人逐人逐户致谢，名曰“拜亲”。所到之家，都要给新娘赠送“喜钱”。新郎也要在兄弟的陪同下，逐户致谢，但不付“喜钱”。结婚第三天（或第二天），新娘由新郎陪着，回娘家看望父母，名曰“回门”。有的地方，结婚次日由男方父母领着新郎、新娘到亲家去探望，亦叫“回门”或称为“认亲家”。第三天女方父母、伯叔或舅父母到男方家回访。双方欢声笑语话家常，盛宴款待，倍加亲热。至此，办喜事的程序才算全部结束。

处于农牧交错地带的宁夏草原，多民族间的经济交往、文化交流都是不可分割的，你中有我，我中有你。宁夏地区回族婚礼习俗也体现了草原文化与农耕文化的整合。回族传统婚俗实质上是伊斯兰教的，其表现形式受中国传统文化影响。作为古代丝绸之路的重要组成部分，宁夏的特殊地理位置，造就了它是一个多文化相互传播融合的交汇地，这种包容共生的文化环境也体现了草原生态文化的协调性和和谐性。回族婚礼的礼仪、仪式和活动也体现了回族忠于信仰、时刻宣称着对真主安拉的虔诚信仰和敬畏之情；婚礼中的“抢喜糖”“耍公婆”等种种热闹场景，也象征着回族人对快乐、美好生活的向往，通过这种群体性的戏谑方式，满足了大家狂欢娱乐的本能欲望，实现了情感的宣泄，同时也补偿了他们平日单调而乏味的生活方式。

蒙古族婚礼中乌珠穆沁婚礼和察哈尔婚礼习俗的特点是礼节多、讲究多。2007 年，乌珠穆沁婚礼被列入第一批自治区级非物质文化遗产名录。2008 年列入国家级非物质文化遗产名录。察哈尔部落将贵族婚礼与平民婚礼的仪式相结合，形成了具有地方特色的婚礼习俗。2009 年察哈尔婚礼被列入第二批自治区级非物质文化遗产名录。

四、节日习俗

传统节日的形成，是一个民族或区域的历史文化长期积淀凝聚的过程。传统节日的产生体现了人们对自然的认识和尊重，蕴含着厚重的历史与人文情怀，拥有丰富的文化内涵和精神核心。通过多种多样的形式，不同民族在节日中表达出其特有的价值和思想、道德和伦理、行为与规范、审美与情趣，也凝聚着千百年来人们对幸福生活的积极向往和执着追求。通过举办节日仪式，人们可以领略到人生的美好、自然的瑰丽、人性的善良，感受到对生命的虔诚和更高层次的精神享受。仪式感让节日成为节日，能唤醒人们内心对于节日的尊重。

蒙古族的传统节日习俗，是在特定自然环境、生产方式、文化背景下产生的，是该民族政治经济、生产生活、文化艺术、宗教信仰、民族心理等文化的综合反映，展现着草原生态文化的精髓。不管是传统节日庆祝仪式中对日月天地神灵的崇拜、对祖先的虔敬、对民族英雄的追思，还是节日的日期选择、节日游乐、饮食、祭祀活动的安排，方方面面、时时处处都体现着顺成自然而又有所作为，人与自然和谐共处、相映成趣的基本精神，是蒙古族自古以来固有的以生态为本的和谐自然观。在当代社会，随着社会的发展和进步，蒙古族的传统节日民俗在内容和形式上都有一些改变，但依然与民族宗教信仰、宗教祭祀、生产活动、社交活动、文化娱乐活动密切相关，凝结着草原人民的民族情感和民族性格，承载着草原民族的文化血脉。

蒙古族搏克（摔跤）、赛马和射箭是传统的男儿三技，至今在蒙古族男性中均有广泛的群众基础。在日常生活、聚会中，这些文体项目深受男女老少的喜爱。2005 年，西乌珠穆沁旗举办了 800 名骑手的“阿吉乃”蒙古马大赛，创造了吉尼斯世界纪录。2006 年蒙古族搏克被列入第一批国家级非物质文化遗产名录，2007 年被列入第一批自治区级非物质文化遗产名录。2011 年蒙古族射箭被列入第三批自治区级非物质文化遗产名录。蒙古象棋蒙古语称作“喜塔尔”或“沙特拉”。此项棋戏从棋盘棋子设计、制作到竞技规则，都具有浓郁的民族特点和草原生活气息。2009 年蒙古象棋被列入第一批自治区级非物质文化遗产扩展名录。“沙嘎”又称作“嘎拉哈”，是动物的拐踝骨。苏尼特左旗被国家和自治区分别命名为“中国蒙古族沙嘎文化传承基地”“沙嘎艺术之乡”和“蒙古族沙嘎文化之乡”。2009 年沙嘎游戏列入第二批自治区级非物质文化遗产名录。

那达慕，又称“奈日”，是蒙古族传统的群众性盛会。那达慕大会多选择在牧草茂盛、马羊肥壮的七八月份举行。现代那达慕除举行传统的“男儿三技”、蒙古象棋赛事外，还增加了展示建设成就、表彰劳模、商贸物资交流、文艺演出等内容。那达慕历史悠久，一直在内蒙古草原上传承和发展，具有广泛的群众性。2006 年那达慕列入第一批国家级非物质文化遗产名录。蒙古民族有祭天、祭火、祭祖等传统祭祀习俗，其中祭敖包是最盛大、最隆重的祭祀活动。敖包，意为“堆子”，多用石块堆集而成。2006 年，祭敖包被列入第一批国家级非物质文化遗产名录。

宁夏回族人非常看重他们的传统节日，即开斋节、宰牲节、圣纪节等。其中开斋节最为隆重，一般在回历的 10 月 1 日举行，之前成年穆斯林男女要封斋一个月。通过一个月的斋戒，形成一种全民性的、全身心的、全方位的斋戒，从生理和精神层面形成一种敬畏真主、清心寡欲、自律自强、意志坚定、遵纪守法、文明礼貌、悔过自新、勤俭节约、居安思危、怜悯疾苦、忆苦思甜、先天下之忧而忧、扶困济贫、慷慨解囊的文化氛围。斋戒期满，就是回族等民族一年一度最隆重的节日之一开斋节。

开斋节这天，回族穆斯林各家各户都要缴纳开斋捐，目的是“扶贫济困，净化人的心灵”，培养人的扶危济困、乐善好施的美德，避免穆斯林中的贫苦人在节日沿街行乞，与贫苦人共享节日之欢乐。庄严肃穆的开斋节会礼结束后，穆斯林要集体向阿訇道安。全体穆斯林要互道“色俩目”，以表示节日的夙愿：祈求平安、吉祥、富贵、和谐！会礼结束后，由阿訇带领或各户分散游坟扫墓，为逝者祈祷。随后串亲访友，恭贺节日。节日期间，穆斯林家家户户都准备馓子、油香、课课等富有民族风味和特色的传统食品，同时还要宰羊、鸡等，馈赠亲友邻居，互相拜节问候。在节日的第一、第二天，已婚和未婚的女婿都要带上节日礼品给岳父母拜节。许多穆斯林青年男女还选择在开斋节举行婚礼，更添节日气氛。

宰牲节在开斋节后约 70 天举行，即回历 12 月 10 日。节前的穆斯林通常都要打扫室内外卫生。家庭院落、大街小巷打扫得干干净净，东西堆放得井然有序。家家户户节前都要炸油香、馓子、花花等。孩子们换上节日服装，欢乐地奔跳。然后沐浴，净身，燃香，换上整洁的衣服赴清真寺参加会礼。宰牲节的会礼和开斋节一样，非常隆重。大家欢聚一堂，由阿訇带领全体穆斯林向西鞠躬、叩拜。如果在一个大的乡镇举行，可谓人山人海，多而不乱。在聚礼中，大家回忆这一年当中做过哪些错事，犯过哪些罪行，阿訇要宣讲“瓦尔兹”，即教义和需要大家遵守的事等，最后大家互道“色俩目”问好。会礼结束后，举行的一个隆重的典礼就是宰牛、羊、骆驼献牲。一般经济条件较好的人家，每人宰一只羊，七人合宰一头牛，或一峰骆驼。宰牲时不允许宰不满两岁的小羊羔和不满三岁的小牛犊、骆驼，不宰眼瞎、腿瘸、缺耳、少尾的牲畜，要挑选体壮健美的牲灵。所宰的肉一般分为三份：一份自食，一份馈送亲友邻居，一份济贫施舍。宰牲典礼完成后，家家户户开始热闹起来，老人们一边煮肉，一边给孩子吩咐：吃完肉，骨头不能扔给狗嚼，要用黄土覆盖。这在古尔邦节是一种讲究。肉煮熟后要削成片子，搭成份子；羊下水要烩成菜。而后访亲问友，馈赠油香、菜，相互登门贺节。有的还要请阿訇到家念经，吃油香，同时，还要去游坟，缅怀先人。宰牲节一是为了让穆民学习易布拉欣父子对安拉敬畏、顺从的大无畏精神；二是把宰牲肉分散救济贫民，使穷人也能感觉到节日的喜庆和快乐；三是抑制私欲，培养坚忍不拔的高尚品德；四是不仅对主能生敬畏，而且对于任何人或任何事物能做到亲、爱、公、善。人是万物之灵，通过这个伟大的考验，能体会到宰牲的真正意义，珍惜今世时光，也不断宣扬草原生态文化中的人与人、人与自然的整体性，在艰苦环境中的顽强精神、牺牲奉献精神和乐观向上精神。

五、丧葬习俗

死亡是生命的一部分，一个生命的开始同时就意味着生命的死亡的开始。对草原民族而言，生死是一种正常的轮回，死亡是渺小的个体无力抵抗的自然规律，生命最终要回归大自然的怀抱，而灵魂是生生不息的。丧葬习俗，是与死亡相关的人类创造的社群活动中多种特质文化风俗的复合体，其涵盖内容涉及实物、信仰、心理、伦理、道德、艺术。

蒙古族牧民传统的丧葬形式以土葬、天葬和火葬为主。土葬即将死者深埋地下，回归自然，在古代不论是贵族还是平民，都实行“秘葬”，在人死后，家人会秘密地到提前选好的空旷地方，将草皮和地上的一切东西移开，挖个大坑，在坑的边缘挖一个地下墓穴把死人埋到里面，将墓穴前面的大坑填平，其上覆草恢复原有模样，因此，以后无人能发现这个秘葬点。依据史料记载，当贵族或大汗死后，必须在陵墓前留下一支守灵部队，待来年春暖花开，陵墓上的草和其他植被与周围没有任何区别时，守灵部队方可撤走，正因如此，成吉思汗、蒙哥汗、忽必烈汗等蒙古大汗的陵园究竟在何处，到现在都无人知晓，成了千古之谜。随着藏传佛教在草原上的兴起，许多蒙古族牧民实行“天葬”，即将死者的尸体放置于车马之上，送至野外任其随意前行，被禽兽分食；也有的是实行自然火葬。牧民认为，大自然作为人类的本源，人死后应回归自然，至今我们很少在草原上看到坟茔墓碑，这种节俭、朴实的丧葬习俗，减少了对草原的破坏和对树木的砍伐，保护了自然环境，体现了蒙古人民珍爱自然，对自然尊重和无私奉献的草原生态观。

宁夏回族丧葬习俗深受伊斯兰教影响，根据伊斯兰教教法，世界上万事万物都是由真主降下的，人也不例外。人降生后要按照真主颁示的经典处世做人，努力行善做好事，当人到老时，死期临近，唯祈求真主使其善终，再回到真主那里去，即“归真”。伊斯兰教教义认为死亡是生命的规律，并不令人畏惧，这是回族穆斯林对死亡的看法。

回族人在临终前，一般要念“清真言”，阿訇则为其诵读《古兰经》向真主祈祷，代临终者求真主恕其罪过，归真后亲属要当即抹死者双眼，托下巴合其嘴，理顺其手脚，并将其头扶向右侧。等“着水”（给亡人洗大净）时将遗体身上的衣服脱去，男亡人由男人洗，女亡人由女人洗，给亡人做完大净后，用“克蕃布”（三丈六尺白布）包裹亡人，接下来就是阿訇要给亡人站“者那则”。站“者那则”可在清真寺内，也可在洁净的场地进行。亡人亲属、朋友均为亡人行站礼（女人除外），以祈求真主宽宥。此时，阿訇念“色纳”、赞圣，并为亡人作“都咔”，阿訇在念经时轮番传递“赎罪金”。站完“者那则”之后便将“埋体”移入清真寺公有的塔布（专为运“埋体”而制作的长方形木匣子，回民称为“经匣”）内，有的农村地区，则是用绳子和椽子绑成的梯架，上面铺上干净的毛毯包裹亡人，由四人或八人轮番抬至墓地，妇女和非穆斯林不能送亡人到坟地。

坟坑叫“麻札”，南北向，深五六尺至八九尺。直坑挖好后再挖侧洞，侧洞有两种：一种是从坑底向西挖一长洞，俗称“偏堂”；第一种是从坑底往北挖一洞穴，俗称“撺堂”。“偏堂”和“撺堂”高一尺许，堂口呈弓背形，宽约三尺，长约六尺，遗体放置其中。坟内不放任何物体，不用棺材，不许陪葬。入葬时，阿訇跪在坟坑上方诵经，“孝子”在坟坑下方跪着听经，送葬者也环跪坟的周围聆听。与此同时，参加葬礼的亲戚及帮忙的人把前面提到的“赎罪金”（俗称乜贴）散给来参加葬礼的人，当然，根据身份和年龄的不同，得到的乜贴的金额大小不一样，一般是阿訇和“哈吉”最高。坟坑填满，呈驼峰形，也有堆成长方形的。至此，葬礼结束。

伊斯兰教有关丧葬的规定包括：静、速、严、简、禁、宽等内容。"静"是指为生命垂危的病人安置一个宁静的环境，避免因嘈杂、哭喊而增加病人的痛苦。"速"是指速葬，教法规定要在三日之内尽快埋葬亡人，使之入土为安。"严"是指在为亡人举行"者那则"时，要严格遵守教法的有关规定，如用清洁的水为亡人"着水"、用"克蕃布"包裹好亡人、举行葬礼时遗体置于众人面前等。"简"是指丧事从简，亡人简葬即亡人只用三丈六尺白布包裹掩埋，没有陪葬品，既不大办丧事，也不大举祭祀。"禁"是指坚决禁止丧葬过程中的"库夫尔"现象与行为，如送葬时看风水、择吉日、给亡人或向前来送葬的人鞠躬叩头、哭嚎亡人、披麻戴孝、在墓内放置陪葬品等。"宽"是指教法有关丧葬的规定，适合于正常情况下，但在条件不具备时，也可酌情处理，如在海上航行时亡故的人，在依照教法规定的程序办理后，可投入海中，实行水葬；在陆地无水的情况下为亡人"着水"时，也可以土代水净之，当然必须是干净的土。

六、草原民族生态文化特征

草原民族是中华民族大家庭的重要组成部分，而在草原民族中，不同民族在长期与大自然、大草原、大森林、大山大河的朝夕相处中，产生了情感，孕育了具有本民族特质的草原生态文化。草原生态文化作为最具有鲜明地域特征的文化类型，在漫长的历史年代中与中原文化、南方文化共存并行，互为补充，为中华文明的演进不断注入新的生机与活力。中华民族的草原生态文化，从广义的角度分析，包括北方草原（今之蒙古草原）、西域地区、青藏高原三大版块，从狭义的角度分析，则专指北方草原生态文化，以草原民族的游牧文化为主体，从历史的角度看，在北方草原，即是以主要发源于蒙古高原西部的匈奴、突厥、回纥（回鹘）、维吾尔、黠嘎斯（柯尔克孜）、哈萨克族系，发源于蒙古高原东部至大兴安岭的东胡、乌桓、鲜卑、契丹、蒙古族系，主要发源于大兴安岭以东的肃慎、女真、满等三大族系的草原民族形成、发展过程中所创造的生产、生活、意识形态、风俗习惯的总体，即北方草原的"原生文化"；包括北方草原民族与中原民族、西域民族、藏族及南亚、中亚、西亚、欧洲等民族交往中，特别是北方草原民族入主中原、建立中央王朝后创造的"次生文化"；还包括自古以来生活在北方草原，却并非游牧民族的人们创造的"共生文化"。

蒙古族在科学文化事业上比较发达，特别是明代以来，在历史、文学、语言、医学、天文、地理等方面，对祖国的科学文化事业作出了重大贡献。出生在察哈尔草原正白旗的明安图（1692—1765），是历史上少有的多学科科学家之一，是清代蒙古族著名的数学家、天文历法学家和测绘学家。他用 30 多年精力从事圆周率的研究，写出数学巨著《割圆密律捷法》，留传至今。他是“卡塔兰数”的首创者，是进入分析研究领域的第一个蒙古人。2001 年 5 月，经中国科学院和国际天文学联合会小天体提名委员会批准，将第 28242 号小行星正式命名为“明安图星”。这是中华人民共和国首次以古代非汉族科学家的名字命名新发现的小行星。

关于草原生态文化的特质，至少包括四点。

历史传承的悠久性。从远古开始，在中国北方辽阔的草原上就有人类的祖先繁衍生息，远在旧石器时代，人类的祖先就在这里留下原始生产和生活的足迹。这里大量丰富的考古遗存，是探索中国早期人类活动的最有价值的核心地区之一。最早的有呼和浩特市郊区大窑村南山的石器制造场，其年代可追溯到旧石器时代的早期。从旧石器时代晚期到新石器时代，这里相继产生多种开文明先河的文化成果；特别是游牧文明形成后，将草原文化推向一个新的发展阶段，使草原生态文化成为具有历史统一性和连续性并充满活力和发展潜力的文化。

区域分布的广阔性。作为地域文化，草原生态文化是在我国北方草原这一特定历史地理范围内形成和发展的文化，大致分布于包括从大兴安岭东麓到帕米尔高原以东，阿尔泰以南至昆仑山南北的广大区域，涉及黑龙江、吉林、辽宁、河北、内蒙古、山西、陕西、宁夏、甘肃、青海、新疆、四川、西藏等省区。在这一广大的区域范围内，虽然不同民族在不同时期所创造的文化不尽相同，但都是以草原这一地理环境为载体，并以此为基础建立起内在的联系，形成具有复合特征的草原生态文化。草原既是一个历史地理概念，又是重要的文化地理概念。

创造主体的多元性。草原生态文化是草原地区多民族共同创造的文化。由于这些民族分别活跃在不同历史时期，此起彼伏，使草原文化在不同历史时期呈现不同的民族文化形态，诸如匈奴文化形态、鲜卑文化形态、突厥文化形态、契丹文化形态等等。这是草原文化创造主体多元性的集中体现，也是草原文化区别于中原文化的重要标志之一。虽然草原生态文化的创造主体是多元的，但由于这些民族相互间具有很深的历史渊源和族际传承关系，因此这种连续性和统一性体现在草原生态文化发展的整个历史进程之中。

构建形态的复合性。草原生态文化是一种内涵丰富、形态多样、特色鲜明的复合型文化。草原生态文化在早期经历新石器文化之后，前后演绎为以西辽河流域为代表的早期农耕文化和聚落文化，以朱开沟文化为肇始的游牧文化以及中古时期逐步兴起的游牧和农耕文化交错发展的现象。因此，草原生态文化不仅是地域文化与民族文化的统一，也是游牧文化与其他经济文化的统一。不同的文化形态在不同历史时期从不同角度为草原文化注入了新的文化元素和活力。草原生态文化还是传统文化与现代文化的统一。草原生态文化作为中华文化中最具古老传统的地域文化之一，在吸纳现代文明因素，走向现代化的历史过程中，传统文化和现代文化相互激荡、碰撞、冲突和吸纳的过程中形成新的统一，使草原生态文化成为传统文化与现代文化有机统一的整体。草原生态文化随之呈现传统与现代、地域与民族相统一，多种经济类型并存的复合型文化形态。

第五章　青藏高原草原生态文化

第一节　青藏高原草原生态文化的基本特征

青藏高原以高峻的地势、独特的气候被称为地球第三极。青藏高原拥有广袤的草原、众多的水源，是东亚、东南亚乃至全球形成的重要的生态屏障，因而具有非常重要的生态功能和生态价值。

草原民族在数千年的生活、生产中形成了一系列有效的生态保护理念和措施。如青藏高原藏族牧民在其严酷的自然条件下从事畜牧业生产活动，培育出了适应高原环境的藏系家畜，如牦牛、藏马、藏羊和藏獒等。“高寒草原＋藏系家畜”形成了世界上独一无二的高寒草原畜牧业区域和草地生态系统，形成了以传统游牧为主体的家畜饲养管理方式，不同地域形成了适应该地环境的畜种结构，具有独特的控制畜群调节办法，产生了适应高原环境的传统生态伦理，如一切生物都是平等的，家畜与野生动物共生存，对自身生产、消费的限制，对自然资源的有限利用等。有许多与生态保护有关的禁忌文化，如对山的禁忌，对水体和土地的禁忌，对鸟类、禽类的禁忌，对草原狩猎的禁忌，对家畜的禁忌等。当前随着全球气候变暖，草场质量、生态环境污染和食品质量安全等问题日益突显，研究传统草原生态文化具有重大的历史和现实意义。建设生态环保的草原生态与文化，最重要的就是要构建一种人与自然平等相处、相互依存的观念和行为准则。因此，我们应该传承和发扬草原民族传统生态文化中有利于环境保护、人与自然和谐相处的生态保护思想。敬畏自然，尊重生命，实现人类与自然的和谐相处和可持续发展，最终实现青藏高原的生态保护与建设目标。

草原生态文化是游牧民族创造的文化。游牧文化起源可追溯到较早时期，例如狩猎或早期畜牧阶段。游牧文化崇拜、依赖、适应大自然，与自然融为一

家园　摄影 / 贡波泽里

体，完美的自然环境是畜牧业发展的基础条件和基本资源。游牧是人类与大自然多年磨合适应的结果，是草原畜牧业的最佳选择，是经过几千年考验的，利用草原最经济、最有效的经营方式，也是人类向大自然，向野生动物学习的结果。游牧民族自身既创造了一整套与自然环境相适应的生存技能，又使得自然环境始终保持一种良好的存在状态。游牧文化的生产、生活方式及其技能是以与自然的适应作为前提条件的。但是适应是通过对牲畜及产品的利用来体现的，适应的目的在于利用。二者的关系也是辩证的，对牲畜及产品的利用的扩大体现了对自然的有效适应程度，其生产方式和生活方式与自然环境相适应。具备以下五个基本特征。

一、游移性

游牧民族非常重视土地和草原的保护，因而采取了以牧民、家畜和自然三要素构成的游牧生产方式。在经营畜牧业的生产实践中，根据草地的具体情况和草原牲畜的生态特征，采取了依据气候、季节、草场的变化而游动放牧的经营措施。其中四季营地轮牧，是游牧民族牧民在草地资源利用方面的最大特点。除四季轮牧外更多的是，一年里变换两次草场，即冬季（冷季）草场和夏季（暖季）草场。游牧民族除了这两种轮牧方式外，在水草不足或遇到自然灾害时，需要转场来解决牲畜的缺水缺草问题。无论是哪种方式其目的都是为了利用草原地带各个草地的季节差异，以更大限度地获取牧场，也是为了减轻草原和草场的人为压力的一种文化生态样式，这不仅使草原得到了合理的保护，也确保了牧草和水源的生生不息和永不枯竭。从根本上讲是人随牲畜移动，以畜群的活动为中心，牲畜到了哪里，人类社会的政治、经济、文化也随着到哪里，人的自主性要服从于畜群的生存需要，人自身的生存和发展需求则降至第二位。

放牧，包含原始的游牧和现代放牧，是一切草原文化衍发的基础，草原民族的生活习惯、政治结构、军事组织、艺术形式、民族性格等无不反映其深刻影响。它带来了草原文化的深沉厚重，质朴自然，博大精深，富有开拓精神。

游牧不是一种漫无边际、没有目的的流动，而是有着非常清晰的社会边界，这种边界依赖于社会的规范，非常明确地规范着人们的行动。这种流动性不仅体现游牧族群能够在多变的生态条件下灵活应对的这样一种能力，而且也体现了他们自身的社会组织在不确定的条件下保持秩序和整合的一种能力。它的显著特征就在于游牧生产和游牧生活方式——游牧人的观念、信仰、风俗、习惯以及他们的社会结构、政治制度、价值体系等。游牧文化是在游牧生产的基础上形成的，包括游牧生活方式以及与之相适应的文学、艺术、宗教、哲学、风俗、习惯等具体要素，以及他们的习惯法合成文法。

二、适应性

游移放牧的完整规范，可以保持草原自我更新的再生机制，维护生物多样性的演化，满足家畜的营养需要，保障人类的生存与进步。所以，在游牧民族文化中，从意识形态、科学技术、伦理规范、民风习惯、宗教信仰等多方面都蕴含了鲜明的生态观点与环境思维。从这种意义上，游牧文化就是生态文化。

适应性是游牧民族在这一环境中生存下来的前提与基础。无论是生产方式、生活方式，还是生产生活技能，都是为了生存的需要而有意主动地创造出来的，其中充满了与自然和谐统一的生存智慧。正是游牧文化的杰出的适应性特征及游牧民族非凡的适应能力，才使得这片神奇珍贵的土地得以保留至今天。当全球性生态危机日益加重，人们不得不开始反思盲目地改造自然，“人定胜天”所带来的恶果的时候，古老的游牧文化愈益显示出了它的可贵与难得，其适应特征也愈益显示出其科学与合理之处。

三、实用性

如果说适应性特征是就人与自然之间的关系而言的话，那么实用性特征则是就人自身而言的，前述的生产生活方式及知识体系莫不体现了这一特征。正是在物质层面上游牧民族生态文化的这种实用性，才为其精神层面、制度层面的生态文化打下了一定的实用性基础。实用性的最大收获就是节约了自然资源，而这恰恰是这片土地最宝贵、最珍稀的东西。游牧民族以自己实用性的物质文化创造，不仅为自己谋得了生存发展的机遇和空间，同时也有效地保持了自然资源的可持续利用。游牧民族的早期装束是畜皮，冬天用山羊绒皮或绵羊皮做衣服、被褥等；春秋两季穿皮毛较薄的羔羊皮衣服；夏天则穿各种去毛的鞣革，靴子主要是牛皮做的。如在游牧民族的装束中，蒙古袍和藏袍是最实用、最具“生态”特征的，肥大的下摆一直垂到靴子，骑乘时可以起到护腿的作用；宽松的上身部位，穿着时与身体分离，形成封闭的小气候，

挤奶　摄影/泽旺然登

在温差大的北方草原上能很好地调节人体温度，在野外露宿或在条件不好的地方借宿时，蒙古袍和藏袍还可以当作被褥使用；腰带系得宽而紧，避免在坐骑上颠簸对内脏的损害。游牧民族的食物分为肉食、奶食和植物类食品三大类，其中又以肉食和奶食为主。肉食的来源主要是牲畜，其食用方法也很简单，多以煮食为主，剩余部分多晒成肉干以备今后食用。奶食的来源主要是饲养的各种牲畜，有鲜奶、各种奶制品（奶干、奶油、奶豆腐等）、奶酒、奶茶等，是游牧民日常饮食中绝对不可缺少的部分。在牧区，以对一只羊（物质产品）的处理过程为例：羊皮当作产品卖掉了，换了一些急需的生活用品。剩余部分的加工过程是本着"好吃"和"物尽其用"的原则来进行的。游牧民族这种生存方式，体现了与自然和谐共处的特征，保护了生态环境，为自己谋得了生存发展的空间，同时有效地保持了自然资源的可持续利用。

四、简约性

游牧民族在一年四季里逐水草而移动，经常处于运动状态中，这种生活方式不利于大量积累固定资产。若把棚圈、牲畜当作固定资产看待，那也同现代经济学所指的工厂化的固定资产有所不同。因为游牧民的棚圈、畜群处于一种不断变化的生态状况中，而且就游牧经济而言，生产资料和生产工具的划分也是相对困难的。例如，牲畜一方面是生产资料，另一方面又是生产工具（牛、马都是交通和放牧的工具），与此同时牲畜也是牧民生产出来的产品。因此，游牧文化中的资产都具备综合功能，这种综合功能在物质生产方面蕴涵了它的简约特征。一定资产功能的多样化和材料的简约化是辩证的。就一种产品而言，只有具备多种实用功能才能简约其生产材料。根据简约材料原则设计的一项产品，只有具备多项功能时才能做到物尽其用。

五、高风险性

游牧文化是一种以牧民、草地和家畜三要素构成的特殊生产方式。这种生产方式通过家畜对牧草地的适应来协调或平衡人与自然的关系，并且在这个由人、动物和环境构成的生态系统中，人必须充当系统内的生态因子——调节者、组织者而得以生存。游牧民族在自然面前的这种角色定位以及必须尽量维持生态系统的良性状况而使自己得以繁衍生息的生产方式，当这种方式成为一种长期的历史实践活动时，必然地造就产生了保护生态和有利于可持续发展的风俗习惯、思想观念和行为方式，从而逐渐形成了丰富多彩的、稳定的生态文化。

一般来讲，如有良好的自然环境，水草丰饶，风调雨顺，牲畜只须加以看管和最简单的照顾，就可以愈来愈多地繁殖起来，供给非常充裕的乳肉食物。可是现实情况是大西北草原是干旱性的，降雨量少，且不平衡，经常遭到“黑灾”“白灾”的威胁和袭击，遇到严冬雪灾，“家畜只能用蹄掘雪求食，设若解冻后继严冻，动物不能破冰，则不免于饿毙”。牲畜增长缓慢，天灾人祸，疾病流行，死亡率大增。牧业生产的脆弱性、单一性、流动性等特点，一方面容易创造丰富的动产性财富，另一方面也形成了致命的弱点，大起大落，时好时坏，不稳定性几乎成了游牧生产和生活的规律。

不稳定性是带有规律性的，其关键是牧草。随着牧草的枯荣，牲畜有规律地出现“夏饱、秋肥、冬瘦、春亡”循环往复的现象。因此，必须在生产和生活中树立忧患意识，全面考虑生产和生活条件，一切从长计议，统筹安排。其中最根本性的问题是合理地利用牧场，有限度地使用紧缺物资。因此，牧场的选择和保护是首要的最基本的要求。

保护草原放牧文化赖以生存的自然地理环境和传承草原文化植根的社会生产，是草原文化得以传承与发展的生命线。前提是尽快完成草原生产与生态管理的现代化转型。这个转型是历史发展的必然，是不能回避的。草原畜牧业的现代化转型一旦完成，必将带来草原生产和草原文化的飞跃发展。如实行划区轮牧，以放牧单元为核心，配套定居点、围栏、引水系统，开展系统建设，是现今保持与传承草原文化的关键措施。只有与时俱进地放牧，才能保持草原文化的群体性特征，维护草原生态系统的健康，草原才属于牧业民族，他们才能继续在草原上创造灿烂的草原文化。总之，草原文化的基本特征表明了一个真理，那就是草原不可毁，放牧不可废。这就是草原文化的魅力所在，是研究草原文化的动力所在。

第二节　青藏高原藏族传统生态理念

《中国21世纪议程》对生态道德内涵的界定是：(1) 所有的人享有生存环境不受污染和破坏，从而能够过健康和健全生活的权利，并承担有保护子孙后代满足其生存需要的责任。(2) 地球上所有生物物种享有其栖息地不受污染和破坏，从而能够持续生存的权利，人类社会承担保护生态环境的责任。(3) 每个人都有义务关心他人和其他生命，破坏、侵犯他人和生物物种生存权利是违背人类社会责任的行为，要禁止这种不道德的行为。① 对照这三条生态道德标准来看，藏族人的生产、生活方式与生态文化是符合人类社会和自然关系道德要求的，也是不同于今天我们所熟知并向往的那种追求物质利益、舒适、无限制消费的生活方式。千百年来，生活在青藏高原的藏族在生存发展中，珍惜爱护高原生态环境，创造了与高原自然生态环境和谐相处的生产和生活方式，形成青藏高原藏族生态文化。这种生态文化充满智慧，丰富多彩，与《中国21世纪议程》对生态道德内涵界定高度相符。

综合起来藏族的传统生态理念主要有以下几种。

一、尊重自然、敬畏自然

尊重自然是青藏高原人们在高原上世代生存的前提。高原人认为，大自然有其生命特性，不仅具有生物生命特性，而且具有精神生命特性，作为人类应该尊重自然规律、顺从自然规律。这里的尊重更多强调的是对自然法则的遵守，违背这一法则将会受到自然的惩罚。

因此，高原人在处理与生态关系时的智慧得到完美的体现。例如，“开耕节”对于从事农业的高原人是最重要的时刻，关系到一年的收入，即便如此，庆祝仪式不能缺少，对于土地的分配、水源的分配都由当地的田长依据自然环境的实际情况进行。自然法则限定了人们能够获取资源的数量，高原人也是在这种法则下进行生产，成为尊重自然的典范。尊重是一种发自内心的活动，也让更多的人意识到只有尊重自然才能受到自然的尊重，这种相互的作用力，才是人与生态和谐的象征。藏族人民不管是在过节，还是在平时的生产劳动中，处处有着歌颂自然的音乐、舞蹈、藏戏等。这是为了更好地回馈自然，是一种向自然表达敬意的方式。藏族人民通过各种各样的形式，表达着对高原自然生态的热爱与感激。

出于对自然的崇敬，出现了对自然的禁忌。在青藏高原，到处都有神山、神湖、神泉、神河，自然也有神圣的动物、植物。凡神圣的都带有禁忌特性。

① 江泽慧主编：《生态文明时代的主流文化》，人民出版社 2013 年版，第 371 页。

因此，有神山、神水的地方以及寺院所处的区域都成为神圣自然保护区，任何人都不能触犯神地及其范围内的生物。无论是僧人还是俗人，都是自然区域中的一个普通成员，应该尊重保护区内其他生物的活动，与其共同生存。

青藏高原的人们在自然当中获取生活的必需，却从来没有过度地开采当地的自然资源，他们懂得要让这些资源能够长久地服务于生活在这里的每一个生命。这种诚信表现在藏族人遵守了他们同大自然签署的“契约”，对自然的尊重和诚信。自然界也用同样的方式回报人类，给予美好的生活空间。

二、一切生物都是平等的

在藏族牧民的传统意识中，认为一个部落所处的地域是人、神和动物的共同居住区。在处理牲畜饲养与牧草生长关系中，藏族牧民认为，所有生物都是平等的，都是与人共生的，相依相存的，需要兼顾各方利益均不受侵害。因此，包括人在内的一切生物都是平等的。它们都源于同一种生命体，在长期演化发展中形成了相互依存、相互感应、互为因果、共生共存的密切关系。既要保护生态环境，又要发展自己。

高原上的人们认为应不加歧视地保护任何一种生物，从而维护了高原生物的多样性。在一个部落拥有的大片草场上，牧人除了放牧家畜外，同时要留出大片草地给野生食草动物。即使对于游牧区域的野生食肉动物，牧人也不会主动侵扰它们，许多野生动物在宗教中是崇敬和禁忌的对象，如虎、鸟类中的鹰等。遇见所敬畏、禁忌的动物，人们敬而远之；一般称呼中亦不直呼其名。如瞎熊，不叫熊，而叫作刨土者；雪豹称之为长尾巴、方头等[①]。还有，高原上的人们禁止踏春，这就是藏族牧民的“禁春”习俗其实，就是保护虫类生命的一种生态保护理念。

三、家畜与野生动物共生存

在动物之间的关系中，牧人既要畜养已驯化了的家畜——牛、马、羊等，但也要注意保护野生动物的生存权利。在许多情况下，家畜与野生动物在同一地区和平共处。牧人的家养牦牛常爬上高山与野牦牛混群，有时公野牦牛

① 南文渊：《藏族传统文化生态概说》，马子富主编：《西部开发与多民族文化》，华夏出版社2003年版。

引诱家养母牦牛到处游走几天不归，但因为牧人知其活动路线，故不急于找回。由于不惊扰它们，野生动物基本固定生活于一个区域，牧人便能识别它们，与它们朝夕相处，发生大雪覆盖草地的时候，野生动物与家畜挤在一起共觅食物，牧人若有饲料则要喂养一切动物。草原上的这些食草动物和食肉动物有时会对牧民家畜生存造成威胁。比如，一个地方野生食草动物过多，就抢食了家畜牧草；狼也是家畜的危害者。但藏族牧人认为这并不是经常发生的现象。当发生大雪灾时，高山野生动物就会下山抢食牧草；当草原野生食草动物急剧减少时，狼才会袭击家畜。对此只能通过调整系统内生态平衡来解决。于是产生了各种宗教仪式和经济活动规范。其中畜牧活动规范至关重要。在藏族宗教中，无论是现世生活场景，还是来世生活场景，人与各种动物总是同居一处相互依存。同样，在一个部落游牧的地域内，牧人也将家畜与野生动物都视为该区域的生存成员，既要放牧家畜，但又不干扰野生动物。家畜与野生动物共生同长。①

四、对自身生产、消费的限制和对自然资源的有限利用

藏族牧民认为，人类畜牧活动的目的既要照看家畜又要保护水草，在此前提下获得有限的生产生活资料，以维系自身的生存发展，而不是商品生产。所以藏族牧民畜牧活动对自然生态系统并没有加以主动开发和过分干预。在人与其他生物的关系中，既要维持人类自身的生存权利，同时又要与其他生物共同生存。至少不至于造成其他生物的灭亡和消失。这便产生了以人对自身生产、消费的限制和对自然界的有限利用为特征的生产生活方式。而节俭节约的消费生活方式使自然资源得以保存和更新。为了对自然资源不造成破坏性的开发利用，游牧社会与外界建立贸易关系，以畜产品交换生活消费品作为维护畜牧生态系统运转的必要条件。总的说来，这种游牧方式是对高原环境的适应，而不是破坏和干扰，使千年来高原自然生态环境未受大的人为破坏。对青藏高原高寒牧区来说，游牧方式不仅在过去，而且在目前仍然是最适宜的方式，因为只有这种方式才能保护自然生态环境，同时保持优良的民族传统文化。如果从全国或者从亚洲地区整个自然生态环境的平衡协调来看，保护青藏高原自然生态环境，对可持续发展有着重要意义。

① 南文渊：《藏族传统文化生态概说》，马子富主编：《西部开发与多民族文化》，华夏出版社2003年版。

藏族游牧民的有些价值观和生活方式是值得我们当代人所敬佩和学习的，但也限制了生产力发展。尤其在农奴隶制时代，这些价值观和“安贫乐道”的生活方式往往被农奴主所利用，使他们忍受剥削、安于现状而生活过于贫困。在当今市场经济大背景下，现代生态学研究者们应做何考虑，如何从中得到有益的启迪呢？

第三节　青藏高原牧业生产中的生态文化

青藏高原藏族牧民长期在严酷的自然条件下从事畜牧业生产活动，培育出了适应高原环境的藏系家畜，形成了世界上独一无二的高寒草原畜牧业区域。他们对家畜的饲养管理方式多是传统游牧，在不同地域形成了适应该地环境的畜种结构，并具有独特的家畜数量控制办法。藏族游牧方式是对自然环境的谨慎适应和合理利用。这种方式限制了家畜数量的增长，使其不超出草原牧草生产力的限度。牧人保护草原一切生物的生命权与生存权，既养家畜又保护野生动物；既要放牧又要保护水草资源，按季节、分地域进行游牧使草地休养生息，实现了牧业生产的可持续发展，创造了与高原自然生态环境和谐相处的生态文化。

一、适应高原生态环境的藏系家畜

青藏高原海拔高，气候寒冷，牧草生长期短，许多家畜不能适应其严酷的自然条件。几千年前，藏族先民成功驯化了原始野牦牛，培育出了适应高原环境的藏羊、藏马等，逐渐形成了独特的高寒草原＋藏系家畜草原畜牧业。

（一）牦牛

牦牛是个古老牛种。当藏族的先民之一——古羌人把耐寒冷，善爬高山，抵御雪灾、大风能力很强的野牦牛驯化成家牦牛后，牦牛就在藏地得到广泛的饲养，并逐渐培育出了许多地方良种。如天祝白牦牛，产于甘肃天祝。帕里牦牛，也叫西藏亚东牦牛，产于西藏亚东。九龙牦牛，产于四川甘孜。中甸牦牛，也叫香格里拉牦牛，产于云南省香格里拉市。甘南牦牛，产于甘肃甘南。西藏高山牦牛，产于西藏嘉黎县。青海高原牦牛，产于青海。娘亚牦牛，

牦牛，青藏高原的象征　供图 / 若尔盖文旅局

又名嘉黎牦牛，产于西藏嘉黎。麦洼牦牛，产于四川省阿坝州，红原县麦洼乡等地。木里牦牛，产于四川省木里藏族县。斯布牦牛，产于西藏斯布地区。巴州牦牛，产于新疆巴音郭楞等地。金川牦牛，比其他牦牛多 1—2 对肋骨又叫多肋牦牛或热它牦牛，产于四川省阿坝州金川县等地。同时，还有由中国农业科学院兰州畜牧与兽药研究所与青海省大通种牛场合作培育成功的牦牛新品种大通牦牛。

牦牛是青藏高原的象征，也是藏族牧业的象征和藏族牧民传统生活方式的象征。生活在青藏高原的藏族牧民与牦牛结下不解之缘，从古至今它们无不渗透在藏民的生产、生活与发展中。没有牦牛，藏族牧民的生活将变得无法想象。牦牛对藏族牧民来说不仅仅是依赖，也不仅仅是一种传统，而是一种从精神到物质的浸润，从文化到民俗的滋养，两者关系密不可分。

（二）藏绵羊

藏绵羊产于青藏高原，是我国地方羊品种中数量较多的绵羊品种之一，藏绵羊适应于 2500 米以上的地区。其中，高原型藏羊数量占藏羊总数的 80% 以上，其体质结实，体格高大，四肢较长，尾短小呈圆锥形，被毛较长呈毛辫结构。欧拉型藏羊，因其体格高大，生长发育快，产肉性能好而著名。山谷型藏羊，其体格较小，结构紧凑，产肉性能好，其中甘肃夏河甘加藏羊，2015 年国家质检总局批准对其实施地理标志产品保护。

（三）藏马

藏马也称秦马，是一种对高原地形、气候等有着极强适应性的马种，乘、挽、驮均可。在甘肃藏马也有两个优良的地方品种，一个是河曲马，另一个是岔口铎马。

二、适应高原环境的畜种结构

藏族牧人的主要饲养动物是牦牛、藏羊、藏马及藏獒。绵羊与牦牛的比例范围是 1∶1—3∶1，大部分为 1.5∶1。这样的比例是对高寒自然生态环境的长期适应。牦牛耐寒冷，善爬高山，能食高寒地草，比藏羊更适应高海拔的高寒环境，因此海拔越高，牦牛比例越高，海拔越低，藏羊比例越高。

从生态平衡的意义看，一定的生物种类与数量保持相对稳定有利于维系一个生态系统平衡。牦牛生活于高寒地带，它可以利用夏季牧场最高最冷地方的牧草，亦可利用绵羊不能利用的湿生植被，同时采食高度较低的牧草。所以牦牛与绵羊的资源生态位置相同，使一个地区的牧草资源得到合理的利用。另外，牦牛可以到一般绵羊到不了的更高的山地去采食，适度采食可刺激这里的牧草生长，它们的粪便也可以为这地方的植被提供养料，促进原生草地发育。同时，牦牛对高原寒冻、雪灾、大风等具有更强的抵御能力，夜间，羊圈外围拴缚牦牛可防止狼为害羊群。因此在畜牧业生产中，畜种结构也体现了生态文化原理。

三、对放牧家畜数量的控制

具有一定生产能力的放牧草地只能承载一定数量的家畜。草地上家畜数量过多会造成草地退化，严重时会使生态环境恶化。因此，青藏高原的畜牧业生产不以纯粹追求利润最大化为目的，不靠养畜来推动经济增长和积累更多财富，而是充分考虑草地承载能力和保持高原生态平衡，限制饲养家畜数量，使其保持在草地承载能力可接收的范围内。

限量饲养通常有以下几种类型。

（一）“放生”类型

有些藏族牧民将自己家养的部分牛羊看成“放生”的，将牲畜从生到

若尔盖河曲马　摄影 / 次中降措

老死一直看护、照料，不宰杀，也不出售，牧民在放牧过程中每年获取牛羊毛、牛乳等产品供自己消费，亦可将牛毛、羊毛、自然死亡的牲畜的皮革及乳制品驮到农业区换取青稞炒面等日用品。有的牧人只放生自己畜群的1/10，有的放生1/3，也有人是象征性地放生一两只（头）。“羊要放生、狼也可怜”，这在藏区是一种较为普遍的观点和现象。

（二）“优胜劣汰、保护整体”类型

藏族牧民每年秋末或初冬会挑出一批老、弱、病、残的牛羊及时出售或宰杀。藏族牧民认为这类牛羊在初冬不及时淘汰，那么在来年春季牧草干枯，气候恶劣的情况下，就会冻饿死亡。从保护整体，保护草地出发，这种牺牲小量保存大量的策略，是让大部分牲畜发展、草地得到保护的适宜策略。

（三）“犏牛”繁殖型

犏牛是公黄牛和母牦牛种间杂交的后代。公犏牛长大后精子发育不完全，形成不了成熟的精子，所以没有生殖能力。但公犏牛具有杂种优势，发育快，

抗逆性强，体格大，力气大，寿命长，可乘骑，可拉车拉犁，深得农牧民喜爱。而母犏牛长大后具有正常生殖能力，而且产奶量高，远超母牦牛。但是，母犏牛无论与公黄牛或公牦牛交配，所生后代无论公母都体质弱，发育慢，抗逆性差，体格小，往往一出生就被主人淘汰，所以留不了后代。

四、藏族对家畜的饲养管理

（一）对家畜的饲养管理是循时空之律的智慧游牧方式——季节轮牧

简单来说，游牧即为“逐水草而居”，实际上这里的“逐”是遵循自然规律所动，按照自然变化而行的行为。高原动物的习性、行为与活动方式，常常地影响着高原人。藏族牧民的游牧方式是按季节在不同区域迁徙，这与野生动物的迁移方式异曲同工。人们从中预测天气变化、草地状况。例如：当鼢鼠从滩地、河谷地迁徙到山阴坡时，人们认为天气可能要干旱；河谷地带人们从春季候鸟飞来的迟早来预测当年天气变化。[①] 这是一种符合草原生态规律的草原利用方式。

青藏高原虽然海拔高且多山，但山体相对高差较小。气温低但水量充足，草原植被盖度、密度均高，因此区别于新疆山地（荒漠草原），也区别于蒙古高原（干旱草原），不需长距离游牧，而是顺应气候、山地和植被差异而进行季节轮牧。青藏高原游牧业是我国三大草原畜牧业中游牧距离最短的草原游牧业。

每年5月底到6月初，青藏高原海拔3000米以上草原地区进入暖季，气温在5℃以上，高寒山地草甸类、沼泽草甸类、灌丛草甸类草场青草已长出长齐，早晚气候凉爽，又无蚊蝇滋扰，牧民们此时将畜群带进春季草地。春季草地是个过渡牧场，在这里牦牛产犊，绵羊剪毛，整个牲畜驱虫药浴，注射疫苗，完成进入夏季草地的准备。这时，大面积冬季草地休养生息，这里的牧草能不受干扰地充分生长。

7月初，进入夏季草地。夏季的高寒草场，各种植物利用短暂的夏季迅速生长，牧民放牧一般是早出晚归，让牲畜充分利用生长速度极快而生命周期极短的牧草，早晚放牧于高山沼泽草地或灌丛草地，中午天热时放牧于高山山顶上，或湖畔河边泉水处。此时大量的野生岩羊、黄羊与家畜遥遥相伴，甚

① 南文渊：《藏族传统文化与青藏高原环境保护和社会发展》，中国藏学出版社2008年版，第25页。

至混群，情景非常可观。这个季节是牛羊发情交配的季节，牧民们不会去干扰。

9月底，高寒草场天气变冷，气温降至5℃以下。此时牧草籽已熟，正是抓秋膘的时期，于是牧民又驱畜进入秋季草地。秋季草地是个过渡牧场，在这里整顿畜群，除留过冬繁殖公母畜和后备种畜外，其余家畜及早出栏，以减少冬季草地放牧压力。

10月下旬，进入冬季草地，直到5月底，共200多天。这里一般是海拔较低的平地或山沟，避风向阳，气候温和。牧草多系旱生多年生禾本科，它返青迟，枯黄晚，性柔软，经过一个暖季的保护已长20—30厘米，供家畜在漫长的冬季食用。

（二）不同季节的放牧技术

草地是牧民生活的根基，"牧民依靠畜，牲畜依靠草"。牧民按地形把草地分为平坝草地、沼泽草地、山谷草地、山坡草地、阳坡和阴坡草地等。按季节分为青黄不接的春季草地、水草茂盛的夏季草地、日光充足的秋季草地、风雪严寒的冬季草地。

牧人跟着畜群转，畜群随着水草走，人畜都循一年四季天气变化而游牧。牧民世世代代承受自然规律的支配，成为自然规律被动的执行者、维护者，他们的生产生活几乎无太大的变化，必须准确地按气候与植物生长周期表行动。

冷季放牧一般晚出早归：当太阳照得暖洋洋时，牧民才驱牛羊缓缓出圈，晚上太阳落山前即驱牛羊回圈。同时放牧先要选择草地，"先放远处，后放近处；先吃阴坡，后吃阳坡；先放平川，后放山洼"。牧民们总结出了利用不同草地，不同季节与气候放牧的经验，比如"夏季放山蚊蝇少，秋季放坡草籽饱，冬季放弯风雪小""冬不吃夏草，夏不吃冬草""晴天无风放河滩，天冷风大放山弯""春天牲畜像病人，牧人是医生，夏天好像上战场，牧民是追兵，冬季牲畜像婴儿，牧人是母亲"。

1.春季草地利用与放牧管理

牧民们看哪里的草地损害严重，春季就搬迁到哪里，让牲畜在受损的草地上通过反复踩踏压紧草地，结合牛羊粪积肥恢复植被。春初，虽然体壮的羊为数不多，但还是要防止体弱的羊跟随追赶体壮羊，造成体质变差。谚语道："春季羊要守护，夏季羊要敞放。"四月底可以到青草萌发的草地放牧。可根据体质差异分类，体质好的牲畜到高山上放牧，体质差的牲畜就地补饲，卫藏地区牧民收割胡豆等饲料，春季磨成粉与糌粑合成后喂养给母羊、牛犊和体弱牲畜。每年十月上中旬牧民把刈割的沼泽草地蒿草和莞根等饲料晒干，春季每天两次喂给母畜和牛犊补饲。

春季又可以唤作复苏之季，春天草尖发红以后，野蒿草也开始发芽，绵羊就开始发膘了，牛开始发膘的时间要稍晚些，马就更晚了，此段时间需要小心注意。春季，往往是青黄不接的时候，草原上的枯草吃完了，青草又不够吃，此时很重要的是对于身体孱弱的牲畜要多用青草加料。初夏是练马的好季节，有这样的说法：跑一次马，马的体力就恢复一成。秋季则是让马休养的季节，谚语是这样说的："只有无知的人才会在秋天让马跑。"

2. 夏季草地利用与放牧管理

牧民根据气候，充分利用不同的地形地势，因牲畜的状况选择不同的放牧方式，通常岩石和乱石山岭偏多、平地较少的地方适合饲养山羊，冷热均衡的草地适合羊和马的饲养，有零星石山和山沟、地势偏高、气候凉爽的地方适合饲养牦牛。酷暑季节，要在阴山放牧。谚语道："夏天羊群要敞放，冬天羊群要防护。"夏季天气炎热，羊敞放，自然能寻找凉爽的地方躲避炎热，还能吃到草尖，有助于长膘。如果夏季不敞放羊容易中暑，出现羊不食草的现象。夏天可以给羊少喂水，冬天要多喂水。谚语道："夏水不宜喝多，冬水不宜喝少。"夏天牧草露水多，营养丰富，含水分多，羊不需要饮很多水。牧民的这种牧养方式，一方面为了牲畜饱食，另一方面为了保护草地。比如：夏天牧民进行轮牧积肥保护草地，通过羊群粪便均匀洒泼在草地上，草地枯黄时把羊群转移到其他地方，以便保护草根。有的牧民把羊群引领到草质差的草地进行踩松破土和施肥恢复植被等等。夏天将草场分区域来利用，吃完第一个区域的后再吃另外一个区域的草，这样既能保护草地又能让牲畜养膘。谚语道："吃草要吃青草尖，喝水要喝清凉水。"夏天将牛粪和羊粪运到草质差的草场和鼠害重的地方进行施肥和堵鼠洞，有助于恢复草场和植被。青草能在4—5月内吃完，有助于第二年草的长势。为了牲畜长膘和交配，牧民们习惯于夏天搬到地势平坦的地方进行补盐。

3. 秋季草地利用与放牧管理

秋季夜长白天短，谚语道："骏马难熬秋夜。"秋天羊群需要吃晚草，有利于长膘，谚语道："羊食晚草好比喝酸奶"，秋草能促进羊的毛皮生长。为了不影响牲畜的膘情，牧民搬迁到水草最好的草地放牧，有利于母畜交配和防止母畜运动量大影响胎儿。6—8月间，在草质差的草地放牧为好。

秋季牧人最主要的工作是割草储存草料，贮备越冬粮食、备置越冬衣物等。如果冬季驻牧点无房屋，则选一处温暖向阳的地方撑帐篷，帐篷周围要砌上挡风墙。冬房一般来说棚壁都是用灌木树枝编成的，其上再涂抹稀泥或者牛粪，这种房子叫作“塞康”。房顶平铺木条，其上再倒上泥土泥块，压实以后冬季下雪不会屋漏滴水。屋里铺上草垫，储藏一些可用来垫座的柴薪，这样就可以防御冬季的寒风了。

4. 冬季草地利用与放牧管理

冬季遇到大雪时利用树林放牧。冬春季降雪频繁时，利用沼泽地放牧比较安全。寒冬季节利用阳坡放牧，牲畜吃干草和花草枯落物越冬对各种疾病的预防会有益处。如果寒冬腊月牛不能饱食就会影响牛的长势和怀胎母牛胎儿的发育，甚至造成难产。降雪期间在沼泽地里放羊，羊能够食草，搭建庇护圈能保暖。平时在草甸里放羊，羊爱吃草根，影响第二年草的长势，所以冬天一般不会在草甸里放羊。冬春季节的草水分很少，牲畜需要大量饮水。牧民搬回冬草地后，用绊子草和牛粪搭圈过冬一个月，发现草尽时，可以根据每户牲畜的数量，集中一定数量的牲畜到集体冬草地放牧。一般冬天的储草棚搭建在离水源比较近的地方。春季三月份，可以根据自己的想法来选择放牧的地方。

夏天把羊粪晒干后用于做燃料，冬季把羊粪储存在圈内可以为羊群保暖。每年 12 月开始利用冬草地，通常把冬草地分为两个放牧区，膘情较差的牲畜放牧在草质好的区，膘性较好的牲畜放牧在草质较差的区。冬天利用结冻的牛粪块搭建棚圈，棚圈越高对体弱牲畜和怀胎母牛越冬越起到作用。牛圈旁搭建一个小屋看守牲畜。冬草地选择向阳背风处，地势低洼可以保温。习惯于人居房和棚圈的门一律朝南。有些牧民冬季也会搭建帐篷，并在周围用牛粪块砌墙保温。冬季气候严寒时牲畜一般在定居点周围活动，牧民对弱势牲畜进行补饲。农历十月牲畜吃沼泽里的草，有患肝吸虫和肺虫病的风险。农历九月牧畜吃柳树有患寄生虫病的风险。农历十一月牧畜到严寒的地方，有长虱子的风险。牛圈温度适中，通透空气避免灰尘等影响牲畜呼吸道，牛不易患肺炎，牲畜适应自然空气。总之，合理的饲养管理，才会有肥壮的牲畜。谚语道：“冬天具备电一般的保温环境，夏天具备耗电般的凉爽环境”，反映牲畜的经营管理需要付出艰辛的劳作。

（三）毒杂草草地的放牧管理技术

牧民随时关注草地的变化动态，认为草地上艳花植物增多，毒杂草就增多，因为艳花植物大多数是毒杂草。当出现大量的黄花棘豆、康青锦鸡儿、密生波罗花等花草时，证明草地已在退化。谚语道："不良生育生矮人，退化草地生杂草。"花的开花特点，首先开的是黄色的狭萼报春花，该花早开晚谢。春天开毛莨花，花的颜色很有规律，大部分颜色是黄色。夏天的花颜色是五彩缤纷的，秋天的颜色是蓝色。造成草地退变，牧草长势锐减，鼠害增多，水土流失甚至有些草地无法放牧。牛羊经常食草的地方杂草较少，把牲畜赶放在这些杂草中，有助于重新生长青草。

牧民认为在雨量减少时，草地退色，沼泽萎缩，杂草丛生，鼠兔和鼢鼠大量繁殖危害草地，寸草不生，土壤裸露。为了保护草地，利用羊群能踩松退化的草地，把羊群赶到退化的草地里进行踩松和洒泼羊粪，能起到恢复植被的作用。鼠兔生活在草质浅薄的地方，封育恢复植被，草木丛生后，鼠类无法生存。牲畜过牧与鼢鼠破坏有密切的关系。牲畜过牧导致鼠害特别严重，损毁水源也会加大鼠类的危害，藏族谚语道："鼠兔毁坏草地，坏人玷污部落。"保护鸟类等天敌能驱逐鼠，对草地的保护起到了重要作用。猫具备捕食地鼠的能力，牧民搬迁时把家猫留在鼠荒地灭鼠。受害的草地，一般需要两年以上的时间才能恢复。

牧民在实践中很注重草本植物的功能识别和价值判断。在草原上，丰富多样的天然植物资源不仅具有饲用价值，而且许多是有益的草药，这些饲草和草药间的相互作用能优化草地植物结构和功能，保持水土质量和安全。牧民道："草药多了草质好，草质好了畜膘壮。"认为野菸在岩石上生长，对各类牲畜都有利，俗话说，"岩石上的野菸是藏羊群依附的根基"。羊群很喜欢吃板蓝，吃了板蓝羊膘肥壮。干生苔草，生长在湿润草地，牲畜喜食。谚语道："干生苔草如羊羔毛，牲畜吃了自然肥。"圆穗蓼、珠芽蓼藏羊非常喜欢吃，吃了能膘肥体壮。俗话说："山羊不吃让巴草，山羊膘情不肥壮"。马喜爱吃中华扁穗草。大花嵩草在阳坡和荒坡上生长，很适合已掉牙的老龄母畜吃。在阳坡荒山生长的野蒜，对羊得的肺生病和脑包虫病有很好疗效。按照上述时节顺序食用，对防治牲畜一些疾病，膘肥体壮都有好处。不按时节顺序食用，会使养分和疗效减退。如，春季刚生长出的青草芽在农历4月份喂食，是使牲畜长膘和母牛乳汁增多的好饲料。高山柳尖，农历5月牲畜吃柳尖，能驱除牲畜的寄生虫。高山柳尖在农历6月份给牲畜吃，能使其膘肥体壮。珠芽蓼、圆穗蓼的叶子在农历7月份吃，冷地早熟禾在农历8月吃。黄花棘豆是生长在草甸和地势较低处的一种黄色花，根部长出一大堆虎纹般的叶片，该花农历五月毒性最强，牛马羊吃了会患抽筋、失眠、耳聋等疾病，怀胎母羊吃了容易流产。针茅草芒坚质硬，羊吃了容易伤嘴唇，不易消化。谚语道："地上的害草针茅，地下的害物鼠兔。"狼毒在农历四月的花毒性极强，牲畜吃了会得痴呆症。牛蒡在农历八月毒性最强，牲畜吃了肚子发胀、肠子发炎。独一味在农历七月毒性最强，牲畜吃了容易患头部肿胀等疾病。

以上毒草类在花谢落前不能吃，牲畜一旦吃了会引发各类疾病。如果牲畜患了这些疾病，可用以毒攻毒的方法来治疗，即把这些草的根晒干后熬成汤来喂牲畜，可以排毒治疗。在生产实践中牧民积累了许多经验和知识，其中都蕴含着一系列相关生态学、生物学规律。

（四）草原上生产的生态畜产品

1. 牦牛奶：营养丰富，可分离出多种产品。如：通过搅拌分离出乳脂（酥油）和乳酸汁，乳酸汁通过熬煮制成干酪（奶渣）和干酪汁。奶皮的营养更丰富，奶皮还有抗风疾病、擦脸防晒等功能。牧民挤奶前要洗手、清洁挤奶桶，并用专用熏烟消毒。挤奶时唱挤奶调（歌谣），平定并调节奶牛情绪、使奶牛放松下乳，提升乳汁的质量。

2. 酥油：是牧民生产的最重要乳产品，是牛奶中的精华，营养丰富。酥油是牧民供佛灯、吃糌粑、打酥油茶不可缺少的食品。新鲜酥油具有利胆、强体、固精气的作用功能，陈旧酥油对创伤和肿瘤有疗效。在制作酥油时，反复摔打脱水成型，传统习惯上首先制作一个供奉给佛和神的小酥油丸，再制作几个赠送给父母和孩子的酥油丸，最后，再制作成一小坨酥油放在水桶里。

3. 酸奶：分为熟酸奶、生酸奶，都带有酸性，营养丰富。不同的地区有不同的制作方式，酸奶具有有益身心健康，控制精气、肺炎等功能。吃肉后喝酸奶容易消化，谚语道："吃肉后喝酸奶好比凉水加冰块，喝酸奶后饮茶好比冲源物。"

4. 牦牛干酪（乳蛋白、奶渣）：分为秋春季乳白干酪和夏天溪青干酪。牧民习惯于干酪制成细粉食用，能增强体质。乳白干酪指松软干酪。斯布干酪制作方式：酥油分离出来后熬乳酸汁时加少许酪浆，干酪和酪浆自然分解，然后将干酪制作成小块晒干，在劳动时为了解渴而食用。

5. 酸干酪：是乳酸汁熬热到 30℃左右后，倒进搅拌桶里，然后将酪浆也倒进去，用桶杆轮回搅拌后制成。干酪形状大块时不宜搅拌时间过长，干酪形状小块时需要搅拌时间较长。如果需要酸泼，把原放几天的酪浆倒进乳酸汁里发酵一夜。

6. 甜干酪：将牛奶倒进温度较高的酪浆里，用消毒干净的手捏合而成。这种干酪生熟都可以食用。卫藏地区牧民认为干酪有助于洁白牙齿和防治老年人患风疾病。而多地区牧民习惯于将干酪熬汤给老人喝，能够预防风疾病和增加营养。

7. 乳清：是在乳酸汁里提取干酪剩余的颜色蓝而清亮的浆汤，可制作乳清饮料。在乳清浆汤里揉面做面包代替发酵剂。喂牲畜能长膘。浆汤洗衣服能去污渍，洗头可以去头屑润发，同时，乳清还是制羊皮发硝的主要用品。

8. 肉、油：牛羊肉，牛油、羊油、骨髓、骨油都是牧民经常吃的必需食品。牦牛肉营养好，羊肉味道清香、营养丰富，牛羊肉对胆热病有非常好的疗效。羊骨中提取的骨油，营养价值高，对老人风疾病和骨节干痛很有疗效，被视为很珍贵的补食品。

脊髓是很好的护肤品，严寒季节擦脸起到润肤和增白作用。用羊的脑髓、酸奶和食盐调配擦脸也起到很好的效果。羊肩胛骨火烧后透视，用于判断当年的天气情况、家畜繁殖、人畜安全等（一种民间看骨占卦方法）。羊粪不仅是无污染的燃料，而且燃烧羊粪的烟气有治疗肺炎作用。

9. 内脏：牲畜的内脏是心、肠、肚、脾、肾等。肠子分大肠和小肠。羊的小肠可灌血肠、面肠和肉肠。大肠里装肉和内脏、千层肚、指踝等。牛肠可以制作血肠和肉肠。羊肾能减轻牙龈疼痛和保护牙周健康。羊胆生吃或晒干磨成粉吃，对胆囊炎有疗效。吃牛的千层肚能帮助消化。

10. 羊毛和羊绒：每年六月开始剪羊毛。把羊毛洗干净后制作毡子和毡垫等物品。羊毛可分为小羊毛、粗羊毛、细羊毛等。小羊毛制作毡帽，粗羊毛制作毡垫或睡具，冬天保暖和防风湿。牧民的衣服氆氇长袍也是羊毛制作的。

11. 牦牛毛和牦牛绒：是编织帐篷最好的原材料，还可以制作牦牛拴索、帐篷撑绳、牛毛口袋、盖垫、门帘、褡裢、鞋底、腰带等日用品。绒毛制作的衣服和卧具等对寒病和肾病等起到很好的疗效。牦牛尾巴可以制作打扫卫生用具。

12. 牛皮、羊皮：牛皮制作皮鞋、辔棠、辔绳、后鞧、皮带、鞭套、皮船、酥油皮套等牧民常用的必需品。羊皮制作皮鞋、皮垫、皮口袋、酥油包套、皮袄、短袖袄、裙子等生活用品。羊羔皮制作羔皮衣、羔皮毡等用品。牛皮和羊皮制作的皮具质量好、耐用性强，穿不伤身，具有不破坏环境、适合高原等优点。

过去牧民的主要贸易对象是农区。牧民把酥油、干酪、毛口袋、垯连子、皮晒垫、鞍套、牛毛毛毯、羊毛绒衣、狐皮套、毡帽等物品驮运到茶马市场交易，换回青稞、面粉、茶叶、布匹、各种用具等。有钱人驮运金银去交易。每年去两次，每次去两个月左右。

13. 骨角制品：青藏高原牧民的骨制品种类很多，以头角加工的艺术品很珍贵，是旅游者喜爱的商品。

五、藏族传统生产用具

（一）放牧用的三件宝——坐骑、抛石器和藏獒

对牧民放牧帮助最大的三件宝贝是坐骑（骑马或骑牛）、抛石器（乌尔朵）和藏獒。

当畜群数量众多时，向远方投石驱赶畜群的好工具就是乌尔朵抛石器。用乌尔朵抛石器抛掷鹅卵石，夹杂着牧者大声吆喝的声音，可以把距离较远地方的牲畜驱赶回来。如果用乌尔朵抛石器抛掷扁石，扁石会发出很大的响声，能把山间丛林的牲畜轰吓驱赶出来。如果不抛掷石头，只用乌尔朵抛石器像抽打鞭子似的发出声音的话，是长途慢慢驱赶畜群的方法。正是因为会发出“呜呜”的响声，所以这种工具叫作乌尔朵抛石器，“乌尔朵”在藏语中是“制造响声者”的意思。乌尔朵抛石器的制作方法是用黑白牛羊毛线编织成四排或八排宽度的包石囊，一头的绳索末端要做成圆扣，好套在手指上，另一头的绳索末端做成白色绳舌，这样就是一个乌尔朵抛石器了。如果用藏族传统的“九花泉眼”的编织方法制作的话是最好的。据说牧者在山野荒郊入睡之时，随身携带这种“九花泉眼”的乌尔朵抛石器，可除邪避魔。

夜间在畜圈守护牲畜群最重要的是藏獒牧犬，一户牧民往往有三四条藏獒牧犬。犬的优劣主要看其夜间的表现和防御豺狼的能力，如果是一条好犬的话，会整夜在畜圈和帐篷周围巡守，牧人常说最好的是“夜犬”即是这个原因。藏獒牧犬按毛色分一般有腹部红黄的铁包金和黑獒、四眼铁包金、白胸黑獒等等。

（二）帐房中的常见用具

1. 石磨：用于磨制青稞面。用两个坚硬的大岩石打磨成大小相同的石墨盘相扣在一起，留少许空隙，将青稞倒入石磨盘上一个硬币大小的小洞中，再用石磨盘上方的铁质手柄转动，从空隙中流出青稞面。

2. 木质牛皮箱：用实木打造出箱子，外层覆盖牛皮。

3. 竹条牛皮箱：用竹条编制成箱子，外层覆盖牛皮。

4. 香柏：可当香料做藏香，也可直接焚烧净化空气。

5. 木桶、盆子：用实木拼接成圆柱状，再用韧性极强的树枝将周身固定住，用于盛放食物及茶水。

6. 酥油茶桶：由实木打造的桶身及一根实木搅拌棒组成，用于制作酥油茶。将熬煮好的清茶倒入桶中，再将酥油、盐或糖等辅料倒入并进行搅拌，打出泡沫即可。

7. 酥油桶：打酥油工具。由实木打造的桶身及一根底部略小于桶身直径的圆形实木厚片的搅拌器组成；将预热牛奶倒入桶中上下进行搅拌，持续搅拌，直至产生酥油。

8. 奶壶：由金属或釉陶制造的盛器，盛奶或挤羊奶时用。

9. 茶袋：由牛皮裁剪制成，用于放置保存茶叶。

10. 牛粪锄头：由实木制成梯形状，顶部有方形小孔，将手指插入方形小孔，便可将地面分散或者固着在地面的牛粪集中在一起，便于捡拾牛粪。

11. 藏雨衣：将羊毛进行筛选后均匀地平铺在牛毛毡上，然后将其压实后用牛毛毡覆盖住，加水淋湿，用手肘不停地滚动压实直至出现坚硬感即可。可用于防雨。

12. 藏式鼓风机：将羊皮袄裁剪成袋状，两端留一个大口和小口，小口处绑一个空心且较短的铁筒；将铁筒对准火源处，两胳膊拉动大口使羊皮袋充气，然后下压，将气挤压出去来增加火势。

仔细观察藏族牧民无论在放牧或帐房中的常见工具，我们可以发现件件简单、实用，能有效适应游牧生活，赞叹之后无不为他们的生态智慧所折服。

六、青藏高原畜牧业生产中的生态文化评价

青藏高原传统的生态观和生存观充分体现了人与自然和谐共存。生态文化尊重自然，敬畏自然，顺应自然，对天然草地管理和利用有其独特的理解和智慧。遵循时节，根据气象物候、地形、水源、家畜体况和植被营养、自然灾害的时空变化等安排调整放牧半径和放牧次序，采取适应性动态管理和利用技巧。对于牧者来说，夏季真是黄金季节，是万物生长欣欣向荣的好时光。夏季所有牧区都是一片繁荣景象，牲畜膘肥体壮，母畜幼畜相依相偎，逐水草

而食，豺狼也因为山上野生动物众多而很少侵扰畜群。

藏族游牧方式是对自然环境的谨慎适应和合理利用。这种方式限制了家畜数量的增长，使其不超出草原牧草生产力的限度。牧民保护草原一切生物的生命权与生存权，既养家畜又保护野生动物；既要放牧又要保护水草资源，按季节、分地域进行游牧，使草地得到休养生息。千百年来，藏族在高原生存发展中，珍惜爱护高原生态环境，创造了与高原自然生态环境和谐相处的价值观念、生活方式与民族文化。藏族人在青藏高原创造的这一种生存文化与自然环境高度适应，其游牧方式、农耕方式都是这种文化中的一个有机组成部分。这种文化的价值观念决定了游牧方式、农耕方式不是纯粹为谋利的经济活动。因此，藏族人的文化与生活方式，是不同于今天我们所熟知并向往的那种追求物质利益、舒适、无限制消费的生活方式。他们以自己独特的文化向世人表明他们拥有自己的天地、自己的追求、自己的生活。

第四节　青藏高原牧民生活中的生态文化

一、青藏高原牧民精神生活中的生态文化

藏族人更注重对精神生活的追求。游牧民族精神上是充实的、自由的，并在与草原大自然的交流中丰富、充实了自己的社会生活与精神生活，天地万物是自己的伙伴。他们信仰崇拜大自然，在自然信仰中使自己有了精神寄托。游牧人生活从容自由、胸怀开阔、热情好客、朴实诚恳，这与现代都市一些人的争斗、猜疑、贪财截然不同。他们生活的目的并不是创造巨大的个人物质财富，而只是选择这样一种生活方式，追求的是与自然的和谐、与众生相依为命的境界，将剩余的时间与精力贡献给无尽无穷的精神生活，所以游牧民族是真正的隐士。几个世纪以来，他们隐藏在草原深处，创造了适应草原自然环境的最佳方式——游牧方式，生存了近万年，而远离主流文明。因而，游牧人的文明被历史学家看作停滞不进的文明，游牧人的社会被看作没有历史的社会。[①] 在外人看来，游牧人虽然在草原上以主人自居，但实际他们却成了天气与草原的奴隶，只能服从，不能抗拒。主要表现在以下几个方面。

① ［英］汤因比：《历史研究》上册，曹未风等译，上海人民出版社1959年版，第212页。

（一）不屯积财富

既然认定人应过一种清贫而适中的生活，不该屯积财富，那么，人从一开始就不该向大自然索取更多的东西。藏族人很早就在藏南河谷发现砂金，可是一直未去开采。近代以来，随着内地及国外商人的涌入，人们才知道买卖冬虫夏草、鹿茸、麝香可获大利，但是过去当地多数藏族人并没有大规模地采集，始终对此行当不屑一顾，正是这样一种处世态度，才维护了高寒地区生态环境的完整性。①

（二）生活节俭

游牧人常年维持清贫生活。一壶清茶、一碗青稞炒面，是长期的饮食结构；一件羊皮袄，白日当衣穿，夜里作被盖；一顶帐篷是全部家产，成年累月在高寒草原与牛羊为伴。他们说："男人节制是智人，女人节制是贤女，大官节制是伟人"。②

（三）尊敬老人、赡养父母

藏族谚语曰："老人是家中的支柱，太阳是幸福的明灯。"首先对老人的起居特别照顾，不论吃饭喝茶还是饮酒等，先要敬给老人，待老人动手动口后，大家方可动手动口。在家里，儿女尊重父母，下辈人尊重上辈人。见老人应起立，老人进屋要起立让座。儿女对父母口出狂言是不能容忍的。儿女不给父亲剃头。人到68岁以上，因以属相计算，可称为80岁，便可祝寿，叫"加曲加东"，下辈人、客人向老人祝寿，老人也向客人说："我的寿给你，祝您健康长寿。"每当节日时，尤其是春节，先给老人拜年，全庄里先给年龄最大的寿星拜年，祝愿安康。平时，晚辈骑马碰上长辈，要下马问安。家中上炕，老人有病后，需精心侍奉。给父母养老送终的人被认为是真正的儿子，非常受人们尊敬。虐待老人的人，过去要受到部落严厉的惩罚，现在要受到社会上最严厉的谴责。③

（四）互助行为

放牧时，部落之间和睦相处，相互自觉地不侵占草场，相互照看牛羊。人

① 南文渊：《藏族传统文化生态概说》，马子富主编：《西部开发与多民族文化》，华夏出版社2003年版。

② 南文渊：《藏族传统文化生态概说》，马子富主编：《西部开发与多民族文化》，华夏出版社2003年版。

③ 乔高才让：《走进天祝》2000年11月，甘新出063号（2000）34号，第101页。

们得到任何财富或收获，都要与周围人、周围的动物均等分配。“露水大的一点东西分着吃，针尖大的一点活儿一起干。幸福与快乐若降临，共同享受无偏私。”打猎时，猎人捕获了猎物后，在他未拿回家向神佛、向家人、向邻居分配前，任何一个外来人看见了猎物，猎人便要与其平分。如果是众人集体狩猎，那么，获得猎物众人平分。以后，别人获取了猎物，也照此分配。环青海湖等地的藏族部落之间每年有几次重要的生产互助与财富相互馈赠活动：5月份，各户牧民的母羊产羔已结束，牧民们准备阉割公羊羔。于是几户或十几户联合起来组成一个组，轮流到各户阉割。主人宰几只羊慰劳帮忙人。待到8月份剪羊毛时，又组成互助组到各户剪羊毛，主人同样宰羊招待。这种集体劳动、集体食宿要持续十多天或二十多天。此外，节日期间各户都要相互馈赠礼物，至于婚丧嫁娶，全部落的人都要前去张罗，在一个较长的时期内，这种互助馈赠成为一种互惠性的活动，各家各户都有赠送的义务，同时也得到了部落民众的认可。一个部落在这种相互援助中维持着他们的正常生活。①

不仅要与人类共享财富，而且要考虑到同一环境中其他生物的需求，在部落地域既留有家畜食用的草场，也留出足够的草地供野生食草动物食用。比如，低洼处牧家畜，高山处留给野生动物；野生食草动物到夏季牧场后，牧人一般不会惊扰它们。②

（五）热情好客

在辽阔的藏区，热情地招待外来的旅行者、僧人及各部落的人，是世代相传的习俗。在封闭的牧区，人烟稀少，帐篷中偶尔来一位客人，牧人自然高兴，全家人都要出门迎接，而不管认识与否。妇女儿童要为客人挡狗；男主人则接过客人马缰绳，扶客人下马，以敬语问候。对外面的生活永远充满着好奇向往之心，见到外来人，牧人渴望了解外面社会的奥秘，所以与客人长夜漫谈、喝茶、饮酒，是他们生活中一大乐趣。在这里人们遵循着一条古老的人际相处原则：人类皆兄弟，财富应共享。“客人来了，请坐下，先喝茶，再敬酒，空肚子说话，不是牧人的规矩。”给客人递茶时要用双手；递手时刀尖不能朝客人而将刀把递给客人；客人在时，不打骂小孩，不扫地倒灰。不应从客人衣物上跨过或踩踏，更不能从别人身上跨过。在屋里或帐篷里大家围坐时，不能

① 南文渊：《藏族传统文化生态概说》，马子富主编：《西部开发与多民族文化》，华夏出版社2003年版。

② 南文渊：《藏族传统文化生态概说》，马子富主编：《西部开发与多民族文化》，华夏出版社2003年版。

从客人的前面走过；不能把脚直接伸向客人，不能背对客人坐；不能当客人面咳嗽，咳嗽时以衣袖捂面。无论是亲戚还是陌生人，只要人家前来你的帐篷投宿，主人须尽自己力量招待客人，给他饮食、让他住宿，陪伴他说话。拒绝给口渴者一杯牛奶的人，应罚羊 1 只。向邻居强索乳酒喝的人，应罚备好鞍子的马 1 匹。①

（六）做客人有规矩

到别人的帐篷里去做客，骑马者在离帐篷很远的地方就下马，以示敬意；他只用马鞭挡主人家的狗，不去打它（当高大凶猛的藏狗奔来时，用手杖、鞭子轻轻指一下狗的鼻子，狗就会安静下来）。进了帐篷，先向供佛处磕头致意，然后静静坐在自己的位置上；男客人坐帐篷左边，女客人坐右下方。与主人交谈时，既不高声喧哗，也不东张西望察看帐内，主客一边喝茶一边谈事。客人向主人问好、问安，问牛羊好、草原好，但不打听主人的隐私，比如追问牛羊数量、钱财数量等。他们认为打探别人的财富是一种不礼貌的行为。客人不能将脚放在灶旁；不能在灶火里烧骨头、布条等产生臭味的东西。②

主客之间无论是朋友，还是亲属，不能将手搭在对方的肩膀上，也不能拍肩，因为肩膀是人的阳神所在处。

无论主人还是客人，也无论任何亲属，都不应穿别人的衣服，不用别人的食具（碗筷），不用别人的鞍具、放羊工具。藏族牧人、僧人到别处旅行、做客，总随身携带自己的茶碗。并且只让主人给自己添茶，自己不能以自备碗去舀水。他们总是小心翼翼地不触犯别人的生活权利，也不触犯别人的生活领地，这种自觉性来自道德的约束，让许多外来人自愧不如。

没有亲戚关系的妇女不随意进入别人的帐篷，铁匠、屠夫之类的人或有传染病的人不能随意到别人家做客。③

（七）藏族的“贱人”观念

卫藏地区藏族人普遍歧视猎人、铁匠、木匠、捕鱼者等，在安多藏区歧视铁匠、猎人。这种人因为屡次犯禁，采集捕杀生物，制造挖掘工具或者破坏草场，被认为是无社会公德脱离佛法教规的人。这种人是卑鄙的、低下的，

① 南文渊：《藏族传统文化生态概说》，马子富主编：《西部开发与多民族文化》，华夏出版社 2003 年版。

② 南文渊：《藏族传统文化与青藏高原环境保护和社会发展》，中国藏学出版社 2008 年版，第 191—196 页。

③ 南文渊：《藏族传统文化与青藏高原环境保护和社会发展》，中国藏学出版社 2008 年版，第 191—196 页。

人们一般不愿与他们来往，他们实际上成为社会贱民，所以与大众疏远，成为禁忌者。到这种地步，他们的生活便异常艰难。藏区过去少有此类职业者，便是这个原因[①]。但不歧视银匠，因为他们只制造饰品。

别的社会视为下贱人的乞丐、小偷、流浪汉等，在藏族社会中并未当作“贱人”，而偏偏将有正当职业的铁匠、猎户之类视为贱人，这是为何呢？这就是藏族独特的环境保护价值观：凡破坏生态环境，毁灭其他生物的人是一种道德低下，天良丧失的无耻贱人。人们看不起铁匠。实际上，对铁匠、屠夫的歧视是游牧文化特有的现象。它是在草原受到破坏、牲畜被大量屠杀、畜牧业走向衰落时，牧人为维护草原生态环境与畜牧业发展而采取的一种防护对策。牧人普遍认为铁匠不仅是不洁之人，而且是一种破坏势力，因为他们间接破坏了原始的自然植被，使之千疮百孔。[②]现在，藏族的这种“贱人”观念已改变。

（八）生死观

人去世后，人们不再提死者的名字。人们认为人一死去，他的灵魂也同去转生。为了使灵魂顺利转生，不应再叫；与死者同名的人则公开声明自己已更名。这一切是为了尊重死者，祝愿他的灵魂得到安息。对富贵长寿，在传统社会中的藏族人并不刻意追求这种目标。对“英年早逝”，他们随缘任运、顺其自然，并不要过分痛惜。老年时代，一种活法是，怀揣木碗，手持念珠，骑上慢牛，游走天涯，或到人家投宿乞食，或到寺院磕头拜佛，无牵无挂。另一种活法则是白日捻毛线，转经轮，晚上诵佛经、磕长头。日升出帐浴阳光，日落进帐烤粪火。行则跟随人后，聚则闭口少言。儿孙勿念，牛羊莫牵，但念佛教，只行善事。轻轻地退出社会，悠悠地随缘任运，静静地老衰死亡。这是最自然的死亡法。[③]

二、青藏高原牧民丧葬中的生态文化

藏区流行的传统葬俗，不论何种方式，均不保存遗体。只有在佛教兴盛后，偶像崇拜宣扬佛的肉身、精神无边无际，威力无限，导致了对高级佛僧的肉体

① 南文渊：《藏族传统文化与青藏高原环境保护和社会发展》，中国藏学出版社2008年版，第191—196页。

② 图齐、海西希：《西藏与蒙古的宗教》，天津古籍出版社1989年版，第219页。

③ 南文渊：《藏族传统文化生态概说》，马子富主编：《西部开发与多民族文化》，华夏出版社2003年版。

崇拜，出现了"肉身之制"的塔葬。而民众中，葬俗就是天葬、火葬、水葬、土葬等习俗。天葬和火葬这些葬俗的流行，与佛教中"土、火、水、空"的"四界"说相一致。土葬于土、火葬于火、水葬于河、天葬于空，被认为是将死者遗传还其本源。

（一）天葬

天葬是藏族最流行的丧葬方式。死者停止呼吸，其子女和其他亲属要立即脱光死者衣服，去其饰物，扶死者盘坐，双手交叉胸前，以死者的腰带从脖颈绕至腿弯，捆成屈膝弯腰的出生婴儿状，以示其死后将获重生。同时，死者家属要到寺院报丧，请求派僧侣前往诵经超度。对牧区的死者，男性要剃净头发，放置于帐房左下角；妇女要重梳发辫，置于帐房右下角，以死者生前用过的皮袍覆盖尸体。布帘外点燃一盏指路的酥油灯，帐外煨桑祭礼，吹响海螺，家属可尽管悲哀，但不嚎啕大哭。天将明，以皮袍裹尸，以点香引路，由亲人背尸或用牛将尸体和一个装满石头的皮口袋驮到部落或氏族的天葬场，安放在葬台上。天葬时，由喇嘛煨桑、念经，齐诵六字真言，吹响海螺，送往天葬场。由天葬师将尸体分割成块，投喂秃鹫。煨桑时加有糌酥油、茶等，桑烟冉冉升起，四处飘香，招引秃鹫啄食尸骨。藏族文化认为，死者的灵魂将顺桑烟铺就的五彩云路，升入天堂；同时将尸体施舍给秃鹫，可避免秃鹫残害其他生灵，也是一大善举。在盛行天葬的农牧区，人们特别珍视天葬场周围的秃鹫，严禁捕猎。①

（二）火葬

藏族对活佛、高僧和著名人物实行火葬。火葬前，先占卜选定吉祥之地，砌一座圆形土炉，把双手合十、呈盘膝静坐状的尸体置入炉内，炉下装木材，到吉时点火焚烧，炉内加入助燃的酥油及象征丰富无穷的各色谷物。火葬时，僧侣围聚高诵经文，信众匍匐在地叩首。尸骨成灰时，由僧侣捡出碎骨，装入黄缎布袋，封存于灵塔。

甘南迭部、舟曲及卓尼洮河沿岸和上傍山一带的藏族群众，普遍奉行传统的火葬习俗，大致有停尸、入殓、出殡、火化、安葬等仪轨。②

---

① 何效祖主编：《走进甘南寻梦香巴拉》，甘肃人民出版社 2005 年版，第 34—35 页。

② 何效祖主编：《走进甘南寻梦香巴拉》，甘肃人民出版社 2005 年版，第 34—35 页。

（三）水葬

居住在沿河沿江的藏族群众，将尸体背到固定的水葬处，坠以石块，投入洪流，也有的将尸体肢解，投入江河，再邀请喇嘛诵经超度，并在水葬的岸边插经幡，以示纪念。藏族人认为，水是生命之源，是神圣的，功德无量的。水葬，既是回归自然，也是肉体消失的好方式。但由于水葬会造成水质污染，水葬习俗现在已经鲜见。①

（四）土葬

藏族牧区只有对患恶疾或传染病而死，或凶死等非正常死亡的，才实行土葬。他们认为，患恶疾或传染病人死后深埋地下将成为恶鬼，下世不再有转世为人的机会，其实是害怕传染病在天葬、水葬时通过鸟和水使传染病扩散开。因此，藏族人对土葬怀有恐惧心理，这一点与汉族的土葬观念有天壤之别。②

三、青藏高原牧民物质生活中的生态文化

（一）饮食

青藏高原大部分牧区不生产粮食和蔬菜，加上过去交通极不便利，所以食用的粮食和蔬菜极少。牧民的食物以肉食、奶食为主，加少量粮食（以青稞炒面为主+少量大米、白面）。肉的食用方法本着“好吃”和“物尽其用”的原则，多以煮食为主，剩余部分多晒成肉干，以备今后食用。奶食有鲜奶和各种奶制品如奶油、奶豆腐、奶酒、奶茶等，是牧民日常饮食中不可缺少的。牧民这种生活方式，体现了与自然和谐共处的特征，保护了生态环境，为自己谋得了生存发展的空间，同时有效地保持了自然资源的可持续利用。

1. 手抓肉

手抓肉有羊肉手抓肉和牛肉手抓肉，这是草原牧民的一种常见的吃肉法。烹调方法十分简单，先将鲜羊牛肉煮熟，吃时一手持刀切割，一手抓肉，再加盐或蘸盐即可食用。③

---

① 何效祖主编：《走进甘南寻梦香巴拉》，甘肃人民出版社 2005 年版，第 34—35 页。

② 何效祖主编：《走进甘南寻梦香巴拉》，甘肃人民出版社 2005 年版，第 34—35 页。

③ 何效祖主编：《走进甘南寻梦香巴拉》，甘肃人民出版社 2005 年版，第 158 页。

2. 灌肠

灌肠有肉肠和血肠两种。肉肠是用剁碎的牛羊心、肺、肾、肝等内脏加拌切碎的蒜苗、食盐、花椒粉搅匀，灌入洗干净的大肠。血肠是将剁碎的肉放在血液中，加上食盐、花椒粉、少许面粉搅匀，灌入小肠内，然后均以清水煮熟食用。灌肠味道鲜美，营养丰富，是极富特色的风味食品。①

3. 藏包

烹制时先将牛羊肉剁碎后加食盐、花椒粉、葱段，加少量水和清油搅匀成馅，用不发酵的死面包好蒸熟即可食用。藏包皮薄馅大，汤满油多，美味可口，又称为灌汤包子或水晶包子。②

4. 糌粑

糌粑是草原牧民的一种主要食品。吃时在茶中加一块酥油，待溶化后辅

暮色中的黑帐篷——牧人的家　摄影 / 泽旺然登

① 何效祖主编：《走进甘南寻梦香巴拉》，甘肃人民出版社 2005 年版，第 158 页。

② 何效祖主编：《走进甘南寻梦香巴拉》，甘肃人民出版社 2005 年版，第 158 页。

加少量曲拉（奶渣），然后加青稞炒面，用手调拌均匀后抓捏而食。

5. 清茶、奶茶、酥油茶

清茶是草原牧民的主要饮料，多以松潘茶或砖茶加水煮沸后饮用。若以茯茶、松潘茶同煎，色味更佳。若再加些鲜奶即奶茶。而酥油茶则是清茶中加上酥油，放在一个特制的容器中反复搅拌而成。酥油茶中放盐是咸酥油茶，放糖是甜酥油茶，都是草原牧民的喜爱的饮料。①

6. 蕨麻米饭

蕨麻米饭的烹制方法讲究。一般将大米煮至七八成熟，捞出后用冷水去面汗，拌上酥油少许，再放入笼内蒸熟，加以煮熟的蕨麻、白粮、葡萄干，浇上溶化的酥油，然后可食用。

7. 酸奶

酸奶是将鲜牦牛奶煮沸后倒入木桶或盆内，待温热不烫手背时（40℃左右）放入酸奶引子（乳酸菌种），然后掩盖置于40℃左右保温处发酵。食时在碗内可加白糖，酸甜适度，清凉爽口。

除上述风味食品外，还有多食合（石烧）、大烩菜、辛（用苏油、白糖、曲拉、炒面制成的点心）等特色食品。②

8. 酒文化

藏胞爱饮酒，但并不嗜酒。牧区藏胞因过去交通等条件限制，实际饮酒比农区人少。农区人可自制酒类。藏胞唱酒不摆菜肴，不兴猜拳行令，而是以唱酒曲饮酒，最喜喝自酿的青稞酒与黄酒。藏族把敬青稞酒作为接待亲友宾朋的一种诚挚礼节。凡到藏族朋友家做客，主人皆会以青稞酒招待，客人必须双手接过，不能推辞。一般必须连喝三碗，不能多饮者亦可喝一小口代替一碗。当主人斟酒后，客人双手接过酒碗轻呷一口，主人即给斟满，但第三次必须一饮而尽，方不为失礼。今天的藏区城区，藏民饮酒习惯已与其他城市别无二致。农区藏人还制作葡萄酒、蜂汤酒、柿子酒、红谷儿酒、咂杜子酒等。③

（二）住房

千百年来，藏族牧民逐水草而居，为适应这种不断迁徙的游牧生活，因而以易搬运的帐房为主要住房。而农区或牧区冬季住地则以土房、切木为主要

① 何效祖主编：《走进甘南寻梦香巴拉》，甘肃人民出版社2005年版，第158页。

② 何效祖主编：《走进甘南寻梦香巴拉》，甘肃人民出版社2005年版，第158页。

③ 何效祖主编：《走进甘南寻梦香巴拉》，甘肃人民出版社2005年版，第29页。

住房。还有苫子房、榻板房等建筑。今天的藏族人民除保留传统的藏式民居外，砖墙机瓦、钢筋水泥、天花板、地板砖等现代建材，也已进入寻常百姓家，集中采暖或太阳能采暖已不鲜见，住房结构发生了巨大的变化。

1. 帐房

藏区牧民以牛毛帐房为主要住房。以两根木椽为柱，一根木杆为梁，架起牛毛褐子连成的蓬幕，帐外四角用粗毛绳拽紧，系于远处木橛上。帐房内呈正方形，占地约20平方米，高约2米，顶部正中为开合式天窗。房内居中以石块或土块砌一狭长炉灶，将帐房分成左右两部分，男左女右分坐。左边铺以白毡地毯，是待客之地；右边兼作厨房。入口处内外各有立柱一根，内为上柱，除挂念珠、护神盒等敬神物品外，不得悬挂他物；外为下柱，用于悬挂主人的马鞭之类用品。帐房外边往往有一根高杆，悬挂着灰白经幡；地上许多木桩横扯毛绳，系拴牛犊之用。像这样的黑帐篷在草原上随处可以驻扎，而不需要东挖西撬把草地挖得土飞石移，不但能够保持驻地的地貌水土，更是点缀草原的装饰，一顶顶黑帐篷在草原上随处绽放，远眺这样的风景可真是赏心悦目。

除黑牛毛帐房外，牧区还有一种供远行或“浪山”用的白布帐篷，有马脊式、平顶式、尖顶式、“人”字形、六角形等各种形状，或小巧玲珑，或规模庞大。①

2. 土房

早在公元7世纪，藏区就出现了筑墙架梁的土房民居，成为农区的主要住房和牧民搬进冬季牧场的“冬窝子”。早期半地窖式冬窝子在地面挖坑，上架盖屋，中留天窗，旁开斜坡门道；地上则以夯土筑墙，上搭木椽，厚土封顶，内分四五间，以泥土和牛粪涂柳条作隔墙。院墙以块石、草皮或榻板围护。

3. 切木

切木有正房3间或4间，上下、四周均以木板镶嵌，靠里以石板、土坯砌炕，有烟道通灶火以取暖。也有些依山而建二层平顶楼居，貌似架空楼房，实则上为房屋下为实地。一根粗木砍成台坎，即可蹬木梯上楼，总体建筑“外不见木内不见土”，是藏族“木楞子”房的遗风古制。舟曲、迭部传统上在屋正中辟有大火塘，周围设铺，男左女右而居。但今天“无床褥，环火而眠”的习惯已经鲜见。②

4. 苫子房

苫子房是卓尼等地藏族的土棚，将正房6间中的1间分成2小间，夹在

① 何效祖主编：《走进甘南寻梦香巴拉》，甘肃人民出版社2005年版，第55页。
② 何效祖主编：《走进甘南寻梦香巴拉》，甘肃人民出版社2005年版，第55页。

其中，7间主房五大两小，俗称“六破七”。主房3间明屋的檐顶部分高出其他各屋约70厘米；挂椽又加飞椽，用以遮苫它屋，廓檐虽深但采光较好，故称“苫子房”。

5. 榻板房

榻板房分平房和楼房两种。平房的正房顶部另架两檐水木椽屋顶，以板代瓦，上排压接下排；屋顶三角形空间正前敞开。楼房下层高、上层低，上层顶部两段坡式榻板屋面提高，木板隔间，光线充足。

（三）穿衣

因部落渊源和生活环境的不同，不同性别、年龄、地位的藏族，服饰上存在极大差异，都有不同的款式和色泽，可细分为86种之多。藏族服饰有僧侣和俗人及牧区和农区之别。俗人穿传统藏袍，但各地又不尽相同。

1. 牧区的服装

青藏高原气温低，冷季时间长。尤其冬春大风雪肆虐，因此牧民的衣服都是毛皮做的。冬天穿的羊皮藏袍是最实用、最具“生态”特征的，肥大的下摆一直垂到靴子，骑乘时可以起到护腿的作用，在野外露宿时藏袍还可以当作被褥使用。腰带系在髂骨上，宽大的下摆填在屁股下避免在坐骑上颠簸对内脏的损害。春秋两季穿皮毛较薄的羔羊皮衣服，夏天则穿各种去毛的鞣革或布袍。

牧区男女穿着基本相似，内着半高领、斜开襟的锁边夹袄；藏袍身袖宽大肥硕，袒露右臂，右袖自然垂掉或挂于腰际。区别在于男服将下摆提高至膝部，女服束腰后下摆与脚裸齐。夏穿布制夹袍；春秋袍用羊羔皮或短毛皮作里，外罩毛料或布料；冬穿长毛光板皮袄。其领缘、袖口、下摆、襟边均用氆氇和水獭皮或豹皮镶皮边饰，女式皮袄相比男士皮袄装饰华丽、色彩鲜艳。①

2. 半农半牧区的服装

藏族女服是夹层布袍，半高领，右开襟，紧身窄袖，两边开衩，衣长及脚右。长袍上罩以大襟式绸缎马甲，开襟处镶滚花边。年轻女子喜穿蓝、绿色长袍，外罩偏红镶边马甲；腰第花带或毛织大红宽腰带；腿着深红窄筒布裤；足蹬绣面布鞋。还有半农半牧区妇女身着半高领右衽大襟长袍，酷似蒙古服，黑色居多，唯领、襟部以花边、氆氇缀饰；紫红裤子，厚底尖头布鞋。沿舟曲一带的藏族妇女身着三层上衣，最里衬衣，中间立领短袄，外套挂里坎肩。裤口宽

① 何效祖主编：《走进甘南寻梦香巴拉》，甘肃人民出版社2005年版，第25—27页。

大，以花缎带扎束，呈灯笼状。

3. 藏族的头饰

藏族妇女喜戴各种头饰。牧区藏族妇女多为“碎辫子”型，将头发梳成数十或数百根细辫，下系红色或黑色丝线。自头部起坠一彩色布条拼缀成的硬布块，上缀蜡珀、玛瑙、红珊瑚和银碗、拉贝等饰物，下端坠一排蓝珠或红丝线组成的穗子。另自臀部起有30厘米宽，缀有碗形银质饰物或银元、铜元数行做成的硬布块垂及脚踝。夏河六七岁的女孩，从两鬓及头顶需结3条辫子；到十六七岁，即选定农历正月初三或初五，举行隆重的“上头”仪式，从头顶分出一束圆形头发，分成9股编成一条辫子，其余头发往下梳，至耳轮部结成小辫，每十几根头发结成一辫，有百余辫，越是贵妇，辫子越细，根数也越多。

有些地区妇女额头盘绕一圈红色珠玉串起来的头箍，约50排，每排6颗，间有白玉、琥珀、松石点缀。未婚女子梳2条辫子，头包黑布帕，一辫在帕外缠绕，一辫后托；已婚妇女梳3条辫子，一条盘在头上，两条垂吊身后，辫以五彩丝线编成，下垂小圆盘。还有些地区的未婚女子将3根辫子束在一起，用红头绳结扎；已婚妇女只编中间一根，用黑头绳结扎，佩一串银牌或圆形银环，其余两根只在腰带以下方编成辫子，或者碎辫子缀满黄铜纽扣，俗称“纽子头”，别具一格。[①]

（四）项链、耳环

牧区藏族男女均喜戴项链，妇女还喜欢戴耳环。项链多由珊瑚、琥珀、蜜蜡、松耳石、奇楠香珠宝串联而成，妇女的项链多由20—40颗珠子串成；耳环大都是金银制品，有浮雕、掐丝、镂空、镶嵌等形式，大者直径达15厘米。大耳环多镶有红、绿宝石，有些耳环上坠有层层叠叠的耳坠，垂及胸前。手镯和戒指通常既是财富的象征，又是男女之间定情时相互馈赠的信物。

藏族妇女十分注重服饰装饰的精巧富丽。逢年过节，她们都要精心打扮，戴饰品，花费半天到一天时间。藏族服饰能衬托出女性特有的典雅和男子剽悍强壮的气质，深受藏族人民的喜爱。

（五）藏族牧民传统的生活用具

1. 牛皮绳：将剥下的牛皮泡入水中两天左右，取出并刮去毛发及肉，将牛

---

① 何效祖主编：《走进甘南寻梦香巴拉》，甘肃人民出版社2005年版，第26—27页。

皮晾至半干，再将毛发及肉剔除干净，用毡子覆盖好后，通过踩踏及揉搓拉扯来软化皮质，反复多次后晒干，便形成干燥柔软的牛皮，再进行裁剪形成牛皮绳，用于捆包重物等。

2. 马鞍毯：大：由牛毛编制而成，当马背上托运物品时使用，防止物品摩擦伤害马的腹部。中：由牛毛及羊毛编制而成，类似藏毯，用于装饰马及防止马鞍磨损马的皮毛。小：由牛毛编制而成，防止马鞍磨损马的皮毛。

3. 马鞍：马鞍底座为全木质，周边镶嵌铁皮，表面由牛皮覆盖。在马背上放置好马毯之后放置马鞍，再用牛皮绳固定。

4. 马口栓：由铁制的口栓固定马嘴，再用牛皮绳分别拴住口栓两边，用于控制方向。

5. 马项圈：由牛绒毛编制而成，上有简单图纹，为装饰品。

6. 驮鞍毯：由牛毛编织成一个厚厚的毯子，双面为牛绒毛，防止重物磨伤牛背。

7. 驮鞍：整个驮鞍由实木制成，用于安放装在袋子里的重物；由牛毛绳固定于牛的背部。

8. 牛毛袋：由黑白牛毛编制而成，用来装牛粪、青稞等大颗粒物品。

9. 牛皮袋：由牛皮制成，用来装青稞面、酥油等。

10. 驮牛鼻栓：由木质牛鼻圈来固定牛鼻，再用牛毛绳拴好，可用来控制方向。

11. 成年牦牛项圈：由牛毛绳来拴住牛，再用木质结扣把牛拴在一处，越挣扎勒得越紧。

12. 幼年牦牛口栓：用四根木条组成一个菱形，再用牛毛绳固定在嘴部，防止小牛吸吮母乳。

13. 赶牛鞭：用牛毛编制成绳状且中间宽扁有两条缝隙，可用于放置石头；平时近距离可以挥舞驱赶牛群，也可用石头远距离驱赶牛群。

14. 马鞭：用牛皮制成。

第五节　青藏高原保护草原生态的法规

在藏族长期利用自然的过程中，形成了保护生态环境的诸多道德规范、乡规民约和法律法规（成文或不成文）。这些行为规章制度严格约束了草原民族的行为，不仅起到了保护自然生态环境的作用，而且具有调节社会矛盾的功能，促进了草原民族的人与人、人与自然、人与社会和谐相处的关系。

一、卫藏地区历代旧政权规定颁布的有关生态保护的法律法规

早在吐蕃王朝时期，藏区有了以佛教“十善法”为基础的法律，其中规定要信因果报应，杜绝杀生等恶行，也有严禁盗窃部落牛羊的规定。同时，对藏区生态环境保护也有严格规定。

公元1505年法王赤坚赞索朗贝桑波颁布文告：“尔等尊卑何人，都要遵照原有规定，对土地、水草、山岭等不可有任何争议，严禁猎取禽兽。”公元1648年，五世达赖喇嘛颁布禁猎法旨：“教民和俗民管理者、西藏牧区一切众生周知：……圣山的占有者不可乘机至圣山追赶捕野兽，不得与寺中僧尼进行争辩。”17世纪初由西藏噶玛政权发布的《十六法典》中说：为了爱护生灵，施舍肉、骨、皮于无主动物。为救护生命重危之动物，使它们平安无恙，遂发布从神变节（正月十五）到十月间的封山令和封川禁令（即禁止进山狩猎、禁止下河川捕杀水栖陆栖大小动物）。17世纪后期由五世达赖喇嘛制定的《十三法典》中说：“宗喀巴大师格鲁派教义对西藏地方政教首领曾颁布了封山蔽泽的禁令，使除野狼而外的野生动物、鱼、水獭等可以在自己的居住区无忧无虑地生活。”这个法令与其他根据“十善法”而颁布的法令一起实行。同时，《十三法典》又重申了封山蔽泽禁令，明确规定：“在假日的五个月发布封山蔽泽令。”1932年，十三世达赖喇嘛发布训令，提出：“从藏历正月初至七月底期间寺庙规定不许伤害山沟里除狼以外的野兽，平原上除老鼠以外的动物，违者皆给不同惩罚。总之，凡是在水陆栖居的大小一切动物，禁止捕杀。文武上下人等任何人不准违犯。……为了本人的长寿和全体佛教众生的安乐，在上述期间内，对所有大小动物的生命，不能有丝毫伤害。”

上述法规中有一明显的时间界限：即春夏季节要封山蔽泽，以保护生长中的植物与动物。表明对自然规律的尊重与服从。①

① 南文渊：《藏族传统文化生态概说》，《西部开发与多民族文化》，华夏出版社2003年版。

二、藏区各部落规定的乡规民约与地方法规

青海刚察部落内部规定：一年四季禁止狩猎。捕杀一匹野马（指藏野驴）罚白洋10元；打死一只野兔或一只哈拉（旱獭），罚白洋5元。川西理塘藏区部落内部规定："不准打猎，不准伤害有生命的生物。若打死一只公鹿罚藏洋100元；母鹿50元；雪猪或岩羊一只罚10元；獐子、狐狸罚30元；水獭罚20元。"甘南甘加部落规定："在甘加草原禁止打猎。若外乡人捕捉旱獭，罚款30元；本部落的牧民被发现捉旱獭，罚青稞30升（每升2.5千克）。""夏克家划定山林牧场为神山、'禁地'，不准牧民进入，并有晓谕牧民的告示，如：罗布麻山上林木系不可侵犯的神林，不许在此砍一根柴。倘敢违犯，吊九次外，并罚白银25两。"

这类规定在执行中是十分严格的，凡越界放牧，偷猎动物、偷砍林木者，被发现后，部落首领、寺院僧人及部落长者都要集体审问，周围观众嘲笑羞辱犯禁者，最后他须向大家一一求饶，诚心认错，并立即赔偿。但无论怎样赔偿，其精神上所受伤害终生难愈。这是因为藏区还有一种不成文的规范：违禁者本身成为禁忌者，人们由于鄙视而疏远他。①

三、藏区寺院为维护寺院所属林木草地等的规定

在藏区，凡修建寺院的地方都呈吉祥状态，都是神圣之地，因而也成为藏族人的重点保护之地。寺院自己周围的地域划分为寺院所属地。除了少数地处高寒草原地带的寺院将周围大片草原划归寺院外，大多数寺院地处较低海拔地区，气候温暖，宜于林木生长。历史上寺院要么选择有山有水有林有草之地；或在寺院建成后，由僧人种草植树，精心保护。几百年后，各寺院都拥有大片茂密的森林、丰美的草场与肥沃的耕地。当然在历史进程中，寺院所属的土地也不断受到侵犯和剥夺，地方恶势力的侵占，外来移民的蚕食，官府的剥削等，使寺院所辖地区逐渐缩小。尽管如此，到20世纪50年代中期，大多寺院仍拥有自己的森林、草地与耕地（科学家的研究表明：青海地区一些寺院周围的森林，已有近千年的历史，是几千年前高原气候温暖时期保留下来的原始森林）。

① 南文渊：《藏族传统文化生态概说》，《西部开发与多民族文化》，华夏出版社2003年版。

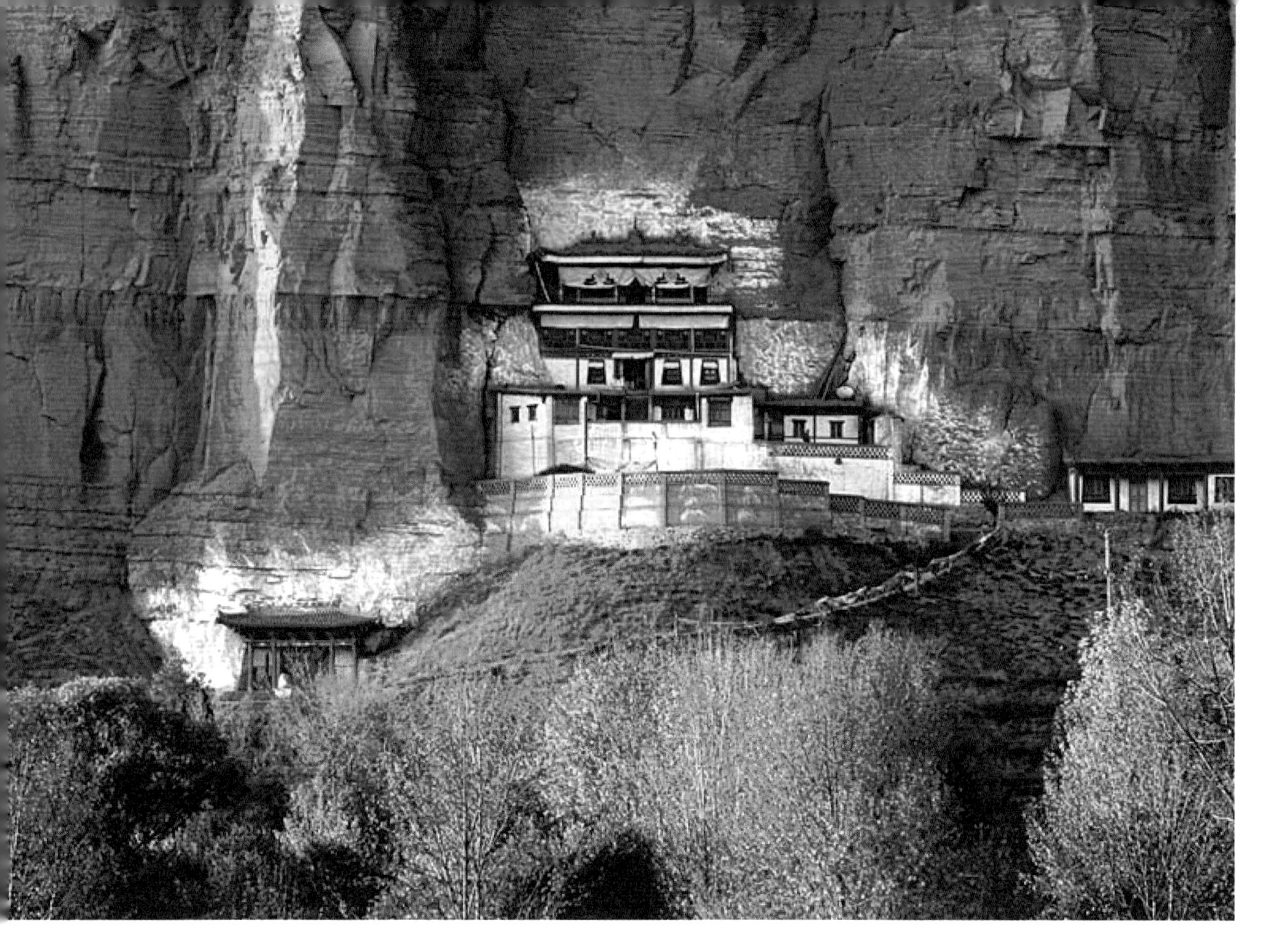

巍巍半山崖　幽幽白马寺　摄影 / 张胜邦

青海省 1958 年民主改革前夕，共有藏传佛教寺院 722 座。另有静房、小型佛堂近千座。甘肃省 1958 年前夕寺院有 369 座，静房数百座，其中寺院共拥有森林草地约 21 万亩，较大的寺院如郭莽寺、塔尔寺、佑宁寺、宗玛寺都占有森林面积 1 万亩以上，耕地草原面积也上万亩。较小的寺只占几十亩林地，也有只占草山未有森林的。每座寺平均占有森林草地面积 1000 亩左右，至 1958 年安多地区共有 1200 余座寺院，总计占有森林草地面积 120 万亩。

寺院为保护自己的这些森林草地，进行了不屈不挠的努力，僧人不仅要在荒地上植树，采取措施精心保护，还要回击企图侵占破坏林草的人。对于寺院所拥有的森林，寺院制定了严格的制度，严禁僧人和俗人破坏、砍伐。对此，各寺院在这方面采取了种种措施：将寺院所在地的山、水封为神山神水，任何人不得触犯、侵占、污染；神山与神水处的花草、树木、放生的牛羊、出没的野兽、爬行的虫蛙龟蛇、飞鸟飞虫，均属神圣不可侵犯之列；僧人严格执行“不杀生”戒律，不宰杀牛羊、不伤害一切生灵，每年藏历 6 月到 7 月有 20 天时间僧人不出山门，以免踩死地上各种爬虫；寺院每年举行“放生”仪式，以此来教育感化民众善待一切生物，尊重动物生命权利。①

① 南文渊：《藏族传统文化生态概说》，《西部开发与多民族文化》，华夏出版社 2003 年版。

第六节　青藏高原牧民禁忌中的生态文化

一、禁忌文化的起源

弗洛伊德在其著作《图腾与禁忌》中，根据亚、非、美洲等地原始部落的禁忌习俗，推断出禁忌现象“起源于一种人类最原始且保留最久的本能——对魔鬼力量的恐惧”。可见禁忌来源自原始时期的崇拜，是人们对神圣、不洁及危险的事物所持态度而形成的某种禁制，从而成为为自身的功利目的而从心理上、言行上采取的自卫措施，其特征是危险和具有惩罚作用。

古人云：“欲生于无度，邪生于无禁。”人与自然和谐是生态文明的核心思想，藏族自古就形成了人与自然和谐共处的人文思想和生态观念。禁忌是早期人类社会普遍存在的一种文化现象，是“一个民族在不同的自然环境和社会交际之中，自发地逐渐形成的一种复杂的社会文化现象，是几千年来的文化积淀”[①]。

在藏族文化中有一个传统术语，即“诺居吉久丹”，其中“居”代表各种生命物质，“诺”表示生命体赖以存在的客观世界。藏族将生命世界与客观世界紧密联系在一起，充分体现藏族对人与自然关系的高度重视。禁忌的形成同本民族的生存环境、文化类型和生产生活密切相关。藏区自古到今，对自然的禁忌已涉及各个方面，成为一种系统的禁忌网。包含着对神山的禁忌，对神湖的禁忌，对土地的禁忌，对鸟类、野生动物的禁忌，对家畜的禁忌，对其他野生动物的禁忌等[②]。

青藏高原严酷的自然环境，造就了藏族崇尚自然、依从自然和保护自然的民族特性，也形成了藏族崇拜自然、祈求自然神灵保护的民族文化特性，产生了一种摈弃与自然抗争的思想。这种民族特性和文化特性，是藏族在适应青藏高原严酷的自然环境和保护脆弱的生态环境中不断探索、总结、积淀而成的，其中蕴含着诸多为了保护生态平衡的法规性和宗教性的禁忌习俗文化。藏族牧民自古到今，对自然的禁忌已涉及各个方面，成为一种系统的禁忌文化。

---

① 白兴发：《论少数民族禁忌文化与自然生态保护的关系》，《青海民族学院学报（社会科学版）》2002年第4期。

② 白兴发：《论少数民族禁忌文化与自然生态保护的关系》，《青海民族学院学报（社会科学版）》2002年第4期。

二、禁忌文化

藏族在长期的游牧生活中，基于自然崇拜形成的各种禁忌（成文或不成文），如对山的禁忌、对水（包括河流、湖泊、山泉）的禁忌、对花草树木的禁忌、对野生动物（包括珍禽、猛兽）的禁忌、对先人亡灵（如天葬台等周边环境）的禁忌、对山石（如玛尼石、敖包石及其周边环境）的禁忌、对家畜（如神牛、神羊、耕牛、驮牛、马等）的禁忌、对特殊建筑（庙宇、宫殿及其周边环境）的禁忌等，虽具有一定的迷信色彩，但在一定程度上体现了生态环保行为。

（一）对山的禁忌

藏族认为山是河流的发源地，是森林的摇篮，是野生动物的栖息地，是药用植物的发源地，也是草地畜牧业抵御高寒灾害气候的屏障。藏族出于对大自然的感激，从而产生了对它们的保护禁忌。禁忌在神山上挖掘、禁忌采集砍伐神山上的花草树木、禁忌在神山上打猎、禁忌在神山上喧闹、禁忌将神山

西藏山南浪卡子县羊湖边秋季牧场　摄影 / 姬秋梅

上的任何物种带回家去……藏族热爱自己的草原，说草原上有金瓶似的神山、明镜般的神湖、翡翠般的森林、彩云般的鲜花。在藏族语言中，一般不说登山、上山、下山之类词语，而只说"进山""出山""山里去了"，因为山不是攀登、征服的对象，山不是独立于人之外的，山是人的居住地，在藏族心目中山就是统管者和依赖者，人是山体的一部分，人与山融为一体。人与山体的其他生物一样，崇敬山、保护山，不能敌视山、破坏甚至征服山。当登山者爬上高山后称"征服了某山峰"，当地牧民对此却不以为然，"爬上山就算征服了山吗?""山能征服吗?"人只能敬畏山，与山融为一体，而不能去征服它。

山分为雪山、石山、林山、草山、岩山等很多类型，在藏区有许多非常著名的神山，如阿里地区的冈底斯山，卫藏地区的泽当贡布日神山，康巴地区的梅里雪山和卡瓦噶博雪山，安多地区的阿尼玛卿雪山和年保玉则等神山。藏区众多名山大川和胜地，对牧民的生存和牧草的生长起到了乳母般的作用。这些名山不仅蕴藏着大量的金、银、铜、铁等矿产资源，而且还有丰富的动植物资源，同时也是各类牲畜和野生动物重要的生活资料。人们敬仰山、保护山，把许多山脉的主峰视为山神安居地，插上旗杆和经幡供奉，每年夏季和秋季，藏族有在神山顶上洒泼药水进行消毒的习俗，忌讳在此采药和砍树挖土。神山周围的树木被视为神树，不会被乱砍滥伐，传统的职业藏医遵循"取大留小"的原则，除专业采集药材外，牧民都忌讳在岩山和草山挖药材。牧民也会对周边的树木披戴羊毛以示放生，不得砍伐。牧民特别谨慎，怕烧毁森林等行为会给依赖森林为生的野生动物带来灭顶之灾，有着如若心存恶意破坏生态，将会罪孽深重的潜在意识。因此，藏族一直敬畏山，努力维系自然生态系统。

（二）对湖泊水体的禁忌

藏族认为水是生命之源，一切都离不开水，把纯洁的水源视为神的居所。牧民把水分为山水、岩水、草滩水、林间水、沼泽水、山谷水、小溪流、大江、大河、大海、湖泊等。阿里地区的森格康布（狮泉河）、朗钦康布（象泉河）、马甲藏布（孔雀河）、措勤藏布、玛旁雍错，卫藏地区的雅鲁藏布江和年楚河，康巴地区的长江和澜沧江，安多地区的黄河、湟河、青海湖，等等，都是上中下游无数个大湖、小湖世界的水源地。

湖泊是青藏高原水源的重要组成部分。自古以来，藏族有拜湖藏宝的习惯，拜湖的时间和形式各不相同。按照宗教说法，据传纳木错湖属羊，羊年必须朝拜纳木错湖。给神供水是藏族传统的文化，每年大年初一，人们大早就去取水，首先在河面上散香祭祀，然后把水背回来给神供水和烧茶，祈祷新的一年人无疾病、畜无死亡。藏族禁忌捕捞水中任何动物（鱼、青蛙等）；禁忌将污秽之物扔到湖（泉、河）里；禁忌在湖（泉）边堆脏物和生活垃圾；禁忌在湖（泉）中大小便。

藏族对不同季节水的利用方式有所不同，根据季节分为春季水（3—6月）和秋季水（8—10月）。牧民迁居时一定不会选择在靠近水源处居住，防止牲畜饮水时破坏水源。他们在水源附近砌墙石来加以保护，禁止在泉水和水的源头洗漱和洗衣等，禁止垃圾、粪便等脏物污染水质。据说泉水、湖泊不净会造成水源萎缩和干枯，还会激怒神灵，使得人畜共损。根据藏族历算法，每年9月的水质最好，宗喀巴大师文集中有关于纯洁的山涧水和林间水是水质最好的水之说。在西藏某些区域，这个时段有个"嘎玛堆巴"，也叫"沐浴节"，传说莲花大师对各水源都施了法，洗浴的话能提高身体抵抗力，也能消除身上的一些疾病；把水洒泼在牛羊身上能防治皮肤病，早晨给牲畜饮水有利于防止寄生虫病和关节肿痛，5月份给牛羊饮山涧水和林间水，对牲畜的膘肥毛涤很有好处。牧民在移牧搬迁时会选择草质好、水源近的地方居住放牧。

藏族对水的真挚爱慕，自然反映出保护水资源的意义。移牧搬迁到新的地方，要对此地的河水和泉水进行散香祭祀，祈祷"三宝"保佑。以海水和湖泊里有鲁神存在的思维朝拜和散香成为保护水资源的自然和常规习惯。藏族不仅不吃水栖动物，而且会将它们放生，以这样的方式保护水栖动物和水资源。比如：青蛙被视为鲁神的眷属。春夏季发现青蛙，会把牛奶洒泼在青蛙身上，以表青蛙对保护春夏草地所起的作用之敬意。

（三）对土地和草地的禁忌

对土地的禁忌，一般牧区与农业区是有区别的。在牧区，人们严守"不动土"的原则，严禁在草地胡乱挖掘。在农业区，不动土是不可能的，但不能随意挖掘土地，每年开耕前要先祭土地，去地里劳动穿新衣，不能在田野赤身裸体，以示对土地的尊敬；要保持土地的纯洁性，比如：在地里不能烧骨头、破布等有恶臭味道之物。藏族老百姓在新年第一天所做的第一件事，就是敬"新水"和"新土"，而不是去敬神佛、朝拜喇嘛活佛，更不是访亲问友、祝贺新年。这说明藏族人民对他们赖以生存的水和土地有着多么深厚的感情！多么热爱并珍视宝贵的资源。①

草地是牧民生活的根基，有“牧民依靠畜，牲畜依靠草”之说。牧民按地形把草地分为平坝草地、沼泽草地、山谷草地、山坡草地、阳坡和阴坡草地等。按季节分为青黄不接的春季草地、水草茂盛的夏季草地、日光充足的秋季草地、风雪严寒的冬季草地。按照四季变化和地形选择放牧草地，农历四月至六月，春季阴坡和沼泽地青草开始生长，牧民会让牲畜吃青草尖，春末当草层高度约四根指头长时搬迁至夏秋季草地，保证剩余的牧草有足够生长时间和良好的草质。到了冬季，阴坡和沼泽地的草长势过高，草质下降和干枯，不利于牲畜采食，而且易遭牲畜踩蹬，造成饲草浪费，而这里生长的草，受寒气和降雪的影响，能保持色味不变。特别春初食草青黄不接之际适合体弱畜群和即将生产的母牛采食。

禁忌使牧民只能有限度地按自然规律使用草场（四季轮牧法）。几千年来，藏族通过禁忌保护了草原，使草原生态维持了较好的状态。

（四）对野生动物的禁忌

在青藏高原，野生动物栖息在高山、峡谷和平原，被牧民视为好伙伴，对生态平衡发挥着重要作用。在青藏高原有鹿、黄羊、岩羊、藏羚羊、盘羊、野牦牛、黑鹿、棕熊、狐狸、驹、白猞猁、狼等动物，分肉食动物和草食动物两类。传说，牦牛是野牦牛驯化出来的，盘羊是羊的祖先，獐子是山羊的祖先，野马是马的祖先。藏族很爱戴野生动物，认为野生动物是牲畜的祖先和山神的家眷，是一些疾病的克星，不会随意伤害它们。包括狼等肉食动物在内都供施于神，伤害它们的人极少。牧民搬迁与草食动物迁徙关系密切，为了防止豺狼等肉食动物突袭，草食动物会保持一定近距离，跟随牧民迁徙。他们认为各种动物间相生相克，狐狸是鼠类的天敌，传说在鹿和黄羊、岩羊等动物栖息的地方能得福业。

藏族形成了一些关于野生动物的禁忌，有利于保护当地野生动物：禁忌打猎，尤其坚决禁止猎捕神兽（兔、虎、熊、野牦牛等）、鸟类及狗等；禁忌食用鱼、蛙等水中动物；禁忌故意踩死、打死虫类。保护了青藏高原许多珍贵的野生动物、鸟类与鱼类的生长，保持着高原生物的多样性，其效果是维持了生物界正常的食物链，使生物的多样性优势得到发挥，维护了自然生态环境的平衡发展。牧人说：“草好的年月，狼不吃羊；草不好的年月，狼才吃羊。”这是

① 《安多政教史》（即《史海》），第16页。

有科学道理的。在家畜放牧的草原，如果牧草丰盛，不喜在高寒草丛中生活的老鼠、鼠兔、旱獭就会转移到离家畜牧场较远的荒地，这儿是野生食草动物出没的地方。而这些动物又是狼的食物，狼自然会跟随这些动物。这样家畜就会少受狼的袭击。所以人们一般不去侵犯任何生物。

图腾，它传承着人类文明的基因与信息，是人类文明的载体之一。它神秘而令人敬畏，似乎离我们很远又很近。其实，图腾崇拜是一种非常古老的原始信仰，大约出现在原始社会的母系氏族时期，是远古时期生产力水平低下、百姓信奉万物有灵观念的产物。① 图腾崇拜即是某一族群相信与一种或几种动植物、无生物存在血缘关系，以其名作为族群的名称、标志或象征，并有种种信仰、禁忌和传说。通常崇拜某种动物或植物的族群，不但不准杀食该动物、植物，而且还有保护此类动物、植物的义务。在藏族起源的传说中流传着这样一则神话："世界上最早没有人烟，当时只有一只猴子和一个魔女，她们俩结亲之后，用木犁、木头来从事生产劳动，繁衍子孙，发展起来。"

因此藏族人大多认为猴子是人类的祖先，对其充满崇拜，甚至在一定程度上将其视为本民族的图腾物，所以藏族中很少有人猎猴。人们对这些作为人类本原的动植物充满畏惧、好奇、崇敬的心理，因此而崇拜或保护作为人类本原的具体事物，客观上起到了保护自然的积极作用。

高原上的牧民并无"害虫""害兽"的观念，也不会为了牟利去杀害生命。许多牧民并不主张以药灭鼠、以器捕杀狐狸。他们认为过去草原不用毒药灭鼠，老鼠也不危害草原，主要是由于对草原保护得好，牧草长得丰茂，而高密的牧草下高原鼠兔不易生存。此外，被保护的草原生存大量野生动物与鸟类，它们都是老鼠的天敌，在生物多样化的环境里，不同生物自然实现平衡。

（五）对鸟类的禁忌

藏族禁忌捕捉任何飞禽，禁忌惊吓任何飞禽，禁忌拆毁鸟窝，驱赶飞鸟，禁忌食用鸟类肉（包括野外的和家养的），禁忌食用禽蛋。

（六）对狩猎的禁忌

藏民普遍认为"直接或间接地屠杀生灵，造有罪恶；或者他们的祖宗就不

① 白兴发：《论少数民族禁忌文化与自然生态保护的关系》，《青海民族学院学报（社会科学版）》2002 年第 4 期。

干净”。实际上，这是在草原受到破坏、牲畜被大量屠杀、畜牧业走向衰落时，牧人为维护草原生态环境与畜牧业发展而采取的一种防护对策。除猎户外，大多藏区是禁止打猎的，尤其禁止猎捕神兽（兔、虎、熊、野牦牛等）、鸟类及狗等。禁忌侵犯“神牛”与“神羊”（即专门放生的），神牛、神羊只能任其自然死亡。

（七）藏族寺院中的禁忌

在藏区，凡修建寺院的地方都呈吉祥状态，都是神圣之地，因而也成为藏人所重点保护之地。寺院自己周围的地域划分为寺院所属地。除了少数地处高寒草原地带的寺院将周围大片草原划为寺院外，大多数寺院地处较低海拔地区，气候温暖，宜于林木生长。历史上寺院要么选择有山有水有林有草之地；要么寺院建成后，僧人们种草植树，几百年过去后，经精心保护，各处寺院都拥有大片茂密的森林、丰美的草场或肥沃的耕地。当然在历史进程中，寺院所属的土地也不断受到侵犯和剥夺，例如地方恶势力的侵占、外来移民的蚕食、官府的剥削等，使寺院所辖地区也在缩小。尽管如此，到20世纪50年代中期，大多寺院仍拥有自己的森林、草地与耕地。

（八）其他禁忌

禁忌陌生人进入牛羊群或牛羊圈；禁忌外人清点牛羊数；禁忌牲畜生病时，外人来串门做客；禁忌食用一切爪类动物肉（包括狗、猫等）；禁忌食用圆蹄类动物肉（驴、马、骡等）；禁忌在每月15日、30日和6月6日、9月22日等宰杀牛羊。

三、禁忌文化的环保作用

藏族禁忌具有“趋吉避凶、自我保护”的原始功能，体现着藏族对自然和自身的理解与把握，其中包含的生态道德教育资源，有利于更好地调整人与自然的关系，很好地保护了民族地区的生态环境和生物的多样性。

藏族的众多自然禁忌是出于对自然的敬畏与感恩，因而对自然的保护性禁忌是一种非常自觉的行为，一种必须要这样做，否则会引起灾难的心理倾向与道德规范，而藏区部落及过去政教合一政权所颁布的保护水草动物的法令，则是对民间自然禁忌的扩大与具体化、规范化与制度化。这样，自然崇敬观念、自然禁忌机制、道德规范与世俗法令共同构成了保护自然环境的网络。从文化上讲，这是作为统一的整体而在发挥功能作用。禁忌与法规是建立在对自然的崇敬之上的，没有崇敬信仰，法规不可能被执行。[①]随着社会的发展，藏族自然禁忌中的迷信因素在淡化，但作为一种生态环境保护意识，它仍在起有益的作用。

第七节 青藏高原独特的草原生态文化——牦牛文化

黑牦牛的叔父是野牦牛 / 从山顶望见你守在山腰 / 黑牦牛绕着山峦往前来 / 与我同饮清凉的山涧水 / 一同翻越巍峨的高山巅 / 黑牦牛就出生在幸福乡。

一、牦牛与藏族牧人生活息息相关

牦牛是世界上唯一产绒的牛种，它浑身是宝，是万能畜种。它产的肉、乳、皮、毛、绒、骨、粪，是保证藏族牧民维护自给自足生活的主要来源。牧民的衣、食、住、行、用很多来源于牦牛。牦牛为传统藏族社会提供了生存的基本保障。

（一）牦牛是牧民的肉乳食品的主要来源

牦牛是牧民们的肉食来源之一。它的肉鲜嫩肥美，含蛋白量高，且有一种独特的劲道和味道。晒成的牦牛肉干，是牧民们长途迁徙游牧和远行时最主要的必带食品。牦牛日产奶 2 千克左右，奶乳含脂率和蛋白质都很高，100 千克奶可提炼 10 千克酥油。用牦牛乳制成的酸奶、干奶酪和酥油品质上乘。在藏区，酥油还是敬佛的圣物，寺院需要量很大，各个人家的佛龛前所供灯烛，也是用酥油点的。

（二）牧民住宿、穿衣、日常用具离不开牦牛毛

牧民居住的帐篷原料为牦牛毛。日常贮存物品的口袋，拴牛拴马和捆东西的绳索，甚至一些冬季穿的御寒的衣服，也都是用牛毛编织和做成的，防寒、

① 白兴发：《论少数民族禁忌文化与自然生态保护的关系》，《青海民族学院学报（社会科学版）》2002 年第 4 期。

防潮且很结实。捻成的绳子，富有弹力，结实耐用。牦牛尾可做上好的尘拂，有一种白色的牛尾巴更为珍贵，是传统的吉物。柔韧的牦牛毛与细羊毛合用，可织高级呢料和毡毯。雨雪天出牧披的牦牛毛织成的风衣，滴水不渗。

（三）牦牛皮用途广

牦牛皮经过加工，可做藏家高靴和皮鞋，光泽好，富有弹性。牦牛皮绳结实耐用。藏区各河流上常见的水上摆渡工具牛皮船，也是牦牛皮做的，坚固耐用。一位藏族诗人曾经写道："雅鲁藏布江上的牛皮船，曾经是一个民族动荡的房间。"在拉萨郊区的俊巴村，看到的牛皮船，是用四张牦牛皮缝制成的，是在没有桥梁的年代渡过江河的工具。

（四）牦牛是高原不可缺的交通工具

逐水草而居的高原牧民们放牧主要骑牦牛。在游动放牧转场中，转移帐篷、驮运生活用品和食物，几乎全靠牦牛。一头牦牛驮 50 千克至 100 千克东西，可在空气稀薄的海拔 5000 米的山地从容行走。牦牛是牧民们最便捷、

四川红原——牦牛毛编织的黑帐篷　摄影 / 姬秋梅

最低成本、最靠得住的驮运工具，因而人称“高原之舟”。在高原农区，牦牛承担着耕地、运送肥料、驮运青稞的职责。

（五）牛粪——高原的最佳燃料

在茫茫无垠的雪域高原上，凡是有人的地方就有牛粪火。走进牧民的帐篷，到处都可以看到晾晒的牛粪和垒得整整齐齐的牛粪，堆成堆、码成墙。高原上气温低，牦牛以牧草为食，因而干牛粪燃烧起来如木柴一样没有异味，易燃耐久。牧民烧饭取暖的燃料都离不开晒干的牛粪。所以，对青藏高原上的牧民来说，牦牛身上的每一部分都是有用的，它是牧民的生活之源。家有牦牛，生活不愁。

（六）牦牛商品经济大发展

近年来，随着高原与内地来往的增多以及商品经济的发展，以牦牛为原料的制品越来越多地销往内地市场。牦牛肉、牦牛奶粉、牦牛酸奶已在市场上供不应求。质地轻柔、保暖性极好的牦牛绒衫，很受消费者欢迎。牛绒制品的保暖性和耐磨性均等同于羊绒制品，而且，它不需要染色，迎合了现代人崇尚原色、崇尚天然的服饰潮流。

（七）藏族——牦牛背上的民族

牦牛皮口袋——西藏边坝县　摄影 / 姬秋梅

藏族的食物中米面少，以肉食和奶食为主，肉食的食用方法很简单，多以煮食为主，剩余部分多晒成肉干以备今后食用；用牦牛鲜奶制成各种奶制品，如酸奶、苏油、曲拉、奶茶等。这种食品不单耐饥而且做法简单方便。所有灶具就是一把刀，一口锅，一把壶，一个碗。食品是一块肉，一碗茶，一勺苏油，二两炒面，碗里一拌就吃过饭了。可以想象，这里的牧人离开牦牛将无法生产和生活，也充分表现了游牧文化的适用性、实用性、简约性特征。

藏族儿童从小就骑牦牛。笔者在牧区经常看到二三岁的藏族儿童骑牦牛，先拉牛鼻绳将牛头拉低使牛嘴贴近地面，然后小脚丫踩上牛鼻圈，牦牛抬起头将小孩送到头顶，再穿过两角中间，爬过牛颈到牛背，转过身一吆喝牛就走了。这是一幅多么和谐的场面。如果蒙古族是“马背上的民族”，那么藏族则是“牦牛背上的民族”。

二、藏族牧民对牦牛的精神依托

（一）藏族牧民对牦牛的崇拜

牦牛是青藏高原的景观畜种。在藏族民间牦牛尤其是白牦牛、金牦牛是以神的形象出现的，人们对牦牛保持着崇拜的信念。牦牛给牧民精神生活带来丰富的内容。

在藏区无论是保留完整的牦牛题材的原始岩画，还是悬挂于藏族门宅屋顶上的牦牛头骨，甚至包括出土的牦牛青铜器，它们都可以追溯到远古时期人类的牛图腾崇拜的文化当中。从文化角度看，在藏族民间牦牛尤其是白牦牛是以神的形象出现的，人们对牦牛保持着崇拜的信念。牦牛给牧人精神生活带来丰富的内容。在藏族的民间歌谣中，野牦牛是人们颂扬的动物之一，常以野牦牛来比喻英雄。与虎一样，野牦牛是英勇的象征，成为民间文化中的一种符号。在藏族民间传说中有许多关于牦牛的故事；在岩画、壁画、羊皮画、唐卡及藏戏等中都有牦牛形象；藏族节日中就有赛牦牛一项。与牦牛有关的形形色色的文化娱乐活动和宗教活动在藏区随处可见。

（二）藏族文化的灵魂——牦牛图腾

从古至今，藏族对牦牛的图腾崇拜，在不断发展和演化，但从没有消亡，它已经成为藏族文化精神的一种寄托。藏族创世纪神话《万物起源》中这样说：“牦牛的头、眼、肠、毛、蹄、心脏等均变成了日月、星辰、江河、湖泊、森林和山川等。”这是藏族先民牦牛图腾的神化思维。

据藏族历史文献记载：当初天神之子聂赤赞普从天而降，做的就是吐蕃的牦牛部主宰。藏人史上就有供奉牛头人身像、墙上和屋顶供奉牛头等习俗。

至今，藏区屋宅、墙角、山口、桥旁、嘛呢石堆和寺院祭台上仍处处可见供奉的牦牛头骨。藏人认为，牛头是牛灵魂的寄主，是整个牦牛精神的象征，也是神灵尊严及威力的标志。在藏族宗教艺术和民间工艺中，也可以看到各种牦牛图案，宗教祭祀和法事活动中佩戴牛头面具演示神牛舞蹈等，均证实牦牛图腾崇拜的历史风俗根深蒂固地留存在于藏族的文化生活中。在藏族几千年的历史长河中，对牦牛的图腾崇拜不断发展和演化，形成了一种既古老而又现代的牦牛文化形式。在今天各地的藏族民居中，往往在门窗顶部或房屋转角处，用石灰绘出或用白石砌出天、地、日、月、星辰或动物和宗教图案，其中牦牛头的图案占有很大比重。

（三）牦牛赞

十三世纪，藏传佛教萨迦派第五位祖师，元代帝师，著名的宗教领袖、政治家和学者八思巴·洛追坚赞（帝师 1235），曾写下一首《牦牛赞》：

体形犹如大云朵 / 腾飞凌驾行空间 / 鼻孔嘴中喷黑雾 / 舌头摆动如电击 / 吼声似雷传四方 / 蹄色恍若蓝宝石 / 双蹄撞击震大地 / 角尖摆动破山峰 / 双目炯炯如日月 / 恍惚来往云端间 / 尾巴摇曳似树苗 / 随风甩散朵朵云 / 摆尾之声传四方 / 此物繁衍大雪域 / 四蹄物中最奇妙 / 调服内心能镇定 / 耐力超过四方众 / 无情敌人举刀时 / 心中应存怜悯意！

这首诗从头到尾、从角至蹄，对牦牛赞美不已，“此物繁衍大雪域 / 四蹄物中最奇妙”。作为一名宗教领袖，八思巴大师还不忘提醒，“无情敌人举刀时 / 心中应存怜悯意”。

在以文学方式赞颂牦牛的作品中，又以珠峰脚下的绒布寺每年萨嘎达瓦节期间举办的牦牛放生仪式上的说唱最为经典。说唱词是由 15 世纪绒布寺上师扎珠阿旺单增罗布首创的，流传了几百年。比较特殊的是，在这个宗教节日期间，所有活动都是由僧人主持的，唯有牦牛礼赞这项活动是由俗人，也就是由放牧牦牛的牧民主持。这个仪式先要调集四十多头牦牛，再从中选取七头毛色不同的牦牛，赞颂主持人先在牦牛腰椎上面用线缝上不同色质和写有不同经文内容的经幡。之后，由赞颂主持人一边唱着《牦牛赞》，一边在牦牛身上用朱砂画画，并在牦牛角头、角腰、角尖、额头、眼部、耳部、鼻梁等部位涂抹酥油。最后，给牦牛喂食糌粑、青稞酒等，在“咯咯嗦嗦”声中，圆满结束《牦牛赞》的唱诵。众人呼喊“愿天神得胜！?”同时，抛撒糌粑，作吉祥祝愿。仪式结束后，七头牦牛被放生。

（四）《斯巴宰牛歌》

在安多藏区广为流传藏族神话故事《斯巴宰牛歌》（“斯巴”是“宇宙”“世界”的意思）。故事当中讲道：“斯巴最初形成时，天地混合在一起，分开天地是大鹏”。“斯巴宰牛时，砍下牛头扔地上，便有了高高的山峰；割下牛尾扔道旁，便有了弯曲的大路；剥下牛皮铺地上，便有了平坦的原野”。又说“斯巴宰牛时，丢下一块鲜牛肉，公鸡偷去顶头上；丢下一块白牛油，喜鹊偷去贴肚上；丢下一些红牛血，红嘴鸭偷去粘嘴上”。由此可见，牦牛不单纯是藏族原始的图腾崇拜物。

（五）牦牛的神话传说

传说一：在藏族史书《西藏王统记》中，还有一则雅拉香波山神的神话。传说吐蕃的第八代赞普止贡被其属下罗昂杀害，两位王子逃难于外，王妃沦为牧马人，罗昂窃取了王位。有一天晚上王妃梦见雅拉香波山神前来与她交合，早上醒来时，见一只白牦牛从她身旁走了出去。八个月后王妃产下一个肉球，她虽然害怕却不忍丢弃荒野，于是将它放置在一个野牦牛的角中。过些天再去看时，肉球变成了一个婴儿，他就是后来杀死篡位的罗昂并恢复王权的第九代赞普茹列吉（意为角中生）。这则神话表明，吐蕃王族的保护神雅拉香波山神原是图腾神白牦牛，而且显示了图腾神对部落的保护功能。吐蕃部落在很长的一段时期内，保持着对白牦牛神的崇拜。随着佛教的传播，本土的神灵不断地被改造，逐渐失去了其原始的形态，成为不仅具有神性、人格，而且形体也从动物脱胎为类似于人的形体。雅拉香波山神也成为地道的密宗护法神，只是其坐骑白牦牛，还仍保留着一丝原有的风貌。

传说二：古代的藏区曾被牛魔王统治。野牦牛用力大无比的头和尖利的角降伏了高原的诸山神，这些山神多变化为牦牛。这使人想起了许多苯教神灵所乘的坐骑，诸如“长着六只角的白牦牛”“水晶色的白牦牛”“口鼻喷着雪暴的白牦牛”，显然，在牦牛图腾崇拜中，白牦牛又居于特殊的地位。藏传佛教传说中就是莲花生初到藏地降伏白牦牛神，使其成为藏传佛教的护法神的动人故事。

（六）藏民生活中的牛圈标志

在丹巴的民居底层即牛圈的门口或附近，往往有以石头略加雕刻后的牛头、牛角、牛嘴、牛舌等形象，砌在外墒之上。这既是牛圈的标志，也有祈求牲畜繁殖之意。

（七）牦牛角崇拜

牦牛头上一对粗壮的犄角，自它们被人驯服以来就派上重要的用场。先是早期人类最原始容器之一，可用于饮水、挤奶，或存放剩余食物等，后来成了牧人挤奶的专用器物，被称为“阿汝”。据老人说，阿汝之名来自古老的牧区，是早期的牧人在他们还没学会制造铁木容器之前的常用器皿，其特点一是取材加工方便，至今牧区仍然在使用这种器皿；二是实用性特别强，结实耐用，携带方便，不变形，不生锈。

三、有关牦牛的传统文化体育活动

（一）赛牦牛

赛牦牛就是一项最著名的藏族传统体育性娱乐活动，有着悠久的历史。相传，在唐朝时，松赞干布迎娶文成公主，在玉树曾举行过一介隆重的欢迎仪式。其中，有精彩的赛马、赛牛、射箭、摔跤等活动，令久居深宫从未见过这些娱乐活动的文成公主及送亲的官员大开眼界。尤其是黑、白、花各色牦牛

西藏嘉黎县——娘亚牦牛选美　摄影／姬秋梅

组成的赛牦牛活动，更让他们惊奇不已。松赞干布见文成公主很高兴，便当场宣告：以后每年赛马的同时，也举行赛牦牛活动。藏族的赛牦牛活动自此流传了下来。

据藏地一些文献记载，历史上的赛牦牛活动，在牧区一般由一个部落发起，邀请邻近部落参加。赛前要花一段时间调教赛牛，进行艰苦训练。参赛的牦牛在比赛当天，要精心梳洗打扮，骑手也要精心装备，弄得干练利落。参赛者基本都是十四五岁的男孩子，因他们体轻、灵巧，有利于赛牛加速。比赛分预赛、决赛两部分，预赛的优胜者参加决赛。决赛是比赛中的最精彩部分，场面竞争激烈。比赛中，时有出现有的牦牛在人们的高呼声中惊吓失控的现象，此时牦牛会狂奔乱跳甚至把赛手摺下地来。但技术好的小骑手却能在此时显示出高超的驾驭能力，让失控的赛牛重新回到赛道比赛，令全场观众欢呼。决赛中获胜的选手，会被热情的观众举起来抛上抛下，以示祝贺，获胜的牦牛也会被披红戴花。比赛优胜者奖以牛或马，或茶叶、布匹等。

赛牦牛活动在农区形式稍有不同。参加人数较多，跑的长度较长，甚至长达 2000 米，以跑完全程的时间长短来计算名次。比赛这天，村民们会带着青稞酒、酥油茶和牛羊肉，穿上节日盛装，把牦牛打扮得漂漂亮亮，兴高采烈地来参加一年一度的赛牦牛比赛。

（二）牦牛舞

除了整个藏区普遍盛行的赛牦牛活动外，在华锐（甘肃天祝）地区，还有以世界稀有畜种白牦牛为题材的文化娱乐活动，如赞歌、舞蹈之类。据史料记载，白牦牛舞的起源时间有吐蕃说，也有公元 17 世纪说。白牦牛舞有 4 人表演、6 人表演的，最多的由 10 人表演。白牦牛舞实际上是藏族古老传统文化的反映，它展示了藏族与自然万物和谐共存的精神境界。在他们心目中，白牦牛，在藏族神话传说中被认为是天上下凡的星座。白色能净化心灵，带来福祉。所以就将神的灵气、雪山的精神融合在一起，附着于白牦牛身上，由此形成了独树一帜的白牦牛文化。

四、宗教中的牦牛

（一）牦牛被认为是代表威猛、正义、平安吉祥的神

苯教是佛教未传入藏区前流行的宗教。古代在藏族神话中，将野牦牛称

为天上的“星辰”。古老的藏族牧歌中常讲到牧人碰到从山上下来的神牦牛，而特别崇信白牦牛。在苯教的传说中，许多山神，最初的形象都是牦牛。在苯教的许多宗教活动中，充溢着对牦牛的崇拜，黑色牦牛被作为神圣、威猛、正义、强大的象征；白色牦牛则作为平安吉祥、美好的象征。大凡有重大活动必要选择一高大雄健的公牦牛，用神箭射死后在头部刻上咒符、经文，经过祈祷诵祝等仪式，将其与利刃一柄，全牛尾一起深埋于地下，谓之“牛驱邪镇山之宝”，以求祛祸除灾，迎福祈祥，保佑部族平安、吉祥。

（二）牦牛被视为镇恶除邪的法宝

苯教徒认为牦牛头集中了牦牛的灵魂和精气，是其精神力量的象征。而牦牛角则集中体现了其神力和攻击性，而被作为法器为人们所供奉。在藏区随处可见供奉在玛尼石堆上及门庭顶部的牦牛头骨，苯教寺院还将刻有六字真言等符咒的牦牛骨供奉在佛龛之中。

藏传佛教寺院一般将牦牛尾放置在经幢的顶部，据说牦牛尾具有镇魔祛邪的法力。现在藏传佛教的守护神中，有许多形象为牦牛的，据说都是从苯

青海玉树囊谦牦牛文化节的帐篷　摄影 / 姬秋梅

教中吸收过来的。在藏传佛教的护法神群中，有一个威力无边的护法神叫大威德，他就是牦牛头金刚。

至今，藏族地区牧民们把牦牛的某些器官，作为神器，以除灾降魔。广大藏区仍将牦牛角摆设在墙头、门媚及玛尼堆上。一些寺院的护法殿门口还悬挂牛干尸，这些都是以牦牛作为保护神镇恶除邪的观念的反映。在甘孜州，对牦牛的崇拜很突出。特别是康东、康南，藏民在石墙上镶嵌白石牦牛头图案，杀了牛后把牛头供在屋顶、寺院、经难之上，虔诚礼拜。

五、牦牛节和以牦牛命名的地名

（一）雪顿节

相传当年文成公主辞别父母，离开长安，途经哈拉玛草原，茶饭不思，身染重疾。观世音菩萨托梦于文成公主身边侍女——卓玛和娜姆："要想尽快治好公主的病，需采集上百头藏家牦牛之奶敬献公主，方可化险为夷。"这固体状的牦牛奶，食之酸滑，奶香四溢，服用不久后，文成公主大病痊愈，赐名"雪"，即今天的牦牛酸奶。从此，每年藏历 7 月 1 日，形成一年一度的固定节日，俗称"雪顿节"，即酸奶宴会。喜吃酸奶是世居雪域高原的藏族亘古以来的生活习俗之一。

（二）"额尔冬绒"节

每年的十一月十三日，四川嘉绒藏人的"额尔冬绒"节，即祭牦牛神节。

（三）以牦牛命名的地名的使用

藏区还有众多以牦牛命名的地名，如牦牛山、牦牛河、牦牛沟等等。牦牛头形状的头饰（发饰）亦至今仍保留在某些藏区。如四川甘孜州理塘坝子的妇女，即有仿牦牛角形状的头饰。

第六章　新疆草原生态文化

新疆草原生态文化区周边相邻的是以畜牧业为主的国家和地区，西部的哈萨克大草原、东部的蒙古草原、北部的西伯利亚，都是适宜于游牧的国家和地区，其所在区的民族也是以游牧为主的民族。

新疆草原生态文化系统是在新疆天山山脉、阿尔泰山脉、帕米尔高原一带形成的一种游牧民族文化系统，在形成和发展中不断吸收别的游牧民族的文化，丰富和完善着自己的草原民族文化。它具有多民族文化融合性、游牧民族

牧归　摄影/任玉新

特性、文化遗存的多样性等特点，具有旺盛的生命力，时至今日，仍然对新疆的社会经济生活发挥着重要的作用。

第一节　新疆草原生态文化的基本特征

一、多民族文化的融合性

在新疆草原生态文化的历史演进中，曾先后出现过几十个游牧民族，如今仍然活跃的游牧民族有哈萨克族、蒙古族、柯尔克孜族、塔吉克族，这些游牧民族之间并非单一的无联系性，而是具有千丝万缕的联系。一般来说，后来的游牧民族占据了前一个游牧民族的生存空间时，或多或少地融合了前一个游牧民族及其民族文化。这样发展的结果是今天的游牧民族多是历史上几个甚至十几个游牧民族大融合的结果。如哈萨克族的主要祖先是乌孙、康居、奄蔡等，后来又逐步融合形成了匈奴、鲜卑、柔然、突厥、铁勒、契丹、蒙古等民族。[①] 所以，新疆草原上游牧民族的发展史可以称作一部多民族文化的大融合史。

二、新疆游牧民族的特性

（一）居住的不稳定性

新疆草原生态文化的创造者——草原游牧民族的居住具有很大的不稳定性。其居住条件简陋，便于移动。他们多数随水草而畜，一年四季均处于不同的地方，历史上越古老的游牧民族其游移性越大。他们居住的稳定性除受外来民族入侵的影响外，其他最主要的影响因素就是四季的水草肥美变化。从现代新疆地区的游牧民族蒙古族和哈萨克族的居住情况看，多居毡房，且随季节的不同而移动。夏季，在海拔 1500—2000 米的高山地区，草木茂盛，牧民随牛、羊等畜群居于高山地带，称为夏牧场；8 月下旬开始，随着天气转冷牧民随牛羊向山下移动，这时基本上天天移动。牧民的居住条件更简陋，牧民仅居住在称为“活斯”的简易毡房。“活斯”用三根棍及毛毡搭造，空间

① 苏北海：《哈萨克族文化史》，新疆大学出版社 1989 年版。

极其窄小，仅能供2—3个人居住。冬天，多在山前低山区背风向阳的山坡或山前戈壁地带放牧，牧民也住进了冬窝子，来年开春，牧民再从冬窝子逐渐向夏牧场转移。结果，年复一年、日复一日地迁移，游牧民族依赖自然条件的程度较强，决定了其居住的不稳定性。

（二）顽强的自立性

生活环境艰苦、与外界联系不多，造就了草原游牧民族顽强的自立性和独立的家庭经济单元。游牧民族一般的经济形态为自给自足的自然经济，一般生活用品多为自己制作，少数的生活必需品靠与外界交换获得。他们从居住毡房的毛毡、自身穿戴的衣物到一般生活所必需的食品如奶酒、酸奶、奶豆腐、奶疙瘩等，均为自己制造，对外界的依赖性较小而个体的自立性强。常常一家一户在深山老林中而逍遥自在地生活着。

三、文化遗存的多样性

新疆草原生态文明区内的游牧民族，本身的游牧特点，决定了其文化遗存与其他文化遗存类型的不同，具有独特的一面。游牧民族本身没有大规模的居住遗址，主要表现为岩画、石人、鹿石、墓葬等文化形式。

（一）岩画

新疆的岩画主要分布在阿尔泰山脉、天山山脉和昆仑山山脉，它们被史学界称为岩画的三大宝库，其从高山的夏牧场到山前的丘陵地带都有大范围的分布。岩画的雕刻方式以敲凿法为主，以颜料涂画法为辅。岩画的画面从单个造型的几个平方厘米到方圆几十平方米不等，岩画的内容丰富多彩，从羊、牛、马、骆驼等动物造型到狩猎图、人物造型图、生产工具图、车辆图及生育繁衍图等。其中狩猎图和人物造型图最多，各地均有分布，而生育繁衍图较少，以呼图壁康家石门子生殖岩画为代表，其图案有男女交媾图和众多的小人排列，反映了游牧民族祈求人口兴旺发达的强烈愿望。岩画是游牧民族最易创作的文化类型之一，其延续时间长，范围广，往往一组岩画中可见新岩画叠压在旧岩画之上的画面，新旧交错在一起，形成一条岩画的历史长廊。

新疆特克斯草原石人、伊犁昭苏草原石人雕塑　供图 / 中国生态文化协会

（二）石人

石人是新疆草原生态文化遗存的另一类表现形式，可分为墓地石人和随葬石人两大类，主要分布在天山山脉与阿尔泰山脉的墓地周围。新疆现已发现的石人共186尊，其中墓地石人182尊，随葬石人4尊。时代为青铜器时代至11世纪，其中6—9世纪的石人最多。[①] 石人的造型、面部轮廓、冠帽、服饰、执持器皿佩饰反映了古代草原游牧民族的风俗习惯，是研究古代草原游牧民族社会经济生活最有力的实物佐证之一。

与石人文化遗存相辅的还有鹿石。鹿石在新疆草原上发现不多，只在阿尔泰山的青河县、天山的吉木萨尔县和温泉县有所发现，较著名的为青河县的什巴尔库勒鹿石。鹿石一般立于墓前，面向东方，反映了墓主对太阳的崇拜。鹿石上的图案则为墓主所在的游牧民族的图腾。

第二节　柯尔克孜族草原生态文化

在历史的长河中，柯尔克孜族是以畜牧业为主的游牧民族，世代逐水草而居，四处迁徙，靠天养畜，一直从事草原畜牧业。由于历史的原因，居住在

① 王博、祁小山：《丝绸之路草原石人研究》，新疆人民出版社1995年版。

叶尼塞河流域的柯尔克孜族以草原畜牧业为主，西迁天山山区和帕米尔高原的柯尔克孜族则以高山畜牧业为主。因草原畜牧业和高山畜牧业的生产经营方式不同，牧民的经济生活也随之发生了明显变化。中国的柯尔克孜族都属于高山畜牧业生产方式，主要在南天山、帕米尔高原和昆仑山等山地以垂直移动式的游牧经营为主，而且这种生产和生活方式到21世纪初还普遍存在。在这些山地发育优良的季节牧场，生活在这里的柯尔克孜游牧民选择了适合当地自然条件的游牧生产方式，通过游牧生产得到生存所需的物资。

草原文化的生态智慧来自游牧生产生活方式。柯尔克孜族崇拜自然，尤其是崇拜高山、冰山、雪山，更重要的是崇拜高山上的不同类型的草地赋予他们的最基本的生存条件。只有有了草原游牧民才能生存。从历史上看，游牧生产地区的自然条件十分恶劣，能维持生命的植物十分稀少，因为条件恶劣，牧民必须要首先顺应那里的条件，利用一年中极为有限的时间，利用草地上极为有限的植物，靠着饲养大量的有群生习性的牲畜，靠着在广袤的草原上不停地移动，才能维持生产生活。柯尔克孜族生存的地区均分布有不少著名的大草原，如位于南天山的阿合奇县哈拉奇草原，乌恰县的尚凯草原、乌鲁克恰图草原，昭苏县的夏特草原，特克斯县的喀拉峻草原等，位于帕米尔高原的阿克陶县的克孜尔草原、阿克塔什草原、奥依塔克草原、木吉草原、苏巴士草原等，都是当地非常著名的草场。柯尔克孜族游牧民深居在高山草原上，能够生存而且在生产和生活上基本自给自足，能够适应恶劣的生态环境而且维持悠久的传统文化——草原生态文化，靠的是游牧中的生态智慧。柯尔克孜族草原生态文化的核心是适应恶劣的生存环境，与大自然融为一体，保护自己所生存环境中的草原生态系统——采取游牧的生产方式，四季转场利用不同的草地类型，从而草地生态系统能够可持续发展。柯尔克孜族牧民虽然生活在如此恶劣的生存环境里，但是在整个民族的心里，草原是最美丽的家园，草原文化的核心区，反而更加喜欢草原，更加爱护自己的家园。对柯尔克孜族生活的草原生态环境破坏大的因素大部分是外来因素，如草原上矿山开发、旅游开发等，严重侵犯了当地牧民的切身利益，也造成了草原严重破坏，严重影响了草原生态文化的保持。

一、柯尔克孜族的游牧生态文化

（一）饮食文化

柯尔克孜族饮食是民族文化生活的一部分，其饮食特点在很大程度上决定于所从事的生产活动和生活环境，并受到宗教信仰、传统观念和生活方式的影响。柯尔克孜族的饮食与游牧和半游牧生活紧密地联系在一起，肉和奶制品占主要地位。据史书记载，古代柯尔克孜族人“四季出行，惟逐水草，所食惟肉乳”。传说柯尔克孜族英雄玛纳斯行军打仗时，其部从主要是以乳肉充军粮。柯尔克孜族以饲养的牛、羊、马、骆驼、牦牛等家畜提供生活所需的肉和乳，几乎一日三餐离不开肉、奶、乳制品，小麦、青稞、蔬菜、水果和干果在他们的饮食中只是辅助食品。夏秋季，他们主要的饮食为鲜奶、酸奶酪、奶皮子、奶油、肉食和面食；冬春季，主要饮食是肉、干酸奶酪、酥油、面食等。一年四季离不开奶茶。信奉伊斯兰教的柯尔克孜族，禁食猪肉和自然死亡的牲畜肉，禁食鹰和乌鸦等飞禽，禁食动物血。肉食主要有：羊肉、牛肉、马肉、骆驼肉、野羊肉、鱼肉、牦牛肉等。食用方法主要是煮、烧烤、熏。奶类主要有羊奶、牛奶、牦牛奶、马奶、骆驼奶等；面食以馕、纳仁、面条、油果、油饼等为主；饮品有酸奶、马奶子酒（可么孜）和勃左酒。主食中“纳仁”和“油饼”是最上等的食品，是招待客人的首选。柯尔克孜族不仅是一个好客的民族，而且是一个很讲究礼仪的民族，他们请尊贵的客人吃羊肉，必须按照柯尔克孜族习俗，将羊肉分成12块给不同的客人；请客时宰羊、煮肉、做纳仁，最后上马奶子酒（夏秋季）或者勃左酒（一年四季）。勃左的用料主要是粮食，这种粮食酒又因原料之别，有热性和凉性之分，真是“冬饮热酒夏饮凉，一年四季飘酒香”。勃左酒夏天多用青稞、糜子、谷子等农作物酿制，冬天多用小麦、玉米、大米等酿制。

柯尔克孜族人对羊肉的分割技术很高，而且懂得如何尊重客人，在物资非常匮乏的自然条件下，也能够享受到美味佳肴。这就是草原生态文化的生态智慧。

（二）起居文化

毡房是以游牧经济为主的民族居住的方式。柯尔克孜族草原文化内涵中毡房占有特殊的位置。柯尔克孜人崇尚白色，喜欢用白毡盖毡房，称之为“勃孜吾依”或“阿合吾依”。柯尔克孜族生活的地区一般都是海拔2000—4500米的山区，他们的起居自古以来都是按冬春和夏秋两季转场（游牧民），冬春季节一般在乡政府和村委会附近都有固定的房屋；夏秋季转场时则使用毡房。所以，柯尔克孜族人在高山峻岭或广阔的草原上生活，只携带自己的毡房转场，在不同的季节牧场上有自己固定的营盘，在这里安置渡过夏秋季后，拆迁自己的毡房又回到村。就这样，年复一年维持着千年的生活方式，对大自然没有任何破坏，这就是柯尔克孜族的草原文化的生态智慧。所以，毡房是最古老的传统文化的最典型的标志。

柯尔克孜族的手工技艺、木工技艺、编织技艺、手工刺绣技艺、毡子制作技艺全部体现在毡房的各个组成部分上了。柯尔克孜族毡房的所有构件基本来自生活周围生态环境，没有一个现代工业产品的支撑。比如最典型的就是芨芨草的使用，柯尔克孜族的妇女们的手工技艺把芨芨草用到极致，一根根芨芨草用各种颜色的羊毛制作成美丽的图案，用于厨房、毡房内侧的帘子的各个地方；还有用红柳枝条编制门帘；其他用品都来自牲畜的毛、皮等。

居住在帕米尔高原和天山深处的柯尔克孜族的毡房，一般用细长的杨树枝条、白色或者褐色（柯尔克孜羊毛颜色）毡子、芨芨草编制的芨芨草帘、用牦牛毛制作的绳子、羊毛线、羊皮条（细条）等材料组合而成。其毡房颇有特点，一般高 3 米多，直径 3—4 米，四周用杨树细枝条（直径 5 厘米左右）80—120 根，结成网状圆壁（可列盖），一般分 4 个卡那题（1 个卡那提为一小部分可列盖，为了组合、拆分和运输方便，分 4 个小可列盖），最终 4 个卡那提组合成 1 个毡房的全部圆壁，组合成伞性圆顶（昌格尔阿克）；可列盖和昌格尔阿克是毡房的骨架，骨架组合好了后外围一圈芨芨草帘，在外面围上白色的厚毡子，最后用牦牛毛制作的绳子勒紧；毡房顶部中央留有圆形的天窗，可以通风和让阳光照射进来，下雨刮风时和晚上用毡子盖上；毡房内进门右边部分是厨房的位置，一般用精心编制的芨芨草帘子围上毡房的 1/4 部分，用来储存食物，多数情况下储存奶类。柯尔克孜族一般不随便进入厨房，保持干净和整洁；生活用的毡房中央设有火塘和炉灶。文化用的毡房室内一般不设厨房和火塘，全部铺柯尔克孜族特有的花毡子，用于民俗文化、展览、休闲等。

（三）交通文化

柯尔克孜族以善骑著称，自称为“马背上的民族”。“马是英雄的翅膀”，这句柯尔克孜族的古老谚语，道出了几千年来柯尔克孜族人的生活习惯，说明马在柯尔克孜族人生活中的地位。骑马是柯尔克孜人学会的第一个本领。柯尔克孜族把马视为家庭的一分子。他们对于自己心爱的马，除像对待家里人一样给予它丰盛的草料外，还着意精心装点打扮它：马鞍、马镫选最好的材料，请一流工匠打制，一副雕鞍，有时比一匹马的价格还要高。古代柯尔克孜族的金银珠宝，除镶在女性的首饰、发饰、胸饰上之外，其余的就装饰在马鞍、马鞭上。柯尔克孜族的马常被装扮得五颜六色，鲜艳异常，最突出的是马背上盖上一件与马背合身的用羊毛线编织成的古代柯尔克孜族图案的盖子。柯尔克孜族将马视为亲密的伴侣，姑娘出嫁，要带着在娘家从小骑到大的骏马作为陪嫁，富有的人家要带好几匹骏马。柯尔克孜族视马若神明，在他们的心目中，马是主人的忠实伙伴。在柯尔克孜族丰富的民间故事中，有不少是讲好马救主的。如在柯尔克孜的英雄史诗《玛纳斯》中，有很多篇幅是描写马的，英勇的战马和英雄一样有名，一般被尊为神。柯尔克孜人与其他游牧民族一样，对马加冕为“诸畜之王”。由此可以看出马在柯尔克孜人中的地位。柯尔克孜族对马的爱护还可以从一些有关马的项目中体现，如在地（州）级非物质文化遗产代表作名录中的《柯尔克孜叶儿噢达里西（马上角力）》《柯尔克孜驯养赛马、走马技术》等，这些在克州的阿合奇县、乌恰县、阿克陶县、阿图什市都有非常深厚的群众基础。

帕米尔高原上的柯尔克孜人，与牦牛结下了不解之缘，成了“高原之舟”的驾舟人。牦牛，柯尔克孜语称“胡塔孜”，意为高原动物。因它浑身上下都长着长毛，特别是脖子、腹部、前后腿和尾巴等处的长毛可达30厘米，故被称作牦牛。它是高寒地区的特有牛种。根据《后汉书》的记载，早在2000多年前，西域各地已家养牦牛，牦牛自然就成了西迁帕米尔的柯尔克孜族驯养的牲畜。牦牛爬雪山，过冰川，翻达坂如履平地，它负重长途跋涉，不出汗，不气喘；适应力强，特别耐寒，在-30℃—-40℃的风雪高原上，饥食枯草，渴啃冰雪，依旧可以负重远行。高原的风雪，练就了它适应高寒艰苦的坚韧性格。它运载货物像一只小船一样可以飘向高原的各个角落，被人们称为“高原之舟”。柯尔克孜族是以肉、奶为主要食品的民族，而牦牛在提供肉、奶方面也优于其他家畜。牦牛繁殖力强，小牛犊适应能力强，随母牛长途奔波，不需要人的照顾。牦牛产奶期长，且牦牛肉营养丰富，提炼酥油率可达产奶量的10%—20%。一头成年牦牛可屠宰肉200—300千克，质佳味美。特别是牦牛具有易于饲养的优点，深得柯尔克孜人的喜爱。牦牛是帕米尔地区柯尔克孜族牧民的主要经济收入来源。柯尔克孜人视牦牛为英雄，并不只是因为牦牛长着高高盘在头顶上的坚硬的尖角，走起路来铜眼圆睁、旁若无人的英雄气概，主要是指它保护畜群的英雄行为。牦牛群夜间在野外露宿时，一般都是成年大牛自动头朝外，尾朝内，卧成一个圆圈，小牛犊卧在圆圈中间，大牛像围墙一样护卫着小牛，防止野兽的侵害。帕米尔地区的柯尔克孜族对牦牛性格的熟悉，和牦牛相伴生存，是高原地区人和动物协同进化的典型例子。没有牦牛，柯尔克孜族很难生存，同样柯尔克孜族也对牦牛像爱护马一样爱护牦牛群，冬季补饲，圈养；而牦牛也为柯尔克孜人提供丰厚的食物和其他服务。放牧牦牛也是利用高寒草原草地的主要方式，通过合理放牧可以维持高原草地物种多样性。这就是帕米尔高原草原上的生态智慧体现。

享有“沙漠之舟”美称的骆驼是古代丝绸之路上的主要交通运输工具，在今日的柯尔克孜草原上，其用途不减当年。柯尔克孜族长途跋涉，搬家转场，运载货物，主要还是用骆驼。除了在帕米尔高原上的柯尔克孜族以外，其他地区的柯尔克孜族基本生活在天山南坡的低山带、山前丘陵、平原带，这里基本上荒漠草场占多数，戈壁滩、盐碱地、河漫滩等地比较适合骆驼群的放牧利用。因此，骆驼群与柯尔克孜族游牧生活与生产密不可分。柯尔克孜族在转场时，骆驼是主要交通工具，牧民的毡房和大多数生活用品都由骆驼驮运。驼绒主要用于编织“托且可曼”——一种用驼绒毛线编织的驼色的柯尔克孜男人穿的外套（大衣或是短大衣），一般在传统节假日，婚丧时期穿；驼绒被子也是很好地利用驼绒，又轻又保暖。另外，骆驼粗毛可以制作柯尔克孜族手工花毡制作过程中的结实的毛线。骆驼奶被作为治肺病的主要食物。骆驼跟牦牛一样，不需要圈养、照顾，独自或结群在荒漠戈壁滩或者河漫滩的灌丛里采食各类粗糙的牧草。因此，柯尔克孜族牧民虽然生活在较恶劣的环境条件下，但是同时拥有了适应恶劣环境的骆驼、牦牛、马等动物，与柯尔克孜族相伴而生存。不管在高寒草原，还是在干旱荒漠上都能够生活得踏踏实实，恰到好处地利用环境和动物群。在柯尔克孜族生活的地方，一般很少出现破坏环境、杀害野生动物和虐待家畜的情况。这就是草原文化的生态智慧的典型表现。

二、柯尔克孜族的游牧文化及习俗

（一）《玛纳斯》

《玛纳斯》是柯尔克孜族的英雄史诗，最初产生于公元9—10世纪，后来在流传过程中，经过柯尔克孜天才歌手们世世代代的传唱与加工，融进了全民族的智慧，成为富有浓烈民族特色的文学作品。玛纳斯是柯尔克孜族传说中的著名英雄和首领，是力量、勇敢和智慧的化身。相传《玛纳斯》的创作并非来自诗人的灵感，而是来自神授，演唱《玛纳斯》的歌手往往在一梦醒来后，突然间获得背诵百万行史诗的能力。这点常常不为人所信，但酷爱《玛纳斯》的柯尔克孜人却深信不疑。与藏族史诗《格萨尔王传》、蒙古族史诗《江格尔》不同，柯尔克孜族史诗《玛纳斯》并非一个主人公，而是一家子孙八代人，热情讴歌了传说中的英雄玛纳斯及其七代子孙前仆后继，率领柯尔克孜人民不畏艰险，奋勇拼搏，与外来侵略者和各种邪恶势力进行斗争，争取自由，创造美好生活，歌颂伟大爱情和幸福的故事，体现了柯尔克孜民族勇敢善战、百折不挠的民族精神与民族性格。柯尔克孜族的《玛纳斯》于2006年5月20日列入第二批国家级非物质文化遗产名录（编号：Ⅰ—25），2009年9月联合国教科文组织保护非物质文化遗产政府间委员会第四次会议批准列入《人类非物质文化遗产代表作名录》。

《玛纳斯》的最大特色体现在人物及场景刻画方面。史诗中除了主人公玛纳斯及其子孙之外，还有100多个性格鲜明的人物，既有支持玛纳斯的智慧长者，拥戴玛纳斯的亲密战友，也有凶残成性的卡尔玛克汗王、无耻的叛徒，以及作恶多端的妖魔，等等。史诗中有几十个大规模征战场面，不要说各种兵器，光是英雄们的坐骑，毛色就有30多种。史诗中的丰富联想和生动比喻，均与柯尔克孜族人民独特的生活方式、自然环境相联系。史诗中常以高山、湖泊、急流、狂风、雄鹰、猛虎来象征或描绘英雄人物，并对作为英雄翅膀的战马，作了出色的描写。仅战马名称就有白斑马、枣骝马、杏黄马、黑马驹、青灰马、千里驹、银耳马、青斑马、黑花马、黄马、青鬃枣骝马、银兔马、飞马、黑儿马、银鬃青烈马、短耳健马等。史诗中出现的各类英雄人物都配有不同名称和不同特征的战马。

《玛纳斯》史诗共分8部，23余万行，共2000万字。以玛纳斯的名字为全史诗的总名称，其余各部又都以该部史诗主人公的名字命名。史诗的每一部都独立成章，叙述一代英雄的故事，各部又相互衔接，使全诗构成了一个完整的有机体。《玛纳斯》广义指整部史诗，狭义指其第一部。整部史诗以第一部中的主人公之名得名。《玛纳斯》史诗的基本内容：第1部《玛纳斯》，也是最精彩的一部分，叙述了第一代英雄玛纳斯联合分散的各部落和其他民族受奴役的人民共同反抗卡勒玛克、契丹统治的业绩。第2部《赛麦台依》，叙述玛纳斯死后，其子赛麦台依继承父业，继续与卡勒玛克斗争。因其被叛逆的坎乔劳杀害，柯尔克孜族人民再度陷入卡勒玛克统治的悲惨境遇。第3部《赛依台克》，描述第三代英雄赛麦台依之子赛依台克严惩内奸，驱逐外敌，重新振兴柯尔克孜族的英雄业绩。第4部《凯耐尼木》，述说第四代英雄赛依台克之子凯耐尼木消除内患，严惩恶豪，为柯尔克孜族人民缔造了安定生活。第5部《赛依特》，讲述第五代英雄凯耐尼木之子赛依特斩除妖魔，为民除害。第

6部《阿斯勒巴恰、别克巴恰》，讲述阿斯勒巴恰的夭折及其弟别克巴恰如何继承祖辈及其兄的事业，继续与卡勒玛克的统治进行斗争。第7部《索木碧莱克》，讲述第七代英雄别克巴恰之子索木碧莱克如何战败卡勒玛克、唐古特、芒额特部诸名将，驱逐外族掠夺者。第8部《奇格台依》，叙说第八代英雄索木碧莱克之子奇格台依与卷土重来的卡勒玛克掠夺者进行斗争的英雄业绩。史诗的每一部都可以独立成篇，内容又紧密相连，前后照应，共同组成了一部规模宏伟壮阔的英雄史诗。

作为一部民族民间史诗，《玛纳斯》的传承者和创作者数以万计，这些人被称作"玛纳斯奇"。在过去的一千年里，世界上没人能够完整唱出这部史诗，更没有完整的文字记录，直到居素甫·玛玛依（1918—2014）的出现。居素甫·玛玛依被誉为"活着的荷马"，被国内有关领导称为"国宝"，也曾是唯一一位能演唱8部《玛纳斯》史诗的大玛纳斯奇。他一生致力于搜集、整理和演唱《玛纳斯》。1940年，在劳动之余，他曾为人们连续7个晚上演唱《玛纳斯》，从此名字传遍四方；从1984年到1995年，居素甫·玛玛依相继演唱出版了全部8部18卷的《玛纳斯》，这是中国三大史诗中，唯一由一人唱完的一部。

《玛纳斯》史诗不仅在我国，而且在吉尔吉斯斯坦、哈萨克斯坦、乌兹别克斯坦、阿富汗也有流传。其中，在吉尔吉斯斯坦流传比较广泛，但即便如此，他们的流传内容只包括《玛纳斯》史诗的前3部，而我国《玛纳斯》演唱大师居素普·玛玛依的唱本则为全部8部。作为柯尔克孜族民间文学的优秀代表作品，《玛纳斯》在柯尔克孜族中影响深远，人们传说着玛纳斯英雄没有死去。同时，《玛纳斯》在世界文学史上享有巨大声誉，联合国曾将1995年定为"国际玛纳斯年"。目前，《玛纳斯》中文版已经出版，史诗中的重要片段还被译成了英、法、德、日等多种文字。

（二）《考交加什》

狩猎在柯尔克孜族的生活中占有相当的位置，是他们生活中的一个重要组成部分。据史料记载，柯尔克孜族发祥于叶尼塞河上游的山林地带，在那里生息繁衍，度过了漫长的历史时期。柯尔克孜先民在密林中过着长期狩猎的生活。从公元10世纪开始，有部分柯尔克孜人开始西迁，至15世纪柯尔克孜人全部离开叶尼塞河上游，完成了民族的西迁，他们在天山南北及中亚山地高原定居，在山中狩猎、放牧。与西域绿洲农耕民族以及中亚草原游牧民族比，居住在深山中的柯尔克孜族，由于交通不便，与外界交往相对较少，因此保存的古老文化更多一些。西迁之后，狩猎依然是柯尔克孜族生活中的重要组成部分，因此，以狩猎为内容的柯尔克孜史诗，流传至今的有《考交加什》《布达依克》等，尤其是《考交加什》，是一部内容相当古老的史诗，能够保留至今，有深厚的民族文化根基与文化背景。这部史诗得以保持至今，实为幸事，为研究柯尔克孜族史诗发展史提供了珍贵的资料。

人与生态环境、人与动物之间的关系，是人类自古至今都十分关切的问题。涉及此内容的民间文学作品，数量之多不胜枚举。《考交加什》是其中具有典型意义的一部史诗。史诗《考交加什》再现了柯尔克孜先民狩猎时代的生活、习俗、信仰与思维方式。狩猎时代，生产力低下，万物有灵的观念主导着猎人的思维方式。一方面，他们要依靠猎获野生动物为生；另一方面，他们又虔信各种动物都有其神灵：马有马神，骆驼有骆驼神，蛇有蛇神，鸟有鸟神，野山羊有野山羊神。狩猎活动不仅艰辛，而且充满危险。不少猎人死于野兽的袭击，或是因山中气候的骤变冻饿而死。他们相信，这是因触犯了动物神，犯了禁忌而遭受的惩处。考交加什是位神箭手、优秀的猎人，但由于他犯了禁忌，射死了母野山羊神的丈夫及其子女，并射伤母野山羊神，触怒了母野山羊神，他最终受到惩处而死。这部史诗告诫人们不要滥杀动物，不要触怒动物神，否则将要像考交加什一样受到惩处。史诗《考交加什》形象地反映出古代柯尔克孜猎人对于动物、动物神的敬畏心理。这部史诗告诫人类，要保护自然生态环境。狩猎过度，破坏了生态环境，人类就要受到惩罚，这是一个朴素而又极为深刻的道理。

这部史诗叙述了动物神的威严、神勇，以及人类触犯它们、滥杀动物所受到的惩处。柯尔克孜族的狩猎史诗所体现的先民朴素、古老的生态观，对现代人仍有借鉴意义与警示作用。生态保护，自古至今都是一个关乎人类生存的永恒话题。

《考交加什》主要保存在我国与吉尔吉斯斯坦，有多种变体。我国流传的《考交加什》是新疆乌恰县的玉麦尔·莫勒多于 1958 年记录的两位猎人演唱的史诗，共 7200 多行。《考交加什》史诗的内容不管是中国的柯尔克孜族，还是吉尔吉斯斯坦的吉尔吉斯族都知道这是一个关于生态与人关系的故事，从而认识到保护野生动物的重要性。这就是柯尔克孜族古老的狩猎中的生态智慧，对大自然的敬畏、对野生动物的敬畏生态观的体现。

（三）《柯尔克孜约隆》

柯尔克孜族的“约隆歌”是在帕米尔地区生活的柯尔克孜族聚居区流传

的民间礼仪歌的一个种类。“约隆歌”作为跨民族、跨文化、跨地域的一个民间文学现象，与哈萨克、维吾尔、阿尔泰、图瓦、哈卡斯等北方民族的民间文学有着内在联系。“约隆”是克甫恰克部落的传统民间口头文学的部分，在民间广为流传。流传千年的“约隆”口头文学部分在婚礼盛宴时才说唱，内容引人注目、吸引力强，在婚礼上起到重要的作用。一般由4人将绣有克甫恰克图案的绣花布遮盖新娘全身，并抓紧负责阻遮，以免外边的人发现，这时骑着马、手拿甜食的“约隆奇”开始说唱，激奋人心。“约隆歌”的种类繁多，有劝嫁约隆、迎客约隆、谜语约隆等。“约隆歌”可以清唱，也可以用库姆孜伴奏演唱。在帕米尔地区已搜集到的“约隆歌”有10多种、800多首。《柯尔克孜约隆》于2008年6月14日被列入第三批国家级非物质文化遗产名录（编号：Ⅰ—83）。

（四）柯尔克孜族猎鹰文化习俗

猎鹰起源于东方，至今已有4000年的历史。柯尔克孜族与鹰有着亲密的关系，他们对鹰有一种图腾式的崇拜，喜欢鹰的勇气和鹰的性格。虽然这些逐水草而居的民族逐渐从游牧转变成了定居，但这里依然保留着从祖先那里流传下来的驯鹰捕猎绝技。新疆阿合奇县是柯尔克孜族聚居的地方，柯尔克孜族近80%。由于这里至今仍完整保留着原始的猎鹰驯养方式，因此又被誉为中国的“猎鹰之乡”，当地柯尔克孜族也被誉为“鹰王”。尤其是该县的苏木塔什乡，400多户牧民家家养鹰、驯鹰捕猎，是名副其实的驯鹰的故乡。每到冬季，苏木塔什乡云集着数百只驯鹰，举行长达数日的猎鹰捕猎比赛，那令人惊心动魄的场面，可与西班牙斗牛媲美。柯尔克孜族猎鹰习俗于2011年6月入选第三批国家级非物质文化遗产名录（编号：X—143）。

千百年来，地处高寒山区的新疆西部天山南脉腹地的阿合奇县，北靠天山南脉，南依喀拉铁克山，中间夹着狭长的托什干河谷。河谷山麓地带夏秋季节水草丰美，为猎鹰准备了足够的兔子、老鼠甚至狐狸等猎物，世居在此的柯尔克孜族人和他们的猎鹰都在这里找到了乐土。他们居住的地方被称为“猎鹰之乡”。在没有枪支的岁月里，人们驯服凶猛的雄鹰为自己捕猎，一只好的猎鹰可以养活一家人。过去，一只鹰的价格比一个柯尔克孜族姑娘的嫁妆还要高。养鹰也是一件奢侈的事儿。办一个驯鹰许可证要500元不说，1只驯鹰每顿能吃2千克鲜肉。自古至今，猎鹰都是柯尔克孜族牧民的家庭一员，在鹰被列入中国国家二级保护动物后，他们更是为家里的猎鹰登记了“户口”。曾经有一段时间，为保护野生动物，国家明令禁止驯鹰。两年后，因为了解到驯鹰术是柯尔克孜族千百年来的特有民俗，需要保护和传承，禁鹰令才解除了。柯尔克孜族与鹰恪守着一个约定：从不把这珍贵的猛禽连窝端，总是悄悄拿走那只最心仪的幼鹰回家驯养。一个出色的驯鹰人需要具备爱好、稳重、力气三种品质，缺一不可。

驯鹰和捕猎需要极大的耐心和精力。鹰性情凶悍，桀骜不驯，一般人都是从雏鹰开始喂养，逐步驯化。但它费时费工，驯出的鹰过于娇弱，缺少野生鹰的攻击力。真正的驯鹰人直接捕捉成鹰驯养，难度虽大，但一旦驯化，威力加倍。每当冬季出猎时，柯尔克孜族驯鹰手身跨骏马，手托凶猛的猎鹰奔驰于山林草原之间，必会有所收获。柯尔克孜族驯鹰老艺人驯鹰一般需要经历"打鹰""熬鹰""驯鹰""放鹰""玩鹰"等过程，一只鹰真正驯化成猎鹰一般要历时7年。(1) 打鹰（捕鹰）。打鹰非常不容易，一上山就是一整天，戴着星星出家门，踏着月色回村子，爬过十几道山梁，饿了啃几口干馍，渴了喝几口随身带的凉水。设好猎物，一般是用鸽子，等候鹰扑下来时将鹰捕获。由于鹰有时很少，很可能守上一天见不到一只大鹰飞过。(2) 熬鹰。捕鹰后为了消除它的野性，牧民们一般使用"熬鹰"的方法。柯尔克孜人把鹰分成3大部落，每个部落又分12个小部落，每个部落的鹰性格都不一样。有的平和温顺，有的脾气暴躁，有的身手敏捷……只有先弄清楚这些性格迥异的家伙，才能更好地驯服它们。一般鹰很傲，不会吃人给的肉，驯鹰人就把捕回家的鹰先用芦苇管往嘴里灌水洗胃，然后将鹰架在一根横吊在空中的木棍上，来回晃动木棍，使鹰无法稳定地站立，就这样连续数十天，不让它睡，消磨它的野性，鹰被弄得晕头转向，精疲力尽而摔倒在地；但就算摔倒了，也不要心疼它，要往它的头上浇凉水，使它苏醒过来，并且还不让它睡着。之后还要饿鹰，一般要把鹰饿10—12天，只给它饮点盐水或茶水，但不喂食物，鹰的脂肪熬得差不多了，身手才能敏捷起来。经过这一番打磨，鹰的野性大都能去掉，驯服于主人，逐渐适应主人并最终产生依赖。几天后，让疲惫之极的鹰吞下用皮革裹着的肉，因为皮革不能被消化，转天就会被吐出，同时带出体内多余的脂肪，达到"瘦身"目的。经过3—5次的吞吐，鹰的体重减少一些时，室内熬鹰宣告结束。"熬鹰"过后还要"养鹰"。养鹰也有一套方法，驯鹰人把肉放在手臂的皮套上，让鹰前来啄食，饥饿许久的鹰见了肉便不顾一切地扑过来，驯鹰人则一次次地把距离拉远，而且每次都不给它吃饱。这样反复进行，直到鹰能飞起来，啄到驯鹰人手臂上的肉为止。喂鹰的肉也有讲究，必须是不含激素的鲜肉，各种动物的内脏也不行，脏肉、烂肉、有异味的肉都不能喂。(3)

驯鹰。柯尔克孜族驯鹰的习俗是口头流传下来的，没有任何文字记载，但是柯尔克孜族民间却一直保留了几千年的口头驯鹰绝学。驯鹰的柯尔克孜族人通常只诱捕雄鹰驯养，2—3岁最佳，否则驯化难度大，到鹰7—8岁时放归。在进行室外驯鹰前，要把鹰尾的羽毛缝起来，让它无法高飞；再用拴着绳子的活兔作猎物，让鹰从空中俯冲叼食。过些时日，把鹰尾线拆去，在鹰腿上拴根长绳，让它像飞的放风筝一样在驯鹰人的控制下捕捉猎物。经过一段时间的训练，鹰就成了猎鹰。过去，鹰为主人捕猎，现在人们不再需要猎鹰捕猎了。但柯尔克孜族人与鹰世代相袭的情断不了，驯鹰成了一种消遣、一种乐趣，把它当作闲暇时的娱乐方式。只要鹰往臂弯那么一站，柯尔克孜族男人的日子就过得带劲儿。就像草原上的汉子迷恋骏马，城市里的男人向往靓车。骏马、靓车和猎鹰，让男人的征服与驾驭欲望得以释放，使豪情挥洒自如。(4) 放鹰。猎鹰一般在为主人服役1—5年后，将重返天空，获得自由。这是柯尔克孜族人与鹰的另一个约定。鹰在天空翱翔，这高原上凶猛、高贵的生物，或许怎么也想不到会与地面上的某个人类发生一段故事；又或它早就知道，滚动在它血液里的与柯尔克孜族人千百年的亲密感情，终将使他们再次相遇。

（五）图腾文化

图腾文化是由图腾观念衍生的种种文化现象，即原始时代的人们把图腾当作亲属、祖先或保护神后，为了表示自己对图腾的崇敬而创造的各种文化现象。古代从事游牧和狩猎的柯尔克孜族人，对动物有着特殊的感情，特别是在崇尚勇武的时代，对动物的力量和勇猛十分崇拜，总想借动物的神力发展自己，并祈求得到某种凶猛动物的保护。因而，他们便千方百计将自己的先人、自己的部落同所崇拜的动物联系在一起，视这些动物为保护神，并将这些动物的图形纹在身上或绣在织物上挂于毡房内，这就形成了对这些动物的图腾崇拜。据一些叶尼赛碑文记载，唐代黠戛斯（柯尔克孜族的先民）的图腾就有雪豹、牛、鹿等，它们是神圣不可侵犯的。至今，柯尔克孜族民间还流传着青牛神话：相传人类生活的大地共分七层，由一头巨大的青牛的一只角顶着；当它的这只角疲劳时，便换另一只角来顶；在换角时，大地就会受到震动，出现地震；为了避免地震，防止灾难降临，民间普遍存在为劳累的青牛祈祷，祝愿它身强体壮、永不疲劳的习俗。鹿是柯尔克孜族的另一个重要图腾。柯尔克孜族有三个以鹿为名的部落，一个是“布谷”或“布库”，意为“鹿”；一个是“萨尔巴噶什”，意为“黄驼鹿”；还有一个是“冲巴噶什”，意为“大驼鹿”。

这三个鹿部落可能是一个鹿部落分化而来的，为了相互区别，同时也为了表示同出一源，分出来的两个部落以便以“黄驼鹿”和“大驼鹿”为名。从名称上可以看出三者的亲属关系。在特克斯一带的“布库”部落，柯尔克孜人传说他们的祖先是吃牝鹿奶长大的，因此，他们将牝鹿视为神母，其成为整个部落的图腾。他们在毡房的门口上方绣有鹿的标志，行路时看到鹿则要下马让路，甚至在叼羊比赛中高喊着“布库”的口号冲锋助威。在史诗《玛纳斯》中描写的跟随玛纳斯出征的，围绕在玛纳斯队伍周围的苍龙、巨蟒、灰狼、羚羊、猛虎、雄狮、公驼、雪豹、神鸟等等，其实就是高举各个部落不同图腾的大旗或戴着本氏族图腾形象面具的各部落成员，追随着各部落总首领。部落统帅玛纳斯出征时的盛况的描写，其实就是柯尔克孜族各部落图腾崇拜的历史记录。

（六）柯尔克孜族库姆孜

库姆孜是柯尔克孜族独有的古老弹拨乐器，“库姆孜”柯语意为“美丽的乐器”，主要流传于新疆克孜勒苏柯尔克孜自治州乌恰县、阿合奇县和阿克陶县的柯尔克孜族聚居区。库姆孜的历史十分悠久，古代早有“没有库姆孜琴参加合奏的乐曲，不称其为柯尔克孜乐曲”的说法。据说早在唐代，柯尔克孜族人民便将库姆孜作为贡品献给唐王朝；13 世纪成吉思汗西征时，把这种乐器传到了巴达克山、克什米尔、中亚、波斯、阿拉伯等地；清朝乾隆平定回部叛乱后，柯尔克孜族人朝贡给清廷的礼品中就有三弦库姆孜和四弦库姆孜（见《大清会典图》），由此可见它在柯尔克孜音乐中的地位。《柯尔克孜族库姆孜》是柯尔克孜族对我国和世界音乐宝库的一大贡献。

从叶尼塞河到天山南北，从伊犁河谷到帕米尔高原，库姆孜伴随着柯尔克孜族人经历了历史的变迁、大地的沧桑。库姆孜琴在长期的流传中，不断地发展和改革。关于库姆孜，柯尔克孜族民间还流传着这样一个传说：很久很久以前，在一个美丽的高山草原，树木茂密，动物穿梭，鸟儿欢唱，虫鸣唧唧。有一个名叫康巴尔汗的人来到了这里，一边捡柴火，一边欣赏美景。渐渐地，天气热得像火炉，地面涌动着的热浪，包围了山间万物。突然，森林着火了，滚烫的火舌吞噬了林中的动物。不知过了多久，火灭了，万物肃穆，一只羊倒在树下，肠子连在树上。忽然，一阵风吹来，从那里竟然发出了一种动人的声响，那声音如同天籁，传入了康巴尔汗的耳朵，在他心里萦绕不绝。他听啊听啊，对那声音着了迷，几乎忘记了时间。不知过了多久，他往家走，一路都在琢磨着那声音。他太渴望再一次听到那天籁般的音符。于是，他找来红松木，用羊肠做弦，制作了一把琴。当他弹奏起来的时候，悦耳的声音也响了起来，他的心中一阵阵狂喜，给这乐器取名叫库姆孜。他弹的第一首曲子就叫《康巴尔汗》。因此，《康巴尔汗》就成为库姆孜的经典曲目。

库姆孜是最能表达柯尔克孜族人喜、怒、哀、乐情感的乐器。柯尔克孜族有句谚语说："伴你生和死的，是一把库姆孜琴"，因而库姆孜已成为柯尔克孜民族的标志。库姆孜的演奏形式很多，有独奏、对奏、二重奏、合奏、弹唱、弹舞和伴奏等；按表现内容和状态又可分为按曲演奏、即兴演奏和说唱演奏等。其演奏音调具有和谐丰富的艺术特征，风格变化多端，可产生多样的变体。代表作品有《夜莺曲》《松树上的啄木鸟》《枣骝马驹》等。柯尔克孜族人以其聪明智慧，将这一古老的乐器演绎得姿彩纷呈。

《柯尔克孜族库姆孜》作为一个价值较高的，为柯尔克孜族全民所喜爱、所接受、所推崇的民间口头文学宝贵文化遗产，于 2008 年 6 月 7 日被列入第二批国家级非物质文化遗产名录（编号：Ⅱ—133）。

库姆孜在长期发展过程中逐渐成为柯尔克孜民族乐器的代表，进而成为柯尔克孜民族的标志。库姆孜琴伴唱史诗《玛纳斯》以艺术的形式记录了柯尔克孜民族演变和发展的历史，成为研究柯尔克孜民族极其重要的第一手材料。库姆孜既是柯尔克孜民族使用最广泛、传承最完整的乐器，也是中国柯尔克孜族与吉尔吉斯共和国吉尔吉斯族共有的传统乐器，在柯尔克孜民族文化的传承发展及两国政治、经济、文化等方面的交流与合作中发挥着积极的作用。

（七）柯尔克孜族刺绣

柯尔克孜族历史悠久，柯尔克孜族人民在长期的放牧生活中形成了自己的民族风俗，以及特有的民族文化，其中柯尔克孜族刺绣工艺更是以独特的艺术健力和强劲的生命力传世后代，并伴随着柯尔克孜族民族的发展经历了现代文化融合的过程。柯尔克孜族的刺绣历史由来已久，且和中原文化密切相关。在叶尼塞河流域发掘的西汉时期的古墓中，就出土了印有极其精美鸟兽及植物花纹图案的毛织品。据记载，在我国叶尼塞河流域的柯尔克孜地区有专门织造绫罗锦缎的工匠。《元史·世祖本纪》记载，1286 年（至元二十三年），元政府赐"欠州诸局工匠纱五万六千一百三十九绽一十二两"。可见在长达千年的岁月中，高高的帕米尔从未失去和祖国内地的联系。

柯尔克孜族刺绣是具有浓郁地方特色的工艺美术品，是柯尔克孜族人民世代传承至今、融合本民族特征和现代气息的传统手工技艺。柯尔克孜刺绣在优美的自然环境和古朴的游牧生活中形成了独特的艺术风格。在柯尔克孜族刺绣图样中，山峰成为必不可少的风景。在他们眼中的山多是雪山冰峰，圣洁纯白，故山峰被绣成白色。纯白的三角形，沿着衣领、裤脚、袖边，或是花毡、墙围的边款、枕头的顶端、被褥的周边绵延起伏；有时，三角形是黑色或是红绿相间的，黑色代表土山，红绿相间代表着红山与青山。柯尔克孜族人依着克孜勒苏河（红水河）、盖孜河（灰水河）、喀拉库勒湖（黑水湖）而居，在她们的绣品中，水的色彩也是五颜六色、多姿多彩的。除了山水外，还有与柯尔克孜族人相依相伴的白云、花朵、飞禽、走兽。柯尔克孜族刺绣传承意义非凡，其色彩鲜艳、造型美观、大方朴实，其大多采用花卉草木、飞禽走兽、日月星辰等图案和几何图形，颜色以黑、蓝、红、绿、白等基本色调为主，不同颜色表示不同的意义：黑色表示深厚博大，顽强朴素，代表着大地；蓝色象征天空，被视为神圣高贵之色；红色表达着欢快、热烈和幸福；绿色象征春天和生机勃勃。柯尔克孜人对白色一往情深，因为白色能引起月亮、面粉、棉花、乳汁等一切美好事物的丰富联想，也有纯洁、真诚的寓意。

柯尔克孜族妇女擅长刺绣，几乎人人都会刺绣。姑娘的嫁妆、家中生活用品主要为刺绣品。每一个柯尔克孜族女性都是在母亲、姐妹们的绣品中熏陶长大的，儿时起她们就开始学习刺绣，从简单的轮廓勾勒，到层叠的填色创作……她们的绣艺在日复一日的飞针走线中渐渐娴熟，结绣、钩绣、扎绣、刺绣、串珠片绣、格子架绣、十字绣等针法皆在心中扎根。她们的刺绣体现在生活的各个方面，在头巾、枕头、被面、衣袖边、马衣以及悬挂的各种布面装饰品上绣出各种的精致花纹，其中有花卉、飞禽、走兽和各种几何图案，色彩鲜艳，形象生动活泼；编织的挂毯、地毯，花色图案精美；花毡，白毡帽，银质马鞍，木制碗、盒等，精巧美观、古朴耐用；各种工艺品以红、蓝、白色为主，尤以红色最受欢迎。如柯尔克孜族男子传统服饰为白色绣花边的圆领衬衫，外套无领长衫“袷袢”，袖口用黑布沿边，均绣有精致图案；女子服饰的各色连衣裙、皮或布制的坎肩上，都以盘金银绣法绣上金色银色的花草水纹，罩在连衣裙之外，显出身姿的婀娜。柯尔克孜族男女老少一年四季都戴圆顶小帽。帽子的造型就像是毡房，不同年龄的人所戴毡帽也有所区别。老年人的帽子不绣花，不缀缨穗，或缀蓝色穗子；中年男人戴的白毡帽上，多绣以黑色、蓝色的纹样，缀红色缨穗，显得英威剽悍、憨厚稳重；小伙子的白毡帽上绣上红花和鲜艳纹样，帽顶上缀有用金线高高束起的红缨穗，表现英俊潇洒、朝气蓬勃；

儿童的毡帽顶部缀满各种珍珠玛瑙和大红穗，白毡帽边沿绣花草鸟兽、山水图案，衬托出幼童的聪颖可爱。男人们腰带也有不同：老年人使用的黑、蓝色腰带，以白线绣出简约的波纹，对比强烈；青年人的紫红色腰带，中间绣各种图案花纹，典雅浪漫。

自然中的每一种色彩，都被柯尔克孜族赋予了深刻寓意。柯尔克孜族人用自己的双手绣制出自己民族的特色，绣制蓝天白云，就可以枕着云朵睡觉；绣制雪山冰封，时常徜徉在纯洁的雪山之中；绣制鲜艳花朵、如茵草地，连呼吸都是大自然的清香。所有这些均很好地体现了柯尔克孜人的生态自然观。

2008 年 6 月 14 日，柯尔克孜族刺绣入选第二批国家级非物质文化遗产代表性名录（编号：Ⅶ—82）。

（八）柯尔克孜族服饰

人类服饰的源起和形成与其居住的自然生态环境密不可分。柯尔克孜族大部分牧民逐水草而居，夏季居住毡房，冬季则定居在气候较暖的山谷地带的四方形土屋内，其服饰的特点具有草原牧民的共性和本民族服饰特色，家畜的皮毛和毛织品是他们的主要衣饰原料。男子服装式样以袍式为主，女子则以裙装居多。柯尔克孜人喜爱红色，其次是白色和蓝色。它表现在服饰、绘画、装饰和工艺品上，这很好地反映了柯尔克孜人开朗、热情、豪放的民族性格。

柯尔克孜族男子上衣多穿白色绣花边的竖领、对襟扣领的圆领衬衫，外套羊皮或黑、蓝色棉布无领长“袷袢”，也有用驼毛织成的，袖口黑布沿边；衣外系皮腰带，戴上拴小刀、打火石等物；下穿宽脚裤，高筒靴，或用牛皮裹上，称为“巧考依”。男装亦多刺绣，短装，上衣多长及臂部。直领，领口绣花，袖口紧束，否则便带刺绣，上衣对襟，对襟处钉银制纽扣，内衣多白色，常刺绣，外套“坎肩”；男装多黑、灰、蓝三色。外出都穿无领大衣，袖口多用黑布沾边，称“托克切克满”；亦有穿皮衣的，称“衣切克”。

柯尔克孜族女子多穿宽大无领、长不过膝、镶嵌银扣的对襟上衣，下穿镶有皮毛的多褶长裙或下端带褶裥的各色连衣裙，外套黑色坎肩或“袷袢”。青年女子多穿红色连衣裙，戴红色丝绒圆顶小帽或顶系珠子、缨穗、羽毛的大红色水獭皮帽，多系红、绿头巾；老年妇女尚白色。其布料衣服缝制简单，高级衣服缝制讲究，袖口和对襟处钉银扣；裙子用宽带，或用绸料迭成多褶，制成圆筒状，上端束于腰间，下端镶制皮毛；内衣翻领套坎肩，坎肩领口甚大，内衣显露；在短装外面套大衣，多为黑色，翻领敞胸，冬季内加棉絮。女子所着高筒皮靴多绣花纹。未婚女子梳许多小辫，婚后改扎两辫。辫梢系银链或银质小钱、钥匙等物再用珠链系在一起；装饰品多为银质，有镯、耳环、项链、戒指等，有的地区还佩戴铸花圆银胸饰物。柯尔克孜族未婚女子戴圆形金丝绒红色小花帽，叫“塔克西”，上面蒙上头巾，缀有缨穗、羽毛等装饰品。年轻妇女多戴红、黄、蓝色的头巾，中老年妇女则戴颜色素洁的头巾。冬季戴“卡尔帕克”，毛毡制成，顶加帽穗，帽面用呢料或布料，帽两侧开口，顶部一般是白色。

柯尔克孜族男女一年四季都喜欢戴圆顶小帽“托甫”，一般是用红、紫、蓝色的灯芯绒制作的。冬季，男子戴羊羔皮或狐狸皮做的卷沿圆形帽子“台别太依”，姑娘则戴以水獭皮或白羊皮制作的皮帽“昆都孜”。夏季，男子多戴下沿镶一道黑布或黑线，向上翻卷的“卡拉帕克”白毡帽，其形制主要有左右开口或不开口，圆顶或四方顶及帽顶有无珠、穗等饰物之差别。不论老少四季均戴绿、紫、蓝或黑色圆顶小帽，外加高顶卷沿皮帽或毡帽。男子的帽子多用红布制成（其他颜色的也有），在帽子的顶上有丝绒做成的穗子。穗子上缀有珠子等装饰品，冬季戴皮帽。在众多的帽子中，最典型而又最普遍的是一年四季常戴的、用羊毛毡制作的白毡帽。柯尔克孜族男子一年四季多戴用羊毛制作的白毡帽（恰尔帕克），这是从衣着上区别柯尔克孜族的标志。帽里下沿镶有黑布或黑平线，向上翻卷，露出黑边，有左右开口或不开口之分，有圆顶和方顶之分。柯尔克孜族戴白毡帽已有悠久的历史。关于白毡帽子的来历，至今在柯尔克孜族中还流传着一个美丽动人的传说：在古代，柯尔克孜族有一个英俊、勇敢而又足智多谋的国王，在长期的征战过程中，他经常感到出战时其军民衣帽不一、战马多色，影响军威和战斗力。于是，在即将远征之前，他召集 40 位谋臣，下令统一战马的颜色，并要他们用 40 天时间，给每个军民准备好一顶统一的帽子，这顶帽子既要像一颗光芒四射的星星，又要像一朵色彩斑斓的花朵；既要像一座白雪皑皑的冰峰，又要像一个绿草如茵的山环；既能躲避雨雪，又能防止风沙袭击。39 天过去了，39 位谋臣都因设计的帽子未能达到国王的要求而一一被杀；最后，第 40 位谋臣的一位才貌出众、聪明能干的女儿急中生智，设计出了这种白毡帽，国王非常满意，便下令所属军民戴用，从此传袭至今。这种白毡帽是从服饰上识别柯尔克孜族最鲜明的标志，柯尔克孜人非常珍惜它，将其奉为“圣帽”。平日不用时，把它挂在高处或放在被褥、枕头等上面，不能随便抛扔，更不能用脚踩踏，也不能用它来开玩笑。

男女都穿皮靴和毡靴，牧民大多数穿一种自制的“乔勒克”船形皮靴。柯尔克孜族不论男女，都喜欢佩戴首饰。妇女喜戴银质耳环、项链、戒指、手镯等，发辫上也缀有银币、铜钱等饰物，有的地方还佩戴铸有花纹的银质胸饰。男子除戴戒指外，还在腰带上镶嵌金银饰物。

改革开放以来，由于与各兄弟民族经济文化交流的日益深入，以及自身物质生活水平的不断提高，柯尔克孜族人民在服饰上也有了很大的变化，中式服装、西服与传统民族服饰相结合，既带有民族风味，又突现现代特点。

2014 年 11 月 11 日，柯尔克孜族服饰被列入第四批国家级非物质文化遗产名录（编号：X—159）。

第三节　塔吉克族草原生态文化

“只有天在上，更无山与齐，举头红日近，回首白云低”，有人用宋代政治家、诗人寇准《华山》这首诗形容世代生活在帕米尔高原上的塔吉克人，称其为“天上人家”，人们到了这里，真的就是抬头可以看见太阳，太阳很低，仿佛就在头顶，触手可及。塔吉克人的村庄坐落在高山雪水冲刷而成的草原地带上，其衣、食、起居都有着适应自然环境的特色，他们根据高原山、谷、水的地形地貌特点，利用帕米尔高原牧草丰茂，水源充沛的自然条件，在高山牧场上放牧牲畜，在低谷农田中种植庄稼，形成了农牧结合，以畜牧业生产为主，兼营农业的格局。为了适应这种半牧半农的生活方式，塔吉克人过着半游牧半定居的生活，他们放牧的牲畜主要有绵羊、牦牛、山羊、马、驴、骆驼等，这些牲畜为塔吉克族牧民的衣、食、住、行提供了大部分物质来源。在海拔 3000 米左右的大、小山谷里，分布着塔吉克族的村庄和田园。过去，由于塔吉克人生活的地理环境比较恶劣，农业相对比较落后，许多土地只能种一年歇一年，较好的地种两年歇一年；牧业生产和广种薄收的农业经济形成了村落零散的状态，户与户之间距离也较远。塔吉克人每年春天播种青稞、豌豆、春小麦等耐寒作物，初夏赶着畜群到高山草原放牧，秋后回村里收获、过冬，年复一年周而复始，过着半游牧半定居的生活，创造了一整套与自然环境相适应的生存技能，独特的生产、生活方式，并始终与自然环境保持一种良好的生存状态。正是雪域高原严酷自然环境里生活的日常叙事，呈现塔吉克人的生存与精神，以及特殊的高原生态与文化，他们这种古朴神奇、独特的民风民俗，让人们沉浸于与之共有的乡愁之中，感受到其深沉的人文情怀，并由之将我们引向了更为悠远的深处，去感受这片神奇的高原之上，塔吉克人所创造出的神秘久远的古老文化习俗。

一、塔吉克族的生活习俗

（一）塔吉克族民居

塔吉克族农牧兼营，居住方式多为半固定居住。一般在村中都有固定住宅，主要是冬季居住；另在夏秋牧场备有临时或流动住所，每年春播结束后，就赶着畜群到高山牧场，秋收季节来临，又回到村庄。塔吉克族村庄多坐落在由高山雪水冲刷而成的草原地带，有些处于两山之间。由于牧业生产和广种薄收的农业经济导致村落零散布局，户与户之间距离较远，独门独院，土夯院墙，周围栽种柳树、杨树和杏树。塔吉克人在村中的固定房屋过去多为石木结构，现在一般为土木结构的正方形平顶屋；住房建筑面积很大，一般都在400—500平方米。每院由门厅、正房、客房、库房组成，并围有院墙。正房的室内装饰考究，是一家人起居生活的地方。正房房屋墙底部用石块砌成，上面的部分用土坯砌就；屋顶由主梁、副梁和椽子构成，椽子上铺苇席和灌木枝，再镘上房顶泥，房顶四边略低于中间以利流水，也作晒台；门很小，朝东或朝南，以避西北风，进门处设一堵矮墙，墙后为放靴的地方；过土墙，进正厅，三面相连的土炕，一面为灶台。炕是靠墙砌成的实心长方土台，上铺毡子、羊皮或粗毛毯，土台边镶木边，像北方的炕沿。灶台一米多高，在中炕和左炕的上方，既可做饭又可取暖；灶堂深而大，主要是保证高原缺氧地区在做饭时有充足的氧气；灶台两边用两截土墙将房屋隔开，灶台后面的部分放置各种炊具，也是妇女做饭的空间。屋内四壁无窗，只在灶台上方的屋顶建有1米见方的大天窗，可采光和通风，有的天窗高出房顶半米之多，镶玻璃，精雕细刻，彩绘鲜艳。在院墙以内最大的住屋称为“赛然伊”。牲畜圈棚紧靠正房。由于高原多风雪，塔吉克人房子室内虽比较宽敞，但较低矮，四周筑土炕，长辈、客人和晚辈分侧而居，土炕上铺毛毡以供坐卧；一般家长睡左炕，白天把被褥叠起来放在墙边即可接待客人；子女睡在中炕和右炕，人口少的，中炕放生活用品。炉灶在大门对侧，灶后另有小间储藏室，存放油、肉、干果和粮食。在夏秋外出放牧季节，牧民多住毡房，或在草场上修筑简陋的矮土房或草皮房。墙基用石块砌成，墙身用草皮堆垛，外墙不抹泥，厚而结实保暖；顶部架树枝，抹上拌有麦草秸的泥土；门向东开，一般靠近墙角，四壁无窗，顶部中央开天窗，通风透光。室内不分间，四周筑有土台，为坐卧起居之地；室内四周为土台，上铺毡毯，以供坐卧，全家男女老少饮食起居都集于一室；另有牲畜棚圈和厨房，有的还有客房和库房。无论是在村落还是在夏秋牧场上，塔吉克族民居的建材都来自大自然，因地制宜地选取适合的材料。

（二）塔吉克族饮食

塔吉克族饮食与其经济状况、生活环境和生活需要密切相关，农区和牧区在食物结构上略有不同，牧区一般以奶制品、面食和肉为主；农区则以面食为主，奶制品和肉食为辅。塔吉克族最喜欢的食品为抓肉、牛奶煮米饭和牛奶煮烤饼。面食主要是用小麦、大麦、玉米、豆子等面做成的馕；常见的特色食物有奶粥、奶面片、奶面糊、酥油面糊、酥油奶糊、酥油青稞馕、酥油浇馕、抓肉、抓饭、奶酪、奶干、奶茶等。他们喜欢将面和奶或米和奶一起制成主食，如奶粥（塔吉克语称为“显尔克鲁齐”，即将洗净的大米加牛奶煮成的粥）、奶面片（塔吉克语称为“西尔太里提”，即用牛奶和面，然后擀成薄片，再用牛奶煮熟）、牛奶煮烤饼等均离不开牛奶。塔吉克族民间独具特色的食品如布拉马克（奶面糊）、哈克斯（油面糊）、泰勒提（酥油泡馕）等都是用牛奶加面粉，或酥油加面粉制成的。塔吉克族在日常饮食中，都很注重主食，不太讲究副食，很少吃蔬菜。一日三餐，早餐是奶茶和馕，午餐是面条和奶面糊，晚餐大都吃面条、肉汤加酥油制品。在肉食上，塔吉克族最喜欢原汤原味的清水煮大块肉，然后蘸盐吃，民间把这种食肉的方法称为“西尔乌”（手抓羊肉）。此外，纳仁（肉块加面片或将牛奶、肉汤混制加面片）、“阿热孜克”（油馃子）、油饼、奶干、奶疙瘩、奶皮子也是日常不可缺少的食品。塔吉克族日常喝饮料多习惯于饮用奶茶。按传统习惯，一日三餐的饮食安排、各种食品的制作，均由家庭主妇承担，男人一般不需插手。进餐时，在地毯上铺饭单（布餐巾），就餐者围其四周，长辈坐在上座，菜饭按座次先后递送。

（三）塔吉克族风俗习惯

塔吉克族传统的家庭形式是家长制的大家庭，实行一夫一妻制；为子女完婚被视为父母神圣的职责。父亲在世时，儿子们很少分家单过，否则会受到社会舆论的责备。不少家庭三世同堂或者四世同堂，至今仍有许多家庭保持大家庭结构。大家庭中特别提倡尊长爱幼，孝敬父母，夫妻间互相忠诚，兄弟和睦友爱等。在家庭中妇女可以对家务事提出主见，可以参与商量经济事务和子女的婚事。在妯娌之间，长子之妻受到尊敬。离婚、休妻、离开丈夫在塔吉克族社会中都被视为耻辱，因此，塔吉克族夫妻的婚姻都较为稳定，大部分都能白头偕老。

塔吉克族热情好客，十分重视礼节，以“吻”作为见面礼；家庭中最热情的礼节是拥抱。其礼节质朴、亲切，同辈的男人见了面要相互握手并亲吻握着的手背，关系密切的要热烈拥抱；在路上遇到不相识的人要将双手拇指并在一起道一声“更艾力麦古卓”（支持、帮助之意）；长幼相见，晚辈要急走几步迎上前去，吻长辈的手，长辈则吻晚辈的额头；妇女见面时，平辈互相吻面颊，晚辈吻长辈的手心，长辈吻晚辈的额和眼；男女见面一般握手问好，青年妇女见到男性长者也应吻其手心。男子行礼时右手置胸前鞠躬，女子则双手扪胸躬身。

塔吉克族民风淳朴、敦厚，社会道德高尚，凡到过塔什库尔干的人，都会为这里的路不拾遗，夜不闭户，民族和睦，社会安定而惊叹不已。

塔吉克族禁食没有经过宰杀而死亡的动物，禁食猪、马、驴、熊、狼、狐、狗、猫、兔和旱獭等动物的肉，以及一切动物的血。他们对粮食和食盐特别珍惜，认为用脚踩食盐和食品的人是罪人；见到盐和食品落在地上，要捡起来放在高处不容易被踩到的地方。他们特别爱惜牲畜，禁止用脚踢或棒打羊、牛等牲畜，不得骑马穿过羊群或接近羊圈，并忌讳观看母羊产羔。每逢星期三、星期日不出售牲畜，这两日也不偿还别人的债务，所以这两天他们不去讨债，别人也不来买畜或还债。如果骑马到塔吉克族人家做客，不能在门口下马，更忌讳快马到门口下马，这意味着报丧或有其他什么不吉利的消息，而应慢步绕到毡房后面下马。

（四）塔吉克族服饰

由于长年生活在帕米尔高原，塔吉克族服饰与其生活的环境有密切的关系，具有鲜明的民族特色，颜色鲜艳，色彩丰富，对比强烈，具有视觉的冲击力，与他们生活的环境形成了鲜明的对比。早期的塔吉克族服饰与游牧生活相适应，从御寒生存的目的出发，形成合体、封闭式、窄衣型的服饰；衣料以毛皮、皮革、毛毡、自织土布和丝绸为主。塔吉克族服饰历经了先秦、汉唐、宋元、明清、20世纪五个时期，服饰的发展与丝绸之路商业贸易的盛衰、东西方文化荟萃的融合程度密不可分，同时也与古老的中亚、西亚文明有着较深的渊源，是西域服饰史的重要组成部分。

塔吉克族服装主要以棉、皮衣和夹衣为主，尤以皮装非常常见，基本上人人都有皮装服饰，在寒冬的时候很多人都喜欢披上一件大衣，没有明显的四季服装。其服饰的皮、毛、布、绸、绒、丝料的选择和服饰图案的运用布局、色彩的搭配独具特色；在造型上和式样上，又显得别致而富有美感。这些都反映了塔吉克族的审美情趣和审美心理，反映了其民族特征和民族性格，具有较深的文化内涵。服饰款式有帽（单帽、皮帽）、头巾、外衣、裤子（皮、棉、单）、裙子（布、绸、缎）、腰带、毡靴、皮靴以及妇女的首饰等。塔吉克族服饰在表现性别、年龄、已婚和未婚上都有明显的区别，妇女的服饰多以红色为主，显得艳丽；男式服饰主要以黑色和较深的颜色为主，显得庄重。

塔吉克族服饰中尤以帽子最具特色。男子一般戴黑绒圆高筒的"图马克"帽，帽上绣有数道间隔匀称的细花边和一道阔花边，帽里用优质黑羊羔皮缝制，帽的下沿卷起，露出一侧皮毛；老年人的图马克帽在黑绒面上带有红色、蓝色的丝绒边或绸子边，青少年的则为白绸制作。这种帽子很适合高原山区的气候，天气暖和时折起帽边戴，天气寒冷时放下帽边戴，紧紧护住双耳、面颊和脖子。"图马克"帽美观又富有立体感，不仅防寒，还是一件经过精心设计的手工艺品。女子多戴绣花圆顶带耳闸的"库勒塔"花帽，很厚实，适合高寒山区使用。库勒塔帽额部用白布做底，绣上妇女们各自喜爱的刺绣图案，年轻妇女花帽连周围也是在白布底上缀以刺绣，顶部也是刺绣；库勒塔帽后部稍长，可以遮住双耳和后颈部，花帽的后半部垂有后帘；出门时，花帽外披白色方形大头巾，新嫁娘用红色，小姑娘也有用黄色的。

塔吉克族成年男子大都在白色衬衣外穿一件黑色、青色或蓝色的"袷袢"（无领、对襟的长外套），系一条绣花布腰带，右侧挂一把小刀，头戴"图马克"帽，脚蹬长筒皮靴，身跨骏马，往来奔驰于草原、雪山间和白云下，显得十分威武、潇洒。夏季，为适应高山多变的气候，也穿皮装或絮驼毛棉大衣，戴"图马克"帽，脚穿用羊皮制成鞋帮、牧牛皮作底的长筒皮靴，特点是轻巧、柔软、结实耐磨；寒冬岁月，披一件光皮大衣，穿皮长裤，再加一双毛袜，穿上皮靴，遇冰川、攀雪峰，行走如平地一般。这就是生存在特定生态环境中的塔吉克人自信、自强的意识体现在服饰款式上的内涵，表现粗犷、洒脱的风格。

塔吉克妇女喜欢多彩的服饰，其装束鲜艳夺目，更具魅力。她们大多喜欢穿镶有花边的红色或花色连衣裙，外套黑绒背心，头戴"库勒塔"花帽，下穿长裤，脚蹬红色软底长统靴，骑上骏马，与男青年并驾齐驱，英姿飒爽，颇有古代巾帼英雄的风貌。青年妇女的帽子上镶有很多饰物，尤其是帽的前沿缀有一排色彩华丽、熠熠闪光的珠子和银链，配以耳环、各种宝石项链和称为“阿勒卡”的圆形银胸饰，显得娇美、艳丽，楚楚动人。当她们外出时，帽子外要披一条数米长的红、黄或白色大头巾。

塔吉克族妇女非常擅长缝纫和刺绣，她们的生活用品中大量使用刺绣工艺来进行装饰美化，如枕头、炕帏、墙帏、被面、花毡、鞍垫、花毛绳及盛装食品和衣物的布袋等，其图案大多是塔吉克族妇女根据自己对大自然的认识设计并进行创作。她们能用各色布块在枕头和围裙上拼出各种几何图案，称之为“补花”或“对布花”，花纹对称协调，色彩鲜艳；她们在衣领、襟边、荷包等上面刺绣各种图案花纹，尤以在妇女帽子前沿的刺绣最为精致，有的像插满鲜花，有的像遍缀宝石，独具特色。此外，马鞍、马鞭等日常生活用品大多也饰有图案，有的还用白银、铜丝镶嵌，相当华丽。

塔吉克族服饰与他们生活的环境密切相关，其各种服饰都是适应所处的自然环境和生产、生活方式而形成的，展示了巧夺天工的绣花技艺和制作技艺，用独特的艺术造型和设计，绚丽多彩的、富有特色的塔吉克族传统的民间图案，来点缀和美化自己的服饰，显示出塔吉克民族服饰的独有性和民族特色，保留了传统独特的高原民族特色，表现了塔吉克族悠久的服饰文化和丰富的文化内涵。塔吉克族服饰以其独特的形式构成和色彩著称，服装的审美情趣和式样搭配与其他民族相比也完全不同。塔吉克族服饰于2011年5月23日入选第三批国家级非物质文化遗产名录（编号：X—144）。

（五）塔吉克族婚俗

塔吉克民族是个能歌善舞、热情好客的民族，他们的生活富有神秘的色彩，其婚礼也别具一格。当一对塔吉克族青年男女通过自由恋爱到了谈婚论嫁时，先举行订婚仪式，小伙子家由父兄、好友和一个女亲属带着礼物去女方家，所带的礼物中必须有一条4米长的鲜艳漂亮的红头巾，订婚仪式结束时盖在姑娘头上，表示姑娘已有配偶。塔吉克族结婚仪式举行3天，热闹而隆重。第1天男女双方各在自己家中打扮和准备，新郎和新娘都要挑选自己的陪伴，衣着上除了要穿民族特色的服装外，最重要的是新郎头上缠上红、白两色绸布做成的纱拉，红色代表酥油，白色代表奶子，预示将来的生活幸福，这是新郎重要的标志；塔吉克新娘的打扮别具一格，她身着色彩艳丽的民族衣裙，脚蹬高筒皮靴，头戴自己精心绣制的花帽，头上围一条长4.5米的围巾，脸上罩着面纱，戴上系有红、白两色手绢的戒指，这种装束象征着吉祥和幸福。参加婚礼的客人都携带礼品前来贺喜，所带礼品一般为4—6个馕及衣服、首饰等，近亲则要送绵羊；母亲或长嫂在送来的礼品上撒些面粉，以示吉祥；有些地方举行婚礼时，女宾客除了带礼物外，每人还带一些面粉，到新娘家时纷纷把面粉撒向墙壁，以示祝福；来客分别在男女两家欢聚一堂，并唱歌跳舞；娶亲当天，新郎住在新娘家。第2天，婚礼进入高潮，新郎骑高头大马，由两个伴郎相陪，由亲朋好友护驾，弹着民族乐器，浩浩荡荡到女方家迎亲；路上经过谁家门口，女主人就要端一碗酥油拌奶子给新郎喝，并把面粉撒在他身上，表示祝贺；迎亲时，男方要送给女方家1只肥羊；迎亲的队伍来到女方家门口时，女方的父母及亲戚朋友要在门口迎接迎亲队伍的到来，新娘的女伴代表新娘要向新郎敬上高原的最纯洁、最富有营养的两碗放了奶油的牛奶，新郎当众喝光，表示接受了女方的盛情和甜蜜的爱情；新郎下马后，新娘的奶奶要向孙女婿的肩上撒些面粉，表示祝福，愿两个年轻人互敬互爱、白头偕老；进屋后，新郎要向蒙着面纱的新娘赠送礼品，并和新娘交换系有红、白绸布条的戒指；举行婚礼时，主婚人要往新郎、新娘身上撒些面粉，新郎和新娘也要互相撒上一点，然后要同吃一点肉、囊、盐和水。他们认为，经过这一仪式，新郎和新娘就会相亲相爱，和睦融洽，白头偕老。而后，新娘的父母要拿出丰盛的食品招待新郎和迎亲来的人们。人们吃完喝完之后，便开始举行高原上特有的赛马、叼羊等娱乐活动，能歌善舞的青年男女吹起鹰笛，打起手鼓，欢乐的气氛进入高潮。第3天早晨，新娘与父母和亲友挥泪告别，新郎和新娘同骑一匹骏马，男在前，女在后，由迎亲队伍簇拥着起程到婆家，一路上伴随的青年男女们弹起各种乐器，边歌边舞。马到门前时，早已等候在那里的婆婆要亲自在门口放上新毛巾，新人双双踩毛巾进门，表示从此以后俩人将开始新的生活。随后婆婆给儿媳端上两碗加有酥油的鲜牛奶，骑在马背上的儿媳妇喝完后才能下马，新娘子踏着红毯子进入新房，蒙着面纱坐在屋里，表示幸福甜蜜的新生活的开始。这一天，新郎家大宴宾客，并举行各种娱乐活动，男女引吭欢歌，婆娑起舞，尽情娱乐，直到太阳落山，人们才恋恋不舍地离去。新婚3天之内，新娘住在新房内，不准出门。婚后第3天，娘家人要来赠送礼物和饭食到新郎家，表示还挂记着自己家的女儿，男方也要给娘家人每人送一份礼物表示感谢；晚宴后，娘家人在新娘婆家住一宿。至此，整个结婚仪式才告结束。至此，新娘才能揭去脸上的面纱，开始正常的家庭生活。

2008年6月14日，塔吉克族婚俗入选第二批国家级非物质文化遗产名录（编号：X—100）。

二、塔吉克族的生态文化

（一）塔吉克族引水节和播种节

“引水节”塔吉克语称“孜瓦尔”节，意为“引水”；“播种节”塔吉克语称“哈莫孜瓦斯特”节，意为“播种或是开始播种”。引水节和播种节既是塔吉克族的农事节日，也是其古老的传统节日，是他们一年中最为隆重的节日，是流传于新疆塔什库尔干塔吉克自治县的民俗活动，有避免灾害，祈求风调雨顺，粮食丰收之意。由于塔吉克族没有文字，所以没有本民族的文字记载。据塔吉克老人讲，多少世纪以来，塔吉克人一直过这两个节日。这两个节日是连在一起的，第一天过引水节，第二天就过播种节。

据传，公元644年，玄奘从印度求法取经回国时曾路过今塔什库尔干，他在《大唐西域记》中写道：这里庄稼长得少，其中豆类和麦类最多。说明塔吉克族先民在当地从事农业的历史至少已有1300多年。塔吉克族引水节和播种节既和农业生产密切相关，也和当地的自然条件有着密不可分的联系。塔什库尔干塔吉克自治县位于帕米尔高原，气候寒冷，常年低温，很少降雨，一年宜耕种的无霜期仅有80多天。在这种自然条件下，加上塔吉克族人口少，居住分散，兼务牧业和农业致使劳动力紧张，在开春时要疏通渠道、破冰引水、耕田播种，播种仅靠一两户人家是难以完成的，须动员和组织全村男女老少一起出动，靠众人的团结互助疏通渠道，把水引来。水引来后，第二天便开犁播种。其间，人们还对缺少种子的人进行帮助，目的是把大家组织起来搞好春耕生产，举行仪式是为了祈求吉祥和丰收，使全村的人都有饭吃。

在每年的3月22日—4月22日的开春播种时节，男女老少集体行动起来，砸开冰块，引水入渠，灌溉耕地。在破冰引水之前，全村的人都要做一些准备工作，一是准备各种砸冰的工具；二是先要到主要河道的冰面上撒些黑土，以利于冰层表面吸热，加快冰层的融化；三是要烤制三块节日用的大馕，一个留在家里，两个带到引水工地食用。当清澈的雪水从水渠里滚滚流来时，人们欢呼起来。在欢呼声中，妇女们早已在地上铺好单子，放好直径足有50厘米的节日大馕，用小刀切成小块，放在盘子里。还摆上一种叫“代力亚”的饭，是用大麦或青稞碾碎成粒状，加入适量的干奶酪、水煮成的粥。这时，大家欢聚一起，吃馕喝粥，相互祝贺节日。同时，小伙子吹响了鹰笛，妇女们敲响了手鼓，男人们跳起了鹰舞，大家唱起了欢快的歌，这是破冰引水成功的庆典。这时，从山上骑马回来的小伙子，放下手中的工具，开始了赛马、刁羊等活动。

年年春种，年年引水，在历史的沉淀中，形成塔吉克族的特殊节庆“引水节”。“引水节”过完的第二天，春播开始，全村各家各户带一点麦子聚集到田野，公众推选一位全村尊敬的长辈来主持撒种。过去，这种人叫“米拉甫”，就是“水官”的意思，他负责组织村民到水渠上撒些土，加速冰雪融化，为破冰引水做准备。引水节中的引水、播种等一切活动，都由“米拉甫”主持安排。现在村里的干部也积极参与配合，组织大家参加义务破冰修渠。播种仪式开始了，“米拉甫”口中念念有词，把种子一把把向田间的人群撒去，撒完种子，有人把一头膘肥体壮的耕牛牵入田里，象征性地犁上几犁，撒几把麦种以示开播。然后给耕牛喂些形如犁铧、犁套之类的面食，表示对耕牛的慰劳。整个过程充满了祥和、热烈、喜庆的气氛。这就是“播种节”，塔吉克语称为“铁合木祖瓦斯节”。“铁合木祖瓦斯”，是播种或是开始播种的意思。

播种节里还有一种有趣的礼俗，家里若有客人，妇女们早已端着盛满水的水桶、脸盆，或站在门口，或上到房顶。等待客人走过来时，就向他们泼水，表示敬意；年轻人还相互追逐泼水，喊叫声、欢呼声、笑声汇成一片，场面热闹。

引水节和播种节的形成和发展以塔吉克族人民互助淳朴的情感把大家连在一起，“助人为荣，损人为耻”的风尚对构建和谐社会仍具有现实意义。新中国成立后，随着现代农业的逐步发展，耕作面积不断扩大，大量使用现代农业机械，农田水利建设也不断完善，已不用人们上山引水，到了春播时，闸门一开，水便会流到地里，那里的塔吉克人无法过引水节和播种节了，这个节日在那里已经消失。由于在当地已逐渐失去了过引水节和播种节的一些基本条件，其内容和文化内涵也在不断简化或弱化。

塔吉克族引水节和播种节于2006年5月20日入选第一批国家级非物质文化遗产名录（编号：X—28）。

（二）塔吉克族巴罗提节

巴罗提节是塔吉克族传统节日，又叫灯节，其隆重程度仅次于塔吉克春节（含春节、引水节和播种节）。它流行于新疆塔什库尔干地区色勒库尔人中，一般在伊斯兰历每年8月的头两天举行。由于节日之夜家家都点一种特制灯烛，故称之为灯节。节日前夕，每家都要自做，用一种高原上特有的“卡乌日”草杆做芯，外面裹上棉花，扎成火把状，蘸上酥油或羊油制成的多支小灯烛和一支特大的灯烛。节日之夜，全家人围坐在炕上，中间摆放着一个供插灯烛用的沙盘，家人按辈分依次将蜡烛插入沙土中，家长按辈分和年龄大小呼叫每个人的名字，叫一个答应一个，并在应者面前插一支点燃的灯烛，以示吉祥，全家人的灯烛都点亮后，各自伸出双手在自己名下的灯烛上烤一下，再作祈祷，保佑平安。仪式结束，阖家大小围坐“卡乌日”，在灯光下共享丰盛的佳肴。餐后，便把家中扎好的最大的“卡乌日”点燃后插到屋顶上，使家家的屋顶上火光熊熊，耀人眼目，它被称为“天灯”，象征光明和幸福。全家人要出来肃立屋前，仰望“天灯”，默默祈颂。在“卡乌日”的照耀下，村村烛火通明，人们彻夜不眠，通宵达旦地娱乐，欢歌嬉戏，尽情戏耍，彻夜不停，处处洋溢着节日的欢乐气氛。与此同时，各家门前要点火堆驱邪。

第二天，开始祭祖活动。人们来到墓地，先给每座坟墓点燃三支到五支酥油灯，摆上油馕和熟羊肉等祭品，还要用麸皮、面粉、酥油等搅拌成“依德”，并把招魂灯插在盘子里，一家老小跪在坟前向亡灵祈祷，祈求祖先显灵保佑全家平安，消除灾难。仪式结束后，各家在墓地互相交换祭祀的食品，友好地围坐在一起进食，并互相祝贺节日。

（三）塔吉克族的鹰文化

生活在我国帕米尔高原上的塔吉克族坚韧不拔的意志和一往无前的大无畏民族精神逐渐形成了特殊的审美追求，其中鹰文化是其最具代表性的特征之一。在民间传说中鹰所象征的往往是塔吉克族人民心中最为敬仰和崇拜的英雄形象，是勇敢、正义、忠贞的象征，在塔吉克族传统文化和人们的信仰、娱乐生活等方面占据着重要的地位，因而塔吉克族又被世人称为“帕米尔高原的雄鹰”“鹰之民族”。这里的人把鹰看作英雄的象征，传说中舞蹈的起源也与鹰联系在一起。据说，有位牧羊老人叫多斯提克，在放牧时，非常羡慕天空中自由翱翔的鹰，同时对鹰俯冲时发出的“咻……”的声音感到奇异。一次他偶然拾到鹰的翅骨，将它做成鹰笛后吹出了美妙的声音。于是他展开双臂，像鹰一样地盘旋起舞，舞蹈便逐渐传播开来。无论在塔吉克族传统文化还是民间文学中，鹰及鹰的形象寓意都占据着十分重要而特殊的位置，其最著名的民间舞蹈“鹰舞”基本动作完全是模仿鹰的动作；最具塔吉克民族特色的乐器是由鹰的翅骨制成的鹰笛；塔吉克族人中广泛流传着各种有关鹰的传说故事，在这些故事中，鹰总是与塔吉克人生死与共，息息相关，在危难关头，鹰总是挺身而出，牺牲自己，为民众创造幸福。由早期鹰崇拜产生的民俗文化诸如鹰笛、鹰舞、有关鹰的传说和谚语等至今仍活跃在整个塔吉克族的生活中，塔吉克族赋予鹰某种独特的文化意象，使鹰文化成为塔吉克族强大的民族符号。

1.鹰舞文化

鹰舞作为塔吉克族民间舞蹈的代表，源于塔吉克族祖先对雄鹰的图腾崇拜，他们模拟鹰的翱翔与盘旋，将鹰的动作概括为一种基本舞姿来表现其日常生活中的各种题材。塔吉克族鹰舞的风格受生存环境的影响，牧民生活在高原，日照强烈，氧气稀薄，行动不能过度急促，需要不断缓冲，从而形成了深呼慢吸的呼吸规律；又由于经常穿着软帮平底高靴在山路、草地上行走，膝部比较松弛、微屈，脚腕灵活、脚掌平稳，所以跳舞时舞者膝部也习惯地保持微屈、步法沉稳有力，动作柔韧而富有弹性。根据这些，塔吉克族鹰舞的基本造型就模拟山鹰，舞者或拧腰躬身，双臂后举，恍若雄鹰凌空翱翔或轻舞双臂，移步回首，如同机警的山鹰巡游在山间谷地；或双脚跺步，点头颔首比拟山鹰快活地嬉戏；或昂首挺胸，收臂按掌，同时踏步后转，酷似山鹰纵身飞向蓝天。鹰舞的主要形式有"恰甫苏孜""买力斯""拉泼依"等。

"恰甫苏孜"，塔吉克语意为："快速、熟练"，它既指节奏，又是即兴表演并带有竞技性的舞蹈形式，代表了塔吉克族舞蹈特有的风格。一般以双人对舞为主，形式活泼，舞者可自由进退，两三组同舞，亦可男女同舞。表演时多由一名男子邀请另一男子同舞，两人徐展双臂，沿场地边缘缓缓前进，如双鹰盘旋翱翔；随后节奏转快，两人互相追逐嬉戏，忽而肩背近贴侧目相视，快步行走，又蓦地分开跃起，如鹰起隼落，由低到高拧身旋转，扶摇直上，最后舞蹈在竞技旋转中结束。这些动态表现，显然是西域乐舞"胡旋舞""胡腾舞"技艺的遗存与升华。

"买力斯"，意为"特定节拍"，是以民乐伴奏或民歌伴唱为主的自娱性舞蹈，也常用来表演传统的故事性民歌，它以原地连续旋转为特色，妇女尤其喜欢。

"拉泼依"，是家庭内只用一个热瓦甫伴奏的特定舞蹈形式，有时也在室外进行，其伴奏多用恰甫苏孜的曲调，伴奏者还可以边演奏边舞。舞蹈动作自由、轻快，技艺高的演奏者可把热瓦甫放置在肩上弹奏起舞。这可能也是西域乐舞风习的遗存。

由于居住地域的差异，塔吉克族鹰舞主要分为"瓦恰谷地鹰舞"和"塔什库尔干谷地鹰舞"两大风格类型。"瓦恰谷地鹰舞"与玛尔洋谷地、热斯坎木谷地的鹰舞相近，同以柔美抒情、刚柔相济为特点。舞蹈在造型姿态、韵味、气质情态等方面都以舒缓细腻、轻柔流畅的个性自成一体。该舞以男性表演为主，舞者的肢体线条以自然弯曲、柔和流畅为主要特点，表现强烈的抒情色彩。虽然音乐节奏是七拍，但韵律较为平稳、舒缓和安详。舞者两臂的线条也极为柔美。小臂和手腕十分柔软，那翻腕、压腕、挑腕等动态也格外柔和，手指造型甚至出现"凤头式"手姿。富于抒情的两臂，或掏手插肩，或曲肘翻腕，或轻舒两臂，翔舞翩翩；舞步多用移步、碎步，强调膝部的弹性。而"塔什库尔干谷地鹰舞"追求肢体线条的坚定和力度。男舞者含胸缩肩，收腹屈膝，躯干部的肢体线条呈现前后变曲的阶梯形，恰似站立的雄鹰自然收缩的形体姿态。一如山鹰似的阶梯式曲线，使舞蹈造型显得遒劲粗犷，稳沉厚重。女舞者肢体线条自然流畅，动作柔和舒展，步法轻盈自如。相比较而言，女性舞蹈动态缺少变化，显得重复单调。男性舞蹈则变化多端、个性突出，是该舞的代表。舞者手臂姿态变化丰富，两臂向旁平展的姿态较为常见。该舞的舞步多采用单步、蹉步、跺步、垫步、移步、踏步、碎步等。"单步"和"蹉步"运用较多，单步平稳舒缓，简单朴实；蹉步节律明快，力度性强，起伏变化大，利用快与慢的节奏对比，在平缓的舞步间骤然顿蹉，踏地为节，雄健有力。同时又强调膝盖的韧性，表现刚柔相济、清脆畅达的节奏韵味。

塔吉克族鹰舞具有极高的社会价值和教育价值，是中华民族传统体育的宝贵资源，已经成为塔吉克族人民在节日活动、劳动之余必不可少的健身形式，是广大塔吉克族人民生活的重要组成部分，对生活在这里世代的塔吉克族人民有了相当深远的影响。《塔吉克族鹰舞》于 2006 年 5 月 20 日入选第一批国家级非物质文化遗产名录（编号：Ⅲ—41）。

2. 鹰笛文化

鹰笛是塔吉克人的骄傲，更是塔吉克族乐舞的灵魂之所在，塔吉克语称"斯特洪诺依"。塔吉克族先民制作和吹奏鹰笛的传统非常悠久，在塔吉克民间流传着这样一首诗歌：只有翱翔蓝天的雄鹰知道 / 帕米尔高原的宽广 / 只有古老的鹰笛知道 / 年轻猎手的情伤……只有勇敢的人才明白鹰笛的可贵 / 只有懂得生活的人才明白人生的快乐，可见鹰笛在塔吉克族人民的日常生活中的地位之重要。鹰笛是用鹰的翅骨做成的，只有三孔，也称"三孔骨笛"，笛长 25—26 厘米，整个鹰笛稍有弯曲，吹的一头直径稍大，约 1.5 厘米，有孔的一头直径较小，约 1 厘米。鹰笛是塔吉克族舞蹈中最典型、最具特色的伴奏乐器之一，其吹奏技法繁难，但音调别致、美妙。鹰笛的曲调有固定的曲目，如在婚礼和喜庆的时候吹"恰甫苏孜""泰温""吉格伦""黑吾力""巴拿纳马克”“热布让克”等曲调；在叼羊时吹“腾巴克苏孜”“瓦拉瓦拉赫克”等曲调；在思念家乡和情人时吹“法拉克”曲调；在大同乡的塔吉克人给年轻人和有威望的人送葬时，吹奏“塔里肯”的曲调。除了在吹思念的曲调时是一人，不用手鼓伴奏外，在演奏其他曲目时都是两人，并由两名妇女敲一个手鼓，这种手鼓比一般的手鼓要大，用不同的鼓点伴奏。鹰笛曲调可分为 5/8 拍（买里斯苏孜）,6/8 拍（文里文拉力克苏孜）,7/8 拍（恰甫苏孜），音调多为半音，两人合奏时吹出一个整音，鱼咬尾式的吹奏，难度较大，都以 C 调为主。鹰笛虽然只有三孔，但可吹出 7 个的音节。鹰笛是塔吉克民族独有的乐器，其声音清脆宏亮，十分动听。手鼓是塔吉克族舞蹈的主要伴奏乐器，演奏时由两名妇女敲打一面手鼓，奏出多种鼓点，这在其他民族中是罕见的。鼓点有固定的套路与名称，如“阿路卡托曼”等，每套都能奏出复杂多变的艺术效果。在盛大的赛马、叼羊活动中，多支鹰笛吹奏《叼羊曲》、多名妇女同时击多面手鼓敲奏“瓦拉瓦拉赫克”，令骑手和马都兴奋不已。

目前，由于鹰是国家二类保护野生动物，严禁捕杀，使鹰笛原材料的来源日渐减少；加上随着国内外的游客不断增多，大量的鹰笛被从私人手中买走，致使每对已由从前的 50—100 元涨到 2000 多元，即使这样，也仍难以寻觅，可见鹰笛之珍贵。

3. 有关鹰的民歌和谚语

在塔吉克人心中，鹰总是正面、积极的形象，它已经内化为塔吉克族人的精神伦理，成为其日常行为准则。因此，有关鹰的神话传说、歌谣、寓言也一直流传在塔吉克族民间。

寓言和谚语。塔吉克人从事狩猎和畜牧，熟知各种动物的禀性，善于以动物喻人。在以动物为主角的寓言和谚语中，鹰被赋予“豪爽、英勇、侠义”的品性，如“活则像雄鹰，否则毋宁死”“孔雀虽然美丽无比，但却不能像鹰那样飞翔”“隼鹰不会落入麻雀的陷阱”“装鹰的乌鸦最害怕雄鹰”“聪明的雄鹰不和老狐狸打交道”，塔吉克人对鹰的崇敬之情可见一斑。至于其他动物，如：狼是凶残、贪婪的代名词；熊是笨汉；羊是忠厚善良的老实人；狐狸性格比较复杂，时而诡计多端，时而聪明机灵、知情晓义。

神话传说。塔吉克族民间关于鹰文化的传说在塔吉克族民间文学中占据着十分重要的地位，鹰的形象往往与塔吉克族的民族精神紧密相关。鹰的活动、精神、勇敢和理想，实际上是塔吉克族劳动人民的思想和追求。鹰在塔吉克族民间传说故事中总会在正义的一方处于绝境时，牺牲自己，帮助他们，以此表现塔吉克人对鹰的崇尚和与鹰生死与共的信念。现存塔吉克族关于鹰的传说按照内容可分为：古代英雄传说、关于地名的传说、关于某物来源的传说、关于古代各民族间关系的传说4类。从叙事类型上，这些传说可分为反抗报恩型和爱情忠贞型。反抗类型的神话把鹰说成塔吉克族先民的恩人，曾经帮助他们摆脱困境。但传说的类型不管是反抗侵略还是赞美纯洁的爱情，其背后都隐含着明确的主题，即塔吉克人与鹰患难与共的拟亲属关系。比如《鹰笛的传说》《鹰笛》《鹰与孔雀》《聪明的山鹰》《一个牧民和四只小鹰》等。在《鹰笛》中讲述了鹰笛的来源：古时候慕士塔格峰山脚下村庄中有一个叫瓦法的年轻人，他有一只百岁的猎鹰，周围的猎手都称它为"兀鹰之王"，此猎鹰虽已活了百年，但是一双眼睛还异常明亮，百里外的鸟雀也躲不过它的眼睛，它的尖嘴和利爪甚至能撕碎一只黑熊。奴隶主想要抢走瓦法的猎鹰，这时猎鹰竟然说起话来，要瓦法杀死自己，取出鹰翅骨做成一支短笛，也就是后来的鹰笛。每当瓦法吹响鹰笛时，成群的兀鹰就会飞向奴隶主，让奴隶主受到了惩罚。

民歌。在塔吉克族的民歌中，鹰也是其中常见的主题，塔吉克人或直接赞颂鹰，或以鹰喻人，或是通过比兴、模仿、夸张等手法来表现鹰的高大形象及坚韧、勇敢、高贵的精神品质和象征；世上珍奇昂贵的金子也比不得帕米尔高原上雄鹰的珍稀与高贵，在塔吉克人民的精神世界中，雄鹰是被崇拜的精神图腾，人们歌唱它，赞美它，并以它自喻。像《我像一只山鹰》《我可爱的山鹰》《山鹰爱的是蓝天》《勇敢的山鹰》《白鹰》等，这类民歌通常采用触景生情的隐喻方式来抒发塔吉克人对现实生活的感受。以民歌《山鹰》为例，"鹰"比喻"少年"，"黄莺"比喻"少女"，通过触景生情的兴体构思的方法来表现少年对姑娘的情感追求；再比如《白色的山鹰》中写道："啊！白色的山鹰，你虽身在笼中，但你永不屈服的愤怒吼声朝天冲，为了把黑暗的旧世界埋葬，你的呼声迸出了烈火熊熊，"用纯洁的白鹰形象，强烈的情感表达，表现了塔吉克族人民的果敢、威猛，以及冲破牢笼，追求光明的抗争精神；还如在《雄鹰》中这样写道："帕米尔的雄鹰世上无双 / 稀世的金子也难比得上 / 我为雄鹰放声纵情歌唱 / 雄鹰啊，你是母亲的娇郎"；再如《因为有了共产党》中"慕士塔格山的雪莲啊 / 有了阳光才开放 / 咱们塔吉克牧民啊 / 有了共产党才解放 / 帕米尔高原的雄鹰啊 / 有了翅膀才能飞翔 / 塔吉克人民有了共产党啊 / 才找到了正确的方向"，则用更直白的文字表达了塔吉克族人民对党的忠诚、赞美与热爱，表现塔吉克族人民作为中华民族大家庭中一个伟大民族的真情实感。

由此可见，作为一个相互独立的文化单元，塔吉克族鹰文化内容丰富、形式多样，并在特定的时空中对塔吉克族人伦理道德、审美观念、行为方式依然发挥重要影响。随着塔吉克族民间文学的发展，塔吉克族之鹰所代表的含义也愈加丰富，对整个塔吉克族文学的发展和丰富都起到重要作用。

（四）塔吉克族民歌

塔吉克族民歌主要流传于塔什库尔干塔吉克自治县及周边高原地区。塔吉克族主要从事农牧业，能歌善舞，民歌成为他们生活中不可分割的一部分。塔吉克族的民歌历史悠久、内容广泛，保持着古朴、独特的风格，具有明显的地域性和独一无二的民族特色，是塔吉克族民间文学的重要内容。塔吉克族的民歌内容十分广泛，主要有反映古老的社会生活、伦理道德、团结互助、助人为乐、民情风俗、歌颂爱情和宗教活动的内容，其种类主要包括：习俗歌、爱情歌、叙述长诗歌、挽歌、宗教歌和幽默歌等。每一个种类又包括许多类别，如习俗歌中有“故事歌”“历史歌”“劳动歌”和“新民歌”等方面的内容，生动细腻地呈现了姑娘出嫁、热情好客、新郎接亲、挤奶劳作等日常生活的方方面面。塔吉克民歌的表现形态多样，根据每种民歌的思想内容和表现的情调有所区别，传统民歌有独唱、伴唱、对唱等形式；除了不拘形式的演唱方法外，还有一种叫“柔巴依”的形式，即四句一联、结构紧凑，每次都表达一个主题，代表了民歌的较高水平。从体裁和功能角度看，塔吉克族民歌包括了一些伴奏舞蹈的民歌，因而，塔吉克族民歌中的旋律变化多样，有快、慢不同节奏的各类民歌。塔吉克人在民歌演唱时按照民歌的不同内容和曲调，在节日、婚礼和劳动之余，聚集在一起，用鹰笛、手鼓和热瓦甫等乐器伴奏，民间歌手动情欢歌，群众翩翩起舞。塔吉克族民歌主要是以家族传承和师徒传承的方式，一代一代地传承至今。值得一提的是，《花儿为什么这样红》的曲调正是源于古老的塔吉克族情歌《古丽碧塔》，一度红遍大江南北。

塔吉克族民歌是塔吉克族传统音乐的重要遗产，伴随着塔吉克族宗教文化从远古一路走来，忠实地记录了塔吉克族的发展历史，从音乐到歌词都有帕米尔高原的特点和民族特色，它是塔吉克族文化的重要组成部分，具有悠久的历史。塔吉克族民歌于 2011 年 6 月 19 日入选第三批国家级非物质文化遗产名录（编号：Ⅱ—149）。

（五）塔吉克族文学

塔吉克族的文学艺术丰富多彩，源远流长。过去，没有文字，靠口头传送。著名的诗歌《雄鹰》《白鹰》《聪明的宝石》《各式各样的》和《利可斯尔水鸟》，总称"玛卡姆"，是诗歌的代表作。传说《慕什塔格山》和《大同人的祖先》生动感人。塔吉克族能歌善舞，音乐为阿拉伯音乐风格，有弹唱曲、歌舞曲、叼羊曲、哀悼曲、情歌和宗教歌曲等。特有的乐器为鹰笛（鹰翅骨制的短笛）、巴朗孜阔木（弹拨的七弦琴）和热布甫（弹拨的六弦琴）。舞蹈大都为双人舞，以模拟雄鹰翱翔为特色。塔吉克族还有独特的戏剧艺术，分歌舞剧和话剧两种。语言生动幽默，动作滑稽，寓意深刻。歌舞剧《老少夫妻》一剧很有名，其思想性和艺术性都很高。塔吉克的工艺美术有刺绣、编织和补花等。塔吉克族文学以民间文学为主，包括神话、传说、诗歌、故事、寓言、谚语，其中以诗歌最为丰富。诗歌又可分为英雄史诗、赞歌、情歌、礼俗歌、风物歌、抒情歌谣等。高原冰山的壮丽风光和特殊的习俗风尚，使得塔吉克民间文学具有浓郁的民族特色。鹰，在塔吉克人民心目中是英雄的象征。流传甚广的长诗《白鹰》，是对 19 世纪抵御外来侵略、捍卫祖国尊严的塔吉克英雄的颂歌。塔吉克人民的这种强烈的爱国主义精神在长诗《不死的库勒卡克》《巴图尔》、歌谣《驱猴》、民间故事《照妖的石镜》、传说《白衣勇士》中，也有充分的反映。长诗《古丽切赫莱》《尼嘎尔·麦吉侬》、情歌《秋蔓荻》等，表现了塔吉克青年男女对理想、爱情、幸福的向往和追求，对封建婚姻制度的谴责和反抗。散韵结合的《唐朝公主》，内容别具一格，其韵文部分缠绵悱恻，哀婉动人。叙事长诗《五兄弟》，叙述了社会地位不同的五兄弟的遭遇，形象地强调了任何人都离不开农民的道理。风物传说也很丰富，在关于自然界动物和植物的传说中，"山鹰"与"雪莲"是描述得最多的对象，如《聪明的山鹰》《一个牧民和四只小鹰》《红雪莲的秘密》《美丽的花》等。关于慕士塔格（冰山）山的种种传说，也各具特色，有的传说中慕士塔格山是一位塔吉克牧民老英雄的化身，它周围的座座冰峰雪岭，是他带领下的牧民在一次抵御外国侵略者的激战中，与他一道壮烈牺牲后变成的道道屏障；有的传说中叙述到慕士塔格山顶锁着一位美丽的仙女，她因同情一对塔吉克恋人而受到上天的惩罚，山巅的积雪，是她在苦难中熬白的头发，山间的冰川，是她流下的眼泪凝结而成的。传说充满着浓郁的诗意和浪漫的色彩，表现了塔吉克人民丰富而奇特的想象力。民间故事，有的描述了塔吉克族人民与残暴的国王、牧主、外国侵略者的斗争，如《鹰笛》《吾拉孜英雄》《神棍》《钻天杨》；有的反映了塔吉克人民与汉族人民、柯尔克孜族人民的亲密友谊，如《公主堡的故事》《彩云公主》《大同人的祖先》；有的描述塔吉克人民热爱劳动，艰苦奋斗的精神和改造山河的意志，如《金色的田野》《亮晶晶的酥油》《杏林》；有的歌颂生死不渝的友谊，如《忠贞的友谊》《可靠的朋友》。此外，还有许多爱情故事，如《白宝石》《牧马青年》《神秘的泉水》《牧羊姑娘》《三姐妹》等。塔吉克的民间谚语，如"被奶子烫过的嘴，见了酸奶也吹一吹""去过麦加的驴仍然是驴"等，言简意赅，形象生动，表现塔吉克族人民的智慧。后来由于历代反动统治者实行民族压迫和民族歧视政策，中国境内的塔吉克民族的书面文学在相当长一个时期内没有得到发展。在近代和现代塔吉克文学中，鲁其克的长诗《白鹰》《红手帕》、托合提·玛玛奇以维吾尔文创作的长诗《婚礼上的宝剑》《伯克》等作品在民间广泛传诵，深受群众喜爱。中华人民共和国成立后，塔吉克族民间文学宝藏被陆续开发出来，叙事长诗《花丛》《尤吉格之歌》已被发掘整理。新一代的塔吉克作家们不仅发展了传统的诗歌创作，而且开始涉足电影文学剧本、戏剧剧本、小说等新的创作领域，并取得了一定的成绩。

（六）塔吉克族的马球

马球是以草原、旷野为场地，游戏者乘马分两队，骑在马背上手持长柄球槌，共击状小如拳的木球，以打入对方球门为胜的运动，史称"击鞠""击球""毛丸"等，已有2500年的历史，是当今世界上最古老的体育项目之一。如今在印度、巴基斯坦、埃及、约旦等国仍盛行，还曾被列入奥运会比赛项目。

帕米尔高原独特的地理条件，使得马成为塔吉克族人生产生活中必不可少的家畜之一，他们长期与马相处生活，形成了独具特色的"马背文化"，马球便是其中之一。在新疆，仅有塔吉克族把马球作为一项传统的马背竞技运动。中国体育博物馆考察队曾在塔什库尔干石头城下的河滩里发现了一处与史料记载中常见的修筑在郊外空地上的马球场形态一致、轮廓清晰的古代"石头城马球场"，说明很早以前塔吉克族人就有打马球的习惯。塔吉克族马球球场长180米，宽70米。马球是将粗羊毛绳缠成团，外面用黄羊皮缝制成的直径约12厘米的圆球；球棍呈铲形，长约1.2米。参赛队员共有12名，设有前锋、后卫、守门员等岗位，每场40分钟，分上下两场，规则与足球相似；沿用古老的木碗滴水计时方法。

塔吉克族马球的比赛规则、形式几乎与现代马球一样。比赛的两支队伍穿着极具塔吉克族传统特色的队服，即每一个参赛队员头上都会系一条彩色头巾，头巾上均会绣着一只展翅飞翔的雄鹰，手持一根大约 1 米长的木制球杆，骑在马匹上追赶着地上的马球，马匹之间不断碰撞，马的嘶鸣声、比赛选手的叫嚷声响彻天际；马蹄在草地间飞踏，扬起阵阵烟尘，突然一个人从马背上俯身而下，一手握住缰绳稳住身体，另一只手果断地挥动球杆，待一声清脆的声响过后，球从地上飞起，穿过铁制球门后再次落入地面，于是其中一支队伍便赢得了一分。与此同时，视歌舞为生命的塔吉克族人，也绝不能少了音乐和舞蹈的助兴。球场之外，戴着皮帽的男子手拿鹰笛，熟练地吹奏出悠扬的曲子；手鼓被有节奏地拍打着，发出厚重的音韵，一身红装的女子伴着音乐翩翩起舞，鹰笛和手鼓的声响不绝于耳。当一场马球比赛结束后，人们依旧沉浸在运动的热烈气氛中，骑手无论输赢，都同样高兴，他们握手、亲吻手背，用最朴实的礼节表达对彼此的尊重。一场塔吉克族马球比赛，虽说是比赛，却更似一场展示塔吉克族文化内涵的演出，在这千万年未变的高原之上，天空明净澄亮，无处不在的鹰元素、舞蹈与音乐、原始古朴的礼节，以及塔吉克汉子的剽悍，在一片人马嘶鸣声中透出的音乐，听起来就像远古的呐喊，具有穿透生命的原始力量，仿佛让人们看到了数千年前塔吉克族人游牧的壮阔场面。

塔吉克族马球比赛场面热烈，对于加强民族文化认同感具有重要价值。塔吉克族马球犹如一条颜色艳丽的彩带，把塔吉克族人的过去与现在美丽地串联了起来。古老的塔吉克族人总是会选择在重要的节庆中举办马球比赛。如今节庆仍在，马球也仍在，亘古的高原没变，塔吉克族人对鹰的崇拜也没变。当骑手在马背上疾驰，挥动手中的球杆时，我们看见的是一个民族悠远的历史，以及骨子里从未被生活冲淡的美好品性。2008 年 6 月 14 日，塔吉克族马球入选第二批国家级非物质文化遗产名录（编号：Ⅵ—37）。

第四节 哈萨克族草原生态文化

我国的哈萨克族主要分布在新疆伊犁哈萨克自治州、木垒哈萨克自治县和巴里坤哈萨克自治县等，天山脚下的伊犁草原；少数分布于甘肃省阿克赛哈萨克自治县和青海省海西蒙古族哈萨克族自治州。

哈萨克族是由古代多个部落和部族不断分化并逐步融合而成的，最主要的族源应是 6 世纪出现在汉文史籍中的“可萨”，塞种、乌孙、匈奴、康居、可萨和突厥等，是哈萨克族较早的民族源流。哈萨克语属阿尔泰语系突厥语族克普恰克语支，保留了丰富的古代突厥语词汇。①

哈萨克民族草原生态文化自古以来一直是人们关注的话题，它构建了人与自然和谐共荣的生存模式和文化体系，展现了人类在不同自然条件下的非凡创造力。

一、哈萨克族草原文化建立的基本条件

马的驯养和使用，车的发明和使用，毡房的独特创造，是哈萨克民族草原文化得以成熟的重要标志。

（一）马的驯养和使用

游牧民族哈萨克被称为“马背上的民族”。马在畜牧业中占有极为重要的地位。马皮、马肉等为人类提供着衣食资源，更为重要的是马在交通、战争中发挥着极为重要的作用。

考古发现哈萨克族是世界上最早的驯马者，他们早在5500年前就开始养马、骑马和驯马。哈萨克族先民自驯化野马至今，千百年来已与马共栖同存，密不可分，建立了深厚的感情和友谊，在游牧活动中马更是伴随一生。

古人认为马有预示天意的本领。早在远古，马就作为佐神之物存在了。在传说中马有佐神的作用，人们认为马是神圣、聪明的动物，具有神性，并崇拜马神。哈萨克人将驯服马的罕巴尔尊称为罕巴尔神，在培育和驯养马的时候要祈求罕巴尔神的恩惠。

（二）车的发明和使用

车的发明和使用是草原文化得以成熟的重要标志。哈萨克族先民“康居”，因为使用车也称为“高车”。《北史高车传》说高车所乘“车轮高大，辐数至多”，汉人因其车轮高大故称之为高车。《通典》说：“大月氏国人乘四轮，或四牛六牛八牛挽之，在车大小而已”。本来车子两轮子转动最方便，四个轮子只适于直线走，这只有在大草原里才适用。说明康居国这个地方古代是欧

① 阿利·阿布塔里普等：《哈萨克族的草原游牧文化（Ⅰ）——哈萨克族的形成、分布及宗教信仰》，《草原与草坪》2012年第4期。

亚的通道，用两轮大车在这里通行。或许历史最早的丝绸之路，就是由高车之类的游牧民族开辟的。

（三）毡房的创造和使用

哈萨克族的毡房历史悠久，最早可以追溯到乌孙时期。毡房是迎合畜牧业生产和游牧生活主要特点的独特创造。畜牧业的最大特点是牲畜追逐水草，牧人随畜迁徙，牲畜走到哪里，牧人就跟到哪里。牲畜受制于大自然的安排，牧民也要按照季节规律移动，牲畜和人都受自然环境的制约，这便决定了草原游牧民族逐水草而居的移动性生活。

哈萨克人成为逐水草而徙的游牧民族之后，他们的居住方式也由原来的圆顶式窝棚演变成穹庐式毡帐。毡帐俗称哈萨克毡房，以柳条、白桦、松木制成的 xangrak（天窗）、uwek（檩椽）、kerege（围墙）组成，就地取材，灌木丛、树枝均可利用，对森林不构成破坏。毡帐上面覆盖的毡子和毛绳，用羊毛、骆驼和牛的皮绳以及马鬃制成。哈萨克毡房结构简单、设计巧妙、搬迁方便，妇幼老弱都能拆会搭。毡房采光和通风好，寒冬和酷夏都能适用。因其呈流线型，圆而不锐、迎风而立，就是刮风下雨也巍然不动，形象刻画出天圆地方，人在其中的美妙画面。

二、哈萨克族的游牧生态文化

大自然的变化决定着游牧经济的兴衰。如果天顺人意、水美草茂，牧民的生活就富庶，牧民也有可能因一夜间的自然灾害而倾家荡产。所以畜牧的繁殖情况取决于生态环境的好坏。哈萨克族是世界上最喜欢牲畜和善于饲养牲畜的民族之一，创造了一整套与自然环境相适应的生存技能，始终保持一种良好的与自然环境互动共生的状态。

（一）与环境相适应的生产方式

哈萨克族游牧文化的生产、生活方式及技能是以与自然的适应作为前提条件的。其实质造就了游牧文化中的物质生产的特征，进而决定了整个生产、生活方式的某些基本特征：如游牧生产具有游移性、实用性、简约性、稳定性；有适应游牧的家畜，有与环境相适应的生活用品，如适应游牧的衣物、食品、毡房等；在畜牧生产中有四季草地的利用标准，畜群结构的控制，转场中的环保习俗和狩猎中的习俗等;哈萨克族有适应游牧生活的独特的民族手工艺产业。

1. 牲畜的分类放牧

哈萨克族能根据不同的牲畜选择不同的放牧方式。马、牛放牧在高山牧场。针对冬、夏季牧场的产草量和枯草质量的不同,盛行分类放牧。牧民在不同时间将牲畜放牧到不同的区域,畜群在各时期都能吃到最好的草。3月底,春牧场主要进行接羔、育羔工作。在进入夏牧场之前进行剪毛、羔羊去势的生产活动。6月底,是羔羊断乳和大畜配种的时节。由于畜群中只有马能自动避免近亲繁殖,为保证牲畜的质量,对其他种类的畜群,则靠经常换种畜的办法进行繁殖。到9月,给羊群剪秋毛、配种。这一系列生产技能是哈萨克族牧民在长期的游牧实践中,为适应当地的自然环境,进行生存的有效手段。客观上保护了自然环境和他们赖以生息的牲畜和草地。

2. 草地游牧

哈萨克族俗语说:"草地是牲畜的母亲,牲畜是草地的子孙""草肥则牲畜壮"。正是由于对草地的重视,哈萨克族对草地使用有一定的规则与习惯:新中国成立前草地划分都是以部落和阿吾勒(牧村)为单位的,"由部落和阿吾勒头人、元老和比官会议协调划分,因而他人不能插手更不能随意改变,是固定的"。哈萨克族长期以来习惯于游牧生产,常年在草原上随四季的变化流动放牧。一年转场至少有2—3次。3月底把牲畜赶往春牧场;6月底,畜群进入高夏牧场;到9月,牧民将畜群赶到秋牧场;入冬,牧民又迁到冬牧场,利用那里冻干了的牧草过冬,补饲少量储备的干草。游牧的目的就是为了尽可能合理地利用草地。同时,对草地的选择也要依地形、气候、水源等而定。不同的草地放牧不同的牲畜,草甸草原适合于饲养牛马等大畜,典型草原则宜于放养绵羊、山羊等小畜,荒漠草原多放养骆驼。

3. 狩猎中的规矩

狩猎业一直是新疆游牧民族的副业之一。狩猎业的存在一方面补充了人们的衣食,另一方面也可以在一定程度上保持草原生物的多样性。哈萨克族狩猎时,不同的猎物要采取不同的猎取方法,如在猎取黄羊、狐狸、狼、野猪、兔、貂、鹿、虎时,所使用的方法就不同。从事狩猎生产应当遵守规矩,如打猎日期的选择、保护猎物幼仔、迎猎、分配猎物等。至于狩猎工具,大致有动物类的(鹰、犬)、人工制造类的(弓箭、扎枪、铁夹子、签子、猎刀)。为了使狩猎资源得到合理的利用,哈萨克人还形成了一些相关的禁忌,对狩猎行为做了规范，避免了盲目的不必要的滥杀。

（二）哈萨克族的草原游牧生产特征

游牧民族自身既创造了一整套与自然环境相适应的生存技能，又使得自然环境始终保持一种良好的存在状态。哈萨克族游牧文化的生产、生活方式及其技能是以与自然的适应作为前提条件的。但是适应是通过对牲畜及产品的利用来体现的。适应的目的在于利用。二者是辩证关系，对牲畜及产品的利用体现了对自然的有效适应程度。对牲畜及产品的利用行为实质造就了游牧文化中的物质生产的特征，进而决定了整个生产、生活方式的某些基本特征。

1. 游移性

哈萨克族传统生产、生活方式最基本的特点是凭借天然牧场饲料资源进行畜群生产和再生产。因此，生产经营方式必然建立在对天然牧场适应性利用基础上，牲畜需根据气候、地形、水源以及草原牧草生长季节性的周期变化而迁徙。哈萨克族有句话，非常形象地概括了游牧民族四季游牧的原因："开春羊赶雪，入冬雪赶羊。"从根本上讲是人随牲畜移动，以畜群的活动为中心，牲畜到了哪里，人类社会的政治、经济、文化也随着到哪里，人的自主性要服从于畜群的生存需要，人自身的生存和发展需求则降至第2位。

2. 适应性

从人类自身的短期利益，尤其是从生活的安乐舒适来看，游牧的生活方式是不适宜的。但如果从生态以及人类生存的长远意义着想，以迁徙来适应的生活方式有其积极和科学的依据。游牧民周期迁徙活动，一方面实现了畜群的多样性和足够的食物量，另一方面也保存了地表植被的覆盖面。从亚洲干旱草原相对脆弱的生态状况来看，不是游牧民自愿选择了"迁徙—适应"行为，而是环境促使游牧民做出了"迁徙—适应"的举动。游牧的生产方式在历史上对西北地区生态系统的维持所起的积极作用是不容置疑的。

适应性是游牧民族在这一环境中生存下来的前提与基础。不论是生产方式、生活方式，还是生产生活技能，都是为了生存的需要而有意主动地创造出来的，其中充满了与自然和谐统一的生存智慧。正是游牧文化杰出的适应性特征及游牧民族非凡的适应能力，才使得这片神奇珍贵的土地得以保留至今天。当全球性生态危机日益加重，人们不得不开始反思盲目的改造自然，"人定胜天”所带来的恶果时，古老的哈萨克游牧文化愈益显示出了它的可贵与难得，其适应特征也愈益显示出其科学与合理之处。

3. 实用性

哈萨克游牧文化在生产领域，将与生活有关的物资利用达到了极限的程度，从而无论是在物质生产还是精神产品的创作上都贯穿着一种实用化的原则。在牧区，以对一只羊（物质产品）的处理过程为例，羊皮当作产品卖掉，换急需的生活用品。剩余部分的加工是本着“好吃”和“物尽其用”的原则来进行。哈萨克族这种生存方式，体现了与自然和谐共处的特征，保护了生态环境，为自己谋得了生存发展的空间，同时有效地保持了自然资源的可持续利用。如果说适应性特征是人与自然之间的关系，那么实用性特征则是对人自身而言的，前述的生产、生活方式及技能都体现了这一特征。而且我们以后将要看到，正是由于哈萨克族生态文化的这种实用性，才为其精神层面、制度层面的生态文化打下了一定的实用性基础。实用性的最大收获就是节约了自然资源，而这恰恰是这片土地最宝贵、最珍稀的东西。

4. 简约性

哈萨克游牧民在一年四季里逐水草而移动，经常处于运动状态中，这种生活方式不利于大量积累固定资产。若把棚圈、牲畜当作固定资产看待，那也同现代经济学所指的工厂化的固定资产有所不同。因为游牧民的棚圈、畜群处于一种不断变化的生态状况中，而且就游牧经济而言，生产资料和生产工具的划分也是相对困难的。例如，牲畜一方面是生产资料，另一方面又是生产工具（牛、马都是交通和放牧的工具），与此同时牲畜也是牧民生产出来的产品。因此，游牧文化中的资产都具备综合功能。这种综合功能在物质生产方面蕴涵了简约的特征。一定资产功能的多样化和材料的简约化是辩证的。就一种产品而言，只有具备多种实用功能才能简约生产材料。根据简约材料原则设计的一项产品，只有具备多项功能时才能做到物尽其用。

5. 稳定性

稳定性的存在对自然环境来说意味着被保护和良性循环；对人来说意味着生存权的被保证及可持续发展；对生态文化本身，则意味着发展进程不至于被生硬地打断而得以保持下去；对人类文明，则更是意味着与生态多样性同样重要的文明多样性的被尊重与保证。

这里所说的哈萨克族生态文化的稳定性，并不是说这里就没有“变化”的因素，实际上文化的变迁是时时存在的。这里所说的“稳定性”只是就其核心部分而言的，因为环境的变迁是“长时段”性的，因而人类为适应这一环境而采取的手段在本质上是一贯的，变化的只是“量”而非“质”。在此讨论的角度是从“能指”出发的，即“应该”是如此，这是因为在现实中情况并不尽如人意，与这片土地的生态环境同样脆弱的游牧文化已面临着太多的生硬、不合理甚至粗暴的干扰，生态文化所具有的一贯的稳定性面临严重威胁，而这种稳定性，对人、对环境都不可或缺。

（三）与环境相适应的生活用品

1.适应游牧的衣物

哈萨克族人冬天戴两面有两个耳扇，后面有能够遮风雪、避寒气的长尾扇的尖顶帽子。这种帽子是用羊羔皮或狐狸皮做的。而夏天则戴很薄的平条绒做的颜色各异的尖顶帽。克宰部落和阿勒班部落男子夏天戴用山羊皮做的轻便的“克宰卡里帕克”，基本上继承了古代先民的特色。哈萨克男子采用柔软、轻便的白布缝制衬衣。哈萨克人的袷袢大皮衣实用且最具“生态”特征。袷袢即长外衣，有单棉之分。袷袢与生活的环境相适应，白天日照强烈，温度较高，夜晚气温降低，寒气袭人，一日之间温差很大。长至膝盖的袷袢穿脱方便，既可以抵御风沙，又可作为夜间的铺盖，极为实用。

2.适应游牧的食品

传统的哈萨克人的食物分为肉食、奶食、面食和蔬菜类食品，其中以肉食和奶食、面食为主。肉食的来源主要是牲畜和猎物，食用方法很简单，多以煮食为主，剩余部分晒成肉干备用。奶食的来源主要是饲养的各种牲畜，有鲜奶、各种奶制品（酸奶子、奶皮子、生奶油、乳饼、酥油、酸奶疙瘩、奶酪液、酸凝、黄奶疙瘩、奶豆腐等）、马奶酒、发酵的驼奶、奶茶等，是牧民日常饮食中绝对不可缺少的部分。哈萨克牧民为了适应牧业生产的需要，便于迁徙，十分注意贮藏，常常把奶疙瘩和奶酪晾干晒透，长期保存，作为冬季口粮，这也是招待客人的食品。把酥油装进刮净、干透的羊肚子里，然后把口扎死，既不渗油，也不走味，放上数年也不变质。“长期过游牧生活的哈萨克牧民的乳食种类非常多，他们善于做各种各样的乳制品。这些乳制品，都是根据畜乳的性质（马奶不能干储）与需用的目的（即时饮用、久储、携带、调换口味等）而制作的。”至于植物类食物，在传统哈萨克人的饮食中是作为辅助性食物而存在的，主要有馕、油炸的“包吾尔萨克”、馓子、油饼、面条等。另外，季节性差异在传统哈萨克人的饮食习惯中也存在，如夏季以奶食为主，冬季以面食、肉食为主。

3. 适应游牧的毡房

传统哈萨克人的居所主要是毡房。哈萨克毡房是先民们对大自然天然选择的结果。哈萨克草原上的芨芨草、柳条、兽皮，是大自然无私的馈赠，哈萨克先民对自然原料进行艺术般的加工，精心构思，形成了哈萨克毡房这种居住方式。毡房的构件除了支撑架子用木头制作外，其他部分全部用毛毡、毛绳、带等畜产品做成，并且符合游动生产生活方式的需要。哈萨克毡房以其易于搭卸、携带方便、坚固耐用、居住舒适、防寒、防雨、防震的特点而沿用至今。

4. 适应游牧的家畜

哈萨克族大规模牧养的牲畜有马、驼、羊、牛，统称“四畜”，马居其中首位。根据考古材料，哈萨克族大规模牧马的传统可以追溯到塞种人居住在伊犁谷地的时候。乌孙时代的“乌孙马”在中原颇负盛名。史载，“乌孙多马，其富人多至四五千匹马”，乌孙王曾以良马千匹为聘，迎娶西汉江都王刘建之女细君公主，足见古代乌孙游牧业及其养马业规模之大。古代康居的养马业也有很大规模，而且培养了优良的马种。汉文史籍多有关于康居产马的记载。哈萨克族继承了古老的牧马传统。直到今天，在哈萨克的畜牧业生产当中，马的大规模牧养仍占有非常重要的地位。

传统哈萨克族的主要交通工具是马、骆驼以及木轮车。马是用于骑乘的交通工具，人们在迁徙、狩猎、放牧时都要骑着它，已经成为哈萨克族生活中不可缺少的一部分。“马是男子汉的翅膀”，人们热爱马，用各种文学艺术形式来赞美它，积累了许多经验来确保马匹得到最好的照顾。哈萨克族生活的地区干旱多戈壁，运输比较困难，在这种条件下，使用骆驼驮运最为适当，而且骆驼载重量也超过其他牲畜，一向被誉为“沙漠之舟”。它不仅用于骑乘，还用于拉车、负重。因而一些有骆驼的人家，多用骆驼转场搬迁和驮运货物。用骆驼转场驮运一般不用带草料，通常一早起身即行至午前，中午放牧，让骆驼得到休息。日落前起身行至深夜，每走一段可以稍事休整。可以说骆驼在哈萨克族人民生活中起着很大的作用。木轮大车是一种历史悠久的独特的交通工具，游牧的先民们都曾使用过，这种车的车轮高大，结实耐用，适于各种地形，而且载重大，牧民们用它来拉水及各种物资，尤其是在迁徙时，已经成为哈萨克牧民“移动的家”。

每个哈萨克人家羊群里都有自己喜爱的领头羊，在转场过程中，有时遇到河流、湖泊、大雪封山或遇到险要狭窄山路，羊群被迫停留下来时，主人就会进入羊群里扬鞭大喊，这时领头羊听到主人的声音就挺身而出，勇敢地往前冲，带领其他羊群走出险要地段。如果没有这样几只领头羊，遇到这种紧急关头，就无法将羊群赶到指定地点。

（四）哈萨克族牧民放牧活动的特点

哈萨克族游牧生活区域以山区为主，以平原、盆地为辅，通过长期的游牧生活，逐渐掌握了自然规律，看看太阳、月亮是否有风圈，特别是细微观察有蹄类野生动物的活动规律，对野生动物的迁移时间、路线以及进入交配期的时机进行长期观察和研究，得出这些活动规律与气候、自然界的微妙变化都有着密切的关系。

1. 四季草地的利用标准

野生动物如果进入交配期的时间比较早，表明来年气候比较暖和；如果进入交配期时间比较晚，则表明来年气候比较寒冷（野生动物的这一活动规律，在 20 世纪 90 年代与美国专家一起研究盘羊资源的活动规律时得到了验证）。按照这一规律，哈萨克游牧民族就很好地掌握了自然界的变化规律，什么时候进行转场、什么时候对羊群进行配种等等。另外根据游牧区地形地貌的特征、植被分布规律及气候特征的差异性，按照春旱、多风；夏短、少炎热；秋凉、气爽；冬季严寒漫长、积雪厚等特点，把草场以平均气温为标准具体划分为四季牧场。平均气温稳定在 0℃ —20℃划分为春季牧场。是因为这一区域的海拔比较低，是低山丘陵地带，避风遮寒，气候相对暖和，比较适宜羊群保存体力和接羔育幼。植被主要以禾本科牧草为主，还杂有豆科牧草。≥ 20℃划分为夏季牧场。是指这一区域海拔较高，亚高山、山草原占据优势，气候相对凉爽，牧草丰富，比较适宜各类牲畜抓膘。植被主要以禾本科牧草为主。0℃ —20℃划分为秋季牧场。是因为这一区域以低山丘陵为主，海拔较低，气候相对凉爽，牧草以豆科、半灌木、蒿属类为主，这些牧草营养丰富，有利于牲畜固膘，为安全越冬打基础。≤ 0℃划分为冬季牧场。是因为这一区域以低山丘陵为主，主要利用雪水，虽然气候寒冷，但避风性很好，牧草主要以半灌木、灌木为主，这些牧草的特点是冬季下大雪不被埋压，对各类牲畜取食有利，便于牲畜安全越冬。哈萨克游牧民族对四季草场的划分具有很强的科学性和可操作性。

2. 畜群结构的控制

随着历史的变迁，哈萨克族牧民们经过长期的摸索和经验积累，逐渐确立了对四季牧场的区分和利用，形成了在一定的草原范围之内，按照季节搬迁流动放牧的习俗。为了充分利用有限的草场资源，严格控制畜群结构，逐渐减少大牲畜的结构比例，优先发展小牲畜，是因为大牲畜主要用于交通、运输等，经济效益不明显，而且对草场的破坏力也比较大，而小牲畜具有的利用率很高，繁殖能力强，经济效益显著，周转快等特点，很适合畜牧业发展的需求；另外小牲畜具有发展快、损失小、管理方便、适合各类草场放牧等优点。因此，往往游牧民族严格控制大、小牲畜间的结构比例来发展畜牧业。一般把大牲畜、绵羊、羊、其他畜种年末存栏比例严格控制为12.8 ∶ 63.9 ∶ 18.3 ∶ 5，从这一结构比例看，大牲畜的比例远远小于小牲畜的比例，这个畜群结构符合减轻对天然草场的践踏压力和提高载畜能力的理论水平。

3. 哈萨克游牧民族的转场

在中国这块“候鸟”迁徙的大地上，哈萨克族深居大陆腹地游牧已有2000多年之久，四周高山环绕，与山脉相间或相邻的有盆地、谷地、平原等。而有限的草地资源的合理利用关系到哈萨克族的生存与发展。

季节转场牧场按季节可分为春季、夏季、秋季和冬季。“转场”，就是依牧草生长周期和气候的变化，有序地为牲畜转移草地，是按季节每年进行十几次的循环轮牧的过程。春天把羊群赶放到山坡或山下平原地带；夏天转到高山深处；秋天到山腰，然后留一片草地，打草储存让牲畜冬天吃；冬天在山脚下羊圈周围放牧。每年3月底至4月初，大批牲畜又必须从冬季牧场再次出发，开始新一年的转场生活。

转场与哈萨克族地区各季草地相距各异。山区牧民每次转场路程不超过百公里，半牧半农的牧民转场路程更短，在30千米的范围内。平原地区的牧民转场路程往往较远，近则几十公里，远则几百公里。有条件的地方，牧民改用汽车运输搬家，牲畜则由牧人赶着另行。由春牧场启程时，要考虑到幼畜出生的时间，看是否长结实，能否随群赶路。这时，日行程为14—15千米，哈萨克语中有“羔羊程”的长度单位，指的正是这样一段距离。

转场颇具观赏性。大批牧民成群结队地如潮水般迁徙，几乎在同一时间开始从夏季牧场向秋季牧场转移。在一个海拔2000米的山口观看，一家接着一家的牧民骑着骆驼赶着羊群朝远方一个湖的方向前进，从早到晚的大规模迁徙场面一直会持续半个月。

有一位美国著名探险家这样描述哈萨克人的转场:“我通过认真细致的调查研究,哈萨克人一出生就开始了转场的游牧生活。近则十几公里,远则几百公里,他们的生活处处都在转场中度过,走到哪里,把游牧文化就带到哪里,传播到哪里。我和他们的长老谈论了关于这次准备‘西迁’的事宜。有人怀疑哈萨克人迁徙近6000千米,能否把整个家庭和牲畜一起转移到印控克什米尔?我的答案是肯定的!因为,他们天天就在转移,习惯了马背上的游牧生活,就像转移草场一样轻而易举到达克什米尔的,但别的民族就无法做到。”转场取决于畜牧业经济因素。转场可以及时给牲畜提供优质牧草,保证牲畜的成长和数量的增加;可以使畜牧生产专业化;可以使各种牲畜自然淘汰,有利于品种优化。每一次转场,都是哈萨克族人对美好生活的一种寄托和希望。

转场有牧道,邻里之间、牧村之间往来也有马路,草地不能随便践踏。通常在各类草场之间都有固定、大小不等、坦险各异的牧道相通。牧民在山区转场必须按牧道行走。按牧道转场,这样既可以畅通无阻,保证安全,又可以防止转场牲畜肆意践踏牧草,破坏草原。不按牧道转场,随意践踏他人草场,甚至有可能引起纠纷。转场前,阿吾勒(哈萨克语,意为“牧村”)内或阿吾勒之间的亲戚、邻居和朋友会事先商定时间、路线,约定途中的宿营地点,仔细盘算每一个细节及可能遇到的问题,如转场过程中将要出生的牲畜数目、老弱牲畜的处理、合理存栏、棚圈设施等。启程要择吉日,穿戴整洁美观,转场队伍尽可能风风光光。路上,你追我赶,人都不甘落后;甚者还有的分组相互对唱等,场面十分热烈。因为先抵达宿营地者还可以落脚水清草盛的地方,并以主人的身份迎接后来者。不论是认识还是不认识都要向后来者迎上前去,端上酸奶、奶茶等供他们喝,以便让长途跋涉的人们歇脚解渴,同时也祝他们一路顺风;如果这一后来者搬到或暂时停留在先来者的附近,那么先来的就会主动前去帮忙卸货及整理家务等,同时还会给他们送过来一顿美味的便饭。如果这一家有小孩的话,还会礼节性地赠送小孩一匹马驹或小羊羔等礼物。哈萨克游牧民族的这一传统习惯一直保留到现在。转场队伍前,往往牵着健壮的骆驼,驮鞍上围着洁白的围毡,上面铺上华丽鲜艳的斯尔马克,然后坐着一位穿着华丽的年轻女子。驮队的行装要捆绑结实、整齐。凡是女人的乘骑要精悍讲究。队伍后边是气力十足的牛或骆驼,驮着锅碗灶具和天窗架。这种“后勤”驮畜的领队,一般都是一位经验丰富的中老年妇女。到了转场营地,男人们就从驮畜上卸下行李物品，给驮畜卸鞍，尽早拉好拴羔环套绳和拴驹索套绳等。只有按时拴住幼畜，才能给牲畜挤奶搭好帐篷。小孩要去附近捡干牛粪和干柴。女人要尽快燃起篝火，支起茶壶和锅准备食物。布置帐房是女人们干的细活儿。安顿好里外，挤完奶，饭也熟了，全家老少安坐帐内小木桌旁，吃着土豆烩牛肉，喝着奶茶，奔波了一天的阿吾勒这时才进入片刻的宁静和温馨。

第七章　东北草原生态文化

东北草原生态文化是游牧文化与其他文化的有机融合，采集、狩猎、游牧、农耕、商业等多种文化形态与其相伴而存，并且在不同历史时期从不同角度为其注入了新的文化元素和活力。东北草原生态文化作为一种历史文化，其文化精神主要是通过内蒙古族、满族等民族影响了一代又一代移民，使其沉淀在东北人的生产生活方式里，进而渗透进东北农业文化和工业文化之中。[①]从文化内涵与品格上来讲，东北草原生态文化除了辽阔的东北西部草原和寒冷的东北大地，铸就了世代生活在这里的草原民族坚韧的性格和顽强的斗争精神、强烈的开拓进取精神和宽宏的包容精神外，以满族饮食为主体的饮食文化，以蒙古族、锡伯族、满族服饰为主体的服饰文化，以渔猎民族为主体的

东北草原牧羊人　供图／董世魁

① 邵汉明、尚永琪：《东北草原文化的品格及其当代价值》，《人民日报》2005 年 12 月 24 日。

草原民俗文化，都是东北草原生态文化的重要组成部分。

第一节　东北草原民族生态文化发展历程

依据自然地理特点、历史特点、民族文化特点三条基本标准，北方草原文化区域可以分为三大部分，即东部的大兴安岭文化圈，中部的阴山文化圈，西部的阿拉善文化圈，东北草原民族生态文化属于大兴安岭文化圈。特定的自然环境和历史进程孕育出东北草原民族生态文化，在东北独特的草原自然环境之中，草原民族及其祖先产生了与环境相适应的一系列特定的生产、生活方式与技能。经过不同的社会形态，在此基础上，融合哲学观念、文学艺术、宗教信仰、伦理道德等方面产生了人类宝贵的精神财富，在民族文化的各个领域也体现生态文化的多元特征。

大兴安岭文化圈的自然地理特点是：以大兴安岭为南—北中轴线，北起黑龙江右岸漠河，南抵西拉木伦河谷地及燕山山脉东段北部，全长约 1400 公里；大兴安岭主脉西侧为黑龙江上游额尔古纳河流域的呼伦贝尔草原，东侧为嫩江平原；中部、南部为大兴安岭山地、丘陵地区与西辽河平原，以及燕山山脉东北部山地、丘陵地区。受草原退化、沙化的影响，近年来形成了呼伦贝尔沙地、科尔沁沙地。这一地区北部冬季严寒、漫长，冬季气温可达-50℃，南部较为温暖；大兴安岭东部受海洋暖湿气流影响，降雨量较多，气候较为湿润，西部由于受大兴安岭阻隔，气候较为干燥。自古以来，大兴安岭及其周边地区孕育了古代的森林民族、草原民族、农耕民族，在这片广袤、富饶的大地上创造了灿烂的历史和文化。

呼伦贝尔草原是亚洲北方草原古人类的摇篮。20 世纪 20 年代至 80 年代，在扎赉诺尔露天煤矿相继发现 16 个个体的人头骨化石标本，为考古界所罕见，被命名为“扎赉诺尔人”，古人类学专家认为其具有蒙古人种的原始特征。在满洲里、海拉尔、新巴尔虎左旗、鄂温克旗、额尔古纳市等地，也发现了多处石器时代的人类文化遗址。因而这一地区被国外考古学家认为“是北方远古民族的摇篮之一”。

考古发现证明，距今 8000—4000 年前，赤峰地区就有中华民族的祖先辟草莱、植稼穑，过着以农耕为主、兼营渔猎和畜牧的生活。当时玉器已成为氏族首领地位的象征和重要的礼器。多处出土的玉龙，特别是翁牛特旗三星塔拉出土的“中华第一玉龙”，标志着这里是中华民族玉文化、龙文化的发祥地。牛河梁等地女神庙、祭坛和积石冢的相继发现，充分证明这里是中华文明的重要源头。在广阔的科尔沁草原，也发现了多处8000—3000年前新石器时代至青铜器时代的遗址。

大兴安岭文化圈的原生文化以东胡族系为主。夏朝以迄，大兴安岭地区大部分为东胡等游牧民族的逐鹿之所。在这一广大区域中，均出土了为数不少的青铜器，具有鲜明的北方草原文化特征，适应草原民族游牧、狩猎、征战的要求，体现了东胡青铜文化的特点，说明这里是草原青铜文化的发祥地之一。

战国时期，东胡强盛。汉高帝元年（前206），匈奴冒顿单于弑父自立，大败东胡王。东胡余部分两支逃至乌桓山（赤峰市阿鲁科尔沁西北）、鲜卑山（通辽市科尔沁左翼中旗西），此后即为乌桓族与鲜卑族。乌桓、鲜卑言语习俗相近，以畜牧为主，兼营狩猎、农业。东汉初，乌桓遍布缘边十郡，东汉政府设护乌桓校尉管理相关事务。

位于内蒙古自治区鄂伦春自治旗阿里河镇西北10千米处的嘎仙洞，锡伯语指部落、故乡之意，鄂伦春语指猎民之仙，是古代拓跋鲜卑祖先的居住地。　供图/鄂伦春自治旗旗委宣传部

东汉初年，鲜卑逐渐兴起。檀石槐、轲比能相继建立鲜卑部落军事大联盟。五胡十六国时期，鲜卑宇文部、段部、慕容部活跃于中国北方的历史舞台。发源于大兴安岭北部大鲜卑山的拓跋鲜卑，经过200多年的辗转迁徙，在阴山南麓建立代国、北魏王朝，统一了北方，并为隋、唐二朝实现了中国封建社会的第二次大统一奠定了基础。

公元10世纪初，源出于东胡的契丹首领耶律阿保机登皇帝位，国号契丹，后改为辽，定都临潢府（今巴林左旗林东镇南），称辽上京。辽圣宗时又在宁城县九头山建辽中京。辽代崇佛，当时佛寺广布，古塔林立。辽代的祖陵、庆陵，安葬着辽代的6位皇帝及其妃、嫔，是重要的历史文化遗迹。在赤峰地区发现的数以万计的辽代墓葬中，保存着大量精美的壁画，以形象生动的笔触，描绘了契丹族富有草原特色的游牧生活和雄浑壮阔的草原风光，是中国古代绘画艺术宝库中的奇葩。

南北朝至唐朝时，原驻牧于呼伦贝尔草原、额尔古纳河流域的东胡后裔室韦蒙古西迁肯特山、鄂嫩河一带。成吉思汗雄起朔漠，曾在呼伦贝尔草原取得了数次决定性战役的胜利，为统一蒙古诸部扫清了障碍。

元朝末年，元顺帝撤出北京，将京城迁往赤峰达里诺尔湖西岸的应昌路，将其作为北元的首都，经历了20多年时间，更替了两朝皇帝，直到明初被攻

东北草原区农村放牧家畜　供图 / 董世魁

陷。公元1690年，北元最后一位大汗林丹汗继承汗位，统一了东蒙古诸部，并在阿鲁科尔沁旗北部营建了都城北白城、南白城，以北白城为夏都，以南白城为冬都，直到1694年被后金皇太极攻占、焚毁。

清朝雍正年间，为防备沙俄扩张，相继调巴尔虎蒙古入驻呼伦贝尔草原，称为“陈巴尔虎部”“新巴尔虎部”。并将不堪沙俄侵扰的达斡尔族、鄂温克族、鄂伦春族内迁至大兴安岭、呼伦贝尔草原，设索伦八旗、布特哈八旗。在这一地区从事畜牧业、狩猎业、农业，保存并发展了具有鲜明特色的民族文化，与科尔沁草原、赤峰地区的畜牧业、农业相结合，形成了大兴安岭文化圈草原文化、森林文化、农耕文化相结合的复合文化的特点。

自清朝中期以后，汉族人口大量进入内蒙古东部地区，从而带来了东北、华北的汉族文化，与当地的原生文化即少数民族文化相互结合、相互影响，共同创造着具有地方特色、民族特色的共生文化。①

第二节　东北草原民族牧业生产中的生态文化

狩猎和采集是人类在大自然的食物链中所具备的本能与自然的生产方式。地理生态环境是孕育文化的自然基础，其中首要的是生产、生活方式对地理环境的依赖。东北草原民族从事畜牧业或农业生产是由他们赖以生存的自然生态环境决定的，如蒙古族从事畜牧业生产的显著特点是逐水草而居。②

游牧生产是人类顺应自然的选择，同时又是古朴的可持续发展思想的具体实践。这种游牧方式是在人群、牲畜、草原和游动共同推动下形成的，体现了人与自然和谐相处、紧密相连的一面，也形成了独特的东北草原民族牧业生产中的生态文化。

一、民族聚集地——草原生态文化孕育地

在生态人类学范畴内，针对人类的生态研究有一种环境决定论认为，地理环境因素决定性地造就了人类及其文化。即指“文化形式的外观及进化，

① 潘照东、刘俊宝：《草原文化的区域分布及其特点》，《前沿》2005年第9期。

② 陈林：《内蒙古草原民族生态文化的浅析》，《内蒙古农业大学学报（社会科学版）》2014年第2期。

主要是由环境的影响所造成的。”这一理论虽然有些过激，但是却存在着一定的合理性[①]。东北地区在广袤的草原及丰富的矿物资源的激励下创造并凝练成了独特的草原文化。另外，文化对特定的自然环境和社会环境有一定的适应性。因此，草原民族保留着最原始的生计方式，至今虽然有很大的改变，但对自然环境的依赖仍比其他的生产方式更强。

（一）蒙古族聚居区

蒙古族是一个历史悠久而又富于传奇色彩的民族。千百年来，蒙古族过着“逐水草而居”的游牧生活，在中国大部分草原都留下了蒙古族牧民的足迹。蒙古民族是北方草原文化的集大成者，也是草原游牧文化的典型代表。长期的放牧生活和个体放牧业的劳动特点，决定了蒙古牧人开阔的胸襟和豪放质朴的性格，也铸就了特有的草原文化特色。东北地区中的蒙古族主要分布于地区西部和北部，大部分分布于内蒙古东部，如呼伦贝尔、兴安、通辽市和赤峰市，以及其他地区蒙古族自治县，如阜新蒙古族自治县。[②]

1. 呼伦贝尔大草原

呼伦贝尔草原位于大兴安岭以西，是新巴尔虎右旗、新巴尔虎左旗、陈巴尔虎旗、鄂温克旗和海拉尔区、满洲里市及额尔古纳市南部、牙克石市西部草原的总称。它是世界著名的天然牧场，是世界四大草原之一，被世人誉为“世界美丽的花园”。呼伦贝尔草原四季分明，年平均温度0℃左右，无霜期85—155天，温带大陆性气候，属于半干旱区，年降水量250—350毫米，年气候总特征为：冬季寒冷干燥，夏季炎热多雨。年温度差、日期温差大。

呼伦贝尔草原东西宽约350千米，南北长约300千米，总面积1126.67万公顷。3000多条河流纵横交错，500多个湖泊星罗棋布，地势东高西低，海拔在650—700米之间，由东向西呈规律性分布，地跨森林草原、草甸草原和干旱草原三个地带。除东部地区约占本区面积的10.5%，为森林草原过渡地带外，其余多为天然草场。多年生草本植物是组成呼伦贝尔草原植物群落的基本生态性特征，草原植物资源1000余种，隶属100个科450个属。

2. 科尔沁草原

科尔沁草原沿用古代蒙古族部落名称命名，位于内蒙古东部，在松辽平

① 陈林：《内蒙古草原民族生态文化的浅析》，《内蒙古农业大学学报（社会科学版）》2014年第2期。

② 刘春玲：《试析民国时期东北地区蒙古族婚俗的草原文化特色——以地方志为中心的考察》，《白城师范学院学报》2008年第2期。

原西北端，兴安盟和通辽市的部分地方；处于西拉木伦河西岸和老哈河之间的三角地带，西高东低，绵亘400余千米，面积约4.23万平方千米。西与锡林郭勒草原相接，北邻呼伦贝尔草原，地域辽阔，风景优美，资源丰富。气候冬寒冷、夏炎热，春风大。

年均降水量360毫米，年际变化较大，年内分配不均，多集中在6—8月份，冬季以西北风为主，春秋则为西南风，年均风速3.5米/秒，最高风速可达21.7米/秒，大风日数长达30天左右。

3.蒙古贞地区

蒙古贞的行政单位为阜新蒙古族自治县，地处辽宁省的西北部，东与彰武县和新民市、西与北票市、南与锦州市、北与内蒙古自治区通辽市接壤，是蒙古高原与辽河平原的过渡地段。蒙古贞这一地名是由蒙古族古老部族的名称——蒙郭勒津衍化而来的。它最早出现在《蒙古秘史》中，有1200多年的历史。17世纪20年代，蒙古贞部落与土默特部落一支由内蒙古土默川大草原绕道张家口辗转迁徙到朝阳、北票、阜新定居。阜新蒙古族自治县及其附近定居的蒙古人从此以部落名称蒙古贞自称，之后，蒙古其他部落称阜新蒙古族自治县及其周边地区为蒙古贞地区。

蒙古贞地区气候干旱、少雨。全县人口主要从事农业，耕地总面积9336049.2亩。全市人均占耕地面积8.56亩，居辽宁省之首；人均耕地3.37亩，居全省第二位。①

（二）满族聚居区

由于历史的原因，满族散居全国各地，以居住在辽宁省的为最多，其他散居在吉林、黑龙江、河北、内蒙古等省区和北京、天津、成都、西安、广州、银川等大中城市，形成大分散之中有小聚居的特点。满族主要聚居区已建立岫岩、凤城、新宾、青龙、丰宁、宽城等满族自治县，还有若干个满族乡。现在东北各地满族（或满族与其他少数民族联合）自治乡、镇，计辽宁省87个，吉林省11个，黑龙江省11个，内蒙古自治区3个。总体人口聚集在东北地区较多，主要从事农业工作。各地满族的社会经济发展得到党和政府的大力扶持，民族聚居地区靠山吃山，靠水吃水，农、林、牧、副、渔业多种经营协调发展。改

---

① 海宁：《东北地区的蒙古族文化自觉与民俗实践——以辽宁省蒙古贞地区敖包文化节为例》，《满族研究》2018年第1期。

革开放和党的富民政策，给了满族以充分发展的广阔空间，满族在政治、经济、文化方面都得到了新发展。以振兴东北老工业基地和建设社会主义新农村为新的契机，满族与全国各族人民一道，进入了一个崭新的历史时期。①

二、草原资源保护与建设——草原生态文化的实践形成

生产和生活方式是在不断适应其周围环境中形成的，一个民族的生产生活方式，能够体现民族之间不同的生态理念和生态意识。蒙古族在漫长历史的发展过程中，形成了自己特有的生产生活方式，具有独特的生态文化特点，并体现在日常习惯及习俗当中。

几百年来的工业化进程在获得巨大的经济利益的同时，也给人类的生态环境造成了巨大的破坏。这一惨痛的教训和巨大的代价让人类不得不开始反思自身的行为，要改变和突破人类在价值观上的种种狭隘性和局限性。草原民族在生活实践中形成的生态观中包含着许多有利于人与自然和谐相处的价值取向和行为准则。比如，蒙古族在生产生活中，遵循着自然的法则，在对环境有限度地开发和利用的同时，充分考虑环境的承载能力，把对资源的利用与保护，索取与再生结合起来，并不断地加以利用，使草原生态永远保持在平衡发展的状态下。所以蒙古族的生态文化有助于制定更加适合草原发展的自然保护措施。②

（一）草库伦建设

蒙古族游牧在其生产实践中创立了“草库伦”这一草原保护与建设方式。草库伦就是将草地用栏杆或藩篱围起，防止牲畜进入，在栏杆内用人力更新草地植被的设施。草库伦起源于何时，已无法考证。元代蒙古族诗人达溥化《宫词》曰：“墨河万里金沙漠，世祖深思创业难。却望阑干护青草，丹墀留与子孙看。”其中，“阑干护青草”指的正是草库伦。可见，最晚在元世祖时代草库伦已得到了运用。元世祖对草库伦的重视，在客观上也起到引导王族亲贵进行草库伦建设的作用。草库伦可以保护放牧场，使放牧场得到休养，在保护生态的同时，对草原畜牧业的稳定发展起到了十分重要的作用。

① 《中国少数民族》修订编辑委员会：《中国少数民族》，民族出版社 2009 年版，第 48 页。

② 冯冀、王钰鑫、齐浩琪：《蒙古族的生态文化》，2021 年 9 月 27 日，https://mp.weixin.qq.com/s/JmkBV_GOskxEPKz1Y4-oQw。

（二）饲草饲料储备

饲草饲料储备是游牧民在漫长的牧业实践中，逐渐发展起来的一种草原建设方式。对于草原民族牧民在其游牧生产中何时开始进行饲草饲料的储备已较难考证，但是布里亚特蒙古人很早就有秋季打羊草以用于冬季饲养牲畜的习惯。有学者指出，北魏《齐民要术》养羊篇所记述的补饲养羊技术，是黄河中下游地区劳动人民自身在生产实践中总结提炼，并且借鉴北方牧民畜牧生产的经验方法的结果，是农耕民族和游牧民族在文化上不断交汇融合的产物。《金史・阿鲁罕传》也曾记有阿鲁罕因马匹“瘠弱多死”而采用饲补技术的事例，表明金代已在畜牧业中使用了饲草饲料储备技术，与饲草饲料储备相关联的是牲畜棚圈的使用。游牧民较早采用的饲草饲料储备与牲畜棚圈建设，在草原建设中起到了调丰补缺的作用。

（三）草原掘井

生产和生活设施的建设是草原建设的重要内容，牧民对草原游牧生产中的生活设施建设给予了应有的重视。在蒙古帝国和元代，政府出资出力掘井以使百姓在漠北草原得以安居乐业。据《蒙古秘史》称，窝阔台大汗曾命察乃、委吾儿台于草原地区掘井，“又旷野之地，除野兽而无所有焉，宜使百姓宽绰居之。乃以察乃、委吾儿台二司营者为首，使在旷野掘井、而甃之”，这一工作似乎取得了较好的成效，窝阔台大汗甚至将其作为自己的四大功绩之一，“又再为之者，俾掘井于无水之地而出水，使众百姓得水草之便矣……继我父合罕之后，益此四事焉”。窝阔台大汗的这一做法得到了元代一些帝王的效法。元世祖忽必烈和英宗硕德八剌都曾派兵于漠北掘井。在较少有游牧的草原地区掘井，可以使草原资源得到更为充分的利用，可以缓解原有草资源的使用压力。

（四）草原防火

草原民族对草原防火极为重视，这在其不同时代的习俗和法令中多有体现。宋代彭大雅《黑鞑事略》在记述蒙古人的习惯法时称“遗火而炙草者，诛其家”，其惩罚可谓严厉。蒙元时期《阿勒坦汗法典》规定“失荒火致死人命，罚三九，以一人或一驼赔偿顶替。烧伤断人手足，罚二九；烧伤眼睛，罚一九。烧伤面容，杖一，罚五畜。因报复恶意纵火者，杖一次，罚九九”。此处的“一九”是蒙古族法律中常见的牲畜计数单位，是指二匹马、三头牛和五只羊。而“二九”“九九”等皆是“一九”的倍数。所谓的“顶替”则是指赔偿一只骆驼或以一人到死者家里劳动以帮助死者家属维持日常生计。该条法令对因过失引发火灾和恶意放火给予了区分，同时对火灾造成人身伤亡的不同情况也作了严格的规定。《卫拉特法典》在注重对引发火灾者惩罚的同时，更注重草原火灾的扑灭和对在火灾中进行施救者的奖励。该法典规定“如有人灭掉已迁出（无人居住）的鄂托克之火，向（遗火人）罚要一只绵羊。从草原荒火或水中救出将死之人，要一五畜”。该法典所谓的“一五”与前述的“一九”相同，也是牲畜的计数单位，包括一匹马、一头牛、二只羊。可见，蒙古族在长期的草原生产实践中，形成了草原防火意识和经验。①

三、草原放牧家畜——草原生态文化的重要参与者

人是环境的产物，人的各种行为要受到客观环境的制约。处于高寒地区，冬长夏短，不食肉类难以维系身体所需要的热量。人需要获取的首先是大量的猎物，来满足自身生理的需要。随着人口的不断增加，单纯地捕杀原生动物已经无法满足群体的需要，驯养便出现了。把一些幼兽和温顺的动物饲养起来，需要时再宰杀食用。广袤的绿色大草原是草原民族的生活来源，更是和草原民族生活关系最密切的马、牛、绵羊、山羊和骆驼五种牲畜的家。牲畜的生长和繁衍是牧民日常饮食的主要来源。牲畜除了向人提供肉食外，还提供奶食，而这些牲畜所提供的资源在蒙古人民的加工下成为蒙古民族的饮食文化特色。

四、蒙古族聚居区的草原利用方式

东北地区四季分明，蒙古族在长期的生产实践当中发明了依四季变化而迁徙的“转场制度”，也就是游牧制度。蒙古族牧民注重根据草场植被及草类调整不同牲畜的结构与数量，使之适应草场的承受能力；根据四季变化和草木生长情况轮换牧场，给土地恢复修养的时间，维持了土地生生不息的生命力长达数千年。清人叶大匡在《杜尔伯特旗调查报告》中说：“就无论青草如何繁茂，经牧十日遂即一片，必需移牧他处。不特冀留草根，以待滋蔓，即牧畜无食，亦必逃亡。蒙古人逐水草而居，正以养牧之故，亦实出于不得已也。”总之，蒙古游牧民族的生产方式更多体现的是人、动物和生态环境和谐相依

① 董世魁、蒲小鹏编著：《草原文化与生态文明》，中国环境出版集团 2020 年版。

东北草原牧场上的牛马　供图 / 董世魁

的关系。这既是马背民族的独特文化，也是草原文化的生态魂。[①]

蒙古族牧民把春、夏、秋、冬每个营地又划分为若干放牧段（阿寅勒），每户放牧段内又划分若干放牧点（敖特尔），敖特尔意为“流动放牧”，牧户在每个放牧点上只能居住 15—20 天，在此时限内按四方八面方位轮牧。四季轮牧路线首尾相接，周期循环，牧民在驱赶畜群行走时保持一定队形和速度，不但保证牲畜吃饱，还要尽可能地吃到新鲜牧草。牧民通过这些措施对草原轻度利用，使牧草得以恢复再生，让草原保持经久不衰永续利用。

（一）季节转场

牧场按季节可分为春、夏、秋和冬牧场。“转场”就是依牧草生长周期和气候的变化，有序地为牲畜转移草场，它是一种按季节每年进行十几次的循环轮牧的过程。春天把羊群赶放到山坡或山下平原地带，夏天转到高山深处，秋天到山腰，然后留一片草地，打草储存让牲畜冬天吃，冬天在山脚下羊圈周围放牧。每年 3 月底至 4 月初，大批牲畜又必须从冬季牧场再次出发，开始新一年的转场生活。

（二）转场距离

蒙古族游牧地带牲畜转场，是根据气候的变化对放牧营地进行季节性更

① 陈林：《内蒙古草原民族生态文化的浅析》，《内蒙古农业大学学报（社会科学版）》2014 年第 2 期。

换。不同放牧营地的自然气候环境、地形和地势、水源等条件不同，使得牧草的类型和生长发育状况也会有明显不同。“夏天到山坡，冬天到暖窝”，这就是牧业生产活动中的牲畜转场对气候变化的一种适应，也是为了给牲畜选择一个良好的气候环境。牧民们在长期的实践中，认识到部分山地草原和山麓地带草原在水热条件的垂直分布上存在着一定的差异，因此在安排牲畜转场的时候，还结合了中小地形的局地小气候特点（如坡向、谷地走向等），暖季草地选择在海拔较高的高山、阴坡、岗地或台地，冷季多选择在海拔较低的向阳、背风的坡地、谷地或盆地。放牧营地因地势而设，每处 3—5 户，相距数里，一家一户以游牧为主，宿营地之间的距离 4—6 千米，最远的地方 50—120 千米。由于地区各季草地相距各异，山区牧民每次转场路程不超过百公里，半牧半农的牧民转场路程一般在 30 千米以内，平原、戈壁地区的牧民转场路程往往较远，近则几十公里，远则几百公里。

（三）转场的路线和转场过程

“几峰峰骆驼一个家”是蒙古族牧民生活的真实写照。每年蒙古族牧民都要赶着牲畜由夏牧场转移至冬牧场，或由冬牧场转移至夏牧场，这个过程叫“转场”。按气候的寒暖、地形的坡向、牧草的情况，分成四季牧场，实行转季放牧，利用和保护放牧草地。转场有牧道，邻里之间、牧村之间往来也有马路，草地不能随便践踏。通常在各类草地之间都有固定的、大小不等、坦险各异的牧道相通。牧民在山区转场必须按牧道行走。按牧道转场，畅通无阻，既安全，又防止转场牲畜肆意践踏牧草，破坏草原。不按牧道转场，随意践踏他人草原，甚至有可能引起纠纷，通过牧委会或族长调节解决。

为了合理利用草地资源，使牲畜在全年不同时期都能获得较好的饲草供应，在蒙古族传统游牧活动中，一般每年从春季开始都要进行牲畜转场。在一些气候、植被条件差异较大的地方，一年要进行四次转场，称为四季营地；而在一些地势平坦，气候、植被条件差异较小的地方，一年只进行两次转场，即冬春营地、夏秋营地间。冬春营地称为冷季草地，夏秋营地称为暖季草地。四季营地以夏、冬季营地为主，而春、秋营地利用时间较短，属于过渡性营地。两季营地的冷季草地利用时间也长于暖季草地的利用时间。

每年 5 月初，牧草开始逐渐生长发育，此时开始放牧，如马群 60—120 匹为一群，编成数组进行放牧。一般 30 里的牧地，只够马群 15 日就食，然后转移他处放牧，过 30 日或 15 日又回到原来的地方进行放牧，这种方式就是草原轮牧。一直到9月下旬至10月初，水草枯竭，牧民开始带马群回家，家里的男子拉着驮运连子，妇女们则骑着马，赶着大群的牛羊紧跟在后面。到达转场营地，男子卸载行李物品，给驮畜卸鞍，尽早拉好拴羔环套绳和拴驹索套绳等，小孩在附近捡干牛粪和柴木，妇女布置帐房、搭伙做饭。

每次转场前的第一件大事就是拆蒙古包，熟练的牧民1—2个人就能在1个多小时内搭好一顶高约3米、占地20—35平方米规模的蒙古包。转场途中运输牧民"家当"（财物）的是骆驼，它们的负重能力远胜于马或牛。一个典型的蒙古族牧民家庭在转场中至少需要4—6峰骆驼。转场时，首先把房架和房毡分成若干堆，然后在每峰骆驼身上搭起浩木（驼鞍），接着从第一峰骆驼开始驮运木箱、地毯、被褥和小孩等，从一个放牧营地转移到另外一个放牧营地。①

游牧民族的生产、生活方式是对地理环境的依赖所形成的。游牧生产是人类顺应自然的结果，更多体现的是人、动物和生态环境和谐相依的关系。这既是马背民族的独特文化，也是草原文化的生态魂。

第三节　东北草原民族生活中的生态文化

生产和生活方式是在不断适应其周围环境中形成的，一个民族的生产生活方式，能够体现民族之间不同的生态理念和生态意识。生产方式决定生活方式。为了适应逐水草而居的生产方式，蒙古游牧人民共同创造了独特的草原生活模式，而满族考虑到寒冷的生活环境和射猎生活的需要，形成了不同但特别的草原生活方式。

一、东北草原上蒙古族的游牧生活用品

（一）适应游牧的衣物

蒙古族冬天戴两面有两个耳扇，后面有能够遮风雪、避寒气的长尾扇的尖顶帽子。这种帽子是用羊羔皮或兽皮制成的。夏天戴礼帽或用红色布料缠头。不论男女老幼都穿长袍，腰间扎长绸带；男的喜欢蓝、紫、墨绿色和咖啡

① 董世魁、蒲小鹏编著：《草原文化与生态文明》，中国环境出版集团2020年版。

色，女的喜欢红、粉、淡青色且有大花等。在长袍外喜欢套坎肩，男的短，女的长，都喜欢穿皮靴。蒙古族的衣服称“蒙古袍”，皮靴称“高特勒”。蒙古族的乌琦大皮衣是游牧生活最实用、最具生态特征的。乌琦即长外袍，有单棉之分，多用羊羔皮或兽皮做里子，乌琦与草原的自然环境相适应。草原白天日照强烈，温度较高，夜晚气温降低，寒气袭人，一日之间温差很大。长至膝盖的乌琦穿脱方便，既可抵御风沙，又可作为夜间的铺盖，极为实用。

（二）适应游牧的食品

蒙古族牧民的传统食物分为肉食、奶食、面食和蔬菜类食品，其中，以肉食和奶食、面食为主。肉食的来源是牲畜和猎获物，其食用方法也很简单，多以煮食为主，剩余部分多晒成肉干以备今后食用。奶食的来源主要是饲养的各种牲畜，有鲜奶、各种奶制品（酸奶子、奶皮子、生奶油、乳饼、酥油、酸奶疙瘩、奶酪液、酸凝、黄奶疙瘩、奶豆腐等）、奶茶、马奶酒等，是牧民日常饮食中绝对不可缺少的部分。

蒙古族牧民为了适应牧业生产的需要，便于迁徙，十分注意贮藏，常常把奶疙瘩和奶酪晾干晒透后，长期保存，作为冬季口粮，这也是招待客人的食品。把酥油装进刮净、干透的羊肚子里，然后把口扎死，既不渗油，也不走味，放上数年也不变质。长期过游牧生活的蒙古牧民的乳食种类非常多，他们善于做各种各样的乳制品。这些奶制品都是根据畜乳的性质（马奶不能干储）与需用的目的（即时饮用、久储、携带、调换口味等）而制作的。至于面食，在传统蒙古族的饮食中是作为辅助性食物而存在的，主要有锅块、油炸的“包尔萨克”、馓子、油饼、面条、炒面、炒米等。另外，季节性差异在传统蒙古族的饮食习惯中也存在，如夏季以奶食为主，冬季以面食、肉食为主。

（三）适应游牧的毡房

蒙古族牧民传统上过着逐水草而居的生活，主要经济来源是牲畜，他们的住所要跟随周边环境的变化而不断地变迁，而蒙古包则结构简单，易于拆分、搬运，还可以起到防风防雪的作用。

蒙古包，蒙语称“蒙古勒格日”，意为蒙古人的房子。在辽阔的三北边陲，从西部阿尔泰的雪峰到东部兴安岭的绿林，从北部的贝加尔湖到南部的万里长城，都曾经是北方游牧民族纵马征战和自由放牧的大舞台，最适合这种生活方式的居室就是蒙古包。有时把蒙古民族称为“毡帐之民”，蒙古包或称穹庐、毡帐。蒙古人在寻找适合自己生活居室的时候，经过千百年来的摸索，终于在窝棚的基础上形成了适用于四季游牧搬迁和抵御北方高原寒冷气候的住宅，找到了蒙古包这种能够经受大自然考验的居住形式。

蒙古包按哈那多少区分规格，哈那是包毡壁的木制骨架，一组为一个哈那。有十个哈那、八个哈那、六个哈那、四个哈那之分。牧户根据家庭人口、生活状况调剂使用。尽管蒙古包的质量、装饰各有差别，但总体结构都是一样的。蒙古包的外用品，包括红毡顶、毡顶扶柄、扣绳、毡顶、细绳、捆绳、毡墙、带子、门、门帘等，椽子和哈那用扣绳扣紧。屋顶用扎有云头图案的毡子装饰。毡顶用青布宽沿边、轧云头图案。用芦苇缝制的叫芦苇顶子。冬季防雪，夏季防雨。带子是粗毛扁绳，捆扎毡墙，分两行拉紧毡墙。蒙古包的门，冬季作双重。里门对开，称为风门；外门一扇，安在右侧，叫封闭门。门帘分两种，一种是毡子做的，上有精制装饰图案，冬季使用；另一种是芦苇或柳条做的，夏季使用。蒙古包内常用物品，有墙帷子，从西墙顺着北墙到东墙围起来，颜色是白色以外的任意颜色。

二、东北草原上满族的生活用品

（一）满族服饰

由于寒冷的生活环境和射猎生活的需要，过去满族人无论男女，多穿“马蹄袖”袍褂。努尔哈赤建立八旗制度以后，“旗人”的装束便成为“旗袍”（满语称“衣介”）。

清初，旗袍的式样一般是无领、大襟、束腰、左衽、四面开衩。穿着既合体，又有利于骑马奔射。出猎时，还可将干粮等装进前襟。这种旗袍有两个比较突出的特点，一是无领。努尔哈赤为统一衣冠，曾厘定衣冠制，规定“凡朝服，俱用披肩领，平居只有袍”。即常服不能带领子，只有入朝时穿的朝服方可加上形似披肩的大领。二是在窄小的袖口处还接有一截上长下短的半月形袖头，形似马蹄，俗称“马蹄袖”。平时绾起来，冬季行猎或作战时放下，使之罩住手背，既起到了类似手套的保暖作用，又不影响拉弓射箭，故又称之为“箭袖”（满语称之为“哇哈”）。满族入主中原以后，“放哇哈”成为清朝礼节中的一个规定动作，官员入朝谒见皇上或其他王公大臣，都得先将马蹄袖弹下，然后再两手伏地跪拜行礼。

旗袍的外面还习惯套一件圆领、身长及脐、袖长及肘的短褂。因这种短褂最初是骑射时穿的，既便于骑马，又能抵御风寒，故名“马褂儿”。清初，马褂儿是八旗士兵“军装”，后来在民间流行起来，具有了礼服和常服的性质，其式样、面料也更加繁多。满族人还喜欢在旗袍外穿坎肩。坎肩一般分为棉、夹和皮数种，为保暖之用。样式有对襟、琵琶襟、捻襟等多种。

作为有清一代“时装”的满族女式旗袍，则多有发展，具有东方色彩的旗袍现已成为中国妇女普遍喜爱的中式传统女装的代表。而旗袍和“旗头”“旗鞋”等搭配起来，就构成了满族妇女典型的传统服饰装束。

“旗头”指的是一种发式，也称发冠。类似扇形，以铁丝或竹藤为帽架，用青素缎、青绒或青纱为面，蒙裹成长约 30 厘米、宽 10 多厘米的扇形冠。佩戴时固定在发髻上即可。上面还常绣有图案、镶珠宝或插饰各种花朵、缀挂长长的缨穗。“旗头”多为满族上层妇女所用，一般民家女子结婚时方以之为饰。戴上这种宽长的发冠，限制了脖颈的扭动，使身体挺直，显得分外端庄稳重，适合隆重场合。

“旗鞋”款式独特，是一种高木底绣花鞋，又称“高底鞋”“花盆底鞋”“马蹄底鞋”等。其木底高跟一般高 5—10 厘米，有的可达 14—16 厘米，最高的可达 25 厘米左右。一般用白布包裹，然后镶在鞋底中间脚心的部位。跟底的形状通常有两种，一种上敞下敛，呈倒梯形花盆状，常称为“花盆底”；另一种是上细下宽、前平后圆，其外形及落地印痕皆似马蹄，又名“马蹄底”鞋。除鞋帮上饰以蝉蝶等刺绣纹样或装饰片外，木跟不着地的部分也常用刺绣或串珠加以装饰。有的鞋尖处还饰有丝线编成的穗子，长可及地。

满族的帽子种类较多，主要分为凉帽和暖帽两种。过去，满族人常戴一种名为“瓜皮帽”的小帽。瓜皮帽，又称“帽头儿”，其形状上尖下宽，为六瓣缝合而成。底边镶一约 3 厘米宽的小檐，有的甚至无檐，只用一片织金缎包边。冬春时一般用黑素缎为面，夏秋则多用黑实地纱为面。帽顶缀有一个丝绒结成的疙瘩，黑红不一，俗称“算盘结”。帽檐下方的正中钉有一个“标志”，称“帽正”，有珍珠、玛瑙的，也有小银片、玻璃的。相传这种帽最早始于明代初期，因其为六瓣缝合，取“六合”，即天地四方“统一”之意，故盛行起来。满族入关以后，受中原文化影响，也取其“六合统一”之意，开始戴用此帽，而且颇为流行。现在，在有关清代和民国时期的电视、电视剧中，我们仍能经常看到它的影子。

早期满族男人多穿双脊脸的叫作“大傻鞋”的一种便鞋。鞋面多用青布、青缎布料。鞋前脸，镶双道或单道黑皮条。鞋尖前凸上翘，侧视如船形。妇女除“旗鞋”和平底便鞋（平底鞋鞋面上皆绣花卉图案，鞋前脸多绣有“云头”）外，还有一种“千层底鞋”。“千层底鞋”用多层袼褙做鞋底，故得此名。鞋面多为布料，一般不绣花卉等图案，多在劳动中穿用。

还有一种很有特点的鞋，叫乌拉（靰鞡）鞋，多为满族百姓冬季穿用。用牛皮或猪皮缝制，内絮靰鞡（乌拉）草，既轻便，又暖和，适于冬季狩猎和跑冰。

（二）满族饮食

满族食品也极富特色，历来有“满点汉菜”之说。最能代表满、汉族饮食文化交融的莫过于“满汉全席”。其菜肴选料、制作和吃法上都保持着满族特色，其中山珍如猴头菌、熊掌、人参、鹿茸等大都来自东北地区。它是满点与汉菜融合的精品。在日常生活中，满族民间还有许多风味小吃和种类繁多的点心。喜欢吃小米、黄米干饭与黄米饽饽（豆包），每逢过节时吃“哎吉格饽”（饺子）。每当阴历除夕时，晚饭吃满族独有的风味食品白煮猪肉、炙猪肉及糕点中至今犹存的“萨其玛”等。今天中国北方的饺子、火锅、酸菜、京味糕点等均与满族饮食文化有着渊源关系。

满族烹调以烧、烤见长，擅用生酱（大酱）。蔬菜随季节不同而变化，杂以野菜（蕃蒿、蕨菜等）及菌类。满族先人好渔猎，祭祀时除用家禽、家畜肉外，还有鹿、麅、獐、狍、雁、鱼等。尤喜食猪肉。猪肉多用白水煮，谓“白煮肉”。设大宴时多用烤全羊。

（三）满族住房

满族的住房，院落围以矮墙，院内有影壁。室内一般有西、中、东三间，西间称西上屋，中间是厨房，东间称东下屋，大门朝南。如两间正房，外屋是厨房，安置锅灶。里屋有三铺炕，西炕为贵，供有祖宗神位，西墙上有祖宗神板。北炕为大，南炕为小。家中来客住西炕，家中长辈多住北炕，小辈可住南炕。满族盖房多开南窗和西窗，冬暖夏凉。

过去，城中的富贵人家多住四合院。四合院大门多为三间屋宇式建筑，正房三间至五间，东西厢房一般也是三间至五间，四周围以砖墙，门房两侧设有石礅，称为上马石。有的四合院分为前后两院。满族的这些民间居所式样，大部分保留在东北的满族聚居区。但从 20 世纪 80 年代以后，除很少一部分人建房仍保留传统建筑方式外，绝大部分已建造成更为宽敞明亮的现代式房屋。①

第四节　东北草原民族风俗中的生态文化

生态文化是人们根据生态关系的需要和可能，最优化地解决人与自然关系问题所反映出来的思想、观念、意识的总体概括，包括民族的生产生活方式、社会组织、宗教信仰、法律制度、风俗习惯等，从根本上讲生态文化是生活于其中的自然环境的适应体系，也是倡导人与自然和谐相处的一种观念体系。经济基础决定上层建筑。草原生态环境铸就了独特的草原生产和生活方式。在此基础上，各草原民族进而又形成了独特的精神层面上的草原文化，即生态伦理学视野下的草原文化，其中体现人与自然相互依赖，相互适应的和谐观，既敬畏自然，尊重自然，又亲近自然②。

一、转场中的环保习俗

蒙古族从儿童开始进行保护草原生态环境的教育，利用寓言、故事、格言、名言、警句、禁忌、儿歌、谜语等多种形式对儿童进行保护草原、山川、河流、花草等的教育，使他们对山川、河流、草木有敬畏的心理，从小养成了保护大自然的一草一木的良好习俗。蒙古族有个流传很久的传说，孩子问妈妈“我们蒙古人为什么不停地搬迁?”妈妈答道：“我们要是固定一地，大地母亲就会疼痛，我们不停地搬迁，就像血液在流动，大地母亲就感到舒服。你给妈妈上下不停地捶背，妈妈就感到舒服，假如合并成一锤，固定在一处，妈妈会怎样呢?”这个通俗而又深刻的道理，不难说明了草原牧民人与自然和谐相处的自然生态观。

蒙古族是世界上最早形成自然保护法律制度和应用法律条例保护草原的民族之一。蒙古族基于畜牧业经济基础和草原生存环境，始终把保护草原放在首要位置，制定出草原的保护法，约束和规范人们的行为。蒙古族草原保护法律分为不成文的习惯法和成文法。在习惯法时期，成吉思汗七世祖篾年

① 海宁:《东北地区的蒙古族文化自觉与民俗实践——以辽宁省蒙古贞地区敖包文化节为例》,《满族研究》2018 年第 1 期。

② 陈林:《内蒙古草原民族生态文化的浅析》,《内蒙古农业大学学报 (社会科学版)》2014 年第 2 期。

土敦之妻那莫伦合屯因为另一个部落的札剌亦儿人到她的部落草地掘草根，挖出了许多坑，而与其发生战争，札剌亦儿人战败，成为篾年土敦部落的奴隶，以偿还破坏草地的罪过。

二、对水体和树木资源保护的习俗

草原牧民对水资源的利用也形成了约定俗成的风俗和禁忌。蒙古人有“禁止人们徒手汲水，汲水时必须使用某器皿”，“禁止人们洗涤、洗破衣裳”，不能在河流源头居住、放牧等禁忌。古代蒙古人还严禁白昼入水洗澡。有报道记载察合台要将白昼入水洗澡的人“焚骨扬灰”。这些禁忌对水资源的合理利用起到了有效保护作用。

在漫长的历史发展过程中形成了众多保护草原水资源的风俗和禁忌。蒙古族古代习惯法中有“禁止向水中溺尿”的禁忌；受萨满教的影响，满族人也有“禁止污染河水”“禁止在泉边大小便”的禁忌。这些风俗和禁忌对草原水资源起到了有效保护作用。

牧民在对树木资源的利用方面，也具有一定的管理方法与约束，曾采取法律的形式对树木的利用加以管理。如“从库伦边界到能分辨牲畜毛色的两倍之地内的活树不许砍伐，如砍伐，没收其全部财产”等规定。①

三、丧葬习俗对草地资源保护的作用

蒙古族牧民的丧葬习俗也对草地资源的运用起到了管理和约束的作用。如其丧葬包括风葬、火葬和密葬等。他们秘密地到空旷地方，把草、根和地上的一切东西移开，挖一个大坑，在这个坑的边缘，挖一个地下墓穴，入墓穴后，把墓穴前面的大坑填平，把草仍然覆盖在上面，恢复原来的样子。这种密葬的丧葬形式并不会对草原带来大的破坏。与此相同，风葬和火葬也是不会对草原造成过大破坏的丧葬习俗。

满族的丧葬以土葬、火葬为主，土葬和火葬历史都很久远。在满族入关前以火葬为主，这主要是由于他们经常迁移。另外，八旗将士在清初战死较多，尸骨不便送回故里，所以多用火葬。满族入关后逐渐发生变化，从火葬与

① 董世魁、蒲小鹏编著：《草原文化与生态文明》，中国环境出版集团2020年版。

土葬并用发展为以土葬为主，但形式都不会对草原带来大规模破坏。草原民族的丧葬习俗，以一种文化习俗对草原资源起到了保护作用。

四、对野生动物保护的禁忌和法规

除风俗和禁忌外，游牧民族还曾以法规形式对草原野生动物进行保护。辽朝历代皇帝中有很多人宣布过禁猎的法令。辽道宗于清宁五年（1059）11月，宣布禁猎，清宁七年（1061）4月则严禁吏民畜养用于行猎的海东青鹘。在元朝，世祖忽必烈、成宗铁穆耳、武宗海山、仁宗爱育黎拔力八达、英宗硕德八剌、泰定帝也孙铁穆耳都曾下达过禁捕诏令，禁捕对象有天鹅、仙鹤、鹰、鹞、鸭、雁等飞禽，其所保护的动物甚至包括了蛇、青蛙和麻雀。此外，在古代蒙古族法律中还包括了对救助野生动物者给予奖励的条款。《阿勒坦汗法典》中就明确规定“救出马、黄羊者，每一匹赏绵羊一只”。

信仰萨满教的蒙古东北草原牧民还有禁止捕杀本部族汪浑（神兽）动物的习俗。他们有一种习俗，凡是做了某部落的汪浑，他们就不侵犯它，不抗拒它，也不吃它的肉，因为他们占有它是为了吉兆。直到现今，这种意义还有效地保留着，那些部落每一个都知道自己的汪浑。

五、草原民族在草原狩猎中的习俗

狩猎业一直是游牧民族的副业之一。牧民早期狩猎目的主要是训练军队官兵，显示部落的军事威力，选拔英雄人才是有一定强制性的半军事化活动。随着民族文明程度的不断提高，为保护牧业经济，防止野兽、猛禽对畜群的侵害，狩猎逐渐发展成为防害与娱乐为一体的集体活动。

为使狩猎活动有序进行，在一个地区内狩猎者要自愿推选出一位具有一定社会威望，狩猎经验丰富并能主持公道者为本地区的狩猎达（掌管狩猎活动），全面负责本地区的狩猎活动。大型围猎活动的有关具体事宜由地方行政长官和狩猎达根据野兽频繁活动及对畜群经常袭击侵害情况共同研究确定，并对参加围猎的村屯、参加人数、围猎范围、每个村屯负责的围段、前进方向、左右围段合拢的时间及集焦点等事宜作出具体的安排。凡参加大型围猎者必须听众命令，禁止大声呼喊，不得随意追赶捕杀猎物。随着狩猎活动范围的不断扩大和狩猎方式、内容及捕猎工具的不断发展，在狩猎活动中逐渐形成了狩猎者共同遵守的集体活动。

草原民族先祖在以游牧为主的生活中广泛从事狩猎业。他们把动物分成“清洁”和“不洁”两类，清洁动物是食草动物，不洁动物是食肉猛兽和猛禽。通常蒙古族只猎取最喜欢的“清洁”动物食用。蒙古族认为熊是从人类退化的动物，所以不食其肉；不猎取某些具有特殊标志的动物，如独角黄羊具有神性的动物；也不多猎取盘羊、鹿、狍等，在猎取时将它们的幼仔一起猎取，否则认为自己将“失去双亲，孤苦伶仃”。若看到上述动物的头领有猛兽追逐，不是射猎，而是救助。不用雄盘羊的皮子做睡垫，否则男子和妇女要患不育症。蒙古先祖禁止滥杀滥猎动物，否则鬼魅要缠身，尤其绝对不能射猎被视为圣物的飞禽走兽，认为这些动物是圣人养的，这一意识很强。清朝时，满族人在每次木兰秋狝时都严令随行军骑“遇母鹿幼兽一律放生”，设围时留有一缺口，令年轻力壮之兽得以逃生。每次围末，“执事为未获兽物请命，允其留生繁衍，收兵罢围”，以起到保护野生动物，维持生态平衡的作用。

根据草原的气候及环境特点，每年春季为狩猎旺季，从农历正月 16 开始到 5 月 15 日止，在狩猎季节，狩猎达要根据自己掌握的野兽（猎物）的具体活动规律以及天气情况发布狩猎日期。狩猎日期选定在狩猎季节每月的 1 日、3 日、5 日、7 日、9 日或 1 日、5 日、9 日，狩猎日一旦确定，狩猎活动按狩猎达确定的日期和有关要求进行。

历史上，草原民族还曾通过法律的形式规定了狩猎的时节。在蒙古帝国时代，蒙哥大汗曾下令“正月至六月尽怀羔野物勿杀”，禁猎怀羔期的野兽。元朝建立后，成宗铁穆耳曾下谕旨“在前正月为怀羔儿时分，至七月二十日休打捕者，打捕呵，肉瘦皮子不可用，可惜了牲命……如今正月初一日为头至七月二十日，不拣是谁休捕者，打捕人每有罪过者”。如清朝满族人在木兰围场建立后，自康熙至嘉庆的历代皇帝，包括从未到过木兰围场的雍正帝都曾严令“民人不得滥入”“禁樵牧”“禁伐殖”，并派八旗兵严加看守；还进行了有计划的围猎，每次秋狝只择其中的十余围进行狩猎，其余众多围则是休养生息，令野生动植物得以繁衍恢复；不过猎，不滥猎。在这些法令中，保护野生动物资源成为限定狩猎时节的目的，令野生动植物得以繁衍恢复。

除保护野生动物资源的目的外，皇帝登基、新年和皇帝诞辰也成为影响草原野生动物利用时间权限的重要因素。如蒙哥大汗在其登基之日，“要让有羽毛的或四条腿的、水里游的或草原上（生活）的（各种）禽兽免受猎人的箭和套索的威胁，自由自在地飞翔或遨游”，实行禁猎。在这条法令中，新年和皇帝的诞生日都成为禁止利用草原野生动物资源的时间。

所有这一切说明，游牧民族自古以来保护自然、爱护自然的意识早已形成。蒙古族认为游牧民族的助手和伙伴狗也有其神灵。他们不仅把狗当作“七种财富之一”，而且认为“狗有其主，狼有其神”。蒙古族把狗里罕见、特别值钱的狗称“斯尔坦”，并认为“马之优是白马，狗之优是猎犬”，男子汉应该有3个伙伴，即快马、猎犬和猎枪。满族同样有因此不吃狗肉的习俗。

六、草原生态文化传承的意义

游牧民族在广袤的上苍赐予的无垠的草地中生活，对放牧草地的利用和保护甚为关心。他们把对放牧地的选择与自然的变化紧密地联系在一起，对所生活的草地的形状、性质，草的长势，水利等具有敏锐的观察力。有经验的老人，即使在夜间骑马，用鼻子靠嗅觉就能分辨附近的草的种类和土质；在没有人为干扰的情况下，草原生态系统基本上是自我维持，能相对地保持着稳定状态。而放牧制度本身就是人的行为在作用于草地后，在草地上放牧时的基本利用体系。放牧制度规定了家畜对放牧地利用的时间和空间上的通盘安排。每一放牧制度包括一系列的技术措施，使放牧中的家畜、放牧地、放牧时间有机地联络起来。放牧制度有两大类型，一为自由放牧，二为划区轮放。

在传统游牧社会，草原民族对于放牧草地的利用和保护有着一套合理的方式。他们会从水和草两方面来考虑放牧。从“水”的方面来说，牧场限于沿河流湖泊一带的地方，从“草”的方面来讲，每一块草地承载的牲畜种类和数量是有限定的。随季节而移动，本质上就是出于对草地利用的有效的选择，否则他们不会去冒着冬天的严寒和冰雪、早春的凛冽的寒风、夏日的酷暑和虫害，逐水草而牧。

游牧地带牲畜转场是根据气候的变化对牲畜放牧营地（营盘）进行季节性的更换。不同的放牧营地，其自然气候环境、地形和地势、水源等条件不同，使得牧草的类型和生长发育状况有着明显的差异。因此，为了合理利用草地资源，使牲畜在全年各个不同时期都能获得较好的饲草供应，在传统游牧活动中，蒙古族每年从春季开始都要进行牲畜转场。在气候、植被条件差异较大的地方，转场一年要进行4次，称为四季营地；而在一些地势平坦，气候、植被条件差异较小的地方，一年只进行2次，即冬春为一营地，夏秋为一营地。

冬春营地称为冷季草地，夏秋营地称为暖季草地。四季营地以夏、冬季营地为主，而春、秋营地利用时间较短，属于过渡性营地。两季营地的冷季草地利用时间也长于暖季草地的利用时间。这些具体的时间都是在历史积累和传承的过程中沿袭下来的。

20 世纪 50 年代前，牧民每年于阴历三月，选好无风雨的日子，先在较远距离的牧地放火，以迎春雨期的到来，使牧草得以很好地发芽。5 月初，牧草开始逐渐生长发育，牧民此时搬回蒙古包放牧。马群 500 匹为一群，编成数组，30 里牧地，只够马群 15 日就食，然后转移他处，过 30 日或 15 日又回到原来的地方，进行轮牧。一直到 9 月下旬或 10 月初，水草枯竭，牧者开始带马群回家，此时不能远牧，至 11 月后赴冬营盘。其他牲畜的牧法有所不同，但季节移动却是相同的。“夏天到山坡，冬天到暖窝”，这就是牧业生产活动中的牲畜转场对气候变化的一种适应，也是为了给牲畜选择一个良好的气候环境。牧民们通过长期的实践，认识到部分山地草地和山麓地带草地在水热条件的垂直分布上存在着一定的差异，因此，在安排牲畜转场时，还结合了中小地形的局地小气候特点（如坡向、谷地走向等），暖季草地一般选择在海拔较高的高山、阴坡、岗地或台地，冷季草地多选择在海拔较低的向阳、背风的坡地、谷地或盆地。营盘因地势视草地来设，每处 3—5 户，相距数里地，一家一户以游牧为主。①

这种格局及轮牧方式，有利于对草地的保护。至今，在牧区的当地蒙古族人的放牧方式仍较多地考虑草地问题。但 20 世纪 50 年代后，不分具体地域自身之特点，取缔了传统的轮牧方式。搞集中建队、模仿农村的样式建立“牧民新村”，以定居多少作为衡量牧区发展的一个重要指标。政策未考虑合理安排定居地点和草地的关系，使其布局大多地方不合理，居民点附近的草地因过牧和牲畜往来践踏而过早地退化、沙化，远处又不能利用，畜草矛盾突出，草地大面积退化。这是因决策过程中忽视民族文化传统，又找不到现代科学方法所致。

牧民对生态适应的民间环境知识及体系，在具体的社会经济发展过程中，要考虑其合理的内涵。在可持续发展中，人们已意识到当地民众对环境问题的观点，强烈地影响着他们管理环境的方式，只有在环境计划中反映当地的信念、价值和意识形态时，民众才给予支持。认为环境是简单的、静止

① 董世魁、蒲小鹏编著:《草原文化与生态文明》，中国环境出版集团 2020 年版。

不变的观点，正在迅速发生变化，越来越多的发展项目在如何利用、管理环境上，正在利用当地的环境知识。当然，我们也不能固守在传统的氛围中，我们所寻求的是传统知识体系与现代科学的最佳结合点。不过，纯粹地依靠知识与技能来保护环境还远远不够，还需要人们树立一定的环境伦理观和道德。

第八章　北方农牧交错带草原生态文化

北方农牧交错带为半湿润大陆季风气候向干旱大陆气候过度的地带，也是东部平原和黄河流域农区向内蒙古及青藏高原牧区过渡的一个狭长地带，其地被本底是温带干旱半干旱草原生态系统，目前处于农业和牧业两个区域生态系统过渡与耦合之中，是系统主体行为和结构特征发生“突发转变”的空间域。这个地带在系统学上是大尺度的混沌边缘和复杂巨系统，存在着高度的生态压力和多组分的相互作用的激烈张力，是一个“生态应力带”和环境脆弱带。包括9省214县，总面积73.99万平方千米，涉及人口约1.2亿。该区是我国主要的江河发源地、矿产能源基地、民族杂居区和农牧区的经济纽带，

农牧交错带草原　摄影/王堃

由于不合理利用和过重的人口负荷，该区生态系统严重受损，农牧业生产低迷，沙尘暴频发，已成为我国目前生态环境问题最严重的地区之一。

国际上有四个著名的农牧交错带，分别位于非洲的萨哈尔、北美中西部、俄罗斯的哈萨克斯坦和我国的西北部。中国北方农牧交错带位居世界第二，且因其涉及的地域范围广阔、阵线长、地貌类型复杂、居住的民族多，而被称为世界上最为重要的农牧交错带。尤其是在这一特殊地域范围内，中华农耕文化和草原游牧文化的相互渗透和激烈碰撞，形成了一种独具特色的中华文明现象——北方农牧交错带生态文化。

第一节　草原生态文化与中原农业文化的融合与发展

长期以来，人类农业活动不断把东南部农业耕作界线直接向西、向北推移，催生了北方农牧交错带的形成，但究其原因这种推移是与该区农业自然资源和生态环境条件适宜旱作农业有关，或言之本区自然环境特征具备农牧交错带形成的基本条件，使农区向牧区挤压成为客观的可能性。人类所以要到本区进行农业垦殖，除了政治、经济和社会因素外，主要是为了获得粮食和经济作物等方面的收益，如果达不到这个目的，人类也就不会来此开垦种植。在自然环境条件中，气候干湿变化起着重要作用。

农牧交错带的环境敏感特征，不但导致自身自然属性的变化，而且也会影响到人类的经济生活方式，特别是在人类历史的早期，这样的影响几乎对人类经济生活方式起决定性的控制作用，促使人们从一种生产类型转向另一种生产类型。由于农、牧业生产依托的环境不同，因此随着农牧交错带自然属性的变化，人类首先打破原始农业“一统天下”的局面，在原始农业基础上萌生了畜牧业，然后逐渐形成了独立于农耕业的畜牧业空间区域，并在其南部边缘与农耕区交错分布，形成了多样化的农牧交错带。

由此可见，畜牧业从农业中分离以及畜牧区的出现是农牧交错带形成的标志。目前的考古学研究成果证明，在距今5000多年前的新石器时代，中国北方是以原始农业占主导地位并辅有采集、渔猎等经济文化类型的区域。在距今3500—3000年，畜牧业逐渐从原始农业中分离出来，并伴随马具的应用及骑马民族诞生而不断扩大空间分布范围，在历史上首次形成以畜牧业占主导地位的经济文化区。由于畜牧业是从原始农业中分离出来的，因此畜牧区

草原耕地化　摄影 / 王埊

的形成与扩展过程，也就是农耕区的退缩过程，从距今 3500—3000 年前畜牧业向东、向南甚至向西开始其扩展过程，农耕区在相应方向的退缩始终与之相伴，这样的退缩过程一直持续到汉代。《史记》中记载“前龙门、竭石北多马、牛、羊、旗裘、筋角”，不但明确了农牧交错带的基本走向，而且肯定了长达 1000 余年以来，农、牧两种生产方式的空间转换过程已经完成，当然两种文化的交融也一刻没有停止过。

第二节　北方农牧交错带草原生态文化

我国古代自新石器时期开始就已经有了农耕活动的出现，刀耕火种式的农业在原始农耕时期的三个典型代表分别是浙江余姚河姆渡遗址、陕西西安半坡遗址和大汶口遗址。

草原生态文化是指世代生息在草原地区的先民、部落、民族共同创造的一种与草原生态环境相适应的文化，这种文化包括草原人们的生产方式、生活方式以及与之相适应的风俗习惯、社会制度、思想观念、宗教信仰、文学艺术等，其中价值体系是其核心内容。草原生态文化是在草原特定的地域范围内，在共同的生产、生活、民族、心理、历史、情感等因素影响下产生的一种文化。

农牧交错带草原生态文化的最大特点就是具有复合性，它是农耕文化向草原文化不断渗透的结果。在大的自然景观上其呈现草地农田插画分布，犬牙交错；在生产业态上表现为农业和牧业两种生态系统的耦合，在地域文化特点上情况比较复杂，两种文化的融合因时因地而异。在靠近农业区的地方，农业文化居于主要地位，已经形成了以农为主的文化形态，虽然尚有一些草原文化的踪影，但在强大的农耕文化的影响下，正在快速地消失，表现为草原文化的逐渐萎缩；在靠近草原牧区一侧，草原文化仍然占据主导地位，虽有一些农耕文化的踪迹，但显得很孱弱；而在农牧交错带的中间区域，两种文化的博弈最为明显，表现在人们的生产生活方式、传统习俗、文化业态等方面，甚至在民族和语言等方面都表现了强烈的交互性。

农牧交错带草原生态文化的独特性还体现在其具有强烈的包容特点。伴随着生产方式的改变和生产力水平的提高，人们的思想意识和文化素养在悄然发生着变化，虽然草原文化和农耕文化应该是不同历史时期的产物，也说不上哪一个先进与否，但是在农牧交错带，单从物质获取层面讲，农耕文化的确具有优势，相对是一种先进技术和文化的代表。

就北方农牧带的草原生态文化而言，农牧交错区的草原文化融入了更多现代农业技术的因素，生产力水平大幅提高，而且更加高效可控，实际上是由自然生态系统向人工和半人工生态系统转变，形成了一种复合型生态文化类型。

第三节　河北坝上草原生态文化

一、自然条件

北京北部横亘着东西走向的燕山山脉，它在华北平原和内蒙古高原南缘交接的地方陡然升高，成阶梯状，俗称“坝上”，包括河北省的张家口市的张北县、康保县、尚义县、沽源县、察北管理区、塞北管理区及承德市的围场满族蒙古族自治县、丰宁满族自治县，以及内蒙古克什克腾旗和多伦县，总面积20多万平方公里。

坝上地形为丘陵、平原，东南高、西北低；河网密布，水淖丰富。平均海拔1486米，夏季气候凉爽，境内生态系统完善的中都草原是锡林郭勒大草原的组成部分。这里依托蓝天白云、绿草如茵、树木森然的自然景观，拥有生态、地貌的多样性，是天然的避暑胜地和旅游观光的好去处，历来是旅游爱好者的天堂。这里也是农耕文化和畜牧文化的融汇地，坝上草原天高气爽，坝缘山峰如簇，接坝区域森林茂密，山珍遍野，野味无穷。

坝上草地为高原草场，平均海拔1486米，是滦河、潮河的发源地。沿坝有许多关口和山峰，最高在海拔 2500 米以上。寒冷、多风、干旱是坝上最明显的特征。坝上年均气温 1℃，无霜期 90 天，无霜天，年降水量 400 毫米左右。这里水草丰茂、富饶美丽、冬夏分明、晨夕各异，置身于草青云淡、繁花遍野的茫茫碧野中，似有“天穹压落、云欲擦肩”之感。乃为一处旅游、休闲、避暑、度假的胜地。

二、历史钩沉

历史上的坝上草原，是游牧民族活动的“史型台”。这里秦代属上谷郡，西汉属上谷北境，东汉、魏晋时是鲜卑人之地，北魏时是御夷重镇，也是辽、金、元、清历代帝王的避暑胜地。辽代萧太后梳妆楼，历尽千年沧桑，至今仍屹立在闪电河畔，金代景明宫，元代察汗淖儿行宫，清代胭脂马场、狩猎场、张库古商道，明代长城和古烽火台及元代宏城遗址、九连城遗址等一大批源远流长的历史文化古迹，至今尚存。辽代在燕子城，到这时开始有了旅游。城中的“清凉殿”专供皇室游猎用。

在历史上，几千年来共有两次堪称“出线”，一是中都建制，二是清中期经济高潮。先者因为政治因素，坝上草原成为全国瞩目的旅游地，后者因为张库大道的开通，中原与外蒙古贸易，坝上开始“开化富裕”。清王朝时期是坝上草原的辉煌鼎盛时期。自公元 1681 年到公元 1863 年，康熙、乾隆、嘉庆三位皇帝在围场举行“木兰秋狝”的次数就达到了 105 次之多。通过“木兰秋狝”，起到了“肄武绥藩”、巩固边防的作用，木兰围场也便以其独特的地位而载入史册。

坝上历史悠久，草原文化深厚，700 年前成吉思汗在这里指挥了金元大战。大德十一年（1307），元武宗建行宫于旺兀察都（白城子）之地，立宫阙为中都，都城与宫阙仿大都（北京）而建，与大都、上都、和林并称为元代四大都城，这里成为皇族避暑、狩猎、接见外域使臣的地方。元代中都遗址曾被列入全国十大考古新发现。

三、坝上草原生态文化民族风情

坝上地区是我国典型的农牧交错区域，草原民族和汉族在这里杂居，形成了草地—农田犬牙交错，农林牧渔共存的生态景观，因此，也就构成了闻名世界的农牧交错带景观。草原文化和农耕文化在这里碰撞和融合，形成了独特的文化交互形态，既体现了草原民族的粗犷和彪悍，也蕴含着中原民族的细腻和智慧。在明清前受草原民族影响，盛行歌舞、羌姆舞、摔跤、射箭、赛马。后来由于汉人大量迁入，坝上盛行“二人台”，这种由晋北、河套地区传来的剧种，在坝上演变成“东路”二人台，它节奏明快、高亢明亮。东路二人台流传于尚义、张北、沽源一带。一年一度的“庙会”则是草原佛教盛行时留下来的。因为举行大规模祭祀往往伴随物资交流，尤其是马牛羊买卖，所以到了现代，还有牧畜交易大会，百姓俗称“庙会”。

由于坝上地处要塞，夏季水草丰美，自古就是名人驻足的地方。早在辽代时，辽圣宗、兴宗、道宗皇帝十几次到坝上的鸳鸯泊一带游猎避暑。这里环境独特，气候温凉，是华北著名的避暑胜地，境内中都草原是锡林郭勒大草原的组成部分和精华，生态系统完整，有“沙平草远望不尽”“风吹白草天无际”“深草卧羊马”之咏。风云岁月故去，坝上草原辉煌再来，坝上旅游方兴未艾，张北、沽源、丰宁、木兰围场等坝上草原以文化浓郁的草原风情和优质的服务，喜迎八方游客。

四、文化习俗

（一）服饰

如今坝上人服饰已融入现代，与都市相差不大。但在20世纪70年代以前却不一样，那时脚踏毡圪瘩，腿套大棉裤，上着对襟棉袄，头戴狐皮帽，再冷还得穿白茬皮袄。由于坝上热季短，上了年纪的人一年四季不脱棉裤。蒙古族青年人已与汉人有相同的穿戴。上年纪的人还穿蒙装，主要是蒙古袍。袍子长而宽大，长袖高领，右开襟，下摆不开衩，领口、袖口、襟镶花边。男袍多用蓝色、棕色，女子爱红色、绿色。蒙古袍都用腰带扎紧，男子向上提，显得潇洒；女子则向下拉展，显得苗条。有人还戴礼帽，戴珠宝。

（二）饮食

坝上以汉族为主，其次为蒙、满族等。饮食习惯基本上以莜面、土豆为主；蒙满则以奶食、肉类为主。莜麦是旱地作物，产量不高，富含碳水化合物和各种氨基酸，对高血压、糖尿病有食疗作用。它和土豆是坝上人最基本的食物，可作多种面食，配以羊肉蘑菇，是风味独特的地方食品。蒙古族食品有三类：肉食、奶食、粮食。草原上蔬菜较少，早午喝奶茶、吃奶食和手把肉，晚上吃手把肉、面条。奶茶，讲究的做法是先用羊尾擦锅，加水，将砖茶熬成红色，然后按 6∶1 兑鲜奶。奶酒，鲜奶发酵变酸，取出奶油后，加热剩余液体，蒸馏后的液体就是奶酒。酸奶，将鲜奶加热变酸后即为酸奶，止渴败火，帮助消化。奶皮子，鲜奶变酸后上边的一层薄皮。奶皮子味道香甜，拌上白糖或作成拔丝奶皮非常可口。黄油，又叫奶油，将鲜奶搅拌取出最上层的乳脂用温火熬煎即成，它是奶中上品。手把肉，把带骨的牛羊肉卸成自然块（按骨缝）放入锅中加水煮，不加调料和盐。掌握好时间是最重要的，时间不够不熟，时间过长肉质变老。烤全羊，传统的做法是用剥去皮的整羊，填刷作料，吊起在特制的烤炉中用杏木火烤 4—5 小时。烤好的羊色泽金黄、外酥里嫩，配以葱、酱、薄饼等。在客人品尝烤全羊时，一般要唱歌、献哈达、敬酒。烤羊腿与以上作法大同小异。涮羊肉，起源于元代。相传忽必烈南征，正待烧饭，敌人袭来，炖肉已来不及，厨师急中生智，飞快地将肉切成片，放在沸水锅中搅拌，待肉色一变，即捞在碗中撒上盐面、调料食用。后来每逢战毕，忽必烈特意点战前的羊肉片，将士们赞不绝口，忽必烈当即赐名“涮羊肉”。

（三）交通

坝上多用木头车，又称牛车、辘辘车。车用桦木制作，双轮，轮高四尺多，连轴转动，常用麻油抹轴，增加润滑性。这种车结构简单，使用方便，适用在草地、雪地、沼泽中运行，载重百斤。如今这种车坝上已不多见了。礼仪：坝上人与中原人一般礼仪相同，倒是蒙古人讲究多一些。进蒙古包，坐姿、举手、投足都有讲究。坝上用于旅游的蒙古包，基本的礼仪还有，比如，蒙古包东面是“里首”，西边是“外首”；进包时只能从里首进，不能从外首进；客人进包时，不能踩门槛；座位是女人在东、男人在西；东面是尊位，正北是“金地”，为一家之主的座位；蒙古族有一句格言：“不学书也要学坐”，就是说这些礼仪的重要性。蒙古族把酒看作表达对客人敬重的佳品。敬酒礼仪什么时候都显得庄重热烈。敬酒前，主人都要整理好衣服，将酒斟在银碗中托在哈达上，客人接过酒应以右手无名指“三弹”，表示敬天、敬地、敬神灵，然后饮用。酒间一般以歌助兴。哈达是佛教传入草原后才有的。哈达是藏语音译，在迎送、馈赠等场合中使用。哈达多以丝绸为料，有白色、浅蓝色和黄色三种。哈达长约五尺，两端有穗丝，绣有图案，献哈达一般将哈达对折，开口一方向着贵宾，略弯腰向前捧过头搭在宾客脖子上。

（四）文艺

坝上在明清前受草原民族影响，盛行歌舞、羌姆舞、摔跤、射箭、赛马。后来由于汉人大量迁入，坝上盛行“二人台”，这种由晋北、河套地区传来的剧种，在坝上演变成“东路”二人台，它节奏明快、高亢明亮。东路二人台流传于尚义、张北、沽源一带。一年一度的“庙会”则是草原佛教盛行时留下来的。因为举行大规模祭祀往往伴随物资交流，尤其是马牛羊买卖，所以到了现代，还有牧畜交易大会，百姓俗称“交流会”。

（五）居室

坝上在清代以前，基本上属游牧部族，之后从关内（居庸关）口里（张家口以南）有汉人移来，进行垦植，所以居住房舍，从以前的蒙古包改为固定建筑。坝上以前土坯房多，窗小，用麻纸糊，里边靠窗有大炕，用柴火烧，取暖带烧饭。冬天一到，房顶、后墙都要用柴捂得严严实实的，以抵御风寒。坝上多建新型砖瓦房，父母孩子分开居住，有的还带有洗浴设备。旅游则多以蒙古包和土房（农家院）给客人提供住宿，蒙古包配以现代设施，农家炕则热乎乎的，各有情趣。

（六）土特产品

口蘑：产自锡林郭勒草原上的天然蘑菇，经张家口商号加工销售，口蘑因此得名。口蘑分白蘑、青蘑、黄蘑、黑蘑等品种，肉质细嫩、味道鲜美，有“素中之荤”美称，另外，蘑菇有杀菌功能，蒙古族有用蘑菇作药的历史。

山野菜：蕨菜，多年生草本植物，又叫如意菜。广泛生长在围场、丰宁、沽源沿坝一带。蕨菜营养丰富，盐渍后，可单独炒制，亦可作配菜。地皮菜，又名地耳、地衣、地木耳、地软儿、地瓜皮、金莲花等，是真菌和藻类的结合体。最适于做汤，别有风味，也可凉拌或炖烧。黄花，又称金针菜。苦力芽、猴腿、木力芽等等都是坝上的山野菜。

地道药材：黄芪、柴胡、防风，称为坝上药用“三宝”。由于它们产于寒冷地带，品质好，在沿海一带特别受欢迎。尤其是广州，每天喝早茶，都要放些芪片养身，号称“北芪”。

莜面：可以做成莜面窝子，莜面鱼子。把土豆蒸熟捣成浆糊状和莜面一起做成山芋鱼子。莜面有降血压的功能，是以前的坝上老百姓的主食，现在大米白面多了，但是莜面也是坝上人生活中不可或缺的一部分。

（七）主要工艺品

坝上草原玛瑙：多伦县是国内玛瑙原矿主要产区。这里的玛瑙质地细腻，透明度、光洁度高，硬度均匀，尤其多伦县玛瑙工艺品厂采用先进工艺精心设计加工生产的玛瑙炉、瓶、熏具、酒茶具、文房用品、佛像、棋类、动物、花鸟、水胆玛瑙雕刻摆件及腰带、镯戒、项链等各种佩挂件是集鉴赏收藏、实用保健为一体的艺术珍品。

坝上草原蒙古民族特色工艺品：各类奶制品，包括奶酪、奶饼等；制作精美、样式各异的蒙古刀；女子头饰、湘妃帽、珊瑚带、手链、护身符、簪子等；马鞭子、马鞍子、马褡子等。商品制作精美、品种齐全，是旅游购物理想产品。

五、民俗文化形式

（一）那达慕大会

那达慕大会是蒙古族盛大的传统节日。“那达慕”，蒙古语音译，意为“娱乐”或“游戏”，源于古代的“祭敖包”。此节在每年七八月间牧民生产的黄金季节里举行，每次一至数日。届时，男女老幼身穿节日盛装，云集于各个集会点，举行赛马、摔跤、射箭、蒙古象棋、歌舞等富有民族特色的文体活动，并进行生产经验和物资交流等活动，内容丰富多彩，是活跃农村、牧区文化生活，促进生产的好形式。每逢那达慕来临，国内外宾客也慕名前往塞外草原，与蒙古人民共享节日之乐。

（二）敖包会

敖包会又称“祭敖包”“塔克楞节”，蒙古族、鄂温克族传统祭祀节日，一般在农历五六月间择定一个吉日举行。“敖包”，蒙古语“堆子”的意思，堆子，原是道路和境界的标志，后演变为蒙古等民族崇拜的天地或山头神的象征。在丘陵或山地高处用石头堆一座圆形石塔，里面有神像或佛经，顶端竖一根长杆，上面插经幡、弓箭等物。祭祀时，请喇嘛念经，杀猪宰羊敬献，祈求风调雨顺，牧草茂盛，人畜兴旺。

敖包神被视作氏族保护神，旧时行人路过要下马，献上钱财，供以酒肉，或剪下部分马鬃，马尾系其上。祭祀多于草丰畜壮、气候宜人的夏秋之季举行，仪式隆重。届时，人们携带哈达及整羊肉、奶酒、奶食等祭品，会集于敖包处，先献哈达和供祭品，再由喇嘛诵经祈祷，大家跪拜祝福，往敖包上添加石块或以柳条进行修补，并悬挂新的五色绸布条和经幡等。祭祀礼仪大致有血祭、酒祭、火祭、玉祭四种。祭典结束后，人们围坐一处喝马奶酒、吃羊肉，并举行赛马、摔跤、射箭等文体活动。鄂温克族和达斡尔族亦有这种祭祀习俗。新中国成立后已废。

（三）献哈达

藏族、蒙古族用于敬佛或相互交往中表示敬意的一种礼节。哈达按质料来分可分为普通品、中级品和高级品。普通品为棉纱织品，称为“素希”；中级品为丝织品，称为“阿希”；高级品为高级丝织品，称为“浪翠”。哈达的长短也不一致，长的一两丈，短的三五尺。颜色以白色为主，此外还有淡黄、浅蓝等几种颜色。献哈达多行于庆宴集会、迎客送宾、会见友人、晋谒尊长、拜佛祈祷等场合。其方法是：献者双手手心向上，将哈达搭在食指与拇指之间，使两端下垂。献给尊长或贵宾，献者必须躬腰低首将哈达举过头顶送至双方座前请其收纳；献给平辈或下属，则将哈达搭在对方的颈脖上即可。敬献哈达时，双方都需互致问候和祝福。

（四）敬鼻烟壶

蒙古族牧民相见礼俗。客人至家中，主人将一装有烟粉或药粉的小壶献于客人面前，让其嗅一嗅。客人嗅后以礼相答。按古老习俗，若是同辈，须用右手互相交换，待双方都将对方的烟壶吸一下，再互相换回来。若是长辈，则要待其坐定，自己站着交换，待长辈吸过，微微向上举一下，而后双手捧给长辈，将自己的烟壶换回。妇女在举壶时还须轻轻碰一下自己的前额，并慢慢躬身，然后双手递给长辈。

（五）酥油抹额

蒙古族待客礼俗。贵客至或遇重大节日举宴，主人送上一瓶酒而先不上酒杯。瓶口上抹有酥油，先由上座客人或长者用右手指蘸少许酥油自抹其额，再依长幼之序递抹，事毕主人才拿来杯子斟酒敬客。

（六）“木兰秋狝”

木兰围场是一个泛称，从具体意义来讲，由御道口草原森林风景区、塞罕坝国家森林公园和红山军马场三部分组成。木兰围场之所以被当地人称为坝上，就是因为它地处内蒙古高原、黄土高原与华北平原交界处，东起喀喇沁旗的茅荆坝，西至涞源县的空中草原，环北京半圈，宛若一道大坝。纵横交错的地形，集合了北方所有具代表性的景色，春天花满地，夏天牛羊成群，秋日层林尽染，冬日白雪铺地。木兰围场，位于河北省东北部（承德市围场满族蒙古族自治县），与内蒙古草原接壤；这里自古以来就是一处水草丰美、禽兽繁衍的草原。“千里松林”曾是辽帝狩猎之地，“木兰围场”又是清代皇帝举行“木兰秋狝”之所。公元1681年清帝康熙为锻炼军队，在这里开辟了一万多平方千米的狩猎场。清朝前半叶，皇帝每年都要率王公大臣、八旗精兵来这里举行以射猎和旅游，史称“木兰秋狝”。在从清代康熙到嘉庆的140多年里，就在这里举行木兰秋狝105次。

第九章　草原生态文化与丝绸之路

丝绸之路是古代中国与相关国家所有政治经济文化往来通道的统称。传统的丝绸之路，起自中国古代都城长安（今西安），经中亚国家、阿富汗、伊朗、伊拉克、叙利亚等抵达地中海，以罗马为终点。作为中国与西方交往的古老

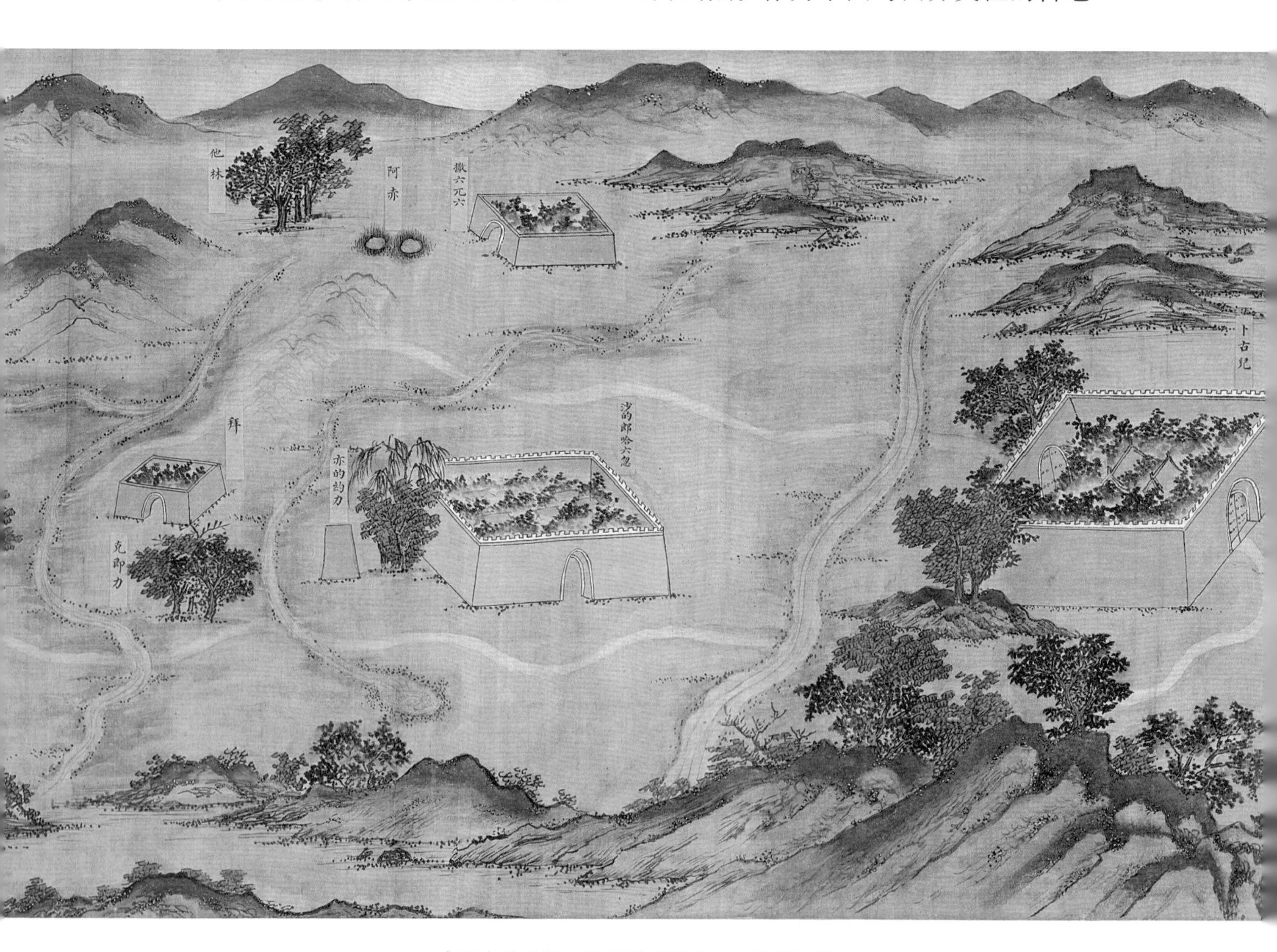

古画中的丝绸之路盛景（《蒙古山水地图》局部）

通道，丝绸之路连接着东西方文明，促进了人类文明相互影响、共同发展的历史进程。1877年，德国地质地理学家李希霍芬在其著作《中国》一书中，把“从公元前114年至公元127年间，中国与中亚、中国与印度间以丝绸贸易为媒介的这条西域交通道路”命名为“丝绸之路”，被学术界和大众所接受，并正式运用。

学术界认为中国古代的丝绸之路主要有四条通道：其一为“沙漠丝绸之路”，从洛阳、西安出发，经河西走廊至西域，然后通往欧洲，也称为“绿洲丝绸之路”；其二为北方草原地带的“草原丝绸之路”；其三为东南沿海的“海上丝绸之路”；其四为西南地区通往印度的“茶马古道”丝绸之路。其中，草原丝绸之路东端的中心地在内蒙古地区，这里是草原文化分布的集中地，也是中西文化和南北文化交流的汇集地，显示出浓郁的草原文化特征。草原丝绸之路不仅是连接东西方经济、文化交往的通道，也是连接中国长城以南地区与北方草原地区经济、文化交往的要道。

通常，人们认为草原丝绸之路是指古代自中国中原地区向北越过长城入塞外，穿越蒙古高原、南俄草原、中西亚北部，西去欧洲的陆路商道。然而，根据丝绸之路的形成必须具备的两大前提要件：首先是要有相对稳定的社会群体与相对文明的组织结构，其次是要有大宗商品交换的社会需求。我们从广义上讲，草原丝绸之路是指由草原民族开拓或途经草原地区的沟通中外政治经济文化往来的陆路通道。

草原丝绸之路不仅是中华文化向外传播的纽带与桥梁，更是草原生态文化的结晶、中华文化的精粹。在草原丝绸之路上保存的许多重要的遗址、文物，是草原丝绸之路重要的实物载体，以此为中心，多民族文化产生、发展、碰撞、融合、升华，从而形成了博大精深的草原生态文化。

可以说，“丝绸之路”是草原之路。我国草原的90%分布在“丝绸之路”所在的西部，沿“丝绸之路”中亚各国的草原面积分别占各自国土面积的26.4%—67.9%。全世界70%的草原退化，我国天然草原综合植被盖度虽有所提高，但是草原生态总体恶化局面尚未根本扭转，中度和重度退化草原面积仍约占草原总面积的1/3；哈萨克斯坦草原60%以上退化，退化草原修复治理成为当代“一带一路”国家共同的战略需求。经过长期研究和示范推广，我国发展了以农牧耦合为特征的退化草原治理理论、模式和技术，有效地减缓了天然草原的放牧压力，保护了农耕地，提高了草地生态系统的生态服务功能和生态经济效益。在此基础上，通过“一带一路”国家的协同创新，各国建立各具特色的修复治理退化草地的草地畜牧业发展模式，契合了新时期“一带一路”生态文明建设的战略需求，使草原丝绸之路再度发挥世界各国构建命运共同体的纽带和桥梁作用。

第一节　草原民族开拓的草原丝绸之路

生活繁衍在广阔草原地带的游牧民族是传承东西方文明的重要媒介，同时也是草原生态文化的主要缔造者，对开通和繁荣草原丝绸之路作出了巨大的贡献。

草原丝绸之路彰显着草原游牧民族宽广豁达和兼容并蓄的民族性格，使得草原游牧民族的游牧经济能够快速传递文明的信息。从传输内容上看，除丝绸外，民族文化、宗教信仰、各类发明创造和技术，也以此为径得到更多、更广泛、更快捷的传播。此外，草原上的皮毛等畜产品，是草原丝路上的主要贸易物，珍奇的珠宝金银在丝路贸易中，也占有较大比重。

一、内蒙古草原丝绸之路

内蒙古草原丝绸之路东段最为重要的起点是内蒙古长城沿线，也就是现今的内蒙古自治区所在地。这里是游牧文化与农耕文化交汇的核心地区，是草原丝绸之路的重要链接点。在草原丝绸之路上活动的人类群体主要是游牧民族，自青铜时代起，先后有卡拉苏克、斯基泰、狄、匈奴、鲜卑、突厥、回鹘、契丹、蒙古等主要民族。

（一）内蒙古草原丝绸之路的范围界定

内蒙古草原丝绸之路即传统意义上的狭义“草原丝绸之路”，即蒙古草原地带沟通欧亚大陆的商贸大通道。其时间范围可以定位为青铜时代至近现代，空间范围大致框定为北纬 40° 至 50° 之间的这一区域，自然环境以草原为主要地貌特点，活动的人类群体以游牧为主要经济类型。其主体线路是由中原地区向北越过古阴山（今大青山）、燕山一带的长城沿线，西北穿越蒙古高原、南俄草原、中西亚北部，直达地中海北陆的欧洲地区。沿线经过的主要古代城市有辽上京（今巴林左旗辽上京遗址）、元上都（今正蓝旗元上都遗址）、集宁路（今集宁路古城遗址）、天德军（今丰州古城遗址）、德宁路（今傲伦苏木古城遗址）、哈喇浩特（今额吉纳旗黑城遗址）、哈剌和林（今蒙古国前杭爱省哈剌和林遗址）、讹答剌（哈萨克斯坦奇姆肯特市）、塔拉斯（吉尔吉斯斯坦西北部）、托克马克（今吉尔吉斯斯坦托克马克市）等地。

内蒙古草原丝绸之路是几千年来连接东西方经济贸易的大动脉，它的发展与繁荣在蒙元时期达到了顶峰。在窝阔台汗时期，正式建立了驿站制度，元朝形成了规模庞大、四通八达的驿站网络。这些驿站既是元朝政令、军令上传下达的重要通道，同时也是政府对外进行商贸往来的主要线路。这时的草原丝绸之路形成了三条主线。

据《元史・地理志》记载："北方立站：帖里干、木怜、纳怜等一百一十九站"，"帖里干"道属东道，起点站为元大都，北上经元上都、应昌路（今克什克腾旗达里湖西岸）至翕陆连河（今克鲁伦河）河谷，再西行溯土拉河至鄂而浑河上游的哈剌和林地区；"木怜"道属西道，在元上都附近，西行经兴和路（今河北省张北县）、集宁路（今内蒙古乌兰察布市集宁区）、丰州（今呼和浩特白塔子古城）、净州路（今四子王旗净州路古城），北溯汪吉河谷（今蒙古国南戈壁翁金河）至哈剌和林；"纳怜"道又称"甘肃纳怜驿"，自元大都西行经大同路东胜州（今托克托县大荒城）溯黄河经云内州至甘肃行省北部亦集乃路北上绕杭爱山东麓至哈剌和林。由于哈剌和林地区地处蒙古高原的腹地，内蒙古草原丝绸之路的三条主干线大多通过这里再向西北经中亚纵向延伸，直至欧洲。这三条通往欧洲的驿路，构成了草原丝绸之路最为重要的组成部分。

（二）内蒙古草原丝绸之路的形成与发展

在蒙古草原地带，大宗商品交换的需求起源于青铜时代，内蒙古草原丝绸之路的形成应与之同步。根据目前发现的考古材料来看，内蒙古草原丝绸之路初步形成于公元前 5 世纪前后，其产生的重要原因与游牧民族"逐水草迁徙"的生活习俗以及部落之间的战争有关。

2500 年前，来自欧洲的斯基泰人在亚欧大陆之间的阿尔泰山地区开采宝石与黄金。黄金宝石是最豪华的装饰品，深得草原游牧民族的喜爱，由此促进了草原地带贵金属冶炼技术的发展。这一时期，在亚欧草原的中部相继形成了早期的游牧文化，主要有卡拉苏克文化、斯基泰文化、科班文化、塞种文化等。这些文化最大的特点就是"野兽纹"艺术装饰风格的盛行，这些野兽纹装饰品大多以黄金与青铜为主要质地。这些贵重金属装饰品的交换与流通，既促进了不同地区的游牧原生态文化的发展，同时也开辟了不同地区的商贸通道。在整个亚欧草原地带，相继发现装饰风格与造型相类的黄金饰品与青铜器，即是不同地带文化交流与商贸通道畅通的体现。在内蒙古草原南端的鄂尔多斯地区发现大量黄金与青铜质地野兽风格的装饰品，其中以内蒙古杭锦旗阿鲁柴登地区出土的鹰形金冠，四虎噬牛纹金饰牌，虎形镶宝石金饰、金项圈、金耳坠最为典型，这是草原丝绸之路东端开通的重要标志，内蒙古地区在草原丝绸之路中的区位优势日渐突显。

在夏商阶段，内蒙古草原丝绸之路形成也初见端倪。据史书记载，商的始祖名契，是与大禹同时代的人。其母简狄。“狄”皆为北方或西北草原地带游牧民族的称谓。这一古代民族因其长袖善舞，多财善贾，又是举族经商，故又被称为“商人”“商族”。而由契的后代商汤代夏而立的王朝，也称为“商朝”。自契至汤历14代，商族大规模迁居8次，逐渐从北方草原进入中原。其间，汤的十一世祖相土发明了先进的马车，七世祖王亥发明了先进的牛车，载货运输，十分方便，遂为天下所推崇。商族的畜牧业和贸易都很发达，甲骨文中有一次祭祀可用牛、羊数百头的记载。由此可以看到，在商品交换中重要的交通工具车辆可能在商代已经普遍使用。在蒙古草原地带发现的岩画当中发现不同形制的车辆图案，说明车的发明应当与北方草原地带生活的游牧民族有关系。由于车辆是承载货物进行交换的重要运输工具，说明此时已经具有商品远距离交换的能力。由于车辆的发明是以道路的形成为主要前提的，因此，可以推断在中原的夏商时期就已形成了若干条较为稳定的贸易通道，草原丝绸之路实际上已经形成。

匈奴肇兴于公元前3世纪，在部落首领冒顿单于时，一举统一北蒙古草原，建立了强大的匈奴帝国。公元1世纪，由于部落战争、自然灾害与汉王朝的持续打击，逐渐衰落，分裂为南北二部，其中北匈奴西迁至欧洲，南匈奴南下附汉。匈奴族的南下与西迁，是影响世界的重要历史事件。南下的结果是中原汉王朝的疆域得到了极大的拓展与巩固；西迁的结果是引起了欧洲的民族大迁徙，导致了罗马帝国的崩溃，因此，匈奴族在当时也被称为“上帝之鞭”。匈奴族的南下与西迁，实际上是将蒙古草原地带的丝绸之路进行了强有力的连缀与拓展，与漠南的沙漠丝绸之路形成亚欧大陆南北两大交通要道，丝绸之路逐渐形成带状体系。在蒙古国诺言乌拉、高乐毛都匈奴墓葬中出土的玉饰件、漆耳觞、汉式铜镜以及棺椁葬具，还有写有汉字的丝绸与青铜鍑等文物，都是草原丝绸之路上商品交换与文化交流的重要实物例证。

匈奴之后的鲜卑族，经过轲比能、檀石槐部落大联盟，又一次统一蒙古草原地带，草原丝绸之路得到了进一步的发展。拓跋鲜卑崛起于大兴安岭北端的嘎仙洞地区，公元1世纪前期，拓跋鲜卑开始南迁，历经九难八阻，定都于盛乐（今和林格尔盛乐古城），建立了北魏王朝，其后迁都平城、洛阳，彻底完成了鲜卑族汉化的历史进程。

鲜卑族汉化的历史进程，也与内蒙古草原丝绸之路的开通具有密切的关联。鲜卑族的南迁基本上是以草原丝绸之路为依托的。一个民族的迁徙实际上是不同民族文化的互动过程，嘎仙洞北魏李敞的石刻祝文、和林格尔的盛乐古都、大同的平城旧址都是拓跋鲜卑在草原丝绸之路上遗留下来的重要文物古迹。在草原地带出土的东罗马金币和波斯萨珊朝银币与波斯银壶，还有在西方的金银器皿上施用的牡丹纹、莲花纹、龙凤纹，这些都是渗透在草原丝绸之路上的重要文化因子，喻示着草原文化的昌盛与繁荣。

突厥人于公元6世纪中叶在蒙古草原地带建立了突厥汗国，其疆域东尽大漠，西至里海，南抵波斯、印度，使许多草原和森林部落都处于它的控制范围之内。这时的草原丝绸之路具体路线主要有两条：一条由锡尔河出发，通过咸海北岸；另一条沿阿姆河，通过咸海南岸。两条通道在乌拉尔河口附近会合，通向伏尔加河，再沿顿河和黑海北岸到达君士坦丁堡。唐朝对蒙古草原的统一管理，使草原丝绸之路得到进一步的发展。唐朝军队相继打败突厥、铁勒汗国，迫使漠北草原的游牧部落在回纥的率领下归附唐朝，唐朝以铁勒、回纥诸部设置6个都督府和7个州，“于是回纥等请于回纥以南，突厥以北，置邮驿，总六十六所，以通北荒，号为参天可汗道，俾通贡焉”（《唐会要》卷七十三）。回纥汗国的牙帐位于杭爱山北麓的鄂尔浑河流域（今蒙古国哈喇和林西北哈拉巴拉嘎斯古城），“参天可汗道”就是由唐朝北部军事重镇丰州（今内蒙古五原南）向北通往回纥牙帐的交通要道，也就是草原丝绸之路通往中原的重要支线。公元840年，回纥汗国被黠戛斯人攻灭，回纥大部分人分三支向西迁徙，其中主要的一支迁至今葱岭以西，于公元10世纪建立了喀喇汗王朝。突厥与回纥汗国的建立，唐王朝对两大汗国的管理，使草原丝绸之路的东段再一次得到了开发与拓展。

契丹建立的辽王朝，使内蒙古草原丝绸之路更加贯通。北宋与辽在边境地区设置榷场互通有无。主要有雄州、霸州、安肃军、广信军、新城、朔州等榷场。辽朝政府还在上京城内的同文馆设置驿馆，为诸国信使提供方便的住宿条件。当时，西夏占据河西走廊，辽朝与西方国家的往来主要依靠草原丝绸之路，辽朝以上京（今巴林左旗林东镇南）、中京（今宁城县大明城）、东京（今辽阳市）、南京（今北京城）、西京（今大同市）为骨干，形成了北达室韦、乌古，东北至黄龙府、渤海国、奴儿干城，西北至突厥、吐谷浑，西至丰州、朔州、夏州，南通北宋的道路网络。公元1124年，契丹皇族耶律大石率部沿草原丝绸之路西迁至中亚地区，并征服了高昌回纥、喀喇汗王朝，建立西辽政权。西辽政权在保持了游牧民族文化的同时，还将东方的儒家思想、语言文字、典章制度及生产方式带到中亚地区，对当地的伊斯兰教文化造成了很大的影响，让西方国家领略到了东方汉文化的强大魅力。

蒙元时期是内蒙古草原丝绸之路最为鼎盛的阶段。成吉思汗建立横跨欧亚的蒙古汗国，道路四通八达，并建立驿站制度。至元朝建立，以上都、大都为中心，设置了帖里干、木怜、纳怜三条主要驿路，构筑了联通漠北至西伯利亚、西经中亚达欧洲、东抵东北、南通中原的发达交通网络。元代全国有驿站1519处，有站车4000余辆，这些站车专门运输金、银、宝、货、钞帛、贡品等贵重物资。当时，阿拉伯、波斯、中亚的商人通过草原丝绸之路往来中国，商队络绎不绝。此时最为著名的商贸城市是元上都。元上都城内的西关，是各国商人进行交易的地方，史载“自谷粟布帛，以至纤靡奇异之物，皆自远至。宫府需用万端，而吏得以取具无阙者，则商贾之资也”。可见商品交易之盛况。[①]

在元上都，外国使者、旅行家、商人、教士等频繁来访，如发郎国的使者最早在中统年间就在开平觐见过忽必烈。至元年间，元惠宗派遣发郎国人安德烈及其他15人出使欧洲，致书罗马教皇，教皇又派遣马黎诺里等人到元上都回访元惠宗，并呈献罗马教皇的回信和礼物。最为著名的事件是意大利商人马可·波罗在至元十二年（1275）随父来到元上都，受到忽必烈的接见，回国后写下了著名的《马可·波罗行纪》，向西方详细介绍了元上都的宫廷生活和礼仪、蒙古族的生活风习等。另外，印度、缅国、尼波罗国的使者、僧侣、工艺家、商人等都曾来到过元上都，当时的元上都是国际性的大都会。有诗曾形象地写道：“酒馆书填金，市中商贾集，万货列名琛。”

近几年，在这些草原城市的遗址当中，相继发现了当时商品交换的大量实物。在呼和浩特市东郊的万部华严经塔发现了世界上现存的最早的钞票实物“中统元宝交钞”；在额济纳旗黑城古城遗址相继发现“中统元宝交钞”“至元通行宝钞”。在内蒙古各地还发现了大量中原辗转交换来的瓷器。元代集

① （元）虞集：《道园学古录》卷16《贺丞相墓铭》。

宁路古城遗址发掘出土了大量的窑藏瓷器，汇聚了中原七大名窑的精品，同时还出土四万余枚铜钱，足以说明当时贸易的兴盛。另外在元上都、德宁路、净州路等地还发现带有古叙利亚文字的景教墓顶石，充分说明了当时东西方文化交流的盛况。在中国北方大草原上，类似于元上都、集宁路、德宁路、净州路这样的草原商贸城市还有很多，它们成一线分布于蒙古草原的东部边缘地带，是东西方商贸交易的重要枢纽，也是中原向西方输出商品的桥头堡。草原丝绸之路的发达，为开放的元朝带来了高度繁荣，使草原文明在元朝达到了极盛。中国的指南针、火药、造纸术、印刷术通过草原丝绸之路传播到了欧洲，从而推动了世界文明的发展。

（三）内蒙古草原丝绸之路是重要的商旅通道

内蒙古草原丝绸之路是内蒙古草原商路中最古老的一条商路。大约在公元前 5 世纪，草原上已经形成贸易路线，西汉时就有通过当时七河地区的乌孙至蒙古高原的记载，伴随着蒙古族的兴衰起伏，草原丝绸之路的历史也不断变幻。从内蒙古杭锦旗和土默特旗战国时期的匈奴墓中遗留下来的遗物上的痕迹来看，在春秋战国时期，中国的丝织品通过这条商路运到北方，再通过这里传到了西域。汉唐时期，这条路主要被匈奴和突厥人所控制，中原地区的丝绸和西方的各种珍品主要通过他们来交流。汉武帝时期，由于建立了河西四郡，正式开通了河西走廊的塔里木盆地的丝绸之路。匈奴人从河西走廊退出以后在继续经营中原地区丝绸贸易的同时，开创了新的漠北单于庭，西沿杭爱山经科布多盆地，穿过阿尔泰山，沿乌伦古河向西南至塔城直趋塔拉斯及河中地区。隋唐时期，草原之路更加延伸发展，商业贸易更加繁荣昌盛，极大地丰富了草原与西域各民族人民的生活。蒙古帝国建立以后形成了以哈刺和林为中心的草原商路。元朝时期，草原丝绸之路已经连接戈壁丝绸之路、海上丝绸之路的重要路段。从清朝开始，随着旅蒙商进入蒙古地区经商，形成了四通八达的草原商路。

据文献资料显示，蒙古地区的商路有三横九纵。“三横”中的南线就是从长安出发，经和林格尔、乌里雅苏台越阿尔泰山到西域的线路；中线是从大都（今北京）、上都（今锡林郭勒盟正蓝旗东）出发，经哈剌和林（位于今蒙古国中部后杭生省杭爱山南麓、鄂尔浑河上游右岸的额尔德尼召近旁，距乌兰巴托市 380 公里）到达西域的线路，可以说就是马可波罗走的那条路线；北线是从内蒙古东部出发，经贝加尔湖、叶尼塞河的上游经过森林通向西域的一条路，“三横”也可以概括为：南线为戈壁之路，中线为草原之路，北线为森林之路。“九纵”中的几条重要商道主要有：(1) 从海拉尔经满洲里通向俄罗斯的商道；(2) 从多伦经过经棚到库伦的商道；(3) 张库大道；(4) 从归化城到库伦的商道等。这些商道北去的是源源不断的丝绸、布匹、粮食、茶叶等，南来的是“积如丘山”的毛织物和各种名贵毛皮。

在草原上生活的蒙古族，很早就有以“传话”方式传递信息的习俗。“传话”在土地宽广、人口稀少，而且交通不便、居住偏僻分散、经营畜牧的游牧民族中，承担着联络氏族部落、安答朋友之间相互传递信息和传递公务等职责，因而公众都将它遵视为习惯法则，到后来，这个“传话”的传统习俗越来越受到重视，发展成为依托驿站能可靠实现的具有独立社会责任的组织。商道上都建有驿站，蒙古人将“驿站”称为“站”或“站赤”，在驿站专门从事传话或递书的人称为“兀剌赤”。马可波罗对元代的畅通无阻的驿站有这样的记载：“从汗巴里城，有通往各省四通八达的道路。每一条大路上，按照市镇坐落的位置，每个四十公里或五十公里之间，都设有驿站，筑有旅馆，接待过往商旅住宿，这些叫作驿站或邮传所。这些建筑物宏伟壮丽，有陈设华丽的房间，挂着绸缎的窗帘和门帘，供给达官贵人使用。”到了清代，已经形成运送军队、传递政令、供应物资、转运商品的四通八达的交通网络，通过五路驿站，可通往漠南蒙古的各个盟旗，在这些驿道上属于内地的驿站由内地维持，称汉站；进入蒙古地区的驿站，由蒙古族维持，称蒙古站。草原上设置的驿站，构成严密的国防军事交通运输网，商人也循着这些四通八达的驿道，深入蒙古草原各地和北部边疆，从事着商业贸易活动，在草原丝绸之路贸易中发挥着重要的商道作用。

草原商道对城镇的兴起和繁荣起了积极的推动作用，商道的开拓促进了明代以来蒙汉互市据点的发展，一批新的草原城镇伴随着旅蒙商人的到来而兴起，尤其是作为主要驿路的归化城（今呼和浩特）、包头城现已成为繁盛的商业城市。草原商道加强了蒙汉民族间政治、经济、文化交流，增强了各民族间的友谊，由于民族贸易往来的密切，加强了中原与北方少数民族之间的联系，出现了民族迁徙、融合，内地边民“闯关东”“走西口”，他们来到草原地区垦殖谋生，使阴山南北形成了以蒙古族为主体、汉族为多数的多民族聚居区。草原商道也巩固和发展了中国的北方，维护了祖国的统一，捍卫了西北边陲，丝绸、茶叶、布匹、瓷器、畜产品、香料等商品商贸的往来，既繁荣了民族地区的畜牧业经济，拉动了当地运输业和畜产品加工业的发展，改善了牧民生活，又促进了与中原商品经济交往和道路交通的发展，增进了各族人民的团结，起到了巩固西北边防、维护边疆完整、促进边疆和内地经济互补及发展的作用。此外，商道中涉及的边境贸易沟通了与中亚地区的经贸活动，从草原丝路北行再西去的山西籍旅蒙商队，往返于乌兰巴托、科布多和莫斯科之间，使中国的商贸活动延伸到了俄罗斯，进而拓展到东欧国家，加强了我国同中亚地区、蒙古、俄罗斯及东欧等国的经济、文化、政治诸方面的交往。今天，在曾经的古道上汽笛长鸣，经满洲里、二连浩特口岸呼啸穿梭的中欧班列，承载着沿线国家共商、共建、共享的"时代梦想"，继续续写着草原丝绸之路新的传奇。

二、青藏高原草原丝绸之路

（一）"茶马古道"——生态互补、各取所需的典范

一般认为，茶马古道是指内地与高原民族之间茶马互易而形成的一条交通要道，兴于唐宋、盛于明清，二战中后期最为兴盛。从自然地理看，茶马古道是地处第一阶梯的高原与位于第二阶梯的平坝之间经济文化的交流与互动，其实质是内地民族与高原民族更深层次的民族关系演化，其历史至少可以追溯到新石器时代。如童恩正先生在《昌都卡若》中依据考古学材料指出西藏高原早期人群中有一部分系来自东部"从北方南下的氐羌系统民族"，并认为"他们可能是经营农业的"[①]。格勒先生也指出"代表藏族先民文化的卡若文化、曲贡村文化等""具有黄河流域氐羌民族系统的文化因素"以及"属于南方长江中下游和东南沿海的原始文化"[②]。其时，农牧互动的一个典型例证就是黄河流域的粟传播到了青藏高原地区，这反映了远古初民们的经济文化交流与互动。

众所周知，茶叶具有助消化、解油腻以及提神、补充维生素等功能，这对于高原民族特别是广大牧民群众而言，可起到与肉食乳饮互补的"蔬菜"兼"灵药"等功能，此即任乃强先生所云"中夏需马，蕃人嗜茶，互通有无，商业勃兴"是也[③]。因此，茶自唐宋时期一经传至高原，即受到权贵黎庶、男女老幼的竞相逐求。据《汉藏史集》记载，吐蕃赞普都松莽布支在位时，吐蕃已出现

① 西藏自治区文物管理委员会、四川大学历史系：《昌都卡若》，文物出版社1985年版，第155—156页。

② 格勒：《论藏族文化的起源形成与周边民族的关系》，中山大学出版社1988年版，第84页。

③ 任乃强：《康藏史地大纲》，《任乃强藏学文集》（中册），第470页。

茶和茶碗，称“高贵的大德尊者全者饮用”[①]。唐李肇《唐国史补》也记载，唐监察御史常鲁出使吐蕃，“烹茶帐中，赞普问曰：‘此为何物？’鲁公曰：‘涤烦疗渴，所谓茶也。’赞普曰：‘我处亦有。’遂命出之，以指曰：‘此寿州者，此舒州者，此顾渚者，此蕲门者，此昌明者，此湖者。’”[②] 明《续文献通考》曰：“夷人不可一日无茶以生。”藏地民谚称：“宁可三日无粮，不可一日无茶”。“马”则是高原牧业经济的一个重要标志，历史上由于中原王朝对战马的需求，直接催生中原农区和边疆牧区之间大规模的“茶马互市”，《宋史》卷347《黄廉传》载：“诸榷熙、秦茶勿改，而计东路通商；禁南茶毋入陕西，以利蜀货。定博马岁额为万八千匹。”此记载表明宋代从政府层面规定用于茶马贸易的茶叶主要产自四川。据有关专家研究，宋代四川茶叶年产量在3000万斤左右，其中半数以上要销往外地特别是产马的牧区。[③] 延至清末民国时期，用来易茶的主要是藏地特产，如“麝香、鹿茸、兽皮、虫草、贝母、雪莲、雪猴、雪蛤蟆”等。英国人唐古巴在1867年观察巴塘后指出其地“位于美丽富饶的山谷，气候与苏格兰北部相似，是一巨大集贸中心，卫藏和蒙古地区的商人来此地购买从四川经打箭炉运来的砖茶”[④]。

宏观而言，茶马古道要纵贯中国最长、最宽和最典型的南北向山系——横断山脉，需依次横渡岷江、大渡河、雅砻江、金沙江、澜沧江、怒江等6条自北南流的大江及其支流，是当之无愧的穿越群山最众多、水系最密集的民间商贸通道，也造就其人类历史上海拔最高、通行难度最大的高原文明古道美誉。茶马古道具体有三个走向：陕甘道，是内地茶叶西行并换回马匹的主道，在唐朝时发展成为丝绸之路的主要干线之一；滇藏道，起自云南西部产茶区，经丽江、中甸、德钦、芒康、察雅至昌都、拉萨；川藏道，起自四川雅安产茶区至康定，自康定起分南北两道，一道向北经道孚、炉霍、甘孜、德格、江达抵昌都，一道向南经雅江、里塘、巴塘、芒康至昌都，至昌都后与滇藏道合而至拉萨。茶马古道西向经拉萨，延伸进入不丹、锡金、尼泊尔、印度境内，直到西亚、西非红海海岸。

从生态经济学的角度看，以“茶马互市”为标志的高原与内地人群之间的经济文化交流有以下三点值得关注。

① 达仓宗巴·班觉桑布著，陈庆英译：《汉藏史集》，西藏人民出版社1986年版。

② （唐）李肇：《唐国史补》卷下。

③ 贾大泉：《宋代西川同吐蕃等族的茶马贸易》，《西藏研究》1982年第1期。

④ 此处转自赵艾东：《唐古巴的考察与英国对中国西南边疆的觊觎》，《中国边疆史地研究》2010年第4期。

第一，基于茶、马的生态互补性，“茶马互市”将汉、藏两个民族紧密地联系在了一起。汉藏本属于两个不同的文明体系：汉的经济标志是“农业”、文化标志是“儒家文化”，藏的经济标志是高原农牧业、文化标志是“藏传佛教文化”。历史上，两个不同的文明体系很难有机紧密地联系在一起。但事实上，由于农牧互补特性决定了汉藏之间天然存有一种相互依存的关系，正是这种关系衍生了历史上以“茶马互市”为标志的汉藏文明交流与互动。

第二，“茶马互市”形成的茶马古道及其畅通，使沿线各民族的交往交流交融突破了地缘限制，增进了彼此的情感交融。茶叶由内地（四川、云南、两湖等地）运往藏区，所经地区不仅海拔高、里程长、地形复杂多样，而且自然环境恶劣、气候变幻莫测、氧气稀薄，生命安全难以得到保障，即使在高度现代化的今天其道路也是时阻时通，或通而不畅。因此，茶叶输送实际体现了汉藏不畏艰难险阻的传统友谊，使汉藏民族文化心理交流与情感交融不受千里之外的地缘限制。藏族史诗《格萨尔王传》传唱的“汉地的货物运到博，是我们这里不产这些东西吗？不是的，不过是要把藏汉两地人民的心连在一起罢了”[①]，正是对此最生动的诠释和注解。

第三，“茶马互市”不仅加强了汉族与藏彝走廊其他民族的交流与互动，也密切了藏族与其他民族之间的物资交换和文化联系。由“茶马互市”而在藏彝走廊地区形成两条重要交通要道——滇藏道与川藏道，其交会点都是今西藏昌都。在这两条交通要道沿线，生活着许多民族及其支系，如纳西族、怒族、傈僳族、门巴族、珞巴族、羌族以及众多藏族支系（如尔苏、木雅、嘉绒、康巴、尔龚）等，汉藏传统商贸往来同样带动并促进了交通沿线民族之间及藏族支系内部的交流与互动。值得提出的是，藏族饮酥油茶的习俗反过来也影响了与藏族为邻的一些周边民族，甚至今天走廊中的汉族也形成了饮酥油茶并用之招待客人的风俗。可见，体现汉藏传统友谊的酥油茶已经成为藏族及其周边民族的饮食文化心理。

作为青藏高原历史最悠久、文化内涵最丰富的丝路——茶马古道，不仅带动了西南边疆地区的社会经济发展，加强了各民族的文化交流，各民族不断增进了解，形成了一种持久的互补互利经济关系及文化上兼容并尊、相互融合的新文化格局，而且带动了沿途城镇的兴起和发展，促进了边疆地区与祖国的统一和各族人民唇齿相依，不可分离的亲密关系，为祖国统一、民族团

① “博”为藏族自称，此处指藏区或藏地。

结发挥了不可替代的重要作用。

（二）“盐粮之路”——生态保护、资源互利的交响

盐粮互换是牧民通过游牧方式，将藏北湖盐与农区粮食等物资进行交换的一种传统行为。任乃强先生曾专门论述食盐引起的古代民族间的跨地区活动，特别是古代高原上一些部落之争都是围绕对盐的争夺展开的。千百年来，每当牧草转青时，牧民们就选择体格高大健壮的牦牛或绵羊、山羊作为驮畜，边牧边行来到盐湖边，用手工毛纺制作的盐袋子装盐。盐装好后即沿着传统的交换路线边赶边牧，长途跋涉前往粮食交换地。一般说来，藏北牧区东部的聂荣、巴青、比如等县牧民多到昌都地区一带交换；聂荣、安多、那曲、加里、当雄、班戈的一部分牧民多到山南、拉萨、林芝一带交换；申扎、班戈、仲巴和改则的一部分牧民多到日喀则地区交换；阿里地区的革吉、噶尔、日土、改则的部分牧民则到尼泊尔、拉达克一带交换。

牧民放牧至农区的时间大体在农作物基本收割完毕之时，农民就用余粮交换牧民带来的食盐及畜产品。盐茶是西藏农区的必需品，因此富裕的农民甚至会一次性换足两年所用食盐。如果在粮食丰收年份，1 克盐可换 1 克粮；中等年份，2 克盐换 1 克粮；如果碰到粮食歉收年份，3—4 克盐才能换 1 克粮。除换粮外，驮队还将盐或羊毛换成货币，购买一些布匹、糖、茶叶、锅碗瓢盆等日常生活用品。

由盐粮交换而形成的高原丝路对生活于高原上的民族发展与稳定起到了重要作用，通过农牧的互补性有力促进了高原生态资源和生产生活的内循环。一方面，牧民利用牧区丰富的盐业资源，以游牧这一低成本的方式换得生产生活必需品，在满足自身生存需求的同时也增加了对自然灾害的抵御能力，同时更加密切了与农区的经济文化联系；另一方面，农区不仅获得了盐这一生活必需品，而且也得到了来自牧区的畜产品，对生活的改善具有重要意义。

高原上的盐还部分销往国外，不仅相应促进了边境贸易的发展，而且还通过交换而获得铜、铁等大量来自青藏高原之外的高碳产品。青藏高原蕴藏有较为丰富的铬、镍、钴、铜、砂金、盐、石灰岩、石膏等矿产，绝大多数矿藏资源至今尚未开采。由于建立在农牧业经济基础上的自给自足不可能达到全方位的自给，譬如多姿多彩的服饰、餐饮炊具、马镫马鞍、佛像法器等，许多都要依赖地下矿藏资源的开发利用。为了满足生产与生活需要，历史上，当地藏族居民更多的时候是借助临边的地理优势，用青稞、酥油、羊毛、

山羊绒等自身生产的低碳产品换取金属制品、化妆品、餐具、装饰品、马鞍、木材（红木）等相对高碳的产品。传统的贸易方法是：用羊驮着盐湖里的盐，沿着特定的路线去境外放牧，用盐交换印度、尼泊尔的铜、铁等材料，或是由这些原材料制成的生活和生产用品。此外，也用羊绒、皮革、牛羊肉从其他藏区以及内地交换金、银、铜、铁等物资，运输到本地进行加工。这种兼游牧、交换、运输于一体的贸易，既最大限度地节约了成本，以低碳的形式得到外界的高碳产品，客观上减少了本地自然资源的开采，控制了对环境的破坏，更有效地保护了青藏高原的自然生态环境。

（三）湮没于时空中的古代高原路网

1.“麝香之路”

据有关史料记载，古罗马在公元1世纪前后，经由“西亚—阿里—拉萨—昌都”一线，交换青藏高原各地盛产的麝香，这条高原线路也由此被称为“麝香之路”。公元7世纪以降，兴起于雅砻河谷的吐蕃王朝向东发展并征服整个青藏高原，成为连接中原地区与西亚诸国的雄主，产于唐地的茶、瓷等源源不断地沿着“麝香之路”，经雪域高原销往西亚地区，“麝香之路”成为公元7世纪至9世纪东西方物资交流、文化交往的重要通道。随着朗达玛灭佛，吐蕃王朝崩溃，青藏高原陷入了长期分裂割据，位于今阿里地区的古格王朝灭亡后，“麝香之路”渐入萧条。

2.“唐蕃古道”

唐蕃古道又称青藏道，据考，唐代文成公主即由此进藏，是唐蕃间重要的政治、经济、文化和军事交流通道。据《唐蕃古道考察记》，“唐蕃古道”线路走向为：长安（今西安市）—咸阳县驿（今咸阳市）—兴平县驿（今兴平市）—马嵬驿（今马嵬镇）—武功县驿（今武功县）—扶风县城（今扶风县）—岐山县城（今岐山县）—凤翔府（今凤翔县）—汧阳县城（今千阳县）—汧源县（今陇县）—上邽县（今天水市）—伏羌县城（今甘谷县）—陇西县城（今武山县）—襄武县城（今陇西县）—渭源县城（今渭源县）—狄道县（今临洮县）—大夏县城（今广和县）—枹罕县城（今临夏市）—凤林县城（今莲花镇）—凤林关戍地（今炳灵寺）—龙支县城（今民和县古都镇）—湟水县城（今乐都县）—鄯城县（今西宁市）—赤岭（今湟源县日月山）—大非川（今共和县切吉草原）—黄河（今玛多县）—截支川（今玉树州子曲流域）—大速水桥（今聂荣县索曲流域）—黑河（今那曲）—农歌驿（今当雄县羊八井）—逻些城（今拉

西夏烽燧　摄影 / 官群

萨市)。此道又西延经日喀则至樟木、普兰,越喜马拉雅山脉至尼泊尔加德满都,称"尼婆罗道",重要的遗迹有碑刻"大唐天竺使出铭",是古代中原、青藏高原与南亚经济文化交流的重要见证①。

3."岷江道"

"岷江道",或称"岷山道",指都江堰以上岷江上游河谷形成的通道,行政区划涵盖汶川、理县、茂县、黑水、松潘等县,主要为岷江及其支流杂谷脑河、黑水河流经区域。历史上,"岷江道"既是一条民族迁徙流动的走廊,也是以成都平原为中心的人群与川西、西北各少数民族间物资交流、文化交往的通道,甚至在特定历史时期承担了中外文化交流的国际通道功能。

据汉代蜀地耆老旧说,古蜀先王蚕丛居岷江石室、死葬石棺,柏灌、鱼凫等王也活动于岷江上游"西山"地区,这些迹象表明岷江上游地区是古蜀文明的重要源头。自秦汉以降,中原王朝不仅将岷江上游纳入郡县制统治范畴,而且将其作为控驭整个川西北高原的桥头堡。据《华阳国志·蜀志》《后汉书·西南夷传》记载,汉晋时期岷江上游诸族经常下到成都平原季节性佣工,且"岁以为常",该风俗一直沿袭至今不减。

① 卢耀光主编:《唐蕃古道考察记》,陕西旅游出版社 1989 年版。

南北朝时期，“岷江道”作为民间商贸通道的功能愈加突显。《南齐书》载：“（益州）西通芮芮（柔然）、河南，亦如汉武威、张掖，为西域之道也。”[①]此言“岷江道”功能等同于西北丝绸之路。《梁书·河南王传》载：“其地与益州邻，常通商贾，民慕其利，多往从之。”[②]“其地”指吐谷浑所在的青海及川甘青结合地区。史籍中对于商贾的贸易往来有明确记载。如《宋书·道济传》载：“远方商人多至蜀土，贷资或有直数百万者。”[③]《北史·何妥传》记：“何妥，西城（域）人也，……事梁武陵王纪，主知金帛，因致巨富，号为西州大贾。”[④]在此背景下，一些西域商人长期经商后即选择在成都平原定居。如何妥父细脚胡“通商入蜀，遂家郫县”[⑤]。

隋唐时期，中原王朝加强了对岷江上游的实际控制。吐蕃东渐，使得岷江上游成了唐蕃相互拉锯争斗之所。唐代后期，因回纥兵平息安史之乱有功，许其入贡，以茶市马，其时松州成了唐代川边茶马道上最大的商贸集散地，有许多阿拉伯和波斯等中亚商人活动于这一带。五代及宋，回纥人在甘、松一带非常活跃，据马勇先生考证，有些甚至已深入岷江沿岸。[⑥]伴随茶马贸易兴起，都江堰等地成为重要的榷马易茶之所，“维、茂州地接羌夷，蕃部岁至永康官场鬻马”[⑦]，永康即都江堰。

元将岷江上游地区合归松潘宕叠威茂州等处军民安抚使司管辖，隶属于宣政院下的吐蕃等处宣慰司都元帅府[⑧]，第一次在真正意义上将整个岷江上游地区纳入封建王朝的大一统政治体系之中。在此背景下，岷江上游成了内地入藏的重要通道，据庞琳先生考证，当时入藏驿道南线即是由“宁河驿西南行经今甘南藏族自治州境……再西南行经今四川西北之松潘、茂州，与由四川入藏之北线会合，再西行经甘孜至德格，与由河州入藏之北线会

① 《南齐书》卷15《州郡志下》，中华书局1972年版，第298页。

② 《梁书》卷54《河南王传》，中华书局1973年版，第810页。

③ 《宋书》卷45《道济传》，中华书局1974年版，第1379—1380页。

④ 《北史》卷82《何妥传》，中华书局1974年版，第2753页。

⑤ 《北史》卷82《何妥传》，中华书局1974年版，第2753页。

⑥ “五代和北宋时期，……回纥、波斯商人在西北松州之间来往频繁，进入松州和岷江沿岸其它商业城镇的回族先民更多”（参见马勇：《松潘回族源流考》，《西南民族大学学报》2005年第6期）。马尚林先生也认为：“当时的松州是唐边陲重镇，地域覆盖川西北高原大部，远接甘、青，盛产河曲良马，又是川边茶马道上最大的商贸集散地。波斯、阿拉伯、回纥商人自肃宗时期进入松州，参与茶马互市，以蜀锦市马的商贸活动。久之，一些人长期居留此地，这是回族先民进入松州乃至川西北高原的最早年代。”

⑦ 《续资治通鉴长编》卷114“景祐元年四月癸丑”。

⑧ 《元史》卷87《百官志三》载：“吐蕃等处宣慰司都元帅府，秩从二品。宣慰使五员，经历二员，都事二员，照磨一员，捕盗官二员，儒学教授一员，镇抚二员。”

合”[①]。为防范蒙古势力南下以及实施“隔绝蒙番”战略[②]，明政府空前加强了对岷江上游的军事控制。

有清一代，岷江上游商路畅通，“松之关外，茫茫草地，纵横数千里，梯商航客，结队往来，与黄河、青海一带吐蕃交易”[③]，即使在汶川之牛头山卧龙关的小道上，也出现了“商贾奔走，络绎不绝”的景象[④]，其本地的商品经济以传统的茶业、特色药业及原产品贸易为主。清人虽不需要战马，但番人对汉地茶叶的需求仍然存在，即在传统的茶马贸易已不复存在后，马匹被番人的原产品替代了，如潘州白刊等番，“挟牛羊毡毳来，或由阿玉岭，或由铁门墩出，抵寒眄、新命诸寨贸易茶斤，岁以为常”[⑤]，所以清代岷江上游地区以茶叶为纽带的商品交换仍然兴盛，时“各川县行销松潘引 16346 张，征羡余银 2026.94 两，各川县代销行松潘引 26773 张，共征羡余银 331.948 两”[⑥]。当时的茶叶贸易主要是由四川及陕西商人所设的茶号来把持，在中转站茂州，陕西商人在此设有本立生、义合全、丰盛合等三个茶号，四川绵州商人设有聚盛源茶号，新都商人在此设有裕国祥茶号，据考这些茶号在明代即已存在，“一直至民国二十几年才衰落。”[⑦] 围绕药材和畜产品贸易，在岷江上游地区形成了许多商帮，种类有“草地帮、西客帮、河南帮、陕帮、渝帮之别”，并出现了一些大的商号，其中以“丰盛合、本立生、义合全、杜盛兴开岸最早，聚盛源、裕国祥、协盛会次之”，“老号二三百年，余皆百数十年不等。”[⑧]

新中国成立以来，“岷江道”仍是阿坝州与成都平原之间通行的主干道，

---

① 庞琳：《元代入藏驿道考述》，《西藏研究》1999 年第 4 期。

② 邓前程博士认为，“明朝占据河西后，法汉武帝创河西四郡，隔羌胡之交，断匈奴右臂之策，建河、湟、洮、岷等重镇，派兵驻守，‘以北拒蒙古，南捍诸番，俾不得相合。’在河、湟、洮、岷地区的治理上，设卫而不设州县，明王朝用意颇深。而对于甘、青、新连接地带，明廷亦给予充分重视，认为是‘紧关要地’，退居塞北之蒙古藉此可南下青海，东攻洮、河，危及松、茂、打箭炉等地”“元明交替意味着中原统治民族的换位，蒙古统治者虽退居漠北，但其实力尚存，它不仅威胁着明政权的稳固，同时牵制着明王朝对边疆民族关系的处置，而且，由于蒙古族与藏族特殊的文化联系，明王朝治藏政策必须处理两方面的关系：一是，稳定和发展藏区；二是，制度上与具体措施上，均必须有效地隔绝蒙藏联系”，是非常有见地的。见邓前程：《明代藏地施政的特殊性：古代中央王朝治理藏区的一种范式研究》，四川大学 2003 年博士学位论文，第 13、30 页。

③ 《松潘县志・序》。

④ 李心衡：《金川琐记》，此处转自李涛主编《嘉绒藏族研究资料丛编》，四川藏学研究所 1995 年（征求意见稿），第 623 页。

⑤ （民国）《松潘县志・里镇》。

⑥ （民国）《松潘县志・茶法》。

⑦ 《羌族地区近代经济资料汇辑》，载四川省编辑组《羌族社会历史调查》，四川社会科学院出版社 1986 年版，第 5 页。

⑧ 《松潘概况资料辑要・产业》，民国二十二年油印本。

也是“九环线”西半环的必经之地，在“5.12”特大地震期间更成为外界通往阿坝地震灾区的生命线。随着S9的贯通、G317与G213的提升改造，以及九黄机场、阿坝红原机场的投入使用，历史悠久的“岷江道”已演变成成都平原与川西北地区、四川盆地与甘青地区交流交往的立体型自然人文走廊。从整个西部地缘格局和国家战略出发，当代“岷江道”无疑正是连接“丝绸之路经济带”与“长江经济带”的重要枢纽。“岷江道”历史上即曾一度承担过长江流域与欧亚地区的交流与沟通，在新时代可利用其实现“丝绸之路经济带”与“长江经济带”的互联互通。

随着公路、铁路、航运等现代化交通设施的改善，以上存在于青藏高原古道作为一条延续上千年的商贸通道已因时代发展演化为一种凝练的历史文化符号，成为高原与内地交流的佳话和民族团结的象征。自20世纪以来，为了促进高原地区的经济社会发展，国家在原有“唐蕃古道”“茶马古道”基础上兴修了公路，同时围绕主干道以州府、县城为中心，以城镇为支点修建了许多支线，人背马驮彻底成为历史，但公路的修建与通行在一定程度上影响了交通沿线的生态环境和人群分布格局。新世纪的高原路网，立足于高原人民与其他地区共享现代文明成果，同时以生态环境保护为基本前提。

作为我国新世纪四大工程之一，青藏铁路是通往青藏高原文明腹地的第一条铁路，同时也是行走在世界屋脊上海拔最高、线路最长、环境最恶劣的高原铁路。项目一期工程于1958年开工建设，东起青海省西宁市，西至格尔木市，1984年5月建成通车；二期工程于2001年6月29日开工，东起格尔木市，西至拉萨市，2006年7月1日全线通车。在修建青藏铁路过程中，人们克服了高寒、缺氧等艰苦条件，攻克了冻土等技术难题，同时将生态与环保理念贯穿于铁路建设与运行全过程中。例如，青藏铁路为牧民放牧和藏羚羊迁徙预留了通道。

川藏铁路是继青藏铁路之后在世界屋脊——青藏高原上实施的通往内地的重大基础设施建设项目，是世界上修建难度最大的铁路工程。因其重要战略地位和现实意义，晚清锡良、有泰，民国时国父孙中山等都提出过修建川藏铁路的构想。[①] 早在建国初期我国就开始对川藏铁路进行勘察，20世纪90年代着手选线，直到2009年中铁二院正式发布《新建铁路川藏线成都至朝阳湖段环境影响报告书》，首次对外公布川藏铁路设计细节。2018年，习近平总

① 陶长雨：《试论新中国成立前川藏铁路的规划及其意义》，《学理论》2014年第12期。

书记在中央财经委员会第三次会议上强调："规划建设川藏铁路，对国家长治久安和西藏经济社会发展具有重大而深远的意义，一定把这件大事办成办好。"[①] 至此，新建川藏铁路规划建设全面启动。川藏铁路全线运营长度为1567公里，其中拉萨至林芝段已于2014年12月开工建设，成都至雅安段于2018年12月28日开通运营。川藏铁路"雅安—林芝"段是整个川藏铁路最为重要的区段，具体位于四川省及西藏自治区境内，线路东起四川雅安市，向西经天全、泸定、康定、雅江、理塘、巴塘后跨过金沙江进入西藏自治区境内，而后经贡觉、昌都、八宿、波密至林芝。"雅林段"正线全长1008.45公里，规划桥梁隧道总长965.74公里，占线路长度的95.76%。可见，川藏铁路的建设与通行，是基于对青藏高原生态文化保护的最佳设计和最优选择。

三、新疆草原丝绸之路

新疆地大物博、资源富集，周边与印度、巴基斯坦、阿富汗、塔吉克斯坦、吉尔吉斯斯坦、哈萨克斯坦、俄罗斯联邦、蒙古国等8个国家相邻。在这里中原文化、印度文化、希腊文化、阿拉伯文化交融荟萃、融合碰撞，塞人、乌孙、月氏、柔然、匈奴、鲜单、突厥、回鹘、吐蕃、蒙古以及满、汉等众多民族繁衍生息。新疆以其独特的地理优势，地扼古代东西方交通要道，丝绸之路成为沟通东西方经济、文化交流的桥梁，古代回响着悠悠驼铃的"丝绸之路"使西城扬名于世界。汉武帝派张骞出使西域形成"丝绸之路"的基本干道。它以西汉时期长安（东汉时为洛阳）为起点，经河西走廊到敦煌。万水千山一线穿，新疆正处在这条交通大动脉的中段。

古代西域主体部分指的就是今天新疆，新疆文化主要渊源于丝绸之路，西域丝绸之路文化也就是新疆的主要文化。西域丝绸之路文化的最大特征就是它与世界所有著名的文化体系都有着关联性，西域丝绸之路文化和世界古代各主要文化有着亲戚关系。这种关系是由新疆是西域丝绸之路最为艰险的唯一通道决定的。交融性、世界性和主导性是西域丝绸之路文化的三个特点。西域丝绸之路文化是历史留给新疆丰富且独一无二的文化遗产，它不但塑造了新疆的历史，决定着今天新疆的基本面貌，而且深刻地影响着新疆未来的发

① 《习近平主持召开中央财经委员会第三次会议强调　大力提高我国自然灾害防治能力　全面启动川藏铁路规划建设》，《人民日报》2018年10月11日。

展。它有利于增强新疆特色文化自信，有利于重塑新疆的开放精神，有利于促进新疆各族人民对中华文化的认同，对当下新疆甚至全国有着重大的价值。

中亚史专家马雍和王炳华先生描述说："在公元前 7 世纪至公元前 2 世纪期间，横贯欧亚大陆的交通线是从中国由蒙古草原的河套附近向西北，越过阿尔泰山，沿额尔齐斯河，穿越南西伯利亚草原再往西，到达当时居住在里海北岸的斯基泰人地区，考古资料对此提供了充足的证据。"事实上，在辽阔的欧亚大草原上，除了寒冷与艰苦外，不存在真正的交通障碍，草原丝绸之路没有固定的主道，包含了众多支线，其中最南的一条就在今天新疆天山北路——唐代的丝绸之路"新北道"。

丝绸之路在新疆境内的主要路线以塔里木河为纽带。绿洲文化、城邦诸国、历代屯田都以塔里木河流域为中心。频繁的交流与文化发展形成以于阗、龟兹、楼兰为中心的塔里木河流域三大文化中心。那些湮没于沙漠瀚海中的古代废墟遗址，表明这里的人们曾经是人类文明最早的接纳者和传播者。追寻历史，从汉代直到清代，来往于丝绸之路的商人、旅客络绎不绝。作为古代东西交通的大动脉，丝绸之路的中枢地段，古代东西方经济、文化、艺术和多种宗教在这里接触、碰撞。新疆古代城市和商业的形成、变迁，几经沧桑，都与"丝路"息息相关。伊吾（今哈密）、高昌（今吐鲁番）、龟兹（今库车）、喀什（古称疏勒）都是古代丝绸之路上的明珠。

经绸之路中段又称西域段（今新疆境内），它以阳关和玉门关为起点，西至葱岭（今帕米尔高原），涵盖整个新疆地区。从散布在新疆天山南北的冰山、湖泊、草原的遗存和遗产可以领略到当时古西域文化的光辉灿烂。西域段自西汉分为南道、北道和北新道三条路线。

南道：出阳关，经白龙堆沙漠，沿罗布泊北岸至楼兰，北行到焉耆与北道相接，南行至鄯善与南道相援，从罗布泊南岸西南行至伊循，而后沿昆仑山北麓西行至且末，精绝、于阗等国，再经皮山、莎车、无雷等，至塔什库尔干，经红其拉甫山口进入丝路西段。

丝路南道，被古人视为畏途，现在所存遗址也多在沙漠中，有若羌县境内的米兰古城、瓦石峡，且末县境内的古且末国、安迪尔吐火罗故地，民丰县境内有尼雅遗址，洛浦县西北有阿克斯皮力古城。和田作为古丝路上的泱泱大国遗址就更多了，有约特干、米力克阿瓦提等。帕米尔高原上有高原特色的古堡、古驿站，"石头城""公主堡"更是闻名于世。

北道，出玉门关，经哈顺戈壁行至高昌壁（今吐鲁番）、交河城，而后行经

青藏高原肃南丝路驼队　摄影 / 王将

危须、焉耆、尉犁、乌垒、龟兹、姑墨等国，至疏勒（今喀什），越葱岭，经红其拉甫进入丝路西段。

丝路北道，在这条古道上尚存的许多烽燧遗址和其他一些著名遗迹主要有：龟兹古城，苏巴什古城，克孜尔千佛洞，巴楚县的尉头州城，喀什市境内有疏勒古城、盘橐城遗址等。每一个城里都有一千零一夜也讲不完的童话。

丝路新北道上最著名的有吉木萨尔的北庭遗址、霍城的阿力麻里古城等，都是历史上中原人民与古代草原各民族密切往来的见证。

北新道：约开通于东汉后期，出玉门关后，西北行至伊吾（今哈密），北越天山进入巴里坤草原，而后沿天山北麓西行，经蒲类海（今巴里坤潮）、庭州（今吉木萨尔）、轮台（今乌鲁木齐附近）、精河、赛里木潮、弓月城等地，至伊犁进入丝路西段。北新道在唐朝时成为丝路中段的主要交通线。

在不同的历史时期，丝绸之路所经的线路在变，可它促进西域地区经济文化发展的作用没有变。无论哪条古代丝绸之路，它与现在的交通线路都大体一致，到新疆旅游其实就是一次丝路漫游。虽然曾经一度辉煌的高昌、交河故城坍塌了，高高矗立的巴里坤庙宇、烽火台焚毁了，吉木萨尔的车师古道废弃了，但那一道道古桥、一座座烽燧、一片片城址并没有停止向你讲述丝绸之路上的一个个故事；戈壁、大漠、驼队、悠悠驼铃依然能让你感受丝路的古老遗风，倾听吟唱了千年如梦似幻的壮歌；文化、宗教、艺术串起的辉煌历史，让古老的丝路风情万种、魅力无穷。

《汉书・西域传》称它有南、北两道。后来人们又开辟了从吐鲁番、哈密、吉木萨尔到伊犁河谷，再起巴尔喀什湖沿岸到现今中亚各国的那条线路即新北道。史书《魏略》称丝绸之路有三条道。唐朝许多新的支线被探查和开辟出来，古道出现了空前繁荣和畅通的局面。那时候各条线路驿站遍布，古道的畅通和繁荣达到了顶峰。到了15—16世纪海上交通兴起，形成了“海上丝绸之路”，取代了陆路丝绸之路。现在，我们在丝绸之路中段，即新疆路段的各条古国道上旅行，随处可以看到那些令人神往的古道古城、古烽燧、古驿站，它们屹立在沙漠之中或古河道旁，或帕米尔高原的崇山峻岭之间，向人们诉说着当年的“商胡客贩，日奔塞下”的盛况。

玉门是丝绸之路新疆路段的起点。出玉门或出它南面的阳关，丝绸之路便进入了楼兰古国。罗布泊就是当年的商人、使节、僧侣们所必须通过的“盐泽”。罗布泊北岸和西岸还留着古人的营地和烽燧遗址。罗布泊西岸的一座古城，有些学者认为它就是西汉时楼兰王国的都城遗迹。高昌故城和交河故城就是当年丝绸之路古道这条彩带上的两颗明珠，两千多年的岁月，真可谓阅尽了人间沧桑，是古丝路最有力的见证之一。

在亚欧草原通道中开发最早的，是由漠北大草原经由阿尔泰山向西延伸的路线。地处亚欧草原通道东段的阿勒泰地区由于特定的地理位置、自然资源，以及历史文化等因素，自古以来就是草原居民迁徙、角逐、逗留的历史大舞台，被称作草原民族文化的摇篮，蕴含着丰富的岩画、鹿石、墓地石人、石堆墓、石围墓、石棺墓等古代文化遗迹。

大约在距今3000年的时候，亚洲北部草原曾出现大面积干旱，游牧部落大规模地南迁和西移，自此开辟了东起西伯利亚的额尔古纳河流域，西至中亚、西亚和东欧的亚欧大陆草原交通大道，这条草原路线的东面连接中国，西面则与地中海北岸的古希腊文明连接。这条通道在阿尔泰山的东面自然地分出南北两条线路：南路沿阿尔泰山南麓西行，经过哈萨克斯坦的斋桑泊，过乌拉尔山南北草原，进入里海、黑海北沿岸的南俄草原。北路则是沿阿尔泰山北行，经俄罗斯的阿尔泰地区而后南下与南路会合。由漠北大草原经由阿尔泰山向西延伸的路线，是亚欧草原通道中开发最早的路线，它位于蒙古高原、阿尔泰山和天山山脉组成的亚洲草原东段，其中的阿尔泰山享有“黄金之路”的美誉。

对于草原丝绸之路来说，大宗商品交换的需求起源于原始社会农业与畜牧业的分工，中原旱作农业地区以农业为主，盛产粮食、麻、丝及手工制品，而农业的发展则需要大量的畜力（牛、马等）；北方草原地区以畜牧业为主，盛产牛、马、羊及皮、毛、肉、乳等畜产品，而缺少粮食、纺织品、手工制品等。这种中原地区与草原地区在经济上互有需求、相依相生的关系，是形成草原丝绸之路的基础条件。

草原通道的形成，与自然生态环境有着密切的关系。在整个欧亚大陆的地理环境中，要想沟通东西方交往是极其困难的。北亚遍布寒冷的苔原和亚寒带针叶林，难以适宜人类的生存，中亚又有崇山峻岭和广阔无垠的戈壁沙漠，筑成一道天然屏障，阻隔了东西方的通道。环境考古学资料表明，欧亚大陆只有在北纬 40° 至 50° 之间的中纬度地区，才有利于人类的东西向交通。这个地区恰好是草原地带，东起蒙古高原，向西经过南西伯利亚和中亚北部，进入黑海北岸的南俄草原，直达喀尔巴阡山脉。在这条狭长的草原地带，除了局部有丘陵外，地势比较平坦，生态环境比较一致。中国北方草原地区正好位于欧亚草原地带上，其生态环境与欧亚草原的其他地区基本相同。这条天然的草原通道，向西可以连接中亚和东欧，向东南可以通往中国的中原地区。可见，中国北方草原地区在中国乃至世界古代东西方交通要道上都具有重要作用。

四、沙漠丝绸之路

“沙漠丝绸之路”是汉唐时期主要的东西交通干线，指从河西走廊进入新疆，从南北两个方向绕过塔克拉玛干沙漠进入中亚，并从中亚到达南亚、西亚、波斯湾、非洲和欧洲的道路。它有南道和北道之分，即以楼兰为枢纽，从楼兰到今天的且末、和田、喀什，存在于塔克拉玛干沙漠之南的道路就是南道；从楼兰到今天的焉耆、库车、阿克苏、喀什，存在于塔克拉玛干沙漠之北的道路就是北道。

一些学者认为，起源于仰韶文化的彩陶于青铜时代以后经河西走廊传入新疆甚至继续西传，使新疆出现了以彩陶为特点的青铜和早期铁器时代文化。而新疆的青铜和早期铁器时代文化与西来的中亚、南西伯利亚等地的阿凡纳谢沃、安德罗诺沃、卡拉苏克等诸文化也存在密切联系，将它们联系起来的主要就是沿着天山的这条古道。这种东西方之间的早期联系，形成了新疆史前文化面貌的多样性特点。①

① 肖小勇：《穿过天山的丝绸之路》，《中国社会科学报》2017 年 11 月 3 日。

东汉时期开辟了从敦煌到哈密再到吐鲁番，然后南越天山到达焉耆进入北道的新路线，使人们可以避开路途艰难的楼兰地区——地表特征相似、十分容易迷路，同时又缺少水源的雅丹地貌，从而使得这条新路线日益发达起来。相邻的各个绿洲之间虽然存在戈壁沙漠，但因为距离有限，畜力可以横越，各绿洲于是便成为长途旅行的中间站，为旅客提供食物补给和休息地方。再加上每一个绿洲的自给能力有限，其自身也有对外来产品的需求，所以绿洲成为最早发达起来的国际交通枢纽，并在相当长的时期内维持着丝绸之路干线的地位。

第二节 草原丝绸之路与晋商驼道和中俄蒙茶道

草原丝绸之路的形成，与自然生态环境有着密切的关系。由于草原丝绸之路具有这样的自然环境载体，因此，它在沟通东西方经济、文化交流中所起的作用，比其他丝绸之路有着得天独厚的优势。首先，草原丝绸之路所处的自然环境比较优越。在大草原上，草原丝绸之路经过的地区具有丰富的水草与河流、植被，是人类生存赖以仰仗的基本条件。另外，游牧民族逐水草迁徙的生活方式，是草原丝绸之路上最为有力的资源供给与保障。其次，草原丝绸之路上的商品交换与流通更加快速与方便。草原丝绸之路上的商品运输工具一般使用马匹或车辆，这些商品的承载工具灵活而又便捷，因此，途经草原地区这一重要特征使得草原丝绸之路上的商品交换波及面广，速度快，因而效率较高。再次，从文化传播的角度上看，草原丝绸之路文化传播是全方位的，而且所经过的地区又是人类生活的聚集区，文化的冲击力与波及面较大，而游牧民族四季迁徙的特点与骑马术的普及，又使得文化的传播速度较快。来自五湖四海的人们，行进在草原丝路上，书写不同时代的传奇故事，成就了以晋商马帮驼道、中俄蒙茶叶之路为代表的特色草原丝绸之路，传承丝路文化与精神。

一、晋商马帮驼道

“晋商驼道”是中国对外贸易三大古商道——即丝绸之路、晋商驼道、茶马古道之一。“晋商驼道”这个命名，是《新晋商》杂志发表的《晋商驼道——

中国对外贸易三大古商道之一》一文中，首创性揭示和提出的核心概念。①

晋商马帮驼道之“南三线”“北三线”：晋商驼道，是指萌芽于先秦、雄始于汉魏、渐勃于唐朝边贸开放、崛起于宋辽澶渊之盟、兴盛于明清时代和衰落于民国时期，曾经至少2000多年客观存在于中国大陆地区，由具有独特的区位优势——亦即位于“中原农耕文明”与“草原游牧文明”接合部的山西商人，勇走天涯，世代薪火相传，以骆驼作为主要交通工具的国际贸易和国内贸易古商道。

晋商马帮驼道说到底，源自以雁门关为标志的古代中国农耕民族与草原民族的经济互补，即先秦以来文献均记载的“通商互市”。

“晋商马帮驼道”，是山西商人将古代中国的官道、驿道和自辟商道“以珠串链”的系统工程，是对当时技术可达的各种交通线路和运输工具的综合运用。[在江河湖泊用木船、纤夫，草原沙漠用骆驼，崎岖山路用骡、马、驴、脚夫、鸡公车（独轮车）]，以及在平原地区用驼队、马车、骡车、牛车和驴车。其中骆驼是驮运路程最长、贡献最大的（资料表明：晋商运货从大运河北上至徐州中转向西到陕州和从长江等北上至赊旗店中转到孟津或陕州，过黄河之前和过黄河之后均已主要用骆驼）。因此，它掀起历史的帷幕，把晋商所开拓的漫漫古商道，称为“晋商驼道”。

“晋商马帮驼道”，史诗般地揭示了先秦至民国被尘封2000多年贯穿长城南北和长江南北的通道。据郎加明考证，马帮驼道大致可有“南三线”驼道和“北三线”驼道之分，其主要枢纽为“一关、一店、三口”：即北有山西代州（今代县）雁门关、南有河南赊旗店（今社旗），以及山西右玉杀虎口（俗称西口）、河曲黄河渡口（亦称西口）和河北张家口（俗称东口）。

从空中鸟瞰，“南三线”驼道和“北三线”驼道，在全国呈“川”字形，正好象征和寓意晋商驼道是古代中国川流不息的物资流、资金流和信息流大动脉，是名副其实的经济走廊和流动文化。

“南三线”三即东线（浙江、江苏中经河南至山西）为晋商丝绸驼道、中线（江西中经湖北、河南至山西）为晋商瓷器驼道、西线（湖南、湖北中经河南至山西）为晋商茶叶驼道；“北三线”三即晋商东北驼道、晋商华北驼道和晋商西北驼道。人所共知的“走西口”，就是指晋商从雁门关走出内长城之后，便分为三路：或至黄花岭棋道地经张家口远赴东北驼道，或至黄花岭棋道地经右

① 郎加明、魏停：《晋商驼道》（一），《新晋商》2013年第6期。

玉杀虎口远赴华北驼道，或至广武经河曲黄河渡口远赴西北驼道。当年，著名晋商代县东章人王庭相（大盛魁大掌柜）、祁县乔家堡人乔致庸（复盛号财东）等人到蒙古、俄罗斯经商，走的是华北驼道。而荡气回肠的原生态情歌《走西口》所唱的内容，只不过是“北三线”晋商驼道上的一段小故事而已。

（一）最早的商路

晋商在古代已突显于全国各行各业，使历朝史学家对山西经济活动作为一种特殊现象和对山西商人视为特殊人才，均进行了“冰山一角”式记录，连日本学者宫崎市定也考证认为，中国最早的商人应该是山西商人。

晋商萌芽于先秦、起始于汉魏、渐勃于唐朝边贸开放、崛起于宋辽澶渊之盟、兴盛于明清时代和衰落于民国时期，即使从秦汉计算起，晋商和晋商驼道也有2000多年的历史。换句话说，当地处“中原农耕文明”与“草原游牧文明”交汇处和碰撞点的山西，出现第一支行商驼队时，其实晋商驼道也就开辟成形了，后来不过是逐渐延伸得更长和扩展得更广而已。

1. 食盐开辟的商道

食盐在古代是战略物资。春秋至明清时代，晋南解州、绛州、蒲州（今永济）、闻喜一带商人，利用解池天然产盐的绝对优势，一直向豫、鲁、冀、甘、陕等地驮运湖盐，到明朝时又通过“开中法”取得了官方经营食盐的“引”配额。其后他们将积累的资金对外投资，一度垄断了两淮（包括扬州、淮安）的海盐市场，并挺进到四川自贡和云南禄丰的井盐产地。

历史上山西由于土地瘠薄，人口稠密，生计不好维持，所以人们只好外出，以谋求得到一种补救。很多县志，包括浮山志、翼城县志、临汾县志等三十多部县志等各种史料，说明了在山西历史上为什么会有那么多的人离开土地去经商。

当时山西面临巨大的人口压力。元末明初的一场农民战争，战区主要在中原地区。经过这十几年的战乱，中原地区人口丧失非常严重。相对来讲山西却是一个风调雨顺的社会环境，就在明代初年朱元璋洪武年间的时候，山西的人口总数就达到了四百万。这个四百万已经相当于，当时河北、河南两个省区人口的总和。

在古代中国的农业社会中，山西在农业生产上并不发达，与山西千年社会发展紧密相关的重要资源，就是盐。山西南部的盐池，是中国最古老的产盐区之一，有三四千年的生产历史。《山海经》中记载的神话故事说：早在远古的黄帝时代，中国人已经开始在这里开采池盐。到了春秋时期，《左传》中已经有了开采山西南部池盐的确切记载。汉代时，曾在全国二十郡设盐官三十名，而管理这片盐池的官员为全国盐官之首。由此也可以看出盐池的历史不但古老，而且在统治者的心目中，地位也十分重要。不仅如此，盐还是中国最古老的商品。

中国商业的起源同盐的关系极为密切。中国最古老的商人，恐怕就是山西商人。盐造就了中国古代第一批大商人，他们中有许多是占有资源优势的山西人。在周朝的史书《国语》中，我们已经可以看到他们的身影。“绛邑富商，其财足以金玉其车，文错其服，能行诸侯之贿”，绛邑指的就是今天山西南部的一些地区。富可敌国的山西商人们，坐着用金玉装饰的豪华马车，穿着华丽的服装，来往于宫廷之中。春秋时候管子就讲，盐是“十口之家，十人食盐。五口之家，五人食盐。无盐尔，饿死而肿。”如果不吃盐，就要得大脖子病。人人离不开盐，那时候商品经济不太发达，盐是一个大宗的商品。日本学者宫崎市定写了篇文章叫《历史与盐》。在这里他认为商贾的贾，就是出于盬，而盬呢？就是指咱们山西解州的池盐。他还认为，中国商业的起源同盐的关系极为密切。中国最早的重要商品就是盐。所以从这个意义上讲，中国最古老的商人，就是山西商人。

当时最有名的商人要数一个叫猗顿的人。他原来是齐国的一个小贵族，后来在山西南部靠经营畜牧和贩盐起家。《汉书》中用“赞拟王公，驰名天下”这样的词形容他，可见在当时，一旦掌握了重要的盐业资源，对于商人来说意义是何等重大。

晋商是从朝廷手中取得特权：明朝的时候，蒙古人就回到北方草原。于是朱元璋在北部设立了九个重镇，驻扎了大量的军队，人数一度达到了120万人。而这些人的生活和军事的消费形成的巨大的市场，就由山西商人来供应。

洪武三年，山西的一个行省参政叫杨宪，给朱元璋上了奏折，提出建议。利用政府控制食盐，让商人把粮食运到边境上。政府给他们一部分盐引（盐引就相当于专利凭证，就像粮票布票一样）。商人只要给边关运200石粮食，政府就给发一张引票。他们拿这张引票，就可以去两淮、河东盐池换盐，然后再去卖盐。这中间的差额利润很大。该政策有三个好处，一是利于国家，二是便于商人，惠商，三是利于减轻老百姓的负担，是个一举三得的事情。朱元璋很感兴趣，下令推行全国，这就是所谓“开中制”。也就是国家利用手中的食盐专卖特权，吸引商人纳粟于边，官给引目，支盐于坐派之场，货卖于限定的地方。

“开中制”为晋商兴起提供了机遇。这项制度是通过向前线输纳粮食的方式，来换取卖盐的特权。没有粮食就拿不到盐业的经营权利，而当时晋商手中显然缺乏大量屯集粮食的条件，因为粮食恰恰是山西最缺乏的农业产品。

明代内阁大学士张四维，在文集中曾深有感触地谈到自己父辈早年的艰苦经历：“吾蒲介在河曲，土陋而民伙，田不能一援，缘而取给于商，计春挟轻资牵车走四方者，十室九空。”这段文字虽然很短，但它谈到了晋商最初的经商动机，并透露出晋商在当时“挟轻资牵车走四方”，实实在在地记录了当时晋商的事业是如何开始的。

山西没有多余的粮食，但与山西隔河相望的河南，再往南的山东，却都是中国重要的粮食产区。于是山西人开始推着小车，担着担子，将中原、江南的粮食运往北部边镇。在这种贸易中，不利的自然条件、人口压力都开始转化为得天独厚的优势。山高水长，在认准了目标的山西商人面前已经变得无足轻重。而多余的农业人口，又恰恰是在传统社会中从事长途运输所必须的条件。

这是晋商迈向成功的第一步，这一步迈得并不容易。推着木轱辘小车，载着沉重的粮食和盐，在崇山峻岭中穿行。行路之人不但要忍受常人所难以忍受的艰难，还要耐得住寂寞，耐得了思乡之苦。一定要走向富裕的信念支撑着他们，从始至终山西人都走得那么坚定，这一走竟然持续了四百年的时间。

2. 丝绸之路开辟的商道

在两汉、魏晋和南北朝时期，晋东南潞州（今长治）、泽州（今晋城）商人，就近把当地生产、颇有名气的潞绸经长安（今西安）驮运到西域。可是，当隋朝大运河修通、因气候温润而更具比较优势的苏杭丝绸发展起来后，潞绸便主要是进贡朝廷、协饷军需和在产地周边销售。从清朝中叶至民国时期，大多数晋商反而从苏杭采购丝绸运销往“北三线”驼道沿线地区了。

晋商由区位优势赢得的粮布业辉煌史，自赵国北境修“国墙”和秦朝大规模修长城始，直到明清时期。

史曰“地边胡”的雁门关里的代州、忻州、崞县、五台、定襄商人，面对边地军需粮食、民需粮食、军需棉布、民需棉布，以及军需食油、民需食油、军需铜铁器、民需铜铁器为核心物资的巨大市场需求，他们近水楼台先得月。或官许的通商互市，或民间的走私贸易，实际运行的太阳下驼队和月亮下驼队，都始终闪射着黄金白银的璀璨光芒。直线距离雁门关65公里的五台山300余座寺庙的修建成功，不仅是朝廷出资、施主布施和僧尼化缘，而且关南商帮是捐输过大量银两的。

代州，古为代国，今称代县，位于五台山与雁门关之间的河川盆地，是中国历史文化名城。史载，古时地处边陲的代州，早在汉朝初年，商人便与匈奴“通关市”；曹魏时期，商人与鲜卑“通胡市”；北魏时期，从中原经代州到蒙古大青山的商道始见雏形；唐朝，山西商人与突厥边贸“互市”；北宋时期，山西商人与契丹“通商互市”；明清时代，山西商人更把晋商驼道一直延伸到异国他乡。所以，在一定意义上说，古代州就是山西之所以能够诞生晋商的大生态环境缩影。

雁门关是军旅、佛旅、商旅的战略枢纽。天下九塞，雁门为首；“得雁门而得天下，失雁门而失中原”。在古代，雄居中原农耕文明与草原游牧文明之间核心区域，由代州直接统辖的雁门关，是“军旅”“佛旅”和“商旅”三路交集穿行，由精锐部队严防死守的锁钥重镇。也可以说，雁门关是晋商驼道上间谍之战和货币战争的前沿阵地，由竞争优势赢得金融业辉煌。一个区域商业文化的形成，有一个从单一行业向综合产业、由低级阶段向高级阶段的迈进过程。自先秦至明初，原本属于经济洼地的祁县、太谷、平遥、榆次、介休人，在“晋南商帮”和“关南商帮”的双重影响下，在明清两朝，特别是清朝时期，终于以“先商贸，后金融；先做强，后做大”的策略，铸就竞争优势，成为晋商中的后起之秀。他们同关南商帮一起与时俱进，在纵贯南三线和北三线的驼道上，络绎不绝地行进着运销茶叶、粮油、丝绸、瓷器、食盐、食糖、漆器、玉石、药材、皮毛、棉布、五金等各色商队，并将钱庄、当铺、票号以及牙行、镖局开遍天涯海角。

3. 北方草原毛皮开辟的商道

北方草原毛皮之路是从中原地区北上，经蒙古高原，向西经南俄草原，中、西亚北部至欧洲的国际通道，因以毛皮为主要贸易商品而被日本学者白鸟库吉称为“毛皮之路”。草原毛皮之路的形成年代至今难有定论，可以明确的是，先秦时已经有草原上的游牧民族与中原农耕民族之间的联系与交流了。草原游牧民族对粮食的需求以及中原农耕民族对毛皮的需求是草原毛皮之路兴起的直接因素。

当北方草原地区还在匈奴控制之下的时候，汉族中原地区往往通过匈奴与西方联系。秦朝时期修筑了从长安通往北方的直道以及北方边郡大道。汉朝时蒙古高原被纳入汉朝版图，方便了中原与北方大漠的交流。这一时期的南北通路有稒阳道、云中至陇西道、白道等等。但是，在同一时期，西域丝绸之路开辟，成为东西交流的主要通道，毛皮之路的重要性降低。

魏晋南北朝时期，北方草原毛皮之路复兴。《魏略》中记载的“北新道”即此路线，如前所述西域丝绸之路在魏晋时的北道即此道。它出玉门关向西北走，沿天山北麓西行，经五船（今新疆哈密附近）、高昌（今新疆吐鲁番），在龟兹、焉耆与汉北道会合，越天山经车师、乌孙、康居、奄蔡到达黑海沿岸。五胡乱华时期是毛皮之路的延伸时期。据学者石云涛研究：“这条路线由车师后部、高昌向东延伸，经河套地区过黄河，至北魏前期政治中心平城，东至辽东，形成贯通中国北方的东西国际交通路线。这种东延与其时北中国政治形势密切相关。”北魏迁都洛阳后，与西方的联系多通过西域丝绸之路，而北方草原毛皮之路先后被新崛起的民族——柔然、突厥利用。突厥统治北方草原时期，罗马为了与突厥直接联系，曾与波斯进行多次战争，最终开通了新的东、西方的贸易通道。这一时期的毛皮之路既是贸易之路，也是民族迁徙与民族融合之路。鲜卑拓跋部入主中原之后，学习汉人礼仪与制度，加速了民族融合，也为中华文明增加了新的血液。

唐贞观四年（630），东突厥被唐打败，大漠南北统一于唐，北方草原毛皮之路也达到了兴盛阶段。唐朝在阴山南设立了三受降城，南至长安，北达碛口（阴山北麓草原），还修筑了夏州塞外通大同道、安北都护府至长安的“参天可汗道”，在北方形成了以长安为交通枢纽的交通网络。

宋元时期，北方草原丝绸之路依然兴盛。辽朝以连通上京（今赤峰市巴林左旗林东镇南）、中京（今赤峰市宁城县大明城）、东京（今辽宁省辽阳市）、南京（今北京城西南）、西京（今山西省大同市）的道路网为骨干，形成了向北可达室韦、乌古，向东北至黄龙府（今吉林农安县）、渤海国、奴儿千城，向西北至突厥、吐谷浑，向西至西夏，向南通北宋的道路网络。金代的道路可通至龙驹河（今克鲁伦河）、移米河（今呼伦贝尔伊敏河）、斡里扎河（今蒙古国东方省乌尔集河）等地。元朝的道路四通八达，以上都（今内蒙古锡林郭勒盟正蓝旗金莲川）、大都（今北京）为中心，设置了帖里干、木怜、纳怜三条驿路，构筑了连通漠北至西伯利亚、西经中亚达欧洲、东抵东北、南通中原的发达的交通网络。明清时期，由于北方边疆地区的叛乱以及海上丝绸之路的发展，北方草原毛皮之路逐渐被废弃。

北方草原毛皮之路是形成最早、延续时间最长、覆盖地域最广的国际通道，在不同的时期形成了不同的交通格局，促进了北方游牧民族与中原农耕民族的联系与交流，促进了草原地区的开发与中华文明的发展。

（二）驼队踏出茶叶之路

公元1690年，清康熙二十九年，四十一岁的康熙皇帝，在平定了三藩之乱，收复台湾之后，又将锋芒指向了蒙古草原上的贵族噶尔丹。历史上几次大规模对游牧部落的征伐，都一致选择了山西作为进兵的起点。

山西北部与蒙古草原接壤，南部和中原政权的统治中心，不论是大唐的都城长安，还是大宋的都城汴梁，隔河相望。当时无论是游牧部落，还是中原政权，都把山西作为互相军事攻击时最直接的通道。

时空转换，战争时的兵家必争之地，到了和平时期就非常有可能成为农业文明和游牧文明相互交融的商路。经过康熙、雍正、乾隆祖孙三代的屡次征战，西北地区终于被牢固地控制在大清王朝的统治之下，这种国家大局的稳定，为晋商的发展提供了极为重要的积极条件。同时一个面积广阔的市场，向晋商敞开了大门。

晋商深入蒙古草原地区，把当地农牧民所需要的商品，从内地运进去，把当地的农牧民所需要销售的皮毛、牲畜等商品，从当地运出来，并且把内地的先进的生产技术、文化以至医药，带到了草原地区。

晋商能够在全国呼风唤雨，就是通过一些专门物资，以及完成中央政府的一些垄断经营，来获得他们在明清迅速成长的契机。他们抓住全国统一市场形成的历史性机遇，使得晋商的足迹遍布全国各地。

公元1727年，清雍正五年，清政府和俄罗斯帝国在一座叫恰克图的小城签订条约，俄国商人终于获得了和中国商人直接贸易的权利。当时俄国商人最希望获得的商品就是中国的茶叶。这种商品，不仅在俄罗斯有着巨大的消费群体，甚至它在整个欧洲都是最挣钱的商品。中俄两国之间的茶叶贸易最终导致了一条商业大通道的产生，它以中国南部的福建省为起点，终点是位于俄国的圣彼得堡，跨越欧亚两个大洲。这条商业通道俄国方面，由俄国政府控制，它的另一段完全由晋商把持。

当时在欧亚大陆上又形成了一条国际通道，茶叶之路。这条茶叶之路，是从中国的南方，远的地方杭州、武夷山，就是现在的福建，再往近就是汉口附近的羊楼山、赤壁这些产茶的地方，采集了茶叶，主要是粗茶、砖茶。这种茶通过山西商人的组织，在汉口以南，一直是用船来运输。到了汉口起岸，就主要用驼队运到归化城。

归化城（今内蒙古呼和浩特市）是一个大的集散地，还有一个大的集散地就是现在的张家口。从这两个地方重新组织大的驼队，把商品运到乌兰巴托，就是当时的库仑，现在蒙古西部的乌里雅苏台和科布多。然后通过乌兰巴托再往北走，到达现在的俄国边境城市恰克图。恰克图在两百年以前是中俄边境上最大的贸易口岸。

事实上这条路的交易量很大，在19世纪60年代的时候，通过恰克图这一条路线，不包括海拉尔和塔尔巴哈台，光中间这一条路线的交易量，占俄国的出口贸易的40%，占中国的进口出口贸易总量分别是18%、16%。通过恰克图市场进入俄国，然后进入欧洲市场。

（三）川字形驼道的记忆

晋商是与犹太商人、威尼斯商人齐名的世界三大商群之一，晋商马帮驼道是与丝绸之路、茶马古道比肩的中国对外贸易三大古商道之一。晋商驼道作为一种历史存在，它的历史意义和价值，在中国历史上是永远不可磨灭的。山西的一批十分成功的商人，其成就甚至突破了商业的范畴，在政治、文化领域都产生了一定影响。

中国的茶叶、丝绸、瓷器、桐油、竹制品产于长江以南地区，金属器物、工艺品、乐器、粮食、布匹、棉花、颜料、盐、糖和食油产于长城以南地区；而长城以北草原地区以及蒙古、俄罗斯、朝鲜、哈萨克斯坦、吉尔吉斯斯坦、阿富汗、伊朗等，正好需要这些物品。

反之，中国长城以北草原地区以及蒙古、俄罗斯、朝鲜、阿富汗、伊朗等，所生产的牛、羊、驼、马、皮革、毡子、毯子、羊绒、马尾、人参、香料、玉石、玻璃器皿等，则又是长城以南地区所需要的。所以，双方的互补性强和商机巨大。

对此，极具商业眼光又能吃苦耐劳的晋商，便以骆驼为主、以马匹为辅组成驼队，开始了艰辛的货物长途贩运生涯，逐渐设货栈、拓商号、建旅店。他们还在湖北、湖南一带收买茶山，从而形成产茶、购茶、制茶、运茶、销茶的完整产业链。当晋商完成原始积累后，出现“专业化分工”，一部分人继续从事“货通天下”的商贸业，扩大经济规模和地域版图，紧紧掌控运销网络；另一些人则专事“汇通天下”的金融业，即到国内外像北京、天津、武昌、江宁（今南京）、上海、济南、青岛、烟台、保定、承德、南宁、汉中、雅州（今雅安）、打箭炉（今康定）、兰州、凉州（今武威）、迪化（今乌鲁木齐）、哈尔滨、奉天（今沈阳）、琼州（今海口）和库伦、恰克图、莫斯科、圣彼得堡、东京、神户、横滨、仁川、新义州、加尔各答……办钱庄、做典当、开票号，进行投资和资本运作，直至执大清国金融之牛耳。

（四）走西口走出的商路

晋商驰骋明清两朝，称雄五百年的商帮；踏出横跨亚欧大陆，绵延数万里的商路。这是一首史诗一样悲壮的颂歌，多少不甘贫穷的热血汉子，把青春的身影、致富的理想，义无反顾、实实在在地投入广阔的草原、茫茫的戈壁。

包头，现在是内蒙古草原上最大的城市之一，人口超过两百万。在一百多年前它还只是个叫包克图的小村子。因为山西人到这里做生意，才一点一点有了今天包头城的雏形，现在包头城里还流传着“先有复盛公，后有包头城”这样的说法。复盛公就是山西一户姓乔的商人在一百多年前开的商号的名称。

山西，在明、清两朝的许多地方志中，也提到了当时山西人到西北谋生的经历。由于有这种经历的人太多，在一些地方竟成了一种风俗。

《太谷县志》中记载太谷县的人“耕种之外，咸善谋生，跋涉数千里率以为常”。《盂县志》中说“往往服贾于远方，虽数千里不辞”。

《寿阳县志》说乡民“贸易于燕南塞北者亦居其半”。

山西人走西口前后持续了将近三百年。走西口有两种情况。一种是由于山西当时人口比较多，所以生活比较困难，于是人口外迁；另一种是由于在内蒙古这一带，由于当时的戍边需要，所以晋商就是在明代中期时候，因为草原边防的需要发展起来的。那么一部分人走西口是为了适应这种要求，到口外去发展商业，发展贸易，以至于到后来的票号。所以走西口现象，也是中国移民的一个部分。

一首民歌《走西口》唱出一段厚重的历史，这段历史包含着成千上万人的命运。最初的西口位于山西、内蒙古交界处的右玉县，它实际上是长城上的一道关隘，真正的名字叫杀虎口。在明代时，为了防止蒙古骑兵南下，这里曾驻扎了大量军队。明朝和蒙古部族关系缓和之后，它又被开辟为双方贸易的市场。清朝康熙、雍正、乾隆三个皇帝，先后出兵平定西北叛乱，杀虎口又成了供应大军粮草的后勤基地。战争结束后，这里成为山西人进入西北地区的门户。来往的客商很多，造成了这个地方一度的商业繁荣。

杀虎口的变迁，可以看作明、清山西历史的一个缩影。如果我们站在整个中国的角度打量山西，就会发现，山西北邻蒙古草原，南边紧挨着中原腹地。草原上的牧民需要农民种的茶、纺的布，中原的农民种地也少不了牧民放的牛、养的马。这种相互的需要，必然会造成商业的往来。

山西是连通中原腹地与蒙古草原之间最短的一条通道。清朝皇室入关之前，在制定他们经略中原的战略时，就把山西作为必须控制的地区之一。他们认为“山东乃粮运一道，山西乃商贾之途，极宜招抚，若二省兵民归我们版图，则财赋有出，国用不匮矣。”①

清兵一入关，顺治皇帝马上召见了当时最有名的八位山西商人。“宴便殿、赐服饰”，又是请客，又是送礼，最终还把这些商人编入了由内务府管理的“御用皇商”的行列。顺治皇帝超规格的礼遇，为清朝后几任的统治者换来了极大的回报。雍正十五年，朝廷调集九省大军，平定青海叛乱。清军进入草原深处之后，由于补给线过长，军粮供应发生困难。正当朝廷一筹莫展之际，一个叫范毓宾的山西商人站出来说“这件事就交给我做吧！”范毓宾的爷爷，恰恰就是参加过顺治皇帝赐宴的那八位商人之一。

一个国家都很难做成的事，一个商人做起来可能就更加艰难。有一次，范毓宾运往前线的十三万担军粮被叛军劫走，他几乎变卖所有家产，凑足一百四十四万两白银，买粮补运。今天，我们可以在《清史稿》中找到范毓宾的名字，是和朝廷的封疆大吏、王公贵戚的名字放在一起的。这篇列传中说他“辗转沙漠万里，不劳官吏，不扰闾邻，克期必至，省国费亿万计”。

范家以“毁家纾难”的做法，赢得了朝廷的信任和赏识。作为回报，朝廷慷慨地把与西北游牧民族贸易的特权交给了范家。这一下对范毓宾家族来说，称得上是天大的商机，因为在此之前，朝廷是严禁汉人进入草原和牧民进行贸易的。走西口的路就这样被打通了。

（五）山西人走西口的大致路线

从山西中部和北部出发，一条向西，经杀虎口出关，进入蒙古草原；一条向东，过大同，经张家口出关进入蒙古草原。不论走哪条路，首先都要穿过横亘在那里的长城设置的一系列关口。既然是长城上的关口，最初的作用是作为军事要塞，地理位置自然十分险要。

---

① 《清世祖实录》卷5，顺治元年五月十二日。

雁门关位于平均海拔1500米的太行山脉之中，它之所以得名，据说是因为这里位置太高，关城建好之后，空中飞的大雁也只能从城门洞中穿过去。一两百年前，走西口的山西人沿着崎岖的山路，翻过这些一眼望不到头的大山，为了能在春天到达草原，他们又往往必须选择在数九寒天就开始这种漫长的跋涉。

在这种条件下，山西人不但走了过去，而且是一代又一代地这样走过。固关是山西东北部的一座门户。通过固关关城的路，由厚重的青石铺成，由于往来人员车马川流不息，年长日久，甚至在这些青石上，轧出了几寸深的车辙印。

对最初走口外的山西人来说，蒙古草原只是寄托着他们模糊的希望。于是在走西口的路上，无数山西民歌记载了走西口的沧桑。

“上一个黄花梁呀，两眼哇泪汪汪呀，先想我老婆，后想我的娘呀！”北方草地气候寒冷，遇到暴风雪，道路不通，有被冻死的，还有被饿死的，还有在沙漠里迷失了方向的，好多人葬身在沙漠里面、沙蒿里头。蒙古荒原，到处是风沙。冬天结冰，零下四十度；夏天，热得能昏过去；山西商人照样走过去。没有人统计过从清朝初年，一直到20世纪40年代，有多少山西人在这荒原、沙漠中跋涉过，但山西的许多地方志中，却记载了大量的这样的故事：比如榆次有个姓董的，他父亲和他母亲结了婚后就走了，母亲生下他时就根本没见过父亲。他长大后只听说父亲在新疆，具体在哪里不知道。他三次到新疆去寻找，第一次去失败了；给别人当了几年长工，赚了钱以后又去找，还没有找到；第三次他走到半路上，听到从西北回来的一个人像山西口音就上前打听，得知敦煌有个庙，庙里有个人的长相，和他说的这个人差不多。后来他就去敦煌，到庙里一听老和尚口音是山西榆次的，马上就问他姓名。这个老和尚还没有回答，年轻人一下跪下了就叫父亲，最后一问确实是他的父亲。

人生代代无穷已，父亲走了，儿子又跟上了。后来一些走出去的山西人终于有了钱，父亲回来盖起一个小院，立下了一个坐标，于是儿子又会沿着父亲走西口的路，再走出去。一代人一代人不断重复着同样主题的故事，走西口几乎像一种山西人共同的命运！

晋商是明清时期我国一个很重要的大的商人集团。在明朝初年，明朝政府实行开中法，晋商利用开中法，在西北地区兴起。到了明代中叶，晋商正式形成一个商帮，是以地邻关系为纽带形成的一种商人集团，它主要由有一定贸易自由的贩运商人为主组成。这个到了清代，晋商就进入鼎盛时期。

二、中蒙俄茶叶之路

“万里茶道”是继丝绸之路后，在欧亚大陆兴起的又一条重要的国际商道。“万里茶道”从中国福建崇安（今武夷山市）起，途经江西、湖南、湖北、河南、山西、河北、内蒙古，从伊林（今二连浩特）进入现蒙古国境内，沿阿尔泰军台，穿越沙漠戈壁，经库伦（今乌兰巴托市）到达中俄边境通商口岸恰克图，全程4760公里，其中水路1480公里、陆路3280公里。茶道在俄罗斯境内不断延伸，从恰克图经伊尔库茨克、新西伯利亚、秋明、莫斯科、圣彼得堡等处，又传入中亚、欧洲各个国家，使茶叶之路长达13000多公里，成为名副其实的“万里茶道”。

（一）“中蒙俄茶叶之路”起点

清代初、中期，“丝绸之路”衰弱，“中俄茶叶之路”兴起。中俄茶叶之路横跨亚欧大陆，南起江南（湘、鄂、闽），北越长城，贯穿蒙古，至当时的中俄边境贸易城恰克图，再转往俄国，并延伸至欧洲腹地。中俄商人“彼以皮来，我以茶往”。在“中俄茶叶之路”上，中国境内的商人主要是“晋商”，俄国境内的主要是俄罗斯人。茶路遥远，数万只骆驼和马匹穿梭运输，车水马龙，驼铃马啸之声，飘散旷野，数十里可闻。

清代武夷山衷干的《茶事杂咏》载：“清初茶叶均由西客经营，由江西转河南运销到关外。西客者，山西商人也。每家资本二三十万至百万。货物往还，络绎不绝。”

在福建武夷山茶红火的同时，湖南省临湘市、安化县和湖北省赤壁市（此处采用现今地名）的黑茶戴着“两湖茶”的桂冠，踏上了万里茶路。康熙二十八年（1689），中俄《尼布楚条约》签订以后，俄国政府和私商组织商队，从张家口、外蒙古等地采买我国的茶叶运回供民众食用，但须有护照，而且清政府对入境人数及出境茶叶数量均有限制，所以贸易有限。清雍正五年（1727），中俄《恰克图互市界约》签订后，中俄双方茶叶贸易地点迁至俄属恰克图，一地两城，俄方称恰克图，中方称“买卖城”。

清代湖北蒲圻刊刻的叶瑞庭《莼浦随笔》载：“闻自康熙年间，有山西估客至邑西乡芙蓉山，峒（指羊楼洞）人迎之，代客收茶取佣……所买皆老茶，最粗者踩成茶砖，号称芙蓉仙品，即黑茶也。”

据清道光元年（1821）的《蒲圻县志》，清嘉庆年间周顺倜《莼川竹枝词》

云:"茶乡生计即山农,压作方砖白纸封。别有红笺书小字,西商监制自芙蓉。作者自注:"每岁西客(指山西茶商)至羊楼司(在临湘境内)、羊楼洞买茶,其砖茶以白纸缄封,外贴红签。

湖南临湘与湖北的羊楼洞系山水、屋宇、田土紧连在一起的黑茶产区,此前两地早有茶叶外销,皆为散装,体积庞大,运输不便。清康熙年间起,开始压制砖茶,其砖方形,故称"方砖",即现在的青砖,呈方形块状,大小规格多种,每块重量1斤至6斤不等,每箱(或每篓)装的块数也不同,分二四、二七、三六、三九、四八、六四等六种装箱。据载,清道光十八年(1839)临湘县(今临湘市)销往国内西北各地及俄国的茶叶总量达3600吨。

(二)清代后期仅湘鄂"中蒙俄茶叶之路"的起点

时至清代后期,即咸丰初年(1851)因太平天国起义爆发,"中俄茶叶之路"的起点迅速收缩,最迟在1853年武夷山茶路完全中断。晋商在国际贸易中诚实守信,为兑现订单,改为采购"两湖茶"。刘晓航《汉口与中俄茶叶之路》一文有准确而详细的记述:最初,晋商主要采买浙江和福建的茶叶。清咸丰年间,由于受太平天国起义的影响,茶商们改采"两湖茶",以湖南安化、临湘的聂家市,湖北蒲圻羊楼洞、崇阳、咸宁为主,就地加工成砖茶。茶砖先集中到汉口,再由汉口水运到襄樊及河南唐河、社旗;而后上岸以骡马驮运北上,经洛阳过黄河,过晋城、长治、太原、大同至张家口,或从玉右的杀虎口入内蒙古的归化(今呼和浩特),再由旅蒙茶商改用驼队在荒原沙漠中跋涉1000多公里至中俄边境口岸恰克图交易。俄商们将茶叶贩运至雅尔库兹克、乌拉尔、秋明,一直通向遥远的彼得堡与莫斯科。①

(三)万里茶路上的张库大道

张库大道是清朝时期形成的一条国际运销路线,它的起点在张家口,越过蒙古草原到达库伦(今蒙古国乌兰巴托),进而延伸到当时的中俄边境城市恰克图,进入俄罗斯,全长3000余里,延续200多年。张库大道使张家口从一个普通的长城城堡发展为华北第二商埠。

张家口,是华夏农耕文明与草原文明的过渡地带,万里长城的重要关口。张家口因长城而起,因张库大道而兴。与"丝绸之路"媲美的张库大道起于大

① 刘晓航:《汉口与中俄茶叶之路》,《寻根》2003年第4期。

境门，它穿过浩瀚的草原、起伏的丘陵、荒寂的沙漠戈壁，从张家口一路向北抵达蒙古草原的腹地乌兰巴托，全长 1400 多公里，绵延三国两省，辐射欧亚大陆。

万里茶叶之路从福建的武夷山，之后经水路到达汉口。而后，由汉口分为旱路与水路北上。一路经长江、运河或海上，将茶叶运抵天津和北京通州，然后由骆驼、牛车运抵张家口，继而沿张库大道运抵库伦，再经中俄边境口岸恰克图进入俄罗斯境，最终抵达莫斯科与圣彼得堡。一路经陆路，越江西、湖南、湖北、河南，进入山西，然后又路分两途，东路到张家口，会入张库大道，西路经杀虎口、归化城，然后到达库伦，进而通往恰克图出境。张库大道是万里茶叶之路在中国境内最后的一段，这一段是连接外国、超越国界的一段。

这是一条长达万里的茶叶之路，是一条具有重要历史意义的古道。张库大道的起点在张家口，终点在库伦（今蒙古国乌兰巴托），被称为草原茶叶之路。万里茶叶之路的起点在福建武夷山，终点在俄罗斯，张库大道是整条茶叶之路最重要的一段。

张库大道是万里茶叶之路由农耕文明通向草原文明的重要段落。万里茶叶之路不但是一条国际贸易运销路线，而且是一条文化交流线路。万里茶叶之路跨越了农耕文明与草原文明的界限，进而与欧洲海洋文明进行了对接与交流。万里茶叶之路的前段所经过的地区都是农耕文明区，而从张家口开始就进入了草原文明区。张家口位于农耕文明与草原文明的分界线上，因此张家口也就成为农耕文明与草原文明的交融汇聚之地。

张家口作为万里茶叶之路的物流枢纽和中转站，有大量晋商在这里生根发芽，有许多北京的商贾在这里大展身手，有数以万计的蒙古族兄弟来这里贸易互市，还有不少俄商在这里建货栈销货物，更有专营美日英德商务的洋行。这些商贾在经商的同时，也带来了他们那里的生活习惯、文学艺术、美食名品，使张家口成为农耕文化与草原文化的重要交融之地，造就了张家口独特的地域文化。

当时大境门城楼下人群熙来攘往，商贩沿街叫卖，忙碌的伙计将茶叶、丝绸打包成捆，搭在驼背上，放在牛车里。一列列商队出城向北，朝着财富、向着大漠远去，带起滚滚尘土，留下条条车辙。

张家口地域文化如许多地方一样，是多种文化的融合的产物。它是农耕文化与草原文化的融合，是燕赵文化与三晋文化的融合，是边塞文化与京都文化的融合，甚至还有中华文化与俄罗斯等外国文化的融合。这一切都归功于万里茶叶之路的兴盛。张家口是万里茶叶之路陆路与水路的会聚点，这就使张家口成为万里茶叶之路的交通枢纽与物流枢纽。

张库大道的主体道路，在沙漠与草原上延伸。草原沙漠的自然环境十分恶劣，因此，张库大道又是一条充满艰险的道路，是万里茶叶之路最为艰辛的一段。这段位于草原沙漠之中的道路，随着季节变化，雨雪、风沙变化无常，还有土匪的抢掠。

行进在这条贸易运销大道上的商贾们，在出发前都要做好充分准备，并要在出发时进行隆重而虔诚的仪式，以求一路顺风。当年张库大道的商队，从大境门出发，都要择吉日而行，货房子的头车、头牛、头驼，都要披红挂彩，还要焚香上供，燃放鞭炮。之后结伴同行，共同战胜艰难险阻。这种不畏艰难、勇往直前的精神，成为万里茶叶之路精神的重要组成部分。

明隆庆年间，张家口成为与蒙古人开展互市的地方，成为当时长城沿线最大的茶马互市之所。虽然那时明朝的老百姓不许出长城进入草原，蒙古人除到北京进贡者外，也不许进入长城之内，只许在张家口进行交易。但明朝时期张家口的茶马互市，却为清代张库大道的形成奠定了基础，积累了经验。进入清代，张家口又成为中原通往蒙古地区的重要孔道之一，许多蒙古的王公贵族进京朝觐进贡都要经由张家口。康熙皇帝亲征噶尔丹时，允许随军办理粮饷的张家口商贾与蒙古族进行贸易，这就形成了张库大道的雏形，但此时的张库大道还只是一条国内的商道。直到中俄签订《恰克图条约》后，张库大道又延伸到中俄边境城市恰克图，成为一条国际贸易运销路线。张库大道的这一重要转变，是万里茶叶之路形成的先导与必要条件。清代中国输往俄罗斯的茶叶，1802—1807 年占全部货物的 42.3%，而到 1841—1850 年，占比就高达 94.9%。张家口作为输出俄罗斯货物最重要的枢纽和中转站，张库大道其实就是以茶叶贸易为主的大道。据《察哈尔省通志》记载，1918 年张库公路修通后，张家口运往蒙古地区的砖茶达 30 万箱，盛极一时。而到了 1920 年代，外蒙古在苏联的支持下，再次自行宣布独立，张库大道彻底停止运行，万里茶叶之路也随之消亡。

> 俄国和中国的茶叶贸易可能是 1792 年开始的……从那里茶叶继续由陆路用骆驼和牛车运抵边防要塞长城边上的张家口（或口外）……再从那里经过草原，或沙漠、大戈壁，越过 1282 俄里到达恰克图。[①]

① 《马克思恩格斯全集》第 50 卷，人民出版社 1985 年版，第 81、82 页。

据史料记载，汉唐时张库大道已有雏形。明朝在张家口一带设立“贡市”，后又设立“茶马互市”。这条商道战时办军需，平时做贸易，民国后渐渐衰落，前后延续了近千年。

从张家口到库伦，漫漫三千里，以驼队和牛车行走，加上沿途交易，行程往往数月。路途艰辛，想必“天似穹庐，笼盖四野”的北国草原风光也难以勾起人们“天苍苍野茫茫”的诗情画意。路途生活艰苦，甚至有财物被抢劫一空、生命遭到威胁的风险，种种恶劣是当时富足优渥的江南商人和广东商人无法想象和忍受的。

晋商深入浙江、福建等地茶区，垄断了部分茶山、茶场、茶园，每年把收来的茶叶通过水陆两路运至武汉，在武汉的加工厂将部分茶叶焙制成砖茶，分类包装到北京，再由茶庄雇骆驼运到张家口屯栈。每年茶事季节，张家口的骆驼队到了北京，从新街口到西直门，一过就是几百匹，常常使北京交通瘫痪几个小时。

“我以茶来，彼以皮往。”商人们用从内地购来的绸缎、米面、茶叶、瓷器等，到蒙古草原交换回马、牛、驼、羊、皮张和贵重药材鹿茸、麝香。北有张垣，南有广州。彼时，张家口边贸之繁华、商队之兴盛，能匹敌十三行的浩浩商船，因此有“旱码头”的美誉，被称为“华北第二商埠”。这个时期，张家口的金融企业完全可以与天津、上海等大都市的相提并论。现桥西区张家口堡内的兴隆街、鼓楼东街是当时的金融街，闻名遐迩。曾经的大境门下，商号林立，长盛不衰。

有形的张库大道已随声声驼铃走远，为商、为人、为国之道却植根于世世代代的国人心中。张库大道对万里茶叶之路的形成和繁荣起到了巨大的推动作用。随着“一带一路”发展战略的提出，张库大道的历史作用和对外贸易中的作用也日益突显。

（四）“中蒙俄茶叶之路”起点收缩及勃兴

“中俄茶叶之路”起点的收缩有以下四个原因，“两湖茶”勃兴有其中三个原因，“外商排挤”对“两湖茶”的发展同样带来阴影。

战争影响：清咸丰初年（1851），太平天国起义爆发，福建武夷山茶路，因太平天国运动而受阻，而聂家市茶路更好；咸丰八年（1858），中英签订不平等的《天津条约》，与聂家市一水相通的汉口，被增为通商口岸，俄、英、美、法等国相继在汉口设立洋行，争相收购“两湖茶”，“两湖茶”迅速兴旺。机灵的晋商，面对市场形势的重大变化，纷纷注目“两湖茶”，于是携带巨资到羊楼洞、聂家市开店办厂，积极贩运“两湖茶”。同治元年（1862）临湘茶叶贸易量上升至4382吨（见《汉口海关册》）。清光绪三十四年（1908），临湘有茶庄40家，其中聂家市、白荆桥28家，羊楼司2家，云溪、横溪10家。（见清末张寿波《最近汉口商业一斑》）到清宣统二年（1910），临湘红茶总销量1482吨，青砖总销量8765吨，两项共计10247吨。

交通因素：福建武夷山茶与“两湖茶”比，后者交通运输更加便捷。以聂家市茶为例：福建武夷山茶由崇安县过分水关进入江西省铅山县（又名河口），在此装船顺信江下鄱阳湖，穿湖而过，出信江入长江，溯长江转汉水达樊城（今湖北襄阳市）起岸，由陆路北上恰克图。从武夷山到汉口，旱路100多公里，水路550多公里，共700多公里。

聂家市茶以船载，由方志盛、方志昌、土地巷、康公庙、大桥等码头下到聂市河，经黄盖湖入长江，再经汉水至樊城老河口上岸，自聂家市至老河口水路不足200公里。上岸如同武夷山茶一样，改用大车陆运，每个商队常有大车千辆，穿河南至山西大同，然后分东西两路分销。东路，以张家口为集散地，除当地销售部分外，大部分北运，越戈壁至外蒙古的库伦（今蒙古国首都乌兰巴托），至中俄边境的恰克图，改由俄商携往莫斯科、圣彼得堡等地；还有少量茶叶继续北运至赤峰、锦州及黑龙江的漠河、海拉尔等地。

西路，以内蒙古归化（今呼和浩特市）为集散地，除就地销售少量外，其余继续北运至外蒙古的乌里雅苏台等地，西运至包头、宁夏，以后又延伸到新疆的乌鲁木齐、伊犁、塔城各处。由此可知，临湘聂家市茶与武夷山茶相较，聂家市茶运输无旱路之劳，中途不需几度改包、装卸，水路也短，约400公里。

湖南历代茶人高度重视茶叶质量，安化禁碑是湖南质量文化的缩影[①]，安化历代地方政府高度重视茶叶质量。从明初起，有关黑茶采造交易的制度常以地方法规形式予以颁行，刻碑立石，列于境内重要的黑茶产地或商埠，全体共同遵行。这是湖南早期质量文化的体现，也是湘茶在茶马互市中由“私茶”转为“官茶”的内因。

“两湖茶”的质量可与武夷茶媲美，这得到了俄国人的肯定。有学者写道：“太平天国农民起义阻断了武夷山的茶路，眼看着交货期限将到，茶货硬是

① 安化至今遗留有清雍正八年（1730）的“茶叶禁碑”，距今近290多年了。当时茶业兴旺，茶市弊生，苞芷园茶叶禁碑上书8条，共计500余字，这些文字主要是关于禁止掺假、短秤、革潮，“贩运异属草茶，拥塞本地”及越境私贩等不法行为的记载，是安化黑茶兴盛于明清的历史实物的见证。

送不出去，这可把晋商急坏了。……无奈之下，晋商把现有的武夷茶和湖南、湖北一带收购的茶叶，全往俄国运了上去，晋商正苦于如何回答俄国人的责难时，情况却有了意想不到的转机。俄国人品尝了两湖茶叶后，竟连连称赞，要求晋商以后就供应这样的茶叶。晋商真是因祸得福，十分意外。”①

外商排挤：国力衰弱，俄商排挤晋商。正如庄国土的研究：18 世纪至 19 世纪末期的陆上茶叶之路，从福建北部的武夷山区延伸到莫斯科，全程超过 4.5 万里，陆上茶叶之路以恰克图为中心，中俄商人“彼以皮来，我以茶往”。②19 世纪中叶以前，这条贯通欧亚的陆上茶叶之路的贸易一直由山西商人主导。鸦片战争以后，西方以武力推动对华商务扩张，外商在华享有种种特权，华商在与外商竞争中纷纷败北，执塞外贸易之牛耳的山西商人也不得不退出对俄茶叶贸易，茶叶之路为以沙皇政府为后盾的俄商所垄断。

原来，清同治元年（1862），清政府被迫签订《中俄陆路通商条约》，俄商循英商之例，深入中国内地经商办厂。他们拥有轮船、港口和西伯利亚铁路，又独享输俄华茶的收购、制作、运输特权，深入中国内地收茶、制茶、贩茶，形成了以俄商代理华商的局面，俄商将中国南方之茶销往新疆、满蒙等广大地区。其中武夷山茶，先由俄商运到俄国设在我国的制茶中心福州加工砖茶，经海路运到天津，然后陆运到张家口、恰克图进行贸易；1900 年，修通西伯利亚铁路后，俄商将中国茶叶运至中国沿海各口岸，再海运到海参崴（符拉迪沃斯托克），经西伯利亚铁路运输到欧洲，中俄茶叶之路的主线无需再穿越中国腹地了，昔日风光的晋商此时被迫将茶叶贸易拱手让给俄商。

三、草原丝绸之路上走出的晋商精神

晋商是中国最早的商人，其历史可远溯到春秋战国时期。明清两代是晋商的鼎盛时期。其间，晋商曾称雄国内商界 500 年之久。

晋商建立的一批百年不倒的老字号，支撑起晋商长期辉煌的商业精神、商业道德和商业文化，展示了民族优秀文化瑰宝——晋商文化。走西口的汉子们背井离乡，用几代人的汗水、泪水，甚至是血水，在草原荒漠中走出了一条条百年商路。

---

① 赵荣达：《晋商万里古茶路》，山西古籍出版社 2006 年版，第 55 页。

② 庄国土：《从闽北到莫斯科的陆上茶叶之路——19 世纪中叶前中俄茶叶贸易研究》，《厦门大学学报（哲学社会科学版）》2001 年第 2 期。

作家邓九刚《茶叶之路》书载：明弘治年间，由山西太谷惠安迁到榆次的常氏家族，经过几代人的艰苦创业，开创了中俄茶叶贸易的漫漫长路。

当年常氏家族制茶于武夷山，将武夷山茶区采购的茶叶就地加工成茶砖，水运到“茶叶港”汉口，再经汉水运至襄樊和河南唐河、杜旗。上岸由骡马驮运北上，经洛阳，过黄河，越晋城、长治、太原、大同、张家口、归化（今呼和浩特），再改用驼队穿越1000多公里的荒原沙漠，最后抵达边境口岸恰克图交易。

俄商将茶叶再贩运至伊尔库茨克、乌拉尔、秋明，直至遥远的圣彼得堡和莫斯科。恰克图是中俄茶叶贸易的桥头堡。当年沙俄政府积极从事对华贸易，使沙俄政府和茶商获利丰厚，所以当时有一种说法，“一个恰克图抵得上三个省”。

在这段友好互利的年月里，中俄商人你来我往，交易繁忙，却几乎没有专业翻译人员从中沟通。于是，一种汉语、俄语、蒙语交杂的交际语言出现了。它简陋而实用，上万银两的买卖倚仗它而成交。该语言流通有限，仅在恰克图及周围通行。中国商人把它叫作“买卖语”。

邓九刚说：“当时的归化城（呼和浩特）流传着一句顺口溜：一条舌头的商人吃穿将够（刚刚够用），两条舌头的商人积攒有余，三条舌头的商人挣钱无数。所谓的舌头指的就是中、蒙、俄语言并用。”

商人的学徒要根据经商路线学习蒙语、俄语、维吾尔语、藏语。学徒不学这些语言，将来业务没有办法开展。所以史籍中记载，不管是掌柜的还是伙计，几种语言的书人手一册。早晚都要背诵，据说乡间那些士子们，甚至还比不上他们这样的勤快。

后来在市场上就能看到一本蒙古番语书记载：书里面是蒙古语和汉语对照，是学习蒙语的一种办法。而且主要的内容是涉及怎么样做生意的，让你带什么货来，你卖什么货了。这些在蒙语里面怎么说，货不对路了等很多内容；另外就是一些问候，平常处理一些关系，拉关系的用语等，范围非常广。

商人深入俄、蒙地区进行贸易活动，还要学习一些中草药知识、针灸知识。一旦遇到牧民有病，便给人家看看病，配点中草药，给人家针灸一下，牧民病好了非常感谢，与商人建立了一种信任关系。

雍正四年，雍正皇帝和俄国叶卡捷琳娜沙皇，签订《恰克图条约》，开放边境城市恰克图为两国的贸易口岸。俄国人之所以如此急迫地需要和中国进行正式贸易，是因为他们想得到一种当时只有中国才出产的商品——茶叶。这种绿色的树叶，对俄国人来讲与其说是饮料，不如说是一种生活必需品。一个俄国历史学家说“不论贫富、年长、年幼都嗜饮砖茶，早晨就面包喝茶，当作早餐，不喝茶就不去上工，午饭后必须有茶，每天喝茶可达五次之多。”《恰克图条约》签订之后，最早出现在恰克图的就是山西商人。

致力于研究恰克图贸易的渠绍淼先生在《山西外贸志》未刊稿里面收集到一条很珍贵的史料：格兰顿将军周游世界以后，国人问他什么足以向大家称道？他说足以向大家称道的是，犹太人在世界上经商颇为有名，但是胡服辫发之中国小商人，迫使犹太人让出了很大一部分市场！这里所说的胡服辫发之中国小商人，主要是指山西商人。因为恰克图贸易主要是山西商人垄断的。

整个属于茶叶贸易的路线，有三个重要市场。恰克图是第一大市场，第二个就是海拉尔市场，就是东北方向，西北方向是塔尔巴哈台塔城市场，就是现在阿拉山口往西去的那个市场。这三个重要市场，交易量最大的还是恰克图市场。

沿山西商人开辟的商路一路走过来，我们可以发现许多山西商人修建的会馆。这种会馆的功能，不仅仅是联络乡谊，它们当初还被山西商人当作休息的客栈和堆货的货场。

在这些会馆中最显要的位置，山西商人都修建了供奉关羽的殿堂。他们对关羽的崇拜，还产生了一种意想不到的后果，今天在中国许多地方，商铺的显要位置都供奉着关羽的神像，此时这位山西籍的神圣所代表的就不仅仅是公平、信义，它还象征着财富和兴旺。

山西商人开辟的商路南北纵贯中国，东端则从天津开始，一路向西，经过西北地区所有的重要城市，最终到达俄国首都莫斯科。那首曾经听起来凄婉的《走西口》民歌，此时已被山西商人唱得大气宏博。

几百年过去了，山西走西口的人到底有多少，谁也不知道，但有一点可以肯定，能够回到家乡光宗耀祖的人一定是少数。

山西北部，有一个与内蒙古隔河相望的小城——河曲。至今这里仍保留着一个风俗，每年农历七月十五，都要在黄河上放上三百六十五盏麻纸扎成的河灯。这个风俗从清代开始，仪式由德高望重的老船工主持，大家十分庄重地把船开到黄河中央，然后开始一盏一盏把河灯放下去。三百六十五盏河灯，不仅代表了一年三百六十五天，每一盏灯还代表了一个孤魂，放灯的人希望这些顺流而下的河灯能把客死异乡的灵魂带回故乡去。

第三节 草原丝绸之路的文化价值与时代意义

我们研究草原生态文化，研究各民族之间、东西方之间的文化交流，研究不同文明之间既相互碰撞又相互促进、相互融合的历史，就不能不深入研究历史上的草原丝绸之路。充分挖掘古代丝绸之路的历史价值和历史意义，深入研究和科学揭示历史上草原丝绸之路形成、发展的客观规律，研究草原丝绸之路的功能、作用和精神遗产。

一、草原丝绸之路的文化价值

丝绸之路是人类文明交流最重要的通道之一，是人类历史上宝贵的文化遗产。从文化传播上看，草原丝绸之路文化传播的面是全方位的，所经过的地区是人类生活的聚集区，文化的冲击力与波及面较大，而游牧民族四时迁徙的特点使得文化的传播速度较快，持续性长久。草原丝绸之路从本意上看是指一条连接东西方贸易的交通要道，但商品交换的附加效应势必是文化之间的交流与碰撞，而草原丝绸之路恰恰是连接这两种文化的纽带与桥梁。因而，草原丝绸之路从文化的角度上呈现多样性与复杂性。游牧民族的经济受自然环境的制约，极不稳定，遇到天灾人祸都会形成大的波动，也会产生为谋求生存而与他族争夺自然与社会资源的战争。所以，在草原丝绸之路的发展历史上，除了商品交换以外，还会出现不同民族间的和亲、朝贡、战争等复杂的文化现象。

（一）草原丝绸之路的历史文化价值

"丝绸之路" 是古代欧亚大陆的长途贸易和文化交流路线的通称。欧亚大陆在公元前 3000 年就存在一些文化传播的通道，公元前 2000 年前后，原产于西亚的小麦传入黄河流域，原产于黄河流域的小米也同时传入新疆和中亚。商代晚期安阳殷墟妇好墓出土了大量用和田玉制作的玉器。成书于战国时期的《穆天子传》，记载了公元前 10 世纪周穆王携带丝织品西行至"西王母之邦" 的故事。考古证明，公元前 6 世纪至前 5 世纪欧洲人已得到中国丝绸[①]。公元前 5 世纪，在西亚存在着一条从小亚细亚到波斯、贩运制作石器

① 黄新亚：《丝路文化・沙漠卷》，浙江人民出版社 1995 年版。

工具所需的黑曜石的“黑曜石之路”，阿拉伯半岛则有一条贯穿南北、以贩运香料为目的的“香料之路”。

公元前 139 年，汉武帝派遣张骞前往大月氏，几经周折，公元前 126 年返回长安。一条东起长安，经陇西、河西走廊，然后沿塔里木盆地南北两缘，进而连接中亚、南亚、西亚和欧洲的中西交通通道正式建立。史书上把他这次西行誉为丝绸之路的正式开辟。

第一，它是欧亚大陆不同地区商品贸易和生产技术交流之路。由于不同的气候、土壤、矿产、产业和文化，古代欧亚各国形成了不同的农业、畜牧业和手工业产品，从而出现了交易的需要。例如，中国出口的丝绸、瓷器、茶叶在欧亚地区有巨大的需求，但这些产品及我国独特的物种（桑蚕、高岭土、茶树）和生产工艺，国外在很长时期并不存在。西汉以后，丝绸开始成为这条贸易之路上的大宗商品；唐朝时，瓷器成为丝路上重要的输出物产；宋元时期，瓷器外销依然旺盛，同时茶叶也成为重要的输出品。而来自西域的毛织品、玻璃、宝石、香料等也为中国所喜爱。商品贸易的需求以及巨大利润，是丝绸之路长盛不衰的根本原因。

产品的交换带来了生产技术的相互促进。由于巨大的丝绸、瓷器和茶叶需求，西亚和欧洲国家竞相仿制中国的丝绸、瓷器和茶叶及其他产品。以两

宁夏草原丝绸之路遗存的鎏金银壶和金币（宁夏固原博物馆收藏）　摄影 / 汪绚

河流域为中心，西至叙利亚，东到中亚腹地，本属纺织业发达之地，丝绸和蚕丝传入之后，该地区把丝绸纺织和原来的毛、麻纺织结合起来，创造出许多质地和性能皆称奇特的产品。这些产品在原料上以混纺为特色，多加以金、银丝线和毛、麻等，在织造技术上保持了毛纺的特点，花纹图案则基本属于西域传统，其中“波斯锦”是最有代表性和影响力的品种。唐朝时期，中亚的康国（今撒马尔罕一带）发展成世界丝织品生产中心之一和最重要的丝绸集散地。西亚许多地区也发展成为重要的丝绸产区或集散地。西域丝绸也更多地流入中国境内来。唐中期以后，大食“蕃锦”是颇为中原所瞩目的西域丝绸。

一些很重要的生产技术也随着丝路的开通而传播，例如造纸技术。唐玄宗天宝十年（751），唐军和阿拉伯帝国阿拔斯王朝的军队在中亚的怛罗斯（今哈萨克斯坦南部塔拉兹附近地区）发生激烈战斗，唐军失败，1万多人被俘，其中包括杜环在内的诸多造纸工匠。他们被安置在撒马尔罕新建的造纸坊里工作，把造纸术传授给了当地人。从此，中亚、中东、西亚和欧洲进入纸张时代。

第二，它是欧亚大陆不同地区人类精神世界的交流之路。贸易在满足不同人群、民族和国家对商品的需要的同时，也为他们打开了了解其他民族精神世界的窗口。

古代波斯帝国的国教是琐罗亚斯德教，中国称祆教、拜火教，它是基督教诞生之前中东和西亚最有影响的宗教。3世纪，祆教已经传入中国新疆地区。[①]南北朝时期传入中国中原，被称为胡天、胡天神、火神。唐初大量祆教徒进入内地，并正式得名火祆教。

公元前6世纪，佛教在印度产生，很快成为新疆南部的主流宗教。同一时期，中原地区已经有佛教信仰流行。公元3世纪以后，随着对佛教了解的深入，中国佛教徒已经能够准确把握佛教义理的精髓。大约在6世纪中叶，中国佛教开始出现用自己的理解去构架佛学体系的尝试。隋唐时期中国佛教依据自己的理解，建立持之有据、言之成理、反映佛教根本精神、各有特色的理论体系。

公元1世纪上半叶，基督教产生于罗马帝国统治下的巴勒斯坦、小亚细亚一带。东方的基督徒中有一分支聂斯托里派，通过丝绸之路而向东传播。在635年传到长安，被称作“景教”，意为“光明炽盛之教”。781年，当地的基督教团体还竖立了一块石碑——《大秦景教流行中国碑》。

① 林梅村：《从考古发现看火祆教在中国的初传》，《西域研究》1996年第1期。

公元3世纪中叶，摩尼教也传到了中国。在唐代，摩尼教得到武则天的接纳，开元十九年（731），摩尼教传播达到鼎盛。到840年，摩尼教发展成为回纥的国教。983年，高昌回纥改宗佛教。高昌故城的遗址发掘有大量的摩尼教经典写本。

10世纪初，伊斯兰教经中亚传入新疆喀什地区。14世纪中叶，随着察合台汗国统治者秃黑鲁帖木儿汗接受伊斯兰教并强制推行，一部分蒙古人改信伊斯兰教，并逐渐与当地的突厥人、回纥人的后代融合，伊斯兰教迅速地东传至哈密、吐鲁番一带。至15世纪末16世纪初，伊斯兰教成为新疆地区占统治地位的宗教。

在西方宗教文化向东方传播的同时，诞生于中国本土的道教也随着人员流动而在西域地区传播。汉唐时期的西域考古发现有很多道教遗迹，如书法、绘画、织物及墓葬艺术等。迄至蒙元时期，长春真人丘处机在赴中亚拜见成吉思汗时，还在西域见到信奉道教的民众。

第三，它是欧亚大陆不同文明的相互借鉴之路。丝绸之路把华夏文明、印度文明、中亚文明、波斯—阿拉伯文明、希腊—罗马文明、非洲文明以及亚欧草原带的游牧文明连接起来，促进了东西方文明的交往以及人类文明的共同进步。①

公元前6世纪中期，波斯帝国崛起于伊朗高原，并很快向东西两面扩张，西方与东方文化开始真正深入地交流。

公元2世纪前后，罗马、安息、贵霜和汉朝等四大帝国自西向东并列存在，国势昌盛，体现出融合希腊文化和土著文化的特点。贵霜帝国在迦腻色伽在位期间（约78—101或102），称霸中亚和南亚。汉朝则成功抗击匈奴，控制河西走廊，进驻天山南路。丝绸之路将四大帝国直接联系起来。安息从中国进口牲畜、金银、宝石、地毯、夏布、丝绸、铁、桃子、杏等商品，向中国输出的商品有葡萄酒、石榴、鸵鸟等。另外，在安息控制下的伊拉克也有海路直通印度河，与中亚、高加索等地区存在密切的贸易和文化交流。②

魏晋南北朝时期，中国虽然处于分裂状态，但西域以及河西走廊、青海地区相对平稳，而丝绸之路另一枢纽地带波斯地区，成为丝绸之路上重要的中转站和集散地，对丝绸之路的发展起到了重要的推动作用。隋唐时期，丝绸之路

① 彭树智：《文明交往论》，陕西人民出版社2002年版。

② 黄民兴：《中东国家通史·伊拉克卷》，商务印书馆2002年版。

的发展达到顶峰，唐朝、中亚诸国、波斯萨珊王朝及雄踞于地中海东岸的拜占庭帝国，构成了丝绸之路上的重要贸易伙伴，丝绸之路上的交往更加频繁。

欧亚内陆草原的游牧民族，也被丝绸之路贸易带入了世界文明进步的潮流之中。如散居在欧亚大陆中部的草原、半沙漠和山前地带的“塞人”（希腊史籍中则称之为“斯基泰人”，波斯史籍则称之为“塞克”），在公元前3世纪以前被融入丝绸之路的文明交往历史。

在欧亚大陆北部，东起辽东，西抵里海，北达西伯利亚，南至长城，延袤数千里广大荒漠草原之区域，历来为游牧民族驰骋之地。公元前3世纪后半叶，匈奴崛起于中国北部，统一漠北。

公元前2世纪，居住在祁连、敦煌间（今东天山及周边地区）的游牧民族大月氏人，先后为匈奴和乌孙所迫，向西迁徙，进入中亚两河流域，并臣服了大夏建立贵霜帝国。其文化受到东西方文化的双重影响，前期的艺术较多受到希腊风格影响，随着佛教的盛行，又逐渐向佛教艺术风格转变，造就了盛极一时的犍陀罗艺术。又如突厥，最先可能是生活在阿尔泰山一带，后东迁蒙古高原成为铁勒诸部的一部。552年建立了突厥汗国。大批突厥人迁入中亚和西亚地区，在接受古老伊朗文明和新兴伊斯兰文明影响的同时，也带来了突厥文化的深刻影响。

10世纪时，居住在蒙古及中国东北地区的契丹人统一中国北部以及漠北一带，建立辽国。辽代暮年，契丹人的一支在耶律大石的率领下，经过长途跋涉进入中亚建立西辽国，定都虎思斡耳朵（今吉尔吉斯斯坦共和国楚河州托克马克境内的布拉纳城），自称古尔汗，意为世界之王，大力推行汉文化。

11世纪末，蒙古人崛起于额尔古纳河流域，1204年成吉思汗完全统一漠北。成吉思汗希望与控制丝路贸易的中亚花剌子模王国实行和平贸易，但花剌子模王国国王摩诃末被丝路贸易的巨大利润所蒙蔽，杀害了成吉思汗的贸易商团，引发对花剌子模的战争，成吉思汗取得第一次西征的胜利。成吉思汗死后，其继承者继续用兵欧洲，占领俄罗斯大部及里海以北，又进据匈牙利及波兰，这是第二次西征的结果。此后，包括西域和中国本土在内的欧亚大陆广大区域，皆统于蒙古大汗之下。

（二）草原丝绸之路的重要遗产价值

草原丝绸之路承担着东西方政治、经济、文化交流的重要使命，是当今世界上保存时间最长、辐射面最广、影响最为深远的文化线路。

关于文化线路，国际古迹遗址理事会颁布的《文化线路宪章》中有明确的概念定位："任何交通线路，无论是陆路、水路，还是其他形式，拥有实体界线；以其自身所具有的特定活力和历史功能为特征，以服务于特定的、十分明确的用途；且必须满足于以下条件：它必须是产生于，也反映了人们之间的相互往来，以及贯穿重大历史时期的人类、国家、地区甚至大陆之间的货物、思想、知识和价值观的多维度的持续的相互交流；它也因此必须促进了其所影响的文化在时间和空间上的杂交融合，并通过其有形的和无形的遗产反映出来；与线路存在相关的文物和历史关系，必须已经构成了一个充满生机活力的系统。"以上述国际通行的文化线路概念来考量草原丝绸之路，从规模、影响与所包含的文化内涵上来讲，它的遗产优势明显高于其他文化线路。所以，我们可以把草原丝绸之路的遗产价值做如下定位：草原丝绸之路是青铜时代以来沟通欧亚大陆最为主要的商贸大动脉，它是集系统性、综合性、群组性于一身具有突出普遍价值的世界文化遗产，也是目前世界上最为庞大而又最具影响力的文化线路。

已有的考古发现和史籍记载表明，草原民族与外界文化交流最初是从生产工具和生活资料开始的，在距今5000—6000年前的红山文化遗址中，发现了用于农业生产的大型磨制石耜、石斧和磨研谷物的石磨盘和石磨棒以及人们居住的聚落遗址和陶器等生产工具和生活用品，说明这个时期的草原先民已开始栽培农作物，农耕文化已经进入北方草原地区，两种文化在互相接触中吸收对方的素养，不断丰富自己和得以不断增大。又例如赵武灵王"胡服骑射"的例子，为了加强军事实力，赵武灵王学习北方民族的尚武习俗，用北方民族的短衫、大裤代替不适于作战的华夏衣裳，学习林胡、楼烦等北方民族的骑马射箭，用轻捷、突击力强的骑兵代替笨重的战车，使赵国的军事实力大为增强。自匈奴到清朝，各民族沿丝绸之路移民到内蒙古草原，为草原人民带来多元的服饰、饮食、生产技术等，极大丰富提高了蒙古族人民的物质生活和生产技能，蒙古族与其他民族互通婚姻，极大地促进了各民族间的心理认同和互相接纳。尤其是鲜卑、契丹、女真、蒙古等民族对外的征服和统治，在政治上将与各民族融为一体。成吉思汗在西征途中接受道士丘处机"敬天爱民为本""清心寡欲为要"的进言，并曾在陕西韩城用蒙古包形制为汉族史学家司马迁立祠祭祀。在建立大元帝国后，蒙元统治者又立蒙古国子学、皇太子学宫等国家级学府和皇家学苑，这些教育园地以儒家经典为主，辅以汉唐史籍、先朝圣训、名臣奏议等，教授培养的是对社会发展理念具有最重大影响力的高层国家管理人才和皇家接班人，经过这些学习，元朝统治者在治国理念、措施上都比蒙古汗国时期有了跳跃式的进步，创立了既有利于中央集权管理又有利于发挥各民族经济、文化发展的制度，推动了中国古代各民族的共同发展。与此同时，蒙元统治者还通过组织各族文士，用蒙、藏、汉等文字分别翻译大量蒙、藏、汉各民族的经典、史籍、文学作品，以及改进婚俗、葬俗，引进汉、藏节俗，筑城建宫，发展手工业、商业、扩大民族交往，开发农牧结合经济等，创造了共同的政治文明和多民族国家观念。

宗教的传播和交流也是草原丝绸之路精神文化交流的重要内容，其主要表现形式是各种宗教东传并逐渐在内蒙古草原形成了多种宗教并存的局面。历史时期外来宗教先后由南亚、欧洲等地传入蒙古高原，在内蒙古草原形成了此消彼长、多元共存的局面。佛教在两汉之前已经由印度北传到中亚，并进一步向天山以南诸绿洲城郭国家传播，中国的新疆地区和河西走廊敦煌、祁连山一带首先开始接触佛教并受其影响，之后匈奴、柔然、鲜卑等先后控制河西走廊和西域，佛教的影响力也逐渐延伸到内蒙古草原。除了佛教之外，袄教、摩尼教、景教、伊斯兰教和基督教也随着草原丝绸之路来到了内蒙古草原，并有了不同程度的发展。蒙元、辽金时期，内蒙古草原地区都允许多种宗教共存，各种宗教日益发展并与本土文化融合，对蒙古族的民族政权、精神信仰的影响日益增强。

科学技术方面，以蒙元时期的交流最为突出。四大发明中造纸术和火药的西传都与草原丝绸之路有密切关系。此外，蒙元帝国时期实行对外开放，以兼容形态吸纳各国的技术文化。蒙古人将西方的天文历法、数学、机械、地理等引入中国，极大地丰富了中国的科技文化。例如，在元上都发现的古代天文台遗址有着明显的阿拉伯天文学的因素，并对后世天文历法的发展演变产生了深远影响。同时，蒙古民族又将中国的艺术品、指南针、印刷术、绘画、天文历法、军事技术、医药技术等各种文化要素传入中东和西方。

艺术方面，北方民族中比较典型的动物纹艺术在欧亚地区被广泛发现，如斯基泰动物纹艺术、鲁里斯坦的动物纹艺术、鄂尔多斯动物纹等。除此之外，还有西亚音乐的东渐，如“竖箜篌”和“琵琶”通过塞种人、月氏、羌等民族的迁徙由西亚传入中亚再传入内蒙古草原。还有由西域东传的驯兽文化，由波斯传入的马球文化、绘画技术等也都在内蒙古草原地区非常盛行。

语言方面，蒙古语出现在6世纪到9世纪，在发展过程中吸收容纳了突厥语、古斯语等，成吉思汗统一蒙古各部落、建立蒙古汗国后，蒙古语在草原各部落广泛流通。忽必烈建立元朝后，随着蒙汉关系的发展，交流融合增加，蒙古语从汉语中吸收了许多词汇，这些词汇涉及政治、经济、军事、文化乃至日常生活的方方面面，内地词汇对丰富发展蒙古词汇起着积极的推动作用，提高了蒙古人表达概念的精度。例如：蒙语的“台吉”即“太子”，“洪台吉”就是汉语的“皇太子”。语言的影响也是相互的，现在汉语里很多词汇也有元朝从蒙古语带来的语言转化，譬如北京话里的“您”“胡同”等词语。此外蒙古语中还有不少藏语的词汇，这与藏传佛教的传布与蒙藏关系的发展密切相关，1240 年的蒙古首领窝阔台次子阔端在凉州与乌斯藏萨迦教派法主萨斯迦班弥怛（萨班）会面，说动西藏僧俗官民归顺蒙古，是一个发端。此后藏传佛教传入蒙古，在蒙古草原拥有很高的地位和很大的势力，对蒙古族文化的影响大，蒙语中也因此出现大量的藏语词汇，由于蒙古民族向中亚的流动，蒙古语还吸收了其他民族语言的词汇，这些词汇的流动是民族间文化交流的证据。

历史上草原丝绸之路所经过的地区是人类生活的聚集区，文化的冲击力与波及面较大，而游牧民族四时迁徙的特点使得文化的传播速度较快，持续性长久。

草原丝绸之路东端，连接位于内蒙古高原南部边缘的中原地区，强大的农耕文化势必对草原地带的游牧文化产生巨大的影响。草原丝绸之路从本意上看是指一条连接东西方贸易的交通要道，但商品交换的附加效应必定引发文化之间的交流与碰撞，而草原丝绸之路恰恰是连接这两种文化的纽带与桥梁。因而，草原丝绸之路从文化的角度上呈现多样性与复杂性。

草原丝绸之路承担着东西方政治、经济、文化交流的重要使命，也是一条历史悠久、辐射面广、影响深远的文化线路。草原丝绸之路是青铜时代以来沟通欧亚大陆主要的商贸大动脉之一，它是集系统性、综合性、群组性于一身具有突出普遍价值的世界文化遗产，也是庞大而又具影响力的文化线路。

（三）当代草原丝绸之路的价值

2013 年 9 月，中国国家主席习近平在中亚访问时提出建设新丝绸之路经济带的构想，希望通过加强政策沟通、道路联通、贸易畅通、货币流通、民心相通，共同建设“丝绸之路经济带”。2013 年 10 月，习近平主席访问东盟时提出“21 世纪海上丝绸之路”的合作倡议，丝绸之路、共建“一带一路”已经成为世界各国共同关注的倡议构想。

草原丝绸之路作为“一带一路”的重要组成部分和中华文化向外传播的纽带与桥梁，是中华文化的精粹和草原生态文化的结晶。

草原生态文化的核心理念是“崇尚自然、践行开放、恪守信义”，这一理念是在东西方文化不断交流融合中形成的，改变着生活在草原上的人们的文化结构体系，甚至民族的政治格局。从古到今，不少民族在内蒙古这片草原上发展、崛起，登上历史的舞台，历史学家将北方草原民族归纳为肃慎、东胡、匈奴、突厥、氐、羌、蒙古等几大族系，他们逐水草而居，游牧在广袤的大草原上，积淀了古老的游牧文化，他们又沿草原丝绸路东来西往、南北迁徙，天各一方的东西方商人、僧侣、使者、传教士和文人、军人、百姓带着各自的文化，沿草原丝绸路频繁穿梭、迁徙、互动，在生活习俗、宗教信仰、文化传统和语言等方面彼此交错、交融，不断丰富着草原文化的内容和形式，形成了开放、多元的草原生态文化形态。深入探讨历史上草原文化与草原丝绸之路之间的必然联系，科学揭示草原丝绸之路的历史作用，深刻认识和把握内蒙古在“一带一路”倡议中的地位和应有的作为，对于提升和拓展草原生态文化研究，助推自治区更好地参与“一带一路”建设具有重大的现实意义。

“草原丝绸之路经济带”是“一带一路”倡议的重要组成部分。从区位上看，“草原丝绸之路经济带”位于“一带一路”的北端，是连接中国内地和俄罗斯、蒙古及欧洲腹地的重要节点。内蒙古地处中国正北方，在“一带一路”倡议以及中俄蒙经济带建设中，占据特殊重要地位。按照习近平总书记考察内蒙古时的重要讲话精神，内蒙古提出打造祖国北部边疆经济发展、文化繁荣、民族团结、边疆安宁、生态文明、各族人民生活幸福的“亮丽风景线”的战略目标，筑牢祖国北方生态安全、边疆安全稳定“两个屏障”，加快建设向北开放的重要桥头堡和充满活力的沿边经济带，推进内蒙古经济社会全面协调可持续发展的崭新战略布局。

内蒙古横跨“三北”，总面积118.3万平方公里，内与8省区相邻，外与俄罗斯、蒙古国接壤，边境线4200公里。独特的区位优势，决定了内蒙古在国家对外开放格局中的重要地位。国家“一带一路”和中蒙俄经济走廊等建设的实施，为内蒙古加快推进“向北开放”提供了广阔的舞台，带来了新的发展机遇。

习近平人类命运共同体思想，伴随着“一带一路”倡议等全球合作理念与实践而不断丰富，逐渐为国际社会所认同，成为推动全球治理体系变革、构建新型国际关系和国际新秩序的共同价值规范。[①]

人类命运共同体思想为全球生态和谐、国际和平事业、变革全球治理体系、构建全球公平正义的新秩序贡献了中国智慧和中国方案。

把内蒙古建成我国向北开放的重要桥头堡和充满活力的沿边经济带，是适应经济全球化新形势，构建我国全方位开放新格局的重要组成部分，有利于巩固提升中俄全面战略协作伙伴关系和中蒙战略伙伴关系，有利于推进区域协调发展，开创民族团结进步、边疆和谐繁荣的发展新局面。

祖国北部边疆的沿边经济带及其境外延伸区域、辐射区域并不仅限于俄蒙两国，而是覆盖整个北亚、中亚乃至欧洲大陆，与蒙古草原丝绸之路、茶马古道走向基本一致，区域基本重合，对国家“一带一路”倡议的全面实施，对构建和谐包容、合作共赢的新型国际关系，都有着重大意义。

“一带一路”建设，不仅仅是寻求经贸合作，更需要建立情感与文化的沟通和交流，用文化链接草原与世界。当前，由于国际形势的风云变幻和国内经济社会发展的内部需要，推动文化“走出去”已成为建设文化强国、增强国家文化软实力必须抓好的重大战略任务。内蒙古是草原生态文化的主要发祥地和承载地，文化底蕴深厚、文化资源富集，要结合“一带一路”、沿边经济带建设的实践，以国际视野、未来眼光发挥地缘优势，广泛开展对外文化交流工作，充分展示内蒙古独特的生态文化魅力。

在人文社会学科领域的认知转向进一步促进了学术研究的“全球化”这样的时代背景下，草原生态文化研究将产生积极影响。

“一带一路”倡议是中国与周边国家经济发展的机遇，同时也是作为中国西北之窗的内蒙古的机遇。“一带一路”倡议不仅仅是国家的宏观政策，也可以作为内蒙古经济与贸易增长的新的立足点。2019 年 1 月至 10 月，内蒙古进出口总值达到 904.7 亿元。

一千年之前，一列列驼队踏上了茶马古道，一路上风吹驼铃；千年之后，一列列火车联通了亚欧诸国，奏响经济合作交响乐章。经满洲里、二连浩特口岸呼啸穿梭的中欧班列，承载着沿线国家共商、共建、共享的“时代梦想”，续写着丝绸之路新的传奇。

内蒙古自治区是京津冀地区和环渤海经济圈的重要腹地，是丝绸之路经济带的重要组成部分。

---

① 冯颜利、唐庆：《习近平人类命运共同体思想的深刻内涵与时代价值》，《当代世界》2017 年第 11 期。

在内蒙古4000多公里边境线上现有对外开放的19个口岸，像镶嵌在草原蔚蓝天边的19颗璀璨明星，分布在祖国边境14个旗（市）以及呼和浩特市和呼伦贝尔市。对俄罗斯开放的有6个口岸：满洲里铁路口岸、满洲里公路口岸、黑山头水运口岸、室韦水运口岸、二卡公路口岸、胡列也吐水运口岸。

对蒙古国开放的有10个口岸：二连浩特铁路口岸、二连浩特公路口岸、策克公路口岸、甘其毛都公路口岸、珠恩嘎达布其公路口岸、阿日哈沙特公路口岸、满都拉公路口岸、额布都格水运口岸、阿尔山公路口岸、巴格毛都公路口岸。

还有3个国际航空口岸：呼和浩特航空口岸、海拉尔航空口岸、满洲里航空口岸。

在沉寂百年之后，曾经对中蒙俄贸易产生过重要影响的万里茶道借“一带一路”再次香飘四海。不同的是，这一次它不再以长长的驼队而是以火车、汽车、飞机的方式呈现给世人。

内蒙古对外开放口岸，其中满洲里和二连浩特分别是我国面向俄罗斯和蒙古国的最大陆路口岸。中欧班列是往来于中国与欧洲及“一带一路”沿线各国的集装箱国际铁路联运班列。目前，铺划了西中东三条通道中欧班列运行线，其中两条线从内蒙古境内口岸出境，分别是由中国华北地区经二连浩特出口的中部通道和由中国东南部沿海地区经满洲里（绥芬河）出口的东部通道。

拥有中欧铁路东、中两个运输通道的内蒙古自治区，2018年迎来和送走的进出境中欧班列同比增长超三成，搭载的标准集装箱和货值同比增长近三成。这表明中国与亚欧地区的经贸合作进一步扩大。从2019年开始，内蒙古自治区为强化对“一带一路”沿线国家的气象服务，以“中欧班列”为重点，制作发布“一带一路”沿线国家城市气象预报信息。内蒙古已经开始制作发布中欧班列沿线蒙古国、俄罗斯、爱沙尼亚、拉脱维亚、白俄罗斯、匈牙利、捷克、德国、荷兰、西班牙等国家城市气象预报，预报信息包括风速、风向、晴雨、温度等要素。

1. 中欧班列·满洲里口岸

满洲里口岸是中国最大的陆路口岸，也是连接“一带一路”沿线国家和地区的桥梁和纽带之一。当中欧班列缓缓驶入满洲里铁路口岸时，不到15分钟，满洲里出入境边防检查站民警就完成列车边防检查工作。这列由广州始发，载运42个集装箱电子产品、日用品的中欧班列鸣笛起程，将穿过欧亚大陆，直抵莫斯科。

当中欧班列开始驰骋于中国和亚欧各国广袤的大地上时，它推动了沿线各国的经济发展，让沿线各国有机会与中国共享改革开放带来的红利，中欧班列是“丝绸之路经济带”建设的一条连接欧亚大陆的纽带。

中国与亚欧之间的运输方式主要是航海运输、空中运输以及陆地运输。铁路运输有着运距短、速度快、安全性高等特点，因此受到了国际社会的欢迎。

满洲里口岸是全国纬度最高的直属海关。位于内蒙古呼伦贝尔大草原西部，处于中俄蒙三角地带，北接俄罗斯，西邻蒙古国，是第一欧亚大陆桥的交通要冲，是中国通往俄罗斯等独联体国家和欧洲各国重要的国际大通道，也是中国最大的边境陆路口岸。口岸货运量始终雄居全国同类口岸之首。业务管辖范围包括内蒙古自治区的呼伦贝尔市、兴安盟、通辽市和赤峰市，辖区面积 45 万平方公里。辖区内中俄、中蒙边境线长 1819 公里，其中，中俄边境线长 1812 公里，中蒙边境线长 807 公里。

百年前，满洲里地区是一片广袤的草原，被称为“霍勒金布拉格”，蒙语的意思是旺盛的泉水。1896 年李鸿章与俄签订的《中俄御敌相互援助条约》，允许俄国修筑从俄赤塔到中国绥芬河附近的中东铁路，从 1897 年铁路动工到1903年正式运营，满洲里地区的外贸活动逐渐增多，直到1908年正式设关。

满洲里享有“东亚之窗”的盛誉，是我国开展对俄蒙经济、贸易、文化和科技等多领域合作的重要口岸城市，是我国环渤海地区通往俄罗斯以及东欧最便捷、最经济、最重要的陆海联运大通道。

满洲里口岸承担着中俄贸易 65%以上的陆路运输任务，对外贸易占内蒙古自治区对俄进出口贸易的 80%以上，占全国与周边国家边境贸易的 13%，是内蒙古自治区乃至中国对外贸易最重要的货物集散地之一。满洲里铁路是我国规模最大、通过能力最强的铁路口岸。

满洲里口岸由铁路、公路、航空口岸组成。铁路口岸现有货场综合通过能力可达到 7000 万吨。公路口岸货检区年通过能力为 300 万吨，旅检区年通过能力 300 万人次。航空口岸于 2005 年起实现了临时对外开放，相继开通了满洲里—俄罗斯伊尔库茨克、满洲里—赤塔的临时国际航线，航空口岸年接送国内外旅客能力可达 100 万人次。合作区域覆盖了俄罗斯赤塔、乌兰乌德、伊尔库茨克和克拉斯诺亚尔斯克等地区。

满洲里素有“北方木材之都”的美称，我国绝大部分的俄罗斯木材，从陆路口岸基本上都会走满洲里铁路。2019 年五月份，满洲里木材过货量达 82.4

万立方米，同比增长27%，占全国陆路口岸木材过货量一半，列全国第一。

满洲里的国际物流产业园区，其中新国际货场项目主要承担着俄罗斯及欧洲资源进口落地、加工及配套服务。到目前，已完成投资60多亿元，2017年新国际货场铁路口岸平台集装箱办理站投入使用，满洲里成为全国第一个实现集装箱全部智能化管理的货场，集装箱年运输能力增加到44万标箱。

中欧班列基本上都采取集装箱运输，满洲里为入境的第一个口岸，因此中欧班列的欧洲木材也都会在满洲里口岸接受检查后，再运往江西、四川、重庆等家具产业集中地。

当前，中欧班列的开行数量越来越多，使得沿途国家经贸交往日趋活跃，国家间铁路、口岸、海关等部门的合作日趋密切。奔驰的列车化为丝绸之路经济带蓬勃发展的最好代言与象征。

2. 中欧班列·二连浩特口岸

二连浩特市位于内蒙古自治区正北部，与蒙古国东戈壁省扎门乌德市隔界相望，是中国对蒙古国开放的最大公路、铁路口岸，边境线长68.29公里。二连浩特面对蒙古、俄罗斯及欧洲国际市场，背靠京津唐环渤海经济圈和呼包鄂经济带，是中国向北开放的前沿阵地，也是中国重要的商品进出口集散地。二连浩特市也是世界闻名的“恐龙之乡”，是中国最早载入国际生物史册的恐龙化石产地，距市区8公里处有恐龙化石埋藏集聚区。“二连浩特”是蒙语的汉译音，二连原名“额仁”，沿用市郊“额仁达布散淖尔”（仁达现译二连盐池）之名。“额仁”是牧人对荒漠戈壁景色的一种美好描述，有海市蜃楼的意思。

它是中国陆路连接欧亚最捷径的通道，以二连为终点的集二线，连通京包、京山线，与蒙古、独联体及东西欧各国的铁路结成一座欧亚铁路大路桥。以北京为起点，经二连浩特到莫斯科，比经满洲里口岸的滨洲线近1140公里。特别是通过京包、京山线与天津港相连，是日本、东南亚及其他邻国开展对蒙古、俄罗斯及东欧各国转口贸易的理想通道，更是蒙古国走向出海口的唯一通道。目前该口岸中欧班列线路已开行33条，涉及23个省份。进出口货物也日益丰富，涵盖汽车及配件、机械设备、生活用品、木材等多个品种，是国内货物出口蒙古国、俄罗斯及欧洲的重要通道。2021年全年中欧班列运行突破15183列。

二连浩特铁路口岸位于集二线终端，铁路口岸现有宽准轨线路117条，站区建有机械区、技协、泰达、木四、二连口岸海关监管场所五个仓储作业区，具有仓储、转运、换装等多种功能。

二连浩特口岸与国内经济区域联系广阔。集宁二连路线，以集宁为枢纽，向东经北京、天津与环渤海经济区相连，向西经呼和浩特、包头与国家中西部开发区相连，向南与山西大同等能源基地相连，向北与地方铁路集宁通化线贯通，又与东北经济区遥相呼应。

2009 年 12 月 15 日二连浩特中蒙边境海关开始联合监管。中蒙两国实行联合监管后，内蒙古二连浩特口岸和蒙古国的扎门乌德口岸，将为双边出入境货物及车辆等简化双边海关手续，提供便利通关。为中蒙两国的贸易往来和经济发展提供了一个快速便捷的大通道，对于推进“中国二连浩特—蒙古乌兰巴托—俄罗斯的伊尔库斯科”这个国际经济走廊建设，将起到重要作用。

3. 五省共有·策克口岸

中国策克口岸位于内蒙古额济纳旗境内，距额济纳旗府达来呼布镇 77 公里，东距巴盟甘其毛道口岸 800 千米，西距新疆老爷庙口岸 1200 千米，与蒙古国南戈壁省西伯库伦口岸对应。对外辐射蒙古国南戈壁、巴音洪格尔、戈壁阿尔泰、前杭盖、后杭盖五个畜产品、矿产品资源较为富集的省区，是阿拉善盟对外开放的唯一国际通道，是内蒙古、陕、甘、宁、青五省区共有的陆路口岸，同时也是内蒙古第三大口岸。

策克口岸是内蒙古西部一个重要的国家级全年性开放口岸，是内蒙古阿拉善盟唯一的出境通道，也是甘肃酒泉市的第二出境通道（第一位于酒泉境内的马鬃山口岸）。2013 年，酒泉修建了酒航高速公路，其一端终点就在策克口岸，是双边性常年开放口岸。

策克口岸对应的蒙古国沿边地带属未开发地区，蕴藏着金、铜、铝、铅等多种丰富的贵金属矿藏资源。

策克口岸是内蒙古第三大通关便捷、服务优良、运作高效的现代化口岸，成为我国西北地区连通国内外的一个较为重要的交通枢纽、商贸中心、货物集散地和资源大通道。

4. 甘其毛都口岸

甘其毛都蒙语意为“一棵树”，该口岸位于巴彦淖尔市乌拉特中旗巴音杭盖苏木境内，中蒙边境线 703 界标附近，是内蒙古巴彦淖尔市对外开放的唯一国际通道，与蒙古国南戈壁省汉博格德县嘎顺苏海图口岸相对应，两口岸相距 1 公里。

1989年12月20日，自治区人民政府批准甘其毛都为对蒙边境贸易临时过货点，1990年2月23日实现了首次过货。1992年6月4日，正式辟为国家一类季节性双边口岸。2004年7月5日，中蒙双方政府签署了《中华人民共和国政府和蒙古国政府关于中蒙边境口岸及其管理制度的协定》，甘其毛都口岸由双边季节性开放提升为双边性常年开放口岸。口岸互市贸易区已发展成为以边境贸易为龙头的多功能的商业中心，边民互市贸易繁荣发展，开关期间互贸区内商店林立，形成了门类齐全、功能齐备的服务体系，已成为拉动地区经济发展的增长点和各地客商的投资热点。

二、共建“一带一路”草原生态文化交流平台

2019年盛夏，第四届中俄蒙三国旅游部长会议在中国内蒙古自治区乌兰察布市召开。旅游合作是中俄蒙三方合作的重要组成部分，对深化三方人民之间的相互了解和友谊发挥着不可替代的作用。会议提出五点构想：一要深化文旅融合，打造跨境文化和旅游精品；二要发挥旅游的聚能效应，走集约发展之路；三要推动旅游便利化，提高旅游舒适度；四要加大市场监管，营造安全、文明的旅游氛围；五要提升“万里茶道”旅游知名度。

俄罗斯表示，中国和蒙古国是俄罗斯在旅游领域的重要伙伴国。三国人民之间的传统友谊和绵延国界为优先发展边境旅游创造了必要的条件。中国赴俄罗斯旅游人数已占到俄罗斯第一位，而俄罗斯到中国旅游的人数也在增加。中蒙俄三国旅游部长定期会晤对发展边境旅游、加强国际合作起着重要的作用。“万里茶道”也将中俄蒙三国相关的地区紧密联系在一起，推动三国构建更好的文化旅游体系。

蒙古国表示，未来蒙古政府将从基础设施等方面为游客开通便利的条件。如开通连接西伯利亚的火车通道、增加航线和航班，为游客提供旅游免签等优惠措施。三方共同签署了《第四届中俄蒙三国旅游部长会议纪要》，为中俄蒙三国文旅合作留下了浓墨重彩的一笔。中俄蒙三国旅游部长会议期间，同时举行“万里茶道”文化旅游发展论坛、文化旅游博览会等一系列展览展示活动。

（一）从草原出发找到智慧高地

荷兰的贸易和地缘优势也是不可替代的。在荷兰瓦赫宁根大学，活跃着

15000多名生命科学、食品安全相关的研究人员。自2013年以来，内蒙古伊利集团走出了一条与“一带一路”同频共振的“健康丝路”。2014年，中国与荷兰两国元首实现了历史性的互访，两国企业也随之开启了共同建设“一带一路”的合作模式。同年2月，伊利集团率先在荷兰建立了目前中国乳业海外最高规格的研发中心——欧洲研发中心。一个月后，伊利与荷兰瓦赫宁根大学达成共建中荷首个食品安全保障体系的战略协议。目前，在中国市场上购买的大量伊利产品都蕴含着来自这个全球智慧高地的研究成果。

“一带一路”如春风一样由西向东，沿欧亚大陆让科技的种子萌芽、成长、结果。希腊农业大学研制的创新菌种传到荷兰，被设在瓦赫宁根大学的伊利欧洲研发中心研究、创新，与伊利的酸奶技术相结合，希腊口味的高端常温酸奶安慕希由此诞生。2018年，伊利欧洲研发中心正式升级为欧洲创新中心，双方在创新研发、人才交流、资源共享和项目合作等方面的沟通进一步深入，借助“一带一路”的势能，内蒙古伊利在新西兰、北美、亚洲，在全球广泛布局资源宝库与智慧高地。

（二）“万里茶道”串起3国50省（区市）

一片东方树叶成就了一个传奇。中国茶叶的对外贸易，主要通过四条陆上“茶叶之路”传播。其中，以北越长城、贯穿蒙古、经西伯利亚通往欧亚大陆腹地的中蒙俄茶叶贸易商路最为突出。它始于18世纪初，延续时间约两个半世纪，由晋商在明末清初开辟的从武夷山下梅到俄罗斯恰克图的茶叶贸易路线，连接中蒙俄，纵贯祖国南北方，是继“丝绸之路”“茶马古道”之后的又一条重要国际贸易通道。中国的茶文化就是通过这条茶叶之路传遍世界各地，铸就了清代富可敌国的晋商传奇，也为南北两大家族（晋商常家和下梅邹家）在武夷山下梅共同打造了财富传奇。

如今，这一商道变成文化与旅游之道，串联起3个国家50个省（区市）。这些城市犹如散落的珍珠，被“万里茶道”串联，形成了独特的文化旅游资源。

茶在中蒙俄贸易中的独特性无法取代，因为它已经成为深受很多俄罗斯家庭喜爱的一种生活滋味。从武夷山到俄罗斯，清末万里茶道上票号林立的平遥古城也是其中之一站。现在，这座县城正携手俄罗斯恰克图重新挖掘这个文化符号。

恰克图市位于俄、蒙边界界河的北岸，是中、蒙、俄关系发展史上的重要一页。恰克图是连通这条国际商路的重要枢纽，承载着晋商的光荣与辉煌。

恰克图的俄文含义是“有茶叶的地方”。在俄罗斯境内，万里茶道从恰克图，经贝加尔湖进入该国腹地，途经伊尔库茨克、新西伯利亚、秋明、莫斯科、圣彼得堡等。

在万里茶道山西祁县昭馀古城内，一座古宅的玻璃柜中摆放着一块当年销往俄罗斯的茶砖，距今已有100多年历史。上面印着一个“川”字，代表当时本地最大晋商渠映潢创办的“长裕川”茶庄字号。长裕川曾是向俄罗斯出口红茶的主要商号，现在已经改造成一座万里茶道博物馆。中间正房墙上镌刻着一幅巨大的万里茶道路线图，并收藏了许多珍贵的文图资料。它的大门周围雕刻着中国和俄罗斯建筑混搭风格的浮雕，见证着当年中俄茶叶贸易带来的影响。

2021年3月，习近平总书记在福建省武夷山市考察时，提出了把茶文化、茶产业、茶科技这篇文章做好。为积极响应习近平总书记的指示精神，围绕国际化、年轻态、产业融合和联合申遗等一系列成果进行城市间共享，推动万里茶道沿线城市茶文化、茶产业、茶科技的三茶融合，把万里茶道沿线城市连起来，为城市发展提供新动能。2021年8月2日以“共享成果，推动茶文化、茶产业、茶科技融合”为主题的第八届中蒙俄万里茶道城市合作会议，在内蒙古自治区锡林郭勒盟多伦县举行。为“万里茶道”发展注入全新的时代内涵，“万里茶道”是继丝绸之路之后在欧亚大陆兴起的又一条重要国际商道，是一条经贸之路、文化之路、融通之路、友谊之路。

让古老的平遥走出去，把美丽的恰克图请进来。2019年中俄建交70周年，中国山西省平遥县和俄罗斯恰克图市作为万里茶道上两个重要节点城市缔结成为友好城市。双方在旅游、商贸、文化交流很多领域找到了共同诉求。很多特色商品，比如蜂蜜、花草茶、中药材还有贝加尔湖的水，都是恰克图的特色产品。平遥县初步确立了以“复兴万里茶路文化和贸易中心”为载体，联合打造“中国茶谷”的战略目标，并依托“平遥礼物”在恰克图产品终端销售门店、恰克图艺术小镇在平遥落地等合作意向，向着“守望相助、深度融通、开拓创新、普惠共赢”的目标和方向同步振兴。

（三）一带一路·通向未来

从张骞的“凿空之旅”，到郑和七下西洋，从云南大山里的马帮再到拉骆驼的晋商，我们的祖先在极为艰难的条件下穿梭往返，书写了无数互联互通的传奇故事，打开了中国的封闭之门，向外开放，和睦邻邦，并且造成了东西方文明的交融。当今，“一带一路”倡议的提出唤醒了丝绸之路的历史基因，为世界经济发展提供了新的动力。古丝绸之路见证了“使者相望于道，商旅不绝于途”的盛况，迎来汉唐盛世，也推动了地区大发展、大繁荣；新时期在中国梦与世界梦之间架起沟通的桥梁，造福各国人民，谱写文明互鉴的新篇章。内蒙古草原以“一带一路”统领对外开放两条纵贯东西、跨越南北的弧线，联通中国与世界，更搭起通向未来的桥梁。俄罗斯是新亚欧大陆桥和中蒙俄两大经济走廊中的重要国度。在新丝路上，中俄蒙战略对接正当其时。2014年9月，习近平主席会晤普京及蒙古国总统，提出将丝绸之路经济带与俄罗斯跨欧亚大铁路、蒙古国草原之路进行对接的倡议。2015年5月，中俄首脑在俄罗斯发表联合声明，对接“一带一路”建设与欧亚经济联盟建设。正如美国《福布斯》杂志所观察到的，“在世界各地的政府与企业会议室里，在物流枢纽现场，在数十个国家的新建经济特区，‘一带一路’建设正实实在在地发生着”。

“一带一路”建设正一步一个脚印地推进实施，一点一滴地积累成果；“一带一路”承载着各国发展与繁荣的梦想，通向更加美好的未来。

生态文明时代的主流文化——中国生态文化体系研究

Mainstream Culture of Ecological Civilization Era

the Study of Chinese Eco-Culture System

中国草原生态文化

Ecological Culture of Chinese Grassland

【下卷】

江泽慧◎主编

人民出版社

目　录

第一编　中国草原和草原生态文化

第二编　中国草原生态文化区域分布及其特征

第三编 当代中国草原生态文化创新发展与草原治理

第四编 草原生态文化纪实

第三编

当代中国草原生态文化创新发展与草原治理

第十章
草原生态文化与草原治理体系建设

任何一个地方的生产、生活习惯，劳动工具、服饰饮食以及民俗民风等，归根结底都是由该地区特有的自然条件决定的。在千百年的繁衍生息进程中，草原牧区的百姓为了立足生存下来，要去认识自然、探索规律、适应环境，保持生态系统的稳定和资源的可持续性，不断总结实践，逐步形成了浩如烟海的传统知识、经验和技巧等智慧，这就是活态的、具象的生态文化。如“山处者林、水处者渔、草处者牧、陆处者种”，因地制宜，是农业的智慧；

青藏高原祁连山牧场　摄影/傅筱林

也说明，任何文化的根脉都源于人与自然的关系，要适应自然环境、遵循自然规律。①

第一节　草原生态文化对草原治理的经验与启示

人类社会从原始狩猎开始获取和占有自然资源，是以生存为目的，而不同地区形成不同的文化差异。在气候宜人、土地肥沃、资源丰富的农区，人们定居下来，占有“一亩三分地”就可以养活一家人，不用四处移动，形成了基本稳定的农耕生活；但在气候环境恶劣、土地生产力低下、资源贫瘠的草原牧区，人们固定在一个地方便无法维持一家人的生存，所以必须拥有更长的时间和更大的空间范围，占有更大面积的草原资源，这就是人们逐水草而居的游牧生活方式的内在成因。

草原发育规律的主要因素是降水，一般降水量在 300 毫米以下的发育形成荒漠化草原，如新疆的戈壁荒漠草原，草地生产力最低，人们为了放牧生存，需要游走上千公里去寻找水源和草地，游牧半径最大；降水量在 300—500 毫米的形成典型草原，如内蒙古草原，草地生产力稍高，人们为了放牧养好牲畜，需要游走几百公里去寻找好的草地，游牧半径其次；降水量在 500 毫米以上的发育形成草甸草原，如青藏高原的部分牧区，草地生产力更高，牧民的放牧半径会更小一些。人们在适应当地自然气候的过程中，总结形成了不同的草原生态文化。

青藏高原海拔高、氧气少、日照多、气温低、积温少，土地瘠薄、辐射强烈、长冬无夏，草地生产力低下，自然灾害频发。人们在气候如此恶劣的地区，单家独户很难生存下去，所以形成了族群部落，牧户之间相互依存、互帮互助、共度时艰的生产方式、生活关系和文化形态，支撑了草原民族繁衍生息，同时积累了内容丰富、特色鲜明的草原生态文化。而草原生态文化敬畏自然、顺应自然，对草原资源适度利用，万物生命平等，具有利他和互助合作等核心理念，维持着草地资源的可持续利用，在当下对于草原生态保护和草原牧区的持续发展仍具有现实指导意义。②

① 刘刚等：《青藏高原草原生态文化对草原治理的启示》，《草学》2020 年第 6 期。
② 刘刚等：《青藏高原草原生态文化对草原治理的启示》，《草学》2020 年第 6 期。

一、“敬畏之心”适度利用自然资源[①]

草原牧民认为人自己是草原生态系统中的一部分，主张奉行和谐、节制的生活方式是草原生态文化较为普遍的现象。草原牧区气候严酷，环境脆弱，资源贫乏，在自然资源开发与自然环境保护的关系上，更注重在保护的基础上的利用，是草原生态伦理道德的出发点，因此他们的生产活动是局部的、有限的，以维持人的基本需求为目的，并不鼓励高消费；在物质生活与精神生活的关系上，牧民更注重于清淡的物质生活环境中创造丰富的精神文化产品；在生活方式的选择上，节制、勤俭是牧民生活的重要特征，简单的食物、简陋的住所、朴素的衣物，满足生理需求与物质生活的基本需要，除此之外，一切过量的生产与消费都是不必要的。限制开发、节制消费、淡化财富占有欲，使牧区世俗社会的基础设施、物质产品、生活方式极为简单朴素，而人们更注重对信仰世界的追求，注重与自然环境的融合，从而保证了草原牧区生态系统的平衡和野生动植物资源的多样性。

生态环境的好坏至关牧民家庭福祉和畜牧业的发展，草原牧区传统文化观念中，极为重视天然草地生态环境保护。牧民们把天然草地管理融入整个生态系统中，包含了保护水源、山川、土地、河流、野生动植物等，在生产生活的智慧中体现出生态系统的整体性和各因子之间的相互依存和制约关系。这种尊重自然、敬畏自然、保护自然的生态文化理念潜移默化地融入牧民行为方式中：从小孩就开始启蒙教育，如污染泉水易患疾病，毁坏树木、枯竭水源，易激怒“鲁神”；垃圾直接埋在地下会影响草木的生长，在地上焚烧会影响空气，任其漂泊会影响环境，人们将垃圾集中在一起，用灶灰或马粪埋压后进行腐化处理。

综上所述，生活在草原牧区的人们在生活上的每一个细节，都注意处理与自然的关系。这种朴素的生态观念和智慧是牧民们在长期生产生活实践中总结出的自然哲理，也是他们能够在这种恶劣的环境下生存下来的唯一方式。牧民这种自觉追求人与环境良性互动的生态道德，以发自内心的自律善待自然、善待生命，客观上对草原牧区生态环境和生物物种保护起到了关键作用。自然界的价值表现在物质、能量、信息三个方面，在生态环境脆弱的草原上，生态草牧业和其他草业发展过程中，不能以大资本、规模化、工业化等方式过

① 刘刚等：《青藏高原草原生态文化对草原治理的启示》，《草学》2020 年第 6 期。

度开发，而是要顺应自然规律，循序渐进，适度利用，牧民不仅很好地利用了自然价值，而且让这种价值能够可持续发挥。

二、“众生平等”构建地球生命共同体[①]

生命平等是草原牧区牧民生态价值观的核心。因此，在草原上，包括人类，每一个生命都是平等地在自然中生存，这是一种权利的拥有。牧区藏传佛教中善待生命理念的教化：人和一切生物都有生命，一切生命平等，人类只有善待自然，自然才会善待人类，人应该像爱护自己一样爱护一切生物。生命的平等，大到高原上的雪豹、羚羊，秃鹫，小到一只幼虫，草原上的人们用他们的行为宣示，生活在草原上的生命没有高低贵贱之分，都可以自由地选择自己的生活方式。要平等对待自然，既要享受自然的赠予，同时也不应忘记保护赖以生存的家园。藏民族信仰一生为众生祈祷，不会随意杀生，不会乱挖滥伐。人们用这样的谚语来表达人与自然、草地与畜牧业的相互依存关系：“若不放生几只羊，草原怎能见野狼。”“牛吃百草膘情好，草种多样生态好。”“大地是身躯，河流是血脉。”朴素而深刻地表达了藏族牧民草原生态文化的核心理念和基本特征。

综上所述，在草原治理过程中，要摒弃单纯“优质牧草”“毒害杂草”的认识局限。在退化草原植被恢复和草地生态健康方面，要认识到物种多样性对草地健康的重要作用，为了追求经济效益而在草原上建植所谓高产优质的单一草种的人工草地要谨慎。

人与自然和谐，实现生态平衡可持续发展，是生态文化的核心理念与追求。在草原，鼠类是生态平衡维持的关键环节，草原生态系统对鼠类具有较高的容忍度，应当尽量减少人类活动对其生态环境的干扰。近年来，我国草原鼠害一旦发生即多数呈暴发趋势，这一现象或与杀鼠剂过度使用以及生态失衡有关。连续多年采取根除鼠类策略，如多个草原采取无鼠示范区的建立，导致了其天敌种群的锐减。在生态平衡的条件下，一定种群数量的天敌存在，对有效控制鼠类暴发起着关键限制作用。近年来内蒙古草原原先常见的沙狐、红狐已难觅踪影，在此境况下，由于鼠类的高繁殖率，导致鼠害一旦发生即呈现暴发状态，如果不加干预将可能直接导致草原重大损失。在天敌数量有限前提下，原有的

① 刘刚等：《青藏高原草原生态文化对草原治理的启示》，《草学》2020 年第 6 期。

招鹰架等生物防治措施难有成效，从而不得不使用高效的杀鼠剂。

生物多样性是生态系统健康的标志。草原鼠类属哺乳类啮齿动物，广泛分布于各类草原。作为生态系统的初级消费者，草原鼠类处于食物链健康运转及生物多样性保护的关键环节，草原上许多食肉动物数量变化直接受鼠类数量变化的影响。从长远角度改进草原鼠害防治办法，变广谱性、根除性灭杀的鼠害防治办法为绿色防治办法，如使用不育剂维持鼠类一定的种群数量，促进调低其繁衍与逐步恢复的办法将具有重大意义和广阔的应用前景。

鼠害治理面临的一个挑战是如何制定或者修订合理的鼠害治理阈值。从生态学角度认识草原鼠害问题，重新制定或者修订合理的鼠害治理阈值势在必行；选择合理的杀鼠剂，将是恢复草原生态平衡的关键环节之一。基于目前草原生态失衡以及鼠害严重，毒杀性杀鼠剂还将在较长时间存在，但真正从生态学角度合理评价草原鼠害问题，应当从基础研究、应用、推广等多个层面，以合理的治理阈值和科学的治理方式，促进草原生态平衡的恢复与保护。

三、“互助合作”促进社会和谐发展①

由于草原牧区自然气候条件艰苦，生产力低下，单凭个人和一个家庭的力量无法应对变幻莫测的大自然，所以游牧民族形成了热情好客的民俗民风。在辽阔的草原牧区，热情地招待外来的旅行者、僧人及各部落的人，这是世代相传的习俗。牧区人烟稀少，帐篷中偶尔来一客人，牧人自然高兴，全家人都要出门迎接，而不管认识与否。妇女儿童要为客人挡狗；男主人则接过客人马缰绳，扶客人下马，以敬语问候。对于外面的世界会永远充满着好奇向往之心。所以与客人长夜漫谈、喝茶、饮酒，是他们生活中的一大乐趣。在这里人们遵循着一条古老的人际相处原则：人类皆兄弟，财富应共享。客人来了，请坐下，先喝茶，再敬酒，空肚子说话，不是牧人的规矩。

“露水大的一点东西分着吃，针尖大的一点活儿一起干。幸福与快乐若降临，共同享受无偏私。”比如，环青海湖等地的藏族部落之间每年有几次重要的生产互助与财富相互馈赠活动。5 月份，各户牧民的母羊产羔已结束，牧民们准备阉割公羊羔。于是几户或十几户联合起来组成一个组，轮流到各户阉割，主人宰羊慰劳帮忙的人；8 月份剪羊毛时，又组成互助组到牧民家集中

① 刘刚等：《青藏高原草原生态文化对草原治理的启示》，《草学》2020 年第 6 期。

剪羊毛　摄影 / 顾海峰

剪羊毛，主人同样宰羊招待。这种集体劳动、集体食宿要持续十天到二十多天。此外，节日期间各户都要相互馈赠礼物，至于婚丧嫁娶，全村的人都要前去张罗。在一个较长的时期内，这种互助馈赠成为一种互惠性的活动，各家各户都有赠送的义务，同时也得到了邻居的认可。牧民认定自然的物产归自然，社会的财富归集体。只有社会的统一管理和使用，才能有效地控制个人由于利欲而对自然资源进行抢占破坏。每个群体在这种相互援助中维持着他们的正常生活，促进了社会和谐发展。

草原生态系统特征与农田生态系统特征不同，具有高度异质性。放牧转场时共用牧道、共用牲畜饮水点、共同面对鼠害虫害等；相邻两块草场共同维系着一个草地生态系统，你家草场的好坏也直接影响着我家草场的好坏。对于草地畜牧业生产基础设施的建设、畜产品市场营销以及草原治理新技术的推广和应用，也要求牧户之间要有专业合作社、牧民协会等组织协作互助，共享共用机械、设备设施、区域品牌，优化配置各种资源，这样才能推进草地畜牧业健康发展。因此，草原治理不能每家牧户各扫门前雪，草原牧区不能简单借用农区土地承包政策把草原用围栏分割到各家各户，而是需要一个社区对草原进行共同治理，制定治理制度，形成治理机制，提升治理能力，才能全面地保护自然环境，为牧区振兴奠定基础。

第二节 草原治理的现状分析

草原是重要的畜牧业基地，至关国家生态安全、食品供应和粮食安全。由于自然和人为因素的影响，草原长期处于索取多、投入少的状态。20世纪80年代至90年代末期，我国草原出现了大面积退化，生态质量大幅下降，自我修复能力明显降低的严峻局面。从现实看，几大生态系统中，草原生态系统修复难度最大、任务最重。我们要加快补齐草原短板，补上历史欠账，全面贯彻新发展理念，保持战略定力，从人与自然和谐共生的高度来谋划草原保护修复工作，坚持保护优先、节约优先，以自然恢复为主、自然修复与人工修复相结合，加快治理修复退化草原，促进草原生态环境持续改善。

一、草原保护修复治理工作成效显著

党的十八大以来，国家大力推进生态文明建设，保护修复草原生态、重现绿水青山，成为草原工作的首要任务。随着国家对草原生态保护修复投入逐步加大、草原治理力度的不断提升，草原总体退化的趋势得到初步遏制。

（一）草原工作顶层设计制定出台

2018年，为了加大生态系统保护力度，统筹森林、草原、湿地监督管理，加快建立以国家公园为主体的自然保护地体系、保障国家生态安全，党中央、国务院在国务院机构改革中组建了国家林业和草原局（简称“国家林草局”），设立了草原管理司，建立了与草原大国地位相适应的草原管理机构，历史上首次有一个司专门负责草原管理工作，强化了草原保护管理的政府职能；各省级林草部门明确了草原监督管理职责，18个省区林草部门成立了草原管理处，其他省（区、市）也指定相关处室和人员负责草原工作，草原管理从草原重点省（区、市）扩展到全国，初步建立了覆盖全国的草原管理体系，山水林田湖草沙冰系统治理的工作格局初步形成；国家林草局各相关业务司局、单位加强草原知识学习，推进林草融合发展。20多个司局和事业单位新招录人员向草原专业人员倾斜，中国林科院成立了草原研究中心，国家林草局林草调查规划院成立了草原调查监测中心，国家林草局西南调查规划院成立了20余人组成的草原监测评估处，还有9个直属事业单位设立草原处室。加大人

才、科技、资金和国际合作等方面支持力度，优化绿化任务结构，加大干旱半干旱地区草原比重，系统谋划退耕还林还草，统筹森林、草原、湿地、荒漠监测，统一纳入林草综合监测评价，提高监测效能。建设林草生态网络感知系统，集中展示展现林草综合监测成果，草原管理逐步走向正轨。

2021 年 3 月，国务院办公厅印发了《关于加强草原保护修复的若干意见》（以下简称《意见》），明确了新时代草原工作的指导思想、工作原则和主要目标，提出了加强草原保护修复和合理利用的 12 条政策举措和 4 项保障措施，明确了国务院相关部门任务分工。国家林草局构建了草原监测评价体系、草原保护体系、草原生态修复体系、现代草业体系、草原执法监管体系、支撑保障体系等“六大治理体系”，编制草原保护修复和草业发展规划，积极谋划包括严重退化草原生态修复、草原自然公园建设、退牧还草、国有草场建设、草原生态质量精准提升、草原生态保护修复支撑、乡村种草绿化示范、河湖堤岸草带建设在内的“八大草原工程”。组织起草了《全国草种业中长期发展规划》，开展了草品种审定工作，着手建设国家草种质资源保存中心库。同时，各地结合实际，将顶层设计落到实处，协同推进草原治理体系和治理能力现代化。

（二）草原保护管理体系更加完善

《中华人民共和国草原法》于 1985 年 6 月颁布，为依法保护草原奠定了

阿古拉蒙古包　摄影 / 单宏宇

法制基础。目前国家林草局正在修订完善该法律。截至2019年，我国已初步形成由1部法律、1部司法解释、1部行政法规、13部地方性法规、2部部门规章和11部地方政府规章构成的草原法律法规体系。认真履行草原资源保护和执法监管职责，2016年以来，5年累计查处非法开垦草原、征占用草原、滥采乱挖野生植物等破坏草原案件5万余起。组织开展“绿卫2019”森林草原执法专项行动和2021年草原执法监管专项检查督查，坚决打击破坏草原违法行为，集中力量查处一批重大草原案件。每年6月开展草原普法宣传月活动，送法进校园、进社区、进牧户，为做好草原保护修复和依法管理工作，营造了良好的社会氛围。

（三）草原生态修复力度持续加大

全国累计建成草原类自然保护区41个，面积165.17万公顷。2020年，国家林草局开展了国家草原自然公园建设试点，试点面积14.7万公顷。目前国家林草局正有序组织开展国有草场建设试点，探索国有草原可持续发展模式，因地制宜发展现代草业、生态畜牧业和草原旅游业。

按照党中央、国务院决策部署，全国各级林草主管部门认真落实基本草原保护制度、草原承包经营制度、禁牧休牧和草畜平衡制度等草原保护制度。2020年，全国草原禁牧和草畜平衡面积分别达到0.8亿公顷和1.7亿公顷；草原承包经营面积约2.9亿公顷，约占全国可利用草原面积的88.2%。

2000年以来，我国加快了草原保护建设，累计投入中央财政资金2200多亿元，在草原地区陆续实施了京津风沙源治理、退耕还林还草、退牧还草等24个重大生态工程项目（工程11个，项目13个）。其中，从2003年开始实施的退牧还草工程是我国实施时间最长、收效最大、农牧民受益最多的草原生态修复生态建设主体工程。截至2020年已累计投入资金339亿元，建设草原围栏0.79亿公顷，开展黑土滩治理、毒害草治理、退化草原改良、人工种草等0.25亿公顷，有力促进了草原生态恢复，推动了草原保护制度落实，加快了草牧业生产方式转变，增加了农牧民收入。

经过多年的努力，草原生态保护取得了显著成效。2020年全国完成种草改良面积4245万亩；全国草原综合植被盖度达到56.1%，较2015年（54.0%）提高2.1个百分点；全国天然草原鲜草总产量11.13亿吨，较2015年提高0.85亿吨；全国重点天然草原平均牲畜超载率下降到10.1%，较2015年（13.5%）下降3.4个百分点。2021年中央投入草原生态修复的基建和工程资金规模达到60亿元，计划安排种草改良任务4600万亩，上半年已经完成任务的56.7%，其中已完成人工种草1271万亩、草原改良1337万亩；在防沙治沙项目中完成灌草种植面积175万亩，在退耕还林还草项目中完成还草任务37.7万亩，草原生态功能得到进一步恢复，局部地区草原生态环境明显改善。

二、草原治理存在的主要问题

在取得成绩的同时，我们也要清醒地看到，我国是一个草原大国，但还不是草原强国，当前草原工作还存在明显的短板和不足，草原保护修复和高质量发展面临重大挑战。

（一）对草原生态系统功能和草原生态文化重要性认识不到位

在山水林田湖草沙冰生命共同体中，草原生态系统的重要性和功能作用还没有得到广泛认识。从人与自然的关系出发，以生态文化理念解析：目前人们对于草原生态系统在生态平衡、经济社会发展和文化培育等多方面的多种功能，以及草原治理对于草原民族传统生产生活方式、习惯养成、民族文化的保护传承与创新发展等方面作用和影响的认识远远不足。草原治理工程化、简单化，忽略了草原民族文化心理意识和草原畜牧业适生方式的历史总结，不利于草原地区生态文明建设。

（二）草原生态形势依然严峻

草原生态持续恶化的状况虽然得到初步遏制，但与20世纪80年代相比，仍有70%的草原处于退化状态。其中，中度重度退化草原占到一半以上，草种生产供给能力不足，特别是抗寒耐旱抗盐碱、适应性强的乡土草种严重短缺，满足不了当前草原生态修复用种需要；已经修复的草原尚处于植被恢复和群落重建阶段，生态系统还不够稳定，草原土壤、微生物等恢复需要更长时间；要促进重度退化草原向中度和轻度转化，坚决防止不可逆转的草原退化现象发生的任务艰巨。

（三）基层机构和科技引领薄弱

在机构改革过程中，原有草原行政管理和相关机构队伍划转不到位。据

与风沙抗争的希望之林　摄影/孙阁

粗略统计，只有1/2的机构、1/3的人员队伍划转到林草部门，市县级机构人员转隶更少，基层草原工作人员严重缺乏，草原工作落地落实困难。草原科技基础相对比较薄弱，草原科技投入少，国家草原重大科技专项缺失，科研成果少，草原科技贡献率不足30%；草原科研力量总体不强，研究机构小且分散，缺少大型科研单位引领。

（四）简单套用农业做法有悖草原牧业规律

草原治理学习农业经验和做法，简单将草场承包到户，户与户之间用围栏阻隔，这种方式从生产角度出发，短期来看，提高了生产效率，确保每家每户均有草场权属，更重要的是解决了牧户和牧户之间，村和村之间草场纠纷的问题，节约了放牧劳动力，牧户自己可以决定生产活动。但同时，问题也逐步显现：草地资源和耕地资源不同，具有高度异质性；山顶、山坡、河谷、河流、沼泽、野生动物迁徙等，均是草地生态系统的一部分，且不同地形地貌、草地植被类型和物种均不同，承包到户的草原面积内，不能保证每户牧民放牧所需要的多种自然生产要素；同时又打破了邻里之间互帮互助的友好关系体系，无法应对大市场，草原新技术的推广应用也事倍功半。一旦出现草原鼠害、虫害就施以农药，忽略了草原食物链的生态功能和自然恢复力；而对于草原退化、草地生产力低下的现象，一味想依靠翻耕、播撒牧草新品种、施化肥等农耕措施去提高生产力，而忽视了草原牧区自然气候条件的特点，先天的降水、积温等自然因子对草原牧区草地生产力提升的限制。

（五）过度依赖项目投入抑制了草原治理主体的能动性

草原生态保护补助奖励政策是现有草原领域投资最大、覆盖面最广、农牧民受益最直接的政策项目，但存在着资金发放与草原禁牧、草畜平衡责任落实挂钩不紧密的问题，政策引导作用未充分发挥。各级草原管理和技术推广部门的工作重心转移到各类项目实施上，形成了以项目为中心的局面。而很多草原项目牧民又无法参与，至今基层牧民对项目补奖资金也产生了依赖性。客观上，牧民治理草原、管理草原的内生动力没有得到很好的激发，牧民草原管理的主动性逐渐弱化。草原治理的责任越来越依赖政府单方面的投入，而社会各界在享受草原生态效益的同时，并未承担草原治理的责任。

（六）草原执法能力需要进一步加强

草原司法解释的出台为严厉打击人为破坏草原行为提供了强有力的法律保障，但在实际工作中，由于行政执法与刑事司法衔接中还存在着衔接不顺、沟通不畅等问题，草原执法缺少必要的强制手段，难以达到震慑破坏分子和保护草原生态的目标。草原征占用管理工作方面，一是未批先建、不依法办理征占用草原审核审批手续现象依然存在；二是草原和林地权属不清，"一地两证"问题突出；三是一些地区征用、使用草原没有按照草原法律法规规定明确前置审核环节，不经草原行政主管部门审核直接审批；四是修建直接为畜牧业生产服务的工程设施使用草原的审批有待进一步规范。现实中，规模化养殖等设施畜牧业发展迅速，对修建直接为畜牧生产服务的工程设施使用草原，已经从原来的农牧民，扩展到农牧民合作社，甚至现代企业的集约化、规模化养殖，使用草原的对象、规模和用途都发生了很大变化，而有针对性法律条款相对滞后；草原保护和利用的矛盾依然突出，草原被随意开垦、征用、占用、破坏的现象尚未得到根本遏制，巩固草原保护修复成果的压力依然很大。

（七）草原治理缺乏系统战略构建

长期以来对草原牧区的自然资源类型特点、产业发展模式、草地畜牧业特征等方面缺乏系统认识和理解，对草原经济、传统文化、自然生态系统之间的有机联系，相互协调、和谐发展的稳态结构，缺乏科学理解和把握。只注重草原畜牧业的畜产品生产功能，而草原景观、草原生态文化、自然资源和文化资源保护、生态服务等草地资源的多功能性未得到有效发挥；在生态文明和美丽中国建设评估指标体系中，缺乏草原面积数量控制指标和考核指标。新时期生产关系调整、生产方式变革、管理体制、机制和制度变化，打破了原有的生产体系和知识系统，然而，草地畜牧业新的生产体系的建立相对滞后。一些地方片面地理解草原治理工程，追求规模化、集约化，盲目引入外来的缺乏文化支撑的技术，导致水土不服，难以适应草原牧区的特点；有些地区甚至采取地方法规“一刀切”全面禁牧的简单做法，使牧人和畜群彻底离开了草原，牲畜圈养、耕地种饲草，传统草原畜牧生产方式、生产经营组织、生产体制、技术支撑体系面临系统功能和要素缺失，互助互帮的社区型生产生活关系在逐渐弱化；甚至草原传统文化和草原民族游牧轮牧的习惯已在悄然流失，草原木质化、灌丛化，农田草场化倾向，也在悄然蔓延……

第三节　构建草原治理体系，提升草原治理能力

当前，我国生态文明建设正处于重要的历史阶段，新时代草原事业发展站在了新的历史起点上。面对新的机遇和挑战，我们要切实贯彻落实习近平生态文明思想，在生态文明建设的历史方位中明确草原方向，在山水林田湖草沙一体化系统治理中找准草原定位，在林草深度融合中谋划草原保护新思路，着力构建草原监测评价、草原保护、草原生态修复、草原执法监管、现代草业、支撑保障等六大草原治理体系，全面提升草原治理能力、提高草原质量和稳定性，在新征程中推动草原新发展，构建草原发展新格局。

一、草原监测评价体系

（一）构建思路

充分发挥既有草原调查监测队伍作用，运用成熟方法成果，在继承发扬的基础上大胆探索创新，以深入推进林草融合为契机，充分借鉴森林资源调查监测的有益经验做法，通过转移、嫁接、融合、提高的办法，全面提升我国草原调查监测评价能力。

（二）主要任务及内容

草原监测评价统一纳入国家林草综合监测。组织国家林草局三级调查规划系统和草原科研支撑单位，根据草原资源、生态和植被特点，以及草原管理工作需求，开展草原监测评价体系研究，草原资源调查、草原生态评价、年度性草原动态监测、专项应急性监测等方面的重点任务。

（三）体系构建

构建内容全面、基础扎实、方法科学、运行顺畅的草原监测评价体系；构建完善草原类型区划、数据指标、样地场地设施、技术方法、质量控制、标准规范、数据库和软件平台、组织管理体系，为摸清草原底数和动态变化趋势规律，为科学指导草原保护修复和合理利用提供坚实基础和支撑。

二、草原保护体系

（一）构建思路

要在保护草原生态的前提下，统筹规划草原开发利用，科学指导放牧管理，避免掠夺式经营，防止过度开发，守住生态保护的红线、环境容量的底线、开发利用的上限，促进草原资源永续利用。

（二）主要任务及内容

加快推进《草原法》修订，积极推进《基本草原保护条例》、部门规章和地方性法规的制修订工作。加大草原执法监管力度，依法查处各种破坏草原资源和生态环境的违法行为。强化草原资源用途管制，依法从严审核矿藏开采、工程建设征占用草原，依法开展征占用草原行政许可委托监管工作，强化事中事后监管。

（三）体系构建

1. 根据不同区域草原的定位、重要程度、保护利用强度不同，将全国草原划分为生态保护红线内草原、基本草原、国有草场内草原等不同空间类型，实行差别化管控措施，构建草原保护体系。加大草原生态保护建设政策支持力度，加强保护制度建设，在《草原法》的基础上，制定配套的法律法规，逐步完善草原保护管理体制。

2. 构建科学推进草原资源多功能利用政策体系，保护与利用协调发展，加快发展绿色低碳产业，充分发挥草原生态和文化功能，打造一批草原旅游景区、度假地和精品旅游线路，推动草原文化旅游和生态康养产业发展，努力拓宽农牧民增收渠道；引导支持农牧民参与草原保护修复增加政策性收入，通过生态补偿、碳汇交易等方式，推动实现草原生态产品价值，巩固和提升我国草原碳汇能力，充分发挥草原碳汇在实现碳达峰、碳中和目标上的作用，服务国家应对气候变化工作大局。

三、草原生态修复和评价体系

目前草原生态修复项目少、类型较为单一，针对性不强，修复成效不明显，修复成果缺乏区域典型示范，成果难以巩固持久。为了做好草原生态修复工作，完成草原生态修复任务，加快恢复退化草原生态系统，亟须制定一套完整的修复体系。

（一）构建思路

以习近平生态文明思想为指导，立足不同区域自然条件和草原退化状况

脆弱的草原　供图 / 邢莉

等客观实际，坚持“节约优先、保护优先、自然恢复为主”的方针，科学布局和组织实施草原生态保护修复重大工程，着力提高草原生态系统自我修复能力，改善草原生态系统质量，稳步提升草原的生态功能和生产能力。

（二）主要任务及内容

对重度退化草原，采取免耕补播、人工种草等方式，引入先锋植物和乡土草种，减少地表裸露，增加植被覆盖，丰富生物多样性，进行草原植被系统重建；对中度退化草原，采取施肥、松土、切根、灌溉等培肥地力改善水土的措施，促进草原原生植被生长，恢复草原生态环境；对轻度退化草原，采取围栏封育的措施，减少人为对草原的干扰破坏，依靠草原自然修复力，促进草原植被恢复。在水土条件适宜地区，支持建设放牧型多年生人工草地，大幅提升优质牧草生产供给能力，减轻天然草原的放牧压力，促进天然草原休养生息。

将生态系统中具有典型性和代表性、区域生态地位重要、生物多样性丰富的草原建设为草原自然公园，严控各类人为活动对草原生态环境的影响；对生态脆弱、区位重要的退化、荒漠化和放牧利用价值不高的草原，由国家投资建设国有草场，进行规模化修复治理并管理，恢复草原良好生态，巩固生态文明建设成果。开展乡村城镇种草、河湖堤岸种草，充分发挥种草在国土绿化和保持水土中的作用。开展草原监管、草原生物灾害防治和乡土草种繁育等体系建设，提升草原生态修复能力。

（三）体系构建

明确草原生态修复主要任务，摸清草原退化情况，组织实施工程项目，开展工程效益评估，加强修复成果管护。根据草原退化情况，采取设置草原围栏、草原改良、人工种草等生态修复措施。构建草原生态评价体系、工程措施体系、政策保障体系等草原生态修复支撑体系。

四、草原执法监管体系

机构改革后，草原监管机构队伍大幅减少，草原执法能力大幅下降，对有效开展草原执法监管工作，提升执法监督能力现代化，实现草原资源保护和永续利用产生了重大影响。为了切实履行草原资源监管责任，依法保护草原资源，有效遏制破坏草原违法行为，不断提升草原执法监管能力，亟须构建草原执法监管体系。

（一）构建思路

按照党中央、国务院关于生态文明建设的决策部署，充分调动整合现有草原监管力量，切实推动林业、草原和国家公园融合发展，着力构建纵横协同、上下联动、运行高效、全域覆盖、公众参与的草原执法监管体系，为草原资源保护和生态修复治理提供监管保障。

（二）主要任务及内容

通过专题研究和实践推动，努力构建适应草原资源保护新形势、新要求和新任务的草原执法监督体系。明确新型草原执法监督体系的主要内容，健全完善草原执法监管依据，以各地推进林长制实施为契机，通过切实落实草原资源监管责任，推进基层草原站（所）智能化、标准化建设，加强草原管护员队伍建设。

（三）体系构建

修订完善《草原法》及其配套法规，构建常态化执法监督、协同处置草原违法行为、应急处置重大事项、草原资源保护工作约谈、保障基层草原执法监管力量等草原执法监管体系，以法治来实现制度与治理的有机衔接；以法律强制管理为底线、为保障，不断提高草原治理体系和治理能力现代化水平。

五、现代草业体系

草业是与农业、林业同等重要的产业。早在20世纪80年代，钱学森教授就提出利用现代科学技术发展知识密集型草业是草产业发展的必由之路。草原利用好了，草业兴旺发达起来，对国家的贡献不亚于农业。目前我国草业产业规模较小、产值较低、链条不长，没有形成完整的产业体系。构建现代草业体系，发展现代草业，是基于生态文明建设的时代背景，以现代科技促进草业高质量发展的要求，是草原生态建设产业化、产业发展生态化的必由之路。

青藏高原社区畜牧业项目的专家与牧民在一起研究高原草地畜牧业的发展　来源/《青藏高原社区畜牧业纪实》

（一）建设高质量草原畜牧业

草原畜牧业是我国牧区的传统产业，又是最具有优势的支柱产业。发展草原畜牧业，应以提高效益为中心，走集约化、产业化之路。按照市场经济体制和机制的要求，打破传统、粗放的经营方式，实现区域化布局、专业化生产、集约化经营、社会化服务、企业化管理。培育龙头家庭牧场，实现市场牵龙头、龙头带基地、基地连牧户的模式，逐步形成强强联合、以强带弱的现代化企业管理体系，发展一批贸工牧、产供销、牧科教等多种形式一体化生产的经营实体，促进我国草原畜牧业生产集团化、产业化。

（二）大力发展草种业

建立健全国家草种质资源保护利用体系，开展草种质资源普查，建立草种质资源库、资源圃及原生境保护为一体的保存体系和评价鉴定、创新利用和信息共享的技术体系。加强优良草种，特别是优质乡土草种的选育、扩繁和推广利用，不断提高草种自给率，满足草原生态修复及草坪业建植用种需要。鼓励牧草品种选育者与良种繁育企业对接，打造适应我国草种业生产特点的牧草种子分散生产、集中收购的灵活生产模式。建立草种储备制度，完善草品种审定制度，加强草种质量监管。

（三）稳步推进草产品加工业

深入挖掘草本植物药用及营养功能、食用功能、饲料添加剂和精油提取等特色功能。加强叶蛋白提取、膳食纤维加工以及食品添加物、医药原料、工业原料、农药原料的生产利用等精深加工技术的研究。发挥各地区比较优势，合理规划布局，形成牧草种子和牧草生产加工基地和绿色有机食品生产加工区；大力开发草原健康食品、能源植物、编织等具有草原特色的产品，逐步形成草原地区特色产业。积极发展草产品加工，推动我国草业形成相对完整的产业链，构建兼有社会、经济、生态和文化多功能的草业产业群，提高市场竞争力。

（四）加快发展草坪业

将草坪业作为国土绿化的重要产业来抓，努力提高城市环境绿化质量。强化低耗水、耐瘠薄草坪草育种和良种繁育工作，努力提高草坪草种国产化率。加强对草坪专用肥、专用农药及相关机械产品的研究开发，提高市场竞争力。加大草坪基础理论研究，因地制宜，适地适草，提高科研成果转化率。加强草坪病虫害防治等基础技术研究，建立完善的草坪养护管理技术规范。制定行业标准，明确不同地区、不同类型的草坪建植、管理技术规程，草坪种子质量标准，草坪肥料、农药、机械标准等，推动草坪业市场健康发展。

（五）高质量发展草原药用植物产业

根据中药材市场需求情况，推动建立当归、甘草、五味子等中药材生产基地，实现重要草原生中药材种植规模化、市场化，降低对天然草原生中药材的需求。挖掘民族医药文化，积极发展民族医药，建立蒙药、藏药、彝药、苗药等药用植物基地。应用现代生物技术手段，对珍稀、濒危的药用植物进行快速繁殖，以提高该类药用植物的产量，满足市场需求。

（六）大力发展草原旅游业

在加强草原保护、保持生态系统健康稳定的情况下，充分挖掘草原资源和草原民族民俗文化优势，积极推进草原旅游业发展，满足人民日益增长的优质生态产品的需要。深入开展草原自然公园建设，并以其为抓手，在有效加强草原保护的基础上，科学合理利用草原资源，适度开展生态旅游，处理好保护与利用、生态效益与经济效益之间的关系，实现生态、社会、经济效益的有机统一。同时依托草原公园平台，打造一批精品草原旅游景区、度假地和旅游线路，推动草原旅游业和草原生态休闲观光产业发展。

六、支撑保障体系

坚持党的领导，全面协同推进林业、草原、国家公园融合发展，形成强大合力，确保草原治理体系落地生根，全面推进实施。

（一）以规划编制实施为抓手加强组织领导

深入贯彻落实习近平总书记重要讲话及指示批示精神，并根据《关于加强草原保护修复的若干意见》《关于科学绿化的指导意见》编制和实施全国草原保护、修复、利用等发展规划，将其作为推进生态文明建设、维护国家生态安全的基础性任务和重要抓手，完善组织体系，切实加强组织领导，高质量完成草原治理工作任务。地方各级林草主管部门要强化相关责任，编制各专项建设规划，科学细化建设目标、重点任务和工程措施，明确工程组织形式、建管方式、责任任务等事项，并按照职能分工抓好落实，确保规划从蓝图变成现实。

（二）大力推行林（草）长制

大力推行林（草）长制，建立以林（草）长制为主体的党政领导保护发展林草资源责任体系，省、市、县、乡、村分级设立林（草）长。压实地方党委政府主体责任和属地责任，落实部门责任，加大草原监管力度，把草原工作摆在与林业、国家公园建设同等重要的位置，统筹研究，整体部署，协同推进。明确草长制草原考核指标，包括制定草原修复利用工作安排部署情况，草原保护修复利用规划编制情况，草原保护制度落实情况等定性考核指标；草原调查监测、草原违法案件查处、草原保护修复工程实施情况，草原生态保护补助奖励政策落实情况等定性考核指标；以及草原综合植被盖度、林草覆盖率等定量考核指标。将考核结果作为党政领导干部考核、奖惩和使用的重要参考，做到定责、履责、督责、问责环环相扣，形成闭环。

（三）加强基层人才队伍建设

落实生态保护修复和林业草原国家公园融合发展职责，加强人才队伍建设。进一步整合加强、稳定壮大基层草原管理和技术推广队伍，实现网格化管理，提升监督管理和公共服务能力。加强高素质专业人才培养，重点草原地区要强化草原监管执法，加强执法人员培训，提升执法监督能力。强化乡镇草原工作站职能，推进标准化建设，加强草原管护员队伍建设管理，提升基层草原执法队伍素质，推行综合执法，充分发挥人员作用。改善基层人员工作和生活条件，加强草原管护用房及水电路等设施建设，加大对草原专业人才招收和引进力度，建立专业高效的基层机构队伍。

（四）完善资金政策制度

按照中央和地方财政事权和支出责任划分，将草原保护发展作为各级财政重点支持领域，切实加大资金投入。完善草原经营承包、巩固退耕还林还草、草原生态补奖等政策，逐步提高草原生态补偿标准，积极探索国有草原资源有偿使用制度，推动设立国家草原自然公园资金。加强乡镇草原工作站、管护用房等建设，补齐民生设施短板。鼓励和支持社会资本参与草原生态建设，建立多元化融资体系。运用减免税费、专项补贴、贷款贴息等政策优惠，支持建立草原生态保护修复项目示范机制。强化资金监管，规范资金使用。此外，各级政府要在政策创设、项目报批、用地保障等各方面给予充分支持，加快草原保护修复及利用等重点工程项目落地。

（五）实施科技创新战略

加快草原科技支撑平台建设步伐。在原有基础上，新建草原生态定位站10个、长期科研基地7个、工程技术研究中心10个、国家创新联盟10个、重点实验室1个。组织开展草原保护修复和监测评价重大课题研究，开展草原科技成果推广示范。成立草原标准化委员会，草原标准化工作步入正轨。积极支持农林院校成立草原学院，草原学院数量由机构改革前的5个增加到11个。组建草原专家库或专家团队，整合各方面科技和智库力量，完善科技创新平台，强化技术创新和推广，提升草原保护修复科技水平。积极推动草种资源的收集保存和利用，系统地对林草种质资源进行入库设施保存。成立了国家林草局第一届草品种审定委员会，公布了第一批国家草品种区域试验站。在此基础上，实行重大科技攻关“揭榜挂帅”制度，鼓励大专院校和科研机构聚焦国土绿化草（品）种选育扩繁、草原鼠虫害防治生物药剂研发生产、退化草原生态修复机械及人工草地建设机械研发生产等关键技术和装备的研发推广。加强草原科技创新平台建设，推进国家级重点实验室、生态系统定位观测站、国家长期科研基地、工程技术研究中心、自然教育基地、高质量标准体系等建设。加快科技创新人才培养，构建高素质人才队伍，加大领军人才引进力度。支持社会化服务组织发展，充分发挥草原方面学会、协会等社会组织在政策咨询、信息服务、科技推广等方面的作用。健全国际合作体系，深化交流合作，提升草原治理科技水平。

（六）营造良好社会氛围

大力宣传习近平生态文明思想，弘扬草原优秀传统文化和红色文化，讲好草原故事，传承先进人物草原保护精神。加强科普宣传，将国家红色草原、草原自然保护区、草原自然公园、国有草场、草原野生动植物等作为普及生态文化保护知识的重要阵地，依托草原日、草原普法宣传月等活动，开展主题宣传，加强多种形式的媒体推介；积极宣传草原保护修复、草原生态文化保护传承与创新发展，在生态文明建设中的重要支撑作用，营造全社会关心支持草原保护建设的良好氛围。

第四节　发挥草原碳汇功能，助力实现“双碳”目标

草原是我国重要的生态系统和自然资源，草原面积约占国土面积的40%，约为世界草原面积的1/10。草原具有涵养水源、保持水土、防风固沙、净化空气、固碳释氧、维护生物多样性等重要生态功能。力争2030年前实现碳达峰、2060年前实现碳中和，是以习近平同志为核心的党中央统筹国内国际两个大局作出的重大战略决策，是着力解决资源环境约束突出问题、实现中华民族永续发展的必然选择。习近平总书记指出：山水林田湖草沙是一个生命共同体。草原是绿水青山的重要组成部分，与山水林田湖等自然生态系统紧密联系、相互促进。草原好，山才会更绿、水才会更清、林才会更茂、田地才会更沃、天才会更蓝、环境才会更美。应对全球气候变化，实现“双碳”目标，必须重视草原，充分发挥草原的碳汇功能，树立大碳库理念，全面加强草原保护与生态修复。

一、正确认识草原的碳汇功能

草原是由草原植物（主要以草本植物和灌木为主）和其生长的土地构成

的生态系统。草原和森林都是植物王国，都能有效地吸收大气中的二氧化碳，并将其固定在植物和土壤中。不仅如此，草原与森林互补、共生，对森林固碳发挥着十分重要的促进作用。

（一）草原植物与森林一样是吸收二氧化碳的有效载体

草原植物与森林都是绿色植物，在生长过程中都是通过光合作用，吸收二氧化碳，制造并积累自身所需的有机物质，同时释放氧气。草原植物与森林也都有着丰富、复杂的地下根系，是植物的重要组成部分，且其生物量往往还大于地上生物量，是植物体中最为稳定的碳库。草原植物和森林一样，每时每刻都在与土壤进行着物质的循环和能量交换，从而使土壤不断积累大量的有机物质，在土壤碳库的形成机理上也基本相同。此外，由于草原植物水平地紧贴地面，光照面积较大，且植物体中绿色部分的比重往往高于其他植物，这使得其进行光合作用的效率也较高。

（二）草原植物对森林固碳起着促进和互补作用

首先，森林与草原在空间上互补。在年降雨量低于 400 毫米的北方广大地区，以及南方土壤瘠薄的地区（如石漠化地区），大多不适宜森林生长，但却是我国草原的主要分布区和人工草地的适宜发展区。林、草不同的生物学特性和分布规律，使得我国南北不同的气候条件、不同的地理环境下，都能有绿色植物发挥着固碳作用。其次，草原植物可以起到保护森林的特殊作用。森林的地表一般均覆盖草本植物，它很好地固定着森林所依存的土壤，使森林在土壤中根基更加牢固，同时也为森林涵养水源并提供其生长所必需的水分。草本植物的腐败物、枯落物以及草食动物的粪便，又是森林最好的养分来源，对森林的生长和森林碳库的发展具有重要的促进作用。此外，我国有大量的林下草原、林间草地、林缘草地，一些重要的自然保护地、自然保护区、野生动物的栖息地、湿地等也分布在草原，林草共生，相互促进、共同支撑，这为森林固碳起到很好的保障作用。

（三）草原在“低碳”生活和生产中发挥着重要作用

我国对草原发展采取的是生态优先，兼顾经济效益和社会效益的指导方针。草原是广大农牧民赖以生存和发展的基本生产资料，农牧民在保护建设草原、发展畜牧业生产、增收致富的同时，也充当着碳库建设者、保护者的关键角色。草原是我国少数民族人口的集中居住地，西藏、内蒙古、新疆、青海、甘肃等五大牧区少数民族人口约占其人口总数的1/3。在历史的长河中，少数民族在草原上繁衍生息、生产生活，孕育了丰富多彩的草原文化，如：游牧文化、马文化、饮食文化、乐舞文化、祭祀文化、服饰文化、语言文化、节日文化等，这些民族文化体现出人与自然和谐共生的理念，具有朴素的生态文明特色，是中华文化的重要组成部分，更是典型的“低碳”文化。

二、草原在应对气候变化方面发挥着特别重要的作用

草原的固碳功能十分明显，科学分析其固碳能力，客观评价其作用和潜力非常重要。

（一）草原是可固碳的面积最大的绿色资源

草原是我国面积最大的碳库。近年来国内外专家对草原碳汇进行了大量研究，形成了很多成果。中国科学院方精云院士以及国外有关专家的研究结果表明，我国草原生态系统植被层碳储量占到全国陆地生态系统植被层的54.4%。中国科学院樊江文研究员等通过对我国各类型草原地上、地下生物量样方实测，估算出我国草原总碳储量约为332亿吨。综合各类研究成果，我国草原总碳储量为300亿—500亿吨，年固碳量约6亿吨。相关研究还表明：中国草原碳主要储存在土壤中，约为植被层的13.5倍；从地区看，85%以上的有机碳分布于高寒和温带地区，其中，高寒草原95%的碳储存在土壤中，约占全国土壤碳储量的55.6%；从草原类型看，草甸草原和典型草原累积了全国草原2/3的有机碳。

（二）草原固碳成本相对低廉且固碳形式比较稳定

草原是最经济而有效的储碳库。据测算，以围栏、补播、改良等综合措施，保护建设1公顷天然草原，投入约1000元，能固碳5吨，平均每吨碳的成本约为200元，若采用工业减排措施，每吨碳成本则高达万元。我国自2003年以来通过实施退牧还草工程，至今增加草原植物大约5亿吨，相当于全国草原年产草量的1/2，新增固碳量约0.5亿吨，折合1.8亿吨二氧化碳，按照项目实际投入计算，固定1吨二氧化碳的实际成本约为200元。

（三）草原不仅吸收二氧化碳且能有效发挥碳汇作用

我国有大约30%的草原由于坡度大、交通不便、水源缺乏、气候恶劣等因素，并不能为畜牧业所利用，且由于多种原因，不少能利用的草原实际上并没有被开发利用，如南方草山、草坡，它们是储量不断增加而生态系统又较为稳定的碳库。我国不断加大对草原保护建设力度，大力实施如人工种草改良、退牧还草、退耕还林还草、京津风沙源治理等工程，草原合理利用水平不断提高，草原生物量呈现逐年增加的态势，草原生态状况不断改善。草原既有可食性牧草，也有大量不可食植物，即使是可食性牧草，为维持草原的再生产，在科学放牧状态下，通常也要求吃一半留一半，且被家畜利用的牧草主要转化为家畜的有机体。草原有着重要的土壤层，千万年来沉积了大量的有机物质，形成厚厚的泥炭或腐质层，是名副其实的地下碳库，其储碳量通常是地上部分的几十倍。在青藏高原草甸草原区厚达数十厘米，在南方有的地区厚度可达2—3米。有关研究表明，占我国草原面积近30%的高寒草原，其储碳量的95%在土壤层中，只要不开垦、不破坏，其固碳功能就会长期、稳定地持续下去，是非常稳定的碳库。

（四）草原是“地球的皮肤”和地球温度调节器

温室效应是由于太阳短波辐射透过大气射入地面，使地面增暖后放出长波辐射，然后被大气中的二氧化碳等物质所吸收，从而产生大气变暖的效应。由此可以看出，若减少地面长波辐射，也能起到减缓大气变暖的效果。常识也告诉我们，在绿色植物覆盖率高的地区，气温较为适中，而沙漠及绿色植物较少的地区则气温明显偏高，这是因为在缺少绿色植物的情况下，地面裸露，受阳光的照射时，地表温度上升更快，所产生的长波辐射较强。我国有2/5的国土为草原植被所覆盖，也就是说有2/5的地面为草原植被所保护，这对减少长波辐射、调控大气温度，无疑起到了关键性的作用。

（五）推进引草入田减少农业生产中的碳排放

化肥和农药以化石能源为主要原料，在生产过程中也需要消耗大量的煤炭、石油等能源资源，使得化学农业成为气候变化的推手之一。通过引草入田，利用植物作为有机肥，或利用豆科牧草的固氮特性来增强土壤肥力，不施用或少施用化肥，不仅同样能提高粮食产量，还能有效保护环境，减少农业生产中碳的排放。同时，这种有机农业、循环农业的生产方式，可以使农业生态系统中的养分和能量达到最佳结合，不仅有利于土壤固碳，也有利于农业的可持续发展。

三、加强草原生态保护，助力实现“双碳”目标

当前，社会上还普遍存在重视森林碳汇而忽视草原碳汇的问题，草原生态修复的任务依然繁重，违法开垦和破坏草原现象仍比较突出，草原碳汇的技术支撑还比较薄弱。我们必须认真贯彻落实习近平生态文明思想，采取更加有力的政策措施与行动，保护和建设草原，充分发挥草原的固碳功能，使之成为更大更稳的碳库。

（一）以“大碳库”理念推进林草协同发展

习近平总书记强调指出：要提升生态碳汇能力，强化国土空间规划和用途管控，有效发挥森林、草原、湿地、海洋、土壤、冻土的固碳作用，提升生态系统碳汇增量。我们在生态建设中必须兼顾森林和草原，在制定应对气候变化的国家政策时，真正确立草原、森林都是碳库的“大碳库”科学理念，像重视林业生态一样重视草原生态，像重视林业发展一样重视草原发展，像重视工业减排一样重视植绿护绿。

（二）加大政策和投入力度，增强碳库能力

保护草原、建设草原、提高草原质量，就是在不断增强碳汇能力。我国草原生态保护修复仍处于“爬坡阶段”，要进一步加大草原生态修复投入力度，积极实施天然草原改良、退牧还草工程、草种繁育体系建设、草原自然保护区建设等重大工程。要完善和强化草原生态补偿政策，通过补偿制度鼓励农牧民自觉实施草畜平衡，积极开展禁牧、休牧，促进草原合理利用，减少家畜超载过牧，减少对碳库的破坏，维持草原生态系统的平衡，从而实现减畜、增草、增效，保障草原碳库的持续稳定和发展。

（三）强化草原依法管理，维护草原碳库的稳定

开垦行为是对草原最严重的破坏，是草原碳库最大的威胁。据政府间气候变化专门委员会估计，由于土地变化引起的全球碳排放达20亿—24亿吨碳/年，其中13%由草地开垦造成。自20世纪50年代以来，我国累计开垦

草原约 2000 万公顷，从客观上降低了草原碳汇能力。因此，在加强草原建设的同时，必须重视对草原的依法管理、科学管理，建立和完善草原监督管理队伍，严厉打击开垦草原、违法征占用草原等破坏草原植被的行为，保持草原资源的相对稳定。

（四）积极利用国际合作，大力发展草原碳汇

草原有国界，但其对环境的影响却没有国界。中国草原固碳能力的减弱，将对全球气候产生严重影响。因此，我们要充分利用这一特点，倡导各国通过保护和建设草原，来抵消一部分工业二氧化碳的排放。要加强国际合作，有效引进、消化、吸收国外先进的技术，提高草原应对气候变化的能力，积极争取国外资金在我国发展草原碳汇项目。

（五）重视草原固碳研究，提高科技支撑水平

我国草原固碳方面的研究还非常落后，人才匮乏、标准缺乏、结论不一的现象非常突出，现有研究大多缺乏系统性，局限于小范围或特定的草原，缺乏对我国整个草原生态系统的宏观研究。因此，必须从国家层面予以立项支持，统筹协调、统一组织、统一标准、统一技术，开展联合研究、协同攻关，争取在较短时间内使草原固碳研究有大的突破。

（六）为实现减排目标，大力倡导全民种草植绿

随着社会的发展，人们越来越认识到建设生态文明、改善生存环境不能仅仅依靠植树造林，还需要大力发展种草和其他绿色植物。根据有关专家的研究，25 平方米的良好草地就能吸收 1 个人排放的二氧化碳，从而实现“零排放”。要大力提倡在每年的植树季节，也同时大力开展种草植绿，让民众真正了解绿化祖国的完整内涵，并积极参与到种草、护草的行动中来，真正在全社会形成“植绿、护绿、爱绿”的文明新风尚。

第五节　创建草原生态平衡模式及其生态文化支撑

以青藏高原为例，青藏高原是全球环境平衡器，负载着无可替代的全球生态平衡调节功能。青藏高原的自然资源具有自然垄断特性，是发展绿色经

济稀缺的自然资本。青藏高原草原生态平衡模式及其生态文化的保护传承与创新发展，至关新时代青藏高原草原畜牧业的可持续向好发展、草原民族自然文化遗产的传承发展和培育生态文明建设的坚强支撑。

一、青藏高原社区畜牧业草原生态平衡模式

青藏高原的草原生态系统是包括草—畜—人的整体系统，根植于生产生活中，尊重自然、众生平等、因果循环、互助合作的草原生态文化理念，与生态文明核心价值观高度契合。基于传统经验与智慧的传承与创新，是青藏高原乡村振兴中产业兴旺、科学技术进步的重要途径。

（一）生态理念①

青藏高原草原牧区乡村振兴以“独特的生态功能、独特的自然资源、独特的畜牧生产、独特的高原文化”为前提，提出了“在地化发展、整体性发展、有限性发展”的符合高原特色持续发展的新理念和新思路，进一步明确了青藏高原草原治理的方向。创新力求在保持传统知识的基础上与时俱进，通过提炼、优化、自然演化的本土化过程，使其更富有实用性和时代先进特色。

1. 在地化发展

青藏高原草原治理完全依靠传统的方式走下去，显然行不通；但认为时代在变，用替代思维，生搬硬套引入外来技术、模式也不行；不能因为天然草地产量低、牦牛生产性能不高、放牧型畜牧业草畜转化率低就引入内地高产的草种、畜种；青藏高原草原治理创新，必须在立足当地资源禀赋特色和优势的基础上，引入、吸收进行在地化创新发展。

2. 整体性发展

经过上千年演化形成的青藏高原草原生态系统，是一个自然系统、生计系统与文化系统不可分割的整体系统。高度相互依赖的整体性、多样化和不可分割的系统性是其最大特点。由此决定了青藏高原草原的保护与发展，不能走就草原保护草原、就生产发展生产的单极化、线条性、条块分割的发展之路。系统性、整体性思维是解决青藏高原草原生态环境保护、经济发展与社区发展问题必需的发展理念。

① 泽柏主编：《青藏高原社区畜牧业研究报告》，民族出版社2018年版，第14—19页。

3. 有限性发展

青藏高原脆弱的草原生态系统，有限的自然资源、独特的人文和生产方式，无法承受现代市场化、资本化、规模化开发。但也不能因此认为，这种生产方式是落后的，只能被淘汰。青藏高原有限的草原生态系统生产的产品，恰恰是符合绿色消费需要的稀缺产品，完全可以走出一条有限稀缺产品与高端市场对接的发展之路。通过以产定销的有限市场模式，能够实现社区生态保护与产业协同发展双赢；把社区牧民组织起来，发挥本土特色优势，做精做优，走小而精、小而优的草原治理与产业发展新路。

（二）基本原则①

1. 生态优先的原则

生态优先是青藏高原的国家战略，把草原生态环境保护作为产业发展的前提和基础；保护水源和土壤，减少面源污染是产业发展的最高原则。

2. 农牧民主体的原则

农牧民是优质农牧产品的生产者，是草原治理的实践者，是草原优秀传统文化的传承者。在草原治理与产业发展过程中要坚持以农牧民主体的原则。

3. 因地制宜的原则

遵循本土社区特点和自然规律，充分发挥本社区资源特色优势，在草原治理与产业发展过程中要选择适合当地的，牧民愿意做、能够做、做得好的，特色鲜明、优势明显的产业。

4. 综合统筹的原则

用系统学思维，以草地环境容量为前提，从天然草地生态环境保护到草地畜牧业、畜产品加工以及草原观光旅游体验，形成整个产业链。科技专家支撑，地方政府引导，社区牧民主体参与，整合其他社会资源，整体联动，统筹协调。

5. 创新驱动的原则

创新居五大发展理念之首，是乡村振兴的推进器。因为社会发展在变化，草原治理面临的问题也在随时变化，所以草原治理要与时俱进，在传承的基础上持续保持创新的动力。对从种植、养殖、畜产品加工以及延伸产业链环节，到提高组织化程度的管理环节、利益链接机制环节进行创新。更重要的是将

① 泽柏主编：《青藏高原社区畜牧业研究报告》，民族出版社 2018 年版，第 1—12 页。

生态价值、精神价值与经济价值的创造相统一进行创新，既可满足人的精神需求，丰富生态文化生活，又可获得经济价值，实现服务社会和收获经济效益的双赢目标。

（三）政策思路

习近平总书记强调："实现中国梦必须走中国道路。中华民族是具有非凡创造力的民族，我们创造了伟大的中华文明，我们也能够继续拓展和走好适合中国国情的发展道路。"中华传统文化是民族凝聚力、向心力、创造力的重要源泉，是中华民族伟大复兴不可缺少的重要基础和强大驱动力。人类的生产方式、生活习惯、民俗民风都是由所处的自然环境条件所决定而形成的，人类在探索大自然，适应自然环境的过程中总结形成了浩如烟海的经验和智慧，最终成为不同的文明成果。青藏高原传统草原文化朴素的生态保护观和克己控欲的生存观体现了人与人、人与社会、人与自然的和谐共生，与生态文明观不谋而合，对保护草原生态、牧区乡村振兴有重大的现实意义。千百年来的大草原，牧民祖祖辈辈生于斯、长于斯，只有牧民才是真正的草原管理者、草原文化的传承者、草原特色畜产品的生产者、草原生态的维护者。所以，只有把牧民作为主体，充分激发他们的内生动力，才能实现草原的良好治理与乡村振兴，建设美丽中国，达到中华民族永续发展的目的。

一是青藏高原草原生态保护与草原产业高质量发展要以农牧民为主体，社区为单元，合作组织为载体，政府主导，科技支撑，能人带动，市场运作，线上线下结合。让生活有益生态，用文化凝聚力量，靠制度规范行为，以创新引领发展。

二是以提升社区农牧民能力为关键，以生态环境保护为前提，以绿色生态草原产业为主线，因地制宜地精准选择当地最有特色优势的主导产业，开发主导产品，培育主导品牌，示范主推技术。通过品牌打造实现产品差异化、个性化，打造本土特色区域品牌，增强品牌价值，培育拓展产品消费市场，将"大产业"向"强产业"发展。

三是社区合作社统一管理草原、统一组织生产、统一技术标准、统一市场营销、共同承担责任和风险，共享社会化服务和效益，实现家庭分散经营与社区合作经营相结合。在牧业村建立特色生态农牧业发展专业合作社，开展农牧产品生产与加工，各县组建农牧业发展合作联社（国有＋牧民合作社入股），统筹本县农牧业发展的县级品牌建设，对接市场，组织产品生产，统一生产资料和技术标准，由省（区）公司（国有）负责草原产品的市场开拓，构建起“国有公司（品牌）+县专业合作联社+村合作社+联户牧场（家庭牧场）”的草原产品加工流通生产组织模式。

四是传承弘扬以诚信和生态为根本的人文情怀和价值观，倡导简约、朴素、自律、环保、低碳、积极向上，符合生态伦理的生产生活方式。实现生态环境价值与生产经济效益相结合、传统文化与现代文明相结合、乡村振兴与城市发展相结合，促进传统农牧业社区化复兴，为社会供给优美的生态环境、优质的农牧产品、优秀的草原文化。

（四）实施路径①

1. 本土文化支持的天然草地管理与适应性利用技术

青藏高原草原牧区传统的生态观和生存观充分体现了人与自然和谐共存。本土文化尊重自然、敬畏自然、顺应自然，对天然草地管理和利用有其独特的理解和智慧。遵循时节，根据气象物候、地形、水源，家畜体况和植被营养、自然灾害的时空变化等安排调整放牧半径和放牧次序，采取适应性动态管理和利用。以保护水源和土壤，珍爱野生动物，倡导自然再生产和生物多样性，支持符合生态伦理的技术干预为基础的信仰文化，形成了各具特色的社区规约。重点在现行的生产组织条件下，激活传统的放牧知识技巧和朴素的生态保护理念，创新社区放牧管理技术、管理制度、草地质量评估方法，以及草地生态自然修复技术等天然草地适应性利用和管理技术，为破解草地保护、合理利用、生态自然修复、放牧管理等方面矛盾和难题，提供技术途径。

2. 本土草种支持的生态安全性饲草生产与利用技术

大力开展牧区饲草生产是保护草地生态、发展草地畜牧业的根本途径。青藏高原自然环境的复杂性、脆弱性决定了饲草生产首先要以保护环境为基础，注重环保程序，避免盲目追求高产，使用农药、化肥，大面积翻耕等造成的环境污染和破坏，警惕引入外来物种带来的第二次生态灾难。遵循自然法则，研究借鉴本土传统的利用小地形、小气候培育天然割草地，自然储备，圈窝草刈割、调制与储藏，应急利用，灾害救济，农牧互补等经验。重点开展天然草地定向培育技术、刈割加放牧等草地适应性利用技术、饲草加工调制等

① 泽柏主编：《青藏高原社区畜牧业研究报告》，民族出版社2018年版，第30—146页。

技术集成配套以及适应不同社区特点的饲草生产模式，显著提升饲草生产水平，增加饲草贮备量。为破解青藏高原牧区冬春饲草短缺，实现饲草储备常态化提供技术和模式。

3. 本土特色畜种资源保护与优势利用技术

家畜饲养管理是实现牧区草畜高效转化的关键环节，青藏高原的牦牛、藏羊是千百年来与自然环境协同进化的结果，在遗传上是一个极为宝贵的基因库。青藏高原气候多样性孕育和形成了丰富的地方家畜类群，其唯一性、独特性、不可替代性以及功能价值的发现和潜在的优势是社区牧民生存发展的根基。针对青藏高原牧区面临的畜种退化、饲养管理粗放、科技支撑不够、生产效益低下、设施设备缺乏等难题，结合农牧民传统的种畜选育、结构优化、杂交改良、疫病防控、冬春补饲，自然肥育出栏等传统知识和技巧，以诚信为本，利益众生，重点开展优势畜种选育、健康养殖技术研究和畜牧业设施研发等，形成因地制宜各具特色的技术和模式，为保护和利用特色优势畜种资源，提高生产效益提供配套技术。

4. 本土特色畜产品加工工艺与提质增效技术

畜产品是草原畜牧业生产价值和效益的最终体现形式，畜产品加工是牧区畜牧业最薄弱的环节，也是实现生态环境保护和牧民增收的关键。青藏高原牧区对畜产品的生产加工、销售有其独到的工艺、技巧、方法以及文化根基和脉络，并延续传承了千百年，乳肉皮毛绒产品广泛应用于饮食、服饰、医疗保健、工艺美术、融入生产生活的方方面面，以自然、圣洁、纯净、优质、诚信等人文思想理念，展现出独具特色的功能、价值评价以及生产销售规范标准。在不改变传统产品品质特色和风味，不盲目模仿，保持其不可替代性和唯一性，凸显其本质特性，顺应全球资源的有效配置，满足各种文化环境差异需求的基础上，重点对传统牦牛乳、肉和藏羊肉制品生产工艺和技术进行现代化提升，制定畜产品生产技术与质量标准，利用现代市场条件和营销理念，规划和设计畜产品种类、包装和品牌，构建和完善社区畜产品加工生产经营体系，延伸产业链。实现牧民自主生产加工，提高畜产品的附加值，为破解青藏高原草地畜牧业增产不增收、特色优质畜产品生产安全、加工工艺、功能价值等方面的难题提供质量标准、配套技术和生产模式。

5. 本土人才培养与社区能力建设

发展方向、发展思路决定了社区畜牧业发展模式和技术途径的正确性、适应性和可行性。要始终把发展方向、发展思路贯穿于整个草原保护与产业发展的过程中。引入参与式工作方法，以牧民为主体，以生产技术为中心，以产业活动为主要内容，注重引导，增强参与能力是草原有效治理的关键。要从以前实施项目技术专家主导、牧民被动接受，转变为牧民主体、专家协助，由过去“要我做”变成现在“我要做”。培养社区牧民的主体意识，调动牧民的积极性和主动性，增强社区活力，提升牧民的自信心。社区能力建设的关键在于培养有文化、懂技术、会经营的新型牧民，核心是社区带头人的培养。创办社区牧民互访活动，让牧民带头人培训牧民，通过各社区间牧民互相启发、相互激励、互相学习，提升能力，增强自信。各社区根据自己的资源特色，选择优势明显、适合自己社区、牧民愿意和能够做的产业。青藏高原本身就是一个充满多样性的地区，一个市（州）、一个县内都是千差万别，既要避免简单输入外部技术和模式，导致食而不化，也要避免千篇一律或单一发展模式。

二、青藏高原草原畜牧业管理体系模式

（一）以保护草地生态为前提，构建要素完备的饲草生产体系

牧草是发展畜牧业的重要生产资料和物质基础，要实现草地畜牧业可持续发展，须根据天然草地和人工草地两个牧草生产系统的不同特点，分别采取不同技术与管理措施，加大资金投入和扶持，着力优化结构，完善其生产要素，提高系统功能与生产力。天然草地管理要建立“四个制度”，即草原承包制度（只明确权属）、基本草原保护制度、草畜平衡制度、禁牧休牧轮牧制度。引导草地承包经营者合理利用草原，根据牧户的草场面积和牧草总量核定适宜的载畜量，将传统放牧制度与现代管理技术结合起来，建立起适应当地自然生态条件和生产发展水平的天然草地放牧制度，对严重退化、沙化和生态脆弱区的草原，实行禁牧、休牧制度，遏制草地退化并逐步恢复生产力。大力发展人工种草，首先要注重牧草新品种培育与新技术研究示范，其次要构建以储草于户为基础的“社区三级饲草供给体系”，饲草生产储备要以牧户为基础，强化卧圈种草，联户为重点，每个联户培育300—500亩的规模化打贮草基地，村级社区为保障，每个村建设1000—2000亩的抗灾保畜饲草储备基地，以备本村抵御雪灾。要培育新型种草专业服务组织，依托市场机制，通过专业化、规模化，用现代科技和机械开展牧草种植、加工等社会化服务。

调整草地利用结构。目前主要是依赖于天然草地牧草的利用，人工草地所占比例极小，不到天然草地的1%。因此，应加快草地结构调整，重点是扩

大天然草地定向培育打贮草基地的比例，以大幅度提高草地生产力，弥补天然草地牧草的季节不平衡，冬春缺草的不足，最大限度地解决家畜冷季饲草供给严重短缺的问题。力争通过建立培育10%的人工草地带动减轻90%的天然草地压力，实现草地利用结构的优化和生产方式的变化。

（二）以特色家畜生态养殖为基础，构建健康的养殖体系

在实现草地资源可持续利用的基础上，应加大投入，大力扶持推进现代畜牧业建设，着力构建和完善家畜健康养殖系统（包括家畜良种、基础设施、技术与管理等生产要素），转变畜牧业增长方式，提高畜牧业综合生产能力和养殖效益。一是建立健全优良畜种繁育体系，建立以原种场等为核心，州、县畜牧工作站为纽带，联户牧场、合作社为基础的良种选育、繁殖、推广体系。二是建立健全标准化生产管理体系，主要围绕生产高端畜产品而制定的生产技术标准、生产资料使用准则、饲草料生产标准、防疫程序、畜产品质量标准，利用大数据和物联网建立现代牧场生产经营管理体系等。设计标准化的巷道圈、适用畜圈、畜舍、贮草库等。三是建立健全有效的家畜疫病防控体系，重点加强乡村防疫队伍建设和配备必需的疫病防控设备，实施家畜重大疫病的防控，建立县、乡（镇）、村三级防疫体系。四是统一养殖时间和出栏标准，改变以往随意出栏，提高商品标准化率。五是大力推广畜牧业政策保险，保障现代草原畜牧业健康稳定发展。

调整畜种、畜群结构。当前，牧区草地畜牧业生产中主要畜种的结构不够合理，畜种内部适龄母畜、改良畜、生产畜的比例低，老弱畜、非生产畜的比例大，致使饲养周期长，出栏率和商品率低，畜产品质量不高，养殖效益差。根据市场需求和生态保护的要求调整畜种结构，并增加改良畜、适龄母畜、生产畜的比例，减小非生产畜比例。

（三）以产业转型升级发展为重点，构建完善三产融合发展的产业体系

促进草地畜牧业由原料生产型向加工增值型转变，畜产品加工和营销是实现畜牧业优质优价不可缺少的重要环节。为此，须着重抓好加工原料、加工企业、加工设备、加工技术、生产组织、营销渠道、品牌建设等系统要素的培育与完善。要根据资源优势合理规划、因地制宜布局和培育优势产业区及其原料生产和加工基地，按照产业化的思路、标准化的要求进行畜产品原料加工基地建设。

三产融合优化产业结构。应在发展传统草地畜牧业的同时，充分发挥和综合利用草地资源的多样性特点，重新认识草地畜牧业的功能，对草地畜牧业进行新的定位，除了具有生产肉奶等功能外，还具有旅游观光、生态服务、文化传承、资源保护、农业教育等独特的功能和特点。挖掘草地生态、休闲观光、牧业文化等新型牧业形态，为草地畜牧业发展注入新的内涵。积极申报高寒草甸草地传统游牧生产系统农业文化遗产，是促进三产融合发展的有效抓手，农业文化遗产是农业供给侧结构性改革的加速器，是产业转型升级发展的助推器，是三产融合发展的黏合剂。既可以促进产业转型升级，增加牧民收入，又可以缓解单一畜牧经济给生态环境造成的压力，为转移畜牧业生产剩余劳动力提供有利条件。

（四）以科技创新驱动为动力，构建完善的科技支撑社会综合服务系统

促进草地畜牧业由传统的高土地密集型向科技知识驱动型产业转变，必须着力加强以技术研发推广、教育培训、产前产中产后服务为主要内容的社会化综合服务系统建设。坚持创新发展，必须把创新摆在现代高原特色畜牧业发展全局的核心位置，培育发展新动力，优化劳动力、资本、土地、技术、管理等要素配置，构建现代草地畜牧业发展需求与科技创新相匹配的“人才培养—科技创新—示范带动—生产应用”体系。建立现代高原特色畜牧业发展创新基金，根据畜牧业发展的技术需求，整合科研单位和高等院校的专家人才科技资源，依托地方草原畜牧工作站等技术研究推广单位，进行现代高原特色畜牧业技术集成和模式示范；在各村级合作社建立现代高原特色畜牧业牧民田间学校，所有新技术、新产品的示范推广应用直接到合作社；依托各地职业学院，培养现代高原特色畜牧业发展所需的本土人才，开展对农牧民的职业技术教育与培训服务，培养一大批有知识、懂技术、会经营的新型农牧民，不断提高劳动者的素质，培训现代新型农牧民和产业发展带头人，使农牧民从靠父辈传授简单的经验型生产者向较为系统的科技型生产者转变，将草原管理与畜牧业发展向专业化、科技化、经营化、社会化服务方向引领。鼓励和引导部分牧业人口从事非牧产业，拓展就业渠道，通过推动生态、休闲、文化等多元化的二、三产业，加快人口分流步伐，为实现草地畜牧业可持续发展提供有效的途径。

（五）以利益链接机制创新为核心，构建完善现代化市场营销体系

现代产业发展需要一定的规模化，但规模化不是一定要把产品集中在一

个小地方，牧区生产的特点是大分散，由于自然资源禀赋决定了牧区畜牧业无法规模化、集约化、工厂化生产，只能通过一定的机制把分散生产的牧户链接起来，才能与大市场对接，所以社区牧户合作化就成为目前提高牧民组织化程度的有效措施，以此来增强千家万户牧民应对大市场的谈判议价能力。品牌化是现代农牧业发展的门槛，在偏远地区以政府为主导的区域化品牌构建必不可少。以省（区）为单元，打造区域品牌，以此为品牌组建国企控股公司，区域内所有农牧民合作社入股该龙头企业，国企不仅有一般公司赚钱的责任，也有带动当地产业发展、增加农牧民收入的社会责任，来带领区域内畜牧业开拓市场，这样可以建立起企业和农牧民的共同利益链接机制，一荣俱荣，一损俱损，避免了以前公司企业与农牧民争利的恶性循环。

第十一章 草原生态文化时代价值与创新发展

随着新中国的成立，历经了几千年的游牧时代开始发生深刻的变革，草原所有制发生了根本的改变，草原游牧经济摆脱了历代“逐水草而行”的生产方式，草原经济产业更新了观念，注入了新的生机和活力，草原生态文化的内涵和深意得到弘扬光大，草业的新时代拉开序幕。

第一节　草原生态文化的新时代特征

草原生态文化是草原人民在草原上代代劳作、辈辈耕耘中形成的一种人

治理荒漠化，退耕还林还草工程　摄影/白云鹏

人遵守的生活方式和精神信仰，成为草原人民的集体意识和精神财富。草原生态文化作为中华文化的一部分，其独具古老传统的地域文化和民族文化，曾使中华儿女无上自豪。草原生态文化在进入新中国的历史过程中，必然会经历传统文化和现代文化的相互激荡、碰撞、冲突，吸纳现代文明因素，并逐渐形成新的文化融合，使草原生态文化成为传统文化与现代文化有机统一的整体，成为中华文化中极具特色、不可或缺的重要组成部分。

一、新时期的草原经济特点

我国畜牧业区域辽阔，其基本类别一般可分为牧区畜牧业和农业区畜牧业。牧区畜牧业区域主要包括草原区、荒漠区、青藏高原以东的高寒草甸区与高寒草原区。其中，草原区包括黑龙江、吉林的西部，河北的北部，内蒙古东部的森林草原地区和内蒙古的中西部，宁夏的南部，甘肃、陕西小部分的干草原、荒漠草原地区；荒漠区包括阿尔泰山、天山、祁连山、昆仑山及阿尔金山的荒漠区山地和鄂尔多斯西部，贺兰山两侧，青藏高原以北的荒漠区平原。

我们把新中国成立之后由于所有制的改变而发生的草原时代统称为当今草原牧业时代，这个时代经历了三个重要阶段：即从新中国成立到改革开放前的第一个阶段，改革开放后的第二个阶段，新时期以来的第三个阶段，这三个阶段代表了中国草原社会、经济、文化发展现代历程，对草原生态文明的进步发挥了巨大的历史作用，成为现代草原文明发展的重要里程碑。

（一）第一阶段，开始认识草原建设与粮食安全的协同关系

改革开放前的草原牧业经济起始于新中国成立时，延续到党的十一届三中全会前。新中国现代草业初立的重要时期，也是草原经济历经沧桑、艰难前进的阶段。这个阶段的最大特点是草原经营体制发生了根本变化，新中国的成立废除了草原牧区的牧主所有制和封建部落所有制，废除了封建阶级的一切特权。这个阶段草原牧业经济的特点是农耕意识强化，草原垦殖维护粮食生产，全社会开始认识草原建设与粮食安全的协同关系，草产业开始从草种引进、基地建设、良种繁育等基础工作搞起。

（二）第二阶段，摆脱游牧经济的封闭式生产方式

改革开放后，草原牧业经济起始于 20 世纪 80 年代，延续到 20 世纪末。

肃南草原牧区新村　供图 / 肃南宣传部

这个阶段的特点表现在草原牧业经济摆脱游牧经济的封闭式生产方式，初步形成生产、加工、经营一体化发展格局，产业化进程加快，市场化特征突出，草业门类体系不断扩大完善，技术创新需求日益加强。

（三）第三阶段，向以生态优先的现代新型畜牧业转变

21 世纪以来，畜牧业进入新时期发展阶段，草原特色产业涌现，产业投入加大，草业生产规模和集约化程度提高，草产品走向市场流通，草业管理和经营标准日趋完善，其内涵由以经营性草地畜牧业生产开始向生态、生产并重，以生态优先的现代新型草业转变；对草原生态服务功能作用的认识、对加快推进草原保护、修复工程的紧迫性逐日深化，上升到国家大政方针和政策法规层面。

二、新时期草原牧业经济的文化特征

进入 21 世纪，草原生态文化更加呈现出传统与现代相得益彰、地域与民族和谐统一、经济与信仰徜徉并存的复合型文化形态。草原生态文化的传承

和发展越来越引起世人的瞩目。归纳其中重大的文化发展，表现在以下几个方面。

（一）牧民定居形态改变了草原传统的生活方式

新中国成立之后，草原所有制发生根本改变，草原的封建奴隶制、牧主所有制、部落所有制变成了社会主义劳动群众集体所有制，中央政府依据草原生产方式，推行改善牧民经济生活、发展畜牧业的民主改革，提倡牧区定居游牧和定居定牧等生产生活方式，使草原牧民从传统的无居所游牧方式改变为居住固定房屋，相对集中以便行医、施教、抚老、育幼、商贸等。同时积极推行季节性倒场放牧，种植牧草，合理使用牧场，科学划区轮牧。定居放牧利于提高牧民生活质量、利于照顾老幼生活，利于基础设施建设和利用。牧民定居是国家站在战略高度下主导的一场社会变革。从游牧到定居，牧民发生了超越性的变化，从根本上转变了传统古老的游牧民生产生活方式。丰富了草原社会进步的文化内涵。牧民定居工程是由政府组织和动员的旨在改变牧民传统生产生活方式，让牧民从传统游牧业中解放出来，投身牧区现代化建设，进而实现牧业增产增收，对维护边疆稳定也有重要的作用。但是由于家畜常年在定居点周围放牧，加重了草场的放牧压力。这是新时期草原生态环境问题出现的第一个信号，这也成为草原科学利用与保护的最突出的问题。

（二）草原法治观念强化了草原制度管理的生态范式

草原人民自古以来就极其珍视自然资源的保护利用，对生态环境的保护意识十分强烈，他们在宗教信仰、生活习俗和伦理观念里就蕴含着丰富的生态文化，这些具有生态意识和文化特征的习惯法经过历届草原部落头领和权王朝贵的政治认可，逐步形成行之有效的制度法律体系，维系草原生态本位的管理范式。新中国成立后，政府面对粮食需求的挑战，在草原上曾经推行过“草原开垦政策”，改革开放以后，我国草原保护建设政策法规不断完善，破坏草原的行为不断得到谴责和惩罚。1985 年 6 月 18 日，第六届全国人民代表大会第十一次会议通过了《中华人民共和国草原法》（以下简称《草原法》），把草原保护、利用、建设提高到国土治理的重要地位，草原保护和建设开始步入法制化轨道。配合《草原法》的颁布，草原省区也纷纷出台了各自相关的实施细则和草原建设条例。围绕《草原法》的实施，出台了一系列制度，包括草原承包经营制度、草原保护建设利用规划制度、草原资源调查制度、草原征占用审核审批制度、基本草原保护制度、草畜平衡制度、禁牧休牧制度等。这些法律法规和制度的颁布实施，将游牧时代的习惯法和禁罚律令全面提升到一个成熟的法治高度，进一步发扬了草原历代制度创新的实践意义和经验价值，对确保草原公平合理的利用、长效久安的管理树立了新时代的典范模板。

（三）生态优先理念确保了草原保护利用的目标建设方针

生态优先是新时期草原建设的指导思想。生态优先和绿色发展是新发展理念的重要组成部分，核心是人与自然的关系。千百年来，草原为人类进化和发展做出了重大贡献，从远古时期的采摘狩猎到近代的草原游牧，草原在有限的人类和有限的资源利用中推进了社会进步和人类的进化，但是进入新时期，草原资源不断被消耗利用，草原牧民不断地繁衍生息，人与自然的矛盾越来越尖锐，草原保护与利用的矛盾越来越突出。如何协调、兼容发展是新时期的巨大挑战，新时期，党和国家提出了生态优先，绿色发展的理念。当经济社会发展和生态环境保护产生不可调和的矛盾，二者不能兼顾时，应当把生态环境保护放在优先地位，使经济发展让位于生态环境保护，也就是“绿水青山”和“金山银山”的辩证关系。中国的绿色发展机遇在扩大。我们要走绿色发展道路，让资源节约、环境友好成为主流的生产生活方式。绿色发展代表了当今科技和产业变革方向，是最有前途的发展领域。衡量生态优先、绿色发展的指标不但要用经济发展指标来衡量，而且还要包括人文指标、资源指标、环境指标；我们不仅要为今天的发展努力，更要对明天的发展负责，为今后的发展提供可以永续利用的丰厚资源和良好环境。

第二节　草原生态文化对生态文明建设的时代价值

新中国成立标志着草原传统游牧时代走到了尾声。草原所有制改革、草原定居放牧、草原双承包、草原立法等一系列草原政法制度管理举措全面铺开，草原文化的精神内涵走向更高层次，草原文化的生态意识呼唤着草原生态文明的到来，一直到进入 21 世纪新时代，草原生态文明建设被作为国策提上议事日程。

一、生态文明建设的时代意义

从2000年开始，中央启动一批草原生态建设重大工程，草原生态文明建设迈出了先行先试的步伐。到党的十八大召开，党中央正式将生态文明建设提高到国家战略，并赋予了生态文明建设以新思想、新论断、新要求和新活力。

（一）新时代对生态文明建设的需求

当全球处于农耕时代和游牧时代时，自然环境并没有承受太大的压力，人与自然的和谐是一种常态。从工业文明时期开始，全球性的生态危机加速逆行。我国的工业文明时期来得晚，一直到新中国成立，才迎来了工业文明的发展期。随着科学技术的进步和普及，人类对自然资源的发掘和利用强度加大，人与自然的分裂越来越严重。人为了追求自己的功利目标和物质享受，利用高科技无限度地向自然榨取，不顾一切，不计后果，诱发了各种自然灾害和生态灾难。面对草原环境，人类如果摈弃游牧时代的生态意识，藐视大自然，过度地利用大自然，就会加速草场退化，环境恶化。为了整体地解决以上问题，不少学者提出创建一种全新的生态文明来取代工业文明，而不是继续以破坏性的利用来维持工业文明，或者以掠夺性的开发来阻碍环境和社会的可持续健康发展。生态文明建设的提出是我国政府关注人民福祉、关注民族未来的一项重要战略举措。加强生态文明建设是对人民群众和子孙后代的高度负责。生态文明建设是经济持续健康发展的关键保障，也是民意所在、民心所向。党的十八大把生态文明建设提到与经济建设、政治建设、文化建设、社会建设并列的地位，形成了中国特色的“五位一体”的总体布局，这标志着我国开始走向社会主义生态文明新时代。

（二）生态文明建设的重大意义

建设生态文明，昭示着人与自然的和谐相处，意味着生产方式、生活方式的根本改变，是关系人民福祉、关乎民族未来的长远大计，也是全党全国的一项重大战略任务，其重要意义在于以下几点。

第一，生态文明建设是实现中华民族伟大复兴的重要保障。世界文明的发展和经济成就的经验告诉我们，衡量一个国家、一个民族的崛起，不仅是国内生产总值，还必须有良好的自然生态作保障。生产、生活、生态的综合指标才是民族振兴的重要标志。随着生态问题的日趋严峻，生存与发展、生产与生态从来没有像今天这样紧密关联。大力推进生态文明建设，实现人与自然和谐发展，已成为中华民族伟大复兴的基本支撑和根本保障。

第二，生态文明建设是中国社会发展阶段的重要战略选择。新中国成立70多年来，无论是社会主义革命和建设时期，还是改革开放以来的社会主义现代化建设时期，我们党十分重视生态环境保护，特别是党的十八大以来，党中央强调，生态文明建设是关乎中华民族永续发展的根本大计，保护生态环境就是保护生产力，改善生态环境就是发展生产力，决不以牺牲环境为代价换取一时的经济增长。党的十八大将生态文明建设纳入“五位一体”总体布局，党的十九大明确指出建设生态文明是事关中华民族发展的千年大计。把生态文明建设提高到“五位一体”整体推进中国特色社会主义建设的高度来认识，对大力推进生态文明建设，努力建设美丽中国，具有十分重要的历史意义和现实意义。

第三，生态文明建设是社会发展的必由之路。随着我国社会经济的快速发展，资源禀赋趋紧、环境污染严重、生态系统退化的现象十分严峻，经济发展与生态环境不平衡、不协调、不可持续的矛盾日益突出。按照社会发展的规律，我们已经进入一个工业文明与生态文明决战的历史时期，要求我们必须弘扬中华民族传统的生态意识，进一步树立和强化崇尚自然、保护自然、科学利用自然的生态文明理念，把生态文明建设融合贯穿到社会发展的各方面和全过程，大力保护和修复自然生态系统，建立科学合理的生态补偿机制，形成节约资源和保护环境的空间格局、产业结构、生产方式及生活方式，从源头上扭转生态环境恶化的趋势，确保社会经济的可持续发展。

第四，生态文明建设是提高人民群众福祉的必由之路。建设生态文明，是关系人民福祉、国富民强的百年大计。随着社会经济的发展和人民生活水平的不断提高，人们不但期待安居、乐业、增收、富足，更期待山清水秀、天蓝水净；不仅期待殷实富庶、安康幸福的现代生活，更期待花好月圆、莺歌燕舞的美好家园。生态文明发展理念，强调尊重自然、顺应自然、保护自然；生态文明发展模式，注重绿色发展、循环发展、低碳发展。大力推进生态文明建设，正是为顺应人民群众新期待而做出的战略决策，也为子孙后代永享优美宜居的生活空间和绿水青山的生态空间提供了科学的世界观和方法论，顺应时代潮流，契合人民期待。

二、草原生态文化与生态文明建设的时代价值

草原生态文化蕴含的生态意识和文明思想就是人与自然和谐共生的基础关系，同时坚持人与社会之间的和平共享以及人与自我之间的进取向上。这是草原文明发展数万年的文化结晶，凝聚了千百年来草原人民的聪明智慧和科学思维，也是生态文明建设的组成部分和重要思想支撑，在当今生态文明建设中具有重要的时代价值。

（一）人与自然关系中的草原生态文化价值

人与自然关系是草原生态文化体系中的核心价值。在草原生态文化发展的历史进程中，人与自然的关系衍生了一幅从敬畏自然—崇尚自然—开发自然—破坏自然—协和自然的惊鸿画面。采猎时代，人们认为大自然是生灵主宰，具有神奇的力量，对大自然是敬崇、畏惧的无为姿态；游牧时代，人们认为大自然是部族家园，具有哺育、保世的力量，对大自然是崇尚、顺应的态度；工业时代，人们认为大自然是财富源泉，具有取之不尽用之不竭的资源，对大自然采取了一种掠夺榨取的态度，造成了大自然的千疮百孔；到了新时代，人们终于认识到大自然和人类是和谐共生的关系，对大自然是保护、修复和建设的态度。

生态文明建设过程中，需要我们深刻反省，为何在人类具有强大应对自然变化的能力时，反而丢失了草原生态文化中最具有生命延续力的自然意识和生态观念。为了加强生态文明的建设成效，需要进一步弘扬传统草原生态文化，尊敬大自然，科学管理大自然，珍爱草原生命，重视对草原、森林、山川、河流和各种生命的保护；在生态文明建设中，将人与自然和谐相处当作一种重要的行为准则和价值尺度。草原采猎时代启蒙的“敬畏自然”生态意识、游牧时代崇仰的“天人一体”的生态意识都是对自然生态的良好观念和做法，对现代生态文明建设有着深刻启示。第一，按照尊重自然、保护自然的生态观念，认真实践新时代生态保护建设工程。政府投入了千亿元资金，用以启动草原生态保护建设工程，并创造了“围封转移”“改良补播”“禁牧休牧”“划区轮牧”“生态置换”等一系列草原生态修复模式和管理措施，恢复草原生态系统平衡，避免草原在利用中进一步退化。第二，用多功能草地的时代观点认识草原、利用草原、管理草原。2008 年世界草地与草原大会在中国召开，第一次将大会主题确定为“Multifunctional Grasslands in a Changing World”（变化世

界中的多功能草地)，充分反映了我国草原领域与时俱进的大局观和世界观。全世界草原科学家认为，草原不仅是畜牧业基地，而且具有丰富孕育生物多样性、固碳释氧、防风固沙、保持水土的生态功能，还具有多种自然资源和文化资源，是生态产业的重要基地。第三，用美丽中国的理念，建设人类的生活空间和生态空间。当遇到生态危机时，必须从人与自然关系入手，实践绿色发展、低碳发展、循环发展，修复生态、恢复生机，顺应人民群众的美好期待，建设保护美丽的家园。传承草原民族优秀的生态文化理念，弘扬科学的世界观和方法论，为人类代际之间可持续享有优美宜居的生活空间和山清水秀的生态空间，在保护传承与创新发展中与时俱进，弘扬草原生态文化的生命力及其生态文明建设的时代价值。

（二）人与社会关系中的草原生态文化价值

人与社会的关系是人与自然关系的内向衍生，是人的个体与群体之间确立的建制观念。在当今生态文明建设中如何构建人类生命共同体，就需要多元、包容的文化理念。今天我们审视草原生态文化对构建人类生命共同体的重要影响，需要分析总结其中的群己意识。草原生态文化在群己关系上具有十分鲜明的观念，其不同于农耕文化过于轻视个体的社会价值，也不同于西方工商文化过于张扬个体本位的价值倾向。草原游猎和游牧生产方式的流动性、单一性、脆弱性，迫使草原民族每一个个体都要完善自我，具备足够的体能和精神气质，同时，他们在严酷环境的压力下，又需要建立密切的互助合作关系，以便能更好地应对各种挑战，维护个体的生存与发展。这种文化动力在长期的历史发展过程中培育了优秀的人文情怀和“公平分享”“天人一体”等生态伦理意识；万物有灵，都是生命，都有享受自由的权利，所以，不会轻易把个人意志强加在他人、他物身上。这些极具自然人文情怀的生态理念，是对勇敢、勤劳、正直、善良的高贵品德的追求与弘扬；也是对给予人类生存资源的自然万物的尊重，锻造了草原人民崇尚英雄、积极乐观、自由开放、诚信重义的民族精神，合作互惠、开放共享、团结向上的民族性格，彰显了草原生态文化的基本价值取向，陪伴着草原民族历经千难万阻，进入生态文明建设新时代。在改革开放和社会主义现代化建设的历史条件下，这种蕴含着草原民族精神的传统的优秀的草原生态文化，与当今时代精神本质上是一致的，正是建设生态文明的基本素质和构建命运共同体的基本品格，必然转化为团结奋斗、开拓进取、创新发展的时代力量。

（三）人与自我关系中的草原生态文化价值

人与自我的关系，是人自身的身心关系，即对自身的文明精神和生态道德的规范。第一，在久远的历史进程中，草原游牧民族培养了一种开朗豁达、自由豪放的性格特征和与人为善、兼容并蓄的博大胸怀；第二，从制度管理意识讲，草原游牧社会对个人的行为约束比较宽松，最有效、最广泛的管理形式是“习惯法”，这是自己管理自己和约束自己的强大力量；第三，草原民族的“英雄崇拜”意识，把具有优良品格的英雄设定为全体社会成员应该追求的理想人格，这是一个自约社会和理想文明的前提条件。以上三点，可以基本理解草原民族在处理个体心身关系中的自我约束、自我教育、自我升华的传统文化。草原这种文化心态完全符合当今生态文明建设中追崇的人文心态和思想品格。按照生态文明建设新理念的内容，在生活方式上，人们追求的不再是对物质财富的过度享受，而是一种既满足自身需要又不损害自然生态的生活。人类个体的生活既不损害群体生存的自然环境，也不损害其他物种的繁衍生存，同时，在生态文明建设中需要加强生态教育，弘扬自我牺牲、敢当敢为的人格塑造和价值追求。生态道德意识是建设社会主义生态文明的精神依托和道德基础，只有大力培育全民族的生态道德意识，提高全民族的生态道德素质，使人们对生态环境的保护转化为自觉的行动，才能解决生态保护的根本问题，才能为社会主义生态文明的发展奠定坚实的基础。

通过分析以上人与自然关系、人与社会关系、人与自己关系，才能理解为什么草原生态文化在今天生态文明建设中具有如此强大的依靠力和支撑力。如果没有先民创造的如此绚烂多彩的民族精神，如何奠定我们今天开展生态文明建设的思想基础？如果没有先民创造的如此博古通今的草原生态文化，如何点燃今天我们审视生态危机的思想智慧？当我们今天面对一个多元的世界、遵从一个深邃的伦理道德、构建一个和谐的生命共同体时，我们才能理解千百年以来草原生态文化所蕴含的思想哲理对我们认识世界、改造世界具有多么重要的时代价值。

第三节　草原生态文化与牧区乡村振兴

千百年来，草原民族在游牧生产、生活方式基础上形成了建设家园、渴望幸福、追求新生活的进取精神和文化思想。党的十九大提出了乡村振兴的战略任务，完全契合草原牧民的热切期望。草原牧区具有自然、社会、经济的综合特征，是由4500万草原人民组成的地域综合体，具有生产、生活、生态、文化等多重功能，是我国乡村振兴的重要组成部分。草原生态文化是草原牧区振兴战略的重要思想基础，构建以产业生态化和生态产业化为主体的生态经济体系，是将生态文明要求融入经济体系的具体任务，是实现草原牧区振兴的关键基础，也是解决生态环境问题的根本出路。

一、草原生态文化理念下的生态产业

按照草原生态文化的理念，草原经济生产活动是以人与自然和谐共处、自然资源合理利用、草原社会经济可持续发展为标准的一项人类活动，草原生态文化理念下的草原经济就是我们新时代提出的生态经济。

（一）草原生态经济理念

国际著名经济学家肯尼斯·鲍尔丁曾在《宇宙飞船经济学》一文中指出，地球就像一艘在太空中飞行的渺小的宇宙飞船，只有依靠不断地消耗和再生自身有限的资源才能生存；如果人类不合理地开发和利用资源，肆意破坏环境，地球终将走向毁灭。

生态经济是按照生态学原理和规律，形成有组分、有结构、有系统、有功能的产业经济。其组分是按照生态系统的原理组成的一个个的生产单元，其结构是由产业组分互相结合形成一个合理的关系，其系统是产业从原料—生产—加工—市场具有完整的产业链，其功能是产业在经济运行中具有生态功能、系统平衡功能、可持续发展功能。生态经济是生态和经济的复合系统，其本质是把经济建立在生态环境可承受的基础上，实现经济发展和生态保护的双赢；其核心是处理生态系统与经济系统之间物质循环、能量流动和价值增值的协调平衡关系。要做到这一点就必须按照生态经济学理论，遵从经济系统和生态系统的规律，维持生态经济社会复合系统协调、持续发展的规律性，为资源保护、环境管理和经济发展提供理论依据。正如美国生态经济学家Robert Costanza所定义的生态经济学，就是强调人们的社会经济活动与其带来的资源的研究目的，是生态系统的承载力和人类社会经济系统应该采取哪种政策和手段来达到可持续发展。

（二）草原生态经济体系的构成

生态经济体系是由生态产业组成的、与自然资源和环境构建成一个合理、平衡、协调、共生的经济体系。生态经济体系的产业基础是生态产业。生态产业是以人与自然协调发展为中心，以“自然—社会—经济”系统的动态平衡为目标，以生态系统物质能量平衡转化为依据，进行经济活动的产业。

在草原区发展生态产业，需要按照草原生态系统的组成和规律，以维护草原生态平衡为目的，实现草原的产业生态化，生态产业化。草原生态系统是由草原地区生物和非生物环境构成的，进行物质循环与能量交换的一个系统。这个系统包括生产者、消费者和分解者，通过三者之间的转化和循环维持了草原生态系统生生不息地运转。草原的生产者就是牧草和各类草本植物，消费者是草食家畜和野生植食性动物，分解者是腐食动物和微生物。其中草原的“牧草＋草食家畜＋畜产品＋粪污”是最重要的一条物质循环的路线。他们之间的物质和能量不平衡，就会破坏草原生态系统的正常运行。草原家畜数量过高、放牧超载、乱采乱挖等都是草原经济生产破坏草原，造成环境危机的案例。按照草原民族的游牧文化理念，构建“人—畜—草”之间的生态关系，追求人与自然的和谐统一，并且应用更加先进的新技术、新信息、新能源，来构建新的草原生态产业。按照草原生态产业的类型，可以由草原生态农牧产业、草原生态修复产业、草原生态文化产业和草原信息服务产业组成。这四个方面的生态产业也可以互相构联，互相补充。以草原资源为基础的生态产业一般应该由生态草业—生态牧业—生态加工业—生态信息业—生态服务业组成。其特点是把产业活动放在自然生态环境中进行，形成了生态产业的结构，其追求的是生态与经济的平衡、生态效益与经济效益的平衡、生态供给与经济需求的平衡。

（三）草原生态产业的类型

随着人们对草原生态文化的认知逐步深入，草原生态产业的内涵也在不断深入扩展，草原生态产业的基础性、公益性、社会性和它的多重功能日益凸显。

1. 草原生态产业的内涵

草原生态产业是草原生态文化的重要组成部分，草原人民在草原上已经实践了千百年，从草原游猎业到草原游牧业再到新中国成立后的草原畜牧业一直发展到新时代的草原生态产业，创造了多种产业形态，它们是草原民族的劳动总结和智慧结晶，充满了科学思维和生态情怀，在维护草原生态安全、构建和谐社会、促进牧区经济振兴和社会全面协调可持续发展中发挥着重要作用。

草原生态产业的核心是进行绿色植物的生产、加工，满足经济生产的物质需求。尤其是改革开放以来我国草原产业化体系不断完善，初步形成了草原生态产业产品生产、加工、经营一体化发展的格局，具备了一定的产业化规模，经营思想和经营体制逐步明确。草原家畜放牧生产、饲草种植生产、草产品加工生产、草种加工生产、草坪培育生产、草地机械加工生产等一系列专业化、规模化生产组成了草原生态产业的实体产业。随着对草原生态产业的深刻理解和内涵的延伸，草原生态文化产业也逐渐发展起来，例如草原生态旅游业、草原文化娱乐产业、草原文化教育产业等。草原生态产业越来越形成一个完整的系统。从日光能、土地到植物、动物生产，最终到社会利用与享受产品，草原生态产业具备了多层次、多功能、多效益的景观价值、社会价值和经济价值。

2. 草原生态产业的主要类型

在草地多功能理念和可持续发展思想的影响下，人们对草原资源的理解更加深刻，建立在草原资源基础之上的草业在人口、生态、环境、能源发展中所具有的价值和作用不断深化。随着新世纪产业革命的展开和全球气候变化对人类的影响，草业的内涵得到了极大延展，逐步形成下面四大分支产业。

（1）生态草牧业——属于大农业的范畴，是草原区的主体产业，也是草地资源管理利用的基本方式，是草原生态文化的重要载体，主要生产的是草产品、畜产品。生态草牧业包括草原放牧养殖业、饲草种植加工业、草种生产经营业、草业机械设备业等多项分支产业，既是草原牧区世代从事的传统产业，也是不断创新、不断改革的新时代产业。

（2）草原生态修复产业——是面对草原退化和工业开发造成的损害以及环境绿化等需求，通过人工技术和措施恢复植被和景观美化的产业，包括天然草原植被修复、工业开发的矿山工地的植被恢复、绿地草坪园艺景观工程等。草原生态文化中所孕育的天地观、人文观、美学观是生态修复产业的重要文化基础和设计依据。

（3）草原生态文化产业——用生态学的基本观点和草原文化的基本元素进行草原文化和精神的传播、教育等方面的经济活动，草原生态文化是这一产业的灵魂。主要的产业类型有草原文化旅游业、文化艺术教育出版业、文艺影视娱乐业、文化传承教育培训业，以及与文化博览、体育运动相关的产业。

东北草原冬季生态旅游　供图 / 董世魁

（4）草原现代信息服务产业——在当今互联网时代，针对草原生态产业的需求，以计算机、多媒体技术和现代通信等电子信息技术为主要处理手段的信息服务行业。主要包括各类草业生产需要的数据库建设、电子出版、网络服务等。这对草原区的生态产业具有巨大的推进作用。

这些生态产业是草原牧区实现振兴富裕的基本支柱，是实现“草原绿起来、牧民富起来、牧业强起来”的重要依靠。发展草原生态经济，构建生态文明体系就是要牢牢把脉以生态价值观念为准则的生态文化体系，构建以产业生态化和生态产业化为主体的生态经济体系，处理好资源合理开发、生态环境有效保护、经济合理发展和人与自然和谐相处等重大问题，其宗旨在于探索草原生态经济实现资源和经济的协调、生态和环境的改善、牧区和牧民的振兴脱贫致富，为解决草原资源环境与发展问题提供科学的案例和途径。

二、草原生态产业与牧区振兴发展

党的十九大报告提出实施乡村振兴战略，这是国家长远发展的重要建设目标。顺应亿万农牧民对美好生活的期待，着力抓好农牧业和牧区工作，实施乡村牧区振兴战略，推动乡村牧区实现产业兴旺和生活富裕是我们每一个草原建设者肩负的重大使命。

（一）草原振兴的文化精神与牧区振兴政策的对接

草原牧区振兴是千百年来草原民族的追求目标，草原民族在追求草原兴旺、牧业发达的过程中，培植了开拓、进取、和谐、繁荣的文化精神和价值观念。

一是不畏艰难、生生不息的开拓精神。草原先民在游猎为存、游牧为生、冬春入林、夏秋入营、披荆斩棘、立志图强的生存发展中播下了开拓进取、文明发展的种子，这种开拓精神在华夏文化中植根发育、成长壮大，成为支撑草原文明经久不衰的精神支柱，在生存发展中显示了顽强的生命力，在创造财富中显示了强大的动力。

二是团结合作、多元交融的和谐精神。草原先民在游猎和游牧的生涯中孕育了一种高尚的合作互助精神。面对辽阔的草原、恶劣的生存环境、脆弱的生产方式，草原先民培养了开放的文化、团结的精神、互助的品格，只要是一个族群、一个血亲、一个同胞，大家就是一家人；只要是先进的技术和理念，就会融入民族习惯之中，在不同种族之间的交融中吸取了多元文化的营养、在草原文化和农耕文化交融中吸取了农业文明的先进技术，在草原丝绸之路的交流中吸取了工商化的市场观念，这些文化思想和观念是推进现代草原生态产业发展，振兴牧区经济的基本思想基础。

三是勤劳智慧、进取向上的创业精神。草原先民在世代劳动实践中，总结了丰富的产业经验，发现了自然资源的开发利用、草牧场的季节性利用、畜群大小的规模效益等，初步形成了合作、分工、创新等现代工业文明的产业思想，这些草原文化结晶是当今草原经济和牧区振兴的宝贵财富，为草原人民面对现代生态文明建设、打造时代产业、构建生态产业体系，提供了重要的条件。

（二）草原产业进步与牧区振兴发展

1.牧区振兴的指导思想和目标任务

草原牧业经济是我国草原发展的重要组成部分。遵照党的十九大提出的重要指导思想，树立新发展理念，落实高质量发展要求，坚持“三农三牧”重中之重的战略地位，坚持农牧业和乡村牧区优先发展，按照产业兴旺、生态宜居、乡风文明、治理有效、生活富裕的总要求，加快推进草原牧业和牧区村镇治理体系建设，走中国特色社会主义乡村牧区振兴道路，让农牧业成为有奔头的产业，让农牧民成为有吸引力的职业，让乡村牧区成为安居乐业的美丽家园，努力建设富裕文明、美丽幸福的草原牧区。通过产业发展和精准扶贫，乡村牧区产业更加兴旺，农牧业供给体系质量明显提高，乡村牧区生态环境明显好转，农牧民文化生活不断丰富，乡风文明程度进一步提高，农牧民收入稳步增长，乡村牧区贫困人口全部脱贫，农牧民步入全面小康社会。

2. 草原牧区生态产业取得重要进展

草原是农牧民的生活家园。全国以草原畜牧业为主要产业的牧业县 108 个，半农半牧县 160 个，共有人口约 4784 万，其中，少数民族人口约 1427 万，就业人口 2000 万以上，新中国成立之后，草原牧区一直是国家投资和改善经济的重点地区。针对草原权属问题，全国推行了“草畜双承包”和草原“双权一制”，把人畜草、责权利统一协调起来。出台了《草原法》《草原防火条例》《最高人民法院关于审理破坏草原资源刑事案件应用法律若干问题的解释》等法律法规，强化草原监督管理机构队伍建设，各地积极探索草原基础设施建设的有效方式，逐步开展了以人工种草、牲畜棚圈、牧民定居、牧区小型水利设施建设为主要内容的草原基础设施建设。

归纳草原生态产业，草原畜牧业是支柱产业，是牧民收入的主要来源。饲草种植业是畜牧业发展程度的重要标志，是发展养殖业的基础。牧草种子产业是一个新型产业，是我国草业发展的重要保障。草地生态修复产业是近几年发展较快的新型生态产业，以前主要由国家投资，由行政事业部门落实的公益性产业，当前随着改革深入，开始尝试生态修复产业市场化运营，为草原牧区带来直接经济效益。草坪业是现代文明社会的重要标志，是我国目前市场经济中潜力最大的产业之一，每年营业额可达 50 亿元以上。草原旅游业是多角度、多层次开发利用草地资源的新兴草原产业，具有巨大的发展优势和开发前景。2010 年全国旅游收入 163.35 亿元，其中草原旅游收入就达到 106.55 亿元，占全部旅游收入的 65.2%。此外，草原地区具有丰富的药用植物，带动起一批药用植物种植、采集、运输、加工的现代化的草原药材产业和蒙医、藏医业。

目前，牧区草原畜牧业基础条件已得到较大改善，大部分地区已具备了抗御中等自然灾害的能力。从 2000 年到 2018 年，中央财政累计投入草原保护建设资金 2200 亿元，力度之大、覆盖之广，前所未有。目前天然草原可以提供的鲜草总产量达到10.3亿吨，饲养了2.4亿只羊单位，生产了牛羊肉1200万吨，羊毛45.9万吨，奶类3750万吨。和改革开放前的1978年相比，牛羊肉增加了19.7倍，羊毛增加了3.1倍，牛奶增加了42.5倍。草原牧区人口只占全国的3.6%，但生产的肉类占全国的8.5%，奶类占20%，羊毛占50%，羊绒占60%。草原畜牧业是草原地区无可替代的支柱产业。尤其是改革开放以来，我国相继建设了一批具有相当规模的草产品基地和草种基地，加速发展优质草产品，狠抓了草原封育改良、草畜平衡以及牧草良种繁育等基础建设，坚持适地适种、良种良法，开展人工种草。截至2019年，全国草产品加工企业已经达到450余家，农牧民生产合作社和经营体数万个，饲草生产面积近4000万亩，生产加工能力达900万吨，市场商品流通量为500万吨。在河西走廊荒漠草原区、科尔沁风沙草原区、鄂尔多斯草原区、呼伦贝尔草原区、河套灌区、陕北榆林风沙区、亚热带皖北草地区建立了近1000万亩优质高效苜蓿草生产基地，在川西北、青藏贵南山区、河西走廊、内蒙古中部、南疆荒漠绿洲、亚热带草地区等区域建立了牧草种子田150万亩，各类牧草种子产量达10万吨，销售量2.5万吨，草产业产值每年估计达500亿元。

3.融合生态文化理念的草原牧区振兴之路

草原生态文化在发展草原生态产业和牧区振兴过程中发挥了巨大的作用。牧区振兴之路秉承了人与自然和谐共生，走乡村绿色发展之路的理念，传承和提升了草原文明，走草原文化兴盛之路、走乡村牧区善治之路、走中国特色的减贫之路，归纳振兴草原牧区的重大举措，主要有以下五个方面。

一是实施游牧民定居工程，缓解草畜矛盾，提高牧民生活质量。从2001年起国家率先在西藏自治区启动游牧民定居，并逐步推广到新疆、青海、四川、甘肃、云南、内蒙古等主要牧区。按照《全国游牧民定居工程建设“十二五”规划》，到2014年，提前完成规划任务，国家财政累计投入资金132亿元，共有44万户200多万牧民得到安置定居。通过实施游牧民定居工程，游牧民由四季游牧转为东城定居补饲、夏秋放牧，促进天然草原的植被恢复，提高了家畜出栏率，增强了牧民市场意识，游牧民的日常生活、定居点水源供应、牧民家庭教育卫生等社会服务和生活质量得到了显著提高。

二是生态保护工程加大草原牧场基本设施建设。政府在生态保护建设工程中将牧民饲草基地建设、储草棚、青贮窖、饮水点等都纳入国家工程建设内容。例如退牧还草工程普遍提高了中央投资补助标准，其中草场围栏从每亩25元提高到36元；退化草地改良从每亩60元提高到90元；人工饲草地从每亩 200 元提高到 300 元；青藏高原黑土滩治理和毒害草治理每亩补助标准分别达到 180 元和 140 元。

三是实施《牧区草原防灾减灾工程规划（2016—2020）》。通过规划执行，全国草原生物防治比例提高了 5—10 个百分点，草原火灾 24 小时扑灭率稳定在 90%以上，雪灾年份家畜越冬度春死亡率大幅度下降，从而最大限度地减少了牧民因灾损失，保障了草原畜牧业生产安全和牧区人民群众生命财产安全。

四是推进各类生态产业建设，为农牧民带来了收入大幅度提高。现代农牧业全产业链的发展催生了草产品深加工、肉牛羊育肥、奶业、食品加工业等下游产业和仓储、物流、运输、大型机械设备租赁、草业文化旅游等配套服务产业。农牧民稳定收入来源增加，其一，草牧场流转收入，平均每亩可达 100—150 元；其二，工资性收入，农牧民将土地、草牧场承包给企业、合作社后，变身产业工人到企业、合作社务工，年人均增收 4 万元；其三，生产性收入，农牧民参与生态产业或以土地入股产业，每年可以增收 2 万元以上。

五是提高草原地区城镇化率。当前全国六大草原牧业省区的城镇化率已经达到 34.04%。和 1978 年牧区六省区城镇化水平 13.03%相比，提高了 21 个百分点。

第四节　草原生态文化的红色印迹

草原不仅是我国重要的绿色生态屏障，还孕育了红军穿越川西若尔盖草原的长征精神、“青海海晏县草原原子城‘两弹一星’精神”“三千孤儿入内蒙”的博爱情怀等革命文物、革命精神和红色文化，是激励草原儿女建设草原生态文明的精神动力，更是筑牢中华民族共同体意识的宝贵财富。

习近平总书记高度重视草原地区红色资源保护利用，2017 年给内蒙古乌兰牧骑队员回信，勉励他们大力弘扬乌兰牧骑优良传统，永远做草原上的红色文艺轻骑兵；2020 年对位于青海金银滩草原的第一个核武器研制基地旧址保护作出重要批示；2021 年在参加十三届全国人大四次会议内蒙古代表团审议时高度评价“齐心协力建包钢”“三千孤儿入内蒙”的历史佳话，强调在党史学习教育中要用好草原地区这些红色资源，铸牢中华民族共同体意识；2021 年 8 月，习近平总书记出席中央民族工作会议并发表重要讲话，

肃南县红西路军马场滩战斗遗址纪念雕塑　供图／肃南县政府办

强调以铸牢中华民族共同体意识为主线，构筑中华民族共有家园，促进各民族交流交融。习近平总书记的系列重要论述和重要讲话精神为草原红色文化传承、弘扬与发展提供了根本遵循，为发挥草原地区革命文物资源优势指明了前进方向。

一、草原上的红色文化资源

在全国 268 个牧区和半牧区县中，近 100 个县拥有县级以上革命文物保护单位，占牧区县总数的 38%；根据第一批革命文物名录统计，共有 20 个县拥有革命类的全国重点文物保护单位（见表 1）；有 93 个县拥有 1 处及以上县级及以上革命类文物保护单位。其中，内蒙古 7 个县，河北 3 个县，山西 1 个县，辽宁 4 个县，吉林 4 个县，黑龙江 8 个县，四川 24 个县，西藏 17 个县，甘肃 11 个县，青海 5 个县，宁夏 2 个县，新疆 7 个县。如内蒙古达茂草原有百灵庙起义旧址、四川阿坝新龙草原有波日桥（红军桥）、青海班玛草原有果洛红军沟、新疆和硕草原有红山核武器试爆指挥中心旧址等。上述草原地区红色资源丰富、自然风光优美，为全国传承、弘扬与发展草原红色文化奠定了坚实基础。

表1　牧区、半牧区县全国重点文物保护单位革命文物分布

序号	省份	县区	名称
1	内蒙古	乌审旗	“独贵龙”运动旧址
2		达尔罕茂明安联合旗	百灵庙起义旧址
3	四川	松潘县	阿坝红军长征遗迹
4		红原县	
5		若尔盖	
6		茂县	
7		小金县	
8		黑水县	
9		马尔康市	卓克基土司官寨
10		泸定县	泸定桥
11			红军飞夺泸定桥战前动员会旧址
12		甘孜县	白利寺
13	甘肃	迭部县	俄界会议旧址
14		华池县	南梁陕甘边区革命政府旧址
15	青海	班玛县	果洛红军沟
16		达日县	果洛和平解放纪念地
17		尖扎县	囊拉千户院
18		海晏县	第一个核武器研制基地旧址
19	宁夏	同心县	同心清真大寺（陕甘宁省豫海县回民自治政府成立大会旧址）
20	新疆	和硕县	红山核武器试爆指挥中心旧址

二、为了新中国他们把生命的辉煌留给了草原

2021年是中国共产党百年华诞、新中国成立72周年。中华儿女为创建新中国攻坚克难、前赴后继、开拓创新，走过了艰苦卓绝的创业历程。其中就

有选择留在草原，凭着“让牧民过上好日子”的初衷，甘于奉献的各族干部群众，他们把生命的辉煌留给了草原。

（一）典型人物

1. 廷·巴特尔

廷·巴特尔，男，蒙古族，1955年6月生，1976年11月入党，内蒙古呼和浩特人，老将军廷懋之子。曾荣获“七一勋章”“全国优秀共产党员”“最美奋斗者”“改革先锋”“100位新中国成立以来感动中国人物之一”“全国农业劳动模范”等荣誉及称号。1974年，廷·巴特尔下乡到了偏远的牧区。“文化大革命”结束后，廷·巴特尔多次有回城的机会，但他选择留在草原，凭着“让牧民过上好日子”的信念，扎根牧区，探索出保护生态、发展经济、促进增收新路子，使当地牧民生产生活发生翻天覆地的变化。

2. 都贵玛

都贵玛，女，蒙古族，中共党员，1942年4月生，内蒙古四子王旗人，内蒙古自治区乌兰察布市四子王旗脑木更苏木牧民。曾荣获“全国三八红旗手”“全国民族团结进步模范个人”“十杰母亲”“最美奋斗者”“人民楷模”“最美奋斗者”“上海市荣誉市民”“荣誉民兵”等荣誉及称号。20世纪60年代初，年仅19岁的都贵玛，主动承担28名上海孤儿的养育任务，用半个世纪的真情付出诠释了大爱无疆，为中国民族团结进步事业作出重大贡献。20世纪70年代，都贵玛自学蒙医蒙药和妇产科知识，先后挽救了40多位年轻母亲的生命。

3. 布茹玛汗·毛勒朵

布茹玛汗·毛勒朵，女，柯尔克孜族，中共党员，1942年6月生，是新疆克孜勒苏柯尔克孜自治州乌恰县吉根乡冬古拉玛通外山口的一名护边员护草员。曾荣获“全国爱国拥军模范”“全国三八红旗手”“全国民族团结进步模范个人”“人民楷模”“最美奋斗者”等荣誉及称号。她长期扎根于祖国边疆，无怨无悔、默默无闻地将青春年华奉献给祖国的守边和护草事业，在平均海拔4000米以上的冬古拉玛边防线上50多年如一日巡边护边，每天最少要走20公里山路，在她守护的山口，创造出无一例人畜越境事件的守边业绩。她积极宣传爱国护边护草工作，在边境线的许多石头上刻下“中国”两个字，这些“中国石”成为当地护边守边、彰显爱国情怀的象征。50多年过去，她在边境线草地上的10多万块大大小小石头上刻下

"中国"两个字。"拥军爱军"是布茹玛汗·毛勒朵常年坚持的另一件事，她记不清救治过多少冻伤、摔伤、被困暴风雪的"兵娃"，给他们妈妈般的爱与呵护。

（二）典型历史事件

1. 内蒙古满洲里红色国际秘密交通线教育基地

内蒙古满洲里位于呼伦贝尔大草原。俄国十月革命后，在五四运动的影响下，中国产生了一大批具有初步共产主义思想的知识分子。其中有不少人为了探索中华民族解放的道路，克服重重困难与艰险赴苏俄考察，了解十月革命的经验，学习马克思主义。当时主要是通过中东铁路经哈尔滨、满洲里赴苏联，这条交通线形成时间较早，持续时间较长，发挥作用较大，形成了一条通往苏联与共产国际联系的"红色之路"。我党早期的领导人周恩来、瞿秋白、李立三、罗章龙、伍修权等革命党人都是通过满洲里国际红色秘密交通线的掩护，前往苏联和回国的。

2. 湖南省南山牧场

1934年王震率领工农红军第六军团8000多人作为长征探路先遣队，鏖战湘赣，转战粤桂，从广西资源县进入湖南城步县，王震望着这片亘古荒原，豪情满怀："多好的草山啊，待革命胜利后，我们一定要在这里办一个大牧场。"1974年7月，王震到湖南视察工作，对时任城步苗族自治县领导作出明确指示，"经过专家、教授考察认定，八十里大南山办牧场具有得天独厚的条件，我要办好这个点，你们县委帮我配好牧场领导班子，选一批懂专业、干实事的干部上南山"。南山从此走上了以牧业为主导的发展之路。王震将军的璀璨初心、殷切关怀和历代南山人的艰苦奋斗、开拓创新完美结合，造就了八十里大南山成为祖国南方山地现代化牧场典范，在湖湘大地树立起"中国南方第一牧场"的丰碑。

3. 湖南桑植南滩国家草原自然公园

湖南南滩国家草原自然公园总面积12000公顷，是湖南省三大天然草场之一。南滩草场是浓缩的草原精品图，既具有北方草原的广阔，又有南方草场的温馨。土地革命时期，先后在中共湘鄂西前委和湘鄂川黔省委的领导下，创建了广福桥、溪口、国大桥、官地坪、三官寺等5片革命根据地，支援红军展开游击战争，全县有3700余人参加红军，有1400多名先烈为革命洒下了热血。

4. 四川省阿坝州若尔盖县

若尔盖县享有“中国最美的高寒湿地草原”和“中国黑颈鹤之乡”的美誉，是长征时期三大主力红军集中走过的大草地，是共和国九大元帅共同走过的草地，也是红军长征过草地时牺牲人数最多的地段之一。班佑寨是红军长征三过草地的集结地带，共和国一代伟人毛泽东、朱德、刘少奇、周恩来、邓小平、李先念等均在这里留宿、集结，是红军长征过草地的重要纪念地之一，留下了“金色的鱼钩”和“七根火柴”等动人的故事。

屹立在川西若尔盖草原上的红军过草地纪念碑　摄影 / 李楠

5. 四川省阿坝州红原县

1960 年 7 月，为纪念中国工农红军长征草地艰难行及川西北人民在中国革命危难关头所做出的重大贡献，经国务院批准建立红原县，周恩来总理题词命名“红军长征走过的大草原”，故名为“红原”。1935—1936 年，中国工农红军长征三次到过阿坝县境内，展现了红军坚定的革命理想信念、大无畏的牺牲精神。在红军长征爬雪山、过草地、越沼泽的艰苦岁月里，这里的广大牧民群众把自己家维持生计的青稞和牦牛支援红军，为红军队伍保存革命力量、取得长征胜利做出了积极贡献。四川瓦切国家草原自然公园位于红原县内。

6. 四川省阿坝州松潘县

松潘县草原是青藏高原和四川盆地连接段的川西北草原，这里水草盘根错节，结成片片草甸，覆盖于沼泽之上。《沙窝会议》《毛儿盖会议》明确了党中央北上向东的战略路线。三路红军三过毛儿盖，停留转战时间前后长达 14 个月（1935 年 7 月至 1936 年 8 月）。其中，中央红军在毛儿盖停留 48 天（1935 年 7 月 5 日至 1935 年 8 月 21 日），在红军长征史上实属罕见。红军在毛儿盖筹集了过草地至关重要的粮食，筹粮 2000 多万斤，牦牛等各类牲畜 20 多万头。毛泽东曾在新中国成立后说，中国革命在某种意义上讲是“牦牛革命”。

7.青海省“金银滩”草原

“金银滩”草原位于青海湖之北，因盛开金露梅、银露梅两种花而得名，脍炙人口的情歌《在那遥远的地方》就诞生于此，而从20世纪50年代末起，这里就有了另外的名字——原子城。20世纪五六十年代，面对严峻的国际形势，为打破核大国的讹诈与垄断，为了世界和平和国家安全，在条件十分艰苦的情况下，党中央果断做出了研制“两弹一星”的战略决策。老一代科学家和广大研制人员发扬“热爱祖国、无私奉献，自力更生、艰苦奋斗，大力协同、勇于攀登”的精神，克服了各种难以想象的艰难险阻，突破了一个又一个技术难关，原子弹、氢弹、人造卫星相继成功，取得了中华民族为之自豪的伟大成就。其中，不仅科技工作者做出了突出贡献，青海金银滩草原上的牧民群众也做出了重要贡献。当时，党中央决定把青海省海晏县金银滩草原作为核武器研制基地后，青海省委根据需要，将金银滩草原的1279户牧民搬迁。6000多名牧民赶着15万多只牛羊，没有提出任何条件，仅用10天时间，搬离了祖祖辈辈繁衍生息的草原，为核武器研制基地建设创造了条件。“两弹一星”精神，是爱国主义、集体主义、社会主义精神和科学精神的生动体现，其核心为科技创新精神。

8.青海红军沟国家草原自然公园

青海红军沟国家草原自然公园位于果洛藏族自治州班玛县，班玛是红军长征唯一经过青海的地方，1936年北上红军主力的左纵队30000余人在班玛地区活动的时间有20余天。当红军进入班玛地区后，严格执行“三大纪律、八项注意”，丝毫不侵犯藏族群众的利益，尊重当地的民族宗教信仰和风俗习惯，得到藏族群众的信任和拥护支持，积极为红军筹措粮食燃料，为红军提供住所，救助红军伤员，安葬红军烈士，给红军当向导，助力红军走出班玛，顺利到达阿坝。红军走出班玛后，当地藏族群众对红军念念不忘，把红军走过的子木达沟改称为“红军沟”。“红军沟”内有红军亭、红军桥、红军泉、红军哨所、红军写下的标语、红军墓等红色遗址遗迹。

9.宁夏回族自治区盐池红色草原

宁夏盐池县是牧业县，这里的“滩羊”远近闻名。宁夏吴忠市盐池作为革命老区，军事地位和经济地位极为重要。1926年11月，这里就建立了第一个中共支部，有了党的组织和活动。1936年6月21日，红军西征部队一举攻克了盐池县城，并解放了盐池县的大部分地区，使盐池成为西征红军解放的宁夏第一县。盐池县是宁夏唯一经过红军长征、抗日战争、解放战争时期的革命老区。为了缅怀革命烈士，盐池县于1952年4月在县城东南隅兴建了盐池县革命烈士陵园，陵园内建有革命烈士纪念塔、革命烈士纪念馆和博物馆等。

10. 新疆生产建设兵团天牧草原国家草原自然公园

新疆生产建设兵团天牧草原国家草原自然公园位于新疆生产建设兵团第十四师一牧场。中国人民解放军一野一兵团10万大军，在王震将军的率领下，人不卸甲，马不离鞍，洪流滚滚，一路向西，挺进辽阔荒凉、和平解放的新疆。新疆生产建设兵团第十四师一牧场的军垦战士传承了三五九旅“自己动手、丰衣足食”的南泥湾精神。通过勤劳的双手，每年为部队提供20万余斤的肉食，并且有多余的食物供应市场，对新中国成立初期物资流通、平抑物价、稳定经济、活跃市场、融洽军民关系、促进民族团结和谐，起到了不可替代的良好作用。1958年周恩来总理亲笔签发第十四师一牧场为“农业社会主义建设先进单位”；2009年被国务院表彰为“全国民族团结进步模范集体”；2016年再次被国务院授此殊荣。

红色长征、绿色长城，丰富了草原生态文化的色彩。更有伴随着我国改革开放的步伐，为建设草原生态文明坚持不懈、涌现出了一大批艰苦创业、绿色发展的建设典型，砥砺奋进、甘于奉献的先进模范。他们引领着草原儿女，高举中国特色社会主义伟大旗帜，以习近平新时代中国特色社会主义思想为指引，不忘初心、牢记使命，勇于担当、扎实工作，为加快推进草原地区生态建设，全面提升新时代草原现代化水平，为建设生态文明和美丽中国正在继续作出卓越贡献。

第五节　新时代草原生态文化的创新发展

文化是随着时代进化发展的，这种过程具有持续性、累积性和进步性。由此，文化现象便被系统地组织起来发生变迁并传承下去。一个文化阶段，连接着另一个文化阶段继续变迁，形成文化的进化或文化的发展。梳理草原文化的进化，由游猎时代到游牧时代再经过工业时代到今天的信息时代，草原生态文化由古朴的意识认知到当今现代文明的辨识反思，其创新发展经历了草原生态文化的开放与走向世界、草原生态文化面临的新形势与时代反思、新时代草原生态文化的新思想及新发展三个阶段。

一、草原生态文化国际合作与交流

“不同文明的接触，以往常常成为人类进步的里程碑。”人类民族文化的发展过程中离不开与外来文化的碰撞、交流和竞争。在相互撞击和交融过程中，互相进行不断的变革、完善、丰富和发展，形成与时俱进、经久不衰的经典。

（一）古代丝绸之路的对外开放交流

草原文化启蒙的对外交流意识始于游猎时代，当草原先民获取足够多的食物来源又无法储藏时，就会寻求对外部族群和部落的物质交换，在当时交换的物质主要是牛，以牛为价值标准。到了游牧时代，随着草原文化和农耕文化的交融贯通以及交通工具的发展，草原区与农耕区、东亚与西亚、农耕民族与游牧民族之间的交流和开放大大加强。

据记载，大约每五百年便会发生华夏文明与匈奴、蒙古、满洲等不同草原游牧民族的结盟和交融。无论是翻山越岭到喜马拉雅山，还是远行西进到地中海，中国草原文化吸取了西方及邻国的科学、宗教和艺术，并且化为己有，而不失掉它的固有特征。在对外开放交流中，最重要的外事事件就是草原丝绸之路和荒漠绿洲丝绸之路。

草原丝绸之路是其由中原地区向北越过古阴山、燕山一带的长城沿线，西北穿越蒙古高原、南俄草原、中西亚北部，直达地中海北陆的欧洲地区。这条丝绸之路位于北纬 40° 至 50° ，是典型草原区与农耕区交汇的核心地区，是草原丝绸之路的重要链接点。荒漠绿洲丝绸之路是汉长安、洛阳通过河西走廊连接新疆、中亚、西亚、欧洲的欧亚商路，这条丝绸之路位于北纬 35° 至 45° ，是荒漠草原区与农耕区交汇的核心地区。这两条陆路丝绸之路不仅融通了中原地区与草原地区的交流，而且融通了中原和中西亚、华夏和欧洲之间的交流，加强了中原地区以粮食、纺织品、手工制品为主的农商产品和北方草原地区皮、毛、肉、乳等畜产品的交流，尤其是两千年前张骞通西域，引进战马同时引进了优良牧草紫花苜蓿作为战马的饲草，在当时的长安地区广泛种植，开启我国人工种植牧草的先河，成为世界上最早种植牧草的国家之一。直至 2012 年，国务院启动“振兴奶业苜蓿发展行动”，紫花苜蓿还在我国发展现代草业、确保畜产品优质安全、修复退化草地等项目建设中发挥着关键的作用。

丝绸之路是古代欧亚典型草原区和荒漠草原区最长的国际交通路线，也是丝路沿线多民族共同创造的友谊之路。通过这条友谊之路，极大地丰富了我国的动植物遗传资源、文化艺术资源和社会宗教资源，不仅加强了古代中原农耕文化、北部游牧文化和西方工商文化的交流，也进一步凝结了当今华夏大地和欧亚地区之间在经济、文化和科技上的相依相生的互为关系，尤其是欧洲先进的科学技术和逻辑性思维方式，对深入思考当今生态文化的影响具有重要的时代价值。

（二）新时期草原生态文化的对外交流开放

新中国成立之后，草原对外交流开放达到一个新的高度，主要表现在以下几个方面。

1. 边境口岸的开放

我国拥有 2.2 万余公里陆地国境线，主要分布在草原边疆地区。经统计，我国内蒙古、新疆和西藏三个草原大区拥有 1.44 万公里国境线，共开放了 51 个口岸，其中 32 个一级口岸，19 个二级口岸。日喀则地区樟木口岸是西藏自治区历史上第一个对外通商口岸，已经发展成为我国与尼泊尔双边贸易的重要基地。乃堆拉山口岸在中断了 44 年的边境贸易后于 2006 年重新开放，这个口岸位于"丝绸之路"上，是连接西藏和印度、锡金段的重要通道。新疆对外开放的一类口岸 17 个、二类口岸 11 个，拥有 2 个国家级经济技术开发区、1 个国家级高新技术开发区、3 个边境经济合作区，口岸过货能力明显增强，边境贸易得到长足发展，是继黑龙江省之后我国第二大边境贸易区，成为我国向西开放的重要大通道和桥头堡。中哈霍尔果斯国际边境合作中心，是中国第一个开工建设的自由贸易区，并与 147 个国家和地区建立了经贸关系。

按照国家相关规定，在有条件的边境地区办边境自由经济合作区，可以享受比沿海经济特区更优惠的政策，建立边境自由经济合作区，大力发展口岸产业经济。国家和自治区不仅在基础建设上为投资者创造了良好的硬环境，而且给投资者提供了一个公平、安全、有保障、讲市场规则的软环境。口岸是外经贸活动的舞台，口岸的发展与外经贸发展紧密相连，相辅相成。口岸的开放和建设，大大加强了我国北方草原区和西南高寒草原区与周边国家的经济贸易往来和文化交流。

2. 打造经济文化活动平台

我国草原区具有丰富的文化资源和经济产品，是创办各类国际经济贸易文化活动的重要条件，我国草原牧业六省区打造的主要国际合作交流平台有："中国西藏—尼泊尔经贸洽谈会"、"中国西藏文化周"、青海"青洽会"、四川

“海外华侨华人高新科技洽谈会”、内蒙古“中国·呼和浩特昭君文化节”、“内蒙古国际草原文化节”、甘肃“全国乡企贸洽会”、“新疆喀什·南亚中亚商品交易会”、“新疆博尔塔拉那达慕草原节”、“中国·欧亚博览会”，等等。“中国·欧亚博览会”的前身是“乌鲁木齐洽谈会”，从1992年到2005年已经举办了15届，有近80个国家和地区、1万多家企业的客商参会参展，累计对外经贸总成交额262亿美元，国内经贸成交总额4107亿元人民币。“中国西藏文化周”已在澳大利亚、新西兰、加拿大、比利时、泰国、意大利、丹麦和中国香港等地多次举办，并且连续多年派出经贸代表团参加了印度新德里国际博览会。“新疆喀什·南亚中亚商品交易会”首届举办就有10多个国家的4300多名客商参加，共签订贸易成交合同59项，成交金额21.70亿元。“海外华侨华人高新科技洽谈会”以“科技创新、产业发展、合作共赢”为主题，吸引海外资金、技术、人才，已接待来自北美、欧洲、大洋洲、东南亚和港澳台等23个国家和地区的300多名海外专业人士、重点华商和一批世界五百强企业、跨国公司代表。通过国际交流活动平台，促进了我国草原牧业大省与欧亚草原国家的长期经济文化交流与合作，也推进了草原牧业省区与内地发达省份的沟通合作。

3. 南南合作及文化科技项目交流

南南合作旨在促进发展中国家之间，传播人类活动所有领域内的知识或经验，并相互分享的能力，主要内容包括推动发展中国家间的技术合作和经济合作，并致力于加强基础设施建设、能源与环境、中小企业发展、人才资源开发、健康教育等产业领域的交流合作。60多年来，中国积极参与国际发展合作，共向166个国家和国际组织提供了近4000亿元人民币援助，派遣60多万名援助人员。2015年，中国宣布设立“南南合作援助基金”，首期提供20亿美元，支持发展中国家落实2015年后发展议程；2017年5月，中国宣布“南南合作援助基金”增资10亿美元，该基金成为中国政府为支持其他发展中国家落实2030年可持续发展议程的专门援助性基金。在国家间经济技术交流合作中，我国六大草原牧业省区也和世界150多个国家和非政府机构建立了经济技术合作关系，签订了近2000份合同，总投资达400亿美元，引进资金300亿美元以上，到位资金65亿美元。国际多双边无偿援助项目涉及畜牧、医疗、卫生、教育、生态环境保护、妇女发展、人才培训等。新疆积极开展对外文化交流，1999年以来累计对外及对港澳台地区文化交流项目400多项，4200余人次；其中派出团组近300个，2400余人次，接待来访团组近160

个，2000 人次。西藏共引进涉外项目 380 多个，到位资金 4 亿多元人民币，主要涉及 20 多个国家的非政府组织、国际多双边协议、个人捐赠等。西藏已同美国、日本、德国、奥地利、尼泊尔等 20 多个国家进行了科技交流合作，引进了瑞士的山德士染色技术、德国的制革、制鞋成套设备和技术，建成那曲双循环地热示范电站，缔结了众多友好姐妹城市，如拉萨市与美国博尔德市、玻利维亚波多西市、罗斯卡尔梅克共和国埃利斯塔市，日喀则市与尼泊尔的巴尼帕市。内蒙古对外经济技术合作取得新进展，仅“十五”期间，内蒙古对外经济技术合作就完成营业额累计达 2.25 亿美元。目前内蒙古已同 80 多个国家和地区的客户建立了文化贸易往来及经济技术合作关系，特别是企业积极参与国际市场竞争，走出国门，在境外建厂创业并取得成功。另外内蒙古积极利用世界银行贷款项目累计完成扶贫项目投资 9.76 亿元、内蒙古交通和贸易走廊项目 1 亿美元贷款，以帮助内蒙古改善交通基础设施和物流条件，促进中俄、中蒙边境贸易发展。世界银行和原国务院扶贫办外资项目管理中心合作在内蒙古实施“社区主导型发展试点项目”，项目总投资 1200 万元人民币，其中世行赠款 50 万美元。青海省接受国际多边、双边无偿援助项目 85 个，受援金额 7.9 亿美元。以上项目合作以农牧业和扶贫为主，在项目内容上涉及有循环经济开发、优良种畜、胚胎冻精、畜产品加工、学生奶、牦牛乳加工、啤酒加工、中藏药研发、农产品栽培与出口以及科技文化方面的合作，等等。

（三）新时代“一带一路”的新思维、新战略

进入新时代，习近平总书记提出“一带一路”倡议，这是继古代草原丝绸之路和新时期对外改革开放以来，中国第三次向全世界宣称的全方位、高起点、大视野的国际战略举措。

1.“一带一路”的战略背景

“一带一路”倡议背景是基于历史需求：一是顺应西部大开发的战略部署，调整对外开放的地理格局，将经济技术对外开放的重点由我国东部地区转移到西部地区；二是顺应生产要素流动转型和国际产业转移的需求，将中国的生产要素，尤其是优质的过剩产能输送出去，让沿带沿路的发展中国家和地区共享中国发展的成果；三是顺应了中国与其他经济合作国家结构转变的需求，帮助沿带沿路发展中国家长期建设形成产业优势，包括基本设施建设、家电日用产品和基础制造优势；四是顺应国际经贸合作与经贸机制转型的需求，进一步遵守落实 WTO 的国家贸易机制，实现我国自由贸易区战略。

2.“一带一路”的主要思想内涵

“一带一路”秉承我国古丝绸之路的文化精神，遵循古丝绸之路的轨迹，一头连接活跃的东亚经济圈，一头连接发达的欧洲经济圈，调动中间广大腹地以中国为代表的经济发展潜力，促进共同发展、实现共同繁荣，增进理解信任、加强合作交流。21世纪陆路丝绸之路重点方向是启始中国，经中亚、西亚至波斯湾、地中海；21世纪海上丝绸之路重点方向是从中国沿海港口过南海到印度洋，延伸至欧洲。“一带一路”是国际经济繁荣之路、和平友谊之路。中国政府倡议，秉持和平合作、开放包容、互学互鉴、互利共赢的理念，全方位推进务实合作，打造政治互信、经济融合、文化包容的利益共同体、命运共同体和责任共同体。“一带一路”建设是双边或多边联动基础上通过具体项目加以推进的，是在进行充分政策沟通、战略对接以及市场运作后形成的发展倡议与规划。“一带一路”跨越不同区域、不同文化、不同宗教信仰的交流互鉴，在推进基础设施建设，加强产能合作与发展的同时，也将“民心相通”作为工作重心之一。

3.“一带一路”倡议的进展

中国提出“一带一路”倡议9年来，已与140多个国家和国际组织签署了共建“一带一路”合作文件。共建“一带一路”倡议及其核心理念被纳入联合国、二十国集团、亚太经合组织、上合组织等重要国际机制成果文件。在经贸投资合作方面投资合作不断扩大，形成了互利共赢的良好局面。到2018年上半年，与沿线国家货物贸易进出口额已达6050.2亿美元；对沿线国家非金融类直接投资达74亿美元；已与沿线国家建设80多个境外经贸合作区，为当地创造了24.4万个就业岗位。通过加强金融合作，促进货币流通和资金融通，为“一带一路”建设创造稳定的融资环境，积极引导各类资本参与实体经济发展和价值链创造，推动世界经济健康发展。截至2018年6月，已有11家中资银行在27个沿线国家设立了71家一级机构。

“一带一路”对外开放倡议，再一次创新发展了21世纪的经济发展理论、区域合作理论、全球化理论等国际合作理论，实践共商、共建、共享原则，给21世纪的国际合作带来了新理念和新机遇。

二、草原生态文化面临的新形势与时代反思

当今全球遇到的人口膨胀危机、资源减少危机和环境恶化危机是人类面

对的共同问题，这是人类自身发展、繁荣富裕所带来的负面产物。而人口膨胀与生存的矛盾、资源短缺与文明发展的矛盾、环境污染和健康生活的矛盾是当今草原永恒的话题，这是现代文明发展到今天必须正视的问题。

（一）新世纪面临的生态问题和危机

在远古游猎时代和古游牧时代，人们维系着一种人与自然的和谐关系，加之人口稀少，生产力脆弱，开发自然资源的能力低下，人在大自然面前还是弱小者、服从者和敬畏者，人和自然的矛盾处于隐患阶段。经过近代的工业开发和产业扩张，人口危机、资源危机、环境危机成为当今世界最重大的问题。

1. 人口膨胀危机

世界总人口呈加速增长，从 1950 年算起，当年人口 25.20 亿，到 2020 年，已经达到 75.85 亿，70 年间世界人口增加了 2 倍。1950—1960 年 10 年间增加了 5.01 亿，1960—1970 年 10 年间增加了 6.76 亿，1970—1980 年 10 年间增加了 7.47 亿，1980—1990 年 10 年间增加了 8.41 亿，1990—2000 年 10 年间增加了 8.12 亿，新世纪开始至今 20 年又增加了 14.88 亿人口。中国人口在 1950 年只有 6 亿，到 2019 年已经达到 13.95 亿，同样以每 10 年增加 1.136 亿人口的速度在增长。

从历史看，草原游牧民族的人口增长都处于一个比较低缓的速度。从 609 年隋朝全国在籍人口 4602 万，到明朝太祖洪武十四年（1381），全国人口数为 5987 万，在 772 年内人口只增加了 1385 万，每 10 年只增加 17.9 万。清朝处于封建社会末期，生产力在增长中，全国人口从 1 亿迅速增长到 4 亿：清代乾隆六年（1741）在籍人口总数为 1.43 亿，这在中国历史上是第一次人口总数达到 1 亿以上；道光十四年（1834）全国人口第一次增加到 4 亿以上。人口的不断增加，无疑加大了对资源的需求，不可更新资源和可更新资源的压力都在与日俱增。

2. 资源短缺危机

人口数量在增加，人们的消费水平在不断提高，人均能源、淡水等资源的消费量也在逐年增加。据李博考古数据，旧石器时代早期，距今百万年之前，人均日耗能量只有食物能，约在 2000 千卡 / 人 · 日；到了新石器时代早期，距今 1 万年前，人均日耗能量就不仅是食物能，还增加了家庭消耗和采猎游牧的能量消耗，约为 12000 千卡 / 人 · 日；到了工业社会早期，距今 200 年前，人均日耗能量在原来能量消费的基础上又增加了交通运输的耗能，约为77000千卡/人·日；而进入技术信息社会，距今30—50年，人均日耗能量就达到了230000千卡/人·日；这个消费水平已经是工业社会早期的3倍，是新石器时代的19倍，是旧石器时代的115倍。①

人口的膨胀和生活水平的提高，不可避免地导致农业自然资源压力的不断增大，一系列资源危机相继出现。一是能源危机。从能源消费水平变化看，中国人均年生活用能从20世纪80年代初期到90年代中期的15年期间增加了34%。根据1993年世界能源委员会估计，全球石油储量大约在2050年枯竭，天然气储备估计将在57—65年内枯竭，煤的储量只能供应169年，铀的年开采量只能维持到21世纪30年代中期。化石能源与原料链条的中断，必将导致世界经济危机和冲突的加剧，最终葬送现代市场经济。二是水资源危机。水危机可能更甚于能源危机。全球可利用淡水资源仅相当于全球总水量的0.32%，而我国更是一个干旱缺水严重的国家。人均淡水资源900立方米，仅为世界平均水平的1/4，在世界上名列第110位，是全球人均水资源最贫乏的国家之一。三是粮食危机。由于土地资源恶化和水资源短缺，导致全球性粮食短缺、产量锐减以致造成了近40年来前所未有的粮食恐慌与危机。

联合国粮食及农业组织、国际农业发展基金、联合国儿童基金会、联合国世界粮食计划署和世界卫生组织联合发布2022年《世界粮食安全和营养状况》报告。报告指出，2021年全球受饥饿影响的人数已达8.28亿，较2020年增加约4600万。数据显示，从2015年起，世界饥饿人口所占比例稳定在8%左右，但在2020年急剧上升至9.3%，并在2021年继续升至9.8%。2021年，全球约有23亿人面临中度或重度粮食不安全状况。

3. 环境恶化危机

环境问题主要源于资源问题，环境是一种原位性资源，由于人类不合理的利用管理环境资源，造成了水体污染、草原退化、空气污染、森林消失、温室效应、土地退化等环境问题。环境压力的增大也意味着对自然资源基础的压力增大。环境危机主要起源：一是能源消费带来的环境问题。由于化石能源的大量消费，全球每年向大气中排放的硫氧化物、氮氧化物、一氧化碳等有毒有害气体11.4亿吨，约6.25亿人生活在空气污染的城市中，温室效应导致

① 李博：《普通生态学》，内蒙古大学出版社1993年版，第267页。

全球平均气温上升了0.3—0.6℃。引起极地冰川融化和海平面上升。二是草原的过度利用带来的环境问题。据联合国数据，由于世界人口剧增和毁林开荒，导致森林锐减，每年丧失1700—2000公顷面积的森林，全球草原70%都已经开垦成农田，造成严重的水土流失，湖泊淤积、江河阻塞、生物物种减少、遗传资源濒危。三是水的过度和不当利用带来的环境问题。长期以来，污水治理没有得到根本解决。全世界每年有4260亿吨各种工业废水和城市生活污水排入河流、湖泊，造成了几千条河流、数千个湖泊和近海不同程度的污染，致使20多亿人缺乏清洁水，14亿人口在没有废水处理设施下生活。事实表明，水质污染引发的疾病已成为人体健康最主要的危害。四是土地利用不当带来的环境问题。过度开垦、不当耕作、过度施用化肥、污水排放等造成土壤结构破坏、土地质量退化、生产力下降，大面积的水土流失、盐碱化和沙漠化，致使近1/6人口的生存环境受到影响。

（二）草原生态文化面临的挑战

草原的生态问题是世界生态危机的组成部分，也是草原事业前进发展中伴生的负性问题。严重的草原生态问题与我们传统的草原生态文化理念发生激烈的对撞和冲突，主要表现为：第一，草原生态文化弘扬的是"天人合一"，人性的解放、归于自然，达到一种"万物与我为一"的精神境界。可是我们今天面临的问题是草原严重退化的面积已经达近1.8亿公顷，且以每年200万公顷的速度继续扩张，天然草原面积每年减少65万—70万公顷；第二，传统草原文化认为大草原是牧人的万物之源，"经岁而一获，独收畜之利，孳养繁殖，生生不息"，但是当今的草原产草量比50年前下降了30%—60%，家畜超载36%，草原牧业举步维艰；第三，传统草原文化认为要敬畏自然，谓之"赞化天地，道法自然"，但是，从明朝太祖洪武年间草原游牧正佳时，到现今泱泱大国，由于人口已经增加了22倍，为了生存，1000多年来已经将20亿亩草原森林开垦为农田；第四，传统草原生态文化认为"逐水草迁徙"，"四望惟黄云白草，行不改途……"，但是，当今草原牧民为了追求安顺祥和、享受良好医疗教育，免受风餐露宿之苦，95%已经实现了定居生活。人类良好的愿望总是和严酷的现实相悖。草原生态文化作为一种以崇尚自然为特征的文化，从生活方式和生产方式，从精神领域到生存过程，都同天地自然息息相关、融为一体，和谐共处作为行为准则和价值尺度。

三、新时代草原生态文化的创新发展

整个工业文明时代的疯狂发展，就是以资源过度消耗和环境恶化为代价。21 世纪，人们最大的反思是人与自然的危机关系，但是单纯地敬畏自然、被动地顺应草原已经不能再“天人合一”、天地共存了。人类面临的危机迫使新时代的草原生态文化需要创新发展，诞生更加文明、更加科学、更加有为的文化思想。建立科学的生态系统观、综合治理的保护观和与时俱进的经营观，树立现代生态文明观，实现美好生活和美丽中国，这是草原生态文化发展必走的创新之路。

（一）山水林田湖草沙生命共同体

党的十八大以来，国家以生态文明建设的宏观视野提出了“山水林田湖草沙是一个生命共同体”的理念，人的命脉在田，田的命脉在水，水的命脉在山，山的命脉在土，土的命脉在树和草。山水林田湖草沙各要素生态过程相互影响、相互制约，是不可分割的整体，全面反映了生态系统的组分关系和功能过程。“生命共同体”理念科学界定了人与自然的内在联系和内生关系，蕴含着重要的生态哲学思想，在对自然界的整体认知和人与生态环境关系的处理上提供了重要的理论依据。

构建山水林田湖草沙的生态关系，实施生态系统的统筹管理，协同发展，全面推进以生态系统保护修复为目标的综合治理是实现自然系统和谐共处、平衡发展的必由之路。一要加大对山水林田湖草沙生态系统的结构和功能的科学研究，确定系统结构内的运动关系，按照生态系统的物质循环规律和能量平衡法则去实施统筹管理，要使得草原生态系统成为山水林田湖草沙综合生态系统的有效组分，共同构建成为一个开放的、平衡的、运动的自然系统；二要做好规划协调。按照国家、流域、区域三级和综合规划、专业规划两类的要求，立足国家经济社会总体战略布局，系统把握好流域规划和区域规划、专业规划和综合规划之间的关系，统筹推进实施“多规合一”，规划确定的布局和“红线”；三要科学有效地实施一批生态保护建设工程，包括草原植被保护工程、受损草原生态修复工程、草畜平衡工程、草原牧民定居工程，防止用禁、关、罚等简单的行政手段管理草原；四要在实施生态保护体制机制的基础上，依据当前我国生态保护建设和生态保护体制改革的总体要求，从组织领导、干部绩效考核、资金的筹措与投入，以及营运的管理、基础设施的建设等方面抓落实；五要做好预测预警工作，在协调山水林田湖草沙的生态关系时，要建立信息化管理平台、预测预警技术平台和科技支撑保障体系，要用科学的信息指导系统管理，做到公众参与和监督，建立科学有效的生态保护体制机制，科学制定配套政策措施，构建生态保护修复长效制度的创新机制。

（二）“两山”理论与“生态产业化、产业生态化”

习近平总书记提出的“两山”理论是新时代生态文明思想的自然观，表述为“既要金山银山，也要绿水青山，宁要绿水青山，不要金山银山，绿水青山就是金山银山”。从理论视角看，“两山”理论包含着三个层次：“既要绿水青山，也要金山银山”，“绿水青山和金山银山绝不是对立的”和“绿水青山就是金山银山”，全面诠释了经济发展与环境保护之间的辩证统一关系。在原始采猎阶段，人类是顺从自然、敬畏自然，只要绿水青山；在游牧文明阶段，抱守“绿水青山”，奋斗“金山银山”；在工业文明阶段，人们攫取“金山银山”，破坏了“绿水青山”，进入新时代，“既要绿水青山，又要金山银山”，“两山论”系统阐述了人与自然的辩证关系，蕴含着丰富的生态学思想，教导人们如何从矛盾冲突走向和谐统一。“两山论”的辩证思想就是现代生态文明的思想，保护生态环境就是保护生产力，改善生态环境就是发展生产力。

生态文明是工业文明发展到一定阶段的产物，是人类社会发展的必然。“两山论”作为一种辩证的生态生产关系，更新了关于自然的价值观念，不仅具有环境效应，并且具有财富效应；打破了生态与生产的对立观念，指明了生态和生产的协调共生、相互促进和内在统一的关系；阐释了保护和发展的协调机制，不仅是保护自然价值，更是一个增值自然资本的过程，绿水青山可以源源不断地带来金山银山。

为此，践行“两山”理论需要深刻理解草原保护与产业发展的关系，遵循“生态优先、生态生产协调发展”“生态产业化、产业生态化”的草原建设方针：一要在做好草原自然资源和文化资源调查的基础上开展区域规划，按照草原发生发展的规律布局草原的分区、分类、分级；二要维护和谐平衡的草原生态系统，处理好草原生产者、消费者和分解者的关系，要给野生食草动物和家畜配置合理的空间，维持草原合理的食物链结构；三要做好草原健康评估和生产力评估，确定合理的载畜量以及合理的畜种、畜群结构，确保草场合理平衡利用；四要发挥科学技术的作用，科学合理地做好退化草场的修复改良，要尊重自然规律和环境条件，选择科学有效持久的草原改良的技术和方法，要按照草地牧草的生长规律合理安排家畜的轮牧、休牧和禁牧；五要做好草原生态文化资源的发掘、整理、评估、规划，总结文化精髓，弘扬优秀的传统文化和红色文化，提振民族精神；六要尊重草原民族的优秀文化传统和生态行为，要以牧民的福祉为终端目标，加强草原地区的教育、卫生、医疗和基础设施建设，以人为本，以天为大，实现草原的合理承载力；七要让草原畜牧业、草产品加工业、草种产业、草原文化业、草原生态旅游事业、草原民族体育事业、草原民俗服务业等草原生态产业，真正实现产业生态化、生态产业化。

（三）草原生态补助奖励机制

草原是公共产品。公共产品具有受益的非排他性、消费的非竞争性两个基本属性，决定了私人不愿意参与公共产品的供给，因此，政府应当在提供这类物品上发挥主要作用，否则就会出现供给不足的问题。在市场经济国家，政府是公共产品和公共服务的主要提供者。生态补偿机制的提出，就是按照公共产品补偿原理，以保护生态环境、促进人与自然和谐为目的，根据生态系统服务价值、生态保护成本、发展机会成本，综合运用行政和市场手段，调整生态环境保护和建设相关各方之间利益关系的环境经济政策。

根据国务院第128次常务会议决定，从2011年起，国家在内蒙古、新疆（含新疆生产建设兵团）、西藏、青海、四川、甘肃、宁夏和云南8个主要草原牧区省（区），全面建立草原生态保护补助奖励机制，实施禁牧补助、草畜平衡奖励、牧民生产资料综合补贴和牧草良种补贴等政策措施。2012年，国家将河北、山西、黑龙江、吉林和辽宁省的半牧业县纳入草原生态补奖政策实施范围。第一轮草原生态补奖政策补助标准是禁牧补助每亩每年6元，草畜平衡奖励每亩每年1.5元，生产资料综合补贴每户500元。5年一个周期。中央财政每年安排绩效考核奖励资金，对工作突出、成效显著的省区给予奖励。

从2016年开始，国家实施新一轮草原生态补奖政策，将河北省兴隆、滦平、怀来、涿鹿、赤城5个县纳入实施范围，构建和强化京津冀一体化发展的生态安全屏障。国家根据草原牧区实际情况和第一轮政策执行情况进行了政策调整，新政策内容包括：禁牧补助，中央财政按照每年每亩7.5元的测算标准给予禁牧补助，5年为一个补助周期。草畜平衡奖励，中央财政对履行草畜平衡义务的牧民按照每年每亩2.5元的测算标准给予草畜平衡奖励。绩效考核奖励，中央财政每年安排绩效考核奖励资金，对工作突出、成效显著的省区给予资金奖励，由地方政府统筹用于草原生态保护建设和草牧业发展。

2011—2020年，国家累计投入草原生态补奖资金1701.69亿元，实施草原禁牧面积12.06亿亩、草畜平衡面积26.05亿亩，受益牧民达1200多万户。其中，2011—2015年第一轮草原生态补奖资金763.64亿元，包括：禁牧补助372.12亿元，草畜平衡奖励195.38亿元、面积26.05亿亩，生产资料综合补贴62.51亿元，牧草良种补贴56.85亿元，绩效考核奖励资金74.79亿元。2016—2020年，新一轮草原生态补奖中央财政资金累计938.05亿元，包括：禁牧补助452.4亿元、禁牧面积12.06亿亩，草畜平衡奖励325.7亿元、面积26.05亿亩，绩效考核奖励资金159.95亿元。

通过两轮补奖政策的实施，草原生态得到了有效恢复。按照深化党和国家机构改革有关要求，国家将继续实施第三轮草原生态补奖政策。

建立草原生态补偿机制是新时期生态文化理念的创新。面对草原退化严重、可利用面积减少、生态功能弱化、牧民就业渠道窄、收入增长缓慢等问题，坚持以人为本、统筹兼顾，加强草原生态保护，转变畜牧业发展方式，促进牧民持续增收，推动城乡和区域协调发展，维护国家生态安全、民族团结和边疆稳定。

建立草原生态补偿机制是现代生态文明建设的一项重要举措，有利于推动环境保护工作实现从以行政手段为主向综合运用法律、经济、技术和行政手段的转变，有利于推进资源的可持续利用，加快环境友好型社会建设，实现不同地区、不同利益群体的和谐发展。

（四）草原自然公园体系建设

国际自然保护联盟（IUCN）定义：自然保护地是明确界定的地理空间，经由法律或其他有效方式得到认可、承诺和管理，以实现对自然及其生态系统服务和文化价值的长期保护。目前，我国共有8217个自然保护地，分为自然保护区、森林公园、国家湿地公园、风景名胜区、地质公园、水利风景区、水产种质资源保护区、水源保护区等八种类型。当前我国正在改革自然保护体制，通过对现有自然保护地整合、归并、优化、转化、补缺，新建国家公园和自然公园，逐步建立以国家公园为主体、自然保护区为基础、各类自然公园为补充的新型自然保护地体系。

2020年，国家林业和草原局公布了内蒙古自治区敕勒川等39处全国首批国家草原自然公园试点建设名单，标志着我国国家草原自然公园建设正式开启。39处国家草原自然公园总面积14.7万公顷，涉及11个省（自治区）、新疆生产建设兵团，以及黑龙江省农垦总局，涵盖温性草原、草甸草原、高寒草原等类型，区域生态地位重要，代表性强，民族民俗文化特色鲜明。

草原自然公园是指具有较为典型的草原生态系统特征、较高的保护和合理利用示范价值，以保护草原生态和合理科学利用草原资源为主要目的，开展生态保护、生态旅游、科研监测和自然宣教等活动的特定区域，分为国家草原自然公园和省级草原自然公园。

党的十八大以来，党中央在生态文明建设方面提出一系列新理念、新思想、新战略，开展一系列根本性、开创性、长远性工作，我国生态环境质量出现了稳中向好趋势。建设草原自然公园是加强草原保护、发展草原旅游、传承草原文化、规范草原合理利用的重要抓手，是乡村振兴和决战脱贫攻坚的重要举措，是生态文明和美丽中国建设的重要内容，是巩固生态文明建设成果和满足人民日益增长的美好生活愿望的需要。将区域生态地位重要，在生态系统中具有典型性代表性和生物多样性丰富的草原建设为草原自然公园，禁止开展各类掠夺性、破坏性及透支性开发活动，筑牢绿色屏障，既为当地农牧民拓宽增收途径，又为人民提供更多优质生态产品，是生态惠民、生态利民、生态为民的集中体现，是实现“百姓富”和“生态美”的有机统一，是最朴实的初心和最紧要的使命。

完成国家草原自然公园的布局和建设，需要按照生态优先、科学修复的原则做好园区的保护建设工作；在有效保护草原生态系统及自然资源的前提下，合理利用公园的各类资源，探索构建草原保护与利用新模式；通过统一规划、景点设计、设施建设，形成独具特色的草原生态旅游区，做好生态旅游和科普宣教；加强科技支撑和监测能力建设，建立监测站点和信息服务平台，并纳入国家草原定位监测网络体系；加强基础设施及管理能力建设，设置固定的管理机构、人员和各项管理制度，以保障草原自然公园的规范运行、向好发展。

（五）生态保护建设工程体系

21世纪以来，国家高度重视草原保护建设工作，先后实施了退耕还林还草工程、防沙治沙工程、草原生态补奖机制、退牧还草工程、京津风沙源治理工程、农牧交错带已垦草原治理工程、西南岩溶地区石漠化综合治理工程、草原防火工程、草原牧民定居工程、草原植被恢复工程、牧区开发示范工程等一系列草原保护建设项目。草原生态保护建设工程以《草原法》为遵旨，坚持经济、社会、生态效益并重，生态优先的原则，尊重自然和经济规律，正确处理经济社会发展与生态建设、草原保护建设与合理利用以及生产、生活和生态之间的关系，加快推进草原经济增长方式、草原畜牧业生产方式和农牧民生活方式的转变，认真实施草原保护建设利用重点工程，积极促进科技进步和产业化发展，进一步建立和完善支持保障体系，增强草原可持续发展能力，推动社会走上生产发展、生活富裕、生态良好的文明发展道路。

实施草原生态保护建设利用工程具有重要的战略意义：一是通过草原生态保护建设工程，解决草原生态危机问题，对维护国家生态安全、建设环境友好型社会、建设美丽中国具有重大的战略意义；二是通过草原生态保护建设工程，进一步建设现代农业体系、壮大草原牧区经济基础，转变草原畜牧业生产方式，有效扩大农牧民就业，增加农牧民收入，繁荣牧区经济；三是通过实施草原生态保护建设工程，可以进一步加快草原地区发展、巩固民族团结、维护边疆稳定、构建和谐社会；四是通过实施草原生态保护建设工程，助力供给侧结构性改革，增加就业岗位，夯实农业基础，全力加强草原地区基础设施和能力建设，有效提升草原畜牧业的产能和产品质量，大幅度提高抗灾减灾能力。

为了更好地培植和总结我国草原生态保护建设的科学思想和文化意识，以历史责任感、正确的政绩观、实事求是的科学观和可持续发展理念，深入实际、实地调查研究，采取科学举措，因地制宜地开展草原保护建设与合理利用；把依法行政贯穿于草原保护建设和监督管理工作的各个环节，严格执行国家基本建设程序，做好工程的设计、招标、监管、评估，建立和完善质量管理和技术监督体系，保证工程的质量和实施效果；倡导科技创新和成果推广利用，广泛运用先进实用技术，并且培养一批有文化、懂技术、会管理、高素质的新型农牧民，提升草原保护建设利用整体技术水平和经营管理水平；加强舆论宣传，努力营造良好的社会氛围，将草原生态保护建设的理念变成文化、变成习惯、变成规则，创造全社会爱护草原的良好风尚。

经过几十年的实践，已经形成了我国特有的生态建设工程理论、经验和模式，具备了强大的生态工程设计能力、投资能力、组织能力、实施能力，形成了一整套从中央决策到基层落实的决策机制、投资机制、科技支撑机制、评估机制等配套机制和管理措施。更可贵的是，在草原生态工程战略规划、工程设计和实施政策措施中，我们党和政府越来越重视植入草原生态文化体系中具有时代价值的新意识、新观念、新思想，极大地丰富和发展了我国草原生态文化的精神内核，成为我国新时代草原生态文化的重要组成部分。

（六）生态文明制度体系建设

进入新时代，中国迈出了生态文明制度体系建设的坚定步伐，这是中国政府和人民经过70多年的奋斗和发展换来的宝贵经验。这套制度体系是秉承树立尊重自然、顺应自然、保护自然的理念和绿色发展、循环发展、低碳发展的理念，在生态文明建设中构建一套制度体系，包括自然资源资产产权制度、国土空间开发保护制度、空间规划体系、资源总量管理和全面节约制度、资源有偿使用和生态补偿制度、环境治理体系、环境治理和生态保护市场体系、生态文明绩效评价考核和责任追究制度等八项制度构成的产权清晰、多元参与、激励约束并重、系统完整的生态文明制度体系。

按照生态文明建设制度体系建设要求，生态文明建设首先要求做好顶层设计和整体部署，统筹把资源消耗、环境损害、生态效益纳入经济社会发展评价体系，把发展方式、资源利用、环境保护、生态文明制度、文化、人居等作为目标重点内容；探索建立资源环境统计制度，编制自然资源资产负债表。划定生产、生活、生态空间开发管制界限，完善自然资源监管体制，统一行使所有国土空间用途管制职责。监管所有污染物排放，实施排放标准和环境质量标准。着力推进重点流域水污染治理和重点区域大气污染治理，鼓励有条件的地区采取更加严格的措施，使这些地区环境质量率先改善。依法依规强化环境影响评价，开展政策环评、战略环评、规划环评，建立健全规划环境影响评价和建设项目环境影响评价的联动机制。按照谁受益谁补偿原则，建立开发与保护地区之间、上下游地区之间、生态受益与生态保护地区之间的生态补偿机制，研究设立国家生态补偿专项资金，实行资源有偿使用制度和生态补偿制度。健全生物多样性保护制度，对野生动植物、生物物种、生物安全、外来物种、遗传资源等生物多样性进行统一监管。建立国家公园体制。实行以奖促保，加快自然资源及其产品价格改革，全面反映市场供求关系、资源稀缺程度、生态环境损害成本和修复效益，促进生态环境外部成本内部化。继续深化绿色信贷、绿色贸易政策，全面推行企业环境行为评级。加强行政执法与司法部门衔接，推动环境公益诉讼，严厉打击环境违法行为。在高环境风险行业全面推行环境污染强制责任保险。扩大环境信息公开范围，保障公众的环境知情权、参与权和监督权。健全听证制度，对涉及群众利益的规划、决策和项目，充分听取群众意见。鼓励公众检举揭发环境违法行为。开展环保公益活动，培育和引导环保社会组织健康有序发展。实施生态文明考核制度，提高生态环境指标考核权重，实行自然资源资产离任审计，建立生态环境损害责任终身追究制。对造成生态环境损害的责任者严格实行赔偿制度，依法追究刑事责任。

“长风破浪会有时，直挂云帆济沧海”。在漫长的历史长河中，草原生态文化犹如一艘满载璞玉珍谷的巨轮，长风破浪，驶向现代文明。今天，我们在创造新的中华文明之时，感到无上自豪，万千年草原文化和华夏文明留给了我们世代享用不尽的精神财富，草原民族创造的绚丽多彩的生态文化对当今时代具有无比的时代价值，成为我们生态文明建设的坚固磐石。

第四编

草原生态文化纪实

宁夏草原

一、宁夏草原生态文化寻踪

仲夏8月，我们奔赴宁夏，走进“塞上江南”银川平原—岩画宝藏之地贺兰口和中卫大麦地—西北草原民族党项西夏王陵—“九边重镇”固原—滩羊甘草之乡盐池，翻阅宁夏厚重的史册，感受这片神奇土地上数千年浓缩的沧桑与辉煌，探寻黄河流域农牧交错地带的草原生态文化……

宁夏地处中国西部，东邻陕西省，西、北部接内蒙古，南部与甘肃相连；总面

古长城脚下的草原 供图/中国生态文化协会

贺兰山　摄影 / 王洪波

积为 6.6 万多平方公里，南北相距约 456 公里，东西相距约 250 公里，在地图上形似一张摊开的羊皮。

宁夏的父亲山与母亲河

宁夏人称贺兰山为父亲山、黄河为母亲河，以感念大自然的垂青……

贺兰山是一座界山，北起内蒙古巴音敖包，南至宁夏青铜峡马夫峡子，东西宽 15—60 千米，南北绵亘 250 千米，山地海拔 1600—3000 米，主峰高达 3556 米，是中国河流外流区与内流区、季风气候与非季风气候、200 毫米等降水量的自然地理分界线；贺兰山坐卧于宁夏西北部，西面是腾格里沙漠，东面黄河以西是银川平原；雄峻巍峨的山脉，筑成一道天然屏障，削弱了西北寒风的侵袭，阻止了潮湿的东南季风西进，阻挡了腾格里沙漠流沙东移，保全了银川平原和中卫平原“塞上江南”的丰腴富庶。

贺兰山名字的由来有多种说法，但都与古代草原游牧民族分不开。

一说，贺兰山之名与古匈奴民族有关。西晋太康五年（284）以及太康七年、八年，由塞北迁入内地的匈奴 19 个部落 13 万余人，其中一个部落叫“贺赖部”；《晋书 · 北狄传》载：“十九中皆有部落，不相杂错。”胡三省注《资治通鉴》载：“兰，赖语转耳”，贺兰为“贺赖”转音；《读史方舆纪要》载：宁夏北部包括贺兰山区属“雍州徼外地”；“贺赖部”曾驻牧于水草丰茂的贺兰山区，故名贺兰山。

一说，贺兰山古称卑移山、乞伏山。《汉书·地理志》载："廉（廉县，今银川地区），卑移山在西北"；魏晋时期，鲜卑族乞伏部从塞北南下驻牧于贺兰山北部，贺兰山"东北抵河，其抵河处亦名乞伏山"，是因乞伏部久居而得名。

一说，北人"谓驳马为曷拉"，即贺兰。据唐杜佑《通典》突厥条载："突厥谓驳马为曷拉"，"曷拉即贺兰"；我国现存的最早地理总志，唐李吉甫《元和郡县图志》卷四《关内道四·灵州》保静县条言："贺兰山，在县西九十三里。山有树木青白，望如驳马，北人呼驳为贺兰。"

在贺兰山腹地的苏峪口被人们喻为"荒漠地区的肺叶"。这里海拔 2960 米，占地面积 9300 公顷，植被覆盖率达 70%，有野生动植物资源 898 种。墨绿色的林海覆盖着贺兰山谷，油松、杜松、青海云杉天然林，直径二三十厘米，带有我国西部干旱区森林生态系统的表征。贺兰山著名的贺兰口、苏峪口、三关口、拜寺口、镇北口，自古是直通内蒙古阿拉善漠北草原的交通要道。

溯源史籍，至于贺兰山得名，虽然说法不一，但都与古代曾在贺兰山驻牧的北方草原民族密切相关。

贺兰山脉共有大小山峰 46 个，其中海拔 3000 米以上的有 20 个，主峰位于山脉中段，最高峰"敖包圪挞"海拔 3556 米，与银川平原落差为 2000 余米。

"塞上江南"银川平原　供图 / 中国生态文化协会

远眺贺兰山，“华夷天限有斯峰，万仞巍巍障碧空”，褐黄色的石质山体层峦起伏、峭壁群峰林立，似利剑冲天。古往今来，这座大山见证了匈奴、鲜卑、突厥、回鹘、吐蕃、党项、蒙古等古代北方游牧民族的命运更迭及其与中原农耕文明的碰撞与交融……

“一线黄河千岗绕，百座冰峰万泉来”。黄河正源卡日曲发源于青藏高原、青海玉树曲麻莱县境内、海拔4982米的巴颜喀拉山脉北麓各姿各雅雪山。“黄河之水天上来，奔流到海不复回”。黄河自高原雪山而出，沿途汇集35条主要支流，流经青海、四川、甘肃、宁夏、内蒙古、陕西、山西、河南、山东9省区，在黄土高原流域淌出一个巨大的“几”字，奔流约5464公里，注入渤海。

黄河偏袒了宁夏，自中卫市南长滩进入，到石嘴山市麻黄沟出境，宁夏段全长397公里。总共5个地级市中，银川、石嘴山、吴忠、中卫都沿黄河分布，河水流经的土地平坦、流速缓慢，由西南向东北形成了卫宁和银川两个平原；而固原也位于黄河宁夏段最大支流清水河流域。2000多年来，宁夏人利用黄河水自流引灌，引黄古渠构建起独特的农田生态系统，滋养出“塞上江南”鱼米之乡，留下了“天下黄河富宁夏”的美誉。2017年，宁夏引黄古灌区作为我国历史最悠久、规模最大的灌区之一，被纳入世界灌溉工程遗产名录。

草原文化与农耕文化交汇之地

宁夏地处黄河“几字弯”流域的“河套地区”，自古以来就是多民族聚居之地。山峦、平川、草原、荒漠、河流、湖泊、湿地，不同类型的自然地貌共生于这块土地；这里内接中原，西通西域，北连大漠，秦汉以来历代战事多发、南北交往频繁，大规模的移民与军屯，在几千年的嬗变中，边塞文化、黄河文化、草原文化和农耕文化，聚集碰撞、互动变革、发育成长，形成了地域特色鲜明、多民族文化交融的独特文化体系。

固原地处宁夏南部、黄土高原西缘，古称大原、高平、萧关、原州，史称“左控五原，右带兰会，黄流绕北，崆峒阻南，据八郡之肩背，绾三镇之要膂”，六盘山纵贯南北，清水河、泾河、葫芦河、茹河之源流，分向北、东、南注入黄河。两千多年前修筑的战国秦长城、汉代兴建的原州城、萧关等军事设施的残垣遗存，依稀可见固原西北边防“九边重镇”军事要冲之地位；更有六盘山巅，红军长征胜利毛泽东“不到长城非好汉”的英雄气概……

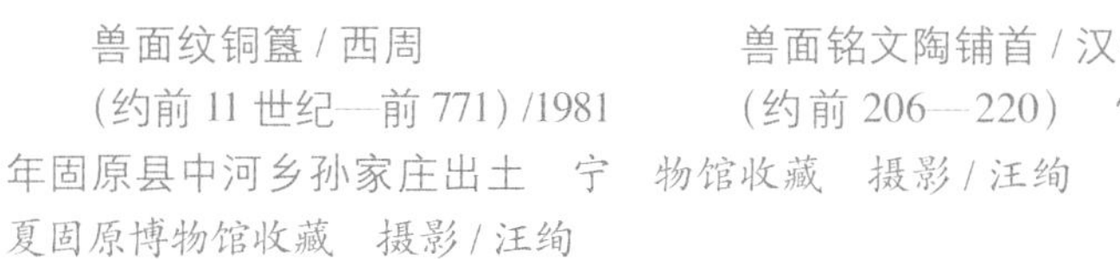

兽面纹铜簋 / 西周（约前11世纪—前771）/1981年固原县中河乡孙家庄出土　宁夏固原博物馆收藏　摄影 / 汪绚

兽面铭文陶铺首 / 汉代（约前206—220）　宁夏固原博物馆收藏　摄影 / 汪绚

陶盆 / 仰韶文化晚期（前3600—前3000）　宁夏固原博物馆收藏　摄影 / 汪绚

顶着淅沥沥的小雨，面包车驶进固原原州区。我们踩着泥泞走上一个缓坡，蒙蒙雨雾中横亘近2500年的秦长城遗迹，被浅浅的青草皮覆盖，已是时断时续的小土丘，若不是路旁刻有“战国秦长城——原州区段”的石碑醒目，恐是淹没在原野中，难以辨认。

自秦汉时期北地郡都尉驻萧关，到明清时期陕西三边总督驻防，固原始终是历代军事武官驻节之地和关中屏障。公元前324年，秦惠文王出兵攻取乌氏戎地并设置最早的县制乌氏县；公元前272年，秦昭襄王灭义渠戎国，设朝那县，“由陇西、北地、上郡，筑长城以拒胡”，战国秦长城绕固原城北而过；汉武帝元鼎三年（前114），在固原设置安定郡；明朝置固原州和固原卫，明正统十年（1445）置固原巡检司；清代康熙年间陕甘分省后，陕西提督驻防固原至清末。

萧关是秦汉时期朝廷为拱卫关中，置设在西北边地的关隘。古丝绸之路东段北道西出甘肃平凉，过萧关北上，沿六盘山河谷狭长地带纵贯固原市，由此衍生出“萧关道”，自战国秦汉以来，一直是通往塞北乃至西域的关中与北方军事、政治、经济和文化交流的重要通道，后成为丝绸之路东段北道的要津。

六盘山古称陇山，是黄土高原地带陕北与陇西、渭河与泾河的分水岭，因其盘道六重始达山顶，故而得名。六盘山主峰位于宁夏固原、隆德两县境内，海拔2928米，南北走向约240公里。20世纪70年代以来，六盘山周边地区发掘出大量戎人墓葬，出土的青铜器，既有中原文化因素，又具有鲜明的草原游牧文化特征，与欧亚游牧民族青铜器有一定联系，说明在张骞出使西域之前，西戎是中西交往的中介者，为丝绸之路的贯通奠定了基础。

位于固原城北六盘山支脉的寺口子河北的须弥山石窟，是古丝绸之路上著名的佛教石窟寺。始建于北魏，兴盛于北周和唐代，现存石窟160多座，保存造像600余身，题记60则，7个洞窟残存壁画，明代石碑3通，是重要的佛教文化遗产，对东亚佛教艺术影响深远。

春秋战国时期的匈奴族文物，在固原都有重要发现。如1989年固原县杨郎乡马庄村出土的青铜鹿和青铜羊，具有浓郁的草原游牧民族生活气息；固原西部出土匈奴遗物，青铜镐、各种马具、银器、铜锛、铁剑等，反映了游牧民族的经济特点和生活习俗；而其中的青铜镐、铁剑与中原地区同时代文物一致，可见文化的融合。

固原地区新石器时代遗址集中分布在黄土高原丘陵坡地和台地上。各种文化遗存500余处，且发展序列清晰。先后有仰韶、马家窑、菜园、齐家文化，分布于彭阳、西吉、海原、隆德、泾源和原州等县（区），呈现出以定居农业为主要特征的文化面貌。其中位于今海原县西安镇菜园村一带，有上百座古墓、十几座居址和灰坑窑址，是约公元前2500年—公元前2200年新石器时代人类文化遗存。出土文物多与畜牧有关，反映出农牧交织的特征。

今固原市隆德县沙塘镇，仰韶文化晚期（前3600—前3000）遗存出土的陶器多为橘红色、橘黄色，纹饰以绳纹、线纹为主，器型多为盆、钵、夹砂陶、尖底瓶、彩陶罐等。

东汉末期之后200多年中，宁夏北部地区在战乱和动荡中变换：北迁的匈奴、鲜卑、羌、羯等少数民族陆续迁入宁夏，至大夏国建立后，畜牧业趋于稳定发展。魏晋南北朝基本上是农牧相衡的经济结构。游牧民族牧主式生产关系占主导地位。朝廷重视畜牧生产，不仅划定区域作牧场，还对游牧部落实行“离散诸部，分土定居”的政策，使游牧民族固定在牧场上，不得随意迁移，也避免了游牧民族对农业的骚扰。《魏书·食货志》载：“以河西水草善，乃以为牧地。牧滋生，马至二百万匹，骆驼将之半，牛羊无数。”据《隋书》，隋朝大力发展畜牧业，在陇右各地设置国家军马场24处，设置总监、太都监、尉，以主管其事。

唐朝以养马业为中心的畜牧业得到大发展。朝廷将归顺来的突厥、党项、吐谷浑等少数民族部落安置在原州、灵州境内，令其部落不改其俗，尊重他们的生活习惯，许多部落形成了以原州为中心涉及甘宁青的养马基地，设东南西北监牧司掌管牧马业。到高宗麟德年间又于陇右四郡增设牧监48所，置八使掌管其事，宁夏境内有16监，牧马数由贞观年间的3000匹增加到70.6

万匹。“安史之乱”后半个世纪，宁夏基本处于战乱之中，盛唐时期建立起来的农牧结合的经济结构受到严重伤害。吐蕃占领宁夏后，宁夏的人口与天宝年间相比仅有十分之一，经济又恢复为以牧为主。

岩画遗迹中的草原生态文化

岩画是远古人类遗留下来的凿刻和彩绘在岩石上的图画，最早产生在旧石器时代晚期，新石器时代达到繁荣期，铜铁时代逐渐衰落。岩画作为文字产生之前人类早期活动的记录，揭示了远古时代人类与自然的关系、人类社会的劳动样式、生活场景、精神追求和美学倾向，是史前人类试图反映世界、解释世界、改造世界，为生存而斗争的图画纪实。

20 世纪 80 年代，在宁夏贺兰山东麓，北起石嘴山大武口的森林口，南至中卫县苦井沟的十多个沟内发现了大量岩画。这是几千年前驻牧于此的北方草原民族先祖，为后世留下的石刻遗迹，具有很高的考古研究和美学价值。

1991 年和 2000 年，联合国教科文组织所属的国际岩画委员会在亚洲召开的两次年会，都选择在银川举行。1996 年，贺兰山岩画被国务院公布为全国重点文物保护单位，1997 年，国际岩画委员会将贺兰山岩画列入非正式世界文化遗产名录；2004 年 4 月，贺兰山岩画正式申报世界文化遗产；2006 年被住建部列入首批中国国家自然与文化双遗产预备名录，同年，成为中国最值得外国人去的五十个地方之一；2008 年，随着世界最大的岩画专题性博物馆银川世界岩画馆的建成开放，贺兰山岩画景区被评为国家 4A 级旅游景区。2019 年，大麦地岩画入选第八批全国重点文物保护单位名单。

贺兰口山体岩画

北魏郦道元所著《水经注》中就有关于贺兰山岩画的记载：“河水又东北历石崖山西，去北地五百里，山石之上，自然有文，尽若虎马之状，粲然成著，类似图焉，故亦谓之画石山也。”据专家考证，书中所谓“画石山”即贺兰山，其北段是岩画的主要分布区域。

贺兰山崖谷险峻，分布有大小 48 个山口，而贺兰口又是众多山口中山势最为陡峭的一个。传说有巨人在此开山取水，天地感之，将大山豁开一道口子，泉水喷涌而下，取名“豁了口”，后世谐音“贺兰口”。这里灰褐色的山体，大部分是裸露的黑褐色岩石，成为上古草原游牧先民凿石琢磨的画板。

根据专家们对岩画图形和刻记的分析，贺兰口岩画是在不同时期先后刻制而成。其中大部分是春秋战国时期的北方游牧民族所为，也有其他朝代和西夏时期的作品。

据考古勘察，贺兰口山体内外分布着5000多幅岩画，其中人面像岩画有708幅，且3/4分布在沟谷内，这一密度世界罕见。因其表现形式丰富、分布区域集中、文化内涵深厚、距离中心城市近而名冠世界岩画之首，是原始草原游牧民族的祭祀中心。

人面像岩画是原始草原游牧民族崇拜文化的最高体现，是对心目中的崇拜对象附以人面形象，也有推测是萨满巫师做法时佩戴的面具，在岩画创作内容中是独具特色且十分重要的题材。作为一种文化现象，岩画在世界70个国家150个地区都有分布，但人面像岩画仅仅出现于环太平洋地区的中国、蒙古国、俄罗斯西伯利亚、美国、加拿大、墨西哥、智利、澳大利亚等11个国家和地区，其中尤以中国人面像岩画的数量最多、分布最广，占有突出的位置。在中国有20个省市100多个县（旗）发现了岩画，其中贺兰口人面像岩画反映了自然崇拜、图腾崇拜、生殖崇拜、首领崇拜、祖先崇拜、面具崇拜等多种文化内涵，以表现内容丰富、种类繁多、风格各异而闻名于世，基本囊括了世界上所有人面像岩画的文化内涵；其中尤以反映自然崇拜、图腾崇拜、生殖崇拜的人面像最多。

图腾崇拜类人面像。“图腾”一词是英语totem的音译，最早出现于英国商人约翰朗于1971年所著的《一个印第安语翻译兼商人的航海志与游记》之中，用于描述现今美国苏必利尔湖附近操阿尔冈昆语（Algonguian）奥吉布瓦印第安人的宗教信仰特征：“这些野蛮人宗教迷信的一部分是每个人都有自己的totem，或喜爱的精灵，每个人都认为精灵在监视自己。他们所想象的totem以野兽或其他的形式呈现出来，因此他们从不杀害、猎取或食用这种呈现totem外形的动物，如果违反了这一禁忌便会在狩猎中失去好运……”此后，很多人类学家、民族学家和社会学家，从不同的研究视角出发，对“图腾”一词展开了解读与演绎。

图腾崇拜作为人类最古老的宗教文化现象之一，具有原生性，普遍存在于世界各地古老民族当中，草原民族尤为突出；图腾崇拜与自然崇拜、动植物崇拜、祖先崇拜往往是相互融合的。在贺兰山岩画中，很多符号具有多重文化含义，可以从多种不同角度加以解读，这与人类对自然认识和理解的演进、人类心理思维发展的阶段性特征有关。

远古先民从人类和自然界动植物中抽象出一部分元素，赋予崇拜对象以智慧和神力，凿磨创造出贺兰口山体岩画“人面像”的神奇与震撼。这些“人面像”类似人的脸面，但其五官组成：脸形、眼睛、鼻子、嘴、面颊，又在似与非似之间，有的甚至似符号结构而成；当你与“人面像”对视，似乎能够感受到来自远古未知世界神圣的震慑和先民们的敬畏、崇拜之心。这些奇异怪诞的人面形象，通过神灵的形象化，将西北地区上古草原游牧先民未知的精神世界和思想信仰揭示在我们面前。

自然崇拜类人面像是人类对自然最直接的认识以及描述，人面像岩画中出现了大量的象形或表意的自然符号，日月星辰、风雨雷电、山水草木……“先民们对大自然的恐惧、好奇产生了自然的崇拜，这是人类发展的必然阶段，也是最早阶段”（潜明兹《中国神话学》）。这种崇拜由具象的写实演化为抽象的程式化，继而出现了高度精练、概括的符号，古人在塑造自然神灵时，会将这类符号添加到人面像当中，以体现崇拜自然神的主题。

贺兰口山体岩画中最著名的“太阳神”人面图腾，高居于北侧山体面南的岩壁之上，距地 40 米，是贺兰口目前所发现岩画中地理位置最高的一幅。“太阳神”头部放射性线条看似太阳光芒四射，面部饱满，重环双眼圆睁、炯炯有神，凸起的鼻子和嘴巴像是山水符号构成的，憨态可掬。

据研究人员观察，并结合后世人类对天文地理的认知推测：“太阳神”头部第一圈放射线共 24 条，代表 24 节气或昼夜 24 小时；第二圈放射线共 12 条，代表一年 12 个月；第三圈放射线在眼睫毛和眼角处分 4 组，每组 3 条，共 12 条，象征着一年四季，每季 3 个月。无论如何，太阳神人面像是人类先祖心中威仪天下、恩泽四方，亲和大度、庄严神圣的图腾象征，其中蕴涵和彰显着上古人类对自然天地的感应、对宇宙规律的认知和美学意境的智慧。

远古时代，人类对太阳神的崇拜几乎遍布世界。苍穹之上，神奇的太阳放射出万丈光芒，给人类带来光明和温暖，赋予万物以勃勃生机；但旱季也会使土地龟裂、河流干涸、生灵涂炭。先民认为这一切都源于至高无上的太阳神的喜怒。于是，他们在岩石上凿刻出太阳的形象并将其人格化，通过祭祀仪式，向太阳神祈福。不同国度和区域的太阳神人面图腾形象虽各有千秋，但都抓住了其光芒四射的本质特征，形成使人们能够感受到太阳威力和显现神性的共同表象。

关于贺兰口太阳神的文化含义，学术界有人认为是典型的自然崇拜，是对太阳赋予万物生命的感恩并对其加以神化的一种反映。如亚洲、美洲一些国家和地区的太阳神人面像就是早期先民单纯对太阳的崇拜；也有人认为由于太阳和人类生活有着极为密切的关系，一些部落将太阳视为保护神，并作为部落图腾或氏族首领而加以崇拜。

相传，我国上古东夷民族部落首领太昊和少昊就是太阳神的化身，匈奴、

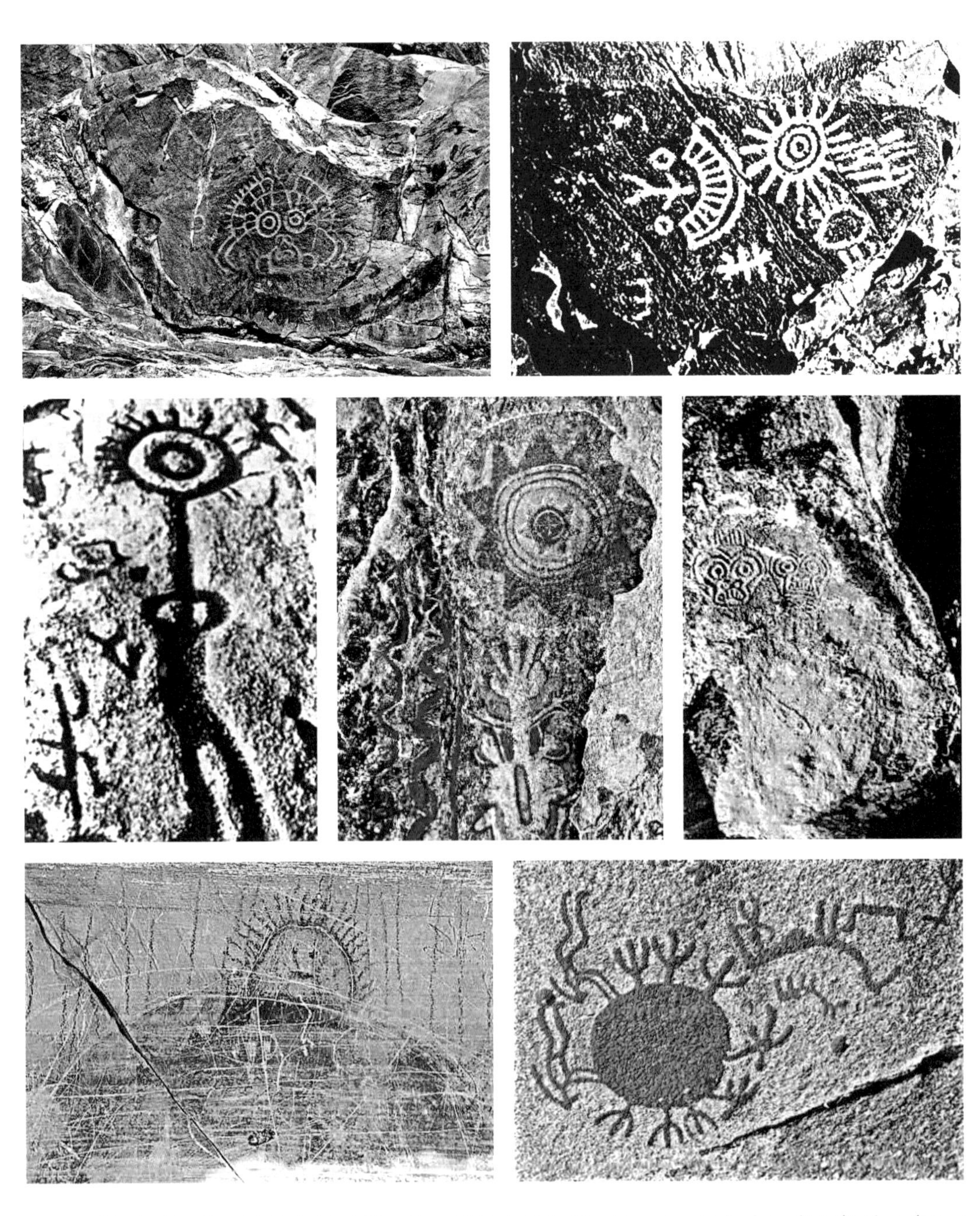

亚洲、美洲一些国家和地区早期人类太阳神人面崇拜，组图第一张为中国宁夏贺兰口岩画/人首“太阳神” 供图/银川市贺兰山岩画管理处

鲜卑、突厥、蒙古族等北方游牧民族以太阳神的子孙自居，每逢重要活动都要“东向拜日”，祈求得到太阳神的庇佑；还有人认为这幅太阳神实际是对生命的赞美，对生殖的渴求。总之，太阳神带给了我们对世界和自身的启示：对自然的感恩，对英雄的崇敬，对爱情的追求，对美好生活的向往……

贺兰口岩画 / 驴羊图　摄影 / 尹刚强

图腾崇拜类人面像，对天地阴阳、人类男女、动植物雌雄的图解非常奇特，出现了远古与现代科学认知的沟通。我们在贺兰口类人面像的岩画中发现，有的面部中央是一个大写的“Y”字；而下图左下角的类人面像一分为二，左半部为“X”、右半部为“Y”，而“X”“Y”恰巧与现代科学认知的决定男女人类性别的染色体符号一致，这或许是后人受到先人的启发而以“Y”“X”两个符号来作为区分男、女的标志；另有人面像头部两边对称的发辫类似西夏人发型，判断岩画或许创作于西夏时期；图的右上部是鹿马牛羊狗等动物群体，还有人和类人面像，整体和谐，透视出西夏党项羌族游牧生活，及其“物我为一”、万物繁衍的夙愿寄托与文化表达。

贺兰口北侧山壁上有一幅配有西夏题刻的人面像岩画，专家推测其面部五官就是羊形符号。羊在北方游牧民族，尤其是羌族心目中，被看作是“引领人的灵魂升天的使者”。文献中记载“羌人视人为羊，视羊为人。”甲骨文中“羊人为羌”“羊大为美”，“祥”字则由祭祀所用的供桌“示”与羊符号共同组合而成，可见羊这种动物，在羌人心目中是神圣、美丽与祥和的象征。因此构成的人面像应是羊图腾神像。

植物符号在“人面像”中也多有出现，如有一幅人面像其五官构成好似一朵七瓣花，在一定程度上表达了对图腾物本身属性的向往、追求与崇拜。

生殖崇拜类人面像。生殖崇拜产生于人类对自身种族繁衍的一种祈望，表现了原始先民强烈的生命意识，带有神秘的宗教信仰色彩。在原始文化中，生殖崇拜占有相当大的比重，这是世界范围内普遍存在的现象。贺兰口岩画题材中有70%以上与生殖崇拜有关，更有专家认为“人面像岩画99%以上反映的都是生殖崇拜”，其结论主要是根据生殖符号的大量出现得出的。

贺兰口岩画 / “动物生人”，祈愿生殖繁衍　供图 / 银川市贺兰山岩画管理处

贺兰口岩画 / 交媾，象征繁衍生息　供图 / 银川市贺兰山岩画管理处

贺兰口岩画 / 女人花　供图 / 银川市贺兰山岩画管理处

岩画“动物生人”构思奇妙、造型怪异，在世界岩画中亦不多见，尤为珍贵。画面中一头类似牛的动物下体方向连接着一幅人面像，从制作的方法及刻槽来看，二者属于同一时期的一幅岩画，无明显的打破、叠压关系。“动物生人”的说法在今天看来是极为荒诞的，它离我们的思想意识太过遥远；从基因学角度讲，更是“风马牛不相及”。但是，这幅岩画在神话学及民俗学上却有着极高的研究价值。

在中国上古神话传说中，流传着许多“虎生人”“狼生人”“狗生人”“葫芦生人”等民间故事；在古希腊神话中，这类传说也是屡见不鲜。人们把这些动物当作了祖先和氏族的保护神加以祭拜，体现出图腾观念。神话传说作为远古文化的重要组成部分和人们臆想的空间，难以得到现实的印证，而“动物生人”岩画的出现，说明了这类神话在当时广为流传，甚至与人们的生活相联系，在很大程度上影响了人们的思想意识。

在贺兰口沟口南侧山壁可看到进入山谷的第一幅山体岩画“驴羊图”：驴面向山谷，缓步前行，背上有一只羊，神态安详，右上方的小型图案已模糊不清，有人认为很可能是一只翩飞的小鸟在引领前行。

这幅岩画就构图内容本身而言非常简单，但古人选择作画的位置是在距地面 3 米的石壁中央呈 50 度夹角面上，十分狭窄、站立困难、凿磨范围有限，而周围可供作画的光滑平面很大，为何要在此处刻画如此一幅图案？是一个谜。有人认为此幅作品应是无意之作，但我们设身处地想一下，任何人随意地去刻制一幅岩画都不会选择在此，且不说夹角很小，就高度而言，从一些岩画分布的山体基础看出，数千年前，岩画所处位置与地面落差远远大于 3 米。试想如此高度，仍执意在此作画，制作者势必有其行为目的。当时应该是一种有意识的行为目的。同时，岩画中动物的头部均在右侧，面向夹角，这在一般的刻制习惯上违背常理，可见是作者刻意为之。据宁夏银川贺兰山岩画管理处副主任张建国介绍，“驴羊图”所处的位置，恰恰是“神庙”的入口，而狭小的夹角象征着刻有神灵的“神庙”，因此古人很可能是把动物刻于此地，且头部面向山谷，表达的是献牲、祭祀，即驴驮着祭品羊供奉给山中的神灵，祈盼得到他们的庇佑。

贺兰口岩画/剺面习俗人面像　供图/银川市贺兰山岩画管理处

张建国说，古代匈奴族每年有三次重要的祭祀活动：正月为春祭，各路酋长小会于单于庭商讨大事；五月大会于茏城，祭其先、天、地、鬼、神；秋天，马肥，上山举行隆重的祭典。“登山，刑白马”是祭祀活动中最重要的仪式之一，以白马为牺牲娱神，庆祝丰收之余祈盼明年能有好收成，而贺兰山作为祭祀活动的重要场所，更显其神圣、威严。

直到现在，贺兰口原住居民仍保留着原始、古朴的祭祀文化，每年农历三月十八日都要祭拜龙王和山神：早上由村中一位德高望重的长者带领全村父老，背着一只羊、大锅、酒水及香裱等，沿贺兰口沟口进山，到芦沟的水眼处进行祭祀，羊作为神圣的祭品。长者先在羊脊梁、前胸和羊耳朵处拍上山泉水，待上香点裱后便开始祷告，“龙王爷爷，今天山民们都来敬你了，请你老人家多下点雨，让村子里五谷丰收……给你献牲了，羊点头不算摇头算。”之后，牵羊的人就把羊放开，全村人看着羊，羊一甩头，大家就高呼，算是点头应了乞求，也意味着龙王爷爷收下了祭品。然后，杀羊、支锅。待羊肉煮熟了，在羊头、胸、脊背、腿、心脏等五处割下五片肉，作为给龙王献牲的肉，然后把剩下的肉放在洗净的石头上，由长者来切开，众乡亲分而食之，喝酒、唱歌，一定要声音大得让龙王能听到。直到太阳落山，祭祀活动结束。除了祭祀龙王、山神，贺兰口的村民们还通过各种仪式，在不同时间对圈神、路神、石神、泉神、土神、木神、火神、猎神等神灵进行祭拜。这一地区被看作是贺兰山东麓原始自然崇拜保持最为完整的地方。

人面像的含义绝大部分被认为与宗教有关，认为它们是各种各样的神灵形象，而曲折幽静的沟谷是自然天成的“神庙”。进入贺兰口沟口的第一幅人面像岩画，位居南侧山壁中央，刻槽清晰、造型独特；猛一看像一只甲壳虫，

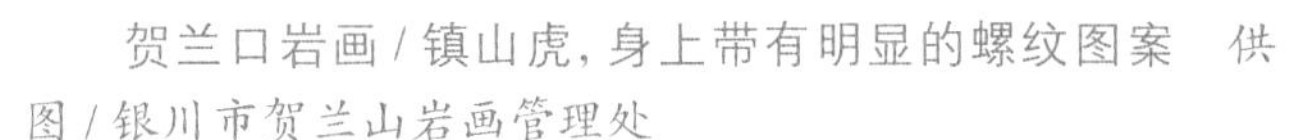
贺兰口岩画 / 镇山虎，身上带有明显的螺纹图案　供图 / 银川市贺兰山岩画管理处

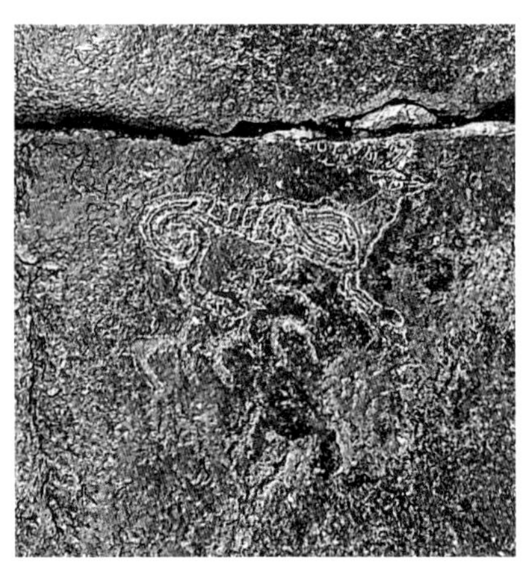

贺兰口岩画 / 螺旋纹装饰的雄鹿　供图 / 银川市贺兰山岩画管理处

五官若隐若现，由横竖线条构成，神情诡异狰狞，令人心生敬畏。

这幅人面像脸部纵横交错的线条很可能是古代匈奴、突厥、回鹘等游牧民族“剺面”习俗的体现。《后汉书 · 耿秉传》载：匈奴闻秉卒，举国号哭，“至剺面流血”。剺面习俗即原始宗教中的“血祭”，大约始于新石器时代。萨满教认为人的灵魂存在于血液、骨骼之中，对血液、骨骼的崇拜就是对祖先灵魂的崇拜。岩画以刻划人面像脸部横竖相交的线条来表示“血祭”中流出的鲜血，从而达到祭祀祖先的目的。贺兰口是重要的祭祀场地，众多岩画形成于新石器时代，且此幅岩画高悬于山壁中央，说明很可能反映的是“剺面血祭”。

而在美国古印第安岩画中，人们发现了与这幅人面像极其相似的人面像。有专家认为这很可能与史前人类大迁徙继而形成美亚文化内在联系相关：即今美洲部分原住居民是在第四季冰川最后一次间冰期，从亚洲越过冰冻的白令海峡到达美洲的；迁徙途中，他们留下了文化见证——岩画。虽然岩画是一种世界性的文化现象，但就人面像岩画而言，仅出现于环太平洋地区。

在类人面像中，可以找到特征明显的符号，如有些人面像通过“血祭”、黥面习俗及“X”形图案刻画骨骼来表达对祖先的祭祀；也有些人面像通过对眼睛、头饰的着重刻画以突出人物的威猛和强悍，从而表达对氏族中充满力量和智慧的部落首领或有功于氏族的英雄的崇拜；还有些人面像是对面具本身的记录和描绘，体现面具所具有的非凡神力……贺兰口人面像岩画中的种种文化含义构成了远古时代先民宗教礼仪活动的主题，充分说明贺兰口作为祭祀中心在整个贺兰山占有着举足轻重的地位。

贺兰口岩画父子鹿刻画了一只带有斯基泰风格——全身螺旋纹装饰的雄

鹿，身姿健硕、昂首挺胸，领着三只小鹿正缓步前行。从鹿的风格来看，图案造型准确、纹络清晰、体态优美，充满了山野生活情趣。

有专家认为斯基泰风格纹饰的“父子鹿”出现于贺兰山，很可能与古代少数民族的迁徙活动有着一定的联系；在中亚一些国家出土的古匈奴时代的铜牌牌饰中也发现有类似的鹿形，且风格如出一辙。斯基泰是指公元前 8 世纪至公元前 3 世纪生活在黑海北岸多瑙河口至顿河河口草原地带的古斯基泰王国，即我国典籍中所称的塞种人，其主要以游牧为主，很早就进入了青铜时代。斯基泰文化中最显著的特点是斯基泰的兽纹艺术，其野兽形象和鹿纹形象夸张性和装饰性的造型，体现了斯基泰人张扬和强悍的性格。斯基泰鹿的特点是身体丰满、颜面修长、巨角贴背并多枝杈，在蒙古国、中国及中亚一些地区均有分布。

螺旋纹岩画在世界很多地方都有出现，具有多种寓意。出现在动物身上，一般象征灵魂不灭、轮回重生。先民创作“父子鹿”岩画，也许是将雄鹿作为图腾，三只小鹿代表着崇拜它的族群，希望在雄鹿带领下，族群能源源不断地生息繁衍下去。

岩画中的手印，专家认为这是一份远古时期以岩画形式为证的契约。整幅岩画被自然形成的“V”形石纹划分为两部分，画中凿磨出一左一右、一小一大两只手印，代表了立约的双方：大手方和小手方。

最上方的“桃形”人面像，高高在上的位置和典型的重环双眼，说明他是主宰一切的神灵。大手印的上方刻着一个手舞足蹈的人与一幅“核状”人面像紧紧地连接在一起，这是虚拟的神灵向族人传达旨意并赐予法力的场景。大手印和小手印，无论是手指还是手腕都表现得纤细灵巧，可以断定是女性之手。大手印的正下方有一头健硕的牛，牛嘴处一道缰绳将牛拴在一根直立的木桩上，这是最早的圈栏形式，将猎获的食之不完的动物暂时养殖起来，以供不时之需，显示了经济实力雄厚。小手印的小拇指处出现向左的箭头表明其部落即将离开这一区域迁往他处，手下方同样有一头造型奇特的牛，身体瘦弱，头朝向大手一方，后腿蹬直、前腿跪倒，以此表示小手部落向大手部落的臣服。

读图可想而知，契约立于母系氏族社会时期。记录着大手部落以其强大的经济实力，征服了小手部落；小手部落根据协议不得不迁离此地，其所属的土地和财产都归大手部落所有。这一契约被凿磨在石壁上，有神灵作证，任何人都不得违背。胜者天经地义，败者无怨无悔，岩画契约维系了原始社会短暂的和谐。这种表现母系社会女性的手印岩画，在世界各地的岩画中并不多见。

在贺兰口12平方公里的岩画保护区内，分布有2319组，5679幅岩画。大致包括动物图像、人面像、人体像、生活图像、符号和几何图案等五大类，其内容基本涵盖了世界各国岩画中的所有内容。

中卫大麦地岩画，北方狩猎游牧文化的“陈列馆”

据当地岩画研究专家介绍：大麦地岩画位于中卫市沙坡头区北部的卫宁北山岩画区内。北山岩画区在近30平方公里的山梁沟壑之上，发现岩画6000多幅，个体图案20000多个，分为大麦地、石房圈、新井沟、大通沟、黄石坡、枣刺沟等多个主要岩画区。其中，大麦地岩画分布范围约6平方公里，有岩画2000多幅，单体图像7000多个，是宁夏岩画的荟萃之地。其中一块10米长的巨石上，刻有不同时期的岩画图像210多个。

贺兰口岩画 / “双羊出圈” 供图 / 银川市贺兰山岩画管理处

其制作年代自旧石器时代晚期开始，一直延续到宋元时期。大麦地岩画题材内容主要有射猎、动物、植物、天体、人物、符号、文字、祭祀、放牧、争战、工具、建筑、舞蹈、生殖等十多个种类，可谓丰富多彩、包罗万象。制作方法主要有研磨法、敲凿法、凿磨法、线刻法4种。表现风格主要有写实、抽象、夸张、写意等，凿刻粗犷古朴，是一处规模宏大的北方狩猎游牧文化“陈列馆”。2005年9月大麦地岩画被公布为自治区级文物保护单位。2019年大麦地岩画区被国务院公布为全国重点文物保护单位。

大麦地的岩画是沉睡荒漠岩石上的精灵。我们来到中卫市沙坡头大麦地岩画区域，在一处荒漠中难得见到的大块岩石上，凿刻着一组个体众多的岩画。我们在当地岩画研究人员的讲解下仔细辨认。

古往今来，时代演进、社会变革、朝代更替，历史走过万年，不知能有多少人来宁夏贺兰山和大麦地，膜拜过这里的岩画？考古、研究，或是好奇、巧遇……岩画依附于贺兰山岩壁，或在大麦地沉浮中已经没有了山的躯体，只有暴露地面的星散岩石保留着古人凿磨的生活。这里的岩画，风格简约、以曲直线条勾勒，活态生动；以肢体语言和表情与人沟通；象形、会意，表达着远古先民生产生活的方式和他们心中的信仰和祈愿，是先民们与自然交融的结晶，穿越千年和代际衔接，与今人对话的珍贵稀有信息和留给后世人类的审美意境。

中卫大麦地岩画拓片“羊圈”，刻画了牧归圈羊时的情景：中间六根线条勾勒出羊圈三边围栏、一边开放，圈里已经有了 2 只羊；圈外一只狼忽然闯入，羊惊恐四散；一个牧人骑在马上张开双臂驱赶羊入圈，猎狗与狼对峙；另一个牧人箭搭弓弦射狼护羊。整体构图简洁、刻画简约但却形象生动有趣，情节表达一眼清晰，但却又蕴涵多层次的信息，令人驻足，联想到贺兰口岩画：双羊出圈……

双羊出圈是贺兰口唯一表现人工建筑的岩画。画面左上方是一座方形的羊圈，内分隔断；圈内无羊，圈外有两只大角公山羊，形象逼真、体魄健壮、蹬地有力，彰显着野性十足和顽强的生命力。山羊身后是一条与羊圈相连的笔直的小路。

据贺兰山野生动物资料，大角山羊消失的年代在距今 3000 年左右，岩画双羊出圈说明在那一时期，贺兰山已经出现了圈养形式，这是北方草原游牧民族，由狩猎游牧逐步转向到畜牧生产方式的初始变革期。最初圈栏是用来圈养被猎获而食之不完的动物，而后为了避免夜间动物走失和提防野兽的侵袭。圈养动物的驯化和不断繁殖，使修砌圈栏成为牧民日常生活的必须，进而被添加了巫术的色彩，人们希望在神力的作用下，让圈养的动物大量繁殖，以满足需求。据说，贺兰口原住居民搬迁后遗留的每座石头羊圈面东的石壁上都开有一个小龛，以供奉羊圈的圈神。

据观察推断，上古缺乏雕刻工具，岩画创作之初，大概多通过高硬度的质地坚实并尖锐的石器或之后的玉凿、玉锛、铁器等，在岩壁上凿刻出图案的线

中卫市沙坡头区大麦地岩画 “鹿牛图” 供图 / 中卫市文物管理所

条轮廓，有些描绘野兽的身体或人像头部等，成片光润的部位，想必是凿刻出轮廓后再用石器打磨而成的。有些岩画历经千年依然清晰可辨，有些只能在依稀的痕迹中猜想……

仅以大麦地一幅珍贵的岩画“猎虎图”为例，前后辨识度相差甚远。此幅岩画拍摄于十几年前，尚可辨认：上半部分的主体内容是描绘四五个猎人举着弓箭围堵一只老虎，七八条猎狗扑咬老虎的四肢和尾巴，前后夹击，老虎已无处可逃。岩画下半部分图案的主体是一群羊，其中，两只大公羊体形健硕、四肢粗壮，羊角向后弯曲，神气活现。头羊背上站立着一个牧人，右手抓着一只小羊的羊角，左手高高扬起，据当地岩画专家介绍，岩画内容反映的是生殖崇拜。

另有两幅岩画，一幅有两只羊和两只鹿相对嬉戏。下方跑着的小鹿翘着尾巴，仰着角，眼睛、嘴巴都烘托着满脸笑意。另一幅“鹿牛图”，上面是鹿，下面是牛，牛身上的环形花纹体现的是动物生殖崇拜，祈愿动物繁衍。

“大麦地岩画中，已发现 2000 多个图画文字。”上海古籍出版社古文字、甲骨文专家刘景云说：“文字是记录语言的符号，具有约定俗成、流通、抽象的表意形态，大麦地岩画具备了这些特性。”北方民族大学岩画专家李祥石说：“大麦地早期岩画有许多象形与抽象符号，在大致同时期的陶文符号和后来的甲骨文中可以找到相近的形象。更为关键的是，这种象形符号在大麦地岩画中绝非偶然和孤立，而是呈星状分布。”在大麦地我们就见到一幅岩画，其中的图形符号，与之后的甲骨文“畜”字极为类似。

据当地调查结论，宁夏岩画分布在贺兰山东麓三市九县，共计 27 个地点。根据岩画的分布特点，大致可分成三种类型。

一是山前荒漠草原岩画。主要分布在贺兰山北段的东侧洪积扇上，岩画间杂乱稀疏，多出现于泄洪沟的梁子上，有“大分散，小集中”的特点。由于石面较小，岩画画面也都较小，以个体图案居多。

二是山地岩画。主要集中于贺兰山中北段，多出现于深山腹地的陡峭崖壁上。沟口两侧山壁分布较密集，越往里走，岩画越为稀少。这类岩画分布集中，多为组合图案，内容比较丰富。涉及题材主要有狩猎、争战、祭祀、娱舞、交媾及车辆、植物、工具、建筑、文字题刻等。

三是沙漠、丘陵岩画。主要分布于贺兰山南端卫宁北山一带，多出现在山梁裸露的岩石上，呈带状分布，内容主要以动物、狩猎为主。

银川贺兰口和中卫大麦地岩画，记录了 3000 年前至 10000 年前，上古草原游牧民族的生产生活，图解了宁夏草原畜牧业的起源，生动刻画了当时草原民族的先祖狩猎、驯化动物、原始游牧的生活场景和行为方式，揭示出古代草原民族狩猎业—野兽驯化—草原游牧的转化，是顺应生态环境变化而转变生产生活方式的主动适应过程；放牧、狩猎、祭祀、舞蹈、战争、交媾等生产生活场景，羊、马、牛、鹿、虎、豹、狼、猴、骆驼等动物图案，以及类人面像和大量的抽象符号，揭示了原始氏族部落自然崇拜、祖先崇拜、图腾崇拜、生殖崇拜等文化内涵，象征着草原民族原始图腾崇拜和宗教信仰；祈愿人类与自然万物生息繁衍延绵不绝，蕴涵着草原民族早期人类与自然关系逐步调整和谐的生态文化意识，是研究中国草原生态文化史和原始审美艺术史的宝藏之地。

然而，贺兰口岩画依附山体裸露光天，大麦地岩画静卧在人迹罕至的荒漠戈壁，尽管岩画坚如磐石，但也绝非坚不可摧……数千年来经历着地壳变动、风沙侵蚀、雨水冲刷、雪盖冰封，先祖们遗存、传递给后世的信息和草原生态文化的原始印记，正在人们的不经意间，悄无声息地消逝着；大自然正在收起先祖们已经展示了上至万年、下至千年的画卷，有一天，除了后辈拍摄的图片、考古的笔记、史籍和博物馆的记载，人们将再也寻找不到他们（它们）那毫无保留、充满灵性、栩栩如生的踪影……

固原，古丝绸之路的交通要道

宁夏固原地处中原与边地结合的过渡地带，特殊的地理位置，使其成为中原农耕文化、草原游牧文化和西域中亚文化碰撞融合之地；在作为军事要塞的同时，也维护了丝绸之路的畅通；中原农耕民族、草原游牧民族和西域各民族在此杂居相处，形成了固原不同历史时期独具特色的地域文化。无数文人名士在固原留下的足迹与千古诗篇，更加凸显了这片土地厚重的文化底蕴。

据介绍，先秦时期宁夏固原一带为北方游牧民族西戎的活动区域。周人与秦人兴起时，与戎人的战争不断。《诗经・小雅・六月》载：周王“薄伐猃狁，至于大原（今固原）”并“料民于大原”，将固原归于周的管辖范围。

乌氏倮是历史上第一个被写入正史的固原人。《史记・货殖列传》记载：“乌氏倮畜牧，及众，斥卖，求奇缯物，间献遗戎王。戎王什倍其偿，与之畜，畜至用谷量马牛。秦始皇帝令倮比封君，以时与列臣朝请。”乌氏倮从事畜牧业生产，养了大量的牛羊，他将牛羊换成珍奇异宝献给戎王，戎王以十倍的价格赏赐其牛羊，结果他的牛羊多到以山谷计量，成为当时全国有名的大牧主和富商。据固原博物馆介绍，乌氏倮是秦时固原从事畜牧业的代表。他在中原与边地之间所做的绢马丝绸贸易，在丝绸之路开发史上做出了杰出贡献。秦始皇西巡北地郡时，亲见乌氏倮经营商业、畜牧业的成就，给予他“比封君”，视同王侯。由此，再现了2000多年前丝绸之路经贸繁荣，让我们感悟到当时固原地区良好的草原生态环境和畜牧经济的悠久历史。

1981年以来固原发掘北朝墓葬十几座，尘封千年的异域风格文物出土，见证了中古时期固原作为丝路国际都市的文化盛况。

1983年固原南郊乡深沟村李贤夫妇墓出土的出行仪仗俑群，由237件彩绘陶俑组成，包括武士俑、甲骑俑、女官俑、胡佣、风帽俑等九类，可见其生前出行之阵仗。李贤夫妇墓出土的鎏金银壶，距今已有1500多年的历史，是固原博物馆的镇馆之宝。银壶通高37.5厘米，重1.5公斤；高长身、卵形腹，细颈、鸭嘴形流，圆形底座；弯曲两端成羊头，顶端铸1人头，高鼻戴圆形帽；壶身腹部突起3组6人男女图像，整体造型精美、工艺精湛，具有典型的波斯萨珊王朝风格，但其主题图案描绘的却是古希腊神话故事，对研究萨珊工艺美术、波斯与罗马和中国的关系，都有着重要价值。另有墓主的佩刀，通长 86 厘米，刀鞘一侧装有双附耳，这种悬刀方式是公元 5 世纪西突厥斯坦发明后，向东先传入中国，后经中国传到日本；向西通过萨珊王朝传入欧洲。

1981 年固原县西郊乡雷祖庙村出土的北魏漆棺画，画中人物脚掌相对的坐姿，以联珠纹为边框的图案、宴饮图等，具有浓郁的萨珊风格和西方色彩。侧板漆画中的人物均为鲜卑族人装束，但描绘的内容却取自中原传统的“二十四孝”；下栏武士策马狩猎的画面，反映了鲜卑族“狩猎为业”的生活方式。

中国古丝绸之路的历史中，善于经商的中亚粟特人闻名于世，在史籍中被称为“昭武九姓”，享有“丝路使者”之誉。其主要为：康、米、何、史、曹、石、安、穆、漕等九国九姓。他们通过漫长的丝绸之路来往于中亚与中国之间，对中西文化的沟通、交流起到了至关重要的作用。20 世纪 80 年代，固原南郊发现了 7 座东西排列的史姓家族墓，其墓志铭显示，史姓家族为“昭武九姓”中的史国王族后裔；从北魏、北周至唐初，一直归化中原王朝，担任高级将领，负责原州地区军马的牧养；其首领在商贾贸易和协助隋唐王朝统一方面发挥了特殊作用。

固原的地理位置正处在古丝绸之路东段交通要道。据固原博物馆介绍：丝路东段走向分为南、中、北三道，其走向：一是从长安（今西安市）经成阳县驿出发西北行，经醴泉、奉天（今乾县东），到邠州治所新平县（今彬县）；二是沿泾水河谷北进，过长武、泾川、平凉，入固原南境弹筝峡（三关口）；三是过瓦亭关，北上原州（固原），再沿清水河谷，向北经石门关（须弥山沟谷）折向西北经海原县，抵黄河东岸的靖远，渡黄河即乌兰关（景泰县东），由景泰直抵河西武威（凉州）。

又据有关文献研究：丝绸之路东段翻越六盘山（古称陇山）有南中北三道，在固原境内主要有北道和中道两条线。北道为主线：由长安（今西安）西行陇州后，沿陇山东麓过甘肃华亭县，至固原市泾源县，穿越六盘山（秦汉时称鸡头道）向西北行；也可沿祖厉河而下，在甘肃靖远北石门川黄河东岸或鹯阴口渡河，进入河西走廊武威（凉州）；或是由咸阳至今甘肃宁县，再沿战国秦长城内侧进入固原。中道由泾源附近的六盘山可抵陇西郡。途经固原的古丝绸之路中、北两条线，渡过黄河后，都在河西重镇武威（凉州）收拢，再沿河西走廊进入敦煌。

据出土的居延汉简记载，汉代由长安通往河西走廊的要道与驿站里程为："月氏至乌氏五十里，乌氏至泾阳五十里，泾阳至平林置六十里，平林置至高平八十里"，成为早期丝绸之路途经固原的历史见证。

西夏，草原游牧文化与农耕文化融合的王朝

在贺兰山东麓50余平方公里的岗阜丘陇上，坐落着西夏王朝的皇家陵园，9座帝陵布列有序，271座陪葬墓星罗棋布，但在古代多次的战火摧毁中，仅剩下一个个凸起的圆形土堆，相伴于贺兰山下。依稀可见其夯土垒起的建筑技术及造型独特的艺术风格，是中国现存规模较大、地面遗迹保存较完整的帝王陵园之一。

西夏党项羌族起源于青海、甘肃的高原地区，后来流落于银川平原。古代羌族是一个大系，党项羌是其中的一个分支。汉朝时，羌族大量内迁至河陇及关中一带，过着原始游牧部落生活。《隋书·西域传·党项》记载：党项羌者"每姓别为部落，大者五千余骑，小者千余骑。""俗尚武力，无法令，各为生业，在战阵则相屯聚，无徭赋，不相往来。牧养牦牛、羊、猪以供食，不知稼穑"。"无文字，但候草木以记岁时"。后逐渐形成了著名的党项八部，以姓氏作为部落名称，其中拓跋氏最为强盛。南北朝末期开始活动于今青海省东南部黄河上游和四川松潘以西山谷地带。唐朝初年，进入西藏的羌族人建立了强大的吐蕃王朝。

吐蕃人经常骚扰唐朝边民也抄掠已归附唐朝的党项人。党项族向唐朝请求后，逐渐迁徙到今甘肃东部和陕西北部定居。11世纪至13世纪，西夏王朝依托河西走廊建都称帝，银川平原正是其国都兴庆府所在地。

西夏建国后，注重经济发展，设群牧司、农田司管理畜牧业、农业，尤其发展水利，借助"自汉、唐以水利积谷食边兵"的条件，疏浚古渠、开凿新渠，官、民建有"御庄"和"粮窖"储粮，确立了封建土地所有制，"地饶五谷，尤宜稻麦"。

随着农牧业的迅速发展，西夏的陶瓷、纺织、铸造、酿酒、制盐业等手工业和商贸有了长足的进步。朝廷设有"京师工院""三边工院"和"铁工院"等管理机构，熔铸和锻造直接继承中原技术，打制精良兵器和工具；金器加工（生金熔铸、熔熟板金、熟打金），达到很高的水准。纺织生产形式分官营纺织

和民营纺织，并设置织绢院专门管理，毛织业历史悠久，棉、麻织业和特色浓郁的丝织业，学习中原技术并不断创新。酿酒业是党项民族传统生产部门，继承了中原的榷酤制度，官榷是由官府控制酒曲的生产与销售，民酤是民间自产自销，官收其税。受农耕技术与当地酿酒技术的影响，西夏酿酒业呈现出前所未有的生机。

黄河的滋养、银川平原的丰腴、贺兰山生态屏障的守护、牧业与农业的合力发展，支撑着西夏王朝在宋辽鼎立、民族战争夹缝中延续生命，创造出草原文化与农耕文化融合的西夏文明。西夏与西域诸国互通往来、商贸繁盛，融汇吐蕃、回鹘、契丹等民族的文化元素，创新发展，形成了以中华传统文化为核心的多元文化；西夏文字的创造和使用，推崇儒学、佛教，并融入独特的民族风格，形成了别具特色的西夏文化。

公元 1038 年—1227 年，西夏最终败于蒙古军战争和天灾疫病的困境，党项族也从此消失。贺兰山下一座座高大的土筑王陵包裹着神秘王朝的昔日辉煌，直面风霜雨雪已近千年。

据西夏博物馆介绍，20 世纪初，在我国内蒙古黑水城、甘肃敦煌莫高窟等地出土的大量西夏文献、文物，现藏于俄、英、法、日等国家。其中俄藏西夏文献占已出土西夏文献的 80%以上，内容丰富，研究价值极高。

滩羊之乡、甘草之乡的文化色彩

滩羊是宁夏五宝中的“白宝”，古往今来名扬四方。尤其是黄河东岸盐池县的滩羊，“吃着甘草、喝着矿泉水”长大，其肉质脂肪分布均匀，细嫩、无膻味、味道鲜美；“二毛”更是裘皮中的上品，即一月龄左右的滩羔羊皮，皮板轻薄、柔韧细密、毛股紧密、花穗美观，呈明显大波浪弯曲，俗称“九道湾”。

盐池县位于宁夏东部、陕甘宁蒙四省七县交界地带，紧靠毛乌素沙地南缘，是中国北方半干旱农牧交错区 266 个牧区县之一，是中国滩羊之乡、甘草之乡。先秦时期，盐池县境内气候温和、水草肥美，为荤粥、鬼方、猃狁（匈奴）之地；秦朝末年在此地建立了昫衍县，之后朝代更替、社会发展，都在盐池留下了历史印记，其中最为鲜亮的是红色和绿色。

盐池县是宁夏列入西北革命根据地——陕甘宁边区的唯一县，在最为艰苦的红军革命斗争岁月中，始终保持红旗不倒、党的政权组织不丢失。习仲勋曾在《红日照亮了陕甘高原——回忆毛主席在陕甘宁边区的伟大革命实践》一文中写道：“1934 年冬至 1935 年春，我们分别建立和发展了陕甘边根据地和陕北根据地。陕甘边根据地把二、三路连接起来，北起定边、盐池，南抵三原，东至延安，西达陇东的庆阳、曲子、环县一带，建立了人民政权。”

1940 年以后，边区政府积极促进边贸交易，每年在定边、盐池举办两次骡马大会，并对前来赶会的蒙、回民族群众实行贸易优惠政策，提供各种方便。每届交易会客商云集、小摊林立，牛马驴羊、茶布盐和毛匹交易活跃，各民族间的交流日益增长。

1942 年 12 月，毛泽东在西北局高级干部会议上，作了题为《经济问题与财政问题》的报告，其中还专门讲到“盐池滩羊”：“应由政府从盐池买一批‘滩羊’，发给羊多农家配种，每一只公羊可配二十只母羊。这种羊毛很细软，且每羊年产二斤。”“我们如能认真实行以上各种办法，边区的畜牧会有更大的发展，希望建设厅及各县同志加以注意。”

在解放宁夏过程中，盐池解放区共投入劳力 10790 个、组织担架队 2218 人，捐献粮食 8900 石、马料 2350 石，做鞋 6000 余双、支援羊皮 3600 张，为解放战争作出了重要贡献。

进入 20 世纪 80 年代，由于自然环境的变化和过度放牧，盐池县 75% 的人口和耕地都处在沙区。为改善生态环境，盐池县依托三北防护林建设、退耕还林还草和封山禁牧等生态工程，长期持续推进防沙治沙、造林绿化；并自 2003 年以来，实施草原全面封禁，滩羊舍饲养殖，牧人归田“粮改饲”人工种植饲草，草原牧区传统生产生活方式发生了重大变革。目前，全县 200 多万亩沙化土地披上绿装，100 亩以上的明沙丘基本消除。全县柠条林种植面积达 265 万亩，占保存林木总面积的 80% 以上。

据新华社银川 2020 年 8 月 13 日《宁夏盐池：治沙“利器”为滩羊“加餐”》报道：从 2016 年开始，盐池县开始探索“以林补饲”之路，通过积极与科研机构和高校合作，研发适合柠条平茬和饲料加工的机械设备，并在平茬时间、平茬强度、平茬方式、平茬机械等方面出台一系列技术标准和操作规范。目前，盐池县已形成了“统一平茬、多点加工、集中配送”的“企业 + 合作社 + 农户”的运营模式，先后建成饲草配送中心 1 个，柠条饲草加工厂 8 个，辐射带动加工点 200 余个。柠条复壮，滩羊增重，农民增收，盐池县治沙“利器”的综合

盐池县皖记沟村禁牧后滩羊养殖方式转变　供图 / 盐池县自然资源局

效益正在显现。通过以林补饲、以草助畜等方式，盐池县滩羊存栏数量由封山禁牧时的 80 万只增加到现在的 350 多万只。2016 年 2 月 1 日，盐池滩羊成为国家地理标志保护产品（地理标志证明商标）；2018 年，盐池县成为宁夏首个脱贫摘帽的国家级贫困县。

我们来到盐池县花马池镇皖记沟村，走访了几位曾经是牧人的村民。47 岁的马杰说，1996 年实行草原围栏放牧，村里每人分得 108 亩草场；2003 年开始实行草原禁牧、滩羊舍饲后，滩羊由过去一年产一茬羔到现在两年产三茬羔。

62 岁的王建武，从 20 世纪七八十年代开始放羊，一直干到 2002 年底；现在有耕地 40 亩，养羊 100 只，两年产三茬羔，每年能卖出去七八十只，2019 年家庭纯收入约 3.7 万元。

当我们问到滩羊是在草原上放养好还是圈养好时，50 多岁的陈秀清说："跑滩羊还是在草原上放牧好。老草压新草不好长，羊蹄子能松土，把草籽踩进泥土，新草才好长出来；羊粪也是肥料，羊走过留下的蹄窝还能蓄水。草原封禁到现在，有些地方荒蒿子齐腰高，羊都进不去了。"

村书记告诉我们，"我爷爷放了一辈子羊，一直放到 80 岁。记得那时，大人放羊回来，孩子们就帮着一起圈羊，爷爷给每只羊戴上'布吊子'（装着精料的袋子），给羊夜餐。俗话说'马无夜草不肥'，羊也需要加个餐。现在全区禁牧，不敢放开，怕控制不住。以前的跑滩羊好吃，肉是紫红色的，肥肉少、肉质好。现在喂饲料的羊肉不紧实，颜色也淡。"

宁夏林草局草原处的赵勇告诉我们，以前牧民都打甘草喂滩羊，用民间的话说，宁夏的滩羊"吃的中草药，喝的矿泉水"，现在甘草不多见了，打草的习惯也没了。

"那么大伙儿现在不放牧了，就在家种地吗？传统的草原风俗还在吗？"我们问。马杰说，"我家有六七十亩地种玉米，全部给羊吃，人吃的米面到市场上去买，大米 1 袋 50 斤 150 元左右，白面 1 袋 50 斤 120 元左右。"

赵勇说，过去牧区有些牧人放羊时，手里总会带着一块羊棒骨，当地人叫"拨吊子"，一边放牧一边用羊毛打毛线；冬天放羊都穿毡鞋。我们也回忆起过去内蒙古村屯子里，都有会擀毡子、熟皮子、吊皮袄的手艺人，炕上老人睡的位置总会铺着一块毡子；冬天车老板出车都穿着白茬的大羊皮袄；在外有工作的讲究人会吊件黑色或藏蓝色的皮大衣，如今像这些传统手工艺制作都渐渐荒了。

村支部书记说，"现在不放牧了，牧人也断代了。以前牧人穷苦，但精神旺得很；现在的人往那儿一坐就看手机，囊得很。奶酪、奶皮子也不做了。"

大伙儿还说，现在村里基本上都是老一辈人，年轻人上学的上学，打工的打工，都离开了草原，不愿意回来。

赵勇接上说，传统的草原文化影响了老一代人，现在草原上甘草、苦豆等野生中草药也都少了，物种单一得就剩下荒蒿和柠条了，而柠条吸水性强，周

今春，草原保护区为做监测实验推出了一块草坪，除去了地表覆盖多年的旧草，新生的青草地植被与临界的“草垫”植被，反差一目了然　摄影 / 汪绚

边的草都竞争不过它，草原已经显露出木质化倾向。

的确，在途中我们见到了大面积小灌木覆盖的草原，还有柠条与牧草隔带间种的人工草场。8 月中旬的草原应该是植被最好的时节，为见到宁夏最好的草原，我们来到了云雾山草原自然保护区。远望草地如密织的绿毯，近前细看，青草与干草萋萋裹挟在一起，形成密结厚实的“草垫”，目测干草约占 3/5。今春，保护区为做监测实验推出了一块草坪，除去了地表覆盖多年的旧草，新生的青草地植被与临界的“草垫”植被，反差一目了然。

保护区管理局局长张信告诉我们，多年监测结果表明，黄土高原的典型草原，随着封禁时间的延长，物种的多样性也在逐渐增加，到了封禁的第 15 年，物种多样性达到峰值；而 15 年之后，枯草层加厚，针茅类等植物枯枝增多，阻挡了阳光和温度，直接影响了牧草种子的萌发力，每平方米的物种数量明显减少。健康的草原每平方米物种数量为 25—35 种，最好的时候接近 40 种；亚健康的草原每平方米物种数量为 15—22 种，封禁时间过长会直接抑制草地植物再生与自然更新能力，同时也加大了火灾隐患。

宁夏草原自 2003 年以来实施全面封禁，至今已经 17 年，草原植被和农牧民的生产生活方式发生了巨大的变化。“十三五”期间，宁夏被列入国家12个草牧业试点省（区）之一，实施了“粮改饲”、振兴奶业苜蓿发展行动计划、退牧还草工程等一系列重大项目，2019年国家和自治区财政共安排51332万元支持饲草产业发展；全区奶牛存栏43.7万头，肉牛饲养量169万头，滩羊饲养量1148.2万只，饲草需求总量1102万吨，饲草供给量1103万吨，供需基本平衡。

然而，17年的草原封禁、滩羊舍饲、牧人归田，改变了草原生态环境，改变了牛羊和牧人的习惯，也改变了人们的心理体验……

草原牧业发展的生态文化思考

草原民族生计方式的选择和风俗习惯的养成，与其地理环境的可生存性和草原生态资源的可持续性息息相关。草原是一种自然生态系统，具有多种类型的地理植被特征；而草原生态文化则是反映草原民族与草原生态关系的，人与自然双向互动的，牧民、草原、畜群相互依存、和谐共生的文化；是从生产生活方式到经济发展方式、从思想理念到行为实践，都同草原生态规律相适应的文化形态。

据宁夏回族自治区农业农村厅关于“全区饲草产业结构优化调整工作”“十四五”发展规划：拟到2025年，全区饲草种植面积达到830万亩，饲草总量达到2295万吨，全区饲草自给率达到90%以上；对比2019年实际饲草种植情况，需要调减粮食作物面积446万亩。2025年粮食及饲草灌溉用水量21.9亿立方米（总面积515万亩），比2019年减少灌溉用水2.4亿立方米。具体措施：一是扩大饲草种植规模，二是推广饲草高效种植模式，三是用好农作物秸秆及非常规饲草资源。然而，“十四五”发展规划还应该考虑到对已经封禁17年的草原资源的科学规划与合理利用。

据2014年9月12日宁夏回族自治区政府发布的第二次全区土地调查主要数据成果：全区有耕地1937万亩，园地79.6万亩，林地1162万亩，草地3186万亩。设想如果能够科学合理地利用30%—50%的草地，既可以减轻耕地的负担，“把饭碗端在自己手里”，又可以使滩羊回滩，草原生态文化得以传承和延续，一举多赢。

习近平总书记“绿水青山就是金山银山”的理念，阐明了生态文明建设

草原保护区草场现状　摄影 / 尹刚强

的核心价值观，蕴涵着深刻的辩证法，引导我们对草原生态文明建设的哲学思考。

一要科学论证以往成效，评估草原牧区的生态平衡阈值，因地制宜、分区规划、分类施策、区别对待，并全面落实社会保障制度。对于生态极其脆弱或地处偏远、不利于人类生存的地区，实施生态移民；在解决移民社区和住房建设的同时，着力开展移民再就业实用知识和发展能力培训，解决其长远生计问题；对于生态条件可持续发展的草原，要在科学评估的基础上，适度保留原牧民和牲畜种群，采取相对集中建设定居房和分区游牧活动房相结合；扶持牧民在世代生息的草原上发展原生态畜牧业，同时承担当地森林、草原和文化古迹的保护巡视责任，相应享受生态效益补偿政策。政府部门承担规划制定、政策调整和监管核查职责，让可利用的草原，以草定畜，利用不同类型的草场适度放牧；让出现沙化的草原得到及时治理、休养生息；让天然荒漠作为一种地理类型，自然修复。

二要建设草原特色生态畜牧业关键技术集成与示范区。研究形成草地、快速精准监测及靶向恢复技术，注重生态功能完整的轻、中、重度退化亚高山坡地草甸，构建“灌—药—草”高寒退化草地治理生态经济新模式，实施“草原社区特色生态畜牧业关键技术集成与示范”，培养一批有知识、懂技术、会经营的新型牧民，为草原牧业提供示范样板。

三要大力扶持草原畜牧业合作经济组织，打造以牧民为主体的原生态、绿色有机的草原畜牧产业链。在牧民产权明晰的基础上，走合作化道路；创新现代游牧制度，保持地方特色，走出一条有限稀缺产品与高端市场对接的发展之路。草原生态有机畜牧产品，恰是符合绿色消费的稀缺产品，通过以产定销对接有限市场的模式，实现社区生态保护与产业协同发展双赢；实施有规划、有目标地培育草原绿色有机畜牧业产业链，满足牲畜肉制品、乳制品和毛绒制品等原生态自然生长、有机生产过程；多途径搭建生态畜牧业产业化、品牌化、市场化平台，培育具有资源优势、市场潜力和可持续发展活力的草原生态产业经济；聚拢走出去的大学生，引进科技人才和营销人才，不断优化草原畜牧产业内在品质和外在形象，开启草原牧区传承发展、改革创新的振兴之路。

四要保护传承牧民与草原共生的活态文化，构建草原生态文化繁荣发展的惠民机制，是乡村振兴战略中新的经济增长点。保护和修复草原，目的是使草原牧业可持续发展、草原人民生活富足、草原生态文化源远流长。在草原生态文化资源的富集地，要探索带有时代印迹、地域特色和民族风格的草原生态文化生长本源，梳理蕴藏在典籍史志、聚落历史、民居古建、民族民俗、传统技艺中的草原生态文化遗产，依托得天独厚的自然资源和人文积淀，保护原生态文化基因、地域和民族特色，发展生态文化旅游观光、休闲康养，建设不同类型的活态的草原民族文化博物馆等；要组织专门队伍深入研究带有草原文化基因的传统草原生态文化瑰宝，抓住其文脉的精髓，构建活态文化的保护传承机制；特别重视传承人的培养和新生代的普及，使草原生态文化在新时代焕发生命的辉煌。

草原民族对草原的留恋，源自对家园的依赖；对草原的保护，源自对自然的崇敬和生存的依附；朴素单纯的生态理念和顺应自然的生产方式，支撑着草原民族的成长与发展。

“宁夏川呀两头子尖，东靠黄河西呀靠山，金山银山米呀粮川；天下黄河富宁夏，中宁的枸杞子、平罗的大西瓜，香山的羊皮呀人人夸……”这首《宁夏川》不知流传了多少年，也不知是不是宁夏花儿？踏上宁夏的土地，它会时不时地让人想起那粗犷豪放的高腔山歌，充满着浓郁的西北风情和乡土气息；每句歌词都袒露着宁夏人对家乡醇厚的挚爱和赞美。宁夏川，草原生态文化风采卓然，草原民族历史浸染河山，但却波澜不惊、平静深沉，令人流连忘返、心向往之……

二、贺兰山岩画

坑穴与虎。这块石采自贺兰口东面冲积扇平原，上刻52个大小不一的坑穴，右下方则有一老虎躯干。整幅岩画系石器磨刻，线条粗犷，刻槽圆润，年代久远，是贺兰口岩画中比较具有代表性的一幅。2004年、2005年在北京自然博物馆展出后，引起世人极大的关注，纷纷将目光投向了宁夏贺兰山岩画，去感受、回味那个神秘的时代。

坑穴岩画是指岩画中以研磨法制作于岩石表面上的“坑”状或“杯”状图案。这一题材的岩画在世界很多国家都有发现，特别是在亚、欧、美洲的一些国家最为广泛。目前，关于坑穴在岩画中的文化含义，学术界也是众说纷纭，如：天体星辰、计数符号、祭祀坑穴、巫术定止、元阴、种子等等。就一幅岩画中的坑穴数目来讲，2002年发现于宁夏贺兰山大水吉口的1.8平方米的单体巨石上磨刻有138个坑穴，是目前世界上单幅岩画中坑穴最多的一幅，而贺兰口岩画中坑穴最多的则是这幅岩画。

贺兰山岩画　供图/银川市贺兰山岩画管理处

羊与图腾符号。在贺兰口的动物岩画中，羊的数量是最多的，分布也是最广的，尤以岩羊和羚羊为最。大多数形体较小，身体上无装饰，或行走、奔跑，或静立、躺卧；有些昂首、回首观望，有些俯首觅草，神态各异。这幅岩画刻画的是两只岩羊首尾相连，错

坑穴与虎　供图 / 银川市贺兰山岩画管理处

步而行，线条粗犷，刻槽圆润，系石器磨刻，如同印进石壁一般，极具立体感。上方两个符号与羊之间是一种相互诠释的关系，仔细观察，符号很像是羊的正面形象。羊角、羊面、羊须刻画得是如此传神，倘若我们展开联想，最终的结果就是下方的岩羊。羊岩画的大量出现，不仅反映了人们的生存需要，也体现了羊深厚的文化内涵。在中国古代，羊作为一种吉兽、祥兽，历来都与祭祀分不开，人们始终把羊视为可“上请民意，下达黎民”的使者，它承载着人们美好的愿望，体现了对所求神灵的无限虔诚。古人把祭祀羊、祭祀羊图腾看作是很重要并且能够给他们带来好运的事情。

大眼睛人面像。这幅人面像造型奇特，是贺兰口人面像岩画中不为多见的一种。椭圆形的脸部轮廓非常规整，两只呈倒“U”形的大眼睛几乎占了整个脸面的三分之一，额头有一个横竖相交的“十”字符号。在贺兰口 708 幅人面像中，类似风格的仅有三幅，可谓是弥足珍贵，因其硕大、有神的双眼，学者称为“大眼睛人面像”。从这幅人面像的组成符号来看，这在远古时期很可能是某一氏族的生殖神的形象。椭圆形在符号中表示女性、阴性；大眼睛

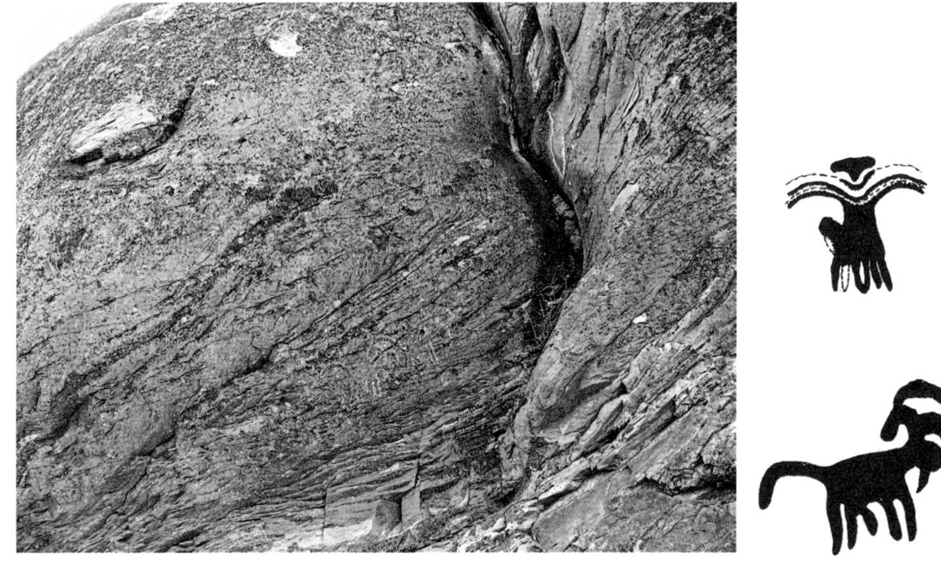

羊与图腾符号　供图 / 银川市贺兰山岩画管理处

的形象在西方历来被看作是女性；十字符号是世界上最古老的一种符号，最早代表的是天上的太阳，向四面八方辐射，带给人间光明和温暖，同时也象征蕴蓄了世上万物。太阳是阳性的极端代表，象征雄性，出现于极具阴柔之美的人面中，又增添了一份阳刚之气，使得生殖的含义更为突出。三种精炼的符号就巧妙地构筑了先民心目中敬仰的生殖神的形象，此幅人面像堪称经典之作。

拥抱石与人面群像。这块高 4 米、宽 3 米的巨石被称为“拥抱石”，此多源于它和左侧的山体，原本混为一体，20 世纪 70 年代农民修筑水渠而将其炸开一个豁口，若由此通过必须与巨石亲密“拥抱”，久而久之，冠名“拥抱石”。石上刻有 31 幅人面像和一只羊，羊的下方是一个六环重圈。目前，关于这个六环同心圆，学术界有几种解释，地理学家认为是“泉水”的象征，环环重圈正是水波产生的涟漪；天文学家认为是“太阳”的符号，是自然崇拜的图案；人类学家认为是“女阴”的符号，是对女性的一种生殖崇拜；还有人联系到澳洲土著部落中盛行的贮存祖先灵魂的木制灵牌上刻的同心圆圈，认为它表示的是祖先灵魂停留、休息的地方，即“珠灵卡”。考虑到贺兰口众多的同心圆岩画周围均有人面像的出现，学者们更多认为它也是“珠灵卡”，是对祖先的祭拜。

大眼睛人面像　供图/银川市贺兰山岩画管理处

拥抱石与人面群像　供图 / 银川市贺兰山岩画管理处

左侧山壁重重叠叠分布有30幅人面像和一些正待破译的符号，画面出现三层以上的打破、叠压关系，是不同氏族在不同历史时期刻制而成的。人面像造型奇特、无一雷同，充分体现了远古人类粗犷朴实的审美情趣和丰富的想象力。中间的人面像头戴9根羽饰，双眼环睁，獠牙外露，与现在印地安部落中酋长的装饰极其相似。岩画中大凡以双环（同心圆）来表现人的眼睛历来被看作是神灵、巫师、酋长，这样的人面像在贺兰口岩画中仅发现6幅。双环眼带给人们的视觉效果是眼睛暴突，摄人心魄，只有地位极高，权力极大的人或者是具有无上超自然

面具人面像　供图 / 银川市贺兰山岩画管理处

“白马祭”图　供图/银川市贺兰山岩画管理处

力的神才能配备如此的眼睛。因此，这幅人面像很可能表达的是对首领的崇拜。左方的人面像脸型呈“核状”即“鱼形”，双眼为倒“U”形，嘴部以一横代替，整个五官均由阴性的符号组合而成，表达的是典型的女性生殖崇拜。

右方尚待破译的符号是贺兰口岩画用石器磨刻最深的一幅，刻槽深约1.5厘米。在刻度为6的长石石英杂砂岩上磨刻如此之深的岩画，其功力是令人难以想象的，说明这幅岩画饱含了作者无限的虔诚，信仰的力量克服了一切困难。

面具人面像。这幅人面像从五官构成来看，不同于任何一幅人面像，眼睛、鼻子、嘴已经很接近我们现代人，没有过多的修饰，脸型结构上平下圆，头边系有绑缚的系带，是典型的面具形象。

中国的面具艺术由来已久，最早可追溯到远古时期的狩猎活动。猎手们头戴动物面具以希望靠近猎物。这一创造性的举动，使他们获得了比以往更多的猎物，面具也被看作是赋予了无穷的神力。在庆祝胜利的舞蹈中、祭祀神灵的巫术仪式中，面具的使用更增添了神秘色彩，令人心生敬畏。原始巫术认为面具具有“以恶制恶”“斩妖驱邪”“请神降神”的功能，直至今天，西南一些少数民族仍然保留着佩戴面具的习俗。

面具是人面像的有效延续，在中国古老的巫傩文化中与舞蹈的有机结合造就了原始宗教的辉煌时代。贺兰口岩画中的面具在一定程度上满足了先民对各种超自然力的崇拜，也使得贺兰口的祭祀文化更加丰富。

生活图像“白马祭”图，位于贺兰口沟口南侧山壁，画面中一人领舞，六人连臂起舞，人前有一匹献牲的白马。

狩猎图。这组岩画生动形象地描绘了一个激烈的狩猎场面：左边是一个正拉弓射箭的猎人，右边是一群惊慌失措、向前奔跑的动物，在那群奔跑的动物中间我们可以看到有一只动物与其他动物的大小、朝向都不一样，似是一只猎犬，说明此时的人类，已懂得驯化猛兽来帮助他们狩猎，而且狗已经成为狩猎者的好帮手。在右下方一只动物的身下出现了一个椭圆形的符号。经考

狩猎图　供图/银川市贺兰山岩画管理处

证，这种出现在动物周围的“田”字形、圆形、椭圆形、方形等符号，表现的是猎人为捕杀猎物而设下的陷阱，而出现在陷阱符号上方的动物有可能已被成功捕获。这幅岩画运用了一种近大远小的透视原理，使整个画面更具立体感和空间感。

睁一眼闭一眼人面像。这幅人面像是贺兰口708幅人面像中面部表情最为丰富的一幅，体现在两只眼睛的表现风格上是完全不同的，一只眼睛圆睁，一只眼睛微闭，打破了岩画在美学上关于对称的原理，但却丝毫不影响整个脸部五官的和谐，反而更多了一份儿时的童趣，犹如孩子淘气的“鬼脸”。也有人认为这更像是一位猎手，拉弓射箭时瞄准的姿势。学者们在不断地讨论研究中，发现了大量的生殖符号，认为古人花费很大的精力把这样一幅人面像磨刻在石壁上表达的是他们对人口增殖的愿望。有专家认为，圆睁的眼睛可能代表太阳，微闭的眼睛代表月亮，代表中国传统文化中的阴阳两极，阴阳同处于人的五官当中，反映的是阴阳合一。《五运历年记》中所载上古神话传说“盘古开天地，左眼化为日神，右眼化为月神……”；《山海经·大荒北经》中记载，“……烛龙，人首蛇身，睁眼时，大地光明普照，闭眼时，世间黑暗寒

睁一眼闭一眼人面像　供图 / 银川市贺兰山岩画管理处

猴头像　供图 / 银川市贺兰山岩画管理处

冷……”，可见人的双眼在很早时期就被赋予了深厚的文化内涵。而人面像中的“四片瓦构成形式”，即圆形之中添加了四个 U 形符号（其中一个 U 符异化为一横），但仍代表阴性。五官的中央有一只鸟的形象，粗而深的线条使鸟头作为整体而被加以突出，鸟身及鸟尾以不同的弧线、直线、竖线巧妙构成，鸟头内凿刻的一点更是“画龙点睛”。在中国民俗文化中，鸟等动物历来被看作是阳性的象征。如此，这幅人面像也是以阴阳交合表达生殖崇拜的文化内涵，而且是生殖崇拜人面像中的集大成者。

猴头像。这幅人面像位于贺兰口北侧山体与参观便道的交接处，因其酷似猴头，故名“猴头像”。它右眼深陷，左眼微出，头顶小帽，加之桃形的脸部轮廓，很像《西游记》中被如来佛压在五行山下的孙悟空。抬头仰望山体，自然形成的五座山峰恰似如来的五指。根据种种巧合，有人猜测，创作《西游记》的吴承恩曾经来过此处，看到猴头被压在山下，便产生了创作《西游记》中“五行山下定心猿”的灵感。

“猴头”是否为孙悟空的创作原型，已无从考证，即便是把它当作单纯的猴子，也尚未找到依据，从贺兰口的地质环境来讲，这里无论是几千年前还是现在，根本就不适合猴子生存。类似构图的人面像在贺兰口岩画中发现了 5 幅，说明这又不是一种偶然和巧合，应该有着特殊的文化含义。有专家认为这类人面像描绘的很可能是“萨满教”中的萨满巫师，他们在施行巫术时，普遍戴有圆顶或尖顶形毡帽，并认为这一形式有助于增强与神的沟通能力。

双人舞与“巫”字。岩画中的舞蹈可以说是一个世界性的题材，尤其在贺兰山岩画中，各种舞蹈的图案交相辉映，充分反映了古代狩猎者的舞蹈艺术和其发展变化的轨迹。

双人舞与“巫”字　供图／银川市贺兰山岩画管理处

贺兰口这幅刻制在独体岩石上的“双人连臂舞蹈图”造型准确，形象生动，堪称是双人舞中的经典之作。图中两人为一男一女，手臂相连，外侧手臂上扬至头部以系带连接，作翩翩起舞状。男性身材魁梧，显示出超强的生殖力；女性身材纤弱，屈膝扭腰，婀娜多姿。二人双腿之间均佩有尾饰，是典型的氏族图腾崇拜的遗物。

圣像壁　供图／银川市贺兰山岩画管理处

从这幅岩画的构图来看，虽然难以确定舞蹈的思想主题，但其造型却像极了“巫”字，由“工”和双“人”两部分组成。原始社会中最早的巫大多为女性，后来男子也渐渐开始从事神职工作，便出现了“觋”。因此“巫”中出现的两个“人”具体代表的是巫和觋，而非笼统的一类人。巫、觋共同娱舞降神，就会大大加强巫术的神性化。因此，这幅岩画为理解原始人类的生活世界和精神世界提供了启示。

圣像壁。学者们普遍把出现大量人面像岩画且周围有水源的石壁称为“圣壁”，认为先民把心目中敬仰的各种神灵刻制在出现水源的地方，在自然赋予的神力下更能实现各自的愿望。就人面像岩画在世界的分布来讲，贺兰口可以说是世界上最大的一处“圣像壁”，708 幅人面像或集中或分散，遍布在四季不竭的山泉周围，几千年来成为不同氏族、不同民族的祭祀对象，而贺兰口也理所当然地成为祭祀中心。

在贺兰口方圆不到一平方公里的沟谷两侧石壁上，集中分布有 8 处“圣像壁”，而且每一处人面群像的构图风格、表现形式都不一样。此处是进入沟口的第一处“圣像壁”，20 多幅人面像因为多年的风雨侵蚀已变得漫漶不清，唯有这四幅尽管饱受沧桑，但还是看得清清楚楚。粗犷的线条、圆润的刻槽、独特的造型、狰狞的神情使人们真切地感受到了来自外界神道的强烈震撼。无疑，这些环眼阔鼻，獠牙外露的人面应是不同氏族部落所崇拜的神灵偶像，每一幅人面像都是一个巫术仪式的完结。

四幅人面像中右下方这一幅表面看上去更像是猴子的形象，左上方三幅正中间那一幅则像是猪；下方的人面如果去掉五官就是一个苹果；上方的人面说明了早在几千年前，人们就已经能够成功地掌握并运用人的面部表情了，他们就知道把人的眼睛竖起来画，可以表现出人的怒、凶，从而把这一点运用到神灵当中以突出神灵的威慑力和震撼力。虚拟的神最终要以人面的形式出现才会更具真实性，尽管这种虚拟也带有事物的局部特征，但始终摆脱不了“人灵”这一载体。正因为如此，中国很多的庙宇、道观中我们所能看到的金刚、罗汉、神仙、阎王大多都是暴眼横眉，面目狰狞，让人一看就会产生一种畏惧心理。几千年来，古人在塑造神灵这个方面一直追求的都是这种艺术表现形式。

三、草原生态文化深处的蒙古族

不知道世界上还有哪个民族的历史像蒙古族历史那样波澜壮阔、影响深远；有哪个民族的社会经济、文化以及民族气质、性格、体魄和情感与大自然结合得那样紧密，使人一听到长调歌曲和马头琴的旋律，草原就展现在眼前……

内蒙古呼伦贝尔市鄂温克旗牧民前往那达慕大会的路上　摄影/敖东

草原和草原的特点

何为草原？草原有几个层面，一个是生态学上的草原，就是地带性的植被，以草本植物为主的；一个是草地，不仅是草原，包括草甸、人工草地、草坪，凡是以草本植物为主的类型都叫草地；一个是草场，草场的范围就更广了，凡是可以放牧的都可以叫草场，荒山也可以叫草场。真正的地带性草原植被在我国并不很多，一般说草原约占国土总面积的40%。而真正的地带性草原植被主要在内蒙古，其他地区不是很多。草原植被是比较年轻的植被类型，只有不到一万年的时间，是荒漠向森林的过渡类型。

草原有什么特点？时空多变，类型不稳定，精神层面的东西非常丰富。有时候这边是草原，有时候那边就是荒漠了，时间、空间变得比较快。像南方有些地方上千年、上万年还是这样的气候；而草原不是这样，100年可能就有变化。草原的草，一般30厘米高，物质产出非常有限，可是精神财富、文化财富和智力财富，却远远大于其物质产出。蒙古族人在科学艺术方面也有很多的成就，比如《水经注》《膳食正药》《木兰辞》等文学作品，蒙古史诗有280多部，如《图兰朵》就是描述蒙古族的王子与汉族公主产生的爱情故事；另外《本草纲目》里面吸收了很多胡药，里面很多名称都是蒙古名。

草原本身是开放的，对周边的影响非常巨大，草原畜牧业也是这样。草原畜牧业的产出不一定是物质财富，主要还是精神财富，所以草原是一个生态通道，是个过渡带，是个脆弱带，是个风沙源。草原畜牧业也是投入感情的地方，草原植被是天然植被系统，是经过千万年自然演化而形成的，也是一部天然史书，不可搬迁，多少钱也买不来的最宝贵的财富。

蒙古族的草原生态文化品格

内蒙古草原是各族人民的家园。其最大的贡献，不仅是畜牧业的产品，而且孕育了伟大的民族及其生态文化。世界上从来没有这么少的人做出这么大的贡献，我们不知道哪个民族与生态环境结合得这么紧密，他们对朋友的情感像牛奶那么纯洁，像草原那么辽阔无边，他们不仅讲人权，更讲究土权、鸟兽权。

蒙古族文化是有冲击力的，就像蒙古族崇拜狼似的。狼是蒙古族牧民的图腾和老师。蒙古族人学狼，是学它的冲击力、团队力、不屈不挠和敢爱敢恨的精神。狼是大恨大爱的动物，是有两面性的。狼对子女的爱、对同伴的爱可以舍命，为了自己的孩子可以牺牲自己；狼是儿女共有的。蒙古族学习狼的品质，所以蒙古族里没有孤儿、没有孤老也没有寡妇。蒙古族人对待别人的孩子跟自己的孩子一样，我们很多人都知道上海3000多名孤儿在内蒙古安家的故事。为什么都投入草原母亲的怀抱？因为草原母亲是最伟大的母亲，她们抚养孤儿，会告诉他们，你是谁谁的孩子，你想回去就回去，姓谁的姓，都是你的自由。

蒙古族牧民重视感情友谊，在畜牧业劳动中对牲畜是投入感情的。蒙古族牧民每天接触的都是动物，对牲畜从来没有不好，对马不会说畜生之类的话。牲畜犯了错误，比如生了羊羔的母羊抛弃了小羊羔，他们不是打，而是唱歌，有时候一唱就是半天，唱到母羊流眼泪……

内蒙古大草原悠闲的牛群　摄影/敖东

在牧区曾有一位牧民告诉我，出售牲畜的时候，是他最难受的时候。他最近卖了一批骆驼，因为当时骆驼说什么也不走、不离开家，买主只好硬把骆驼拉上车，但是骆驼又跑了下来，人们疯了一样去追骆驼，才把骆驼拦下来。

蒙古族人特别重视集体，重视知识、重视信息。因为怕孤独，怕在草原上不知道天气的变化，会面临难以应对的局面，所以他们的口头语都是“你有什么新消息?”蒙古族人有一个谚语：一等财主是有知识的人，二等财主是牲畜多的人，有钱的人才是三等财主。

蒙古族还有一个最大的特点——永远不占有地球上的一块土地，死了也没有墓地，所以人们找不到成吉思汗的墓地。游牧的草原牧民，敬天敬地敬友人，逐水草而居，不给自然施压、不讲特殊化，平等相对其他生物，是地球村最普通的村民。自古以来蒙古族人的法律就特别全，尤其是保护法，比如羚羊保护法：什么时候打，什么时候不能打，规定齐全。

蒙古族开放、包容，提倡和谐，游牧文化保持人的本性，这是现代文明最好的体现。牧民是自然之子，像我们认为的家就是我们的小家、房子；而蒙古族人的家是广阔的，家就是整个草原，花草树木、动物、客人，都是家的亲属。你可以在草原上得到最大的缓解，可以像狼一样嚎叫；你可以不带任何东西，吃遍所有蒙古包，走的时候说声再见。

牧民对水就更加爱了，成吉思汗那时候规定绝对不允许在水里洗手、绝对不允许倒脏水；法律规定洗衣服、洗东西，必须远离水源。他认为水是大地母亲的血液，不能轻易污染。蒙古族人即便住在河边，也要弄个吊瓶洗手，他们对土、水都很珍惜。

蒙古族人对野生动物更是宠爱，蛇、麻雀等都有法律保护，有天鹅图腾，还有树图腾。草原上流传着非常著名的一首歌曲《361只黄羊》，这首歌的大意是：有哥俩打黄羊，打到361只的时候，打伤了一只带着羔的母黄羊，母羊双眼瞪着兄弟俩，死死地抱着自己的孩子让它吃奶，一直到母羊死去。兄弟俩看了很感动，把自己的剑折断了，把小羊抱回家了，从此流传下了361只黄羊的歌曲。各地都在传唱，所以说他们不会伤害野生动物……

草原牧民为什么选择游牧

蒙古族牧民为什么选择草原游牧？游牧文化与农耕文化比较，是开放的、动态的文化。因为游牧面对广阔的大草原，有广阔的天地，所以游牧文化对其他文化都比较尊重，有着开放的心态。游牧民族特别重视适应自然，重视生态环境。草原畜牧业最重要的不是物质，而是精神、是文化、是生态。

蒙古族人对草非常尊重，比如拿草买蒙古族人的奶，他们很高兴，觉得牛奶非常高贵、纯洁，而用钱买他们反而不高兴。另外，蒙古族人知道房子舒服，为什么还要住蒙古包呢？也是为了牲畜能够吃上牧草。他们的道理是：人可以辛苦，但要让牲畜和草场得到很好的生长。而现在盖了一座座房子，实际把草原给破坏了。蒙古族人不会说恶劣的环境，最多说脆弱的环境。我们说草场退化，他们不这样认为，他们认为草场累了，或者受虐待的草场，受蹂躏的草场。

现在有些不乐观的事情，就是我们用农业土地承包到户的生产方式去改造草原的生产生活方式，把草场分包到户人为破碎化，而实际上草场的价值在于整合。因为草原时空多变、草场物质分布不均，游牧就好像吃自助餐，牲畜这儿一口、那儿一口，这样流动才能真正把牲畜养起来，这就是草原牧民选择游牧方式的道理和游牧文化的根本所在。

几十年来，为什么草原牧区人口、耕地、牲畜越来越多，总也减不下来？根本原因是体制和文化的问题。光保护草原是保护不动的，必须得先保护文

草原夏季旅游点　摄影／敖东

化。我们不了解蒙古族的历史，不了解蒙古族的文化，就无法保护草原。有人对草场退化十分担忧，并把责任完全推给了牧民，实际上牧民和他们的牲畜，几千年来一直维护着草场。干旱化的草原生态环境脆弱、时空多变，但却有很强的恢复力。只要我们加强监测，尊重固有的游牧文化，把权利还给当地牧民，而不是包办代替，因地制宜、有的放矢地给予政策扶持和科技支撑，就会实现全面恢复。

游牧中的生态文化审美境界

我们对草原畜牧业应该有个定位：产品投入了感情，也收获文化。所以草原牧民流着眼泪送走出售的牲畜，草原畜牧业产品不仅是牛羊肉，也是别具一格的艺术；不仅是皮革绒毛，还是人类社会生活生产战斗融为一体的最好体现。这就是草原行为，一切都在游牧中，并非原始落后；这就是祖国牢固的基础、祖国生态环境牢固的基础；是游牧文化的载体，是一首生态颂歌。

我对生态学下了一个定义，生态学是充满爱的科学，生态学是关系学，研究生物与环境错综复杂的系统，生态学又是充满辩证法的哲学，生态学是宽容的科学；而生态文化是与生态学相辅相成的文化支撑。生态文化提倡生物多样性，民族文化丰富多彩；所谓优劣，所谓是与不是，都只是相对意义。自然法则不是适者生存，是合作；人类伟大之处不是人类改造自然，而是人类适应自然。爱地球、爱环境、爱一草一木。实际说生态学讲的应该是生物之间的爱情故事，生态学是人类献给大自然的一首情歌。生态学不仅为了人类本身，而且是为了地球，所以说生态学是充满爱的科学，当然这个爱要爱得适度，不要走极端。

草原上一棵草就是一个文字，经过千万年的磨合组成一篇篇文章，使得草原成为图书馆；草原一棵草就是一名战士，组成的生态系统就是坚不可摧的部队，草原就是众多专家学者的母校，草原一棵草就是一位朋友和亲人，草原就是友谊的海洋。

草原上唱母亲的歌特别多，唱母亲的歌都有共同的题材，而唯独蒙古族唱母亲的歌非常真切：母亲、草原、家，歌曲里的母亲有三层意思，一个是生你的，一个是草原，一个是蒙古包也就是家。

蒙古族有个著名的谚语，孩子问妈妈："妈妈，我们蒙古族人为什么总是不停地搬迁?”妈妈回答:“我们要是固定一地,就像是血液凝固,草原母亲就会疼痛;我们游牧搬迁,就像是草原母亲的血液在流动,她就会感到舒服。”蒙古族为什么选择游牧,为什么是移动的民族,这个谚语道出了其中深刻的生态学原理和美学境界……

四、游牧–轮牧：一种保护草原的放牧制度

地球是我们的母亲，她拥抱着山脉、江河湖泊、沙漠和湿地，无私地供给人类生存的资源。古代文献认为土地吐出了五谷，称土为“母”，当农耕民把土地视为命根子的时候，草原人把草原称为“额吉”，以草原为母。

我们在歌声里曾经深情地歌唱“蓝色的蒙古高原”。内蒙古地域的生态环境与华北大平原有很大的不同。《清稗类钞·蒙古道路》云：“由张家口至库伦都凡三千六百里，出张家口。一望皆沙漠，淡水殊少……”冬季严寒而漫长且干燥，夏短冬长，是亚洲冬季寒潮的策源地；春季多风沙，夏季有雨，是典型的季风气候。年降水量由东部的 300 毫米降至西部的 100 毫米左右，内陆中心地区甚至在 50 毫米以下。而年蒸发量达到 1500—3000 毫米，是降水量的数倍或者数十倍。总之，这里地域开阔，面积广大，气候干旱；有的地区为荒漠，河流湖泊少，甚至存在人迹罕至的沙漠。

内蒙古草原辽阔，据全国第一次草原普查数据：其面积最大的是温性典型草原类，面积达 2767.35 万公顷，占草原总面积的 35.12%；排第二位的是温性荒漠类，面积达 1692.13 万公顷，占草原总面积的 21.47%；第三位为低平地草甸类，占草原面积的 11.76%；第四位为温性草甸草原类，占草原面积的 10.95%；第五位为温性荒漠草原类，占草原面积的 10.68%；排在第六位的为温性草原化荒漠类，占 6.84%；排在第七位的为山地草甸类，占 1.89%；排在第八位的为沼泽类，占 1.04%。草原的土壤为栗钙土、棕钙土、灰棕荒漠土等，土层很薄，有的不足 10 厘米厚，下面就是沙石。在草原形成的过程中，由于气候趋于寒冷和干旱，土壤有钙积层，乔木难以生长，而形成了一年一度的多年生草本植物和灌木。草原是辽阔的，“天苍苍，野茫茫”，漫无边际；草原是丰富美丽的，无涯的蔓草，铺成大地最美好的景观；草原是奉献的，丰富的草类可以满足不同牲畜采食的需要，给牲畜以生命。草原的各种植物本身

草原牧马人 供图 / 中国生态文化协会

可以在光照的条件下，以二氧化碳和水为原料来完成自己的生命过程，合成有机物，再把有机物转化为无机物，归还给土壤。周而复始，循环不已。所谓“离离原上草，一岁一枯荣”，季节的轮回给了草原以无限的生命。

“游牧”概念的诠释

以畜牧业为生计方式的蒙古族的生活方式与农耕民族的生活方式迥然不同。蒙古族传统文化的本质特征以“游牧”著称于世，历史上称为“行国”。而以日出而作，日落而息为生活方式的农业民族称为“居国”。

关于“游牧”，有学者解释为：人与牲畜一起移动的生活方式。在汉语里是“游牧”，在英文里是 pastoralism，在蒙古人的语言里则是“努德勒”（muudel）。从生态学的角度出发，迁徙不同于扩散，迁徙是指个体和种群有方向性的移动，而“扩散”则是个体或种群离开出生地或繁殖地的非方向性运动。民族志学说是携家带口地随畜群移动。历代汉族的史书上都描述“逐水草而居”是草原游牧民族的生活方式，动态的游牧与农耕民族聚家而居累积了几百年的老屋的生活方式有根本的区别。《汉书 · 匈奴传》指出：“美草甘水则止，草尽水竭则移……”，以创造游牧文化为文化特征的蒙古族的生计方式和行为特征是“走”，是“动”，它与永久处于固定状态的农耕民族相比，其生活方式每年都处于动态之中。遗憾的是，以农耕思维的视域很难理解这种别样的生产方式和生活方式。

在相当长的历史时间内，生存在内蒙古地域的人们选择了游牧业，这是由于其所处干旱、半干旱草原的生态位决定的。迁徙是接受了脆弱的草原的挑战："当干旱过程达到一定程度，当草原不再为游牧民族所饲养的畜群提供足够牧场饲料的时候，他们为了不改变生活方式，就要改变生活地点，必须不停地移动和迁徙，这样他们就成了游牧民族。"

"天苍苍，野茫茫。风吹草低见牛羊"。草原人的劳动成果是五畜。五畜是他们的衣食之源。游牧是由草原的生态环境、家畜和人三要素组成的一种生活方式。大多数草原植被和由草和灌木组成的干旱草原以及苔原等，是草原母亲供给人类的生存资源。牧人驯养的家畜在草原上广泛采食，牲畜产的奶血和肉，供养牧人的生活。"在生态系统的生物链中绿色植物是第一营养级，食草动物是第二营养级，食肉动物是第三营养级。"按照牧人的解释，草养羊，羊吃草，我吃羊。游牧的生活是草原养活了家畜，家畜维系了人的生存之需，所以草原是人的生存之依，生存之源。正是从生计方式和保护草原的立体思

牧民转场迁徙的车队　供图/邢莉　邢旗

维出发，牧人选择了迁徙的生活方式。迁徙的放牧制度具有与草原生态环境相适应的合理性。

(1) 牲畜每天可以在相当长时间在未放过牧的草场上获得新鲜饲料。牧人并不是漫无边际地游走，而是选择水草肥美的地方在一定的地域范围放牧，产草量是由草场内草群的高度、密度和草群种类决定的。产草量大于畜群采食量的时候，牧民不需要倒场，产草量小于畜群采食量的时候则需要倒场迁徙。

(2) 游牧可以使牲畜减少寄生虫病和其他传染病，同时牲畜的粪便对草原有施肥作用。牧民认为，无论对何种草场，年复一年放牧同一种牲畜是不行的，如羊群就不能长期放牧在同一个草场上。因为羊的尖锐的蹄子长期踏上同一个草坪，容易破坏地表植被层，造成风蚀沙化。另一方面，同一类家畜在同一草场上的排泄物日益积累，不仅不能成为肥料，反而会变成有毒物，造成草场的退化，甚至流行传染病。

(3) 有利于牲畜均匀采食，植被得以均匀利用，防止过牧造成草牧场的退化，保证草场再恢复。经过不同牲畜吃完的草，经过一年时间或一年以上的时间才能恢复。游牧就是牧民保证草场恢复的最基本的办法，牧民根据畜种的营养需要，按季节分地区轮牧或倒场轮牧，既保证植物的嫩绿及其营养，又保持草场一定的覆盖度，不至于出现土地荒漠化，而牲畜利用的只是剩余的生物量。掌握这一规律的牧民有意识地采取轮牧或倒场的游牧方式，保护草场的地表层，保证草场的草木常年茂盛。

蒙古族的谚语说：被牲畜采食过的土丘还会绿起来，牲畜的白骨不会白扔到那里。素朴形象的语言，道出深刻的生态理念。游牧迁徙的生活方式不仅是满足牲畜吃草的需要，而且是遵循着自然规律进行的有序的劳动；而被牲畜采食过的牧草恢复的程度与迁徙存在着密切的关系。与农业的种植不同，牧民迁徙的频率受牧草长势的雨量（湿度）、温差、风力等综合因素影响，而农业的种植技术决定农业的收获。

而牧草的出草量存在着更多的自然因素，雨水的大小、风力的强弱等。适应的本质就是迁徙，也是牧民生存的抉择。迁徙适应亚洲干旱草原的生态系统，从生态学看来，是生态环境促使游牧民做出迁徙的行为。当一个孩子问他的母亲，我们蒙古人为什么总是游牧和迁徙，就不能定居在一个地方吗？她的母亲告诉他，如果在一个地方定居，那么，地母神额图根会很疼的，只有当蒙古人游牧和迁徙时，就像地母神身上的血液一样畅流，使她浑身舒畅，牧人才选择了迁徙的生活方式。

游牧制度在漫长的历史发展的过程中，受社会、经济等方面的影响，原有游牧制度中远距离走场放牧的利用方式，逐渐被在一定范围内的季节倒场放牧方式所替代。把天然草场划分为季节牧场，分季利用是草原牧民的传统经验，主要根据地形、水源、植被等条件，划分有四季、三季、两季等季节营地，使牲畜在不同季节或时段能够满足饲草的需要。如春营地一般选择在早春放牧利用较好，且便于接羔的草场；夏营地集中在气候凉爽的河流两岸和山地草场；秋季是牧畜抓膘的季节，选择在草质好的草场；冬营地则选在向阳温暖避风的洼地、谷地，或利用缺水草场，待降雪后放牧。草原牧人在长期的畜牧生产活动中，形成了适应生态环境的技术体系，游牧—轮牧制度是牧人面对脆弱草原的智慧选择。

保护草原生态，传统放牧-轮牧制度的核心

游牧—轮牧制度的最有效地可持续地利用非平衡草原生态系统（降水量率在时空分布上极不均衡）的牧草资源，是几千年来维持草原生态平衡的制度保障。传统放牧的民间制度，包括文化习俗、道德教育、民俗信仰等利于游牧制度的运行，协同了人与自然互动协同演化。由于史书记载的缺乏和人们对于乡土知识的无知，常常把游牧生活归于蓝天白云的想象，甚至把“游牧”这种与农耕民族不同的生活方式看成漫无目的随意的，没有技术含量的“游乐”。我们要站在生态思维的角度理解草原，理解草原牧人的生活方式，只有这样我们才能掌握游牧文化存在的真谛、真正的历史意义和文化意义。

对于这种与农耕民族迥然不同的生活方式，应该如何评价呢？很长时间内，人们认为农耕文化的技术含量很高，而游牧业似乎不需要人类的付出，这种认识有很大的偏颇。经营草原畜牧业需要优质的草场，当牧人的劳作投入到天然草场的时候，牧人掌握了干旱、半干旱草原自然状况：气候、土壤、水源、植被、风向等规律，积累了丰富的生态保护经验，采取相应的放牧饲养技术，还要在自然灾害降临时采取必要的应对措施，这些乡土知识和理念体现了人、草、畜“动态调整”的科学价值，在畜牧业发展进程中，需要传承和发扬。蒙古族谚语说“搬迁草地好，请教父亲好。”这是他们的生存经验。

世代生息在草原地区的多民族共同创造的与草原生存环境相适应的生

草原上的马群　摄影/邢莉

计方式，包含着人与自然和谐相处的特征，拥有鲜明的地域特色和生态属性。草原畜牧业发展到现代，草原民族的生产和生活方式发生了巨大的变化，实现了从游牧畜牧业向定居畜牧业过渡、从自给自足的自然经济向商品经济过渡，正在实现由靠天养畜向依靠科技、依靠现代设施，发展精细化的放牧管理，实行暖季轮牧、冷季半舍饲，采取打草储草，有条件的地区建设饲草料基地，冷季补充草料等措施，调节天然草地牧草的季节性不平衡，草原民族顺应自然、保护生态的文化精髓在优化草原畜牧业生产方式中发挥了重要作用。

五、天籁、神秘、写意——阴山岩画之美学审视

从纯艺术的角度来说，我们有千条万条理由来感谢这些史前人，他们想出了表现巫术的这一特殊形式。因为人类最早的画派，毕竟是从表达这种情绪（姑且不问这是什么情绪）产生的，拿石凿作画的那批人，是头号的艺术家。

——〔美〕房龙

在审美的眼睛里，阴山岩画不啻是原始的美术杰作。

岩画产生之始，先民们是没有艺术意识的，岩画制作乃是他们生产中宗教活动的一部分。我们都知道马克思的论断："动物只生产它自己或它的幼仔直接需要的东西；动物的生产是片面的，而人的生产是全面的……动物只是按照它所属那个种的尺度和需要来建造，而人却懂得怎样处处都把内在的尺度运用到对象上去；因此，人也按照美的规律来建造。"[①] 但是实用的生产与艺术的生产毕竟有着极大的区别，艺术生产是人类生命活力的想象的表现，以直觉与感情借媒体的具体呈相，使人引发出一种无私的情绪，从而达到个人与宇宙相融合，而产生艺术美。因此，艺术生产乃是人的生命的自由本质的张扬，是生命的理想空间的舒展，而在生产中，固然是按照美的尺度建构的，但生产者的生命活力被实用性遮蔽着，很难体现主体生命的自由本质。特别是现代机器生产中，人往往异化为机器的奴隶，很难有美可言。而岩画的生产，虽然曾与实用的生产联系着，先民通过岩画的符咒意义祈求狩猎的成功或种植的丰收，但本质上是宗教性的精神活动。这种活动中，先民们希望通过宗

① 马克思：《1844 年经济学哲学手稿》，第 53—54 页。

教仪式获得超自然的神灵的护佑，而战胜自然，体现生命自由意志，从而在无意识中实现了美的表现。可以说，岩画有别于物质生产和纯粹艺术生产，它借助自然而超越自然，属于艺术与自然中介的原始艺术生产，与神话相类。

作为原始形态的岩画，无法摆脱人类童年的稚拙与粗糙，但是其中却有实现艺术美的深刻创造根源。

其一，岩画的生产直接面对的是人自身的生存困扰。原始生态之艰难，迫使人必得有极强的生命意志力，才能与兽类搏斗，与天灾抗争。这种生命的强力，源于人的生存本能。表现在岩画中格外充满，而真正成为“人的本质力量的对象化”（马克思）。现代艺术家已充分意识到生命力的充满是美的作品的本质，如果生命意识薄弱，是无法创作出真正的艺术作品的。而现代艺术的商品化和人的物化，常常使艺术家不能直接面对生命体验，从而使美处于被遮蔽之中。因此，法国印象派、象征派等现代画派，都力倡艺术家张扬原始生命强力。乃有梵高在苦难中坚持的一生；有塞尚一辈子隐居于故乡小城的画室；有高更离开巴黎到塔希提荒岛的自我放逐……穷困、寂寞使他们的作品充满了近乎疯狂的力量，虽画的是向日葵、水果、夜空之类“静的生命”，却喧响着生命暴动的力量，产生夺魂摄魄的美。因此，他们成为绘画大师。尽管岩画与现代绘画有遥远的时空间隔，但美的创造规律是相通的，至少可以说，岩画无言地昭示了这条最基本的创造原则。

其二，岩画是充满宗教感的生产。原始的宗教意识相信万物有灵，乃是先民畏惧大自然力量的产物。他们祈望以膜拜获得超自然的力量，战胜自然而获得生存保障。这信仰固然是蒙昧的，但他们虔诚地相信岩画具有符咒的魔力，更注入了理想（幻想）的力量，如萨特所言，“艺术品是一种非现实”，“只有当意识经历着对世界的否定的激变过程，进入想象的境界时，这一审美客体才会出现”。他甚至说：“实在的东西永远也不是美的，美是只适用于想象的一种价值。它意味着对世界的本质结构的否定。”岩画在原始宗教意识的虚构中，幻想出的超自然的世界，即是体现着人的生命自由本质的彼岸性世界，因此是美的。而且如马克思所说的“神话具有永久的魅力”，也正是因为它创造了幻想的世界，因此它的姊妹艺术——岩画，同样具有永久的魅力。无疑，这对缺乏宗教感的中国现代绘画，应该是一个启示。

其三，属于前艺术形态的岩画是无意识的美的造物，体现着最本真的创造心态。就现代艺术家来说，创作中都有艺术的成就动机的驱使和艺术理性的规范，这固然对艺术创造有积极作用，但同时也产生执着心，对生命力的自由表达构成束缚。因此艺术家需要破除执着心，取平常心，如陶渊明之“采菊东篱下，悠然见南山”；或如庄子所谓“离形去知，同于大通”（《大宗教》）的“坐忘”之境，以主体的自由观照，达于美的表现。岩画生产中没有艺术观念支配，也没有艺术成功动机，这就决定了制作的无执心态，只凭了生命的冲动去运作，是主体生命无意识的表达，同时以耳目内通的纯知觉活动，实现人与自然的生命共感。这确是人类童年的好运气，在无意于寻求美的懵懂中得到了真美。尽管这种美的创造处于混沌状态，但今天自觉的美的创造者们却视为一种极致而生返璞归真的向往，诸如张扬“前语言”“前逻辑”的表现，倡导“自动书写”“自动创作”的方法，即是种种努力之一斑。从以上特点，我们不难体会到，原始岩画作为前艺术生产，无识无蔽，以其在生存困扰的情境中，生命强力的直觉性表现，成为真正的美的创造。

天籁之美

阴山岩画乃天籁之美。庄子《齐物论》中说：“夫天籁者，吹万不同，而使其自已也，咸其自取，怒者其谁邪！”即指依从自然的自在状态。这是物我之间无执无碍、自适其适、静而游、虚而盈、动而和、神契于天地精神的大和谐境界，是以生命的高度自由与和谐达到的美境。阴山岩画可视为人与自然和谐自在的精神象征。岩画形式是人类生存直接依赖大自然赐予阶段的产物，先民的衣食住行都取诸自然，不像文明昌盛的现代人生存于自己构筑的城市的堡垒中，与大自然形成疏远与对抗。岩画即体现人的命运与自然息息相通的关系，例如我们在阴山岩画中可见到的四大类：动物岩画、狩猎岩画、放牧岩画和人面形岩画，都让人感到人与自然不可分离的生存状态。特别是人面形岩画及眼睛岩画，其功能在于祭祀，或为先祖神灵的符式，或为自然神的人格化符式，都有一种人与自然神灵相通的意味。试想，当劲厉的朔风咆哮于山岭之间，皑皑白雪覆盖着起伏的群山，在危岩陡壁之上，忽然出现了这样一张面孔，一双凝视的眼睛，任谁见了都会感到这肃穆的山岭在瞬间获得了生命，似乎那默默的注视里有一种深不可测的东西，让你怦然心动。面对它们你似乎与这群山，与人类的先祖有一种无言的交流与契合。

同样我们也可以设想，倘若把这些图像绘制于家屋的壁上，尽管仍不失为艺术品，但感觉与意味会全然不同，那种深不可测的东西似乎也会消失掉。

人面与眼睛　来源 / 盖山林《阴山岩画》

这可使我们明白，岩画的构成，不仅仅是一方岩石上的图像，即不同于我们习惯了的那种把一幅画视为一块画布、一张纸上的涂抹。岩画是大地艺术，它把大自然作为创作的一部分，实现人神（自然神）交流。故岩画环境，包括地貌地状、岩质岩色、岩面向背，都是经过选择的，与岩画的图像构成有意味的整一关系。宋耀良先生在作岩画考察时，对这种情形深有体会。他说："岩画对于现代的我们，首先是第一等级的艺术品，它奇异神幻的图形，辅之以周围长河落日、大漠孤烟的特殊地理、地貌、地形、地状，所产生的审美效果，超出我们现存的一切艺术。"① 就阴山岩画而言，其分布多为峡谷之立壁或板岩上，且多在山湾之水秀岩奇处，画面往往凿磨在面向太阳、月亮的地方；处于山谷外面的，也大部分在景色壮丽的石丛中，或俯视大地的山顶巨石上。站在岩画的位置上，你可以强烈地感受到天地之间的生机灵气，勃勃荡荡，不可形容，画即自然，自然即画，两者无间是谓天籁。

天籁之境乃是对宇宙和谐的体认，岩画在大地上的出现是人对自然的加入而成为宇宙整体的一部分。先民的万物有灵观，真仿佛一盏照亮宇宙的明灯，使太阳、月亮直接照耀在先民的意识中，宇宙的呼吸似乎都感觉得到。这一点即使是现代艺术家中特别强调宇宙意识者也望尘莫及。例如超现实主义雕塑家贾科梅蒂（Giacometti）对宇宙的理解："观察了多年的一片森林……这一片不结果实、躯干修长的森林就像是一群停止脚步，互致问候的人一样。"只不过是想象而已，与先民意识中对宇宙生命的实在感，相去不是太远吗？其中的差别在于，现代艺术家有太强的自我意识。以自我表现的动机进行的创作，往往造成与世界的间离。尽管有许多雕塑家都意识到了这一点，在城市雕塑中努力做到与自然环境的融合以体现"大地艺术"的特点，但他们既把

① 宋耀良：《天水苍苍海风猎猎的信念和气度》，《读书》1992 年第 3 期。

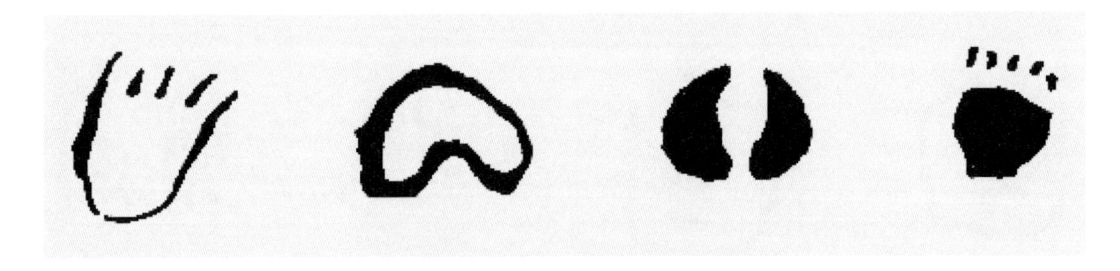

足印来源　来源 / 盖山林《阴山岩画》

自然当作城市的陪衬，又把世界的统一移位到自我创造的行动中，是不可能有真正意义的宇宙意识的。岩画的制作，是先民对宇宙生命所抱的敬畏与依归之情，岩画并非重造一个与自然相异的世界，而是要唤出自然的力量，达到人与自然与宇宙的对话与亲和，从而破除主客体世界的间隔，乃一以化之、自然天成的境界。或者台湾画家席德先生的体验与这种境界较接近，他主张："让我们心灵的根，伸向亘古。让我们变成儿童，用没有成见的新鲜眼去看这个世界……我需要自然，我将我的灵魂附托于自然，而来自那里的一股澎湃的力量涌进我的身心，于是我的笔与色在纸上顺理成章地把这个瞬间的结合状态，化为一幅画。"

在阴山岩画天籁美的表现里，我们似乎可以悟到中国艺术的基本精神，即中国人对宇宙和生命的态度，不是如西方人那样强调抗衡对立而企图征服自然，而是纵身大化，神与物游，体道与虚，返身而诚。故庄子在《知北游》中说："天地有大美而不言，四时有明法而不议，万物有成理而不说。圣人者，原天地之美而达万物之理，是故圣人无为，大圣不作，观于天地之谓也。"在文明时代的艺术家真正进入天籁之境，尚需要破除观念的遮蔽。率真任意如陶潜采菊东篱悠然见南山，竟惹得千余年来的诗人膜拜不已，可见今天的文明人回归人类的童年实非易事，可以说岩画的天籁之美是先民童心的自然表达，乃是先民的一份专利，有非人意可达的一面，这也是包括岩画、神话在内的原始艺术不可重复的原因所在。

阴山岩画沉默无言犹如深蕴广包的大地，以其无言的意味昭示着神秘之美。

从词源来说："神秘"这个词与宗教有关，根据《牛津词典》，"神秘"一词最早用于 1545 年，含义是"未被人的思维认识过，或是人的思维不能理解的；超出了理智或一般知识认识的范围"。1633 年，这个词又有了一个补充的意义，认为"包括有对神秘不可知本质的诸种力量的认识与利用（如巫术、炼金术、占星术、通神学等)”。岩画的制作有些是原始宗教仪式和巫术的产物,在阴山岩画中许多动物、植物,乃至太阳、手印蹄踪,都经过了幻想加以变形,或加上符咒符号,今天仍可感到其中渗透的畏惧与膜拜的感情,感到对那种超自然的神性的神秘感应。例如阴山岩画中人的足印与各种动物的足印。

这刻画在岩壁上的足印对先民来说,具有不寻常的性能和威力。中国古代神话中有一则关于周氏族始祖的故事:邰氏之女姜女原,有一天去郊游,回家路上发现一个很大的足印。她很好奇,便用自己的脚踏上去比量,那足印太大,她刚踏到拇指地方,就感觉受到一种奇异的感动,因此怀孕,生下一个男孩。与姜女原一样,伏羲氏的母亲华胥氏,因踏大足印而生太昊。以至中国古代产生了“履大迹”以祈求生育的习俗。可见岩画中的足印,与远古时代的魔法及感应巫术相关,反映了先民对生育不理解而产生的神秘心态。在动物、植物、太阳等图像中,同样表达了这种带着原始宗教色彩的神秘感。这种宗教的神秘感,自然遮蔽着人的认识,是先民处于蒙昧时期的产物。但把岩画作为艺术作品来看,其中的神秘乃为一种美的品质,犹如面对达·芬奇笔下的蒙娜丽莎的微笑,或者毕加索蓝色时期作品中的忧郁,所获得的那种难以言状的美感。

神秘美在我国的美学语汇中是罕见的,这与在认识上把神秘视为不可知论的机械唯物论影响有关。神秘乃来源于世界的复杂性、无限性,以及人的认识与感知的有限性。人有好奇心、求知欲,对不了解的事物渴望有所体验和认知,从而使生命自我趋向圆满,这正体现着人的自由本质,而达于美。也可以说,神秘美是吸引着人的生命的足资向往的空间。这一空间乃昭示宇宙的无限和永恒,逼近存在的本质。当我们在苍茫寂寥的阴山岩壁上,突然看到一幅融合在天地间的岩画时,恰如一只飞鸟射穿了凝固无物的天空,以有的方式诉说着宇宙虚空的本质。虚空先于万物而在,所谓有生于无,乃是将有之无,充满生机。因此,中外的一些思想家在穷究美的根源时,常常从宇宙论的存在论上设定美和艺术。左尔格(Solger,1780—1819)即认为:“当理念推移向‘无’的瞬间,正是艺术的真正根据之所在。”无在艺术中乃是斯芬克斯的微笑,其奥秘永远充满对知的诱惑,成为神秘之美。

无对于有是无法言说的,如同死对于生是无法体验的。不可说之说,文明时代的艺术家选择了譬喻。中世纪的哲学家曾区分出解释学的三个层次:感觉讽喻,感觉奥秘,感觉神秘性。他们在对神话的研究中,企图通过想象与客体之间的对立把握意义,但如恩斯特·卡西尔所指出的:“这样的区别和对

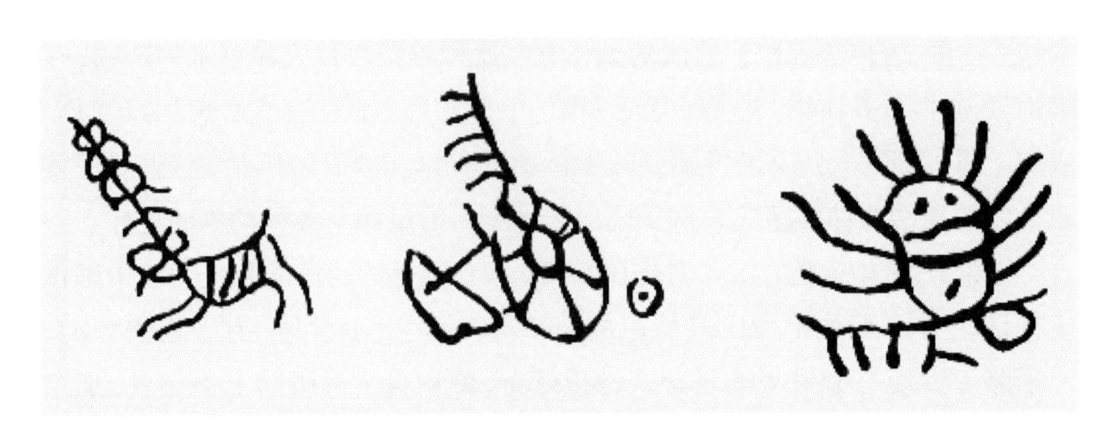

幻想的动物与太阳　来源 / 盖山林《阴山岩画》

立对神话而言是不相容的。只有不再生活在神话中，而是对它进行反思的观察者，才能发现神话中的这种区别。在我们看到纯粹‘描述’的地方，在神话还没有偏离其主要的和原始的形式的范围内，我们才看到真正的同一。‘想象’不能代表‘事物’；想象本身就是事物。”与神话的表现相同，阴山岩画的表现中幻想与事物是同一的。岩画的表现一般总是处于对世界的神秘的幻觉与宗教的迷狂里，岩画表现着超自然的神性的存在。对原始人来说想象中的世界就是真实的世界，他们不是用譬喻传达观念，而是用图像描述世界。因此，在阴山岩画中的许多图像，在今天看来有许多变形的或附加的因素。如阴山西段托林沟崖畔山岩上所凿刻的两个动物：一个似虎形，加上了特殊的角；一个似龟形，加上了枝状的角和巨足，大抵即与先民对虎与龟的崇拜有关。在他们心目中虎龟是令人畏惧的，有可怕的魔力，那些加上的角之类的东西，就是他们幻想中的应当是的形象。这幻想中的动物所具有的神秘力量就被变形地体现出来了。更为富有神秘感的是众多的太阳岩画，如盖山林先生所说：“在众多的阴山人面形岩画中，有一种恒定的面形：面部眼、鼻、口备具，头顶或头形轮廓外，悉有一道道刺芒状物，颇如光芒四射的太阳射线。从这种人面岩画看，应即阴山先民信仰的太阳神岩画。”（盖山林：《阴山岩画》，内蒙古人民出版社 1985 年版）此说可信，这类岩画应是人格化（神化）了的太阳形象。人格化不是比拟，而是先民感觉中的形象。因此，从神秘体验和表现来看，阴山岩画对神秘感的表现是极为充分的。

先民的岩画制作，把神秘体验作为神的启示，并在主观上作为“事实”加以接受。以今人的眼光看，这是对“现实”的丧失，但是这种丧失又是为了征服自然，这些带着神秘体验的岩画，本质上是他们创造的有别于现实世界和经验世界的“第三现实”，即幻想的世界。这个幻想世界源于人的内在生命体验及人与自然的高度融合，是先民的前理性的完全的感觉和幻想的产物，是现代人所无法企及的单纯的诗性心态的创造物。依照乔治·桑塔耶那的标准，在一切表现中都可以区分出实际呈现出的事物和所暗示的事物两项，两项的恰当结合才能构成美的表现。阴山岩画中这两项却是合二而一的，现实的即是幻想的，表达的即是不可表达的，这种高度的和谐统一，是与先民对世界深挚的神秘体验分不开的。或者可这样说，理性的建立使神秘与幻想逐渐丧失，与世界和生命之本源相连的神秘美也随之远去。尽管现代许多艺术家已经意识到神秘的价值，通过种种方式追寻它，如依照弗洛伊德之理论寻找梦境表现，以至运用致幻剂引发幻觉的岩画家，当不在少数。但是今天人类已无法找回失去的童真，岩画的神秘美只是永恒的启示。

艺术与环境的和谐乃是内在精神的对立统一。故艺术包含着与环境对抗的因素，即在破除周围生活的假象，呈现人的本质力量。王尔德曾说，人的一个重要任务便是克服自然。他认为只有当人类认识到自己周围的现实只不过是其精神和思想的原料时，才开始想到去创造艺术。可是人有了艺术的观念，也就有了内容、形式、技巧等分别心。岩画创作并不是为艺术的，它是以宗教的信仰的力量改造和把握现实世界的努力。岩画不是模仿现实，而是改造现实的产物。因此，岩画的创造体现着超现实的、超艺术的力量。它的最显著的特点，是内容与形式、感觉与表现的高度统一，几乎不可区分。因此，岩画在表现的方式上乃是艺术的最本真的表现，它的单纯与浑朴的形式意味，含蕴着艺术表现最本质的规律。

中国绘画美学有“一画”之说，石涛在其画语录中说：“行远登高，悉起肤寸。此一画收尽鸿蒙之外，即亿万万笔墨，未有不始于此而终于此。”这使人想起道家哲学中的一，一画而含“众有之本，万象之根”。在岩画制作中，每一画的凿刻都贯注着极强的生命意志力和神秘的超自然力的体验。与今天的书

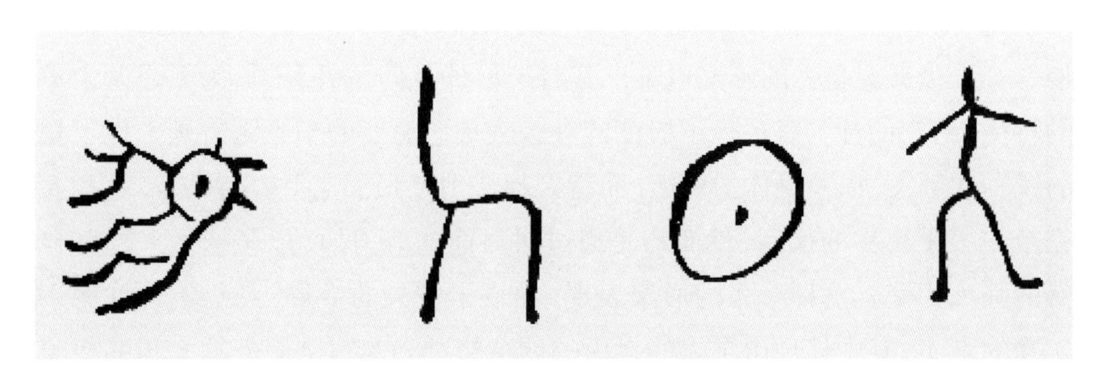

符号化图像　来源/盖山林《阴山岩画》

道及绘画中的线条相比，岩画中的每一画并没有形式技法的规范，是完全自然的生命力的表现。从这一画的态度来说，堪称现代艺术之楷模。故石涛说："写画一道，须知有蒙养。蒙者因太古无法，养者因太朴不散。"岩画之表现于一画，即集中体现着"太古无法""太朴不散"之境界。这一点只在我们面对岩画去观赏，就会强烈地感受到那些朴素的线条，无不饱含着强烈的生命意志，与整体图像的表现无不妥贴恰切，这正是岩画艺术表现的基础与艺术奥秘所在。

艺术源于抽象，这一观念尽管已经非常古老，毕竟揭示了艺术创造的规律，阴山岩画作为原始的艺术表现，带着较浓的幻想色彩，并且受到简朴的表现条件的限制，因此在表现上有鲜明的抽象倾向。这种抽象乃是强烈的生命感受的表现的要求，使客观物象的模写被压缩到了次要的位置，而形成写意性的抽象表现，这似乎与现代中国画的大写意有许多相通之处。阴山岩画的写意性抽象表现，大体具有符号化、夸张性、简约性三方面特征。

阴山岩画由于超自然力的象征表现，在原始巫术中有符咒的意义，因此在表现形式上写意抽象而兼有识别与表现情绪的功能，趋向一种符号化表现。这一特征与原始图腾的写意性图识相近，有些或者即是图腾的表现。岩画图一般具有不似之似的特点，即是舍弃了实物的具体性，对事物做了概括的特征表现，其中特别简约而有普遍性识别意义的图像，几乎可以视为最初的象形文字。如岩画中飞鸟的形象完全脱离了写实，身体只用一条线表示，其上的波线则代表了扇动的翅膀，是形体的抽象、力的样式的直观。看到这图像，我们即会感到鸟的飞动姿态，真可谓是生动的抽象。这个图像与我国象形的篆字的鸟极是相似，而山羊、太阳和人的极度抽象，也与篆字的表现很接近。

写意的需要使岩画往往需要对事物的特征加以强调，这种强调往往又是和简练的形式结合着，便常常以夸张的方式表现之。例如岩画中的山羊，以图案化手法，用六条曲线表现山羊有力的双角，夸张之大胆，表现之新奇，即使是今天极富想象力的画家也难出其右。另外我们还可看到，为了强调山羊的特征，对它的性器官也作了极度的夸张表现。对鹿的刻画则特别表现了角的锐利和巨大，以及身体的敏捷；而猎人却特别夸张了他手中的弓箭，弓和人完全失去了真实的比例，然而却是通过对弓箭的有力描写，张扬了人战胜自然的强大力量。这种夸张的形象表现，出现了较大的变形，已经不再拘泥于实物的真实，其中体现出了人的自由的创造精神和为写意服务的大胆的想象力，这或许正是孕含在岩画中的人类艺术创造力的种子。

夸张的图像　来源/盖山林《阴山岩画》

岩画的马牛图像与毕加索的图案比较　来源/盖山林《阴山岩画》

单纯和简练永远是美的创造必须有的品质，我们面对阴山岩画时，处处都会感受到单纯和简练的力量。或许有人会说，岩画的简练只是先民的简单、幼稚的表现的结果。其实绝非如此。比较一下阴山岩画中的马、牛图像与现代绘画大师毕加索作品的牛的表现，这是很有意味的。

组图右端的牛是毕加索所作，据说他把这个牛画了10次，每次都减去了很多笔墨，最后就剩下了这个轮廓式的图形。据评论家分析，这个牛虽然已经变形，但还是含纳着其最初所画牛的全部信息，而且特征更为突出。当然稍有审美能力的人都可以看出毕加索这几笔线条的表现力是不愧大师手笔的。但是我们比较一下阴山岩画中的马和牛的表现，就会发现极大的相似性。一是头部的简略，甚至两头牛的角部的强调性表现，几乎线条都相同；二是颈部的弧线的处理，以及两头牛的背部弧线处理，都有共同之处，而且岩画中的牛的背部弧线的表现力较毕加索的那一笔更富变化和力度……认真比较之后，我们确实不该对岩画的简练表现再存轻慢之心。阴山岩画简练表现中，固然是没有明确艺术目的。但是它却是最强有力的生命理想的表达，其中凝聚的内涵是现代人难以企及的。因此，如前所述，岩画乃是体现了“一画”精神的表现，它的简练“太古无法”“太朴不散”，是真正的美的形式特征。

总之，阴山岩画作为原始的艺术，其中有许多东西体现了美的创作的最基本的规律。尽管有其粗糙和幼稚的一面，就其基本的艺术精神来说，仍是今天艺术创作的典范。

在审美过程中，人们对美的对象，总是要对其总体特征进行识别。唯其如此，才能对经验中的审美对象加以比较和评价。人们的审美经验，往往要根据审美对象的运动感、力度感、节奏感等，判定其审美特征是“华丽”“素朴”，还是“秀雅”“粗犷”等等，依照传统的审美观，我们将把阴山岩画的美感特征纳入怎样的美的格调中呢?

我们说阴山岩画是大地的艺术，是天籁之美，它自然与塞外粗犷浑朴的山水一脉相承；我们说阴山岩画是本于生命体验的艺术，是神秘之美；我们说阴山岩画以一画精神，表现着艺术最本真的法则，乃具写意之美……这样评说似乎仍不能准确地把握和界定其美质，说透其美的特征，或者真正的美的创造，并不能简单化地以一言以蔽之。我们说阴山岩画博大雄奇、浑朴粗犷是对的，但并不能代替具体的艺术审美中的美感的具体性。特别是作为大地艺术的阴山岩画，只有进入其自然一体的环境中，领会日月恒久的光照，领会风朝雨夕中时空的变易，领会人类生存的困扰……我们才真正有资格评价它的美。

道家谓天下有大美而无言，阴山岩画即大美，岂可尽于言乎?

六、祁连山国家公园“命运共同体”协奏曲

2017 年 6 月 26 日，习近平总书记主持召开中央全面深化改革领导小组第 36 次会议，审议通过了《祁连山国家公园体制试点方案》，提出开展祁连山国家公园体制试点；2018 年 10 月 30 日，“祁连山国家公园”在兰州挂牌宣告成立，总面积达 5.02 万平方公里，约是美国黄石国家公园面积（9000 平方公里）的 5.58 倍。

祁连山南丝路　供图 / 祁连县旅游局

马蹄石窟　供图 / 肃南县政府办

公园格局

世界自然保护联盟对国家公园的权威定义是:“大面积自然或近自然区域,用以保护大尺度生态过程以及这一区域的物种和生态系统特征,同时提供与其环境和文化相融的精神的、科学的、教育的、休闲的和游憩的机会。”

祁连山国家公园地处我国甘肃、青海两省交界,青藏高原东北部,行政区域涉及甘肃省肃北蒙古族自治县、阿克塞哈萨克族自治县、肃南裕固族自治县、民乐县、永昌县、天祝藏族自治县、凉州区和中农发山丹马场 8 个县(区、场),青海省德令哈市、祁连县、天峻县和门源县 4 县(市);区划内地理分布包括甘肃祁连山、盐池湾国家级自然保护区、天祝三峡国家森林公园、马蹄寺、冰沟河省级森林公园和青海省祁连山省级自然保护区、仙米国家森林公园、祁连黑河国家湿地公园等多个重要的自然和文化资源保护区域。

按照中央注重系统性、整体性、协同性的要求,祁连山国家公园管理机构统一行使祁连山国家公园自然资源资产管理职责;公园功能分区和定位,以强化保护和自然恢复为重点,对祁连山冰川、湿地、森林、草原等实施整体保护和系统修复，着力提升生态服务功能，有效保护生物多样性。一部跨地区、跨部门，山水林田湖草沙冰系统保护、综合治理，自然保护区统筹衔接，保持自然生态系统原真性和完整性，实现人与自然和谐发展、生态保护与民生改善协调统一的生命共同体协奏曲，在祁连山生态文明建设体制改革新格局中恢弘奏响……

地理环境

俊朗壮美的祁连山脉是贯穿和支撑国家公园的骨干，由西北向东南，参差错落、平行排列的群山组成；东西长1000公里，南北宽300公里；西北与昆仑山、

黑河大峡谷　供图／祁连县旅游局

阿尔金山牵手，东接黄土高原过渡地带，形成了中国一二级地理阶梯的分界线。其山系之间夹杂着大面积的宽谷盆地、丘陵草原、冰川融水所流经的浅山区和沟谷地带，祁连山国家公园基本处于祁连山脉最宽、最精华的中段和西段。

祁连山脉是我国西部天然生态屏障、黄河流域重要水源产流地和生物多样性保护优先区域。山地海拔 4000 米以上的山峰终年积雪，最高峰团结峰海拔达 5808 米，阳光透过高天流云映照在皑皑冰雪上，熠熠生辉；海拔 4500 米以上的高山区发育了 3066 条冰川，总面积 2062 平方公里，这个巨大的固体水库，储水量约 1320 亿立方米，约是三峡大坝蓄水总库容（393 亿立方米）的 3.36 倍。这一带地处东部季风区、西北干旱区、青藏高寒区的包围之中，祁连山脉拦截了来自大西洋西风气流和北冰洋的水汽，留住了夏季来自东南季风的湿润气流，是孕育青海湖盆地、河西走廊和额济纳绿洲最重要的水源地；发源于祁连山区的石羊河、黑河、疏勒河三大内陆河，在山谷旷野荒漠之间发育了众多绿洲，环绕绿洲的人类定居点逐渐发展起来。河流灌溉着河西走廊 70 多万公顷良田，养育着河西地区及内蒙古额济纳旗 400 多万人民；东段山区还哺育了黄河的一级支流庄浪河、二级支流大通河。

祁连山地垂直分布层次分明，有高寒流石坡植被、高寒荒漠植被、高寒高原植被、高寒灌丛、寒温性针叶林、温性草原、荒漠植被等植被类型，青海云杉林、祁连圆柏林、桦树林、山杨林、金露梅灌丛、冷蒿草原等，维护着一方水土的生态平衡和生态安全。

祁连山系褶皱迭起、逶迤连绵，岭谷其间是大面积丘陵草原、浅山区和沟谷地带，几乎囊括了除海洋之外的雪山、冰川、宽谷、盆地、河流、湖泊、森林、草原、荒漠、湿地等多种类型的生态系统，契合了野生动植物物种多样性、珍稀性的培植和繁育，使这里成为白唇鹿、雪豹、野牦牛、棕熊、西藏野驴、盘羊、马鹿、藏原羚等珍稀野生动物出没之地。丰富的生物多样性、独特而典型的自然生态系统和生物区系，成为我国生物多样性保护的优先区域，也是西北地区重要的生物种质资源库和野生动物迁徙的重要廊道。这里有脊椎动物 140 多种，其中 35 种被列入《国际濒危动植物种贸易公约》；共有维管植物 46 科 183 属 421 种，其中，中国特有种 109 种；裸果木、羽叶点地梅和掌裂兰被列入国家保护名录。

为了将祁连山国家公园的自然人文大观传导给向往她的人们，挖掘这一方土地所蕴藏着的生态美学精髓和生态文化智慧，我们进入祁连山国家公园腹地，调研走访了六县一市。

阿克塞哈萨克的草原情怀

秋末的塞外已觉初冬乍寒。我们从北京飞抵敦煌机场，库姆塔格沙漠就在脚下，淡驼色的鸣沙山如同沙海中的岛屿；视线所及——世界文化遗

盘羊、藏原羚、猞猁、藏野驴、白唇鹿　供图 / 盐池湾自然保护区

产敦煌莫高窟和沙漠奇观月牙泉，海市蜃楼般美轮奇幻，远在天边又近在咫尺……由于时间紧迫，我们带着些许遗憾，驱车直奔阿克塞哈萨克族自治县（简称阿克塞县）祁连山国家公园片区。

阿克塞县是我国三个哈萨克族自治县之一，素有“百里黄金地，塞外聚宝盆”之称。总面积3.1万平方公里，辖2乡1镇，总人口仅10600多人；有11个民族，其中哈萨克族3700多人，占34.8%。地处柴达木盆地荒漠与河西走廊荒漠包围之中，平均海拔3200米，东部有祁连山地的党河南山、赛什腾山、吐尔根达坂山等山脉；阿尔金山脉横贯西部，主峰达5798米，有现代冰川发育；山南的苏干湖盆地，地表平坦，海拔2800—3200米，湖区周围分布有草甸沼泽地，是该县的重要牧场。

阿尔金山与党河南山、赛什腾山之间是一片戈壁，号称“四十里戈壁”。“戈壁”源自蒙古语，意为“难生草木的土地”。车行多时，偶见团团簇簇低矮的红柳、沙柳和在风中抖动的驼绒藜、沙蒿等高寒荒漠植被，地表布满黑色的砾石，没有见到草原、毡房、牧人和牛羊。更想不到的是，我们竟遭遇了这个季节罕见的沙尘暴。大风卷起荒漠沙尘连成一线，潮涌般地腾起，漫天混沌，基本看不到周边的山。因此，在头两天，我们可以说“不识祁连山真面目”！这不禁使人联想起几年前到内蒙古阿拉善，公路沿线，一色低矮的小灌木，黑乎乎地罩在荒漠上。当地林业人趣谈：“阿拉善荒漠这‘黑锅盖’，走到哪都一样。你在车上尽管睡，几个小时睁一次眼，往窗外看，以为还在原地呢！可这‘黑锅盖’要一揭开，底下全部是流沙，沙进人退，会吞噬人类生存的绿洲！”我们面对尺把高的小灌木植被肃然起敬，这“没脚脖子的森林”，同样享有森林生态效益补偿基金。

地域辽阔的哈尔腾草原是一片狭长的高山河谷草原，平均海拔3000—3300米，西侧为“四十里戈壁”和苏干湖（苏干意为“红柳”），大小哈尔腾河带着生机和活力穿过这片狭长的高山河谷，造就了面积1200平方公里的高寒半荒漠草原，被哈萨克族称作“金子世界”的天然牧场。

阿克塞全县可利用草场面积有1480万亩，正常年景载畜量为18.9万个羊单位。从20世纪80年代以来，大规模治理草原沙化、碱化、退化，开展轮牧、休牧、禁牧，实施以建立保护区为主的野生动物保护工程；1999年阿克塞县就采取生态自然恢复与人工措施并举的方式，先后实施了牧区开发示范县建设和草原“三化”综合治理项目，建设人工草地4360亩、改良草场24.7万亩、人畜引水渠28.4公里、综合治理草原57.5万亩；2003年至2013年，实施退牧还草工程，累计投资 2.32 亿元，建设围栏 1200 万亩，补播改良 76 万亩，建成人工饲草基地 1 万亩；2011 年启动草原生态保护补助奖励政策，至 2014 年，为 1046 户 3022 名农牧民累计发放草原生态保护补助奖励政策资金 8709 万元，

牧民新村里的幸福生活　摄影 / 冯艳萍

确定禁牧草场面积480万亩、草畜平衡999.29万亩、牧草良种补贴2.9万亩，完成减畜任务2.485万个羊单位，生态移民74户245人。人类的付出，使哈尔腾草原野生动物得到恢复和保护，栖息于此的国家级野生动物有28种，还是中国第三大西藏野驴栖息繁殖地。

我们来到阿勒腾乡苏干湖村，一栋栋欧式别墅，令人大开眼界。牧民热苏利·霍盘家，橙红色连栋、二层高欧式洋楼嵌在白色的框架之中，门窗高大、坚实气派。白色的主体装饰、罗马柱和楼栏，雕刻着带有民族风格的图案。热苏利·霍盘和妻子身材高大健硕、面颊红润，祖孙3代，男人们身穿嵌着花边的丝绒外套，头戴小花帽；女子身穿色彩鲜艳的长裙，外加一件嵌着花边的丝绒背心，头扎花头巾；无论男女，每个人衣着图案都不同，彰显了哈萨克刺绣工艺，民族气息浓厚。生态移民，从游牧到定居，从毡房帐篷到洋房沙发，但是全家人和客人围坐在一起，以奶茶、油酥、奶酪待客的民族习惯和热情未改。

主人的大儿子是村主任，他告诉我们："原来我家有600—1000只羊，承包4个草场，共2万多亩。草场禁牧定居后，山上的羊都卖掉了，生活依靠政府补贴。我和父母一家6口人，每年共补贴15万元，担任村主任每月收入3800多元；建这栋新房政府补助了15.4万元，我家自投19.8万元。"

生活方式改变了，还习惯吧？我们问，他说："依靠国家补贴生活，现在比以前日子过得好很多。只是不养羊以后，没事可做。已经禁牧三年了，人也闲了三年。目前政府正在策划设施养殖和民族村旅游。"

当我们问起离开了草原，草原文化如何传承时，热苏利·霍盘老人说："我从17岁开始放羊，那时放集体的羊，搭帐篷、游牧，也没有固定的羊圈；1980年以前，哈萨克人一年12个月都居住在草原的毡房里，火塘在中间，烧牛羊粪，条件很艰苦。改革开放后，才有了自己的羊群和草场。我放了40多年羊，直到65岁。现在牧民基本上都搬到县城了。"

"父亲经常回到原来放牧的地方看看，会流眼泪。"村主任插话。

老人眯起双眼沉浸在过去的记忆中，意味深长地说："想起来过去在草原骑马放牧，气候好时，坐在草原上，弹着冬不拉，唱唱跳跳，很自由。丧失了草原的环境，文化的精神保养没有了，吃住生活变好了，但没根了，人老得快了……"

此时，二儿子盘腿抱起冬不拉弹奏起来。欢快的乐曲带着浓郁的哈萨克风味活跃了气氛，老夫妻俩不由得从沙发上起身，两脚踩着点交替抬起，和儿孙们随着节奏摆动双手，跳起哈萨克舞蹈。

说到民族语言和文字能否一直传承下去？村主任高兴地说：“孩子们学校都是双语教育。从一年级开始，学生专门有民族语言的课程输入双语，让哈萨克族人不忘本民族语言。的确，语言与文字都是民族文化传承的重要基础，只要保留语言和文字，文化就丢不了。”

在牧民心中草原最好的是什么？你们和草原有一种怎样的情感？我们进一步探讨，热苏利·霍盘老人说：我们哈萨克人生长在草原，是草原养育了我们。没有草原，养不了羊；没有羊，养不了我们。我们喝的是羊的奶子，吃的是羊的肉，我们和草原相互依存。

那您的孙子长大以后您希望他们去放羊吗？我们又问，老人仰头想了一下，说：不知道社会到时候会变成什么样，自然保护好，社会好，党的政策好，人民生活就好！

短暂的家访，带给我们的是感动和思考。是啊，草原是哈萨克人生命依存的家园，草原文化的根与哈萨克人的生活和精神世界紧紧相连。哈萨克人放牧牛羊，唱山唱水唱草原，把山水草原看作是自家的亲人、融入亲情。离开了草原，如何延续对草原的情感和草原文化情怀？他们似乎没想过，而对过去的一切，经历过的人都非常怀念。草原文化的留存与它的载体、表现形式和内涵息息相关，现在离开了草原的牧民们生活富裕了，但似乎缺少了草原生态文化的滋养……

阿克塞县旅游资源丰富，境内设有哈尔腾国际狩猎场、有大小苏干湖候鸟自然保护区和安南坝野骆驼自然保护区。发展草原生态文化旅游，在旅游过程中传承草原民族文化是可能的措施之一，而在生态平衡的前提下，创造不脱离草原的新型牧民生活更为重要。

丝绸古道边塞长歌

据《汉书·张骞传》记载：“张骞，汉中人也，建元中为郎。时匈奴降者言匈奴破月氏王，以其头为饮器，月氏遁而怨匈奴，无与共击之。汉方欲事灭胡，闻此言，欲通使，道必更匈奴中，乃募能使者。骞以郎应募，使月氏，与堂邑氏奴甘父俱出陇西……”《后汉书·西域传》记载：“武帝时，西域内属，有三十六国。汉为置使者、校尉领户之……”

乌鞘岭长城遗址　供图 / 天祝旅游局

公元前 138 年至公元前 115 年间，汉武帝派遣张骞两度出使西域。公元前 138 年至公元前 126 年，张骞第一次出使西域，起始长安，出陇西，经武威、酒泉，过玉门关，经达楼兰，再往西经达龟兹、大宛、康居，终抵达大月氏国，历经 13 年；公元前 119 年至公元前 115 年，张骞第二次出使西域，从长安出发，经敦煌、楼兰，向北到达吐鲁番盆地，再沿天山北麓西行，经伊犁河谷、昭苏草原，最后抵达乌孙国都赤谷城。

唐代文书称“大海道，右边出柳中县（今新疆鄯善县鲁克沁镇）界，东南向沙洲（今甘肃敦煌）一千三百六十里。常流沙，行人多迷途。有泉井，咸哭，无草。行者负水担粮，履绕沙石，往来困弊。”可谓丝绸古道中最为神秘和艰辛的险途。

史上把张骞出使西域赞为前无古人的“凿空”之举，开辟了陆路“丝绸之路”，连接了当时亚洲最重要的文化区域中的波斯帝国、印度和中国，疏通了中国与中亚、西亚的经济、文化联系，促进了统一的多民族国家的发展。

自张骞出使西域后，汉朝开始经营西域，在河西走廊设置河西四郡，从汉武帝起，今巴尔喀什湖以东、以南的广大地区都成为西汉王朝的疆域。而祁连山一带，依次分布着六座城市，其中武威、张掖、酒泉、敦煌四座古城，便是由 2000 多年前的汉武帝亲自设立并命名的河西四郡。

随着海上丝绸之路的启航，“一带一路”南北两条国际交通干线，由中亚伸向欧洲，甚至远达埃及的亚历山大城。古代中国的桑蚕技术、丝织品、铁器、漆器等西传，诸多发明传至阿拉伯国家—欧洲—世界各地；西方的良马、香料、葡萄、胡瓜等也传入中国，大秦（罗马帝国）生产的玻璃器物开始大量传入中土，西方吹制玻璃的技术也随之传入。这条横贯欧亚大陆数千公里的“丝绸之路”，联结中国与西方，让世界认识了中国，促进了中西方文化、经贸的交流。

位于武威天祝县中部乌鞘岭下的汉长城，是汉武帝时期所筑，历经 2000 多年风霜雨雪，绵长的残垣依然顽强地屹立在寂寥的高原草甸上与祁连山对峙，讲述着龙城之战、河西战役、漠北战役，武功军威结束大漠分割的沧桑和壮烈。出土于武威雷台汉墓的艺术巅峰之作“马踏飞燕”，正是汉王朝一往无前气势的象征。

北朝隋之际诗人卢思道（531—582）的《从军行》以七言歌行体：“朔方烽火照甘泉，长安飞将出祁连……谷中石虎经衔箭，山上金人曾祭天。天涯一去无穷已，蓟门迢递三千里。朝见马岭黄沙合，夕望龙城阵云起……长风萧

嘉峪关　摄影 / 冯艳萍

萧渡水来，归雁连连映天没。从军行，军行万里出龙庭，单于渭桥今已拜，将军何处觅功名。”北方边塞的战火已照在秦汉离宫故地的甘泉山上，似同李广飞将军兵出长安再出祁连山关隘。说古比今，把征战塞外匈奴的英勇气概与征人的乡愁生动地融为一体。

边塞诗在唐诗中占有重要地位，其思想性深刻、人民性和艺术感染力很强。诗者一般都有边塞经历和军旅生活体验。如：公元 737 年，王维奉命赴西河节度使府慰问将士途中所作纪行诗《使至塞上》“单车欲问边，属国过居延。征蓬出汉塞，归雁入胡天。大漠孤烟直，长河落日圆。萧关逢侯骑，都护在燕然。”公元 749 年，岑参第一次从军西征，在大沙漠所作《碛中作》“走马西来欲到天，辞家见月两回圆。今夜不知何处宿，平沙万里绝人烟。”诗人王昌龄的《出塞》“秦时明月汉时关，万里长征人未还。但使龙城飞将在，不教胡马度阴山。”体现出慷慨激昂、克敌制胜的强烈自信；同时期杜甫的《兵车行》更是反映了战争给人民带来的灾难，及其停止战争、渴望和平的呼喊。然而，边塞诗给后人留下印象最深的还是祁连山西北大漠的罕见奇观、荒蛮瀚海生计决绝的艰难险境、国家对这片土地的坚守和通关。

中国长城，东有山海关、中有镇北台、西有嘉峪关，被称作三大奇观。其中始建于明洪武五年（1372）的嘉峪关，是冯胜平定河西之后，多方勘察，选定在甘肃嘉峪山和黑山之间最狭窄处修建土城。前后历经 168 年的修建，结束了嘉峪关“宋元以前有关无城”的历史。

嘉峪关靠近河西走廊西端，南倚祁连山、北靠马鬃山，城墙横穿沙漠戈壁，北连黑山悬壁长城，南接天下第一墩，是历代封建王朝戍边设防、国际交往的重地；由内城、外城、罗城、瓮城、城壕和南北两翼长城组成，全长约 60 公里；城台、墩台、堡城星罗棋布，形成五里一燧，十里一墩，三十里一堡，百里一城的防御体系和三道防线组成重叠并守之势，成为明代万里长城的西端起点、河西走廊的门户、古丝绸之路的交通要冲和东西文化交流的通道、各民族往来的枢纽。

走上城楼，俯瞰在嘉峪关长城 600 多年护卫下逐步建起的荒漠绿洲，遥想明清时期的景象：朝贡带动了互市，据《明仁宗实录》，西域诸地的使者、商队，“往来道路，贡无虚月”，其载货车“多者至百余辆”，茶叶、丝绸、瓷器、铁器、金银器皿、中草药、香料、宝石、美玉、琉璃、貂皮以及各种生活必需品，源源不断地进出嘉峪关；穿着不同服饰的西域人及意大利、西班牙、波斯、土耳其、印度等国的使者、商人和驼队，穿越大漠戈壁，往返于嘉峪关内外。嘉峪

盐池湾保护区魅力雪山　供图 / 盐池湾自然保护区

关除军事功能外，还延续了汉唐以来形成的西域与中原王朝政治、经济上的相互依存关系，发挥了外交和商业功能，为弘扬中华文明、促进民族融合发挥了积极的历史作用。今天的嘉峪关作为全国重点文物保护单位，被纳入世界文化遗产名录，成为国家 5A 级旅游景区和全国爱国主义教育示范基地。

肃北盐池湾荒漠精灵

在去往祁连山国家公园肃北盐池湾片区的路上，我们竟然意外地看见了一头不幸跌落水渠的棕熊，水泥砌成的立陡的水渠宽而深，棕熊湿漉漉的，四脚抓住闸门的铁栏杆，不时惊恐地望着身下奔流的渠水，时而抬眼看看上面的人们，似乎在求救。野生动物保护部门的人员正在设法施救，最后开来一台红色挖掘机，将带斗的长臂伸到棕熊身旁，棕熊顺从地爬了进去，疲惫地团缩在里面，终于安全了、可以休息了！我们还从未在野外见过野生棕熊，这是一只体重 300 斤左右的成年棕熊，头部和脸的线条柔和，全身驼色的毛长而浓密，脖子下有一圈白毛，带着母性的温柔，憨态可掬。野生动物救助中心的车就要到了，我们与棕熊告别，心中感慨着，真幸运！要是夜里或是天气极坏的日子发生此事结果会怎样呢？是熊自己不小心，还是人类的水利工程打破了自然地貌的常态？

肃北蒙古族自治县在河西走廊西端南北两侧，南山地区祁连山地平均海拔 3500 米以上，团结峰海拔 5826.8 米，为甘肃省最高峰；北山地区为中低山残丘地貌和沙砾戈壁倾斜的高平原区。有党河峡谷、梦柯冰川、盐池湾国家级自然保护区。

盐池湾国家级自然保护区属荒漠类型，1982 年为省级，2006 年晋升为国家级，位于肃北县东南部祁连山区党河、疏勒河、榆林河上游，总面积 1.36 万平方公里。特殊的地理环境、气候条件和生态区位，造就了冰川冻土、高山寒漠、高山草甸草原、高山湿地等多类型生态系统。

交谈中县长图门吉尔格勒告诉我们：20 世纪 50 年代末 60 年代初“三年困难时期”，为解决吃饭问题，人们曾大量捕杀野生动物，生物多样性遭到破坏。鼠疫严重时期，人为大面积消除旱獭，而棕熊以吃旱獭为生，食物链出现断裂，曾发生过棕熊下山骚扰牧民的情况。改革开放 40 年来，经济发展了，自然保护区建设不断加强，濒危物种生存环境得到改善，野生动物逐步恢复、增加。肃北

盐池湾荒漠骆驼　摄影 / 冯艳萍

县 1/3 面积规划给了保护区，继而划入祁连山国家公园范围。

盐池湾保护区内沙砾戈壁从不高的山丘铺展下来，荒漠上布满风化的碎石块，偶尔会有稀疏的草根、藜科小灌木，如驼绒藜、盐爪爪。一群骆驼在荒漠上漫步，看到我们，居然停下脚步好奇地张望，眼光与我们对视一点都不惊慌。我们欣喜地拿起手机或相机，快速地抓拍镜头，骆驼们各具姿态基本不动，忽闪着大眼和"笑脸"很配合。骆驼生存于人迹罕至的蛮荒之地，造就了其非同一般的坚韧和耐力；驼峰形如山，皮毛色如土，与荒漠和谐一体。如此近距离和它们在一起，不由得一阵兴奋。我们发现骆驼大部分是双峰，也有单峰的，还有背上无峰的，跑起来带着弹性、步子很大，自古以来荒漠驼队瀚海行舟与人类结下不解的情缘，是丝绸之路上的一道风景，更是荒漠的精灵和生机。

在去县城的路上，一个农民博物馆吸引了我们。两间展厅很简陋。有从父辈传下的旧马具，有村里收来的并不古老的陶瓷"古董"，有从旧货市场买来的复制的反映新中国大事记的老照片……如此博物馆，让人觉得不够档次，似乎还未走上正轨，但又令人充满敬意。临走时，我们问博物馆的主人，为什么要建这个博物馆？他非常认真地说"就是要让人们知道，你是谁，从哪来"。哦，朴素淡然的几个字，直接触动了我们的心。这种潜意识里面深藏着对父辈的爱、对家乡的爱、对民族文化的爱和对传承的自信；这种民间的文化自觉如同珍贵的火种，等待着社会的认知、呵护和发扬光大！博物馆还有一个大型的蒙古包，在里面我们观看了蒙古族民族传统舞蹈：顶碗舞和骑马舞。

肃北一带早在先秦时期就有游牧民族活动；西汉时并入中原王朝版图，属敦煌郡。有天然草场 4676 万亩，主要饲养绒山羊、牦牛、骆驼等牲畜。当地的牧民说，草畜平衡、适量放牧是非常重要的。旧草不除，新草不长。羊蹄踩踏有利于草地蓄水。肃北草原上的羊粪是纯天然的肥料，肥效好、无污染，敦煌葡萄产地专用这种肥料，一车 10 吨，能卖四五百元。牧民完全脱离草原，移民城市，草原文化就死了。在草不错的地方，可以就近定居，这样城里有"冬窝子"，草原有帐篷，这或许是一种生态智慧的选择。

当地人告诉我们："肃北的蒙古族与其他地方的蒙古族不一样，我们曾在俄罗斯贝加尔湖居住，东归跟着成吉思汗到了多瑙河，后来回归到这里。丝绸之路实际有三条：主线是河西走廊—瓜州—敦煌，过去商路都是沿着有水有草的地方走，肃北祁连山地有党河等丰富的水源，所以肃北是丝绸之路的要道。北线在阳关以东，哈密—新疆；南线是青海湖—海西州—新疆。我们县举办了丝绸之路第一届那达慕盛会，全国各地的蒙古族相聚肃北。肃北多民族习俗交融，汉族也喜欢吃牛羊肉，汉蒙通婚现象很多。”

在肃北蒙古族的传统祭祀中，一年一度的祭敖包是最隆重的，这是祭祀家乡和祖先的标志。按照焚香点火、颂词念经、敬献贡品等程序，牧民们围绕敖包从左向右转三圈，并将奶茶、点心、糖块撒向敖包，祈福纳祥。随后那达慕大会拉开序幕，举行“男儿三技艺”赛马、摔跤、射箭等蒙古族传统体育竞技比赛；还有传统的歌舞表演，展示了草原游牧民族文化的魅力。其间来自各方的亲朋团聚开怀畅饮，年轻的姑娘和小伙们可以谈情交友。

古城张掖的自然文化遗产

从肃北到肃南，途经张掖城西南隅，一处丝绸之路上的名胜古迹群——西夏的大佛寺吸引了我们。

始建于西夏永安元年（1098）的大佛寺古迹群，是一座皇家寺院，从西夏至清代有四位皇帝来敕赐寺名，公元1103年，西夏乾顺帝赐“卧佛”之额；公元1419年，明成祖赐“弘仁寺”之额；公元1427年，明宣宗赐“宝觉”之名；公元1678年，清康熙帝赐“宏仁寺”之名，足见其地位至尊。大佛寺占地约2.3万平方米，坐东朝西，现仅存中轴线上的大佛殿、藏经阁、土塔等

七彩丹霞　供图 / 中国生态文化协会

建筑。

大佛殿为大佛寺主体建筑，殿内主尊释迦牟尼涅槃像身长 34.5 米，肩宽 7.5 米，为亚洲最大的室内木胎泥塑卧像。大佛的一根中指就能平躺一个人，耳朵上能容八个人并排而坐。大佛殿内有西夏彩绘泥塑 31 具，卧佛后有十大弟子群像，旁有优婆夷、优婆塞及十八罗汉等塑像。大佛殿的柱廊上以龙为主，金龙高悬在屋梁上生动耀眼。大佛殿前檐二楼南廊间垂花门楹联：“万道霞光遮凤辇，千条瑞气罩龙楼”，蕴意甘州卧佛寺曾是藏龙栖凤之地，1996 年被列为第四批全国重点文物保护单位。

大佛殿四壁为《西游记》和《山海经》壁画；藏经阁内珍藏有明英宗颁赐的 6000 多卷佛经，经文保存完好，以金银粉书写的经文最为珍贵。《西游记》壁画约 15 平方米，色彩斑驳。题材取自于民间故事，以连环画形式共描绘了 46 个人物、6 个动物，10 处故事情节与《西游记》小说部分章节故事相呼应，但壁画绘制时间却比吴承恩所写的《西游记》要早 300 多年。

祁连山北麓，以肃南裕固族自治县白银乡为中心，坐落着张掖祁连山丹霞地貌群，据说发育于距今约 200 万年的前侏罗纪至第三纪。海拔在 2000 米至 3800 米之间，东西长约 40 公里，南北宽约 5—10 公里，分布面积达 300 多平方公里。

肃南冰沟丹霞、临泽县七彩丹霞、甘州区平山湖丹霞，是国内唯一的丹霞地貌与彩色丘陵复合景观区。大自然造化的峦崖壁奇峰峻岭，形成许多孤立的山峰和陡峭的奇岩怪石群；2009 年，张掖丹霞被《图说天下国家地理》评为

“中国最美的六处奇异地貌之一”；2011 年，又被《美国国家地理》杂志评为“世界十大神奇地理奇观之一”，从此被世界知晓。

七彩丹霞，当地少数民族把这种奇特的山景称为“阿兰拉格达”（意为红色的山）。红色砂砾岩经长期风化剥离、流水侵蚀，形成环状分布的彩色丘陵，丹红色、赭红色、红褐色、紫红色、黄绿色、灰绿色，疏密相间、层次有序，如天上彩虹飘落其间，一个美轮美奂、色彩缤纷的奇幻世界。

冰沟丹霞地处肃南裕固族自治县康乐乡境内。据史料记载，远古时期这里是一片汪洋，长期的地壳运动，海水退去。干旱少雨的气候加之光照充足，碱性的地表形成了一层碱霜，附着在山体上，如同冰霜。在海拔 1500 米—2550 米之间，冰沟丹霞南北宽约 5—10 公里，东西长约 40 公里，是中国干旱地区最为典型的丹霞地，被《美国国家地理》杂志评为“世界十大神奇地理奇观之一”，登上了封面。

其中“法国卢浮宫城堡”，2011 年还登上了《美国国家地理》杂志的封面。

神驼迎宾从天而降，驼头面向山谷，驼眼微闭，嘴角微微向上扬起，好像在迎接八方宾客。它是软硬相间的岩层，由于风化速率不同，而形成典型的

冰沟丹霞卢浮宫殿　供图 / 中国生态文化协会

老年期砂岩地貌。

“阴阳柱”是冰沟标志性景观。两根石柱约 50 米高，拔地而立，直刺苍穹。阴柱底座方形，上身呈板状，顶端有一天然孔洞；阳柱柱体略呈方形，顶端略粗。每当朝阳初照，通体赤红，阴阳对峙、合璧生辉。

一座座如泥乳状、窗棂状、叠板状、陡崖状、蜂窝状、宫殿式等多种形态奇特的丹霞地貌，被评为“窗棂状宫殿式丹霞地貌中国第一”；还有无数自然天成的赋有宗教色彩的形似佛殿、佛塔、佛像、佛龛等“天成佛国”，堪称大自然挑战人类审美境界的巅峰之作，神奇就在于天地造物似像非像的景观幻境之中，不知天上人间……

祁连山北麓裕固族草原文化

祁连山国家公园肃南片区，地处河西走廊中部、祁连山北麓的肃南县，是中国唯一的裕固族自治县。裕固族是古老的游牧民族，有“剪马鬃、服饰、民歌、祭鄂博”四项裕固族非物质文化遗产。

剪马鬃，马驹的成年礼。祁连山区的草原，每个牧民都有他心爱的坐骑，马就是家人。裕固族有句俗语“马驹剪鬃才算马，娃娃剃头才成人”，为即将成年的马举行剪马鬃仪式，驱病邪、保平安，是裕固族的传统。据介绍，在每年农历四月十一日这天，牧民要为家里满一周岁的马驹举行剪鬃仪式。摆上待客的奶茶和食品，邀请亲朋好友参加；准备好一把系着哈达的剪刀，鲜奶、酥油和龙碗放在托盘中。分三步进行，第一次，先剪马鬃上的毛；接下来的两次，再剪马尾巴上的毛。每个环节都有专门的诵词，喻意不同的祝福，边剪边唱“剪鬃歌”，同时把鲜奶和酥油抹在马的额头上，把剪下的第一绺马鬃放在龙碗中，敬给“毛神”祈求护佑。

肃南县是甘肃省牛羊产业大县和全省优质高山细毛羊基地。拥有各类草原 2677.55 万亩，落实草原生态补偿面积 2091.9 万亩，年饲养各类牲畜约 100 万头（只），年出栏各类牲畜 50 余万头（只）。畜牧业收入占农牧民收入的 65%以上，康乐镇赛鼎村共 80 多户，从事畜牧业的有 70 多户。

裕固族牧民妥春龙家总共五口人，孩子和老人都住在县城，夫妻二人在草场定居点放牧。他承包的 2100 亩天然草场，属于一类高寒草场。以草定畜，16 亩草养一只羊；80 亩养一头牦牛，共养了 200 多只羊和几头牛。妥春龙告

冰沟丹霞　供图 / 中国生态文化协会

阴阳柱　摄影 / 冯艳萍

诉我们：一年四季要换三次草场，春秋一个草场，夏天一个草场，冬季一个草场；春秋草场海拔 3000 米左右，冬季草场海拔低些，暖和，2800 米左右，夏季草场最高，有 3500 米左右。我家的收入主要靠卖活羊、牦牛。今年秋季一只羊羔子 750 元，成年羊一只 1000 多元。大的小的搭着论个卖，不称斤。羊 1 年成熟，牦牛 5 年成熟。200 多只羊产出 160 只羊羔，秋天能卖 11 万多元；羊毛能卖 3 万元。国家给予补助，1 亩草原补贴 2.08 元，1 个人补贴 3353 元。收入可观，开支也大。租草场费 2 万多元，草料不够需要花钱买，一年纯收入 10 万元左右。

禁牧后草场会越长越好吧？我们问，妥春龙说：草在一段时间内会长得不错，密度不错；但容易发生火灾；禁牧了两年至五年，老草会把新草憋坏。羊粪是草的肥料；牛羊蹄耕地，边吃草边耕地。逐水草而居是牧民的传统，以草定畜，不能超载，也不能绝对化封禁。羊的品种很重要，高山细毛羊不刨草根、不吃灌木，羊毛价

格也高，科学选择羊的品种，有利于草场的维护。圈养的羊质量不如放养的羊，成本也高。还有饲料添加剂。

据中国新闻网 2018 年 11 月 12 日报道：肃南新路径保护草原生态，牧民徒步千里异地借牧。截至目前，肃南县共有 54 个村 417 户农牧民在农区茬

剪马鬃、留头羊　供图 / 肃南宣传部

地借牧，涉及牲畜数为 9.77 万头（只），借牧面积为 10.59 万亩，按借牧区秸秆亩产草量 200 公斤、利用率为 70% 计算，借牧 180 天，折合减畜 4.58 万羊单位。

裕固族是以畜牧业为主的民族，对自然充满敬畏。至今保留着对“汗点格尔”的古老信仰。“点格尔”在裕固族语中是“天”的意思，“汗”是“可汗”的意思。“汗点格尔”意为“天可汗”。裕固族人认为“汗点格尔”能使他们避邪免灾、四季太平吉祥。“汗点格尔”，就是一根细毛绳，上缠有各种牲畜的毛穗和各色布条，下端是一个小白布袋，里面装有带皮和脱皮的五谷杂粮，供奉在帐篷内的右上方。裕固族从来不在泉水里洗衣服，游牧中看到草原上有大石头，会自觉搬走，以免影响草的生长。

裕固族有民族语言、通汉语文，但本民族文字久已失传。民族文化遗产主要通过家族或师徒之间口耳传诵、技艺传授，传承人对文化遗产保护与传承至关重要。裕固族服饰、民歌、婚俗被列为国家级非物质文化遗产；裕固族口述文学与语言、民歌与服饰、人生礼仪、皮雕、剪马鬃、祭鄂博、刺绣、织褐子被列为省级文化遗产。据有关调查，2013 年裕固族中日常着民族服饰的不到 10%，且大多为 60 岁以上的老人，在一些少数民族村落中原本的民族服饰已完全汉化，会讲裕固语的裕固人不到 50%。

祁连“东方小瑞士”

青海省祁连县位于祁连山南坡山脚下，平均海拔 4000 米以上，与甘肃省酒泉、肃南、民乐、山丹接壤，是青海的北大门。境内雪山、八一冰川、森林、草原、黑河大峡谷、河流、湖泊等多种地貌雄奇冷峻，被誉为“东方小瑞士”；古为羌地，是通往西域的要道和丝绸之路南线必经之地，远古文明的俄堡古城、阿柔大寺等人文景观遗存至今。

在祁连山区腹地，祁连县境内走廊南山南坡，有一座“八一冰川”。其名来源于 1958 年中科院高山冰雪利用研究队在此地考察，于八月一日发现了这条冰川，因此命名为“八一冰川”。这座冰帽型冰川，面积 2.8 平方公里，长 2.2 公里，平均宽 1.4 公里，冰储量 0.15 立方千米，冰面最高海拔 4828 米；冰川前端呈舌状，末端海拔 4520 米，中间厚度较大，最大厚度达 120.2 米。冰川融水汇入托河支流和黑河。

东方小瑞士　摄影 / 聂文虎

我们有幸见到八一冰川奇观。它是一座日月精华和着千年冰雪，密密夯实、层层叠加起来的冰雪长城，屹立在高寒荒漠之上，如同一座坚不可摧、无法穿透的白色壁垒，峻冷雄浑！蔚蓝的天空烘托着它的色彩，飘渺的云朵幻化形态亲吻它的头顶，阳光反射在它身上金线四射……在冰川对面的荒漠上，人们用石头堆起一座敖包，上面绕满了经幡和哈达，在瑟瑟寒风中向冰川招手致意、祈福一方。

八一冰川附近，祁连南部牛心山一带有一处砾岩山体，千百年风雨雕琢、冰雪冻融，鬼斧神工般地形成了怪石嶙峋的石林地貌，令人脑洞大开、驰骋想象。

当地阿柔藏族称其为“郎个巴图森吉”，意为“岭国的 30 员大将”；又据说，虔诚的佛教徒在这里可以看到 108 座佛像，故亦称“万佛崖”。万佛崖位于阿咪东索神山后山，藏民们认为这是山神居住的场所，敬它为祁连众山之神。

万佛崖对面有一座经幡祈愿台。据介绍，是祁连地区信仰佛教的藏民们挂经幡开展“煨桑”“转山”等祭祀活动的场所。经幡是印有经文、佛像或诸

八一冰川　摄影 / 才项当知

万佛崖　摄影 / 林祖贤

华热藏族欢乐草原　摄影/安维民

佛菩萨心咒、祈祷文的幡旗，一般悬挂在清净的山顶处，风吹过经幡一次就有诵经一遍的功德。山下河边不时出现人工雕刻着彩色经文的大石块，使人联想起在青海玉树“三江源”藏区，结古镇勒巴沟“流淌着文字的河”里刻着六字箴言的彩色石块。藏民们对天地自然的崇敬和祈盼，随处可见。

从祁连县到门源县，进入仙米国家级森林公园区域。山崖上一挂瀑布，从“山神爷爷”嘴中淌出来。山下一道水坝中间有牦牛头图腾和藏族经文浮雕。草甸上，当地华热藏族村民围成一圈，以舞蹈和着说唱形式表演华热藏族婚俗礼仪。藏袍长袖舞动左右翻飞，脚下踢踏节奏悦耳；两位中年的大姐长调委婉清亮，带着草原的野性无拘无束，直穿人心；男子风趣的藏族说唱：新娘从家怎么来，路上怎么走，两家人怎么相聚……语速快而有节奏，全是夸赞和祝福婚事的吉利话；在人们簇拥下小伙迎娶新娘；最后是亲家相互敬酒。这种原住民、原生态、原汁原味的民俗表演，展示的是他们自己的生活，充满感染力！

“抓喜秀龙”藏语意为“美丽富饶的大草原”，这里是纯牧区，白牦牛的产地。纯种白牦牛全身雪白，毛长而柔软，一直披到身体两旁。

天祝藏族自治县抓喜秀龙镇红圪垯村的牧民们没有离开草原，而是在草原附近定居。全村有27万亩草原，120多户牧民500多人。67岁的达才让塔，1989年担任村党支部书记。他家养了100多头牦牛、200多只羊，生了140多只羊羔。今年卖了24头大牛，每头5000元；羊羔卖了123只，每只800元；牦牛奶制作的酥油180元一斤；酸奶5斤一桶，100多元；一年收入20万元左右。达才让塔用一首藏语歌唱出了牧民的心声："草原有多美，蓝天有多蓝，牛羊有多壮，牦牛有多白，像天上的白云一朵朵……"

草原民族文化的生命在草原

连日来，祁连山和我们在一起，如影随形。这一路走来，我们经过了阿克塞、肃北、肃南、祁连、门源、天祝等民族自治县，走访了哈萨克族、蒙古族、裕固族、藏族的牧民，虽然他们的语言、文字、衣着、风俗各有不同，但他们都是祁连山一带马背上的草原民族，共同爱着草原，有着相通的游牧经历和草原情怀。

草原民族文化的生命在草原。为强化保护和自然恢复，政府对祁连山冰川、湿地、森林、草原等实施整体保护和系统修复，并投入大量资金用于生态移民安置和草场围栏建设。很多牧民离开了祖辈生活的草原，住进了城里的新村，每年享用政府的固定补贴，成为牧民生活幸福指数的普遍因子。如此补贴的钱越多越好，而补贴一旦减少，人们便会不安。更令人担忧的是，长期闲置、脱离劳动对象，人会逐渐丧失劳动本领和劳动习惯，而草原活态文化也会慢慢遗失，如何留住这一方水土一方人牧歌式的草原文化之根？是值得思考的深层次问题……

当然，随着经济社会的发展和深化改革的推进，变是必然的。但是如何在变革中把握住根本性的东西，与时俱进、创新前行？我们认为，"授之以鱼不如授之以渔"，人只有依靠自己掌握生存技能挣到生存和发展的资本，才能够真正获得生机；只有适应生产生活方式的转换，能够培育新的劳动技能，才能够真正安身立命、走得长远。以草定畜、草畜平衡、畜种改良，是人与草原和谐的牧业发展途径，草原文化与乡村振兴互惠双赢，应是当前政府解决问题的立足点和出发点。

“和而不同”协奏命运华章

在天祝县天堂乡天堂寺前的广场上有一座金色雕像：汉白玉的莲花基座上一头金色的大象张开两扇大耳，扬起长鼻和象牙，目视前方；身上坐着一只猴子，举着一树果子；猴子背上站着一只兔子，兔子头顶一只鹧鸪鸟，鹧鸪鸟口中衔着一粒种子，这座雕像名叫“和睦四瑞”。

据介绍，“和睦四瑞”出自佛经上的寓言故事：很久以前，一方美丽的净土上生活着大象、猴子、兔子和鹧鸪鸟。一天，鹧鸪鸟从远方衔来一粒尼卓达树种，兔子把种子埋进了土地，猴子用树枝杈了围栏，大象用长鼻汲来河水，在它们共同精心呵护下，种子终于长成参天大树，枝繁叶茂、果实累累。从此，它们栖居在树下，遮风避雨、分享果实；出行时，大象驮着猴子，猴子背着兔子，兔子头顶鹧鸪鸟，幸福快乐地生活着。“和睦四瑞”寓意众生互相帮助、和

祁连山草原　摄影/孙其义

睦共处，蕴含着各族人民团结一心、共谋发展的美好愿望。

祁连山国家公园是一座博采精华的自然人文资源宝库。山水林田湖草沙冰地理风貌汇聚，和而不同；生物物种多样，和而不同；都能够保持着相互依存、相互制约的生物链，形成生态系统求同存异、物我共生的命运共同体；多民族聚居，和而不同，国家公园地处汉、藏、回、蒙古、土、裕固、哈萨克、撒拉等20多个民族聚居生存的文化交汇带，古遗址、遗迹、宗教建筑等人文资源丰富，民族文化多元，形成了多民族文化交融的、特色独到的"祁连山文化圈"；"行政区域，和而不同"，祁连山国家公园范围涉及的两省12县（市、区、场），隶属不同行政区域，为了国家公园的共同事业，建立起互尊主权、平等相宜、包容共生、互利共赢的关系和国家主导、区域联动生态保护管理新体制。

祁连山国家公园是一个命运共同体，如同一部多声部协奏曲，和而不同、相互支撑，带着青春的激越，汇成立体的、多元的、生机勃发的和声。集华夏五千年生态文化和谐辩证法之精髓，"与道合一、与自然化一、物我共生"的生态伦理意识；"和而不同、求同存异"的社会和谐意识；"和实生物，和谐万邦"的世界和平意识，正是祁连山国家公园创造性转化、创新性发展所奏响的人与自然"命运共同体"协奏曲。

七、神奇安南坝

去安南坝本不在我们的行程之列，听闻野骆驼栖居的地方，充满了好奇，于是临时决定从敦煌改变行程，驶向阿克塞方向。

安南坝自然保护区地处酒泉市阿克塞哈萨克族自治县西部，与青海、新疆交界地带，属于阿尔金山北麓，库姆塔格沙漠以南的中亚内陆。“安南”一词属音译，哈萨克语其实是“阿娜巴尔”的谐音。“阿娜”即母亲，“巴尔”为“有”或“在”之意，合起来就是“母亲在（有）”。

从县城出发，沿省道 314 线一直向西，约 100 公里，道路忽而在眼前向南打了个弯儿，就一直向南延伸而去。省道 314 线，当地人都叫它南疆公路，始建于 20 世纪三四十年代，从甘肃阿克塞县一直通往新疆的若羌县境内。

雄伟壮丽的阿尔金山下，苍茫神奇的安南坝，是国宝野骆驼的家园。作为濒危的独特物种，野骆驼是地球上唯一可以靠喝盐水生存的陆生动物。作

神奇安南坝　摄影 / 刘建泉

野骆驼群　摄影 / 刘建泉

为一个古老的物种，野骆驼能在严酷环境下生存，本身就是一个奇迹。野骆驼的总数已远远低于大熊猫的数量，成为比大熊猫还要稀少的珍稀物种，其保护的意义尤为重要。为使野骆驼有一个休养生息的好环境，我国相继成立了“新疆罗布泊野骆驼国家级自然保护区”“甘肃安南坝野骆驼国家级自然保护区”。

车在风中疾驶，暗云低垂，有雨将临。远处的戈壁，愈来愈近。莽莽中，各色的砾石在云隙中透出的阳光照射下，五彩斑斓。静寂的旷野，一片荒凉，偶有小平房闪过，晾晒的衣物随风起舞；偶有鸟飞过，远去成为一个黑点。

在这茫茫的人世，各有各的生存途径，能自我放养灵魂者，并不以环境的恶劣而自馁。反之，生活在设施齐全的城市中，也有心似沙漠的颓废厌世者。故心不荒凉，沙漠犹能泛绿；心不狭隘，世途便会宽阔无垠。

风，可以向上，也可以向下，我们行驶的方向只能向前。风景在窗外流逝，太阳终于挤出了笑容。给我们开车的哈萨克族司机的话也多了起来：“别看黑云压下要下雨了，其实这里的天说变就变。你们快看，天又放晴了。”随着他的话语，我们看到天上的云才逐渐消退，阳光愈来愈强。在行驶中，这位幽默的司机给我们讲述阿克塞的哈萨克族的由来和民俗风情，绘声绘色，给我们补上了一堂生动的民族迁徙课。让我们少了睡意，多了惬意。

沿路一直前行，不知不觉中，黑黛色的阿尔金山脉由远而近，扑面而来。阿克旗乡的大部分处于塔克拉玛干沙漠中，一部分区域几年前已划为安南坝国家级野骆驼自然保护区了。逐渐地，终于看到了绿色。有了绿色，便有了生机。临近一看，原来是农民种植的玉米。路边还有等待进城的农民，包着头巾甚是醒目。

车行驶到南疆公路安南坝岔路口一拐，汽车向南沿着笔直的砂石路一路疾驰，路旁的山已不再是水墨画似的远山远景，而变成青黑的巉岩真实可见，甚至离得近的山石和车身会擦身而过。路边的安南坝河轰隆作响。远远地看见一带群山环绕、林荫掩盖的村落，那就是安南坝了。陪我们前行的小高，少言多思。她说，我们下个目的地是安南坝最别致的胡杨峡。说是胡杨峡，其实更多的是红柳，一簇一簇，生命力顽强。

风小了，随着汽车的颠簸，又进了戈壁区域，顽强的芨芨草夺人眼目。黄的沙漠、绿的胡杨，还有红柳、芦苇荡、潺潺流水……青黛的山峦眼看要被云彩淹没，涓涓流水折向山坳，那屏蔽的不是一个世界，那是无边无际蔓延的青青草色和生命的追寻。仰首看胡杨，豪情万丈，意气风发，总有一种精神在升华；伸手掬水，是如此的饱满和绵润。如果与风对话几句，不仅仅是风言风语，更多的是生命的执着，与岁月的风雨无关。看着多色的景观，一旁的女儿喜不自禁，戏水拍照，乐个不停，难道真的莅临世外桃源？忠诚于大地，才能热血沸腾。毋庸置疑，山水一定是有生命的，如画的景致让我们驻足，流连忘返。一旁的司机催促，下雪时再来，别有一番情趣。我们只能依依不舍地离去，眼睛仍在凝望着多彩的生态之源。

由于地域辽阔，时间仓促，野骆驼只能与我们擦肩而过。野骆驼毛色为沙棕色或白垩色，鼻梁隆起，耳短颈长，前膝胼胝，头顶无长毛。在戈壁荒漠的恶劣环境中野骆驼“以日月为友，与风沙为伴”，谱写着西部动人的神话。

苍茫神奇的安南坝保护区，就像一位慈祥的哈萨克族老人，虽历经沧桑却依然坚强如山、平静似水；又像一位高深的禅者，静穆默坐在群山环绕的盆地中，淡然如云，静观着外界的纷纭变幻；更像是一座无形的丰碑，篆刻着野骆驼和游牧民族那颠簸的岁月，顽强的历程和神奇的传说，也书写着人们对未来美好生活的憧憬。离开安南坝，我们看到山的那边，安放着一轮硕大、温暖的落日……

八、走进野骆驼家园

热烈的八月，我们来到阿尔金山北麓、阿克塞县境内西部，安南坝野骆驼国家级自然保护区参观采风。放眼望去，一丛丛骆驼刺和梭梭草生长在沙粒和碎石铺就的草原上，视野开阔，神清气爽。

此时我有些兴奋，草原是我心驰神往的地方。在梦里，我骑着一匹枣红色的骏马奔驰在无边无际的草原上，蓝天、白云、青草、野花，如画卷般清爽迷人。婉转动听的百灵鸟歌声萦绕于耳畔，牧羊女的鞭子在空中划出一道美丽的弧线，热情好客的草原人给来自远方的客人献上洁白的哈达，捧出醇香四溢的马奶酒。草原，我梦里的故乡。

野骆驼　摄影 / 刘建泉

鹅喉羚　摄影 / 刘建泉

正在胡思乱想，一只受到惊吓的老鹰凌空飞起，巨大的双翼伸展着，足有一米多长。黄褐色的羽毛在微风细雨中抖动着。如此近距离地接触雄鹰还是第一次，其矫健的身姿令人惊叹不已。

接着我们进入了无人区，沿着坑坑洼洼的石子路颠簸而行。目光一直在草原上搜寻着，突然间惊喜地发现几只鹅喉羚在右前方快速跳跃，大家一阵惊呼，一共五只。它们的背部和头部是黄褐色，腹部是白色，白白的屁股高高地翘起，上下晃动着，在草原上飞奔。司机停下车，我们拿起望远镜驻足观望，它们奔跑的样子和瞪羚几乎一样，只一会儿功夫，就不见了踪影。我们意犹未尽，刚要回车时，发现路的左侧有一只鹅喉羚掉队了，它跑了几步就卧在了草丛中，看不见了。

我们沿着高低起伏的山路继续前行，偶尔有黑色的小鸟掠过头顶，阿尔金山隐隐约约地闪现在眼前，时有时无。由于海拔高，天和地离得是那样的近，稍远处，感觉一伸手就能摸到天上的云。再远点，乌云竟然匍匐在大地上，天和地连在一起，没有一丝缝隙。

走了一段路，来到阿克塞林政稽查大队。这里驻防着两位年轻的哈萨克族护林员，搭设简易的板房里阴冷潮湿，绿色的被子像豆腐块似地摆放在床上，整个房间整洁明亮；伙房内灶具齐全，干净利落。驻守在这里，肯定是寂寞难耐。心中的敬佩之情油然而生。

此后便向大山深处行进，这里沟壑纵横，到处都是裸露的青褐色山石，偶尔会有金黄色沙丘横在两座石山之间，有些不可思议。沿着河床行走，河岸上生长着胡杨，有的已经枯萎，光着脊梁倒在沙土中，有的则挺直着脊梁，高高地站在河床边，彰显着生命的顽强。车辆进入一个峡谷中，眼前顿时一亮，这里景色迷人，与外面的世界截然不同。车子停了下来，大家说说笑笑地欣赏美丽的景色。一条清澈蜿蜒的小溪穿流而过，溪边青色的石头上排列着整齐的深色条纹，认真挑选后捡了几颗。小溪的一边生长着一大片金色的芦苇，以它特有的姿态迎接着远方的客人。令人称奇的是红白相间的芦苇根光着身子匍匐在沙地上，一根根呈放射状爬向小溪，根上生长着一棵棵芦苇小苗，像嫩绿的玉米亭亭玉立。更令人惊奇的是，对面高高的断崖上裸露着白生生的梧桐树的树根，一根根悬垂而下，而梧桐却依然挺立在断崖的上面，其强大的生命力震撼着人们的视角。山上云雾缭绕，山下溪水潺潺，地上绿草如茵，我们流连忘返。有人说如果搭一座帐篷，在这里过上一夜，欣赏峡谷中的日出日落，那是多么富有诗意的事情。

赏罢美景，越野车沿着崎岖不平的山路继续爬行，逐渐进入野骆驼生活的地方。此时我们已经艰难跋涉了 4 个多小时，冬格列克保护站映入眼帘。这里驻守着十来个巡护人员，大多是“90 后”的哈萨克族。红红的脸庞，稚嫩的眼神，身着迷彩服，不善言辞。他们在这里一住就是半个多月，然后再换防。这里的生活条件比较恶劣，水、面、油等生活用品都靠县城运输，尤其是水显得尤为珍贵。

没有电，自己发，三个两人多高的风扇在风中摇头晃脑，也不知能发多少电。手机没有信号，电视、电脑自然也派不上用场。他们的工作就是定时到草原深处巡查，野骆驼在他们的呵护下种群不断扩大。

野骆驼是世界上极度濒危物种，比大熊猫还要稀有珍贵。全球野骆驼总共 800 峰左右，我国不到 500 峰，而安南坝保护区的野骆驼占全国野骆驼种群的二分之一。这里除了野骆驼，还栖息着藏野驴、雪豹、狗熊、狼、金雕、白尾海雕等 200 多种野生动物。

有一次，保护站的巡护人员遇到了两只刚出生不久被驼群遗弃的已经奄奄一息的小骆驼，立即救助到离阿克塞县城不远处的动物保护站精心饲养，它俩幸运地存活了。这些年轻的巡防队员用自己的青春守护着这一片净土，各种野生动物在这里自由自在地繁衍生息，人与自然和谐相处。他们整天与

野骆驼的家园　摄影 / 刘建泉

高山为伴，与草原为邻，与蓝天对话。寂寞、空旷、宁静时时袭扰于心，但他们坚守着，奉献着，看护着，他们是这片草原的守护神。

我们在这里用餐休整后继续前行。视野时而开阔，时而被大山挡住。随着海拔的升高，草原上生长的植物也随之变化着。起初是骆驼刺、梭梭草、红柳等陪伴着我们。到了海拔近3000米时，目之所及都是一丛丛茂盛的芨芨草。

大山深处的植被保护得非常好，没有羊群光顾，也无其他家畜用餐，所以山上山下都是绿绿的野草，还有星星点点黄色和红色野花点缀其中，十分养眼。我暗暗感叹：没有人在这里生活真好，草原上的动植物也就不会“生灵涂炭”。人类的欲壑难填使大自然饱受摧残，好在人们已经开始警醒，我们也是大自然的一部分，破坏了它们，我们也无法生存。正想着汽车驶入了云端，窗外、脚下漂浮着一层淡淡的乌云，山路陡然险峻，车轮在有些松软的山崖边上行驶，我的心里有些发紧，不由得抓住了座椅，祈祷着车子不要翻下去。想想那些大山深处的巡防队员们，他们的生活之路是何等的艰辛。哈萨克族司机气定神闲，手把方向盘安然驶过，车内响起一片赞誉声。途中我们几次停车，下车眺望广阔的草原，平展展的天空，心似草原般辽阔，似蓝天般纯净，心中的杂念被荡涤一空，纤尘不染。这就是大自然的力量。

第二天，我们去野生动物救护站看望两只收养的小野骆驼。它俩和一只家养的小骆驼生活在一起，已经长成“青少年”。野骆驼看见我们来了，径直走了过来，一边咀嚼着一边好奇地望着我们。它们的毛不长，又细又密，四肢细长，脖子修长，眼睛炯炯有神。

野骆驼与家骆驼最大的区别是驼峰长得不同，驼峰呈圆锥形直立着，个头比较大，两个驼峰之间的距离比较远；而家骆驼两个驼峰的距离较近，而且毛长、长得大，耷拉在脊柱的两侧。正看着，它张开嘴巴长啸几声，可能想起了遥远的家乡吧。

告别了小骆驼，一转眼我们看见了远处阿尔金山的主峰，白雪皑皑，显露云端，一缕缕如丝带般的白云飘浮在山腰间，平添了几分妩媚。敬畏感慢慢从我心中升腾而起，愿它和我们一起守护这片神圣的土地……

九、祁连情缘

母亲说，我是太阳升起时生下的。那一天是腊八节。“初八、十八、二十八，生下的娃儿是富疙瘩”，无疑，父母对我寄予了深深厚望。

祁连山就在我的脚下，打小看着山长大，抬头是山，出门是山，我似乎也就成了祁连山上一种自然而然的存在，一块与祁连山不分不离的石头。正如诗人所说：“为什么我的眼里常含泪水，因为我对这土地爱得深沉……”1985年，我从师范学校毕业，又毅然决然回到了这里。我就像大山放飞的风筝，不管飞得多高多远，都会顺着那根线回到她的怀抱。

祁连山豁达、大气、包容，她不像喜马拉雅那样有理无理就把头抬起，把头颅昂得老高老高，大拽拽地不想理人；她和蔼可亲，从不装模作样，翻过了一山又一山，越过了一岭又一岭，不断迂回，不断延伸，气魄很大、城府很深；她不以其高显示其大，把高大和巍峨藏在宏大磅礴的气派里，那层层叠叠的大山，就像是埋伏着的千军万马。我不止一次地膜拜在她的脚下，仔仔细细地打量，发现从它的脑袋里飘飞出来的思绪，竟然是蓝天上那些搏击苍穹的雄鹰。冬天的祁连山，就像一个牧羊人，穿着一件白茬子皮袄站在风暴里，黑云压城不低头。

祁连山是河西走廊的生命之山。我出生在20世纪60年代中期，那时依旧是一个贫穷的年代。父亲从麦草中拾出了一小碗麦子，炒熟，就是母亲滋生奶水喂我的补给。一条裤子老大穿了老二穿，我一天天长大，祁连山是温慰我灵府的炭火，是我年少青春唯一的靠枕。祁连山的山泉、山药、山果、山鸟、山兽，山上的一草一木，养育了这一方朴实而勤劳的人民，因为大山的恩赐，所以村民便习惯地称自己为山民，仿佛自己就是这厚实的祁连山上的一棵树、一株草。及至稍长，跟父辈们在山中放牛、放羊，用架子车拉煤，采蘑菇、挖虫草，都是常有的事。祁连山就这样延续着一代又一代的生命。

多年来，我眼望着祁连山，捧读着祁连山，抒写着祁连山，且无数次穿行

祁连秋景　供图 / 肃南县政府办

在祁连山中，抚摸着其雄浑粗犷的筋骨，感觉是那样有力、那样挺拔。祁连山山峰陡峭，棱角分明，直刺蓝天；她是那样深邃，山重水复，深不可测，一山更比一山高；她又是那样美丽，正如明代诗人郭登《祁连山》所云："祁连高耸势岧峣，积素凝花尚未消。色映晶盐迷晓骑，光是玉树晃琼瑶。"终年白雪皑皑，在阳光下银光闪闪，一直漫延到山腰，有的地方又漫延到山脚；有时突然抬头，山与天连成一片，变成了厚厚的云海；山谷松柏成荫，山下草原广袤，如毡如毯。

祁连山有丰富的冰川，不断涵养着水源。祁连山中有许多山间谷地，从东到西，流淌着一条条冰雪融汇的河流。石羊河、黑河、托莱河、疏勒河、党河流经河西走廊，滋育了这片土地和这里的人民。

历史是一条穿越时间的路，从走廊向西，向西，过了张掖，到了楼兰……连绵起伏的沙漠金黄得就像汉代的驼队，盛唐的丝绸，往返于丝绸之路。祁连山，"天之山下"水草丰美的草原，至今仍被当地人称为天境。雪域高原、大漠戈壁的极端地貌，湿地、丹霞、沙漠、草原、花海无一不有，造就了只有在中国第三阶梯才能看到的南国景观和风韵。

祁连山下的张掖，七彩丹霞、冰沟丹霞、平山湖丹霞，色若赤丹，貌如喀斯特矗立，引得游人若织。康乐草原，千里碧野，是中国最美的六大草原之一；山丹军马场，当今世界最古老的马场，公元前 121 年由西汉骠骑将军霍去病始创，距今已有 2000 多年历史；扁都口万亩油菜花，与草原绿野相连，宛如一块天然的地毯……我总以为祁连山就是置放在金丝绒上的一台古琴。大西北，用它风的手指，以八声甘州调弹奏着《霓裳羽衣曲》，那悠扬的声波有时像长调一样苍凉、高亢而又辽远，有时又像呼吸深沉而又植入心脾，余音袅袅，绕梁三日。祁连山的性格，时而忧伤，时而狂放。前些年，沙尘暴袭来，黄尘滚滚，就像搅拌着黑河的河水顿时灌满了天地间，大千世界，一片朦胧，一片混沌。祁连山愤怒了，大草原十分疯狂，疯狂得就像发怒的野兽，疯狂得就像草原上几万匹奔腾的野马！一望无际的水柱，漫天的黄潮，祁连山就是用这种天昏地暗吞吐洪荒的气势倾泻心潮，澎湃愤懑！祁连山，有一种不可冒犯的威严！

雪花终于向祁连山落下来了。暴风雪就像一个哭累了的孩子，乖乖的，不再吵闹了。黑河如谦谦君子，穷则独善其身，达则兼济天下，就这样一直流向了居延海。

风沙从源头上得以治理，沙尘暴像狂怒的雄鹰收敛了它风的翅膀，静静地蹲在岩石上，就像一坨被愤怒烧黑了的炭。狂放的风不再撒野了。山下风暴一样沸腾的马群被套马杆套走了。静下来了，山上、山下静得就像睡着了的大海，静默得只有苍鹰从辽阔的蓝天上飞过。此时此刻的祁连山，俨然是旷野里一个累倒了的牧人。

祁连山，你是大草原上的一只苍狼，在那个饥饿的年代，我们吃过你的奶；可是过度的索取，甚至将你弄得遍体鳞伤，但你却从来没有一声怨言；你用神性和乳汁哺育着脚下的这片土地和英雄的游牧民族……

夕阳向晚。眨眼之间，我已在祁连山下走过了五十多个春秋。可作为一个儿子，我永远忘不掉养育过我的祁连山。她是我成长路上的引领者，她是儿子的奶娘呀。祁连山，是横亘我心中的大慈大爱。

在祁连山下，我所工作的地方叫张掖，取意为“张中国之臂掖，以通西域。”三十多年间，为了当初那个美好的梦想、为了实现回家乡的初心，也为了不再二人穿一条裤子，我近乎发疯般地工作，在课堂上潜心教书，在课外学农地上，犁地、捆田、灌水、打坝等，样样做过，献了青春献热情。我是吃着黑河的水，在祁连山坚如磐石的臂膀呵护下长大的，作为一个赤子，就应好好报达父母。

祁连山，魂牵梦绕的祁连山，我的身体中流淌着你的血液，我已深深融入了你的体肤；在我的记忆深处，你定格在我的心中，永永远远……

十、黑河，一条感恩的河

《圣经》中说，女人是男人身上的一根肋骨。若真如此，那么黑河与所有的河流一样，都是大山身上抽出的一根根肋骨。

几乎所有的河都生自大山，奔向大海。只有内陆河不是，黑河不是。像黑河这样一生在旷世的荒凉中作永恒祭献的内陆河，在这个星球上，虽然最终成名成系的并不算多，但默默无名的却数不胜数。

据有关资料，位于甘肃、青海两省交界处的祁连山，孕育、维系了河西走廊的黑河、疏勒河、石羊河，是三大水系56条内陆河的主要水源涵养地和集水区。

在河西走廊，从东到西，这些内陆河大家族，均匀地分布着，每隔一段距离，就有一条河流出现，这种均衡出现的河流，十分有利于古代的交通发展，这也是祁连山北麓形成了古代著名的丝绸之路的原因。

从河西走廊的东面算起，石羊河对应着武威，大西河对应着金昌，黑河对应着张掖，北大河对应着酒泉和嘉峪关，昌马河对应着玉门，党河对应着敦煌。因为黑河在这些河中水量最大，张掖也就成了河西走廊最大的城市。

当然，河西走廊也还有很多大大小小的河流，如洪水河、山丹河、隆场河等，但他们一如黑河一样，都是生于斯，死于斯的内陆河，最后，全部献身于千里河西走廊，催生了数万顷绿洲。

黑河是一条知恩感恩的河，生于高山、长于大陆，却没有背叛大山和陆地，与同类携手逃入大海。大海啊，在几乎所有的河流眼里都是一个天堂，一个歇息的港湾，一个迷人的归宿。但海洋有那么多的水，亿万年以来，人类却不能直接饮渴。海洋的水再多，也从不能赤条条地染绿一棵小草、一株树木，或喂大一个婴儿。

黑河水奔流不息，慷慨地浸润着这片广袤的田野。正是她的浸润浇灌，才有了这名震古今的乌江贡米和临泽红枣，才有了“天苍苍，野茫茫，风吹草

黑河　摄影/殷旭

低见牛羊”的诗意牧场。河西走廊行走在张掖，才构筑了极为厚重的黑河文化、农耕文化和游牧文化等相互交织的丰厚底蕴。

弱水是她的雅称，河道自然流畅，河岸天然雕饰，两岸的树木、庄稼，长势茂盛。不远处有飘摇拂动的丛丛芦苇，暗红色的芦苇棒早已藏在嫩绿的苇叶之间。松软的岸边，阵阵湿气迎面扑来，使人神清气爽。

千年奔涌的黑河水，委婉地讲述着中华民族古老的热血传奇：禹帝疏弱水而导合黎，西王母与穆天子瑶池相会，老子骑青牛而没流沙，霍去病大败匈奴于祁连山下，苏武牧羊的悲壮历史，玄藏、法显取经从这里经过，从《诗经》那一首首脍炙人口的诗篇，从黑河两岸红西路军抗击马匪的枪声中，我们听到了悠久的历史之声，看到了壮美的弱水烘托出一个大国磅礴而高贵的文化尊严。

在黑河岸边，曾听人讲过老子的《道德经》，“天之道，其犹张弓与？高者抑之，下者举之。有余者损之，不足者补之。天之道，损有余而补不足”。意思是，天的“道”，不是很像张弓射箭吗？高了就把它压低一点，低了就把它抬高一点，拉过了就把它放松一点，不足时就把它拉满一点。天之道，是减少有余的东西来弥补不足的。而人之道，则不然，是“损不足以奉有余”，使不足者更少，多余者更多。

可黑河水是朴实的，它不懂人间的繁文缛节，只知道遵循天律，行的是以多补少的天道。虽然有藤的形状，但从不愿像藤一样攀龙附凤。虽然，常常

黑河　摄影/殷旭

游走在穷乡僻壤，但从不嫌贫爱富。

老子说："上善若水。水善利万物而不争，处众人之所恶，故几於道。"他告诉人们，最善的圣人是像水那样，乐意滋生万物而不与万物争功，它心甘情愿待在众人不愿待的地方，所以就接近于道了。

其实，水也有好恶之分，黑白之分，急缓之分，清浊之分。有的水懒惰成性，常年躺在那里，一动不动，任它爬满了虫子和细菌；有的水吞噬了草地还不满足，仍贪婪地卷走牛羊、房屋、人群……依然还有余恨袅袅；另外一些水却能够不断抽出自己的鲜血，救活干枯的草树、焦渴的人群，无私抛洒着爱的甘露。而黑河，中国境内第二大内陆河，就是这样一条河：选择顺天道而行，不断损耗自己的汗、泪、血，去湿润每一粒沙子，喂养每一个或小或大的新生命，尽可能多地去染绿河西走廊的片片沙漠。

黑河，承载着祁连雪的精魂，昼夜不停、川流不息，一路滋润着河岸边的父老乡亲。她从青藏高原北部的边缘山地穿行于高山峡谷，流过鹰落峡，流过苍莽辽阔的张掖大地，流过一望无际的大漠和草原，流出走廊，进入东西居延海；她流经古朴的秦砖汉瓦、典雅豪放的唐诗宋词，流向数不清的沟沟洼洼；她有过痛苦的挣扎，最终流入额济纳旗，流向生命，滋养文明。她使那里变成了绿洲，挡住了风沙的侵袭，把河西走廊、内蒙古草原连成一道生态屏障，将大山给予的爱全部留在了山与山之间的沙漠。她相信，自己的生命与绿洲同在，与喊渴的张掖父老乡亲同在，与这片大地上的牛羊、胡杨、红柳、沙枣花同在，与已有和将有的塞外之春华秋实同在。

黑河，是一条感恩的河！

十一、草原·家园·生命源
——川西草原自然人文生态纪行

羊群似天上的星星，是牧人眼中的月亮；

牛群似草头的露珠，是牧人心中的太阳；

马群似海里的珍宝，是牧人湖边的花儿。

草原的牧歌是牧民歌唱的生活，牵着草原的风情、飘着牛羊的奶香、和着牧人的心境；草原的牧歌，每个词、每句话都是那样的写实、那样的单纯、那样的自由驰骋，就连那悠扬无语的长调，都荡着羊儿牛儿马儿的叫声……

牧人与草原共生，畜群是牧人的伙伴。只有世代依存于草原的牧人，才能够真正领悟大草原天地苍茫、万物竞生、四季甘苦、乐在其中之美，那是家园般的亲情，生命般的珍爱，赤子般的初心……

春夏交际，我们沿着马尔康—若尔盖—红原，一路奔向川西草原的怀抱，探寻青藏高原东南缘草原生态文化自然人文瑰宝。

若尔盖最美的高原湿地草原

若尔盖，有说是过去部落首领“若巴盖登”的简称；也有说藏语念作“若尕”，意为牦牛喜欢的地方。暮春初夏，翠绿的草滩上，黑色的牦牛斑斑点点、悠然漫步啃着青草，猎犬般大小的牦牛崽围在母牛身边撒欢；时而可见少量的羊群点缀其中，或有数匹身材修长、四蹄骏硕的河曲马。

若尔盖大草原位于青藏高原东南缘、阿坝藏族羌族自治州东北部，主要在若尔盖县和红原县境内，面积达3.56万平方公里，海拔3300—3600米，

若尔盖大草原　摄影 / 纳么玖

人称“高原绿洲”“云端天堂”；这里分布着许多湖泊、河流、沼泽和草甸，白龙江、包座河和巴西河，嘎曲、墨曲和热曲，自南向北汇入黄河，是中国三大重要湿地之一、最美的高寒湿地草原。独特的地理生态环境，使这里成为中国西部重要的鸟类栖息与繁殖地和黑颈鹤之乡，有国家一级保护动物 8 种。1994 年若尔盖建立了县级自然保护区，1998 年经国务院批准晋升为四川若尔

黑颈鹤、棕头鸥、灰雁、棕颈雪雀、国家二级保护动物大鵟　摄影 / 顾海军

盖湿地国家级自然保护区,2008 年被列入国际重要湿地名录。

若尔盖草原腹地有三个高原湖泊:花湖、错热哈和错尔干,而花湖湿地是其中最美丽、最具湖泊沼泽化典型特色的一个。这里不仅栖息着国家一级保护动物黑颈鹤,还有大天鹅、黑鹳、藏鸳鸯、斑头雁、灰雁、棕头鸥等五六十种鸟类。

若尔盖花湖湿地与其他地区的湿地不同,它是由清澈见底的湖水、团团簇簇丛生的草甸,还有黑色的泥炭沼泽组合而成,宽阔平展。五月末的花湖湿地,一片新绿中还留有老草根的丛丛黄斑;被分割的湖水,一汪汪地倒映着天空的湛蓝;泥炭沼泽,黑得冒油;湿地周边是缓缓的山丘,远眺,连绵起伏的山脉后面,凸起终年不化的皑皑雪山。"既然是水鸟栖息地,如果只有湖,没有草原,鸟类也会来这里吧?"在与保护区白主任的交谈中,我们不断提出心中的疑问。"那不行,没有草原,鸟类就不会在这里了!"白主任没有丝毫犹豫。"它们对湿地沼泽有什么样的需求?"我们进一步追问。"这里是黑泥炭沼泽草地,黑颈鹤主要就在湿地边上,它很适应这里的高原气候。这么多年,黑颈鹤一直在这里,主要还有生物多样性吧。"白主任告诉我们:"若尔盖花湖湿地有古老植物形成的黑泥炭,属于高原泥炭沼泽,不但草生长茂盛,草地里的生物和植物种类很多,都是鸟类需要的东西。而黑泥炭能够过滤清除污染和净化水质,保障野生动物和人类的水生态;它又像一块巨大的海绵,雨季可以把水存住,旱季可以把水放出,对缓解气候变化作用重大。"

动物也是有灵性的,与人的感情是相通的。它受伤的时候就直接来找我们,好像知道我们是保护站的。白主任给我们讲起他亲身经历过的故事。

一天,一名游客打来求助电话,湿地保护站工作人员到现场,看到有一只刚刚开始学飞的小黑颈鹤,落地的时候一只脚踝受伤了。它的父母,围着站不起来的小黑颈鹤扑扇着翅膀向天鸣叫,我们立即把小黑颈鹤救助到保护站。奇怪的是,那两只大的黑颈鹤知道我们把小黑颈鹤带回去了,日后就慢慢靠近保护站,每天在保护站附近觅食,哪里也不去。经过一个多月的精心治疗调养,小黑颈鹤的伤好了,它的父母把它接走了,一家团聚了。我们在它的腿上做了标记,一直跟踪记录,黑颈鹤一家,每年都会回来这里。

文旅局的尼玛吉接着说,那年临近冬天,鹤群正要飞走的时候,若尔盖麦溪乡查科村的牧民洪波在草原上也救助了一只翅膀受伤的黑颈鹤,把它留在家里养了好几个月。第二年春天,这只黑颈鹤的伤已经好了,当它听到黑颈鹤鹤群在空中的鸣叫声,知道同伴回来了,就扇动翅膀跃跃腾起。临飞走之前,这只黑颈鹤竟然在洪波家院子上空鸣叫着盘旋了好几圈,人们仰头目送着它,

若尔盖最美的高寒湿地草原　摄影/顾海军

像好朋友般地依依惜别……黑颈鹤一次最多下两个蛋，而且成活率一般只有50%。即便两只都能活下来，12月份它们迁徙的时候，一般只有一只强壮的能够跟随鹤群飞走，另一只就要留下了。我们保护站会救助起它们，帮着养起来，等到来年大鸟飞回来的时候再放归自然，让它们慢慢入群，但是大鸟已经不认识当初的小鸟了。鸟类也是选择强者，优胜劣汰，母黑颈鹤喂食基本是喂强者。老鹰也是这样，到了一定时间，会把小鹰全部赶出窝，能不能飞就看自己了。

每年春季很多鸟会飞来此地繁衍。特别是白天鹅，8月初从东北飞越2000多公里来到花湖，到第二年1月份才会飞走。有几个林科院的学生很能吃苦，为了观察记录候鸟繁殖，每天早上五六点钟就来到花湖湿地，架起相机，穿上防水衣，看着它们怎么孵蛋、怎么繁衍，直到它们迁徙飞走。

我印象最深的还是藏鸳鸯，白主任感慨道：几年前，有一对鸳鸯下了蛋，其中一只不知是何原因没有了。按照我们当地的说法，藏鸳鸯其中一只死掉，另一只也不会独活，会啼鸣绝食泣血而死。但奇怪的是，我们通过人工孵化把小鸳鸯孵出来，慢慢放回到那只雌鸳鸯身边，让它们母子团聚，可能是出于母亲的本能，雌鸳鸯不再哀鸣，居然带着孩子活了下来，我们保护区的人都十分感动。

是啊，对于栖息繁衍的鸟类和生物多样性，花湖、草甸、沼泽，是它们互为依存的生命共同体；而鸟类夫妻，也会有不离不弃、彼此牵挂和忘我付出的动人故事。

翘首企盼小黑颈鹤归来　摄影 / 顾海军

鹤群归来　摄影 / 昂翁此称

行走在湿地栈道上，沿途我们惊喜地发现了远处果然有黑颈鹤高挑的身影，观察到近处草丛水洼里三五成群的斑头雁一家家带着自己的幼崽在觅食，调皮的钓鱼郎（燕鸥）掠过湖面，捕食小鱼。

"你觉得现在花湖的水是多了还是少了，有没有变化?"

"在我的印象中没什么大的变化。花湖湿地的水来自地下水和山里边的水。到了这个季节，水就源源不断从山里流出来，就在铁布梅花鹿自然保护区那边，水质特别好。每年 10 月份以后的枯水季节，我们就让老百姓进来放牧，让牛羊吃草，你们现在看到草很绿的地方都是让牛羊吃过的地方，有了牛羊的肥料，这里的草长得更好。草原上没有牛羊是不行的，你看黄草地的部分就是牛羊没有吃到的地方"白主任指点着说。我们不由得想起，在祁连山调研时，牧民老乡也是这样说的。

远处水天相接的地方，隐约出现了一道彩虹，我们来之前原本下了一场雨，这里也曾狂风大作，而当我们到来之时，花湖已归为平静。夕阳在天空中托出了一朵如凤、如鹏般巨大的祥云，俯瞰着若尔盖美丽、静谧而神秘的花湖湿地——这块天地人鸟共生共享生态和谐的宝地……

牧民的草原生态文化沙龙

若尔盖有一位致力于草原生态保护、关注草原生态文化的巴让。近 10 年来，他在草原做了 3 件事：一是成立牧业合作社，二是建立草原生态文化交

藏鸳鸯和它的孩子　摄影／顾海军

流中心，三是成立牧民摄影小组，通过镜头记录草原生态故事。

初见巴让，四十来岁，身材魁梧，穿一件灰色褶皱的布衬衫，一头卷曲的半长发呼应着唇和下巴上的胡须，烘托着一张高颧骨、大鼻子、眉目生动的脸，像是一位不修边幅的文人。“我是个草原牧民”，巴让开口，普通话并不流畅，但随即打开电脑，PPT《草原自然生态和人文生态》的标题，竟让我们眼前一亮。

巴让家与他建立的草原生态文化交流中心融为一体。我们参观并听他讲述了 28 张唐卡的故事，在这个“文化沙龙”中，与巴让进行了推心置腹的深度访谈。

巴让：我小时候最大的梦想是成为一名作家。我们这里每逢过年，早上要骑马去山上煨桑祈福。我上大学的时候有一次和很多牧民朋友一起去山上煨桑，下山时突然前面的朋友都看不到了，因为沙尘暴，我当时就感觉这不是我的家乡了。之后我信马由缰又向山上走，像是幻觉，我肉眼竟然看见了一边是沙漠一边是草原，这幕景象一直印在我心里。

大学毕业，我想能不能回草原，或者为草原做一点事情。老师你今天在讲的时候，我感觉心里几十年的这种痛突然就迸发出来。这些年在做治理草原沙化和草原管理这个事情，我都能看到草原、牧民、牛羊之间存在的生态关系，必须要让人们知道。

我一直在想，要有一个平台讲草原的故事。从 2013 年开始建立草原生态文化交流中心，这对于我来说成本很大，特别是感情的成本。

若尔盖牧区和农区是不一样的。在农区，年轻人认为住在钢筋水泥的房

白骨顶鸡的蛋　摄影/索朗

子里就是时尚，很多房子从山上搬到了马路旁边，30 多个村庄的房子全部卖出去了。我来到时，只剩下这一处房子，下面已经全部腐烂了。从文化保护的角度来说，50 年前，普通农户的家就是这个样子。房主人以最高的价格 2 万元把房子卖给我，本来价格很便宜，我应该高兴，但是我很痛苦：祖先所做的事情，因为文化转变后，现在变得一文不值！主人觉得这是一堆垃圾，我买了回来，运到这里，希望重新给它一个生命，让它站起来，是一个文化转变的过程。

巴让开始想得简单，以为自己有个一二十万元就能做，全部投入进去，但是根本不够。为此几年来，巴让不断用自己的理想打动着、说服着自己的哥哥、弟弟和妻子，卖掉牲畜或县城的房子，先后又投入 80 多万元。支撑着，不管有钱没钱，日积月累地往前走。

巴让：草原生态文化展览馆是我的一个公益项目，发挥了很大作用。我在这里放了很多书，我现在有一个 5 岁的女儿，有可能她和我的侄儿在几十年以后还能继续讲这个故事。这里一直在分享，不管是藏族还是汉族，都在分享草原和牧民之间的故事。

游客来到草原生态文化交流中心，我们不分民族、国籍、肤色，在这里我们有共同的话题是环境；不管是兄弟姊妹、民族团结还是和谐社会，沟通很重要。有时候我们觉得大众旅游，上万个人来了，而他们和当地人之间有可能的共同关注点只是旅游成本、门票的价格，除此之外没有任何沟通。而如果来自不同地方的朋友们在这里一起出过力、流过汨，一起分享共同关注的问题，一直保持沟通，这样二三十年、五十年以后会怎样呢？去年我们草原生态文化交流中心的这种交流已经有 100 多次了。

这是一种文化的感染力，这种力量是非常深厚的。人们来到这里不是看个景就完了，而是文化的传人跟下来，通过生态文化的展示交流沟通，启迪人们文化意识的苏醒，把根留住，慢慢地这里就会形成一个草原生态文化沙龙。

草原牧民是草原文化的主体，而随着草原的沙化、原住民的逐渐离去，原生态的活态文化也会随之逐渐消失。文化自觉是深沉的、难以意识到的，但却每天都伴随着你灵魂的东西。

其实这种事情在我们身边经常发生，现在我们草原上已经找不到牧民的黑帐篷了，随行的尼玛吉在交谈中有些激动地插话，自从牧民定居、三配套开始，发了很多太阳能设备，方便了牧民生活，帐篷是白色的，搭建也比较简易，说是冬暖夏凉，现在老百姓基本就用这种白帐篷。黑帐篷消失了，这就是传统草原文化的流失。我问了三个乡，已经都没有黑帐篷了。

巴让：真正牧民的家是生态的家。黑帐篷是用牦牛的毛来做的，没有工业元素，对气候变化不会有任何影响。我们曾做过一次试验：首先搭了三类帐篷，黑帐篷、布帐篷、和塑料帐篷；每个帐篷里 5 个人，住在草原上一个月之后搬走。第二年回来再看，找不出在哪里搭过黑帐篷，它可降解，不会伤害草皮；布帐篷一下就能看到了，而塑料帐篷已经黑乎乎地产生了污染。但

草原沙化治理经验分享　供图 / 草原生态文化交流中心

随父母来到牧场临时居所的藏族小男孩儿　摄影/李智勇

是牧民在草原上一辈子，死去的时候剩下一堆灰，永远也不会伤害草原。草原就是牧民的绿水青山——金山银山，这就是他们的价值观。

有一位路人，看到空旷的草原上有个老人在放羊，路人问："你天天都这样吗？不孤独吗？"老人笑答："我的身后是神山，里面有神和我们的祖先，远处有圣湖，天上有飞鸟，身边还有我的牛羊陪伴着我，我会孤独吗？！"现在这种价值观淡了，有些人不知道自己从哪里来，也找不到幸福和快乐。三江源生态保护协会会长扎西多杰曾对生态移民中的一位老人说，现在你们应该很幸福，以前住黑帐篷，下雨的时候漏雨，刮风的时候透风，现在这么舒服，你幸福吗？老人回答说，你说得对，对于我这样年纪的人或许是幸福的，但我的儿子们就说不准了。我在儿子这样年纪的时候，骑着马、唱着歌，马蹄驰骋在草原上，甚至出现了飞驰在天空的感觉，这就是我年轻时候的幸福。但我在儿子们的脸上看不到幸福，也听不到他们的歌声。

"大学生回家"活动　供图/草原生态文化交流中心

这种从心里流淌出来的、发自草原肺腑的话语不禁让人沉思良久。生物有多样性，文化也应该有多样性，只有多样性的存在才有活力。

这次调研我们还曾走进红星乡一家牧民承包的夏季牧场，45岁的藏族阿妈有3个女儿，两个大女儿在外上大学，20岁的小女儿和女婿接替了家里的牧业。阿妈带着两个小外孙和他们一起生活在牧场的临时居所，十分简陋。

问到阿妈的愿望，她告诉我们，自己家在县城里有住房很漂亮，希望两个在外读书的女儿毕业后能够考上政府公务员挣工资；两个外孙子长大后要上学，不再放牧，受这样的苦。

巴让：我现在组织开展的"大学生回家"活动已经延续四年了。年轻人受高等教育是非常必要的，但一些来自草原部落的大学生回不到草原，也不知道家乡的山山水水。我们部落出了50多个大学生，我们每年骑马穿越草原、穿越湿地、穿越草原沙化，我们边走边看，才发现自己的家乡已经出现了这么大的沙化。到了山上，当地老牧民开始回忆家族的历史、草原的边界、山山水水的名字，受过高等教育的年轻人开始主动了，发生了很大变化。不管你在哪里工作，在外国也无所谓，但最起码要知道自己的家乡，我是从哪里来的，家乡需要什么？家乡有什么问题？你心里有了这个念想以后，有任何机会的时候，你会给根上注水。就像在草原上烧茶一样，你带了碗、他带了酥油、我带了砖茶，我们的生活就有了。

有了草原什么都有，有了文化什么都有，有可能全世界最幸福的就是你；但你如果不知道的话，最穷的也是你，你什么都没有。牧民供波泽让没上过学，放羊的时候也拍摄，还买了一台电脑，羊群在草原上吃草，他就把电脑拿过来剪切影片。他的生活告诉我们，牧民拿上照相机、摄像机，一样可以放牧、可以养家糊口，拍出好的作品还可以参赛。通过镜头表达自己的观点和文化，与全世界沟通，感染和他一样的年轻人，慢慢找回自己的尊严。

传统的游牧部落，由于草原地广人稀，人与人之间反而十分亲近。每年剪羊毛的时节，人们会相互帮助，今天你家、明天他家，共同参与。现在治理草原沙化，我们要把这个传统重新恢复起来。黄河边这种小的一块300亩的沙化，政府无法大张旗鼓地做，大企业也很难施展，但是如果不管它，过不久就会变成3000亩了。我们当地的牧民和大学生回家一起治沙植树种草、相互交流沟通，这里面慢慢地东西会生长出来。

从文化历程来看，整个文化发展也有它自己的平衡。以前的老牧民游牧还是非常有度的。文化混乱的时候，就会出现草原的破坏。如为了增加耕地，

当地牧民和回乡大学生一起治理草原沙化　供图/草原生态文化交流中心

大量开垦草地；为了增加草场，给湿地放水；随着人口的增长，牧民的牲畜放养量增加，草原过度放牧超载严重；又如实行草原围栏后水源被隔断，为了解决畜群饮水问题，有些地方已经出现了在草原上打机井的情况等等。如此下去，二三十年以后草原荒芜了也就没有牛羊了。

是啊，没有草原也就没有牛羊了，没有牛羊就没有牧民了；而牧人和牛羊离开了草原，草原也会出现文化的沙化。

四月里最幸福，正是母羊最肥时，羊倌心里最开心；

六月里最幸福，正是牦牛奶好时，婴儿心里最开心；

八月里最幸福，正是马儿膘肥时，男儿心里最开心。

草原是牧民的家园，草原生态文化是草原的灵魂。让草原牧民的家园更美好，让草原生态文化不断传承创新，不能忘记我们的初衷……

黄河第一湾连接茶马古道的枢纽

去红原县途中，在若尔盖草原上，我们看到了“九曲黄河第一湾”。

黄河，滋养炎黄子孙、发育中华文明的母亲河；黄河，蜿蜒于中国北部，全长约5464公里，流域面积约752443平方公里的中国第二长河。然而，远

若尔盖九曲黄河第一湾　摄影/李智勇

在青海巴颜喀拉山北麓约古列宗（藏语意为“炒青稞的锅”）黄河源头的出水口却很小，汩汩的水，如母亲乳汁般的珍贵。也因此，黄河的发育与三江源地区的藏族同胞结下了世代的生态情缘。“一线黄河”，绕着阿尼玛卿雪山（藏族敬奉的神山）180度大拐弯，汇聚冰峰雪水、百川万泉，流向东南进入四川，为若尔盖大草原牵来了生态福利，更平添了一大景观：在若尔盖县唐克镇，本来自西向东的黄河朝西北方向转了个弯，穿过甘肃玛曲（藏语意为黄河）县，又流返回其发源地青海，形成一个“U”形的大弯，故称“九曲黄河第一湾”。

今早从天边来，前面小龙牵着，后面细雨赶着，雨点都是我的歌，不怕和你比歌多；

今早从尼泊尔来，前面犏牛牵着，背上驮着氆氇，氆氇个个都是歌，不怕和你比歌多；

今早从内地来，前面骡子牵着，背上驮着茶叶，茶叶包包都是歌，不怕和你比歌多。

川西自古以来就是汉藏彝等民族交流通商的要道。“若尔盖湿地大草原和横断山脉之间纵贯南北的几条峡谷通道既是茶马古道的一部分，也是把茶马古道滇藏线、川藏线和北方丝绸之路连接起来的重要通道。”这是2015年初夏，北京大学、《科学中国人》杂志社、香港理工大学、北京语言大学、四川师范大学等组成的藏羌茶马古道考察队，对黄河第一次大转弯处的若尔盖湿地大草原以及横断山脉的岷江峡谷通道、大渡河峡谷通道、雅砻江峡谷通道展开语言文化考察得出的结论。

据若尔盖县文化馆馆长陶波介绍，若尔盖境内有3条茶马古道：第一条，绵阳平武—水晶乡—大雪山（雪宝鼎）—松潘—黄胜关—尕力台—镰刀坝—若尔盖—热当坝—夏河—临夏，连接丝绸之路；第二条，绵阳平武—水晶乡—大雪山（雪宝鼎）—松潘—黄胜关—包座乡—求吉乡—甘肃迭布—岷县—临夏；第三条，都江堰—威州—松州—尕力台—若尔盖—过黄河—阿坝—青海果洛—玉树，进入西藏，连接唐蕃古道。若尔盖湿地大草原处在茶马古道与丝绸之路连接的关键位置，是茶马互市的枢纽地带。古代这里盛产河曲马，是中国古代战马的重要来源地。

青藏高原东南部的横断山脉，是中国最长最宽和最典型的南北向山系群体，坐落于四川、云南两省西部和西藏东部，其北界位于昌都、甘孜至马尔康一线。若尔盖湿地大草原和横断山走廊考古遗存丰富、聚落历史悠久，马尔康一带至今有古碉楼遗存，而若尔盖“大草地”的红色历史更令世人瞩目。

若尔盖大草地红军长征的足迹

“大草地”为红军史料记载的地名，位于四川省阿坝州若尔盖县与红原县交界的镰刀坝一带，当地人称夏热塘，是当年红军从松潘进入草地的必经之路，是中国工农红军三大主力集中经过、共和国9大元帅共同走过、红军长征牺牲人数最多的地方。

据《走进历史现场》记载：1935年深秋和1936年初秋，红军三大主力分别从不同方位进军“松潘草地”，当时这一带主要包括今阿坝州的若尔盖、红原、阿坝、壤塘4县以及青海省的班玛县等。

1935年8月18日至24日，右路军7天7夜草地行军，阴雨连绵、沼泽遍布，走到若尔盖班佑乡姜冬村附近，草地中有一片灌木林，《七根火柴》中描写到“那是一处茂密的高原红柳林，被长征将士称为小森林”，成为红军将士草地行军途中一块难得的宿营地。然而，筹不到粮食、找不到干柴，连口热水都喝不上：

雪皑皑野茫茫，高原寒炊断粮，
红军都是钢铁汉，千锤百炼不怕难，
雪山低头迎远客，草滩泥潭扎营盘。
风雨浸衣骨更硬，野菜充饥志越坚，
官兵一致同甘苦，革命理想大于天。

新中国开国上将肖华所写《长征组歌》中“过雪山草地”，描写的就是红军跋涉若尔盖大草地的艰难历程。

1935 年 8 月 25 日至 26 日，党中央、中央军委纵队陆续到达有 70 多户人家的班佑村，村里牧民大部分到夏秋草场去远牧了。前敌总指挥部就驻扎在寨子旁边的红柳林中，毛泽东等中央部分领导在班佑寨牧民的冬季定居房（牛粪糊制的房子）中留宿，毛泽东指着身边的干牛粪对周围的战士说：牛粪可以作为燃料，燃烧的牛粪火驱走了草地的寒冷，年轻的红军战士将班佑牛粪屋戏称为“大使（屎）馆”，毛泽东在这里度过了草地生活的最后一夜。班佑寨是 1935 年右路军过草地的最后一站，也是红军长征三过草地的集结地带，共和国一代伟人毛泽东、朱德、刘少奇、周恩来、邓小平、李先念等均在这里留宿、集结。

由于班佑草地海拔高、气候恶劣，红军队伍装备简陋，许多战士因饥饿、疾病而掉队，右路军先头部队（四方面军的 30 军）走出草地后到达巴西农区，立即投入了激烈的包座战役。彭德怀率领 3 军进驻阿西牙弄寨休整，命令 3 军 11 团政委王平带上刚刚筹集到的粮食，并率领一个营的兵力返回班佑草地，迎接滞留在班佑热曲河岸的伤病员。当他们一行赶到班佑热曲河边，用望远镜观察，见对岸至少有七八百人，背靠背坐着一动也不动，过河后才发觉，他们都已经牺牲了……

1960 年，阿坝州红原县初建时，周恩来亲自将诞生在若尔盖大草地上的最后一个新县城命名为“红原”，即“红军走过的大草原”，以“红原”泛指红军走过的若尔盖大草地，班佑寨也成为红军长征过草地的重要纪念地之一。

5 月 27 日早上，我们来到了红原瓦切日干乔大沼泽——当年红军走过的草地，祭拜英烈。灰色的天空，寒风扑面、雨雪交加，站在“红军过草地纪念碑”前，我们深深地埋下头，仿佛看到当年红军，前有敌人、后有追兵，脚下是雪山、草地、沼泽，饥寒交迫，但为了理想信念，红军将士超越生理极限，在若尔盖

"大草地"用生命点燃火种,"星火燎原"——新中国五星红旗血染的风采,永不磨灭!

马尔康松岗柯盘天街

相传,大约在公元634年唐朝时,西藏派了一位名叫柯盘的将军来统治这里,之后此地随之叫作柯盘。

清康熙年间,柯盘的土司曾到拉萨瞻仰了布达拉宫,回来后,他根据风水,将土司官寨仿照布达拉宫,修建在马尔康梭磨河南岸松岗镇的最高点,海拔2600多米的龙形山脊的龙头位置,居高临下,五条沟都能掌控。龙脊部位修建了土司的仆人,服劳役、兵役的臣民,工匠、商人等居住的房屋,形成了面积有几万平方公里的典型的嘉绒藏族民居建筑群。

从柯盘天街俯瞰松岗村 摄影/李智勇

随后，开明的土司搞起了贸易，内地的客商来往此地做生意，这里一度成为繁华的街市，由于地理位置高，被称为柯盘天街，意为天上的街市。土司还从内地引来能工巧匠，带来了现代的制造业和农耕技术。于是一些内地来的汉人在这里与藏族通婚安了家，之后有些藏族便有了姓氏。此地修建的川普寺，还供奉有与内地都江堰二王庙一样的汉族菩萨，这在藏区很少见，是民族团结、文化融合的象征。

土司府邸是用了100多年逐步修起来的，至今，只剩下两座四角碉楼，耸立在天街起始最高处的山顶上，类似城市巨大烟囱的灰色建筑物，其他都在1936年的一场火灾中烧掉了。据记载，当时燃了一个月的明火、三个月的暗火。山脊两侧，侥幸遗存了34幢当时的藏式民居。土司府邸遗存的两座四角碉楼，顶端带帽，叫作官碉，只有土司才有资格修建。碉楼具有防御作用，墙壁有2米多厚，十分坚固，门很小、很高，里面的独木楼梯有九层，可以将爬上来的人直接推下去。碉楼地下有一个秘密通道，可以从河下面通向另一个碉楼。

2013—2015年，政府决定打造这片景区，征了居民的土地和房屋，维修用了1000多万元；2016—2017年政府成立了国有公司运营，投资2000多万元，将天街改造为民宿酒店，内部装修现代化，配套了茶楼、酒吧、餐厅和娱乐室；外部保留了历史建筑的原貌和民居旧时的房名，如若森特是过去房主家族的姓。今年5月1日柯盘天街开始试运行，在这里务工的都是本村的藏民。

娱乐室的墙壁上是妙音仙女的雕塑，中间是锅庄。原本是藏民们在屋里围着锅庄席地而坐，跳的圈舞就叫锅庄。

楼上的茶楼既有民族特色又具现代感。用纬编裹着砖茶，卷成一根根圆柱叠起，做成隔断墙，既有存储功能又具茶马古道的韵味。松岗是茶马古道的北麓，南麓要经青海、西藏，一直走到尼泊尔等国家。历史上藏族都喝藏茶，那时经济条件不好，茶都是大包大包地运来，然后再压成砖茶保存，藏茶放得越久越珍贵。

站在柯盘天街最高的平台上，俯瞰山脚下的松岗村，位于大渡河上游的梭磨河绕村而过，流入金沙江，青山绿水环抱着村庄平展展的田野，炊烟袅袅。

一栋栋石砌的藏家小楼，橙色屋顶、灰褐色楼体，都是用本地的石头、黏土和本村的劳务互助修建而成，原汁原味地保留了马尔康藏区建筑的民族风格和文化特色。只是将原来小小的四格木框窗，改换为铝合金的大窗户了。过去经济条件差，村民的房屋很难一次性完成。一般是修一层先住着，等攒够了钱再修一层，所以各家房屋每层衔接的墙壁都有明显的色差。而古碉是嘉绒地区藏民族先民们的建筑杰作。松岗村中也耸立着两座八个角的碉楼，当地人称八角碉，也叫战碉；据介绍，这一带还有13角的碉楼，叫民碉。

文化交融——川西草原生态文化的特色

长江水系上游重要的水源涵养地——雪玛格勒冰川遗迹措琼神海，静静地睡在海拔4700米的雪山环抱之中。蓝宝石般的湖面倒映着天空如絮的云朵，湖天一景，深邃宁静。辽阔的红原草原和俄么塘漫漫繁花烘托着措琼神海，将这一方天地最美的意境注入心灵……

草原牧民在传承世代积累的草原生态智慧的同时，也接受着“神山、圣

若尔盖达扎寺　摄影/李智勇

昌列寺讲修院僧人制作的精美酥油花作品　摄影/李智勇

水,万物有灵、众生平等”的藏传佛教文化。

太阳是天上的上师,不用邀请自生成;

月亮是天上的长明灯,不用灯芯自明亮;

星星是天上的畜群,不用人力自繁衍……

牧歌传递出,藏族牧民亲近自然、崇拜自然、敬畏自然、感恩自然、顺应自然的情怀和取之有度、知足常乐、直面艰苦、顽强坚韧的达观哲思,成为川西草原生态文化的理念内核与生态价值观。

为了解藏传佛教中对人与自然关系的释道,我们走访了马尔康昌列寺,这座已有800多年历史的寺院。

昌列寺的僧侣告诉我们:人与大自然是小宇宙和大宇宙的关系,外在的大自然和内在的人体是相通的。自然的水火土气,对于人来说:水,人体血脉;火,人体热量;土,人体的骨肉;气,人体的呼吸和进出通畅。万物平等,你伤害了他,也是伤害了你自己。佛教认为对于野生动物,不是以放生为主,而是以护生为主。藏族崇拜大自然神山圣水。神山下面多是矿藏,在江河不能撒尿,因为下游要喝水,未来最缺的是水资源。

108部大藏经的精髓四句话:诸善奉行,诸恶莫做,此境起义(内心生出善意),此为诸法。人类利用自然是必然的,但是要有度。人要消除贪念,你

达扎书院一层藏书馆　摄影／李楠

让自然满足你的所有欲望是不可能的，只有抑制自己的欲望。真正的快乐不是建立在物质上，而是建立在精神之上，生活越简单越快乐。

人看到自己的缺点，贪婪、嗔恨、妒忌、傲慢，忏悔是自我反省，改了就会快乐。改正缺点才是修行，修行不在寺庙，而在日常生活当中。我们修寺庙用了木材，所以我们已经在周边山上栽种了十几万株树，回馈自然，这也是我们人类能做到的与其他生物的不同之处。

草原回馈了我们，有草才有牲畜，有了牲畜人才能生存。每年我们都要供山神、森林神、草原神，撒糌粑、撒酒，用这种仪式来表达我们对自然的敬意。

在若尔盖县城还有一座由寺庙创建的对外开放的书院。据说，356 年前，在若尔盖地区黑河与热河交汇处创建的达扎具德吉祥善法寺（达扎寺）还只是一座静修院，至道光九年（1829），达扎寺院迁至现址。

达扎寺建筑群依山而建，错落有致；赭红色的主体建筑群金顶飞檐，白色的墙体坚固厚重，融合藏汉建筑艺术，气势恢宏。

为了以开放的心态面对日新月异的世界，在继承藏民族优秀传统文化的同时，吸收兼容其他民族的优秀文化，为藏文化注入活力、进一步发扬光大，提升藏民族的整体素质，寺院自筹资金于2002年开始筹建达扎书院。

2006年7月2日，达扎书院正式向各族群众开放，三层藏式传统建筑，面积3571平方米，一楼图书馆收藏了十多万册藏文、汉文书籍和珍贵佛教典籍。包括宗教、医药、声明、工巧、天文、历算、传记等藏文书籍；中外文学、历史、哲学、美术、摄影、科技、风物、游记、学术、宗教等汉文书籍。阅览室能容纳近百人阅读，学术报告厅配置电脑、投影仪等现代化教学设施，供专家学者举办学术讲座、学术研讨会及文化培训等，其宗旨和功能，超越了宗教、超越了教派、超越了地域。

保护草原就是保护牧民的家园

红原是一个历史悠久、文化多元，安多、康巴和卫藏民间艺术精华荟萃之地。据当地史料记载，这里有赞普时期来自藏日喀则、上部阿里等地区的屯兵后裔，有千里跋涉、举部迁徙的康巴游牧部落，还有随社会动荡、草原兴衰而从青海湖边游牧至此的安多牧人；也有说，这里的先民包括赞普时期来自上部阿里地区的桑迦人、后藏的安曲人、从嘉绒地区繁衍而来的查尔玛人、从果洛和康区色达地方繁衍而来的江茸人、康区来的麦洼人、德格来的热坤人、从青海泽库霍尔四部来的玛萨人和拉卜楞地区来的赛赤人等。

在红原县我们访问了德香村村委会主任班玛俄热、日干村支部书记索朗泽让和镇干部华清拉姆。

在谈到草原退化问题时，班玛俄热说："根本原因是人口增加了。我们村草场面积32万多亩，1998年划分草场以前，村只有1100多人，载畜量1.4万多头牛；现在已经有1600多人，2.1万多头牛，而且草场质量还没有以前好了。牧民发展靠牲畜，牲畜发展靠草场，人口在不断增加，牲畜也在增加，而草场

幸福草原　摄影/泽旺然登

永远是这个面积，受到破坏。”

华清拉姆是镇上一位毕业于西南民族大学的藏族女干部。她身材修长，着一件大襟盘扣的蓝色花段上衣，一条辫子垂在胸前，面颊略带高原红，端庄从容，眉眼传递着思考：传统牧业，牧民逐水草而居，他们对自己从小生活的地方有天然的、本能的爱护和维护草场平衡的办法。在哪个地方放多少头牛、放多久，什么时候迁移才能不破坏生态，更替草场休牧、轮牧，这是祖祖辈辈流传下来的生态智慧，在他们的血脉里。而现在圈养式和划分草场式的做法，打破了牧民保护和利用草场的传统方式。

索朗泽让：我们这里过去属于麦洼八达部落，有自己的语言文字，有麦洼锅庄、麦洼山歌，有马术文化、帐篷文化等多种独具特色的传统文化。但是随着牧区定居和牧业现代化发展趋势，牧民生活在自己编织的黑牦牛帐篷的现象几乎没有了，有的是工厂生产出来的白帐篷，也都成了旅游点。更快地跟上现代的脚步是好的，但也有很多好的传统文化出现了传承脱节和流失的现象，牧民们为此感到忧虑。

索朗泽让：我们更多的是舍不得丢弃这么好的本土文化，以及如何能更好传承和发扬我们的文化。

华清拉姆：我是土生土长的藏族，藏族本身是敬畏自然的一个民族，血液里流淌着保护自然的信仰。佛教很大程度上是人生哲学，能够在藏区繁衍生息必然有其魅力之处。不管是人与自然、人与人，还是国家与国家和谐相处，究其根本是一种文化、一种道德，让我们没有那么大的贪欲、那么多的不满和怨天尤人。

但是，现在明显地感觉到以前祖辈传下来的游牧生活方式、手工制作奶酪、奶皮、奶茶等多种技艺，都已经几乎被现代化机器取代了，这无可厚非，现在的机器使酥油和奶茶的产量提升了，但牧民最担心的是从根上失去游牧的生活、失去了牧区。

现在我们这里还保留了一方净土，还能生态放牧，我们的牦牛没用饲料，也没有圈养，虽然草场围上了围栏，但这里的草都是原生态的草，是大自然给予的营养。所以我们这边的牛奶、酥油等都是最纯、最干净的。我们最怕的是牧区完全实现工业化，我们的牦牛就跟内地饲养猪是一样的了。牲畜虽然是动物但它们也有心灵感应，每年 12 月底 1 月初牦牛产崽，一直到 6 月份，牧民不会将牦牛崽和母牦牛分开，牦牛崽能一直吃到妈妈的奶，小牛和妈妈的感情一直在草原上延续。而不是像有的工厂那样，小牛刚生下来就被从妈妈身边抱走了。我们这里的牦牛一年产一两头小牛，如果用现代化手段每年产三四头小牛，产量提高了，但奶的质量和生态从根上就被破坏了。所以，我们希望保护好牧区，留下一方净土，让人们吃到更多原生态的健康食品。

索朗泽让：如何打开市场，让牧民们原生态的畜产品有销路、在市场上卖出个好价钱，才是保住牧区、推动牧业发展的好方法。这样，年轻人也能重新回到牧区，从事牧业生产和劳作。

班玛俄热：去年县上办雅克音乐节吸引了许多游客，村上组织 70 多家贫困户，搭建起 50 多顶麦洼黑帐篷，希望草原民族看到帐篷就能找回祖辈的归属感和延续的血脉。同时通过现场手工制作牛奶、酸奶、酥油茶、奶酪、石磨糌粑，编织黑牦牛帐篷、羊毛制品等文化演示，让人们认识到优秀传统文化需要传承，文化也能够为草原经济发展出力。

来旅游的人们都愿意看个稀奇、走个过场，又或许其中有人会有所感触、有所发现。活动持续了一个多月，牧民平均每户也赚到了 3000 多元钱。

草原是牧民的家园，保护草原就是保护家园。游牧民族对草原的热爱，源自对家园的依赖；对草原的保护，源自对自然的崇敬；朴素单纯的生态理念和自给自足的生产生活方式，支撑着游牧民族生命的繁衍；严酷的自然地理环境和人迹罕至的绮丽景观融为一体；独特的民族文化体系与其生产生活方式融为一体，其物质与精神的审美境界令人震撼。

开启草原牧业可持续发展的金钥匙

保护和修复草原的目的是使草原牧业可持续发展。而打造原生态、绿色有机畜产品产业链，满足牲畜肉制品、奶制品和毛绒制品等，原生态自然生长、有机生产的过程，形成独具优势和特色的生态牧业产业化、市场化发展的良性循环，是开启草原牧业可持续发展的金钥匙。

据国家林业和草原局信息："十二五" 以来，我国草原生态建设工程项目中央投资累计超过400亿元，其中退牧还草工程实施15年来累计增产鲜草8.3亿吨，约为5个内蒙古草原的年产草量。2011年以来，我国在内蒙古、西藏、新疆等13个主要草原牧区省份，对牧民开展草原禁牧、实施草畜平衡给予一定的奖励补贴，实现了减畜不减收的目标。2017年全国天然草原鲜草总产量10.65亿吨，并连续7年超过10亿吨，草原综合植被盖度达55.3%，较2011

专家在现场研究草地土壤状况　供图 / 刘刚

年提高4.3个百分点。实施有规划、有目标、有培训地扶持草原牧业传承发展、改革创新，多途径搭建生态牧业产业化、市场化平台，聚拢走出去的大学生，引进科技人才和营销人才，不断优化草原畜牧产业的内在品质和外在形象，开启草原传统牧区的振兴之路。

四川省草原科学研究院的科研人员长期深入若尔盖、红原一带，研究形成高寒草地、快速精准监测及靶向恢复技术，注重生态功能完整的轻、中、重度退化亚高山坡地草甸，构建“灌—药—草”高寒退化草地治理生态经济新模式，其中若尔盖10万亩亚高山退化草地治理效果显著。四川省草科院还牵头联合16个科研单位、院校，组成专家队伍，实施“青藏高原社区特色生态畜牧业关键技术集成与示范”，培养了一批有知识、懂技术、会经营的新型农牧民，为草原牧业提供了示范样板。

因地制宜、分类施策、未雨绸缪，让出现沙化的草原得到及时治理，让尚好的草原可持续发展；天然荒漠作为一种地理形态，顺其自然。而非被动地亡羊补牢，更不能把耕地的政策简单移植到草原上。

用文化视角，探寻草原生态文化振兴和文化惠民之路，让古老而优美的文化瑰宝，在新时代焕发生命的辉煌。在川西草原上，我们还遇到了若尔盖藏医药、藏香传人贡确加措。他自幼跟随舅舅唐卡大师罗让桑吉在寺庙学习唐卡绘画8年，后因对医学的酷爱，转为学医。针对川西草原生态文化旅游的发展趋势，他成立了草原藏医药治疗康养院。带领学生，传承针灸推拿，研发治疗高原反应的药物，拓展藏香的药用疗法。

走进安曲镇哈拉玛村，每家门前都有一块草坪。我们看到两位六七十岁的藏族老妈妈，正在进行手工捻牛毛线。一位坐矮凳上摇着用自行车轮改装的纺车，一位牵出毛线，不断续捻着黑牦牛绒，把毛线拖长。

我们走进夺基旺姆家，看到她母亲正坐在窗前俯身绣一朵荷花，针脚密实、色彩艳丽。夺基旺姆的阿妈告诉我们，她的女儿才是藏绣高手，参加中国非物质文化遗产传承人群研修研习培训计划阿坝织绣研修班的证书和历次获得的奖状挂满了墙壁。

更值得称赞的是，红原县成立了四川省藏族传统手工技艺传习基地，免费招收来自牧区农村的18—30岁的藏族学生，以开发和研究东岗画派唐卡和麦洼萨智藏文书法为主，兼及藏香制作、泥塑、石刻、房屋建筑装潢、酥油花等实用制作工艺，形成了融开发、研究、教学和实际制作为一体的藏族文化工艺园区。现有100名学生、15位老师及员工，我们看到来自青海的大学毕

贡曲加措在介绍藏医药藏香制作工艺、夺基旺姆正在表演藏绣、藏族学生们正在学习素描　摄影/李楠　供图/红原县总工会

业生格扎嘉，正在教他的学生们学习素描。

藏戏是藏族人民喜闻乐见的一种综合性艺术，也是我国百花艺苑中独具风格的艺术奇葩。令人欣喜的是红原县藏文中学，建校60年来，始终坚持传承藏戏，师生们组成藏戏团，利用课余时间排练传统藏戏《松赞干布》《文成公主进藏》《和气四瑞》《智美更登》《格萨尔》《牟尼赞普》等，并在藏区广泛巡回演出，为弘扬藏族传统文化作出了贡献。

银匠那么甲，从小学习藏族银饰的打造，现在他创造的作品，带有佛性融合的民族特色，深受当地藏族和外来旅游者的欢迎，并在第54届全国工艺品交易会上荣获2019年“金凤凰”创新产品设计大奖赛银奖。

川西牧区草原生态文化底蕴深厚、资源丰富，特别是非遗类传统民间工艺等独具优势，文化产业和畜牧产业融合度高、产业链长，是精准扶贫文化惠民的经济增长点。牧民可以普遍参与其中，不用离开草原、放弃牧业，就能够直接获得看得见、摸得着的实惠。

不忘初心，生命之源源远流长

让草原牧民能够过上更好的生活，让草原生态文化传承发展，是我们的初衷。草原的问题并非过度放牧一个原因所致，而是一个与自然规律、文化意识、政策导向等都紧密相关的复合型问题，需要多方政策调节和文化疏导相结合的综合治理；同时，要培育以牧民为主体的，草原绿色有机畜牧业和文化旅游产业协同发展、有机衔接的产业链。

物竞天择，适者生存，自然界的本质规律不会消亡，只是以不同的形态存

那么甲创作的藏族银饰作品　摄影／那么甲

草原扎起黑牦牛帐篷，欢庆音乐节　供图/红原县瓦切镇德香村村委会

在。草原上的各种生物结成互为依存的生物链，顺应自然规律优胜劣汰，使生命不断完善，可持续地保持着一种健康的状态。群山化骨，江河脉动，森林农田草原，承载着自然万物与人类结成生命共同体，和而不同、和而共生、和谐共荣。

这金色的屋子里，是青烟初升的地方；

这白色的瓶子里，是甘露牛奶的盛处；

这青青的草原上，是骏马奔腾的场所。

草原—家园—生命源，我们要让草原牧歌般的生活和现代化进步有机融合，让牧民生活在草原幸福的怀抱，让优质活态的草原生态文化在草原上延续……

十二、雪域之舟，高原“神牛”

在自然环境极其严酷的青藏高原上，生长繁衍着一种神秘而神奇的动物——牦牛。3600年前，当高原上的人们将野牦牛驯化成家牦牛后，高原以牦牛为主的牧业社会建立。

自此以后，牦牛与人类相伴相随，世世代代无法割舍……

神奇动物

在青藏高原，栖息着熊、豹、鹰、鹞等猛兽巨禽，但能够代表和体现这片世界高山大陆气质的生灵，唯有牦牛。

牦牛（藏语叫“止雅”，英文“yak”），是一种古老而原始的物种，起源于青藏高原，并生长繁衍在以青藏高原为中心，及其毗邻高山高寒地区的特有珍稀生物种群，是世界上生活在海拔最高处的牛科动物，也是唯一能在青藏高原的极端高寒牧区繁衍生息的牛亚科草食性反刍动物。

因生存环境和基因的不同，我国境内的牦牛有17个地方品种（遗传资源）和1个培育品种。分别是：青海高原牦牛、环湖牦牛、雪多牦牛、西藏高山牦牛、昌台牦牛、帕里牦牛、斯布牦牛、娘亚牦牛、类乌齐牦牛、九龙牦牛、麦洼牦牛、金川牦牛、木里牦牛、甘南牦牛、天祝白牦牛、中甸牦牛、巴州牦牛及大通牦牛（培育品种），它们各具特点。

全世界现有牦牛近2000万头，其中90%以上生长繁衍在我国的西藏、青海、四川、甘肃、云南等省（区）海拔3000—6000米的青藏高原，从而使我国成为世界上拥有牦牛数量和品种类群最多的国家。其余与中国毗邻的蒙古国、中亚地区以及印度、不丹、尼泊尔、阿富汗、巴基斯坦等国家和地区有少量分布。

野牦牛为国家一级珍稀保护动物，全世界目前可能仅有不到20000头野牦牛，其中的金丝野牦牛仅有 200 头左右，比大熊猫还珍贵，主要分布在阿里羌塘高原及可可西里的无人区。成年野牦牛体形强健、霸气，一般体长 2.6 米左右，肩高超过 1.7 米，公牛体重可达 600 公斤以上。野牦牛是典型的高寒动物。在漫长的高原冬季，其特有的体形具有充分防寒保暖的能力，能耐受高原-30℃至-40℃的严寒。在夏季能爬上海拔 6400 米的地方，活动于高原雪山雪线边缘。牦牛与北极熊、南极企鹅并称为"世界三大高寒动物"。

野牦牛对高寒地区环境条件有超强的适应性。会为了寻找食物和水源而长途跋涉、穿越戈壁、爬冰卧雪，在漫长的进化中，发育出了适应高海拔地带觅食的生理特征，巨大的瘤胃可帮助它们从草料中摄取更多营养。善于利用宜于爬山的四肢和坚实且有软垫的蹄壳，很多野生有蹄类和家畜难以企及的冰冻苔原、高寒荒漠等恶劣环境的高寒地带，它们却能登临自如。

野牦牛喜群居，会根据季节变化生活在不同环境的地方。冬季聚集到青藏高原的湖泊、河流草地平原，夏秋则到高原雪山的雪线附近交配繁殖。

野牦牛是一种具有强烈团队精神的生灵。它们尊崇着物竞天择的生存法则，当一群野牦牛在一起时，它们就是一个整体，在不同的环境里，它们中的每个个体都有自己的职责和分工。

野牦牛由于长期生活在青藏高原这一独特的环境之中，而保留了最原始的基因，堪称现代的活化石动物！然而，近几十年来，气候变化、人为影响等因素，影响着藏北高原等地区植被变化，野牦牛对气候变化的敏感，增加了它

雪山牦牛　摄影 / 刘琨

青藏高原的牦牛群　摄影 / 张永清

们在旷野生存的新风险。羌塘、可可西里等青藏高原人迹罕至的广阔区域，却成为野牦牛等诸多野生动物“最后的大本营”。

野牦牛是壮美青藏高原的象征，它们也代表着青藏高原上野生动物存续的状况，野牦牛未来的命运，不仅和青藏高原的环境息息相关，更取决于人类的智慧与担当。

“神牛”起源

考古研究发现，无论是现今分布在我国藏北高原的野牦牛，还是由野牦牛驯养而来的家养牦牛，都源自距今 300 多万年（更新世时期）生存并广泛分布在欧亚大陆东北部的原始牦牛。

原始牦牛是由于地壳运动、气候变迁而南移至现在我国青藏高原地区，并逐渐适应高寒气候而延续下来的牛种。现今的家养牦牛和野生牦牛，都是原始牦牛的后代。

距今大约 260 万年，青藏高原剧烈隆起，平均海拔高度超过 4000 米，从而使气候变得越来越寒冷严酷，三趾马、古象等动物不能适应高原恶劣的环境变化而渐渐消失了，只有原始牦牛在雪域之地逐渐适应高寒气候而顽强地生存下来，并进一步演化成为现代牦牛。

在中国先秦时期的典籍里，《山海经》中最早就出现过“旄牛”的记载。《北山经》记载：“潘侯之山……有兽焉，其状如牛，而四节生毛，名曰旄牛。”《周礼》中出现“旄舞”一词。《吕氏春秋》有“肉之美者，旄象之肉”的内容。东汉时期《说文解字》就已经收录了“犛”这个字，其解释是“西南夷长毛牛也”，汉代还出现过牦牛县、牦牛道等。

驯化变迁

牦牛，以抗病力、抗逆性、合群性，食性广、耐饥渴、耐粗放的特点，成为青藏高原地区人们驯化家养的最佳物种。历史记录和考古学表明，大约3600年前，“牦牛牧民社会”在青藏高原上建立起来。自那以后，牦牛逐渐成为青藏高原游牧社会的支柱。

牦牛驯化产生在青藏高原人类游牧生活方式形成之前，推动了早期生存在青藏高原地区的人们由原始狩猎为主的生存方式向游牧生活方式的转变，并加快了青藏高原社会发展的进程。

人类考古学及遗传学数据显示，青藏高原史前人群分别在10000—7000年前和4500—3000年前，经历过两次大规模的增长，这一时期与考古推测的牦牛驯化时间及其驯化过程中的群体动态变化相吻合。

牦牛已经逐渐成为青藏高原人们生活的重要组成　摄影/姬秋梅　供图/青藏高原社区畜牧业项目组

牦牛驮着牧民迁徙的家　摄影/张林珍

中国秦汉时期的历史典籍中就有关于牦牛经济活动的最早记录。秦朝的有关文献记载了涉及牦牛的贸易路线，就在今天被称为古代南方丝绸之路上，由此可见，我国关于牦牛的国际贸易已早于起始于汉代的丝绸之路。

汉代典籍中记录了大约5000年前，在中国的龙山文化时期，牦牛被居住在包括青海湖在内的青藏高原东南边缘地区的先民驯化。基因研究支持了汉代的记录，证实了牦牛是在青藏高原被人类驯化的。

西藏的考古发现，代表新石器阶段文化的“藏西北文化类型”，也显示了早期藏族先民生存方式以狩猎为主，此后开始逐渐总结掌握了动物驯化技术，家养牦牛也渐渐形成。

考古及历史研究证明，牦牛的驯化对早期人类适应青藏高原地区自然生存环境和随后的社会发展起到了至关重要的作用。

舍我奉献

数千年来，牦牛与藏民族相伴相随，从牧民生产生活中的每一个细节都可以看到牦牛的身影。牦牛肉、牦牛奶、酥油、奶酪、酸奶、牦牛绒、牦牛毛、牦牛皮、牦牛粪……牦牛尽其所有奉献给了人类，成就了这里人们的衣、食、住、行等，几乎涉及青藏高原的政治、经济、文化、生态甚至国防安全等所有方面。

牦牛，为在世界屋脊上勇敢而顽强地生活着的人们提供着生产、生活必需的资料来源，成为一代代在青藏高原上繁衍生息、成长发展的藏民族生命与力量的源泉。

藏民族驯养了牦牛，牦牛养育了藏民族。藏族有句谚语：凡是有藏族的地方就有牦牛。一个动物种群与一个人类族群，相互依存、不可分离的关系，堪称罕见。

在高寒恶劣的自然气候条件下，无论烈日炎炎的盛夏，还是冰雪袭人的寒冬，牦牛均以其耐寒负重的秉性，坚韧不拔地生存在雪域高原，担负着人类"雪域之舟"的重任。

牦牛作为高原的运输工具，至少可以追溯到2000多年前。在西藏阿里的象雄遗址处就曾发现牦牛驮鞍的残片。2000多年来，高原牧民们逐水草而居，随季节变化，牦牛驮着牧人的家，游牧高原。

今天，在巡边守疆的国防边境线，牦牛还成为勇士们的坐骑。人们在攀登珠峰时，如果没有牦牛将登山物资驮运到海拔6000多米的前进营地，要想成功登顶珠峰是不可想象的。

牦牛皮是上好的皮革原料，被制成各种生产生活用品。牦牛皮经过加工，可做高级皮革制品，光泽好，富有弹性；在青藏高原许多河流上常见的水上摆渡工具牛皮筏，也是牦牛皮做的，坚固耐用。

青藏高原上牧民的家是驮在牛背上的，无论游牧到什么地方，人们首先要做的就是支撑起牦牛毛帐篷，黑色的帐篷便是牦牛赐予牧人们的移动温暖的家。一头公牦牛每年可剪毛一次，抓绒一次，一年仅可以剪两三斤毛。牦牛毛可以织成帐篷、绳索等，绒成为上好的纺织原料。

牧民除了居住用的帐篷外，日常贮存物品的口袋，拴牛拴马和捆扎物品的绳索，冬季御寒的衣服，也都是用牛毛编织而成的。捻成的绳索，富有弹力，结实耐用。牦牛尾毛还可做上好的掸子。

柔韧的牦牛毛与细羊毛合用，可编织高档的呢料和毡毯。雨雪天出牧，披牦牛毛织成的风衣，滴水不渗。牦牛毛绒制品与藏地羊绒制品的保暖性和耐磨性等特性品质各有千秋。

牧民烧饭取暖的燃料，也离不开晒干的牦牛粪，散发着牧草清香的牦牛粪是牧区的主要燃料。青藏高原高寒牧区，海拔高，含氧量低，牛粪燃点低，

各类牦牛产品　摄影 / 刘刚　供图 / 青藏高原社区畜牧业项目组

原料丰富，生态环保，烹煮食品方便快捷，伴随着高原牧民度过一个个漫漫寒冬。牦牛粪对于高原牧民来说，不仅是燃料，同时也是绿色环保的保温材料。

由于牦牛生活在寒冷缺氧、空气洁净的高原，血液中要有足够的铁才能吸收到稀薄的氧，因此，牦牛身体血液中铁红蛋白含量丰富。同时，作为牦牛主要食物来源的高原草地植被具有独特的营养，从而使牦牛肉、牦牛奶具有富含蛋白质、氨基酸，低脂肪等显著特性。

牦牛日产奶量为 1—2 公斤，牦牛奶富含天然丰富的蛋白质、维生素、钙、共轭亚油酸、氨基酸、免疫球蛋白等丰富营养元素，其纯正天然的品质远超普通牛奶。用牦牛乳制成的酸奶、奶酪和酥油品质上乘。

牦牛也是藏地牧民们的主要肉食来源之一，它的肉质鲜嫩肥美，口味独特而劲道，其丰富的营养价值是牧区藏族人民的主要营养来源。晒干的牦牛肉干，是牧民们长途迁徙游牧和远行时最主要的必带食品。

牦牛角、牦牛骨，有的被制成挤奶容器，有的被制成骨针工具，还有的被雕刻成宗教法器，工艺品。

西藏医药古籍《四部医典》《蓝琉璃》对牦牛在藏医药中的作用多有记载，认为其“具有上千种强体养生之功效”。

牦牛在物质和精神层面的多重性，都称得上是青藏高原上藏民族的一个图腾。人们称呼这个坚韧、强健、勇敢的物种为“雪域之舟”，实在是人们在生活中根本不可能离开它，实在是它负载着人们太多的希望。

年复一年，日复一日，牦牛陪伴着人们度过一个个飞雪弥漫的凛冽寒冬，直至花香草绿的春天重返大地。

十三、青藏高原的牦牛生态文化

广阔的高原上，牦牛与牧民相互依存的关系，经历了千百年来时间和环境的考验。

牦牛文化传承

牦牛承载着藏民族文化心理的成长史，生产和物质的发展史。因此，在藏民族众多文化传承中，牦牛有着极为丰富的核心内涵，从而形成了青藏高原特有的牦牛文化。

牦牛岩画　摄影/刘琨

有这样的传说：当世界第一缕阳光照耀到岗仁波齐时，便有了第一头牦牛。而岗仁波齐的山褶，就是牦牛的背脊。

中华民族的母亲河长江在藏语中称为“哲曲”，意为“母牦牛河”，而长江孕育了包括藏民族在内的中华民族灿烂文化。传说中为古牦牛国辖地的丹巴，至今仍有牦牛沟、牦牛村；金沙江藏语叫“卓曲”，意思就是“牦牛河”。

在青藏高原牦牛生活繁衍的广阔大地上，考古学家们发现的古老岩画告诉我们，藏民族祖先驯化了野牦牛等野生动物，他们由此找到了在高寒严酷环境中生存的秘诀，找到了人们与自然环境和谐相处的金钥匙。

公元 7 世纪中叶，佛教进入西藏。在布达拉宫、大昭寺、萨迦寺、哲蚌寺、古格王朝遗址、东嘎皮羊遗址等众多寺庙那些千年遗存的壁画中，都绘有与牦牛相关的图案。在寺庙的唐卡和法器上，也出现了牦牛的形象。其中，布达拉宫的一幅壁画，讲述了在莲花生大师的开启下，人们通过猎获的野牦牛嘴唇上的咸味，发现了北方高地的盐湖。在青藏高原的牧区乡村，到处都能见到绘在墙壁上的牦牛画、刻在山野上的牦牛图案。

1973 年，在甘肃省天祝藏族自治县哈溪镇出土了一件硕大而保存完整的牦牛青铜器。在中国青铜文化当中，它不仅是一件罕见而珍贵的民族文物，也是青藏高原藏牦牛文化重要的实物史料。

13 世纪，藏传佛教萨迦派第 5 位祖师、元代帝师、著名的宗教领袖、政治家和学者，八思巴 · 洛追坚赞（1235—1280），曾写下《牦牛赞》流传至今，这首诗从头到尾、从角至蹄，对牦牛赞美不已。

以文学方式赞颂牦牛的作品中，珠峰脚下的绒布寺每年萨嘎达瓦节期间举办的牦牛放生仪式上，由 15 世纪绒布寺上师扎珠阿旺单增罗布首创流传了几百年的说唱最为经典。比较特殊的是，在这个宗教节日期间，唯有牦牛礼赞这项活动是由放牧牦牛的牧民主持。

相传，在吐蕃王朝时期，松赞干布为迎娶文成公主，在玉树曾举行过隆重的迎接仪式。在仪式中，有精彩的赛牛、赛马、射箭、摔跤等活动，令文成公主及送亲的官员们大开眼界。尤其是黑、白、花各色牦牛组成的赛牦牛活动，更是让人惊奇不已。松赞干布见文成公主很高兴，便当场宣告：以后每年赛马的同时，也举行赛牦牛活动，藏族的赛牦牛活动自此流传了下来。

除了整个藏区普遍盛行的赛牦牛活动外，在华锐（今主要在甘肃省天祝藏族自治县）地区，还有以世界稀有畜种白牦牛为题材的文化娱乐活动，如同样起源于吐蕃时期的白牦牛舞。白牦牛舞展示了藏民族与自然万物和谐共存的精神境界，将神的灵气、雪山的精神融合在一起，赋予白牦牛，由此形成了独树一帜的白牦牛文化。

藏族把对牦牛的崇拜与对自然崇拜中的山神崇拜结合在一起，更是显示了这个伟大民族对于牦牛护持的感恩之情。从西藏到青海、甘肃，再到四川、云南，地球上的高海拔俱乐部中，如列如队的高峰巨峦矗立在青藏高原，雅拉香波、冈底斯、念青唐古拉、阿尼玛卿、年保玉则等著名神山的化身都是白色的牦牛。

相传，莲花生大师初到藏地时降伏了白牦牛，并让白牦牛成为藏传佛教的护法神。据藏汉史书记载，远古时期，分布在青藏高原众多的游牧氏族，如党项、白兰、苏毗、唐旄等，均以牦牛为图腾，将牦牛作为氏族名、部族名、物种名和地名。西藏雅隆河谷最早出现的部落就称“六牦牛部”。

牦牛文化是青藏高原特有的生态文化，是高寒草地生态系统的一部分，以“认识自然、顺应自然、与自然和谐统一”为核心理念。这就是数千年来青藏高原游牧方式能长久保持生态平衡，把高原充满生机的草原留存到现在的奥秘所在。

在数千年漫长的岁月中，牦牛与高寒草地协同进化，藏民族与牦牛生生不息的过程，也是人类认识自然、主动顺应自然、合理利用自然规律并与自然和睦相处的过程。

牦牛，随着驯化史和牧人一起从古代走向今天，从一处草场走向另一处草场，和人类共同创造了青藏高原文明。

牦牛与青藏高原生态文化

青藏高原是藏民族生存繁衍的地方，草原是藏民族文化传承的重要载体，在长期与自然协同进化的过程中，形成了独具特色、与高原生产体系和自然环境相适应的生态文化。放牧为该区域天然草地主要的利用和管理形式，以牦牛为主的家畜及其产品是当地牧民收入的主要来源，草地畜牧业也因此成为青藏高原牧民赖以生存发展的传统支柱产业。

青藏高原的生态文化以保护生态、尊重生命、尊重自然为基本准则，力求与生物界构成一种平等、和睦的关系，使藏族人民几千年来得以与高原恶劣、脆弱的自然环境和谐相处。

赛牦牛　摄影 / 刘琨

但是，青藏高原严酷的自然气候条件，脆弱的草地生态，莫不对牧民的游牧生活提出严峻的考验。逐水草而居的季节性游牧，是藏族牧民顺应自然的基本生产生活方式，其所蕴含的艰辛和朴素的生态观非外人所能感受。

以长江源头和黄河源头的广大区域为例，这一带草场辽阔，物种繁多。然而，因为冰冻期长，风沙大，草场返青晚，牧草不丰，载畜量有限。在这里的牧民一年四季频繁搬家，以求取牛羊可以生息之地。千辛万苦找到的牧场，居住时间最多不能超过两个月，生存环境考验着人们的承受力，同时也形成了牧民坚韧的耐受力。

当青藏高原的寒冬来临，大雪纷飞，气温极低，牧人们告别日渐荒芜的冬季牧场，往唐古拉山以南的夏季牧场迁徙。成年男子和他们的妻子是这个艰辛旅途的领头人，而牦牛则是这支队伍物资的负载者。

几百斤重的东西压在这个沉默生灵的肩背，听从着牧人的指挥前行。在山垭和山岗，风雪吹得人畜睁不开眼睛；只有排在羊群前面的牦牛一步一步，不紧不慢地踩踏着大地，驮在它们身上的货品间或发出碰撞的声音；那沉闷或者响亮的声音仿佛是种鼓舞，给予牧人极大的心理支援。

牦牛，“高原之舟”！坚实的犄角，硕大的头颅，厚重的躯体，沉稳的步伐，从风雪中浮现出来，恰似一艘艘舰船从迷雾横锁的江河中沉静驶出。

牦牛身上流露着一种来自洪荒时代的天真和勇敢，智慧和责任，它们是勇于面对苦难的生灵，是牧人心中真正的吉祥圣灵。游牧、转场、迁徙，牧人就是在这样的生存与生活状态中顺应气候地理，认识霜天万类，定位自己和世界之间的关系。

青藏高原负载着全球生态平衡调节器的功能，其自然资源具有自然垄断特性，是发展绿色经济稀缺的天然资本。青藏高原的草地畜牧业是不可替代的稀缺产业，根植于生产生活中，尊重自然、众生平等、因果循环、保护和善待生命的青藏高原文化，是高原生态文明建设最需要的文化，与现代生态文明观高度契合。

在世界牧区中，青藏高原草原生态环境是气候干旱程度最高、植物生长期最短、牧草生产量最少、春季大风日最多、冬季最寒冷且持续时间最长的牧区，牧民们延续数千年的游牧生产生活方式，不是由哪一个人创造出来的，而是人类对青藏高原极端脆弱的草地生态环境自然选择的结果。只有随季迁移，才能使地表枯草层和稀疏植被来年更好地返青发芽，以有效保护土壤中的水分和养分，从而既保护了生态环境，又保障了牦牛等畜种能够健康成长。

千百年来，青藏高原传统游牧生产过程是“刺激”牧草再生，“创造”牧草资源和改善草原生态环境的循环生产过程。游牧生产方式在极端脆弱的高原上，创造出了举世无双的游牧文明。在青藏高原，过去、现在和未来，游牧文明都不能缺少。

青藏高原传统的游牧业是一种与牛羊共生、与草原共存的生活方式，它合理地利用草原上的一切资源，从而维持着牧人与草原生态环境之间的协调关系。如根据所在地的地形地貌、季节气候、牧草生长规律以及牲畜采食需求，藏族牧民采取季节性轮牧的养殖方式。正是因为对自然环境的适应性，游牧生计方式才得以在青藏高原长期存在。

藏族传统的生态价值观主张人与自然和谐相处，强调生命主体与生存环境的相依相融，互为一体。藏族游牧文化既是青藏高原生态环境决定的结果，也是藏族人民创造性适应这种环境的结果。它很好地梳理了人与自然环境、人与动物、人与资源、人与人之间的和谐关系，蕴含天人合一、崇尚自然的宇宙观；欲取先舍、永续利用的生态观。其中“生态”是根，“和谐”是“核”，而牦牛是游牧文化生命链条中的关键一环。

青藏高原极端脆弱的草地生态环境　摄影/姬秋梅

一百多年前，青藏高原上还生活着数十万头野牦牛，那时，也许我们能看见数千头野牦牛气势磅礴地行进在高山牧场的场面。而时至今日，野牦牛种数急剧缩减，实际上已经影响到了青藏高原植被、土壤和其他生物种类的生存。最明显的状况是，牧人的家养牦牛品种退化严重，适应性、抗病性差，死亡率升高，皮毛杂色率也居高不下。

当夏季草场的清新气息弥漫于蓝天大地，吸引野牦牛群靠近牧家领地时，也有大胆热烈的家养母牦牛跟随野牦牛，同赴自由之境。一年之后，或者更多的时光，有的牧人会喜出望外地看到，浪迹天涯的娇俏母牦牛，正从远处向主人家的牧场奔驰而来。曾经的小母牛，已经是成熟的母亲，它们的身后是一群健壮欢腾的小牦牛。这种归来不仅仅意味着自家牦牛头数的增加，在藏民族的生命观、生活观和对于自然的认识中，如同盐溶于水一样，达到了一种高度的契合。他们熟知大自然运行规律，懂得因时、因地制宜，了解草原的深浅，清楚哪里土质好、产奶量多少，知道草地上的水有多深，路该怎么走，对载畜数量的极限也心里有数。因此，藏民族游牧文化中的生态环保理念，远远超过近百十年来从西方传来的现代环保理念。

在藏民族的生活物质链条中，是以最小的代价取之于自然，却又以最大的可能归还于自然。如从牦牛食用的青草，到把牦牛粪作为家用燃料，在牲

青藏高原草原上的小姑娘和小牦牛　摄影/姬秋梅

畜放养的生活情境中，体现了一种最简朴而又最高级的资源取用和归还的科学方式。其间既包含牧人敬惜天地万物的观念，也隐含着一种对青藏高原生态环境脆弱的深刻认识。

在这个意义上，我们可能会更贴近地理解，牧人悠闲地看着野牦牛混入自家畜群的那种心态，以及看到自家母牦牛带着牛犊从远方归来的心情。“赐”和“赠”，在这些时候、自然意味深长……

十四、若尔盖花湖：一个湖，一生情

若尔盖花湖，位于四川省阿坝藏族羌族自治州若尔盖县，地处川甘青三省交界、G213高速公路的重要交通节点上。尽管它在川西北并不算大，但因其所在区域开阔的高原湖泊本就不多，加之这里高原沼泽风光旖旎、动植物资源多样，还有那翩翩起舞的黑颈鹤、洁白的羊群，在南来北往熙熙攘攘的游客中一直名声显赫。于我，它更是20多年的感情，让我在了解、认识高原湖泊、高原湿地和生生不息的藏民族文化中不断前行……

花湖的前世今生

从成都出发到若尔盖县，惯常有两条路线。一条是从汶川过理县，翻过鹧鸪山隧道，再向高原攀爬，过查针梁子；另一条则是从汶川上茂县，过松潘古城，在川主寺左转，翻越尕里台。不管选择哪一条线路，只要一翻过查针梁子或尕里台，眼前立刻别有洞天：蓝蓝的天空，洁白的羊群，绿色的草原，蜿蜒的河流……就算你平时矜持得不会唱歌，此时也忍不住想哼上几曲。这里便是一个崭新的地貌单元——若尔盖盆地。你已跨过了盆边，来到了红军过草地经过的大草原。换句话说，前一脚你还在长江边，这一脚你已经迈进了黄河沿，在不知不觉中你已经跨过了长江和黄河的分水岭。

说起花湖的前世，还得从古若尔盖湖说起。古若尔盖湖所在的区域包括了今四川省若尔盖县、红原县、阿坝县，以及甘肃省玛曲县和碌曲县的部分地区。过去这个区域为古湖泊景观，在约4万—2万年前被黄河切开，形成了现在的高原盆地景观，即俗称的若尔盖盆地。

古若尔盖湖被切穿后，那一湖清水慢慢地漏掉了，奔流到了兰州方向。3万多年的不停切割，湖底、盆底两边由于排水不畅，发育了大面积的沼泽，一

若尔盖花湖中的天鹅　摄影 / 陈静桥

些更低洼的区域则残留下一些高原小湖泊。如今的黄河，已经成为四川和甘肃两省的天然省界，将原来整个湖底盆地分割为三部分，分别是若尔盖高原湿地区、黄河首曲湿地区和尕海湿地区。如果按照原来 3 万年前还是一个湖来说的话，这三部分就是通常所说的大若尔盖湿地。

今天我们见到的花湖，实际上是古若尔盖湖切穿演变为沼泽湿地后，在低洼处残存下来的三个较大的高原湖泊之一（另外两个是措拉坚、哈丘湖）。因湖泊及周边沼泽中两栖蓼呈团块状分布，在早春和深秋，蓼的花和红叶十分醒目，被称作“花湖”。

花湖是大自然恩赐的疗伤驿站

花湖是鸟类的天堂。整个若尔盖地区都位于中国候鸟迁徙的西部重要航线上。每年的春季和秋季，南来北往、成千上万的迁徙水鸟都要在花湖里歇一歇，为遥远的路途补充能量。洁白的大天鹅、成双入对的赤麻鸭、优雅的黑翅长脚鹬，大群大群的绿头鸭、绿翅鸭、斑嘴鸭，一起翱翔的棕头鸥、普通燕鸥，

赤嘴潜鸭、长趾滨鹬、灰雁　摄影 / 顾海军

还有红骨顶、白骨顶等秧鸡，合着各种鸻鹬类，都加入到了迁徙的行列。夏季的花湖，是各种鸟儿的繁殖场，带宝宝的黑颈鹤、灰雁，忙着捕鱼喂儿的普通燕鸥，各种秀场，各种恩爱，大家都在为配偶和后代而奔忙着，画面是如此欢悦而温馨。

花湖是植物的王国。花湖不是一个单纯的湖，实际上花湖是一个正在消亡的湖泊，一个湖泊沼泽化演替的活化石。它的四周看不到一丁点儿的石块，也看不到任何的沙石，完全是沼泽和草甸，甚至在大多数时候你很难分辨出哪里是湖哪里是岸。

花湖的一年四季，水淹是湖，水退是岸。花湖里除了鱼等水生动物，就是各种各样的植物了。水陆过渡带的各种苔草、蒿草，以及水里面挺水的水甜茅，浮水的两栖蓼和水毛茛，沉水的眼子菜、狐尾藻、杉叶藻……从陆地到水下，到处都是植物，从"水中森林"到"水下草原"，你啥都能看得到。

花湖上有曼舞的云朵。站在花湖，云就在头顶，大朵的云都在围着你转。天边的若尔盖，这句话绝非虚言。花湖的云是只要你一伸手就几乎可触摸到，大朵大朵的。

站在栈道上向南望去，整个花湖一望无际、水天一色。你会觉得整个人完全融入了自然，而自己俨然成为一个渺小的分子，你的狭隘、你的霸道，你的忧虑、你的恐惧，你的一切都会慢慢变得渺小，整个人都会在这大自然的美景中得以升华。

湖边上的鼠兔

十多年前，四川自然摄影师张静女士在若尔盖湿地拍摄了一张黑颈鹤衔着高原鼠兔飞在空中的照片，引起了极大的轰动。在我的印象中，黑颈鹤以鱼虾为食，是那么的高雅，怎么会吃鼠兔呢？黑颈鹤把鼠兔衔在嘴里，飞向远方，是纯粹的娱乐？还是错误地捕获了狩猎对象？是飞回去喂养自己的下一代？抑或是给守在巢中的"亲人"带回一顿丰硕的大餐？

2005 年，我有幸在若尔盖湿地目睹并连续记录了黑颈鹤捕食高原鼠兔的整个过程，确信黑颈鹤真的是要取食鼠兔，而不是误捕或者戏耍。

2007 年，在与时任联合国国际志愿者 David 先生和国内志愿者刘磊先生做若尔盖湿地保护与可持续利用项目（简称湿地 GEF 项目）时，我们系统整理过高原鼠兔在若尔盖湿地中的地位。研究表明，高原鼠兔是若尔盖湿地的关键物种，若尔盖湿地现记录有230种左右的鸟类和兽类，取食和偶尔进食鼠兔的就占了1/4。在若尔盖地区，有60多种动物主要或临时性地以高原鼠兔为食物，其中就包括黑颈鹤，还有大型猛禽如大鵟、毛脚鵟、普通鵟、高山兀鹫、胡兀鹫，小型猛禽红隼、猎隼、雀鹰，食肉的兔狲、狼、藏狐、赤狐、黄鼬、艾鼬，雀形目的灰背伯劳等。在繁殖季节，普通鵟哺育幼鸟的主要食物就是高原鼠兔，在巢的周边，横七竖八地躺着鼠兔的尸体或骨架，场面惨烈而震撼。

高原鼠兔属于植食性动物，和兔子食性差不多，主要取食窝周边的植物叶片，偶尔也在地下取食植物的根。不同的是，兔子不食窝边草，以备急需；鼠兔专清窝边草，防止被偷袭。鼠兔高效地把草原上的植物转变为自身的蛋白质，一个个吃得肥嘟嘟的，不情愿地被其他60多种动物当作食物，供其猎杀、进食或者是养育后代。人类一直在赞美“老黄牛精神”，吃的是草，贡献

鼠兔、大鵟、秃鹫、藏鸳鸯　摄影／顾海军

的是奶，老了还被吃肉；若尔盖湿地的鼠兔和黄牛差不多，吃草、长肉，最后成为大型禽类的食物。这是一种感天动地的奉献精神。

而这样的一种奉献者，也常常被认为是草场退化的元凶、水土流失的制造者。回头想想，这个物种的任何风吹草动，毒杀、铲除，都将对整个生态系统造成巨大扰动。大规模的毒杀，还可能造成其他物种缺粮缺食闹饥荒。

湖边漫步的黑颈鹤

黑颈鹤是国家一级重点保护野生鸟类，也是世界现存 15 种鹤类中唯一的高原鹤类，其繁殖区仅限于青藏高原。若尔盖高原沼泽湿地是全球黑颈鹤分布最为集中、数量最多的重要繁殖地，因此四川省阿坝藏族羌族自治州若尔盖县被命名为“中国黑颈鹤之乡”。当你在花湖漫步，经常能看到几只黑颈鹤在湖边悠闲地觅食，或者是在空中飞过。

每年的 3 月中下旬开始，黑颈鹤陆续离开越冬地云南的大山包和贵州的草海，迁回若尔盖湿地，在湖泊周边和连片大面积沼泽区域筑巢。每年的 4 月下旬至 7 月左右，属于黑颈鹤的繁殖时间。在花湖的周边，每年都能观察到 10 多对鹤在此繁殖。黑颈鹤属于典型的“一夫一妻”制，一对伴侣终身相依，情感专一。每年的 11 月中旬，大批的黑颈鹤又开始集群，在一片“啊！啊！”的嘹亮歌声中，开始南迁。

花湖情，源于 20 多年前的那个故事

1997 年大学毕业后，我被派到四川若尔盖县从事自然保护区资源调查工作。出发前，前辈们叮嘱我，藏区是很敬畏生灵的，一草一木都是生命，请尊重我们藏区同胞的信仰。在一个当地人称为“花湖”的湖边，我谨遵前辈嘱托，双膝跪地，以虔诚的心，恭恭敬敬地，用草帽捞起一条小泥鳅想做成标本，以便带回成都进行物种鉴定。这时，一群藏族小孩跑了过来，在我的身边围了一圈。带头的一个小女孩靠近我，用手比划着，说着藏文，我一句也听不懂，但我读懂了她的手势语，“快把鱼放了吧，她是我们的神”。我试图去比划着解释，让他们明白我是搞科研的，需要带鱼回去做标本。他们手拉手把我围

守望　摄影 / 顾海军

若尔盖花湖湿地春色　摄影 / 顾海军

在中间，每只小手都抓得那么紧，眼睛盯着我。僵持了一会儿，从他们身上，我似乎读出了前辈的教诲，读懂了孩子们的心。于是，我又虔诚地跪在地上，双手托着草帽，慢慢地把那条小泥鳅送入湖中。等我站起来的时候，那群藏族小孩对我鼓掌，向我竖起大拇指，我也傻傻地朝着他们尴尬地笑了。

就是这个尴尬的笑，伴随了我在若尔盖湿地工作的20多年，提醒着我不断熟悉并接受着当地的湖泊、湿地和草原文化，也鞭策我不断探索、科学认识这片湿地、这片大草原。

若尔盖花湖，一个湖，一生情。

十五、青藏高原草地生态保护与产业发展的金钥匙

位于我国西南边陲的青藏高原，被誉为地球“第三极”。在茫茫的雪山、湖泊和河流之间分布着 13900 万公顷的广袤草场，这些占全国天然草地总面积 39%的绿洲，是藏族、门巴族、洛巴族、蒙古族等人民生活的家园。草地畜牧业是草原牧区的基础及支柱，是广大农牧民赖以生存和增收致富的主要经济来源。这里离天空最近，由于其特殊的地理位置和气候条件，是目前受人

红原月亮湾　摄影 / 张杨

专家深入高原牧区进行实地调研　摄影 / 刘刚

类活动影响较小的地区之一，也是发展特色生态畜牧业，生产有机畜产品的理想之地。

青藏高原因其独特的作用和丰富多样的生态系统，发挥着涵养水源、调节气候、保护生物多样性、保持水土、固碳等生态服务功能，不仅影响着中国和亚洲，还影响着南北两极，是地球的体温计和调节器。我国将该区域列为国家重点生态功能区，定位为禁止开发和限制开发区，将保护生态环境作为区域发展的第一要务。

天然草地自然再生产和青藏高原自给自足的传统草地畜牧业生产系统，支撑了藏民族千百年的繁衍生息。近年来，由于气候变化、人口增长、资源开发等因素，青藏高原的自然生态环境以及传统的生产生活方式正在发生变化。因此，如何在保护生态环境的前提下实现可持续发展，提高农牧民的生产生活水平，是摆在各级政府管理部门、科技工作者和农牧民面前的重要任务。

传统的畜牧业生产方式已不能适应这种变化，草地畜牧业面临许多新的问题：如小型分散的牧户应对大市场的能力弱，草地畜牧业在发展方式上长期依赖天然草地的自然再生产和原料畜产品的产出，农牧民增收仍然主要依靠增加牲畜数量来实现，难以摆脱“夏饱、秋肥、冬瘦、春死”的局面；天然草地退化、生产力下降、生物多样性减少，草地生态服务功能减弱。此外，脆弱敏感的青藏高原生态系统在治理过程中也面临化肥、农药及外来物种入侵等现代农耕技术带来的潜在风险和考验；畜牧业生产科技含量低，生产者普遍缺乏与新的生产关系和制度相适应的生产知识和技能，仍属于体力型和传统经验型。由于青藏高原的特殊地理和气候环境，国内外相关方面的成功经验都无法简单地植入或者改造，也没有成熟的模式可以套用，传统知识和技术得不到有效的改良和与时俱进的创新发展；长期以来对自然生态、传统文化、产业发展之间的系统联系和结构缺乏科学的理解和把握；而一些地方片面理解和追求产业规模化和经济效益最大化，盲目引入外来的技术和模式，很难适应当地的特点。

青藏高原草原不仅具有畜牧业生产功能，还有生态环境养护功能、农牧民生计发展功能、传统文化承载功能、工业原料供给功能、社会稳定支撑功能等。草原生态问题是一个系统问题，关系到牧民的生计，如果不能很好地解

牧草丰收　摄影 / 刘刚

决牧民的生计问题，生态问题是无法从根本上得到解决的。从本质上讲，草地畜牧业与草原生态不是矛盾对立的，而是相辅相成的关系，草地畜牧业的持续发展需要良好的草原生态环境做支撑，如果草原生态保护不好，草地畜牧业也无法持续稳定健康发展，也就无法保证牧民的生计。对于草地生态来说，其保护不能简单地禁牧了之，草地、牦牛、牧民是一个生态系统，在长期协同进化过程中形成了高度相互依存的共生关系。

青藏高原因其独特的自然地理，具有独特的气候条件、自然资源和生态功能，同时也孕育了独特的生产方式和高原文化。由于社会的发展，草原畜牧业要实现可持续发展，完全依靠传统的游牧方式走下去显然行不通，但简单套用外来技术模式更是饮鸩止渴，以前也有过很多这方面的经验教训。因此，草原科技创新必须在立足当地资源禀赋的基础上，吸纳传统文化与智慧，结合现代文明科技成果，因地制宜地施行“在地化发展、整体性发展、有限性发展”。经过千百万年演化形成的青藏高原生态系统，是自然生态系统、生计发展系统和社会文化系统紧密联系的有机整体，由此决定了青藏高原的保护与发展，不能走就保护说保护，就生产说生产，就科技说科技的单极化、条块式、分割发展之路，系统性、整体性思维是解决生态与发展的必备理念。青藏高原牧草生长期短，约 90—120 天；草产量低，每亩鲜草平均产量不足 200 公斤，是内地牧草产量的 1/5；牦牛生产周期长，出栏率低，产奶量低，约 1—1.5 公斤 / 头 · 天，只有内地奶牛的 1/30，牧民自己食用一部分，剩余部分才进入市场，具有明显的季节性、自给性、有限性特征。严酷的自然气候、脆弱的生态系统、有限的草地生产力、独特的生态屏障功能，决定了该地区无法承受完全市场化的过度开发。习近平总书记在视察长江时提出的“共抓大保护，不搞大开发”，对于青藏高原草原畜牧业同样适用。

传承是坚定自信，创新是开拓奋进。在青藏高原草原工作策略上，在地传承要与引入创新相结合，牧民经验要与专家知识相结合，科技创新要与生活需要相结合，社区组织创新要与能力建设相结合。孔子说：三人行必有我师。科技人员来到草原，要多向牧民群众学习，因为牧民熟知草原的一草一木，深谙草原季节轮替规律，了解草原天气变化。但如何应用现代科技保护草原、发展生产，又往往是牧民所欠缺的，所以科技人员与牧民群众要互为师生，紧密合作，这种结合不仅可以激发牧民的自信心，而且通过带头人的引领和培养，才会形成自主创新的内生机制。

人类的生产方式、生活习惯都是由所处的自然环境条件所造就的，人类

牧民绘制社区草地资源图　供图/青藏高原社区畜牧业项目组

在探索大自然、适应自然环境的过程中，总结形成了浩如烟海的经验和智慧，最终造就了不同的文明。在青藏高原传统文化中，尊重自然、众生平等、因果循环、保护和善待生命等思想根植于生产生活中，蕴藏着系统而深厚的生态文化智慧和独具特色的生态伦理思想，其朴素的生态保护观和克己控欲的生存观体现了人与人、人与社会、人与自然的和谐共生，与生态文明观不谋而合，对保护草原生态、发展特色畜牧业意义重大、影响深远。千百年来的大草原，牧民祖祖辈辈生于斯、长于斯，只有牧民才是真正的草原管理者、草原文化的传承者、草原特色畜产品的生产者和草原生态的维护者。所以，只有把牧民作为主体，充分激发他们的内生动力，草原管理和保护才能取得成效。

“青藏高原社区畜牧业发展理论”提出，以农牧民为主体，社区为单元，合作组织为载体，政府扶持、科技支撑、能人带动、市场运作，线上线下结合；以提升农牧民能力为核心，以生态环境保护为前提，以绿色生态农牧业为主线，因地制宜地精准选择当地最具特色优势的主导产业、主导产品、主导品牌、主推技术。社区合作社统一组织生产、统一技术标准、统一市场营销、共同承担

专家牧民交流研讨　摄影 / 刘刚

责任和风险，共享社会化服务和效益，实现家庭分散经营与社区合作经营相结合。开发当地区域独有的特色农业产业、特色山水资源产业、特色文化产业，走“小而精、小而优、小而美”的特色农牧业发展之路。传承弘扬以诚信为根本的人文情怀和价值观，倡导简约、朴素、自律、环保、低碳、积极向上，符合生态农业伦理的生产生活方式。实现生态环境价值与生产经济效益相结合，传统文化与现代文明相结合，乡村振兴与城市发展相结合，实现传统农牧业社区化复兴，为社会供给优质的农牧产品，优美的生态环境和优秀的农牧业文化。

基于传统经验与智慧的传承创新是青藏高原社区畜牧业科学技术进步的重要途径，技术研究和创新力求在尊重、保护和传承传统知识的基础上与时俱进，通过提炼、优化、自然演化的本土化过程，使其更富有实用性和时代先进性特色。

提出了基于本土文化支持的天然草地管理与适应性利用技术。高原本土文化倡导尊重自然、敬畏自然、顺应自然，充分体现了青藏高原传统的生态观和生存观是人与自然的合奏曲。遵循时节，根据气象物候、地形、水源，家畜体况和植被营养、自然灾害的时空变化等安排调整放牧半径和放牧次序，采取适应性动态管理和利用技巧的独特智慧。以保护水源和土壤、珍爱野生动物、倡导自然再生产和生物多样性、支持符合生态伦理的技术干预为基础的生态文化，催生了各具特色的社区规约。重点在现行的生产组织条件下，激活了传统的放牧知识、技巧和朴素的生态保护理念，创新了社区放牧管理制度、草地质量评估方法，以及草地生态自然修复技术等天然草地适应性利用和管理技术，为破解草地保护、合理利用、生态自然修复、放牧管理等方面矛盾和难题提供了技术途径。

提出了基于本土草种支持的生态安全性饲草生产与利用技术。大力开展牧区饲草生产是发展牧区畜牧业，保护草地生态的根本途径，青藏高原自然环境的复杂性、脆弱性决定了饲草生产以保护环境为前提；注重环保程序，做到避免盲目追求高产和经济效益而使用农药、化肥、大面积翻耕等农耕技术造成的环境污染和破坏，并且警惕引入外来物种带来的第二次生态灾难。遵循自然法则，研究借鉴本土传统的利用小地形、小气候培育天然割草地，自然储备，圈窝草种植与储藏，应急利用，灾害救济，农牧互补等经验。重点开展了各社区适生牧草品种筛选，确定各社区主栽草种，多年生和一年生饲草地建植技术、饲草加工调制等技术集成配套，以及适应不同社区特点的饲草生产模式，饲草生产水平得到了显著的提升，饲草储备量有较大的增加，为破解青藏高原牧区冬春饲草短缺、实现饲草储备常态化提供了技术保障。

提出了基于本土特色畜种资源保护与优势利用技术。家畜饲养管理是实现草畜高效转化的关键环节，青藏高原的牦牛、藏羊是千百年来与自然环境

红原县哈拉玛村牦牛健康养殖科普示范基地、青藏高原特色有机畜产品生产技术与产业模式——阿坝红原县哈拉玛社区牦牛乳品加工作坊　摄影 / 李楠

协同进化的产物，在遗传学上是极为宝贵的基因库。青藏高原气候的多样性孕育和形成了丰富的地方家畜类群，其唯一性、独特性、不可替代性以及功能价值的研究挖掘是社区牧民生存发展的根基。针对青藏高原牧区面临的畜种退化、饲养管理粗放、科技支撑不够、生产效益低下、设施设备缺乏等难题，结合农牧民传统的种畜选育、结构优化、杂交改良、疫病防控、冬春补饲、自然肥育出栏等传统知识和技巧，以及畜产品质量安全、功能和价值评价准则，以诚信为本、利益众生，重点开展了优势畜种选育、健康养殖技术研究和畜牧业设施研发等，形成了因地制宜、各具特色的技术和模式，为保护和利用特色优势畜种资源，提高生产效益提供了配套技术。

提出了基于本土特色畜产品加工工艺与提质增效技术。畜产品是畜牧业生产价值和效益的最终体现形式，畜产品加工是牧区畜牧业最薄弱的环节，也是实现生态环境保护和牧民增收的关键。千百年来青藏高原牧区对畜产品的生产加工、销售有着独到的工艺、技巧、方法以及文化根基和脉络的传承；乳肉皮毛绒产品广泛应用于饮食、服饰、医疗保健、工艺美术，融入到高原生产生活的每一个角落；高原人民以圣洁、优质、纯朴、诚实等人文理念，展现出独具特色的文化底蕴；保持传统产品品质、特色和风味，不盲目模仿、跟风，保持其不可替代性和唯一性的产品特质；顺应全球资源的有效配置，在满足各种文化环境差异需求的基础上，重点对传统牦牛乳、肉、藏羊肉制品生产工艺和技术进行现代化提升，构建和完善社区畜产品加工生产经营体系，制定畜产品生产技术与质量标准，利用现代市场条件和营销理念，规划品牌和设计畜产品种类、完善包装营销体系从而达到产业链延伸。实现了牧民自主生产加工，提高了畜产品的附加值，为破解青藏高原草地畜牧业增产不增收，以及如何保障特色优质畜产品生产安全、提升加工工艺、实现其功能价值等方面的难题提供了质量标准、配套技术和生产模式，同时转变了牧民观念，提升了牧民知识和技能，培养了一批高原新型牧民，产生了广泛的示范效应。

创建了“青藏高原社区畜牧业”模式，创新了参与式社区示范方法和策略，为青藏高原农牧区脱贫攻坚、乡村振兴、“一带一路”国家战略的实施，促进社会和谐稳定提供了可供借鉴的示范样板。针对青藏高原草地畜牧业农牧民主体意识弱、自我发展能力差、技能型人才缺、生产组织化程度低等问题，提出了青藏高原社区畜牧业是由长期居住在同一个自然生态村落，相互有共同关系的牧民群体，基于本土自然资源禀赋和自然文化遗产，结合现代文明

青海省海北州祁连县牧场　摄影 / 李栋

成果，以家庭经营、草地承包制度为基础，互助互补为纽带，自愿认同的社区产业经济、文化、生态有机联系、协调共管共享、可持续发展的生产组织、产业模式和生活方式的集合；具有组织牧业生产、管理公共资源、保护生态环境、稳定牧区社会等功能；基本特征是把社区作为一个有机整体，在现行的家庭经营、草地承包基础上，通过牧民自愿联合、共同约定、兼顾公平与效率，构建和完善社区畜牧业价值系统、结构体系、要素和机制，对原有的畜牧业要素资源重新组合、更新升级，激发内生动力。在青藏高原具有代表性的区域，示范创建了"增草限畜提质增效型"四川红原安曲社区、"三级联动生态优先型"四川白玉昌台社区、"以场带社生态安全型"西藏墨竹工卡斯布社区、"生计多元导向型"西藏羊八井甲多社区、"品牌培育有机养殖型"青海河南尕庆社区、"草畜优化配套互助合作型"青海玉树歇武社区、"产加销多功能型"甘肃甘南桑科社区、"农牧互补复合型"云南迪庆中甸社区。创新了"引领方向转变思路，牧民主体共同合作，用心用情陪伴成长，培养塑造新型牧民，整合资源开放合作，因地制宜突出特色"的青藏高原社区生态畜牧业参与式工作方法和策略。以人的改变开始，以社区农牧民为主体，通过要素注入，激活农牧民内生动力，重塑农牧民尊严和自信，培养塑造以四川红原"酸奶王子"易斯达、河南尕庆社区“欧拉羊乡土育种家”果多、西藏羊八井社区“脱贫书记”次仁多杰、甘肃夏河社区“创业女青年”甲羊吉、云南香格里拉“技术能手”七里央机、西藏斯布“牧场能人”达娃为代表的新型牧民，破解了科技扶贫从“要我脱贫”到“我要脱贫”的难题，为青藏高原社区畜牧业发展提供了有效的方法手段。

十六、松岗，那些美丽村落的故事

松岗镇位于四川省阿坝藏族羌族自治州马尔康市城西15公里。“松岗”嘉绒藏语意译为“峡口上的官寨”，因原松岗土司官寨建造于峡口而得名。辖区内著名的松岗土司官寨遗址、国家重点文物保护单位直波碉群、省重点文物保护单位莫斯都古岩画等历史人文景观，深深地吸引人们的到来。

直波碉群，中国版的“比萨斜塔”

松岗镇直波村位于梭磨河南岸，“直波”嘉绒藏语译意为“河水环绕的圣地”，因其依山环水、沟谷交汇，地理位置十分重要，历来为兵家必争之地，故曾广筑城墙，兴建碉楼，历史上称其为直波城。

直波村保留继承了原生态锅庄、若木纽节等民间传统文化，是马尔康市非物质文化遗产主要传承地之一。村落内现存何文古寺、古城墙遗址、头人官寨、腾古甲萨遗址、大黑金刚神魂石等珍贵文化遗产，最为著名的是两座八角古碉楼，始建于清代中叶，为全国重点文物保护单位。

直波村南北矗立着两座历史悠久的古碉楼，守望着荏苒岁月中古老村庄变换的容颜，被称为中国版的“比萨斜塔”，让这个川西偏远的藏族村落蜚声海内外。

两碉依山势南北分布，与松岗官碉、天街隔河相望。南碉在村内，北碉在村北的山脊上，相距50米，用石块和泥砌墙，内用木质楼梯上下，外呈八角形，内呈圆形，整体由下往上渐内收成锥体，形成八角碉。

古碉以本地丰富的石块、片石为材料，用黄色的黏土与石块错落有序修建而成。碉体上小下大，碉墙下宽上窄，内直外斜，逐层垒砌，内置横梁隔成数层，各层间用易收易放的独木梯连接。整个碉体形态完美，与周围的

直波古碉　供图 / 马尔康市文化体育旅游局等

直波藏族同胞晒佛　供图 / 马尔康市文化体育旅游局等

环境协调，把建造者的审美理念，绝伦的技艺和嘉绒民族的性格、情怀表现得淋漓尽致，是嘉绒藏族高超建筑艺术的结晶。

半个多世纪以来，由于历经1933年叠溪、1989年小金、2008年汶川三次大地震的南碉，已经向外倾斜2.3米，但仍屹立不倒，被称为中国版的“比萨斜塔”。相传南北两碉有地道相通，用以容纳老弱病残，为防敌人久围为攻，碉内可贮藏大量粮食，且还有暗渠引水入碉，但随着时间流逝和地质内部结构变化，目前暗渠已无从查找。

为切实加大传统村落保护，进一步处理好传统村落保护与发展，马尔康市已就直波村传统村落保护制订出相应的规划方案，使直波村传统文化走上良性发展的道路，进而促进文化与农村经济社会的可持续发展。

“峡谷上的官寨”松岗官碉和天街

公元634年，即唐贞观八年间，始祖盘热（又名柯盘，传说是西藏王室首派东征的上将军）当时作为西藏首任军务大臣留驻嘉绒，便把自己官寨建于松岗直盘果山，今梭磨河南岸1.5公里的山坡上，后迁至现在官碉所在的地方。官寨最后一次大规模扩建是在清康熙年间，四土地区有名的松岗十六代土司（最初称之为土王，在元朝之后改称土司）苍旺尔甲，他为了显示自己的权力与荣耀，在原官寨修建的基础上扩建了规模宏大的新官寨。

此官寨建筑外观酷似西藏拉萨的布达拉宫，故一时被称为“布达拉宫第二”，同时也有“小布达拉宫”的称号。由于是官寨的所在地，当时整个松岗梁子建筑林立，行人熙熙攘攘，来往客商不断，使得当时的经济得到了空前的发展。但官寨却于1936年毁于一场大火。这座四土地区最雄伟的建筑至此而消失，现仅存残垣断壁。

松岗官碉分东西两座，相距25米，互为守望。东碉高16.4米，平面呈四角矩形，直径9米，外边长5.2米，墙厚0.85米，内呈锥形，上下共四层，用木梯连接，东西两侧各开瞭望孔两个，高0.30米，宽0.10米；西碉高14.9米，平面也呈四角矩形，外边长5米，直径8.5米，分上下三层楼，南北两墙各开一个方形瞭望孔，孔高0.46米，宽0.20米。碉楼是用当地的石块层层垒砌修建而成，中间用黄泥夯打结实，锥形结构本身十分稳定。碉内每层以小圆木铺垫，人靠木梯上下，底层全封闭，二层设门出入，三四层以上设藏式斗窗，供采光、瞭望。

松岗官碉　供图 / 马尔康市文化体育旅游局等

天街　供图 / 马尔康市文化体育旅游局等

历经风雨冲刷，两座碉楼在岁月的冲蚀中已渐渐风化，但自 2013 年起，马尔康市人民政府又将这两座碉楼重新恢复。

松岗十六代土司苍旺扎尔甲，在原官寨修建的基础上扩建了规模宏大的松岗土司官寨，而土司下面的自由民（藏语称柯拉巴娃），则居住于官寨下方靠北的山梁上，他们所搭建的居住石碉楼也慢慢形成了一定的建筑群，这些建筑群也逐步构成柯盘天街的雏形。

以前松岗村民都居住在现在的“柯盘”天街，而天街的形状犹如祥龙伏在山谷，象征着炎黄子孙、龙的传人。所以每年正月初二，全村老少拜庙请龙，祈求新的一年里风调雨顺、太平安康。正月十五则是送龙的日子。

自 2014 年起，马尔康市启动“街”旅游景点山脊开发项目，以清时期的柯盘天街建筑群为核心，全方位还原嘉绒藏族的民俗风情，项目占地 500 余亩，包括风情酒店、广场、碉楼群及农家乐集群、商业街等。至 2019 年 5 月 1 日，松岗柯盘天街正式开门迎客，这条古老而又神秘的街道向我们敞开她最神秘的嘉绒风情。

松岗村毗邻马尔康岷江柏自然保护区，许多村民自觉对保护区域内的猕猴进行投食喂养，生态保护意识不断加强。

莫斯都岩画，古老文明的遗迹

地处松岗镇城西莫斯都村，距镇政府所在地 11 公里，距马尔康市 26 公里，平均海拔 2900 米。莫斯都，在嘉绒藏语里为“山谷尽头”的意思，其所处的位置三面环山，其东北面是一条狭长的山谷，与远方的另一条山谷遥遥相对。

莫斯都岩画散落于莫斯都沟 15 公里处、方圆 3 平方公里范围内，由三块独立岩石组成。石质均为花岗岩，以三角形态分布在方圆 50 米范围内。由北向南依次编号为一号、二号、三号岩画，一号与二号岩画之间南北相距 18 米，三号与二号东西相距 25 米。一号岩画东西长 2.9 米，南北宽 1.7 米，露出地 0.3 米，南高北低呈楔形；凿刻面光洁平整，内容较二号、三号岩画更为丰富。

二号岩画体量最大，南北宽 4 米，东西长 3.7 米，露出地表 0.5—0.6 米；岩画主要分布在岩石东西两侧及岩石顶部，但内容较为零星。

群山环绕的西莫斯都村　供图 / 马尔康市文化体育旅游局等

三号岩画凿于较为突兀圆滑的岩石之上，南北长 1.6 米，东西宽 1.35 米，高 0.9 米，岩画分布于岩石顶部，画幅较小。3 处岩画所刻图案均为人物、动物或狩猎、舞蹈等生产生活场景及个别不明含义的符号，图案由点状凿痕连成线条构成，线条流畅、生动。

西莫斯都岩画　供图 / 马尔康市文化体育旅游局等

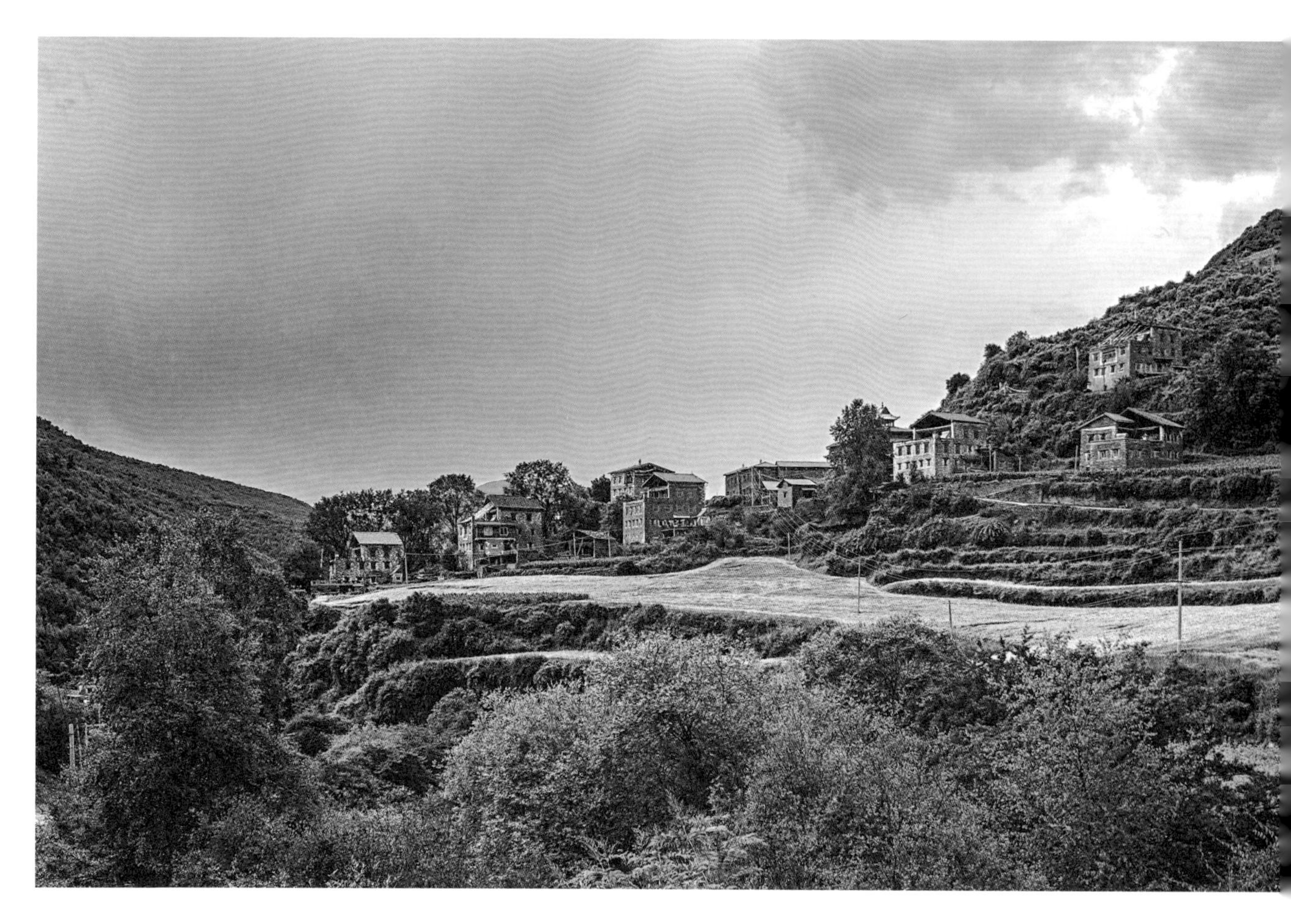

松岗夏天　供图/马尔康市文化体育旅游局等

马尔康作为中国民族文化南北走廊的关键地带，历史上南来北往的族群不断在这里穿梭，都在这里留下了自己文化的影子。时至今日，是谁在莫斯都留下了这些洪荒时代的石刻档案，莫斯都岩画的族属何为，都尚未得到考证，淹没在历史的长河中，但却见证着这片土地曾经的辉煌和文明。

十七、川西北草原特有花卉植物鉴赏

川西北草原地处青藏高原东南缘，位于东经 97°22′—104°27′，北纬 27°58′—34°19′，是长江、黄河上游及其主要干流的源头，包括甘孜、阿坝、凉山三个少数民族自治州，是全国第五大牧区、第二大藏区、第一大彝区和唯一的羌区，是青藏高原与云贵高原、四川盆地之间的过渡地带。川西北高原地形复杂，有着高山草甸、湿地、沙地、森林等各种不同的生态环境，垂直差异明显，气温随着海拔的升高而骤降，具有“一山四季”的特点，6—9 月为雨季，降雨量为 600—1000 毫米，常伴有冰雹和大风。正是由于复杂多变的气候条件和生态环境，造就了川西北地区较高的生物多样性。

2018 年，笔者对川西北草原野生花卉植物进行调查，其中草本花卉植物占到 80%以上，覆盖了 27 科，66 属，共 80 种。其形态各异，颜色鲜丽，具有很高的观赏价值。笔者从调查图片中选出部分质量较高，能够反映植物特征的花卉图片作为展示，主要表现植株在生境中的外观和花的特写。

1. 长花马先蒿管状变种 *Pedicularis longiflora* var. *tubiformis*

长花马先蒿管状变种　供图 / 四川省草原科学研究院

· 科名：玄参科 Scrophulariaceae

· 属名：马先蒿属 *Pedicularis*

· 形态特征：低矮草本，叶片羽状浅裂至深裂；花腋生，有短梗，花冠黄色，花前端有狭细环状卷曲的细喙，下唇近喉处有两个棕红色

光果婆婆纳　供图/四川省草原科学研究院

褐毛垂头菊　供图/四川省草原科学研究院

掌叶橐吾　供图/四川省草原科学研究院

斑点；蒴果披针形，种子狭卵圆形。

2. 光果婆婆纳 *Veronica rockii*

· 科名：玄参科 Scrophulariaceae

· 属名：婆婆纳属 *Veronica*

· 形态特征：多年生草本，高 20—60 厘米，茎直立，叶无柄，卵状披针形，各部分都有柔毛，花冠蓝色或紫色，长 3—4 毫米。

3. 褐毛垂头菊 *Cremanthodium brunneopiloesum*

· 科名：菊科 Compositate

· 属名：垂头菊属 *Cremanthodium*

· 形态特征：多年生草本，全株灰绿色或蓝绿色。根肉质，茎单生，直立。丛生叶，叶片宽大，呈椭圆或披针形，头状花序辐射状，下垂，通常组成总状花序，舌状花黄色，瘦果圆柱形，光滑。

4. 掌叶橐吾 *Ligularia przewalskii*

· 科名：菊科 Compositate

· 属名：橐吾属 *Ligularia*

· 形态特征：多年生草本，茎直立，高 30—130 厘米，丛生叶，叶片轮廓卵形，掌状分裂，总状花序长达 48 厘米，头状花序辐射状，舌状花 2—3，黄色。

5. 川西小黄菊 *Pyrethrum tatsienense*

· 科名：菊科 Compositate

· 属名：匹菊属 *Pyrethrum*

川西小黄菊　供图 / 四川省草原科学研究院

川西蒲公　供图 / 四川省草原科学研究院

橙舌狗舌草　供图 / 四川省草原科学研究院

· 形态特征：多年生草本，高 7—25 厘米。上部及接头状花序处的毛稠密，基生叶椭圆形或长椭圆形，二回羽状分裂，舌状花橘黄色或微带橘红色。

6. 川西蒲公 *Taraxacum chionophilum*

· 科名：菊科 Compositate

· 属名：蒲公英属 *Taraxacum*

· 形态特征：多年生草本，叶暗绿色，大头羽裂或羽状深裂，头状花序生于花茎之顶，花全部舌状，两性，黄色或白色。

7. 橙舌狗舌草 *Tephroseris rufa*

· 科名：菊科 Compositate

· 属名：狗舌草属 *Tephroseris*

· 形态特征：多年生草本植物，基生叶数个，莲座状，头状花序辐射状或稀盘状，舌状花约 15，管部长 5 毫米，舌片橙黄色或橙红色。

8. 蜀西香青 *Anaphalis souliei*

· 科名：菊科 Compositate

· 属名：香青属 *Anaphalis*

· 形态特征：根状茎粗壮，直立或斜升，不分枝，被蛛丝状棉毛，莲座状叶披针形或倒卵状椭圆形，全部叶两面被蛛丝状棉毛，头状花序多数，密集成复伞房状，花序梗短。

9. 细果角茴香 *Hypecoum leptocarpum*

· 科名：罂粟科 Papaveraceae

蜀西香青　供图 / 四川省草原科学研究院

细果角茴香　供图 / 四川省草原科学研究院

红花绿绒蒿　供图 / 四川省草原科学研究院

· 属名：角茴香属 *Hypecoum*

· 形态特征：一年生草本，略被白粉，茎丛生，铺散而先端向上，基生叶多数，叶片狭倒披针形，二回羽状分裂，茎生叶同基生叶但较小，具短柄或近无柄，花茎多数，通常二歧状分枝，花小，排列成二歧聚伞花序，花瓣淡紫色，蒴果直立。

10. 红花绿绒蒿 *Meconopsis punicea*

· 科名：罂粟科 Papaveraceae

· 属名：绿绒蒿属 *Meconopsis*

· 形态特征：多年生草本，高 30—70 厘米，基部盖以宿存的叶基，被刚毛，叶基生，莲座状，花亭 1—6，花单生于基生花亭上，花瓣深红色，蒴果椭圆形。

11. 川西银莲花 *Anemone prattii*

· 科名：毛茛科 Ranunculaceae

· 属名：银莲花属 *Anemone*

· 形态特征：植株高 11—30 厘米，根状茎近圆柱形，有时自顶部生出陆生的细长走茎。基生 1—2，有长柄，叶片心状五角形，三全裂，花亭只上部有疏柔毛。

12. 露蕊乌头 *Aconitum gymnandrum*

· 科名：毛茛科 Ranunculaceae

· 属名：乌头属 *Aconitum*

· 形态特征：茎直立，被短柔毛，基生叶通常在开花时枯萎，叶片三全裂，

川西银莲花　供图 / 四川省草原科学研究院

露蕊乌头　供图 / 四川省草原科学研究院

翠雀　供图 / 四川省草原科学研究院

总状花序有 6—16 花，萼片蓝紫色，被柔毛，上萼片船型，种子倒卵球形。

13. 翠雀 *Delphinium grandiflorum*

· 科名：毛茛科 Ranunculaceae

· 属名：翠雀属 *Delphinium*

· 形态特征：茎高 35—65 厘米，基生叶和茎下部叶有长柄；总状花序有 3—15 花；花瓣蓝色，无毛，瓣片近圆形或宽倒卵形，顶端全缘或微凹，腹面中央有黄色髯毛。

14. 矮金莲花 *Trollius farreri*

· 科名：毛茛科 Ranunculaceae

· 属名：金莲花属 *Trollius*

· 形态特征：植株无毛，根状茎短，茎高 5—17 厘米，不分枝，叶 3—4 枚，全部基生或近基生，有长柄，叶片五角形，三全裂，花单独顶生，萼片黄色，种子椭圆球形。

15. 连翘叶黄芩 *Scutellaria hypericifolia*

· 科名：唇形科 Labiatae

· 属名：黄芩属 *Scutellaria*

· 形态特征：多年生草本，根茎肥厚，茎多直立，高 10—30 厘米，四棱形，叶具短柄或近无柄，卵圆形，花序总状，花冠白、绿白至紫、紫兰色，小坚果卵球形，黑色，有基部隆起乳突。

16. 暗紫贝母 *Fritillaria unibracteata*

· 科名：百合科 Liliaceae

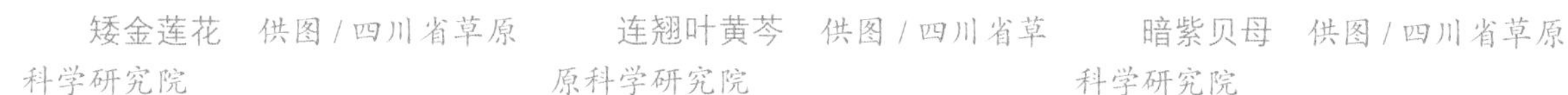

矮金莲花　供图 / 四川省草原科学研究院

连翘叶黄芩　供图 / 四川省草原科学研究院

暗紫贝母　供图 / 四川省草原科学研究院

· 属名：贝母属 *Fritillaria*

· 形态特征：多年生草本，高 15—20 厘米，茎直立，叶互生，线形或线状披针形，花单生于茎顶，深紫色，略有黄褐色小方格。

17. 椭圆叶花锚 *Halenia elliptica*

· 科名：龙胆科 Gentianaceae

· 属名：花锚属 *Halenia*

· 形态特征：一年生，高 15—60 厘米。基生叶椭圆形，茎生叶卵形、椭圆形、长椭圆形或卵状披针形。聚伞花序腋生和顶生，花冠蓝色或紫色。

18. 藏獐牙菜 *Swertia racemosa*

· 科名：龙胆科 Gentianaceae

椭圆叶花锚　供图 / 四川省草原科学研究院

藏獐牙菜　供图 / 四川省草原科学研究院

圆穗蓼　供图 / 四川省草原科学研究院

唐古特岩黄耆　供图 / 四川省草原科学研究院

狼毒　供图 / 四川省草原科学研究院

·属名：獐牙菜属 *Swertia*

·形态特征：一年生，聚伞花序顶生及腋生，花冠浅蓝色或淡蓝紫色。

19. 圆穗蓼 *Polygonum macrophyllum*

·科名：蓼科 Polygonaceae

·属名：蓼属 *Polygonum*

·形态特征：多年生，茎直立，茎生叶较小狭披针形或线形，叶柄短或近无柄；总状花序呈短穗状，花被深裂，淡红色或白色。

20. 唐古特岩黄耆 *Hedysarum tanguticum*

·科名：豆科 Leguminosae

·属名：岩黄耆属 *Hedysarum*

·形态特征：多年生，高 15—20 厘米。小叶片卵状长圆形、椭圆形或狭椭圆形，总状花序腋生，花冠深玫瑰紫色。

21. 狼毒 *Stellera chamaejasme*

·科名：瑞香科 Thymelaeaceae

·属名：狼毒属 *Stellera*

·形态特征：多年生草本，高 20—50 厘米，茎直立，丛生，不分枝，叶散生，稀对生或近轮生，花白色、黄色至带紫色，芳香，多花的头状花序，顶生，圆球形。

十八、中华民族的生态福祉“三江源”——中国最大的自然保护区建设纪实

三江源自然保护区位于青海南部海拔 4000 米以上的青藏高原腹地，地域辽阔、地形复杂，湿地生态系统星罗棋布，是长江黄河、澜沧江的发源地，素有“江河源”之称，被誉为“中华水塔”。这里孕育了独特的动植物区系和生态系统，生物种类丰富多样，为大批珍稀野生动物提供了栖息地，被誉为“高寒生物种质资源库”，是我国大江大河中下游地区和东南亚国家生态安全与区域可持续发展的生态屏障。

澜沧江源头　摄影 / 张胜邦

达日的黄河　摄影 / 张胜邦

“中华水塔”和“亚洲水塔”，被称为地球“第三极”

世界上很难再找出这样一个地方，汇聚了如此众多的名山大川，世界上也很难再找 3 条同样的大河，它们的源头竟是如此血脉相连。现在长江总水量的 25%、黄河总水量的 49%、澜沧江总水量的 15%都来自这里。人们将它誉为“中华水塔”和“亚洲水塔”，并称之为地球“第三极”。

三江源是世界上湿地类型最丰富、分布最集中的保护区，独特的三江源生态造就了世界上最大面积、最高海拔的湿地生态景观。其天然湿地可划分为河流湿地、湖泊湿地和沼泽湿地三大类：河流湿地，主要是由长江、黄河和澜沧江三大河流的干流支流水系及其河床型湿地构成，境内有大小河流 180 多条，总面积达 1607 平方公里；湖泊湿地，由三江源的 16000 个大大小小湖泊构成，其中水面在 0.5 平方公里以上的天然湖泊就有 188 个，总面积达 1986 平方公里，最著名的湖泊有扎陵湖鄂陵湖、依然错、多尔改错等；缘于千冻土层发育和大量冰川雨雪积水而形成的沼泽湿地，著名的有星宿海沼泽、当曲沼泽、扎阿曲沼泽等。

今天，三江源保护区建设举世瞩目，已成为 21 世纪保护自然生态和区域协调发展的热点。然而，在 20 世纪末，三江源区并不被许多人所知。

三江源自然保护区成立始末

在 20 世纪 90 年代，个别政府部门和科研机构、高等院校在三江源区实施了一些小型生态工程和研究项目，但影响很小。1999 年底至 2000 年 1 月，几位长期从事植物学、水利科学和环境保护学研究的科技工作者经过酝酿，向国家林业局提出了“开发大西北、保护三江源”的设想。国家林业局对这一建议高度重视，经过认真的研究后，于2000年2月2日正式发函青海省人民政府建议建立三江源自然保护区，并于2000年3月21日在西宁与青海省人民政府，共同召开了“建设三江源自然保护区研讨会”；2000年5月23日，青海省人民政府正式批准建立三江源省级自然保护区，随即与国家林业局联合部署了申报国家级自然保护区的工作。

2000年6月3日至9日，国家林业局党组成员、全国政协人口资源环境委员会副主任、中国林科院院长江泽慧，在西宁出席以“再造秀美山川”为主题的西部十省区科普宣传活动启动仪式，并发表了重要讲话。之后，她听取了国家林业局野生动植物保护与自然保护区管理司、青海省林业局等有关部门负责人关于三江源自然保护区建设工作的汇报，表示中国林科院广大科技人员是三江源保护区建设的坚强后盾，一定要不遗余力地协助青海省建设好三江源保护区。

自2000年6月起中国林科院决定从人才培养着手，对青海等西部省区，包括三江源区的退耕还林还草试点县的主管县长、林业局局长等，分批进行了为期一个月的技术培训，江泽慧院长和多名院士、首席科学家、首席专家站

三江源揭碑仪式现场盛况　供图/青海省三江源国家级自然保护区管理局

立讲台亲自授课，为西部培养了一批专业人才。

2000 年 7 月 22 日，时任中共中央总书记、国家主席、中央军委主席的江泽民同志亲笔为三江源保护区题写了区名，全国人大常委会副委员长布赫题写了碑文，充分表达了全国各族人民共同建设三江源的坚定决心。2000 年 8 月 19 日，江泽民同志题字的三江源纪念碑揭碑仪式在青海省玉树藏族自治州通天河畔隆重举行，国家林业局局长周生贤等为纪念碑揭幕，中央电视台对全世界实况转播，新华社发通稿，人民日报、光明日报、经济日报、科技日报等国家主要新闻媒体均在显著位置报道，从此拉开了三江源保护区大规模建设的序幕，三江源逐步为世人所熟识。

2001 年 3 月 13 日，中国林科院与青海省人民政府在京签订了全面科技合作的协议。国家林业局局长周生贤以及在京的所有局党组成员、时任青海省党政主要领导赵乐际同志等出席了签字仪式；江泽慧院长和青海省人民政府马培华副省长代表双方在院省科技合作协议书上签字，联合成立“青藏高原生态林业研究中心”，大力推进三江源自然保护区建设技术合作，提高江河源头自然保护区建设的科技含量。

科考队员实地科考　供图/中国林业科学研究院森林生态环境与保护研究所

国家林业局把三江源保护区建设定为 2001 年全国林业生态工程建设的“旗舰工程”，并把科学考察工作作为重中之首，组成了三江源保护区科学考察领导小组。中国林科院江泽慧院长担任组长，参加野外科学考察的近 40 名队员

① 冬虫夏草
② 班玛马先蒿
③ 绿花党参
④ 尼泊尔老鹳草
⑤ 大白米（假百合）
⑥ 唐古特铁线莲
⑦ 钟花铁线莲

三江源珍稀植物 摄影 / 张胜邦

有水文、地质、植物、动物、生态、湿地、土壤和社会经济等不同学科的专家，分别来自中国林科院各研究所，以及国家林业局规划院、中国科学院、青海省林业局、青海省环保局、三江源保护区管理局等单位，划分为长江组、黄河组和澜沧江组。

科考队于2001年7月13日—8月16日，历时一个多月，行程两万公里，在高山缺氧、气候恶劣的环境中，深入三江源腹地顽强工作，获得了大量的物种、生态系统和社会经济方面的标本、数据、样方、摄影摄像等第一手资料。特别是对第一次规划提出的两处核心区进行了数量和面积调整，依据考察结果重新核定核心区和核心区重点保护对象，提出了更为科学、合理的划分核心区、缓冲区和试验区的方案，区划结果使原有核心区面积大大缩小；通过研究和整理，三江源区植物增加到2308种，与第一次规划提出550种比增加了1758种，还发现了10多种新分布的鸟类；综合得出了"三江源区生态系统极其脆弱，亟待加强保护。三江源不但拥有最丰富的湿地资源，而且具有世界上分布海拔最高的森林，有高寒灌丛、高寒草甸和高寒草原，其生物多样性保护具有极其重要的国际意义"，并进一步提出"按照国家级自然保护区建设标准，以及三江源自然保护区的特殊性和条件，设立三江源国家级自然保护区是一项刻不容缓的战略任务”。科考队在内业阶段形成的《三江源自然保护区科学考察报告》正式出版，摄制的《三江源生物多样性》录像片，在中央电视台播放，国家林业局规划院编制了新的三江源国家级自然保护区总体规划。

2001 年 11 月 10 日，青海省人民政府召开三江源晋升国家级自然保护区考察报告和总体规划评审会，来自中科院、北大、复旦、中国气科院、环科院、北林大、东林大以及有关国家主管部门的多位院士、专家和国家级自然保护区的评委，在听取了科考队汇报后，一致认为三江源科学考察取得了重要的科研成果，为编制保护区总体规划提供了科学依据。总体规划符合国家级自然保护区建设标准，建议国务院予以批准。

随后，国家自然保护区评审委员会又对三江源区进行了实地考察。2003 年 1 月 24 日，国务院办公厅以国办发〔2003〕5 号文批准三江源省级自然保护区晋升为国家级自然保护区，中国林科院广大科技工作者的心愿终于实现了。从此，三江源自然保护区建设站在了新的起跑线上，迎来了一个新的更快的发展时期。

2005 年 1 月 26 日，国务院第七十九次常务会议批准了《青海三江源自然保护区生态保护和建设总体规划》，决定国家投资 75 亿元人民币建设三江源国家级自然保护区。会议指出，青海三江源区是我国最重要、影响范围最大的生态功能区。制定并实施青海三江源自然保护区生态保护和建设规划，保护和改善其生态环境，对于惠及三江源区、促进全国可持续发展，具有重要战略意义。会议强调，三江源自然保护区生态保护和建设，要以保护和恢复生态功能、促进人与自然和谐发展、实现农牧民小康生活为目标，统筹规划、加强领导、突出重点、分步实施。2005 年 5 月 15 日，三江源国家级自然保护区核心区的扎陵湖、鄂陵湖湿地被联合国湿地公约秘书处正式批准为“国际重要湿地”，这标志着三江源保护区已成为全球最具影响力的高原湿地之一。科学研究表明，这两块湿地都是高原多种珍稀鱼类和水禽的理想栖息场所，湖区沼泽和环湖半岛以及水域是鸥类、雁鸭类和黑颈鹤等的重要栖息地。国际社会对此评价认为，中国政府在湿地保护工作中，许多方面已经走在了世界的前列，特别是投资 75 亿元人民币建设以保护高原湿地为主要内容的三江源自然保护区，不但是中国的骄傲，也是亚洲和世界的骄傲。

三江源珍稀动物　摄影 / 张胜邦

中国三江源国家公园体制试点正式启动

2015年12月9日下午，中共中央总书记、国家主席、中央军委主席、中央全面深化改革领导小组组长习近平主持召开中央全面深化改革领导小组第十九次会议并发表重要讲话。会议审议通过了《中国三江源国家公园体制试点方案》。

会议指出，在青海三江源地区选择典型和代表区域开展国家公园体制试点，实现三江源地区重要自然资源国家所有、全民共享、世代传承，促进自然资源的持久保育和永续利用，具有十分重要的意义。要坚持保护优先、自然修复为主，突出保护修复生态，创新生态保护管理体制机制，建立资金保障长效机制，有序扩大社会参与。要着力对自然保护区进行优化重组，增强联通性、协调性、完整性，坚持生态保护与民生改善相协调，将国家公园建成青藏高原生态保护修复示范区，三江源共建共享、人与自然和谐共生的先行区，青藏高原大自然保护展示和生态文化传承区。

这是伟大时代的又一伟大抉择。通过实现国家集中进行重要自然资源资产管理与国土空间用途管制，将在我国首次构建“归属清晰、权责明确、监管有效”的生态保护管理体制，为我国生态文明建设探索出一条新路径。这无论对青海还是对整个中国来说，都是一个令人振奋的消息，它不仅意味着三江源生态保护与建设翻开了崭新的时代篇章，而且标志着社会主义中国在走向生态文明的伟大征程中又迈出了坚实的步伐。

十九、青海湖区草原，普氏原羚最后的栖息地

作为国家级自然保护区，青海湖是青藏高原生物多样性最丰富的宝库。青海湖流域以小嵩草异针茅草、藏嵩草、报春花、鹅绒委陵菜、风毛菊等为建群种的高寒草原和高寒草甸草原，为众多的野生动物提供了栖息之地。青海湖流域及周边地区有野生动物200多种，其中普氏原羚、雪豹、藏野驴、黑颈鹤、玉带海雕等国家一二类保护动物37种，分布有种子植物400多种。青海湖流域是由湿地、高寒草甸、草原、灌木林、耕地、沙丘和鱼、鸟、兽等珍稀野生动植物共同构成的生态体系，闻名世界。

普氏原羚的生存危机

由于青海湖区域内生态环境不断恶化，导致野生动物的活动范围逐步缩小，种群数量急剧减少，珍稀野生动物资源15%—20%濒临灭绝，高出全国平均水平5个百分点，特别是仅衍息在青海湖南山、湖东地区，数量极少，极度濒危的野生动物普氏原羚，正面临着栖息地破碎、种群分割、基因交换困难、人为捕猎等诸多问题。普氏原羚属偶蹄目，牛科。人们又叫它滩黄羊、普氏小羚羊。在野羊中，普氏原羚体形中等，但是比原羚大，一般体长1米，肩高约50厘米，成年体的体重在27公斤以上，普氏原羚的外形很像黄羊，头形宽短，吻部宽阔，雌羊没有角，雄羊的两角自头顶长出后，几乎平行向后延伸，角尖略扩后又向内弯，近似圆钩状。普氏原羚的角上有环棱，靠近尖端的地方却趋于平滑，四肢粗细适中，尾巴较短。普氏原羚全身的毛色枯黄，略带灰褐。夏季毛色较深，冬季会变得浅一些。它的上下嘴唇是黑色的，鼻孔两侧的污白色一直延伸到下颌，喉、腹及四肢内侧都呈白色，臀部有白斑，鼻骨狭

环湖草原上的普氏原羚　摄影 / 薛洲

青海湖环湖草原　摄影 / 沈传立

窄，末端变得细小。

普氏原羚曾经广泛分布于青海、宁夏、内蒙古和新疆东南部地区，直到20世纪60年代，还存在种群上千的情况，但是由于缺乏有效的保护、人类以及天敌狼的大量捕杀，普氏原羚数量迅速减少。目前，仅在青海湖周边沙漠地区有少量分布，仅存300余只。然而，生存异常艰难的普氏原羚为什么还能在青海湖地区生存下来呢？

青海湖地区是季节性轮牧区，属于青藏高原人类活动强度较高的地区，又是草原与沙漠的交错地带。例如青海湖湖东种羊场与小北湖一带，因为有200多平方公里的半固定沙丘和流动沙丘，沙丘中人迹罕至，所以成了普氏原羚的避难所。每天清晨，太阳还未升起，普氏原羚就已悄悄离开沙地来到草原，和着清晨的露水啃食青草，享受初升的阳光。等牧人挥动牧鞭，驱赶羊群来到草地时，普氏原羚已然退入了沙地。傍晚，草原沐浴在晚霞之中，牧人和羊群渐渐离开了草原，这时候，普氏原羚又从沙漠中出来，在天黑前匆匆吃过自己的晚餐。这种家畜进、羚羊退的现象是由于人类活动侵扰野生动物造成

守望家园、成群结队、腾起、生命力　摄影 / 薛洲

祈盼平静、自由、美好的生存空间　摄影 / 薛洲

的，也是野生动物对人类活动行为的无奈适应。不过，在食物短缺的季节，它也会与家畜竞争食物。当然，这样做是有风险的。

随着近年来人类放牧区急剧扩展和草原载畜量的持续上升，普氏原羚的生存空间仍被不断蚕食，已经被分割成鸟岛种群、沙岛—尕海种群、湖东—克图种群和元者种群，四个小的孤立种群。可见，普氏原羚这个物种还能够幸存至今，完全依赖于青海湖畔没有被人类侵扰到的半固定沙丘和流动沙丘。

但是，又有哪一种生物不愿意生活在条件更优越一点的地方呢？如果没有危险，青海湖北岸和东北岸草原上的普氏原羚，更愿意待在比较平缓的丘陵草地和平坦的草原上，特别是夏季，因为牛羊被赶到了高山草甸上去了。因此，普氏原羚甚至可以越过围栏进入草地，还有可能深入到芨芨草草滩，然而越来越多的网围栏上的尖刺常常让逃亡中的普氏原羚遍体鳞伤，特别是怀孕期间的雌羚更是难以逾越纵横交错的网围栏，被挂住成为饿狼的美食。到了大雪纷飞的冬季，普氏原羚只能用前肢拨开雪，啃食沙地上的草根，有时候，坚硬的沙地会使它们的前肢流出血。

谨慎的普氏原羚从来不上高山或进入纯戈壁地带，只是偶尔去荒无人烟的草原上活动。它们喜欢群聚，夏季数只或十多只一起生活，冬季往往会结成大群，数量可以达到 100 多只。

普氏原羚以禾本科、莎草科及其他沙生植物的茎、叶和嫩枝为食。每年的 12 月到来年的 1 月交配，五六月份生育，每胎只产一只幼崽，偶有两只。小羊生下 3 天以后，就能跟着母亲到处飞跑。普氏原羚奔跑神速，许多动物都赶不上它。正因为拥有这样的本领，它才能一次又一次躲过敌手与凶猛野兽的攻击和伤害。

说起来，普氏原羚原本是青海湖地区的主人，但是现在人们将草原分块到户，家家筑起了围栏，在放牧量日益增加的同时，又有谁会顾及生活在这里的可怜的生灵的命运？就像生物学家李迪强先生在追踪考察了青海湖地区普氏原羚的分布、数量后所说的那样，“拯救普氏原羚，最简单的方法就是给它们留下一块生存空间”。

归还普氏原羚平静、自由、美好的生存空间

普氏原羚是陆地生态系统的主要组成部分，是典型的高原动物，已先后被《国际自然保护联盟红皮书》《中国濒危兽类红皮书》列为极濒危动物。如果再不引起有关部门的注意，很快将趋于灭绝，而在动物保护史上，一个大型哺乳动物的灭种将是一个重大事件。

一个物种代表一个特殊的基因库，经过千百年的自然选择和生存竞争，一个物种所携带的基因代表了该物种适应自然环境变化的能力，其中可能蕴藏着对人类未来生活有所裨益的基因。如果普氏原羚在我们还未准确地了解其生态、进化和遗传特征之前，就从这个星球上灭绝了，那么，这座宝贵的基因库就在我们面前永远消失了。

普氏原羚的救护工程是我国 15 大野生动植物保护工程之一。近年来，青海湖国家级自然保护区管理局，包括当地牧人、民间组织，采取了多种救护普氏原羚的具体措施，做了大量工作，在一定程度上缓解了对这一濒危物种的人为破坏，使普氏原羚的种群数量增加到 600 多只，但显然，还存在一些亟待解决的问题。

19 世纪，当俄国探险家普热瓦尔斯基在我国内蒙古鄂尔多斯高原上首先发现这个敏感、强健、奔跑如飞的高原生灵时，人们曾为此激动万分，并亲切地称它为“普氏原羚”。那时候，人们怎么也想象不到它会遭遇目前这样的生

存困境，成为世界上数量最少、分布范围最窄的羚羊类，甚至比大熊猫、扬子鳄更加濒危的野生动物。在人们为之痛惜、追悔莫及的同时，我们多么希望更多的人能够改正过失，使普氏原羚栖息地丧失、破碎和相互隔离的状况得到有效改善，归还它们一个平静、自由、美好的生存空间。

二十、青海高原上的野花（一）

春天来临，那颗花的种子，飞到了青海湖。

所幸没有被鸟吃掉，让青草地上开满鲜花。所幸被我遇到，让鲜花开满人间。

大地花开鸟鸣的时候，只有喜悦，只有满足。在旷野上奔跑的我，比平时也显得妩媚一点。

穿过田野、草原与荒漠，我始终在朝圣中历险。我的朝圣是为着新鲜的野花——开在河边、开在畔野、开在高山的野生花卉，是为着在野生花草的妍美中沉醉。

当伟大的、高贵的、英雄的、年轻的、年长的、男人女人倒下并消失，每一

藏茵陈枯枝上米黄色干花　摄影／祁凯章

片绿叶与花朵，却一如既往，惊人地重现在丰富而优美的土地上。植物、动物和人，灾难和战争都无法阻止大自然的富饶。平原的花开败了，高原上的花才刚刚吐蕊。河边的花肥硕丰满，湖畔的花虽纤弱却显得格外坚强。

雪在山顶上，上升的白云跟着阳光走。湖岸的花在小溪边，在青草里，在我湿润的心里、眼睛里。

就这样，我一边体验植物的青春、色彩和生命，一边同它们一起沐浴阳光，吸纳空气，接受风雨的历练。我没有目的，也不如转湖的信众虔诚，只在清晨的露珠里，夏天的雨里，冬天的雪里；在世界上最年轻的山脉、最年轻的牧场，寻觅我心底里的那支歌。花开花落，春去春来，大自然依旧充满生机，无穷无尽。

天井峡的第一朵花

3月5日，一个不寻常的日子。

那颗从远方飞过来的种子，真的开了花。海拔1600米，大通河、湟水、黄河三川交汇的地方天井峡，是青海最低的地方。当然，所谓低是相对的。

山顶被白雪覆盖，河里还浮动着冰块。走在山坡上，嗅到了来自林间的气息。河谷两边，茂密的树丛中树枝发出了新鲜的嫩芽，红色、黄色。我触了一下棕色的芽孢，似乎马上就要开裂。

鳞叶龙胆花　摄影/祁凯章

枯黄的草丛中存有去年的香青，藏茵陈的枯枝上，失却了水分的米黄色干花还留在枝头上。走了两个多钟头的山路，还不见期盼的花。我有些着急了。

对面山上，更多的草显出了绿意，一棵大树下，四小片报春的叶子长出了花苞，估计再有几天就要绽开啦。

踩着河边的石头走了一段路，还是没有寻找到一朵花。今年温度偏低，可能会在晚些时候开。又在山坡上走了一个多钟头，脚下的土松软湿润有了弹性，薄雪在脚下咯吱作响，犹如弹唱，犹如奏曲。野花或许是打算过两天才露面吧！

湿润平展的沟沿上，恍如隔世般地出现了一朵小小的蓝色的花。我屏住呼吸贴近了看时，认出这朵小花就是享誉高原的名花麟叶龙胆。

它是如何穿透寒冷的气息来到这严寒的大地上，如果没有爱，怎么可以有这样的勇气。

我无限欣喜，又无限爱怜地俯下身子，动情地望着这朵可爱的小花，这就是我日思夜想，今年早春开放的第一朵花，也是远方的朋友希望变成的那朵花。对此我深信不疑。

雪水漫过树林，鸟鸣时而传来。我蹲在地上，埋下头，与这朵可爱的麟叶龙胆默默相视。

春寒料峭，气温还很低，在尚显枯燥，甚至荒凉的土地上，小小的麟叶龙胆，孤零零的，悄然开放在冷僻的峡谷里，没有任何花朵相伴，就连羸弱的叶片也似乎超出了自身的承受力。但它又是这样的自信、鲜亮、生动。在阳光下，跃动着生命的喜悦，释放着春意。

是我的影子遮挡住了光线吧，它格外敏感的蓝色花瓣又轻轻地闭合了。我站起身，动动麻木的双脚，远远注视，直到它重又开放。这不是和受到惊吓的天鹅一样吗，植物、动物和人有着相同的元素，都容易受到惊吓，怕受到伤害。

想起挎着的相机，我匍匐在地，小心翼翼地拍下了这朵在绿叶的衬托下，无比清秀，无比柔弱的花。

想不到，春天的第一次出行有这么大的收获，亲眼看到了开在青海高原上的第一朵花。植物学家吴玉虎说，你们可真行。我考察到第一朵花开放的时间，至少比这个日子要往后推半个月，我几乎不敢相信他的话。如此，早春三月的这一天，应该让人铭记，这是青海高原上，野生花卉最早开花的日子。我为此激动不已，久久不能平静。

微不足道的小花，对三月里遍地鲜花、春意盎然的中国内陆算不了什么，可是对依旧荒凉、寒冷的青海高原却异常宝贵，这是生活在平原上的人无法理解的。

世界上，龙胆、报春和杜鹃是三大高山名花，数青藏高原的龙胆品种最多。龙胆花的颜色以蓝居多，蓝是那种见过一次，便没法再忘记，也没法用语言形容的蓝，纯粹得没有一丝芜杂，干净得像孩子的瞳仁。蓝得叫人忘情，叫人想流泪。

春天短暂，令人迷惑。这是我第一次，站在高高的山坡上，这么早，这么近距离地与春天相逢。我看到了半闭半合的天空，看到了火神与土地的交合。

如果不是站在这山坡上，我一定会毫无顾虑地投入爱人的怀抱。

委陵菜与蒲公英

早春的气息渐渐浓郁，代替了冬日的酷寒。微风吹在脸上，能感觉到些许暖意。大湖东部的互助五十乡，虽然偏僻，却是一个有名气的村子。卓玛山上的藏传佛教寺院佑宁寺，建于明万历三十二年。清康熙年间，它的规模、影响一度超过湟中的塔尔寺。

沿着一条山路往上走，翻过两座山头。形似金字塔的阿弥东索山出现在眼前。山顶上还有积雪，山下未开垦的庄稼地宽阔、平坦，还不到播种的时候。仔细看时，山坡上黄色的草丛中一些小草已经隐隐泛绿，有了生气。

时值正午，太阳晒在脸上有些灼热，腿也开始发酸，但是，心里是高兴的，一点也不觉得沮丧。

一小片密密的黑刺林挡住了去路。这是青海常见的灌木，秋天会结出红红的果子，酸极了。绕过眼前长势茂盛无法穿过的黑刺林。斜刺里，磕磕碰碰地来到山脚下。幸运的是，两朵金黄色的委陵菜躲在一处向阳的山坡上静悄悄地开着，像一对孪生的姊妹，互相依赖、互相照顾。

印象中，蔷薇科的委陵菜，一般生长在海拔 2000—4000 米的草甸、河漫滩附近。能在这片等待开垦的土地上见到，特别是早春的时候，还真有些喜出望外。两朵花的叶子已经长开了，正面的颜色深绿，背后有白白细细的绵毛，宛若鹅绒，怪不得叫鹅绒委陵菜。它们像网一样平铺在地面上，伸向四方。夏季，委陵菜会长出很多紫红色的须茎，再长出纺锤形或球形的植株，秋季采挖出来后洗净晾干，可熬粥、做八宝饭，富含维生素及镁、锌、钾、钙，还可健胃补脾、益气补血，所以被人们称为人参果，俗称蕨麻。青海南部和海北高寒地区长出来的蕨

鹅绒委陵菜　摄影 / 祁凯章

麻体圆肉肥，颗粒饱满，色泽红亮。但是，跟大闹天宫里的人参果不太一样。青海藏医把很多奇奇怪怪的东西都看作有奇妙效用的药，还重新起了名字，所以委陵菜有另外一个名字，卓老沙僧，倒真有点像《西游记》里的名字。六七月间，委陵菜开花的时候，随便扯下一片草叶，就可以给在旅途中受伤的人止血。更重要的是，委陵菜根系发达，便于吸收养分，容易培养、繁殖，可以治理沙化。就在这样想的时候，我眼前已然出现了大片金灿灿的黄花，虽然不如门源的油菜花壮观，但是被它点缀的草原在蓝天下确有不同寻常的美。

蒲公英　摄影/祁凯章

下山后，红云低回，金光耀眼，远处的山形如大雁展翅，美不胜收。车正要疾驰而过，又发现，路边一片又干燥又不怎么美气的地方，居然冒出二十几朵金灿灿的蒲公英，热热闹闹挤在一起。

蒲公英作为菊科草本植物，一向是人们心中传播花种的使者，风能吹多远，花絮和种子就能飘多远。可它自己反而不知，如此低调，如此不顾一切地随便躲在一个地方，就从从容容地大开起来，实在是一件让人敬佩的事。

小姑娘紫花地丁

4月中旬的一天夜里，打雷闪电，下了一宿雨。早晨醒来爬在窗上看时，雨已经停了，但是远方的山脉依然笼罩在云雾中。车子才开到北山脚下，一束温柔的光线透过云层照在了嫩绿的树冠上，一会儿光线慢慢扩大，破开了迷雾，阳光纵情肆意地洒在大地上。而且越向南走，春天的绿意也越发浓稠。到了黄河边，老远就看见了田园里几棵高大的梨树。梨树的树冠很大，白雪般洁净的花瓣密集如云，香气浓郁。黄河边适宜梨树生长，果实甘甜爽口。农家的院落里几乎都有一两棵梨树。此时，正是开花的时候。没费多长时间，我们就在这个似乎荒芜了很久的农家庄院里，看到了三朵紫花地丁，一片长大了的荠荠菜。

紫花地丁　摄影 / 祁凯章

紫花地丁是草本植物，主根较粗，根状茎很短。主要长在我国东北部和日本，虽然是一种很小的花，但它并不因为自己弱小就有一点点的马虎，反而越发注重精致。无论怎样端详，紫花地丁就是一个俊俏秀丽的小姑娘，花瓣左右对称，向外弯曲，像扎在头上的马尾辫。高原上紫外线强烈，花以紫色偏多，但紫花地丁的紫是一种清淡儒雅的紫，徐徐展开，轻轻点缀，像水墨画。

梨花的香味又飘了过来，下过雨的空气甜蜜而干净。能够在白雪般的梨树下，独自欣赏悄悄开放的紫花地丁，觉得自己真是个幸福的人。如此依恋，如此信赖的大自然，让我忘记了自己是人类的孤儿。自然不受个人感情的影响在传播思想，安宁却作为永恒的规律表达善意的结果。这让我确信，雨水、风声、花朵和温暖是多产的季节为了存在，送给人类的礼物。

梨花　摄影 / 祁凯章

农庄的紫花地丁不像蒲公英那样，成片地长在一起，最多也就两朵三朵地挨着，如果还想看到它，需要走到另一片靠近小溪的山野草坡或者僻静的庄园里。

显然，它有些羞涩，不大喜欢热闹。

阿拉伯婆婆纳

阿拉伯婆婆纳是一个陌生的名字，却和紫花地丁一样开在朴实的乡野，和西亚婆婆纳一样有着健康的同一寓意。小花开在田间地头，毫无矫揉造作之感，也无需人们的青睐，不管你喜欢不喜欢，它就开在那里。婆婆纳为什么有这样一个名字呢？想起日本作家川端康成在一次文学讲座中的一段话：每一个人都有文学创作的天赋，正如同文学的来源是由于人们最初对于一朵花、一件农具的命名一样，在人们赋予它称谓的时候就已经含有了文学的意味。因为富贵而叫牡丹，因为多情而叫玫瑰，这其实并非花的本意，实际上是在表达人的思想和心愿。如此，便可以想象得出这朵花名字的由来了。

阿拉伯婆婆纳　摄影／祁凯章

阿拉伯婆婆纳繁殖力极强，属玄参科。在华中、华东地区，它大面积生长会影响到农作物生长，花费时间和力气铲除它，是田间农人必不可少的农事。但是在青海高原，婆婆纳和其他植物一样金贵。况且，一种由浅紫渐渐变浓的花朵，这么早就能开在裸露的地表上，释放氧气，美化土壤，让高原才露出春意的田野很快染上新鲜的色彩，真是让人深感欣慰的一件事啊！

树杈中的报春花　摄影／祁凯章

离开的瞬间，又突然在两枝树杈中间，看到了努力挣脱出来的几枚报春的叶片，已然打了花苞。如果能为这朵，长在木刻般粗糙的树桩上的小花留下一张照片，该有多好。

接近傍晚，丹霞地貌参差回落，灿若晚霞，黄河水润泽如玉，温婉绵延。北岸的树翠绿葱茏，鲜嫩得像秧苗一样可人。田野的风是温和的，小河沟里的水汩汩流淌。

沿着黄河水滋养哺育的沃土，往西，再往西，花儿更鲜艳。

二十一、青海高原上的野花（二）

丁香适宜青海的气候，也是青海人喜欢的花。我曾经在福建泉州的开元寺见过菩提，与青海丁香酷似。但是，花和叶子都比丁香大。菩提从印度传入中国，含有佛意，想来丁香与菩提定是有某种联系。一夜大风，不由为那刚刚盛开的丁香担心，它的命运会怎样呢？

开车来到下大板山的柏川峡，一路上，眼见丁香花好端端地开在枝头上，很欣慰。

柏川峡柏树为多，长在对面的山坡上，山顶直冲云天，积雪耀眼。雪峰下的阳坡上灌丛旺盛，阴坡上是裸露的岩石。

车沿着公路左边的阳坡一直往上爬，山上的气温比山下低好多，但低灌木中抽出的棕红色枝条，已经有了光泽。脚下这一簇簇未开花的植物是鞭麻。

高原寺院、大殿的外墙上的漂亮装饰基本由红白两种颜色组成。那朱红色的，就是晒干切碎的鞭麻根茎。外表鞭麻经久不腐、柔韧干燥，不仅有装饰作用，还能使建筑物通风透气、吸湿环保、冬暖夏凉。再配以鎏金的铜镜、法轮，更显得庄重柔和。

狭萼报春　摄影／祁凯章

秋冬时，鞭麻的叶子落了，牧人就用鞭麻的根做木碗。这是传承自唐朝以前的工艺，历史悠久。西藏众多的旋木器皿中，用鞭麻根雕制的木碗是名贵的，也是常见的一种。用木碗盛的酥油茶味道纯正，香气浓郁，藏人家中每人都有自己的专用木碗，一般不能互用。还会把自己用过的名贵木碗传给下一代。西藏错那县门巴族地区

全缘绿绒蒿　摄影 / 祁凯章

和阿里普兰生产的木碗被视为佳品。

除了密集的灌木，山上正有几朵植株矮小簇拥在一起的狭萼报春开放。浅紫色的花瓣精致细密，花冠像加工了的蕾丝花边集合在一起。

报春开了，青海的春天真的来了。很长时间内，报春是主宰高原春天的花。走到哪里，哪里就有报春花的身影。颜色以浅紫、粉色居多，我见过紫罗兰报春、裂瓣穗状报春和唐古特报春，能见到狭萼报春花，已经是很大的收获。可就在我气喘吁吁，打算坐下来休息时，一抹鲜艳的橙黄自褐色的灌木丛中跃出头来，轻轻摇动，发着璀璨的光。这难道就是全缘绿绒蒿吗？

我心跳加快，无比惊奇地望着荒凉贫瘠的土地上，如此怒放，又如此硕大的花朵。那白莲座状的叶丛中抽出花葶的花朵，每葶独挺一朵，茎上着花，一茎数花，成为一个圆润的花序，像发出金光的葵花一样丰美，像细腻柔软的绸缎一样闪烁灵动。当我的目光与它交汇时，花瓣竟完全向我张开，露出海葵一般迷人的花蕊。

我感动得双目潮湿。大自然多么公平，造物主在创造奇迹的时候，不仅没有忽略这片贫瘠干燥的茫茫高地，相反，却在千年不化的冰雪，经年柏树，沧桑如铧的环境下，让全缘绿绒蒿这样一种炫目的，让人惊叹无比的野生植物，在一棵稍稍能为它避风遮雨的灌木护佑下，伴着烈烈寒风，为大自然妆点起最美的盛景。

摄像师已经情不自禁地跪在地上。他说，“在这样的花面前，只能跪着。”我一时张皇无语，除了感激，还有一种对于生命，对于青海高原更深的理解之情。荒野之上，它是这样的高级，又是这样的傲慢，它完全可以因它仪态万方的华贵而傲视苍穹，做土地的主人、众神的皇后；它也完全可以因它的尊贵、它的华美、它的芳容，蔑视自不量力的人类。但它不，它如此透彻、如此亲切、如此平静地为每一个人盛开，为天地盛开，雍容中展现出的，是人类从未拥有过的从容与豁达、慷慨与自信。在这朵灿烂的花面前，人类渺小卑微得可怜。

回家后查了资料，绿绒蒿属于罂粟科，全世界共有48种，主产于亚洲中南部，分布于藏、滇、川、青、甘、陕，而青海就占了47种。

我期待着在寻觅野花的日子里，能够欣赏到更多的绿绒蒿。

野花的盛宴

通往循化文都寺的路两边绿树成荫，沙枣花飘香。文都寺是十世班禅额尔德尼·确吉坚赞的出生地。家门前有一棵树冠宽大的榆树，年代久远。寺院的旁边有一座太子山，山上林木茂盛，山下小河流淌，河边有小块的麦地，绿幽幽的，正在疯长。我有些惊诧，为什么太子山下的田埂上，河边的草地上会长满各种各样的花。仅鸢尾就有锐果鸢尾、青海鸢尾和鸢尾。鸢尾是我熟悉也是极喜爱的一种野花，它曾经陪伴我度过了幼时一段又一段寂寞孤独的时光。

有趣的是，在姿态高雅的鸢尾身边，紧挨着的是新婚般娇饶妩媚的川赤芍，一朵红似一朵，一朵比一朵鲜亮。想知道，如此富态的花朵为何会开在这样朴素的地方呢？看起来，它神情傲慢，对欣赏它的人是不屑一顾的。除了鸢尾和川赤芍，猩红色的馒头花，也从它白色星状的花骨朵里露出脸朝我微笑。尽管它白里透红，色彩红润，可我对它还是有一种本能的恐惧。因为馒头花还有一个别名狼毒花，狼毒花的数量标志着草场退化的程度。

我坐在田埂上，欣赏着眼前的情景，又发现了一朵长瓣铁线莲。青海湖边常见到的甘青铁线莲是金黄色的，而这朵却是紫色的，而且是那种忧郁的紫。它紧紧闭合，从草丝中探出脑袋。除此之外，紫花碎米荠、玉竹、瓣蕊唐松草、白花枝子花、轮叶黄精，这些不太常见的野花，这儿一朵、那儿一朵地开着，像是绿色的草地上，随意端上来的一席百花宴，让我眼花缭乱。

①锐果鸢尾、②瓣蕊唐松草、③川赤芍、④狼毒花、⑤紫花碎米荠、⑥玉竹、⑦天仙子、⑧白花枝子花、⑨长瓣铁线莲、⑩轮叶黄精、⑪ 锦鸡儿、⑫ 灰绿黄堇　摄影/祁凯章

红花岩黄蓍　摄影 / 祁凯章

有花的地方，就有鸟鸣。布谷鸟的叫声一直不停地响着，虽然不知它落在哪里，又飞向何方，但可以确定，它和我一样喜欢这里。说到鸟儿，又想到，许多野生植物的名字与鸟类的名称是相同的，比如锦鸡儿、杜鹃。这里面一定深藏着人的心意，而大自然是能够领会的。地球上有很多偶然，人类是大自然的一部分，所以，赋予人性的倾向也是自然的一部分，自然和人类的理想与渴望一样确切而真实。

下山途中，一道失却了水分的小河沟挡住了去路。我下到沟底踩着青色的石块向上爬，想尽快越过这道河沟，可是想不到攀上沟沿的瞬间，竟意外地发现了四株野生的天仙子。

天仙子和自己的名字有点不相符，也不像其他野花那样艳丽。花瓣颜色呈土黄，花蕊深褐，宽大的叶子布满了细细绒毛。但它在我眼里同样是美的，它几乎接近土地颜色的花瓣，既不失天地的纯洁真实，又不乏植物的柔美，和大地一样朴实亲切。

太子山深处密不透风，以冷杉居多，那里面应该是鸟儿的乐园，可山里还未到开花的季节。

离开太子山，一路朝南向着岗察草原驰去。岗察草原属于藏族村子，村子里很多人的生活习惯和甘南草原上的藏族村民接近。房子像古城堡，晒草的木架又高又大。但是很遗憾，由于今年春天的气温较往年低，草原还没有绿，更别说花的影子。

在经过黄南州同仁县保安古城时，公路右侧的石崖上，出现了一丛丛玫瑰色的紫堇、红花岩黄蓍。这些花，开在嶙峋的石缝里，贴在崖壁上，鲜艳的颜色，像一面面旗帜在风中执拗地飘动。

附录

牧草中文—拉丁文对照表

中文名	拉丁文名
醉马草	*Achnatherum inebrians*
伏毛铁棒锤	*Aconitum flavum*
冰草	*Agropyron cristatum*
华北剪股颖	*Agrostis clavata*
华须芒草	*Andropogon chinensis*
垫状点地梅	*Androsace tapete*
藓状雪灵芝	*Arenaria bryophylla*
华三芒草	*Aristida chinensis*
三刺草	*Aristida triseta*
牛尾蒿	*Artemisia dubia*
藏沙蒿	*Artemisia wellbyi*
孟加拉野古草	*Arundinella bengalensis*
丈野古草	*Arundinella decempedalis*
野古草	*Arundinella hirta*
石芒草	*Arundinella nepalensis*
刺芒野古草	*Arundinella setosa*
无芒雀麦	*Bromus inermis*
细柄草	*Capillipedium parviflorum*
异穗薹草	*Carex heterostachya*
嵩草	*Carex myosuroides*
柠檬草	*Cymbopogon citratus*
青香茅	*Cymbopogon mekongensis*
鸭茅	*Dactylis glomerata*

野青茅	*Deyeuxia pyramidalis*
披碱草	*Elymus dahuricus*
鹅观草	*Elymus kamoji*
蜈蚣草	*Eremochloa ciliaris*
龚氏金茅	*Eulalia leschenaultiana*
拟金茅	*Eulaliopsis binata*
羊茅	*Festuca ovina*
龙胆	*Gentiana scabra*
甘草	*Glycyrrhiza uralensis*
黄茅	*Heteropogon contortus*
有芒鸭嘴草	*Ischaemum aristatum*
高山嵩草	*Kobresia pygmaea*
山黧豆	*Lathyrus quinquenervius*
矮火绒草	*Leontopodium nanum*
胡枝子	*Lespedeza bicolor*
羊草	*Leymus chinensis*
野苜蓿	*Medicago falcata*
花苜蓿	*Medicago ruthenica*
紫苜蓿	*Medicago sativa*
草木樨	*Melilotus officinalis*
芒	*Miscanthus sinensis*
固沙草	*Orinus thoroldii*
小花棘豆	*Oxytropis glabra*
黄花棘豆	*Oxytropis ochrocephala*
芦苇	*Phragmites australis*
早熟禾	*Poa annua*
草地早熟禾	*Poa pratensis*
委陵菜	*Potentilla chinensis*
欧洲蕨	*Pteridium aquilinum*
桃金娘	*Rhodomyrtus tomentosa*
斑茅	*Saccharum arundinaceum*
狗尾草	*Setaria viridis*

狼毒	*Stellera chamaejasme*
异针茅	*Stipa aliena*
长芒草	*Stipa bungeana*
针茅	*Stipa capillata*
镰芒针茅	*Stipa caucasica*
紫花针茅	*Stipa purpurea*
菅	*Themeda villosa*
红车轴草	*Trifolium pratense*
碱菀	*Tripolium pannonicum*
猫尾草	*Uraria crinita*
山野豌豆	*Vicia amoena*

附录

国外草原生态环境与草原文化

草原是地球草地的一种，相关的草原文化也因人在不同自然、历史人文环境生活和工作等原因而千差万别。自1万多年前人类社会定居，开始种植和养殖活动以后，草地就逐渐成为农牧业的自然资源，在草地上社会生产方式改变着那里的人的生活方式。与地区上其他生态系统发生的故事一样，在人类利用自然生态系统的过程中，人与自然、人与人、人与社会发生的关系沉淀下来构成了文化，并在不同的空间和时间范围，不断丰富文化的内涵和形式。从更广的空间和更长的时间来研究草原和其中蕴含的文化，从经济、社会、环境多个方面来观察草原与人的关系，可能会有不同的认识。

第一节　草地和草地生态

南北朝时期的《敕勒歌》就有“天苍苍，野茫茫，风吹草低见牛羊”这样描述草原景象的文字。或者也因为如此，通常所说的草原指的是大片平坦的草地，因为面积大，没有高山遮挡，也没有水体阻隔，看上去显得一望无际。实际上，这样的概念是我们对于欧亚大草原的蒙古草原的感性认识。欧亚大草原是地球草地的组成部分，地球上的草地还有很多。草地不仅对于我们人类非常重要，对于生活在那里的多样生物同样重要。

一、地球上的草地

草地是以禾本科植物为主的生物群落，覆盖了地球陆地表面的31%—43%，是地球陆地最大的生态系统，降雨量、温度、土壤的自然环境条件不能支撑大片乔木和灌木生长，但还没有恶劣到连草都难以生长，还没有变成沙漠、戈壁等不毛之地，因为支撑了禾本科植物生长，而让自然土地变成了草地。[1] 因此，草地是一个与森林不一样的植物群落，支撑着生活在其中的大量生物，形成了草地生态系统。

大片平坦的草地叫作草原，至于为什么有的叫草地，有的叫草原，这里面有很多的人文历史因素，而不完全是现代科学意义上的严格定义。因为在现代科学出现之前，草地就有了，那时候的人们给草地起了各种各样的名字。北美大平原本来一直就是大草原，人们来到这里就称之为大平原，以后就这样延续了。也因为有很多称谓，国际社会用了草地和草地生态系统这样的术语来描述这个陆地最大的生态框架。

在现代社会有关草原的论述中，基于人类农牧活动对于大片草地的改变，就会分为天然草原、半天然草原、农业草原等不同类型。根据草的生物量不同以及起源不同，还有荒草地、天然牧场、现代集约牧场等与人类利用方式有关的不同类型。其中天然草原又因水的多寡而分为湿润草原（Meadow）、干旱草原（Steppe）和热带稀树草原（Savannah）等类型[2]。

草地上的禾草是地球上生存能力很强的植物，在很多乔木和灌木不能生长的地方，草叶能生长。在白垩纪末期草地广泛分布在地球上，科学家在恐龙粪便化石中发现了各种草的植物硅岩，其中包括与现代稻米和竹子有关的草类植物。[3]

地球上的天然草原随着气候环境的变化而变化，在更新世冰河期以后，草地在更热、更干燥的气候环境中快速扩张，占领了原先由乔木和灌木林地占据的陆地，形成了这种一半天空、一半草地的草原景观。这种气候变化造就了地球上著名的温带大草原，这片温带草原中就包括了欧亚大草原（Eurasian steppe）、北美大草原（Great Plain）、南美洲南部的潘帕斯等大草原（Pampas）和巴西、澳大利亚东中部、非洲的东部和南部的稀树草原。

在欧洲温带草原，由于物种和遗传物质在不同生物之间的交换，草原的类型范围相当广泛。大约 2500 万年前的时候，在北美的西部出现了科罗拉多高原的隆起，形成了有利于草原演变的大陆性气候。大约 500 万年

① David J.Gibson, *Grasses and grassland ecology*, New York: Oxford University Press, 2009.

② B.J.Wilsey, *Biology of Grasslands*, Oxford: Oxford University Press, 2018.

③ D. R.Piperno, H.D. Sues, "Dinosaurs Dined on Grass", *Science*, 2005, 310(5751), pp. 1126–1128.

前，在北美大陆形成了第一片大草原[①]。北欧以冻原草原为主，而中欧草原则存在很多高山草地。南欧和地中海地区则以干热草原、灌木草地和稀树草原为主[②]。而在欧亚大陆的中部，由于温度较低、气候干燥，形成了一片世界最大的欧亚大草原，其中的俄罗斯大草原位于欧亚大草原的西部和北部，蒙古草原位于欧亚大草原的东部，中国的内蒙古草原位于欧亚大草原的东南部。

亚热带草原出现在类似地中海气候的环境中，所谓地中海气候就是除了有一个比较短暂的潮湿期以外，大部分时间处于干旱气候，植物群落以草地为主，分布有少量分散的乔木和灌木。这样的环境一般是荒漠、干旱草地、草原、稀树草原、灌木林、森林的过渡带。在欧洲一些地中海地区有类似草原的植被，例如意大利的西西里岛中部，葡萄牙南部，雅典南部的希腊部分地区，西班牙中东部。南美洲巴西的塞拉多、欧洲的环地中海、东非大裂谷都有稀树草原分布。

稀树草原原来是许多大型食草动物，如野牛、瞪羚、斑马、犀牛和野马等的家园。在现在的东非稀疏草原上还生活着狮子、猎豹、花豹、野狗、鬣狗、土狼、鹰和雕等食肉动物。在草原上还生活着大量食草动物、两栖类、爬行动物、鸟类和昆虫。在亚洲，位于印度次大陆的塔尔沙漠和阿拉伯半岛拉巴迪亚边缘的半干旱地区可以发现亚热带草原。在北美洲，稀疏草原生态环境主要分布在加利福尼亚、得克萨斯州西部和墨西哥的邻近地区。在世界上经济比较发达的区域，这些稀树草原早已变成重要农业区，世界重要的葡萄酒、优质肉蛋奶食品、热带水果、优质蔬菜基地都分布在稀树草原地带。

地球上的湿润草原通常分布在有大量淡水供给的热带和亚热带沼泽区域，这样的沼泽一年的气候分为雨季和旱季。在雨季沼泽通常会被洪水淹没，到了旱季，那些沼泽变为草地。在湿润草原，洪水的时间和水量随地理位置和环境的不同有很大的差异，洪水季节可能是季节性的，也可能是全年性的。这样的湿地草原，包括佛罗里达的沼泽地、巴西的潘塔纳尔沼泽地、玻利维亚和巴拉圭或者阿根廷的伊比利亚三角洲。世界上很多河流的河口

① M. Pärtel, "Biodiversity in temperate European grasslands: origin and conservation", *Grassland Science in Europe*, 2005, 10, pp.1–14

② M. Pärtel, "Biodiversity in temperate European grasslands: origin and conservation", *Grassland Science in Europe*, 2005,10, pp.1–14.

地带，都会分布大量的湿地沼泽，这些沼泽在降水较少的季节大多会变成湿润草原。

这些草原上的物种很好地适应了水文环境和土壤条件，形成了独特的自然生态群落和生物多样性。例如大沼泽地——世界上最大的雨水灌溉的被洪水淹没的草原——生长着11000种结籽植物，25种兰花，300种鸟类和150种鱼类。那里还生活着鳄鱼、大型猫科动物、鹿类和其他食草动物。[①]

山地草原是一种分布在山地环境的草原类型。在山区的树线以上，因为自然环境已不适合形成林地，而形成大片草地、灌木林、灌草混合等多重类型的草地。这样的草地再向海拔更高的区域延伸就变成山地苔藓草甸。山地草原、山地苔藓与山地森林在不同垂直高度分布形成了或界限鲜明，或交错的垂直植物分布带，其间生活着各种食草、食肉和杂食哺乳动物，以及啮齿类、两栖类、爬行类和大量鸟类和昆虫等动物。在欧洲的阿尔卑斯山地、亚洲的喜马拉雅山地、非洲的乞力马扎罗山地、北美的洛基山地、南美的安第斯山地都有大片高山和低山草地。

地球上的极地广泛分布着苔原草原，在这个空旷极地上，乔木早已经不见了，永冻的冰原上能够存留大量的水。这些水在整体上处于冰冻状态，在短暂的夏季，土地表层很薄的部分可以融化，地表融化的冰水形成冰原沼泽湿地，为那里的苔藓生物提供了短暂的生长期。北极苔原的较干燥地方也可以长草，这些草在极地环境中已经算是更高等的植物了。冰冻的大地将冰原沼泽亿万年来，由苔藓、禾草和微生物遗体构成的泥炭层封锁起来，冰原沼泽中的甲烷和土壤生物碳是地球生物碳库重要的组成部分。

随着气候变暖，极地苔原永冻层的融化将成为加速全球气候变暖的最大潜在威胁。在更新世冰河时期（通常被称为冰河时期），这里的“猛犸草原”，也叫“草原—苔原”，曾经占据了北半球的大片区域。尽管那时的这些地区比较寒冷，但仍然是多产的草原生态系统，支持着各种各样的动物，包括猛犸象、剑齿虎等巨大和大型动物。

二、气候变化中的草原

从20世纪后期开始，气候变化问题就成为一个重要的科学问题，进入21

① J. M. Suttie, S. G. Reynolds, C. Batello, *Grasslands of the world*, Rome: FAO, 2005.

世纪以后气候问题逐渐成为一个影响全球的综合性问题。气候变化影响地球生态的方方面面，并通过生态环境影响经济和社会。

由于气候变化，世界一些草地已经出现初级生产力下降、生物多样性减少的问题，其中有人为活动的影响，也有气候原因，这两个原因相互作用，产生叠加效应。一方面由于气候干燥，影响草原生态系统自身的适应性，人类活动大面积改变原生草原，也导致草原生态系统自身的适应性下降，人工和半人工牧场引进的大量新品种需要在严格的管护下才能创造更高的牧草产量。而频繁的牧场管护措施在气候变化模式下，正在逐渐降低牧场管理所产生的经营效益，不断增加的投入成本并不能形成相应的受益，在达到一定投入和经营管理期以后效益递减现象已经非常普遍。现代农业种植系统用更加简单的农作物物种替代了原来多物种的原生草原，这种简单作物种植模式本身就不稳定。

而另一方面，气候变化导致世界草原生态系统本身面临更多的自然扰动，对于草地生态系统形成环境胁迫。地球上的干旱冷草草原大多处于干旱、半干旱环境，气候变化影响降水，影响草原温度，这样的影响会造成全年干旱、夏季洪水、冬季降雪等的不稳定。从草原科学家在世界各地草地，特别是对于欧亚大草原和北美大平原草地生态系统的研究结果来看，气候变化已经开始引发持续干旱、造成天干物燥，野火频发。

气候变化对于草原的环境胁迫影响范围更大，情况更加复杂，当前已经成为世界生态科学的重要问题。地球上的草地形成源于环境的干湿冷暖、土壤等多种因素，其中气候因素影响草原的演化。特别是占地面积较大的干旱冷草草原，对于气候变化更加敏感。气候变化不仅会影响草地生态系统，并且影响农牧业生产。

地球上的草地是陆地生态系统重要的生物碳库，草地与森林和沼泽泥炭地一起参与地球碳循环。欧亚大草原是地球上最大的草原，中国地处欧亚大草原的东部，是全球减排和草原生态系统管理的重要组成部分，中国肩负全球减排责任，履行承诺，实现节能减排目标的一部分。

三、草原生态水、火、碳要素

在生态学上，草地是一个干旱、半干旱，缺水、少林生态状况的自然土地概念范畴。这样的自然土地并不一定是长满草的地理空间范畴，很多根本就称不上草原，很多被划为草地的地表景观几乎是寸草不长的戈壁。从隔壁荒原到稀树灌木之间并没有一道整齐划一的界限，由于降水和地形，河流与湖泊、地下水的分布等因素，草地上的植被分布从大片荒漠到点缀着星星点点的植被，从大片草地到点缀着树木的稀树草地，再到稀树草地上的树木越来越多，或者条件允许的话会过渡到森林地带。

植被的多寡决定了草原上生活的野生动物的物种和数量差异，因此地球上的大草原地区，有很多地方曾经是野草遍地、野生动物成群的地方。在降水较少和温度较低的区域，禾草矮小，生长量也不高的干旱、半干旱土地上，草地是生态环境比较脆弱的地区。降水是决定草原生态及生产最重要的因素之一。同样在草原区及周边地区发展林业农业生产以及其他经济活动最主要的约束因素也是水。

在欧亚大草原中部的内陆地区（远离黑海、里海等内陆水体的区域），由于降水量太小，蒸发量远大于降水量，那里的大部分草原、山地和沙漠常年缺水，处于戈壁荒地状态。分布着大片裸露的沙漠、戈壁和荒山。

在这里生存的人们，在发展农业、牧业经济的过程中遇到的最大困扰就是缺水。除了部分低洼、背风的微环境和靠近河流的区域，一般区域都不适合发展农业。在世界各地的草原开发过程中，水是保障农业开发最重要的资源。在不重视水资源利用的情况下，草原地区的农业开发，往往伴随着沙尘暴、干旱和水土流失等诸多生态环境问题，而且通过人为措施逆转这些问题（例如搞大规模的水利工程等）往往要投入巨大的经济和社会成本，长期的生态效果也很不理想。

草原区的水主要来自高山之水，或雪水，或降雨。高山森林调节水源，才能够将夏季集中降水均匀地分散到无雨（雪）的季节，让原上绿草成为美丽霓裳装点的大地，也滋养了那里的农牧业及城镇乡村的现代化。

解决水供给的途径一般有两个，一是地下水，二是从上游河流中引水。大量抽取地下水的方法，在世界各地被证明是不可持续的做法。水井会越挖越深，导致地下水位下降，威胁地表植被的生长，会导致地表植被大片枯死，形成生态环境恶化问题。而从上游河流中引水，除非有足够的水源补充。否则的话，所有需要水来支撑或需要水消解废弃物的产业和经济发展项目所带来的经济发展成就都是暂时的。还会因为水流的变动，造成新的生态问题，甚至因为供水而出现社会问题。在草原上引进污染性的产业也会因为缺水，难以在短时间化解其对环境的危害，而造成长期难以消解污染问题，后患无穷。

由水的运动及其构成的生态系统在干旱、半干旱区域是特别需要注意的基本生态科学问题，由此而决定了动植物分布动态变化。在无际的草原荒地上，生态环境直接关系经济和社会发展的可持续性，所涉及的既是一个科学问题，也是一个经济问题，还是一个民族问题和政治稳定问题。特别是在干旱半干旱地区大量引水，发展耗水的现代农业经营活动需要谨慎。

在可持续发展思想指导下，水足迹作为度量干旱和半干旱经济和社会发展的技术经济工具得到了广泛的应用，由此而发展出来的水核算是评价经济和社会发展的主要工具。节水在项目创新的经济技术评估中是重要标准。

在地球上，各种自然因素引发的野火是维护草原生态系统的重要因素之一。草原的干旱气候和充裕的草原天然燃料是草原野火的环境和物质基础。在自然状态下，平坦宽阔草原上的雷电等则是引发野火的导火索。[①] 在非洲、欧亚大草原、北美大草原和澳大利亚的草原上，大自然总是有规律性地在某些时间段内引发一定规模的草原野火，这种野火的大面积燃烧，烧掉了需要多年生长的木本物种，而禾本科植物则能够"野火烧不尽，春风吹又生"。野火肆虐以后，在降水的滋润下，过火的草原会迎来一次重生，野草再次生长，重新占领草原。经过大火清理以后的草地，危险生物可能造成的隐患（包括动物尸体和各种微生物）被清除，多余的食草动物被大火烧死，野草、动物、环境构建的草原生态系统在新的基础上达到平衡，草原又恢复了勃勃生机[②]，引来大批的野生动物，通常这个世界也是草原最美丽的世界，一切都在重新开始，迎来草原的新一个轮回。

如果说大规模的野火是草原生态系统调整的较大因素，那么气候就是草原生态系统的宏观指挥者。气候变化对年降水量在600毫米和1500毫米（59英寸）之间，年平均温度在-5℃至20℃之间地区的影响最为敏感。[③] 在干旱情况下，缺少雨水可能会让野火这个草地生态系统的自然调节者变为一个魔鬼，引发重大火灾，一些草原可能会在短期内不断燃烧[④]。在不受其他因素限制的情况下，草原的大面积燃烧过程增加空气中的二氧化碳浓度，可以促进

---

① B. J. Wilsey, *Biology of Grasslands,* Oxford: Oxford University Press, 2018.

② Julie Courtwright, *Prairie Fire: A Great Plains History,* Kansas City: University Press of Kansas, 2011, p.274.

③ R Ochoa Hueso, Baquerizo M. Delgado-, PTA King, M. Benham, V. Arca, S.A. Power, "Ecosystem type and resource quality are more important than global change drivers in regulating early stages of litter decomposition", *Soil Biology and Biochemistry*, 2019,129, pp.144–152.

④ Dylan Craven, Forest Isbell, Pete Manning, et al. "Plant diversity effects on grassland productivity are robust to both nutrient enrichment and drought", *Philosophical Transactions of the Royal Society B: Biological Sciences*, 2016,371 (1694): 2015. 0277.

植物生长，就像水分利用效率一样，这在干旱地区非常重要。然而，二氧化碳浓度升高的好处受到水可利用性和氮等可利用营养素的限制。来自空气污染物的氮沉积和温度升高引起的矿化作用（植物有机物质变成灰分）可以提高植物的生产力，但是由于生长较快的植物比其他植物更具竞争力，往往会影响生物多样性。一项对加利福尼亚草原的研究发现，全球变化可能会减少物种多样性，而杂交物种最容易受到这一过程的影响。①

草原的生物碳储存在地下的根和土壤中。草原物种有广泛的须根系统，草通常占生态系统生物量碳的60%—80%。这些地下生物可以延伸到地表以下几米，并将大量的碳储存到土壤中，形成了深厚肥沃的土壤，有机质含量很高。因此，土壤碳约占草原生态系统碳总量的81%。② 土壤干扰、植被退化、火灾、水土流失、营养缺乏和水资源短缺，都会影响草原有机碳碳库。

四、狼的生态启示

草原生态系统养育了丰富的陆地生物，陆地上的大多数大型动物都会生活在草地上。而在热带雨林中的野生动物体型大多比较小。这是因为，在广阔的草原视野开阔，食草动物能够躲避食肉动物的袭击，食肉动物也能发现自己的猎物。草原上的草、食草动物、食肉动物和微生物构建了一个结构合理、运作精密、各个物种分工协作、和谐自然的生态系统。

在草原上食草动物最首要的本领是学会奔跑，因此大多数草原食草动物生来就是长跑或短跑健将，这是自然选择的结果。为了生存，草原上的很多食草动物都学会了聚集在一起迁徙，在集成群的同伴中有利于保护自己。不能奔跑的动物，要想在草原上生存就要有特殊的本领，有的会挖洞，有的会爬树，有的会变色，有的会骗，等等。

草原上的大多数食草动物很少在一个地方定居，动物的迁徙是自然世界生物利用自然初级生产的更有效策略。它们需要在草原上不停地游走，才能吃到更广阔空间的草。在大草原上一年一度生长的禾草，生物量很低，草料所含的

① Ochoa R.Hueso, Delgado M.Baquerizo, PTA King, M. Benham, V. Arca, S.A. Power, Ecosystem type and esource quality are more important than global change drivers in regulating early stages of litter decomposition”, *Soil Biology and Biochemistry,* 2019,129, pp.144–152.

② Klaus Lorenz, Rattan Lal, *Carbon Sequestration in Grassland Soils, Carbon Sequestration in Agricultural Ecosystems*, London:Springer International Publishing, 2018, pp.175–209.

营养也不丰富，因此食草动物都有一个较大的胃和高效的消化系统，使其在啃食草的过程中，通过在更大土地面积上吃到更多的植物和吸收不同地点的矿物质来满足对营养的需要。在这种环境条件下，食草动物就必须逐水草迁徙，而草随水而生，这就形成了逐水草而生的草原野生动物迁徙现象。

草原生态系统是以草类接受光照，在光合作用下制造碳水化合物作为初级生产。食草动物转化草类制造的碳水化合物为脂肪和蛋白质作为基础性营养转换生产。而那些飞在天空、等在草丛、藏在水里的猎食动物都在等待迁徙的食草动物到来，享用一年一度的饕餮盛宴，完成顶级营养转换和消费过程。顶级猎食者在艰难的捕猎活动中生存，完成繁衍后代的使命以后，回归大地，由微生物将其分解成矿物质，继续下一轮物质循环运动的旅程。

亿万年来，这种生态系统的营养运动在太阳能的驱动下，在不同植物动物复杂的相互关系中循环往复。

在世界上所有的猎食性动物中，狼的分布最广，与狗同属一个犬科家庭。在北方欧亚大草原和北美大平原上，狼都扮演了顶级猎食者的角色。考古和古生物学记录显示，现在的狼在 30 万年以前就演化完成。[①] 在 2005 年公布的世界哺乳动物物种（2005 年第 3 版）中，共有 38 种狼的亚种。狼的最大寿命大约是 16 岁，灰狼是温带最常见的狼。[②] 狼主要以大型有蹄类食草动物为食，也吃较小的动物、家畜、腐肉和垃圾。在它的活动范围之内，只有人类和老虎对它构成了威胁。

在北美和欧亚大陆草原上，原来生存着大量迁徙的食草动物，也使得灰狼能够在这两块大陆上繁衍至今。狼在北美大陆上捕食野牛、鹿类等大型动物，体型较小的鼠类、兔类动物可以补充狼的饮食。在欧亚大草原上，驼鹿、马鹿、野鹿和野猪仍然是俄罗斯和东欧多山地区最重要的食物来源。

自人类出现以后，狼是与人类接触最多的野生动物之一。驯化的狼变成了狗，成为人类征服自然进程中最好的朋友之一，也成为文学艺术领域的常客。尽管如此，人类对于狼还是了解很少，很多老牧民积累的与狼共处经验并没有形成严谨的科学资料。这种情况直接导致 20 世纪后半叶，发生了世界范围较大规模捕杀狼的事件，而这样的事件仅仅是因为要保护和发展牧业生产。

黄羊，别名黄羚、蒙古原羚、蒙古瞪羚、蒙古羚等，体长为 100—150 厘米，

① Adam H.Freedman, Ilan Gronau, Rena M. Schweizer, et al., "Genome Sequencing Highlights the Dynamic Early History of Dogs", *PLOS Genetics,* 2014, (1): 16.

② L.Boitani, M. Phillips, Y. Jhala, Canis lupus, "The IUCN Red List of Threatened Species", *IUCN*, 2018, p.865.

体重一般为 20 — 35 千克，最大的可达 60—90 千克。黄羊善于跳跃，也善于奔跑，多栖息于半沙漠地区的草原地带。之所以提到这种动物，那是因为在 20 世纪后半叶，在欧亚大草原上曾经发生了一场大量捕猎黄羊和狼的有组织运动。黄羊要在草原上南北迁徙。在牧业发展的背景下，人们认为黄羊会破坏牧场，而狼会吃掉饲养的羊群。经过多年的清除运动，在蒙古大草原的南部，黄羊已经不多见了，大量黄羊集中在一起迁徙的自然现象也基本消失了。

在北美的大部分地区都能发现狼的踪迹。当欧洲人在 17 世纪初期开始在美国殖民时，在北美大陆上美国 48 个州（除了夏威夷岛屿以及海外领地以外）都能找到狼。随着美国各地的人口增长，人们对狼和其他掠食者的恐惧以及他们对人身安全、牲畜、宠物的担忧也在增加。

在英国殖民印度时期，狼因袭击绵羊、山羊和儿童而遭到猎杀。1871 年至 1916 年，在英属印度，有超过 10 万只狼被杀死①。日本的狼在明治维新期间灭绝，日本采用了赏金和投毒的方法，将日本境内的狼全部消灭，最后一只日本狼是 1905 年 1 月 23 日在西口附近被杀的公狼。在 20 世纪早期，美国政府使用了食肉动物控制计划，加上栖息地的退化和猎物数量的减少，使得狼在美国大陆各州基本绝迹。从 1900 年到 1930 年，灰狼实际上是从美国西部和加拿大的邻近地区被消灭的。

在 20 世纪，人类社会出于农业扩张的需要，在北美的大草原、欧亚大陆的乌克兰和俄罗斯，以及亚洲的大部分地区进行了大规模的捕狼活动。到第二次世界大战结束时，狼在整个中欧、几乎整个北欧、西欧的大部分地区、亚洲东部、墨西哥和美国的大部分地区已经灭绝②，被 IUCN 列入最不受关注的红色名单③。

在 20 世纪 20 年代，美国博物学家、作家、野生生物学家奥劳斯·约翰·穆里（Olaus Johan Murie，1889—1963）通过常年对北美草原上大型食草哺乳动物进行的野外研究发现，健康的捕食者种群是确保捕食者和猎物种群之间和谐平衡的关键，他利用这些想法来改进目前的野生动物管理做法。穆里和利奥波特等人认为，在没有狼的自然世界里，那些漫游在北美大陆上的麋鹿等食草动物

① John Knight, *Wildlife in Asia: Cultural Perspectives*, New York:Psychology Press, 2004, pp.219–221.

② Ettore Randi, “Ch 3.4 – Population genetics of wolves”, In Steven Weiss, Nuno Ferrand, *Phylogeography of Southern European Refugia*, London: Springer, 2007, pp.118–121.

③ L.Boitani, Phillips, M. & Jhala, Y., “Canis lupus, The IUCN Red List of Threatened Species”, *IUCN*. 2018: e.T3746A119623865.

生活得并不好，其种群数量和健康状况在不断下降。① 在利奥波特的名作《沙城年鉴》中有一篇“像山一样思考”的文章，其中描述了在森林覆盖的山区生态系统中，失去狼的连锁效应——鹿的增加，随后是过度放牧，森林砍伐和侵蚀，然后是鹿缺乏优胜劣汰机制，食草动物走向灭亡，最终导致生态系统崩溃。

从 20 世纪 60 年代开始，越来越多的欧美生态学者逐渐认识到狼这个物种在森林和草原生态系统中的角色。作为自然界顶级猎食者，狼能够及时清除那些老弱病残的食草动物，保持食草动物食物链的健康和草原生物链条的完整性。在欧亚大草原因为捕杀狼，草原上的小型食草动物缺少了狼的制约，大量鼠类和兔类会迅速繁殖，在 20 世纪后期，欧亚大草原上的鼠害对草原生态和牧业生产的危害很大。

1988 年，美国国会议员 John Dingell，也就是原来提议建立美国环境保护署的发起人，写了以下关于 1973 年通过《濒危动物保护法》的文字：“国会当时设定的目标在历史上是无与伦比的。我们的国家决心结束几十年甚至几个世纪以来的忽视，这种忽视导致了鸽子和卡罗琳娜鹦鹉的灭绝，以及野牛和许多其他物种的濒临灭绝，我们与它们共同生活在这片伟大的土地上。如果有可能避免造成另一个物种的灭绝，我们决心做到这一点。……当国会通过濒危物种法案时，它制定了一项明确的公共政策，即我们不会对破坏自然的恩惠无动于衷。”

随着欧美国家对于自然生态系统保护意识的觉醒和更加完善自然保育措施的实施，20 世纪 50 年代欧洲狼种群的复苏工作就开始了。到了 20 世纪 80 年代，随着农村地区人类密度的降低和野生猎物数量的恢复，狼的数量也随之增加。②1976 年以来，灰狼在意大利得到了充分的保护，到 21 世纪的近 10 年意大利已经拥有约 1269 只灰狼。1993 年，意大利狼进入法国的梅尔坎图尔国家公园，2000 年在西阿尔卑斯山发现了至少 50 只狼。到 2013 年，大约有 2000 只狼居住在伊比利亚半岛，其中 150 只在葡萄牙东北部。在西班牙，该物种出现在加利西亚、里昂和阿斯图里亚斯。尽管每年都有数百只伊比利亚狼被非法捕杀，但伊比利亚的狼已经开始越过杜埃罗河，向东延伸到阿斯图里亚斯山脉和比利牛斯山。③

① Glover M. James, “Thinking like a wolverine: the ecological evolution of Olaus Murie”, *Environmental Review,* 1989,13 (3/4).

② David L.Mech, Luigi Boitani, eds., *Wolves: Behaviour, Ecology and Conservation*, Chicago:University of Chicago Press, 2003, pp.324–326.

③ Marco Galaverni, Romolo Caniglia, Elena Fabbri, Pietro Milanesi, Ettore Randi, *One, no one, or one hundred thousand: how many wolves are there currently in Italy*?, Mammal Research, 2016, 61, pp.13–24.

2005年，瑞典和挪威狼的总数至少有100只。灰狼在瑞典受到充分保护，在挪威则采取部分种群控制的方式。自2011年以来，荷兰、比利时和丹麦也报告说，看到了来自邻国自然迁徙的狼。2012年，在德国（主要是在东部和北部）估计有14个狼群。自1996年以来，狼在罗马尼亚一直是受保护的动物，目前有2500只狼生活在自然状态下。在俄罗斯的克里米亚狼被灭绝了两次，一次是在俄罗斯内战之后，另一次是在二战之后。由于大规模的灭狼措施，狼在俄罗斯大部分地区消失了。①

在自然界，狼从来没有完全灭绝，只是草原上的狼进入山区，躲藏起来。狼被从野外驱逐出去，又被重新引入原来的地区，而在这些它们祖先曾经生活过的区域，现在充满了非法捕猎、与牲畜生产的冲突、气候变暖、食草动物数量的变化、土狼的基因泛滥、社会容忍度低等威胁。

第二节　草原开发利用活动

地球上的草原既是一种陆地生态系统，还是重要的经济资源。自人类出现以来就开始了利用草原的活动。自农业文明以后，开始将草地转化为农业用地，而在人类社会进入工业经济时代以后，这样的转化速度进一步加快，规模迅速扩大。当世界进入21世纪，大量天然草场被开辟成牧场、农场，为社会提供了大量肉食、奶制品和皮毛原料，成为世界重要的畜牧产品基地。畜牧业的发展是一个万花筒，古老与现代并存，工业、农业、牧业依据世界各国的自然状况和国情，创造出不同的世界牧场经营方式。

一、草原的农业利用

在农业文明进程中，第一次农业革命不但创造了种植业，也创造了畜牧业。畜牧业主要是为了获取肉类、纤维、牛奶、鸡蛋或其他产品而进行的动物养殖和利用活动。放牧（Pasture）是在草地上饲养马、牛、羊或猪等家畜，也是最初期的牧业生产方式。这种生产要根据气候和天然草场的状况进行。

① David L.Mech, Luigi Boitani, eds., *Wolves: Behaviour, Ecology and Conservation*, Chicago: Chicago University of Press, 2003, p.320.

种植和养殖都属于大农业的范畴，在传统农业中，种植和养牲畜的畜牧业两者是截然分开的，因此也就有了农民和牧民的区别。到 18 世纪，英国开始了第二次农业革命，将农业种植与动物养殖生产结合起来，把农业种植的作物当作饲料，喂养家畜和家禽，获得肉、蛋（主要是鸡蛋）、奶和纤维（主要是羊毛）。在这种背景下出现大规模的“圈地运动”，人们大量购买和兼并土地，就是为了发展新型农牧业。在对羊的新型养殖和利用成功以后，形成了大量出口，畜牧科学家又培育出杂交的长角牛，这种长角牛很快成为肉牛业的主角，推广到南欧和美洲。饲养比较简单的物种是提高畜牧业生产效率的关键。因此长期以来，农业生产提供了更加简单优质的农作物、牧草品种和种植技术，培育了优良的羊、牛、猪、鸡、鸭、鱼等新品种和相关的养殖技术，两者的结合为社会提供了大量食品工业原材料。

现代科学技术通过农业技术将地产草地改良成优质牧场，提高牧草产量和饲养家畜（禽）的数量。在优良的草地上进行的放牧活动形成了畜牧行业，而专门用于放牧的优良的草场大多数变成了现代化牧场。

现代社会的大农业概念中，种植业和养殖业一直是结合在一起的。种植业既为社会提供粮食，也为养殖业提供饲料。平原地区的农业与草原地区的农业也很难严格区分，从本质上来看，都是占用土地，开展生产活动。农业活动在开发利用了平原区域以后，又开始开发利用草原，这样的开发利用活动 100 多年前就在欧亚大草原和北美大平原上开始了，对于南美草原的开发利用早在西班牙殖民南美时就已经开始了，而对于塞拉多稀树草原的开发利用直到 20 世纪后期才全面开始。

由于北美大草原靠近五大湖区和密西西比河，大规模的水利设施建设能够解决大草原农业发展的水源问题。美国已经将北美大草原开发成农业耕作区和世界最大的牧场。美国中部的伊利诺和堪萨斯等六个农业州，采用农业集约经营方式和社会化大生产方式，在孟山都等世界大型农业企业的经营下，成为世界粮仓，生产占世界总产量一半以上的农作物和牲畜等产品。

在欧亚大草原东段的乌克兰是世界重要的小麦产地。南美的潘帕斯草原，包括巴西南部、乌拉圭全部和阿根廷一部分，气候温和，是世界最著名的粮食和肉类产区。

农业科学和生产技术的发展已经能够利用工厂化养殖方式建设集约化的农场或牧场，提高家畜（禽）的集约化经营水平，极大地提高了优质蛋白、脂肪和纤维的生产能力。这种集约化经营表现在牧场的经营管理上，包括改良草场土壤和草地，用优质牧草品种优化草地牧草品种，增加优质饲草和粮食作物的生产潜力。经营措施包括整地、灌溉、施肥和消灭病虫害。

在世界上的很多牧场都出现了过度放牧、营养管理不善和缺乏水土保持的问题。[①] 对于草场的集约化经营，被农牧业科技工作者认为是扭转牧场退化的现代化技术方法，从采取了系统化牧场经营措施的效果来看，这些工程措施的确取得了提高牧草产量、增加牲畜产量的预期的效果。[②]

二、农牧集约化经营

集约化经营的现代牧场、现代化的饲料加工工厂、集约化的封闭牧场、封闭的食品加工厂和连锁超市彻底改变了传统畜牧业。“工厂化畜牧业”是在高放养密度下圈养牲畜的过程，可以在室内容纳大量的饲养动物，努力在一个特定的空间以尽可能低的成本和最大的食品安全水平提供最大的产出。

集约型农业与粗放型农业相比较，也称为精耕细作和工业化农业，通过采用农业（包括种植业和养殖业）科学与技术武装生产过程，实现单位农业土地面积的投入和产出较高水平。农业的工业化方法与设施农业几乎是同义词。就是在相对封闭的工厂化条件下，高密度聚集种植 / 养殖技术，目标是在标准化生产中实现大规模、高质量和高产出。

在封闭的集约型畜牧企业中，站在传送带和笼子内的家畜、机器、厂房、穿着工作服的工人以及大量电子设备，让牧业与工业没有任何差别。在这样的集约化农场或牧场中，实行农、牧、工分工，由农、牧民进行牧草种植。知名肉食生产和加工企业收购牧草，对牲畜进行工厂化的集中养殖。

为了支撑巨大的工业化家畜就必须有巨大的饲料供应，对于工业化大规模的家畜（禽）生产来说，收购牧草显然不能满足需要，随着畜牧业产业化现代化的发展，一个规模巨大的饲料加工产业应运而生。饲料产业汇集了世界各地农业种植生产的粮食及秸秆，经过添加饲料辅料，变成了工业饲料产品供应集约化经营的牧场。

---

① W. R.Teague, S. L.Dowhowera, S. A.Bakera, N.Haileb, P. B.DeLaunea, D. M.Conovera, “Grazing management impacts on vegetation, soil biota and soil chemical, physical and hydrological properties in tall grass prairie”, *Agriculture, Ecosystems & Environment, 2011*, 141 (3–4), pp.310–322.

② Edson Talamini, Clandio Favarini Ruviaro, Thiago José Florindo, Giovanna Isabelle Bom De Medeiros Florindo, “Improving feed efficiency as a strategy to reduce beef carbon footprint in the Brazilian Midwest region”, *International Journal of Environment and Sustainable Development,* 2017, 16(4), p.379.

现代化的牧草培育基地采用农业方式，通过播种、灌溉和使用化肥等更加密集的农业实践加以管理，在培育了现代化的草地以后，牧场经营者在这样的牧场上放养家畜。这种方式在英国北美和英联邦国家很流行，被认为是现代生态农牧业的方式。这种用现代农业方式经营的牧场不仅能放牧，还可以作为培育牧草的基地，牧场经营者可以用经营农业的方法，种植牧草，不放牧的草地，割下牧草当作饲料。澳大利亚的牧业生产按照这样的方式进行经营，实际上在很多英联邦国家大多按照这样的方式组织农牧业生产。

进行品牌经营，集中大批量向市场供应肉、蛋、奶等畜牧产品。大多数超市里的肉类、奶制品、蛋类、水果和蔬菜是这些农场生产的。知名肉食生产和加工企业的经营规模通常很大，在现代畜牧产业发展中扮演着越来越重要的角色，是市场上肉、蛋、奶等产品的主要供应者。全世界的市场上供应的大量肉蛋奶产品都具有整齐划一的质量、包装等标准要求。大多数消费者在超市买到的这些工业化的肉蛋奶食品的口味几乎差不多。

三、季节性游牧

20世纪后期，随着社会环境保护意识的觉醒，在文学作品中出现了很多有关草原和游牧活动相关的作品。在很多作品中包含了逐水草而居、自由自在的草原生活情景。

实际上，早在数千年前，牧民在草地上的放牧活动就已经有很多固定的规律和习惯。其中相对固定的季节性游牧方式依然是很多国家流行的游牧方式，即使是在非洲草原的游牧部落，放牧活动也要根据水草和季节进行安排，尽管这样的安排大多基于年长者的经验。

放牧生产是从通常不适合耕种的土地获取食物和收入的一种手段，根据联合国粮食及农业组织的一份报告，在现代社会，已经很少有那种非固定到底的全开放性松散游牧生产方式。因为这种放牧方式效率低下，很难保证羊群和牛群有足够的草料。牧人的生活也难以维持。因此早已经被社会淘汰。在文学艺术作品中那些非常浪漫、自由自在、闲散惬意的草原生活片段只能当作艺术，不能当真。草原的放牧生活的确十分辛苦，其辛苦和寂寞程度是常年在城市里生活的人们难以想象的。

与固定牧场和工厂化的集约化生产方式相比较，随季节的变化把牲畜在山地和草地间迁移放牧（Transhumance）是一种利用天然草地的传统放牧形式（Nomadic Pasture），牧人赶着羊群在不同的季节，来到不同的草场放牧，通过扩展空间利用更多的草地资源。这样的季节性放牧就有夏季和冬季的固定牧场。牧人在山地地区可以垂直迁移，也就是在夏季的高海拔牧场和冬季低河谷牧场之间的迁移。在这个系统中，牧民在山谷条件相对比较好的地方会有一个永久的家，在夏季牧场会有一个临时的家①。

与垂直迁徙相比较，横向迁徙更容易受到气候、经济或政治变化的影响，现在并不常见。从理论上来说，这种牧场的季节性转移是一种“游牧的形式”。②世界各地和民族利用季节性牧场的基本做法是相似的，但在文化和技术上存在很大差异。在欧洲的现代社会，所谓草原文化主要是牧人文化，而牧人文化主要来自这种季节性游牧中的生产和生活传统。这些文化对牧区社会很重要，放牧牲畜提供的牛奶和羊奶、黄油、酸奶、奶酪和奶酒曾经是牧人的基本食物，现在则成为地方特产和游牧文化的一部分，在旅游活动中也是最吸引人的重要环节。

在生产和生活中，牧人们与大自然的距离最近，他们每天的生活几乎都与蓝天、草原、森林、河流、野生动物密切相关③。同时牧人生活的社会化程度较低，在其文化中充满了对于社会生活和沟通的渴望，而这种渴望往往会通过与自然和神仙的对话来实现。

四、自由放牧活动

在世界的大部分地区，传统的散养游牧生产方式已经不存在了，很多能够看到的散养放牧活动大多是作为旅游活动吸引人们的目光。当前世界比较集中的散养放牧活动主要集中在蒙古国的大草原上，那里地广人稀，有悠久的散养放牧传统。虽然经过了20世纪后半叶的集体化改造，但蒙古人还是喜欢围绕蒙古包，每天骑上马（现在已经有很多人骑上了摩托），把牲畜带到有草的地方，随心所欲地放牧。

① Schuyler Jones, “Transhumance Reconsidered”, *Journal of the Royal Anthropological Institute*, London, 2005.

② Anatoly M. Khazanov, *Nomads and the Outside World*（*2nd Edition*）, Milwkee:University of Wisconsin Press, 1994, pp.19–23.

③ Anatoly M. Khazanov, *Nomads and the Outside World*（*2nd Edition*）, Milwkee::University of Wisconsin Press, 1994, pp.19–23.

在蒙古草原和中亚国家的草原生产生活方式及其保留的草原游牧民族生活方式，当前已经成为一种文化，以文学、绘画、客场、舞蹈、影视等不同方式流传。在现代社会的文学艺术作品中，草原文化充满了浪漫、自由和艺术色彩。

在草地上，大地上生长的禾草形成一望无际的草原，到了春季空旷的原野一派翠绿；到了夏季，那是一望无际的花海；到了秋季，满目金黄。在一些局部草原，还会因为草种单调，而形成单一的花与草，大面积的草场从远处看去，会出现一片或白，或红，或黄的景观，美丽而宽广。

这样的情怀开始影响周边和世界的很多区域。很多使用网络和电脑旅行的人也将自己叫作“环球游牧民”或“数码游牧者”。可见，在现代社会中，这种悠然自得、淳朴自由的生产和生活方式是很多人的梦想。

第三节　畜牧业与草地生态环境

地球上的草地与森林一样，具有重要的生态系统支撑框架功能。而在人类社会将草原作为一种重要的自然资源，纳入经济体系以后，对于草地的开发利用曾经引发了一系列生态环境问题，这样的生态环境问题引起了国际社会的广泛关注，与森林问题一起成为21世纪后期环境保护的重要内容之一。

一、过牧破坏生态环境

根据联合国粮食及农业组织的一份报告，世界上大约60%的草地已经被放牧活动干扰。草地上的放牧活动为全世界提供9%的牛肉产量和30%的绵羊肉和山羊肉产量。在干旱地区有1亿人口，其他地区可能也有同样数量的人口，以放牧牲畜为生。

世界上的放牧活动一般是在不适合耕种土地上获取食物和收入的一种生活手段，由于放牧的环境不适合耕作，生态系统的生产力较低，环境较差，因此在这样环境下开展的放牧活动是一种效率很低的生产方式，是不得已而为之的选择。

人们一般认为，过牧是导致天然草原牧场生态系统退化，是形成生态环境问题的重要原因。人们也的确看到了一些过牧的问题。美国西南部干旱地区的大量过牧产生了许多负面影响，这些负面影响包括：土壤侵蚀、土壤生态退化、生物多样性丧失、径流对水质的影响①。经过几十年的放牧，曾经繁茂的溪流和河岸森林已经变成了平坦干燥的荒地，曾经富饶的表土变成了灰尘，导致水土流失、河流沉积和一些干旱气候地区的水生生物大量消失，例如美国西南部，放牧已经使河岸地区、河流或溪流附近的湿地环境严重退化②。1988年美国政府签署的一份报告估计，科罗拉多州土地管理局管理的5300英里的河岸栖息地中，90%的状况不令人满意，爱达荷州80%的河岸区也是如此，得出的结论是"管理不善的牲畜放牧是联邦牧场上河岸栖息地退化的主要原因"③。也正因为有很多相关的报道和研究，人们对于有关草原生态环境的担忧曾经一度集中在草原过牧问题上。

然而，专业的相关研究表明，传统的小规模分散性放牧会对生态造成一些影响，这些影响可能是正面的，放牧活动的积极效应包括可以增加草原土壤的营养，重新分配营养物质循环，保持草原开放，动物的适当运动有助于植物物种的扩散，增加草原植物的多样性。在某些生境中，适当的放牧水平可以产生有益的环境效应，例如通过营养重新分配改良土壤，通过踩踏使土壤透气，通过清除生物量控制火灾和增加生物多样性，控制灌木生长和散播种子。④

研究表明，良好的放牧技术可以扭转损害，改善土地状况。在很多国家都采用了控制放牧牲畜数量，实行轮牧等草原管理措施，一方面要保护牧草的质量，防止牧草过度放牧而变质；另一方面，努力恢复草原生态系统的初级生产力，通过保护措施实现草原的可持续性利用。⑤加强管理措施就能够改善过牧问题，因此，过牧并不是草原生态环境恶化中最令人头痛的问题。

---

① A.Bauer, C. V.Cole, A. L.Black, "Soil property comparisons in virgin grasslands between grazed and non-grazed management systems", *Soil Science Society of America Journal*, 1987, 51(1), pp.176–182.

② G. S.Bilotta, R. E.Brazier, P. M.Haygarth, "The impacts of grazing animals on the quality of soils, vegetation and surface waters in intensively managed grasslands", *Advances in Agronomy*, 2007, 94, pp.237–280.

③ A.J.Franzluebbers, J. A.Stuedemann, "Surface soil changes during twelve years of pasture management in the southern Piedmont USA" , *Soil Science Society of America Journal*, 2010, 74 (6), pp. 2131–2141.

④ C.Dc Mazancourt, M.Loreau, L.Abbadie, "Grazing optimization and nutrient cycling: when do herbivores enhance plant production?", *Ecology*, 1998,79 (7), pp.2242–2252.

⑤ C. T.Agouridis, et al., "Livestock grazing management impact on streamwater quality: a review", *Journal of the American water Resources Association*, 2005, 41 (3), pp.591–606.

二、养殖和加工污染环境

社会之所以要发展养殖业，主要是为了获得肉、蛋、奶等食物和皮革、羊毛等原材。进入工业化生产时代以后，工厂化养殖被越来越多的国家接受，成为重要的畜牧业生产方式。在很多发达国家，经过多年的企业兼并和重组以后，养殖业生产日益集中，形成了若干巨大型公司经营的垄断竞争局面，全面提高了现代化食品工业的经济效益。

在社会中的这些巨大型企业的寡头垄断结构有利于实现标准化生产，在社会环保法不断出台、环境执法日益严格的情况下，清洁生产方式引导现代化封闭养殖工厂控制环境污染问题，食品安全也得到了保证。

但从20世纪50年代开始，这个问题一直很严重，在世界上很多国家的养殖场都出现过严重的环境污染问题。例如，在奶业企业，奶牛养殖曾经过量使用抗生素，造成商品奶受到污染。还有的用三聚氰胺作为添加剂，导致婴儿食用奶粉中毒，出现大头儿问题。由于大量使用瘦肉精，也使人吃了污染的肉类，造成体内残留，危害健康。

在20世纪50年代到之后的数十年间，养殖厂的废水、废料和空气污染问题一直是一个严重的问题，在世界上的很多国家都曾经成为严重的环境问题。进入20世纪80年代以后，随着世界各国的环境法律法规提起提议完善，环境执法力度日益加大，养殖厂废弃物污染环境的问题逐渐得到控制。

皮革是一种耐用和柔韧的材料，由动物的生皮和皮革制成。最常见的原料是牛皮。皮革用于制造各种物品，包括鞋类、服装、手袋、汽车座椅、书籍装订、时尚配件和家具。产品种类繁多，风格多样，装饰手法多样。皮革制品的最早记录可以追溯到公元前2200年。在20世纪和21世纪，皮革的使用受到了动物权益组织的批评。在制革过程中使用化学品，例如铬、邻苯二甲酸酯、壬基酚聚氧乙烯肥皂、五氯酚和溶剂造成环境污染。按2010年零售价计算，皮革制品的碳足印为每1英镑产出0.51公斤二氧化碳当量，或按2010年工业价格计算，每1英镑产出0.71公斤二氧化碳当量。一吨皮革或皮肤通常产生20—80立方米的废水，包括铬含量为100—400毫克/升，硫化物含量为200—800毫克/升，高脂肪和其他固体废物含量，以及显著的病原体污染。皮革生物降解缓慢，需要25—40年才能分解。在坎普尔，这个自称“世界皮革城”的城市，2011年有1万家制革厂，恒河岸边有300万人口，污染程度非常严重，尽管出现了工业危机，污染控制委员会还是决定在2009年7月关闭404家高污染制革厂中的49家。

三、占用自然破坏栖息地

散养放牧造成的生态环境问题主要在于过牧，通过管理体制改革和严格进行牧场限额管理，这样的问题能够得到妥善解决。养殖厂的环境污染问题通过严格执法也能得到缓解和控制。这些毕竟是社会生产领域自身的问题，都属于能够看到、清楚判断责任者的显性问题，属于社会生产系统内部的问题。

但随着农业的发展，世界种植业和养殖业发展占用大量自然土地资源和淡水资源的问题日益显露出来。畜牧业占据了世界上20%到33%的淡水资源，占据了地球陆地表面26%的无冰区域；牲畜及饲料的生产，占用了全部耕地的三分之一。

在数千年前，欧亚大草原东部的优质天然草原是适合耕种的地方，现在早已变成了牧场或农场。为了发展农业经济，欧洲的森林被砍伐殆尽。欧洲人在开发利用了欧洲的森林和草原以后，来到美洲，在300多年前开始开发北美大草原。北美大草原、澳大利亚草原和南美洲的潘帕斯等草原也在欧洲人的影响下，利用现代农业和工业技术将天然草原开发成现代农牧业基地，为人类社会提供粮食和肉食。这些地区的牧野生产基地已经形成了半天然草原，已经成为主要的畜牧经济区。而那些变为农业种植区的草原已经永久地成为农场。[①]2015年，四分之一的半天然草地因集约化而丧失，即它被转变为耕地或牧场和森林。[②]

在世界农业现代化发展的100多年时间里，对世界环境最重大的影响表现为占用大量土地，而获得这些土地的过程要砍伐森林，亚马逊地区91%的森林砍伐都是畜牧业造成的。超过1/3的美国土地被用作牧场，成为美国本土最大的土地使用类型。

对肉类的需求日益增长，正在造成生物多样性的严重丧失，因为肉类是毁林和破坏生境的重要驱动因素；物种丰富的生境，例如亚马逊地区的大部分地区，正在转变为农业用于肉类生产。世界资源研究所网站提到“全

---

① K. J.Feeley, W. J.Ripple, “Biodiversity conservation: The key is reducing meat consumption”, *Science of the Total Environment*, 2015, 536, pp.419–431.

② Sara A. O.Cousins, Alistair G.Auffret, Jessica Lindgren, Louise Tränk, “Regional-scale land-cover change during the 20th century and its consequences for biodiversity”, *AMBIO*, 2015, 44 (S1), pp.17–27.

球森林覆盖面积的30%已经被砍伐，另外20%已经退化。剩下的大部分已经支离破碎，只有大约15%完好无损”①。

联合国粮食及农业组织的一位作者在一次采访中说：占地球陆地表面的26%饲料作物生产是森林砍伐的主要原因之一，特别是在拉丁美洲，仅在亚马逊盆地，大约70%的原先被森林覆盖的土地被用作牧场，而饲料作物则覆盖了大部分土地。联合国粮农组织指出，牧场经营引起的森林砍伐是中美洲和南美洲热带雨林中一些独特动植物物种丧失的主要原因之一，也是大气中碳释放的主要原因之一。在工业化国家，饲养供人类消费的动物约占农业总产量的40%。

2019年关于生物多样性和生态系统服务的全球评估报告指出，肉类产业在生物多样性丧失中扮演着重要角色。全球25%至40%的陆地面积用于畜牧业。世界粮食计划署还指出，全世界估计有15亿公顷曾经丰产的农田和牧场——面积接近俄罗斯的大小——正在退化。恢复生产力可以改善粮食供应、水安全，以及应对气候变化的能力。一项对美国123个国家野生动物保护区的管理人员进行的调查记录了86种被认为受到正面影响的野生动物，82种被认为受到放牧或放牧的负面影响。②在美国，约90%的抗菌素使用是用于农业生产中的非治疗目的。畜牧业生产与细菌抗生素抗药性的增加有关，并与对多种抗菌素具有抗药性的微生物（通常称为超级细菌）有关。③人类活动影响了地球上几乎所有的半天然草原的生物多样性，生态系统的进化过程受到干扰④，存在严重的外来物种入侵和生物技术培育新物种的基因污染问题，改变了草原原生物种相互间关系。

在世界大多数温带草原，已经很少有能逃过农业、牧业生产活动对于自然生态系统改良，例如施肥、除草、耕作、杀虫、播种培育草种或进行农业种植等。⑤在北美草原，在大规模的农业开发活动中，原来的野生植物群落已经

① B. Machovina, K. J.Feeley, W. J.Ripple, “Biodiversity conservation: The key is reducing meat consumption”, *Science of the Total Environment*, 2015, 536, pp.419–431.

② B. I.Strassman, “Effects of cattle grazing and haying on wildlife conservation at National Wildlife Refuges in the United States”, *Environmental MGT*,1987, 11 (1), pp.35–44.

③ A. G.Mathew, R.Cissell, S.Liamthong, “Antibiotic resistance in bacteria associated with food animals: a United States perspective of livestock production”, *Foodborne Pathogens and Disease*, 2007, 4 (2), pp.115–133.

④ M. Pärtel, “Biodiversity in temperate European grasslands: origin and conservation”, *Grassland Science in Europe*, 2005, 10, pp.1–14.

⑤ Robin R.White, Mary Beth Hall, “Nutritional and greenhouse gas impacts of removing animals from US agriculture”, *Proceedings of the National Academy of Sciences*, 2017,114 (48), pp.E10301–E10308.

被人工栽培的多年生黑麦草和白三叶草所取代①。原始的低地野花草地现在已经很稀少，其相关的野生植物群也同样受到威胁，很多鸟类如鹬和小鸨因为找不到足够的食物和适宜的栖息地，其种群数量已经减少很多。在20世纪，西欧和中欧的鹬和小鸨等几乎完全消失了。目前大量被列入红色名单的物种来源于半天然草原。②

世界许多“未经改良”的草原是最受威胁的野生动物栖息地之一，也是特别需要保护的对象。但对于这个问题并不是世界上的人们都有清醒的认识，因为这些土地被人们认为是未开发的潜在资源，是获得经济收益的重要源泉，必欲开发和利用而后快。世界上的环境保护组织都在呼吁要重视这问题，加强保护和管理工作③。

而这样的保护和管理工作异常艰难，迄今为止，世界上各种理论众说纷纭，保护与管理草原的努力收效甚微。对于草原的开发利用、保护与管理必将是一个与人民的生活息息相关，涉及地域广大，保护效果难以度量，管理成本较高的工作。如果保护领域的专家学者提出要建立草原保护区，主要目的是让出牧场和农田，使之成为自然荒地，用于天然长草，让野生动物回来生活，一定会有很多人指责这是愚蠢的行为，大多不会被决策者接受，还能找到一个更好的理由吗？

四、农牧业的碳排放

2017年发表在《碳平衡与管理》杂志上的一项研究发现，畜牧业的全球甲烷排放量比之前根据政府间气候变化专门委员会的估计的数据高出11%。

在全球范围内，政府间气候变化专门委员会的研究报告指出，2005年和2010年农业温室气体排放量占全球人为温室气体排放量的10%至12%。联合国粮食及农业组织（FAO）发布的2006年报告《畜牧业的长长阴影》指出：畜牧业是许多生态系统乃至整个地球的主要压力源。在全球范围内，它是温室气体的最大来源之一，也是导致生物多样性丧失的主要因素之一。在发达

① Michael Clark, David Tilman, “Global diets link environmental sustainability and human health”, *Nature*, 2014, 515 (7528), pp.518–522.

② Sigrun Aune, Anders Bryn, Knut Anders Hovstad, “Loss of semi-natural grassland in a boreal landscape: impacts of agricultural intensification and abandonment”, *Journal of Land Use Science*, 2018,13(4), pp.375–390.

③ Werner Kunz, *Species conservation in managed habitats : the myth of a pristine nature with a preamble by Josef H. Reichholf*, Weinheim, Germany, 2016.

国家和新兴国家，它可能是水污染的主要来源。2013 年联合国粮农组织的一份报告估计，牲畜排放的温室气体占人类活动排放量的 14.5%。此前一份被广泛引用的粮农组织报告做了更为全面的分析，这个数值估计达 18%。[①] 造成这种排放的主要原因是世界各地毁林、开发牧场的活动所产生的二氧化碳排放，这样的行为在中、南美洲尤其严重。[②]2008 年美国环境保护机构的一份排放报告发现，2006 年美国温室气体排放总量的 6%来自农业[③]。养牛业每天产生约 5.7 亿立方米甲烷，占地球甲烷排放总量的 35%到 40%。畜牧业产生的一氧化碳占所有与人类有关的一氧化氮排放量的 65%，而一氧化氮是温室气体之一。

肉类生产是温室气体排放和大气中其他颗粒物污染的主要原因之一。这种生产链会产生大量的副产品，毒素、硫化氢、氨和微粒物质（如灰尘）都会随着上述甲烷和二氧化碳一起释放出来。此外，温室气体排放量的增加与呼吸系统疾病如哮喘、支气管炎和慢性阻塞性肺病有关，也与细菌感染引起肺炎的机会增加有关。

根据《自然》杂志 2018 年的一项研究，大幅减少肉类消费对于减缓气候变化是“必不可少的”，特别是到本世纪中叶，人口预计将增加 23 亿。2017 年 11 月，15364 名世界各地的科学家签署了一份警告，呼吁人类大幅减少人均肉类消费量[④]。

据估计，2000 年至 2050 年，全球肉类消费量可能翻一番，主要原因是世界人口不断增加，但也有部分原因是人均肉类消费量增加（人均消费量增加大部分发生在发展中国家）。全球禽肉的生产和消费最近以每年 5%以上的速度增长。2018 年 7 月的一项科学研究断言，由于人口增长和个人收入增加，肉类消费量将会增加，这将增加碳排放，进一步减少生物多样性。[⑤] 2019 年

① Julie Wolf, Ghassem R.Asrar, Tristram O. West, “Revised methane emissions factors and spatially distributed annual carbon fluxes for global livestock”, *Carbon Balance and Management*, 2017, 12 (16),p.16.

② P.J.Gerber, H.Steinfeld, B. Henderson, A.Mottet, C.Opio, J.Dijkman, A. Falcucci, G.Tempio, “Tackling climate change through livestock – A global assessment of emissions and mitigation opportunities (Report)”, *Food and Agriculture Organization of the United Nations*, 2013, pp.1–139.

③ N. Pelletier, R.Pirogb, R. Rasmussen, “Comparative life cycle environmental impacts of three beef production strategies in the Upper Midwestern United States”, *Agricultural Systems*, 2010,103 (6), pp.380–389.

④ B.Machovina, K. J.Feeley, W. J.Ripple, “Biodiversity conservation: The key is reducing meat consumption”, *Science of the Total Environment*, 2015, 536, pp.419–431.

⑤ L. Baroni, L. Cenci, M. Tettamanti, M. Berati, “Evaluating the environmental impact of various dietary patterns combined with different food production systems”, *European Journal of clinical Nutrition*, 2007, 61 (2), pp.279–286.

8月8日，政府间气候变化专门委员会发布了2019年特别报告的摘要指出，向植物性饮食的转变将有助于缓解和适应气候变化。

第四节　世界主要草原

一、欧亚大草原

欧亚大草原地跨欧洲和亚洲，是地球上最大的草原带。从非洲走出的智人在这片巨大的草原的西南端开始走遍世界，成为世界的主人。在12000年前，人类开始发展农业文明，从此形成了农业文明与草原文明的相互影响。进入现代社会，很多国家游牧生产活动逐渐为现代农业和养殖业所代替，但游牧文化以新的方式继续活跃在这片辽阔的大草原上。

（一）地球最大的草原区

这片广阔的区域从波罗的海穿过第聂伯河、顿河和伏尔加河，越过乌拉尔河，延伸至西伯利亚的西南边缘，绵延一万多公里，是世界最大的草原区。欧亚大草原从东欧的匈牙利、罗马尼亚和摩尔多瓦，经过俄罗斯、乌克兰、哈萨克斯坦、亚美尼亚、土耳其、伊朗、土库曼斯坦、乌兹别克斯坦等国到达蒙古草原。蒙古草原是欧亚大草原的东段，中国的新疆、宁夏、甘肃、内蒙古等省区的草原属于亚欧大草原的蒙古草原范畴。

欧亚大草原的大部分区域为干旱、半干旱大陆性气候，平均降水量在250—510毫米。欧亚大草原的北面是地球上最大的泰加森林的欧亚部分，其内陆的南面通常是荒漠区域，越靠近内陆，气候越干旱。在大草原上，除了在河流和湖泊附近有少量乔木分布以外，多为覆盖着草或灌木的半沙漠、草地和稀疏灌木地。草原地带一般地势平坦，南北空气流动顺畅，冬季从北极寒冷地带可横扫地球上的大草原，在南半球也是一样，来自南极的寒冷空气往往形成寒流，席卷空空如也的大草原，冬季的大草原冷风呼啸，白雪茫茫；春季的繁花似锦、花海无边；夏季的草原无边碧玉，秋季的寒风萧瑟，一片荒凉。四季亘古不变的季节轮回与自然色彩变换，规律而简洁，丰富而有秩序。

欧亚大草原上的大型哺乳动物有普氏野马、赛加羚羊、黄羊、鹅喉羚、野生双峰驼和昂纳戈尔。灰狼和柯萨克狐狸，偶尔还有棕熊，都是在大草原上游荡的捕食者。体型较小的哺乳动物物种包括长爪沙鼠、小苏斯利克和博巴克土拨鼠。此外，欧亚大草原是多种鸟类的家园。在这片欧亚大陆的草原上，野马、野驴、黄羊、藏羚羊等食草动物，冬天在南部御寒，春天集结交配，来到北方草场产仔，然后再回到南部越冬。第二年继续这样的生命旅途。沿途的草原狼、豹、鹰等野生动物虎视眈眈。野生动物间围绕生命的延续，进行竞争，优胜劣汰，保证了物种的延续。

欧亚大草原可分为哈萨克斯坦、塔吉克斯坦、乌兹别克斯坦境内的阿莱—西部天山草原；哈萨克斯坦的阿尔泰草原和半荒漠；俄罗斯巴拉巴草原；中国、蒙古国、俄罗斯交界的道里亚森林草原；中国、哈萨克斯坦的埃明谷草原；哈萨克斯坦、俄罗斯的哈萨克森林草原；哈萨克斯坦、俄罗斯的哈萨克草原；哈萨克斯坦高地；中国、蒙古国、俄罗斯共享的满洲草原；摩尔多瓦、罗马尼亚、俄罗斯、乌克兰共享的庞蒂克—里海草原；俄罗斯的萨扬山间山地草原；蒙古国、俄罗斯交界的塞伦盖—奥尔孔森林草原；俄罗斯南西伯利亚森林草原；中国、哈萨克斯坦、吉尔吉斯斯坦共享的天山山麓干旱草原，欧洲的匈牙利、罗马尼亚、克罗地亚、斯洛伐克、奥地利、斯洛文尼亚等国共享的潘诺尼斯草原。

自旧石器时代以来，欧亚草原连接了东欧、中亚、中国、南亚和中东。因为草原平坦，草原上的各国通过陆路贸易路线，相互交往，形成了一条草原之路。草原之路是古代和中世纪发展起来的丝绸之路的前身。历史上形成了多个游牧帝国和大型游牧部落联盟，如匈奴、塞西亚、西米里亚、萨尔马提亚、索西米亚、索格狄亚、苏格狄亚、蒙古。

欧亚大草原是人类文明的发源地，四大古文明中的三个发源于这片大草原。在大草原上建立的丝绸之路是历史和现代最重要的贸易通道。这片区域的所有国家都通过欧亚大草原连接起来，因此也叫草原之路。这条贸易之路源于中国的关中地区，沿河西走廊向西延伸至塔里木盆地，从那里到达古波斯，还可以向东南到印度或向西到中东和欧洲①。

从中国的汉代以后，这条贯通东西的贸易之路也成了当地经济和社会发展变化的主线，在此基础上发展了技术、经济、政治、宗教等各种文化。因为这些文化与草原有关，在很多人文历史文献上也会称其为草原的游牧民族文化。

---

① Joseph F.Fletcher, *Studies on Chinese and Islamic Inner Asia*, Beatrice Forbes Manz (ed.), Aldershot, Hampshire: Variorum, 1995, IX.

草原地域宽广，在大草原水土条件较好的区域（主要是欧洲、西亚的地中海、中亚和东亚的南部）存在大量农牧交错区，沿着这些农牧交错区，有些地方既可以用作耕地，也可以用作草地。[①] 农牧矛盾一直是欧亚大草原区周边区域经济和社会发展变化的基础性矛盾。[②]

在欧亚大草原有三种主流文化，一种来自俄罗斯斯拉夫文化，一种来自蒙古族的东方文化，还有以伊朗为中心的波斯文化。波斯文化在与蒙古族文化交融的过程中，在中亚各国的草原地区形成了兼具苏联斯拉夫文化、东部蒙古族文化和中部伊斯兰宗教的混合型文化区。

（二）俄罗斯大草原区

欧亚大草原地处泰加林以南，占地 1.43 亿公顷，草原地带的土地和草地资源未得到充分利用。即使是在有些地区较好的农场，牛奶和谷物的产量也不够高。而粗放的农业经营活动却造成了大片草地的退化。在俄罗斯境内的泰加森林每年都要有数百起野火，而在靠近草原的区域，这样的野火也会烧掉一部分草原，这种野火一般会作为生态系统的组成部分，但很少有相关的生态学研究工作[③]。

欧亚大草原在冬季处于一个巨大冷高压团，集中在蒙古国，扩散到西伯利亚大部分地区，在夏季的低压系统中，温暖潮湿的空气，从大西洋涌入西伯利亚。在许多地区，夏季的雨量分布不利于农业发展。6 月和 7 月通常是干燥的，而 8 月的雨可能会影响谷物收成。北方针叶林占据了俄罗斯欧洲部分的五分之二和西伯利亚的大部分。在西伯利亚的北部地区，大部分还有永久冻土，没有树木，因为当地的永冻层排水不良，形成了大量的苔原沼泽。

在俄罗斯大草原南部边缘的半干旱农牧交错带地区开辟了很多农田，种植农作物，但一般来说，谷物和牧草的产量很低，在经济上并不可行。到 20 世纪 30 年代以后，苏联建立了大量国营和集体农场，努力通过机械化和现代化手段开发这片巨大的农牧交错带。到 1948 年开始了“伟大的斯大林改造大自然计划”。1953 年 3 月斯大林去世，赫鲁晓夫为了解决苏联的农业问题，

---

① Lawrence Krader, “Ecology of Central Asian Pastoralism”, *Southwestern Journal of Anthropology*, Vol. 11, No. 4, 1955: pp.301–326.

② René Grousset, *The Empire of the Steppes: a History of Central Asia*, Naomi Walford, New Brunswick, NJ: Rutgers University Press, 1970.

③ M.A. Smurygin, “Basic trends of grassland research in the USSR” , pp. 76–88 in Proceedings of the 12th International Grassland Congress, Moscow, Russia, 1974, 11–24 June 1974.

增加农产品产量，继续向西部进军，制订了“赫鲁晓夫处女地开发计划”。计划的主要内容是在原来斯大林工程的基础上，继续向东开发里海东部及哈萨克斯坦境内数百万公顷实际上并不适合农业耕种的草地。

由于当地大部分地区的自然环境属于半荒漠地区，严重缺水和风沙严重，不适合大规模发展农业生产活动。大面积的农业开发活动产生严重的生态后果，随着农业开发工程不断向南和向东扩展，土地被反复耕作，天然植被越来越少。到了冬季从西北部和北部吹来的寒流，直接扫荡俄罗斯大草原，到了夏季，来自东部荒漠地区的干热风使已经开垦的农田逐步沙化，形成了严重影响俄罗斯及其他苏联加盟共和国沙尘暴的发源地①。

20世纪80—90年代的干旱使得咸海大面积干涸，在世界进入环境保护和关注生态环境问题的时代，咸海的生态环境又成为世界关注的焦点，被世界环境保护者、绿色组织和环境相关学科当作破坏生态环境的反面教材。

在大草原上，虽然经过多年的努力，无论是采用传统的游牧方式，还是现代化的集体农庄，草原经营管理的效果都不太理想，目前很多草地在实行退耕还草措施。进入20世纪最后的十年，这类集体经济形式逐渐被有农业职工承包草原的管理体制所替代。由于俄罗斯草原的冬季非常干燥寒冷，在草原的生长季翻耕土地，努力提高粮食和牧草产量，在秋季和冬季收获干草作为饲料是牧场重要的生产过程②。

中亚地区的一些国家在苏联时期，建立了以引进新型细毛羊品种为基础的绵羊业，对于与蒙古国类似的传统牧业进行了大规模的改造，开始的时候似乎形成了一定的经济效益，但这样的牧业生产系统需要大量的基础设施建设，还需要对从业牧民进行技术培训，当然也需要大量技术和管理人员。最重要的是要有一个新的饲料生产系统与之配套。这样一系列的技术和管理变革，在市场经济发达国家证明是高效率的。但在吉尔吉斯斯坦这样的国家，新体系经济投入的结果就变得不稳定。特别是在苏联解体以后，新型生产方式缺乏大规模的投入支撑，就迅速解体。这也导致吉尔吉斯斯坦等中亚苏联加盟共和国的牧业生产几乎崩溃。吉尔吉斯斯坦的羊群数量从1990年的950万只下降到1999年的320万只。目前正在缓慢恢复。

---

① Martin Petrick,Jürgen Wandel, Katharina Karsten, “Rediscovering the Virgin Lands: Agricultural investment and rural livelihoods in a Eurasian frontier area”, *World Development,* 2013 (43), pp.164–179.

② T.G.Gilmanov, “The state of rangeland resources in the newly independent states of the former USSR”, pp. 10–13, in Proceedings of the 5th International Rangeland Congress. Salt Lake City, USA. 1995.

在草原上生长的繁茂短草滋养了数千年的游牧文明，开放的牧场和闲散的放牧习惯，自由而惬意，形成了古老而具有诗意的草原文化。

俄罗斯大草原和内蒙古的大部分地区在数千年的时间里一直没有发展完善的灌溉系统，这也意味着，由于历史上游牧民族的军事力量比较强，能够控制本地区的经济和社会发展方式，使这片草原一直保持着传统的游牧状态。[①]

欧亚大陆游牧民族的人口主要由斯拉夫人、鞑靼—突厥人、蒙古人和伊朗人组成。欧亚游牧民族是来自欧亚大草原的游牧民，游牧民没有永久居所，他们从一个地方旅行到另一个地方，为他们的牲畜寻找新鲜草场。

在欧亚大草原的西部，俄罗斯的草原文化具有很大的影响力，特别是在近 1000 多年，俄罗斯成为一个统一的民族以后，在草原的西部历史中扮演着重要角色，因此欧亚大草原东部的俄罗斯大草原上有很多文学艺术作品带有浓重的俄罗斯味道[②]。

（三）蒙古草原生态

蒙古的地理多种多样，南部是戈壁沙漠，北部和西部是寒冷的多山地区。蒙古大部分地区是蒙古—满洲草原。整个蒙古被认为是蒙古高原的一部分。蒙古的最高点是塔万博格德地块的库伊腾峰，海拔 4374 米。蒙古国北部的贝加尔湖（中国古称“北海”）及其盆地与俄罗斯的图瓦共和国共享，是联合国教科文组织的世界自然遗产地。蒙古草原因为干旱，其气候多风少雨，一般一年有超过 250 个晴天，也被称为“永恒的蓝天之地”或“蓝天之国”。

草原植被以针茅和羊茅为主，豆科植物较少，最常见的是紫花苜蓿亚种。黄芪和冷蒿是荒漠草原上常见的草原植物，也是荒漠草原的主要成草植物。山地森林草原以羊茅草原和蒿属草原为主，主要牧区有典型植物。高山草原主要以嵩草、蒙古草皮、沙林草皮为主，森林草原主要以柄状苔草、云南紫菀和白绒草为主。

大部分蒙古草原无霜期为 100 天，有四个截然不同的季节：多风、多变的春天，春雨对于牧场在夏季主要降雨之前的生长尤为重要；炎热的夏天，夏天是蒙古草原降雨的主要季节；凉爽的秋天和漫长的寒冷的冬天，在冬天，蒙古草原上方的气温可低至零下 30℃。在蒙古草原的木草生长季节一般为三个

① John of Plano Carpini, “History of the Mongols”, in Christopher Dawson (ed.), *Mission to Asia*, Toronto: University of Toronto Press, 2005, pp.3–76.

② Nikolay Kradin, “Cultural Complexity of Pastoral Nomads”, *World Cultures*, 2006, 15, pp.171–189.

月左右。在草原、山地草原和森林等主要放牧区，每年的降雨量大多在200毫米到300毫米；而在荒漠草原每年的降雨量在100毫米到200毫米之间，荒漠每年的降雨量在100毫米以下；只有北部地区的牧场会出现300毫米以上的降雨量。蒙古高原的春季和初夏常有大风，风速超过20米/秒。大风会产生沙尘暴，这种风暴在干旱地区最为常见，会给人畜带来巨大的损失，而在冬季大风也会产生雪灾。同时在蒙古草原自然产生的野火也会影响放牧，这种野火本来是草原生态系统的一个组成部分，但随着人类活动的增加，野火对于牧业和草原牧民的生活产生负面影响。

草地和干旱牧场覆盖面积121万平方公里，占蒙古国土地面积的80%，森林和森林灌丛面积15万平方公里，占国土面积的10%。约90000平方公里的土地用于定居和基础设施，5.2万平方公里用于国家公园和自然保护区。可耕地面积不到1万平方公里，这是蒙古国牧业中能看到的现代化、机械化大规模农场所在区域。

蒙古大部分地区夏季炎热，冬季极为寒冷，每年1月份的平均气温下降到−30℃。从西伯利亚吹来的巨大冷、重空气团在冬季会聚集在较低的地带，形成大面积的低温区，低温影响的区域主要是北部。这个冷气团是中国华北地区冬季很冷的主要原因。

冬季的寒冷情况在南部会稍有减弱，在与中国接壤的阿尔泰山区有一个独特的小气候，形成了肥沃的草原—森林地区，这里也是欧亚大草原上少有的优良牧场。后杭爱省有蒙古国最优良的牧场，人们常把那里作为蒙古草原传统式放牧生活的模板。

乌兰巴托的年平均气温是零下1.3摄氏度，是世界上最冷的首都之一。蒙古地势高，气候寒冷，风大。它属于极端的大陆性气候，冬季漫长而寒冷，夏季短暂，其年度降水量大部分在此期间下降。平均每年有257个晴朗的日子，通常位于高气压区的中心。降水量北部最高（平均每年200毫米至350毫米），南部最低，年降水量为100毫米至200毫米。最高年降水量为622.297毫米，出现在邻近俄罗斯边境的布尔干省森林地区。

蒙古双峰驼是少有的能够生活在戈壁沙漠的野生动物。“戈壁”是蒙古语，意思是荒漠草原，通常是指植被不足，甚至不能养活鼠类的干旱牧场。蒙古人把戈壁和沙漠区分开来，而对于很多外来的人看来，两者的风景没有什么差别。戈壁牧场很脆弱，很容易因过度放牧而遭到破坏，导致真正的沙漠扩张，形成双峰骆驼也无法生存的石质荒地。

在一千万年前印澳板块与欧亚板块碰撞形成喜马拉雅山之前，蒙古曾经是野生动物繁盛之地。在蒙古高原的隔壁曾经发现了著名的恐龙化石，戈壁滩上还发现了海龟和软体动物化石，都证明这里在历史上曾经是野生动物的乐园。在喜马拉雅山脉隆起以后，形成了雨影效应，喜马拉雅山以北的广大地区就很少再降水了。

蒙古国有丰富的野生动物，它的牧群与羚羊、瞪羚、麋鹿和鹿一起吃草。啮齿动物分布广泛，通过采食和挖洞对草地造成很大的局部损害。蒙古草原上依然生活着大量的掠食者，如狼、鹰、秃鹫和狐狸，在戈壁阿尔泰地区偶尔会遇到雪豹。这些猎食者通常以草原上的啮齿类动物为食。在饥饿的时候狼群会捕食羊群。在牧民的生活中狼是一种特别的动物，长久以来，亚欧草原的牧民对于狼有特殊的感情。在历史传统中，狼一直被当作凶猛的野兽，也被当作勇敢者，一些部落还会有狼的“图腾”。

（四）蒙古国的牧业经济

几千年来，传统的蒙古式流动性放牧，即一个固定的冬季营地和基于当地气候和环境自由流动性放牧的生产和生活方式几乎是蒙古国草地唯一的利用方式。尽管在冬季，牧场放牧困难，但长期形成的牧民之间的相互关系，牲畜数量与草场状况，以及各个环节的生产过程已经成为一种可持续的畜牧生产。尽管不同区域的草地初级生产力情况差异较大，但操场状况良好，放牧持续井然。

蒙古国是少数几个真正以畜牧业为主的国家之一，其经济在很大程度上依赖畜牧业，几乎没有农作物生产、林业或工业。在世界上很多国家的草地利用都在20世纪的后期逐渐走向现代化牧业的时候，蒙古国这个几乎完全依靠牧业支撑国民经济的国家依然保持了利用天然草场，散养放牧的生产方式，牧民的生活方式也维持了千百年来蒙古族生活的传统。

蒙古国80%的土地是草原，被用于散养形式的放牧活动，还有10%的森林或森林灌木丛土地也被用于放牧活动。在寒冷的蒙古高原，寒冷干旱的气候只适合大面积放牧当地耐寒牛羊品种，这些品种千百年来几乎没有太大的改变，除了牧民的辛勤劳动和技能之外，牧业行业的基础设施建设投入很少。

在欧洲和亚洲的很多牧区，季节性迁徙放牧是一种很普遍的做法。但在蒙古草原通常采用的是小范围季节性放牧，因为那里大多数降水是在温暖的夏季，而冬春的风寒，特别是在冬季大风和寒流的时候会给牲畜带来非常严重的伤害。在蒙古国（在中亚苏联一些国家也是一样），冬季和早春的营地是放牧的关键。这个营地要有固定的住所和牲畜圈，还要为牲畜提供饲料和水。在蒙古大草原上，冬季营地可能位于适当山丘的山谷中，在一些地区，河岸森林提供了庇护所。

在蒙古国、俄罗斯和中亚的很多国家，由于这种气候的原因，形成了一个具有固定冬季营地，在其他季节游牧的生产和生活方式。与冬季营地相比，夏季和秋季牧场的牧草比较充裕。这样在蒙古国和中亚的苏联地区就要有一个灵活和高度流动的牧业管理方式。

蒙古国曾经在20世纪50年代跟随苏联实行了一段集体化经济改革，尝试建立了基于集体牧场组织形式的季节性流动放牧生产方式。在集体放牧期间，蒙古国与其他中亚国家不完全一样，保持了一种改良的流动放牧制度，建设了更加现代的冬季营地，牧民在比较有组织的情况下，实行有计划的轮流放牧。这就要规划草场，制定轮牧方案，组织收集干草等劳动过程，还要激励有组织的牧民在集体劳动中努力工作。在技术上为了提高牧业生产产量，中亚和蒙古国都曾经引进过外来的细毛羊品种，饲养新品种的羊还需要进口饲料，建设现代化牧业。

在集体化时期，为了推进牧业现代化的进程，政府通过提供种畜、饲料、销售、运输和服务，大力参与畜牧业生产，并为牧业生产提供了大量的经济补贴。集体化过程中，建立了交通运输线路网，以便放牧的牲畜可以方便地走到交易市场。各级政府还设立了国家紧急饲料基金，以便在恶劣气候条件下，向牧民提供饲料，但是，由于补贴很高，牧民很快就依赖饲料作为常规饲料来源。到1991年，国家应急饲料基金预算每年提供15.76万吨饲料，已成为国家经济预算的主要组成部分和沉重的财政支出负担①。经过多年实践证明，这样的做法并不如传统牧业使用耐寒的当地牲畜品种，在没有外部饲料来源条件下经营牧业更加符合当地的生产和生活习惯。

蒙古国在引进新的生产系统以后进行了大量的牧业投入，还进行了牧业生产补贴，结果造成牧业生产的不平衡，部分牲畜的存栏数量严重超过市场需求。在这种情况下，市场价格下跌，这种看上去很先进的生产组织方式在实行了半个世纪以后对于蒙古国没有产生好的效果，也没有被牧民所接受，

① B.Erdenebaatar, *Socio-economic aspects of the pastoral movement pattern of Mongolian herders*,1996, pp.59–110.

从1992年开始又重新回到了传统的私人放牧方式。由于新的生产系统实施的范围并不大，时间也不长，没有对蒙古国的牧业生产造成太大和具有深远影响的损失。

现在的基本管理体制是牲畜属于私人所有，但放牧权由集体管理，这也给牧场基础设施的维护和维持传统放牧活动带来了问题。牧民会对供水和草场条件比较好的牧场展开激烈的竞争，在城市中心和主要干线附近发生了局部过度放牧事件。相当多的天然牧场经营管理不善，再加上贸易活动对于肉类产品的需求一直在增长，草原牧民养活的羊群数量增加了，也对条件相对优越的草原牧场形成了一定的压力。①

在长期的放牧生产过程中，在地广人稀的蒙古草原上，古老的放牧制度已被证明是多产的和可持续的，符合本国的自然环境条件。尽管大面积的土地用于散养放牧，但蒙古国经过多年的放牧实践，已经能够与自然环境和谐相处。其散养传统保持了牧场状况良好，当地的牛羊品种健康完好，繁衍兴旺。

而在欧亚大草原的很多国家，均经历了过度使用外来品种和依赖购买进口冬季饲料来维持本地牧业生产时期。也经历了采用苏联集体牧场管理方式的现代化管理阶段。事实证明，这样看似很现代的生产方式，对于环境和牲畜品种的健康并不一定有利，可能会产生比较严重的后果，因为很多引进的牲畜品种要求采用系统的现代化方法维持种群的健康，还要在繁育、养殖和保健等诸多方面有专门的技术人员给予指导。比如要打疫苗，防止传染病。还需要对牧民进行培训，特别要加强全面的牧业管理，这对一个具有悠久放牧传统的国家来说并不是一件很容易的事情。哈萨克斯坦、吉尔吉斯斯坦和塔吉克斯坦等国先后从集体放牧向私人放牧过渡，中亚部分地区的苏联加盟共和国均在不同程度上恢复了私人放牧的传统生产方式②。

（五）蒙古草原环境问题

蒙古国的环境受到气候变化的影响比较大，其草原生态环境本来就很脆弱。蒙古国畜牧业在国民经济中的地位非常重要，也是重要的民生产业。全球气候变暖将导致沙漠化、自然灾害和土地退化的增加。气候变化已经威胁

① C.Humphrey, D. Sneath, (eds), *Culture and environment in inner Asia: I. Pastoral economy and the environment*, *Cambridge*, UK: White Horse Press, 1996b.

② R.Mearns, Pastoral Institutions, “Land Tenure and Land Policy Reform in Post-Socialist Mongolia”, *PALD Research Report,* No. 3, University of Sussex, UK, 1993.

到传统牧民的生活方式，在草原上，危害比较大的是极端气候变化的影响。冬季风暴，干旱期和极端温度更加频繁和激烈程度的增加，都是影响草原生产和生活的重要负面因素。在2000年以前，每年大约发生20次极端事件，但自2000年以来，这个数字翻了一番，达到每年40次。2008年至2010年，蒙古国经历了153次极端事件，其中大部分是强风、暴风雨和径流引发的洪水。自1940年以来，蒙古国的年平均气温至少上升了1.8摄氏度，这种气温变化被认为是造成草原干旱增加、生物量产量下降的原因。

由于气候变暖和草原的干旱，戈壁沙漠预计将以每年6—7公里的速度向北蔓延，这将进一步威胁牧场的安全。气候变化在夏季造成的集中降水不能被土壤吸收，而在蒙古草原大面积沙质土壤和脆弱的地表植被环境条件下，极易形成洪水，产生水土流失。

不断上升的温度还会融化高山冰川，不同季节的淡水供应更加不均衡，会形成旱季更旱。这种状况对于草原植被的影响可能是非常严重的。由于干旱和季节性供水的变化，一些人工种植的乔木、灌木和草地植被得不到必要的淡水滋养，很难成活。

蒙古国的森林资源很少，由于气候恶劣，森林生长缓慢。在蒙古国，极为有限的森林资源有助于维持草地的水环境，防止土壤退化，保护永久冻土，并控制温室气体和其他有害排放，是保护经济社会和环境可持续发展的重要资源。

在蒙古国森林资源一直是生活的重要燃料资源，这导致森林砍伐问题比较严重，由于病虫害和火灾，那里的森林也缺乏必要的保护与经营管理，草原和冬季营地缺乏森林的必要保护，会对牧业造成潜在的负面影响。

到2000年，已有超过120万公顷的林地遭到虫害入侵。由于害虫的传播，超过30万公顷的森林无法生长。近些年。由于气候和人为因素，森林和草原火灾发生的频率增加，再加上进入森林的人们粗心大意，人们会在草原上点燃营火，导致一些人为火灾。2008年发生森林火灾178起，影响草原面积92.799万公顷。还砍伐树木用作燃料，年砍伐木材130万立方米。从1980年到2000年，蒙古国的森林覆盖面积减小了10%。这种森林砍伐导致了地下水位的下降，山洪暴发，以及更多的沙漠化。①

① Tsogtbaatar, “Deforestation and Reforestation Needs in Mongolia”, *Forest Ecology and Management*, 2004, 201 (1), pp.57–63.

这些问题的出现，部分是由于自然因素，但越来越多地是由于人类的行动。其中一个问题是气候变化，另一个是蒙古国的土地因沙漠化而变得更加干旱，这一过程由于不负责任的土地使用而加剧。此外，越来越多的物种正在消失，濒临灭绝。截至 2004 年，重新造林率仍低于 15%。

在蒙古国，70%以上的牧场已经退化，植被生长速率严重下降。从 2007 年到 2010 年，森林覆盖面积减小了 383600 公顷。在 1989 年蒙古国政府成立了一个全国防治荒漠化委员会和全国防治荒漠化中心。根据这个研究中心提供的资料，蒙古国的沙漠化的人为活动影响，主要包括过度放牧牲畜，农田土壤侵蚀，气候变化和草原自燃的影响不到 20%。从这个角度来看，提高蒙古国畜牧业现代化管理和企业经营水平，来应对气候变暖和干旱对于草原生态环境的潜在威胁具有特别重要的意义，而如何做是摆在人们面前的另一个重要课题，这个问题绝不简单，既考验我们的科学技术水平，又考验我们是否尊重传统，能否与自然和谐相处。

二、北美大草原

在北美洲的中部有一片平坦区域，被称作北美大平原，传统上是一片大草原。在 20 世纪 30 年代经历了巨大的“黑沙暴”以后，这里在建设的大规模水利工程引来五大湖和密西西比河水，生态环境有了巨大的改善。农业和牧业产业的机械化和现代化程度居世界首位，这片土地已经成为世界粮仓。从西班牙舶来的“牧人文化”来到美国后变成了“牛仔文化”，成为草原文化的现代版本。

（一）名为“大平原”的草原

这里所说的北美大平原（The Great Plains）是北美最大的平坦区域，位于北美洲中部的内陆，美国密西西比河高草大草原的西部，美国落基山脉和加拿大的东部。大平原包含整个内布拉斯加州、北达科他州和南达科他州、部分科罗拉多州、艾奥瓦州、堪萨斯州、明尼苏达州、密苏里州、蒙大拿州、新墨西哥州、俄克拉荷马州、得克萨斯州和怀俄明州[①]。大平原的加拿大部分阿尔伯塔省、萨斯喀彻温省和曼尼托巴地区南部地区的一个狭长地带，也被称为草原三省。

① David Wishart, The Great Plains Region, *In Encyclopedia of the Great Plains*, Lincoln: University of Nebraska Press, 2004, pp.xiii–xviii.

由墨西哥、美国和加拿大政府签订的北美自由贸易协定下设立的环境合作委员会制作了一份北美环境地图集，将这个美国称为大平原的区域称为“大平原生态区”，并注明与草原同义。大平原生态区包括五个亚区：温带草原、中西部半干旱草原、中南部半干旱草原、得克萨斯州—路易斯安那州沿海平原和塔毛利帕斯—得克萨斯半干旱平原。在加拿大，大平原这个词很少用，草原一词更为常用，该地区被称为草原省或简称为“大草原”。

该地区从东到西约800公里，从北到南约3200公里，面积约为130万平方公里。大平原是一片近乎水平的土地，从墨西哥边境向北延伸到加拿大，海拔从东面的370米逐渐上升到靠近山脉的1800米。这片土地因为半干旱气候，树木很难生长，形成了一望无际的开阔草地。在此处尽管名称还用大平原，但这片被称为大平原的区域实际上是草原区。

这片大平原是世界上最大规模的高产畜牧业和旱作农业区，因此也是世界粮仓，因供应了全世界一半以上的粮食和肉蛋奶产品而闻名于世。它覆盖了阿尔伯塔省和南萨斯喀彻温省的大部分地区。①

这些地区经过多年的开发利用，已经变成牧场或边缘农田，其GDP占加拿大全国农业生产的80%。在20世纪50—70年代，石油生产发展使得阿尔伯塔省成为“国家最富有的省”，加拿大成为世界上最大的石油出口国之一。正是通过这次爆发后的稳定经济增长，草原地区开始从以农业为基础的就业部门转变为一个民生就业部门。2014年，全球石油市场下跌，导致经济衰退，对经济产生了巨大影响。尽管传统的油井枯竭，阿尔伯塔省仍然以石油为主导经济，北部麦克默里堡的油砂继续为开采、钻探和提炼石油提供就业机会②。

在20世纪中叶，由于石油的繁荣，大草原的经济发展迅速，第一产业是农业和服务业。农业包括畜牧业（牛和羊）、种植作物（燕麦、油菜籽、小麦、大麦）和油料生产。

加拿大的南亚伯达因其牛仔文化而闻名，这种文化是在19世纪80年代真正的露天牧场经营时形成的。加拿大的第一个牛仔竞技会师雷蒙德牛仔节，建立于1902年。

---

① Nevin M.Fenneman, “Physiographic Subdivision of the United States”, *Proceedings of the National Academy of Sciences of the United States of America*, 1917, 3 (1), pp.17–22.

② Raymond A. Mohl, *The New City: Urban America in the Industrial Age, 1860–1920*, 1985, p.69.

（二）大平原生态环境

在14500万年到6600万年前的白垩纪期间，大平原被一个叫作西部内陆海道的内陆浅海所覆盖。在白垩纪晚期到古新世的6500万—5500万年这一段时期，海水开始消退，留下了厚厚的海洋沉积物和相对平坦的地形。大约2500万年前的中新世和上新世时期，大陆性气候变得有利于草原的进化。现有的森林生物群落减少，草原逐渐占领了整个平原。在新生代，草原为哺乳动物提供了一个新的生态位，草原的扩展和草食动物的发展有着紧密的联系，这里出现了很多有蹄类动物。

在这一地区的古生物学研究出土了猛犸象、剑齿猫和其他古代动物的骨骼化石，以及数十种其他体重超过45公斤的大型古生物，如巨型树懒、马、乳齿象和美洲狮，这些动物曾经统治大平原数千万年。在大约13000年前的更新世末期，由于干旱，这些动物中的绝大多数在北美洲灭绝。这片区域的大部分曾是美洲野牛群的家园，直到19世纪中后期，它们被猎杀到濒临灭绝[①]。

一般来说，大平原的天气变化很大，冬天寒冷刺骨，夏天炎热潮湿。在冬天风速通常很高。该地区（尤其是高原部分）周期性地遭受长时间的干旱。该地区的大风可能产生沙尘暴。东部大平原靠近东部边界，有一小片区域属于潮湿大陆气候。大平原的东南部是世界上龙卷风最活跃的地区，有时也被称为龙卷风小巷[②]。

北美大平原的加拿大部分叫作加拿大草原，是加拿大草原生态区内的温带草原和灌木林生物群落。大部分草原省份都是多雪、充分湿润的大陆性气候，夏季凉爽。平均每年454毫米的降水量落在草原上，大多数降雨发生在夏季的6月和7月。随着草原的高湿度，龙卷风很可能发生在萨斯喀彻温省中部和马尼托巴省南部。

南亚伯达、萨斯喀彻温省西南部和蒙大拿州东部主要是半干旱草原地带。有北方高草草原、北方混草原和北方短草原三种草原类型。由于牛群的大量放牧，估计只有24%的原始混合草原仍然存在。羊茅草原产于潮湿地区，占据了大草原的北部，阿尔伯塔省中部和西南部以及萨斯喀彻温省中西部。西南部的草原三省是半干旱地区，土壤为棕色和黑色，极易发生频繁而严重的干旱。

---

① Michael Forsberg, *Great Plains: America's Lingering Wild*, Chicago, Illinois:University of Chicago Press, 2009

② Amanda Rees, *The Great Plains Region*, Greenwood Publishing Group, 2004, p.18.

（三）大平原开发史

对加拿大草原文化影响最大的是第一民族。加拿大政府也叫“领地政府”（这个称谓源于英国对加拿大的东部殖民时期，英国殖民者对于加拿大政府的称呼，以区别于英国本土的政府，因为那里的很多城市和村庄都会用殖民者来的地方或熟悉的地方来命名），将原来居住在加拿大的土著印第安人称为“第一民族”。第一民族在这个地区居住了几千年。最早看到大草原的欧洲人，是从加拿大东部经哈德逊湾来的毛皮商人和探险家。他们产生了梅蒂斯人，工人阶级的“毛皮贸易的孩子”。在欧洲人定居期间，大草原在不同的族群聚居区定居，形成了独特的英国、乌克兰、德国、法国或斯堪的纳维亚加拿大文化。这些影响在加拿大草原省份的音乐中也很明显。19 世纪 80 年代末美国定居者大量涌入，迁移到艾伯塔省以及稍小的萨斯喀彻温省。

第一批美洲人（古印第安人）数千年前来到大平原，他们在大平原东部建设了诸多部落。1540 年至 1542 年，西班牙殖民者弗朗西斯科 · 瓦兹盖斯 · 迪 · 科罗纳多来到大平原，欧洲人和印第安人在大平原上开始接触。

最初西班牙人认为大平原盛产黄金，来到这里以后，尽管他们当时没有发现黄金，但发现了皮毛这个也能赚钱的东西，在大草原山脉共有数以千万计的野牛。在接下来的 100 年里，皮毛贸易把越来越多的欧洲殖民者带到了大平原。这些野牛猎人在与印第安人的皮毛交易中建立了毛皮贸易站，这些贸易战后来都建成了殖民者的定居点。美国在 1803 年购买了路易斯安那，并在 1804—1806 年进行了刘易斯与克拉克远征。整个 19 世纪，更多的定居者迁移到大平原，作为人口向西扩张的一部分，越来越多的新定居点在大平原上建立。定居者也带来了印第安人无法抵抗的天花。在路易斯安那购地时期，平原上的印第安人有一半到三分之二死于天花。

1870 年以后，很快带来了更多猎人，他们为了猎取野牛的皮，几乎杀光了野牛。杀光了野牛，这里还有广阔的草地。1862 年美国联邦政府颁布了《宅地法》，用以鼓励大平原的农业发展，并为不断增长的人口提供住房。它允许定居者免费获得最多 65 公顷的土地，条件是他必须在这块土地上生活五年并耕种。人们可以成为地主，铁路为美国农民和新地主提供了运输便利，北美大开发进入大平原阶段，这就是当时的“美国梦”一个重要的部分。更多的人来到大平原定居，他们以前从来没有看到过这么广阔的平坦土地。

大部分大平原变成了牧场，人们开始自由放牧。在春天和秋天，牧场主举办贸易聚会。这样的牧场和贸易聚会开始的时候在得克萨斯州流行，后逐渐向北扩展到加拿大。1866 年至 1895 年，牛仔们将 1000 万头牛赶往北部的道奇城、堪萨斯州和内布拉斯加州的奥加拉拉，从那里，牛群被运往东部。

土地几乎是免费的，铁路已经延伸到到家门口，良好的机会来自德国和斯堪的纳维亚的移民大量涌入。1871 年的自治领地法在加拿大的大草原上建立了家园，相应的规定和管理方式几乎是一模一样的。[①] 大片新农场和牧场在大平原上建成。这里的牛仔们中的许多人都不是熟练的农民，经营农场非常失败，这也为后来肆虐大平原的黑沙暴埋下了隐患，那个时候的人们还不懂生态环境保护。

自 1920 年起，由于干旱，农村平原的人口减少了三分之一。大平原每平方千米仅有两三个居民，仅在堪萨斯州就有 6000 多座鬼城。人口的持续减少使得一些人认为，目前对大平原较干旱地区的利用是不可持续的，有人提议将大约 36 万平方千米较干旱地区还原为原生草原土地。[②]

在 20 世纪 20 年代晚期和 30 年代早期，以俄克拉荷马州狭长地带为中心的地区被称为沙尘暴区，这个地区包括科罗拉多州东南部，堪萨斯州西南部，得克萨斯州狭长地带，以及新墨西哥州的极东北部。长期干旱、耕作不当和大萧条造成的金融危机迫使许多农民离开了大平原的土地。[③]

大平原的南部位于奥加拉拉蓄水层之上，有一个巨大的地下含水层。在大平原的干旱地区，大规模水利工程将密西西比河和北美大湖区的淡水源源不断引入平原区，使得这片区域农业经济迅速发展。

从 20 世纪 50 年代开始，美国联邦政府实施了大规模输水运河及农业灌溉建设工程，大平原的许多地区都建成了大面积土地灌溉系统，在这片广袤土地上建成的水利灌溉系统极大地改善了美国的农业生产，使得这片平坦的大平原成为高产作物种植区，也使美国成为世界主要的农产品出口国。

淡水供给条件的改善不仅促进了农业的发展，也使当地的经济和社会快速实现了现代化，成为一位美国大平原上的农民地主，在现代美国意味着至少应该是亿万富翁，因为土地、设备、农业生产和管理都要求地主，成为农业专家，否则就到城里去打工。

---

① Julie Courtwright, *Prairie Fire: A Great Plains History*, Kansas City:University Press of Kansas, 2011, p. 274.

② Michael Johnston Grant, *Down and Out on the Family Farm: Rural Rehabilitation in the Great Plains*, 1929–1945, University of Nebraska Press, 2002.

③ Timothy Eagan, *The Worst Hard Time : the Untold Story of Those Who Survived the Great American Dust Bowl*, Boston : Houghton Mifflin Co., 2006.

由于美国大平原农业的发展，美国农业迅速成为世界农业现代化的模板，引得很多草原国家纷纷效仿。在苏联、非洲的撒哈拉沙漠南部的萨赫勒地区和中美洲以及南美洲的稀树草原区，当地政要和学者很早就在酝酿进行大规模的开发建设，解决其长期存在的粮食供给不足问题。

实际上存在于人类社会的粮食问题是人口问题，由于缺乏对于人口生育的管理，巨大人口就必须有足够的粮食来养活，而足够的粮食生产必须有足够的土地，而这些足够的土地要从转换自然土地来换，事情并不复杂。

（四）大规模野牛围猎

美洲野牛简称野牛、水牛，是美洲现存最大的陆地动物，曾经在北美草原上以庞大的群体漫游。北美野牛体形硕大，平原野牛的体型往往较小，而森林野牛的体型较大。头部和身体的长度从 2 米到 3.5 米，肩高可以从 152 厘米到 186 厘米不等。体重范围 318 公斤至 1000 公斤。雄性较雌性体重稍大。19 世纪商业狩猎和屠宰的结合，以及家畜身上带来的疾病，导致它们几乎灭绝。[①] 目前仅在几个国家公园和保护区苟延残喘。

北美肥沃的草原为野牛的生存提供了良好的环境条件，北美野牛力大，凶猛，在北美草原仅有的天敌就是草原狼，但不足以对野牛种群的生存构成威胁。北美野牛在大草原上自由自在地生活了 10 多万年的时间，逐渐繁衍成一个数以亿计的巨大种群。[②]

北美野牛是食草动物，逐水草而居，是迁徙性的动物。夏天，牧草供给充沛，野牛在觅食地点之间的游动不会太远，通常每天移动，距离在 1 公里以内。研究显示，在山区山谷中，野牛平均每天移动 3.2 公里。主要吃草和莎草。在短草草地上，野牛主要食用暖季草。

在北美，野牛的天敌是狼，由于野牛体形硕大，捕食成年野牛是一件十分危险的事情，因此大多数捕猎行为的对象为小牛，公牛必须经常准备好为了小牛的生存而战。有的时候，灰熊也会对幼崽构成威胁，有时灰熊也会捕食年老、受伤或生病的成年野牛。

狩猎野牛是中西部美洲原住民的一项基本活动，后来在欧洲殖民者来到

① Andrew Isenberg, *The Destruction of the Bison, An Environmental History 1750–1920*, Cambridge: Cambridge University Press, 2000, p.193.

② James H.Shaw, "How Many Bison Originally Populated Western Rangelands?", *Rangelands*, 1995,17 (5), pp.148–150.

美国后，成群的野牛被认为是发展农业的威胁，对于村镇的安全也不利。组织军队和猎人对于奔跑在北美草原上的野牛进行了有组织的大屠杀。牛皮被送到市场上制成各种制品，很多地处较远区域的牛肉直接被丢弃，距离城市较近的牛肉被制成罐头，在市场上销售。草原上的牛骨头，粉碎后做成牛骨头粉肥料，用于农田施肥。①

在18世纪以前，北美大平原上有1亿头以上的北美野牛生活。还有棕熊、森林狼以及大量的鹿类等食草动物。北美洲的土著印第安人也会捕杀野牛，但数量很少。大量枪械和集体性、有计划的野牛屠杀活动，导致该物种在1890年前后接近灭绝。美国野牛在1800年代遭到大规模屠杀后，存活下来的野牛数量下降到541头，到了几近灭绝的底部，在北部的怀俄明等地的山区躲藏起来。②

仅仅用了不到100年的时间，原来在北美大平原上狂奔的成群野牛不见了踪迹，仅北部的部分自然保护区还能见到少量的野牛在游荡。在此期间，少数牧场主将仅存的野牛饲养起来，以挽救该物种免于灭绝。

北美的印第安人部分部落曾经将野牛作为图腾，很多印第安武士都会保留野牛头骨说明其曾经勇猛和雄壮的过去。野牛在美国的西部代表了一种文化。在美洲原住民部落中，尤其是在平原印第安人中，野牛被认为是一种神圣的动物和宗教象征③。

在1890年大部分草原地区的野牛灭绝前后，一部分学者和政策制定者提出了一项被称为“野牛公地”的保护建议，要将大平原的大部分干旱地区恢复为野牛放牧的原生草原。支持者认为，目前这种将短草草原开发成农田的利用方式是不可持续的。但居住在相关区域的大多数人都反对这项计划。他们认为，人们饲养野牛是为获得肉食和毛皮，世界上大多数美国野牛是为人类消费而饲养的。

100多年来，北美野牛从繁盛到几乎灭绝，再到保护以后种群数量不断增加的过程中，人们一直在问一个问题，为什么要保护这种野牛？你可能会说，野生动物是我们的朋友。小学生在大众面前这样说也无妨。但学者一定要给

① Dean Lueck, “The Extermination and Conservation of the American Bison”, *Journal of Legal Studies*, 2002,31 (2), pp.609–652. .

② Carl Coke Rister, “The Significance of the Destruction of the Buffalo in the Southwest”, *Southwestern Historical Quarterly*, 1929,33 (1), pp.34–49.

③ William E.Farr, Going to Buffalo, *Indian Hunting Migrations across the Rocky Mountains,* Part 1, Montana, the Magazine of Western History, Vol. 53, No. 4, 2003, pp.2–21.

出科学的理由和明确答案。

北美野牛的故事100年来一直在保护科学的教科书中被人们反复提及。[①]很多人为北美野牛的几乎灭绝叹息，实际上北美野牛的几乎灭绝同样是一个要经济发展和人类生活的福祉还是要野牛的生存空间的基本问题。

当初，北美大地满眼都是野牛，恢复野牛的种群一定要牺牲大片的草地和农田，野牛还会传染疾病。除了道德因素之外，在经济上，难道我们可以不要北美粮仓而仅要野牛吗？在很多国家的文化和知识仓库里，野生动物就是一种经济资源，所以提起野生动物的价值就是，肉能吃、皮能制革，骨头能……反正要对人有用，这才是大多数人在心底里对野生动物的基本价值观。

在理论上，需要学者进行研究和探讨，为社会保护野生动物及其栖息地找到更好的理由，而不能仅仅停留在如何利用这种层次的认识上。野生动物对人必须有用是回答这个问题的一个方面，对于自然生态系统的有用性是问题的另一个方面，或者这个方面更重要。还有一个问题也是不可回避的。不论如何讨论保护野生动物的重要性，那些野生动物也需要土地作为栖息地，需要土地长出能吃的食物，否则保护就是一句空话。同样养活不断增加的人口也需要土地，还有多少自然储备可供人们在保护野生动物和养活人口两个方面进行选择？

（五）黑沙暴与风护林工程

20世纪初期到30年代，在北美大平原上发生了严重的沙尘暴，在北美，这次大规模的沙尘暴被称为“黑沙暴”（The Dust Bowl）。这次黑沙暴严重地破坏了美国和加拿大草原三省的生态和农业，也给当地的经济社会发展和农民造成了严重的伤害。[②]

造成这次“黑沙暴”的自然环境原因是大气环流发生了改变，造成了数十年的严重干旱，这场干旱从20世纪30年代初期一直延续到40年代初期。造成这次“黑沙暴”的人为原因却是大环境保护措施和粗放的农业开发活动。得到土地的农民对于草原的生态环境并不了解，农民们在十多年的时间里，

① Erhard Rostlund, “The Geographic Range of the Historic Bison in the Southeast”, *Annals of the Association of American Geographers*, 1960, 50 (4), pp.395–407.

② Robert A. McLeman, Juliette Dupre, Lea Berrang Ford, James Ford, Konrad Gajewski, Gregory Marchildon, “What we learned from the Dust Bowl: lessons in science, policy, and adaptation”, *Population and Environment*, 2014, 35 (4), pp.417–440.

用现代化的机械设备，对于干旱草原（降雨量平均为250毫米）进行了大面积毫无保护的农业耕地改造，使用了拖拉机进行草原整地，利用联合收割机进行农作物收割。①

机械化深翻草地，用裸露的农田代替了原生的草地。这些草地在北美干旱环境下保持了土壤和水分。在20世纪30年代的干旱期间，被深翻过的裸露农田在干燥的草原风搅动下，飞上天空，未固定的土壤变成了沙尘，在天空中形成了巨大的黑云，白日变成了黑夜，能见度降低到1米或更低。在北美，这些令人窒息的巨大灰尘被称为"黑色暴风雪"，它穿越整个大陆，最远到达东海岸，袭击了纽约市和华盛顿特区等城市，在那片远离平原的城市，人们能够闻到浓重的焦土气息。②

沙尘暴的干旱和侵蚀影响了40万平方公里的土地，这些土地集中在得克萨斯州和俄克拉荷马州的狭长地带，并且影响了新墨西哥州，科罗拉多州和堪萨斯州的相邻地区。沙尘暴迫使成百万农民离开自己的农场，很多无力支付抵押贷款，到1936年，每天的损失达到2500万美元，相当于2019年的46亿美元。

1933年，在富兰克林·德拉诺·罗斯福总统上任后的头100天里，他的政府迅速启动了保护土壤和恢复国家生态平衡的项目。1933年8月，内政部长哈罗德·伊克斯，在休·哈蒙德·班尼特的领导下，成立了水土流失服务机构。在1935年，它被转移和重组，由农业部门管理，并重新命名为土壤保持服务。为了推动工程的实施，1935年工程转由罗斯福总统为了解决经济大萧条等特殊事件引发的重大事件而建立的工作进度管理局（Works Progress Administration，WPA）负责，把这个工程作为在经济危机时刻解决劳工安置问题的措施，建设苗圃所需要的财政支持资金才算是有了着落。1937年5月通过了诺里斯—道克斯农林合作法案（The Norris—Doxy Cooperative Farm Forestry Act）修正案，将林业和农业合作扩展到联邦与州合作，使得各级政府的财政投资具有法律上的合理性，也为农林复合经营的发展铺平了道路。③

罗斯福总统命令平民保育团种植北美大平原防风林，这是一个由2亿多

① Donald Worster, *Dust Bowl: The Southern Plains in the 1930s*（*25. anniversary ed*）, Oxford: Oxford University Press, 2004.

② Kevin Z.Sweeney, *Prelude to the Dust Bowl: Drought in the Nineteenth-Century Southern Plains Norman*, OK: University of Oklahoma Press, 2016.

③ Bates Pierce, *Forestation of the Sand Hills*, United States Department of Agriculture: Forest Service Circular 161, March 2, 1909(10), p.50.

棵树组成的巨大地带，从加拿大一直延伸到得克萨斯州的阿比林，用于防风、保持土壤中的水分和固定土壤本身。政府还开始对农民进行土壤保持和防止水土流失技术的教育，包括轮作、条带耕作、等高耕作、梯田耕作和其他改进的耕作方法。1937 年，联邦政府开始了一项积极的运动，鼓励居住在尘暴区的农民采用种植和耕作的方法来保护土壤。

新闻媒体、摄影师、音乐家和作家都记录了这场人类历史上严重的生态环境危机。多萝西娅·兰格在联邦政府的资助下，用照相机留下了很多沙尘暴和移民家庭的经典照片，表达了被沙尘暴困扰的人们的挣扎，并提高了全国其他地区对其影响范围和人力成本的认识。①2014 年的科幻电影《星际穿越》讲述了 21 世纪美国遭受沙尘暴蹂躏的故事。

到 1939 年工程全面展开的时候共有 13 个大型苗圃，能够提供 6000 万株苗木。在农业部门和林业部门协力合作下，到 1942 年工程完成的时候，共有 2 亿株苗木被用于工程建设。工程建成了能够保护美国中部粮仓和大平原的间隔 1.6 公里，160 公里宽，总长 29760 公里的防护林带。②

经过农业和林业专家的研究，专家得出结论，林带对于农田的防护效果是背风面树高的 15 倍。由于同一树种会受到病虫害的袭击，同时树木也会受到风沙的袭击，为了保护树木和提高防护林的持久性与可靠性，工程实行乔灌混合的造林方式，用不同高度，不同树种的林木和灌木构成植物群落。防护林带最初的设计是由 17—21 行树木构成。但由于资金紧张，到 1936 年变为按照 7—10 行设计和施工，有的地方实际只种了两行树木。这样的配置也成为防护林工程设计的主流配置方案，被写在教科书中。

工程的施工建设按照计划完成以后，就将防护林带的维护和管理移交由当地农业部门的水土保持机构负责。1942 年以后，虽然对林带也有部分修补工作，但大规模的植树造林工程基本结束。从这以后，北美和欧洲再也没有实施过公共投资进行的大规模生态环境工程。罗斯福工程就成为人类历史上第一次，也是美国唯一的全国规模的生态环境建设工程。

林业部门设计的造林树种大量使用了杨树，树种比较单一，部分林带的宽度有所减小、存在一定的偷工减料。公众要求改善长期效果，而不是短期

① Alan Lomax, Woody Guthrie, Pete Seeger, *Hard-Hitting Songs for Hard-Hit People,* New York: Oak Publications, 1967.

② James B. Lang, *The Shelterbelt Project in the Southern Great Plains-1934-1970,* A Geographic Appraisal, Master's thesis, University of Oklahoma, 1970, p.99.

结果，工程管理部门对工程本身能达到的效果和效果的持续性并不清楚，各方参与的积极性受到一定的影响。从工程后期的延伸效果来看，杨树的生长较快，不是生长期长的树种，20—30 年以后，部分树木开始老化。杨树的经济价值不高，一些地区已经将杨树砍掉，换种其他价值更高的树种。部分地区管护不善，林带出现残缺现象，到 1954 年有 8%的林带已经被毁坏，25%的林带不能发挥作用。到 1954 年以后一些林木的株行距太近（2.5—3.3 米），再加上有一些被人为损坏，还有部分病虫害发生，影响生长，施工建设缺乏维护资金，林带逐步失去作用。①

到 20 世纪的后半叶，美国林务局在农业部的领导下，开始进行更加市场化，由农民自己决策的农林复合经营②，几乎全部农场都实现了农与林的结合，还出现了一些专业性的私人林场。在特殊地段，由当地政府和私人合作建设和维护了一些小型林带，树木种类也丰富多了，增加了美国蔓越桔或美国小琼花（The American Cranberry bush）糯米树（Nannyberry）、黑胡桃（Black Walnut）和俄亥俄槭树（Ohio Buckeye）等③。一些经营林木的企业也开始少量植树，出现了一些规模较小，用于房屋、河道、农田等特殊防护用途的小型防护林。内布拉斯加州和堪萨斯州政府进行了公共财政拨款对现存的林带进行了维护，在这两个州的部分林带至今依然在发挥作用。④2010 年联邦政府提供的财政拨款使堪萨斯、北达科他、南达科他和内布拉斯加等州的林带功能得以恢复。⑤

三、南美草原

南美草原的大规模开发利用从 20 世纪后半叶开始。经过数十年的开发建设，阿根廷的潘帕斯草原已经彻底改变了原生的草原生态系统，被建成了世界著名的农业经济带。在巴西的塞拉多稀树草原，经过对这片亚马孙雨林

① Wilmon H. Droze, *Trees, Prairies and People: A History of Tree Planting in the Plains States*, Denton: Texas Woman's University, 1977, pp. 61–71.

② Leakey, R.R.B. , "Definition of Agroforestry revisited", *Agroforestry Today,* 1996, 8(1), pp.5–7.

③ http://www.southernforests.org/resources/publications/the-southern-perspective/the-southern-perspective-september-2010/update-from-the-states/the-no.-1-shelterbelt-celebrates-75-years.

④ W.McMartin, A.B. Frank, R.H. Heintz, "Economics of Shelterbelt Influence on Wheat Yields in North Dakota", *Journal of Soil and Water Conservation*, 1974, 29(2), pp.87–91.

⑤ J.R.Brandle, B.B. Johnson, D.D. Dearmont, "Windbreak Economics: The Case of Winter Wheat Production in Eastern Nebraska", *Journal of Soil and Water Conservation,* 1984, 39(5), pp.339–343.

以南稀树草原的大规模农业开发活动，已经形成了一个围绕巴西新首都巴西利亚的巨大农牧和矿业经济带。

（一）潘帕斯草原

南美阿根廷的潘帕斯（pampas）草原是一片面积超过120万平方公里的肥沃而平坦的草地，在这片草原内有阿根廷的布宜诺斯艾利斯、拉潘帕、圣达菲、恩特雷里奥斯和科尔多瓦等省，还有整个乌拉圭，以及巴西最南端的南里奥格兰德州。潘帕斯气候温和，降水量为600毫米至1200毫米，全年均匀分布。土壤适合农业生产。

由于农业和牧场开发活动的影响，原来这里生活的美洲狮、美洲鸵和潘帕斯鹿等物种已经失去了它们的栖息地。随着欧洲移民来到潘帕斯开展农牧业活动，这片草原上栖息着很多入侵物种，如欧洲野兔、野猪和家雀等物种的数量正在快速增长。

历史上，频繁的野火确保了这片草地只有草和比较低矮的灌木生长，而树木却不怎么常见。植被通常包括多年生草本植物，针茅属的禾草尤为常见。蒲苇是南美洲大草原的标志性植物。潮湿的潘帕斯草原包括东部布宜诺斯艾利斯省和南部恩特雷里奥斯省。半干旱的潘帕斯草原包括圣达菲、科尔多瓦和拉潘帕省的西部。

潘帕斯草原上的现代农业得到了快速的发展，在布宜诺斯艾利斯南部和西部的潘帕斯草原上种植的农作物，大部分被用来作为养牛饲料。进入21世纪以后，布宜诺斯艾利斯周围还形成了葡萄酒产区、欧洲蜂蜜产区等具有典型地中海特色的农业园。

从19世纪40年代开始到19世纪80年代，欧洲南部国家，主要是西班牙和葡萄牙实施了由政府投资的大规模移民工程。19世纪80年代，在英国移民的支持下，阿根廷的潘帕斯草原开通了铁路，此后大批欧洲移民来到潘帕斯草原定居，其中一部分移民是西班牙退伍军人，在政府的资助下，获得了大片土地。这些土地后来都变成了牛羊牧场，并一直维持到今天。目前该地区移民后裔的私人牧场还饲养了约400万头牛，相当于阿根廷全部牛存栏数量的十分之一。

自20世纪40年代以来，不断采用现代农业技术，大量集约化种植小麦、向日葵、燕麦和苜蓿。同时发展了水电和交通，农业机械化程度不断提高，潘帕斯逐渐成为重要的世界粮仓之一，大量农牧产品出口，进入世界农产品贸易体系，成为阿根廷外汇的重要来源之一。而随着潘帕斯农牧经济带农业现代化水平的提高，这片草原也不再需要太多的劳动力，越来越多的农民搬进城市，成为工人。

在农业开发之前，潘帕斯鹿曾经是欧洲移民的重要蛋白质来源，这种本地食草动物经过大量捕杀以后濒临灭绝，直到 20 世纪 20 年代在当地政府的保护下，种群才得以逐渐恢复。

在有关潘帕斯草原生态环境的讨论中，人们并不认为将潘帕斯草原开垦成农业区有什么不妥。在这片地势平坦、土地肥沃、降水状况良好的区域，发展农业生产是必然的。但大量使用农药与化肥造成的污染问题还是引起了专家和学者的关注。

在草原利用的实践中，追求可持续利用是关键词。可持续利用并不是要求什么也不做，就是将草地保护起来，也不是仅仅涉及生态环境和生物多样性等。可持续利用是一个涉及生态、经济、社会多方面的问题。

从自然角度来看，草原是一种生态系统，有必要保护。从经济角度来看，草原是宝贵的土地资源，开发利用能够获得经济利益。从实用主义政治角度来说，开发草地，获得经济收益是为民众服务的事情，会获得社会的支持。如果通过投票方式来决定，开发和利用草原会是大多数人的决定。在现代社会开发利用林地和草地的重大决策都是这样做出的。

（二）塞拉多草原

在有利于经济发展和社会繁荣这两个因素之外还有一个经常被决策过程忽视的自然生态系统保育和生态环境保护问题。在实践中，经常会出现的问题是，人们在评价经济、社会和环境效益的时候，往往会将经济和社会效益放到首位，并用“以人为本”作为理由。

随着世界可持续发展进程加快，人们会越来越多地关注环境问题、关注经济和社会的发展方式。在 20 世纪结束到 21 世纪开始的十多年时间里，联合国环境署、联合国粮农组织等都在关注毁林和草地农业开发利用问题，并将可持续发展作为人类社会发展的方式。可持续发展要求不仅管制现在还要为未来保留发展的机会。

在南美洲，与亚马孙热带雨林同样重要的生态环境问题是那里的草原开发利用。巴西的塞拉多热带稀树草原生态区位于巴西中部的高原，生态系统亚类包括：森林稀树草原和山野稀树草原。稀树草原是巴西除亚马孙雨林之外第二生态区，面积占巴西陆地面积的 21%。

1892 年，丹麦植物学家约翰内斯・尤金纽斯・布洛・瓦尔明在他的书中，首次详细介绍了塞拉多。从那时起，很多科学家来到塞拉多，开展了大量研究工作，结果证明，塞拉多是世界上生物物种最丰富的稀树草原之一，并且具有高度的本地性。塞拉多草原拥有约 10000 种植物、近 200 种哺乳动物（14 种特有）和 10 种特有鸟类。

塞拉多有热带草原地区的典型气候，一年中主要有两个季节，潮湿和干燥。塞拉多的年平均气温在 22—27℃，90%以上的地区平均降水量在 800—2000 毫米。

塞拉多拥有独特的植被类型，有大约 800 种树木，草本层通常高约 60 厘米，主要由木樨科、莎草科、豆科、木樨科、桃金娘科和红宝石科组成。与其他草原和稀树草原一样，火在维持和塑造草原景观方面发挥着重要作用。塞拉多草原的许多植物都具有很强的火适应性，长出了比较厚的软木树皮，能够抵御草原的天然野火。研究发现，塞拉多稀树草原边界的雨林和亚马孙雨林之间存在动态扩张和收缩变化关系，亚马孙多雨林在更新世这样的冰河时期有过较大的扩张，很可能促成了塞拉多和亚马孙雨林物种间的相互联系。

塞拉多的脊椎动物种类繁多，科学研究记录了 150 种两栖动物、120 种爬行动物、837 种鸟类和 161 种哺乳动物。值得注意的物种包括大型食草动物，如巴西的塔皮貘和潘帕鹿，以及大型掠食动物，如鬃毛狼、美洲狮、美洲虎、巨型水獭等。

塞拉多的土著群体多为游牧民族。直到 1960 年代中期，塞拉多的农业活动都非常有限，人口也不多。巴西政府为了发展内地经济，将其首都迁到塞拉多，新首都的名字叫巴西利亚。巴西政府为了开发新区，推出了许多经济刺激政策和方案，将人口吸引到塞拉多，例如通过农业补贴，促进塞拉多地区的发展。从 1970 年至 2010 年，塞拉多地区的人口增加了一倍多，从 3580 万增加到 7600 万，当地的农业和畜牧业生产有了显著增长。但同时该区域的城市和农业活动的迅速扩张也使得原来的自然土地变成了人类居住的社区和农田。

在塞拉多，那里的土地几乎不用施加太多的化肥，适当添加磷和石灰，就可以让原来的酸性土壤更适合农作物生长。20 世纪 90 年代末，巴西每年有 1400 万吨至 1600 万吨石灰被撒在开发的农田里。2003 年和 2004 年的数量增加到 2500 万吨，相当于每公顷要撒约 5 吨石灰。

目前，塞拉多地区的大部分农作物属于饲料，被用于肉牛养殖业。牛肉产量占全国牛肉产量的70%以上。根据当地的土壤和环境，农业科学家采用了豆类植物作为主要栽培作物之一（豆类作物被认为不消耗地力），还通过育种技术培育了适应巴西热带环境的新大豆品种（在此之前，大豆是温带的农作物）。塞拉多地区是巴西主要的谷物生产中心，主要是大豆、玉米和水稻，巴西是世界上大豆的主要出口国，玉米除了部分用作粮食，大多数用作饲料。在塞拉多还种植了大量天麻，用于开发纤维素纸浆和造纸生产。在开发塞拉多的过程中，很多当地的树木被烧制成木炭，还有的会被运到炼铁厂，这也导致塞拉多大片稀树草原林木被采伐。草原植被的迅速减少也导致塞拉多的稀树草原生态系统的生物多样性急剧恶化。

在对塞拉多进行经济开发的初期，一般认为塞拉多的稀树草原没有保护价值，37.3%的塞拉多稀树草原已完全转为人类居住土地，另有41.4%用于牧场养殖肉牛，稀树草原上的林木被用作木炭生产。该地区的森林是受影响最严重的地区之一。据估计，今天只有43.3万平方公里，21.3%的原始植被还算完好。

（三）亚马孙毁林问题

巴西和阿根廷分别被葡萄牙和西班牙殖民。这两个国家的文化有鲜明的葡萄牙和西班牙文化特征，就连语言也是这两个国家的。经过长期的殖民地文化浸润，巴西和阿根廷在开发了草原以后，其农业采用了发源于英国第二次农业革命的模式，即开发农田种植粮食作物和饲料，用粮食和饲料养牛和养羊。同时引进地中海农牧模式，在农场和牧场经营以外增加了多样化的特色农业，建设了大量水果、蜂蜜、葡萄酒、火腿等基地。

位于欧洲南部的地中海北部和西部是世界特色农业的重要产区，在这片区域有典型的地中海气候特征——“夏季炎热干燥，冬季温和多雨”，地中海农牧区的水利灌溉系统十分发达，在水热光条件满足，特别是灌溉条件较好的环境条件下，有利于热带水果的生产。因此地中海农业区的作物种类往往为蔬果，是世界著名的水果产区，也是重要的葡萄和葡萄酒产地。

南美洲这两个国家的农牧产品一部分满足本土市场的需要，另有很大一部分出口，进入世界食品市场，成为世界食品产业体系的重要组成部分。在巴西和阿根廷的农牧产品加入世界食品产业体系以后，这个产业对于土地的需求就变得没有止境。大量的土地不仅占用了大片草原，还导致亚马孙雨林开始按照同样的模式进行了大面积的开发。这样的开发利用导致亚马孙雨林的毁林成为全世界关心的热点环境问题。

导致亚马孙雨林的大面积毁林原因是多方面的，表现形式也各不相同，有的是为了获得木材，有的是为了通过刀耕火种，获得耕地，收回一些糊口的粮食，这些传统的毁林方式对于亚马孙雨林区域并不构成威胁。在亚马孙雨林和塞拉多稀树草原区，蓬勃发展的农牧业，以及农牧业发展而形成的城镇扩张才是真正的威胁。因为这种基于经济目的天然林地和草原占用就没有止境，还会随着人口的增加而加剧。随着世界经济一体化的发展而成为世界消费市场和经济循环的一部分，继续发展的结局一定是毁掉全部亚马孙雨林。

亚马孙雨林生长在亚马孙河流域，在这片650万平方公里的河流冲积平原区，不仅有茂密的森林，还有大片沼泽。这片区域平均年降雨量达到了2000毫米。平原地势低平坦，大部分在海拔150米以下，因而这里河流纵横，湖沼众多。多雨、潮湿及持续高温是其显著的气候特点。这些沼泽在雨季被洪水淹没，在旱季土地露出地面，形成了世界最大的湿润草原区。

占用“无用”的自然土地，发展农业，在发展农业的同时扩展社区，发展基础设施，建设城市，实现经济增长，这几乎成为南美、非洲、东南亚经济和社会发展的基本模式。在这种模式下，人们首先要将湿地里的水排干，然后放火烧掉树木、草地和沼泽泥炭，当全部有机物变成草木灰以后，平整土地，再种上农作物。当然发展农业还可以用更先进的集约化农场和牧场方式，对于自然土地的待遇都是排水、放火。在这一点上世界各地差别不大。

毁林的生态后果非常严重，为了发展农业和获得经济收益而丧失具有重要生态价值的雨林、湿地沼泽和湿润草原，在生态学家看来是很严重的问题，但在当地发展农业获得经济收益更重要，直到今天雨林的燃烧从来就没有停止过。这种毁林（毁草）活动有着根深蒂固的经济激励。经济收益是自己的，人人都会关注。雨林生态环境是世界的，很难落实到具体责任人身上。即使落实了，很难有人能够在政治、经济、社会多重压力下，在大空间、长时间内完成保护工作。

四、澳大利亚草原

澳大利亚地处太平洋和印度洋之间，是一块领土面积768万平方公里，草地占国土面积约70%的大陆。澳大利亚也是世界上放养绵羊数量和出口羊毛最多的国家，被称为“骑在羊背上的国家”。澳大利亚是全球第 12 大经济体，全球第四大农产品出口国，也是多种矿产出口量全球第一的国家，被称作“坐在矿车上的国家”。

（一）澳大利亚牧业

澳大利亚拥有广阔的平原和高原，年降雨量从100毫米到4000毫米以上，由于国土面积宽广，气候多样，在沿海和内陆地区有不同的环境，形成了多样的草地。由于草地面积很大，在澳大利亚建立了很多私人农场（或牧场，在澳大利亚农场和牧场没有太大的差别），大多数农场通过经营牧场养活牛羊，并提供动物产品。

澳大利亚的牧场土地产权有私人产权和政府租赁共有土地两种土地产权模式。私人产权在澳大利亚的农场中占主要成分。根据澳大利亚宪法，州政府拥有土地管理责任。私人农场的经营活动接受政府的监管。澳大利亚的农牧业生产活动的绝大部分产品用于出口。羊和牛是牲畜的主要品种，羊毛和肉牛占主导地位，但乳制品在当地很重要。

人工草场和牧场经营方式被广泛采用。人工草地技术在温带地区发展较好，主要是利用选定的外来品种，重点是豆科植物。热带地区播种牧草发育较慢，受病害影响时出现倒退现象。在中等以上降雨量的区域，主要包括从昆士兰东南部延伸至新南威尔士，维多利亚北部和南澳大利亚南部，包括澳大利亚西南部的部分地区。在这些降水条件较好的区域，基本上采用了英国第二次农业革命以后的农作物与羊的饲养相结合。而在南方地区广泛采用了以豆科植物种植草场，为期 2—5 年，与农作物交替 1—3 年的草场种植制度，在这种种植制度下，土地主要用于种植饲料作物。在干旱和半干旱热带地区的草原主要用于放牧，当地建设了大量自流井。

羊和牛是澳大利亚牲畜的主要品种，大多数绵羊都是美利诺羊，但也有英国品种和它们与美利诺羊的杂交。在过去的 30 年里，绵羊存栏数量一直保持在 1 亿—2 亿只。肉牛的数量一般保持在 2500 万—3000 万头，奶牛的数量保持在 300 万—500 万头。一些内陆地区有重要的山羊群，山羊的数量有 450 万只，小型鹿业饲养了约 20 万只鹿。

经过近 200 年的农牧业发展，澳大利亚的农牧经营现代化程度一直处于世界先进水平。在澳大利亚农牧生产系统中，人工播种牧草的改良一直在进行中。自 1800 年，欧洲殖民者来到澳大利亚就已经对于本地的草场提出了引进新型牧场豆类牧草的建议，此后一直在进行非本地苜蓿和苜蓿属木草的引种和对于本地牧草的改良工作。先后对多花黑麦草、鸭茅、紫花苜蓿、白三叶草、普拉太草、毛花雀稗、水牛草和矮柱花草等做了引种工作。

在种植牧草和农场经营过程中，对于草场采用了施肥措施，这样的措施已经成为澳大利亚温带地区牧场经营活动通用的技术措施，施用的肥料约90%是过磷酸钙。到20世纪50年代社会对于环境保护提出了新的要求，对于草地进行施肥处理的比例逐年下降，从100%下降到现在不到10%。

近年来，在澳大利亚的温带人工草场都因为减少施肥等要求的约束，出现了牧草质量和数量大幅度下降的问题。土壤的酸度增加、营养不平衡，仅因为施肥和采用豆科植物等措施，氮含量有所增加，而在雨量充沛的区域情况要好得多。

澳大利亚的草地科学研究发现，草地管理的目标应是找到一种既能提高产量（包括作物产品和动物产品），又能维持植被和动物数量资源的理想结构。在时间和空间上，适宜的物种组成都有所不同，而且总体表现为多种物种的混合，以及在时间和空间上的差异性。

近年来，澳大利亚对放牧制度产生了广泛的兴趣，研究发现以短期放牧和长期休息为基础的放牧制度，如短期放牧、时间控制放牧、多小区放牧与持续放牧相比的优点更多。Norton在1998年的研究表明，持续放牧与轮牧相比较，对于小范围的草场来说，对草地的可持续性影响不大，而且可能更有利于畜牧业生产，因此认为轮牧没有好处。然而，在大型商业牧场中，轮牧系统对于牧草的利用率更高，能产生更高的经济效益。

澳大利亚政府主管部门对于当代澳大利亚牧场的可持续性管理提出："从过去学习未来的管理将永远是复杂的，因为我们正处在气候变化的环境中，过去和未来农业系统的持续变化将继续带来新的挑战，需要不断的新知识和适应。"

（二）外来物种入侵

因为草原和放牧活动在澳大利亚的经济和社会中占有重要地位，一直受到社会的重视。澳大利亚的牧场经营活动经过200多年的时间一直建立在进行科学研究和采取相应农业/牧业技术措施基础之上。在18世纪末欧洲殖民者引进家畜以来，对于本地草本植物和灌木进行了100多年的改良，澳大利亚所有的优良牧场均经过现代农业技术的改良，欧洲移民在澳大利亚定居的过程中，也带进了大量欧洲家畜和野生动物，大量外来物种来到澳大利亚大陆，产生了严重的外来物种入侵问题。

多年的实践证明，大量采用人工牧草改良的做法在经济上有积极意义，已经成为澳大利亚农牧业的基础，但草地经营管理的问题越来越复杂，Tothill和Gillies（1992）对澳大利亚北部原生牧场的状况做了重要的评估。他们将牧场分为三类——可持续的（主要适宜种保持>75%的优势度）、恶化的［增加不适宜种的存在（>25%）或木本杂草］以及退化的（不适宜种的优势种）。评估研究表明，只有56%的草地被认为是可持续的，32%的草地恶化，12%的草地退化。

在澳大利亚的干旱和半干旱区域，天然植被仍然是放牧业的重要饲料来源。在这些草地上采取现代农业经营措施，由于水供给的制约，难以取得良好的效果。这些地区的本地耐旱草种在农牧业中扮演着十分重要的角色。在澳大利亚，直到20世纪后期，外来物种入侵问题才显现出来，引进的水牛草几乎占领了所有湿润地区，就是在干旱半干旱的草场，水牛草叶也占据了河边、小溪边等所有适合植物生长的地方，影响了本地草场的恢复。在人工播种的热带牧草中，豆科植物的优势地位和持久性不足是很多地区存在的问题，为了获得持久的效益就必须不断加大投入。

另外，兔子自从被带进澳大利亚以后就成为澳大利亚草场上，本地野生动物的巨大威胁。它们繁殖快、适应性强，还因为没有数量足够的天敌而大量在草原上繁殖，啃食牧草，影响放牧活动。

在澳大利亚大陆的干旱半干旱草地上，存在一种野火生态调控模式，大自然会在某种固定时间周期（一般是草地气候比较干旱，草地燃料充足的情况下），通过雷电等引发野火，在一定范围内烧掉地表植被，消灭部分食草动物，恢复草地的生命力。而在加强草原管理和采取了人工牧草经营活动以后，就没有野火光顾，大自然缺少了野火这个生态调控手段以后可能产生的问题目前还并不完全清楚，但由于缺少自然调控，干旱半干旱草地上的人为或自然野火失控问题已经让牧场和地方政府非常头痛。因为不断的管理措施干预，让草地积累了大量牧草，这些牧草遇到干旱气候，就变成了充足的燃料，遇到雷击等自然现象引发的火灾会造成巨大的损失。

（三）维多利亚高山野马

马并不是澳大利亚本土的生物物种，由于移民将大量马匹放逐野外，优良的生态环境能够让这些马匹大量繁殖,形成了巨大的种群数量。在维多利亚地区有大量的野马分布,2014 年在澳大利亚阿尔卑斯山进行了一次野马本地调查。在高山东部大约有 2350 匹。博贡高原数量较少,有 60—80 匹。还有鹿、山羊、猪和兔子。这些动物都是在开发澳大利亚的过程中,在放牧过程中遗弃的。

维多利亚阿尔卑斯山脉和巴尔玛国家公园的野马不受管制,在高山区到处漫游。英国移民管理者到达澳大利亚以后,建立了保护庄园,并在庄园及周边地区引进了包括马匹在内的大量动物。

野马坚硬的蹄子会对高山、亚高山、山地和溪流以及山区河谷湿地漫滩环境造成严重破坏。这样的破坏包括毁坏受到威胁的动植物物种及其至关重要的生境、对水道的破坏、对脆弱植被的破坏,以及导致侵蚀或压实形成的自然生态系统扰动。

"野生马造成的栖息地退化和丧失"已被列为 1988 年《动植物保障法》规定的对自然生态系统威胁处理程序。在 1999 年《环境保护和生物多样性保护法》中确定,要继承澳大利亚阿尔派山地所形成的自然和文化遗产价值,包括与改善开拓历史有关的遗产和特色文化。

对于一些公众和社区团体的成员来说,马是澳大利亚历史见证的一部分,是英国人来到澳大利亚并在这块新大陆开始新生活的象征。巴尔玛地区和高山区的放牧历史,构成澳大利亚民间传说的一部分。在帕特森的诗《来自雪河的人》中就充分表现了这样的生活和人们对这一段生活的记忆。

高山国家公园是一个位于澳大利亚维多利亚地区中部高地和高山地区的国家公园。这个 64.6 万公顷的国家公园位于墨尔本东北。它是维多利亚最大的国家公园,覆盖了维多利亚大分水岭的大部分较高地区,包括维多利亚的最高点博贡山,海拔 1986 米,以及与此相关的博贡高原亚高山林地和草原。公园的东北边界是与新南威尔士的边界,在那里毗邻考苏茨泽克国家公园。2008 年 11 月 7 日,高山国家公园被列入澳大利亚国家遗产名录,成为澳大利亚阿尔卑斯山国家公园和保护区的 11 个地区之一。

这片高山区淡水的来源主要是降雨和降雪,冬季的降雪融化以后,雪水沿着山溪进入沼泽。在夏季这些沼泽释放出水,确保每年的大部分时间都有小溪流动,以维持阿尔派山山系河流水流平衡。

在维多利亚,这片高山区位于海拔 1800 米以上的区域,环境恶劣,高大乔木无法生长,植被仅限于矮灌木、高山草丛和地面草本植物的地区。在高度较低的亚高山地带，为以桉树为主的森林与草原混合区域。下层通常是灌木状的，有浓密的草、百合、蕨类植物等底层。在低地的雨林中生长有桃金娘和百合。在这片山区的森林是多种鸟类和许多哺乳动物的家园。国家公园保护着许多受威胁的物种，包括斑点树蛙、宽齿老鼠和山侏儒负鼠。

在山区较平坦的一些河滩沼泽区域，分布着一些沼泽地（sphagnum bogs），上面生长的苔草对维护这片山地生态系统具有特别重要的意义。山地沼泽和苔草能够滞留雪水，特别是在夏季，遇到干旱天气，这里滞留的水缓缓释放起到调节水源的作用。环绕阿尔派高山南侧的潮湿森林为各种各样的物种提供了栖息地。而这个沼泽系统目前面临的巨大风险是马等野生动物和人的践踏，对这些苔草海鞘的损害，降低了它们吸收然后释放水分的能力。这样的践踏，在春季，使水流不是稳定释放，而是显著增加，导致河床侵蚀和冲刷；在夏季和秋季停止，导致局部干旱。干旱会导致火灾，火灾会移除河岸植被，也会增加径流和侵蚀。

在亚高山和低山区域的干旱的森林和林地遍布许多地区的私人土地，在历史上，这些私人土地已经经过清理、改造和整地，用于种植农作物。这些领域的主要威胁是消防管理，由于保护私人资产是地方经济和社会管理的一个关键目标，因此过去的消防制度可能不能反映环境需要，多年漫不经心的耕种，导致杂草入侵和小块土地之间缺乏连接。

自 2008 年以来，每年有 150 匹至 200 匹马被从高山国家公园移走，这一进程不足以减轻野马对于阿尔派山区生态脆弱地区，特别是河流湿地、高山泥炭地和河岸的威胁。澳大利亚政府计划采取更强的野马管理计划，以确保健康生态系统的持久性及在阿尔卑斯山的生态系统功能。

（四）澳大利亚草原文化

澳大利亚的草原文化是一个传统与现代、欧洲与土著文化的混合体。在澳大利亚现代文化中，来自宗主国英国的文化在澳大利亚文化中具有重要地位。澳大利亚的草原经营管理来自英国第二次农业革命的现代种植业与牧场联合经营模式。在这种模式的基础上还加进了部分牛仔文化的影子。而在澳大利亚西南部伯斯和南部阿德莱德一带的农牧经营活动学习了地中海农牧经营技术，并引进了地中海文化，可以认为是一个综合了英国、美国、西班牙和土著文化的文化混合体。

从严格意义上来说，澳大利亚社会的，除了土著文化以外，不是一种具有悠久历史的独特文化。澳大利亚社会在这样的文化混合环境影响中，形成了既有现代科技理性和商务文化柔性，也有自由散漫和率性而为的一面。在欧美社会的眼中，澳大利亚的草原有北美牛仔文化的彪悍和粗犷，还有某些理性和英国文化中的固执，兼具殖民地文化遗留的被贵族抛弃的不安和反抗心理，很有澳大利亚特点。

（五）文化遗产卡卡杜

卡卡杜国家公园位于澳大利亚北部达尔文市东南 171 公里，1979 年被批准建立国家公园。面积为 19804 平方公里，从北向南延伸近 200 公里，从东向西延伸超过 100 公里。1981 年列入世界遗产名录，为文化与自然双重遗产。在这里荒野景观、湿地、鳄鱼、土著文化和岩画构成了卡卡杜独有的魅力。

由于该公园的地质、地貌和栖息地的多样性，这个公园记录了 1700 多种植物、74 种哺乳动物、117 种爬行动物、280 多种鸟类。卡卡杜野生动物种类繁多，数量众多，是澳大利亚北部最丰富的植物之一。卡卡杜南部的山丘和盆地中生长着几种卡卡杜的特有植物，如巴恩斯峡谷附近的桉树。沿着海岸和河岸生长着孤立的季风森林，森林里有榕树、木棉树等。开阔林地地面生长着茅草、莎草等多种禾本科植物。河口和潮滩生长着红树林，是很多鱼类的食物和繁殖地。

包括有袋动物和胎盘类哺乳动物，栖息在开阔的林地，大多夜间活动，白天很难看到它们。较大的常见品种有澳大利亚野狗、澳大利亚松袋鼠、黑袋鼠、敏捷的袋鼠和短耳岩袋鼠。鸟类卡卡杜的许多栖息地养活着 280 多种鸟类，约占澳大利亚鸟类种类的三分之一。卡卡杜的热带草原有 11246 平方公里，国际鸟盟认为这是一个重要的鸟类栖息地。这里生活着濒临灭绝的胡锦鸟、栗背三趾鹑鸽，脆弱的红色苍鹰以及活动范围较小的白头鹦鹉。

根据 1976 年《土著土地权利法》，卡卡杜大约一半的土地是土著土地，剩下的土地归国家公园主管所有。卡卡杜地区地处澳大利亚北部。而澳大利亚的北部也被人类学研究的学者们认为是古人类通过东南亚到达澳大利亚的必经之路。按照这样的理论，当地的土著居民可能就是最早通过东南亚来到澳大利亚那批远古人类的后裔，他们已经在澳大利亚持续生活了至少 4 万年的时间，也有的研究认为这里的土著可能原来居住在亚洲，在 2 万年前跨海来到澳大利亚。

在卡卡杜公园东北部有几块巨大的悬崖峭壁，岩壁上面有很多原住民岩画，有些画有两万年的历史，是世界上最长的历史记录之一，被国际公认为原住民岩画艺术的瑰宝。

一些岩画表现了土著人的生活状况。还创作了很多用于训诫年轻人的故事，这样的故事通常具有教育目的。一些岩画表现了当地的野生动物，如肺鱼、鲶鱼、鲻鱼、蛇颈龟、猪鼻龟、环尾负鼠，以及袋鼠和袋狼。很多岩画还有宗教意义，其中也包括用巫术和魔法组织特定仪式。还有与创造世界的祖先有关的故事，庇护所里有几幅描绘了创世祖先的岩画，令人印象深刻。这些艺术作品中的一些故事只有某些土著人知道，对外至今仍是秘密。不同的岩画赋予自然世界不同的形状，岩画中出现了彩虹蛇、恶作剧的咪咪精灵等，这些想象中的动物说明土著人在岩画创作中具有丰富的想象力。

巨大的岩壁下，有许多庇护所的遗址，这些庇护所遗址通过路径和楼梯遗迹相互连接。从这庇护所遗址来看，几千年来当地原住民一直将其作为居住地。卡卡杜国家公园以丰富的原住民文化著称，有超过 5000 个有记录的艺术遗址，这些遗址展示了土著的丰富文化。

2007 年 4 月 4 日，国家公园所占用的土地被北领地政府命名为卡卡杜地区，隶属西阿纳姆地区政府管辖。2016 年 8 月进行的 2016 年澳大利亚人口普查报告显示，仍有 313 名土著居民生活在卡卡杜公园内。

根据澳大利亚《环境保护和生物多样性保护法》，澳大利亚公园是环境和能源部的一部分。在澳大利亚，根据法律，要尊重当地土著的土地所有权。法律规定，在原著民（土著）的土地上建设国家公园要组成公园管理委员会。管理委员会要有原住民参加，重大决策要与原住民协商。

建立国家公园就要拥有土地使用权，为了保护土著的利益，公园土著土地的所有权，由政府帮助建立的土著土地信托公司持有。土地信托公司将其土地租给国家公园，而国家公园可以开展旅游活动，供所有澳大利亚人和国际游客享用，当地的土著可以通过旅游活动获得稳定的经济收益。卡卡杜公园每年有 20 多万名游客，每位游客入园要花费 40 美元的门票，这是公园经费的主要来源。卡卡杜国家公园的建设和使用费用从公园经营收入中支付，这些支出包括建设住宿、电信和其他服务等基础设施；提供道路、旅游轨道、解说标志等旅游服务，以支撑旅游活动。目前的建设项目主要用来帮助保护公园的自然环境和文化价值，改善游客服务。

卡卡杜公园在管理体制上隶属澳大利亚公园管理局。卡卡杜公园管理委员会成立于 1989 年，原住民占多数，管理委员会 15 个成员中的 10 个是原住民。这个委员会负责决定管理公园的政策，全体成员一起负责制定公园的管理计划。管理计划是园区的主要政策文件，致力于平衡战略或长期目标与战术或日常目标。大约三分之一的员工是土著人，参与公园的经营管理活动不仅能将土著文化带给世界，还能获得可观的经济收益。

电影《鳄鱼邓迪》选择这里作为外景地。澳大利亚人邓迪的传奇浪漫故事让人们看到了卡卡杜美丽的景色，也更加喜欢邓迪的浪漫故事，由于这部电影的热映，世界上有更多的人开始认识卡卡杜，也了解卡卡杜自然文化，来这里旅游就是可以看澳大利亚鳄鱼，赏自然美景、识土著文化，还有浪漫的爱情故事，因此卡卡杜大受青年游客的欢迎。

五、非洲草原

非洲热带草原上的动物支撑着地球上大型动物最大的聚集地，东非草原上塞伦盖蒂与马赛马拉草原上大规模的角马、瞪羚等食草动物迁徙与沿途非洲狮、猎豹、鬣狗和野狗、鳄等食肉动物构成的拦截网，再加上大象、犀牛、长颈鹿、野牛等的加入，千万级别野生动物在大草原上演的万物竞自由场景一直震撼着世界。非洲这个古老的大陆还在向现代社会展示着曾经的地球上生物多样性的壮观景象。

（一）东非草原

东非 75%的地区以草地为主，间或有不同数量的木本植被覆盖。非洲东部的热带地区有一片被称为东非大裂谷的广阔区域，在这里有森林、湿地、高原、草原和稀树草原。干旱和半干旱地区分布着大面积的草地。数千年来，这片草原一直被野生动物和人类饲养的牲畜啃食，是野生动物的重要食物来源和人类社会重要的自然资源。

旱地草原主要分布在苏丹北部，埃塞俄比亚东部、厄立特里亚、索马里和肯尼亚北部的大部分地区。坦桑尼亚、卢旺达、布隆迪和乌干达的大部分地区气候相对湿润。这四个降雨量高的国家，以及肯尼亚南部、埃塞俄比亚和苏丹南部的高地，被认为是未来农牧业发展潜力最大的区域。除了苏丹南部以外，这里的大部分土地已经被耕地覆盖。

过去 4000 年来，生活在东非地区的牧民土著群体发展了适合环境的放牧制度，尽管生产水平不高，但人与牲畜和野生动物可以和平共存，并不存在严重的过牧问题。从当地的生态系统和草地资源环境来看，这片区域保存了世界上最丰富的草原植物和动物物种多样性，目前依然是世界上最重要的大型动物栖息地。

东非草原以保有大量大型野生动物著称，东非草原每平方公里有中型和大型哺乳动物约 281 个。中型至大型哺乳动物物种的最高多样性出现在两个大型的毗连区域：一个在肯尼亚中南部和坦桑尼亚中部的裂谷，另一个在乌干达西南部和卢旺达北部的鲁文佐里山脉及其东部。

但这片区域目前有约 7000 万人口，比 1974 年已经翻了近两番。传统的放牧已经开始受到农业活动的严重威胁，许多牧民，粮食长期无保障，处于非常贫困状态，该地区一半以上的人每天生活费不足 1 美元。在这种背景下，传统放牧方式必然要向更加稳定的农业生产方式转移。

在东非的很多牧民开始定居，并努力通过烧炭、外出务工等使其经济收益多样化。而传统的放牧生活在一些部落还存在，牧民会随着季节的变化，逐降水的移动而行，追赶由于雨季到来生长的牧草。

人们为了获得粮食，已经将大片草原变成农田。生态学家担心的是一方面大量单一作物品种的种植会改变生物多样性。气候变化也将让草原的生态环境产生变化，或者更严重的干旱和农业措施会加剧气候变化的负面影响。

（二）南非草原

南非草原地处亚热带地区，涉及纳米比亚、博茨瓦纳、津巴布韦和莫桑比克部分地区，大部分草地所在的内陆地区，由半干旱到干旱，降雨量由东向西逐渐减少。在南部非洲，由于气候干旱，传统农业土地利用主要是放牧活动，草原放牧活动能够为本地居民提供牛肉、羊肉、羊毛和兽皮。

在南部非洲，围绕草原的有稀树草原和森林草原，是自然植被的主要组成部分，草原与其他生物群落之间的这种相互作用极大地促进了草原植物区系和动物区系的多样性，在南非有近 30 万平方公里的土地因为丰富的草地和森林混合区域而容纳了大量野生动植物物种。

在 20 世纪，南非共和国的草原已经有数百万公顷的土地转化为旱地耕种，用于生产玉米、油籽、谷子和其他旱作商业作物。从牧业转向农业一直被认为是一种经济和社会进步的表现。目前南非仍然有大片的原生草原，一些已经成为自然保护地。牛羊的商业化放牧在 20 世纪后期开始给草原带来了压力，导致物种组成和生产潜力发生变化。在南部非洲草原上生活的大型哺乳动物及其生态系统一直是国际社会关注的热点。南非草原涉及的纳米比亚、博茨瓦纳、津巴布韦和莫桑比克等国由于政治不稳定，经济和社会发展遇到很多问题，还远没有认识到生态环境保护和野生动物保护问题。

而南非已经注意到草原、生态环境、生态系统和野生动物保护问题，并针对草地资源、气候环境、生物多样性和土著群体的组合而产生的复杂草原自然与社会复合系统开展研究，努力了解饲养的草食动物与持续利用农业生产资源之间的关系。目前已经确定了三个主要研究领域：(1) 描述牧场及其相关资源的生物多样性；(2) 了解草食动物对资源的影响；(3) 制定改善生产的方法。

在南非，有四种土地使用类型，全国大约 70%的土地是私人拥有的商用土地，14%是公有的国有土地，10%是国家自然保护地，剩下的 6%是用于采矿、城市和工业发展的完全保有土地。私人拥有的商用土地有明确的边界，一般有明确的商业化农业目标。相比之下，在公共区域，边界往往不明确，放牧区域的通行权一般是开放的，农民可以自由使用，属于公地性质。在这种土地产权制度的安排和设置下，土地产权制度已经成为可持续草原管理的阻碍，因为任何有利于公共利益的管理方案的变革都会因为私有产权而受到挑战。

南非草原有丰富多样的野生动物资源，有许多独特而有趣的哺乳动物、鸟类、爬行动物和两栖动物，有 340 种哺乳动物和近千种鸟类。象科、马科、牛科和猪科是大型哺乳动物类群的主要组成部分，因为草原生态环境和野生动物，也为南部非洲各国提供了经济发展的多种选择，包括肉类、皮毛产品，旅游和娱乐活动（包括狩猎等）。在过去的数十年里，野生动物和生态环境通过私人狩猎场、国家公园、自然保护区的生态旅游，对经济和社会作出重大贡献。

尽管南非的国家公园和保护地管理具有世界先进水平，大约 10%的国土被指定为国家公园和自然保护区，如何管理国家保护地内的问题似乎并不特别困难。但是仍有大部分野生动物生活在保护地之外。到 2010 年前后，仅南非就有近万个私人牧场，占地超过 1500 万公顷，这个数字一直在持续增长，许多农场被栅栏围起来。南非规定只能在每年 5 月至 7 月的“狩猎季节”组织野生动物利用活动。

南非牲畜的主要饲料来源是牧场放牧，按照当前的土地利用方式，大约有 70%的土地用于私人放牧牲畜，还有 10%应该属于野生食草动物。由于草原和野生动物的多样性，原生草原与引进木草栽培、家畜与野生动物在组成、结构、产权、物候、生产方式和管理方式的差异性有很多不确定性。

（三）塞伦盖蒂草原

塞伦盖蒂和马赛马拉是连为一体的生态系统，坦桑尼亚和肯尼亚国境线将其一分为二，数以百万计的野生动物来回迁徙。塞伦盖蒂的面积10倍于马赛马拉，较之后者更广袤蛮荒，地形地貌更丰富。肯尼亚和坦桑尼亚政府目前正在考虑专家提出的建议，将公园的边界延伸到维多利亚湖，因为日益严重的干旱威胁着数百万动物的生存。

塞伦盖蒂国家公园（Serengeti National Park）位于坦桑尼亚北部，塞伦盖蒂源于马赛语，意为"无尽的平原"，面积约为3万平方公里，地形地貌包括河流、森林、沼泽、火山石堆科普杰、草原和林地。其中最独特的，就是由大块的火山石堆堆积留下的科普杰（Kopjes）。这些硕大的科普杰是100万年前恩戈罗恩戈罗火山喷发后残留下来的，星罗棋布在塞伦盖蒂东南部的短草平原上，许多大型肉食动物把它们当作了自己的巢穴。塞伦盖蒂国家公园是世界上第二大陆地哺乳动物的栖息地，是非洲七大自然奇观之一，也是世界十大自然旅游奇观之一。

公园占地面积为14750平方公里，包括草原平原、热带草原、河流森林和林地。公园位于坦桑尼亚西北部，北面与肯尼亚边境接壤，与马赛马拉国家保留地相连。公园的东南面是恩戈罗恩戈罗保护区，西南面是马什瓦野生动物保护区，西面是伊科龙戈和格鲁盖蒂野生动物保护区，东北和东面是洛隆多野生动物保护区。这些地区共同构成了更大的塞伦盖蒂生态系统。

在塞伦盖蒂的海拔高度为920米至1850米，平均气温为15℃至25℃。气候通常是温暖干燥，降雨发生在两个雨季：3月到5月，10月和11月是较短的季节。降雨量从恩戈罗恩戈罗高地的508毫米到维多利亚湖岸边的1200毫米不等。在塞伦盖蒂，高地比平原凉爽得多，覆盖着山地森林，为塞伦盖蒂所在盆地的东部边界。

在恩戈罗恩戈罗高地庇护下，塞伦盖蒂东南部地区的草原由短草无树平原和丰富的小双子叶植物组成。土壤覆盖在钠碳酸磷灰石基岩上，养分丰富。沿平原向西北方向的土壤深度梯度导致草本植物群落和较高草地的变化。向西约70公里处，相思树林突然出现，向西延伸至维多利亚湖，北至马赛马拉国家保护区以北的洛伊塔平原。16种金合欢在这个范围内分布在不同的土壤环境中。

在遥远的西北，由于地质的变化，相思林地被阔叶林地所取代。这个地区拥有系统中最高的降雨量，在旱季结束时形成迁徙有蹄类动物的避难所。塞伦盖蒂草原生态系统中有超过3000头狮子、1000只豹和7700只至8700只斑鬣狗。东非猎豹也出现在塞伦盖蒂。在塞伦盖蒂大部分地区，野狗相对稀少。主要原因是狮子和斑鬣狗会杀死野狗作为食物。

塞伦盖蒂也是多种食草动物的家园，包括非洲水牛、野猪、格兰特的瞪羚、水鹿等。塞伦盖蒂能够支持各种食草动物，只是因为每个物种，即使是那些关系密切的物种，都有不同的饮食。例如，牛羚喜欢吃较短的草，而斑马喜欢较高的草。一些小型鹿类吃树最低的叶子，黑斑羚吃的是更高的叶子，长颈鹿吃的是更高的叶子。

塞伦盖蒂国家公园拥有500多种鸟类，包括马塞伊鸵鸟、秘书鸟、科里鸟、头盔企鹅、灰胸啧鸡、南方地鸟、冠鹤、马拉布鹤、黄嘴鹤、较小的火烈鸟、武雕、爱情鸟、牛啄鸟以及许多种类的秃鹫。

塞伦盖蒂国家公园里的爬行动物包括尼罗河鳄、豹龟、锯齿状的环足鳄、彩虹巨蜥、尼罗河巨蜥、变色龙、非洲巨蟒、黑曼巴、黑颈吐痰眼镜蛇。

每年大约在同一时间，角马开始迁徙，从坦桑尼亚南部塞伦盖蒂的恩戈罗恩戈罗保护区，顺时针方向穿过塞伦盖蒂国家公园，向北到达肯尼亚的马赛马拉保护区。这种迁移是一种自然现象，主要是为了更有效率地获得草原上的牧草。塞伦盖蒂角马大迁徙最初的阶段大约从1月持续到3月，这个时候也是角马繁殖的季节，170万只牛羚和随后的数十万只其他食草动物里也会来到草原，参与到大迁徙中，包括26万只斑马和大约47万只瞪羚。

在2月，角马在生态系统东南部的短草平原上，用在2周至3周的时间停留在那里，并产下大约50万只幼崽。很少有幼崽能提前出生，因为如果过早或过晚出生就无法存活。主要的原因是非常年轻的幼崽在与前一年的老幼崽混合时更容易被掠食者发现。随着5月雨季的结束，这些动物开始向西北移动，进入格鲁盖蒂河周围的地区，在那里它们通常会一直待到6月下旬。7月开始格鲁盖蒂河和马拉河的交汇处，大群的鳄鱼正在等待角马的到来。

7月下旬/8月迁徙的动物到达肯尼亚，在旱季的剩余时间里，它们在那里停留，而福分汤姆森瞪羚和格兰特瞪羚会向东或西移动。11月初，随着短暂的雨季的开始，迁徙又开始向南移动，迁移的动物来到东南部的草地平原，通常在12月到达，准备在次年2月产下幼崽。在从坦桑尼亚到肯尼亚西南部的马赛马拉国家保护区的旅途中，在总共800公里的路程每年都会有大约25万只牛羚死亡。死亡原因通常是由于口渴、饥饿、疲惫或被掠食者捕食。

（四）马赛马拉草原

位于肯尼亚境内的马赛马拉草原与坦桑尼亚的塞伦盖蒂国家公园相邻。马赛马拉，在当地也被叫作马赛、马拉，在当地马赛语中是“斑点”的意思，意指从远处观察时，该地区因为有许多稀树草原的树木如斑点一样点缀着草原风景。这块奇特的区域因独特的狮子、豹、猎豹和大象种群而闻名，每年都有牛羚、斑马、汤姆森的瞪羚和其他羚羊从这里往返塞伦盖蒂。

马赛马拉地区山脉的特征是四种不同的地形：沙质土壤和向东的小灌木，形成一个壮观的高原，作为保护区的西部边界；马拉河和开阔平原周围有茂密的草原和林地，灌木散布，构成保护区的最大部分。这里的风景非常多样，有一种浪漫的感觉，就像1985年在萨利亚河上拍摄的电影《走出非洲》中所表现的那样。

保护区的地形主要是开放的草原，有季节性的河流。在东南部地区，生长着一种独特的相思树。西部边境是东非裂谷的埃索特草地和沼泽生态系统。野生动物往往最集中在这里，因为沼泽地面意味着大量的淡水供应，而游客的干扰也是最小的。

马赛马拉草原上到处都是牛羚、斑马、长颈鹿、黑斑羚和汤姆森的瞪羚。保留地里也经常看到猎豹、鬣狗和豺狼。在马拉河上，大量的河马和鳄鱼正在享受着它们的生活——在7月和11月，成千上万的角马在河对岸迁徙，给饥饿的鳄鱼带来了盛宴。

角马、斑马和汤姆森的瞪羚在7月至10月或更晚的时间里，从塞伦盖蒂平原迁徙到马赛马拉，然后再返回到南方，到东北牧场的洛伊塔平原。在这片草原上，五大狩猎动物的所有成员，狮子、豹、大象、角水牛和犀牛都生活在这里。在1960年以前，马赛马拉的黑犀牛的数量相当可观，但在1970年代和1980年代初，由于偷猎，黑犀牛的数量严重减少，降至15头，1999年仍仅达约23头，目前由于加强了保护措施，黑犀牛种群数量正在缓慢上升。在保护区也可以找到鬣狗、猎豹、胡狼和蝙蝠耳狐。在马拉河和塔列克河中有大量的河马和鳄鱼。

和塞伦盖蒂一样，角马是马赛马拉的主要动物，其数量为数百万只。每年7月左右，这些动物从塞伦盖蒂平原向北迁徙，寻找新鲜的牧场，10月左右返回南方。在马赛马拉草原的大迁徙是世界上最令人印象深刻的自然事件之一，参与其中的约130万只牛羚、50多万只汤姆森瞪羚和20万只斑马。

公园里已经确认了470多种鸟类，其中许多是迁徙者，几乎有60种是猛禽。一年中有一部分时间把这个地区作为家的鸟类包括：秃鹫、马拉布鹳、犀鸟、冠鹤、鸵鸟、长冠鹰、非洲侏儒猎鹰。

2001年5月，非营利的“马拉保护组织（Mara Conservancy）”接管了马拉三角的管理权。两千年前新石器时代人类丢弃的箭头和陶器在马赛马拉人国家保护区被发现。自17世纪以来，马赛人占领了这个地区，当然还有野生动物，他们才是这里真正的主人。

被称为马赛马拉保护区的外围地区由马赛社区的团体牧场信托管理，他们也有自己的护林员在公园地区巡逻，保护野生动物在保护区里自由漫游和生活。肯尼亚的马赛马拉保护管理方式是世界上非常独特的形式，受到世界保护组织的关注，认为这是一个可持续的野生动物保护管理形式。

（五）南非克鲁格草原

南非的克鲁格国家公园是水草丰美，生物多样性丰富的区域，保护任务十分艰巨，对象牙和犀牛角等的巨大需求让其黑市价格居高不下，吸引了大量的偷猎者来到这里铤而走险。但克鲁格国家公园通过严格的管理和保护措施，使这块保护区域成为世界上大型野生哺乳动物最密集的区域，几乎每平方公里就有近百只食草或食肉哺乳动物活动。

南非克鲁格国家公园是非洲最大的野生动物保护区之一，位于南非东北部的林波波省和姆普马兰加省。它是世界上最大的国家公园之一，面积19485平方公里。公园长约360公里（220米），平均宽度为65公里（40米）。在最宽的地方，从东到西宽90公里（56米）。行政总部在斯库库扎。公园的部分地区最早于1898年受到南非政府的保护，并于1926年成为南非第一个国家公园。

克鲁格国家公园的西面和南面是南非的两个省——林波波省和姆普马兰加省，北部是津巴布韦，东部是莫桑比克。它现在是大林波波河跨境公园的一部分，该公园连接克鲁格国家公园和津巴布韦的戈纳雷州国家公园，以及莫桑比克的林波波国家公园。

公园的北面和南面有两条河，即林波波河和鳄鱼河，分别作为公园的自然边界。东面的勒邦博山脉将它与莫桑比克隔开。它的西部边界与这个距离平行，大约65公里远。公园的海拔高度在东部200米和西南部靠近贝恩达尔的840米之间。公园的最高点在这里，一座叫作坎德兹维的小山。几条河流从西向东贯穿公园，包括萨比河、奥利芬河、鳄鱼河、莱塔巴河、林波波河。

克鲁格国家公园和洛韦尔德的气候属亚热带气候。夏季天气潮湿炎热。雨季从9月到第二年5月。10月下旬降雨达到高潮。

公园里大部分地区的自然植被分为四个群落，第一种是荆棘树和红柳，主要分布在西部边界和公园的中心地带，阿卡西亚是河流和溪流的主要地区，在哲斯库库扎和萨比河下游之间的萨比河也有密集分布。第二种是红草与马鲁拉稀树草原植被，在公园东半部的奥利芬河以南，是一大片牧场，牧场上长有大量的红草和水牛草，周围还分布着相思树、铅木和马鲁拉为主要树种。第三种是红树柳树和木棉藤乔灌木植被，这一地区位于公园的西半部，即阿利芬特河以北，这里最突出的两个物种是红树柳树和木棉树。第四种植被类型是灌木木棉，几乎覆盖了整个公园的东北部。

公园里有一些较小的区域，也有着独特的植被，如普托里乌斯科普，那里的镰刀灌木和银簇叶（塞里西拉叶）非常突出。旁马里亚附近的沙地群落同样具有决定性，有多种独特的物种。

克鲁格国家公园最令人振奋的还是这里生活着大象、狮子、豹、犀牛、长颈鹿等诸多大型哺乳动物。世界狩猎者追捧的所有的五大类动物（狮子、豹、犀牛、大象和水牛）都在克鲁格国家公园发现，那里的大型哺乳动物种类比任何其他非洲野生动物保护区都多（有147种）。

以下的数字是不是很震撼？根据2010年的动物清查，克鲁格国家公园有黑犀660只、蓝牛羚11500只、波切尔的斑马26500只、角水牛37500头、大象13700头、长颈鹿9000只、猎豹120只、鳄鱼4420条、花豹1000只、狮子1600只、鬣狗3500只，等等。

该公园由于对大象采取了有效的保护措施，于1994年停止了对大象的宰杀，到2004年，大象的数量增加到了11670头，到2006年增加到大约13500头，到2012年增加到16900头。这个公园的栖息地只能维持大约8000头大象栖息。南非政府正在考虑将其迁移到别的保护区中。

众多的大象改变了公园里的植物生长和密度，一些物种，如牛羚，显然受益于草原牧草产量的增加，种群数量也有所增加。公园于1995年开始尝试对于大象采取避孕方法，但由于在提供避孕药具方面的问题和扰乱牧群而停止了这种做法。克鲁格饲养着几个濒临灭绝的非洲野狗家庭，据认为在整个南非只有大约400只。

在克鲁格发现的517种鸟类中,253种是本地物种,117个是非繁殖的迁徙者,147个游牧者。2012年,178个家庭在公园里漫游,已知有78个鸟巢,其中50%是活动的。一些较大的鸟类需要很大的领地,对栖息地退化敏感。这些物种中的六种,斑驳的秃鹫、军鹰、鞍嘴鹳、科里八哥、地犀鸟和皮鸟,基本上仅限于克鲁格和其他广泛的保护区,已经被置于一个被称为“六大鸟”的特殊保护群体范围中。公园里有25对到30对饲养的鞍嘴鹳,此外还有少数非饲养的个体。

克鲁格居住着114种爬行动物,包括黑曼巴蟒、非洲岩蟒,以及3000条鳄鱼。公园里有33种两栖动物,以及50种鱼类。扎姆贝西鲨,又名牛鲨,于1950年7月在林波波河和卢武夫胡河的交汇处被捕获。扎姆贝西鲨能忍受淡水,并能在像林波波河这样的河流中游得很远。

在克鲁格国家公园有219种蝴蝶和蛾子原产于公园。公园中鳞翅目物种总数不详,在7000个左右,其中许多分布在非洲热带草原上。公园北半部的莫帕内蛾是最著名的一种,公园外的社区有时会获得许可来收获它们的毛虫和蛹。

克鲁格国家公园白蚁种类繁多,已知有22属。在弗拉博瓦以东的白蚁巢穴和莫帕尼休息营附近发现了一种新的木虱。公园里有许多种类的蚊子,包括以哺乳动物为目标的库列克斯属、伊蚊属和阿诺斐尔属。阿拉伯山蚊子是公园中9个无脊椎动物中最普遍的,它们的雌性会传播疟疾。截至2018年,有350种蛛形纲动物在克鲁格被发现,包括7种狒狒蜘蛛。公园生活着9种蝎子,7种假蝎子,以及18种单足蜘蛛。

第五节 世界草原传统文化

草原文化是一个非常宽泛的概念,大到人与草原自然生态系统的关系,小到人在草原生活形成的认识、看法和习惯。尽管人类很早就已经在草原上生活,有文字的历史也有近万年,但对于草原的认识和理解远谈不上深刻,很多传统文化能够落到文字或以艺术形式表达出来的非常有限。草原文化有基于传统积淀而形成的文化,也有随技术进步而发展起来的科技作为新文化的重要内容。还有随着可持续发展的要求而对于过去的反思、对于现在的认识和对于未来的预期,这些都在以语言、文字、艺术等多种不同形式表现出现。

其中的传统文化涉及有关草原的过去，包括生产和生活方式、习惯和经验，很多方式仅仅在民间口口流传。

一、季节迁徙放牧文化

在英国，牧人会在夏季将羊群留在爱尔兰西部，而在冬季迁徙到苏格兰和英格兰。而这种季节性游牧的方式从中世纪就出现于英伦三岛，直到第二次世界大战期间，这种古老的放牧习惯才移居到美国。“公地悲剧理论”就源于让老百姓放牧的草地和拾柴的林地，因为是老百姓生活要用的土地，王公贵族就让这些土地保留下来为百姓使用。因为很多人垂涎这片公共土地，也成为政府管理的重中之重。基于“公地悲剧理论”就有了有关政府职能的争论，这在西方以私有制为基础的经济体制下引发了各种议论，成为最著名的经济理论之一。

传统上，在威尔士山地的牧民会在山坡上带着羊群度过夏季，在深秋把羊群带到海拔低一些的山谷农场。这样的季节性放牧活动已经在威尔士的大部分地区消失了一个世纪，这种放牧习俗在斯诺多尼亚的农村地区还能找到，只是规模已经很小[①]。在现代社会，已经不用牧羊人来驱赶羊群，而是用卡车运输羊群，但山地的很多房子还在，牧民制作的奶酪都有固定的消费者，一些人喜欢那种来自乡间的特殊口味。

季节性游牧的习俗在苏格兰基本上已经消失，只在赫布里底群岛和苏格兰高地，人们还记得这种习俗。在爱尔兰的英语中还有“季节性游牧的习俗”这个词，源于季节性放牧活动，特指夏季的山地牧场，这已经成为一种记忆。[②]

在斯堪的纳维亚，这种季节性游牧活动在一定程度上仍然存在，羊群转场通过车辆运输，在斯堪的纳维亚，饲养的牲畜通过卡车在牧场之间转移。在现代，那里的萨米人开始饲养驯鹿代替以前的羊群。[③] 这也成为北欧的一道特殊风景，受到旅游者的欢迎。

牧羊人在夏季会待在山地的木质小屋，这种小屋也叫作“牧羊人的小

---

① Historic England, Medieval transhumance hut on Draynes Common, 500m south-west of Westerlake Farm, National Heritage List for England.

② John McDonnell, “The Role of Transhumance in Northern England”, *Northern History*, 1988, 24, pp.1–17.

③ Cattle breeds, Milk production, and transhumance in Dogu’a Tembien, In *Geotrekking in Ethiopia’s tropical mountains*, Chapter 28, Cham: Springer Nature, 2019.

屋”。每年6月下旬牲畜被转移到山区牧场，牲畜由妇女照看，她们在照看羊群的过程中会挤奶和做奶酪。随着秋天的临近，山地牧场的草料供应不足，牲畜又被赶回山谷中的家庭农场。在瑞典，这个系统仅在部分地区还存在，在挪威的大部分地区这样比较普遍，因为挪威的山区地势很高，可供耕种的低地面积有限。

在意大利南部的莫利斯、阿普利亚和阿布鲁佐地区，直到1950年代和1960年代还有在夏季将牛群赶往高地牧场的做法。早在17世纪，意大利就将这样的季节性游牧列为文化遗产，明确这样的活动是公共财产，受法律保护。在当地至今还有允许牛群、羊群通行和放牧的相关法律法规，法律法规规定交通部门和交警要保护转场的牧人和羊群。莫利斯地区也因为这项传统被联合国教科文组织列为世界文化遗产地。当地现在每年还要定期组织类似的活动，已经形成了一种节日活动，在当地旅游中很受欢迎。

在西班牙，季节性游牧有悠久的历史，相应的活动曾经很普遍地存在于西班牙的平原和山地，尤其是在卡斯提尔、莱昂和埃斯特雷马杜拉地区，这种传统依然如故。在比利牛斯山脉和坎塔布里亚山脉的一些高山区，放牧一直是主要的或唯一的经济活动。当地社区有季节使用的具体范围和管理规定，在不同的山谷和社区中分配了管制通道和放牧定额。曾经在西班牙的这种游牧文化，随着西班牙在美洲大陆的殖民活动，被带到了美洲①。

在巴尔干半岛，瓦拉几人、萨拉卡萨尼人和约鲁克人传统上习惯夏季待在山上，冬季返平原。当该地区还是奥匈帝国和奥斯曼帝国的一部分时，希腊、阿尔巴尼亚、保加利亚和南斯拉夫之间的边界相对畅通。在夏季，一些游牧民族的转场距离远至北部的巴尔干山脉，然后在爱琴海附近温暖的平原度过冬季。随着巴尔干各个国家的独立，建立了新的国家边界，阻碍了跨境流动，各国不得不重新安排游牧区域，各国的夏季和冬季牧场经过了多次重新划分。受到游牧路线和范围的限制，游牧方式还没彻底消失，只是规模减小了，影响的人口减少了。②

在森林茂密的高加索山脉和庞蒂克山脉，不同的民族仍然不同程度地进行着季节迁徙游牧活动。在相对短暂的夏季，来自黑海的风把潮湿的空气吹

① L.Huntsinger, L.Forero, A. Sulak, Transhumance and pastoralist resilience in the western United States, *Pastoralism: Research, Policy and Practice*, 2010, pp.10–37.

② Ullens de Schooten, Marie-Tèrése, *Lords of the Mountains: Southern Persia & the Kashkai Tribe, Chatto and Windus Ltd*, Reprint: The Travel Book Club, London, 1956, pp.53–54.

上陡峭的山谷，充足的降水让高加索海拔 2500 米的区域有部分肥沃草原和海拔 3500 米有肥沃苔原，这样的环境条件也让这里建设了很多游牧村庄。进入 20 世纪，由于苏联政府强调推进城市化进程，这种高山区域的游牧生活方式就结束了。20 世纪下半叶，在这片区域实行了大面积的移民措施，大大减少了居住在高加索山区的人口数量。当地留下的少数柚木村庄主要分布在亚美尼亚小高加索地区和土耳其的黑海地区，在那里生活的人们仍然保留季节性游牧传统。①

在阿富汗南部的兴都库什山谷，居民生活在永久性的村庄里，周围是灌溉的梯田。大多数村民留下来灌溉梯田，种植小米、玉米和小麦。每年春天，牧民们把大部分山羊带到一个又一个的夏季牧场，大部分工作都由妇女完成。秋天，谷物和水果收获后，牲畜被带回来，在马厩里过冬。②

阿富汗南部和巴基斯坦的游牧民族主要饲养绵羊和山羊，这些游牧民会一年一度地来到库奇营地放牧③。游牧民用自己放牧生产的肉类、乳制品、羊毛产品通过市场交换活动换回粮食、蔬菜、水果和其他生活用品。目前这种生活方式依然是山区的主要生活方式，与中国天山地区存在的季节性放牧活动模式是一样的。

20 世纪中叶，伊朗的游牧部落在从阿塞拜疆扎格罗斯山脉到阿拉伯海的沿途进行季节性游牧。牧民部落每年都会根据季节，带着他们的牧群在山谷和丘陵之间迁徙。卡什凯人每年夏季从 4 月到 10 月住在叶拉克高山上。在 20 世纪 50 年代，卡什凯游牧部落估计还有 40 万人。

在喜马拉雅山以南的不丹、印度、尼泊尔等国家都保留了这样的放牧活动。在蒙古国、哈萨克斯坦、吉尔吉斯斯坦的季节性游牧活动就更加普遍。在吉尔吉斯斯坦，人们居住的夏季牧场的羊毛毡帐篷里，这种帐篷通常被称为蒙古包。牧羊人会使用马奶制成发酵饮料，被称为库米斯（应该是蒙古族的马奶酒）。在 1991 年国家独立后，这种传统曾经帮助牧区的人们度过最困难的时候。④

① Eduardo Cruz de Carvalho & Jorge Vieira da Silva, “The Cunene Region: Ecological analysis of an African agropastoralist system”, in Franz-Wilhelm Heimer (ed.), *Social Change in Angola*, München: Weltforum Verlag, 1973, pp.145–191.

② Rouhollah Ramazani, *The Northern Tier: Afghanistan, Iran and Turkey*, D. Van Nostrand Company: New Jersey, 1966, p.85.

③ Ullens de Schooten, Marie-Tèrése, *Lords of the Mountains: Southern Persia & the Kashkai Tribe, Chatto and Windus Ltd*, Reprint: The Travel Book Club. London, 1956, pp.114–118.

④ J.M.Suttie, S.G. Reynolds (eds.), “Transhumant grazing systems in Temperate Asia”, *FAO Plant Production and Protection Series*, 2003, No. 31.

尽管澳大利亚有世界上最发达的牧业，建有现代化的工业化的封闭牧场，也建有英国式牧场，但在山区依然保留了开放的牧场，作为当地牧民季节性游牧的牧场。目前，季节性游牧活动已被澳大利亚作为一种文化遗产加以保护，还设立了一个澳大利亚国家遗产区。

固定牧场的放牧方式仅在埃塞俄比亚高地中存在。撒哈拉南部的图阿雷格人和赞纳加人采用季节性游牧方式。在农村地区，索马里和非洲东北部的阿法尔也有游牧的传统。住在肯尼亚和坦桑尼亚北部马萨伊人是半游牧民族，有围绕着自己的牛群进行游牧的牧民文化。在肯尼亚草原的北波可特县和乌干达草原也存在季节性迁移。马赛人是主要居住在肯尼亚和坦桑尼亚北部的半游牧民族，他们的游牧文化以他们的牛为中心。莱索托的高山牧羊人在山谷和马洛蒂高原之间进行季节性游牧。

在 19 世纪和 20 世纪早期的美国南部阿巴拉契亚山脉，定居者经常在山上的草地放牧羊群。随着美国东部越来越重视生态环境保护问题，放牧活动受到限制。从 20 世纪晚期开始，山区的草地逐渐被森林覆盖。

在美国西部放牧活动仍然是草地重要利用方式。在那里放牧的牧民会在春季和夏季通过绿化高原牧场放牧羊群，把牲畜赶到更高的地方①。北方地区的公共草场地大多由美国林务局管辖。长期以来，管理这些草地就是一个很令林务局头痛的事情。那里的牧民会在不同季节游牧，还会到公共草地来放牧。为了管理公共草地，美国林务局创建了一个现在很时髦的词，草原承载力，基于草原能够承受的程度来确定放牧牛羊的数量，每年牧人都要上报放牧的数量，批准后才能进入公共牧场。这套制度后来被很多国家学习，并成为现代社会草原管理的重要方法。②

在很多欧洲国家，包括挪威、瑞典、丹麦、德国、法国、奥地利、瑞士、意大利、西班牙等国家的山区都在不同程度上保留了季节性迁徙放牧方式，长期的山地季节性迁徙牧业形成了独特的山地牧场文化，成为欧洲中世纪农牧田园诗文化的一种类型，为旅游业的发展保留了一个形式浪漫、内容丰富的文化遗产。在法国、奥地利、德国和瑞士都建有相应的游牧文化保护地。

① A.Sulak, L.Huntsinger, “Public lands grazing in California: untapped conservation potential for private lands?”, *Rangelands*, 2007, 23(3), pp.9–13.

② L Huntsinger, L. Forero, “A.Sulak,Transhumance and pastoralist resilience in the western United States”, *Pastoralism: Research, Policy, and Practice*, 2010, pp.10–37.

二、欧洲牧羊人文化

早期人类出现在地球上，主要以狩猎和采集为生，绵羊、山羊、牛和猪在农业史上很早就被驯化了。绵羊首先被驯化，随后是山羊，这两种动物都适合游牧民族。牛和猪稍后被驯化，大约在公元前7000年，大部分人开始在固定的定居点生活，通过种植业获得生活资料。还有一部分人则继续留在草原上放羊，过着游牧生活。过着游牧生活的人被称为牧羊人（shepherd），牧人眼里有自己对于世界的认识。这一类草原的文化在世界各地都称为“牧羊人文化”，也是西方社会的“草根文化”。

在美国西部，私人拥有土地的家庭牧场往往会雇用牧羊人来照看饲养的牲畜，来自秘鲁、智利、蒙古国移民，土生土长的印第安人一般会以牧羊人为生。一年中大部分时间里这些牧羊人都会和羊群在一起。在地中海国家这样的方式也很流行。在南美也有很多放牧绵羊、牛群、美洲驼的牧人[①]。

世界各地的文学艺术家来到草原被“天苍苍，野茫茫”的景象震撼，也被牧区人们的简朴生活所吸引，其创作的文学艺术作品构成了草原文化中的“高雅艺术”，在现代舞台上出现的草原艺术多为这种“高雅艺术”，但“牧羊人文化”随着草原经济和社会的变化正在流失。

“牧羊人文化”产生于牧羊人的生产和生活中。牧羊人远离社会生活，大部分时间的生活处于游牧过程中。牧人们与大自然最近，几乎每天的生活都与蓝天、草原、森林、河流、野生动物密切相关。牧羊人的职责是保持羊群完好无损，保护牲畜免受掠食者的伤害，还要完成各种需要的剪羊毛、挤奶、制作奶酪等活动。

三、瑞士山地牧场民俗

阿尔卑斯山牧场是在阿尔卑斯山实行的一种季节性游牧活动，而早期德语中的“Alp”就是“季节性山地牧场（seasonal mountain pasture）”的意思。在前罗马时代，Alp变成了“Alpen”，是大山的意思。在前印欧语系中变成了“Alps”，就是“山脉”。

① Carlos Andaluz Westreicher, Juan Luis Mérega, Gabriel Y.Palmili, “The Economics of Pastoralism: Study on Current Practices in South America”, *Nomadic Peoples,* 2007, 11(2),p. 87.

在阿尔卑斯山山区的高山草原和苔原草地中的放牧活动，可以追溯到公元前3000年新石器时代晚期。考古和历史学研究发现，阿尔卑斯山的牧场放牧制度最早的文献记载是1204年的夏季牧场，在中世纪以来几乎没有改变。[①] 在阿尔卑斯山的游牧活动，放牧的动物种类更加多样化，有大群的绵羊和牛群，以及猪和山羊等其他动物。

在阿尔卑斯山脉的山谷是农业和畜牧业的混合地区，气候较为干燥，这些地区养牛的主要目的是施肥和耕作，而不是养牛吃肉。在一年的时间里，当地村民大部分留在谷底，耕种周围的土地，收获谷物和干草。春天耕种活动完成以后，牧牛人会把牲畜带到山坡上的牧场休息。9月底，牲畜被运回低处的牧场。

尽管阿尔卑斯山周边大多为发达国家，现代工业和农业都很发达，同时旅游业也为经济发展作出了巨大贡献，但在德国（巴伐利亚）、奥地利、斯洛文尼亚、意大利和瑞士，高山牧场仍然普遍存在，是当地旅游业重要的组成部分。2011年，联合国教科文组织宣布瑞士的布雷根茨森林的高山牧场为非物质文化遗产。

山地放牧对阿尔卑斯山的奶酪生产有很大的影响。它确保奶牛、绵羊和山羊产出高质量的芳香奶，也就是所谓的"干草奶"，这是基于它们对天然草地牧草的特殊饮食。在奶酪生产过程中使用了瑞士本地山地牧场放牧的牛生产的干草奶，当地人认为有独特的风味，决定了30多种特色奶酪，包括alpkäse，bergkäse和sura kees等品牌，外地游客来到瑞士，本地的奶酪是必买的特产。在瑞士当地还建立了一个名叫"布莱根茨森林奶酪协会（bregenz forest cheese trail）"的农民协会组织，旨在维护当地小规模农业和当地产品的多样性和质量形象，通过生产者自律，保护本地奶酪名牌。该协会的成员包括乳制品工人，他们会向游客介绍手工奶酪的生产情况。

瑞士的很多民间传说描述了居住在瑞士的阿尔卑斯山地区的人们的习俗。是现代社会瑞士旅游业中不可缺少的文化内容。"萝卜灯"是用萝卜手工雕刻而成的灯笼。萝卜被挖空，上面刻有图案，用萝卜里的蜡烛点燃。根据传统，在11月收获季节结束时的感恩节村里的孩子们提着灯笼穿过镇上的街道，唱着传统的歌曲。在一些村庄还流行春火节、蒙面嘉年华游行、圣诞节游行等。

---

① Graeme Barker, *Prehistoric Farming in Europe*, Cambridge: Cambridge University Press,1985, p.120.

在瑞士的高山牧场和山谷乡村，因为产期的牧业生产传统，季节性放牧活动也影响了那里的乡村文化。比如在瑞士的民间故事传说也记载了许多神话传说，很多有关矮人、巨人、魔鬼、仙女、神仙等的民间故事大多源于牧人间的口口相传。居住在高山牧场的矮人，就是牧人自己的矮化形象，这种矮人形象在欧洲的很多卡通和童话作品中都出现过。

瑞士民间传说中的很多神话常常出现神对不礼貌行为给予惩罚的典故，民间流传的这些故事或者会有保护牧人自己的原因。实际上在阿尔卑斯社区中，牧人的社会地位并不很高，基本上属于农民的雇工，牧人的生活社会化程度较差，因此很渴望获得美丽的爱情，所以在牧人文化中就有很多有关牧人与仙女的传说。

在瑞士的民间童话故事中，水精灵通常被描绘成喜欢坐在小河边或芦苇丛中的沼泽里跳舞的少女。她们有金色的卷发和池塘百合的花环，不喜欢被看到，但可能会在月光下的夜晚遇到。因此也就经常会有关于一个英俊的牧人在树精灵帮助下找到水精灵的美好故事。小矮人是与山和大地联系在一起的，他们被描述为快乐和乐于助人。他们饲养牛群，生产神奇的奶酪，这种奶酪就有补充能量的神奇功效。雪绒花仙子讲述了第一朵雪绒花仙子被仙女王后变形后对抗冰霜王的故事。冰霜巨人和阳光精灵的故事讲述了冰霜巨人如何统治瑞士，直到仙后和她的军队在她的朋友太阳的帮助下，把这片土地变成了人类可以生活的天堂。瑞士的许多仙女选择变成花朵、树木、草地上的草，为了保护牧羊人，会在山坡上与巨人开战。①

四、地中海农牧文化

在南欧和地中海地区的天然原始林资源早在2000多年前的希腊文明时期就已经遭到毁灭性的开发和利用，经过后来的罗马时代，地中海沿岸的意大利、西班牙、塞浦路斯、土耳其等国的天然原始林资源早已经不复存在。随后生长的天然次生林资源由于南欧气候干热的原因，大多变成了草地和稀树草地。

地中海，西方古文明的发源地之一。地中海不仅是重要的贸易中心，更是西方希腊、罗马、古波斯文明、基督教文明的摇篮。在这块人文荟萃的地方

① Fritz Müller-Guggenbühl, *Swiss-Alpine Folktales*, Oxford: Oxford University Press, 1958.

孕育出海洋文化，其建筑流派独树一帜，形成地中海风格。地中海风格的基础是明亮、大胆、色彩丰富、简单、有明显民族特色。重现地中海风格不需要太大的技巧，而是保持简单的意念，捕捉光线、取材大自然，大胆而自由地运用色彩、样式。

地处南欧、北非和西亚，气候炎热而干燥。在南欧，经过多年建设形成的水利工程，为现代农业的发展打下了坚实的基础。在历史上，南欧各国普遍存在粮食短缺的问题，因此任何统治者的首要任务都是发展农业，保障粮食供给。本地不足就走向海湾，到别处去抢，在这个基础上形成了海洋文化，这种文化的一部分后来成为殖民主义的基础。

由于粮食问题一直是地中海国家最关键的问题，为了发展农业，南欧各国一直努力了数千年，形成了世界著名的地中海农牧系统。这样的农牧系统依靠水利工程引水，在灌溉的条件下，经营果园、林下养殖、养种一体化、农牧种植园集约经营等一系列农牧经营新方式。今天到南欧各国旅行，除了欣赏大海、黄沙、朗天的自然景色之外，品尝那里的火腿葡萄酒、吃蘸着蜂蜜的面包、用橄榄油拌的沙拉都是很享受的事情，当然还有遍布各地的乡村别墅，以及奔放的拉丁舞和乡村牧歌。

近年来，地中海饮食成为健康饮食的代名词。地中海饮食是泛指希腊、西班牙、法国和意大利南部等处于地中海沿岸的南欧各国以蔬菜水果、鱼类、五谷杂粮、豆类和橄榄油为主的饮食风格。研究发现地中海饮食可以减少患心脏病的风险，还可以保护大脑免受血管损伤，降低发生中风和记忆力减退的风险。现也用“地中海式饮食”代指有利于健康的，简单、清淡以及富含营养的饮食。

葡萄牙虽然不是地中海沿岸国家，但与西班牙同处伊比利亚半岛，林业发展状况类似。从希腊文化时代开始，西班牙的林地逐渐转化为农业和牧业用地，在中东的伊斯兰和基督教等宗教、不同地方政治割据势力的相互变换中度过了农业经济时代。西班牙人和葡萄牙人从 13 世纪就开始到世界各地进行殖民活动，在 13 世纪后期，伊比利亚半岛生活的西班牙人和葡萄牙人来到了南美洲和北美洲，并将几乎全部南美洲、中美洲和美国的南部各州纳入自己的势力范围，西班牙人和葡萄牙人还来到了亚洲和非洲建立自己的殖民地。并把自己经营的农业和牧业生产体系和文化带到了美洲，在美国的西部、中美洲和南美洲发扬光大。特别是充满西班牙拉丁风情的“牛仔文化”风靡美洲，成为现代社会一道亮丽、热情的文化风景线。

在西班牙盛行德赫萨（Dehesa）林—牧混合经营模式，即林木经营基于长周期经营，林地的短期收益依靠牧业，也可称之为林牧复合经营，在当地具有代表性。这样的经营模式在中部和南部的私人和本地公社共有的集体林地经营管理中都非常普遍。林牧模式实行多目标利用，由于这种模式建立在森林的长期经营基础上，可以提供各种林下经济方式。例如游憩、养蜂、采集蘑菇和采集薪材为林牧经营者提供了大量非木经济收益，也使得林地能够吸引农村人口留在土地上。西班牙的这种林牧混合经营模式与法国的林业公社和农林复合经营比较相似，在法国，农村很难吸引人们留下，在西班牙的海岸地区是西班牙的重要林区，集中了 44%的全国人口。在这里的林业以多目标利用为主要经营方式，那里的森林能够生产坚果、饲料、松露、橡木塞等著名的产品。

这些传统的伊比利亚农—林—牧经营方式全部被带到了美洲，在加利福尼亚（原来的西班牙殖民地）、黑海沿岸、澳大利亚西南部珀斯和南部阿德莱德一带，南非西南部，以及阿根廷、巴西、智利中部等地区，都具有地中海气候，当地的农业和木叶经营方式大多学习了西班牙、意大利等国的农牧经营方式。在这些国家和地区纷纷形成了基于地中海沿岸国家文化，具有各自特点的农牧文化区。黑海沿岸的农业经营活动具有地中海农牧经营区的特点，同时加入了很多伊斯兰、斯拉夫文化。在加利福尼亚，不仅地中海农牧文化特点突出，还加入了印第安和英国文化味道。

五、澳洲草原土著文化

在澳大利亚的草原地区，英国文化的特点更加突出，只不过印第安土著文化换成了澳大利亚土著居民。澳大利亚土著居民于四万多年前定居澳大利亚大陆。18 世纪时，欧洲人来到这里，强迫土著人离开他们的领土。许多土著在白人社会里感到孤立，但他们仍努力维护他们部族的个性。澳大利亚土著人是澳大利亚最早的居民，他们属游牧民族，没有固定的居住点，分散在整个澳大利亚，在荷兰人和英国人占领澳大利亚之前，共有 500 多个部落，人数达 75 万之多。进入 20 世纪后期，澳大利亚开始保护土著民族权益和文化，澳大利亚土著人的社会地位才得以提升，其土著文化也成为现代国家公园和文化保护遗产的重要组成部分。

澳大利亚土著很早就学会了利用沙漠中生长的沙漠橡树、普蒂灌木制作诸如矛头、回旋镖和木碗等工具及用具；一些红色植物的红色汁液被用作消毒剂和药品来治疗咳嗽；红桉树叶子上的白色薄片状外壳可以卷成球状，当棒棒糖；软木树花朵上的花蜜可以制造甜酒。树胶用来打猎和制作工具以及修补石头和木头的裂缝。土著人还会用从树胶中提取的树脂做口香糖。这些物品在旅游事业的发展中，都会作为当地独有的商品，很受游客欢迎。

几千年来，火灾一直是中部沙漠生态系统的一部分，土著人建立了传统的烧荒作业过程来控制植被的生长。科学家发现在荒原上生活的土著人有一套传统的火灾控制和土地管理技能，这些技能对保护澳大利亚中部的生态至关重要。在20世纪30年代，当土著人被赶出传统居住地以后，传统的土著烧荒就停止了。20世纪40年代，降雨量充沛，生长的植被比较茂盛。1950年在气候干旱的情况下，天然植物燃料自然引起野火，烧毁了很多草地，在著名的乌鲁鲁—卡塔楚塔国家公园烧毁了约三分之一的植被。1976年，两场大火烧毁了公园76%的植被。在同一时期，在乌鲁鲁和卡塔楚塔附近已经没有中等体型的哺乳动物。2002—2003年毁灭性的森林大火烧毁了乌鲁鲁—卡塔楚塔国家公园的大部分地区，艾尔斯岩度假村的豪华住宅被毁。

1976年，澳大利亚通过了《土著土地权利（北部地区）法》，这意味着经过多年斗争，土著的土地权利终于得到了澳大利亚法律的承认。1985年10月26日，土著人土地所有者收到了原来属于自己的不动产所有权证书，这些所有者又通过前澳大利亚政府将土地租给澳大利亚政府，租期99年，这样就妥善地解决了土地争端。随后各地都建立了自然资源公管，草地合作开发的政策。土著文化得以保存，土著人在参与旅游事业中获得经济收益。

六、蒙古包文化

蒙古草原文化是世界游牧文化的代表之一，它与源于西班牙、盛于美洲的“牛仔文化”、中西方文明激烈冲突下的地中海农牧文化、中亚的波斯文化、欧洲的山地草原文化有很大的不同。蒙古草原文化是一种融合了农业文明的独特文化。这种文化有蓝天、草原、河流等元素构成的自然情怀，由牛羊、篝火、小屋等元素构成的生活方式，由父亲、母亲、兄弟姐妹、朋友间关系构成的人文情怀。蒙古草原文化，崇尚自然，顺应自然的选择，珍爱草原生命，重视对草原、森林、山川、河流和生灵的生态保护，对生态保护积累了丰富而宝贵的经验。

恶劣的草原气候环境使在草原生活的人们很难停留在一块地方，要逐水草而居，在有河流和牧草丰美的地方放牧，放牧的羊群是其全部财富。从事游牧生产的人们组成了游牧民族，流动的生产和生活方式也导致游牧民族的居所不定，游牧者采用非永久性的居住方式。能够随建随拆的蒙古包就是这种居所的代表。①

在蒙古草原，人们也会在冬季营地周围种植一些短生长期的粮食作物，燕麦、土豆等，这些劳动能收获多少一般并不十分重要，他们的生活方式完全是松散和自由的田园牧歌方式。人们放牧牛羊群，以牛羊肉为食，每当牧草丰盛的季节，人们准备了足够的粮食，制作了大量肉、奶制品、收集了大量干草越冬，也会有很多的娱乐活动。

蒙古菜系植根于他们的游牧历史，有大量的乳制品和肉类，很少有蔬菜。在迎接客人的聚餐中，最受欢迎的两道菜是布伊兹（一种肉馅蒸饺）和胡舒尔（一种油炸肉馅饼）。

放牧的羊群是获得食物的基本来源，形成了羊肉、羊奶和奶酪等草原传统食物。为了补充维生素和利于消化，游牧民族与外界形成了用羊换盐和茶的贸易活动，来满足生活需要。因为贸易活动需要的时间长，市场具有流动性，草原上需要的茶就变成了耐储存，有较强助消化作用的砖茶。盐和茶与草原上的奶制品结合在一起就有了草原特有的奶茶。

游牧民族在茫茫无际的草原上放牧，要走很远的路，上面是蓝天，下面是草地，为了辨识道路，就利用当地的石头在高处堆起“石头堆”“土堆”或“木块堆”，原来是在辽阔草原上人们用石头堆成的道路和境界的标志，后来逐步演变成祭山神、路神和祈祷丰收、家人幸福平安的象征。

20 世纪以前，蒙古美术深受藏传佛教的影响，大量蒙古美术作品具有宗教功能。

蒙古草原的文化围绕蒙古包文化，这样的蒙古包文化与家庭文化结合在一起就增加了家庭亲情的内涵。在蒙古族文化中，对于母亲的特殊感情，在各种文学艺术形式中加以表现，而围绕母亲的家庭则是维系人际关系的重要纽带。

19 世纪后期，蒙古国的沙拉夫等画家转向写实主义绘画风格。这种风格被称为“蒙古祖拉格”，并在 20 世纪 60 年代创作了绘画《母爱》（Ehiin setgel）。

---

① David Christian, *A History of Russia, Central Asia and Mongolia, Volume 1: Inner Eurasia from Prehistory to the Mongol Empire'*, Malden MA, Oxford, UK, Carlton, Australia: Blackwell Publishing, 1998.

到 20 世纪 80 年代末"改革"之后，所有形式的美术才得以繁荣。奥特根巴亚尔・额尔舒是最著名的蒙古现代艺术家之一，曾在托拜厄斯・沃尔夫的电影《祖拉格》中出演角色。在蒙古族的草原艺术中，蒙古包具有特别重要的地位。

蒙古包是蒙古传统建筑发展的基础，与蒙古包并列的重要建筑形式是喇嘛庙。在 16 世纪和 17 世纪，喇嘛庙遍布蒙古国全国。蒙古族传统建筑有蒙古族、藏族、汉族三种风格，也有三种风格的结合。蒙古音乐家演奏蒙古传统乐器莫林库尔，受自然、游牧、萨满教和藏传佛教的影响很大。传统音乐包括"长歌"和"呼麦"（也叫"喉唱"）。蒙古族舞蹈者中的"萨满舞"是用来驱邪的，它被认为是萨满教的回忆。蒙古的第一支摇滚乐队是成立于 20 世纪 60 年代的 soyol erdene。他们的风格与西方国家的披头士一样，开始受到社会传统势力的严厉批评。

20 世纪 90 年代初，哈尔・切尼组织开了蒙古民歌的先河，将蒙古族传统的"长调"元素融入蒙古民歌中。当时，由于蒙古国社会更加开放，艺术思想的发展环境已基本上趋于自由化。20 世纪 90 年代，说唱乐、电子音乐、嘻哈乐以及男孩和女孩乐队在新千年之交蓬勃发展。即使是在亚洲内陆的蒙古国大草原上，环境也阻挡不了青年人了解现代文化艺术的热情。

那达慕运动会（Naadam）是蒙古最大的夏季庆祝活动，已经有几个世纪的历史了。2010 年，那达慕被列入联合国教科文组织的人类非物质文化遗产代表名录。每年夏天举办的为期三天的那达慕运动会，由射箭、越野赛马和摔跤三项蒙古传统运动组成，传统上被认为是那达慕的三大男子运动会。在今天的蒙古国，那达慕是在 7 月 11 日至 13 日举行的，以纪念民族民主革命和蒙古国建国周年。蒙古人实行他们不成文的节日规则，以一个精心设计的介绍仪式开始，包括在节日开始时唱一首长歌，然后跳毕耶吉舞。仪式结束后，比赛开始。

那达慕中的蒙古马赛是一项越野赛事，比赛长度为 15—30 公里。每年的那达慕大会来自蒙古国全国各地的 1000 匹马会参加比赛。花式骑术也很受欢迎。其中一个特技骑术是来自传说中的蒙古英雄达木丁・苏赫巴托尔——将硬币撒在地上，然后在骑马，在疾驰中将硬币捡起来。

摔跤是蒙古人最喜欢的体育项目，也是那达慕三个男子游戏中最精彩的部分。历史学家声称蒙古式摔跤起源于大约 7000 年前。每年会有 500—1000 名摔跤手在一场持续 9 到 10 个回合的单场淘汰制中相遇。在第三、第五、第七回合后，歌手为获胜的摔跤手唱一首赞歌。第七阶段或第八阶段的获胜者会获得“扎安”,即“大象”的头衔。第九或第十阶段的冠军叫作“狮子”。

另一个非常受欢迎的活动叫作“沙嘎”,是在几英尺外的一个目标上“甩”羊踝骨,用手指的一个甩动,让小骨头飞向目标,并试图把目标的骨头从平台上打下来。在那达慕,这种比赛很受欢迎,并在蒙古老人中赢得了大部分观众。

蒙古国的哈萨克猎人还有一个叫作金鹰节的传统节日。金鹰节比赛的是在蒙古高原人们“熬鹰”的本领,每年都要吸引大约400名鹰猎人,现在世界各地的鹰猎人也会会集在蒙古国和哈萨克斯坦,交流“熬鹰”的经验,并用自己的鹰进行比赛。除此之外,蒙古草原上还有冰雪节和千骆驼节,这些节日都与其传统的生活方式有密切的关系。

尽管随着草原的现代化进程,一些传统文化正在离我们远去,取而代之的是越来越现代化的草原生活方式,草原区的城市与平原区的城市从外表上看差别并不大,但走进草原城市还是会发现一些草原传统文化的影子。

七、美洲牛仔文化

狭义的牛仔是指在北美牧场从事牧牛工作的人,世界上许多其他地方也有牧牛人,尤其是在南美洲和澳大利亚有很多以牧牛为生的人,从事的工作与北美的牛仔相似。北美的牛仔文化传统最早可以追溯到在美洲定居的西班牙人,在中世纪西班牙庄园制度就雇用了大量农民帮助放牧牲畜。这种放牧牛群的方式传遍了大部分的伊比利亚半岛。在16世纪,西班牙征服者和其他西班牙定居者把他们的养牛传统以及马和家养牛带到了墨西哥和佛罗里达,也带去了本国的各种文化。这种牛仔文化首先在墨西哥北部流行,19世纪后期才开始传入美国的得克萨斯。

西班牙人将马匹带到美洲大陆,在与印第安人的土地竞争中逐渐占据了上风。[①]1821年开始有讲英语的移民来到得克萨斯,随着说英语的商人和拓荒者向美国的西部拓展,英语和西班牙语的传统,语言和文化进一步融合。从19世纪中叶北美西部人开发时期以后,源自西班牙的牧童文化开始了一场与英国文化传统相融合的转变,并产生了美国的“牛仔”。[②]

到19世纪80年代,许多农场主向西北扩张,那里仍有大片未开垦的草原。

---

① Robert M.Denhardt, *The Horse of the Americas Norman*, Oklahoma: University of Oklahoma Press, 1947.

② Félix Rodríguez González, *Spanish contribution to American English Wordstock: An overview*, Atlantis. Aedean: Asociación española de estudios anglo-americanos(subscription required), 2001,23 (2),pp.83–90.

得克萨斯的牛群被赶到北方，进入落基山脉西部和达科他州，逐渐成为北美大平原上的现代牛仔。在北美的大草原上，最初的放牛方式是在开放的范围内放牧，大多数牛无人照料。不同的牧场主会组成合作关系，在同一个牧场放牧他们的牛。为了确定动物的所有权，通常要在牛还是幼崽的时候就被打上独特的烙印。

北美放牧的长角牛起源于16世纪西班牙的长角牛，到了19世纪后期，其他品种的牛也被带到了西部，包括更肥的赫里福德牛，它们与长角牛杂交，产生了新品种。[①] 为了找到幼小的小牛犊做烙印，并挑选出成熟的动物准备出售，牧场主们通常在春天进行围捕。

美国的牛仔来源广泛，到了19世纪60年代后期，随着美国内战和养牛业的扩张，联邦和邦联的退役士兵都来到了西部，寻找工作。相当数量的非裔美国自由人也被牛仔生活所吸引。大多数牛仔来自社会的下层阶级，薪水很低。直到20世纪开始的时候，平均每个牛仔每天赚大约1美元，外加食物，牧场老板会为牛仔安排一个集体居住的类似军营的开放工棚。[②] 在几乎与社会很少有交流的环境条件下从事牧牛和驯马这类危险工作，也孕育了一种自我依赖和个人英雄主义的传统，还会讲求正义、忠诚、勇敢和勤奋等美德，这些在文学和艺术作品中都有大量的体现。

在文学艺术作品中专门有"西部"类型，其中很多都包含了这样的价值观。随着20世纪初期有声电影事业的发展，西部狂野的牛仔文化传统进一步铭刻在普通大众的脑海中，这些形象浪漫化了牛仔和美洲原住民的生活，一直延续到今天。

尽管社会需要这样的道德和价值观，但实际情况并不总是这样，繁重而危险的劳动、较低的收入、缺少社会保障、相对孤独的生活与工作方式都使得从事牛仔这一工作的人们通常会存在很多情绪暴躁和容易有暴力倾向的问题，也在社会中形成了鲁莽、暴躁、不卫生、不修边幅、缺乏修养的牛仔形象[③]。

把牛从牛群中分离出来的人需要最高的技术水平。大多数牛仔被要求用绳子将小牛犊捆绑起来，打上烙印，并对公牛犊进行阉割。牛仔们之间通常

---

① Charles W. Ernade, "Cattle Raising in Spanish Florida, 1513–1763", *Agricultural History*, 1961, 35 (3)pp.116–124.

② David Goldstein-Shirley, "Black Cowboys in the American West: An Historiographical Review", *Ethnic Studies Review,* 1997, 6 (20), p.30.

③ Metin Bo nak, Cem Ceyhan Riding the Horse, "Writing the Cultural Myth: The European Knight and the American Cowboy as Equestrian Heroes", *Turkish Journal of International Relations*, 2003,2 (1), pp.157–181.

会相互比赛他们的牛和驯马技巧，牛仔竞技运动发展起来。在现代社会牛仔文化有了新的内容和意义，它不仅是一种技能，也变成了一种体育运动，还是一个重要的“市场推广秀”。

八、非洲部落文化

在非洲北部有世界最大的撒哈拉沙漠、西非的刚果雨林，还有东部的稀树草原和南部非洲的草原区。非洲这个古老大陆还在向现代社会展示着曾经地球上生物多样性的壮观景象。

根据联合国粮农组织的统计资料，非洲东部沙漠和半沙漠占地表面积的26%，稀疏灌木地占33%、林地占21%，纯草原只占7%。在非洲，重要的林地只存在于苏丹南部、坦桑尼亚和厄立特里亚，以及乌干达北部和埃塞俄比亚西部，那里生长着山地雨林。纯净的草原分布在肯尼亚的哈尔帕切尼北部平原。很多林地、灌木和草场常常表现为草地与林地混长在一起，构成林草生态系统。

当前地球大型和中型哺乳动物物种的最高多样性出现在三个区域，其中包括在东非大裂谷的两个大型的毗连区域：一个在肯尼亚中南部和坦桑尼亚中部的裂谷，另一个在乌干达西南部和卢旺达北部的鲁文佐里山脉及其东部，还有一个是南非草原。这三个区域都属草原和稀树草原区，保存着地区陆地生态系统中最丰富的哺乳动物多样性，通常人们形容的“野性非洲”这个词指的就是这三个区域及其存在的丰富生物多样性。

在非洲草原上，存在形形色色的生态系统和食物链，大自然的气候、水、太阳和土壤造就了植物生长的环境，大量的食草动物如角马等为食肉动物准备了蛋白质和脂肪，在盐湖和沙漠地带，大量的昆虫替代植物充当食肉动物的营养生产者，丰富的食物链和野生动物为世界展示了一个自然和野性的非洲。

非洲热带草原目前依然是世界野性最突出的大型动物聚集地。东非草原上马赛马拉与塞伦盖蒂草原上大规模的角马、瞪羚等食草动物迁徙现象自从被发现以后就一直震撼着世界，沿途非洲狮、猎豹、鬣狗、野狗、鳄等食肉动物构成的拦截网，再加上大象、犀牛、长颈鹿、野牛等，千万级别野生动物在大草原上演的万物竞自由场景是难得的自然奇观。

整个非洲东部都在热带地区，在干旱和半干旱地区域分布着大面积的草地。东非75%的地区以草地为主，有不同数量的乔木植被覆盖。非洲东部草原的生物多样化非常丰富，本地的优势植物物种依赖降雨、土壤类型和管理或放牧系统。非洲超过90%的草生长在非洲东部的广阔草原和稀树草原上，据估计该地区有1000种草本植物，仅在肯尼亚就发现了600多种。在塞伦盖蒂平原的雨季，黄背草的生产力可以达到每公顷每天400公斤，这也使得这片大草场成为世界上最高产的草原之一。

南部非洲草原是位于南非、津巴布韦、莫桑比克的草原区。南部非洲的重要河流林波波河流经这片大草原。这里生长的荆棘树、红柳、木棉和马鲁拉等乔灌木和大片的红草构成了这片草原的植被。世界狩猎者追捧的所有的五大类狩猎动物（狮子、豹、犀牛、大象和水牛）都在这片草原上活动。

1972年，在东非大裂谷北段的图尔卡纳湖畔，发掘出一具距今已经有290万年的头骨，被认为是已经完成从猿到人过渡阶段的典型的“能人”。1975年，在坦桑尼亚与肯尼亚交界处的裂谷地带，发现了距今已经有350万年的“能人”遗骨，并在硬化的火山灰烬层中发现了一段延续22米的“能人”足印。这说明，早在350万年以前，大裂谷地区就已经出现能够直立行走的人，属于人类最早的成员。东非大裂谷地区的这一系列考古发现证明，非洲实际上是人类文明摇篮之一。

数千年来，草原植被一直被牲畜和猎物啃食。过去三四千年来，生活在东非地区的牧民土著群体发展了牧民管理制度，放牧活动为松散的游牧方式，游牧群体参与农业、农牧或纯放牧活动，一般有当地的部落组织管理。传统上，东非的草地属于公地，是公共财产，一般不受政府管制。非洲土著人在草原上以自由放牧为主，人们放牧是为了糊口，哪里有草和森林就在哪里放牧。牲畜主要有牛、骆驼、绵羊、山羊和驴，大多数畜群是混合饲养的。

近年来也出现了播种牧草的农业开发活动，是从欧洲国家引进的现代草原耕作技术方法。70%的牛在供水比较充足的沿湖、沿河地区，土著品种占大多数。近年来也引进了欧洲的长角牛品种，可以在高海拔地区的牧场饲养。在不断发展的现代农牧业影响下，那些基于传统的，可持续的放牧方式正在受到冲击，人口增长需要生产更多的粮食，需要更多的土地。随着畜牧系统的进化，草原越来越多地被纳入农业生产。①

为了发展现代农牧业，公司和政府需要征用更多的土地，这些土地大多

① H.W.Dougall, “Average nutritive values of Kenya feeding stuffs for ruminants”, *East Africa Agriculture and Forestry Journal*, 1960,26, pp.119–128.

来自公地，而这些公地原来是由部落和野生动物利用的土地。根据新的相关法律，在政府的允许下，公司可以获得这些土地资源，并使用这些资源，但传统的土地使用权往往要经过当地的部落。传统上，部落商定的土地使用方式一般能够确保这些牧场使用的长期可持续性，但随着土地公司征用、富人私有、农民迁移等，传统的草场利用方式正在崩溃。①

在坦桑尼亚土地保有制度是殖民统治遗留下来的，所有土地都是公有土地。所有公共土地分为三种类型：一般土地、保留土地或乡村土地，每种土地都由政府官员管理。土地专员有权分配普通土地，甚至是保留的土地。在改变土地所有权和开发利用的过程中，普遍的腐败成为自然资源利用和管理的重要问题。

相关的研究表明，尽管非洲土著部落的松散放牧活动也会存在一定的过牧问题，但千百年来的实践证明，传统的放牧活动还是可持续的，部落管理有利于协调放牧活动和野生动物保护和利用之间的关系，并没有对自然生态系统造成严重的损害。相反近年来，对于土地所有权的变更引发了更多的过牧问题，因为在不是自己的共有土地上放牧，没有人会关注是草地的可持续问题。引进现代农牧业的活动已经开始影响非洲的野生动物多样性，对于生态环境构成了巨大的威胁。

在独立和发展经济的进程中，非洲各国先后引进了欧洲成熟的农牧业生产技术和经营管理经验，还引进了大量的公司开展经营活动。这样的开发活动与现行的土地所有权变化使得非洲的生物多样性充满不确定性。

需要特别指出的是，尽管在非洲草原的现代化进程中存在这样或那样的问题，现代化进程并不是问题的根源，问题是如何实现现代化，这是摆在世界面前的严峻问题。

第六节　可持续草原新文化

草原是地球陆地主要生态系统类型，发挥着重要的生态框架作用。草原生态系统养育了丰富的陆地生物，地球上的大多数大中型动物都生活在草地

① A.T.Ayoub, Extent, "Severity and causative factors of land degradation in the Sudan", *Journal of Arid Environments,* 1998,38, pp.397–409.

上。地球上的草地也是人类文明的发源地，在温带草原上出现的农业文明引导人类社会走进现代社会。从狩猎采集社会到农业社会，再到工业社会，直到今天的数码和网络时代，人类文明不断进步，文化的内涵丰富而深刻，在可持续发展的今天，现代草原文化已经不仅仅是一个如何挖掘传统文化的问题，更多的是思考在经济技术高度发展的今天，如何从开发利用草原的单一目标思维向包括科学技术、经济、社会和生态环境诸多内容的多目标内涵转变；如何将朴素的传统草原情感与可持续发展的要求联系起来，给草原文化加入可持续发展的新元素。

一、环境保护与环境文化

自文艺复兴运动以后，文化的作用日益被社会重视。由于文艺复兴这样一场文化运动导致了科学革命，让世界进入近现代社会，也因为文艺复兴运动引发的科学革命才产生了工业革命，走向现代化。同时也因为工业化初期忽视环境保护，产生了一系列环境污染问题，让世界的有识之士开始思考一场新的文化运动，这样的思考产生的浪漫主义文化运动对于现代社会产生了积极的影响。

浪漫主义作为一种哲学思想在人类历史发展的进程中发挥了积极的作用，在科学、文化艺术领域都占有极其重要的地位。浪漫主义是18世纪后期欧洲兴起的一场文化运动，1800年至1850年达到高潮。

浪漫主义是在欧洲全面接受科学思想，工业革命开始影响欧洲经济和社会的背景下，产生的一种思想认识，这种思想试图对于科学启蒙运动影响下社会出现的对自然认识的机械主义科学、机械唯物主义和社会中存在的实用化世俗观念做出回应。在其影响下形成自然主义哲学引导了世界的自然保护运动，为世界保留了美丽的自然景观和生态系统功能，于20世纪60年代开始的环境保护运动一起成为面向21世纪可持续发展的思想基础之一。

浪漫主义更加重视中世纪农耕文化的传统，在文学作品中提倡旅行文学，在绘画作品中对自然风光和田园诗话尤其钟爱。在精神层面提倡对自然的大爱和对于人性的歌颂。所有这些放映到科学上，浪漫主义科学先后在林奈、歌德、洪堡、高斯、达尔文等世界著名科学家的影响下开创了地理学、地质学、生物学、生态学等现代科学新学科。

在浪漫主义文化运动影响下，在20世纪初期直接引发了在北美的环境保护运动，先后建立了黄石、班夫、约塞米蒂等国家公园，并在此基础上形成了国家森林、国家草地、国家公园、国家纪念地、国家小道等一系列自然保护管理体系，到了20世纪更是形成了以自然保护主义哲学为基础，面向自然保育、环境保护、资源与环境可持续管理的世界性自然保护和环境保护可持续发展运动。

生态环境保护大师奥尔多·利奥波德（1887—1948）结合美国100多年和欧洲数百年开发自然的历史和美国自然保护的实践，对人类社会从自然世界无节制地掠夺资源，大规模开发利用土地资源的行为进行了思考。他还将自己的生态修复过程以及以往积累下来的报告、游记编辑整理成《沙城年鉴》，在他去世一年多之后的1949年，《沙城年鉴》出版。《沙城年鉴》中的土地伦理成为现代社会生态伦理的基石，其写作风格和浪漫主义情怀被越来越多的读者所钦佩，也被成百上千的作家所模仿。这部书畅销欧美，销量达到200万册，创造了环境保护书籍的销售奇迹。

利奥波德在《沙城年鉴》中阐述的"将自然世界作为我们所属的一个社区，应用爱和尊重来使用"的思想，在今天已经开始变成很多人口中的"同一个世界"。这样的思想后来变成了"同一个世界，同一个星球"的口号，更清楚地诠释了可持续发展的理念，即"全世界的人们一起努力来保护我们共同的星球。"

在这个过程中，热爱自然、保护自然、保护生物多样性等文化运动推动了20世纪60年代掀起的针对环境污染的环境保护运动。是创作的科普读物，美国科普作家蕾切尔·卡森1962年首次出版的《寂静的春天》描述了人类可能将面临一个没有鸟、蜜蜂和蝴蝶的世界。引发了公众对环境问题的注意，将环境保护问题提到了各国政府面前。

《寂静的春天》用动物的死亡告诉人类社会，环境污染让野生动物死了，那么人呢？各种环境保护组织纷纷成立，欧美各国的环保法律法规纷纷出台，促使联合国于1972年6月12日在斯德哥尔摩召开了"人类环境大会"，并由各国签署了"人类环境宣言"，开始了世界范围环境保护事业。

随着世界各国针对环境污染治理普遍立法，污染问题带来的负面影响似乎开始缓解。但森林砍伐、荒漠化、臭氧层的破坏、气候变暖等问题越来越明显，生态环境的恶化无法被忽视，人类社会一直推崇的发展理念和传统的社会再生产体系面临考验。在这里需要特别指出的是，可持续发展需要面对的主要是生态系统退化和生态环境恶化问题，与环境污染的治理并不是同一个问题。这个问题涉及现存的社会经济生产方式、这种方式背后的大量理论、业已形成的生产和管理体系，面临的情况更复杂，影响更深远，解决起来困难更多。因为可持续发展不是一个技术问题，而是整体性的社会管理系统问题，需要人类社会进行彻底的反思和变革。

《我们共同的未来》报告指出，发展不仅仅意味着个人财富的增长，保护环境也不意味着无所作为，可持续发展是一种整体性的变革，改革社会再生产的理论与方式，进行科学有效的管理是解决问题的核心。生态环境保护是人类共同的事情，应从全球角度来考虑问题，提高全世界的可持续管理素质是核心问题。那种以经济发展为理由破坏生态环境的认识是错误的。《我们共同的未来》报告确定，可持续发展是一种关乎世界共同利益的理念，是一种新的发展方式。后来演变成“同一个世界，同一个星球”，在全世界引起共鸣。“同一个世界，同一个星球”的含义是让全世界的人们团结起来，为了保护我们共同的生态环境而努力。通俗地说，就是环境是大家的，要共同来维护，任何人都没有理由推诿。《我们共同的未来》写道：“我们的星球小而脆弱，由云层、海洋、森林等组成，人类的活动正在改变这一切，而我们有能力将人类事务与自然规律协调起来，并在这一过程中不断完善和进步，这是我们的文化和精神所在。”

二、应对气候变化与实现“双碳”目标

可持续发展是21世纪的大命题。面对全球气候变暖问题，国际社会在巴黎气候峰会上提出，温室气体排放引发的气候温度上限为2050年，全球能源使用导致的碳排放量下降95%以上，将气温上升限制在1.5℃内。联合国秘书长古特雷斯要求世界各国共同面对气候问题，强调必须引起高度重视。气候变化与草原的关系不仅是社会生态科学，还是一个重要的经济和社会问题。

从《东京议定书》开始，国际社会就强调，气候变化是人类共同关注的问题，缔约方在采取行动处理气候变化时，应当尊重、促进和考虑它们各自对人权、健康权、土著人民权利、当地社区权利、移徙者权利、儿童权利、残疾人权利、弱势人权利、发展权，以及性别平等、妇女赋权和代际公平等的义务；必须确保包括海洋在内的所有生态系统的完整性和生物多样性。

2020年12月12日，国家主席习近平在气候雄心峰会上通过视频发表题

为《继往开来，开启全球应对气候变化新征程》的重要讲话，提出三点倡议：团结一心，开创合作共赢的气候治理新局面；提振雄心，形成各尽所能的气候治理新体系；增强信心，坚持绿色复苏的气候治理新思路。继2021年9月宣布中国应对气候变化的中长期目标和愿景之后，国家主席习近平宣布：到2030年，中国单位国内生产总值二氧化碳排放将比2005年下降65%以上，非化石能源占一次能源消费比重将达到25%左右，森林蓄积量将比2005年增加60亿立方米，风电、太阳能发电总装机容量将达到12亿千瓦以上。这彰显了中国与国际社会共同构建人类命运共同体的意愿和大国担当。新冠肺炎疫情触发对人与自然关系的深刻反思，如何实现绿色复苏成为关键。近年来，中国在实现绿色发展、应对气候变化、共建美丽地球等方面已有一系列举措。实现2030年前碳达峰、2060年前碳中和（简称"双碳"目标）。我国力争于2030年前实现二氧化碳排放达峰，单位国内生产总值二氧化碳排放将比2005年下降65%以上，非化石能源占一次能源消费比重将达到25%左右，风电、太阳能发电总装机容量将达到12亿千瓦以上，2060年前实现碳中和。在"十四五"期间，单位国内生产总值能耗和二氧化碳排放分别降低13.5%和18%。比如将新发展理念、生态文明建设和建设美丽中国的要求写入宪法；又如着力产业结构调整优化、能源结构调整优化、空气和水质优化，推进碳市场建设和增加森林碳汇，2000年以来全球新增绿化面积四分之一来自中国；再如率先发布《中国落实2030年可持续发展议程国别方案》，倡议共建"绿色丝绸之路"，设立气候变化南南合作基金。

巴黎气候变化大会主席、法国前外长法比尤斯撰文称，"如果没有中国的积极支持，《巴黎协定》就不可能达成。""习近平主席宣布的中国行动，为世界重新燃起了真正希望"。联合国秘书长古特雷斯对媒体表示，中国是《巴黎协定》达成的重要一环，并将中国形容为是国际合作中的"一块磁石"。中国统筹绿色与发展的既往经验可供其他发展中国家参考借鉴。

随着国际社会对于气候变暖和减排问题的关注，草原在增加碳汇及牧业在增加碳源方面的重要作用受到世界的关注。由于草原生态系统是地球上仅次于海洋和森林生态系统的重要生物碳汇，数十年来，世界各国，特别是中国、俄罗斯、美国、加拿大、澳大利亚、南美的巴西和阿根廷等国的研究人员，都曾对草原与气候变暖的问题展开了研究。

草原约占地球陆地表面的25%（约34亿公顷），约占陆地碳储量的12%。草原以草本（非木质）植被为主，地上植被中的生物碳占整个生态系统碳库的很小一部分。由于收获、放牧、火灾和衰老，地上生物量中碳的寿命相对较短。相比之下，占草原主导地位的多年生禾本科植物具有广泛的须根系统，通常占草原生态系统生物量碳的60%—80%。这种地下生物量可能延伸到地表以下几米，为土壤提供丰富的碳，从而形成具有高有机质含量的深厚肥沃土壤。此类土壤碳约占草原生态系统总碳库的81%。土壤碳和地下生物量之间的紧密联系，导致这些碳库在广阔的空间尺度上，对年降水量和温度变化的类似反应。

碳储量较为丰富的草原大多分布在高寒、高海拔、人口密度低、经济开发强度弱的地区，人类活动干扰少，特别有利于碳的积累，是对森林碳汇效益的互补。由于气候等原因，草原与森林大多分布于不同地区，在碳汇方面可以起到空间互补的作用，从而提高总体碳汇能力。

研究表明，与森林不同的是，草原将大部分碳封存在地下，而森林则先将固定的碳储存在木质生物量和树叶中。在一般气候环境条件下，在气候条件稳定的情况下，树木比草原储存更多的碳；而在野火导致树木着火时，森林原先储存的生物碳经过森林焚烧过程被释放回大气中。也因为如此，在火灾频发的俄罗斯、美国、加拿大和澳大利亚，草原碳汇在极端气候条件下，例如干旱导致野火，烧毁大量植被的情况下，草原释放的碳相对较少。而且在美国，规定的火烧和放牧管理是草地管理中经常使用的做法，对物种组成有重要影响。草原生态系统随着频繁的火灾和放牧而演化，这两种情况对于维持理想的物种组成和生态系统功能都非常重要。

草原内的碳储量对管理非常敏感，因此容易受到土壤碳流失的影响。气候变化对于草原的影响由于研究对象和环境不同，结果有很大的差异。全球数据分析的研究结果表明，由于世界不同区域草地的生物生长情况有很大的差异，草地的NPP对全球变暖的响应范围为-21%至+37%。

草原的降雨量限制了植物的生产力，因此降雨量最大的地区碳储量最高。然而，蒸散量增加，草地碳储量会随着温度的升高而减少；温度升高会带来更大的蒸发，改变降雨模式，从而进一步耗尽含水层，威胁到依赖水的动物栖息地。

土壤碳的这些损失归因于几个因素，特别是土壤碳输入的减少。收获植物生物量等活动，显著降低了因去除地上生物量而产生的土壤有机质碳含量。如从天然草地转变为农田或改良牧场，显著降低了根系的地下生物量。

据《国家地理》报道，天然草场的生物碳的碳汇量巨大，世界上大约20%

的草原已被改为种植作物，目前近一半的温带草原和16%的热带草原已被转化为农业或工业用途，这样的转变已经成为气候变暖的因素之一。保护草原生态系统，维护草原健康可以显著减少全球温室气体排放。

研究表明，土壤扰动，如耕作，导致有机质的损失大大加快，碳汇效益会相对减少。土壤和水功能在草原上广泛存在，而土地退化造成植物生产力的长期下降，是造成土壤碳流失的部分原因。目前世界上，超过20%的农田退化，20%—25%的草原退化。

草地在支持粮食和畜牧业生产方面至关重要，人类利用草地的经济活动正在导致草原成为温室气体排放源。牧场的扩大、牲畜数量的增加、草原管理不善正在加速气候变化。由人类对于草地的利用使之成为温室气体的重要来源，草地排放的温室气体量与农田相当。研究结果表明，影响草原的温室气体排放主要来源于集约经营牧场，而具有良好功能的自然和半自然草原生态系统有助于地球降温，因此保护草原，有利于减少温室气体排放。

包括燃烧、狩猎、农作物生产、牲畜放牧和城市发展，这些都导致许多原生草原和草原物种正在减少，气候变化还会增加或加剧威胁这些生态系统的现有压力。世界上许多草地土壤因转为农业而损失了30%—50%的碳（每公顷25—40公吨碳），美国中西部草地的这些损失主要是由于土壤扰动造成的。土壤扰动会破坏土壤结构，使有机碳暴露于土壤微生物和无脊椎动物的分解之下，并增加土壤温度和通气量，增强分解者的活动。

加强草原管理对于减排具有特别重要的意义。通过提高植物生产力提高土壤碳输入并限制土壤碳损失，从而增加草地碳储量。在退化的草地上播种牧草或豆类植物可以提高地下产量，而豆类植物则通过固氮提高土壤肥力；施肥和灌溉可以对植物生产和土壤碳储量产生积极影响。通过限制土壤干扰、适当的放牧管理、种植具有深层根系的本地物种有助于恢复退化草地。

土壤碳的恢复通常是一个缓慢的过程，需要几十年到几百年。尽管变化缓慢，但恢复退化草地的全球“固碳”潜力巨大，每年固碳约为3Gt（兆吨），相当于在50年内将大气CO_2减少50ppm。除了恢复退化的草原以改善碳储存外，草原管理战略还必须确立维持草原覆盖率和防止退化的关键目标，以保护该土地继续封存碳的能力。

草原在碳固存中起着关键作用。中国科学院方精云院士的研究结果表明，我国草原植被生物量占全国总生物量的10.3%，草原土壤碳储量占全国土壤总碳储量的36.5%。中国科学院樊江文研究员等通过对我国各类型草原地上、地下生物量样方实测，估算出我国草原总碳库量约为 332 亿吨，每年固碳约 6 亿吨。

2018 年 12 月 6 日《中国绿色时报》刊登的刘加文的文章指出，相关研究还表明：我国草原碳主要储存在土壤中，约为植被层的 13.5 倍。从地区看，85%以上的有机碳分布于高寒地区，其中，高寒草原 95%的碳储存在土壤中，约占全国土壤碳储量的 55.6%。从草原类型看，草甸草原和典型草原累积了全国草原 2/3 的有机碳。草原是光合作用的最大载体。我国草原占国土面积的 2/5，是面积最大的绿色生态资源，且植物体中绿色部分的比重一般高于其他植物，这使得其进行光合作用的效率也更高，生物量增长速度也更快，对碳的固定能力也更强。

草原吸收和释放二氧化碳（CO_2），从放牧牲畜中释放甲烷（CH_4），从土壤中释放一氧化二氮（N_2O）。关于这三种温室气体（来自世界各地的管理草地和天然草地）的通量如何导致过去的气候变化，或者管理草地与天然草地的作用，我们知之甚少。因此加强对于草原生态系统的监测与管理，深入开展草原碳库、草原利用“碳源”和草原管理与减排关系的研究十分必要。

对于退化草地的恢复措施可以提高对气候变化的适应能力。需要特别注意的是对于草原的过度利用有可能造成草场退化。由于草原生态系统对于气候变化比较敏感，通过加强管理措施，维护和提高草原生态系统的初级生产力对于维护和提高草原生态系统的“固碳”能力具有积极意义。

在管理上实现草原的可持续性管理，保持草原生态系统健康稳定，不断改善草原生态环境，是增强草原“碳汇”能力的根本措施。要针对当前草原退化、面积减少、生态脆弱的现状，加大保护建设力度，确保草原面积不减少、用途不改变、功能持续提升。

近年来，我国通过加强草原生态建设，实施禁牧休牧、草畜平衡等措施，草原植被不断恢复，生物量积累明显加快，土壤扰动活动减少，草原固碳和土壤蓄积碳能力不断增强。一是大力开展草原生态保护与修复，加强草原建设，积极引导草原合理利用、科学利用。不断强化草原监督管理，查处和打击各类违法、违规征占用草原、破坏草原植被的行为。二是像重视种树一样重视种草，积极开展林草结合型国土绿化行动。三是认真落实生态文明建设各项制度，进一步完善草原保护政策，加大生态补偿力度，建立有利于草原可持续发展的长效机制。四是加强舆论宣传，增强全社会对草原碳汇功能、作用的认知，确立“大碳汇”理念，高度重视草原碳汇作用，在应对全球气候变化各项工作中，统筹草原与森林碳汇各项工作。五是重视顶层设计，制定草原碳汇发展规划，完善相关政策制度，健全机制措施。六是加强草原碳汇理论、碳汇市场、碳汇生态产品与产业等研究，制定草原碳汇计量监测标准和规程，建设草原碳汇监测网络体系。

从短期来看，实现碳达峰的目标，加强草地和牧业的可持续管理，减少草原火灾、水土流失、草地开发和用途转化、草原污染、放牧等活动对于碳达峰的贡献直接而巨大；从长期来看，加强治理劣质草地的技术，恢复草地生态系统功能，通过经营措施，提高草地可持续生物量有助于维护草地碳汇功能，使之为实现“双碳目标”做出重要贡献。

三、对草原开发的反思

20 世纪上半叶对于欧亚大草原、北美大平原、潘帕斯草原和澳大利亚草原的大规模农业开垦曾经和正在产生严重的生态问题。这些生态环境问题包括大面积自然草地的损失、草原生物多样性的丧失。草原的开垦改变了草原的物种结构，带来了大量外来物种，这种改变有的已经给生态系统带来了负面影响，造成天然草场的大面积退化，有的负面影响是潜在的，例如对于水资源的影响，对于草原土壤盐化的影响等。

全球性的草地退化和生物多样性丧失已经是一个不容回避的问题。特别是在非洲，人口的增加、经济发展的压力和政治的不稳定，对于那里的生态系统和野生动物造成的影响可能是无法逆转的。

世界草原的状况千差万别，在很多情况下，科学界和商界甚至很少了解草地及其生态系统，在大多数国家和地区，关于牧场的长期历史数据很少，人们并没有留下有关草原生态环境的完整资料。在缺乏资料的情况下，很多草地就已经被开发利用了。

实际上目前世界上只有大约六分之一的草原属于高中等级的可利用级别，而剩下的六分之五的草原在低等级至零等级土地上，因此进一步将这些草地用于现代化农业耕作的经济价值很低。由于日益增加的人口压力和贫困，特别是在非洲的热带稀树草原地区，人们开始通过建设水利设施开发和利用干旱草地资源。这样的做法源于北美大平原的开发利用进程，实际上人们很少了解，在开发利用北美大平原中，曾经经过“黑沙暴”的袭击，而且北美大平原有密西西比河和北美的五大湖区作为这片新兴农牧区的淡水供给基础。

世界的绝大多数草地环境并不具备这样的条件。向草地引水或者开发地下水资源，用于开发农田的做法造成的长期生态负面影响难以估量。很可能是难以逆转的，就像在咸海发生的一样。世界草原开发利用的100多年历史已经为社会提供了丰富的经验和教训，供我们认真学习和总结，只是相关的知识很少被社会广泛交流和沟通。

在草原地带，特别是干旱草原地带，水资源是草原生态和经济系统可持续的基础。在草原地区的经济开发活动大多与水资源的利用有密切关系。一定会涉及河流、湖泊、高山冰川和地下水等淡水供给。人类经济活动改变草原水生态的做法也同时改变了自然生态系统，这是造成当前草原生物多样性丧失的重要原因之一。

在草原上的乔木、灌木和草都是大草原植物的重要组成部分。树木在炎热的气候和季节提供了宝贵的遮荫，在冬天也提供了庇护，并为草原生物提供了枝叶。但同时在草原地区，乔木和灌木及其果实都具有经济价值和生态价值。乔木和灌木通常会被牧人当作燃料和工具。在缺乏木柴的地方，过度砍伐会造成严重的环境破坏。而在大规模的农业开发过程中，原生的大量自然植被被彻底清除，而重新栽种的人工林数目，很少能够在没有专门养护的环境条件下自然生存，人们必须投入成本进行管护。因为大草原上能留下的乔木和灌木都是经过自然严酷的检验才存活下来的，而人工林和人工草原不可能有这样的生命力。

在大多数供水条件较好的地区，例如北美大平原、潘帕斯和澳大利亚草原，人们已经试验性地引进了一些当地或外来的草和豆类来改良大面积的天然草地。选择适合气候、土壤和最终使用的品种和栽培品种非常重要，尽管牧草作物的遗传物质范围非常广泛，但很难将它们与新地区相匹配。

但在地球上大多数缺水、干旱的草地，开发适应当地生态类型的农作物种子的商业行为通常是困难的。在干旱的草原上，进行牧草引进和培育的努力就像在草原上培育人工林一样，在经济上基本不可行。

四、世界草原可持续利用

在草原利用的实践中，追求可持续利用是关键词。可持续利用并不是将草地保护起来，仅仅考虑生态环境和生物多样性，什么也不做。同样可持续发展也并不是意味着仅考虑经济效益，草地的可持续利用是一个涉及生态、经济、社会多方面问题的系统工程。

从自然角度来看，草原是一种生态系统，有必要保护。从经济角度来看，草原是宝贵的土地资源，开发利用能够获得经济利益。从世界各国经济和社会发展的实际来看，开发草地，为提高民众的福祉获得经济和社会效益，开发草原不可避免，我们很难放着能带来经济和社会效益的草原不用，问题是如何开发利用。

在有利于经济发展和社会繁荣这两个因素之外，还有一个经常被决策过程忽视的自然生态系统保育和生态环境保护问题。人们会提出“保护草原就是保护我们自己”“野生动物是人类的朋友”等口号。也会用这样的口号作为理论来与社会交流。但最终人们在评价经济、社会和环境效益的时候往往会将经济和社会效益放到首位，并用“以人为本”作为理由。

随着世界可持续发展的进程加快，人们会越来越多地关注环境问题、关注经济和社会的发展方式。在20世纪结束到21世纪开始的十多年时间里。联合国环境署、联合国粮农组织等都在关注毁林和草地农业开发利用问题。追求可持续性成为经济社会发展的重要目标，我们要做的不仅是现代获得经济、社会、环境综合效益，还要为未来保留发展的机会，尽可能多地获得长期多种效益。

地球上的草原，它既是一类生态系统，又是重要的经济社会发展资源。草原的可持续利用，包括根据草原生态系统、经济和社会发展的实际，科学制定保护和发展规划，稳步实施，尊重科学，认真学习。在不断学习的过程中，实现持续性改进，让草原为人类的经济和社会可持续发展长久地做出贡献。

新时代的草原经济社会发展，不仅要学习现代牧业技术知识，还要努力学习和借鉴祖先各自草原生产生活积累下的丰富经验。尽管现代社会已经进入网络时代，但这并不意味着网络能够自动提供各种有用的信息。

绿色牧业主要指的是通过采取有效的技术和管理措施减少畜牧业对于环境的影响，努力降低碳排放。目前主要的绿色牧业主要有保护牧业与有机牧业。保护性放牧是利用草食动物来管理这种栖息地，通常是为了复制家畜的野生近亲或者现在已经灭绝的其他物种的生态效应。牧草动物的尿液和粪便“循环利用氮、磷、钾和其他植物养分，并将它们返还土壤”。

草地种植是采用农业方式在草地上种植牧草，也可以在农业用地上在饲料作物和可耕作作物之间交替种植。休息轮作放牧将牧场分为至少四个牧场，一个牧场全年休息，在剩余的牧场中轮流放牧。当使用需要休息和再生的敏感草时，这种放牧系统特别有益。

在英格兰和威尔士的公地上，每个平民的牧场（草原放牧）和牧场（森林放牧）的权利都严格按照动物的数量和种类，以及每年某些权利可以行使的时间来界定。例如，一个特定农舍的占用者可能被允许放牧 15 头牛，4 匹马、小马或驴以及 50 只鹅，而允许他们的邻居放牧的数量可能不同。在一些公地，如新森林和毗邻的公地，权利不受数量的限制，而是每年为每只“出产”的动物支付“标记费”。然而，如果过度使用公地，例如在过度放牧情况下，公地的使用就会被“限制”，也就是说，限制每个平民可以放牧的动物数量。①

在英格兰的赫里福德郡布莱登波利的红山牧场对于土地采取了现代化的管理措施，科技人员对于牧场草地的土壤类型、温度和降雨量进行了科学管理，包括建立数据库，进行数据分析，采取科学的人工措施，让牧场里的牧草始终处于最佳生长环境，极大地提高了牧草的产量和质量。牧场还建立了羊（牛）行道，羊（牛）群可以在草原自由地漫步。科研人员相信这样经营的牧场是生态化的，向市场提供的肉食也是质量最好的，通过良好的市场经营管理，也获得了比较满意的经济收益。这也成为现代化的有机农场经营模板，在英联邦国家非常流行，在食品工业的管理上，这样的有机牧场经营方式被列入最佳实践范畴，在发达国家作为绿色有机示范在行业内推广。②

在科学管理牧场方面，目前比较先进的技术还包括使用作物—牲畜和作物—牲畜—林业复合经营系统，维持牧场营养和能量循环，改善土壤健康状况。其指导思想是将几个生产过程与生态系统有机地结合在一起，组合成一个经济、生态、环境更加优化的生产系统。通过将农业工程措施、商务过程与生态过程协同起来，通过优化作物、提高饲料产出、提高土壤肥力和质量、加强养分循环、综合防治害虫和改善生物多样性，实现牧场可持续经营。在牧场实践中将某些豆科作物引入牧场，增加土壤中的碳积累和固氮作用，而牧草本身具有更高的产量和动物适口性，有助于动物育肥，在保护环境的同时提高产量。在农—林—牧复合经营实践中，将牲畜放养到林冠草结合的生态牧场中，经营效果好得多。

---

① Susan Jane Buck Cox，“No tragedy on the Commons”, *Environmental Ethics*, 1985, 7, pp.49–62.

② Eckard, R. J.; et al., “Options for the abatement of methane and nitrous oxide from ruminant production: A review”, *Livestock Science*, 2010, 130 (1–3), pp.47–56.

五、世界草原管理变革

从世界范围来看，对于草原的管理经历了几次大的变革。第一次是1万年前的农业革命，人类社会开始定居建立农业文明。这次农业文明的开始是人类社会的一次巨大进步，从游牧和采集的原始生产方式向更加现代的农业方式转变，因为这次的转变，促使人类社会开始快速发展，从家庭和部落开始向乡村和城镇过渡，开始有了市场和政府等经济和政治机制。

在200多年前开始了工业革命，人类社会从农业文明向工业文明过渡。在此期间发生的第二次农业革命，让种植和养殖业联系起来，成为世界食品产业链的重要方式，影响了欧亚大草原、北美大平原、中南美洲和澳大利亚草原的草地经营方式。

草地的管理体制是在工业革命发展进程中的另一次重要变革。在欧美国家实行草地产权私有制的条件下，建立了一套基于私有草地的管理体制，政府的公有草地资源基础上建立了公共草原管理体系，两者的关系是公共草地以保护资源和发挥公共效益为主，而私人草地资源以创造经济效益为主。公共草地管理机构对于私人草地的经营活动进行指导。

从19世纪中期在欧洲就已经开始考虑包括草原在内的自然资源公有制管理体制。在苏联曾经实行了数十年的集体农庄（或牧场）管理体制，随着苏联的解体，这种制度也进行了改良，最初的变革是在欧美国家的专家指导下实行私有化，很快就证明这条道路行不通。而在非洲有欧美国家强行推进的草原资源私有化进程也被证明效果并不好。而国有化进程也被非洲发展中国家的政治腐败搞得乱七八糟。

从世界范围的草地经营管理现状来看，中国在公有制管理体制下，经过多年的学习、努力和改革，已经对于如何管理草原，实现草地的可持续发展积累了丰富经验。其中，充分发挥公有制的优越性，发挥市场和政府两方面的调节作用，兼顾环境和经济与社会效益方面创造了很多经验。中国在草原经营技术进步和管理变革的速度和取得的良好效果在当今世界独树一帜，特别值得总结和升华。

六、世界草原文化借鉴

进入21世纪，世界范围的可持续发展日益深入人心，已经成为面向新世界经济和社会发展的防线，变革自然资源与管理的方式，改进人类与自然的关系，用更加科学的方法管理自然资源和环境，提高可持续性已经成为科学技术、文化和社会治理以及企业管理的主题。

包括草原在内的草地资源与森林资源、湿地等自然资源和生态系统的可持续性，在进入21世纪以后越来越成为世界专家学者、政要和企业家关注的重要问题。2000年新建立的可持续科学将这样的关注上升为一个新的科学领域，从18世纪开始的浪漫主义文学艺术让人类社会怀念曾经的人与自然和谐关系。到了20世纪后期，包括草原文化在内的各种以环境保护为核心的浪漫主义文学艺术、顺应世界性的环境保护运动，蓬勃发展起来。

在欧洲，游牧传统和牧人文化成为生态旅游的保留活动，尽管其经济意义已经微不足道。从拉丁文化中衍生出来的“牛仔”文化在西方国家开始受到社会的质疑。首先在西班牙曾经风靡的残酷的“斗牛”活动在很多地方被禁止。牛仔文化中的虐待动物内容也被慢慢修改和删除。

尽管在欧美国家已经在注意保护季节性游牧和牧人文化，但实际存在的生产和生活方式已经不多，南美洲的潘帕斯草原已经被改造成农业生产经济带，大片草原被开发成农田，再用农作物作为饲料，生产欧洲需要的肉、蛋、奶等畜牧产品。而在澳大利亚大农业和畜牧业的发展几乎是英国第二次农业革命的翻版，即通过科学管理牧场，获得较高的牧草产量，再通过集约化的养殖场获得肉蛋奶和羊毛。

在欧亚大草原东段的蒙古草原上，蒙古民族的草原生活历史和文化源远流长，经过长期融合与交流，已经成为自立于世界草原文化之林、独一无二、内容丰富的文化类型，其中包含了经济、社会、环境和人文等大量内容和深刻的哲理。融合了汉文化的蒙古族草原文化是目前世界上历史最悠久、内容最丰富、最具有可传承性的文化体系。

特别是蒙古草原南部的内蒙古草原、在经历了中国经济和社会现代化进程后，积累了丰富的经验，是一个传统与现代交融、经济与技术结合、保护与利用并重、理性与浪漫融合的科学与文化体系，值得深入挖掘和认真研究总结。

中国在历史上是一个农业大国，包括牧业的发展以及结果积累了十分丰富的知识和经验。中国的草原文化经过20世纪后期的挖掘和整理已经保护了一部分内容，但还远远不够。建立保护地，包括为了保护野生动物而建立的野生动物保护区，还包括原生草原保护地，以及传统文化保护地。

与生物多样性、草原生态系统具有同等重要意义的是草原的文化传统。随着技术、经济和社会的发展，草原的现代化是不可抗拒的潮流。在经济和社会的发展进程中，草原的一切都在发生变化，草原的文化也与以前不同。尽管有关草原的一些事情已经被文人墨客写在书里，被画家创作在美丽的画里，被艺术家变换为歌曲、舞蹈和各种影视作品，但这些仅仅是极少的一个部分，还有很多传统文化等待人们去挖掘和记录下来。

原始状态的草原越来越少了，随着一辈一辈人的远去，很多草原的风俗习惯，也会渐渐远去。这些不断积累和变化的文化，有的悠远，有的新鲜；有的幸福，有的心酸；有的美丽，有的丑陋；有的被人们记住了，有的消逝在时间的长河中。

在草地，特别是干旱草地环境中，人们对其利用已经历了数千年的历史，在数千年的草地利用过程中，人们学到了很多，包括牧业生产的方式方法、生活的技能，以及在草原幸福生活的哲理和艺术等。相较发达的城市，草原上生活的人们或许并不富有，或许生活也会显得单调，但草原生活有一套与自然和谐相处的道理和科学。

在走向现代化的进程中，那些基于传统的草原文化或者会告诉现代人很多书本上没有写着、课堂上说不出来的道理和事情。我们可以从先人那里学到很多好的做法，也能从科学技术的发展中获得更多新的知识。保护、研究、发展传统文化，推陈出新，发展新文化是我们这一代人要努力去做的事情。

七、创新发展中国草原文化

世界已经进入可持续发展的21世纪，继承和发扬传统文化中的优良传统，有意识、有计划地保护传统游牧活动的文化形式和内涵具有积极意义，这也是经济和社会可持续发展的重要内容之一。

同时应特别注意的是，随着草原利用方式的现代化，与之并存的自然土地占用和生物多样性受到威胁的问题会日益严重，更加科学地利用草原，在实现经济、社会、环境多种效益的同时，创造符合中国国情的治理体系、管理经验和方法，并在此基础上不断丰富和深化中国自己的草原以及森林等文化才是更加需要关注的。

在中国实现畜牧业现代化的进程中，曾经努力学习西方国家的先进技术和管理经验，进入21世纪以后，已经建立起与国际现代化农场、牧场接轨且比较完整的产业体系。这个产业体系是现代中国食品工业的一个组成部分，与传统草原畜牧业有联系，与在欧美国家发展起来的现代农场、牧场产业体系更加接近。从土地利用方面来看，与农业生产的关系更加紧密。我们有足够的企业、现代化的设施和设备，也建设了大量现代化的牧场和生态产品基地。经过多年的京津风沙源治理和三北防护林体系建设，中国北方包括草原在内的生态环境保护也已经取得了举世瞩目的成就。

2018 年 6 月习近平总书记在中央外事工作会议上提出了一个重大论断，即“当前中国处于近代以来最好的发展时期，世界处于百年未有之大变局”。此后，他又多次重申这个论断。“大变局”是对国际格局发生巨大变迁的重大判断。西方出现了自工业革命以来的第一次全面颓势，老牌强国云集的欧洲已陷入老龄化深渊。这种颓势源于其生产资料私有制的根本性问题。在要求社会承担更多环境和社会责任的时候，生产资料私有制先天不足的缺点暴露无遗。

未来 10 年，将是世界经济新旧动能转换的关键 10 年。人工智能、大数据、量子信息、生物技术等新一轮科技革命和产业变革正在积聚力量，催生大量新产业、新业态、新模式，给全球发展和人类生产生活带来翻天覆地的变化。

在世界进入数码和网络时代的今天，草原生态环境与经济社会发展具有同样重要的作用，包括草原传统文化在内的草原文明，有了新的内涵。在世界进入可持续发展时代，全球经济和社会要在可持续发展的框架内重新设计和思考未来发展的环境条件。

中国的草原经过数十年的管理和保护，在理论、实践、文化、经济、社会多方面都积累了极为丰富的经验。我们努力保护传统文化，中国对于蒙古草原文化的保护处于世界领先地位。中国的草原保护和管理积累了丰富的经验，生态旅游和风沙源可持续管理受到世界瞩目。社会经济可持续发展和草原可持续管理的先进理论和技术方法也已经在专业领域成为共识。

在此背景条件下，对于草原文化的研究绝不仅仅是对传统文化的回顾与传承问题，也不仅仅是学习和吸收国外先进经验的问题，这些中国都已经经历过。在中国草原资源公有制和国家积极推动绿色发展，在“绿水青山就是金山银山”理论指导下，已经具备了对于过去、现在进行全面总结，面向未来，建设先进草原文明的条件。

对于草地资源建立数据库，进行网格化管理势在必行，对于草地资源进行科学保护势在必行，对于草原基于“三重底线”原则进行现代化管理势在必行，根据中国经济和社会绿色发展的要求建设先进草原文化势在必行，在经过多年的保护、管理、发展以后，建设世界领先的草原生态文明体系势在必行。

面向未来，中国有丰富的优良传统文化积淀、对于未来有新的要求，我们能够做很多事情。草地长存，文化深厚；世界宽广，文化多样；兼容并蓄，源远流长。

责任编辑：翟金明

图书在版编目（CIP）数据

中国草原生态文化 / 江泽慧 主编 . —北京：人民出版社，2022.10
ISBN 978 – 7 – 01 – 024986 – 5

I. ①中… II. ①江… III. ①草原生态系统 – 文化生态学 – 研究 – 中国
IV. ① S812.29

中国版本图书馆 CIP 数据核字（2022）第 147595 号

中国草原生态文化
ZHONGGUO CAOYUAN SHENGTAI WENHUA

江泽慧 主编

人民出版社 出版发行
（100706 北京市东城区隆福寺街 99 号）

北京雅昌艺术印刷有限公司印刷 新华书店经销

2022 年 10 月第 1 版 2022 年 10 月北京第 1 次印刷
开本：889 毫米 × 1194 毫米 1/16 印张：58.25
字数：900 千字

ISBN 978 – 7 – 01 – 024986 – 5 定价：298.00 元（上、下卷）

邮购地址 100706 北京市东城区隆福寺街 99 号
人民东方图书销售中心 电话：（010）65250042 65289539